Nr. 30 1956
S. 8249–8520 25. Juli

# Chemisches Zentralblatt

Vollständiges Repertorium für alle Zweige der reinen und angewandten Chemie

1830 gegründet. 1897—1945 von der Deutschen Chemischen Gesellschaft fortgeführt.
Im Auftrage der Deutschen Akademie der Wissenschaften zu Berlin, der Chemischen Gesellschaft in der Deutschen Demokratischen Republik, der Akademie der Wissenschaften zu Göttingen und der Gesellschaft Deutscher Chemiker
herausgegeben von Prof. Dr. Maximilian Pflücke

127. Jahrgang

1956

Chefredakteure: Dr. Eugen Klever und Prof. Dr. Maximilian Pflücke

Akademie-Verlag GmbH., Berlin – Verlag Chemie, GmbH., Weinheim/Bergstr.

## Inhalt

# Namenregister

# Chemisches Zentralblatt

**1956** **Nr. 30** **25. Juli**

## A. Allgemeine, physikalische und anorganische Chemie.

**Jesse W. M. DuMond,** *Die „1947 Werte" der Atomkonstanten und die Revision der Faraday-Konstanten.* Diskussion der Werte der FARADAY-Konstanten. (Physic. Rev. [2] **77.** 411. 1/2. 1950. Pasadena, Calif., California Inst. of Technol.) E. REUBER. 10

### $A_1$. Kernphysik und Kernchemie.

**Amalkumar Raychaudhuri,** *Relativistische Kosmologie.* 1. Mitt. Aufstellung allg. Beziehungen, die in der relativist. Kosmologie erhalten worden sind. (Physic. Rev. [2] **98.** 1123–26. 15/5. 1955. Jadavpur, Calcutta, Ind., Assoc. for the Cultivat. of Sci., Theoret. Phys. Dep.) GERHARD SCHMIDT. 80

**Robert H. Kraichnan,** *Speziell-relativistische Ableitung der allgemein kovarianten Gravitationstheorie.* Verallgemeinerung der NEWTONschen Gravitationstheorie auf eine inhomogene Wellengleichung für ein Tensor-Gravitationspotential in EUKLIDscher Raumzeit. (Physic. Rev. [2] **98.** 1118–22. 15/5. Erratum: **99.** 1906. 15/9. 1955. New York, N. Y., Columbia Univ.) GERHARD SCHMIDT. 80

**P. T. Matthews** und **A. Salam,** *Propagatoren gequantelter Felder.* Diskussion der FEYNMANschen Formulierung der Quantenmechanik in ihrer feldtheoret. Form. (Nuovo Cimento [10] **2.** 120–34. 1/7. 1955. Birmingham, Univ., Dep. of Mathemat. Phys.; Cambridge, John's Coll.) GERHARD SCHMIDT. 80

**Harvey Einbinder,** *Erweiterung der zweidimensionalen Wellenfelder in Potenzen von $1/\varrho$.* (Sitzungsbericht.) (Physic. Rev. [2] **99.** 676. 15/7. 1955. Technical Res. Group.) GERHARD SCHMIDT. 80

**P. G. Guest** und **Wendell M. Simmons,** *Ein Versuch an Höhenstrahlen.* Vff. messen die Höhenstrahlintensität in verschied. Richtungen mittels eines Teleskops aus 2 GEIGER-Zählern von 8 cm Länge u. 2 cm Durchmesser mit beliebigem Abstand in Verbindung mit einem Koinzidenzkreis vom ROSSI-Typ. Weiterhin kann die POISSON-Verteilung der Zeitintervalle der ankommenden Teilchen geprüft werden. (Amer. J. Physics **21.** 357–62. Mai 1953. Sydney, Univ.) M. WIEDEMANN. 85

**M. V. K. Appa** und **S. Mitra,** *Beweis für das geladene Θ-Meson.* In einem Emulsionsstapel von $15 \times 15 \times 12$ cm wurde die Emission eines K-Mesons aus einem $16 + 0$n-Stern beobachtet. Das Meson wurde nach 4,98 mm gebremst, von dort ging ein nahezu relativist. Sekundärteilchen aus, das nach 4,05 cm eine Kernzertrümmerung vom Typ $5 + 0$p hervorrief. Für das Primärteilchen wurde nach der Meth. des konstanten Pfeils $M = 937\ (+250, -170) m_e$ gefunden, das Sekundärteilchen wurde als $\pi^-$-Meson mit $\sim 110$ MeV identifiziert. Es dürfte sich um einen Zerfall nach $\Theta^\pm \rightarrow \pi^\pm + \pi^0 + 222 \pm 12$ MeV handeln. (Proc. Indian Acad. Sci., Sect. A **41.** 30–35. Jan. 1955. Bombay, Tata Inst. of Fundament. Res.) M. WIEDEMANN. 85

**R. R. Daniel** und **D. Lal,** *Kernwechselwirkungen von K-Mesonen.* Bei Exposition von Emulsionsstapeln in großen Höhen wurden folgende Rkk. von K-Mesonen beobachtet: In 3 Fällen wurde durch ein relativist. einfach geladenes Teilchen eine Kernzertrümmerung $S_1$ erzeugt, von diesem ging ein nichtrelativist. einfach geladenes Teilchen aus, das nach Massenbestimmungen u. Energieschätzungen ein K-Meson sein muß. Dieses erzeugte einen zweiten Stern $S_2$, von dem in 2 Fällen ein $\tau$ u. in einem ein $K_\pi$-Teilchen emittiert wurde. Ferner wurde ein Fall einer COULOMB- oder Kernwechselwrkg. eines K-Mesons beobachtet. Schließlich wurde durch ein K-Meson aus einem $7 + 8$p-Stern beim Einfang ein Stern mit einer $\pi^-$- u. einer Protonenbahn erzeugt. Aus energet. Gründen nehmen Vff. Bldg. eines $\Lambda^0$ an, das im oder nahe dem Ort der Bldg. wieder zerfällt. (Proc. Indian Acad. Sci., Sect. A **41.** 15–24. Jan. 1955. Bombay, Tata Inst. of Fundamental Res.) M. WIEDEMANN. 85

**Warren W. Chupp, Gerson Goldhaber, Sulamith Goldhaber, Stephen J. Goldsack, Joseph E. Lannutti, Frances M. Smith** und **Francis H. Webb,** *Messungen von K-Teilchen aus dem Betatron.* Zur Unters. von K-Teilchen werden Emulsionsstapel im Betatron in 2 verschied. Lagen exponiert, u. zwar a) Exposition im direkten Protonenbündel (Protonenenergie 4,8 u. 5,7 GeV) u. b) Exposition der unter 90° zum Target emittierten

Sekundärteilchen (Protonenenergie 4,8 u. 6,1 GeV). In 2,5 cm³ Emulsion werden 35 K-Teilchen u. 5 τ-Mesonen gefunden. Die Massenwerte von 22 dieser K-Teilchen u. von 3 τ-Mesonen sind tabelliert. Der Mittelwert sämtlicher Massenbestimmungen liefert $936 \pm 11\ m_e$ für die beobachteten K-Teilchen. Mehrfachstreu- u. Ionisationsmessungen werden an den Sekundärteilchen mit Ablenkungswinkeln $< 10^0$ durchgeführt. Die Ergebnisse dieser Messungen sind tabelliert. (Physic. Rev. [2] **99.** 335—36. 1/7. 1955. Berkeley, Calif., Univ. of California, Dep. of Phys., Radiat. Labor.)
GERHARD SCHMIDT. 90

**B. T. Feld, A. C. Odian, D. M. Ritson** und **A. Wattenberg,** *Spin des $\tau^+$-Mesons.* Ein Emulsionsstapel wurde dem magnet. analysierten K-Mesonenbündel des Bevatrons ausgesetzt, 54 Zerfälle $\tau^+ \rightarrow 2\pi^+ + \pi^-$ wurden untersucht. Die Winkelkorrelation sowie die Verteilung der Energie des $\pi^-$ wurden bestimmt. Die Ergebnisse sprechen für die Annahme eines Spins 1 u. ebener Parität für das $\tau^+$-Meson. (Physic. Rev. [2] **100.** 1539—40. 1/12. 1955. Cambridge, Mass., MIT, Labor. for Nucl. Sci. and Phys. Dep.)
M. WIEDEMANN. 90

**Robert K. Adair,** *Winkelverteilung der $\Lambda^0$- und $\Theta^0$-Zerfälle.* Die Winkelverteilung der Zerfallsprodd. von $\Theta^0$- u. $\Lambda^0$-Teilchen ist bes. aufschlußreich, wenn diese durch die Rk. $\pi^- + p \rightarrow \Theta^0 + \Lambda^0$ nahe der Schwellenenergie in Vorwärts- oder Rückwärtsrichtung erzeugt werden. Die theoret. zu erwartende Winkelverteilung für verschied. Werte des Spins wird angegeben. (Physic. Rev. [2] **100.** 1540—41. 1/12. 1955. Upton, N. Y., BNL.)
M. WIEDEMANN. 90

**A. Minguzzi,** *Optisches Kernmodell und elastische Rückwärtsstreuung von π-Mesonen.* Vf. verwendet das opt. Kernmodell, um für den Grenzfall „schwarzer" Kerne eine Regel abzuleiten, nach der inkohärente Ereignisse ein Ansteigen des elast. Wirkungsquerschnitts bei Streuwinkeln zwischen 90 u. 180° erzeugen. Die Theorie wird auf die Streuung von π-Mesonen an schweren Kernen in ILFORD G 5-Platten angewendet. (Nuovo Cimento [9] **12.** 799—806. 1/11. 1954. Bologna, Univ., Ist. di Fis.)
D. GEISSLER. 90

**R. Gatto,** *Magnetische Einflüsse bei der Streuung von μ-Mesonen an Kernen.* Vf. errechnet für unpolarisierte μ-Mesonen, die auf unpolarisierte Kerne treffen, den Einfl. des anomalen magnet. Moments des μ-Mesons u. der Stromverteilung im Kern auf die Streuung. (Nuovo Cimento [9] **12.** 613—18. 1/11. 1954. Roma, Univ., Ist. di Fis., Ist. Naz. di Fis. Nucl.)
D. GEISSLER. 90

**David Feldman,** *Nichtrelativistische Wechselwirkung zwischen zwei Nucleonen.* (Vgl. C. **1955.** 5945.) Vf. untersucht das Problem der Ableitung einer Zweinucleon-SCHRÖDINGER-Gleichung aus der Quantenfeldtheorie, bei der nur solche Mesonen, die zwischen den Nucleonen ausgetauscht werden, berücksichtigt werden. Die Betrachtungen werden auf die neutrale Skalartheorie sowie auf die ladungssymm. Ps–Ps-Theorie angewandt. (Physic. Rev. [2] **98.** 1456—70. 1/6. 1955. Rochester, N. Y., Univ., Dep. of Phys.)
GERHARD SCHMIDT. 90

**J. K. Percus** und **G. J. Yevick,** *Eine exakte Neuformulierung des Vielkörperproblems.* (Sitzungsbericht.) (Physic. Rev. [2] **99.** 661. 15/7. 1955. New York, N. Y., Univ., Inst. of Mathemat. Sci. and Stevens Inst. of Technol.)
GERHARD SCHMIDT. 90

**G. J. Yevick** und **J. K. Percus,** *Die exakten klassischen und quantenmechanischen Bewegungsgleichungen für N-Teilchen bei Verwendung kollektiver Koordinaten.* (Vgl. vorst. Ref.) (Sitzungsbericht.) (Physic. Rev. [2] **99.** 661—62. 15/7. 1955.)
GERHARD SCHMIDT. 90

**Jun Nishimura** und **Koichi Kamata,** *Bemerkung über den Beitrag der Einfachstreuung zur seitlichen Struktur von Kaskadenschauern.* Der Einfl. der Einfachstreuung auf die Verteilung der Schauerteilchen in großen Abständen von der Achse wird behandelt. Dabei wird die endliche Ausdehnung des Kerns berücksichtigt. Es ergibt sich, daß die Verteilung in den Luftschauern nicht nur durch die Einfachstreuung erklärt werden kann. (Progr. theoret. Physics [Kyoto] **11.** 608—09. Juni 1954. Kobe, Univ., Dep. of Phys., Scient. Res. Inst. [Orig.: engl.])
M. WIEDEMANN. 90

**Rudolf Haag,** *Die Selbstwechselwirkung des Elektrons.* Bei der vom Vf. vertretenen Auffassung von DIRACs Theorie wird das Paradoxon der Selbstbeschleunigung von Elektronen bereits durch die Voraussetzungen ausgeschlossen, so daß DIRACs Finalbedingung nicht als eine künstliche Nebenbedingung erscheint, sondern als wesentlicher Bestandteil der Bewegungsgleichungen. Die Theorie hat damit „nichtlokalen" Charakter, obgleich das Elektron in gewisser Hinsicht als punktförmig vorausgesetzt wird. Das Verhältnis von DIRACs Theorie zur konventionellen Elektrodynamik wird diskutiert. (Z. Naturforsch. **10a.** 752—61. Sept./Okt. 1955. München, Univ., Inst. für Theoret. Phys.)
B. MÜLLER. 90

**I. R. Senitzky,** *Quanteneffekte in der Wechselwirkung zwischen Elektronen und Hochfrequenzfeldern.* 2. Mitt. (1. vgl. C. **1955.** 8540.) Im Anschluß an l. c. werden die bei dem klass. Vers. des Durchganges eines Elektrons durch einen Hohlraumresonator auftretenden Quanteneffekte näher untersucht. Das abweichende Verh. des Feldes gegenüber dem klass. Verh. wird diskutiert. (Physic. Rev. [2] **98.** 875—84. 15/5. 1955. Fort Monmouth, N. J., Signal Corps Engng. Labors.) GERHARD SCHMIDT. 90

**A. E. Glassgold,** *Streuung energiereicher Elektronen an Kernen.* Ausführliche Darst. der C. **1955.** 6677 referierten Arbeit. (Physic. Rev. [2] **98.** 1360—69. 1/6. 1955. Cambridge, Mass., MIT, Dep. of Phys. and Labor. for Nucl. Sci. and Engng.) GERHARD SCHMIDT. 90

**P. Swan,** *Die elastische Streuung von Elektronen an den angeregten 2s- und 2p-Zuständen von atomarem Wasserstoff.* Vf. berechnet die Streuquerschnitte bei Elektronenenergien zwischen 3 u. 100 eV für große Phasenverschiebungen nach der Meth. von LÄNGER (Physic. Rev. **51.** [1937.] 669), für kleine mit BORNscher Näherung. Die 2s- u. 2p-Streuquerschnitte sind viel größer als der für den Grundzustand. (Proc. physic. Soc., Sect. A **67.** 1086—94. 1/12. 1954. London, Univ. Coll.) D. GEISSLER. 90

**D. D. Betts** und **J. D. Jackson,** *Doppelter Elektroneneinfang durch α-Teilchen in Helium.* (Sitzungsbericht.) (Physic. Rev. [2] **98.** 1149—50. 15/5. 1955. McGill Univ.) E. KLEVER. 90

**R. D. Birkhoff, A. W. Blackstock** und **R. H. Ritchie,** *Mittlere freie Weglänge für diskrete Elektronenenergieverluste in metallischen Folien.* (Sitzungsbericht.) (Physic. Rev. [2] **99.** 647. 15/7. 1955. Oak Ridge Nat. Labor.) GERHARD SCHMIDT. 90

**Michael J. Moravcsik** und **J. Michael Sellen jr.,** *Streuung von Elektronen in einem starken fokussierenden Synchrotron.* (Sitzungsbericht.) (Physic. Rev. [2] **99.** 653. 15/7. 1955. Cornell Univ.) GERHARD SCHMIDT. 90

**Gertrude T. Schwarzmann,** *Physikalische Bedeutung der Dreiquantenzahlen.* (Sitzungsbericht.) (Physic. Rev. [2] **99.** 677. 15/7. 1955.) GERHARD SCHMIDT. 90

**R. T. Wagner** und **F. L. Hereford,** *Temperatureffekte in der Dreiquantenvernichtung von Positronen.* (Sitzungsbericht.) (Physic. Rev. [2] **99.** 665. 15/7. 1955. Univ. of Virginia.) GERHARD SCHMIDT. 90

**Marcel Schein, D. M. Haskin** und **R. G. Glasser,** *Weitere Untersuchungen am Photonereignis.* (Sitzungsbericht.) (Physic. Rev. [2] **99.** 643. 15/7. 1955. Univ. of Chicago.) GERHARD SCHMIDT. 90

**R. N. H. Haslam, R. J. Horsley, H. E. Johns** und **L. B. Robinson,** *Messung der Kern-γ-Absorption in Kohlenstoff.* Die Absorption von γ-Strahlung in C, einem 57,7 cm zylindr. Graphitblock von 5 cm Durchmesser, wurde unter Verwendung von Detektoren, einem vor u. einem hinter dem Graphit bestimmt. Als Detektoren dienten Polystyrol $^{12}C(\gamma, n)^{11}C$; Borsäure $^{16}O(\gamma, n)^{15}O$ u. Schwefel $^{32}S(\gamma, d)^{30}P$, daneben $^{31}P$, $^{63}Cu$ u. $^{64}Zn$. Die Absorptionskoeffizienten infolge COMPTON-Streuung u. Paarerzeugung im Bereich von 12—20 MeV waren $\sim$ 1% niedriger als theoret. erwartet. Für die Kernabsorption lieferten der S-Detektor andere Werte als der O- u. C-Detektor. Die Kernstreuung spielt keine wesentliche Rolle. Die Kurve für die Kernabsorption hat eine Resonanzform wie die (γ, n)- u. (γ, p)-Kurven, man muß jedoch eine Kombination von Kontinuum u. einzelnen Absorptionsmaxima annehmen. (Canad. J. Physics **31.** 636—56. Mai 1953. Saskatoon, Univ. of Saskatchewan, Phys. Dep.) M. WIEDEMANN. 90

**K. M. Gatha** und **G. Z. Shah,** *Totale Querschnitte für Kernstreuung.* (Vgl. C. **1956.** 2928.) Vff. berechnen mit der Dichteverteilung der Kernmaterie (l. c.) den totalen Querschnitt für die Streuung von Nucleonen an Kernen nach dem opt. Kernmodell in der 1. BORNschen Näherung. Die Parameter des komplexen Brechungsindex werden neueren Messungen bei 400 MeV für Neutronen u. 315 MeV für Protonen angepaßt. Die theoret. Werte werden mit den experimentellen verglichen. (Current Sci. **23.** 355—56. Nov. 1954. Ahmedabad, M. G. Sci. Inst.) D. GEISSLER. 90

**Nils Göran Sjöstrand,** *Der Einfluß einer Cadmiumschicht auf die Verteilung von Neutronen in Graphit.* Unters. des Einfl. einer Cd-Schicht zwischen zwei rechteckigen Graphitblöcken auf die Neutronenverteilung. Experimentell wurden die Ergebnisse geprüft, indem in einen Graphitblock eine Cd-Schicht u. in verschied. Abstand davor u. dahinter Mn–Ni-Folien zur Registrierung der Neutronenintensitäten gebracht wurden. Vgl. der Messungen in den vier Empfängern mit u. ohne Cd-Folie geben den gesuchten Einfl. von Cd auf die Neutronenverteilung im Graphit. (Ark. Fysik **6.** Nr. 48. 497—512. 1953. Stockholm, AB Atomenergi, Dep. of Phys.) H. C. WOLF. 90

**K. Strauch** und **F. Titus,** *Streuung von 96 MeV-Protonen an leichten Kernen.* 2. Mitt. *Winkelverteilung.* (1. vgl. C. **1955.** 9014.) Vff. bestimmen die Energiespektren von 96 MeV-Protonen nach der Streuung an *C* u. *Al* bei verschied. Winkeln zwischen 22,5 u. 70°. Der Streuquerschnitt sinkt bei wachsendem Winkel sehr schnell, u. zwar im allg. um so schneller, je größer die Energie der gestreuten Protonen ist. Bei Al nimmt die Höhe der elast. Spitze um einen Faktor 200 von 22,5—60° ab. Bei C ist der entsprechende Faktor 77 von 30—70°, während er für die erste unelast. Spitze 49 beträgt. Die Resultate deuten an, daß die unelast. Streuung durch einzelne Nucleon–Nucleon-Zusammenstöße verursacht wird. (Physic. Rev. [2] **94.** 785. 1/5. 1954. Harvard Univ.) D. Geissler. 90

**T. J. Thompson,** *Einfluß der chemischen Struktur auf das Bremsvermögen für Protonen hoher Energie.* (Vgl. C. **1953.** 803.) (Sitzungsbericht.) Ausführliche Darstellung. (Physic. Rev. [2] **92.** 1083. 15/11. 1953. Berkeley, Calif., Univ. of California, Radiat. Labor.) G. Tölg. 90

**J. E. Brolley jr.** und **F. L. Ribe,** *Energieverlust durch 8,86 MeV-Deuteronen und 4.43 MeV-Protonen.* Mit einer NaJ(Tl)-Scintillator-Photomultiplieranordnung werden bei Verwendung von Cyclotrondeuteronen mit einer mittleren Energie von 8,86 MeV die Bremsvermögen relativ zu Luft für die Gase $H_2$, *He*, $N_2$, $O_2$, *Ne*, *Ar*, *Kr*, *Xe*, $CH_4$ u. $CO_2$ bestimmt. Absol. Bremsquerschnitte werden unter Verwendung von 4,43 MeV-Van de Graaff-Protonen (gleicher Geschwindigkeit) für $H_2$, Luft u. Kr gemessen. Die Deuteronenergebnisse werden normalisiert, um absol. Bremsquerschnitte für sämtliche Gase zu liefern. Die Daten werden mit den jüngsten theoret. Ergebnissen verschied. Autoren verglichen. Es zeigt sich, daß der NaJ(Tl)-Kristall eine Nichtlinearität in seiner Ansprechkurve von Lichtausbeute: Protonen- oder Deuteronenenergie aufweist. (Physic. Rev. [2] **98.** 1112—17. 15/5. 1955. Los Alamos, N. Mex., Univ. of California, LASL.) Gerhard Schmidt. 90

**R. J. Glauber,** *Deuteronenquerschnitte bei hohen Energien.* (Sitzungsbericht.) (Physic. Rev. [2] **99.** 630. 15/7. 1955. Harvard Univ.) Gerhard Schmidt. 90

**Harvey E. Wegner, R. M. Eisberg** und **G. Igo,** *Elastische Streuung von 40 MeV-α-Teilchen an schweren Kernen.* (Vgl. C. **1956.** 1788.) (Sitzungsbericht.) (Physic. Rev. [2] **99.** 640. 15/7. 1955. Brookhaven Nat. Labor.) Gerhard Schmidt. 90

**John A. Wheeler,** *Streuung und Potential.* (Sitzungsbericht.) (Physic. Rev. [2] **99.** 630. 15/7. 1955. Princeton Univ.) Gerhard Schmidt. 90

**F. W. O'Dell** und **M. M. Shapiro,** *Vergleich der Ionisations-Reichweitemethoden der Massenschätzung.* (Sitzungsbericht.) (Physic. Rev. [2] **99.** 641. 15/7. 1955. Naval Res. Labor.) Gerhard Schmidt. 90

**Katsumi Tanaka,** *Über das Lee-Modell.* (Sitzungsbericht.) (Physic. Rev. [2] **99.** 676. 15/7. 1955. Argonne Nat. Labor.) Gerhard Schmidt. 90

**Kenneth W. Ford** und **Carl Levinson,** *Unabhängiges Teilchenmodell des Kerns.* 2. Mitt. *Schwache Oberflächenkopplung.* (1. vgl. Physic. Rev. [2] **99.** [1955.] 792.) Vff. diskutieren die Rolle schwacher Oberflächenkopplung für Mehrteilchen-Kernkonfigurationen, wobei Matrixelemente für die Standardform der Kopplung von Nucleonen an die Oberflächenschwingungen des Kerns gegeben werden. In die theoret. Betrachtungen werden Energieabstände, Konfigurationswechselwrkg., magnet. Momente, Quadrupolmomente u. E 2-Übergangsgrößen einbezogen. Der experimentelle Nachw. spricht für die Annahme, daß eine wahre schwache Kopplungssituation für mehrere Kerne in der Nähe geschlossener Schalen besteht. (Physic. Rev. [2] **100.** 1—12. 1/10. 1955. Bloomington, Ind., Indiana Univ.) Gerhard Schmidt. 95

**Carl Levinson** und **Kenneth W. Ford,** *Unabhängiges Teilchenmodell des Kerns.* 3. Mitt. *Die Calciumisotope.* (2. vgl. vorst. Ref.) Unter Verwendung der l. c. gegebenen Methoden analysieren Vff. die Ca-Isotope der Massenzahlen 41, 42 u. 43. Es zeigt sich, daß die experimentellen Daten für $^{41}$Ca u. $^{42}$Ca ausreichen, um die tiefliegenden Niveaus ungerader Parität von $^{43}$Ca ebenso wie die magnet. Momente vorauszusagen. Im einzelnen wird Übereinstimmung zwischen Theorie u. Experiment für die $^{43}$Ca-Niveaus von Spin u. Parität $7/2^-$, $5/2^-$, $3/2^-$ u. $9/2^-$ gefunden. Die experimentelle Abweichung des magnet. Moments der Schmidt-Linie von 0,595 Kernmagnetonen stimmt mit der vorausgesagten Abweichung von 0,60 Kernmagnetonen überein. Ein effektives Zweiteilchen-Wechselwirkungspotential wird abgeleitet, welches sich von dem Zweiteilchen-Streupotential darin unterscheidet, daß es eine längere Reichweite hat u. flacher ist. (Physic. Rev. [2] **100.** 13—21. 1/10. 1955.) Gerhard Schmidt. 95

**F. J. Milford,** *Projektionsoperator für die Rarita-Schwinger-Gleichung.* Mathemat. Ableitung zur Erklärung anomaler Kerneffekte. (Physic. Rev. [2] **98.** 1488. 1/6. 1955. Cleveland, O., Case Inst. of Technol., Dep. of Phys.) Gerhard Schmidt. 95

**James H. Bartlett,** *Wellengleichung für Helium.* Mathemat. Ableitung der Wellenfunktion für den Grundzustand von He. Der lokale Energiewert $(H\Phi)/\Phi$ ist angenähert konstant über den ganzen Raum, maximale Abweichungen treten bei großen Entfernungen zwischen Elektron u. Kern auf. Die augenblickliche Genauigkeit reicht zu einer exakten Best. des Eigenwertes nicht aus. (Physic. Rev. [2] **98.** 1067—70. 15/5. 1955. Urbana, Ill., Univ. of Illinois, Dep. of Phys.) GERHARD SCHMIDT. 95

**M. Mohiuddin,** *Verläßlichkeit der halbempirischen Massenformel bei der Berechnung der Neutronenbindungsenergie.* Vf. berechnet mit Hilfe der BETHE-WEIZSÄCKER-Formel die Bindungsenergie von Neutronen in Kernen mit 81—85 Protonen u. 123—131 Neutronen. Beim Vgl. mit den experimentellen Werten zeigt sich, daß die verwendete Formel nach einem Schalenabschluß im Kern keine brauchbaren Ergebnisse liefert. (Current Sci. **23.** 356—57. Nov. 1954. Patna, Patna Univ., B. N. Coll., Dep. of Phys.) D. GEISSLER. 95

**Pierre Demers** und **Zofia Lechno-Wasiutynska,** *Energieverlust hochgeladener durch Spaltung oder Höhenstrahlen erzeugter Teilchen.* 3. Mitt. *Die lineare Dichte von δ-Strahlen. Versuche.* 4. Mitt. *Die lineare Dichte der δ-Strahlen. Theoretisches.* (2. vgl. MATHIEU, C. **1955.** 3305.) Längs der Bahnen von Mesonen, Protonen u. α-Teilchen wurden δ-Strahlen mit Energien bis herab zu 2—5 keV gezählt. Die Wirksamkeit bei der Erfassung der δ-Strahlen f, eine rasch veränderliche Funktion ihrer Energie, wurde nach 3 Verff. bestimmt, sie beträgt 0,05% bei 2 keV u. 100—180% bei 50 keV. Die Energieverteilung der δ-Strahlen wurde ermittelt u. aus einer Analyse der Zahl der Körner die Geschwindigkeit. Im Anhang werden die relativist. Korrekturen diskutiert. Die lineare D. der δ-Strahlen hängt bei niedrigen Geschwindigkeiten u. niedriger Ladung stark von f ab, bei hohen Ladungen ist der Elektroneneinfang entscheidend. (Canad. J. Physics **31.** 480—96. Mai 1953. Montréal, Univ., Inst. de Phys.) M. WIEDEMANN. 103

**B. G. Harvey,** *Systematik der Neutroneneinfangquerschnitte.* Zwischen den Neutronenquerschnitten schwerer (trans-Pb) Kerne u. der Bindungsenergie des eingefangenen Neutrons scheint eine rohe Beziehung zu bestehen. Vf. trägt die Summe von Einfang- u. Spaltquerschnitt (falls Spaltung auftritt) für jeden Nuclid gegen die Neutronenbindungsenergie auf. Hierbei zeigt sich, daß die Korrelation am besten für gerade–gerade-Nuclide ist. Ungerade–gerade-Kerne, die ungerade–ungerade-Compoundkerne bilden, besitzen größere Querschnitte für eine gegebene Bindungsenergie als gerade–gerade-Kerne, die gerade–ungerade-Compoundkerne bilden. Für den therm. Einfangquerschnitt wird eine rohe Schätzung angeführt. Für Kerne vergleichbaren Typs wird dieser Querschnitt hauptsächlich durch die Anregung des Compoundkerns u. daher durch die Neutronenbindungsenergie bestimmt. Für Reaktorneutronen mit Wellenlängen von $10^{-8}$ bis $10^{-9}$ cm berechnet sich der Querschnitt zu $\sim 10^3$—$10^4$ barn in befriedigender Übereinstimmung mit den experimentellen Werten. (Physic. Rev. [2] **99.** 333—34. 1/7. 1955. Berkeley, Calif., Univ. of California, Radiat. Labor.) GERHARD SCHMIDT. 103

**J. M. Blair, N. M. Hintz** und **D. M. Van Patter,** *Strahlungseinfang von Deuteronen durch $^3He$.* Vff. untersuchen die γ-Strahlung der Rk. $^3He(d, \gamma)^5Li$. Als Target dienen zwei Kammern verschied. Größe mit Ni-Fenstern u. Ta-Blenden. Verwendet wurde He, das bis 94,3% an $^3He$ angereichert war. Zum γ-Nachw. diente ein NaJ-Kristall mit Multiplier. Die Anregungskurve in Abhängigkeit von der Deuteronenenergie zeigt eine breite Resonanz bei 0,45 ± 0,04 MeV. Die Strahlung ist zwischen 0 u. 90° innerhalb ± 10% isotrop. Der totale Querschnitt für die Erzeugung der γ-Strahlung aus der Rk. $^3He(d, \gamma)^5Li$ ergibt sich zu $(0,57 \pm 0,10) \cdot 10^{-28}$ cm². (Physic. Rev. [2] **96.** 1023—29. 15/11. 1954. Minneapolis, Minn., Univ. of Minnesota, Dep. of Phys.) R. VOIGT. 103

**Glenn M. Frye** und **Louis Rosen,** *Die Zertrümmerung von $^{12}C$, $^{11}B$ und $^{10}B$ durch schnelle Neutronen.* Mit ILFORD C 2-Emulsionen, die kreisförmig um ein Tritiumtarget angeordnet sind, beobachten Vff., daß die Zertrümmerungen durch 12—20 MeV-Neutronen nach den Rkk. $^{12}C(n, n')3\alpha$, $^{10}B(n, 2\alpha)^3H$ u. $^{11}B(n, \alpha)^8Li \rightarrow {}^8Be \rightarrow 2\alpha$ erfolgen. Die Neutronen werden nach der Rk. $T(d, n)^4He$ mit Hilfe eines elektrostat. Beschleunigers erzeugt. Nach angeregten Zuständen von $^{12}C$ u. $^8Be$ wird gesucht. (Physic. Rev. [2] **92.** 1083. 15/11. 1953. Univ. of California, LASL.) G. TÖLG. 103

**O. Hittmair,** *Schalenmodellkopplung und Winkelverteilung der Reaktion $^{13}C(p, \gamma)^{14}N$.* Der Einfl. der Wechselwirkungskräfte auf die Winkelverteilung von Kern-Rkk. wird mit Hilfe der statist. Gewichte der beiden Spinrichtungen, mit denen ein Nucleon in die Rk. eingehen kann, bestimmt. Für die Rk. $^{13}C(p, \gamma)^{14}N^*$ wird unter Anwendung des Schalenmodells ein Ausdruck für die Winkelverteilung abgeleitet, wobei außer LS- u. jj-Kopplung auch Zwischenkopplung herangezogen wird. (Z. Naturforsch. **11a.** 94—95. Jan. 1956. Sydney, Univ., School of Phys.) R. CONRAD. 103

**M. C. Joshi** und **B. V. Thosar,** *γ-Energien beim Zerfall von $^{134}Cs$.* Vff. untersuchen mit einem SIEGBAHN-SLÄTIS-Zwischenbild-β-Spektrometer mit hoher Durchlässigkeit bei 1,5% Auflösung das Konversionsspektr. der γ-Strahlen von $^{134}Cs$ in dicken U- u. Pb-Folien. Die β-Strahlen wurden mit Al-Folien abgedeckt. Es wurden γ-Strahlen mit

Energien von 0,467 ± 0,015, 0,533 ± 0,007, 0,607 ± 0,005, 0,794 ± 0,003, 1,027 ± 0,0015, 1,164 ± 0,010, 1,368 ± 0,005 u. 1,401 ± 0,015 MeV u. mit ihren relativen Intensitäten festgestellt. Ein Niveauschema von $^{134}$Ba wird abgeleitet. (Physic. Rev. [2] **96.** 1022—23. 15/11. 1954. Bombay, Tata Inst. of Fundament. Res.) R. Voigt. 103

**M. W. Johns** und **S. V. Nablo,** *Zerfall von $^{192}$Ir und $^{194}$Ir.* Die Energien u. Intensitäten von 20 γ-Strahlen des $^{192}$Ir u. 16 γ-Strahlen des $^{194}$Ir wurden durch Aufnahmen ihrer Konversionsspektren mit einem β-Spektrometer hoher Auflsg. untersucht. Das β-Spektr. von $^{194}$Ir besitzt 4 Komponenten mit folgenden Endpunkten u. Intensitäten: 2236 keV (70%), 1905 keV (16%), 975 keV (9%) u. 430 keV (2,8%). Die beobachteten β- u. γ-Strahlungen werden Übergängen zu folgenden Niveaus von $^{194}$*Pt* zugeordnet: 0,0, 328,1, 621, 1265, 1477, 1665, 1794, 1802, 1836, 1946 u. 2048 keV. Die Energiedifferenz $^{194}$Ir–$^{194}$Pt beträgt 2236 ± 10 keV. Die γ-Strahlen von $^{192}$Ir werden Niveaus bei 0,0, 283, 485, 690 u. 1064 keV in $^{192}$*Os* u. bei 0,0, 316, 612, 784, 921, 1155, 1201 u. 1359 keV in $^{192}$Pt zugeordnet. (Physic. Rev. [2] **96.** 1599—1607. 15/12. 1954. Hamilton, Ontario, Can., McMaster Univ., Dep. of Phys.) E. Hahn. 103

**Serge Gorodetzky, André Gallmann, Albert Knipper** und **Raymund Armbruster,** *α–γ-Winkelkorrelation beim Übergang AcC → AcC''. Obere Grenze der mittleren Lebensdauer des ersten angeregten Zustandes von AcC''.* Die α–γ-Winkelkorrelation beim Übergang AcC → AcC'' wurde gemessen. Aus der symm. Korrelationskurve schließen Vff. auf einen Drehimpuls von 1/2 für den angeregten Zustand (350 keV) von AC''. Danach ergibt sich für den Grundzustand von AcC'' der Drehimpuls 3/2, für AcC halten Vff. 9/2 für wahrscheinlich. Die Meth. der verzögerten Koinzidenzen liefert als obere Grenze für die Halbwertszeit des angeregten Zustandes von AcC'' $< 1,2 \cdot 10^{-9}$ sec. (C. R. hebd. Séances Acad. Sci. **237.** 245—47. 20/7. 1953.) M. Wiedemann. 103

**B. G. Harvey, S. G. Thompson, G. R. Choppin** und **A. Ghiorso,** *Nuclid $^{254}$99.* (Vgl. C. **1955.** 6909.) Proben des 20 Tage-$^{253}$99 (6,6 MeV-α), die dem Neutronenbeschuß unterworfen werden, zeigen durch α-Impulsanalyse, daß sie einen 6,44 ± 0,01 MeV-α-Teilchen emittierenden Kern enthalten. Diese neue α-Aktivität zeigt keine Intensitätsabnahme über 3 Monate, so daß der hierfür verantwortliche Kern eine längere Halbwertszeit als ∼ 2 Jahre haben muß. Chem. Verff. ermöglichen keine Trennung des 6,44 MeV-α-Strahlers vom Element 99. Verss. über den Elektroneneinfang in $^{254m}$99 (36 Std.-Isomer) zeigen an, daß $^{254}$*Cf* aus dem 36 Std.-$^{254m}$99 u. nicht aus $^{254}$99 entstanden sein muß. Proben, die nur $^{253}$99 u. $^{254}$99 enthalten, zeigen nur eine sehr geringe spontane Spaltaktivität. Die Menge von $^{254}$Cf, die durch eine bekannte Menge von $^{254m}$99 erzeugt worden ist, liefert einen Wert von 1000 für das Verhältnis von $\beta^-$-Zerfall:Elektroneneinfang. (Physic. Rev. [2] **99.** 337. 1/7. 1955. Berkeley, Calif., Univ. of California, Radiat. Labor.)
Gerhard Schmidt. 103

**Adolphe Chapiro,** *Über die räumliche Verteilung der bei radiochemischen Prozessen gebildeten freien Radikale.* Lsgg. von Diphenylpikrylhydrazyl (DPPH) in $CCl_3H$ (**I**) u. Methylacetat (**II**) wurden mit $^{60}$Co-γ-Strahlen bestrahlt. Die krit. Konz. von DPPH, bei der die Geschwindigkeit der Rekombination der durch die Bestrahlung gebildeten Radikale nur 5% der der Umsetzung mit DPPH betrug, ist bei Intensitäten über 250 r/Min. in **I** u. über 1000 r/Min. in **II** proportional $\sqrt{I}$, bei geringeren erreicht sie einen Grenzwert von 55 bzw. $16 \cdot 10^{-5}$ mol. Die ursprünglichen Konzz. der Radikale berechnen sich in **I** u. **II** zu 2,7 bzw. $0,8 \cdot 10^{-5}$ mol. (C. R. hebd. Séances Acad. Sci. **237.** 247—50. 20/7. 1953.) M. Wiedemann. 108

—, *Atomkraft für Öltanker. Mögliche Anwendung bei Tankschiffen.* Techn. Aussichten für die Verwendung der Kernenergie zum Antrieb von Tankschiffen. (Atomics and Atomic Technol. **7.** 97—99. 110. März 1956.) Gerhard Schmidt. 110

**H. E. Johns, J. P. Bernier** und **D. V. Cormack,** *Eine direkte Messung der lokal aus einem γ-Bündel absorbierten Energie.* Vff. beschreiben ein empfindliches Calorimeter, bestehend aus einem Zylinder von 2 cm Durchmesser u. 2 cm Länge, in dem ein Thermistor u. ein Heizdraht untergebracht sind. Der Zylinder ist in einer evakuierten, aluminisierten Glaskammer untergebracht, die in einem Wassertank steckt. Eine zweite gleichartige Anordnung ist mit der ersten über eine Brückenschaltung verbunden. Wenn eines der beiden Calorimeter mit γ-Strahlen bestrahlt wird, tritt eine Spannung an der Meßbrücke auf, die verstärkt u. mit einem selbstabgleichenden Potentiometer registriert wird. Es können Temperaturdifferenzen von $10^{-3}$ Grad auf ± 1% gemessen werden. Die Eichung erfolgt mit dem Heizdraht. Mit einer $^{60}$Co-Quelle, Al bzw. C als Material des Zylinders u. einer Ionisationskammer als Vergleichsinstrument wurde das Verhältnis des Bremsvermögens in Al/C zu 0,881 u. die pro Ionenpaar aufgenommene Energie zu 33,1 ± 0,5 bzw. 33,3 ± 0,5 eV (Al bzw. C) bestimmt. (Nature [London] **176.** 560. 17/9. 1955. Saskatoon, Univ., Dep. of Phys., u. Cancer Clin.) G. Herrmann. 112

**B. Hahn** und **J. Rossel**, *Scintillationen von α-Teilchen in CsJ.* (Vgl. Bonanomi u. Rossel, C. **1953.** 5454, u. Hahn, C. **1954.** 9452.) Die durch α-Teilchen aus Po in Einkristallen von CsJ (ohne Aktivator) hervorgerufenen Scintillationen wurden mit Photomultiplier u. Kathodenstrahloscillographen in Abhängigkeit von der Temp. untersucht. Zwischen 77 u. 135° K entspricht das Abklingen der Scintillationen dem l. c. diskutierten monomol. Mechanismus, während oberhalb 135° K ein komplexeres Gesetz vorzuliegen scheint. Die bei 77° K gemessene Abklingzeit beträgt 0,5 μsec. Durch Vgl. mit ZnS (Ag) u. Anthracen wurde die absol. Luminescenzausbeute zu 35% bestimmt. Ein aus CsJ-Kristall u. dem benutzten Photomultiplier (RCA Nr. 5819) bestehendes Scintillationsspektrometer ergibt für die α-Linie von $^{210}$Po eine Halbwertsbreite von 5%, die aber zu 80% dem Photomultiplier zuzuschreiben ist. Eine bessere Auflsg. ist zu erwarten. (Vgl. auch C. **1955.** 7610.) (Helv. physica Acta **26.** 271—80. 15/6. 1953. Neuchâtel, Univ., Inst. de Phys.) R. Conrad. 112

**J. M. Fowler** und **C. E. Roos**, *Ansprechen von Anthracen und Stilben auf energiearme Protonen und Röntgenstrahlen.* Das Scintillationsansprechen von Anthracen u. Stilben auf energiearme Protonen (170—570 keV) u. Röntgenstrahlen (10—40 keV) wird unter Verwendung von RCA 6199-Photomultipliern untersucht. In Übereinstimmung mit den Unterss. bei höheren Protonenenergien sind die Impulshöhe–Energie-Kurven völlig nichtlinear. Die Röntgendaten sind im wesentlichen linear bis herab zu 10 keV. Dieses Ergebnis widerspricht dem beobachteten Ansprechen dieser Kristalle auf Elektronenbeschuß, es stimmt jedoch mit der Theorie von Birks überein. Mit Hilfe dieser Theorie werden Protonenansprechkurven für Stilben u. Anthracen über einen ausgedehnten Energiebereich erhalten. (Physic. Rev. [2] **98.** 996—99. 15/5. 1955. Baltimore, Md., Johns Hopkins Univ., Dep. of Phys.) Gerhard Schmidt. 112

**Earle C. Farmer** und **Irving A. Berstein**, *Bestimmung der spezifischen Aktivitäten von mit Tritium markierten Verbindungen durch Flüssigkeitsscintillatoren.* Mit T markierte Verbb. wurden in Flüssigkeitsscintillatoren gelöst u. die Zählausbeute im Verhältnis zu Ionisationskammermessungen bestimmt. Für die Messung mit der Ionisationskammer wurde die Verb. verbrannt u. das W. zu $H_2$ umgewandelt. Für Stilben in einer Lsg. von 3 g/Liter Terphenyl u. 0,01 g/Liter Diphenylhexatrien in Phenylcyclohexan betrug die Ausbeute 7,4%, für W. in einer Lsg. von 5 g/Liter Terphenyl in Dioxan 3,8%. (Science [Washington] **117.** 279—80. 13/3. 1953. Boston, Mass., Tracerlab, Inc., Dep. of Phys. and Chem.) M. Wiedemann. 112

**R. H. Hildebrand, N. Knable** und **C. E. Leith**, *Ein γ-Detektor, der auf der Trennung der Elektronenpaare durch Mehrfachstreuung beruht.* Vff. beschreiben einen Elektronenpaarzähler, bei dem die Paare nicht durch Ablenkung im magnet. Feld, sondern durch Mehrfachstreuung getrennt werden. Bei genügender Dicke des Konverters ist der Winkel zwischen den Richtungen der austretenden Elektronen groß genug, um diese in 2 benachbarten Koinzidenzzählern nachweisen zu können. Der Konverter besteht aus einem 0,6 cm dicken Pb-Blech, das in 2,5 cm Abstand von den beiden Scintillationszählern angebracht ist. Die Empfindlichkeitsgrenze des Gerätes ist durch die Dicke der Phosphortanks bedingt. Bei 3 cm dicken Tanks können 20 MeV-γ-Strahlen gerade noch nachgewiesen werden. (Rev. sci. Instruments **23.** 243. Mai 1952. Berkeley, Calif., Univ. of California, Dep. of Phys., Radiat. Labor.) Max Schmidt. 112,

**T. H. R. Skyrme, P. R. Tunnicliffe** und **A. G. Ward**, *Ein Proportionalzähler für Messungen des Neutronenflusses im Energiebereich von 0,1 bis 1 MeV.* Vff. beschreiben die Konstruktion eines mit $H_2$ oder Methan gefüllten Zählrohres, mit dem monoenerget. Neutronenflüsse im Energiebereich von 0,1—1 MeV gemessen werden können. Der Bereich kann bis auf 2 MeV ausgedehnt werden. Die Meßfehler liegen unterhalb 5%. Die Impulsverteilungen der Rückstoßprotonen stimmen mit den berechneten Verteilungen überein, wenn die Wandeffekte für diesen Bereich berücksichtigt werden. (Rev. sci. Instruments **23.** 204—09. Mai 1952. Harwell, AERE.) Max Schmidt. 112

**Karl Strauch**, *Über den Nachweis von Teilchen hoher Energie mit einem schnellen Koinzidenzsystem.* Vff. beschreiben Konstruktion u. Arbeitsweise eines Koinzidenzsyst. mit einem Dioden–Brücken-Koinzidenzkreis, das in Verbindung mit einem Zählerteleskop von 5 schnellen Koinzidenzkanälen zur Messung der Energie von Protonen mit kontinuierlichem Spektr. im Energiebereich von 40—110 MeV geeignet ist. (Rev. sci. Instruments **24.** 283—89. April 1953. Cambridge, Mass., Harvard Univ.) Max Schmidt. 112

**Carl-Erik Fröberg**, *Über ein mathematisches Modell einer photographischen Emulsion.* Im Rahmen von Unterss. über Höhenstrahlen entwickelt Vf. ein Modell für photograph. Emulsionen. Unter verschied. Voraussetzungen wird die Zahl der Körner pro Längen-

einheit berechnet u. eine Meth. beschrieben, die eine Korrektur der Sekundärstrahlung ermöglicht. (Ark. Fysik **7.** Nr. 42. 497—502. 1954. Lund, Inst. für Theoret. Phys.)
W. GÜNTHER. 112

**S. v. Friesen** und **L. Stigmark,** *Photoelektrische Massenbestimmungen in Kernemulsionen.* 3. Mitt. *Beschreibung der neuen experimentellen Anordnungen.* (2. vgl. Ark. Fysik **8.** Nr. 30 [1954.] 305; vgl. auch C. **1955.** 978.) Beschreibung der Verbesserungen der Meßapp. durch Verwendung eines Registriergerätes u. Abänderungen an dem Mikroskop, die eine einfache Auswertung von 3800 μ einer Bahnspur pro Std. ermöglichen, u. Erläuterung des gesamten Meßvorganges an Hand von Beispielen. (Ark. Fysik **8.** Nr. 9. 121—27. 1954. Lund, Univ., Dep. of Phys.) H.-J. EICHHOFF. 112

**L. Jackson Laslett,** *Betatronoscillationen in einem Beschleuniger mit festem Feld und wechselndem Gradienten mit spiralförmig gefurchten Polen.* (Sitzungsbericht.) (Physic. Rev. [2] **99.** 653. 15/7. 1955. Iowa State Coll. and Midwestern Univ. Res. Assoc.)
GERHARD SCHMIDT. 112

**R. D. England** und **W. E. Ogle,** *Ein Betatron-Monitor und -Integrator.* Vff. beschreiben die Konstruktion eines Gerätes zur Überwachung der Röntgenausbeute eines Betatrons u. eines Gerätes zur Messung der Gesamtausbeute des Betatrons in r-Einheiten. Die Geräte arbeiten mit der Scintillationstechnik. Von den untersuchten Phosphoren eignet sich ZnS am besten. (Rev. sci. Instruments **24.** 267—68. April 1953. Los Alamos, N. Mex., LASL.) MAX SCHMIDT. 112

**G. W. Tautfest** und **K. L. Brown,** *Ein Präzisionsmonitor für Elektronenbündel.* (Sitzungsbericht.) (Physic. Rev. [2] **99.** 664. 15/7. 1955. Stanford Univ.)
GERHARD SCHMIDT. 112

**S. D. Bloom, C. O. Muehlhause** und **H. E. Wegner,** *Cyclotron-Energiemessungen durch Flugzeit.* (Sitzungsbericht.) (Physic. Rev. [2] **99.** 654. 15/7. 1955. Brookhaven Nat. Labor.)
GERHARD SCHMIDT. 112

**H. W. Fulbright, D. A. Bromley** und **J. A. Bruner,** *Ein variables 8 MeV-Cyclotron.* (Sitzungsbericht.) (Physic. Rev. [2] **99.** 654. 15/7. 1955. Univ. of Rochester.)
GERHARD SCHMIDT. 112

**Morton Camac,** *Die Charakteristika des Synchrotronbündels.* Vf. bestrahlt verschied. Cu-Targets mit einem Synchrotron-Elektronenbündel. In der ersten Meßreihe wird die Intensität der Bremsstrahlung bestimmt. Bei der zweiten Meßreihe wird das bestrahlte Cu-Target zerschnitten; die in den verschied. Schichten induzierte Radioaktivität wird ermittelt. Daraus gewinnt Vf. Aufschluß sowohl über die radiale Durchdringung des bestrahlten Materials als auch über die radialen u. vertikalen Schwingungen des Bündels vor u. nach der Targetbestrahlung. (Rev. sci. Instruments **24.** 290—97. April 1953. Ithaca, N. Y., Cornell Univ.) MAX SCHMIDT. 112

**C. L. Hammer** und **A. J. Bureau,** *Eine Methode für den schnellen Abbau des Elektronenbündels in einem üblichen Synchrotron.* (Vgl. C. **1956.** 7985.) (Sitzungsbericht.) (Physic. Rev. [2] **99.** 653. 15/7. 1955. Iowa State Coll.) GERHARD SCHMIDT. 112

**H. F. Kaiser,** *Synchromikrotron, das kein statisches magnetisches Führungsfeld erfordert.* (Sitzungsbericht.) (Physic. Rev. [2] **99.** 653—54. 15/7. 1955. Naval Res. Labor.)
GERHARD SCHMIDT. 112

**E. D. Courant,** *Nichtlinearitäten im Synchrotron mit wechselndem Gradienten.* (Sitzungsbericht.) (Physic. Rev. [2] **99.** 652. 15/7. 1955. Brookhaven Nat. Labor.)
GERHARD SCHMIDT. 112

**J. P. Blewett, N. C. Christofilos** und **A. M. Vash,** *Vierpolige Kreise eines permanenten Magneten zur Fokussierung von Bündeln geladener Teilchen.* (Sitzungsbericht.) (Physic. Rev. [2] **99.** 652. 15/7. 1955. Brookhaven Nat. Labor.)
GERHARD SCHMIDT. 112

**Martin Graham,** *Präzisions-Schwingungsspulaufzeichner des magnetischen Gradienten.* (Sitzungsbericht.) (Physic. Rev. [2] **99.** 653. 15/7. 1955. Brookhaven Nat. Labor.) GERHARD SCHMIDT. 112

**M. Hildred Blewett,** *Konstruktionsuntersuchungen für Magnete mit wechselndem Gradienten.* 1. Mitt. *Nach der Relaxationsmethode berechnete Feldverteilungen.* (Sitzungsbericht.) (Physic. Rev. [2] **99.** 652—53. 15/7. 1955. Brookhaven Nat. Labor.)
GERHARD SCHMIDT. 112

**Glen R. Lambertson, C. Lasky** und **Robert H. Phillips,** *Konstruktionsuntersuchungen für Magnete mit wechselndem Gradienten.* 2. Mitt. *Modellmessungen.* (1. vgl. vorst. Ref.) (Sitzungsbericht.) (Physic. Rev. [2] **99.** 653. 15/7. 1955.) GERHARD SCHMIDT. 112

**Russell M. Ball,** *Einfaches Zählsystem, das vom Untersetzer aus arbeitet.* Um vor der genauen Zählung einen Überschlagswert zu ermitteln, bestimmt Vf. die integrierten Pulse mit einer einfachen apparativen Anordnung, die an den Untersetzer angeschlossen werden kann. (Rev. sci. Instruments **24.** 323. April 1953. Chicago, Ill., Nucl. Instrum. and Chem. Corp.) MAX SCHMIDT. 112

**M. L. Smith,** ed. Electromagnetically enriched isotopes and mass spectrometry. London: Butterworths Scientific Publns. 1956. (XVI + 272 S. m. Abb.) 8°. 45 s.

## $A_2$. Optisches Verhalten der Materie.

**Hans Bomke,** *Beweis für die Nichtexistenz einer neuen stark durchdringenden Komponente der Sonnenstrahlung.* Nach TAKATA variiert die zur Proteinflockung in verd. menschlichem Blutserum nötige Menge $HgCl_2$ um 10—15%, je nachdem, ob das Blut kurz vor oder kurz nach Sonnenaufgang aus der Vene entnommen wurde. Dieser Effekt soll jedoch nur auftreten, wenn die Versuchsperson bei der Blutentnahme elektr. isoliert war. Vf. konnte keinen derartigen „cosmoterrestr. Effekt" finden. (Science [Washington] **118.** 255—56. 28/8. 1953. Belmar, N. J., Evans Signal Labor., Appl. Phys. Branch.) M. WIEDEMANN. 113

**M. J. Smyth,** *Photoelektrische Untersuchungen der solaren Korpuskularstrahlung.* 2. Mitt. (1. vgl. Monthly Notices Roy. astronom. Soc. **114.** [1954.] 137.) Mittels einer verbesserten photoelektr. Ausrüstung wurde durch Messungen 1951 u. 1953 für die anomale Absorption im violetten Teil der solaren K-Linie, die auf sich nähernde Teilchen mit 650—1500 km/sec Geschwindigkeit in Verbindung mit Sonnenflecken oder auch mit geomagnet. Störungen zurückgeführt wird, eine obere Grenze von 0,5% festgelegt. (Monthly Notices Roy. astronom. Soc. **114.** 503—13. 1954. Edinburgh, Royal Observ.) M. WIEDEMANN. 113

**J. H. Shaw, M. L. Oxholm** und **H. H. Claassen,** *Das Sonnenspektrum von 7 μ bis 13 μ.* Mit einem Gitterspektrometer hoher Auflösung wurde das infrarote Sonnenspektr. von 7—13 μ neu untersucht. Es werden ausführliche Abb. des Spektr. aufgeführt, zusammen mit einer Tabelle von über 800 Linienfrequenzen u., wo es möglich war, auch deren Identifikation. Es werden Absorptionsbänder von atmosphär. $H_2O$, $CO_2$, $O_3$, $N_2O$ u. $CH_4$ beschrieben u. kurz die Existenz von anderen möglichen atmosphär. Bestandteilen diskutiert. (Astrophysic. J. **116.** 554—74. Nov. 1952. Ohio State Univ., Dep. of Phys. and Astr.) H. PREUSS. 113

**A. Vallance Jones,** *Das Infrarotspektrum des Nachthimmels nahe 10000 Å.* Vf. diskutiert eingehend das mittels der neuen KODAK IZ (2)-Platten aufgenommene infrarote Spektr. des Nachthimmels. Die Beobachtungen stimmen recht gut mit den berechneten Wellenlängen der OH-Bande überein. Das Spektr. hat bei 9951 Å nahezu die gleiche Intensität wie der Q-Zweig von (9,5) bei 10015,1 Å, während der R-Zweig von (5,2) u. (4,1) schwächer ist als der Q-Zweig. Dies mag an einer starken Konvergenz des R-Zweiges liegen. Die atmosphär. O-Bande bei 9967 Å ist nicht nachweisbar; ebenso fehlt die (10,6)-Bande. Es kann kein Zweifel bestehen, daß dieser Teil des Spektr. dem OH-Rotations-Vibrations-Syst. zuzuschreiben ist. (Nature [London] **175.** 950—51. 28/5. 1955. Saskatoon, Sask., Univ. of Saskatchewan, Phys. Dep.) H. PREUSS. 113

**Paul W. Merrill,** *Das Tieftemperaturspektrum von HD 45910.* Ein schwaches Absorptionsspektr. vom Typ gM2 ist im roten Bereich dieses besonderen Hüllensternes meßbar. Die D-Linien des Na sind abnorm schwach. Die variierenden Verschiebungen der M-Typ-Linien entsprechen einer Zirkulationsbewegung mit einer Periode von 232 Tagen u. einer Halbamplitude von 52 km/sec. Die Messungen von PLASKETT (Pub. Dom. Ap. Obs. Victoria **4.** [1927.] 1) scheinen eine entsprechende Bewegung der B-Typ-Komponente zu zeigen. Die aus interstellaren Linien hergeleitete Radialgeschwindigkeit entspricht einer Sternentfernung von 900 pc u. einer absol. Helligkeit von —3,1. (Astrophysic. J. **116.** 498—500. Nov. 1952. Mount Wilson and Palomar Observ., Carnegie Inst. of Washington, California Inst. of Technol.) H. PREUSS. 113

**Otto Struve** und **Edward Ratcliffe,** *Das Spektrum von ζ-Herculis B.* Auf Grund der Stärke der Fe-Linien u. der Intensität von $H_\gamma$ u. $H_\delta$ wird das Spektr. des ζ-Herculis B, das mit dem Mount Wilson-Reflektor bei einer Spektrographendispersion von 10 Å/mm aufgenommen wurde, in der Vergleichsskala zwischen die Standardsterne G 9 u. K 5 eingereiht u. als spektraler Typ dKO bezeichnet. (Publ. astronom. Soc. Pacific **66.** 31—32. Febr. 1954. Berkeley, Univ. of California, Astron. Dep.) J. RUDOLPH. 113

**Rhea Lüst-Kulka,** *Temperatur und Elektronendruck in den Atmosphären von S Sagittae und T Vulpeculae.* Auf Grund von 28 Spektralaufnahmen der beiden Veränderlichen S Sagittae u. T Vulpeculae wurde die Änderung von Temp., Elektronendruck u. Elementhäufigkeit zwischen Lichtmaximum u. Lichtminimum bestimmt. In zahlreichen Tabellen der Äquivalentbreiten der Linien von *Fe I*, Fe II, *Ti II*, *Cr I*, Cr II, *Ca I*, *Mn I* u. *SrII* u. graph. Darstellungen sind die Versuchsergebnisse wiedergegeben. (Z. Astrophysik **33.** 211—44. 1954. Göttingen, Univ.-Sternwarte.) C. GOTTFRIED. 113

**E. M. Purcell,** *Die Lebensdauer des $2^2S_{1/2}$-Zustandes von Wasserstoff in einer ionisierten Atmosphäre.* Es wird die Wahrscheinlichkeit der Übergänge $2^2S_{1/2} \rightarrow 2^2P_{1/2}$ u. $2^2S_{1/2} \rightarrow 2^2P_{3/2}$ resultierend aus Zusammenstößen von H-Atomen im $2^2S_{1/2}$-Zustand mit Elektronen u. positiven Ionen berechnet. Es wird der dominierende Effekt der Protonen hervorgehoben. Die Häufigkeit des 2 S-Zustandes unter chromosphär. Bedingungen wird als wesentlich kleiner gefunden als die Schätzungen von GIOVANELLI. Das Auftreten der Linie $2^2S_{1/2} \rightarrow 2^2P_{3/2}$ in Absorption ist unwahrscheinlich. (Astrophysic. J. **116.** 457—62. Nov. 1952. Harvard Univ., Lyman Labor.) H. PREUSS. 113

**A. F. Richter,** *Intraatomare Konjugation.* 1. Mitt. *Atommodelle.* Die Quotienten der Ionisationspotentiale der Elektronen in den s-Dubletts der Perioden u. den s-Dubletts der homologen Atome u. Kationen wurden berechnet u. sind tabellar. dargestellt. Die Resultate beweisen eine variable Stabilität der Oktette von Edelgasen u. die des gleichen Oktetts bei den Kationen der gleichen Periode. Die ermittelten Beziehungen ermöglichen die Berechnung gewisser unbekannter J, wie jene des Franciums JFrI = 6,30 u. JFrII = 20,05. In gleicher Weise wurde die Stabilität der Dekaoktetts (z = 28, 46, 78) ermittelt, womit eine Bestätigung der früheren Arbeiten des Vf. gegeben ist (vgl. C. **1928.** II. 1965; **1932.** I. 2129). Vf. glaubt, einige neue Beweise für die Existenz atomarer elektrostat. Modelle gegeben zu haben, u. ergänzt die Überlegenheit seiner Abschirmungszahlen im Vgl. mit den SOMMERFELDschen Zahlen. Die Gleichung des Vf. für isoelektr. Reihen stellt exaktere Atom- u. Ionenmodelle dar, mit deren Hilfe sich einige Tatsachen in überzeugender Weise darstellen lassen. (Časopis českého Lékárnictva, vědecká Příloha **63.** 280—86. 1950. Praha, Karl. Univ., II. Úst. lek. chem.) K. STEINER. 114

**Robert J. Rubin** und **B. A. Fleishman,** *Über das Frequenzspektrum einer eindimensionalen Isotopen-Kristall-Mischung.* (Sitzungsbericht.) (Physic. Rev. [2] **99.** 656—57. 15/7. 1955. Appl. Phys. Labor.) R. LEVI. 114

**R. W. Nicholls** und **W. R. Jarmain,** *„Angenäherte" internucleare Trennungen bei der Untersuchung von Molekülbandensystemen.* (Sitzungsbericht.) (Physic. Rev. [2] **99.** 667. 15/7. 1955.) E. KLEVER. 114

**J. M. Gerhauser** und **F. A. Matsen,** *Anwendung der Störungstheorie auf das Heliumatom.* Angabe von Formeln für den Grundzustand u. zahlenmäßige Auswertung der Näherungsformel 2. Ordnung. (J. chem. Physics **23.** 1359. Juli 1955. Austin, Tex., Univ., Dep. of Chem. Phys.) G. KIRSCHSTEIN. 114

**A. Budó** und **I. Kovács,** *Über den $^4\Pi$-Zustand des $O_2^+$-Moleküls.* Inhaltlich ident. mit der C. **1956.** 6861 referierten Arbeit. (Acta physica Acad. Sci. hung. **4.** 273—90. 30/3. 1955. Budapest, Physikal. Zentralforschungsinst. der Ungar. Akad. der Wiss., Spektroskop. Abt.) D. HAHN. 114

**Lindsay Helmholz, Harry Brennan** und **Max Wolfsberg,** *Spektren und Elektronenstruktur des Fluorochromations, Chromylchlorids und einiger verwandter Verbindungen.* Zur Berechnung der Energien der Erregungszustände u. Übergangsmomente für verwandte Moll. der chem. Formel $CrO_3X^-$ u. $CrO_2X_2$ wird eine halbempir. Meth. aufgestellt, die zu einer guten Übereinstimmung der beobachteten u. berechneten Spektren führt. Die Meth. wird auf die Ionen $CrO_3F^-$, $CrO_3Cl^-$, $CrO_2F_2$, $CrO_2Cl_2$ u. $SO_2Cl_2$ angewendet. Die Ergebnisse wie auch die relative Bedeutung der $\sigma$- u. $\eta$-Bindung werden diskutiert. (J. chem. Physics **23.** 853—58. Mai 1955. St. Louis, Mo., Washington Univ., Chem. Dep.; Upton, Long Island, N. Y., Brookhaven Nat. Labor., Chem. Dep.) E. HAHN. 114

**George L. Rogosa** und **William F. Peed,** *L-Röntgenenergien von Np, Pu und Am.* Die Fluorescenzspektren von $^{237}Np$, $^{239}Pu$ u. $^{241}Am$ (jeweils 200 mg) bei der Anregung durch W-Strahlung (40 kV u. 20 mA) werden mit einem CAUCHOIS-Transmissionsspektrometer mit gekrümmtem Kristall untersucht. Es werden fünf Np-, acht Pu- u. fünf Am-L-Übergänge beobachtet. Die Energien dieser Übergänge, bezogen auf die $K_{\alpha_1}$-Linien der Elemente $_{37}Rb$ bis $_{47}Ag$, sind: *Np* $\alpha_2$ (13,758 ± 0,004); $\alpha_1$ (13,940 ± 0,003); $\beta_2$ (16,833 ± 0,005); $\beta_1$ (17,745 ± 0,005) $\gamma_1$ (20,781 ± 0,007); *Pu* $\alpha_2$ (14,083 ± 0,004); $\alpha_1$ (14,278 ± 0,003); $\beta_2$ (17,252 ± 0,005); $\beta_4$ (17,551 ± 0,005); $\beta_5$ (17,946 ± 0,005); $\beta_1$ (18,290 ± 0,006); $\beta_3$ (18,535 ± 0,008); $\gamma_1$ (21,410 ± 0,008); *Am* $\alpha_2$ (14,407 ± 0,004); $\alpha_1$ (14,614 ± 0,003); $\beta_2$ (17,672 ± 0,005); $\beta_1$ (18,845 ± 0,005) u. $\gamma_1$ (22,056 ± 0,008 keV). Es wird mangelnde Übereinstimmung mit den Werten von BARTON, ROBINSON u. PERLMAN (C. **1951.** II. 3550); JAFFE, PASSELL, BROWNE u. PERLMAN (C. **1956.** 920) u. DAY (C. **1956.** 6288) gefunden; hingegen stimmen die Daten für Pu hervorragend mit den Messungen von CAUCHOIS, MANESCU u. LE BERQUIER (C. R. hebd. Séances Acad. Sci. **239.** [1954.] 1780) überein. (Physic. Rev. [2] **101.** 591—93. 15/1. 1956. Oak Ridge, Tenn., ORNL.) W. KRÖNERT. 116

**Herbert P. Broida** und **James W. Moyer,** *Spektroskopische Analyse von Deuterium in Wasserstoff-Deuterium-Mischungen.* Durch Messungen des Intensitätsverhältnisses der BALMER-Linien von H u. D in einer elektrodenlosen Entladung (150 MHz) durch ein strömendes Gasgemisch ist für Gemische mit hoher $D_2$-Konz. (85—100%) eine analyt. Best. der Hauptkomponente innerhalb 0,1% möglich. Zusätze von Luft bis 2,5% stören nicht. Für die Genauigkeit der Best. bestehen jedoch bestimmte optimale Bedingungen bzgl. Druck u. konstanter Entladungsverhältnisse. Bei größeren Abweichungen vom optimalen Druck u. für $D_2$-Konzz. $<$85% treten aus noch nicht geklärten Ursachen größere Fehler in den gemessenen Intensitätsverhältnissen auf. (J. opt. Soc. America **42.** 37—41. Jan. 1952. Schenectady, N. Y., Knolls Atomic Power Labor.) J. Rudolph. 118

**L. M. Branscomb, R. J. Shalek** und **T. W. Bonner,** *Intensitätsverteilungen für die in der Aurora und durch energiereiche Protonen und Wasserstoffatome angeregten Stickstoffbanden.* Es werden im blauen u. im UV-Gebiet die Spektren bei Anregung von Luft (einige Torr) durch 100 keV-Protonen u. durch schnelle neutrale H-Atome aufgenommen. Die Spektren zeigen 27 Glieder der 2. positiven (2 P) Banden des $N_2$ u. 7 Glieder der 1. negativen (1 N) Banden des $N_2^+$ bei Abwesenheit von Atomlinien u. irgendwelcher O-Banden. Die Intensitätsverteilung der Schwingungbanden wird mit dem Aurora-Spektr. sowie mit den in Laboratoriumsverss. bei Anregung mit Elektronen- u. 100 keV-H-Kanalstrahlen erhaltenen Spektren verglichen. Die 1 N-Banden des $N^{2+}$ werden in erster Linie durch Protonen, aber auch durch neutrale H-Atome, die 2P-Banden des $N_2$ nur durch H-Atome angeregt. An Hand der Meßergebnisse werden die Theorien der Anregung der Aurorabanden diskutiert. (Trans. Amer. geophysic. Union **35.** 107—13. Febr. 1954. Washington, D. C., Nat. Bur. of Stand.; Houston, Tex., Rice Inst.) J. Rudolph. 118

**Walter R. Kane** und **K. C. Clark,** *Stickstoffnachleuchten in einem magnetischen Feld.* Vff. berichten über die Wrkg. eines magnet. Feldes auf die einfache exponentielle Abklingung eines $N_2$-Nachleuchtens bei 0,017 mm Druck. Das magnet. Feld (850 Gauß) verlangsamte die Abklingkonstante von 0,061 msec um 2,9 $\pm$ 0,5%. Theoret. Berechnungen bestätigen das Ergebnis der Beobachtungen. Wenn keine Ionen bei der opt. Erregung mitwirken würden, dann würde das magnet. Feld keinen Einfl. haben. (J. chem. Physics **23.** 859—60. Mai 1955. Seattle, Wash., Univ., Dep. of Phys.) E. Hahn. 118

**J. K. Hurwitz** und **J. Convey,** *Analyse der Anregungscharakteristiken der Spektren von Eisenlegierungen.* Zwecks spektralanalyt. Bestimmungen von Legierungen von Elementen mit großem Linienreichtum werden homologe nicht interferierende Linienpaare benachbarter Wellenlängen u. ähnlicher Anregungspotentiale für die Legierungsbestandteile niedrig legierter sowie nichtrostender Stähle (*Si, Mn, Cr, Ni, V*) ausgesucht. Die Aufnahme verschied. Arbeitskurven (Logarithmus des Konzentrationsverhältnisses zum Logarithmus des Intensitätsverhältnisses) zeigt, daß diese über einen großen Bereich linear sind u. ihre Neigungen unabhängig von den Legierungspartnern u. den Entladungsbedingungen sind. Mitunter bes. bei höheren Konzz. beobachtete Störungen durch Selbstumkehr ließen sich vermeiden, wenn ein starker Luftstrom gegen die Entladung geblasen wurde, wodurch die Zahl der verwendbaren Spektrallinienpaare erhöht werden konnte. (J. opt. Soc. America **42.** 24—30. Jan. 1952. Ottawa, Dep. of Mines and Techn. Surv., Phys. Metall. Div.) J. Rudolph. 118

**Jack Eldon Taylor,** *Die Änderung des Emissionsvermögens von Eisen und Molybdän mit der Wellenlänge.* Das Emissionsvermögen $\varepsilon$ zylindr. Körper aus sehr reinem Mo u. Fe wird (im Vgl. zur Temperaturstrahlung eines schwarzen Körpers) als Funktion der Wellenlänge im Gebiet 4000—7000 Å bei verschied. Tempp. gemessen. Bei beiden Metallen fällt $\varepsilon$ mit zunehmender Wellenlänge. Außerdem zeigt sich, daß beim raumzentrierten Fe unterhalb 1178°K $\varepsilon$ für alle Wellenlängen größer als bei der flächenzentrierten kub. Hochtemperaturform ist. (J. opt. Soc. America **42.** 33—36. Jan. 1952. Madison, Wis., Univ. of Wisconsin, Dep. of Phys.) J. Rudolph. 118

**Bengt Kleman** und **Stig Lindkvist,** *Das Bandenspektrum des $Cu_2$-Moleküls.* In einem King-Schmelzofen, welcher Cu enthält, erscheinen zwei starke Bandensysteme, eins im grünen u. eins im blauen Gebiet. Beide Systeme besitzen einen gemeinsamen Endzustand, wie eine Schwingungsanalyse zeigt. Als Emitter wird das $Cu_2$-Mol. gefunden. Das blaue Syst. ist mit einem Syst. ident., das früher dem Cu I zugeschrieben worden ist. Ferner werden dieselben Unterss. an $Ag_2$ u. $Au_2$ beschrieben. Die Dissoziationsenergie von $Cu_2$ für den Grundzustand wird zu $D.^0_0 = 2{,}1$ eV bestimmt. (Ark. Fysik **8.** Nr. 32. 333—39. 1954. Stockholm, Univ., Phys. Dep.) D. Hahn. 118

**S. Nikitine,** *Absorptionsspektren fester Körper.* Vf. behandelt die Excitonentheorie am Beispiel des *$Cu_2O$.* (J. Physique Radium **16.** 40 S—41 S. Juli 1955. Strasbourg, Univ., Inst. de Phys.) H. C. Wolf. 118

**S. Nikitine, L. Couture, M. Sieskind** und **G. Perny,** *Über die Linienserien der Excitonenbildung in $Cu_2O$.* (Vgl. vorst. Ref.) Inhaltlich gleich mit der C. **1955.** 6913 referierten Arbeit. (J. Physique Radium **16.** 41 S—42 S. Juli 1955.) H. C. Wolf. 118

**Kelvin Burns** und **Kenneth B. Adams,** *Energieniveaus und Wellenlängen der Quecksilberisotope 198 und 202.* (Vgl. C. **1954.** 244.) In einer elektrodenlosen Entladung in $^{198}$Hg bzw. $^{202}$Hg (mit einigen Torr Ar oder Ne) werden im Gebiet 2302—6709 Å 60 Linien relativ zur Linie 5460, 7532 Å aufgenommen. Die Linien der beiden Isotope u. ihre Differenzen werden nach Wellenlängen in Luft u. Vakuumwellenzahlen mit den zugehörigen Termübergängen tabellar. zusammengestellt u. mit früheren Messungen verglichen. Vgll. mit entsprechend angeregten Linien des natürlichen Hg ergeben, daß dieses als Quelle für Sekundärstandards brauchbar ist. (J. opt. Soc. America **42.** 56—59. Jan. 1952. Pittsburgh, Pa., Allegheny Observ. u. Westinghouse Res. Labor.)
J. RUDOLPH. 118

**Ulla Uhler,** *Die Rotationsanalyse des β-Systems von Zirkonoxyd.* Die 0,0-Bande des β-Syst.-(B–X) von ZrO wird untersucht. Es werden ihre Struktur, eine genaue Rotationsanalyse sowie in Tabellen die Wellenzahlen von $^3\Pi_2$–$^3\Delta_3$ u. von $^3\Pi_1$–$^3\Delta_2$ angegeben. In zwei von drei Unterbanden wird eine Λ-Typ-Verdopplung beobachtet. Folgende Konstanten werden hergeleitet: $B^3\Pi$: $B_0' = 0{,}4016$ K, $D_0' = 0{,}38\cdot10^{-6}$ K, $r_e' = 1{,}755\cdot10^{-8}$ cm, $X^3\Delta$: $B_0'' = 0{,}4145$ K, $D_0'' = 0{,}30\cdot10^{-6}$ K, $r'' = 1{,}728\cdot10^{-8}$ cm. (Ark. Fysik **8.** Nr. 29. 295—304. 1954. Stockholm, Univ. Phys. Dep.) D. HAHN. 118

**F. R. Lipsett** und **A. J. Dekker,** *Fluorescenzspektren einiger organischer fester Lösungen.* Zur Messung der Spektralverteilung der Luminescenz von festen Körpern mit Hilfe eines Spektrophotometers zusammen mit einem Photomultiplier wird eine neue Meth. angegeben. Es werden die Fluorescenzspektren bei Röntgenstrahlanregung von *Naphthalin* mit *1.2.5.6-Dibenzanthracen,* Naphthalin mit *Naphthacen* u. *Anthracen* mit Naphthacen bei verschied. Konzz. aufgenommen (Abb.) u. untersucht. (Canad. J. Physics **30.** 165—73. Mai 1952. London, Royal Institution.) E. HAHN. 118

**B. Vittoz,** *Zufällige Doppelbrechungen und absolute Änderungen der Indices in Quarz.* (Vgl. C. **1955.** 8548.) Beschreibung des Prinzips für die Messung der Veränderungen des Brechungsindex von Quarz für verschied. Fortpflanzungsrichtungen des Lichtes, der Kompression u. des elektr. Feldes. Die Meth. beruht auf der Unters. von Interferenzfiguren dreier paralleler, monochromat. Lichtbündel mit einem Photomultiplier, welche 3 ident. Proben durchsetzen. Angabe einiger Resultate. (Helv. physica Acta **27.** 502—05. 15/6. 1954. Lausanne, E.P.U.L., Labor. de Phys.) H.-J. EICHHOFF. 119

**F. Jona, G. Shirane** und **R. Pepinsky,** *Optische Eigenschaften und Zwillinge von $PbZrO_3$-Einkristallen.* (Vgl. C. **1956.** 7439.) (Sitzungsbericht.) (Physic. Rev. [2] **98.** 1201. 15/5. 1955. Pennsylvania State Univ.) E. KLEVER. 119

**R. H. Buteux,** *Untersuchung von Oberflächen durch Röntgenstrahlenreflexion.* Trifft ein aus einem feinen Spalt divergierend austretender Röntgenstrahl nach Reflexion an einer opt. ebenen Oberfläche eine photograph. Platte, dann erscheinen auf der Platte Streifungen, die ihren Ursprung nach EHRENBERG (vgl. J. opt. Soc. America **39.** [1949.] 746) auf Unvollkommenheiten der Oberflächen haben. Vf. untersuchte mittels dieser Meth. eine Reihe von Oberflächen. Zunächst wurde beobachtet, daß Spaltebenen u. natürliche Oberflächen von Kristallen sehr viel mehr uneben waren, als solche, die zuvor poliert worden waren. Gleiche Streifungsdiagramme wurden von opt. polierten Oberflächen von *Glas, Quarz, Stahl, Calcit, Selenit, Gips* u. *Alkalihalogeniden* erhalten. Wurde eine solche Glasoberfläche im Vakuum mit Au, Ag, Sn, Cu, Al, Mg, Sb u. Te bis zu einer Dicke von 2000 Å bedampft, dann änderte sich das photograph. Bild nicht. Bei aufgestäubten Nichtmetallen, Pt oder rotem Selen, wurden bei Filmdicken von 40 μ die Diagramme verwischt. Auf Glas aufgegossene Filme von *Nitrocellulose* oder *Polyvinylchlorid* zeigten ein ähnliches Streifendiagramm. Vergrößert man den Abstand Platte—Oberfläche, dann kann man für jede Linie einen reellen oder virtuellen Brennpunkt bestimmen, der entweder in der Oberfläche oder zuweilen hinter der Oberfläche liegt. Hieraus kann geschlossen werden, daß die Oberflächenelemente als gekrümmte Reflektoren wirken, die unter verschied. Winkeln zu der allg. Ebene der Oberfläche geneigt sind. (J. opt. Soc. America **43.** 618. Juli 1953. London, Univ., Birbeck Coll.)
C. GOTTFRIED. 119

**D. N. Sen, San-ichiro Mizushima, Columba Curran** und **J. V. Quagliano,** *Infrarotabsorptionsspektren von anorganischen Koordinationskomplexen.* 1. Mitt. *Die Natur der Chelatbindung n Bis-[glycino]-kupfer(II)-monohydrat und Bis-[glycino]-nickel(II)-dihydrat.* Vff. bestimmten die Infrarotspektren von *Bis-[glycino]-kupfer(II)-monohydrat* (**I**) u. *Bis-[glycino]-nickel(II)-dihydrat* (**II**) u. stellen Vgll. zu den Spektren von Kaliumglycinat, Äthylglycinat u. Glycinhydrochlorid an. Die Spektren von **I** u. **II** sind angegeben. Vff. schließen aus den erhaltenen Resultaten, daß die Resonanzstruktur des Carboxylations im wesentlichen aufrechterhalten wird, u. daß die Bindung zwischen dem Zentralmetallatom des Komplexes u. der Carboxylatgruppe ion. Charakter besitzt. Die erhaltenen

Resultate stimmen mit früheren Unterss. über Komplexe, die Ionen innerhalb u. außerhalb der Koordinationssphäre enthalten, überein. *Bis-[glycino]-kupfer(II)-monohydrat* $Cu(NH_2CH_2-COO)_2 \cdot H_2O$, aus $Cu(OH)_2$ u. einer wss. Lsg. von Glycin (III) (50% Ausbeute). — *Bis-[glycino]-nickel(II)-dihydrat* $(Ni(NH_2CH_2COO)_2 \cdot H_2O$, aus $NiCO_3$ u. einer wss. Lsg. von III (50%). (J. Amer. chem. Soc. **77.** 211—12. 5/1. 1955. Notre Dame, Ind., Univ., Chem. Labors.) M.-L. KLAAR. 120

**F. N. H. Robinson,** *Raumladungsglättung von Mikrowellenrauschen in Elektronenstrahlen.* Vf. gibt eine theoret. Analyse des Elektronenrauschens unter Berücksichtigung des Raumladungseinfl. u. des Anfangsgeschwindigkeitsspektr. entsprechend der BOLTZMANN-Verteilung. Die Theorie stimmt mit Experimenten von CUTLER u. QUATE (Physic. Rev. **80.** [1950.] 875) überein u. ermöglicht für alle Frequenzen eine Best. des Rauschens. (Philos. Mag. [7] **43.** 51—62. Jan. 1952. Oxford, Clarendon Labor.) W. GANS. 121

## $A_3$. Elektrizität. Magnetismus. Elektrochemie.

**Georges Déjardin, Joseph Janin** und **Ivan Eyraud,** *Spektroskopische Untersuchung der Entladung und des Nachleuchtens in Stickstoff, die durch Mikrowellenstöße hervorgerufen werden.* (Sitzungsbericht.) (Physic. Rev. [2] **98.** 1149. 15/5. 1955. Lyon, Univ.) E. KLEVER. 131

**R. V. Jones, W. Dobrowolsky, W. B. Kunkel** und **C. D. Jeffries,** *Cyclotronresonanz freier Elektronen im Stickstoffnachleuchten.* (Sitzungsbericht.) (Physic. Rev. [2] **99.** 646. 15/7. 1955. Berkeley, Calif., Univ. of California.) H. LIEPACK. 131

**R. N. Varney,** *Die Reaktionen von Stickstoff, welcher durch elektrische Entladung aktiviert wurde.* Es werden $N_2$-Rkk. im Gaszustand untersucht, wenn $N_2$ mit $H_2$ oder $O_2$ in einer Glimmentladung zur Rk. gebracht wird. Dabei entstehen $NH_3$, NO u. $N_2O_3$. Vf. findet, daß die N-Ionen keine direkte Rolle bei diesen Rkk. spielen, dagegen aber der aktivierte $N_2$. Der umgekehrte Prozeß, bei dem $H_2$ oder $O_2$ diese Entladung durchlaufen u. dann mit $N_2$ aktiviert werden, liefert keine Reaktionsprodukte. Allg. sind Ionenprozesse in Gasentladungs-Rkk. nicht aktiv. (J. chem. Physics **23.** 866—68. Mai 1955. Tonawanda, N. Y., A Div. of Union Carbide and Carbon Corp., Res. Labor. of Linde Air Prod. Comp.) E. HAHN. 131

**K. S. Visvanathan,** *Die Zersetzung von Stickstoffoxyd in der stillen elektrischen Entladung.* 1. Mitt. Die Zers. von NO in einer Ozonisatorentladung von 5 kV u. 100 Hz wurde im Druckgebiet zwischen 2 u. 35 cm untersucht. An Hand der Änderungen des Druckes u. des Entladungsstromes, die synchron verlaufen, wurde der Fortgang der Zers. verfolgt. Das Endprod. der Rk. sind $N_2$ u. $O_2$, intermediär wird $NO_2$ gebildet. Im ersten Teil der Rk. nehmen Druck u. Entladungsstrom ab, da sich $NO_2$ ansammelt. Im zweiten Teil, wenn die $NO_2$-Menge ihr Maximum erreicht hat, nimmt der Druck wieder zu bis zu seinem Anfangswert. Der Entladungsstrom, der ebenfalls wächst, kommt nicht wieder auf seinen Anfangswert, was mit Hilfe der JOSHIschen Erkenntnisse erklärt wird. Der Reaktionsmechanismus der NO-Zers. durch stille Entladung wird diskutiert. (J. Indian chem. Soc. **29.** 307—16. Mai 1952. Benares, Hindu-Univ., Dep. of Chem.) H. W. LEVI. 131

**M. Chenot,** *Raumladungseffekte in einer Hochfrequenzentladung.* 1. Mitt. Eine durch Hochfrequenz angeregte Gasentladung unter schwachem Druck (Hg-Sättigungsdruck bei Raumtemp.) kann unter bestimmten Bedingungen der Sitz einer konstanten EMK. sein. Die Anregung erfolgt durch 2 ringförmige Außenelektroden (Frequenz 40—50 MHz). An 2 in geeignetem Abstand befindlichen Innenelektroden kann auf Kosten der Hochfrequenzenergie ein schwacher Gleichstrom (ca. 1 mA) abgenommen werden. Ein spezieller Charakteristik-Typ wird im Einzelnen studiert u. qualitativ gedeutet. Das Auftreten einer konstanten EMK. ist abhängig von der Antisymmetrie der Entladung u. einer permanenten Verteilung der Raumladung in der Röhre. Die Anwendung von LANGMUIR-Sonden bei durch Meterwellen angeregten Entladungen wird diskutiert. (J. Physique Radium **16.** 54—61. Jan. 1955. École Norm. Sup. des Icunes Filles.) P. WOLF. 131

**M. Chenot,** *Raumladungseffekte in einer Hochfrequenzentladung.* 2. Mitt. (1. vgl. vorst. Ref.) In einer Niederdruckentladungsröhre (Hg, $H_2$) mit 2 eingebauten Elektroden kann zwischen diesen bei äußerer Hochfrequenzerregung ($U_e$; 6—50 MHz) eine EMK. ($E_0$) beobachtet werden. Die dabei auftretende Kathodenzerstäubung wirkt auf die Entladung zurück. Ionen-Ndd. auf den Wänden durch radiale elektr. Felder infolge Elektronendiffusion werden im Gebiet der Hochfrequenzelektroden unterdrückt. Dabei treten Dunkelräume in der Entladung auf, die $E_0$ nach Größe u. Richtung entscheidend beeinflussen. Vf. berichtet von Unterss. über die Wrkg. der Schaltung u. der

Lage der Hochfrequenzelektroden auf $E_0$. Das günstigste Verhältnis von $E_0$ zu $U_e$ erhält man bei möglichst geringem $U_e$ (z. B. $U_e = 16,5$ V; $E_0/U_e = 10,9$). (J. Physique Radium **16.** 101—07. Febr. 1955.) GRETCHEN MÜLLER. 131

**Arthur Broyles,** *Stark-Feld durch Ionen in einem Plasma.* (Sitzungsbericht.) (Physic. Rev. [2] **98.** 1166. 15/5. 1955. RAND Corp.) E. KLEVER. 131

**Joel L. Lebowitz** und **E. P. Gross,** *Quantentheorie der dielektrischen Relaxation.* (Sitzungsbericht.) (Physic. Rev. [2] **99.** 623. 15/7. 1955. Syracuse, N. Y., Univ.) H. LIEPACK. 132

**A. F. Ioffe,** *Untersuchung von Dielektrika und Halbleitern in der UdSSR.* Übersicht. (Acta physica sinica **11.** 293—98. 1955. [Orig.: chines.; Auszug: engl.]) W. METZENER. 132

**Masaji Kubo** und **Sankichi Nakamura,** *Die Dielektrizitätskonstante einer Dispersion sphärischer Teilchen.* Es wird ohne die WIENERsche Proportionalitätsvoraussetzung eine Gleichung für die Abhängigkeit der DK. einer Dispersion kugeliger Teilchen der DK. a in einer Fl. der DK. b von der Konz. (Vol.-%) abgeleitet. (Bull. chem. Soc. Japan **26.** 318—22. Aug. 1953. Nagoya, Univ., Chem. Dep. [Orig.: engl.]) K. L. WOLF. 132

**Ja. N. Perschitz,** *Über die Entstehungsbedingungen und die Stabilität elektrodennaher Schichten in Dielektrika.* Vf. unterscuht das Auftreten u. Verschwinden elektrodennaher Schichten in *Porzellan, Eternit, Glimmer* u. *Asbest* als Folge einer Wärmebehandlung u. elektr. Feldeinwirkungen. Da diese Einfll. mit der Vorstellung von WENDEROWITSCH u. LANKIN (Журнал Экспериментальной и Теоретической Физики [J. exp. theoret. Physik] **9.** [1939.] 46), wonach die Entstehung anodennaher Schichten stets durch von der Anode abwandernde u. eine Schicht hohen Widerstands bildende Kationen bedingt sei, nur schwer gedeutet werden können, hält Vf. die Bldg. von Anodenschichten infolge von Anionenbewegungen für wahrscheinlicher, wobei auch der elektron. Leitfähigkeit eine gewisse Rolle zukommen soll. (Журнал Экспериментальной и Теоретической Физики) [J. exp. theoret. Physik] **28.** 181—90. Febr. 1955. Pskow, Staatl. Pädagog. Inst.) R. AMBERGER. 132

**Ss. W. Wonssowski, A. W. Ssokolow** und **A. S. Weksler,** *Photoeffekt in Metallen.* Zusammenfassende krit. Übersicht. — 65 Literaturangaben. (Успехи Физических Наук [Fortschr. physik. Wiss.] **56.** 477—530. Aug. 1955.) E. KLEVER. 134

**E. J. Sternglass** und **M. M. Wachtel,** *Messung der Absorption energieschwacher Elektronen in Metallen und Isolatoren.* (Sitzungsbericht.) (Physic. Rev. [2] **99.** 646—47. 15/7. 1955. Westinghouse Res. Labors.) H. LIEPACK. 134

**E. A. Niekisch,** *Wechsellichtmessungen an photoleitendem CdS als Methode zur Bestimmung von Beweglichkeit und Haftstellenverteilung.* 1. Mitt. Ausführliche Darst. der C. **1955.** 11160 referierten Arbeit. (Ann. Physik [6] **15.** 279—87. 1955. Berlin, Humboldt-Univ., II. Physikal. Inst.) O. FUCHS. 134

**E. A. Niekisch,** *Wechsellichtmessungen an photoleitendem CdS.* 2. Mitt. (1. vgl. vorst. Ref.) CdS-Einkristalle (I) wurden mit moduliertem Licht (4360 u. 6600 Å, Modulationsfrequenz 100—10000 Hz) angeregt; die auftretenden Gleichstrom- u. Wechselstromkomponenten wurden in Abhängigkeit von der Temp. (Messungen zwischen 50 u. 300° K) u. von der Lichtintensität ($10^{14}$—$10^{17}$ Quanten/cm²/sec.) gemessen. Aus den Meßdaten werden auf Grund der l. c. entwickelten Gleichungen die Elektronenbeweglichkeit u. Haftstellenverteilung der verwendeten I-Zellen berechnet (Einzeldaten vgl. graph. Darstellungen der Ergebnisse im Original). Aus den Verss. u. deren Diskussion folgt: die Temperaturabhängigkeit des Photostromes beim I scheint im wesentlichen durch eine Abhängigkeit der Elektronenbeweglichkeit, überlagert von einer mit dem Elektroneneinfang in Haftstellen verknüpften Konzentrationsabnahme, gegeben zu sein. Die Annahme einer merklichen Temperaturabhängigkeit des Rekombinationskoeff. ist nicht erforderlich. (Ann. Physik [6] **15.** 288—301. 1955.) O. FUCHS. 134

**Homer D. Hagstrum,** *Instrumentierung und experimentelles Verfahren bei Untersuchungen über die Elektronenaustreibung durch Ionen und die Ionisation durch Elektronenstoß.* Beschreibung dreier Geräte zur Unters. des Elektronenaustritts aus Metalloberflächen unter Beschuß durch einen energiehomogenen Ionenstrahl. Hierbei wird die Elektronenausbeute u. die Geschwindigkeitsverteilung in Abhängigkeit von der Art u. der Einfallsenergie der Ionen sowie vom Targetmaterial gemessen. Ein viertes Gerät dient zur Unters. der Ionisation durch Elektronenstoß. Hierbei werden das Ladung : M.-Verhältnis der gebildeten Ionen, die Mindest-Ionisierungsenergie u. die Geschwindigkeitsverteilung im Ionenstrahl für verschied. Ionisierungsprodd. gemessen. Die beschriebenen Geräte enthalten eine Ionenquelle, einen Viertelkreis-e/m-Analysator u. entweder eine Target-Kollektoranordnung zur Messung der Sekundärelektronenemission oder eine Gegenfeld-Verzögerungskammer zur Messung der Geschwindigkeitsverteilung im Ionenstrahl. (Rev. sci. Instruments **24.** 1122—42. Dez. 1953. Murray Hill, N. J., Bell Telephone Labors.) F. LENZ. 134

**Benjamin Lax** und **Laura M. Roth,** *Ausbreitung und Plasmaoscillation in Halbleitern.* (Vgl. C. **1956.** 6297.) (Sitzungsbericht.) (Physic. Rev. [2] **99.** 637. 15/7. 1955. Lincoln Labor.) R. STEIN. 135

**C. S. Fuller** und **Howard Reiss,** *Ionisierung und Löslichkeit von Verunreinigungen in Halbleitern.* (Sitzungsbericht.) (Physic. Rev. [2] **99.** 624. 15/7. 1955. Bell Telephone Labors.) R. STEIN. 135

**H. F. Matare, H. Kedesdy, A. MacDonald** und **A. Petersen,** *Untersuchung elektrischer Kennzahlen von Korngrenzen.* (Sitzungsbericht.) (Physic. Rev. [2] **98.** 1179. 15/5. 1955. Signal Corps Engng. Labor.) E. KLEVER. 135

**Kurt Lehovec, Alma Marcus** und **Kurt Schoeni,** *Charakteristik eines Punktkontaktgleichrichters in Flußrichtung.* (Sitzungsbericht.) (Physic. Rev. [2] **98.** 1179. 15/5. 1955. Sprague Electric Comp.) E. KLEVER. 135

**Colman Goldberg** und **R. E. Davis,** *Hall-Effekt in p-Typ-Germanium.* (Sitzungsbericht.) (Physic. Rev. [2] **98.** 1192. 15/5. 1955. Westinghouse Res. Labor.) E. KLEVER. 135

**W. W. Tyler** und **R. Newman,** *Hall-Beweglichkeit und optisch-angeregte Träger in Germanium.* (Sitzungsbericht.) (Physic. Rev. [2] **98.** 1192. 15/5. 1955. General Electric Res. Labor.) E. KLEVER. 135

**David Redfield,** *Rekombinationsprozesse in Tellur.* (Sitzungsbericht.) (Physic. Rev. [2] **99.** 635—36. 15/7. 1955. Univ. of Pennsylvania.) R. STEIN. 135

**W. E. Danforth,** *Kurzzeitpolarisation bei Thoriumoxyd.* (Vgl. C. **1956.** 7996.) (Sitzungsbericht.) (Physic. Rev. [2] **98.** 1177. 15/5. 1955. Bartol Res. Foundation.) E. KLEVER. 135

**W. Trzebiatowski** und **K. Pigoń,** *Elektrische Leitfähigkeit von Bariumtitanat.* Vff. untersuchen die elektr. Leitfähigkeit von polykristallinem $BaTiO_3$ (**I**), das durch zweimaliges Glühen eines $TiO_2$–$BaCO_3$-Gemisches bei 1000 bzw. 1260—1400° hergestellt (TRZEBIATOWSKI, WOJCIECHOWSKA u. DAMM, Roczniki Chem. [Ann. Soc. chim. Polonorum] **26.** [1952.] 12). wurde. Die Messungen erfolgten im Temperaturbereich von 20 bis 800° Der Spannungsabfall auf einer Probe von 18×6×2 mm wurde elektrostat. mit einem WULFschen Elektrometer auf 2 Ag-Sonden gemessen. Eine der Sonden trug eine im Hochvakuum aufgedampfte **I**-Schicht. Auf diese Weise konnten der ungünstige Einfl. der Polarisation vermieden u. Widerstandswerte unabhängig von der angelegten Spannung (20—180 V) erhalten werden. Oberhalb 200° verhält sich **I** wie ein echter Halbleiter mit einer Aktivierungsenergie von 1,8—2,3 eV, unabhängig von geringen Änderungen im Ba-Geh. oder vom Ersatz des Ba durch Sr oder Pb. (Roczniki Chem. [Ann. Soc. chim. Polonorum] **26.** 494—95. 1952. Wrocław, Univ., Technolog. Inst., Abt. für physikal. Chem.) H. FREYTAG. 135

**Constantin Kurylenko,** *Brillouinsche Zonen, elektrische Leitfähigkeit der Metalle und K-Absorptionsröntgenspektren. (Zur Erinnerung an den 25. Jahrestag der von Léon Brillouin entdeckten sogenannten Brillouinschen Zonen.)* Zusammenfassende Übersicht. (Cahiers de Physique **1955.** Nr. 54. 1—36. Febr.) C. GOTTFRIED. 136

**Nobuyuki Fukuda** und **Shuichi Otake,** *Über die Mehrfachstreuung eines Elektrons im Gitter.* Theoret. Beitrag zur Berechnung der elektr. Leitfähigkeit in Metallen. (Progr. theoret. Physics [Kyoto] **13.** 110—11. Jan. 1955. Tokyo, Univ. of Educat., Coll. of Sci.) H. LIEPACK. 136

**R. A. Ferrell,** *Winkelabhängigkeit des charakteristischen Energieverlustes von Elektronen, die durch Metallfolien laufen.* (Sitzungsbericht.) (Physic. Rev. [2] **99.** 647. 15/7. 1955. Univ. of Maryland.) GERHARD SCHMIDT. 136

**W. W. Bondarenko, I. F. Kwarzchawa, A. A. Pljutto** und **A. A. Tschernow,** *Widerstand von Metallen bei großen Stromdichten.* Der Vgl. der experimentellen Kurven für die Abhängigkeit des Widerstandes von *Cu, Ag, Au, Pt, Al, W* u. *Fe* von der zugeführten Energie mit Tabellenwerten zeigt, daß das OHMsche Gesetz bis $\sim 10^7$ A/cm² auch im Übergangsgebiet u. in fl. Phase erfüllt wird. (Журнал Экспериментальной и Теоретической Физики [J. exp. theoret. Physik] **28.** 191—98. Febr. 1955.) R. AMBERGER. 136

**E. L. Jossem** und **L. G. Parratt,** *Energieniveaus in metallischem Kalium.* (Sitzungsbericht.) (Physic. Rev. [2] **98.** 1151. 15/5. 1955. Cornell Univ.) E. KLEVER. 136

**J. F. Battey** und **R. M. Baum,** *Elektroneneinfangwahrscheinlichkeit des oberen Kupfer-Acceptorniveaus.* (Sitzungsbericht.) (Physic. Rev. [2] **99.** 624—25. 15/7. 1955. Sylvania Electric Products.) R. STEIN. 136

**Yoshio Shibuya,** *Der elektrische Widerstand von Cu–Ni-Legierungen und die Matthiessen-Regel.* Vf. mißt den spezif. elektr. Widerstand $\varrho$ von Cu–Ni-Legierungen bei verschied. Tempp. T zwischen Raumtemp. u. $-183^0$ bei verschied. Zusammensetzungen. Vf. findet eine Abweichung von der MATTHIESSEN-Regel derart, daß $d\varrho/dT$ im Bereich von 0—12% Ni linear mit dem Ni-Geh. zunimmt. Mit Hilfe des Bändermodells wird gezeigt, daß die Voraussetzung der MATTHIESSEN-Regel, die für alle Mischungsverhältnisse gleiche Anzahl der freien Elektronen fordert, in diesem Fall nicht erfüllt ist. (Sci. Rep. Res. Inst. Tôhoku Univ., Ser. A **6.** 199—206. Juni 1954. Res. Inst. for Iron, Steel and Others Metals.) GRETE MÜLLER. 136

**H. Haken,** *Zu Fröhlichs eindimensionalem Modell der Supraleitung.* Ergänzende Bemerkungen zu der C. **1956.** 2091 referierten Arbeit des Vf. u. zu der C. **1956.** 4056 referierten Arbeit von FRÖHLICH. (Z. Naturforsch. **11a.** 96—98. Jan. 1956. Erlangen, Univ., Inst. für theoret. Phys.) G. KIRSCHSTEIN. 136

**H. W. Lewis,** *Oberflächenenergie bei Supraleitern.* (Sitzungsbericht.) (Physic. Rev. [2] **99.** 669. 15/7. 1955. Bell Telephone Labors.) E. KLEVER. 136

**G. B. Yntema,** *Supraleitende Wicklung für Elektromagnete.* (Sitzungsbericht.) (Physic. Rev. [2] **98.** 1197. 15/5. 1955. Cornell Univ.) E. KLEVER. 136

**A. W. Sáenz** und **R. C. O'Rourke,** *Magnetisches Moment eines Fermi-Dirac-Gases.* (Sitzungsbericht.) (Physic. Rev. [2] **98.** 1166. 15/5. 1955. Naval Res. Labor.) E. KLEVER. 137

**T. Kjeldaas jr.** und **W. Kohn,** *Deutung der Knight-Verschiebung in metallischem Natrium.* (Sitzungsbericht.) (Physic. Rev. [2] **99.** 622. 15/7. 1955. Westinghouse Res. Labors., Carnegie Inst. of Technol.) H. LIEPACK. 137

**Jacques Friedel,** *Knight-Verschiebung in den Legierungen.* Berechnungen der Elektronendichte in Legierungen ergaben, daß die „KNIGHT-Verschiebung" $\delta\nu$ der kernmagnet. Resonanz durch die Substitution von Atomen in Lsg. auch bei ziemlich hohen Konzz. prakt. nicht bestimmt wird. Diese Ergebnisse gestatten die von BLOEMBERGER u. ROWLAND (Acta metallurg. [New York] **1.** [1953.] 731) an *CuZn, AlZn* u. *TlSn* gemachten Beobachtungen zu deuten. (J. Physique Radium **16.** 444—45. Juni 1955. Paris, École des Mines, Centre de Rech. Métallurg.) C. GOTTFRIED. 137

**Albert I. Schindler,** *Ferromagnetischer Hall-Effekt von Nickellegierungen.* (Sitzungsbericht.) (Physic. Rev. [2] **98.** 1199. 15/5. 1955. Naval Res. Labor.) E. KLEVER. 137

**Seijiro Maeda,** *Über die magnetische Nachwirkung infolge der irreversiblen Verschiebung der Elementarbereichwand.* 2. Mitt. *Die Abhängigkeit von Temperatur und mechanischer Spannung.* (1. vgl. J. physic. Soc. Japan **5.** [1950.] 358.) An Drähten aus *Cr-Permalloy* wird die magnet. Nachwrkg. bei Abschalten eines magnet. Feldes bei Tempp. zwischen 50 u. $+170^0$ u. bei Zugspannungen bis zu 8,3 kg/mm² gemessen. Die Temperatur- u. Spannungsabhängigkeit der Nachwrkg. wird zum größten Teil der bekannten Änderung der Induktion, zum kleineren Teil auch einer geringen Verlagerung der Magnetisierungsprozesse von Wandverschiebungen auf Drehprozesse zugeschrieben. Die Nachwrkg. an sich soll in der Natur der irreversiblen Wandverschiebungen liegen, die die Endlage jeweils sehr träge anstrebt. Der SNOEKsche Mechanismus der Nachwrkg. über Diffusionen von Fremdelementen wird verworfen. (J. physic. Soc. Japan **6.** 60—64. Jan./Febr. 1951. Sendai, Tohoku Univ., Res. Inst. for Iron, Steel and other Metals. [Orig.: engl.]) H. FAHLENBRACH. 137

**F. A. Otter jr., P. J. Flanders** und **E. Klokholm,** *Ferromagnetismus in Edelmetalllegierungen mit Mangan.* Bei der Unters. von bin. Edelmetallegierungen mit Mangan wurden bei der Messung der Temperaturabhängigkeit des elektr. Widerstandes nichtlineare Abweichungen beobachtet, die dem Auftreten von Ferromagnetismus durch Aufweiten des Mn-Gitters zugeschrieben werden. Vff. glauben bei Goldlegierungen mit Mangan folgende CURIE-Punkte gefunden zu haben: Au + 18,64 At.-% Mn $317^0$ K, Au + 14,58 At.-% Mn $163^0$ K u. Au + 13,01 At.-% Mn $139^0$ K. Dagegen sollen die Sättigungsmagnetisierungen mit zunehmendem Mn-Geh. abnehmen. (J. Franklin Inst. **260.** 75—76. Juli 1955. Philadelphia, Pa., Franklin Inst. Labor.) H. FAHLENBRACH. 137

**E. W. Elcock,** *Antiferromagnetismus und Ferrimagnetismus von nicht stöchiometrischen Verbindungen.* Durch eine Ausdehnung der HEITLER-LONDONschen Äquivalentfeldmethoden ist Vf. in der Lage, die Temperaturabhängigkeit der magnet. Eigg. eines antiferromagnet. Gitters mit Leerstellen zu berechnen. Für das kub. raumzentrierte Gitter mit Wechselwirkungen zwischen den nächsten Nachbarn können die Ergebnisse in Abhängigkeit von der CURIE-Temp. $\Theta$ von einer krit. Temp. $T_c$ für die Überstruktur der Leerstellen u. von der Größe x (Anzahl der Leerstellen) dargestellt werden. Für $x = 0$ tritt immer n. Antiferromagnetismus auf, ebenso für $x > 0$ u. gleichzeitig $\Theta > T_c$ u.

$T > T_c$. Wenn in letzterem Falle jedoch T gegen $T_c$ geht, nimmt die Susceptibilität extrem stark zu u. strebt für $T = T_c$ dem Ferrimagnetismus zu. Dasselbe trifft für $T_c > \Theta$ u. T gegen $\Theta$ gehend zu. Bei anderen Kristallgittertypen sind die Verhältnisse nicht so einfach darzustellen. Für *Eisen-* u. *Chromsulfid, -selenid* u. *-tellurid* werden die theoret. Ergebnisse mit dem Experiment verglichen. (Proc. Roy. Soc. [London], Ser. A **227.** 102—14. 21/12. 1954.) H. FAHLENBRACH. 137

**R. N. Dexter** und **Benjamin Lax,** *Mikrowellen-Leitfähigkeitseffekte im Magnetfeld in InSb.* (Sitzungsbericht.) (Physic. Rev. [2] **99.** 635. 15/7. 1955. Lincoln Labor.) R. STEIN. 137

**W. D. Hershberger,** *Magnetische Effekte in Phosphoren bei Belichtung.* Nähere Unterss. der paramagnet. Resonanz in belichteten Phosphoren ergaben, daß bei den Leuchtstoffen: hexagonales $ZnS \cdot Cu$ (0,1), kub. $ZnS \cdot Mn$ (0,01), rhomboedr. $Zn_2SiO_4 \cdot Mn$ (1), kub. $ZnAl_2O_4 \cdot Mn$ (0,002), kub. $Mg_2TiO_4 \cdot Mn$ u. tetragonales $ZnF_2 \cdot Mn$ (0,04) die bei Belichtung (mit einer 1 kW-Hg-Hochdrucklampe) beobachteten Effekte einer Photoleitung zuzuschreiben sind. Diese Photoleitsignale erscheinen im Gegensatz zu einem Spinresonanzeffekt, der im übrigen nicht gefunden wird, bei allen magnet. Feldstärken (einschließlich Null). Auf Grund dieser Beobachtungen hält Vf. eine Überprüfung früherer Unterss. der paramagnet. Resonanz für empfehlenswert. Das gilt auch für $ZnF_2 \cdot Mn$, das wider Erwarten Leitfähigkeit sowohl bei Raumtemp. als auch bei der Temp. der fl. Luft zeigte. (J. chem. Physics **24.** 168—69. Jan. 1956. Leiden, Kamerlingh Onnes Labor.) J. RUDOLPH. 137

**Philip Marshall** und **Herschel Hunt,** *Flüssiges Ammoniak als Lösungsmittel.* 11. Mitt. *Die Leitfähigkeit von Metall–Ammoniak-Lösungen.* (Vgl. ANHORN u. HUNT, C. **1941.** I. 1597.) Aus Leitfähigkeitsmessungen von K- u. Na-Lsgg. in $NH_3$ von KRAUS u. LUCASSE (vgl. J. Amer. chem. Soc. **43.** [1921.] 2529) u. mit Dichtewerten aus der Literatur berechnen Vff. die Äquivalentleitfähigkeiten. In konz. Lsgg. sind im Gegensatz zur bisherigen Auffassung die Äquivalentleitfähigkeiten von K u. Na nicht gleich. Bei $-33{,}6^0$ ist in 4,96n Lsg. $\Lambda$(Na) ca. 860000 $Ohm^{-1}$ $cm^2$ u. $\Lambda$(K) = 1016000 $Ohm^{-1}$ $cm^2$. (J. physic. Chem. **60.** 121—22. Jan. 1956. Albion, Mich., Albion Coll.; Lafayette, Ind., Purdue Univ.) R. LACMANN. 138

**Ja. F. Meshenny,** *Physikalisch-chemische Untersuchung von wässerigen Dioxanlösungen.* 7. Mitt. *Elektrische Leitfähigkeit von wässerigen Dioxan–Chlorwasserstofflösungen.* (6. vgl. Журнал Общей Химии [J. allg. Chem.] **24** (**86**). [1954.] 1945.) In Lsgg. von HCl in Dioxan (**I**)–W.-Gemischen mit verschied. DK.-Werten (2,1—80) wurden spezif. u. äquivalente elektr. Leitfähigkeit $\lambda$ gemessen. Es zeigte sich, daß mit zunehmendem **I**-Geh. u. abnehmenden DK.-Werten $\lambda$ fast um das 100fache abnimmt. Die aus den abgeleiteten Formeln berechneten $\lambda$-Werte zeigen eine gute Übereinstimmung mit den experimentellen Werten. Hierin sieht Vf. eine Bestätigung der Molisation der Ionen eines starken Elektrolyten selbst in stark verd. Lösung. (Журнал Общей Химии [J. allg. Chem.] **24** (**86**). 2127—32. Dez. 1954. Ukrain. Land. Akad.) O. LEBTAG. 138

**G. B. Bonino** und **Camillo Dejak,** *Untersuchungen über die Theorie der konzentrierten Lösungen starker Elektrolyte.* 18. Mitt. *Bemerkungen und Untersuchungen über die Integration der Gleichung von Debye-Hückel im Falle konzentrierter Lösungen starker Elektrolyte in wässeriger Lösung.* (16. vgl. DEJAK, C. **1955.** 11510.) Bei Anwendung der Gleichung von DEBYE-HÜCKEL auf konz. Lsgg. starker Elektrolyte erschwert ihre Vereinfachung die strenge dreidimensionale Integration. Im Anschluß an eine Weiterführung des Verf. von GRONWALL, LA MER u. SANDVED (C. **1928.** II. 1305) wird festgestellt, daß die Annäherungsfehler nicht durch eine mit steigender Konz. zunehmende Funktion dargestellt werden, sondern einen Höchstwert erreichen u. bei sehr hohen Konzz. gegenüber der Vernachlässigung der statist. Schwankungen nach FOWLER nicht wesentlich ins Gewicht fallen. Diese Schwankungen werden bei den halbempir. Verss. der Anwendung der DEBYE-HÜCKELschen Theorie auf konz. Lsgg. starker Elektrolyte ausgeschaltet u. treten dann erst bei äußersten Konzz. nahe der Sättigung in Erscheinung. (Gazz. chim. ital. **84.** 1049—57. Nov. 1954.) R. K. MÜLLER. 139

**M. Jouenne,** *Das $p_H$.* Vf. gibt einen allg. Überblick über den Begriff $p_H$, Ionisation von Elektrolyten, Abhängigkeit des $p_H$ von Konzz., Neutralisationskurven schwacher u. starker Säuren u. Basen, Pufferlsgg. usw. mit Formeln, Zahlenbeispielen u. Meßkurven. Des weiteren werden nacheinander die Wasserstoff-, die Kalomel-, die Chinhydronsowie die Antimon- u. die Glaselektrode u. ihre wichtigsten Anwendungen beschrieben. Die Best. der EMK. erfolgt gewöhnlich durch die Kompensationsmethode. Bei einem anderen Verf. wird die zwischen den Elektroden entstehende Potentialdifferenz in eine Wechselspannung umgeformt, verstärkt u. durch Kompensation mit einer Bezugsspannung der $p_H$-Wert direkt auf 0,01 Einheiten genau bestimmt. Im besonderen behandelt Vf. noch die Bedeutung des $p_H$ bei den *Tonen* unter Berücksichtigung der folgenden Teilgebiete: Der $p_H$-Wert der gereinigten u. elektrodialysierten Tone, die Einw. der Alkalien u. Säuren auf die Tone, Einw. der Neutralsalze u. der Austausch von Basen. Des weiteren wird speziell die Meßmeth. des $p_H$ u. die Neutralisationskurven der rohen Tone sowie die Fließfähigkeit der Tone usw. betrachtet. (Ind. céram. **1951.** 217—23. Nov. 237—42. Dez. **1952.** 7—11. Jan. 35—39. Febr. École Nat. Sup. de Céram. de Sèvres.) H. SURAWSKI. 139

**James S. Johnson, Kurt A. Kraus** und **Robert E. Holmberg,** *Hydrolytisches Verhalten von Metallionen.* 5. Mitt. *Ultrazentrifugierung von Hafnium(IV).* (4. vgl. KRAUS u. NELSON, C. **1956.** 3217.) Die Polymerisation von Hf(IV) haben Vff. mit Hilfe der Ultrazentrifuge unter verschied. Bedingungen (Konzz. u. Art des Fremdelektrolyten, anfängliche Hf(IV)-Konz., Temp. u. Rotationsgeschwindigkeit) untersucht. Die Auswertung der erhaltenen Ergebnisse wird diskutiert u. ein Polymerisationsgrad von 3 bzw. 4 ermittelt. Der Zusammenhalt der Polymeren erfolgt durch Hydroxyd- oder Oxydbrücken. Das Vorhandensein bevorzugter Teilchengrößen mit besonderer Stabilität ist unwahrscheinlich. (J. Amer. chem. Soc. **78.** 26—33. 5/1. 1956. Oak Ridge, Nat. Labor., Chem. Div.) H.-U. WOELK. 139

**G. H. Bolt,** *Analyse der Gültigkeit der Theorie der elektrischen Doppelschicht von Gouy-Chapman.* Vf. spaltet den in der verallgemeinerten Gleichung von POISSON-BOLTZMANN für die elektr. Doppelschicht enthaltenen Energieterm in einzelne Anteile auf. Diese berücksichtigen die dielektr. Sättigung, die Polarisation der Ionen, die interion. Wechselwirkungen u. die Struktur der Doppelschicht. Es werden Näherungsausdrücke für diese Einzelglieder abgeleitet u. geprüft, inwieweit sie auf meßbare Eigg. der Doppelschicht Einfl. haben können. Es ergibt sich ein geringer Einfl. dieser Korrekturen zumal die Einzelglieder gegeneinander wirken. Dies gilt bes. wenn die Oberflächendichte der Ladung kleiner als 20 $\mu$Coulomb/cm² ist. Die Theorie von GOUY-CHAPMAN liefert dann befriedigende Ergebnisse. Steigt die Ladungsdichte über obigen Wert oder ist sie nicht konstant, wird der Einfl. der erwähnten Faktoren merkbar. Kurzreichende, nicht-COULOMBsche Kräfte können dann die COULOMBschen Wechselwirkungen überwiegen. (J. Colloid Sci. **10.** 206—18. April 1955. Ithaca, N. Y., Cornell Univ., Dep. of Agronomy.) H.-U. WOELK. 142

**Paolo Silvestroni** und **Menotti Troili,** *Anodische Oxydation von Wasserstoffperoxyd an einer feststehenden Mikroelektrode aus Gold und Platin.* Die polarograph. Unters. der Oxydation von $H_2O_2$ in $2 \cdot 10^{-3}$mol. Lsg. bei $p_H$ 4 ergibt für die Halbwellenpotentiale an Pt +0,76, an Au +1,1 V, also höhere Werte, als sie sich aus thermodynam. Daten errechnen. Das Auftreten von 2 Wellen bei $p_H$ 2 (an Au +1,05 u. +1,2 V) läßt auf 2 Stufen der Rk. (vielleicht über die Bldg. des Radikals $HO_2$) schließen. (Ricerca sci. **24.** 116—17. Jan. 1954. Roma, Univ., Ist. di Chim. gen.) R. K. MÜLLER. 142

**Paolo Silvestroni,** *Das anodische Verhalten von Wasserstoffperoxyd an der Goldelektrode.* (Vgl. vorst. Ref.) An Mikroelektroden aus Au (in einigen Verss. aus Pt mit gleichem Ergebnis) wird das anod. Verh. des $H_2O_2$ (I) polarograph. untersucht. Bei $p_H < 9$ werden wesentlich positivere Potentiale (ca. 700 mV) gefunden, als für die Rk. $H_2O_2 \rightleftharpoons 2 H^+ + 2e + O_2$ zu erwarten wären. Es wird angenommen, daß eine Oxydation des Au erfolgt, z. B. nach $Au + 3 H_2O \rightleftharpoons Au(OH)_3 + 3 H^+ + 3e$. Nur bei sehr alkal. $p_H$ findet Oxydation des I zu $O_2$ in gut reversibler Rk. statt. In $O_2$-gesätt. n KOH wird das Halbwellenpotential zu —202 mV bestimmt (an Pt —207 mV); die der Oxydation des I entsprechende Welle wird jedoch nur im $O_2$-Strom beobachtet. (Ann. Chimica **44.** 464—78. Juli/Aug. 1954. Roma, Univ., Ist. di Chim. gen. e inorgan.) R. K. MÜLLER. 142

**Jiří Koryta,** *Katalysierte Elektrodenreaktionen in der Polarographie.* 3. Mitt. *Kinetik der Oxydation des Triäthanolaminkomplexes des zweiwertigen Eisens durch Hydroxylamin.* (2. vgl. C. **1956.** 8443.) Bei der Polarographie des Triäthanolaminkomplexes von Fe(III) in Ggw. von *Hydroxylamin* (I) wurde ein kinet. Strom festgestellt, der der katalyt. Red. des I angehört. Der Fe(III)-Komplex wird an der Elektrode red. u. der entstandene Fe(II)-Komplex reagiert mit I nach der Gleichung: $Fe^{2+} + NH_2OH \xrightarrow{k} Fe^{3+} + \cdot NH_2 + OH^-$. Das entstandene Radikal $\cdot NH_2$ oxydiert sehr schnell ein weiteres Mol. des Fe(II)-Komplexes, sofern in der Lsg. keine größere Triäthanolaminkonz. vorliegt, mit welchem es ebenfalls reagieren kann. Die Stöchiometrie der Rk. wurde mit Hilfe der polarometr. Titration untersucht. In 1 mol. NaOH wurde der Wert der Geschwindigkeitskonstante der prim. Rk. $k = 198\ sec^{-1} \cdot Mol^{-1} \cdot$ Liter bestimmt. Mit Hilfe der Zeitabhängigkeit des Grenzstromes des Fe(III)-Komplexes nach Vermischen der Fe(III)-Komplexlsg. mit I wurde für die Geschwindigkeitskonstante ein Wert von $k = 186\ sec^{-1} \cdot Mol^{-1} \cdot$ Liter gefunden. Die Abhängigkeit der Geschwindigkeitskonstante vom $p_H$-Wert wurde untersucht. Die Abnahme des Wertes dieser Konstante in stark alkal. Medium ist durch saure

Dissoziation des I verursacht. (Chem. Listy 48. 514—19. April 1954 [Orig.: tschech.]; Collect. czechoslov. chem. Commun. 19. 666—73. Aug. 1954. [Orig.: russ.] Praha, Československá akad. věd, Polarografický ústav.) P. ZUMAN/Prag. 142

**J. R. Hall** und **R. A. Plowman,** *Polarographie einiger Koordinationsverbindungen des Platins.* 1. Mitt. *Hexamminplatin(IV) und Tris-(äthylendiamin)-platin(IV)-ionen. Hexamminplatin(IV)-* (I) u. *Tris-(äthylendiamin)-platin(IV)*-Ionen (II) werden in $KNO_3$- bzw. KCl-Lsg. irreversibel polarograph. reduziert. Die Halbstufenpotentiale der ineinander übergehenden zwei Reduktionsstufen, die zwei Einelektronenschritten entsprechen, liegen für I bei —0,18 u. —0,28 V u. für II bei —0,2 u. —0,3 V (gegen gesätt. Kalomelelektrode). Die Diffusionsströme sind konzentrationsproportional. Die Red. verläuft in 2 Schritten: $[PtX_3]^{4+} + e^- \rightarrow [PtX_3]^{3+} + e^- \rightarrow [PtX_2]^{2+} + X$ (X = Äthylendiamin oder 2 $NH_3$). Bei —1,2 V wird der Komplex $[PtX_2]^{2+}$ zu metall. Pt red., welches die Wasserstoffüberspannung herabsetzt u. den beobachteten vorzeitigen Endanstieg bei ca. —1,2 V infolge Entladung von $H^+$ bewirkt. Durch Gelatinezusatz wurden die zwei Teilstufen stärker getrennt; gleichzeitig erfolgte eine Verschiebung der Halbstufenpotentiale zu negativeren Werten. In ammoniakal. $KNO_3$-Lsg. erfolgt eine irreversible Zweielektronenred.; eine Trennung in Teilstufen wie in neutraler Lsg. wird nicht beobachtet. Die Halbstufenpotentiale liegen negativer (I: ca. —0,54 V; II: ca. —0,58 V). Der vorzeitige Endanstieg infolge $H^+$-Entladung ist unverändert. (Austral. J. Chem. 8. 158—67. Mai 1955. Univ. of Queensland, Chem. Dep.) E. MOISAR. 142

**J. R. Hall** und **R. A. Plowman,** *Polarographie einiger Koordinationsverbindungen des Platins.* 2. Mitt. *Ionen vom Halogenopentamminplatin(IV)-typus.* (1. vgl. vorst. Ref.) Es wurde das polarograph. Verh. von *Hydroxo-, Chloro-* u. *Bromopentamminplatin(IV)*-Salzen untersucht. Aus der Stufensteilheit ergibt sich eine irreversible Red.; der Diffusionsstrom ist konzentrationsproportional u. entspricht einer Rk. mit n = 2. In bezug auf das Hexamminplatin(IV)-ion verschiebt der Ersatz eines $NH_3$ durch $Cl^-$ oder $Br^-$ die Halbstufenpotentiale zum Positiven hin, während $OH^-$ eine Verschiebung zu negativen Werten hervorruft. Einen gleichen Effekt hat Übergang zu ammoniakal. Lösungen. In allen Fällen trat bei —1,3 V eine $H^+$-Entladung auf. (Austral. J. Chem. 8. 168—72. Mai 1955.) E. MOISAR. 142

## A₄. Thermodynamik. Thermochemie.

**P. J. Price,** *Theorem des Vielkörper-Quanten-Grundzustandes.* (Sitzungsbericht.) (Physic. Rev. [2] 99. 670. 15/7. 1955. I. B. M. Watson Labor.) E. KLEVER. 146

**A. W. Woronel,** *Über den Zusammenhang zwischen den Dichten von Flüssigkeiten im Tripel- und kritischen Punkt.* Für „einfache" Fll. ergibt sich für das Verhältnis der Dichten beim Tripel- u. beim krit. Punkt im Mittel $\varrho_{Tr}/\varrho_{Kr} = 2{,}7$. Als „einfache" werden nichtpolare u. nichtassoziierte Fll. bezeichnet, die aus Atomen oder Moll. mit angenäherter Kugelsymmetrie bestehen. Unter der Annahme, daß letztere Voraussetzung bei fl. Metallen etwa erfüllt ist, wird mit Hilfe obiger Beziehung u. der bekannten Regel der Geraden der mittleren D. von CAILLETET u. MATHIAS für 17 Metalle (u. ebenso für P) aus der gemessenen D. beim F. die krit. Temp. berechnet. (Журнал Физической Химии [J. physik. Chem.] 29. 392—95. Febr. 1955. Charkow, Staatl. Univ.) E. KORDES. 148

**Aleksander Kręglewski,** *Das vor- und nachkritische Gebiet von Systemen mit einer Komponente.* 7. Mitt. *Druck- und Kompressibilitätsänderungen in der McIntosh-Isochore.* (6. vgl. Roczniki Chem. [Ann. Soc. chim. Polonorum] 27. [1953.] 125.) Mit Hilfe eines einfachen App. wurden die Änderungen von Druck u. Kompressibilität (K) im erwärmten u. abgekühlten Syst. (*Propylen*) bei konstantem Vol. gemessen. Es wurde festgestellt, daß K bei dem sich abkühlenden Syst. größer ist, als bei dem sich erwärmenden bei gleicher Temp. in der Nähe des krit. Punktes. Eine Ursache der „Dichtehysteresis" (DH) ist die Änderung des Gravitationseffektes. Da der Druck im Syst. während des Erkaltens größer ist als während des Erwärmens, muß angenommen werden, daß die Molekülaggregate beim Abkühlen kleiner sind u. nicht „sedimentieren". Das ist die andere Ursache der DH. (Roczniki Chem. [Ann. Soc. chim. Polonorum] 28. 251—62. 1954. Warszawa, Inst. Chem. Ogóln.) F. URBAN. 148

**Aleksander Kręglewski,** *Das vor- und nachkritische Gebiet von Systemen mit einer Komponente.* 8. Mitt. *Der Temperaturbereich des vorkritischen Flüssigkeitsgebietes.* (7. vgl. vorst. Ref.) An $SO_2$, $CH_3Cl$, *Propylen, Propan, n-Pentan* u. *n-Octan* wurde mikrophotometr. nach ŚWIĘTOSŁAWSKI die Dichteänderung der Gas- u. Flüssigkeitsphase in der Nähe des krit. Punktes verfolgt. Die Kurven der Dichteänderung mit der Temp. waren in allen Fällen ähnlich. Im Gegensatz zu den Isochoren von MCINTOSH zeigte sich, daß die Temp. für das Verschwinden ($T_m$) u. Wiederauftauchen des Meniskus ($T_r$) zusammenfallen, daß das Syst. unterhalb $T_m$ beim Erwärmen u. Abkühlen ident. ist u. daß in $T_m$ der Dichteunterschied senkrecht abfällt. Mit Hilfe der dynam. Meth. von ŚWIĘTOSŁAWSKI wurde das vorkrit. Gebiet abgegrenzt durch die Temp. $T_p$, bei der das Syst. homogen wird, u. $T_m$, bei der die letzten opalisierenden Nebel verschwinden. (Roczniki Chem. [Ann. Soc. chim. Polonorum] **29.** 95—106. 1955. Warszawa, Inst. Chem. Ogóln.) F. URBAN. 148

**A. G. McLellan** und **B. J. Alder**, *Virialexpansion für Mischungen fester Körper.* Vff. entwickeln die Zustandsgleichung für eine bin. Mischung fester kugelförmiger Körper von willkürlichem Größenverhältnis bis zum 4. Virialkoeffizienten. Da für die Überlagerung eine Näherung benutzt wird, ist der 4. Virialkoeff. ungenau. Er kann nur für den Fall genau bestimmt werden, daß eine der Komponenten ein punktförmiger Körper ist. Es werden die bedeutendsten thermodynam. Funktionen u. ihre Änderungen beim Mischen bei konstantem freiem Vol. tabellar. angegeben. (J. chem. Physics **24.** 115—21. Jan. 1956. Cambridge, Univ. of Cambridge, Dep. of theoret. Chem.) V. BURBACH. 148

**Lan-Ying Lin** und **B. R. Russell**, *Durch Röntgenstrahlen verursachte Längenänderung an Alkalihalogenidkristallen.* (Sitzungsbericht.) (Physic. Rev. [2] **99.** 657. 15/7. 1955. Univ. of Pennsylvania.) R. LEVI. 148

**B. N. Srivastava** und **M. P. Madan**, *Intermolekulare Kraftkonstanten aus der Thermodiffusion und aus anderen Eigenschaften der Gase.* (Vgl. C. **1953.** 4653.) Aus den von STIER (Physic. Rev. [2] **62.** [1942.] 548) gemessenen Thermodiffusionskoeffizienten für $^{36}Ar/^{40}Ar$-Mischungen werden mit den von HIRSCHFELDER u. Mitarbeitern (C. **1949.** II. 393) angegebenen Werten der gaskinet. Stoßintegrale die Konstanten $\varepsilon$ u. $r_0$ des LENNARD-JONES-12–6-Ansatzes für die intermol. Wechselwirkungsenergie $\varphi(r)$ berechnet. Zunächst folgt $\varepsilon$ aus den Beträgen für $R_T = \alpha/\alpha_\infty$, wo $\alpha_\infty$ den Trennfaktor für hypothet. starre Kugelteilchen bezeichnet. Die erhaltenen $\varepsilon$/k-Werte (k = BOLTZMANN-Konstante) wachsen zwischen 130 u. 530° K von 115 auf 169°. Einsetzen dieser $\varepsilon$/k-Werte in gemessene Viscositäts- oder Selbstdiffusionsdaten liefert den Kernabstand $r_0$ für $\varphi(r) = 0$. Im gleichen Temperaturbereich sinken die $r_0$-Werte von 3,47 auf 3,29 Å. Die Ursachen der Temperaturabhängigkeit von $\varepsilon$ u. $r_0$ werden diskutiert unter Hinweis auf die Beschreibung der Abstoßungskräfte durch ein Exponentialgesetz nach BUCKINGHAM u. Mitarbeitern. Die Resultate werden mit den Virialkoeffizienten für Ar verglichen. Die Ergebnisse analoger Berechnungen von $\varepsilon$ u. $r_0$ für $O_2$, $N_2$, $CH_4$ u. $CO$ stimmen mit den auf andere Weise gefundenen überein. (J. chem. Physics **21.** 807—15. Mai 1953. Lucknow, India, Univ., Dep. of Phys.) E.-U. FRANCK. 149

**K. Tomita**, *Über den Rotationsübergang in festem Wasserstoff.* (Sitzungsbericht.) (Physic. Rev. [2] **98.** 1197. 15/5. 1955. Harvard Univ.) E. KLEVER. 149

**R. Heastie**, *Das Schmelzgleichgewicht von Argon und Krypton.* Die Solidus- u. die Liquiduskurve im Syst. Ar–Kr liegen erheblich tiefer, als wenn die feste u. die fl. Lsg. ideal wären; sie nähern sich diesen Kurven bei Kr-Konzz. von 90% u. mehr. Eine Phasentrennung wurde bis 62° K hinunter nicht festgestellt. (Nature [London] **176.** 747—48. 15/10. 1955. London, Queen Mary Coll., Dep. of Phys.) G. KIRSCHSTEIN. 149

**H. N. V. Temperley**, *Ein mögliches Modell für flüssiges $^3He$.* (Vgl. WEINSTOCK u. Mitarbeiter, C. **1954.** 8518.) Werden an der freien Energie des idealen FERMI-Gases Korrekturen vom VAN DER WAALS-Typ angebracht, so gelingt durch zweckmäßige Wahl von 3 Parametern eine befriedigende Deutung der experimentell gesicherten Tatsachen. Dazu wird eine antiparallele Orientierung der Spins im festen u. im fl. Zustand angenommen. Lediglich die magnet. Susceptibilität läßt sich mit der Annahme ungeordneter Spins besser deuten. (Proc. physic. Soc., Sect. A **67.** 495—504. 1/6. 1954. Cambridge, King's Coll.) G. KIRSCHSTEIN. 149

**C. E. Chase** und **Melvin A. Herlin**, *Ultraschallmessungen an magnetisch abgekühltem flüssigem Helium.* (Sitzungsbericht.) (Physic. Rev. [2] **99.** 669. 15/7. 1955. MIT.) E. KLEVER. 149

**Jacob Bigeleisen** und **Eugene C. Kerr**, *Dampfdruck von HT.* Zur experimentellen Prüfung der aus der statist. Mechanik ableitbaren Regel des geometr. Mittels der Dampfdrucke isotoper Moll. wird untersucht, ob Unterschiede in den Dampfdrucken von HT u. $D_2$ bestehen. Die Dampfdruckmessungen an HT werden wegen der thermodynam. Instabilität von reinem HT bei 20° K an verd. Lsgg. von HT in $H_2$ durch Messung der $\beta$-Aktivität von Tritium durchgeführt. Die Ergebnisse zeigen, daß der Dampfdruck von HT bei 20° K größer als der von $D_2$ ist, u. dienen als weitere Bestätigung der Theorie isotop. Moleküle. Die Ergebnisse zeigen, daß die Regel vom geometr. Mittel für die Folge $H_2$—HT—$T_2$ erfüllt ist. (J. chem. Physics **23.** 2442—43. Dez. 1955. Upton, N. Y., BNL, Chem. Dep.; Los Alamos, N. Mex., Univ. of California, LASL.) W. KRÖNERT. 150

**Antoine Potier**, *Gesamt- und Partialdampfdrucke der Lösungen Salpetersäure–Wasser zwischen 0 und 20°. Dichten der konzentrierten Lösungen bei 15°.* 1. Mitt. Vf. arbeitet eine

Meth. aus, um die bestehenden Resultate der Gesamt- u. Partialdampfdrucke von verschied. $HNO_3$–$H_2O$-Lsgg. zwischen 0 u. 20° zu verbessern. Aus absol. Säure u. W. werden verschied. Mischungen hergestellt, für die jeweils eine Gesamtdruck–Temp.-Kurve mit einem empfindlichen Butylphthalatmanometer aufgenommen wird. Aus dem Kurvennetz $\log P = f(1/T)$ werden die Isothermen Gesamtdruck–Konz. bei 0,5, 10, 15 u. 20° herausgezogen, aus denen man auf graph. Wege die Partialdrucke ermittelt. Vf. stellt fest, daß die Partialdrucke $p_{HNO_3}$ nicht dem RAOULTschen Gesetz folgen, da x gegen 1 strebt. Sie bilden eine „positive Unregelmäßigkeit". Dieses Phänomen trägt der Eigendissoziation der absol. Säure Rechnung. — Zur Herst. von genauen Mischungsproben wurden die Dichten zwischen 95 u. 100 Gew.-% bestimmt. (Bull. Soc. chim. France [5] **1956.** 47—49. Jan. Toulouse, Inst. du Génie Chim.) V. BURBACH. 150

**Antoine Potier,** *Gesamt- und Partialdampfdrucke der Lösungen Salpetersäure–Stickstoffperoxyd zwischen —10 und +10°, Dichten bei 15°.* 2. Mitt. (1. vgl. vorst. Ref.) Vf. ermittelt die Gesamt- u. Partialdampfdrucke der Lsgg. $HNO_3$–$N_2O_4$ zwischen —10 u. +10° nach vorst. beschriebener Methode. Die graph. Berechnung der Partialdrucke ist durch die Assoziation der Peroxyde in der Gasphase sehr schwierig. Die Dichten des vollständigen Syst. sind bei 15° bestimmt worden. (Bull. Soc. chim. France [5] **1956.** 50—53. Jan.) V. BURBACH. 150

**Schôhachi Kawasumi,** *Gleichgewicht des Systems $CO_2$–$NH_3$–Harnstoff–$H_2O$ bei hoher Temperatur und hohem Druck.* 3. Mitt. *Einfluß von Wasserzugabe auf das Dampf–Flüssigkeits-Gleichgewicht.* Vf. untersucht den Einfl. der Wasserzugabe zu *Ammoniumcarbamat* (I) der D. 0,6 g/cm³ auf das Dampf–Fl.-Gleichgewicht des Syst. $CO_2$–$NH_3$–Harnstoff–$H_2O$ bei 160°. Die zugefügte Wassermenge wird variiert zwischen den Molenbrüchen 0,2 bis 1,0 pro Mol **I**. Der Gleichgewichtsdruck ist danach nahezu unabhängig von der Wasserzugabe. Sowohl die fl. als auch die dampfförmigen Verbb. werden reicher an $CO_2$. Die Dichten werden angegeben. (Bull. chem. Soc. Japan **26.** 218—22. Juli 1953. Niihama, Niihama Works, Nissin Chem. Co., Res. Dep. [Orig.: engl.]) S. v. SCHIESZL. 150

**Schôhachi Kawasumi,** *Gleichgewicht des Systems $CO_2$–$NH_3$–Harnstoff–$H_2O$ bei hoher Temperatur und hohem Druck.* 4. Mitt. *Einfluß des Molenbruchs des $NH_3$–$CO_2$-Anteils auf Gleichgewichtsdruck und Dampfzusammensetzung.* (3. vgl. vorst. Ref.) Unter den Gleichgewichtsbedingungen wie l. c. wird der Gleichgewichtsdruck u. die Zus. der Dampfphase des Syst. $CO_2$–$NH_3$–Harnstoff–$H_2O$ bei Zugabe von fl. $NH_3$ bzw. festem $CO_2$ untersucht. Das Mol-Verhältnis von $NH_3$ zu $CO_2$ variiert zwischen 1,6 u. 3,0. Der Zusammenhang zwischen Gleichgewichtsdruck u. Mol-Verhältnis von $NH_3$ zu $CO_2$ in der Dampfphase wird für den Temperaturbereich von 140—180° graph. wiedergegeben. (Bull. chem. Soc. Japan **26.** 222—27. Juli 1953. [Orig.: engl.]) S. v. SCHIESZL. 150

**D. Patterson,** *Frequenzspektren von freien Gittern und Teilchengrößeneffekte auf die Wärmekapazität von festen Stoffen.* Das Kontinuum- oder DEBYE-Modell eines festen Körpers ist von verschied. Seiten zur Vorhersage eines Einfl. der Teilchengröße auf die spezif. Wärme benutzt worden, der bei tiefen Tempp. beobachtbar sein sollte; dieser Einfl. war von PATTERSON, MORRISON u. THOMPSON (vgl. Canad. J. Chem. **33.** [1955.] 240) an NaCl beobachtet worden. Von DUGDALE, MORRISON u. PATTERSON (vgl. Proc. Roy. Soc. [London], Ser. A **224.** [1954.] 228) wurde an *$TiO_2$* (Rutil) auch ein Effekt bei höheren Tempp. beobachtet, der nicht vorhergesagt worden war. Das Frequenzspektr. des Rutils enthält sowohl akust. als auch opt. Schwingungsarten. Da das DEBYE-Modell für diesen Fall ungeeignet ist, untersuchte Vf. den Teilchengrößeneinfl. unter Benutzung einfacher Gittermodelle. Bei einem einatomigen Gitter u. bei Berücksichtigung von Wechselwirkungen von nur nächsten Nachbarn ergab sich, daß bei genügend tiefen Tempp. das DEBYE-Modell die gleichen Ergebnisse liefert wie das Gittermodell. Bei einem zweiatomigen Gitter zeigt sich, daß die Teilchengrößeneffekte sowohl mit den opt. als auch mit den akust. Schwingungsarten in Zusammenhang stehen u. bei hohen Tempp. beobachtbar sein sollten. Unter Annahme einer einfachen kub. Struktur für $TiO_2$ ergab eine Berechnung ca. $^1/_5$ des Effektes, der tatsächlich bei höheren Tempp. beobachtet worden war. (Canad. J. Chem. **33.** 1079—87. Juni 1955. Ottawa, Nat. Res. Labor., Div. of Pure Chem.) C. GOTTFRIED. 151

**Friedrich Krauss** und **Heinz Warncke,** *Die spezifische Wärme von Nickel zwischen 180 und 1160°.* Die Temperaturabhängigkeit der spezif. Wärme von reinstem Ni wird nach zwei Verff. bestimmt. Die Messungen erfolgten in einem Vakuumofen zwischen 500 u. 1160° nach der von NAESER vorgeschlagenen Meth. der umgekehrten Calorimetrie u. zwischen 180 u. 600° nach einem neuen, kontinuierlich arbeitenden Verf., das ein genaues Durchmessen des magnet. Umwandlungsbereiches erlaubt. Die so gefundene Cp(T)-Kurve wird in einen Gitterschwingungs-, einen magnet. u. einen Restanteil zerlegt; die einzelnen Kurven werden erörtert. (Z. Metallkunde **46.** 61—69. Jan. 1955. Köln, Univ.) H. HOCHSTEIN. 151

**Willy Oelsen,** *Zur thermodynamischen Analyse.* 3. Mitt. *Selbsttätige Aufzeichnung der Wärmeinhaltskurven von Metallen und Legierungen.* (2. vgl. C. **1956.** 3775.) Beschrieben wird der Weg, wie aus den calorimetr. Messungen entsprechend der früher (l. c.) entwickelten Arbeitsweise die Wärmeinhaltskurven von Metallen u. Legierungen durch eine einfache Anordnung registriert werden können, so daß eine quantitative therm. Analyse ohne jede Ablesung mit erheblicher Sicherheit durchgeführt werden kann u. auch die Unterlagen für eine thermodynam. Analyse anfallen. Als Beispiele wurden die Metalle *In, Sn, Bi, Th, Cd* u. *Pb* auf ihre Wärmeinhalte untersucht u. für die *Pb-Cd-Legierungen* das Raumbild der Wärmeinhalte aus den registrierten Wärmeinhaltskurven von 16 Legierungen aufgebaut. (Arch. Eisenhüttenwes. **26.** 519—22. Sept. 1955. Clausthal.) H. HOCHSTEIN. 151

**Vinicio Genta, Mario Fiorani** und **Venanzio Valenti,** *Thermodynamische Untersuchungen über metallische Systeme.* 2. Mitt. *Flüssiges System Zink–Gallium.* (1. vgl. RICCOBONI u. Mitarbeiter, C. **1956.** 5745.) Zur Best. der thermodynam. Größen des Syst. *Zn–Ga* in fl. Zustand wurden die EMKK. zwischen 450 u. 545° der Kette Zn (fl.) | $ZnCl_2$ (fl.) (in fl. KCl–LiCl) | Zn–Ga (fl.) gemessen. Zunächst ergab sich aus diesen Messungen der genaue Wärmekoeff. der EMK. Tabellar. sind die erhaltenen Werte der EMK. sowie die entsprechenden Koeffizienten $dE/dT$ für eine Versuchstemp. von 761,4° K wiedergegeben. Die aus den Messungen erhaltenen thermodynam. Daten sind graph. u. tabellar. für die gleiche Versuchstemp. zusammengestellt. (Gazz. chim. ital. **85.** 103—10. Jan./Febr. 1955. Modena, Univ., Ist. di Chim. fis.) C. GOTTFRIED. 155

**Bernhard Ilschner,** *Die Temperaturabhängigkeit der freien Energie von Mischkristallen.* Ein homogenes Zweistoffsyst., dessen spezif. Wärme der KOPP-NEUMANN-Regel gehorcht, hat u. a. folgende Eigg.; 1. Seine Mischungswärme ist temperaturunabhängig. 2. Seine Mischungsentropie unterscheidet sich von der idealen Mischungsentropie um einen nur von der Zus. abhängigen Ausdruck. 3. Wenn das Wechselwirkungsglied im Ausdruck für seine freie Energie als Polynom in x (dem Molenbruch) dargestellt wird, hängen die Koeffizienten dieses Polynoms linear von der Temp. ab. Unterss. von HARDY über die freie Energie subregulärer Lsgg. bestätigen, daß eine Temperaturabhängigkeit nach 3 im allg. vorhanden ist. Es wird erörtert, warum aus calorimetr. Messungen allein die Temperaturabhängigkeit des Wechselwirkungsgliedes u. damit die freie Energie des Mischkristalls nicht ermittelt werden kann. (Arch. Eisenhüttenwes. **26.** 623—26. Okt. 1955. Düsseldorf, MPI für Eisenforsch.) H. HOCHSTEIN. 155

**Philip F. Kurz,** *Untersuchungen über die Stabilität von Flammen an umgekehrten Bunsenbrennern.* (Vgl. C. **1956.** 345.) Vf. untersucht vergleichsweise die Stabilität von Flammen aufrecht u. umgekehrt justierter BUNSEN-Brenner bei der Verbrennung einfacher u. gemischter KW-stoffe, wie *Methan* (I), *Äthan, n-Pentan, Äthylen* (II), *Propylen, Acetylen, Bzl., Toluol,* bes. wurden die Stabilitätsgrenzen (StG) u. der Einfl. von zugesetztem $N_2$ festgestellt (Brennerdimensionen: 122 cm langes Messingrohr, 19,1 mm innerer Durchmesser, Wassermantel bis 107 cm unter Brenneröffnung). Um die umgebende Luft bei den umgekehrten Brennern auszuschließen, mußte ein SMITHELLS-Rohr angebracht werden. So ließen sich gut reproduzierbare Werte erhalten. Die StG für aufrechte u. umgekehrte Brenner hinsichtlich der Abhängigkeit von der Konz. war bei einfachen u. bin. KW-stoff/Luft-Gemischen gleich. Bei KW-stoffarmen Gemischen beeinflußten die einzelnen Komponenten nicht die StG; das Erlöschen bei KW-stoffreichen Gemischen wurde jedoch durch geringe Hemmung des Verbrennungsprozesses von **II** durch **I**, sowohl bei aufrechten als auch umgekehrten Brennern, gefördert; auch anderes Gemisch zeigte diese unerwartete Erscheinung für beide Fortpflanzungsrichtungen. Das Zusammenrücken der StG bei Zugabe von $N_2$ scheint auf einen Temperatureffekt zurückzuführen sein, z. T., wie bei **II**-Flammen nahe der oberen StG, auf eine Hinderung des $N_2$ auf Crack-Reaktionen. Am deutlichsten wirkt sich die $N_2$-Zugabe auf $O_2$-arme Flammen aus, die am meisten zum Leuchten u. zur Rußentw. neigen; $O_2$-Zugabe erweitert dagegen die Stabilitätsgrenze. (Ind. Engng. Chem. **47.** 121—27. Jan. 1955. Columbus, O., Battelle Mem. Inst.) E. ROEDER. 157

**H. A. Havemann,** *Entwicklung einer Kompressionsapparatur und Untersuchungen über die Wärmeübertragung und über die Verbrennung schnell komprimierter und oscillierender Gase.* 2. Mitt. Es wird eine App. mit schnell laufendem Stempel beschrieben, an der der Verbrennungsvorgang in Motoren untersucht wurde. Nach Ableiten von mathemat. Beziehungen wurden in Form von Kurven die Versuchsergebnisse angegeben. Die hohe Geschwindigkeit des Stempels ruft Druckwellen hervor, die an der Zylinderwandung reflektiert werden. Diese sowie der verstärkte Wärmetransport vom Gas zur Wand rufen im Kolben eine besondere Temperatur- u. Druckverteilung hervor u. ferner einen plötzlichen Abfall der Gastemp. nach dem Kompressionsvorgang, so daß die Kinetik der Rkk.

wesentlich beeinflußt wird. Der Zündverzug kann durch diese Vorgänge gegenüber der idealen adiabat. Kompression um 0 bis 100% beeinflußt werden; die Reaktionsgeschwindigkeit kann durch Temp.-Zunahme um 10—20° verdoppelt werden. Die mit Schlierengerät u. Kathodenstrahloscillograph durchgeführten Messungen zeigten, daß das Gas mit f = 140—200 Hz schwingt. Daraus läßt sich die Intensität der Temp.-Schwankungen ableiten u. daraus wieder der Wärmeaustauschkoeffizient des schwingenden Gases. Die an stöchiometr. *Propan*/Luft-Gemischen sowie mit 20% Luftüberschuß durchgeführten Verss. zeigen, daß die auftretende Flammengeschwindigkeit v stark von den Druckamplituden u. von f abhängt u. wesentlich größer als in ruhendem Gas ist, wie Vers. mit Dämpfung der Schwingungen erwiesen. Die ungleichmäßige Druckverteilung in der Verbrennungskammer bewirkt zeitlich veränderliche Unterschiede in den Gaszuständen, die wahrscheinlich für die Entzündung u. für v maßgeblich sind. (J. Indian Inst. Sci. **37.** B121—37. April 1955. Bangalore, Indian Inst. of Sci., Dep. of Internal Combust. Engng.) E. ROEDER. 157

**Guy Pannetier, Maurice Lecamp** und **Adrien Sicard,** *Bestimmung der Verbrennungsgeschwindigkeit nach der Seifenblasenmethode.* Eingehende Beschreibung (mit Abb.) der „Seifenblasenmeth.", bei der das Innere einer Seifenblase, gefüllt mit dem brennbaren Gasgemisch, als Zündraum dient; die Zündung selbst erfolgt mittels Funken. — Angaben über die theoret. Grundlagen, Aufbau der App., Meßbereich, Fehlerquellen. (J. Chim. physique Physico-Chim. biol. **52.** 347—51. April 1955. Dijon, Univ., Labor. de Chim.) E. ROEDER. 157

**H. Titman** und **A.-H.-A. Wynn,** *Die Entzündung explosibler Gasgemische durch Reibung.* Es wird über Verss. berichtet, von welchen Einflüssen die Zündung explosibler Gasgemische durch Reibung, gegeben durch den Zusammenstoß zweier Körper, abhängig ist. Die wichtigsten Faktoren dabei sind der Stoßwinkel, die Zus. des explosiblen Gasgemisches, die dem Stoß innewohnende Energie, die Form u. Beschaffenheit der sich berührenden Oberflächen u. die Zus. der Oberflächen. Diese Faktoren wurden getrennt untersucht. Die Deutung der Ergebnisse erfolgt mit Hilfe der statist. Analyse. Die erhaltenen Ergebnisse sind nicht endgültig, bes. im Hinblick auf die Stoßenergie, die gerade zur Entzündung ausreicht. (Rev. Ind. minérale **36.** 50—61. 1/1. 1955.) H. EISENBARTH. 157

**H. Selle** und **J. Zehr,** *Beurteilung der Experimentalwerte für die untere Zündgrenze von Staub/Luft-Gemischen mit Hilfe thermochemischer Berechnungen.* Vff. berechnen unter den vereinfachenden Voraussetzungen, daß 1. der Staub im Bereich der unteren Zündgrenze restlos u. zu dem stärkst oxydierten Endprod. verbrennt, daß 2. die Rk. entweder isochor oder isobar verläuft, daß 3. die frei werdende Reaktionsenergie so groß ist, daß die Reaktionsprodd., überschüssige Luft u. sonstige Ballaststoffe auf 1000° erwärmt werden u. daß 4. die Teilchengröße so klein ist, daß sie einem moldispersen System entspricht, thermochem. die Zündgrenzen von Staub–Luft-Gemischen. Voraussetzung der Berechnung ist die Kenntnis der chem. Zus. u. der Verbrennungswärme des Staubs. Die Rechnungen liefern wegen der nicht völlig realisierbaren Voraussetzungen keine genauen Werte; diese Werte können jedoch zur krit. Überprüfung von Experimentalwerten herangezogen werden. Der berechnete thermodynam. Zündbereich ist größer als der experimentell erreichbare Zündbereich. (Staub **38.** 583—99. 1954. Berlin-Dahlem, Bundesanst. für mechan. u. chem. Materialprüf.) MAX SCHMIDT. 157

**W. D. Jermolenko,** *Bestimmung des thermischen Koeffizienten von feuchten Materialien.* Mit Hilfe der eingehend beschriebenen App. werden Temperaturleitfähigkeitskoeff. a, spezif. Wärme c u. Wärmeleitfähigkeitskoeff. $\lambda$ von Schlamm in Abhängigkeit von Wassergeh. u. Temp. bestimmt. Die c-Abhängigkeit vom Wassergeh. weist keinen linearen Charakter auf. Die a-Werte nehmen bei Erhöhung des Wassergeh. von 30 auf 60% ab. Die experimentellen Werte zeigen eine gewissen Streuung, bewirkt durch die Temperatur. Mit steigender Temp. nimmt a ab. (Журнал Технической Физики [J. techn. Physik] **25.** 796—804. Mai 1955.) O. LEBTAG. 158

**N. F. Otpuschtschennikow,** *Absorption von Ultraschallwellen in Armco-Eisen und Plexiglas.* Vf. mißt mittels Impulsmeth. für Armco-Eisen (D. 7,85) bei 0,66; 6 u. 10 MHz $\alpha$ zu 0,0024; 0,024 u. 0,038 $cm^{-1}$ (v = 5920 m/sec bei 10 MHz) u. für *Plexiglas* (D. 1,19) bei 0,66; 1,4; 6 u. 10 MHz zu 0,11; 0,21; 0,40 u. 0,55 $cm^{-1}$ (2680 m/sec bei 10 MHz). (Журнал Экспериментальной и Теоретической Физики [J. exp. theoret. Physik] **28.** 371. März 1955. Kursk, pädagog. Inst.) R. AMBERGER. 159

**G. S. Verma** und **S. K. Kor,** *Temperaturabhängigkeit der Ultraschallgeschwindigkeit in Amylacetat–Toluol-Mischungen.* Mittels des DEBYE-SEARS-Effektes wird die Abhängigkeit der Schallgeschwindigkeit von der Temp. zwischen 30 und 65° bei einer Frequenz von 3 MHz in Amylacetat–Toluol-Mischungen (Mischungsverhältnis 1:0, 4:1,

1:1, 1:4 und 0:1) gemessen. Es zeigt sich in allen Fällen eine Abnahme der Schallgeschwindigkeit mit steigender Temp., wobei der Verlauf der Temperaturkoeffizienten der Schallgeschwindigkeit nicht gleichmäßig ist, sondern je ein Maximum u. ein Minimum zeigt. An reinem Toluol wurde RAOs Formel, welche besagt, daß der Temperaturkoeffizient der Schallgeschwindigkeit dreimal so groß wie der der D. ist, nachgeprüft. Sie konnte für Einzelwerte nicht bestätigt werden, die Mittelwerte aus Einzelmessungen bei 31, 35, 40, 50 u. 55° bezüglich des Temperaturkoeffizienten der Schallgeschwindigkeit u. aus entsprechenden Tabellenwerten bezüglich der D. stimmten dagegen recht gut überein. (J. chem. Physics **24.** 163—64. Jan. 1956. Allahabad, India, Univ., Dep. of Phys.) H. JACOB. 159

## $A_5$. Kolloidchemie. Grenzschichtforschung.

**Ss. M. Lipatow** und **Ss. I. Mejersson,** *Zur Frage über den Gleichgewichtszustand von Gallerten.* An sorgfältig, durch Fraktionierung bei 30° von allen Verunreinigungen befreiter Gelatine wird die Gallertbldg. bei der Berührung des begrenzt gequollenen Polymeren mit Fl. sowie die zur Gallertbldg. führende spontante Veränderung der Polymerlsg. in der gleichen Fl. unterhalb $T^0_{krit}$ untersucht. Aus den Kurven Quelldruck–Zus., freie Energie–Zus., Schmelzwärme–Temp. u. Trübungsgrad–Konz. wird geschlossen, daß beim Fehlen von Verunreinigungen, welche die Relaxationsprozesse in der Gallerte stabilisieren, die Gallerten bei Quellung u. Synerese die gleiche Zus. aufweisen. (Коллоидный Журнал [Kolloid-J.] **17.** 230—34. Mai/Juni 1955. Moskau, Textilinst., Lehrstuhl für phys. Chem.) O. LEBTAG. 162

**M. E. L. McBain,** *Eigenschaften von Natriumabietat aus amerikanischem Kolophonium.* Natriumabietatlsgg. sind bei Raumtemp. im Konz.-Bereich von 0,15 bis 1,0 n heterogen. Erst bei 90° tritt klare Lsg. auf, wenn die Konz. $>$ 0,05 n ist. Unterhalb dieser Konz. erfolgt ebenfalls Trübung durch Hydrolyse. Die Leitfähigkeiten derartiger Lsgg. (bei 90°) sind größer als die vergleichbarer anderer Fettsäureseifen. Die Leitfähigkeits/Konz.-Kurve zeigt kein Maximum oder Minimum. Der osmot. Koeff. von Na-Abietatlsgg. wird aus Messungen der Dampfdruckerniedrigung ermittelt. Vf. weist darauf hin, daß der F. der Abietinsäure, die opt. Drehung u. die Leitfähigkeit von Na-Abietatlsgg. zeitabhängig sind. Es wird angenommen, daß Na-Abietat ein kolloidaler Elektrolyt ist. (J. Colloid Sci. **10.** 219—22. April 1955. Palo Alto, Calif.) H.-U. WOELK. 162

**M. E. L. McBain,** *Bemerkung über die Leitfähigkeit verdünnter Lösungen von Myristylsulfonsäure.* Vf. hat die Messungen der Leitfähigkeit verd. Myristylsulfonsäurelsgg. unter Verwend. bes. guten Leitfähigkeitswassers wiederholt. (Vgl. J. Amer. chem. Soc. **61.** [1939.] 3210.) Die Fehler früherer Messungen können auf die Adsorption durch die Zellenwände zurückgeführt werden. Konstante Meßwerte stellen sich erst nach längerer Zeit ein. Für die verdünnteste Lsg. (0,0000577 n) ergibt sich die Äquivalentleitfähigkeit zu 372,4 $\mu\Omega$. Die Ergebnisse dieser Messungen lassen sich durch die Annahme einer Micellenbldg. deuten. (J. Colloid Sci. **10.** 223—24. April 1955. Stanford, Calif., Stanford Univ.) H.-U. WOELK. 162

**A. W. Dumanski, O. D. Kurilenko** und **Ju. F. Deinega,** *Dielektrische Eigenschaften von Agar-Lösungen und -Gallerten.* Für den Bereich 1300—11100 kHz wird erstmalig eine vollständige Kurve Dispersion der DK.-Werte von 1%ig. Lsgg. von Agar (**I**) bei 20° aufgenommen. Die DK. ist von der Frequenz abhängig. Je 1 g **I** werden 0,67 g $H_2O$ gebunden. Mit steigender Temp. nimmt die DK. bei den Wellenlängen $<$ 47 m ab, bei $>$ 47 m zu u. verändert sich bei der Wellenlänge $\sim$ 47 m fast nicht. Die DK.-Werte von **I** u. $H_2O$ nehmen im unteren Teil der Dispersionskurve mit steigender Temp. symbat ab. Die DK.-Abnahme von **I** wird im Gebiet der hohen Frequenzen demnach vorwiegend von der DK.-Änderung beim $H_2O$ verursacht. Die DK.-Zunahme auf den dem mittleren Teil der Kurve entsprechenden Wellenlängen hängt mit der Änderung der Relaxationseigg. von **I** zusammen. Bei der Gallertbldg. nimmt die DK. bei jenen Wellenlängen ab, die dem mittleren Teil der Dispersionskurve entsprechen, bedingt durch eine Änderung der Relaxationseigg. als Folge einer Netzstrukturbildung. Dies beweist, daß die **I**-Moll. eine polare Struktur aufweisen. Im unteren Teil der Dispersionskurve sind die DK.-Werte von Lsg. u. Gallerte einander gleich. Die Hydratation wird also bei der Gallertbldg. nicht verändert. (Коллоидный Журнал [Kolloid-J.] **17.** 180—83. Mai/Juni 1955. Kiew, Inst. für allg. u. anorgan. Chem. der Akad. der Wiss. der UkrSSR.) O. LEBTAG. 162

**S. Ja. Beresstnewa** und **W. A. Kargin,** *Elektronenmikroskopische Untersuchung von Alumosilicatgelen.* Untersucht wurden Alumosilicatgele mit vorherrschendem $Al_2O_3$ (**I**) oder vorherrschendem $SiO_2$ (**II**) mit dem **I**/**II**-Verhältnis 5:1 bis 1:10. Die elektronenmkr. Unters. von Gelen, die durch Vermischung der getrennt hergestellten

Sole von I u. II gewonnen wurden, ergab, daß hier ein Gemisch von koll. *Al(OH)*$_3$ u. *Si(OH)*$_4$ vorliegt. Ein Erhitzen auf 400—800° beschleunigt die Rk. zwischen den koll. Teilchen. Es entstehen porige Körper, deren Porengröße mit steigender Temp. zunimmt. Werden die Gele aus 0,1 n Al-Salz u. 0,1 n $Na_4SiO_4$ hergestellt, so erhält man, unabhängig vom Verhältnis I/II, sehr kleine kugelförmige amorphe Teilchen, die zu größeren Aggregaten unter Bldg. einer Raumstruktur zusammentreten. Diese kugelförmigen Teilchen sind ein mol. Gemisch von $Al(OH)_3$ u. $Si(OH)_4$. Während bei Zimmertemp. die Kristallisation nur sehr langsam verläuft, ist sie beim Erhitzen auf 760—800° innerhalb 1—2 Std. beendet. Es entstehen hierbei Strukturen, ähnlich denen der Tone. (Коллоидный Журнал [Kolloid-J.] **17.** 196—99. Mai/Juni 1955. Moskau, Karpow-Inst. für phys. Chem.) O. LEBTAG. 162

**R. Amiot, Y. Doucet** und **G. Watelle,** *Neue Kenngröße für die Flockung eines Sols durch einen Elektrolyten. Ihre Anwendung zur Untersuchung der Hydratation von Ionen.* (J. Physique Radium **14.** 67 S—68 S. Dez. 1953. — C. **1954.** 482.) G. WILLE. 163

**N. A. Figurowski** und **A. W. Sseregin,** *Über den Wirkungsmechanismus der Elektrolyte auf grobdisperse Suspensionen.* An wss. Suspensionen von zerkleinertem chem. Glas wurden Koagulation u. spontane Peptisation in Ggw. von HCl, NaOH, NaCl oder $AlCl_3$ untersucht. Die Kornvergröberung bei wiederholter Zerstörung des Koagulates u. anschließender Fällung der festen Phase zeigte sich in saurer, neutraler u. alkal. Lsg. u. verlief qualitativ überall in der gleichen Weise. Die spontane Peptisation der koagulierten Suspension zeigte sich auch bei *BaSO*$_4$ u. *Al*$_2$*O*$_3$ in Ggw. von $AlCl_3$. Die spontane Peptisation ist demnach für alle Suspensionen, unabhängig von der Art der Oberfläche u. der festen Phase, charakteristisch. In den grobdispersen Systemen gibt es eine reversible u. eine irreversible Koagulation. Es gibt jedoch eine Schwelle der irreversiblen Koagulation. Vff. nehmen an, daß in der koll. Lsg. der gleiche Koagulationsmechanismus vorliegt u. erörtern die Ursachen für das Nichtsichtbarwerden dieser Erscheinung. (Коллоидный Журнал [Kolloid-J.] **17.** 140—46. März/April 1955. Moskau, Lomonossow-Univ., Chem. Fakultät, Labor für Dispersionsanalyse.) O. LEBTAG. 163

**A. W. Sseregin** und **N. A. Figurowski,** *Einfluß der orthokinetischen Koagulation auf die Zerstörung grobdisperser Suspensionen.* Das Verf. von TUORILA (Kolloid-Beih., **24.** [1927] 122 u. früher) wird in der Weise abgeändert u. ergänzt, daß die polydisperse Suspension als bidisperse Suspension betrachtet wird, in welcher eine Koagulation nur zwischen den groben u. feinen Teilchen erfolgt. Es wird der Begriff der reduzierten M. der koagulierenden Fraktionen eingeführt. Es gilt die Gleichung: $B = 1965\ K\,M\,r\,(2 + S - 2S^2 - S^3)$, wo B = Attraktionsvol. der groben Teilchen, K = für eine Suspension u. einen Koagulator konstanter Koeff., S = r/R, r u. R = Radius der feinen bzw. groben Teilchen. Die experimentelle Ermittlung von B wird beschrieben. (Коллоидный Журнал [Kolloid-J.] **17.** 247—54. Mai/Juni 1955. Moskau, Lomonossow-Univ., Chem. Fakultät) O. LEBTAG. 163

**L. A. Abduragimowa, P. A. Rehbinder** und **N. N. Sserb-Sserbina,** *Elasto-viscose Eigenschaften von thixotropen Strukturen in wässerigen Suspensionen von Bentonittonen.* Die Unters. der 10%ig. Suspension von natürlichem *Bentonit* (I), der 10%ig. Suspension von aus I gewonnenem *Na-Bentonit* (II) u. der 45%ig. Suspension von *Ca-Bentonit* (III) zeigt, daß es bei beliebig kleinen Schubspannungen für die thixotropen Strukturen von I, II u. III ein elast. Gebiet gibt, in welchem ein Fließen vom Gleittyp mit einer prakt. konstanten sehr hohen Viscosität $\eta_0$ der Größenordnung $10^9$—$10^7$ Poise vorliegt. Beim Übergang zu höheren Schubspannungen treten auf den Deformationskurven Umkehrpunkte auf, die mit einer Strukturzerstörung zusammenhängen. Hierbei sinkt der $\eta_0$-Wert um 7—9 Größenordnungen. Die Zunahme der Konz. der festen Phase oder der Zahl der kinet. freien Teilchen in der Volumeneinheit führt zu einer Zunahme von $\eta_0$ u. zu einer Verschiebung der Grenze dieser konstanten Viscosität. Die untersuchten Suspensionen gehören zu den prakt. festartigen, plast.-viscosen Systemen. Aus den Fließkurven u. den Kurven effektiver Viscosität-Schubspannung ergeben sich für I, II u. III 4 scharf voneinander abgegrenzte Gebiete der Viscosität. (Коллоидный Журнал [Kolloid-J.] **17.** 184—95. Mai/Juni 1955. Moskau, Inst. für physik. Chem. der Akad. der Wiss. der UdSSR, Abt. disperse Systeme.) O. LEBTAG. 163

**J. W. Taylor,** *Die Oberflächenspannung von Natrium.* Bestimmt werden die Oberflächenspannung von Na sowie ihr Temperaturkoeff. im Bereich von 98° bis 450°. Für diese Best. wird das Verf. des größten Gasblasendrucks angewendet. Die Oberflächenspannung am F. in einer Ar-Atmosphäre ist 190,8 dyn/cm u. der Temp.-Koeff. im Untersuchungsbereich 0,1 dyn/cm/°. Die Ggw. eines Oxydfilms auf der Na-Oberfläche erhöht die Oberflächenspannung, u. diesem Einfl. werden die voneinander abweichenden Meßergebnisse der bisherigen Forscher zugeschrieben. Die Meßergebnisse stehen mit den theoret. berechneten Werten in Übereinstimmung. (J. Inst. Metals **83.** 143—52. Dez. 1954. Harwell, Atomic Energy Research Establishment.) H. HOCHSTEIN. 166

**E. M. Spiwakowa,** *Mechanismus der konjugierten Auflösung und die Abhängigkeit des Lösungsvermögens von Emulgatoren von ihrer molekularen Natur.* Vergleichende Messungen über das Lösungsvermögen gegenüber *Solaröl* (**I**) wurden an folgenden Emulgatoren durchgeführt: *Ammoniumoleat* (**II**), *Na-Naphthenseife* (**III**), *Na-Seife des Petrow-Kontaktes* (**IV**), *Nekal* (**V** = Na-Butylnaphthalinsulfonat) sowie die Gemische **II** + **V**, **II** + **IV**, **III** + **V** u. **III** + **IV**. Die die Löslichkeit kennzeichnenden Größen wurden durch Unters. des Verh. der homogenen Öl-Seifengemische (50—60%ig. Seifen) bei ihrer Verdünnung mit $H_2O$ ermittelt. Von allen untersuchten Emulgatoren zeigte **II** das größte Lösungsvermögen gegenüber **I**, dann folgten **III** u. **IV**. Das Lösungsvermögen betrug in % **I** im wasserfreien Gemisch: **II** bis 30; **III** bis 25; **IV** bis 20; **V** bis 5; **II** + **V** bis 60; **II** + **IV** bis 50; **III** + **V** bis 30; **III** + **IV** bis 30. Die Gegenüberstellung des Lösungsvermögens u. der Oberflächenaktivität der Emulgatoren ergab eine um so stärkere **I**-Aufnahme durch die wss. Lsg., je hydrophober der Emulgator war. (Коллоидный Журнал [Kolloid-J.] **17.** 131—39. März/April 1955.) O. LEBTAG. 166

**J. E. Verschaffelt,** *Die Thermomechanik der Transporterscheinungen.* (Vgl. C. **1952.** 6339). Vf. behandelt in erster Linie Osmose u. ähnliche Erscheinungen u. betont, daß er zur theoret. Deutung der Beobachtungen das ONSAGERsche Prinzip nicht benötigt. (Recueil Trav. chim. Pays-Bas **71.** 705—16. Juli 1952. Le Haye.) G. KIRSCHSTEIN. 170

**B. Baranowski** und **J. Demichowicz,** *Eine neue Anordnung zur Untersuchung der Thermodiffusion von Elektrolytlösungen nach der Methode von Clusius.* Die neue Anordnung besteht aus einem dünnen, mehrere cm langen Glasrohr, das in der Mitte zu einer Capillare von ca. 1 mm innerem Durchmesser ausgezogen ist. Das Rohr trägt an den Enden 2 Gegenelektroden u. wird mit der Elektrolytlsg. gefüllt. Den Capillarteil umgibt ein Kühlmantel, durch den Leitungsw. fließt. An die Elektroden wird bei senkrechter Stellung der Capillare eine hohe Spannung bis zu 4 kV, 50 Hz gelegt. Bei der eintretenden Erwärmung des Elektrolyts in der Capillare bildet sich zwischen den gekühlten Capillarwänden u. dem Innern ein Temperaturgradient u. infolgedessen ein Thermodiffusionsstrom aus, durch den einer der Bestandteile an der Capillarwand angereichert wird. Gleichzeitig entsteht ein Konvektionsstrom, der den an der Wandung angereicherten Bestandteil dem unteren Behälter zuführt. Eine wss. Lsg. von *$CuSO_4$* (**I**) u. *Rohrzucker* (**II**) ergab nach 13 Std. einen partiellen Unterschied zwischen beiden Komponenten von 2,84 bzgl. **I** u. 1,35. bzgl. **II.** (Roczniki Chem. [Ann. Soc. chim. Polonorum] **26.** 488 bis 89. 1952. Wrocław [Breslau], Univ., Technol. Inst., Dep. of Phys. Chem.)
H. FREYTAG. 171

**B. Baranowski** und **J. Demichowicz,** *Elektrische Thermodiffusionsmethode zur Bestimmung der Soret-Koeffizienten in wässerigen Kupfersulfatlösungen.* Vff. berichten über Bestimmungen der SORET-Koeffizienten (SK.) wss. $CuSO_4$-Lsgg. mittels der von ihnen entwickelten elektr. Thermodiffusionsmeth. (vgl. vorst. Ref. u. Roczniki Chem. [Ann. Soc. chim. Polonorum] **27.** [1953.] 494), aus denen sich ergibt, daß die SK. weder von der bei der Best. eingesetzten Stromstärke, noch im Bereich von 0,1 n bis 1,0 n wesentlich von der $CuSO_4$-Konz. abhängig sind, während bei kleineren Konzz. eine gewisse Neigung offenbar wird. Beim Vgl. der SK. mit den nach den bisherigen Methoden gemessenen zeigt sich, daß die nach der neuen Meth. bestimmten Werte niedriger sind, was auf den Einfl. des elektr. Feldes u. das Auftreten einer Art Strom-Diffusionseffektes zurückgeführt wird. (Bull. Acad. polon. Sci., Cl. III **2.** 435—38. 1954. Cracow, Jagellonian Univ., Dep. of Theoret. Chem.; Wrocław [Breslau], Techn. Univ., Dep. of Phys. Chem.) W. NIEMITZ. 171

**B. Baranowski,** *Phänomenologische Theorie der elektrischen Thermodiffusionsmethode in Flüssigkeiten.* Vf. gibt eine phänomenolog. Theorie der von ihm u. DEMICHOWICZ (vgl. vorst. Ref.) entwickelten elektr. Thermodiffusionsmeth. zur Best. des SORET-Koeff. unter besonderer Berücksichtigung des Temperaturgradienten u. der Maximumtemperaturdifferenz in dem Capillarrohr, der Geschwindigkeit des Konvektionsstromes in ihm u. der Konzentrationsänderungen in den Endbehältern. (Bull. Acad. polon. Sci., Cl. III **2.** 439—40. 1954. Cracow, Jagellonian Univ., Dep. of Theoret. Chem.)
W. NIEMITZ. 171

**R. St. J. Manley** und **S. G. Mason,** *Die Viscosität von Suspensionen von Kugeln: Eine Bemerkung über den Teilchenwechselwirkungskoeffizienten.* Vff. haben die Viscosität homogener Suspensionen von *Pyrexglas*-Kugeln (mittlerer Durchmesser 5 $\mu$) in *$ZnJ_2$–Glycerin*-Mischungen bei 20,00° gemessen. Für die wahre relative Viscosität $\eta_\nu$ gilt $(1/\eta_\nu - 1) = H(1/\eta'_\nu - 1)$, wobei $\eta'_\nu$ die gemessenen Werte darstellt. Das Korrekturglied H hat den Wert 1,0212 u. berücksichtigt den Wandeinfluß. Für die Abhängigkeit der spezif. Viscosität von der Konz. geben Vff. die empir. Gleichung $\eta_{sp}/c = (2{,}487 \pm 0{,}074)$ +

(12,7 ± 0,53) c, die die Meßwerte mit guter Übereinstimmung wiedergibt. Die Meßwerte stellen eine bessere experimentelle Bestätigung der Theorie von VAND dar, wenn diese durch Einführung eines Stoßmechanismus modifiziert wird. Danach rotieren die Dubletts mit konstanter Winkelgeschwindigkeit um eine zur Strömungsrichtung senkrechte Achse, ohne Relativbewegung zwischen den Berührungspunkten der Einzelteilchen. In diesem Fall erhält der Wechselwirkungskoeff. $\alpha$ den Wert 10,05. Die Abweichungen des experimentell für die Glaskugelsuspensionen erhaltenen $\alpha$-Wertes von diesem theoret. werden diskutiert. (Canad. J. Chem. **32.** 763—67. Aug. 1954. Montreal, Que., Pulp u. Paper Res. Inst. of Canada.) H.-U. WOELCK. 172

**P. Sherman,** *Der Einfluß der Viscosität der inneren Phase auf die Viscosität konzentrierter Wasser-in-Öl-Emulsionen. Untersuchungen an Wasser-in-Öl-Emulsionen.* 5. Mitt. (4. vgl. J. Colloid Sci. **10.** [1955.] 63.) Durch Anwendung nichtionisierender Emulgatoren hat Vf. Wasser-in-Öl-Emulsionen mit hohen Volumenkonzz. an disperser Phase hergestellt u. den Einfl. der Viscosität $\eta_i$ der inneren Phase auf die der Emulsion $\eta$ untersucht. Eine Variation von $\eta_i$ wurde entweder durch Zusatz verschied. Alkohole (*Propylenglykol, Glycerin* u. a.) oder durch Änderung der Konz. an Glycerin als Zusatz zum W. zwischen 0 u. 80% erreicht. Aus den Messungen geht eindeutig hervor, daß $\eta_i$ nicht der bestimmende Faktor für $\eta$ ist. Einen deutlichen Einfl. auf $\eta$ übt dagegen die Natur der wss. Phase aus, bes. dann, wenn noch ein Stabilisator vorhanden ist. Zur Erklärung dieser Ergebnisse diskutiert Vf. die Wrkg. fester Grenzflächenfilme, die bes. dann vorhanden sein können, wenn die dispersen Teilchen in hohen Konzz. vorliegen u. Aggregate bilden können. (Kolloid-Z. **141.** 6—11. März 1955. London. Tottenham, Gestetner Ltd., Labor.) H.-U. WOELK. 172

**K. M. Siegel** und **A. L. Maffett,** *Langsame Bewegungen.* (Sitzungsbericht.) (Physic. Rev. [2] **100.** 968. 1/11. 1955. Univ. of Michigan.) H. LIEPACK. 173

**J. M. Bowyer** und **L. Talbot,** *Strömungswiderstand bei einem rotierenden Zylinder in der Nähe der Bedingungen freier Molekülströmung.* (Sitzungsbericht.) (Physic. Rev. [2] **100.** 968. 1/11. 1955. Berkeley, Calif., Univ. of California, Convair Aircraft Corp.) H. LIEPACK. 173

**B. W. Derjagin,** *Zur Frage über die Bestimmung des Begriffes und der Größe des spaltenden Druckes und seine Rolle in der Statistik und Kinetik dünner Flüssigkeitsschichten.* Nach der Definition des Vf. ist der spaltende Druck einer dünnen planparallelen Flüssigkeitsschicht zwischen 2 festen Körpern gleich dem Druck P, welchen die Flüssigkeitsschicht im Gleichgewichtszustand neben dem n. hydrostat. Druck in der Schicht auf die begrenzenden Körper ausübt. An 3 Beispielen wird die Anwendbarkeit dieser Begriffsbestimmung auf das Gleichgewicht im heterogenen Syst. in Ggw. dünner Schichten gezeigt. Auf Grund der abgeleiteten Gleichungen für die Hydrodynamik dünner Schichten wird der Einfl. des spaltenden Druckes auf das Fließen einer Fl. in einem dünnen Film ungleichmäßiger Dicke erörtert. Danach fließt die Fl. in Richtung der geringeren Filmdicke, wenn $dP/dh < 0$ ($h$ = Filmdicke), in Richtung der größeren Filmdicke, wenn $dP/dh > 0$. Im ersten Fall wirkt der spaltende Druck stabilisierend. Im 2. Fall befindet sich der Film im labilen Zustand u. ist bestrebt, in dickere u. dünnere Bereiche zu zerfallen. (Коллоидный Журнал [Colloid J.] **17.** 207—14. Mai/Juni 1955. Moskau, Inst. für physik. Chem. der Akad. der Wiss. der UdSSR, Labor. für Oberflächenerschein.) O. LEBTAG. 173

**A. Korotkowa** und **D. Ssandomirski,** *Über die rheologischen Eigenschaften von Glycerin.* Bei der Eichung des Gerätes für die rheolog. Unters. von *Latex*-Schaum mit Hilfe von Glycerin wurde der Befund von DUMANSKI u. CHAILENKO (Коллоидный Журнал [Colloid J.] **15.** [1953.] 426) bestätigt, wonach bei geringen Schubspannungen das Glycerin nicht dem NEWTONschen Gesetz gehorcht. Eine 60%ig. Lsg. von *Kolophonium* in *Terpentin* gehorcht diesem Gesetz. (Коллоидный Журнал [Colloid J.] **17.** 264. Mai/Juni 1955. Moskau, Forschungsinst. der Gummiind.) O. LEBTAG. 173

**G. F. Hüttig** und **F. Moser,** *Die Mahlungsfunktionen und die Kinetik der Zerkleinerungsvorgänge.* (Vgl. C. **1956.** 1811.) Vff. besprechen zunächst den Begriff des Mahlungsgleichgewichtes, welcher in seinen wesentlichsten Merkmalen dem Begriff des chem. Gleichgewichtes entspricht. Sie weisen in diesem Zusammenhang darauf hin, daß die Frage nach dem Mahlungsgleichgewicht schwieriger als diejenige nach dem chem. Gleichgewicht ist u. sich prakt. noch nicht verwenden läßt. Das Gegenteil gilt für die Zermahlungskinetik, die Gesetzmäßigkeiten, welche die Geschwindigkeit der Zermahlung u. die während dieses Vorganges durchschrittenen Zwischenzustände zum Gegenstand haben. Vff. beschreiben Verss. an Quarzsand, die sich mit der Frage des Mühlenangriffs auf die Körner beziehen, ohne auf die Charakteristik der Zerfallsprodukte Rücksicht zu nehmen. Hier konnten Gesetzmäßigkeiten festgestellt werden. (Planseeber. Pulvermetallurgie **2.** 15—19. Juni 1954. Graz, TH, Inst. f. anorgan. u. phys. Chem.) C. GOTTFRIED. 175

**J. J. Kipling,** *Molekularflächen von Adsorbaten.* Auf Grund von in der Literatur bekannten Angaben über die Orientierung u. Ausdehnung von organ. Moll. auf fl. u. festen Oberflächen zeigt Vf., daß die aus Untersuchungen an wss. Substraten erhaltenen Werte für die von einem Mol. eingenommene Fläche nicht immer auf die Best. der Orientierung auf festen Oberflächen angewendet werden können. (J. Colloid Sci. **10.** 156—57. April 1955. Hull, Univ.) H.-U. WOELK. 176

**Horst Wegener,** *Adsorption von Kalium auf Quarzoberflächen.* Messung der Adsorption von verdampftem K auf amorphem Quarz bei einer Bedeckung von ca. $10^{-7}$ bis $10^{-6}$ g/cm². Der Kondensationskoeff. wurde bei Auffängertemperaturen von $-180^0$, $0^0$ u. $21^0$ zu 1 gemessen. Die mittlere Verweilzeit der adsorbierten Atome läßt sich zu 200 sec $> \tau >$ 0,5 sec abschätzen, die Adsorptionsenergie zu 0,68 eV $< \varepsilon <$ 0,82 eV. (Z. Physik. **140.** 465—72. 1955. Erlangen, Univ., Physikal. Inst.) H. C. WOLF. 176

**Horst Wegener,** *Wirksamkeit der Kondensationskerne* (*Kalium auf Quarz*). (Vgl. vorst. Ref.) Unters. des Einfl. von Aufdampfgeschwindigkeit u. vorhandenen Kondensationskernen auf die Tröpfchenkondensation beim Aufdampfen von K auf Quarz. Das aufgedampfte K wandert auf der Quarz-Oberfläche nach der Adsorption zu den „Tröpfchen" hin. Als Kondensationskerne wirken Störstellen auf der Quarzoberfläche, an denen entweder die Oberflächenbeweglichkeit der aufgedampften Atome geringer ist als an der ungestörten Oberfläche, oder an denen die zur Tröpfchenbildung nötige kritische Übersättigung kleiner ist. Für jeden Kern existiert eine krit. Aufdampfungsgeschwindigkeit, mit der man mindestens aufdampfen muß, damit Tröpfchenkondensation eintritt. Sie wird durch die Nachbarschaft anderer Tröpfchen verändert. Vergleich experimenteller Ergebnisse mit der Theorie führt zu einer Abschätzung der Diffusionskoeffizienten u. der krit. Keimbildungsübersättigung. (Z. Physik **140.** 473—84. 1955.) H. C. WOLF. 176

**N. N. Awgul, O. M. Dshigit** und **A. W. Kisselew,** *Capillarkondensation verschiedener Dämpfe auf grobporigem Silicagel.* Es wird die Theorie der Capillarkondensation von Dämpfen in den Poren von Adsorbenten krit. besprochen. Vff. stellen an Hand von Literaturangaben Adsorptions–Desorptions-Isothermen für sieben, hinsichtlich ihrer Eigg. verschiedene Dämpfe auf Silicagel mit gleichräumigen Poren von etwa 210 Å Durchmesser auf. Es werden die bei der Sättigung adsorbierten Flüssigkeits-Voll. berechnet, ebenso die spezif. Oberfläche der adsorbierten Schichten zu Beginn der Hysteresis u. die Durchmesser der Poren nach THOMSON (mit einer Korrektur für die Dicke der adsorbierten Schicht). Diese Größen stehen in engen Beziehungen zum Vol. der Poren, zur spezif. Oberfläche des Gerüsts des Silicagels u. zum Durchmesser der Poren, wie man ihn nach verschied. Methoden erhält. Analoge Berechnungen wurden auch für eine Anzahl in der Literatur angegebener Adsorptions–Desorptions-Isothermen durchgeführt, die auf einem anderen gleichporigen Silicagel erhalten wurden. Diese Berechnungen bestätigen ebenfalls die Theorie der Capillarkondensation. Irgendeine scharfe Selektivität hinsichtlich der Natur des Dampfes wurde hierbei nicht festgestellt. Die Methoden der Capillarkondensation erweisen sich als wertvolles Mittel bei der Erforschung der Struktur poröser Adsorbenten. (Журнал Физической Химии [J. physik. Chem.] **29.** 316—26. Moskau, Febr. 1955. Akad. d. Wiss. d. UdSSR, Inst. für Physik, Chemie u. Staatl. Lomonossow-Univ.) E. KORDES. 176

**G. W. Kukolew** und **Ja. M. Ssyrkin,** *Einfluß der Art der sorbierten Ionen auf den spaltenden Druck in wässerigen Filmen und die wasserzurückhaltende Fähigkeit von Ton und Kaolin.* Die Unterss. mit Tschassowjar-*Ton* (**I**) u. Prosjanowka-*Kaolin* (**II**) ergaben, daß nach der wasserhaltenden Kraft die Kationen folgende Reihe bilden: $Na^+ >$ natürlicher **I** oder **II** $> Ca^{2+} > H^+ > Al^{3+}$. Die Anionen bilden die folgende Reihe: $OH^- > CO_3^{2-} > CH_3COO^- > SO_4^{2-} > Cl^-$. Für **I** u. **II** gilt die Gleichung: $K = V\sqrt[n]{P}$, wo K = Konstante, V = Vol. des von 1 g **I** oder **II** zurückgehaltenen W. nach Aufhebung des Druckes P (in kg/cm²). In der nachstehenden Reihe nehmen die K-Werte ab: $Na^+$ — natürlicher **I** oder **II** — $Ca^{2+}$ — $H^+$ — $Al^{3+}$ (bei **I** ist n = 4, bei **II** = 5). Es ist: $dP/dV = (dP/dh) \cdot 1/S = \Gamma(1/S)$, wenn $\Gamma$ = Differential des Spaltdruckes nach der Filmdicke h des W., S = Oberfläche von 1 g **I** oder **II**. Die Werte von $\Gamma$ u. dP/dV nehmen in der nachstehenden Reihe der sättigenden Kationen zu: $Na^+$ — $Ca^{2+}$ — $Al^{3+}$. (Коллоидный Журнал [Kolloid-J.] **17.** 90—98. März/April 1955. Charkow, Polytechn. Lenin-Inst.) O. LEBTAG. 176

**G. W. Zitzischwili** und **D. N. Barnabischwili,** *Sorption von Essig- und Stearinsäure an Gumbrin und Askanton.* An zwei grusin. Tonen bestimmten Vff. die Adsorptionsisothermen von Essigsäure (**I**) u. Stearinsäure (**II**) aus $CCl_4$. Die Tone wurden im natürlichen Zustand u. nach Aktivierung durch 5 Std. Erhitzen in 10 bzw. 18%ig. $H_2SO_4$ verwendet. Das Sorptionsgleichgewicht stellte sich bei **I** nach 12 u. bei **II** nach 30 Std. ein. Bei **I**

bewirkte die Aktivierung des Sorbenten kaum einen Unterschied, bei **II** einen Anstieg der Adsorption. Bei **I** dürfte es sich um Chemisorption handeln. Der Unterschied zwischen der Adsorption von **I** u. **II** wird auf die Porengröße der Adsorbentien zurückgeführt. Bei **I** betrug die Sorption in mm je g an Gumbrin 1,72 u. an Askanton 2,59 bzw. 2,93, die Sorptionsvolumina lagen bei 0,10 u. 0,15 bzw. 0,17 $cm^3/g$. Bei **II** betrug die Sorption am natürlichen Gumbrin 0,21, am aktivierten 0,33, die entsprechenden Werte an Askanton waren 0,21 u. 0,48 mm/g; die Sorptionsvolumina waren in der entsprechenden Reihenfolge 0,07, 0,11, 0,07 u. 0,16. (Сообщения Академии Наук Грузинской ССР [Mitt. Akad. Wiss. GrusinSSR] **16.** 41—46. 1955. Tiflis, Melikischwili-Inst. für Chemie der Akad. der Wiss. der GrusinSSR.) M. WIEDEMANN. 176

**A. M. Koganowski** und **T. M. Rowinskaja,** *Untersuchung der Sorption von Kolloiden.* 3. Mitt. *Einfluß von Elektrolyten auf die Adsorption des Sols einer Huminsäure durch Graphitpulver.* (2. vgl. C. **1949.** E. 830.) Die Unters. des Einfl. von 0,05—0,4 n $KNO_3$ (**I**), 0,010—0,086 n $K_2SO_4$ (**II**), 0,005—0,039 n $Ca(NO_3)_2$ (**III**) u. 0,0006—0,0038 n $CaSO_4$ (**IV**) auf die Adsorption des *Huminsäure* (**V**)-Sols durch Graphit ergab, daß in Ggw. der Elektrolyte eine monomol. Adsorption stattfindet, die der LANGMUIRschen Gleichung gehorcht. Eine starke Abnahme des $\zeta$-Potentials des **V**-Sols tritt erst bei Konzz. ein, die weit unter den Konzz. der Adsorptionsverss. liegen. Die Zunahme der Adsorption mit steigender Elektrolytkonz. hängt also nicht mit einer Änderung des $\zeta$-Potentials zusammen. Die maximale spezif. Adsorption von **V** hängt mit der koagulierenden Wrkg. von **I, II, III** u. **IV** zusammen. Je niedriger die Koagulationsschwelle, desto geringer ist $\Gamma\infty$. Die in mMol/g ausgedrückte spezif. Adsorption $\Gamma$ von **V** an Graphit bleibt mit steigender Elektrolytkonz. konstant, woraus zu schließen ist, daß die Assoziation des **V**-Sols unter dem Einfl. von **I, II, III** oder **IV** orientiert verläuft u. zur Bldg. von Kettenmicellen führt, deren lange Achse senkrecht zur Oberfläche des Adsorbenten steht. Die Zunahme der Adsorptionskonstante $\beta_m$ ist bei gleichem Micellargewicht der Assoziate umso größer, je geringer die Koagulationsschwelle des Sols ist. Diese Zunahme von $\beta_m$ bei der Micellenassoziation ist durch die Zunahme der Lebensdauer der Micellen im adsorbierten Zustand bedingt. (Коллоидный Журнал [Kolloid-J.] **17.** 81—89. März/April 1955. Inst. für allg. u. anorgan. Chem. der Akad. der Wiss. der UdSSR.)
O. LEBTAG. 176

**Fumio Fukuoka,** *Adsorptionsgeschwindigkeit in flüssiger Phase.* 5. Mitt. *Kationenaustauschgeschwindigkeit und Rührung.* (4. vgl. J. chem. Soc. Japan, ind. Chem. Sect. [Kōgyō Kagaku Zassi] **54.** [1951.] 203.) Für den inneren Widerstand gegenüber der Adsorption von Kationen bei Ionenaustauschern auf $SO_3H$-Basis wurde eine Gleichung entwickelt ohne Berücksichtigung des Widerstandes in der Fl. an der Außenseite des adsorbierenden Teilchens. Die Beziehung zwischen Austauschgeschwindigkeit u. Rührgeschwindigkeit ändert sich mit dem Teilchenradius u. der D. des Austauschers. Bei kleinen Teilchen u. bei geringen Dichteunterschieden zwischen Fl. u. Teilchen ist der Einfl. der Absitzgeschwindigkeit groß. Der Austausch aus verd. Lsg. wird beherrscht vom Adsorptionswiderstand in der Lsg. an der Außenseite der Teilchen. (J. chem. Soc. Japan, ind. Chem. Sect. [Kōgyō Kagaku Zassi] **54.** 699—701. Nov. 1951. Tokyo, TH. [Orig.: japan.]) L. SCHULER. 177

**Erik Högfeldt,** *Über Ionenaustauschgleichgewichte.* 3. Mitt. *Eine Untersuchung einiger empirischer Gleichungen.* (2. vgl. C. **1954.** 1892.) Es wird überprüft, in welchem Maße die Veränderlichkeit des Gleichgewichtsquotienten beim Kationenaustausch ($\varkappa_{BA}$ = [A]·[BR]/[B]·[AR]) durch die empir. Gleichungen mehrerer Autoren richtig beschrieben werden kann. Dazu wird die Funktion $\varkappa = f(\beta)$ untersucht, wobei $\beta$ den Molenbruch von BR im Harz darstellt. Die 3 Möglichkeiten des Kurvenverlaufs (Typ 1: $d\varkappa/d\beta < 0$; Typ 2: $d\varkappa/d\beta > 0$; Typ 3: $d\varkappa/d\beta \gtreqless 0$) werden diskutiert. Nach entsprechender Umformung der empir. Gleichungen u. graph. Best. der Konstanten wird die Gültigkeit mit Hilfe eigener Meßergebnisse des Ag-H-Austausches an *Wofatit KS* u. *Dowex 50* untersucht (vgl. C. **1952.** 5536). Die $\varkappa = f(\beta)$-Kurven dieser Harze entsprechen dem Typ 1 bzw. 3. Von den diskutierten Gleichungen enthalten die von KROEKER [1892] u. von VAN DRANEN (C. **1956.** 1513) nur eine Konstante, die der anderen Autoren dagegen mehrere. Bei der Auswertung der Gleichung von KROEKER variiert der Wert der Konstanten, desgleichen bei der durch VAN DRANEN aufgestellten Gleichung. Die Gleichung von VAGELER [1932] beschreibt die Meßwerte an Wofatit in einem verhältnismäßig großem $\beta$-Bereich gut, ähnliches gilt für die Gleichung von YAMABE. Die Gleichung von WEISS u. ähnlich die von WOLFF [1951] aufgestellte stimmen mit den Werten an Dowex 50 gut überein, sind aber an u. für sich nur für den Typ 2 brauchbar. Die Gleichungen von BOEDEKER, VAN BEMMELEN (FREUNDLICH-Isotherme) u. WIEGNER-JERNY sind für die Werte an Dowex 50 nur bei kleinem $\beta$ brauchbar, da sie Exponentialfunktionen darstellen. Die Gleichung VAN BEMMELENs ist jedoch in der Lage, alle 3 Kurventypen zu erklären. Die Gleichung von ROTHMUND-KORNFELD [1918] wird als günstigste befunden, da sie die Werte an Wofatit KS gut beschreibt u. durch einfache Umformung auch auf den Typ 3 anzuwenden ist. Diese Gleichung wird sodann für den Austausch mehrwertiger Kationen weiterentwickelt. Schließlich wird gezeigt, daß sowohl mit Hilfe der Konstanten der ROTHMUND-KORNFELD-Gleichung als auch mit Hilfe ihres $\varkappa$-Wertes für $\beta = 0,5$ die thermodynam. Gleichgewichtskonstante $K_{BA}$ bestimmt werden kann. Dabei ergibt sich auch für den Typ 3 eine gute Übereinstimmung mit den auf anderen Wegen berechneten Werten für $K_{BA}$ an Wofatit KS u. Dowex 50. (Acta chem. scand. **9.** 151—65. 1955. Stockholm, Royal Inst. of Technol., Dep. of Inorg. Chem.)

GÜNTER LANGE. 177

**Erik Högfeldt,** *Über Ionenaustauschgleichgewichte.* 4. Mitt. *Das Silber–Wasserstoff-Gleichgewicht an Wofatit KS bei niedrigen Silberkonzentrationen.* (3. vgl. vorst. Ref.) Um festzustellen, ob der Gleichgewichtsquotient $\varkappa$ beim Ag–H-Austausch an Wofatit KS bei kleinen Ag-Konzz. einen konstanten Endwert annimmt, werden Gleichgewichtsmessungen mit Hilfe des radioakt. $^{110}Ag$ durchgeführt. Die verwendeten Lsgg. haben eine Ag-Konz. von $10^{-2}$ bis $10^{-7}$ C u. werden durch $HNO_3$ auf eine Ionenstärke von 0,1 gebracht, das Harz wird in der $H^+$-Form benutzt. Sowohl durch radiometr. als auch durch EMK.-Messungen wird festgestellt, daß $\varkappa_{Ag,H}$ bei kleinen Konzz. einen annähernd konstanten Wert von ca. 26 annimmt. Dieser Wert gilt für einen $\beta$-Bereich von ca. $7 \cdot 10^{-6}$ bis $4 \cdot 10^{-3}$. (Ark. Kemi **7.** Nr. 61. 561—64. 1955.) GÜNTER LANGE. 177

**Patterson B. Moseley, Arthur L. LeRosen** und **Jack K. Carlton,** *Untersuchung an Lösungen, die in der Adsorptionschromatographie benutzt werden.* Die Chromatographie einer Reihe organ. Substanzen an *$SiO_2$* u. *$Ca(OH)_2$* u. die Entw. mit verschied., reinen Lösungsmitteln u. Lösungsmittelgemischen werden untersucht. Als Adsorbat werden verschied. Strukturklassen ausgewählt, u. zwar als Elektronendonator *Triäthylamin* u. *Aceton* (I), als H-Donator *Phenol, Anilin* u. *A.*, als polare Verbb. *Nitropropan* u. *Nitrobenzol*, als saure Verb. *Propionsäure.* Die $R_F$-Werte unter Verwendung von 12 verschied., reinen Lösungsmitteln als Entwickler werden bestimmt. Dabei ergibt sich keine eindeutige Abhängigkeit vom Dipolmoment des Entwicklers u. des Adsorbats, da sich die Anziehungskräfte zwischen Adsorptionsmittel, Adsorbat u. Entwickler gegenseitig überlagern. Ebenso sind mit Hilfe der DK. nicht alle Unterschiede in den $R_F$-Werten zu erklären. Neben H-Brücken wird auch eine Bindung zwischen —OH, —COOH, $>$C=O u. —CHO-Gruppen des Lösungsm. mit dem Adsorptionsmittel angenommen. Unter dieser Voraussetzung sind die hohen $R_F$-Werte von I, *Ae.*, *Methanol* u. *Äthylacetat* als Entwickler erklärbar. Weiterhin werden die $R_F$-Werte von *o-Nitroanilin* (II) in 2 Komponenten-Entwicklern bestimmt. Dabei ergibt sich u. a. bei dem Syst. *PAe.–Butyläther* (III) eine lineare Abhängigkeit des $R_F$-Wertes von der prozentualen Zus. des Entwicklers. Ferner werden die Systeme A.–*Bzl.* sowie A.–PAe. als starke Entwicklungsmittel festgestellt u. die $R_F$-Werte von **II** an $SiO_2$ in 3-Komponenten-Systemen bestimmt, wobei 2 Komponenten stets aus verschied. Mischungsverhältnissen von Bzl. u. PAe. bestehen, während die 3. Komponente *Chlf.*, *$CCl_4$*, **III** oder A. ist. (Analytic. Chem. **26.** 1563—66. Okt. 1954. Baton Rouge, La., Louisiana State Univ., Coates Chem. Labor.; Fayetteville, Ark., Univ. of Arkansas, Inst. of Sci. and Technol.)

GÜNTER LANGE. 177

**Lois M. Kay** und **Kenneth N. Trueblood,** *Unbewegliche Phase bei der Chromatographie an Kieselsäure–Celit. Die Rolle des Wassers für den Entwicklungsmechanismus.* Wegen der auffallenden Zunahme der chromatograph. Adsorption an Kieselsäure mit höherem Wassergeh. bei Verwendung stark polarer Entwickler wird das Verh. an der Säure solcher Entwickler selbst untersucht. Dazu werden die Frontalgeschwindigkeiten der polaren Komponenten bin. u. tern. Entwickler, die Ligroin u. Alkohole, organ. Säuren oder Aceton enthielten, in verschied. vorbehandelten 2:1-Mischungen von Kieselsäure u. Celit untersucht. Hieraus werden die Zuss. u. relativen Voll. der beweglichen u. unbeweglichen fl. Phasen berechnet. Schließlich werden die Verteilungskoeffizienten für *2.4-Dinitrophenylalanin, 4-Nitroalanin* u. *Isatin* in den fl. Phasen bestimmt u. die beobachteten Entwicklungsgeschwindigkeiten des gelösten mit den aus der Verteilung allein zu erwartenden verglichen. Die Ergebnisse für unbehandelte (wasserhaltige) Kieselsäure u. hochpolare Entwickler lassen auf der Basis einer Verteilung des gelösten zwischen einer beweglichen u. einer unbeweglichen fl. Phase quantitativ deuten. Bei wasserfreiem Adsorbenten u. weniger polaren Entwicklern ist dagegen die reine Adsorption für den Entwicklungsvorgang entscheidend. (Analytic. Chem. **26.** 1566—72. Okt. 1954. Los Angeles, Calif., Univ. of California, Dep. of Chem.)

GÜNTER LANGE. 177

**Vadim G. Drozin,** *Die elektrische Dispersion von Flüssigkeiten als Aerosole.* Vf. hat die Dispersion zahlreicher in Capillaren befindlicher Fll. durch starke elektr. Felder untersucht. Der Dispersionsmechanismus wurde an Capillaren verschied. Größe im Spannungsbereich von 0—12 kV verfolgt. Das Potential, bei dem die ersten Aerosolwolken auftreten, hängt von den Capillargrößen (Radius, Form, Wandstärke), dem Feldgradienten u. den Eigg. der Fl. ab. Durch Anordnung einer geerdeten Platte in 1,5 cm Entfernung gegenüber der Capillaröffnung werden die zur Dispersion erforderlichen Spannungen herabgesetzt. Für Fll. mit vernachlässigbarer Leitfähigkeit leitet Vf. für den elektrostat. Druck die Beziehung $p = Cf(\varepsilon)E_n^2$ ab. Hierin ist $E_n = U/r_c$ (U = angelegte Spannung, $r_c$ = Capillarradius) u. $\varepsilon$ die DK. der Flüssigkeit. Die Diskussion der Untersuchungen des Vf. führt zu folgenden Ergebnissen: Substanzen mit spezif. Leitfähigkeiten $< 10^{-13}\ \Omega^{-1}\ cm^{-1}$ u. $> 10^{-5}\ \Omega^{-1} cm^{-1}$ können nicht dispergiert werden. Ist das Dipolmoment der Fl. $< 1 \cdot 10^{-18}\ dyn^{1/2}\ cm^2$, kann ebenfalls keine Dispersion erfolgen. Eine Voraussage über die Möglichkeit, eine Fl. zu dispergieren, erlaubt obige Gleichung. Ist der Koeff. $Cf(\varepsilon)$, berechnet nach HENRIQUEZ, $\geq 1$, kann die betreffende Fl. dispergiert werden. (J. Colloid Sci. **10.** 158—64. April 1955. New York, N. Y., Columbia Univ., Dep. of Chem.) H.-U. WOELK. 180

## A₆. Strukturforschung.

**Chr. Ja. Chrisstow,** *Über den Durchgang von Röntgenstrahlen durch planparallele Kristallplättchen.* Vf. untersucht die LAUE-Bedingung für die gebeugten Röntgenstrahlen; die erhaltenen Formeln für die Amplituden sind nicht ident. mit denen von EWALD (Ann. Physik **54.** [1917.] 519). (Доклады Академии Наук СССР [Ber. Akad. Wiss. UdSSR] [N. S.] **81.** 799—802. 11/12. 1951. Sofia, Univ.) R. AMBERGER. 181

**J. Monteath Robertson,** *Eine schnelle Ziffernrechenmaschine für Fourier-Operationen.* Beschreibung der neu konstruierten einfachen Rechenmaschine, welche das mechan. Analogon der gewöhnlichen Streifenmethoden darstellt. (Acta crystallogr. [Copenhagen] **7.** 817—22. 10/12. 1954. Glasgow, Univ., Chem. Dep.) C. GOTTFRIED. 181

**J. Monteath Robertson,** *Einige Eigenschaften von Fourier-Streifen mit Anwendungen auf die Ziffernrechenmaschine.* (Acta crystallogr. [Copenhagen] **8.** 286—88. 10/5. 1955. Glasgow, Univ., Chem. Dep.) C. GOTTFRIED. 181

**Uwe Timm,** *Zur Berechnung elektrostatischer Linsen.* Berichtigung zu der in C. **1956.** 5754 referierten Arbeit. Während die asymptot. Brennpunktslagen zwischen zwei Polen (d. h. zwischen zwei teleskop. Linsenstärken) immer eine Nullstelle haben, haben die asymptot. Brennweiten zwischen zwei Polen immer ein Extremum u. nie eine Nullstelle. (Z. Naturforsch. **11a.** 176. Febr. 1956. Hamburg, Physikal. Staatsinst.) F. LENZ. 181

**R. Albrecht,** *Das Potential in doppelt gekrümmten Kondensatoren.* Das Feld zwischen 2 gekrümmten Kondensatorplatten, die durch Teile der Oberfläche von Toroiden mit gemeinsamer Rotationsachse gebildet werden, wird näherungsweise mit Hilfe von Reihenentww. berechnet. Solche „Toroidkondensatoren", werden als Ablenkelemente in der Ionen- u. Elektronenoptik verwandt. (Z. Naturforsch. **11a.** 156—63. Febr. 1956. München, TH, Inst. für Theoret. Phys.) F. LENZ. 181

**T. H. Flewett** und **Pamela Tymms,** *Die Verwendung von Goldsolen als Fokussierungshilfe in der hochauflösenden Elektronenmikroskopie.* Um das Scharfstellen kontrastarmer elektronenmkr. Bilder von Dünnschnitten zu erleichtern, wird dem Objekt ein Goldsol zugefügt, dessen Teilchen durch ihre hohe D. u. ihren starken Kontrast leicht eine scharfe Einstellung des Fokus ermöglichen. Für Aufnahmen bei 9000facher Vergrößerung werden Goldpartikel von 130—150 Å empfohlen, bei höheren Vergrößerungen kleinere Durchmesser. (Nature [London] **177.** 98. 14/1. 1956. Leeds, Univ., School of Med.) F. LENZ. 181

**A. W. McReynolds,** *Diffuse magnetische Neutronenbeugung.* (Sitzungsbericht.) (Physic. Rev. [2] **98.** 1200. 15/5. 1955. Brookhaven, N. Y., National Labor.) E. KLEVER. 181

**H. Palevsky** und **R. M. Eisberg,** *Magnetische Streuung langsamer Neutronen durch gasförmigen Sauerstoff.* Es wurde der Streuquerschnitt von gasförmigem $O_2$ für Neutronen im Wellenlängenbereich von 2,5—10 Å gemessen. Der magnet. Wirkungsquerschnitt läßt sich daraus durch Subtraktion der leicht errechenbaren Kernstreuung bestimmen. Die Meßwerte stimmen bes. bei großen Wellenlängen mit der Theorie von HALPERN u. JOHNSON (Physic. Rev. [2] **55.** [1939.] 898), ihre Wellenlängenabhängigkeit mit der Berechnung von KLEINER (C. **1956.** 2659) überein. Um Aussagen über den Formfaktor u. die räumliche Anordnung der magnet. wirksamen Elektronen im Mol. zu machen, ist die Meth. nicht genügend empfindlich. (Physic. Rev. [2] **98.** 492—94. 15/4. 1955. Upton, N. Y., BNL.) H. C. WOLF. 182

**Paula Feuer,** *Elektronische Zustände in einem gestörten periodischen Gitter.* (Sitzungsbericht.) (Physic. Rev. [2] **98.** 1193. 15/5. 1955. Purdue Univ.) E. KLEVER. 182

**M. W. P. Strandberg,** *Elektronischer Beitrag zu den effektiven Kernmassen in Molekülen.* (Sitzungsbericht.) (Physic. Rev. [2] **99.** 667. 15/7. 1955. MIT.) E. KLEVER. 182

**Hélène Brion** und **Raymond Daudel,** *Über die Definition und die Eigenschaften von lokalisierten Elektronenzuständen.* Die von DAUDEL (C. **1953.** 9086) vorgeschlagene Definition für lokalisierte Elektronenzustände wird weiterdiskutiert. Vff. zeigen, daß die am meisten lokalisierten Elektronenzustände diejenigen sind, die ein Minimum an Austauschenergie besitzen. Diese Definition bleibt auch bei Fehlen von Symmetrie im Mol. gültig. (C. R. hebd. Séances Acad. Sci. **237.** 567—69. 14/9. 1953.) K. FRENKLER. 182

**G. W. Wheland** und **P. S. K. Chen,** *Einige halbempirische quantenmechanische Berechnungen für Ammoniak und für Diimid.* Vff. bestimmen die Aktivierungsenergien für die Inversion von Ammoniakmoll. u. die Umwandlung der syn- u. anti-Formen von Diimid nach einer halbempir. quantenmechan. Berechnung. Sie liegt für die syn–anti-Umwandlung von Diimid bei ca. 33 kcal/Mol. (J. chem. Physics **24.** 67—70. Jan. 1956. Chicago, Ill., Univ. of Chicago, Dep. of Chem.) V. BURBACH. 182

**Tivadar Kikindai,** *Elektropositives Verhalten des Jods.* Für die isolierten Verbb. der Halogene werden nach der Meth. von SANDERSON (C. **1955.** 5012 u. **1956.** 6884) folgende Ladungen berechnet: J: +0,06; *Br*: —0,07; *Cl*: —0,14; *F*: —0,27. Die kathod. Abscheidung von J bei der Elektrolyse von *JCN* in Pyridin wird dadurch erklärt, daß JCN zu einem gewissen Prozentsatz in $J^+$ u. $CN^-$ dissoziiert. Pyridin als einziges unter verschied. organ. Lösungsmitteln ist in der Lage, das Kation durch Bldg. der „Ionenkomplexe" $J(Py)^+$ u. $J(Py)_2{}^+$ zu stabilisieren, die zur Kathode wandern. Für die Nitrate der einwertigen Halogene wurden folgende Werte gefunden: J: +0,27; Br: +0,10; Cl: +0,02; F: —0,14. Da J, Br u. Cl in Lsgg. dieser Verbb. in Pyridin ein positives Verh. zeigen, wird für sie ein gleicher Mechanismus wie oben angenommen. Die Berechnungen erlauben, eine Reihe der Anionen aufzustellen: Cyanide, Hydroxyde, Phosphate, Thiocyanate, Sulfate, Nitrate, Chlorate u. Perchlorate. In ihr nimmt die partielle positive Ladung des J von +0,06 (Cyanid) bis +0,31 (Perchlorat) zu. (C. R. hebd. Séances Acad. Sci. **240.** 435—36. 24/1. 1955.) H. MENKE. 182

**L. C. Allen,** *Ein Interpolationsschema für die Energiebänder in festen Körpern.* (Sitzungsbericht.) (Physic. Rev. [2] **98.** 1193—94. 15/5. 1955. MIT.) E. KLEVER. 190

**W. G. Pfann,** *Ausscheidung von 2 Lösungskörpern mit besonderer Berücksichtigung von Halbleitern.* Die gleichzeitige Ausscheidung von 2 Lösungskörpern während des Erstarrens eines Gußblocks wird am Beispiel des *Ge* auf der Basis von vereinfachenden Annahmen mathemat. behandelt. (J. Metals **4.** 861—64. Aug. 1952. Murray Hill, N. J., Bell Telephone Labors.) F. VIER. 190

**Morris Gallant, George J. Schmitt** und **Joseph Steigman,** *Rekristallisation von $BaSO_4$ aus geschmolzenen Salzen.* Feste $BaSO_4$–NaCl-Lsgg., welche beim Fällen von $BaSO_4$ aus NaCl-haltigen Lsgg. entstehen, können durch einmaliges Schmelzen des $BaSO_4$ in einem NaCl–KCl-Eutektikum zerstört werden. Nach dem Aufweichen des Schmelzkuchens in schwach saurer $BaCl_2$-Lsg. erhält man theoret. $BaSO_4$-Werte. Das rekrist. $BaSO_4$ ist sehr rein; spektrograph. wurden nur Verunreinigungen von 0,001% Na u. K gefunden. Nitrate können durch einmaliges Schmelzen nicht aus dem $BaSO_4$-Gitter entfernt werden, auch dann nicht, wenn reines NaCl oder $BaCl_2$ als Flußmittel benutzt werden. (Analytic. Chem. **26.** 846—49. 19/5. 1954. Brooklyn, N. Y., Polytechn. Inst. of Brooklyn, Dep. of Chem.) J. ROESMER. 190

**J. C. White, P. C. Elmes, A. Walsh** und **N. Rast,** *Orientierte makromolekulare Einschlüsse in Ionenkristallen und ihre Beziehung zum Kristallwachstum.* (Vgl. C. **1952.** 5904.) Es wurden Alkalihalogenid- u. andere Ionenkristalle mit Einschlüssen der faserigen Makromoll. *Desoxyribonucleoprotein, Bronchialmucoprotein, Fibrinogen* u. *Carboxymethylcellulose* untersucht. Die Einschlüsse haben nur geringen Einfl. auf den Habitus. Die Fasern liegen in den Würfelflächen u. folgen den Würfelspaltflächen. Die Orientierung ist in Kristallen verschied. Symmetrieklassen gleich. Sie ist am ausgeprägtesten bei Alkalihalogeniden, die als vierzählige Pyramiden kristallisieren. (Kolloid-Z. **132.** 147—49. Aug./Sept. 1953. London, Postgradual Med. School, Dep. of Pathol. [Hematol.]; Northhampton Polytechnic Inst., Dep. of Phys.; Glasgow, Univ., Dep. of Geol.) H. C. WOLFF. 190

**R. Berman** und **J. Thewlis,** *Das Gleichgewicht Graphit–Diamant.* Die von LILJEBLAD (vgl. Ark. Kemi **8.** [1955.] 423) einerseits u. von BERMAN u. SIMON (C. **1955.** 11344) andererseits angegebenen Gleichgewichtskurven für das Syst. Graphit–Diamant weichen insofern entscheidend voneinander ab, als nach letzterer der Gleichgewichtsdruck linear mit der Temp. ansteigt, während er nach ersterer ein Maximum bei ca. 3000°K hat. Diese Diskrepanz hat ihre Ursache in der Verwendung verschied. Werte des linearen Ausdehnungskoeff., der von entscheidender Bedeutung für die $C_p$-Werte der beiden Modifikationen ist. Eine eigene Best. des Ausdehnungskoeff. auf röntgenograph. Wege sowie eingehende Erörterungen der den beiden Gleichgewichtskurven zugrunde liegenden Werte führen zu dem Ergebnis, daß der Gleichgewichtsdruck linear von der Temp. abhängt u. kein Maximum aufweist. (Nature [London] **176.** 834—36. 29/10. 1955. Oxford, Clarendon Labor., u. Harwell, Atomic Energy Res. Establ.) H. W. LEVI. 190

**Jean Jaffray** und **Noël Rodier,** *Von Übergängen in Kristallen des Nickelnitrathexahydrats.* (Vgl. C. **1956.** 7723.) Differentialthermoanalyse ergab 5 Übergangspunkte für $Ni(NO_3)_2 \cdot 6\,H_2O$, u. zwar Anomalien der spezif. Wärmen (ohne latente Wärmen) bei den Tempp. $\Theta_1 = 150 \pm 1$ (—123), $\Theta_2 = 169 \pm 1$ (—104), $\Theta_3 = 205{,}5 \pm 1{,}5$ (—67,5) °K (°C) sowie positive latente Wärmen (Wärmeabsorption) bei $\Theta_4 = 238 \pm 1$ (—35), $\Theta_5 = 259 \pm 1$ (—14) °K (°C) als Mittelwerte aus jeweils 9—12 Messungen; die Ergebnisse wurden durch dilatometr. Unterss. bestätigt. $\Theta_1$, $\Theta_2$ u. $\Theta_3$ entsprechen „Übergängen 2. Ordnung", die beiden anderen polymorphen Übergängen. $\Theta_1$ erscheint ident. mit dem von VASILEFF u. GRAYSON SMITH (vgl. C. **1951. II.** 190) gefundenen Wert von 149°K. (C. R. hebd. Séances Acad. Sci. **238.** 1975—77. 17/5. 1954.) G. RUBAN. 190

**A. D. LeClaire,** *Einige vorausgesagte Einflüsse des Temperaturgradienten auf die Diffusion in Kristallen.* Nach SHOCKLEY (vgl. C. **1955.** 2614) findet bei Vorliegen eines Temperaturgradienten in einem Kristall eine Diffusion der Defektstellen statt, die für Leerstellen (A) mit einem Massentransport nach höherer u. für Zwischengitterplätze (B) mit einem solchen nach tieferer Temp. verknüpft ist; durch Messen des Massentransportes sollte somit eine Unterscheidung zwischen A u. B möglich sein. Vf. zeigt jedoch an Hand eines einfachen Modelles, daß die Erscheinung wesentlich von der relativen Größe der Aktivierungsenergie der Diffusion u. von der Bildungsenergie von A u. B abhängt, so daß eine Entscheidung zwischen dem Vorliegen von A u. B nicht ohne weiteres möglich ist. Ferner wird darauf hingewiesen, daß auch die Geschwindigkeit der Bldg. u. des Verschwindens von A u. B in Betracht gezogen werden muß (vgl. nachst. Reff.). (Physic. Rev. [2] **93.** 344. 15/1. 1954. Harwell, Atomic Energy Res. Establ., Metallurgy Div.) O. FUCHS. 190

**J. A. Brinkman,** *Der Einfluß des Temperaturgradienten auf die Diffusion in Kristallen.* Theoret. Betrachtungen, die an Hand eines einfachen Modelles angestellt werden, ergeben, daß der von SHOCKLEY beschriebene Effekt nur auftritt, wenn die Bildungsenergie der Leerstellen größer ist als die Aktivierungsenergie der Diffusion; im umgekehrten Falle erfolgt der Massentransport in entgegengesetzter Richtung (vgl. nachst. Ref.). (Physic. Rev. [2] **93.** 345. 15/1. 1954. Downey, Calif., North Amer. Aviation, Atomic Energy Res. Dep.) O. FUCHS. 190

**W. Shockley,** *Einige vorausgesagte Einflüsse des Temperaturgradienten auf die Diffusion in Kristallen.* (Vgl. vorst. Reff.) Stellungnahme des Vf. zu den l. c. genannten Ergebnissen. Er stimmt zwar den krit. Bemerkungen jener Vff. im Prinzip zu, weist aber darauf hin, daß beide das Problem zu sehr vereinfacht hätten, wodurch der Einfl. der Aktivierungsenergie überschätzt worden sei. Eine Entscheidung kann erst nach Vorliegen von Zahlenwerten für beide Energiebeträge erfolgen. (Physic. Rev. [2] **93.** 345—46. 15/1. 1954. Murray Hill, N. J., Bell Telephone Labors.) O. FUCHS. 190

**Elliott W. Montroll** und **R. B. Potts,** *Der Einfluß von Verunreinigungen auf Gitterschwingungen.* (Sitzungsbericht.) (Physic. Rev. [2] **100.** 969. 1/11. 1955. Univ. of Maryland.) H. LIEPACK. 190

**Bernard Hagène,** *Anwendung der Hertzschen Absorption der Eisenoxyde auf die Bestimmung der Aktivierungsenergie ihrer Gitterfehler.* In Fortsetzung früherer Unterss. von FREYMANN, ROHMER u. HAGÈNE (vgl. J. Physique Radium **14.** [1953.] 130) wurden die Kurven log $\varepsilon''$ gegen 1/T nach tieferen Tempp. zu vervollständigt. Untersucht wurden wieder Gemische *FeO–Fe$_3$O$_4$* u. *Fe$_2$O$_3$–Fe$_3$O$_4$*. Aus den Kurven geht hervor, daß alle Gemische $FeO–Fe_3O_4$ bei ca. 90° K für eine Frequenz von 1000 kHz ein bedeutendes DEBYE-Maximum besitzen. Aus den früheren u. den jetzigen Unterss. konnten in Diagrammen die Geraden log $\nu_c$ gegen 1/T erhalten werden, aus denen die Werte von A u. U der Formel $\nu_c = A e \exp(-U/kT)$ hergeleitet werden konnten. Für Werte von A von der Größenordnung $10^9$—$10^{10}$ erhält man eine Aktivierungsenergie U von ca. 0,10 eV. Für A-Werte zwischen $10^{15}$ u. $10^{25}$ liegt der entsprechende Wert von U zwischen 0,5 u. 0,9 eV. *α-Fe$_2$O$_3$* zeigt eine schwache Absorption mit einem DEBYE-Maximum bei ca. 200° K für die Frequenz 1000 kHz; diese verschwindet durch Erhitzen auf höhere Tempp. bei einem schwachen $O_2$-Druck. Das beobachtete Maximum wird unter Vorbehalt einem

O-Gitterfehler zugeschrieben. Die entsprechende Aktivierungsenergie wurde zu 0,4 eV festgelegt. Für *γ-$Fe_2O_3$* wurde eine Aktivierungsenergie von 0,07 eV gefunden. (J. Physique Radium **15.** 583—84. Juli/Sept. 1954. Rennes, Fac. des Sci.) C. GOTTFRIED. 190

**E. Parthé, H. Nowotny und H. Schmid,** *Strukturuntersuchungen an Siliciden.* Mit dem Strukturvorschlag von ARONSSON (C. **1956.** 4647) für das Mo- u. W-Silicid ist auch die Struktur der isotypen Phasen bei V, Nb, Ta u. Cr vollkommen bestimmt. Entsprechend der speziellen Wahl der z-Parameter bei der 8zähligen Punktlage in $D_{2d}^{11}$ (Si 0,75 u. Metallatom 0,25) entstehen zusätzliche Auslöschungen. Vff. geben folgende Gitterkonstanten an: $V_3Si_2$ a = 9,41₀, c = 4,74₇; $Nb_3Si_2$ a = 9,99₈, c = 5,06₂; $Ta_3Si_2$ a = 9,8₆, c = 5,0₅ kX. Nach den röntgenograph. Befunden entspricht die Zus. der Phasen allerdings der allg. Formel $Me_5Si_3$ (Me = Cr, V, Nb, Ta). In den Systemen Nb–Si u. Ta–Si gelingt es, isotype Einkristalle herzustellen, die als Hoch- bzw. Tieftemperaturmodifikation der „$Me_3Si_2$"-Phasen angesprochen werden. Die Gitterkonstanten dieser Verbb. sind (tetragonal-raumzentrierte Elementarzelle): a = 6,55₇, c = 11,86₀ für $Nb_5Si_3$ u. a = 6,50₃, c = 11,84₉ kX für $Ta_5Si_3$. Das durch Kohlenstoff stabilisierte Syst. $V_5Si_3$(C)–$Nb_5Si_3$(C) weist eine lückenlose Mischreihe auf, während bei $V_5Si_3$(C)–$Zr_5Si_3$(C) möglicherweise eine Mischungslücke besteht. Die Zus. u. Gitterkonstanten dieser D 8₈-Legierungen werden angegeben. Bei dem Syst. $VSi_2$–$NbSi_2$ findet ein lückenloser Übergang vom $VSi_2$ zum $NbSi_2$ statt, da beide zum C 40-Typ gehören u. neben der chem. Ähnlichkeit auch die HUME-ROTHERY-Bedingung erfüllt ist. Das Syst. $VSi_2$–$MoSi_2$ gehört zum Typus C 40 bis C 11, wobei $VSi_2$ große Mengen an $MoSi_2$ (bis ca. 65 Mol-% $MoSi_2$) homogen aufnimmt, während $MoSi_2$ nur ca. 3 Mol-% $VSi_2$ löst. (Mh. Chem. **86.** 385—96. 1955. Wien, Univ., I. Chem. Labor.; Wien, TH, Inst. für Phys. Chem.; Reutte/Tirol, Metallwerke Plansee G. m. b. H.) W. KRÖNERT. 195

**H. F. W. Taylor,** *Die Dehydratation von Afwillit.* In Fortsetzung früherer Unterss. anderer Autoren (vgl. u. a. MOODY, C. **1952.** 7307), die bei der Entwässerung von Afwillit (**I**), $Ca_3(HSiO_4)_2 \cdot 2\,H_2O$, zwischen 350 u. 850° als Prod. *γ-$Ca_2SiO_4$* (**II**) erhalten hatten, bestimmte Vf. die Änderung der Orientierung bei der Umwandlung von **I** in **II.** Hiernach wird die b- zur a-Achse u. [1 0 1] zu [0 0 1]. Die Umwandlung erfolgt strukturell durch ster. Umkippen der $SiO_4$-Tetraeder u. stöchiometr. nach der Gleichung $4[Ca_6(HSiO_4)_4 \cdot 4\,H_2O] \rightarrow 3[Ca_8(SiO_4)_4] + 4\,SiO_2 + 24\,H_2O$, wobei je 4 Halbzellen von **I** in 3 von **II** verwandelt werden u. überschüssiges amorphes (glasiges) *$SiO_2$* entsteht, über dessen (röntgenograph. nicht erkennbare) Anordnung im Gitter noch nichts ausgesagt werden kann. Außerdem wurden die Gitterkonstanten von **II** zu a = 5,07, b = 11,2, c = 6,73 Å, $\alpha = \beta = \gamma = 90^0$ ermittelt. (Acta crystallogr. [Copenhagen] **8.** **440.** 10/7. 1955. Aberdeen, Univ., Dep. of Chem.) G. RUBAN. 195

**Hans Gunther Heide** und **K. Boll-Dornberger,** *Die Struktur des Dioptas, $Cu_6(Si_6O_{18})$. 6 $H_2O$. Mit einer Einleitung von* **E. Thilo** *und* **E. M. Thilo.** Ausführliche Darst. der C. **1956.** 7161 referierten Arbeit. (Acta crystallogr. [Copenhagen] **8.** 425—30. 10/7. 1955. Berlin, Deutsche Akad. der Wiss., Labor. für Kristallstrukturanalyse [Berlin-Buch], u. Inst. für Anorg. Chem. [Berlin-Adlershof].) G. RUBAN. 195

**Shigeto Yamaguchi,** *Über die auf Metalloberflächen gefundenen „aktiven Zentren".* Vf. hat die (1 1 1)-Flächen von Einkristallen von *Fe, Ni* u. einer Nickellegierung (*Permalloy* mit 81,5% Ni) mit einer alkoh. $Br_2$-Lsg. geätzt. Die dabei entstehenden Oxydschichten wurden abgelöst u. elektronenmkr. untersucht. Die geätzten Metallflächen wurden auch durch Elektronenbeugung untersucht. Als Ergebnis dieser Unters. ergibt sich eine größere chem. Aktivität der durch das Ätzen erhaltenen Flächen gegenüber der der Kanten u. Ecken. Die Oxydfilmdicke auf den Flächen beträgt ca. 300 Å, die an den Ecken u. Kanten ca. 100 Å. Die Ausdehnung der akt. Flächenbereiche auf den Kristallen beträgt nach Ansicht des Vf. 80% der Kontaktoberfläche. (J. Colloid Sci. **10.** 189—93. April 1955. Tokyo, Hongo, Scientific Res. Inst. Ltd.) H.-U. WOELK. 196

**Wilhelm Späth,** *Die Erwärmung von Metalloberflächen durch Reibung.* Bei der Reibung zweier Metallstücke entstehen an lokalen Erhitzungszentren hohe Temperaturspitzen, die die Schmelztemp. des niedriger schmelzenden Metalls erreichen können. Von diesen Zentren aus erfolgt eine allmähliche Erwärmung der benachbarten Zonen. Da sich das Werkzeug beim Bearbeitungsvorgang schnell mit einem Film aus kleinsten angeschweißten Teilchen des zu bearbeitenden Metalls überzieht, können durch thermoelektr. Messungen nicht die in der Reibzone herrschenden Tempp. erfaßt werden. Die besonderen Verhältnisse beim Zerspanen u. Drahtziehen werden besprochen. Die in der Berührungszone zweier Metalle auftretenden Ausgleichvorgänge, bedingt durch den SEEBECK- u. PELTIER-Effekt, werden betrachtet u. ihre Auswirkungen auf die Anzeige untersucht. (Metalloberfläche, Ausg. A **7.** 104—09. Juli 1953. Lustadt [Pfalz].) G. APEL. 196

**Hans Hendus** und **Christian Wagner,** *Das Verhalten der Oberflächenschichten und die elastischen Konstanten von Stahl mit 0.43% C bei der Spannungsmessung mit Röntgenstrahlen.* Während die an Proben aus Stählen mit 0,16 u. 0,76 (%) C röntgenograph. ermittelten elast. Geraden keine Besonderheiten erkennen lassen, ist die an einem ferrit.-perlit. Stahl mit 0,43 C gemessene elast. Gerade bei etwa der halben Streckgrenzenspannung durch einen Dehnungs- oder Spannungssprung unterbrochen. Dieses besondere Verh. wird mit einem vorzeitigen Fließen des ferrit. Gefügebestandteils in den Oberflächenschichten der Probe erklärt. Durch Verformung bes. günstig orientierter Ferritkristalle entstehen schon nach geringen Belastungen noch unterhalb des Spannungssprunges Zugeigenspannungen. Aus den Messungen an Stahl mit 0,43 C werden die Elastizitätskoeffizienten $S_1$ u. $^1/_2$ $S_2$ für die (1 1 2)- u. die (0 1 3)-Netzebene ermittelt. Sie stimmen gut mit den bisher vorliegenden u. mit dem Mittelwert der von VOIGT u. REUSS mit Grenzannahmen berechneten Elastizitätskoeffizienten überein. Die Neigungen der mit Cr-Strahlung ermittelten elast. Geraden der drei Stähle stimmen innerhalb des mittleren Fehlers überein, so daß ein Einfl. des C-Geh. oder des Gefüges nicht festgestellt werden konnte. Voraussetzung ist dabei, daß bei dem Stahl mit 0,43 C nur der vor dem Spannungssprung liegende Teil der elast. Geraden berücksichtigt u. eine Randentkohlung des Stahles mit 0,76 C vermieden wird. Die durch Verss. ermittelten Neigungen stimmen mit den theoret. errechneten nach VOIGT u. REUSS gut überein. (Arch. Eisenhüttenwes. **26.** 455—61. Aug. 1955. Saarbrücken, Inst. für Metallforschung.) H. HOCHSTEIN. 197

**Werner Geller** und **Hans Garbeck,** *Kristallisation unterkühlter Metallegierungen.* Durch Schmelzüberhitzung u. Umhüllen mit einer geeigneten Schlacke wurden in Schmelzen verschied. Metallegierungen mit einem Schmelzgewicht von mehr als 100 g Fremdkeimeinfll. ausgeschaltet u. Unterkühlungen bis zu 180° erreicht. Durch therm. Analyse u. Unters. des Gefüges waren kennzeichnende Unterschiede zwischen den mit u. ohne Unterkühlung erstarrten Schmelzen nachweisbar. Bei den Mischkristallen *Ni–Cu, Fe–P* u. *Ni–Sn* nimmt, wie bei reinen Metallen, die Zahl der Kristallisationsmittelpunkte mit wachsender Unterkühlung zu. Bei den n. eutekt. Legierungen wird nach Unterkühlung die Kristallisation durch einen der beiden Bestandteile (α-Mischkristalle) ausgelöst, so daß sich für diese Legierungen ein besonderes Unterkühlungsgefüge ergibt, wie für die Systeme Ni–$Ni_3Sn$, Fe–$Fe_3P$ u. Co–CoSb gezeigt wurde. Eine hohe Abkühlungsgeschwindigkeit bei der Erstarrung von Schmelzen der gleichen Legierungen bewirkt dagegen nur eine feinere Gefügeausbildung. Wenn diese Schmelzen nicht zuvor unterkühlt wurden, bleiben die Wachstumsgesetze n. eutekt. Legierungen gültig. Die Gleichgewichtstempp. der Zustandsschaubilder Fe–P u. Ni–P wurden berichtigt. Im Syst. Fe–P konnte das instabile Syst. Fe–$Fe_2P$ belegt werden. Ebenso wurde im Syst. Ni–P ein instabiles Syst. Ni–$Ni_5P_2$ gefunden. Die Versuchsergebnisse lassen erkennen, daß in einer unterkühlten Eisenschmelze die Kristallisation durch Abscheidung von FeO ausgelöst wird. NiO ist gleichfalls keimbildend. Die Erstarrungsvorgänge lassen sich zwanglos aus der Theorie von Keimbldg. u. Kristallwachstum ableiten; jedoch wird das Wachstum eines Kornes nicht nur von Keimen in der Schmelze, sondern auch von der bisherigen Kristallisationsfront eingeleitet. (Arch. Eisenhüttenwes. **26.** 611—21. Okt. 1955. Aachen bzw. Rheinhausen.) H. HOCHSTEIN. 197

**R. L. Woolley,** *Zwillingsbildung und ihre Rückbildung in vielkristallinem Magnesium.* Einige Eigentümlichkeiten des Dauerfestigkeitsschaubildes von vielkristallinem reinem Mg bei Scherwechselbeanspruchungen mit Beanspruchungsamplituden unter 10% werden erörtert u. gezeigt, welche Bedeutung dieses Schaubild für die Zwillingsbldg. besitzt. Hierbei wird eine qualitative Erklärung von den Begriffen der Zwillingsbldg. u. ihrer Rückbldg. gegeben, die durch mkr. Unterss. gestützt wird. Besondere Aufmerksamkeit wird auf den BAUSCHINGER-Effekt sowie auch auf den kennzeichnenden Vorgang verwendet, welcher im Dauerfestigkeitsschaubild auftritt, wenn der Werkstoff zunächst um ca. 10% auf Scherung, dann um den gleichen Betrag in entgegengesetzter Richtung u. schließlich um einen höheren Betrag wieder in der Anfangsrichtung beansprucht wird. (J. Inst. Metals **83.** 57—58 u. Tafel XI. Okt. 1954. Fife, St. Andrews Univ.)
H. HOCHSTEIN. 197

**Glen W. Wensch** und **Harold L. Walker,** *Rekristallisation und Kornwachstum von Nickel.* Handelsüblich reines Ni mit einer Korngröße von 0,0227 mm, das mit 20, 40 u. 60% Abnahme kaltgewalzt u. anschließend isotherm. bei 650, 700, 750 u. 800° rekristallisiert wurde, ergab ein Rekristallisationskorn, welches nur von dem voraufgegangenen Verformungsgrad abhängig war. Die Aktivierungswärme für die Rekristallisation scheint mit einer Zunahme bei der unelast. Verformung vor der Glühung abzunehmen. Die Aktivierungswärme für das Kornwachstum wurde zu 85,5 kcal/Mol ermittelt. Sie ist von der Vorbehandlung unabhängig u. weist auf einen Selbstdiffusionsvorgang hin. Die Diffusionskonstante für diese Selbstdiffusion wurde aus der Kornwachstumsunters. zu $D = 1{,}10 e^{-85\,500/RT}$ ermittelt. (Trans. Amer. Soc. Metals **44**. 1186—99. 1952. North Chicago, Ill., Fansteel Metallurg. Corp.; Urbana, Ill., Univ. of Illinois.) H. HOCHSTEIN. 197

**Werner Köster, Lothar Bangert** und **Walter Lang,** *Dämpfung und Gleitmodul von verformtem und rekristallisiertem Kupfer.* Untersucht wird die Änderung der Dämpfung u. des Schubmoduls von verformtem u. rekristallisiertem Cu in Abhängigkeit vom Reckgrad u. der Korngröße. Die Temperaturkurven der Grund- u. Hochtemperaturdämpfung von weichem Cu sind derart aufgefächert, daß einem kleineren Korn eine größere Dämpfung entspricht. Dieser Dämpfung ist ein Dämpfungsmaximum überlagert, das von der Viscosität der Korngrenzen herrührt. Dieses Maximum wird mit wachsender Korngröße verbreitert u. zu höheren Tempp. hin verschoben. Seine Höhe nimmt mit zunehmender Kornoberfläche zu. Die Aktivierungsenergie der Relaxation durch Korngrenzenviscosität ist 32000 cal/Mol. Bei verformtem Cu tritt bei gleichem Reckgrad dieselbe Auffächerung der Hochtemperaturdämpfung in Abhängigkeit von der Korngröße ein wie bei weichem Cu. Das Dämpfungsmaximum der Korngrenzenviscosität wird mit zunehmendem Reckgrad unterdrückt. Während der Rekristallisation nimmt die Dämpfung sprunghaft ab; es findet ein Übergang von der Temperaturkurve des harten auf die des weichen Zustandes statt. Mit abnehmender Korngröße nimmt die Dispersion des Schubmoduls zu u. werden dessen Temperaturkurven zu tieferen Werten verschoben. Die Änderung des Moduls bei der Rekristallisation richtet sich deshalb nach der Korngrößendifferenz zwischen Ausgangs- u. Endzustand. (Z. Metallkunde **46**. 84—89. Febr. 1955. Stuttgart, MPI für Metallforsch.) H. HOCHSTEIN. 197

**W. F. B. Timpe** und **F. Pawlek,** *Beiträge zur metallkundlichen Analyse einiger Kupferlegierungen.* Unter Anwendung chem. u. elektrolyt. Verff. gelang es, bei Bronzen die Oxydeinschlüsse zu isolieren u. ihre Zus. chem. u. röntgenograph. zu bestimmen. In *Sn-Bronze* liegt $SnO_2$ tetragonal, z. T. in 6strahliger Sternchenform, vor. Die Einschlußmengen lassen auf eine Löslichkeit von $SnO_2$ in der Schmelze schließen. In *Al-Bronze* wurde $\gamma$- neben $\alpha$-$Al_2O_3$ u. Spinell, $CuO \cdot Al_2O_3$, beobachtet. Die Dicke isolierter $Al_2O_3$-Häutchen wurde durch Vgl. mit künstlich hergestellten bekannter Dicke im Elektronenmikroskop bestimmt. $Cu_2O$ wurde aus Cu durch Behandeln mit Hg bei erhöhter Temp. isoliert. Die Oxydrückstände wurden übermikroskop. abgebildet. Aus dem Syst. Cu–Ni–Si wurden Ausscheidungen mittels $Hg_2(NO_3)_2$-Lsgg. isoliert, die sich auf Grund der chem. Analyse als $Ni_2Si$ deuten ließen. (Metall **8**. 834—41. Nov. 1954. Berlin-Charlottenburg, TU, Inst. für Metallhüttenkunde.) F. VIER. 197

**Mikio Yamamoto** und **Jirô Watanabé,** *Polfiguren von Wismuteinkristallen und die Bestimmung ihrer Kristallorientierungen nach der Polfigurenmethode.* 2. Mitt. *Polfiguren.* Inhaltlich ident. mit der C. **1956**. 1821 referierten Arbeit. (Sci. Rep. Res. Inst. Tôhoku Univ., Ser. A **5**. 124—34. April 1953. Tokyo, Res. Inst. for Iron, Steel and other Metals. [Orig.: engl.]) C. GOTTFRIED. 197

**Mikio Yamamoto** und **Jirô Watanabé,** *Polfiguren von Wismuteinkristallen und die Bestimmung ihrer Kristallorientierungen nach der Polfigurenmethode.* 3. Mitt. *Orientierungsbestimmung durch Polfiguren.* (2. vgl. vorst. Ref.). Vff. berichten über ein Verf. zur vollständigen, schnellen u. genauen Orientierungsbest. von trigonalen Bi-Einkristallen mit Hilfe der von den Flächen {1 1 1} u. $\{u\,u\,\bar{v}\}$ erhaltenen Polfiguren. Die für die Orientierungsbest. notwendigen kristallgeometr. Beziehungen sowie die Genauigkeit der Winkelmessung werden ausführlich behandelt. An Hand von Beispielen kann gezeigt werden, daß die Best. der Kristallorientierungen mit einer Genauigkeit von $\pm 0{,}2^0$ bei Verwendung der Polfiguren der {1 1 1}- u. $\{u\,u\,\bar{v}\}$-Flächen durchgeführt werden kann. Als beste Ätzmeth. erwies sich die mit einer 50%ig. wss. Lsg. einer 1:2-Mischung von HCl u. $HNO_3$. (Sci. Rep. Res. Inst. Tôhoku Univ., Ser. A **5**. 135—46. April 1953. [Orig.: engl.]) C. GOTTFRIED. 197

**W. Engelhardt,** *Die Ursache der natürlichen Streckgrenze.* Übersicht über Vor- u. Nachteile der Verfestigung von Metallen, Begriff der natürlichen Streckgrenze u. der „Wolkenhypothese". Eine neue Hypothese berücksichtigt die Vorgänge im Gitterinnern u. an den Gittergrenzen. Die natürliche Streckgrenze wird als Sonderfall der spontanen Dehnung u. damit als Verformungssprung erklärt. Der fließende Anteil der plast. Gestaltsänderung wird prim. als Folge der therm. Schwingungen angesehen, wobei der Charakter dieses Anteils dem steten Auftreten solcher Schwingungen entspricht. Der spontane Anteil wird prim. als Folge der Lage aufgefaßt. Unter dem Einfl. von Bauunregelmäßigkeiten u. der von außen erzeugten allg. inneren Spannung kann eine Lage des Atoms im Gitterspannungsfeld von der Höhe des Potentialwalles, der das Atom umgibt, eintreten. Der Eigenart einer Lage, der Möglichkeit raschen Abbaus u. der schwierigen Restaurierung entspricht das rasche Abklingen des spontanen Anteils. (Technik

7. 515—17. Sept. 659—62. Nov. 1952. Inst. für bildsame metall. Forsch. im Deutschen Amt für Material- u. Warenprüfung der DDR.) W. WESLY. 200

**J. F. Archard,** *Elastische Deformation und der Kontakt von Oberflächen.* Unter Bezugnahme auf frühere Unterss. des Vf. (vgl. J. appl. Physics **24.** [1953.] 981) u. von LINCOLN (vgl. C. **1954.** 6902) über die Reibung, die Abnutzung u. den elektr. Kontaktwiderstand von Oberflächen in stationären u. gleitenden Kontakten, wobei von Modellen ausgegangen wurde, nimmt Vf. zunächst an, daß die Deformation vollkommen elast. ist. Für einen einzelnen Kontakt ist die Kontaktoberfläche proportional zu der $^2/_3$-Potenz der Belastung. Für Mehrfachkontaktoberflächen wird die Änderung der Anzahl u. Größe der einzelnen Oberflächen mit der Belastung postuliert. Wenn eine Zunahme der Belastung sowohl eine Zunahme der Anzahl wie der Größe der einzelnen Kontaktoberflächen verursacht, dann läßt sich zeigen, daß die Kontaktoberfläche A mit der Belastung P durch die allg. Gleichung $A = K(P/E)^n$ wiedergegeben werden kann, wo E der YOUNGsche Modul der zwei sich berührenden Oberflächen ist u. K eine Konstante bedeutet, die von dem benutzten Modell abhängt; die letztere muß jedoch die Dimension einer Länge exp. (2–2n) haben. n hängt ebenfalls von dem Modell ab u. hat einen Wert zwischen $^2/_3$ u. 1. (Nature [London] **172.** 918—19. 14/11. 1953. Aldermaston, Assoc. Electrical Ind., Ltd., Res. Labor.) C. GOTTFRIED. 200

**Richard B. Belser,** *Die Reibungsadhäsion von Metall an Glas, Quarz und keramischen Oberflächen.* (Vgl. C. **1956.** 2676.) (Sitzungsbericht). (Physic. Rev. [2] **89.** 915. 15/2. 1953. Georgia, Inst. of Technol.) C. GOTTFRIED. 200

**A. C. Moore** und **D. Tabor,** *Einige mechanische und Adhäsionseigenschaften von Indium.* Vff. nehmen Bezug auf eine Unters. von MCFARLANE u. TABOR, in der gezeigt worden war, daß die Adhäsion von In gegenüber anderen Metallen von der Zeit der Belastung abhängt. Die von den Vff. angestellten Verss. zeigten ganz allg., daß dies einfach durch die Kriecheigg. des In unter Zug u. Druck erklärt werden kann. Erste Verss. über die Zugfestigkeit ergaben, daß diese logarithm. mit der Zeit abfällt. Ist Y die Zugspannung u. sind A u. $\alpha$ temperaturabhängige Konstanten, dann ist $Y = \text{const.} - {}^1/\alpha \ln t$. Messungen der Eindruckhärte $P_m$ ergeben, daß diese etwa gleich 3 Y ist. Messungen der Adhäsion des In gegenüber anderen Metallen (Fe, Cd, Zn, Co, Ag, Pt, Cu, Au) führten zu dem Ergebnis, daß die spezif. Adhäsion, d. h. die Adhäsion pro Kontakteinheitsfläche, konstant ist u. nur von der Zeit des Bruchs der Bindungen abhängt. Diese Ergebnisse sind einfache Folgen der Tatsache, daß bei den unternommenen Verss. die Grenzflächenadhäsion größer ist als die Festigkeit des In, so daß Fließen immer im In selbst eintritt. Hat die In-Oberfläche einen Verunreinigungsfilm oder sind die Belastungszeiten sehr kurz, dann ist das Adhäsionsverh. des Metalls wesentlich komplexer. Denselben Adhäsionskoeff. wie die Metalle ergeben die Verss. mit *Diamant, Glas* u. *W-Carbid;* in allen Fällen liegt dieser Koeff. bei dem Wert 1. Unterss. mit plast. Massen ergaben, daß für *Polystyrol* u. *Perspex* die Adhäsion relativ hoch ist (0,5—0,7), für *Polyvinylchlorid* u. *Polythen* wegen der sehr viel größeren elast. Erholung nach Entfernung der Belastung dagegen sehr klein (0,02). Für *Polytetrafluoräthylen* hat der Koeff. den Wert Null. (Brit. J. appl. Physics **3.** 299—301. Sept. 1952. Cambridge, Dep. of Phys. Chem., Res. Labor. on the Phys. and Chem. of Surfaces.) C. GOTTFRIED. 200

## A₇. Gleichgewichte. Kinetik.

**Maurice Davion,** *Gleichgewichte der doppelten Umsetzung in gemischten Lösungsmitteln und freie Enthalpie der Ionen.* Die Gleichgewichte der doppelten Umsetzung im Syst. $(Ca–K_2)(SO_4–Cl_2)$ wurden in der Mischungsreihe $H_2O–NH_3$ untersucht. Die Gleichgewichtskonstanten u. freien Enthalpien der Ionen werden bestimmt u. mit dem Verh. in konz. Lsgg. verglichen. Die Temperaturabhängigkeit in Abhängigkeit von der Zus. des Lösungsm. wird mit der freien Enthalpie von Ca u. K in reinem W. u. $NH_3$ in Beziehung gesetzt. (C. R. hebd. Séances Acad. Sci. **240.** 751—54. 14/2. 1955.)
R. NEEB. 221

**G. B. Boki** und **Ss. Ss. Batzanow,** *Über eine neue Methode zur Bestimmung der Struktur von Komplexverbindungen.* 2. Mitt. (1. Mitt. vgl. Вестник Московского Университета, Серия Физико-Математических и Естественных Наук [Nachr. Moskauer Univ.] **7.** Nr. 2. [physik.-math. naturwiss. Ser.] Nr. 1. 147. 1952). Es wird ein refraktometr. Verf. zur Best. der Atomabstände als Ergänzung zur röntgenograph. direkten Messung dieser Abstände vorgeschlagen. Ausgehend von der bekannten Formel für die Mol.-Refr. $R = (n^2 - 1)/(n^2 + 2) \cdot M/d$, kommt Vf. zu einer Vereinfachung für Komplexverbb., bei denen die Addenden hinsichtlich Vol. u. Polarisierbarkeit einander gleich sind, u. zwar zu der Formel $d = k\sqrt[3]{R_{koord}}$, wobei $k$ sich berechnen läßt: $d = 1{,}749\ F\sqrt[3]{R_k}$.

Mit Hilfe dieser Formel berechnet Vf. die Atomabstände einer Anzahl von Komplexverbb., die teils mit den röntgenograph. Messungen befriedigend bis gut übereinstimmen, in anderen Fällen liegen Röntgenmessungen noch nicht vor. Die mitgeteilten Meßergebnisse für die Abstände Pt–$NO_2$ u. Co–$NO_2$ stimmen bei Cis- u. Transverbb. nicht überein, jedoch wird der „Transeinfl." nicht als spezif. betrachtet; röntgenograph. ließen sich diese Atomabstände u. der Transeinfl. genauer messen. Die Messungen wurden mit komplexen *Pt-* u. *Co-Salzen* (enthaltend K, Na, Cl, $NO_2$, $NO_3$, $NH_3$) durchgeführt. Die refraktometr. Messungen müßten die Atomabstände bis auf 0,005 Å genau angeben. (Вестник Московского Университета, Серия Физико-Математических и Естественных Наук [Nachr. Moskauer Univ.] **7.** Nr. 9. [physik.-math. naturwiss. Ser.] Nr. 6. 89—94. Sept. 1952. Lehrstuhl für Kristallographie u. Kristallchemie.) A. v. WILPERT. 223

**G. B. Boki** und **Ss. Ss. Batzanow,** *Über eine neue Methode zur Bestimmung der Struktur von Komplexverbindungen.* 3. Mitt. (2. vgl. vorst. Ref.) Die geometr. Konfiguration von Co-Komplexen wird durch Vgl. der experimentellen u. der nach LORENTZ-LORENZ berechneten Brechungsindices der möglichen Isomeren bestimmt. Das Verf. beruht auf der Verschiedenheit der mol. Refraktionen der isomeren Komplexverbb. u. darauf, daß die Refraktion des Komplexes sich additiv aus den Komponentenrefraktionen zusammensetzt. Aus der Dispersion der Brechungsindices von Nitroammoniakaten des dreiwertigen Co ist ersichtlich, daß mit der Anreicherung von Aminogruppen in der inneren Sphäre der Komplexverb. die relative Dispersion $D = (\bar{n}_F - \bar{n}_c)/\bar{n}_D - 1)$ abnimmt: 0,5 für Hexa- u. Tetrammine; 0,7 für Triammine; 0,9 für Hexanitrite. Bei zunehmender Substitution der Aminogruppe in der inneren Sphäre durch Nitrogruppen nimmt der Neigungswinkel der Dispersionskurve zu. Aus den Koordinatenrefraktionen werden die geometr. Konfigurationen folgender Co-Komplexe ermittelt: *trans*-$[Co(NH_3)_4(NO_2)_2]Cl$; $Co(NH_3)_3(NO_2)_3$ (gelbe Blättchen); $Co(NH_3)_3(NO_2)_3$ (braune Nadeln); *trans*-$KCo(NH_3)_2 \cdot (NO_2)_4$; *trans*-$NH_4Co(NH_3)_2(NO_2)_4$. Eine starke Doppelbrechung u. die damit verbundene Nichtanwendbarkeit der Formel von LORENTZ-LORENZ begrenzt die Anwendung der kristallopt. Best. der Konfiguration eines Komplexes. (Вестник Московского Университета, Серия Физико-Математических и Естественных Наук [Nachr. Moskauer Univ.] **9.** Nr. 10. [physik.-math.-naturwiss. Ser.] Nr. 7. 87—96. Okt. 1954.) O. LEBTAG. 223

**W. F. Jakób** und **Z. L. Jakób,** *Über die Koordinationszahl Zehn in freien komplexen Ionen.* Bei Unterss. über photochem. Eigg. von Verbb. des *Mo(IV)*, *Mo(V)*, *W(IV)* u. *W(V)* wurden komplexe Ionen mit 10zähligen Mo- u. W-Zentralatomen beobachtet. Es wurden isoliert: $Me_2[Mo(CN)_8R_2] \cdot 4H_2O$ sowie $Me_2 [W(CN)_8R_2] \cdot 4H_2O$, worin Me = *Cd* oder *Mn* u. R = $H_2O$, $NH_3$ u. $N_2H_4$ sind. Die Cd- u. Mn-Salze fallen aus ihren Lsgg. als kleine, rote, gut ausgebildete Kristalle aus. Mit R = $NH_3$ oder $N_2H_4$ sind die Komplexe bes. stabil. Die CN-Gruppe ist in diesen Verbb. so stark wie in komplexen Fe-Salzen gebunden, $NH_3$ u. $N_2H_4$ fast so stark wie bei den stabilsten Kobaltamminen. Die Eigg. der in W. leicht lösl. K-Salze lassen es bes. auf Grund konduktometr. Messungen als sicher gelten, daß die koordinierten $H_2O$-, $NH_3$- u. $N_2H_4$-Moll. zu den komplexen Anionen gehören. Bei diesen Verbb. wurde auch eine neue Art Isomerie festgestellt. (Roczniki Chem. [Ann. Soc. chim. Polonorum] **26.** 492—93. 1952. Kraków, Univ., I. chem. Inst. u. Inst. f. gerichtl. Expertise.) H. FREYTAG. 223

**L. N. Usspenskaja** und **A. G. Bergman,** *Visuell-polythermische Untersuchung der Löslichkeit von Salzen im reziproken System aus den Nitraten und Chloriden von Barium und Calcium bei 80, 100 und 120°.* Die Unters. der Löslichkeit der Salze in den Systemen $Ba(NO_3)_2$ (I)–$BaCl_2$–$H_2O$ u. I–$Ca(NO_3)_2$ (II)–$H_2O$ bei 80, 100 u. 120° ergab, daß in beiden Systemen eine chem. Rk. nicht stattfindet. Im Unterschied zu dem Befund von BUCHALOWA (C. **1954.** 2578) bei dessen Unterss. über die Schmelzkurven in Ggw. von $H_2O$ der Komplex $CaCl_2 \cdot BaCl_2$ fehlt. Das Löslichkeitsdiagramm von $Ba^{2+}$, $Ca^{2+}$ || $Cl^-$, $NO_3^-$ || $H_2O$ zeigt, daß dieses Syst. bei 80—120° reversibel-reziprok ist. Es wird die prakt. Bedeutung der Tatsache unterstrichen, daß **II** u. $CaCl_2$ infolge ihrer hohen Löslichkeit ein sehr gutes Aussalzmittel für **I** sind. (Журнал Общей Химии [J. allg. Chem.] **25** (**87**). 1277—84. Juli 1955. Rostow/Don, Univ.) O. LEBTAG. 224

**Božo Težak,** *Methorik der Fällung aus konzentrierten Lösungen von Elektrolyten.* 1. Mitt. *Der Einfluß der Kationen auf die Peptisation von Bariumsulfat durch einen Überschuß von Bariumchlorid.* In Ggw. hoher Konz. (1,0—0,02 n) ein- u. zweiwertiger Kationen ist die Peptisation von $BaSO_4$ größer bei einem Überschuß an $BaCl_2$ u. klein bei einem $SO_4^{2-}$-Überschuß. Der Einfl. einwertiger Kationen am $SO_4^{2-}$ auf die Peptisation verringert sich in der Reihe Li > H > Na > K bei einem $BaCl_2$-Überschuß. Der Einfl. zweiwertiger Kationen übertrifft den des Li. Als Erklärung dafür werden interion. Wechselwrkg. sowie Konkurrenz von Adsorption u. Assoziation zwischen den

Kationen u. dem $Ba^{2+}$ an der Oberfläche der $BaSO_4$-Teilchen angenommen. (Arhiv Kemiju [Arch. Chim.] **23.** 30—43. 1951. Zagreb, Prirodoslovni Fak., Fiz.-Kem. Inst.) F. URBAN. 224

**M. Mirnik** und **B. Težak,** *Methorik der Fällungsprozesse.* 4. Mitt. *Der Einfluß der Aktivität der Fällungsionen, der Konzentration der Neutralsalze und der Rührung auf die Bildung des Silberjodid-Niederschlags.* (3. vgl. STUBIČAN u. TEŽAK, C. **1953.** 6633; 2. vgl. C. **1954.** 3618; 1. vgl. vorst. Ref.) Durch tyndallometr. Messung wird ein Einfl. der Aktivität an $Ag^+$, Konz. an $NaNO_3$ u. Rührdauer auf die Stabilität des AgJ-Sols festgestellt. Dazu wird eine turbinierte Lsg. von NaJ u. $NaNO_3$ in Abständen von 2,5 Min. mit einer Lsg. von $AgNO_3$ ($2 \cdot 10^{-2}$ n) versetzt, so daß das entstehende AgJ-Sol die Konz. $10^{-4}$ m hatte. Die Trübungsmessung wird stets 1 Min. nach Zugabe von $AgNO_3$ durchgeführt, die $Ag^+$-Aktivität wird kurz vor Zugabe einer neuen Menge potentiometr. festgestellt mit der Kette: Ag/AgJ–gegen gesätt. Kalomelelektrode. Die Konz. an $NaNO_3$ wird variiert, ebenso die Rührdauer. Die sich ergebenden Kurven werden diskutiert. (Arhiv Kemiju [Arch. Chim.] **23.** 44—58. 1951.) F. URBAN. 224

**M. Mirnik** und **B. Težak,** *Methorik der Fällungsprozesse.* 5. Mitt. *Der positive Stabilitätsbereich bei der Fällung im System Silbernitrat–Natriumjodid.* (4. vgl. vorst. Ref.) Die Änderung der Trübungsmeßwerte mit der Zeit bei Kolloiden wird im Syst. $AgNO_3$–NaJ mit $NaNO_3$ bestimmt. Das entstehende Sol hat die Konz. $1 \cdot 10^{-4}$ m. Die Konz. an $NaNO_3$ bleibt konstant, der Überschuß an $AgNO_3$ wird variiert. Die erhaltenen Kurven sind verschieden, je nachdem das AgJ nach 1—2 Std. bzw. 1—2 Tagen koaguliert. Die Schnitte der Tangenten der steilsten Kurvenstücke mit der Abszisse geben das Stabilitätsgebiet des Syst. an. (Arhiv Kemiju [Arch. Chim.] **23.** 59—63. 1951.) F. URBAN. 224

**N. B. Slater,** *Unimolekulare Reaktionen im Gaszustand; Theorie des Druckeinflusses und der Schwingungsentartung.* Die früher vom Vf. (Proc. Roy. Soc. [London] Ser. A **194.** [1948.] 112 u. früher) entwickelte Theorie ergab die Geschwindigkeitskonstante K für unimol. Gas-Rkk. bei höherem Druck zu $K_\infty = \nu \cdot \exp(-E_0/kT)$. Hier wird der Geschwindigkeitsabfall mit sinkendem Druck unter gleichen Voraussetzungen abgeleitet. Die allg. Geschwindigkeit K ergibt sich aus $K/K_\infty = [\Gamma(^1/_2\, n + {}^1/_2)]^{-1} \cdot \int_0^\infty [e^{-x} x^{1/2(n-1)}]/[1 + x^{1/2(n-1)} \cdot \Theta^{-1}]dx$ (n = effektive Anzahl der Normalschwingungen, $\Theta$ ist proportional $pT^{-1/2n}$ u. abhängig von Molekülform u. -größe). Das Integral ist für $n \leq 13$ tabelliert u. der Druck geschätzt, bei dem die Geschwindigkeit nicht mehr erster Ordnung ist. Der Druck sinkt, wenn n wächst. Für $E_0/kT \approx 40$ erreichen fast nur Moll. mit 6 u. mehr Atomen $K_\infty$ bei n. Drucken. Die Theorie wird mit der von KASSEL für ein Mol. mit s „Oscillatoren" verglichen. Aktivierungsenergie bei kleinem Druck u. Form der log K–log p-Kurve sind in beiden Fällen gleich, wenn n = 2s–1. Die absol. Geschwindigkeitswerte bei gleichem Druck sind vergleichbar. Folgende Resultate werden gefunden: 1. Ein Paar oder Triplett entarteter Schwingungen gleicher Frequenz zählt als eine beim Abzählen von „n" für obige Gleichung mit $K/K_\infty$. 2. Wenn die Dissoziations-Koordinate q die Atome $m_1$, $m_2$ verbindet u. $m_1$ durch ein Isotop $m_1{}^*$ ersetzt wird, so ändert sich die Hochdruck-Geschwindigkeit mit $[m_1(m_1{}^* + m_2)/m_1{}^*(m_1 + m_2)]^{1/2}$. Dazu braucht die innere potentielle Energie V nicht quadrat. zu sein, noch muß q in V von den übrigen Koordinaten abgetrennt werden. (Philos. Trans. Roy. Soc. London, Ser. A **246.** 57—80. 18/6. 1953. Leeds, Univ.) E. U. FRANCK. 225

**Ralph Klein, Milton D. Scheer** und **Louis J. Schoen,** *Der durch Sauerstoff induzierte Wasserstoff–Deuterium-Austausch.* Zusätze von $O_2$ zu $H_2$–$D_2$-Gemischen in Konzz. bis zu 2:1000 erhöhen die Austauschgeschwindigkeit bei 500° je nach Vorbehandlung des Reaktionsgefäßes (Quarz) um den Faktor 100 u. mehr. Dieser induzierte Austausch beruht auf einem Kettenmechanismus, in dem in Ggw. von $O_2$ an der Wand OH-Radikale gebildet werden, die durch die Rk. $OH + H_2 \rightarrow H_2O + H$ zu einer erhöhten stationären H-Konz. in der Gasphase führen. Der Austausch selbst verläuft wie in Abwesenheit von $O_2$ nach $H + D_2 \rightarrow HD + D$; $D + H_2 \rightarrow HD + H$. Der Kettenabbruch erfolgt hier jedoch nicht durch Rekombination, sondern nach: $H + O_2 + M \rightarrow HO_2 + M$ in der Gasphase. (J. Amer. chem. Soc. **78.** 47—49. 5/1. 1956. Pittsburgh, Pa., Bureau of Mines, Div. of Explos. Technol., Kinetics Sect.) M. SCHENK. 225

**W. N. Ssetkina** und **Je. W. Bykowa,** *Über den Wasserstoffaustausch gesättigter Carbonsäuren.* Zur Klärung der Frage, ob der Wasserstoffaustausch-(Ketten-)Rk. Ionen- oder Radikalcharakter zukommt, werden von Vff. Unterss. über den H-Austausch bei einer Reihe von aliphat. Carbonsäuren durch Umsetzung mit angereicherter *Deuteroschwefelsäure* (**I**) u. *Deuterophosphorsäure* (**II**) durchgeführt. Dabei werden die Carbonsäuren direkt mit **I** oder **II** (in ca. mol. Verhältnis) vermischt u. bei Raumtemp. zwischen 50 bis 400 Std. stehengelassen. Nach Vakuumdest. der Carbonsäuren werden ihre Na-

oder K-Salze verbrannt u. auf Grund der erhöhten D. des gebildeten W. der α-H-Austausch in % des höchstmöglichen bestimmt. Mit I (dahinter in Klammern mit II) ergibt sich für *Ameisensäure* ein oberer Austausch von 1,4% (0,5%), bei *Essigsäure* von 89% (56%), bei *Propionsäure* von 105%, bei Buttersäure von 104% (27%), bei *Isobuttersäure* von 98%, bei *Capronsäure* von 106% (86%) u. bei *Diäthylessigsäure* von (88%). Diese Ergebnisse werden als Beweis für die Fähigkeit des Carbonium-Ions zum leichten H-Austausch angesehen. Dieser findet in Ggw. von Deuterosäuren auf Grund der Nachbarstellung des Kationen-Zentrums fast ausschließlich am α-C-Atom statt. Eine Wanderung des Kationen-Zentrums am Carbonyl-C soll nicht eintreten. (Доклады Академии Наук СССР [Ber. Akad. Wiss. UdSSR] [N. S.] **92.** 341—43. 11/9. 1953. Org. chem. Inst. der Akad. der Wiss. der UdSSR.) H. WINTER. 225

**Jannik Bjerrum** und **Carl Göran Lamm,** *Kinetik der Komplexbildung.* 3. Mitt. *Die Zersetzungsgeschwindigkeit des Hexamminchrom(III)-ions.* (2. vgl. Proc. Symposium Coordinat. Chem. [Copenhagen] **1953.** 51; 1. vgl. POULSEN u. BJENUM, C. **1955.** 5976). Die Zers. des $[Cr(NH_3)_6]^{3+}$-Ions in $HNO_3$-Lsg. wird durch Messung der Lsg.-Geschwindigkeit des $[Cr(NH_3)_6](NO_3)_3$ verfolgt. Die Umwandlung des Hexammin- in den Hexaquo-Komplex ist in 0,5—2 mol. $HNO_3$ unabhängig von $[H^+]$; für die pseudo-monomol. Geschwindigkeitskonstante wurde die Beziehung: $k_{-6} = 10^{12,3} e^{-26000/RT}$ gefunden. Die spektroskop. Analyse zeigt, daß das Hexammin über eine Reihe niedriger Ammine zerfällt. (Acta chem. scand. **9.** 216—20. 1955. Copenhagen, Techn. Univ., Chem. Dep. A.) M. SCHENK. 225

**James A. Happe** und **Don S. Martin jr.,** *Der Isotopenaustausch von Mangan während der Reaktion zwischen Mangan(II) und Permanganat.* Vff. untersuchen unter Verwendung von $^{54}Mn$ den Austausch bei der Rk. von $Mn^{2+}$ mit $MnO_4^-$ in saurer Lsg., die im Endeffekt zu einem hydratisierten, Mn(IV) enthaltenden Oxyd führt; die Unters. erstreckt sich auch auf die während dieser Rk. gebildeten verschied. chem. Formen des Mangans. Zwischen $Mn^{2+}$ u. dem frischgebildeten Nd. erfolgt ein Austausch von 30 bis 40%. 60 bis 70% des Nd. kommen jedoch während der 1—2 Min. der Bldg. für einen schnellen Austausch nicht in Betracht. Die Einstellung eines Isotopengleichgewichtes während der Gesamt-Rk. zwischen $*Mn^{2+}$ u. $MnO_4^-$ erfordert eine vollständige Red. des $MnO_4^-$ zu Mn(IV) vor der Bldg. oder dem Wachsen der Teilchen des Nd. Vor dem Einsetzen der $MnO_2$-Fällung, die in ca. 10 Std. erfolgte, wurde aus den Lsgg. von $MnO_4^-$ u. $*Mn^{2+}$ in 1 bis 2 mol. $HNO_3$ Tetraphenylarsoniumpermanganat gefällt. Die von der Permanganatfraktion aufgenommene Aktivität entspricht einer Austauschhalbwertszeit von 10 bis 15 Std.; spektrophotometr. Unterss. zeigen, daß vor der Niederschlagsbldg. mindestens 40% des $MnO_4^-$ red. werden, u. zwar durch eine Rk., die bzgl. $MnO_4^-$ annähernd 1. Ordnung u. ohne Induktionsperiode ist. Der Austausch zwischen $MnO_4^-$ u. $Mn^{2+}$ in Ggw. einer so großen Menge Zwischenprodd. ist unwahrscheinlich. (J. Amer. chem. Soc. **77.** 4212—17. 20/8. 1955. Ames, Io., Iowa State Coll., Inst. for Atom. Res., Dep. of Chem.) H. GEDSCHOLD. 225

**Marc Lefort** und **Jacques Pucheault,** *Chemische Wirkungen der ionisierenden bei der im Meiler ausgeführten Reaktion B(n, α)Li entstehenden Strahlungen auf Wasser.* (Vgl. C. **1956.** 1216.) Die Wrkg. der α-Strahlung der Rk. B(n, α)Li auf W. wurde untersucht. Um die Zers. von $H_2O_2$ unter dem Einfl. der Strahlung zu berücksichtigen, wurde eine Abteilung des Gefäßes mit Borsäure, die andere mit einer titrierten $H_2O_2$-Lsg. gefüllt. In der Borsäure-Lsg. steigt die Menge des gebildeten $H_2O_2$ nicht linear mit der aufgenommenen Energie an, wie in reinem W., die Kurve erreicht bald einen Sättigungswert, außerdem ist die Ausbeute wesentlich geringer, aber unabhängig von der Borsäure-Konz. (J. Chim. physique Physico-Chim. biol. **48.** 108—09. Jan./Febr. 1951.)
M. WIEDEMANN. 226

**Marc Lefort,** *Über die Zersetzung verdünnter Lösungen von Wasserstoffperoxyd durch Röntgenstrahlen.* Vff. bestrahlen wss. Lsgg. von $H_2O_2$ ($10^{-6}$ bis $10^{-3}$ mol.) mit Röntgenstrahlen u. bestimmen den Umsatz durch Messung der entwickelten Gase ($H_2$ u. $O_2$) sowie des unzersetzten $H_2O_2$. Der Grad der Zers. von $H_2O_2$ nimmt zu mit steigender Anfangskonz. an $H_2O_2$ ($c_0$) u. hängt ab von der Intensität der Strahlung. Die Entw. von $O_2$ entspricht der Zers. von $H_2O_2$. Neben $O_2$ wird in geringen Mengen $H_2$ entwickelt, dessen Menge mit der gesamten Strahlungsdosis zunimmt; jedoch ist die Bldg. von $H_2$ unabhängig von $c_0$, der Strahlungsintensität sowie der An- oder Abwesenheit von $O_2$, KBr oder KJ. — Die Bldg. von $H_2$ kann nach HAÏSSINSKY u. MAGAT (C. R. hebd. Séances Acad. Sci. **232.** [1951.] 954) folgendermaßen gedeutet werden: $H_2O^+ \rightarrow H^+ + OH$; $H_2O + e \rightarrow H_2 + O^-$; $O^- + H_2O \rightarrow OH\text{–}OH$ (C. R. hebd. Séances Acad. Sci. **233.** 1194—95. 12/11. 1951.) M. SCHENK. 226

**Jørgen Koefoed,** *Alternativer Mechanismus der durch Fe* und *Cu-Fe katalysierten Zersetzung von Wasserstoffperoxyd.* Zur Deutung der kinet. Ergebnisse von ANDERSEN (C. **1948.** E. 1029 u. Acta chem. scand. **6.** [1952.] 1090) gibt Vf. neue Reaktionsschemata an, die bzgl. der Möglichkeit der angenommenen Zwischenprodd. besser mit den Vorstellungen anderer Vff. übereinstimmen. Diese Schemata umfassen einen $Cu^+$–$Cu^{2+}$- bzw. einen $Fe^{+2}$–$Fe^{3+}$-Cyclus: $Fe^{2+} + FeO_2H^{2+} \rightleftarrows Fe_2O_2H^{4+}$; $Fe_2O_2H^{4+} \rightleftarrows Fe^{3+} + FeO_2H^+$; $FeO_2H^+ + H_2O_2 \rightarrow O_2 + H_2O + HO + HO^- + Fe^{2+}$. Die korrekte Form der kinet. Gleichungen wird durch Moderation der cycl. Rk. durch einen anderen, irreversiblen cylc. Prozeß, nicht wie üblich durch ein Gleichgewicht, gewonnen; dieser Prozeß ist langsam im Vgl. zur Gesamtgeschwindigkeit. Freie Radikale scheinen dabei nur in Bindung an Metallionen aufzutreten. (Acta chem. scand. **9.** 283—92. 1955. Copenhagen, Univ., Fysisk-Kemiske Inst.) M. SCHENK. 227

**J. A. Christiansen,** *Über die durch Eisen(III)-ion katalysierte Zersetzung von Wasserstoffperoxyd.* Vf. bestätigt, daß der von KOEFOED (vgl. vorst. Ref.) vorgeschlagene cycl. Reaktionsmechanismus $Fe^{2+} + FeO_2H^{2+} \rightleftharpoons Fe_2O_2H^{4+}$; $Fe_2O_2H^{4+} \rightleftharpoons Fe^{3+} + FeO_2H^+$; $FeO_2H^+ + H_2O_2 \rightarrow O_2 + H_2O + HO + HO^- + Fe^{2+}$, der auch den Ergebnissen von ANDERSEN (C. **1948.** E. 1029) entspricht, mit den experimentellen Befunden besser übereinstimmt als die vom Vf. u. von ANDERSEN vorgeschlagenen Reaktionsfolgen. Auf Grund von Tracerverss. wird gefolgert, daß das Zwischenprod. $FeO_2H^+$ ein Eisen(II)-perhydroxo-Komplex ist u. nicht ein Oxo-hydroxo-Derivat des Fe(IV), wie KOEFOED annimmt. (Acta chem. scand. **9.** 272—76. 1955. Copenhagen, Univ., Fysisk-Kemiske Inst.) M. SCHENK. 227

**Michael Ardon** und **Gabriel Stein,** *Die Zersetzung von Wasserstoffperoxyd durch Cer(IV)-Salze.* 2. Mitt. *Die Wirkung von Cer(IV)-perchlorat* (1. vgl. BAER u. STEIN, C. **1954.** 3884.) $Ce(ClO_4)_4$-Lsgg. oberhalb $p_H$ 7 können einen Teil des $Ce^{4+}$ in Form eines koll. Polymeren enthalten. Wenn diese Form einmal gebildet ist, bleibt sie auch in kalter 2n $HClO_4$ stabil. Lsgg., die dieses Polymere enthalten, geben mit $H_2O_2$ einen gefärbten Komplex, der sich nur langsam zersetzt. Solche Lsgg. sind photochem. viel weniger aktiv als solche, die einfache $Ce^{4+}$-Ionen oder deren einfache Hydrolyseprodd. enthalten. (J. chem. Soc. [London] **1956.** 104—06. Jan. Jerusalem, Hebrew Univ.) R. MATTNER. 227

**D. W. Ssokolski** und **Je. I. Gildebrand,** *Veränderungen der Adsorptionskatalysatoren mit der Zeit.* Nach der Theorie von KOBOSEW (Журнал Физической Химии [J. physic. Chem.] **13.** [1939.] 1. u. **25.** [1951.] 375) sind die akt. Zentren einzelne Atome oder Atomgruppen solche, die nicht in das Kristallgitter eintreten, sondern an der Oberfläche in nicht in Verbindung stehenden „Migrationssphären" fixiert sind. — Im Zusammenhang damit untersuchten Vff. in der vorliegenden Arbeit die zeitliche Änderung der Aktivität von Trägerkatalysatoren. Die Hydrierungsgeschwindigkeiten der 3fach-Bindung von *Dimethyläthinylcarbinol* u. der Nitrogruppe von *Pikrinsäure* an *Pd* u. *Pt* auf Aktivkohle werden in Abhängigkeit von dem Bedeckungsgrad der Trägeroberfläche mit dem Katalysator und von der Alterungszeit (Aufbewahrung unter Luftabschluß bis zu $1^1/_2$ Jahren) festgestellt. Die entsprechenden Kurven zeigen, daß sowohl die allg. Aktivität (maximale Geschwindigkeit der $H_2$-Aufnahme in $cm^3$/Min.) als auch die spezif. Aktivität (allg. Aktivität, bezogen auf den Bedeckungsgrad der Trägeroberfläche mit Pd bzw. Pt) mit dem Bedeckungsgrad zunehmen u. durch 2 Maxima u. 2 Minima gehen. Diese erhöhen bzw. vertiefen sich stark bei Verwendung von gealtertem Katalysator, woraus hervorgeht, daß mit der Alterung eine scharfe Differenzierung der 2 Arten von akt. Zentren eintritt. — Nach der Theorie von KOBOSEW muß die Abhängigkeit der spezif. Aktivität vom Bedeckungsgrad geradlinig sein. Die aus allen Verss. der vorliegenden Arbeit erhaltenen Daten stimmen mit dieser Forderung in keinem Falle überein. Vff. folgern daraus, daß die experimentellen Grundlagen der Theorie von KOBOSEW einer ernsten Nachprüfung bedürfen. ( Доклады Аладемии Наук СССР [Ber. Akad. Wiss. UdSSR] [N. S.] **94.** 93—95. 1/1. 1954. Kasach, Kirow-Univ.) F. BERNDT. 227

## $A_8$. Präparative anorganische Chemie. Komplexchemie. Metallorganische Chemie.

**Ss. S. Makarow** und **N. K. Grigorjewa,** *Untersuchung von Systemen mit konzentriertem Wasserstoffperoxyd.* 8. Mitt. *Thermische Charakteristik und Stabilität der festen Phasen des Systems* $NaOH$–$H_2O_2$–$H_2O$. (Vgl. C. **1956.** 1242.) Aus der Unters. der therm. Stabilität von $Na_2O_2 \cdot 8H_2O$ (**I**) bei 42 u. 62° sowie der Dehydratation geht hervor, daß **I** bei 42° beständig ist, bei 62° vollständig zerfällt. Die Dehydratation von **I** verläuft in 4—5 Tagen bis $Na_2O_2 \cdot 2H_2O$, in 10 Tagen bis $Na_2O_2 \cdot H_2O$. $Na_2O_2 \cdot 2H_2O_2 \cdot 4H_2O$ (**II**) zerfällt bei 30° teilweise unter Ausscheidung eines Teiles des akt. O. Bei 42° geht **II** in **I** über, das bei 57° unter rascher O-Abscheidung stürmisch zerfällt. **II** weist auf der Erhitzungskurve bei 60—65° ein den Perhydratverbb. entsprechendes Maximum auf. Das nach TAFEL (Ber. dtsch. chem. Ges. **27.** [1894.] 2297) synthetisierte „Na-Hydroperoxyd" besitzt bei

55—65° einen exothermen Effekt, entsprechend einer teilweisen Abscheidung des akt. O unter Bldg. von $Na_2O_2 \cdot H_2O$. Der 2. exotherme Effekt bei ca. 300° entspricht der Schmelzung. Es ist deshalb die Formel $Na_2O_2 \cdot H_2O$ der Formel NaOOH vorzuziehen. (Известия Академии Наук СССР, Отделение Химических Наук [Nachr. Akad. Wiss. UdSSR, Abt. chem. Wiss.] **1955.** 208—15. März/April. Kurnakow-Inst. für allg. u. anorgan. Chem. der Akad. der Wiss. der UdSSR.) O. LEBTAG. 241

**Ss. S. Makarow** und **T. A. Dobrynina,** *Untersuchung von Systemen mit konzentriertem Wasserstoffperoxyd.* 9. Mitt. *Ternäres System LiOH – $H_2O_2$–$H_2O$.* (8. vgl. vorst. Ref.) Bei +10, +0, —10 u. —21° wurden die Isothermen der Löslichkeit u. die Polythermen des tern. Syst. LiOH–$H_2O_2$–$H_2O$ aufgenommen. Die Unters. der Löslichkeit erfolgte nach dem „Rest"-Verfahren. Es wurden folgende feste Phasen nachgewiesen: *$LiOH \cdot H_2O$; $Li_2O_2 \cdot 2\,H_2O_2$* (I); *$LiO_2 \cdot H_2O_2 \cdot 2\,H_2O$* (II); *$Li_2O \cdot H_2O \cdot 3\,H_2O$* (III). Der Befund von WATERBURY (C. **1952.** 4270), wonach **III** nicht existieren soll, ist damit widerlegt. **III** ist in einem breiten Temperaturintervall im Bereich 5,0—40,0% $H_2O$ existenzfähig. **I** ist bei +10° im Bereich 58,57—64,84% $H_2O_2$ in der fl. Phase, bei —21° im Bereich 57,08—83,96% $H_2O_2$ beständig. **II** besitzt die geringste Beständigkeit bei —10°. Die geringste Löslichkeit besitzt **II** bei 0°. Das polytherm. Diagramm ist durch 7 Felder charakterisiert. (Известия Академии Наук СССР, Отделение Химических Наук [Nachr. Akad. Wiss. UdSSR, Abt. chem. Wiss.] **1955.** 411—19. Mai/Juni. Kurnakow-Inst. für allg. u. anorgan. Chem. der Akad. der Wiss. der UdSSR.) O. LEBTAG. 241

**George W. Watt** und **William R. McBride,** *Die Ammonolyse der Sulfate von Hydrazin, Methylhydrazin, Hydroxylamin und Semicarbazid, und die Bildung von Ammoniakaten dieser Basen und einiger ihrer Salze.* Die Darst. der im Titel genannten Basen aus ihren Salzen mittels fl. $NH_3$, die Ausbeute u. ihre Reinheit werden beschrieben. Bei der Verwendung von gasförmigen $NH_3$ treten je nach dem verwandten Salz, der angewandten Temp., der Konz. u. dem Druck von $NH_3$ neben Ammonolyse noch Ammoniakatbldg. der freien Base oder des Salzes ein. Der Verlauf der Rk. wird für jede der verwandten Verbb. im allg. u. an Hand von Druck–Konz.-Diagrammen besprochen. (J. Amer. chem. Soc. **77.** 2088—93. 20/4. 1955. Austin, Tex., Univ. of Texas, Dep. of Chem.)
A. ZIELFELDER. 243

**R. K. Osterheld** und **R. P. Langguth,** *Polymerisations- und Depolymerisationserscheinungen in Phosphat–Metaphosphat-Systemen bei höherer Temperatur.* 3. Mitt. *Kondensationsreaktionen von Hydrogenphosphaten zweiwertiger Metalle.* (2. vgl. AUDRIETH u. Mitarbeiter, C. **1956.** 8019.) Der Verlauf des therm. Zerfalls von *$Ba(H_2PO_4)_2$*, *$Pb(H_2PO_4)_2$* u. Gemischen des letzteren mit *$PbHPO_4$* wird nach den gleichen Methoden wie l. c. untersucht. $Ba(H_2PO_4)_2$ zerfällt bei 243° unter Abgabe von 2 $H_2O$ (Gewichtsverlustbest. bei 245 u. 270°) zu *Ba-Metaphosphat* (**I**), das bei 875° schmilzt. Beide endotherme Prozesse sind in der Kurve der therm. Differentialanalyse deutlich ausgeprägt; ein sehr schwacher Knick oberhalb 300°, dem kein nachweisbarer Gewichtsverlust oder eine Änderung im Röntgendiagramm entsprechen, ist wahrscheinlich durch *$BaH_2P_2O_7$* verursacht. Diese Verb. entsteht als unbeständiges Zwischenprod. zu einem erheblichen Anteil beim Erhitzen von $Ba(H_2PO_4)_2$ auf 245°; im Röntgenogramm der so erhitzten u. zu 84% zers. (72% zu $P_2O_7^{4-}$, 12% zu $PO_3^-$) Probe bleibt das Diagramm des $Ba(H_2PO_4)_2$ bestehen, um kurz darauf in das des Metaphosphats überzugehen. **I** hat ein durch Schmelzen u. Rekristallisation unverändertes Röntgenogramm, das mit dem des $Ba_2(PO_3)_4$ nach WARSCHAUER (erhalten nach den Angaben von ANDRESS u. Mitarbeitern (C. **1950.** I. 1830) ident. ist (Tabelle); auch die Bldg. von $Na_4(PO_3)_4 \cdot 4\,H_2O$ durch Umsetzung mit $Na_2SO_4$ stützt die Annahme, daß es sich bei **I** um $Ba_2(PO_3)_4$ handelt. — $Pb(H_2PO_4)_2$ zers. sich bei ca. 200°, verliert dabei 2 Mol W. u. geht in *Pb-Metaphosphat* (**II**) über, das bei 667° schmilzt. Die Kurve der therm. Analyse zeigt außerdem Beschleunigungen des Zerfallsprozesses bei 320 u. 388°. Nach Verlust von 1 $H_2O$ bei 195° erscheint an Stelle des Röntgenogramms von $Pb(H_2PO_4)_2$ ein neues, dessen Linien noch bei Abgabe von $1^1/_2$ $H_2O$ vorhanden sind, vermutlich das von *$Pb_2P_2O_7$*, das als unbeständiges Zwischenprod. angesehen wird. Nach Verlust von 2 $H_2O$ erscheint das Diagramm des **II**, das das gleiche bleibt, wenn nach Schmelzen u. langsamem Abkühlen **II** in ein klares Glas umgewandelt wird u. dieses wiederum bei Erhitzen auf 375° kristallisiert. **II** stimmt in F. u. Röntgenogramm mit einem $Pb_2(PO_3)_4$-Präp. nach WARSCHAUER überein; das aus **II** mit $Na_2S$-Lsg. erhaltene Prod. ist röntgenograph. Na-tetrametaphosphat. Zum Unterschied von einem ähnlich dargestellten, aber 50° niedriger schm. Präp. von ANDRESS u. FISCHER (C. **1954.** 10662) gibt **II** mit $Na_2S$-Lsg. eine Na-Salzlsg., die nicht viscos ist, sondern bei Acetonzusatz eine kristall. Abscheidung gibt. — Beim Erhitzen von $Pb(H_2PO_4)_2$–$PbHPO_4$-Gemischen bis zu konstantem Gewicht bei 550° entsteht nach dem Phasendiagramm auf Grund der therm. Analyse ein Anion 2 $PO_3^-$ · 1 $P_2O_7^{4-}$, also Tetraphosphat *$P_4O_{13}^{6-}$* mit einem vom $Pb_2$·

$(PO_3)_4$ u. $Pb_2P_2O_7$ verschied. Röntgendiagramm (Tabelle). *$Pb_3P_4O_{13}$* schm. unscharf bei 700°. (J. physic. Chem. **59.** 76—80. Jan. 1955. Ithaca, N. Y., Cornell Univ., Dep. of Chem.)
G. v. DECHEND. 264

**G. Wittig** und **K. Torssell,** *Über Pentamethyl-arsen und Pentamethyl-antimon.* Die Umsetzung von Tetramethyl-oniumsalzen der Elemente der 5. Hauptgruppe des Periodensyst. mit *$LiCH_3$* führt bei N u. P zu Yliden [$(CH_3)_3NCH_2$; $(CH_3)_3PCH_2$], bei As u. Sb dagegen zu den Pentamethylverbb. [$As(CH_3)_5$; $Sb(CH_3)_5$] infolge der mit der Ordnungszahl wachsenden Neigung, die äußere Elektronenschale zu einem Dezett auszuweiten. Verss., $As(CH_3)_5$ zu isolieren, blieben erfolglos, da es seines tiefen Kp. wegen nur schwer von Ae. u. $As(CH_3)_3$ zu trennen ist. Für seine Existenz sprechen jedoch die folgenden Beobachtungen: 1. *Tetramethylarsoniumjodid* (**I**) setzt sich mit $LiCH_3$ in absol. Ae. u. $N_2$-Atmosphäre um unter Bldg. von $CH_4$ (93%), $C_2H_6$ (7% des entwickelten Gases) u. *$(CR_3)_2(CH_2\cdot Li)AsCH_2$*, das mit $CH_3J$ zu **II** weiterreagiert gemäß $C_2H_6 + As(CH_3)_3 \leftarrow (CH_3)_5As \xleftarrow[-LiJ]{+CH_3Li}$ $[(CH_3)_4As]J$ (**I**) $\xrightarrow[-CH_4-LiJ]{+CH_3Li} (CH_3)_3AsCH_2 \xrightarrow[-CH_4]{+LiCH_3} (CH_3)_2(CH_2Li)AsCH_2 \xrightarrow[-LiJ]{+CH_3J} (CH_3)_2\cdot(CH_2CH_3)AsCH_2 \xrightarrow{+CH_3J}$ *$[(CH_3)_2As(CH_2CH_3)_2]J$* (**II**). 2. Bei der Umsetzung von *Trimethylarsindibromid* mit $LiCH_3$ in Ae. ist der $C_2H_6$-Anteil größer ($C_2H_6:CH_4$ = 35:65%), der auch hier offensichtlich aus dem Zerfall von intermediär entstandenem $As(CH_3)_5$ stammt: $(CH_3)_3AsBr_2 + 2\,CH_3Li \rightarrow As(CH_3)_5 + 2\,LiBr$. Nach der Dest. der äther. Lsg. wurde durch Zugabe von HCl in Ggw. von $HgCl_2$ die Verb. *$[(CH_3)_4As]Cl\cdot 2\,HgCl_2$* (**III**) isoliert, die sich nur über $(CH_3)_5As + HCl \rightarrow CH_4 + (CH_3)_4AsCl$ gebildet haben kann [$As(CH_3)_3$ bildet nur die Verb. $As(CH_3)_3\cdot 2\,HgCl_2$, F. 265°]. Ebenso fiel auf Zugabe von $B(C_6H_5)_3$ zur äther. Lsg. *$[(CH_3)_4As][B(C_6H_5)_3(CH_3)]$* (**IV**) aus, während $As(CH_3)_3$ damit das Addukt *$As(CH_3)_3\cdot B(C_6H_5)_3$* vom F. 226—228° bildet. — *Pentamethylantimon* läßt sich dagegen leicht durch Umsetzung von *$(CH_3)_3SbBr_2$* (**V**) bzw. von *$(CH_3)_4SbBr$* (**VI**) mit $CH_3Li$ darstellen. Es ist indifferent gegen Benzophenon, reagiert mit $Br_2$ zu **VI** zurück u. weiter zum Perbromid; mit $B(C_6H_5)_3$ bildet es *$[(CH_3)_4Sb][(CH_3)B(C_6H_5)_3]$* (**VII**). Mit überschüssigem $LiCH_3$ stellt sich ein stark nach links verschobenes Gleichgewicht $Sb(CH_3)_5 + LiCH_3 \rightleftharpoons Li[Sb(CH_3)_6]$ ein. — *$Sb(C_6H_5)_4Br$* (**VIII**) wird durch $LiCH_3$ über *$Li[Sb(C_6H_5)_4(CH_3)_2]$*, das in $LiC_6H_5$ u. $(C_6H_5)_3Sb(CH_3)_2$ zerfällt, in *$Sb(C_6H_5)_5$* übergeführt. — **V, VI** u. **VIII** zers. sich mit $LiAlH_4$ bei Raumtemp. unter lebhafter Gasentw., die erwarteten Verbb. $(C_6H_5)_4SbH$, $(CH_3)_4SbH$ u. $(CH_3)_3SbH_2$ zu isolieren, gelang jedoch nicht.

V e r s u c h e: a) *Tetramethylarsoniumtriphenylomethyloborat* (**IV**), $C_{23}H_{30}BAs$, weiße, widerlich riechende Nadeln aus Nitromethan, F. 140° (Zers.); b) *Tetramethylarsoniumchlorid + 2 Quecksilber(II)-chlorid* (**III**), $C_4H_{12}Cl_5AsHg_2$, weiße Kristalle aus W., F. 177—178°; c) *Dimethyldiäthylarsoniumjodid* (**II**), $C_6H_{16}AsJ$, farblose, an der Luft gelb werdende Blättchen aus absol. A., F. 305° (Zers.), bildet sich auch bei der Umsetzung von **I** mit $LiC_6H_5$ u. $CH_3J$; d) *Tetramethylarsoniumpikrat,* $C_{10}H_{14}O_7N_3As$, aus **I** u. wss. Pikrinsäure, gelbe Kristalle aus W., F. 292—294° (Zers.); e) *Pentamethylantimon,* $C_5H_{15}Sb$, schwachgelbe Fl., $Kp._{730}$ 126—127°, F. —16 bis —18°, zers. sich bei Ggw. von Luft u. Feuchtigkeit, in Ampullen unter $N_2$ längere Zeit haltbar, unlösl. in W., zers. sich darin aber allmählich zu einer stark alkal. Lsg., bildet mit $Br_2$ in $CCl_4$ **VI**, mit überschüssigem $Br_2$ *Tetramethylstiboniumperbromid,* $C_4H_{12}Br_3Sb$, rotgelbe Nadeln aus absol. A., Zers. 140°; f) *Tetramethylstiboniumperjodid,* $C_4H_{12}J_3Sb$, körnige, blauschwarze Kristalle, Zers. 136°; g) *Tetramethylstiboniumtriphenylomethyloborat* (**VII**), $C_{23}H_{30}BSb$, farblose Nadeln aus absol. A., F. ≈240°. (Acta chem. scand. **7.** 1293—1301. 1953. Tübingen, Univ., Chem. Inst.)
U. WANNAGAT. 266

**G. A. Rasuwajew** und **M. Ss. Fedotow,** *Reaktionen von Diphenylquecksilber mit Chloriden von Metallen, die keine beständigen metallorganischen Verbindungen geben.* In Äthylcellosolve oder Dioxan gelöstes $(C_6H_5)_2Hg$ gibt beim Erhitzen mit $CoCl_2$ oder $FeCl_3$ *$C_6H_5HgCl$* u., durch Rk. der nach $(C_6H_5)_2Hg \rightarrow C_6H_5Hg + C_6H_5$ entstehenden Phenylradikale mit dem Lösungsm., *Benzol.* Die aus $CoCl_2$ entstehenden CoCl-Radikale reagieren mit Äthylcellosolve unter Bldg. einer *Verb. $ClCoOCoOC_2H_5$* (?); $FeCl_3$ geht in $FeCl_2$ über. Die Rk. von $(C_6H_5)_2Hg$ mit $CuCl_2$ in Äthylcellosolve oder Dioxan führt zu *$C_6H_5HgCl$* u. *$C_6H_5Cl$*; $CuCl_2$ geht in $Cu_2Cl_2$ über; eine Rk. von $C_6H_5$ mit dem Lösungsm. erfolgt hier also nicht. Beim Kochen einer Lsg. von $(C_6H_5)_2Hg$ in Morpholin mit $FeCl_3$, $CuCl_2$ oder $CoCl_2$ werden *Bzl.* u. *Hg* erhalten, bei Anwendung von $CoCl_2$ außerdem *$C_6H_5HgCl$*. Das Lösungsm. wirkt hier reduzierend.

V e r s u c h e: 5 g in 40 g Äthylcellosolve gelöstes $(C_6H_5)_2Hg$ werden mit 2 g wasserfreiem $CoCl_2$ 3 Std. gekocht; erhalten werden 3,3 g *$C_6H_5HgCl$*, 1,4 g *Bzl.*, *$CH_3CHO$* u. die Verb. *$ClCoOCoC_2H_5$* (?), hellviolettes Pulver. — 5 g $(C_6H_5)_2Hg$ in 38 g Äthylcellosolve geben bei 1std. Kochen mit 2,3 g $FeCl_3$ 4 g *$C_6H_5HgCl$*, 1,3 g *Bzl.*, *$CH_3CHO$* u. *$FeCl_2$*. —

Zu einer warmen Lsg. von 2 g $CuCl_2$ in 30 g Äthylcellosolve werden 5 g $(C_6H_5)_2Hg$ zugesetzt; nach dem Ausfallen von $Cu_2Cl_2$ wird 5—10 Min. auf dem Wasserbad erhitzt; gefunden werden 3,9 g $C_6H_5HgCl$ u. 1,55 g $C_6H_5Cl$. — 5 g $(C_6H_5)_2Hg$ in 20 g Dioxan geben bei $3^1/_2$std. Kochen mit $CoCl_2$ 1 g $C_6H_5HgCl$ u. 0,35 g *Bzl.*; die entstehende hellviolette *Co-Verb.* wird nicht untersucht. — Aus 5 g $(C_6H_5)_2Hg$ u. 2 g $FeCl_3$ in 20 g Dioxan entstehen beim Kochen in 30 Min. 3,8 g $C_6H_5HgCl$, 1,45 g *Bzl.* u. $FeCl_2$. — Aus 5 g $(C_6H_5)_2Hg$ u. 2 g $CuCl_2$ in 24 g Dioxan werden 1,6 g $C_6H_5HgCl$, 0,75 g $C_6H_5Cl$ u. $Cu_2Cl_2$ erhalten. — 5 g $(C_6H_5)_2Hg$ in 25,5 g Morpholin geben bei 1std. Kochen mit 2 g $CoCl_2$ 0,4 g $C_6H_5HgCl$, 0,35 g *Bzl.* u. 0,8 g *Hg*. — 5 g $(C_6H_5)_2Hg$ + 2 g $FeCl_3$ in 18 g Morpholin liefern bei 3std. Kochen 0,87 g *Hg* u. 0,77 g *Bzl.* — Aus 5 g $(C_6H_5)_2Hg$ in 18 g Morpholin entstehen bei 3std. Kochen mit 2 g $CuCl_2$ 1,4 g *Bzl.* u. 2,4 g *Hg*. (Журнал Общей Химии [J. allg. Chem.] **22** (**84**). 484—89. März 1952. Gorki, Univ., Lehrstuhl für organ. Chem.) U. WÖRFFEL. 290

**M. M. Koton** und **A. A. Bolschakowa**, *Reaktion von unsymmetrischen Quecksilberverbindungen RHgR' mit Phenolen.* In Fortsetzung früherer Arbeiten über die Mercurierung von Phenolen werden Methylphenyl- (**I**), Methyl-α-naphthyl- (**II**) u. Phenyl-α-naphthylquecksilber (**III**) mit Phenolen, Halogen- u. Nitrophenolen zur Rk. gebracht. Es ist anzunehmen, daß die Rkk. über freie Radikale verlaufen, z. B. bei **II** nach dem Schema 1.: $(CH_3)(C_{10}H_7)Hg \rightarrow CH_3Hg\cdot + C_{10}H_7\cdot$; 2.: $RC_6H_4OH + C_{10}H_7\cdot \rightarrow C_{10}H_8 + \cdot C_6H_3(OH)R$; 3.: $CH_3Hg\cdot + \cdot C_6H_3(OH)R \rightarrow CH_3HgC_6H_3(OH)R$. Wie **II**, so liefert auch **I** das Radikal $CH_3Hg\cdot$ (u. $C_6H_5\cdot$); **III** zerfällt in die Radikale $C_6H_5Hg\cdot$ u. $C_{10}H_7\cdot$. Es können auch di- u. trimercurierte Phenole gebildet werden; z. B. gibt Resorcin ein *Di-* u. *Trimercurideriv.*, während Phenol ein *Monomercurideriv.* liefert: Anhäufung von OH-Gruppen führt zu höherer Reaktionsfähigkeit. Anhäufung von Nitrogruppen oder Br-Atomen im Mol. eines Phenols erschwert die Mercurierung; z. B. wird 2.4.6-Trinitrophenol durch **III** nur in das *Monomercurideriv.*, p-Nitrophenol dagegen in das *Dimercurideriv.* übergeführt. Bei der Rk. von **I**—**III** mit Pyrogallol, Hydrochinon, α- u. β-Naphthol erfolgt auch eine Zers., bei der sich *Hg* u. *KW-stoffe* bilden, nach dem Schema $RHgR' \rightarrow Hg + RH + R'H$.

Versuche: Rkk. von **I** u. **II** mit Phenolen. Einwaage in allen Fällen 0,3 g **I** bzw. **II** u. 0,3 g des Phenols; 3—6 Std. Erhitzungsdauer im Rohr bei 100 u. 130°; *Bzl.* u. *Naphthalin* werden in üblicher Weise identifiziert. *3-Methylmercuri-4-nitro-1-oxybenzol*, F. 158—170° (A.); aus **I** oder **II** u. p-Nitrophenol; gelbe Kristalle; 0,15 g (Ausbeute). HCl zerlegt bei —10° in *p-Nitrophenol* u. $CH_3HgCl$. Beim Behandeln mit $Br_2$ in KBr-Lsg. entsteht *3-Brom-4-nitrophenol* u. in der wss. Lsg. ist Hg(II)-Ion nachzuweisen. — *x-Methylmercuri-3-nitro-1-oxybenzol*, F. 126—127°; aus **I** oder **II** u. *m-Nitrophenol*; gelbe Kristalle; 0,18 g. — *x-Methylmercuri-2.4-dinitro-1-oxybenzol*, F. 99—102° (A.); aus **I** u. 2.4-Dinitrophenol; gelbe Kristalle; 0,15 g. — *3-Methylmercuri-2.4.6-trinitro-1-oxybenzol*, F. 125—127°; aus **I** oder **II** u. 2.4.6-Trinitrophenol; gelbe Kristalle; 0,18 g. — *3-Methylmercuri-4-brom-1-oxybenzol*, F. 126—128°; aus **I** oder **II** u. p-Bromphenol; 0,16 g. Hieraus mit alkoh. HCl *p-Bromphenol* u. $CH_3HgCl$, beim Bromieren *3.4-Dibromphenol*. — *3-Methylmercuri-2.4.6-tribrom-1-oxybenzol*, F. 120—121°; aus **I** oder **II** u. 2.4.6-Tribromphenol; 0,48 g. — *x-Bis-[methylmercuri]-1.3-dioxybenzol*, aus **I** oder **II** u. Resorcin; hellrosafarbenes, unschmelzbares Prod.; 0,1 g. — *x-Methylmercuri-4-chlor-1-oxybenzol*, F. 116—118°; aus **I** u. p-Chlorphenol; 0,12 g. — *x-Methylmercuri-2.4-dichlor-1-oxybenzol*, F. 108—109°; aus **I** u. 2.4-Dichlorphenol; 0,14 g. — *x-Methylmercuri-4-methyl-1-oxybenzol*, F. 124—126°; aus **I** oder **II** u. p-Kresol; 0,2 g. — *x-Methylmercuri-1-oxybenzol*, F. 109—110° (Bzl.); aus **I** u. Phenol; hellgelbe Kristalle; 0,12 g. — Rkk. von **III** mit Phenolen. Einwaage 0,3 g **III** u. 0,3 g des Phenols; 3—6 Std. im Rohr bei 100 u. 130°; bei allen Verss. entsteht *Naphthalin*. — *x-Bis-[phenylmercuri]-4-nitro-1-oxybenzol*, gelbe Kristalle, unlösl. u. unschmelzbar bis 250°; 0,14 g. — *3-Phenylmercuri-2.4.6-trinitro-1-oxybenzol*, F. 157° (Zers.); aus A. gelbe Kristalle; 0,12 g. — *2.6-Bis-[phenylmercuri]-4-brom-1-oxybenzol*; unlösl. u. unschmelzbar; 0,26 g. Alkoh. HCl spaltet unter Bldg. von *p-Bromphenol* u. *Phenylmercurichlorid*. $Br_2$ in KBr-Lsg. gibt *2.4.6-Tribromphenol*. — *3-Phenylmercuri-2.4.6-tribromphenol*, F. 174—175° (Zers.); hellrosafarbenes Kristallpulver; 0,16 g. — *x-Bis-[phenylmercuri]-1.3-dioxybenzol*, F. 132° (Zers.); aus **III** u. Resorcin; braunrote Kristalle; 0,05 g. In A. (3 Std. bei 130°) werden 0,025 g dieser Verb. u. 0,055 g *x-Tris-[phenylmercuri]-1.3-dioxybenzol*, dunkelbraune, unlösl. u. unschmelzbare Kristalle, erhalten. (Журнал Общей Химии [J. allg. Chem.] **23** (**85**). 2023—27. Dez. 1953. Leningrad, Physikal.-Techn. Inst. der Akad. der Wiss. der UdSSR u. Päd. Med. Inst.) R. KNOBLOCH. 290

**Werner Fischer** und **Karl Ernst Niemann**, *Über die Gewinnung von reinem Yttriumoxyd.* Aus 661 g von 98,3%ig. $Y_2O_3$ gelang es, durch Kombination von multiplikativer Verteilung in gesätt. wss. $LiNO_3$-Lsg./n-Pentanon (2) (→ 467 g; 99,5%ig), fraktionierter $NH_3$- u. $CO_3^{2-}$-Fällung (→ 208 g; $99,8_5$%ig; röntgenspektralrein) sowie chromatograph. Adsorption an $\gamma$-$Al_2O_3$ (→ 61 g; $99,97_5$%ig; opt spektralrein) u. fortgesetzter Adsorption an $Al_2O_3$ 1,2 g (aus 16 g der vorhergehenden Reinigungsstufe) eines 99,998%ig., reinen $Y_2O_3$ zu gewinnen. Dieses $Y_2O_3$ ist mit $\chi_g = -0{,}197 \cdot 10^{-6}$ diamagnet., während alle früheren Bearbeiter (bis auf BOMMER, Z. Elektrochem. angew. physik. Chem. **45.** [1939.] 357; $\chi_g$ extrapoliert $= -0{,}16 \cdot 10^{-6}$) das $Y_2O_3$ als paramagnet. ansahen; in jenen Präpp. müssen 0,15—0,35 Gew.-% paramagnet. Verunreinigungen vorgelegen haben. Die verwendete Anlage für die magnet. Messung gestattete es, die hartnäckigsten Begleiter des Y um eine Zehnerpotenz empfindlicher nachzuweisen als die Spektralanalyse. Aus $\chi_{Mol} = -44{,}5 \cdot 10^{-6}$ u. dem $Y^{3+}$-Inkrement $-12 \cdot 10^{-6}$ ergibt sich das $O^{2-}$-Inkrement zu $-7 \cdot 10^{-6}$. (Z. anorg. allg. Chem. **283.** 96—110. Jan. 1956. Hannover, TH, Inst. für anorg. Chem.) U. WANNAGAT. 300

**Takeshi Kojima** und **Masao Sato,** *Metallurgische Forschung über Cermetall.* 11. Mitt. *Anwendung: Über die Reduktion der geschmolzenen eutektischen Mischung $RCl_3 \cdot 2KCl$–$KCl$ mit Calcium.* (10. vgl. J. electrochem. Soc. Japan **22.** [1954.] 303.) Die Gleichgewichtskonstanten $K_c$ der Rkk. $RCl_3 + 3Me = 3MeCl + R$ u. $RCl_3 + {}^3/_2Me = {}^3/_2MeCl_2 + R$, durch die das Chlorid einer Seltenen Erde $RCl_3$ mit einem Alkali- oder Erdalkalimetall red. wird, wurden aus den Gleichungen $\Delta E = E_{MeCl} = (RT/3F) \ln K_c^I$ u. $\Delta E = E_{MeCl_2} - E_{RCl_3} = (RT/3F) \ln K_c^{II}$ ermittelt. Darin bedeuten die E-Werte die Zersetzungsspannungen der entsprechenden Chloride. Vergleiche der so errechneten $K_c$-Werte ergaben, daß Ca ein geeignetes Reduktionsmittel für die geschmolzene eutekt. Mischung von $RCl_3 \cdot 2KCl$ u. KCl darstellt. Bei Verss. im halbtechn. Maßstab wurde eine verhältnismäßig hohe Ausbeute des Mischmetalls erzielt. (J. electrochem. Soc. Japan **22.** 366—70. Juli 1954. Tokyo, Inst. of Technol., Chem. Res. Labor. of Nat. Resources, Res. Labor. of Building Materials. [Orig.: japan., Auszug: engl.]) D. BREDTSCHNEIDER. 304

**N. M. Turkewitsch,** *Lösliche Wismutverbindungen.* 7. Mitt. *Verbindungen des Wismuts mit Weinsäure, ihre sauren Eigenschaften und polymere Struktur.* (6. vgl. Украинский Химический Журнал [Ukrain. chem. J.] **18.** [1952.] 371; vgl. auch C. **1954.** 9576.) Vf. entwickelt eine Meth. zur Best. der Polymerisierbarkeit unlösl. Bi-Verbb. durch therm. Behandlung derselben u. Analyse der erhaltenen Produkte. Nach dieser Meth. wurde *Acetyldiwismuttartrat* (I) als tetramer erkannt. Vf. stellte ferner die polymere Struktur der *Tartrowismutoweinsäure* (II)

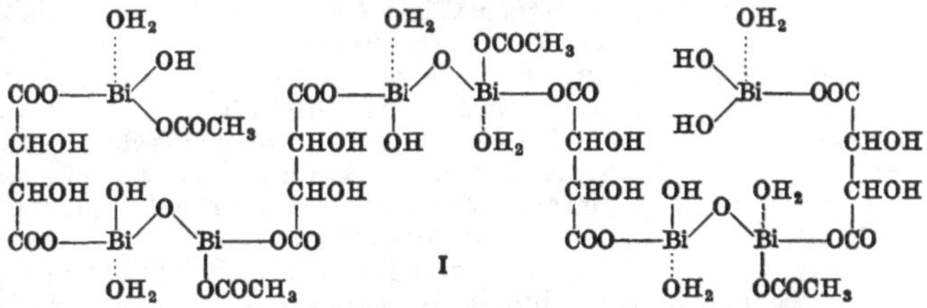

I

u. die Zugehörigkeit der *Ammoniumsalze des Wismuttartrate* (III) zu Polyhydroxoverbb. fest. Die Salze anhydratisieren leicht unter Bldg. von in W. schwer lösl. Ammoniakaten.

V e r s u c h e: **I** ($C_{24}H_{50}O_{49}Bi_8$) durch Lsg. von frischgefälltem Wismutoxyd in Gemisch von Essigsäure u. Milchsäure u. Zugabe von 50%ig. Weinsäurelsg., Nd. kristallin. **I** frisch gefällt lösl. in 10% NaOH, unlösl. in 25%ig. $NH_3$-Lösung. — **II** ($C_{16}H_{18} \cdot O_2Bi_2$) durch Kochen von **I** in 50%ig. Weinsäurelsg. am Rückfluß. Bldg. einer kristallinen M., die 1 Std. mit W. gekocht wird; kristallin, gut lösl. in alkal. u. ammoniakal.Lsgg., beständig beim Kochen. — **III** ($C_8H_{18}O_{12}N_3Bi$), a) durch Verdunsten einer Mischung von **II** u. 25%ig. $NH_3$ bei Zimmertemp., nach 18 Std. kristallin schwer lösl. in Wasser. — b) Analog a) aus Wismutnitrotartrat u. 25%ig. $NH_3$-Lsg., a) u. b) sind identisch. — c) ($C_4H_{10}O_9N_3Bi$), Bldg. nach 48 Std. bei Zimmertemp. aus Bi-Nitratotartrat durch Verdunsten. Unlösl. in W., kristallin. (Украинский Химический Журнал [Ukrain. chem. J.] **19.** 276—81. 1953. Lemberg, Staatl. Med. Inst.) CH. WEISKE. 334

**A. Küntzel, H. Erdmann** und **H. Spahrkäs,** *Untersuchungen über die Entstehung einfacher, maskierter Chromkomplexe.* 6. Mitt. *Über die Konstitution organisch maskierter Chromverbindungen (Chromformiat,-acetat und -oxalat).* (5. vgl. C. **1956.** 3795.) Die Komplexbldg. in einfachen Cr-Salzlsgg. (0,1% Cr) beim Zusatz von Na-Formiat (I), -Acetat (II) u. -Oxalat (**III**; Zusätze 1—6 Äquivalent/Cr) wird auf Grund der im Laufe der Alterung auftretenden Farb-, Leitfähigkeits- u. $p_H$-Änderungen beschrieben. Man unterscheidet eine Primär-Rk. u. eine 1. u. 2. Phase der Sekundärreaktion. Die Primär-Rk. verläuft unter einem Farbwechsel von Violett (Hexaquo-Cr-Salze) nach Gelbgrün (bas. Cr-Salze) als schnell verlaufende Ionen-Rk. (Pufferung). Durch konduktometr. Alkalititrationen konnte bereits in der Primär-Rk. der Eintritt organ. Liganden in den Komplex festgestellt werden. Diese Acidokomplexe zeigen noch keine Alkaliresistenz u. werden daher über H-Brücken an die Aquokomplexe gebunden angenommen. Bei **III** kann diese Anlagerung von Acidoresten zu einer Vernetzung zu größeren Aggregaten führen. Die Sekundär-Rk. verläuft unter einem Farbwechsel von Gelbgrün nach Blauviolett (Acidokomplexe) im Laufe weniger Stunden unter starkem Leitfähigkeitsabfall. In dieser Phase liegen einkernige Cr-Komplexe mit 1, 2 oder 3 Acidoresten/Cr vor, die unter Wasseraustritt u. Chelatbindung als alkaliresistente Liganden in den Komplex eingetreten sind. Die 2. Phase der Sekundär-Rk. verläuft unter einem Farbwechsel von Violett nach Olivgrün (Acidohydroxokomplexe) im Laufe mehrerer Monate unter sehr geringem Leitfähigkeitsabfall u. unter gleichbleibender Besetzung mit Acidoresten. Die Komplexe dieser Phase sind mehrkernige Verbb. von größerer Stabilität als die vorausgegangenen. Diese Umwandlungsstufe wird nur durch langes Altern erreicht, u. zwar um so leichter, je mehr vernetzungsfähige Diacidokomplexe vorhanden sind. Das Kochen von Lsgg. der 1. Phase führt zu einkernigen Triacidokomplexen. Beim Abkühlen geben diese bis zur neuen Gleichgewichtseinstellung wieder Acidoreste ab u. altern dann ebenfalls zu Acidohydroxokomplexen, deren Konfiguration die gleiche ist wie die der bekannten grünen Trichromsalze. (Leder **4.** 73—82. April 1953. Darmstadt, TH, Inst. für Gerbereichem.) P. Stadler. 335

**Martin Linhard** und **Werner Berthold,** *Über Komplexverbindungen.* 20. Mitt. *Azidopentammin-Cr(III)-Salze und Triazidotriamminchrom,* $[Cr(NH_3)_5 \cdot N_3]X_2$ *und* $[Cr \cdot (NH_3)_3 \cdot (N_3)_3]$. (19. vgl. C. **1956.** 8023.) Aquopentammin-Cr(III)-Perchlorat, $[Cr(NH_3)_5 \cdot H_2O] \cdot (ClO_4)_3$, wird 1. durch Umsatz von kalter Chloropentammin-Cr(III)-Chloridsuspension mit $Ag_2O$ u. Fällen der Hydroxobase mit $HClO_4$ oder 2. durch Lösen von Chloropentammin-Cr(III)-Chlorid in heißer sehr verd. $HClO_4$ zum Aquokomplex u. Fällen mit starker $HClO_4$ hergestellt. Aus dieser bisher nicht beschriebenen Verb., die beständiger als andere Salze dieser Komplexreihe ist, werden durch Substitution von $H_2O$ durch $N_3^-$ erstmals Azidopentammin-Cr(III)-salze, $[Cr(NH_3)_5 \cdot N_3] \cdot X_2$, dargestellt. Das Chlorid, Bromid, Jodid u. Nitrat wird durch Fällung der rohen Reaktionslsg. von Aquopentammin-Cr(III)-perchlorat u. $NaN_3$ mit den entsprechenden Na-Salzen erhalten. Die Salze krist. wasserfrei u. variieren von Hochrot bis Tiefviolett in der Reihe mit den außerkomplexen Anionen $NO_3^-$, $Cl^-$, $Br^-$, $ClO_4^-$, $J^-$. Sie sind lichtempfindlich u. entstehen in größenordnungsmäßig schlechterer Ausbeute als die analogen Co-Salze u. sind instabiler als diese. Die Lichtabsorption der intensiv karminroten Lsgg. steht in übersichtlicher Beziehung zu jener der Azido-Co-Pentammine. Ähnliches gilt für die Abstufung der Löslichkeiten. Die $N_3$-Ionen sind ähnlich fest gebunden wie in den entsprechenden Co-Komplexen. Die Zers. der Lsgg. im Dunkeln u. schneller im Licht beruht in erster Linie auf Aquotisierung von $NH_3$-Liganden, die schließlich zur völligen Hydrolyse des Komplexes unter Abscheidung von $Cr(OH)_3$ führt. Triazidotriamminchrom, $[Cr(NH_3)_3 \cdot (N_3)_3]$, wird in guter Ausbeute durch längeres Erhitzen von Hexammin-Cr-Perchlorat in einer konz. Lsg. von $NaN_3$ u. $(NH_4)_2SO_4$ erhalten. Der in W., A. u. Ae. unlösl. Nichtelektrolyt bildet lichtbeständige olivfarbene, kurzprismat. Kristalle. $[Cr(NH_3)_5 \cdot N_3](ClO_4)_2$ u. $[Cr(NH_3)_3 \cdot (N_3)_3]$ detonieren bei hartem Schlag. Die Schlagempfindlichkeit ist jedoch viel geringer als bei den entsprechenden Co-Verbb., was in der mehr polaren Bindung von $N_3$ an Cr seine plausible Deutung findet. (Z. anorg. allg. Chem. **279.** 173—81. Juni 1955. Clausthal-Zellerfeld, Bergakad., Chem. Inst.)
W. Krönert. 335

**A. N. Nessmejanow, E. G. Perewalowa, R. W. Golownja** und **L. Ss. Schilowzewa,** *Arylferrocene und Ferrocenylamin.* (Vgl. C. **1955.** 2187.) Aus Ferrocen (**I**) u. p-Oxyphenyldiazoniumchlorid entsteht *p-Ferrocenylphenol* u. daraus durch Alkylierung mit Dimethylsulfat *p-Anisylferrocen.* Durch Red. von p-Nitrophenylferrocen mit Sn in HCl erhält man *p-Ferrocenylanilin.* Bei der Rk. von m-Nitrophenyldiazoniumchlorid mit I entsteht *m-Nitrophenylferrocen,* daraus durch Red. *m-Ferrocenylanilin. Ferrocenylamin* (**II**) wird bei der Umsetzung von Ferrocenyl-Li mit dem Benzyläther von Hydroxylamin in 25% Ausbeute erhalten.

V e r s u c h e: *p-Ferrocenylphenol,* $C_{16}H_{14}OFe$, F. 162,5—163° (PAe.); aus 12 g I u. p-Oxyphenyldiazoniumchlorid (aus 51,7 g p-Aminophenol); hellgelbe Substanz; (39% (Ausbeute). — *p-Anisylferrocen,* $C_{17}H_{16}OFe$, F. 109,5—110,5°); 76%. — *p-Ferrocenylanilin,* $C_{16}H_{15}NFe$, F. 159—160,5° (A.); gelbe, nadelförmige Kristalle; 96%. *Hydrochlorid* F. 165—170°. *N-Benzoylderiv.,* $C_{23}H_{19}ONFe$, F. 222—223° (A., Bzl.). *N-Acetylderiv.,* $C_{18}H_{17}ONF_2$, F. 300—302° (Zers.); hellgelbe, schuppenartige Kristalle. — *N-Acetylsulfanilyl-p-ferrocenylanilid,* $C_{32}H_{32}O_3N_2SFe$, F. (mit 1 Mol Xylol) 189,5—191° (Zers.); gelbe, nadelförmige Kristalle. — *N-Benzal-p-ferrocenylanilin,* $C_{23}H_{19}NFe$, F. 151 bis 152,5° (PAe.); gibt mit wasserfreier HCl dunkelviolettes *Hydrochlorid,* $C_{23}H_{20}NClFe$, Zers. bei 173—180°. — *m-Nitrophenylferrocen,* $C_{16}H_{13}O_2NFe$, F. 84—85°; hellrote Blättchen; 56%. — *m-Ferrocenylanilin,* $C_{16}H_{15}NFe$, F. 112—113,5°; 86%. *Benzalderiv.,* $C_{23}H_{16}NFe$, F. 145—146° (A.). — *Ferrocenylamin,* $C_{10}H_{11}NFe$, F. (in zugeschmolzener Capillare) 153—155°; aus Ferrocenyl-Li (aus Butyl-Li u. I) u. Hydroxylaminbenzyläther, in Ae. bei —18 bis —20°; 25%. *Hydrochlorid,* F. (ebenso) 176—178°. *N-Acetylderiv.,*

$C_{12}H_{13}ONFe$, F. (ebenso) 167—168° (Zers.). *N-Benzoylderiv.*, $C_{17}H_{15}ONFe$, F. (ebenso) 177—178° (Zers.). — Die Absorptionsspektren von m-Nitrophenylferrocen, p-Ferrocenylanilin u. seinen Derivv. sind angegeben. (Доклады Академии Наук СССР [Ber. Akad. Wiss. UdSSR] **102.** 535—38. 21/5. 1955. Moskau, Lomonossow-Univ.) R. K. MÜLLER. 354

**Fred Basolo, John C. Hayes** und **H. M. Neumann,** *Mechanismus der Racemisierung von Komplexionen.* 2. Mitt. *Kinetik der Dissoziation und Racemisierung von Tris-(1.10-phenanthrolin)-eisen(II)- und Tris-(2.2'-dipyridyl)-eisen(II)-komplexen.* (1. vgl. C. **1955.** 7878.) Vff. bestimmen die Geschwindigkeiten der Dissoziation u. Racemisierung von Tris-(1.10-phenanthrolin)-eisen(II)- u. Tris-(2.2'-dipyridyl)-eisen(II)-ionen (**I**). Da in jedem Falle die Racemisierungsgeschwindigkeit größer als die Dissoziationsgeschwindigkeit ist, wird angenommen, daß bei der Racemisierung ein intramol. Vorgang abläuft. Diese intramol. Umlagerung erfolgt ohne Öffnung des Chelatringes. Es wird jedoch für die säureabhängige Dissoziation u. Racemisierung von **I** auch ein Mechanismus aufgestellt, bei dem eine Fe–N-Bindung gelöst wird. (J. Amer. chem. Soc. **76.** 3807—09. 20/7. 1954. Evanston, Ill., Northwestern Univ., Dep. of Chem.) R. MATTNER. 354

**Eugene Staritzky,** *Kaliumsilberdicyanid,* $KAg(CN)_2$. $KAg(CN)_2$ wird durch Eindampfen einer wss. Lsg. von KCN u. AgCN bei Zimmertemp. erhalten. Die Kristalle gehören zur ditrigonal-pyramidalen Klasse des rhomboedr. Syst.; $\alpha = 67°31'$ bzw. das hexagonale Achsenverhältnis c:a = 2,0703. Um Übereinstimmung in der Orientierung der röntgenograph. Elementarzelle u. der morpholog. hexagonalen Achsen zu erzielen, werden diese durch die Matrix (2 1 0/$\bar{1}$ 1 0/0 0 2) transformiert; dann beträgt das Achsenverhältnis c:a = 2,390. Der Kristallhabitus ist sehr unterschiedlich. Es werden verschied. Kombinationen von {1 1 1} u. {$\bar{1}\,\bar{1}\,\bar{1}$} mit trigonalen Pyramiden {1 0 0}, {$\bar{1}$ 0 0}, {1 $\bar{2}\,\bar{2}$}, {$\bar{1}$ 2 2} u. dem trigonalen Prisma {2 $\bar{1}\,\bar{1}$} beobachtet. Polare Winkel sind (1 1 1) ∧ (1 0 0) = 67°18'; (1 0 0) ∧ (1 0 1) = 106°2' (berechnet 106° 3'). Aus der röntgenograph. Unters. ergibt sich die Raumgruppe P $\bar{3}$ c ($C_{3v}^4$); a = 7,40; c = 17,59 Å; Vol. der Elementarzelle 834 $Å^3$; Z = 6; röntgenograph. D. = 2,38; experimentelle D. = 2,376. Die einer Pulveraufnahme entnommenen Netzebenenabstände u. relativen Intensitäten werden angegeben. Die Kristalle sind opt. einachsig-positiv. Die Brechungsindices u. Mol.-Refr. der farblosen Kristalle werden für mehrere Wellenlängen bestimmt: $\lambda = 0,664\ \mu$ ($n_O$ 1,485; $n_E$ 1,599; geometr. Mittelwert von n = 1,522, R = 25,55); Na 0,5893 $\mu$ (1,4915; 1,6035; 1,5279; 25,79); Hg 0,5461 $\mu$ (1,4969; 1,6078; 1,5330; 26,00); Hg 0,4358 $\mu$ (1,5233; 1,6244; 1,5563; 26,93). (Analytic. Chem. **28.** 419—20. März 1956. Los Alamos, N. Mex., Univ. of California, Los Alamos Sci. Labor.) W. KRÖNERT. 359

**Eugene Staritzky** und **Finley H. Ellinger,** *Trikaliumsilbertetracyanid,* $K_3Ag(CN)_4$. (Vgl. vorst. Ref.) $K_3Ag(CN)_4$ wird durch Eindampfen einer wss. Lsg., die KCN u. AgCN im Mol-Verhältnis 3:1 enthält, bei Zimmertemp. dargestellt. Die Kristalle gehören zur trigonal-trapezoedr. Klasse des rhomboedr. Syst.; $\alpha = 74°7'$. Als Kristallhabitus treten Rhomboeder {1 1 0}, gelegentlich mit der Basis {1 1 1} auf. Der polare Winkel (1 1 0) ∧ (0 1 1) beträgt 76°55' u. der Winkel zwischen den Zonen [1 $\bar{1}$ 1] ∧ [1 $\bar{1}\,\bar{1}$] = 78°22'. Die röntgenograph. Unters. ergibt die Raumgruppe R 3 2 ($D_3^7$); es wird ein starker piezoelektr. Effekt beobachtet; a = 8,19 Å; $\alpha = 74,2°$; Vol. der Elementarzelle 497 $Å^3$; Z = 2; röntgenograph. D. = 2,20; experimentelle D. = 2,18. Die einer Pulveraufnahme entnommenen Netzebenenabstände u. relativen Intensitäten werden angegeben. Opt. Daten: Die Kristalle sind einachsig-negativ; Brechungsindices (5893 Å) $n_O$ 1,521; $n_E$ 1,516; geometr. Mittelwert $1,519_3$; R = 45,5 $cm^3$; farblos. (Analytic. Chem. **28.** 423. März 1956.) W. KRÖNERT. 359

**Eugene Staritzky** und **Finley H. Ellinger,** *Kaliumgolddicyanid,* $KAu(CN)_2$. (Vgl. vorst. Reff.) $KAu(CN)_2$ wird durch Eindampfen einer wss. Lsg., die KCN u. AuCN in äquimol. Verhältnis enthält, dargestellt. Die Kristalle gehören zur trigonal-pyramidalen Klasse des rhomboedr. Syst., $\alpha = 43°52'$. Als Kristallhabitus treten gewöhnlich pseudorhomboedr. Kombinationen der trigonalen Pyramiden {1 0 0} u. {0 0 $\bar{1}$} auf, oft auch mit {1 1 1} u. (oder) {$\bar{1}\,\bar{1}\,\bar{1}$}. Häufig werden auch nichtzentrosymm. Kombinationen von {1 0 0} u. {1 $\bar{2}\,\bar{2}$} beobachtet, ohne daß jedoch Piezoelektrizität feststellbar ist. Die polaren Winkel betragen (1 0 0) ∧ (0 1 0) = 114°46'; (1 0 0) ∧ (2 1 2) = 121°49' (berechnet 121°48'). Aus der Röntgenunters. ergibt sich: Raumgruppe R 3 ($C_3^4$); a = 9,74 Å; $\alpha = 43,9°$; Vol. der Elementarzelle 403 $Å^3$; Z = 3. Röntgenograph. D. = 3,56; experimentelle D. = 3,55. Die einer Pulveraufnahme entnommenen Netzebenenabstände u. relativen Intensitäten werden angegeben. Die Kristalle sind einachsig-positiv. Weitere opt. Daten werden für verschied. Wellenlängen angegeben: $\lambda = 0,664\ \mu$ ($n_O$ 1,588; $n_E$ 1,689; $n_O - n_E = 0,101$, $\lambda/(n_O - n_E) = 6,58$; R = $28,4_6$); Na 0,5893 $\mu$ (1,6005;

1,6943; 0,0938; 6,28; 28,$8_3$); Hg 0,5461 μ (1,6111; 1,6996; 0,0885; 6,17; 29,$1_6$); 0,470 μ (1,643; 1,713; 0,070; 6,72; 30,$0_8$); Hg 0,4358 μ (1,6672; 1,7219; 0,0547; 7,97; 30,$7_6$). Das starke Auftreten von anomalen Interferenzfarben an Kristallfragmenten wird diskutiert. (Analytic. Chem. **28.** 420. März 1956.) W. KRÖNERT. 360

---

**Gmelins,** Handbuch der anorganischen Chemie. Hrsg. vom Gmelin-Institut in Clausthal-Zellerfeld. Hauptred. E. PIETSCH. Mitarb. G. HANTKE u. a. 8., völlig neu bearb. Aufl. System-Nr. 28, Calcium. T. B. Lfg. 1. Technologie. Weinheim: Verl. Chemie. 1956. (VIII + 264 S. m. 28 Fig.) 4°. DM 147.—.

## $A_9$. Mineralogische und geologische Chemie.

**R. A. Warjuchina,** *Alkalische Metasomatose gemischter Gesteine halbmetallischer Vorkommen, die in Graniten gelegen sind.* Aus Unterss. über die mikroklinen u. albitisierten Granite sowie die serizitisierten, chloritisierten u. verquarzten Gesteine schließt Vf., daß Feldspatisierung u. Polymetallvererzung verschied. Stadien eines einheitlichen zeitlich ausgedehnten hydrothermalen Prozesses sind. Hierfür sprechen folgende Tatsachen: Die Sulfideinschlußzone deckt sich räumlich völlig mit der Feldspatisierungszone; die Abscheidung der bas. Feldspate erstreckt sich auf die gesamte Vererzungszeit. (Вестник Московского Университета, Серия Физико-Математических и Естественных Наук [Nachr. Moskauer Univ.] **10.** Nr. 3. [physik.-math. naturwiss. Ser.] Nr. 2. 145—50. März 1955.) OTTO MAIER. 378

**Tihamér Gedeon,** *Beiträge zur Geochemie des Vanadingehaltes von Bauxit.* Über die Art der Bindung des V im Bauxit ist nichts bekannt, wahrscheinlich besteht ein Zusammenhang mit den aus Sedimenten organ. Herkunft abgesonderten Porphyrinen. Bei der Tonerdeerzeugung nach BAYER' geht ein Teil des V in Lsg., der übrige bleibt im Rotschlamm. In der Dicklauge erscheint nach Verlauf einer Zeit die V-Salzablagerung, deren Menge von der Rösttemp. abhängig ist. Die aus bei niedriger Temp. geröstetem (120 bis 150°) Bauxit hergestellte Aluminatlauge ist wegen gelöster Humussäuren braun u. enthält wenig V, woraus eine Bindung des V im Bauxit mit einer harzigen organ. Substanz wahrscheinlich ist. Dahin weist auch der höhere V-Geh. von Aluminatlaugen, welche aus bei höherer Temp. geröstetem Bauxit stammt, wobei die organ. Substanzen zerstört wurden. (Kohászati Lapok **10 (88).** 229—31. Mai 1955.) J. PLANK. 378

**Henrich Neumann und Sverre Svinndal,** *Das Cyprin–Thulit-Vorkommen bei Øvstebø, nahe Kleppan in Sauland, Telemarken, Norwegen.* In Quarzporphyren u. Amphiboliten wurden bei Øvstebø kleinere Quarzlinsen gefunden, in denen folgende Mineralien anzutreffen sind: *Thulit, Epidot, Piemontit, Grossular, Cyprin, Fluorit,* wenig *Calcit.* Die Genese ist unklar. Chem. Analysen von Thulit, Grossular u. Cyprin werden angegeben. (Norsk geol. Tidsskr. **34.** 139—56. 1955.) W. BAUR. 380

**Kazimierz Smulikowski,** *Das Glaukonitproblem.* (Vgl. C. **1955.** 5980.) Es wird das Glaukonitproblem chem., kristallchem. u. mineralog. behandelt. Als allg. Formel wird angegeben: $R_yM_w[(OH)_2Si_{4-x}Al_xO_{10}]\cdot nH_2O$. Die einzelnen Glieder der Glaukonitgruppe unterscheiden sich in den Indices y, w, x. *Illit* u. *Pholidolith* sind bestimmte Glieder der Glimmergruppe: beim ersten ist $x \cong y < 1$, beim zweiten $x < y < 1$. Illit, Pholidolith, Al-Glaukonit u. typ. Glaukonit bilden eine kontinuierliche kristallchem. Reihe von Mineralien. Die Kristallstruktur des Glaukonits sollte ein Übergang zwischen echtem *Glimmer* u. *Montmorillonit* sein. Die chem. Zus. des Glaukonits hängt teilweise vom geolog. Alter u. vom Kalkgeh. des Sediments ab. Unter reinen marinen Bedingungen tritt folgende Reaktionsreihe auf: Illit → Pholidolith → Al-Glaukonit → typ. Glaukonit. Die Entw. in dieser Reihe wird zur Hauptsache durch die Sedimentationsbedingungen gelenkt. (Archiwum Mineralog. **18.** 21—120. 1954. Warschau, Univ., Dep. of Petrology.) J.-E. HILLER. 380

**Božidar D. Marjanović,** *Der Gehalt an Gold und Silber im serbischen Kupfervitriol.* Die Analyse von $CuSO_4$ aus „Blasen"-Cu aus dem Gebiet von Bor (Ostserbien) ergab 30—60 g Au u. 120—230 g Ag je Tonne. (Гласник Хемиског Друштва Београд [Ber. chem. Ges. Belgrad] **19.** 395—96. 1954. Belgrad, Münzinst., Chem. Labor.) A. v. WILPERT. 380

**Ilse Schäffler-Zozmann,** *Gefügeanalysen an Quarzfalten.* Genaue Gefügeanalyse von 3 Quarzphylliten. (Neues Jb. Mineralog., Abh. **87.** 321—50. März 1955. Innsbruck, Univ., Inst. für Mineral. Petrogr.) W. BAUR. 380

**Satyabrata Roy,** *Mögliche Nutzbarmachung der Lager von unreinem dolomitischem Kalkstein in der Nähe der Bagrakote-Kohlengruben.* Die in der Nähe der Bagrakote-Kohlengruben anstehende dolomit. Kalksteinbank zeigt zusammen mit dem darüber lagernden quarzit. Gestein eine in litholog. u. stratigraph. Hinsicht sehr große Übereinstimmung mit MALLETs Buxa-Serien. Der Kalkstein ist hart u. dicht, besitzt gutes Gefüge, einen hellen Schein u. läßt sich gut polieren. Er ist sehr kieselsäurereich u.

braust mit HCl nur schwach auf. Mkr. besteht er aus Quarz u. Kalkspat, der eingesprengt in der Quarzgrundmasse liegt. Die weiße u. beste Sorte enthält: 10,21 (%) unlösl. Bestandteile; 2,23 Fe- u. Al-Oxyd; 43,41 $CaCO_3$; 43,58 $MgCO_3$. Eine rosagefärbte Varietät enthält ca. 40% Ca- u. Mg-Carbonate zusammen. (Sci. and Cult. **17.** 518—19. Juni 1952. Sibpur, Howrah, Bengal Engng. Coll.) T. OPPERMANN. 385

**A. Volborth,** *Das Bor in den finnischen Pegmatiten.* Im Gegensatz zu den turmalin-, also borreichen Pegmatiten von Eräjärvi u. Pohjanmaa zeigen diejenigen der Insel Kemiö, die vermutlich dem Mikroklingranit von Perniö entstammen, im allg. einen Mangel an Bor. Sie führen nur dort häufig Turmalin, wo sie Leptite, Leptitgneise, geschieferte Quarzdiorite u. Oligoklasgranite durchdrungen haben, also Gesteine, die entweder aus ehemaligen marinen Sedimenten hervorgegangen oder die vulkanogenen Ursprungs sind. Die Restlsgg. haben somit den in einigen Fällen auch nachgewiesenen Borgeh. der Schiefer mobilisiert. Die Tatsache, daß palingene Magmen durch die Assimilation mariner Sedimente bes. borreich werden, erklärt, daß die Pegmatite der finn. Migmatite oft reichlich Turmalin führen, obwohl sie sonst äußerst arm an typ. Spurenelementen sind. Auf Grund seiner Beobachtungen an 900 finn. Pegmatiten erscheint Vf. die juvenile Herkunft großer Bormengen in den Residuallsgg. unwahrscheinlich. (Tschermaks mineralog. petrogr. Mitt. [3] **5.** 252—59. 1955. Wien, Univ., Mineral. Inst.) P. NEY. 385

**A. G. Lowndes,** *Der Wolf-Phonolitfels. Seine Verwendung zum Nachweis von Tiefenwasserströmung im englischen Kanal.* Der WOLF-Phonolitfels ist das einzige Phonolitvork. an der engl. Küste. Er enthält in großen Kristallen Nosean u. Sanidin mit Noseaneinschlüssen. Da Nosean im Seewasser schnell, der Sanidin dagegen nur sehr langsam verwittert, kann man aus dem Auftreten von Sanidin mit Noseaneinschlüssen in Seesedimenten einen Rückschluß auf Tiefwasserströmungen ziehen. Solche Sanidine mit Einschlüssen wurden bisher bis zu einer Entfernung von 57 Seemeilen östlich des obigen Phonolitfelsens gefunden, wodurch eine Tiefwasserströmung einwandfrei, auch richtungsmäßig, festgestellt ist. (Sci. Progr. **43.** 434—45. Juli 1955. Plymouth.) C. GOTTFRIED. 385

**Taivo Laevastu** und **Otto Mellis,** *Extraterrestrisches Material in Tiefseelagern.* Schwarze kosm. Kügelchen wurden aus einem langen Sedimentkern gewonnen, der aus einer Tiefe von 5000 m im äquatorialen Pazifik stammte. Ihre Größe u. Massenverteilung entsprechen theoret. Werten. Aus der Mengenbest. u. der vermutlichen Sedimentationsgeschwindigkeit in dieser Gegend wird geschlossen, daß ca. 125 t schwarze kosm. Kügelchen im Jahre die Erde erreichen. Die Analyse ergab in diesem Sedimentkern 0,056% NiO u. 6,21% $Fe_2O_3$. Diese Werte sind zu groß, als daß sie nur von den Kügelchen stammen konnten. Ein Teil des Ni u. Fe scheint aus dem Seewasser ausgefällt zu sein. Die geochem. Zirkulationszeit von Ni u. Fe im Seewasser wurde auf 2200 bzw. 280 Jahre geschätzt. (Trans. Amer. geophysic. Union **36.** 385—89. Juni 1955. Washington, D. C., Univ., Dep. of Oceanography; Stockholm, Univ., Inst. of Mineral.) J.-E. HILLER. 388

**Egon Pohl** und **Johanna Pohl-Rüling,** *Radioaktive Luftmessungen im Raum von Badgastein und Böckstein.* Eine Reihe von Luftproben aus dem Raume von Badgastein u. Böckstein wurden auf ihren Geh. an *Radiumemanation* untersucht. Es wurde die Luft im Freien, in Aufenthalts- u. Kurräumen sowie in einigen Bergwerksstollen der Umgebung gemessen. Bes. bemerkenswert war der hohe mittlere Rn-Geh. der Freiluft in Böckstein mit $2{,}1 \cdot 10^{-12}$ C/Liter. Der höchste Wert wurde im Pochkar-Unterbaustollen mit $11 \cdot 10^{-9}$ C/Liter gefunden. (S.-B. österr. Akad. Wiss., math.-naturwiss. Kl., Abt. II **163.** 147—65. 1954. Gastein, Forschungsinst. der Österr. Akad. der Wiss., Innsbruck, Univ., Physikal. Inst.) C. GOTTFRIED. 396

W. R. Schoeller and A. R. Powell, The analysis of minerals and ores of the rarer elements. 3rd ed., extensively rev. New York: Hafner Pub. Co. 1955. (408 S.) 8°. $ 9,75.

## B. Allgemeine und theoretische organische Chemie.

**W. F. Lawruschin, D. N. Kurssanow** und **W. N. Ssetkina,** *Über die Umsetzung von gesättigten Kohlenwasserstoffen mit Schwefelsäure.* Es werden die Absorptionsspektren von Lsgg. aufgenommen, die aus je 1 ml *3.5-Dimethylheptan* (**I**) oder *Methylcyclohexan* (**II**) u. 10 ml konz. $H_2SO_4$ durch 12std. Schütteln bei Zimmertemp. erhalten werden. Die Lsgg. sind rotorange gefärbt u. fluorescieren im UV hellgrün. Die Absorptionsspektren zeigen jeweils 2 Maxima bei 2930 u. 2270 Å (für **I**) bzw. 2950 u. 2300 Å (für **II**). Verd. man diese Lsgg. mit A., so werden die Maxima zum kurzwelligen Teil des Spektr. verschoben. Die Absorptionskurven der Lsgg. sind der von *Trimethylcarbinol* (**III**) in $H_2SO_4$ analog. Bei der Rk. von **III** mit $H_2SO_4$ entsteht ein Carboniumsalz nach $(CH_3)_3 \cdot COH + 2H_2SO_4 \rightleftharpoons (CH_3)_3C^+ + 2HSO_4^- + H_3O^+$, dessen Kation die Färbung bedingt (vgl. C. **1955.** 4306). Es wird angenommen, daß bei der Rk. von **I** bzw. **II** mit $H_2SO_4$ ebenfalls ein Carboniumsalz entsteht: $-\overset{|}{\underset{|}{C}}H + 2H_2SO_4 \rightarrow -\overset{|}{\underset{|}{C}}{}^+ + HSO_4^- + SO_2 + 2H_2O$. Es wird somit die früher gemachte Annahme gestützt (vgl. Ssetkina, C. **1953.** 3055), daß bei der Einw. von $D_2SO_4$ auf gesätt. KW-stoffe mit tert. C-Atom in der ersten Stufe des Wasserstoffaustausches Carboniumionen entstehen. (Доклады Академии Наук СССР [Ber. Akad. Wiss. UdSSR] [N. S.] **97.** 265—66. 11/7. 1954. Charkow, Gorki-Univ.) G. Froelich. B 118

**Akira Kotera, Shuzo Shibata** und **Kôzô Sone,** *Die Dipolmomente und nahen UV-Spektren einiger Verbindungen, welche die CONH-Gruppe enthalten.* Vff. messen die Dipolmomente von 7 aromat. Amiden der allg. Formel $C_6H_5(CH_2)_mNHCO(CH_2)_nC_6H_5$ in Dioxan bei 20 u. 40°. Im Durchschnitt liegen die Werte für $\mu$ bei 3,9 D u. nehmen mit steigenden Werten für m zu, mit steigenden Werten für n ab. Aus dem Wert für $\mu$ ergibt sich nach Vff. die trans-Form für die CONH-Gruppe; dies ist im Einklang mit Röntgen- u. Elektronenbeugungsunterss. anderer Autoren (die cis-Form ist wegen der ster. Abstoßung zwischen den Substituenten, die verdrillte Form, wie aus den UV-Spektren hervorgeht, vgl. unten, auszuschließen). Die Differenz von 0,6 D zwischen beobachtetem u. berechnetem Dipolmoment für die trans-Form wird auf den beträchtlichen Beitrag (ca. 14%) der polaren Resonanzstruktur $\genfrac{}{}{0pt}{}{R}{H}\!\!>\!\overset{+}{N}=C\!<\!\genfrac{}{}{0pt}{}{O^-}{R'}$ zum Grundzustand zurückgeführt (durch eine M.O.-Behandlung des CONH-Syst. bestätigt). — In bezug auf die UV-Maxima wird festgestellt, daß sie alle der allg. Regel folgen, wonach zwei durch eine oder mehr „Isolator"-$CH_2$-Gruppen getrennte Chromophore ihre charakterist. Absorption unabhängig voneinander zeigen. Bei Benzanilid (**I**) können die drei Chromophore frei in Wechselwrkg. treten; die Absorption wird also von einem polyenartigen Chromophorsyst., bestehend aus allen drei Chromophoren, hervorgerufen. Der starke bathochrome Effekt der Absorptionsbande von **I**, zusammen mit ihrer starken Intensität u. Breite im Gegensatz zu der Absorption der getrennten Chromophore, beweist vorst. Regel u. zeigt ferner, daß die CONH-Gruppe nicht rechtwinklig verdrillt sein kann. — Einzelergebnisse: *Benzanilid* (**I**), F. 162°, $\mu_{20°}$ 3,83, $\mu_{40°}$ 3,83, $\lambda_{max}$ 270 m$\mu$, log $\varepsilon$ = 4,1 (nachst. in gleicher Anordnung); *Phenylacetanilid*, F. 116,5°, 3,77, 3,77, 276, 3,1; *Phenylpropionanilid*, F. 97°, 3,62, 3,66, —, —; *Benzbenzylamid*, F. 104°, 3,93, 3,90, 273, 2,9; *Phenylacetbenzylamid*, F. 121,5°, 3,90, 3,93, 260, 2,57; *Phenylpropionbenzylamid*, F. 85°, 3,73, 3,77, —, —; *Phenylacetphenäthylamid*, F. 95°, 3,99, 4,06, 260, 2,57. (J. Amer. chem. Soc. **77.** 6183—86. 5/12. 1955. Nagoya, Japan, Univ., Fac. of Sci., Dep. of Chem.) G. Winkler. B 118

**J. H. Rush** und **H. Sponer,** *Absorptionsuntersuchungen der Dämpfe der drei isomeren Picoline im nahen Ultraviolett.* (Vorl. Mitt. vgl. C. **1954.** 7612.) Aus den Absorptionsspektren von *α-*, *β-* u. *γ-Picolin* im nahen UV ist ersichtlich, daß 2 Elektronenübergänge nahe 35500 u. 38500 $cm^{-1}$ auftreten. Der erste Übergang wird als ein erlaubter $A_1$–$B_2$-Übergang gedeutet, der von der Anregung eines $sp^2$-nichtbindenden Elektrons des N-Atoms in die erste nichtgefüllte $\pi$-Bahn des Ringes herrührt. Der zweite Übergang wird als ein erlaubter $A_1$–$B_1$-Übergang angesehen, der von der Anregung eines $\pi$-Ringelektrons herrührt. Das $A_1$–$B_2$-Syst. hat enge kopflose Banden ähnlich den ersten Absorptionsbanden des Pyridins; es besitzt eine geringe Intensität, die dem verbotenen $A_{1g}$–$B_{2u}$-Übergang im Bzl. vergleichbar ist. Das $A_1$–$B_1$-Syst. ist intensiver u. besteht aus breiten diffusen Banden. (J. chem. Physics **20.** 1847—62. Dez. 1952. Durham, N. C., Duke Univ., Dep. of Phys.) C. Gottfried. B 118

**D. H. Whiffen,** *Kraftfeld, Schwingungsfrequenzen, Normalkoordinaten, Infrarot- und Raman-Intensitäten von Benzol.* Für *Bzl.* wird ein quadrat. Kraftfeld mit 26 Konstanten gewählt u. diskutiert. Mit diesem werden sämtliche Schwingungsfrequenzen von $C_6H_6$, $C_6H_5D$, *o-*, *m-* u. *p-*$C_6H_4D_2$, *symm.-* u. *vic.-*$C_6H_3D_3$, *p-*$C_6H_2D_4$ u. $C_6D_6$ berechnet, wobei gute Übereinstimmung (Abweichungen < 2%) mit den experimentellen Daten von Herzfeld u. Mitarbeitern (J. chem. Soc. [London] **1946.** 316 u. früher) erzielt wurde. Vier abgeleitete Dipolmomentparameter u. 10 Polarisierbarkeitsparameter werden eingeführt, um die Infrarot- bzw. Raman-Intensitäten u. Depolarisationsgrade befriedigend beschreiben zu können. Diskutiert wird ferner eine andere Zuordnung der $B_{2u}$-Klasse von Mair u. Hornig (J. chem. Physics **17.** [1949.] 1236). (Philos. Trans. Roy. Soc. London, Ser. A **248.** 131—54. 14/7. 1955. Birmingham, Univ., Chem. Dep.) B. Gnauck. B 120

**Hans Musso,** *Infrarotspektren und Wasserstoffbrücken einiger kristallwasserhaltiger Oxybenzoesäuren und ihrer Kaliumsalze.* Die Infrarotspektren der wasserfreien Verbb. *Orcin* (**I**; *3.5-Dioxytoluol*), *β-* (**II**) u. *γ-Resorcylsäure* (**III**; *2.4-* u. *2.6-Dioxybenzoesäure*) u.

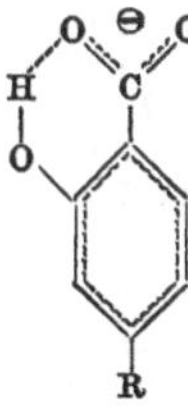

A

*Paraorsellinsäure* (**IV**; *2.6-Dioxy-4-methylbenzoesäure*) unterscheiden sich von den Spektren ihrer *Hydrate* nicht nur bei 3 u. 6 μ, sondern auch oberhalb von 6 μ. In den Anionen von *Salicylsäure* (**V**), **III** u. **IV** bilden die Oxygruppen so starke, kurze intramol. H-Brücken aus, daß im üblichen Frequenzbereich keine OH-Banden auftreten. Die für organ. Säuren extrem hohe Acidität von **III** u. **IV** ($K = 5{,}0 \cdot 10^{-2}$ bzw. $4{,}1 \cdot 10^{-2}$) wird offenbar durch die Tendenz zur Ausbldg. eines vollkommen ebenen u. symm. energiearmen Anions **A** hervorgerufen. Das Anion von **II** ($K = 5{,}0 \cdot 10^{-4}$) zeigt eine deutliche Absorption von 3,0—4,5 μ, was auf eine längere H-Brücke zwischen o-OH-Gruppe u. Carboxyl–Sauerstoff hinweist. Die Infrarotspektren von **I**, **I**·$H_2O$, **IV** u. **IV**·$H_2O$ von 2—15 μ sowie Teilspektren der K-Salze von **II**, **III**, **IV** u. **V** werden graph. dargestellt. (Chem. Ber. **88**. 1915—21. 1955. Göttingen, Univ., Organ.-Chem. Inst.) U. JOHN. B 120

**Helmuth Kainer** und **Walter Otting**, *Infrarotspektroskopische Unterscheidung schwach-polarer und ionarer Molekelverbindungen.* Die Infrarotspektren von *Benzidin* (**I**), *1.3.5-Trinitrobenzol* (**II**), *Dimethylanilin* (**III**), *Chloranil* (**IV**), *N.N.N'.N'-Tetramethyl-p-phenylendiamin* (**V**), *Dichlordibromchinon* (**VI**), *Bromanil* (**VII**), *Jodanil* (**VIII**) u. *Wursters-Blau-Perchlorat* (**IX**) sowie von den schwach polaren Mol.-Verbb.: **I–II**, **III–IV** u. ionaren Mol.-Verbb.: **V–IV**, **V–VI**, **V–VII**, **V–VIII** werden graph. dargestellt. Die Spektren der schwach-polaren Verbb. können, abgesehen von den NH-Banden, in guter Näherung als Überlagerung der Spektren der beiden Komponenten aufgefaßt werden. Dies ist bei den ionaren Mol.-Verbb. nicht möglich; die Banden der Anionenkomponente werden in den ionaren Mol.-Verbb. bis zu 150 $cm^{-1}$ nach längeren Wellen verschoben. Bei der Kationkomponente treten geringe Änderungen auf, die Unterschiede zwischen **V** u. seinen Mol.-Verbb. entsprechen denen zwischen **V** u. **IX**. Die Banden der ionaren Verbb. bei 1 μ werden durch Elektronensprünge hervorgerufen. — Die infrarotspektroskop. Unters. bietet danach eine einfache Möglichkeit zur Unterscheidung schwach-polarer u. ionarer Mol.-Verbb., die Ergebnisse stimmen mit denen auf magnet. Wege erhaltenen überein. (Chem. Ber. **88**. 1921—31. 1955. Heidelberg, Max-Planck-Inst. für Med. Forsch., Inst. für Chem.) U. JOHN. B 120

**Reinhard Mecke** und **Hilmar Spiesecke**, *Die Infrarot- und Raman-Spektren hochsymmetrischer Moleküle mit Urotropinstruktur.* Auf Grund der Infrarot- u. RAMAN-Spektren des *Urotropins* (**I**) u. des *Tetramethylhexathiaadamantans* (**II**) werden Schwingungsanalysen durchgeführt. Für das Infrarotspektr. von *Adamantan* (**III**) werden Zuordnungen angegeben. Die Symmetrie $T_d$ der untersuchten Verbb. bedingt, daß trotz der großen Atomzahl recht übersichtliche Spektren auftreten, da viele Schwingungen im Mol. zusammenfallen oder nicht auftreten können. — Graph. Darst. der Infrarotspektren von **I**, **II** u. **III**. (Chem. Ber. **88**. 1997—2002. 1955. Freiburg/Br., Univ., Physik.-Chem. Inst.) U. JOHN. B 120

**Gunnar Erlandsson**, *Ein Mikrowellenspektrometer und seine Anwendungen auf einige organische Moleküle.* Vf. beschreibt zunächst sehr ausführlich ein neu konstruiertes STARK-moduliertes Mikrowellenspektrometer für den Wellenlängenbereich von 1—2 cm. Mit diesem Spektrometer wurden die Spektren von $C_6H_5F$ (**I**), $C_6H_5Cl$ (**II**), *Benzonitril* (**III**), *Cyclopentanon* (**IV**) u. *Cyclopentenoxyd* (**V**) untersucht. Die Spektren der ersten 3 Verbb. konnten als reine Rotationsspektren von starren asymm. Rotoren gedeutet werden: Die kleinsten Trägheitsmomente $I_a$ waren in allen 3 Verbb. nahezu gleich, woraus geschlossen werden kann, daß der Benzolring durch die Substitutionen kaum gestört wird. Für **I** sind Trägheitsmoment $I_a = 89{,}23$; $I_b = 196{,}65$; $I_c = 285{,}92$; die Rotationskonstanten $A = 5{,}72$; $B = 2{,}57$; $C = 1{,}77$ kMHz u. die Entfernungen $C—C = 1{,}40 \pm 0{,}01$ Å; $C—H = 1{,}04 \pm 0{,}05$ Å u. $C—F = 1{,}31 \pm 0{,}03$ Å. Für **II** ist für $^{35}Cl$ $I_a = 89{,}2$; $I_b = 320{,}5$; $I_c = 409{,}9$ u. für $^{37}Cl$ 89,2; 329,9 u. 419,0; $A = 5{,}667 \pm 0{,}010$; $B = 1{,}5770 \pm 0{,}0005$; $C = 1{,}2333 \pm 0{,}0005$ kMHz. Für **III** ist $I_a = 89{,}40$; $I_b = 327{,}0$; $I_c = 416{,}2$; $A = 5{,}654$; $B = 1{,}546$; $C = 1{,}2145$ kMHz. Für **IV** ist $I_a = 76{,}369$; $I_b = 150{,}85$; $I_c = 209{,}75$; $A = 6{,}6189$; $B = 3{,}3508$; $C = 2{,}4099$ kMHz. Der Unterschied $I_a + I_b - I_c$ mit 17,47 ist sicher zu groß, um durch die H-Atome allein verursacht zu werden; es muß daher angenommen werden, daß der C-Ring nicht eben ist. Es ist wahrscheinlich, daß die CO-Gruppe u. die beiden angrenzenden C-Atome in einer Ebene liegen u. daß die beiden anderen C-Atome nach verschied. Seiten aus dieser Ebene verschoben sind; die Größe dieser Verschiebung wird auf 0,2 Å geschätzt. Für **V** ist $I_a = 88{,}55$; $I_b = 111{,}33$; $I_c = 155{,}60$; $A = 5{,}7086$; $B = 4{,}5405$ u. $C = 3{,}2486$ kMHz. Unter der Annahme, daß das Mol. aus einem ebenen regulären Fünfeckring von C-Atomen besteht, mit den H-Atomen in radialen Ebenen u. mit dem O-Atom in einer Symmetrieebene sowie dem Abstand $C—H = 1{,}08$ Å, erhält man die Abstände $C—C = 1{,}52$ Å

u. C—O = 1,47 Å. Der Winkel zwischen dem COC-Dreick u. dem C-Ring beträgt 98°. (Ark. Fysik **9.** Nr. 28. 399—434. 1955.) C. GOTTFRIED. B 121

**R. S. Cahn** und **C. K. Ingold,** *Zuordnung der Konfiguration an vierwertigen asymmetrischen Atomen.* Vff. schlagen eine Festlegung der Konfigurationszuordnungen bei opt.-akt. Moll., deren Dissymmetrie auf der Asymmetrie 4wertiger Atome beruht, vor. Die aufgestellte Regel legt die Konfiguration an jedem asymm. Atom fest. Als Standardverb. dient Glycerinaldehyd (I). Dasjenige Modell, bei dem die Gruppen OH, CHO, $CH_2OH$ im Uhrzeigersinn angeordnet sind, wenn man das Modell von der dem H-Atom gegenüberliegenden Seite betrachtet, wird der rechtsdrehenden Form zugeordnet u. erhält die Konfigurationsbezeichnung D; das andere Isomere das Symbol L. Die Regel schreibt nun vor, daß die Atome, die sich direkt an einem asymm. Atom befinden, in der Reihenfolge abnehmender Atomzahl angeordnet werden. Haben zwei oder mehrere dieser Atome die gleiche Atomzahl, werden die übrigen Atome der berührenden Gruppen in die Betrachtung eingeschlossen, bis eine Entscheidung über die Reihenfolge erzielt werden kann. Die richtige Folge in I lautet demnach OH, CHO, $CH_2OH$, H. Für jedes beliebige asymm. Atom kann nach Ordnung der Gruppen in eine Reihe $\alpha\beta\gamma\delta$ $\alpha$ in Beziehung gesetzt werden zur OH-, $\beta$ zur CHO-, $\gamma$ zur $CH_2OH$-Gruppe u. $\delta$ zum H-Atom des **I**. Die gemachte Annahme der Zuordnung einer bestimmten Konfiguration mit dem Symbol D bzw. L für die Modelle von **I** wird auf das beliebige asymm. Atom übertragen. Je nachdem, ob $\alpha\beta\gamma$ im Uhrzeiger- oder Gegenuhrzeigersinn angeordnet ist, betrachtet von der $\delta$ gegenüberliegenden Seite, wird das Symbol D oder L verwandt. Es wird verknüpft mit dem Namen des Substituenten am asymm. Atom oder demjenigen Teil des Namens, der das asymm. Atom einschließt, z. B. $\alpha$-L-Amino-$\beta$-D-oxybuttersäure oder $\delta$-L-Oxy-$\alpha$-L-lysin. Für die Anwendung der Regel werden zahlreiche Beispiele, bes. aus dem Gebiet der Kohlenhydrate u. Aminosäuren, angegeben. (J. chem. Soc. [London] **1951.** 612—22. Febr. London, Univ. Coll., William Ramsay and Ralph Forster Labor., u. The Chem. Soc.) J. KNAUL. B 123

**A. Streitwieser jr.** und **Tom R. Thomson,** *Optisches Drehvermögen von 2.4-Dimethyl-4-äthylheptan, einem Tetraalkylmethan.* Opt.-akt. Methyläthylisobutylacetylchlorid (**I**; 25% opt. Reinheit), wurde durch Behandeln mit $(C_2H_5)_2Cd$ in (—)-*2.4-Dimethyl-4-äthylheptanon-(5)* (**II**) übergeführt. Die Darst. eines Semicarbazons oder 2.4-Dinitrophenylhydrazons gelang infolge der ster. Hinderung bei **II** nicht. Eine modifizierte WOLFF-KISHNER-Red. von (—)-**II** in wasserfreier homogener Lsg., die auch für die Red. von anderen ster. gehinderten Ketonen geeignet ist, führte zu (—)-*2.4-Dimethyl-4-äthylheptan* (**III**). Der sehr geringe Drehwert von opt.-reinem **III**, $[M]_D$ $-0,05 \pm 0,03°$, entspricht dem nach der Meth. von THOMSON (C. **1954.** 8072) berechneten Wert. Rac. **III** wurde auf die gleiche Weise dargestellt. Die Infrarotspektren von (±)- u. (—)-**II** bzw. (±)- u. (—)-**III** sind identisch.

Versuche: *2.4-Dimethyl-4-äthylheptanon-(5)* (**II**), $C_{11}H_{22}O$, Kp. 199—202°, durch 4std. Kochen von **I** u. $(C_2H_5)_2Cd$ in Bzl., Zers. mit Eis u. HCl, $n_D^{25}$ 1,4347, $D.^{25}_4$ 0,8420; 89% (Ausbeute). (—)-**II**, Kp. 196—200°, aus (—)-**I** (25% opt.-akt., $\alpha_D^{25,5}$ $-4,38°$ [$l = 1$]); $n_D^{25}$ 1,4330; $\alpha_D^{22}$ $-4,58°$ ($l = 1$). — (—)-*2.4-Dimethyl-4-äthylheptan* (**III**), $C_{11}H_{24}$, Kp. 167—169°, durch 5std. Kochen von (—)-**II**, Decanol, KOH u. wasserfreiem Hydrazin; langsames Ansteigen der Badtemp. auf 235—240°; mehrmalige Dampfdest. des Reaktionsgemisches; Dest. über KOH; 33% (Ausbeute). Weitere Reinigung durch Schütteln mit kalter $H_2SO_4$; $n_D^{20}$ 1,4142; $D.^{25,5}_4$ 0,7297; $[\alpha]_D$ $-0,008°$. (±)-**III**, Kp. 168—170°, $n_D^{25}$ 1,4130, F. $-26,5°$. (J. Amer. chem. Soc. **77.** 3921—22. 20/7. 1955. Berkeley, Calif., Univ., Dep. of Chem. and Chem. Engng.) U. JOHN. B 123

**J. M. Bijvoet,** *Die Bestimmung der absoluten Konfiguration optisch-aktiver Verbindungen mit Hilfe der Röntgenstrahlenbeugung.* Vf. erörtert theoret. u. prakt. die Meth. der isomorphen Substitution bei der Best. von Kristallstrukturen. Mit Hilfe der Meth. konnte Vf. für das *Na–Rb-Tartrat* die absol. Konfiguration der *Weinsäure* bestimmen; danach hat die rechtsdrehende Säure die D-Struktur. (Ind. chim. belge **19.** 1302—08. Dez. 1954. Utrecht, Univ.) C. GOTTFRIED. B 123

**L. D'Or** und **Jacques Collin,** *Das Verhalten aliphatischer Nitrite unter der Wirkung von Elektronenbeschuß.* Die Massenanteile der verschied. Bruchstücke, die bei der Bombardierung folgender aliphat. Nitrite mit Elektronen entstehen, werden massenspektrograph. untersucht: *Methyl-* (**I**), *Äthyl-* (**II**), *n-Propyl-, Isopropyl-, n-Butyl-, Isobutyl-, sek.-Butyl-, tert.-Butyl-, Isoamyl-, sek.-Amyl-, tert.-Amylnitrit* sowie *monodeuteriertes* **I**. — Ferner werden die Anregungspotentiale einzelner Bruchstücke dieser Nitrite bestimmt u. die Dissoziationsenergien der Bindungen RO–NO (~27,7 kcal) u. R–ONO (~3,2 eV) sowie das Ionisationspotential des Radikals RO (16,7 bzw. 10,3 eV für **I** bzw. **II**) berechnet. (Bull. Soc. roy. Sci. Liège **22.** 285—304. Juni/Juli 1953. Liège, Univ.) H. SACKMANN. B 131

**A. R. Goldfarb, A. Mele** und **N. Gutstein,** *Basizität der Amidbindung.* Vff. untersuchen spektrophotometr. die Basizität verschied. N-substituierter Acetamide in konz. $H_2SO_4$. Dabei wird gefunden, daß zwei verschied. Gleichgewichte vorliegen; für das erste Gleichgewicht wird die Rk. $B + H^+ \rightleftharpoons BH^+$ ($pK_1$) angenommen. Die $pK_1$-Werte liegen für alle untersuchten Verbb., mit Ausnahme von Glycinamid u. Acetylglycin, dicht zusammen (die beiden Verbb. beweisen den starken induktiven Effekt einer benachbarten Ladung bzw. Carboxymethylgruppe). Das zweite Gleichgewicht ist schwieriger zu deuten. Nach den kryoskop. Messungen von HANTZSCH [1931] u. von O'BRIEN u. NIEMANN (C. **1954.** 5722) an Amiden in konz. $H_2SO_4$ ist es ausgeschlossen, daß sich ein zweites Proton an das Amid addiert. Nach Vff. muß das zweite Gleichgewicht mit der Bindung eines Solvensmol. an das freie Elektronenpaar des Amidstickstoffs über eine Wasserstoffbindung zusammenhängen, wie aus der ausgeprägten Abhängigkeit der $pK_2$-Werte von den N-Substituenten hervorgeht (die Menge des dadurch gebundenen Lösungsm. wäre nicht groß genug, um mit kryoskop. Methoden erfaßbar zu sein). — Einzelergebnisse: *Acetamid,* $\varepsilon_B$ (Absorptionskoeff. der freien Base bei 2050 Å) 246, $pK_1$ +0,37, $pK_2$ −1,40 (nachst. in gleicher Anordnung); *Glycinamid,* 328, −1,78, −6,10; *Acetylglycin,* 975, −1,92, −4,33; *N-Methylacetamid,* 1400, −0,46, −3,70; *N-n-Butylacetamid,* $Kp._{3,5}$ 103,5°, 2610, +0,15, −2,27; *N-Isobutylacetamid,* $Kp._{3,5}$ 97°, 2690, +0,01, −1,98; *N-sek.-Butylacetamid,* $Kp._{1,2}$ 77°, 2370, +0,10, —; *N-tert.-Butylacetamid,* F. 97—98°, 2270, +0,32, —; *N.N-Dimethylacetamid,* 6166, −0,19, —. — *Essigsäure,* 5,8, −6,10, —. (J. Amer. chem. Soc. **77.** 6194—96. 5/12. 1955. Chicago, Ill., Med. School, Dep. of Biochem.) G. WINKLER. B 139

**Winfred E. Parker, Constantine Ricciuti, C. L. Ogg** und **Daniel Swern,** *Peroxyde. 2. Mitt. Darstellung, Charakterisierung und polarographisches Verhalten langkettiger aliphatischer Persäuren.* (1. vgl. KNIGHT u. SWERN, C. **1955.** 6507.) Vff. beschreiben eine neue Meth. zur Darst. aliphat. Persäuren, die im wesentlichen darin besteht, daß Fettsäuren mit 0,5—2,0 mol. 50—65%ig. $H_2O_2$ in konz. $H_2SO_4$-Lsg. in Rk. gebracht werden. Diese Rk. ist ein ausgezeichnetes Beispiel für den nucleophilen Charakter des $H_2O_2$. Persäuren von $C_6$—$C_{18}$ werden in Ausbeuten von 61—99% erhalten, die Rk. verläuft zwischen 10 u. 30° schnell, das Endprod. ist leicht isolierbar. Die $C_7$—$C_{18}$-Persäuren sind neue Verbb. u. werden, mit Ausnahme der *Perstearinsäure* (die nicht von der entsprechenden Carbonsäure getrennt werden konnte), durch chem. u. polarograph. Verh. charakterisiert. Ihr Halbwellenpotential liegt zwischen 0,00 u. −0,06 V gegen gesätt. Kalomel, ähnlich wie die *Acylperoxyde* u. Peressigsäure. Die Verbb. sind unlösl. in W., lösl. in A. u. Ae. u. erleiden schnell Zersetzung. Die $C_6$—$C_{10}$-Persäuren sind in KW-stoffen bei 0° leicht lösl., die höheren bei 25°, in $H_2SO_4$ besitzen sie eine geringere Löslichkeit als die entsprechenden Fettsäuren. Die Prodd. besitzen einen scharfen, unangenehmen u. charakterist. Geruch, der mit zunehmender Kettenlänge intensiver wird, sie wirken haut- u. schleimhautreizend u. sind bei niedrigen Tempp. haltbarer als niedrige Persäuren. Die Rk. der Persäuren mit Methanol bei 25° (Prodd. unbekannt) ist eine pseudomonomol. Umsetzung, Geschwindigkeitskonstanten [$Min^{-1}$]: $C_8$ 1,03($\cdot 10^{-3}$); $C_9$ 1,34; $C_{10}$ 1,76; $C_{11}$ 0,93; $C_{12}$ 1,41; $C_{13}$ 1,05; $C_{14}$ 1,05; $C_{16}$ 1,92.

Versuche: *Perlaurinsäure,* F. 52° (PAe., Kp. 35—60°), aus 0,1 Mol Laurinsäure (**II**) in 95% $H_2SO_4$ bei 10°, mit 0,15 Mol $H_2O_2$ (bei Tempp. zwischen 20 u. 30°), 10 Min., dann 50 Min. Rühren; 19—22 g (Ausbeute). Mit Überschuß an **II** oder mit mehr als 50%ig. $H_2O_2$ ergeben sich teilweise höhere Reinheitsgrade bei kürzeren Reaktionszeiten. — Analog: *Percaprylsäure,* F. 31—31,5°; 95%. — *Perpelargonsäure,* F. 35 bis 35,5°; 99%. — *Percaprinsäure,* F. 40,8—41,4°; 95%. — *Perhendecansäure,* F. 47,5—48°; 95%. — *Pertridecansäure,* F. 53,7—54,3°; 92%. — *Permyristinsäure,* F. 56°; 85%. — *Perpalmitinsäure,* F. 61—61,5°; 61%. — *Percapronsäure,* F. 15°; 87%. (J. Amer. chem. Soc. **77.** 4037—41. 5/8. 1955. Philadelphia, Pa., Eastern Reg. Res. Labor.)
W. NIEMITZ. B 142

**L. Holleck** und **B. Kastening,** *Polarographisches Verhalten von Benzylidenanilin.* Bei der polarograph. Red. von *Benzylidenanilin* im $p_H$-Bereich 7,2—13,3 sind zwei Halbstufenpotentiale zu beobachten, von denen das erste sich je $p_H$-Einheit um 75 mV zu negativeren Werten verschiebt. Das entspricht einer einelektronigen Stufe u. wird als reversible Radikalbldg. im Gleichgewicht $C_6H_5\dot{C}H-NH-C_6H_5 \rightleftharpoons C_6H_5CH-\dot{N}H-C_6H_5$ formuliert. Die zweite, $p_H$-unabhängige irreversible Stufe führt zum Anion, das mit einem Proton das *N-Benzylanilin* ergibt. Die Ergebnisse werden in Zusammenhang mit denen von PRELOG (vgl. C. **1951.** I. 2147) u. ZUMAN (vgl. C. **1951.** I. 1129) diskutiert. Die Verschiebung des ersten Halbstufenpotentials gegenüber Benzaldehyd zu positiveren Werten (vgl. C. **1954.** 5718) ist auf die geringere Elektronegativität des N gegenüber O zurückzuführen. Im $p_H$-Bereich < 6 erfolgt spontane Hydrolyse, so daß schon bei der

1. Messung nur die Stromspannungskurve des Benzaldehyds erscheint. (Z. Elektrochem., Ber. Bunsenges. physik. Chem. **60.** 127—30. März 1956. Hamburg, Univ., Inst. für physikal. Chem.) K. BECKER. B 142

**Jay K. Kochi,** *Polarographie aromatischer Diazoniumsalze.* Es wird über die Ergebnisse polarograph. Unterss. einer Reihe aromat. Diazoniumsalze berichtet u. der Vers. gemacht, eine Beziehung zwischen den Halbwellenpotentialen $E_{1/2}$ bei verschied. $p_H$-Werten u. Substitutionseinfll. herzustellen. Dies gelingt vorläufig nur qualitativ, weil vor allem der Elektrodenprozeß noch nicht definitiv bekannt ist. Untersucht wurden: *p-Carboxy-* (**I**), *p-Methyl-*, *p-Methoxy*, *m-Nitro-* (**II**), *p-Nitro-* (**III**), *p-Chlorbenzol-* u. *Benzoldiazoniumhydrogensulfat*, diazotierte *Sulfanilsäure* sowie *Benzol-* u. *m-Brombenzoldiazoniumchlorid.* Alle Verbb. außer **I**, **II** u. **III** zeigen 2 Wellen, von denen die 2. komplex ist. Die $E_{1/2}$-Werte verändern sich linear mit dem $p_H$ (Anstieg 0,05 V/1 $p_H$); der Diffusionsstrom ist bei der 2. Welle 3mal so groß wie bei der ersten. (J. Amer. chem. Soc. **77.** 3208—11. 20/6. 1955. Cambridge, Mass., Harvard Univ., Mallinckrodt Chem. Labor.) W. NIEMITZ. B 142

**E. Neale** und **L. T. D. Williams,** *Thermochemie organischer Phosphorverbindungen.* 1. Mitt. *Hydrolysen- und Oxydationswärmen.* Um die Bildungswärmen organ. Phosphorverbb., bei denen die übliche Verbrennungscalorimetrie keine befriedigenden Ergebnisse liefert, ermitteln zu können, wurden Hydrolysen- u. Oxydations-Rkk. in einem einfachen DEWAR-Gefäßcalorimeter untersucht. Aus den Rkk.: Hydrolyse von $CH_3 \cdot POCl_2$ u. $C_2H_5 \cdot POCl_2$ in W., Hydrolyse von $(Pr^iO)CH_3POCl$ (**I**) in W. ($Pr^i$ = Isopropyl), Hydrolyse von $(C_2H_5O)_2POF$ in wss. NaOH, Hydrolyse von $(C_2H_5O)_2PO \cdot O \cdot PO(OC_2H_5)_2$ in wss. NaOH, Oxydation von $(Pr^iO)_3P$ mit $H_2O_2$, Oxydation von $C_2H_5PCl_2$ mit $SO_2Cl_2$ in Bzl. u. Oxydation von $(C_2H_5O)_2POH$ mit $KJ_3$ + $KHCO_3$ konnten zwar nicht in allen Fällen direkt die Bildungswärmen berechnet werden — es ergaben sich jedoch angenäherte Werte für „durchschnittliche Bindungsenergie-Terme", die zur Best. von Bildungs- bzw. Reaktionsenergien benutzt werden können. Für alle Verbb. außer **I** werden Herstellungsmethoden angegeben. (J. chem. Soc. [London] **1955.** 2485—90. Juli. Porton, Nr. Salisbury, Wilts., Chem. Defence Exp. Establ.) I. KARUTZ. B 155

**S. Sunner,** *Spannung in 6.8-Thioctsäure.* Da die von BARLTROP, HAYES u. CALVIN (vgl. J. Amer. chem. Soc. **76.** [1954.] 4348) gefundenen Werte über die Spannung in einem 1.2-Dithiolanring relativ weit auseinanderliegen, stellte Vf. neue Verss. an, um die Energie dieses Ringsyst., relativ zu der eines n. geradkettigen Disulfids, zu bestimmen. Zu diesem Zweck wurde calorimetr. die Oxydationswärme einer Reihe von Thiolen zu Disulfiden mit Jod in 90%ig. A. als Oxydationsmittel bestimmt. Untersucht wurden die folgenden Verbb.: *n-Propylmercaptan* → *4.5-Dithiaoctan*, *n-Amylmercaptan* → *6.7-Dithiadodecan*, *1.4-Dimercaptobutan* → *1.2-Dithiacyclohexan*, *1.3-Dimercaptopropan* → *1.2-Dithiacyclopentan* u. *6.8-Dimercaptooctansäure* → *Thioctsäure.* Nimmt man die Oxydationswärmen von Propyl- u. n-Amylmercaptan als „Standard" an, dann kann man schließen, daß unter den vorherrschenden Bedingungen die Spannung in 1.2-Dithiolan 4 kcal ist u. daß die Spannung der substituierten 6.8-Thioctsäure ca. 0,5 kcal niedriger ist, in Übereinstimmung mit der Tatsache, daß Substituenten eine unter Spannung stehende Ringstruktur stabilisieren. Die Spannung in dem sechsgliedrigen Ring 1.2-Dithiacyclohexan liegt an der Grenze der Nachweisbarkeit u. beträgt ca. 0,5 kcal $Mol^{-1}$. (Nature [London] **176.** 217. 30/7. 1955. Lund, Univ., Dep. of Organic Chem.) C. GOTTFRIED. B 182

**Jean Falgueirettes,** *Streuung von Röntgenstrahlen durch einen nematisch-flüssigen Einkristall.* Die Verss. wurden mit *p-Azoxyanisol* durchgeführt, das bei 116° unter Bldg. einer nemat. Fl. schm., die bei 134° in die isotrope Phase übergeht. Ein orientierter Einkristall der nemat.-fl. Phase wurde durch Schmelzen der Verb. zwischen 2 dünnen Glimmerblättchen unter Reiben erhalten. Die opt. Achse des Kristalls liegt horizontal, parallel der Reibrichtung. Die Röntgenaufnahmen wurden mit an Quarz monochromatisierter Strahlung durchgeführt, mit dem einfallenden Strahl senkrecht zu der Blättchenebene. Im allg. ähneln die erhaltenen Diagramme denen eines amorphen Körpers; es treten jedoch keine durchgehenden Interferenzringe auf, sondern nur Kreisbögen. Der winkelmäßige Durchmesser der stärksten Interferenz beträgt 20°, entsprechend einem Netzebenenabstand von 4,4 Å. Dieser Abstand entspricht dem transversalen Durchmesser eines Moleküls. Hieraus kann man schließen, daß die Interferenzen durch Molekülgruppen gebildet werden, deren Längsrichtungen parallel verlaufen u. die bevorzugte Orientierungen besitzen. Zur Unters. der Verteilung dieser Gruppen um die Isotropieachse wurde die gestreute Intensität photometr. für die verschied. Richtungen gemessen. Aufnahmen an gleichartigen dickeren Präpp. u. in einem gleichzeitig angelegten magnet. Feld zeigten gegenüber den Aufnahmen ohne das Feld keinerlei Unterschiede. (C. R. hebd. Séances Acad. Sci. **241.** 71—73. 4/7. 1955.) C. GOTTFRIED. B 186

**D. Chapman,** *Infrarotspektren und Polymorphie von Glyceriden.* Es wurden die Infrarotspektren von *1-Monostearin* im fl. Zustand u. in den verschied. polymorphen Formen untersucht. Es bestehen deutliche Unterschiede zwischen den verschied. Formen, bes. ist die Unterscheidung zwischen der sub-α- u. der β'-Form sehr leicht. Es war ferner möglich, die Umwandlung der α-Form in die sub-α-Form bei dem Umwandlungspunkt 47° zu beobachten; die Umwandlung scheint reversibel zu sein. Die α-Form ist bis zu dieser Temp. stabil. Aus dem Spektr. der α-Form geht deutlich hervor, daß in dieser Phase vertikal rotierende Ketten auftreten, während in der sub-α-Form in den Hochtemperaturgebieten beträchtliche Orientierungsfreiheit herrscht. Daß die sub-α-Form wahrscheinlich kristallin ist, geht aus der Beobachtung hervor, daß eine Bande der α-Form nahe 720 $cm^{-1}$ in der sub-α-Form in 2 Komponenten aufgespalten ist. In *Monolaurin* konnte die Umwandlung der α-Form in die stabile β-Form mit Hilfe der Spektren verfolgt werden. (Nature [London] **176.** 216—17. 30/7. 1955. Port Sunlight, Unilever Ltd., Res. Dep.) C. GOTTFRIED. B 190

**Hélène von Eller,** *Struktur von indigoiden Farbstoffen.* 1. Mitt. *Radiokristallographische Untersuchung. Technik und Methoden.* Röntgenograph. u. opt. wurden *Indigo, Thioindigo* u. *Selenoindigo* untersucht. Gute Kristalle wurden durch Sublimation erhalten. Durch die Unterss. wurde festgestellt, daß Indigo u. Thioindigo in 2 Formen, Selenoindigo in 3 Formen auftritt. Es wurden die folgenden Elementarzellen bestimmt: *Indigo I*: monoklin, a = 9,24 ± 0,03 Å; b = 5,77 ± 0,02 Å; c = 12,22 ± 0,03 Å; β = 117°; Raumgruppe $C_{2h}^{5}$ — P $2_1$/c; Z = 2; Thioindigo I: monoklin, a = 7,91 ± 0,03 Å; b = 3,97 ± 0,02; c = 20,41 ± 0,03 Å; β = 93°; Raumgruppe P $2_1$/c; Z = 2; Thioindigo II: monoklin; a = 3,97 ± 0,02 Å; b = 20,4 ± 0,1 Å; c = 7,85 ± 0,03 Å; β = 102°; Raumgruppe P $2_1$/c; Z = 2; Selenoindigo I: monoklin; a = 9,09 ± 0,02; b = 5,92 ± 0,02 Å; c = 13,40 ± 0,03 Å; β = 113°; Raumgruppe P $2_1$/c; Z = 2; Selenoindigo II: monoklin; a = 4,06 ± 0,02 Å; b = 20,54 ± 0,1 Å; c = 7,98 ± 0,05 Å; β = 101°; Raumgruppe P $2_1$/c; Z = 2; Selenoindigo III: triklin; a = 4,57 ± 0,02 Å; b = 10,86 ± 0,05 Å; c = 17,48 ± 0,05 Å; α = 60°; β = 79°; γ = 83°; Raumgruppe P$\bar{1}$; Z = 2. Da die monoklinen Verbb. in der Elementarzelle nur 2 Moll. enthalten, während die Raumgruppe 4 asymm. Einheiten verlangt, folgt, daß die Moll. zentrosymm. sind u. daher trans-Isomere. — Es wird ein kurzer Überblick über die Technik der Strukturbest. gegeben. (Bull. Soc. chim. France, Mém. [5] **1955.** 1426—29. Nov./Dez. Paris, Sorbonne, Chim. C, Serv. de Chim. Cristallographique.) C. GOTTFRIED. B 195

**Hélène von Eller,** *Struktur von indigoiden Farbstoffen.* 2. Mitt. *Kristallstruktur von Selenoindigo.* (1. vgl. vorst. Ref.) Untersucht wurde die Struktur von *Selenoindigo I.* PATTERSON- u. Elektronendichteprojektionen lieferten die folgenden Parameter (Bezifferung vgl. nebenst. Figur): $C_{(1)}$ (x =) 0,059; (y =) 0,091; (z =) 0,024; $C_{(2)}$: 0,145; 0,202; —0,014; $C_{(3)}$: 0,232; 0,424; 0,061; $C_{(4)}$: 0,330; 0,587; 0,032; $C_{(5)}$: 0,408; 0,795; 0,110; $C_{(6)}$: 0,374; 0,765; 0,196; $C_{(7)}$: 0,251; 0,594; 0,221; $C_{(8)}$: 0,191; 0,397; 0,141; Se: 0,057; 0,210; 0,161; O: 0,162; 0,233; —0,100. In dem Gitter liegen die C-Atome nahezu in einer Ebene, das O- u. das Se-Atom dagegen liegen 0,18 bzw. 0,11 Å nach der gleichen Seite außerhalb dieser Ebene.

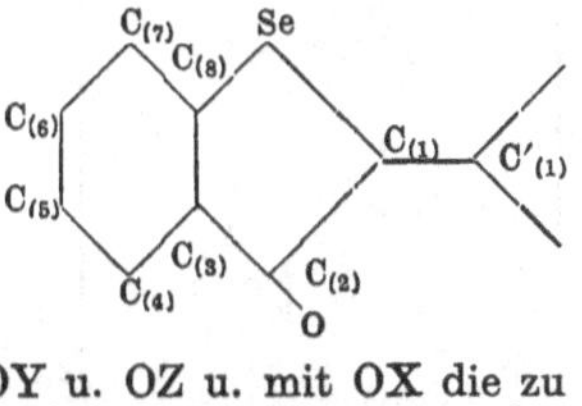


Bezeichnet man die zu b u. c parallelen Richtungen mit OY u. OZ u. mit OX die zu OY u. OZ senkrechte Richtung, dann bildet die Normale auf die Mol.-Ebene mit OY einen Winkel von 56° u. mit den Achsen OX u. OZ Winkel von 36 bzw. 79°. Der Abstand Se—$C_{(1)}$ beträgt 1,97 Å, Se—$C_{(8)}$ 1,75 Å. Aus diesen Abständen ist ersichtlich, daß Se—$C_{(8)}$ nahezu Doppelbindungscharakter, Se—$C_{(1)}$ nahezu Einfachbindungscharakter besitzt. Der Valenzwinkel $C_{(1)}SeC_{(8)}$ ist 80 ± 4°. (Bull. Soc. chim. France, Mém. [5] **1955.** 1429 bis 1433. Nov./Dez.) C. GOTTFRIED. B 195

**Hélène von Eller,** *Struktur von indigoiden Farbstoffen.* 3. Mitt. *Kristallstruktur von Indigo.* (2. vgl. vorst. Ref.) Mittels PATTERSON- u. Elektronendichteprojektionen wurde die Struktur von *Indigo* aufgeklärt. Es wurden die folgenden Parameter bestimmt (Bezifferung vgl. vorst. Ref.): $C_{(1)}$ (x =) 0,053; (y =) 0,092; (z =) 0,020; $C_{(2)}$: 0,097; 0,215; 0,138; $C_{(3)}$: 0,196; 0,410; 0,138; $C_{(4)}$: 0,276; 0,579; 0,223; $C_{(5)}$ 0,366; 0,742; 0,199; $C_{(6)}$: 0,373; 0,741; 0,088; $C_{(7)}$: 0,295; 0,554; 0,004; $C_{(8)}$: 0,208; 0,401; 0,028; N: 0,120; 0,198; —0,040; O: 0,058; 0,149; 0,220. Die C-Atome liegen wieder nahezu in einer Ebene, das N- u. das O-Atom 0,04 bzw. 0,03 Å außerhalb dieser Ebene. Die Normale auf die Mol.-Ebene bildet mit der Achse OY (vgl. vorst. Ref.) einen Winkel von 55° u. mit den Achsen OX u. OZ Winkel von 35 u. 86°. Im Mol. bestehen die folgenden Abstände: $C_{(1)}$—$C_{(1)}'$ = 1,37 Å; $C_{(1)}$—$C_{(2)}$ = 1,47 Å; $C_{(2)}$—$C_{(3)}$ = 1,46 Å; $C_{(3)}$—$C_{(4)}$ = 1,36 Å; $C_{(4)}$—$C_{(5)}$ = 1,39 Å; $C_{(5)}$—$C_{(6)}$ = 1,40 Å; $C_{(6)}$—$C_{(7)}$ = 1,42 Å; $C_{(7)}$—$C_{(8)}$ = 1,34 Å; $C_{(8)}$—

$C_{(3)}$ = 1,40 Å; N—$C_{(1)}$ = 1,34 Å u. $C_{(2)}$—O = 1,29 Å. In dem Benzolring sind die Abstände $C_{(3)}$—$C_{(4)}$ u. $C_{(7)}$—$C_{(8)}$ anomal kurz, in dem Fünferring sind die gefundenen Abstände allg. kürzer als die Werte, die man für einfache Kovalenzbindungen erwarten sollte. Während der Abstand $C_{(2)}$—O sehr lang ist, ist der Abstand $C_{(1)}$—$C'_{(1)}$ sehr kurz u. ist nahe dem Abstand einer Doppelbindung. (Bull. Soc. chim. France, Mém. [5] **1955.** 1433—38. Nov./Dez.) C. GOTTFRIED. B 195

**Hélène von Eller,** *Struktur von indigoiden Farbstoffen.* 4. Mitt. *Kristallstruktur von Thioindigo.* (3. vgl. vorst. Ref.) Untersucht wurde die Kristallstruktur von *Thioindigo I.* Mittels PATTERSON- u. Elektronendichteprojektionen wurden die folgenden Parameter festgelegt (Bezifferung vgl. 2. Mitt.): $C_{(1)}$ (x =) —0,0497; (y =) 0,074; (z =) 0,0214; $C_{(2)}$: 0,0145; 0,199; 0,0895; $C_{(3)}$: —0,1298; 0,341; 0,1246; $C_{(4)}$: —0,1250; 0,482; 0,1870; $C_{(5)}$: —0,2683; 0,587; 0,2138; $C_{(6)}$: —0,4234; 0,544; 0,1752; $C_{(7)}$: —0,4319; 0,412; 0,1126; $C_{(8)}$: —0,2843; 0,300; 0,0870; S: —0,2712; 0,138; 0,0085; O: 0,1603; 0,154; 0,1080. Auch hier liegen die C-Atome nahezu in einer Ebene; das O- u. das S-Atom 0,16 bzw. 0,08 Å nach verschied. Seiten außerhalb dieser Ebene. Die Normale zu der Mol.-Ebene bildet mit den Achsen OX, OY u. OZ Winkel von 83, 25 u. 66°. Aus den tabellar. angegeben Entfernungen innerhalb eines Mol. ist zu ersehen, daß der Abstand $C_{(4)}$—$C_{(5)}$ wesentlich kürzer ist als die anderen C—C-Abstände im Benzolring u. sehr nahe dem Abstand einer Doppelbindung liegt. In dem Fünferring sind die beiden Abstände zu dem S-Atom niedriger als man für einfache Kovalenz erwarten sollte. Der Abstand $C_{(2)}$—O entspricht dem üblichen Ketoabstand. Der Abstand $C_{(1)}$—$C_{(1)}'$ liegt nahe dem für eine Doppelbindung. (Bull. Soc. chim. France, Mém. [5] **1955.** 1438—44. Nov./Dez.) C. GOTTFRIED. B 195

**Hélène von Eller,** *Struktur von indigoiden Farbstoffen.* 5. Mitt. *Vergleich der Strukturen von Indigo, Thioindigo und Selenoindigo.* (4. vgl. vorst. Ref.) In seiner Kristallstruktur ähnelt Selenoindigo mehr dem Indigo als dem Thioindigo. Ausführlich werden hierauf die verschied. Hypothesen über die Formeln des Indigo u. seiner Derivv. mit den Ergebnissen der vorliegenden Unterss. verglichen. (Bull. Soc. chim. France, Mém. [5] **1955.** 1444—49. Nov./Dez.) C. GOTTFRIED. B 195

**Jean-Charles Pariaud** und **Pierre Labeille,** *Struktur des mit Salicylaldehyd im ammoniakalischen Milieu erhaltenen Kupferkomplexes.* Der aus *Salicylaldehyd* (**I**), $NH_3$ u. $CuSO_4$ (**II**) erhaltene **I**–Cu-Komplex ist nach der Elementaranalyse kein Benzaliminkomplex **A** (vgl. DUKE, Ind. Engng. Chem., analyt. Edit. **16.** [1944.] 750), sondern ein innerer Salzkomplex mit der Hydraminstruktur **B**. Gestützt wird dies durch die Rk. des Komplexes mit Anilin, bei der, wie bei Hydramin, $NH_3$ entwickelt wird u. durch die Gleichheit der thermogravimetr. Kurven der Komplexe aus **I** + **II** + $NH_3$ u. Hydramin + **II**, die merklich von der des Komplexes aus **I** + **II** + $NaHCO_3$-Lsg. abweichen. (Bull. Soc. chim. France [5] **1956.** 429—32. März. Lyon, Fac. Cathol. des Sci. ,Labor. de Chim.-Phys.) K. BECKER. B 223

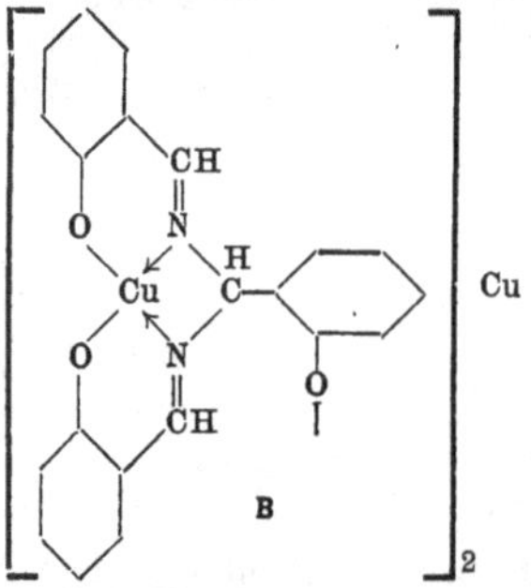

B

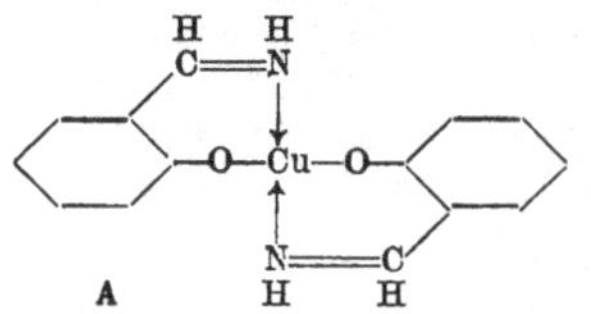

A

**Robert A. Benkeser, Charles E. DeBoer, Robert E. Robinson** und **Dale M. Sauve,** *Faktoren, die den Resonanzbeitrag einer erweiterten Valenzschale beeinflussen. Ein Vergleich der elektrischen Effekte der Triphenylsilyl- und Triphenylgermanylgruppen an einem aromatischen Ring.* Vff. bestimmen für m- u. p-Triphenylsilyl- u. Triphenylgermanylgruppen die HAMMETT-σ-Werte für 4 Reaktionen. Aus den Ergebnissen folgt, daß beide Gruppen hauptsächlich einen —I-Effekt (elektronenanziehend) ausüben. Da andererseits die Trimethylsilylgruppe einen +I-Effekt zeigt (BENKESER u. KRYSIAK, C. **1953.** 8036), ist nach Vff. der elektr. Effekt eines am aromat. Kern befindlichen Si-Atoms durch seine Substituenten bestimmt; auf die Resonanzfähigkeit haben die am Zentralatom befindlichen Gruppen keinen Einfl., sie spielen jedoch eine Rolle für den elektr. Gesamteffekt der $R_3M$-Gruppe. Bei Konjugation zu stark elektronenabgebender Gruppen können beide Zentralatome (Si u. Ge) ihre Valenzschale auf 10 Elektronen erweitern. Die Beträge der Konjugation oder Resonanzwechselwrkg. u. damit der Doppelbindungscharakter für C—Si- u. C—Ge-Bindungen sind, unabhängig von dem Atomradius des Zentralatoms, prakt. ident. (vgl. die damit in Einklang befindlichen theoret. Voraussagen von CRAIG u. Mitarbeitern, J. chem. Soc. [London] **1954.** 332). Bei einigen Rkk. tritt für die m-Si-Verb. eine Desaktivierung auf, die von Vff. mit einem ster. Effekt erklärt wird.

Versuche: *m-Dimethylaminophenyltriphenylsilan*, F. 97–98°. — *p-Dimethylaminophenyltriphenylsilan*, $C_{26}H_{25}NSi$, F. 148–149° (Methanol). — *p-Dimethylaminophenyltriphenylgerman*, F. 140–141° (PAe./Bzl.), durch Zugabe von Triphenylbromgerman in Bzl. zu einer äther. Lsg. von p-Dimethylaminophenyl-Li unter $N_2$ u. 2std. Kochen; 79% (Ausbeute). — *m-Dimethylaminophenyltriphenylgerman*, $C_{26}H_{25}NGe$, F. 92 bis 93°, Darst. analog der p-Verb.; 71%. — *p-Oxyphenyltriphenylsilan* (I), F. 229–230° (A.), durch Zugabe von Triphenylchlorsilan in Bzl. zu äther. p-Oxyphenyl-Li u. 24std. Kochen unter Rühren; *Benzoylderiv.*, $C_{31}H_{24}O_2Si$, F. 174,5–175,5°. — *m-Oxyphenyltriphenylsilan*, $C_{24}H_{20}OSi$, F. 225–226°; 30%. — *p-Äthoxyphenyltriphenylsilan*, $C_{26}H_{24}$·OSi, F. 146–147° (A.), aus dem Na-Salz von I in A. mit $C_2H_5J$. — *m-Äthoxyphenyltriphenylsilan*, $C_{26}H_{24}OSi$, F. 122–123°. — *p-Tolyltriphenylsilan*, F. 139–140° (PAe.), durch Zugabe von äther. p-Tolyl-Li zu Triphenylchlorsilan in Bzl. u. 2std. Kochen; 67%. — *p-Triphenylsilylbenzoesäure*, $C_{25}H_{20}O_2Si$, F. 211–212° (PAe.), aus vorst. Verb. in Acetanhydrid/Essigsäure mit $CrO_3$/konz. $H_2SO_4$ je 1 Std. bei –5, 12 u. 20° unter Rühren; 12%. — *p-Triphenylsilylbenzoylchlorid*, $C_{25}H_{19}OClSi$, F. 149–150° (PAe.), aus vorst. Verb. durch 3/4std. Kochen in $SOCl_2$; 57%; *-amid*, $C_{25}H_{21}ONSi$, F. 174–174,5°. — *m-Tolyltriphenylsilan*, $C_{25}H_{22}Si$, F. 148–149° (Methanol/Bzl.), Darst. wie p-Verb.; 69%. — *m-Triphenylsilylbenzoesäure*, $C_{25}H_{20}O_2Si$, F. 178–179° (PAe.); 14%. — *m-Triphenylsilylbenzoylchlorid*, $C_{25}H_{19}OClSi$, F. 84–85° (Pentan); 67%; *-amid*, $C_{25}H_{21}ONSi$, F. 161–162°; *-anilid*, $C_{31}H_{25}ONSi$, F. 184–185°. — *p-Bromphenyltriphenylgerman*, $C_{24}H_{19}BrGe$, F. 159–160° (PAe.), durch Zugabe von n-Butyl-Li zu äther. p-Dibrombenzol bei –35°, Zugabe von Triphenylbromgerman (II) in Ae., 3½std. Rühren bei Zimmertemp. u. Kochen über Nacht; 55%. — *p-Triphenylgermanylbenzoesäure*, $C_{25}H_{20}O_2Ge$, F. 201–202° (Bzl./PAe.), aus 9,2 g vorst. Verb. in Ae./Bzl. durch Zugabe von metall. Li, 9,5std. Kochen u. Zugabe des Reaktionsgemisches zu Trockeneis; 1,25 g; *Säurechlorid*, F. 143–145°; *Amid*, $C_{25}H_{21}ONGe$, F. 171–172°. — *p-Oxymethylphenyltriphenylgerman*, $C_{25}H_{22}OGe$, F. 108,5–110°, aus p-Brombenzylalkohol, n-Butyl-Li u. **II**; 39%. — *p-Triphenylgermanylbenzoesäure*, aus vorst. Verb. mit $KMnO_4$; 52%. — *m-Tolyltriphenylgerman*, F. 136–138°, aus m-Bromtoluol, Li u. **II** wie das entsprechende Si-Analoge; 89%. — *m-Triphenylgermanylbenzoesäure*, $C_{25}H_{20}O_2Ge$, F. 168–169° (Cyclohexan/A.), aus vorst. Verb. in Acetanhydrid/Essigsäure mit $CrO_3$/konz. $H_2SO_4$ bei 35–40°; 10%; *Amid*, $C_{25}H_{21}ONGe$, F. 162–163°. — HAMMETTsche $\sigma$-Werte der Triphenylsilyl- u. Triphenylgermanylgruppen für die Rkk. der entsprechenden: Dimethylaniline mit $CH_3J$ in Aceton bei 35°, $\varrho$ –2,56, log $k_0$ ($sec^{-1}$) –3,615, $(C_6H_5)_3Si$, $\sigma_m$ 0,12, $\sigma_p$ 0,27, $(C_6H_5)_3Ge$ $\sigma_m$ 0,15, $\sigma_p$ 0,24 (nachst. in gleicher Anordnung); Natriumphenolate mit $C_2H_5J$ in A. bei 35°, –0,906, –4,000, 0,08, 0,31, –, –; Benzoesäuren mit Diphenyldiazomethan in A. bei 30°, 0,929, –1,745, –0,03, 0,10, 0,05, 0,08; Benzoylchloride mit Anilin in Bzl. bei 25°, 1,42, –1,311, –0,03, 0,09, –, –. (J. Amer. chem. Soc. **78**. 682–86. 5/2. 1956. Lafayette, Ind., Purdue Univ., Chem. Labor.) G. WINKLER. B 225

**H. J. Schmid, A. Hunger** und **K. Hoffmann**, *Sterische und elektrostatische Effekte in der Schmidt-Reaktion.* Vff. untersuchten die SCHMIDT-Rk. folgender bas. substituierter cycl. Ketone: 2-Piperidinomethylcyclohexanon (**I**), 2-Piperidinomethyl- (**II**), 2-Diäthylaminomethyl- (**III**), 2-Piperidinomethyl-3-phenyl- (**IV**), 2-[$\beta$-Piperidinoäthyl]- (**V**), 2-[$\beta$-Dimethylaminopropyl]-5.6-dimethoxy- (**VI**), 2-[$\beta$-Piperidinoäthyl]-5.6-dimethoxyindanon (**VII**), 2-Piperidinomethyl- (**VIII**), -4-phenyl- (**IX**) u. 2-[$\beta$-Piperidinoäthyl]-tetralon (**X**). Hierbei bildet sich vorzugsweise dasjenige der beiden möglichen isomeren Lactame, bei dem der Stickstoff an die Seite der CO-Gruppe getreten ist, an der sich auch der bas. Substituent befindet. So entsteht aus **I** nur *ε-Piperidinomethylcaprolactam* (**XI**), dessen Konst. durch Red. zu *2-Piperidinomethylazepin* bewiesen wird. Entgegen ster. Voraussagen werden aus **II**–**X** ebenfalls nur einheitliche Verbb., nämlich (in obriger Reihenfolge) *3-Piperidinomethyl-*, *3-Diäthylaminomethyl-*, *3-Piperidinomethyl-4-phenyl-*, *3-[β-Piperidinoäthyl]-*, *3-[β-Dimethylaminopropyl]-6.7-dimethoxy-*, *3-[β-Piperidinoäthyl]-6.7-dimethoxy-1.2.3.4-tetrahydroisochinolinon-(1)*, *3-Piperidinomethyl-* (**XVIII**), *-5-phenyl-* bzw. *3-[β-Piperidinoäthyl]-dihydroisohomocarbostyril* gebildet. Der Beweis erfolgte durch UV-Spektr. u. Titration der durch Red. erhaltenen Diamine. Da die Tatsache, daß ausschließlich Alkyl- u. keine Phenylwanderung eintrat, durch ster. Faktoren nicht befriedigend erklärt werden kann, nehmen Vff. an, daß in dem für den Mechanismus ausschlaggebenden Zwischenprod. (Teilformel **A**) das protonierte N-Atom des bas. Substituenten elektrostat. Abstoßung auf die positive Ladung der Azogruppe ausübt u. diese in anti-Stellung, bezogen auf den bas. Substituenten, drängt. Da der Substituent in trans-Stellung zur austretenden $N_2$-Gruppe wandert, bewirkt dieser elektrostat. Effekt nahe-

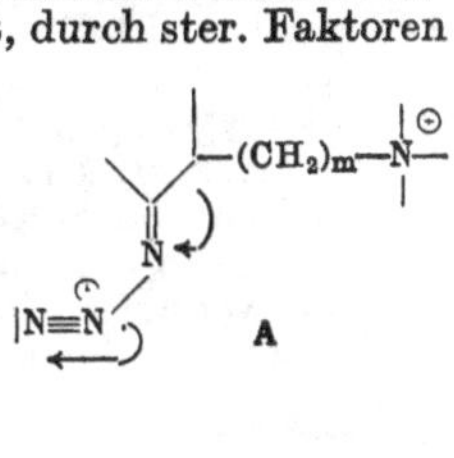

**A**

zu ausschließlich Alkylwanderung. Diese Hypothese wird gestützt durch die Unters. der SCHMIDT-Rk. von ω-Piperidinopropiophenon (**XII**) u. -n-butyrophenon (**XIII**), in denen durch größere Entfernung der Aminogruppe vom Reaktionszentrum die elektrostat. Effekte abgeschwächt werden. Infrarotspektrophotometr. werden im ersten Fall 52%, im zweiten sogar nur 31% Alkylwanderung festgestellt.

Versuche (FF. korr.): *2-Piperidinomethyl-4-phenyltetralon-(1)* (**IX**), aus 24,1 g Piperidinhydrochlorid, 44,4 g 4-Phenyltetralon-(1) u. Paraformaldehyd in A. u. konz. HCl, 4 Std. kochen; 45 g (Rohausbeute); *Hydrochlorid*, F. 195—230° (Aceton). — *β-Phenyläthyl-β-piperidinoäthylmalonsäurediäthylester*, $C_{22}H_{33}O_4N$, Kp.$_{0,15}$ 165—166°, aus der Na-Verb. des β-Phenyläthylmalonsäurediäthylesters u. β-Piperidinoäthylchlorid (**XIV**), 4 Std. kochen in Dioxan; 77% (Ausbeute). — *2-[β-Piperidinoäthyl]-tetralon-(1)* (**X**), $C_{17}H_{23}ON$, Kp.$_{0,4}$ 155—159°, a) aus vorst. Verb. durch 3std. Kochen mit alkoh. KOH, Decarboxylierung bei 140—150° u. Cyclisierung mit Polyphosphorsäure (**XV**) bei 130 bis 140°; 80%; *Hydrochlorid*, $C_{17}H_{24}ONCl$, F. 246—249° (A.); b) aus β-Phenyläthylmalonsäure mit Dihydropyran, Umsetzung der Na-Verb. des Tetrahydropyranylesters mit **XIV** in Dioxan u. Cyclisierung mit **XV**. — *2-[β-Piperidinoäthyl]-indanon* (**V**), analog vorst.; *Hydrochlorid*, F. 189—192°. — *2-[β-Piperidinoäthyl]-5.6-dimethoxyindanon* (**VII**), Hydrochlorid, F. 100—101°, analog. — *2-[β-Dimethylaminopropyl]-5.6-dimethoxyindanon* (**VI**), analog; *Hydrochlorid*, F. 226—227°. — *ε-Piperidinomethylcaprolactam* (**XI**), $C_{12}H_{22}$·$ON_2$, F. 123° (Hexan), aus **I** mit $NaN_3$ in konz. HCl bei 0°; 63%; *Hydrochlorid*, $C_{12}H_{23}$·$ON_2Cl$, F. 262—268° (Alkohol). — *3-[β-Piperidinoäthyl]-dihydroisohomocarbostyril*, $C_{17}H_{24}$·$ON_2$, F. 114,8—115,4° (Essigester), aus **X** mit $NaN_3$ in 90%ig. $H_2SO_4$; 95%. — *3-Piperidinomethyl-5-phenyldihydroisohomocarbostyril*, $C_{22}H_{26}ON_2$, F. 230—235° (Methanol), aus **IX**-Hydrochlorid mit $NaN_3$ in $H_2SO_4$; 73%; *Isomeres*, $C_{22}H_{26}ON_2$, F. 158—160° (Aceton-Ae.). — *3-[Piperidinomethyl]-1.2.3.4-tetrahydroisochinolinon-(1)*, F. 108—110°, durch SCHMIDT-Rk. von **II** (durch MANNICH-Rk. nach HOFFMANN u. SCHELLENBERG, Helv. chim. Acta **27**. [1944.] 1782); *Hydrochlorid*, F. 259—262°. — *3-Piperidinomethyldihydroisohomocarbostyril* (**XVIII**), F. 118—120°, aus **VIII**; *Hydrochlorid*, F. 147—250°. — *3-[β-Piperidinoäthyl]-1.2.3.4-tetrahydroisochinolinon-(1)*, F. 111—112°, aus **V**; *Hydrochlorid*, F. 227—229°. — *3-Diäthylaminomethyl-1.2.3.4-tetrahydroisochinolinon-(1)*, Kp.$_{0,01}$ 176°, durch SCHMIDT-Rk. von **III** (durch MANNICH-Rk. vgl. l. c.). — *3-[β-Piperidinoäthyl]-6.7-dimethoxy-1.2.3.4-tetrahydroisochinolinon-(1)*, F. 133—134°, aus **VII**; *Hydrochlorid*, F. 233—236°. — *3-[Piperidinomethyl]-4-phenyl-1.2.3.4-tetrahydroisochinolinon-(1)*, F. 158 bis 160°, aus **IV**, *Hydrochlorid*, F. 265—267°. — *3-[β-Dimethylaminopropyl]-6.7-dimethoxy-1.2.3.4-tetrahydroisochinolinon-(1)*, Kp.$_{0,01}$ 180—190°, durch SCHMIDT-Rk. von **VI**; *Hydrochlorid*, F. 203—205°. — *β-Piperidinopropionsäureanilidhydrochlorid*, $C_{14}H_{21}ON_2Cl$, F. 207° (A.-Essigester), aus **XII**-Hydrochlorid mit $NaN_3$ in konz. $H_2SO_4$; 76%; *freie Base*, $C_{14}H_{20}ON_2$, F. 57—58° (Hexan), (mit Acetanhydrid → *Acetanilid*, F. 114,2—115,8°); daneben *Benzoesäure-[β-piperidinoäthyl]-amidhydrochlorid*, $C_{14}H_{21}ON_2Cl$, F. 143—144° (Aceton); *freie Base*, F. 71° (Pentan). — *Benzoesäure-[γ-piperidino-n-propyl]-amid* (**XVI**), $C_{15}H_{22}ON_2$, Kp.$_{0,05}$ 141—142°, aus Piperidin u. Acrylonitril, $LiAlH_4$-Red. u. Benzoylierung. — *γ-Piperidinobuttersäurehydrochlorid*, $C_9H_{18}ONCl$, F. 196—198° (A.), aus β-Piperidinoäthylmalonsäurediäthylester mit alkoh. KOH, 4 Std. am Rückfluß; 54%. — *γ-Piperidinobuttersäureanilid* (**XVII**), $C_{15}H_{22}ON_2$, Kp.$_{0,07}$ 144—148°, aus vorst. Verb. mit $PCl_5$ u. Anilin; 73%. — *2-Piperidinomethylhexahydroazepin*, aus **XI** mit $LiAlH_4$ in Tetrahydrofuran, 3½ Std. kochen; 98%; *Bis-hydrochlorid*, $C_{12}H_{26}N_2Cl_2$, F. 221—226° (Acetonitril). — *3-Piperidinomethyl-asymm.-homotetrahydroisochinolin*, $C_{16}H_{24}N_2$, F. 63—65° (Pentan), aus **XVIII** mit $LiAlH_4$, UV-Spektr.; 92%. (Helv. chim. Acta **39**. 607—18. 15/3. 1956. Basel, Ciba, Forschungslabor., Pharmazeut. Abt.) J. KNAUL. B 225

**S. J. Branch** und **Brynmor Jones**, *Kinetik und Mechanismus der aromatischen Halogenierung durch unterhalogenige Säuren. 2. Mitt. Richteffekte von Substituenten bei der Bromierung aromatischer Äther durch unterbromige Säure.* (1. vgl. C. **1955**. 5277.) Die kinet. Unterss. der Kernbromierung werden ausgedehnt auf mehrere Reihen mono-, di- u. polysubstituierter gemischt aromat.-aliphat. Äther u. die Geschwindigkeitskonstanten k bei 20° in 75%ig. Essigsäure der Rk. mit HOBr bestimmt. In allen Fällen sind die Rkk. 2. Ordnung. Die relativen Einfll. sowohl von Kernsubstituenten als auch der Alkoxygruppen auf k, bezogen auf den Methyläther jeder Reihe, werden berechnet u. sind tabelliert. Der Einfl. der Alkoxygruppen auf k nimmt in der Reihe $CH_3O$ → $C_7H_{15}O$ zu, von $C_8H_{17}O$ geringfügig ab u. zeigt große Ähnlichkeit, auch bei den Benzyläthern, mit den bei der Chlorierung erhaltenen Werten (vgl. BRYNMOR JONES, J. chem. Soc. [London] **1935**. 1831), obwohl die Bromierung über das $Br^+$, bzw. $H_2OBr^+$-Ion, die Chlorierung über das $Cl_2$-Mol. verläuft. Kettenverzweigung in der Alkoxygruppe erhöht k, jedoch nimmt iso-$C_3H_7O$ eine Sonderstellung ein. Der Einfl. von p-Substituenten (teils aus disubstituierten Verbb. berechnet) auf die k-Werte folgt der Reihe (H) > F > Br > Cl > $CO_2 \cdot C_2H_5$ > $CO_2CH_3$ > $NO_2$. — Im einzelnen werden untersucht, in [ ] k (Liter·$Mol^{-1}$·$sec^{-1}$): *Methyl-*, F. 52,5° [0,162]; *Äthyl-*, F. 59° [0,330]; *n-Propyl-*, $Kp._2$ 126° [0,353]; *n-Butyl-*, $Kp._5$ 148° [0,360]; *n-Amyl-*, $C_{11}H_{15}O_3N$, $Kp._2$ 147° [0,359]; *n-Octyl-*, F. 26°, $Kp._{14}$ 219° [0,349]; *Benzyl-*, F. 106° [0,113]; *Isopropyl-4-nitrophenyläther*, [0,642]. — *Methyl-*, F. 29°, $Kp._{760}$ 229° [0,283]; *Äthyl-*, F. 32°, $Kp._{760}$ 237° [0,566]; *n-Propyl-*, $C_9H_{10}OCl_2$, $Kp._4$ 109° [0,634]; *n-Butyl-*, $C_{10}H_{12}OCl_2$, $Kp._3$ 121° [0,645]; *n-Amyl-*, $C_{11}H_{14}OCl_2$, $Kp._{760}$ 228° [0,652]; *Benzyl-*, F. 61° [0,205]; *Isopropyl-*, $C_9H_{10}OCl_2$, $Kp._2$ 94° [1,034]; *Isobutyl-*, $C_{10}H_{12}OCl_2$, $Kp._{12}$ 148° [—]; *Isoamyl-2.4-dichlorphenyläther*, $Kp._{10}$ 157° [—]. — *Methyl-*, F. 61° [0,373]; *Äthyl-* F. 53° [0,747]; *n-Propyl-*, $C_9H_{10}OBr_2$, $Kp._7$ 140° [0,852]; *n-Butyl-*, $C_{10}H_{12}OBr_2$, $Kp._8$ 169° [0,860]; *n-Amyl-*, $C_{11}H_{14}OBr_2$, $Kp._8$ 178° [0,880]; *Benzyl-*, F. 68° [0,265]; *Isopropyl-*, $Kp._6$139° [1,36]; *Isobutyl-*, $C_{10}H_{12}OBr_2$, $Kp._5$ 158° [1,01]; *Isoamyl-2.4-dibromphenyläther*, $C_{11}H_{14}OBr_2$, $Kp._{10}$ 182° [0,974]. — *4-Methoxy-* (**Ia**), [0,0648]; *4-Äthoxy-* (**IIa**), [0,130]; *4-Propoxy-* (**IIIa**) [0,145]; *4-Butoxy-* (**IVa**), [0,153]; *4-Amyloxy-* (**Va**), [0,153]; *4-Isopropoxy-3-chlorbenzoesäureäthylester*, (**VIa**), [0,224]; in gleicher Folge die *Methylester*: **Ib** [0,0626]; **IIb** [0,124]; **IIIb** [0,140]; **VIb** [0,208]; ebenso die *Äthylester* (*Methylester*) der *4-Alkoxy-3-brombenzoesäuren*: **Ic** [0,0881] (**Id** [0,0840]); **IIc** [0,177] (**IId** [0,166]); **IIIc** [0,200] (**IIId** [0,192]); **IVc** [0,205]; **Vc** [0,206]; **VIc** [0,319] (**VId** [0,305]). — *2-Methoxy-* (**VIIa**), [0,256]; *2-Äthoxy-* (**VIIIa**), [—]; *2-Isopropoxy-5-chlorbenzoesäuremethylester*, (**IXa**), [0,840]; in gleicher Folge die 2-Alkoxyderivv. des *5-Brombenzoesäuremethylesters*: **VIIb** [0,345]; **VIIIb** [0,886]; **IXb** [1,02]. — *β-Bromäthyl-* (**X**) [0,0455], *γ-Brompropyl-2.4-dichlorphenyläther* (**XI**), [0,160]. — *2.4-Dichlor-* (**XII**), [0,0230]; *4-Fluor-*, F. 106° [9,5]; *4-Chlor-*, F. 157° [4,1]; *4-Brom-*, F. 158° [5,6]; *2.4-Dichlor-3.5-dimethyl-*, [3,1]; *α-Methyl-2.4-dichlor-*, [0,0274]; *-2.6-dichlor-*, [0,003]; *-4-chlorphenoxyessigsäure*, F. 116° [5,0]; *Methylester* von **XII** [0,102]. — *β-4-Chlor-*, F. 138° [35 (38?)]; *β-4-Brom-*, F. 146° [51]; *β-2.4-Dichlorphenoxypropionsäure* (**XVI**), [0,136]. — *4-Fluor-*, F. 62° [15,6]; *4-Chlorphenyl-o-nitrobenzyläther*, F. 69° [9,5]; *4-Chlorphenyl-p-nitro-*, F. 102° [11,7]; *[4-Chlor-2-nitro-3.5-dimethylphenyl]-benzyläther*, F. 105° [0,493]; *[4-Chlor-2-nitro-3.5-dimethylphenyl]-methyl-*, [0,742] u. *-äthyläther*, [1,42]; *2.6-Dibromphenylmethyläther*, [0,008]. — *2-Brom-4-fluor-* (**XIII**), [0,829]; *2-Brom-4-chlor-* (**XIV**) [0,349]; *4-Brom-2-chloranisol* (**XV**), [0,296].

Versuche: Darst. der meisten Äther aus dem entsprechenden Phenol in Cyclohexan mit $K_2CO_3$ u. Alkyljodid. *2'-Bromäthyl-2.4-dichlorphenyläther* (**X**), $C_8H_7OCl_2Br$, $Kp._2$ 134°, aus 2.4-Dichlorphenol u. $C_2H_4Br_2$ in Aceton; 50% (Ausbeute); daneben *1.2-Bis-[2.4-dichlorphenoxy]-äthan*, F. 94°. — *3'-Brompropyl-2.4-dichlorphenyläther* (**XI**), $C_9H_9OCl_2Br$, $Kp._2$ 148°, analog; daneben *1.3-Bis-[2.4-dichlorphenoxy]-propan*, F. 94°. — *β-2.4-Dichlorphenoxypropionsäure* (**XVI**), F. 93° (A), aus β-Chlorpropionsäure u. 2.4-Dichlorphenol. — Verätherung von 3-Chlor-4-oxybenzoesäuremethyl-, F. 106° u. -äthylester, F. 77°, nach der Standardmeth. gab: *4-Methoxy-* (**Ib**), F. 93°; *4-Äthoxy-* (**IIb**), $C_{10}H_{11}O_3Cl$, F. 48°, $Kp._{12}$ 168°; *4-Propoxy-3-chlorbenzoesäuremethylester* (**IIIb**), $C_{11}H_{13} \cdot O_3Cl$, $Kp._{12}$ 182° u. *4-Methoxy-* (**Ia**), F. 76°; *4-Äthoxy-* (**IIa**), F. 51°; *4-Propoxy-* (**IIIa**), $C_{12}H_{15}O_3Cl$, $Kp._7$ 179°; *4-Butoxy-* (**IVa**), $C_{13}H_{17}O_3Cl$, $Kp._8$ 186°; *4-Amyloxy-3-chlorbenzoesäureäthylester* (**Va**), $C_{14}H_{19}O_3Cl$, $Kp._7$ 190°. — *3-Brom-4-oxybenzoesäure*, F. 156°, aus p-Oxybenzoesäure u. $Br_2$ in Essigsäure; Verätherung des *Methyl-*, F. 107°, u. *Äthylesters*, F. 102°, gab: *4-Methoxy-* (**Id**), $C_9H_9O_3Br$, F. 94°; *4-Äthoxy-* (**IId**), $C_{10}H_{11}O_3Br$, F. 46°, $Kp._{15}$ 177°; *4-Propoxy-3-brombenzoesäuremethylester* (**IIId**), $C_{11}H_{13}O_3Br$, $Kp._7$ 192° u. *4-Methoxy-* (**Ic**), F. 73°; *4-Äthoxy-* (**IIc**), F. 60°; *4-Propoxy-* (**IIIc**), $C_{12}H_{15}O_3Br$, F. 35°, $Kp._5$ 179°; *4-Butoxy-* (**IVc**), $C_{13}H_{17}O_3Br$, $Kp._8$ 190°; *4-n-Amyloxybrombenzoesäureäthylester* (**Vc**), $C_{14}H_{19}O_3Br$, F. 28°, $Kp._7$ 224°. — *5-Chlor-2-oxybenzoesäure*, F. 172°, aus Salicylsäure u. $Cl_2$ in Chlf., *Äthylester*, F. 25°; Verätherung des *Methylesters*, F. 47°, gab: *2-Methoxy-* (**VIIa**), $Kp._9$ 148°; *2-Äthoxy-5-chlorbenzoesäuremethylester* (**VIIIa**), $C_{10}H_{11} \cdot O_3Cl$, $Kp._9$ 156°. — *5-Brom-2-oxybenzoesäure*, F. 165°, wie vorst. mit $Br_2$ in Essigsäure; Verätherung des *Methylesters*, F. 60°: *2-Methoxy-* (**VIIb**), F. 38, $Kp._{15}$ 168°; *2-Äthoxy-5-brombenzoesäuremethylester* (**VIIIb**), F. 48, $Kp._8$ 160°. — *2-Brom-4-fluoranisol* (**XIII**), $Kp._3$ 87°, aus p-Fluoranisol (nach BALZ-SCHIEMANN aus p-Anisidin) u. $Br_2$ in Essigsäure. *2-Brom-4-chloranisol* (**XIV**), $Kp._2$ 95°, analog. *4-Brom-2-chloranisol* (**XV**), F. 69° (A), aus Dichloramin-T u. p-Bromanisol in Essigsäure unter Kühlung. (J. chem. Soc. [London] **1955**. 2921—26. Aug. Hull, Univ.) G. PÖTZSCHER. B 225

**H. Burton** und **D. A. Munday**, *Durch starke Säuren katalysierte Acylierung und verwandte Reaktionen.* 12. Mitt. *Das Allylkation und einige verwandte Kationen.* (11. vgl. C. **1956**. 1548.) Mittels der $AgClO_4$-Technik wurde das Verh. von *Allyl-* (**I**), *Crotyl-* (**II**) u. *Cinnamylphenyläther* (**III**) gegenüber dem Acetylkation sowie die Eigg. des gewöhnlichen u. substituierten Allylkations untersucht. **I** wird durch Acetylperchlorat nicht gespalten, sondern, selbst in Benzollsg., zu *p-Allyloxyacetophenon* acetyliert. Daneben entsteht wenig Phenylacetat. Unter vergleichbaren Bedingungen wird das Allylkation nicht so leicht gebildet wie das Benzylkation. Völlig verschied. Verh. zeigen **II** u. **III**, die unter allen Bedingungen, auch bei der Behandlung mit wenig 70%ig. $HClO_4$ in Nitromethan, viscose bzw. harzartige Prodd. variabler Zus. mit höherem O-Geh. als die Ausgangsverbb. lieferten. Offenbar sind substituierte Allylkationen unbeständig u. „polymerisieren" sich in gleicher Weise wie das Benzylkation. Ähnliche Resultate brachten auch die Verss., die Kationen aus den entsprechenden Allylhalogeniden mit $AgClO_4$ zu erzeugen. Die „Polymerisation" der substituierten Allylkationen verläuft möglicherweise nach Abspaltung eines Protons über die Stufe eines substituierten Allens. Aus Cinnamoylperchlorat u. Anisol bildet sich in Ausbeuten über 90% *p-Methoxyphenylstyrylketon.* Das Cinnamoylkation schließt sich demnach in seinem Verh. eng an die früher untersuchten reaktionsfähigeren Aroylkationen an.

Versuche: *p-Allyloxyacetophenon,* $C_{11}H_{12}O_2$, Kp.$_{0,5}$ 110—112°, aus Allylbromid, KOH u. p-Oxyacetophenon in wasserhaltigem Dioxan durch 17std. Kochen. *2.4-Dinitrophenylhydrazon,* $C_{17}H_{16}O_5N_4$, F. 189° (A.) rote Nadeln. — *Allylmesitylen,* $C_{12}H_{16}$, Kp.$_{10}$ 97—98°, durch 6std. Kochen von Mesityl-MgBr u. Allylbromid in Aether. (J. chem. Soc. [London] **1954**. 1456—60. Mai. London, Univ., Queen Elizabeth Coll.)

G. LOHAUS. B 225

**I. A. Alexejewa** und **I. Ja. Posstowski,** *Hydrolytische Spaltung von Benzothiazolyl-2-aryl- und alkylsulfonen.* 2. Mitt. *Über den Einfluß einiger Substituenten auf die relative Spaltungsgeschwindigkeit.* (1. vgl. C. **1955**. 9059.) Es wird untersucht, in welchem Maße die Hydrolyse von Benzothiazolyl-(2)-alkyl- u. -arylsulfonen durch Substitution am $C_{(6)}$ des Benzothiazolringes beeinflußt wird. Elektronen anziehende Gruppen ($NO_2$) begünstigen, Elektronen abstoßende Gruppen ($CH_3O$) hemmen die Hydrolyse. Der entgegengerichtete Einfl. dieser Gruppen wirkt sich auch bei den Rkk. von Na-p-Nitrothiophenolat mit 6-Nitro-2-chlor- (I), 2-Chlor- bzw. 6-Methoxy-2-chlorbenzothiazol (II) aus. I reagiert am schnellsten, II am langsamsten. Die Hydrolysegeschwindigkeit der Benzothiazolyl-(2)-alkyl- u. arylsulfone wird auch durch den Alkyl- bzw. Arylrest beeinflußt. Mit wachsender Kettenlänge des Alkylrestes wird die Hydrolyse verlangsamt, enthält der Alkylrest Carbonylgruppen, so wird die Hydrolyse beschleunigt. Die Hydrolysegeschwindigkeit wird über die Ausbeute an den entsprechenden Benzothiazolon-(2)-derivv. ermittelt, die unter gleichen Reaktionsbedingungen nach der gleichen Zeit erhalten werden.

Versuche: *[Benzothiazolyl-(2)]-4'-nitrophenylsulfon,* F. 213—214°, durch Rk. von 2 g 2-Chlorbenzothiazol in 50 ml A. mit 2 g p-Nitrothiophenol in 50 ml A. + 60 ml 2n NaOH (2½ Std. Erhitzen) u. Oxydation des erhaltenen *[Benzothiazolyl-(2)]-4'-nitrophenylsulfids* [F. 112—113°; gelbe Blättchen; 34% (Ausbeute)] mit 7,5%ig. $KMnO_4$. — *[Benzothiazolyl-(2)]-benzylsulfon,* $C_{14}H_{11}O_2NS_2$, F. 105—106°; durch $KMnO_4$-Oxydation des entsprechenden Sulfids; Blättchen. — *[6-Methoxybenzothiazolyl-(2)]-4'-nitrophenylsulfon,* $C_{14}H_{10}O_5N_2S_2$, F. 247—248° (Butylalkohol); durch Rk. von 2-Chlor-6-methoxybenzothiazol mit Na-p-Nitrothiophenolat unter Zusatz von wenig KJ in sd. Butylalkohol u. $KMnO_4$-Oxydation des erhaltenen *[6-Methoxybenzothiazolyl-(2)]-4'-nitrophenylsulfids* (F. 128—130°; 28%). — *[6-Nitrobenzothiazolyl-(2)]-4'-methylpentylsulfon,* $C_{13}H_{16}O_4N_2S_2$, F. 120—121° (A.); aus dem entsprechenden Sulfid durch $KMnO_4$-Oxydation; gelbliche Nadeln. — *[6-Nitrobenzothiazolyl-(2)]-5'-methylhexylsulfon,* $C_{14}H_{18}O_4N_2S_2$, F. 135—136° (A.); aus dem Sulfid mit $KMnO_4$; glänzende Blättchen. — *[6-Nitrobenzothiazolyl-(2)]-1'-methylheptylsulfon,* $C_{15}H_{20}O_4N_2S_2$, F. 115—116° (A.); aus dem Sulfid mit $KMnO_4$; gelbliche Nadeln. — *[6-Nitrobenzothiazolyl-(2)]-carbäthoxymethylsulfid,* $C_{11}H_{10}O_4N_2S_2$, F. 97° (Methylalkohol); zu einem sd. Gemisch aus 2,65 g 6-Nitro-2-mercaptothiazol u. 1,6 g KJ in 25 ml A. + 6,3 ml 2n NaOH gibt man 5,5 ml Chloressigsäureäthylester, kocht 2 Std. u. gießt auf Eiswasser; gelbe Nadeln; 1,95 g. — *[6-Nitrobenzothiazolyl-(2)]-carbäthoxymethylsulfon,* $C_{11}H_{10}O_6N_2S_2$, F. 134° (A.), aus vorst. Sulfid mit $KMnO_4$; 60%. — Nach CUTTER u. GOLDEN (C. **1947**. 1603.) wurden ferner synthetisiert u. hydrolyt. gespalten: *[6-Nitrobenzothiazolyl-(2)]-4'-nitrophenylsulfon; [6-Nitrobenzothiazolyl-(2)]-benzylsulfon; [6-Nitrobenzothiazolyl-(2)]-4'-nitrobenzylsulfon; [6-Nitrobenzothiazolyl-(2)]-phenacylsulfon.* Folgende *[6-Nitrobenzothiazolyl-(2)]-alkylsulfone: Alkyl = Methyl,* F. 186—187°; *Alkyl = Äthyl,* F. 160—161°; *Alkyl = n-Propyl,* F. 179 bis 180°; *Alkyl = n-Butyl,* F. 151—152°; *Alkyl = n-Amyl,* F. 124—125°; *Alkyl = n-Hexyl,* F. 112—113°; *Alkyl = n-Heptyl,* F. 123—124°; *Alkyl = Isobutyl,* F. 122—123°; *Alkyl = Isoamyl,* F. 112—113°. (Журнал Общей Химии [J. allg. Chem.] **24** (**86**). 1814—19. Okt. 1954. Uraler Polytechn. Kirow-Inst.) G. FROELICH. B 225

**B. Kastening, L. Holleck** und **G. A. Melkonian,** *Kinetische Untersuchungen über die Bildung und den Zerfall des Benzylidenanilins.* (Vgl. C. **1956**. 8301.) Die Hydrolyse des *Benzylidenanilins* (I) läßt sich gut polarograph. verfolgen, da die Halbstufenpotentiale von I u. Benzaldehyd weit genug auseinander liegen. Die Hydrolyse ist eine Rk. 1. Ordnung u. führt zu einem Gleichgewicht. Wie aus der Kurve log $k/p_H$ nach SKRABAL [1927] zu ersehen ist, sind sowohl Neutral-Rk. (bei $p_H$ 11 u. 12) als auch $H_3O^+$- u. $OH^-$-Katalyse möglich, während eine allg. Säure-Base-Katalyse ohne Bedeutung zu sein scheint. Die katalyt. Konstante $k^{H^+}$ wird bestimmt, für $k^{OH^-}$ abgeschätzt. Die Hydratation der SCHIFFschen Base (SB) zum Aminoalkohol (AA) wird im Gegensatz zu ZUMAN (vgl. Collect. czechoslov. chem. Commun. **15** [1950.] 866) nicht als geschwindigkeitsbestimmender Schritt angenommen. Vielmehr steht der AA mit der SB im Gleichgewicht. Dies ergibt sich daraus, daß die Stufenhöhe der SB stets um einen proportionalen Betrag x zu niedrig ist, der dem polarograph. inakt. AA zugeschrieben wird. Die Gleichgewichtskonstante $K_H$ folgt daraus zu 0,19 bei 20—40°. Für die Kondensation, die etwas schneller als die Hydrolyse verläuft, sind die Konstanten bei 41° graph. angegeben. Wegen des großen (200fachen) Überschusses an Anilin, das auch etwas katalyt. wirksam ist, liegt der $K_H$-Wert etwas höher als bei der Hydrolyse. Die Aktivierungsgrößen betragen $\Delta G$ —1000 cal·Mol⁻¹; $\Delta S$ —19,4 cal·Mol⁻¹·Grad⁻¹; $\Delta H$ —6800 cal·Mol⁻¹. (Z. Elektrochem., Ber. Bunsenges. physik. Chem. **60.** 130—35. März 1956.) Hamburg, Univ., Inst. für physikal. Chem.) K. BECKER. B 225

**Jean Jullien, Max Mousseron** und **Paul Fauché,** *Kinetik der Addition von Blausäure an einige acyclische Ketone.* Vff. untersuchten die Kinetik der Cyanhydrinbldg. in Acetat-gepuffertem wss. A. (50%) bei *Aceton* (I), *Diäthyl-* (II), *Diisopropyl* (III), *Di-n-propyl-* (**IV**; W./A. = 30/70), *Di-tert.-butyl-* (**V**), *Di-n-butyl-* (**VI**; 30/70), *Methyläthyl-* (**VII**), *Methylisopropyl-* (**VIII**), *Methyl-tert.-butylketon* (**IX**) u. den den **I**—**VI** entsprechenden *α-Chlorketonen.* Folgende Werte für die Aktivierungsenergie E [kcal/Mol], die Aktionskonstante log B [Liter/(Mol·Min.)] u. $k_2$ [Liter/(Mol·Min.)], letztere für eine mittlere Temp. von 10°, werden angegeben (in Klammern die entsprechenden Werte der Chlorketone): **I**: 17,7; 10,4; 6,0 [$\cdot 10^{-4}$]; (13,9; 9,7; 7,8 [$\cdot 10^{-2}$]); **II**: 14,7; 8,3; 8,5; (12,8; 9,0; 13,0); **III**: 12,7; 6,5; 4,4; (—; —; <0,15); **V**: —; —; <0,2; **IV**: 15,6; 8,7; 4,1; (9,9; 6,4; 6,0); **VI**: 14,0; 7,6; 6,7; (8,9; 6,0; 14,0); **VII**: 16,3; 9,4; 5,9; **VIII**: 11,9; 6,6; 26,0; **IX**; 13,7; 7,3; 5,1. — Die Änderung der E- u. log B-Werte bei Homologen liegt außerhalb der Fehlergrenze, die Ergebnisse können jedoch noch nicht interpretiert werden. Aus dem Verlauf der Geschwindigkeitskonstanten in den Reihen **I, II, III, V**; **I, VII, VIII, IX** sowie der entsprechenden Chlorketone u. ausgehend von dem Energieglied der HAMMETTschen Gleichung für die freie Aktivierungsenergie schließen Vff. auf eine Überlagerung von Hyperkonjugation (Verlangsamung bei dem Anfangsglied) u. ster. Hinderung (Verlangsamung bei dem Endglied), wobei letztere zunehmend überwiegt [Diagramm $k/k_0 = f$ (C-Kette)]. Die Abnahme der $k_2$-Werte von **IV** nach **VI** können Vff. nicht erklären. In allen Fällen wird durch den induktiven Effekt des Cl in 2-Stellung die Geschwindigkeit erhöht. (Bull. Soc. chim. France [5] **1956.** 401—07. März. Montpellier, Univ., Inst. de Chimie.) J. RICHTER. B 225

**Jean Jullien, Max Mousseron** und **Paul Fauché,** *Kinetik der Addition von Blausäure an einige alicyclische Ketone.* (Vgl. vorst. Ref.) Unter den oben genannten Bedingungen untersuchten Vff. die Kinetik der Cyanhydrinbldg. an *Cyclopentanon* (I), *-hexanon* (II), *-heptanon* (III) u. deren *2-Chlorderivaten.* Als Vergleichssubstanzen dienten Diäthylketon u. sein Chlorderivat. Ergebnisse (Folge wie vorst.): **I**: 19,5; 11,8; 4,7; (11,5; 7,4; 2,7); **II**: 13,4; 8,4; 100; (16,5; 11,9; 10,0); **III**: 14,8; 8,5; 10; (13,8; 8,9; 1,5). — Da der gegenüber den anderen um ca. 3,4 Einheiten größere log B-Wert des **I** eine Deutung der Ergebnisse auf Grund energet. Faktoren allein ausschließt, diskutieren Vff. die $k_2$-Werte. Ausgehend von der HAMMETTschen Gleichung, in der sie das Verhältnis der Zustandssummen gleichsetzen mit der im Übergangs- u. Anfangszustand möglichen Anzahl von Stereoisomeren der untersuchten Verb. dividiert durch das gleiche Verhältnis der Bezugsverb., führen Vff. den abnormen Wert von $k/k_0 = 12$ für **II** auf die Stereochemie zurück. Für ein beliebiges aliphat. Keton wird das Konfigurationsverhältnis (freie Drehbarkeit im Anfangs- u. Übergangszustand vorausgesetzt) angenähert 1; gleiches gilt für das anfangs unter Spannung stehende **I** (keine freie Drehbarkeit u. daher nur 1 Konfiguration im Anfangs- u. Übergangszustand); dagegen folgt aus der Stereometrie des **II** (2 Sessel- u. Wannenformen) u. seines Cyanhydrins (12 Sessel- u. unendliche Wannenformen), selbst unter Vernachlässigung der beiden Formen für die **II**-Derivv., daß das Konfigurationsverhältnis $\gg 1$ sein muß; für **III** kann eine Mittelstellung, also ein Verhältnis $>1$, angenommen werden. Die bes. bei den Chlorderivv. im Vgl. mit den Bezugsverbb. beobachtete Geschwindigkeitsabnahme kann durch ster. Hinderung erklärt werden. (Bull. Soc. chim. France [5] **1956.** 408—10. März.) J. RICHTER. B 225

**Herbert C. Brown** und **Ichiro Moritani,** *Sterische Effekte bei Eliminierungsreaktionen.* 1. Mitt. *Richteffekte bei monomolekularen Eliminierungen; ein Fall der Eliminierung nach* *der Hofmannschen Regel bei einer E 1-Reaktion.* Es wurde die Geschwindigkeit der Halogenwasserstoffabspaltung u. die Olefinbldg. aus tert.-Alkylhalogeniden bei 25° in 85 Vol.-%ig. n-Butylcellosolve (I, $D_4^{25}$ 0,9219) untersucht. Durch zugesetztes Triäthanolamin wurden die entstehenden Säuren neutralisiert. Die Olefine konnten isoliert werden; Identifizierung durch Infrarotanalyse oder an Hand des Brechungsindices. Die so gefundenen Olefinausbeuten stimmen mit den von Brown u. Fletcher (C. **1950**. II. 2411) durch bromometr. Titration gefundenen überein. Mit 80%ig. A. als Lösungsm. wurden bzgl. der Olefinbldg. dieselben Ergebnisse erhalten wie mit **I**. Aus tert.-Amylbromid (**II**) in **I** entstanden *2-Methylbuten-(1)* (20%) u. -(*2*) (80%); aus Dimethylisopropylcarbinylbromid (**III**) *2.3-Dimethylbuten-(1)* (18%) u. -(*2*) (82%); aus Diäthylmethylcarbinylbromid (**IV**) *2-Äthylbuten-(1)* (3,5%), *cis-* (38,5%) u. *trans-3-Methylpenten-(2)* (58%); aus Dimethylneopentylcarbinylchlorid *2.4.4-Trimethylpenten-(1)* (**V**; 81%) u. -(*2*) (**VI**; 19%) (vgl. dagegen Hughes u. Mitarbeiter, C. **1954**. 7621); aus Dimethylneopentylcarbinylbromid **V** (82%) u. **VI** (18%), in **I** bei 75° **V** (80%) u. **VI** (20%); aus Dimethylneopentylcarbinyljodid (**VII**; Reinheit 92,6%, $n_D^{20}$ 1,4978) **V** (81%) u. **VI** (19%); aus Butyl-(2)-tosylat in wasserfreier Essigsäure bei 118° *Buten-(1)* (10,3%), *cis-* (43,2%) u. *trans-Buten-(2)* (46,5%); aus Pentyl-(2)-tosylat (**VIII**) wie vorst. *Penten-(1)* (16%), *cis-* (35%) u. *trans-Penten-(2)* (49%). Die Eliminierungs-Rkk. verlaufen also bei **II**, **III** u. **IV** nach der Saytzeffschen Regel. Die Reaktionsgeschwindigkeit der Dimethylneopentylcarbinylhalogenide wird durch $OH^-$-Ionen nicht beeinflußt, es handelt sich hier um Carboniumionen-Rkk., eine bimol. Rk. findet nicht statt, die Ergebnisse entsprechen jedoch der Hofmannschen Regel. — Die tert. Halogenide wurden durch Einleiten von Halogenwasserstoff in die Alkohole dargestellt. Durch Addition von HBr an Diisobutylen wurde ein Gemisch von prim. u. tert. Bromid erhalten. — **VIII**, $C_{12}H_{18}O_3S$, nach Tipson (J. Org. Chemistry **9**. [1944.] 235), Reinigung durch Molekulardest., $n_D^{20}$ 1,5005; 70,4% (Ausbeute). (J. Amer. chem. Soc. **77**. 3607—10. 5/7. 1955. Lafayette, Ind., Purdue Univ., Dep. of Chem.) G. Cleve. B 225

**Herbert C. Brown** und **M. Nakagawa,** *Sterische Effekte bei Eliminierungsreaktionen.* 2. Mitt. *Der sterische Effekt von Alkylsubstituenten auf das Ausmaß und die Richtung unimolekularer Eliminierungen bei der Solvolyse tertiärer Alkylbromide.* (1. vgl. vorst. Ref.) Es wurde die Geschwindigkeit der Solvolyse von tert.-Alkylbromiden in 85 Vol.-%ig. n-Butylcellosolve ($n_D^{20}$ 1,4095) in Ggw. von Triäthanolamin ($Kp._6$ 196—197°) bei 25,0° untersucht: *tert.-Amyl-* (I) $k_1 = 0,387$ ($Std.^{-1}$), *Dimethyl-n-propylcarbinyl-* (**II**) 0,297, *Dimethylisobutylcarbinyl-* (**III**) 0,697 u. *Dimethylneopentylcarbinylbromid* (**IV**) 4,71. Die entstandenen Olefine wurden abdest. u. wie l. c. beschrieben identifiziert: Olefinausbeute aus **I** 27% (Zus.: 21% *1-* u. 79% *2-Olefin*), aus **II** 32,5% (Zus.: 29 u. 71%), aus **III** 46% (Zus.: 41 u. 59%), aus **IV** 57% (Zus.: 81 u. 19%). Das starke Ansteigen des $k_1$-Wertes bei **IV** im Vgl. zu **I**, **II** u. **III** wird auf die Lockerung der B-Spannung, die bei Ionisierung von **IV** eintritt, zurückgeführt. Die relativ geringe Ausbeute an 2-Olefin [*1.1-Dimethyl-2-tert.-butyläthylen* (**V**)] aus **IV** im Vgl. zu *1.1-Dimethyl-2-isopropyläthylen* aus **III** wird ebenfalls mit dem Unterschied in der ster. Spannung dieser beiden Olefine erklärt; entsprechend besteht auch eine Differenz der relativen Stabilitäten der Übergangszustände. Es wird angenommen, daß der Anstieg der ster. Hinderung beim Übergang 1-Olefin [*2.4.4-Trimethylpenten-(1)*]–**V** größer ist als das Anwachsen der hyperkonjugativen Stabilisierung in der gleichen Folge, dadurch ist **V** instabiler, u. es kommt zum Überwiegen der Eliminierung nach Hofmann bei der Bldg. dieser Olefine durch E 1-Reaktion. Das Ansteigen der Gesamtausbeute an Olefinen in der Reihe **I**—**IV** beruht darauf, daß die neben der Eliminierung verlaufende Substitutions-Rk. (Bldg. von tert. Alkoholen) durch die von **I** bis **IV** zunehmende Verzweigung der Alkylkette stärker gehindert wird als die Eliminierungs-Reaktion. — *Dimethyl-n-propylcarbinol*, $Kp._{27,5}$ 49,5°, $n_D^{20}$ 1,4105, u. *Dimethylisobutylcarbinol*, $Kp._{28}$ 54°, $n_D^{20}$ 1,4162, aus n-Propyl- bzw. Isobutyl-MgBr u. Aceton; 65 bzw. 27% (Ausbeute). — *Dimethylneopentylcarbinol*, $Kp._{28,4}$ 60,5°, $n_D^{20}$ 1,4280, aus Diisobutylen mit HCl u. neutrale Hydrolyse des Chlorids. — *tert.-Amylalkohol*, $Kp._{746}$ 101°, $n_D^{20}$ 1,4043. — **I**, $Kp._{110}$ 51,5°, $n_D^{20}$ 1,4410. — **II**, $Kp._{38}$ 47°, $n_D^{20}$ 1,4442. — **III**, $Kp._{20}$ 46°, $n_D^{20}$ 1,4461. — **IV**, $Kp._{15}$ 61,5°, $n_D^{20}$ 1,4567. (J. Amer. chem. Soc. **77**. 3610—13. 5/7. 1955.) G. Cleve. B 225

**Herbert C. Brown** und **M. Nakagawa,** *Sterische Effekte bei Eliminierungsreaktionen.* 3. Mitt. *Der sterische Effekt von Alkylsubstituenten auf das Ausmaß und die Richtung unimolekularer Eliminierungen bei der Solvolyse sekundärer Alkylbrosylate.* (2. vgl. vorst. Ref.) Die Solvolysengeschwindigkeitskonstanten ($k_1$) für folgende *p-Brombenzolsulfonate* wurden bei 70,0° in wasserfreier Essigsäure nach der Meth. von Winstein u. Mitarbeitern (J. Amer. chem. Soc. **70**. [1948.] 821) gemessen: *Butyl-(2)-* (**I**) $k_1 = 1,29$ [$sec^{-1}$], *Pentyl-(2)-* (**II**) 1,23, *4-Methylpentyl-(2)-* (**III**) 1,13 u. *4.4-Dimethylpentyl-(2)-brosylat* (**IV**) 2,64. Zur Unters. der Olefinbldg. wurde die Rk. bei 118° in Ggw. eines geringen Überschusses von $CH_3COOK$ durchgeführt. Die Olefine wurden infrarotspektroskop. analysiert. Olefinausbeuten: aus **II** 31,5% (Zus.: 15,7% *1-*, 35,5% *cis-* u. 48,8% *trans-2-Olefin*), aus **III** 46,5% (Zus.: 19,7% *1-*, 27,3% *cis-* u. 53,0% *trans-*), aus **IV** 68% (Zus.: 24,3% *1-*, 0,9% *cis-* u. 74,8% *trans-2-Olefin*) (Ergebnisse für Butyl-(2)- u. Pentyl-(2)-tosylat vgl. vorvorst. Ref.). Zur Identifizierung der bei der Acetolyse gebildeten Acetate wurden die Infrarotspektren (zwischen 2 u. 15 μ) von *4.4-Dimethylpentyl-(2)-*, *4-Methylpentyl-(2)-*, *Pentyl-(2)-* u. *Pentyl-(3)-acetat* (**V**) aufgenommen. Aus den Spektren u. physikal. Eigg. der Prodd. ergibt sich, daß die Acetolyse ohne wesentliche Umlagerung verläuft; aus **II** bilden sich ca. 1—2% **V**. — Der ster. Effekt der Alkylgruppe in den Alkylmethylcarbinylbrosylaten ist geringer als in den Alkyldimethylcarbinylbromiden (vgl. vorst. Ref.). Daher verläuft die Eliminierung hier auch beim tert.-Butylderiv. (**IV**) ebenso wie bei **I**—**III** nach der SAYTZEFFschen Regel. Die Solvolysedaten u. das beobachtete Verhältnis von cis- zu trans-2-Olefin stimmen mit der Theorie der ster. Spannung überein. Das regelmäßige Ansteigen der Olefinausbeute mit zunehmender Kettenverzweigung wird auf ein Abnehmen der Substitutionsgeschwindigkeit zurückgeführt, das sich aus der Widerstandsfähigkeit des ebenen Carbeniumions gegen die Addition eines Lösungsmittelmol. (mit der nachfolgenden Bldg. einer gespannten tetraedr. Anordnung) ergibt. Verzweigte Gruppen beschleunigen also die Solvolyse durch „ster. Begünstigung" u. sie begünstigen den Übergang von der SAYTZEFFschen zur HOFMANNschen Eliminierung wegen der ster. Spannungen im 2-Olefin.

Versuche: *Butanol-(2)*, $Kp._{747}$ 98—99°, $n_D^{20}$ 1,3967. — *Pentanol-(2)*, $Kp._{749}$ 118 bis 118,5°, aus n-Butyraldehyd [$Kp._{735}$ 73—73,5°, $n_D^{20}$ 1,3792] u. $CH_3MgJ$; $n_D^{20}$ 1,4060; 82% (Ausbeute). *Acetat*, $Kp._{741}$ 131—131,5°, $n_D^{20}$ 1,3969. — *Pentanol-(3)*, $Kp._{738}$ 113,5 bis 113,7°, aus Äthylformiat [$Kp._{746}$ 53—54°, $n_D^{20}$ 1,3541] u. $C_2H_5MgBr$; $n_D^{20}$ 1,4097; 55%. *Acetat* (**V**), $Kp._{743}$ 130—130,5°, $n_D^{20}$ 1,3980. — *4-Methylpentanol-(2)*, $Kp._{737}$ 129 bis 129,5°, durch Red. von Methylisobutylketon [$Kp._{745}$ 114—115°, $n_D^{20}$ 1,3954] mit $NaBH_4$; $n_D^{20}$ 1,4110; 84%. *Acetat*, $Kp._{740}$ 143—143,5°, $n_D^{20}$ 1,4005. — *4.4-Dimethylpentanon-(2)*, $Kp._{743}$ 123—125°, aus Diisobutylen [$Kp._{745}$ 99,5—102°, $n_D^{20}$ 1,4090] mit $K_2Cr_2O_7$ u. $H_2SO_4$; $n_D^{20}$ 1,4038; 41%. — *4.4-Dimethylpentanol-(2)*, $Kp._{736}$ 137—137,5°, durch tropfenweises Zufügen einer alkoh. Lsg. vorst. Verb. zu $NaBH_4$ in A. u. 2std. Kochen, nach Zugabe von W. noch 1 Std. kochen; $n_D^{20}$ 1,4180; 85%. *Acetat*, $Kp._{47}$ 76—76,5°, $n_D^{20}$ 1,4060. — Die *p-Brombenzolsulfonate* aus den Carbinolen mit p-Brombenzolsulfonylchlorid [F. 77—78°] in wasserfreiem Pyridin unter Kühlung; 85—89%. **I**, F. 30—32° (PAe.). **II**, $n_D^{20}$ 1,5313. **III**, $n_D^{20}$ 1,5260. — **IV**, $C_{13}H_{19}O_3BrS$, F. 52—53° (PAe.), 29%; ist instabil. (J. Amer. chem. Soc. **77**. 3614—19. 5/7. 1955.)

G. CLEVE. B 225

**Herbert C. Brown** und **Y. Okamoto**, *Sterische Effekte bei Eliminierungsreaktionen.* 4. Mitt. *Die Frage der Umlagerungen als Faktor des Ausmaßes und der Richtung von unimolekularen Eliminierungen.* (3. vgl. vorst. Ref.) Es wurde die Solvolyse von *2-Chlor-2.3.3-trimethylpentan* (**I**) in 80%ig. A. ($D._4^{25}$ 0,8502) bzw. in 80 Vol.-%ig. Aceton u. von *3-Chlor-2.2.3-trimethylpentan* (**II**) in 80%ig. Aceton untersucht. Die gebildeten Prodd. wurden dest. u. an Hand ihres Infrarotspektr. identifiziert. Dazu wurden die Spektren von *2.3.3-Trimethylpentanol-(2)* (**III**), *2.2.3-Trimethylpentanol-(3)* (**V**), *2.3.3-Trimethylpenten-(1)* (**IV**) u. **I** aufgenommen. Aus **I** (24 Std. bei 25° in 80%ig. A. in Ggw. von $KHCO_3$) wurde **IV** ($Kp._{749}$ 107,5—109°, $n_D^{20}$ 1,4175) in 58%ig. Ausbeute erhalten, $k_1 = 0,182$ [$Std.^{-1}$]. Außerdem hatten sich **III** u. *2.3.3-Trimethylpentyl-(2)-äthyläther* in 20%ig. Ausbeute gebildet, die mit HCl wieder in **I** übergeführt wurden. In 80%ig. Aceton bei 35—40° in Ggw. von $KHCO_3$ gab **I** in 60 Std. 50% **IV** u. 20% **III** ($Kp._{42}$ 77°, $n_D^{20}$ 1,4415); nachweisbare Mengen **V** hatten sich nicht gebildet. Unter den gleichen Bedingungen, aber in 50 Std. gab **II** 58% Olefin ($Kp._{750}$ 109—111°, $n_D^{20}$ 1,4224, enthielt kein **IV** u. gab mit HCl wieder **II**) u. 18% **V** ($Kp._{46}$ 72,5°, $n_D^{20}$ 1,4357). Bei diesen tert. Chloriden ist die Solvolyse beschleunigt u. die Bereitschaft zu Eliminierungs-Rkk. verstärkt. Da Umlagerungen nicht stattfinden, werden die Hypothesen von HUGHES u. Mitarbeitern (C. **1954**. 7621) u. SHINER (C. **1955**. 9291), die die Beschleunigung mit Brückenbildungseffekten bzw. mit „Umlagerungskräften" erklärten, angezweifelt. Vff. ziehen zur Erklärung die ster. Spannung dieser hochverzweigten Verbb. heran. **I**, F. 10 bis 10,4°, aus **III** [$n_D^{20}$ 1,4420] u. HCl bei 0°; $n_D^{20}$ 1,4460. — **IV**, durch 2std. Kochen von **I** in 2.6-Lutidin [$Kp._{747}$ 143°, $n_D^{20}$ 1,4978]; 88% (Ausbeute). — **II**, F. —17,5 bis —16°, aus **V**; $n_D^{20}$ 1,4441. (J. Amer. chem. Soc. **77**. 3619—23. 5/7. 1955.)

G. CLEVE. B 225

**Herbert C. Brown** und **Ichiro Moritani**, *Sterische Effekte bei Eliminierungsreaktionen.* 5. Mitt. *Der Einfluß sterischer Spannungen auf das Ausmaß und die Richtung unimolekularer Eliminierungen. Die Rolle der sterischen Spannungen bei den Reaktionen hochverzweigter Carboniumionen.* (4. vgl. vorst. Ref.) Auf Grund der Ergebnisse dieser Mitteilungsreihe (vgl. vorst. Reff.) widerlegen Vff. die Interpretationen von HUGHES u. Mitarbeitern (C. **1954.** 7621). An Hand von Beispielen wird dargelegt, daß ster. Spannungen einen wesentlichen Faktor bei monomol. Eliminierungen darstellen. Betrachtung des Einfl. der ster. Spannung liefert eine einfache, stichhaltige Erklärung für den Einfl. der Struktur auf Ausmaß u. Richtung dieser Reaktionen. Ferner läßt sich das ungewöhnliche Verh. von hochverzweigten Carbeniumionen bei Ionisierung, Substitution, Umlagerung u. Eliminierung mit ster. Spannungen erklären. (J. Amer. chem. Soc. **77.** 3623—28. 5/7. 1955.) G. CLEVE. B 225

**A. G. Brook** und **Henry Gilman,** *Basekatalysierte Eliminierungsreaktionen bei Triphenylsilancarbonsäure und ihren Derivaten.* Vff. stellen *Triphenylsilancarbonsäure* (**I**), deren *Methylester* (**II**) u. *Triphenyloxymethylsilan* (**IV**) dar. **I** u. **II** zerfallen in bas. Medium sehr leicht unter CO-Abspaltung. Aus **I** entsteht ausschließlich *Triphenylsilanol* (**III**), selbst wenn die Zers. in absol. A. mit $C_2H_5ONa$ vorgenommen wird. Vff. geben die Reaktionsfolge: $RO^- + I \rightarrow [ROSi(C_6H_5)_3] + CO + OH^-$; $ROSi(C_6H_5)_3 + OH^- \rightarrow (C_6H_5)_3SiOH + OR^-$ an. Aus **II** dagegen entsteht je nach dem angewandten Alkali NaOH, $CH_3ONa$ oder $C_2H_5ONa$ **III** oder das entsprechende Triphenylalkoxysilan. Vff. nehmen an, daß die Rk. $RO^- + II \rightarrow ROSi(C_6H_5)_3 + CO + CH_3O^-$ über den Übergangszustand $RO\cdots Si(C_6H_5)_3\cdots CO\cdots OCH_3$ verläuft. Als Neben-Rk. entsteht vermutlich Methylformiat in geringer Menge. — In reinem Zustand sind **I** u. **II** relativ stabil. Säurekatalyse findet nicht statt. Aus **II** wird mit $LiAlH_4$ **IV** erhalten.

V e r s u c h e: *Triphenylsilancarbonsäure* (**I**), $C_{19}H_{16}O_2Si$, F. 183—184°, aus Hexaphenyldisilan mit Na–K-Legierung u. Umsetzung des Triphenylsilyl-K mit festem $CO_2$ in Ae.; 74% (Ausbeute). — *Triphenylsilanol* (**III**), F. 150—151° (PAe.), aus **I** a) mit verd. NaOH; 90%; daneben 8% *Hexaphenyldisiloxan,* F. 222—224° (PAe.); b) mit $CH_3ONa$; 55%; c) mit $C_2H_5ONa$; 79%. — *Triphenylsilancarbonsäuremethylester* (**II**), $C_{20}H_{18}O_2Si$, F. 107—109 (PAe.), aus **I** u. $CH_2N_2$ in Ae.; 84%; mit verd. NaOH → **III**. *Triphenylmethoxysilan,* $C_{19}H_{18}OSi$, F. 53,5—54,5 (PAe.), a) aus **II** mit $CH_3ONa$ in absol. Methanol; b) aus Triphenylchlorsilan mit $CH_3ONa$ in absol. Methanol; 70%. — *Triphenyläthoxysilan,* F. 59—61°, aus **II** mit $C_2H_5ONa$ in absol. A.; 73%. — *Triphenyloxymethylsilan* (**IV**), F. 109—111 (PAe.) aus **II** mit $LiAlH_4$ in Ae.; 69%. (J. Amer. chem. Soc. **77.** 2322—25. 20/4. 1955. Toronto, Univ.; Ames, Io., Iowa State Coll. Dep. of Chem.) J. KLEINWÄCHTER. B 225

**George L. O'Connor** und **Harold R. Nace,** *Weitere Untersuchungen über die Tschugaeff-Reaktion und verwandte Reaktionen.* (Vgl. C. **1956.** 1267.) Die therm. Zers. von 9 substituierten Cholesterylxanthogenaten sowie den nahe verwandten Verbb. *Cholesterylacetat* (**I**), *-chloracetat* (**II**), *-methyltrithiocarbonat* (**III**), *-äthylcarbonat* (**IV**), *-phenylcarbamat* (**V**) u. *-benzoat* (**VI**) wurde durch Best. der Gewichtsabnahme bei Tempp. zwischen 176° u. 329° kinet. untersucht. Die Rkk. folgen durchweg dem Gesetz 1. Ordnung mit den Geschwindigkeitskonstanten k [$10^4$ $min^{-1}$]: **III** 13, *Cholesterylbenzyl-* 214, *-p-chlorbenzyl-* 295, *-p-nitrobenzyl-* 623, *-triphenylmethyl-* (**VII**) 1430, *-äthyl-* 120, *-p-methoxybenzyl-* 220, *-diphenylmethyl-* (**VIII**) 495, *-2.4-dinitrophenyl-* 706 u. *-methylxanthogenat* 143 (alle Werte bei 176°), **IV** 13,2, 59,8, 236 (bei 241, 261, 281°), **I** 23,5, 128, 557 (281, 306, 329°), **II** 150 (281°), **V** 127 (241°) u. **VI** 78,5 (281°). Die Xanthogenate sowie **III** lieferten *$\Delta^{3.5}$-Cholestadien* (**IX**) in Ausbeuten von 70—90% bei ein bis vierstd. Erhitzen auf 220—320°. Die niedrigsten Ausbeuten an **IX** neben S-haltigen Prodd. gaben **VII** u. **VIII**, offenbar weil sich die schwerflüchtigen Mercaptane bei der Reaktionstemp. an die Doppelbindung addieren können. Die Xanthogenate sind therm. um so instabiler, je elektronegativer die Estergruppe ist. Ihre Zers. erfüllt die HAMMETTsche Gleichung mit dem $\varrho$-Wert +0,87. Häufigkeitsfaktor, Aktivierungsenergie u. -entropie betragen für die Zers. von **I**: 5,1 [$10^{12}$ $sec^{-1}$], 44100 [$cal \cdot Mol^{-1}$], —3,6 [$cal \cdot Mol^{-1} \cdot Grad^{-1}$], **IV**: 2,4, 41000, —4,3 u. *Cholesteryl-S-methylxanthogenat:* 2,4, 32900, — 4,7. Aus Analogiegründen kann angenommen werden, daß auch die Zers. der Carbonate über eine cis-Eliminierung erfolgt.

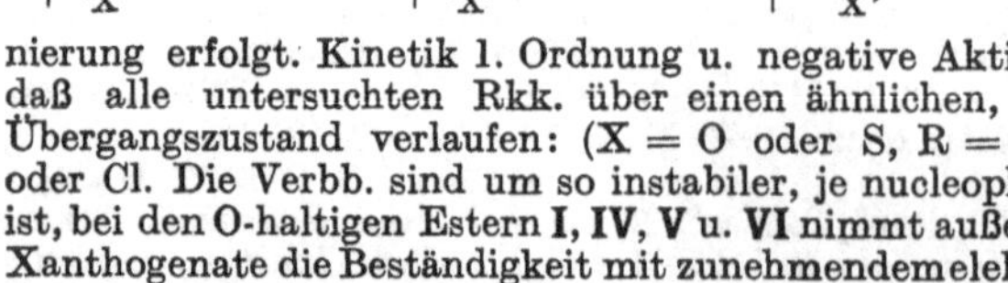

Kinetik 1. Ordnung u. negative Aktivierungsentropie sprechen dafür, daß alle untersuchten Rkk. über einen ähnlichen, obenstehenden, 6-gliedrigen cycl. Übergangszustand verlaufen: (X = O oder S, R = Alkyl-, Aryl-, SR, OR, $NHC_6H_5$ oder Cl. Die Verbb. sind um so instabiler, je nucleophiler ihr Carbonyl-O bzw. Thion-S ist, bei den O-haltigen Estern **I, IV, V** u. **VI** nimmt außerdem im Gegensatz zum Verh. der Xanthogenate die Beständigkeit mit zunehmendem elektropositivem Charakter von R ab. Bei den Xanthogenaten wirkt sich als weitere Triebkraft bei der Zers. noch der Energiegewinn beim Übergang $-O-\overset{|}{\underset{|}{C}}{=}S \rightarrow O{=}\overset{|}{\underset{|}{C}}-S-$ aus.

Versuche: Darst. der Cholesterylxanthogenate aus Cholesterin (**X**) mit NaH in absol. Bzl., 24 Std. kochen, Zugabe von $CS_2$ u. dem entsprechendem Alkylhalogenid, jeweils weitere 24 Std. kochen. — *Cholesterylmethyl-*, $C_{29}H_{48}OS_2$, F. 127,5—128°, $[\alpha]_D$ —53°; 85% (Ausbeute). — *-äthyl-*, $C_{30}H_{50}OS_2$, F. 143,5—144°, $[\alpha]_D$ —42°; 80%. — *-benzyl-*, $C_{35}H_{52}OS_2$, F. 142,5—143°, $[\alpha]_D$ —30°; 92%. — *-p-nitrobenzyl-*, $C_{35}H_{51}O_3NS_2$, F. 147,5—148°, $[\alpha]_D$ —29°; 85%. — *-p-chlorbenzyl-*, $C_{35}H_{51}OClS_2$, F. 142—142,5°, $[\alpha]_D$ —29°; 85%. — *-p-methoxybenzyl-*, $C_{36}H_{54}O_2S_2$, F. 124,5—125°, $[\alpha]_D$ —28°; 70%. — *-2.4-dinitrophenyl-*, $C_{34}H_{48}O_5N_2S_2$, F. 142—144° (Zers.); 80%. — *-diphenylmethyl-* (**VIII**), $C_{41}H_{56}OS_2$, F. 170,5—171,5°, $[\alpha]_D$ —25°; 80%. — *-triphenylmethylxanthogenat* (**VII**), $C_{47}H_{60}OS_2$, F. 156—156,5°, $[\alpha]_D$ —21°; 72%. — *Cholesterylthiocyanat*, F. 126—128° (A.-Äthylacetat 1 : 1), aus Cholesterylchlorid u. Na-Thiocyanat, 48 Std. kochen, $[\alpha]_D$ —10°; 75%. — *Thiocholesterin*, F. 96—97° (A.-Äthylacetat 3 : 1), aus vorst. Verb. mit $LiAlH_4$, $[\alpha]_D$—23°; 95%. — *Cholesterylmethyltrithiocarbonat* (**III**), $C_{29}H_{48}S_3$, F. 126—128°, aus vorst. Verb. u. $CH_3J$; gelbe Nadeln; 92%. — *Cholesterylchloracetat* (**II**), $C_{29}H_{47}O_2Cl$, F. 164,5 bis 165,5° (Essigester), aus **X** u. Chloracetylchlorid in Bzl., $[\alpha]_D$ —35°; 90%. — *Cholesterylphenylcarbamat* (**V**), F. 168,5—169°, aus **X** u. Phenylisocyanat in $CCl_4$, 3 Std. kochen; 95%. (J. Amer. chem. Soc. **75.** 2118—23. 5/5. 1953. Providence, R. I., Brown Univ., Metcalf Chem. Labors.) G. LOHAUS. B 225

**J. R. Thomas**, *Die thermische Zersetzung von Mono-2-äthylhexylpolypropylenglykol.* (Vgl. C. **1955.** 9999.) Vf. untersucht die therm. Zers. von Mono-2-äthylhexylpolypropylenglykol (durchschnittliches Mol.-Gew. ca. 1000) bei 310 u. 338°. Die Zers. wird durch $O_2$ u. Peroxyde (Di-tert.-butylperoxyd) katalysiert u. ist prim. eine freie-Radikal-Rk.; die Abnahme des Mol.-Gew. um 14% bei 1% Zers. in gasförmige Prodd. u. die Bldg. neuer Carbonylgruppen läßt vermuten, daß der wichtigste Faktor der Rk. die Instabilität des durch Abspaltung eines der Ätherbindung benachbarten H-Atoms entstandenen Radikals ist. N-Phenyl-1-naphthylamin wirkt nicht als Inhibitor, was auf eine geringe Kettenlänge der Primär-Rk. schließen läßt. Als wahrscheinliche Start-Rk. wird die Spaltung der Ätherbindung angenommen. (J. Amer. chem. Soc. **77.** 6107—09. 5/12. 1955. Richmond, Calif., Res. Corp.) G. WINKLER. B 225

**James E. Longfield** und **W. D. Walters**, *Die radikalsensibilisierte Zersetzung von Formaldehyd.* Vff. untersuchen die nichtsensibilisierte u. die durch geringe Mengen (~1—4 Vol.-%) Äthylenoxyd (**II**) sensibilisierte Zers. von *Formaldehyd* (**I**) bei 384—437°. Die Zers. von reinem **I** verläuft hauptsächlich nach der Gleichung (1) $2\,I \rightarrow CH_3OH + CO$ (gefundene Reaktionsordnung 1,7, Aktivierungsenergie 31 kcal/Mol, Frequenzfaktor $0,9 \cdot 10^8$ $Grad^{1/2}$·Liter/Mol·Min.). Die durch **II** sensibilisierte Zers. läuft in zwei Haupt-Rkk. ab: $I \rightarrow H_2 + CO$ [Gleichung (2) u. wie vorst. nach Gleichung (1)]. Vergrößerung der Oberfläche verringert die Reaktionsgeschwindigkeit von Rk. (2) merklich, was den Kettencharakter dieser Rk. beweist (Reaktionsordnung in bezug auf **I** 0,8, in bezug auf **II** 0,6; bei Oberflächenvergrößerung erhöhen sich beide Werte auf ~0,9. Aktivierungsenergie für Gesamt-Rk. der sensibilisierten Zers. $48 \pm 1,5$ kcal/Mol). Der Einfl. verschied. Inertgase auf die Rk. wird untersucht, es tritt bei Zusatz eine Erhöhung der Reaktionsgeschwindigkeit ein, die annähernd proportional dem Gasdruck ist. $N_2$ ist etwa nur halb so wirksam wie $CO_2$, was mit der Beteiligung des Inertgases an der Rk. erklärt wird. (J. Amer. chem. Soc. **77.** 6098—6103. 5/12. 1955. Rochester, N. Y., Univ., Dep. of Chem.) G. WINKLER. B 225

**A. Rembaum** und **M. Szwarc**, *Bemerkungen zu einer Käfigreaktion.* Bei der therm. Zers. von *Diacetylperoxyd* (**I**) in Isooctan (**II**) werden neben Disproportionierungsprodd. des **II** $CH_4$, $C_2H_6$ u. $CO_2$ gebildet. Das Ausbeuteverhältnis $2\,C_2H_6/CO_2$, ein Maß für den Bruchteil der $CH_3\cdot$-Radikale, die in $C_2H_6$ übergehen, nimmt von $0,169 \pm 0,014$ bei 65° auf $0,094 \pm 0,018$ bei 85° ab. Dies Ergebnis schließt eine $C_2H_6$-Bldg. durch Kombination „freier" $CH_3\cdot$-Radikale aus, es spricht vielmehr für das Vorliegen einer „Käfig"-Rk.: $C_2H_6$-Bldg. bei Kollision prim. gebildeter $CH_3COO\cdot$-Radikale in einem durch Lösungsmittelmoll. geschaffenem Käfig. Da die Wahrscheinlichkeit, daß ein Radikal aus dem Käfig entweicht, mit der Temp. zunimmt, ist der Abfall der $C_2H_6$-Ausbeute mit steigender Temp. verständlich. Auf eine solche Käfig-Rk. weist auch das Ergebnis der therm. Zers. von **I** in Toluol bei Ggw. von Chinon (**III**) hin: das Ausbeuteverhältnis $CH_4/CO_2$ nimmt stark ab, die Zersetzungsgeschwindigkeit (Bldg. von $CO_2$) u. das $C_2H_6/CO_2$-Verhältnis bleiben unverändert. Analoges gilt für die **I**-Zers. in Ggw. von $J_2$ in **II**. An beiden Fällen kann danach die $C_2H_6$-Bldg. nicht aus „freien" $CH_3$-Radikalen (die mit **III** bzw. $J_2$ reagieren) erfolgen. In der Gasphase kann keine Käfig-Rk. auftreten, $C_2H_6$ entsteht hier aus freien Radikalen; daher sinkt seine Ausbeute auch in Ggw. von $J_2$-Dampf als Radikalfänger. Durch das Ergebnis schließen Vff. auch die innermol $C_2H_6$-Bldg. aus unzers. **I** direkt aus. (J. Amer. chem. Soc. **77.** 3486—87. 5/7. 1955. Syracuse, N. Y., State Univ. of New York, Coll. of Forestry, Chem. Dep.) G. KRESZE. B 225

**Louis Watts Clark,** *Der Einfluß von Wasser und Glycerin auf die Decarboxylierung von Oxalsäure.* Vf. untersucht die Decarboxylierung von *Oxalsäure* I) in Glycerin u. in Ggw. von W. (die Rk. ist von 1. Ordnung). In Glycerin verläuft die $CO_2$-Abspaltung erst oberhalb 150° quantitativ; unterhalb dieser Temp. verläuft nach Vf. die Decarboxylierung nicht rasch genug, so daß sich als Neben-Rk. noch die Veresterung bemerkbar macht. Bei der Zers. in Ggw. von W. gibt der Logarithmus der Reaktionsgeschwindigkeit gegen die Molzahl W. aufgetragen eine Gerade. — Bei der Decarboxylierung von I-Dihydrat ist die Aktivierungsenergie 40,4 kcal/Mol, die Aktivierungsenthalpie 39,4 kcal/Mol, die Aktivierungsentropie + 26,8 cal/Mol·Grad u. die freie Aktivierungsenergie 28,8 kcal/Mol (die letzten drei Werte für 125°; nachst. in gleicher Anordnung); für I in Glycerin gilt 27,4, 26,4, +42,5, 9,5. (J. Amer. chem. Soc. **77.** 6191—92. 5/12. 1955. Emmitsburg, Md., Saint Joseph Coll., Dep. of Chem.) G. WINKLER. B 225

**A. Charlesby,** *Einfluß von ionisierender Strahlung auf langkettige Olefine und Acetylene.* Es wurden eine Reihe langkettiger Olefine u. Acetylene mit hoch energet. Strahlung bestrahlt u. der Grad der Querverbindung untersucht, der durch eine gegebene Strahlungsmenge erzeugt wird. Die Strahlungsdosen wurden durch die sogenannte „Meilereinheit" R ausgedrückt, die als Strahlungsfluß von $10^{17}$ langsamen Neutronen pro $cm^2$ definiert ist, plus die nicht gesondert meßbaren schnellen Neutronen u. $\gamma$-Strahlen. Untersucht wurden die folgenden Verbb.: *Decan, Octadecan, Octakosan, Dotriakontan, Decen-(1), Octadecen-(1), -(2), -(3), -(4), -(6), -(7), -(8), -(9), Decin-(1), Heptadecin-(1), Octadecin-(1), Octakosin-(9), Dokosin-(11), Dotriakontin-(16)* u. *2.5-Dimethylhexadien-(1.5).* Zuerst wurde festgestellt, daß mit zunehmendem Grade der Ungesättigtheit die pro Querverbindung benötigte Energie kleiner wird. So ist das Verhältnis Decan : Decen-(*1*) : Decin-(1) = 1:0,61 ± 0,04:0,47 ± 0,03 u. das Verhältnis Octadecan:Octadecen-(1):Octadecin-(1) = 1:0,66 ± 0,05:0,38 ± 0,06. Von großem Einfl. ist die Lage der Mehrfachbindung: bewegt sich diese in der Octadecenreihe nach der Mitte zu, dann steigt die Bestrahlungsdosis für die Nichtschmelzbarkeit sehr schnell von 60% auf 100% derjenigen an, die für das vollständig gesätt. Material benötigt wird. Die mittlere Energie pro Querverbindung ändert sich nur wenig mit der Länge des bestrahlten Moleküls. Die Ggw. von 2 Doppelbindungen im Mol. red. die Energie pro Querverbindung im Vgl. zu Moll. mit nur einer Doppelbindung, doch ist dieser Unterschied nicht sehr groß. Neben der Querverbindung treten bei den Olefinen bei der Bestrahlung noch Änderungen in der C-Struktur auf. Sowohl trans- als auch cis-Verbb. werden nach Bestrahumg mit 10 „Meilereinheiten" in ein Gemisch mit ca. 35% trans-Verb. umgewandelt. (Radiation Res. **2.** 96—107. Febr. 1955. Harwell, Atomic Energy Res. Establ.) C. GOTTFRIED. B 226

**Shiro Akabori, Tokuji Ikenaka, Yoshimi Okada** und **Keiichi Kohno,** *Photolyse von Dinitrophenylaminosäuren.* Vff. finden, daß wss. Lsgg. (0,1 mmol.) von *Bis-[2.4-dinitrophenyl]-arginin, 2.4-Dinitrophenylphenylalanin, -valin* (**I**), *-serin, -asparaginsäure* (**II**), *-alanin* (**III**), *-glykokoll* (**IV**) u. *-α-aminobuttersäure* durch Licht zers. werden u. verfolgen diese Zers. an der Absorption bei 430 mμ. Die Farbintensität ist nicht proportional dem Zersetzungsgrad, da unbekannte gefärbte Prodd. gebildet werden. Nur *ε-[2.4-Dinitrophenyl]-lysin* scheint stabil zu sein. Eingehender wird durch chromatograph. Isolierung die Zersetzungsgeschwindigkeit von **I, II, III** u. **IV** untersucht. Ihre Zers. zeigt keine wesentlichen Unterschiede u. beträgt in 80 Std. ca. 80—90%. (Proc. Japan Acad. **29.** 509—10. Nov. 1953. Osaka, Univ., Fac. of Sci., Labor. of Biochem. [Orig.: engl.])
K. PRCHAL. B 226

**Je. A. Timofejewa, Ss. Ss. Nowikow** und **N. I. Schuikin,** *Dehydrierung von n-Pentan.* Vff. untersuchen die Dehydrierung von *n-Pentan* (**I**) an $Al_2O_3$-$Cr_2O_3$-Katalysatoren. Beim Überleiten von **I** (Kp. 36,1°, $D.^{20}_4$ 0,6264, $n_D^{20}$ 1,3580) mit der günstigsten Strömungsgeschwindigkeit von 1,2 bei 500° in Portionen zu 31,3 g I auf 50 ml (48,9 g) Kontakt erweist sich ein Zuschlag allein von MgO zu $Al_2O_3$ u. $Cr_2O_3$ (Mol-% 25:45:30) am brauchbarsten gegenüber Zuschlägen von MgO + $K_2CO_3$ oder MgO + KOH. Das entstandene Katalysat (**II**) ist durch $D.^{20}_4$ 0,6347, $n_D^{20}$ 1,3665 u. eine JZ. von 76,5 gek., dies entspricht einem Geh. von 21—22% Pentenen [95% *Penten-(2)*]. Daneben werden auf 50 ml I 5,4—5,6 Liter Gase (79,6% $H_2$, 1,2% ungesätt. u. 19,2% gesätt. Paraffin-KW-stoffe) gebildet. 263,3 g **II** lassen sich an einer Kolonne (70 theoret. Böden) in 3 Fraktionen zerlegen. In der ersten (3,8 g), Kp. 26,1—29,1°, konnte *Isopentan,* **I,** *Penten-(1)* u. *Pentadien-(1.4),* in der zweiten (248,7 g), Kp. 29,1—41,0°, **I,** Penten-(2) u. *Pentadien-(1.3),* in der dritten (2,5 g), Kp. 41—50°, **I** u. wahrscheinlich *Cyclopentan* u. im Rückstand (2,3 g), Kp. > 50°, Bzl. u. m-Xylol nachgewiesen werden. (Доклады Академии Наук СССР [Ber. Akad. Wiss. UdSSR] [N. S.] **92.** 345—48. 11/9. 1953.) H. WINTER. B 227

**D. W. Ssokolski** und **L. Lewtschenko,** *Hydrierung von Gemischen ungesättigter Verbindungen.* Es wurden Hydrierungsverss. an *Dimethylacetylenylcarbinol* (**I**), an dem Na-Salz der *Propiolsäure* (**II**) u. Gemischen beider Verbb. im Verhältnis 1:1 in Ggw. von

2 Katalysatoren durchgeführt: 1. 0,17 g Ni in 96%ig. A.; 2. Pd auf $CaCO_3$. — Bei den Verss. mit dem Ni-Katalysator konnten die kinet. Hydrierungskurven in 3 Abschnitte eingeteilt werden; 1. Hydrierung beider dreifacher Bindungen u. eine teilweise der Doppelbindung in der entstehenden *Acrylsäure* (III); 2. Haupt-Rk. an I (dreifache Bindung), Rk. an den Doppelbindungen in III u. dem entstehenden *Dimethylvinylcarbinol* (IV) nur ganz unbedeutend; 3. Haupt-Rk. nur an der Doppelbindung von IV. Die Verss. mit Pd-Katalysator zeigten selektiven Verlauf: die dreifache Bindung wurde hydriert, die III jedoch sehr langsam — falls die Säuren hydriert werden; beim Hydrieren des II-Salzes erfolgt die Hydrierung des entstehenden Na-Salzes von III rascher als die des II-Salzes (ebenso beim Ni-Katalysator). Je nachdem, ob wenig, etwas mehr oder viel II im Gemisch vorliegt, werden 3 Kurventypen unterschieden. Erst wird langsam die dreifache Bindung des Na-Salzes von II, dann rasch das Carbinol (I), zuletzt die Doppelbindung des Acrylats selektiv mit Pd hydriert. (Вестник Академии Наук Казахской СССР [Nachr. Akad. Wiss. KasachSSR] **11.** Nr. 1. 92—105. Jan. 1954.) A. v. WILPERT. B 227

**S. L. Bafna,** *Katalyse durch Ionenaustauscherharze: Aceton–Jod-Reaktion.* Vf. untersucht die Kinetik der Aceton–Jod-Rk., die durch vernetzte monofunktionelle Kationenaustauscher vom Sulfonsäuretyp auf Polystyrolbasis (Nalcit HCR, Vernetzungsgrad ~10% u. Amberlit IR-112, Vernetzungsgrad ~4 5%) katalysiert wurde. Es wird der Einfl. der Aceton- u. Austauscherkonz., der Partikelgröße u. des Vernetzungsgrades auf die Reaktionsgeschwindigkeit untersucht. Aus den Ergebnissen folgt, daß die Werte für $k = k_H rf$ (k = Reaktionsgeschwindigkeitskonstante für die durch Austauscher katalysierte Rk.; $k_H$ = dto. für die homogene, durch starke Säuren katalysierte Rk. = $5{,}13 \cdot 10^{-5}$ bei 30,1°; r = Faktor, der den Diffusionseffekt in der Harzphase berücksichtigt, f = Aktivitätskoeff. des Austauschers) u. damit die für r abnehmen, wenn die Konz. (an Aceton oder Katalysator) oder der Partikeldurchmesser a erhöht wird. Jedoch wird bei genügend kleiner Konz. u. kleinem a oder bei kleinem Vernetzungsgrad der Wert für k unabhängig von der Konz. an Aceton oder Katalysator, wie bei der homogenen Katalyse. Die k-Werte sind bei niedrigen Konzz. bei geringerer Vernetzung kleiner (bei höheren Konzz. größer als bei stärkerer Vernetzung; ihre graph. Darst. (für Nalcit HCR) gegen 1/a ergibt eine Schar von Geraden. Der Grenzwert (für c → 0) für k u. somit für rf ist unabhängig von a. Da der Maximalwert von r gleich 1 ist, ergeben sich $f_{\text{Nalcit HCR}} = 2{,}59$ u. $f_{\text{Amberlit IR-112}} = 2{,}15$. (J. physic. Chem. **59.** 1199—1202. Dez. 1955. Poona, Indien, Nat. Chem. Labor.) G. WINKLER. B 227

**Harold Samelson** und **Louis P. Hammett,** *Strukturelle Untersuchungen über Esterhydrolyse mittels stark basischer Ionenaustauscher.* Vff. untersuchen die Hydrolyse von *Äthylacetat* (I), *n-Hexansäureäthylester* (II) u. *Phenylessigsäureäthylester* (III) in 85%ig. A. an 7 stark bas. Ionenaustauschern des quaternären Ammoniumhydroxydtyps, die sich in den N-Alkylgruppen unterscheiden. Alle beobachteten Hydrolysegeschwindigkeiten entsprechen genau einem Geschwindigkeitsgesetz 2. Ordnung. Die Hydrolysegeschwindigkeit von II ist an allen untersuchten Austauschern geringer als in homogener stark bas. Lsg., was von Vff. mit dem größeren Entropieverlust des Mol. bei der Bldg. des Übergangszustandes am Harz im Vgl. zur homogenen Lsg. erklärt wird (vgl. BERNHARD u. HAMMETT, C. **1954.** 7386). Die Hydrolysegeschwindigkeiten aller drei Ester an dem Austauscher mit der funktionellen Gruppe $RN(CH_3)_3^+$ sind beträchtlich niedriger als an den Harzen mit Äthyl-, n-Hexyl- u. Benzylgruppen; das Trimethylammoniumharz quillt in der Hydroxydform in W. oder 85%ig. A. nicht merklich, während die anderen n. quellen. Sonst werden die Hydrolysegeschwindigkeiten (Reihenfolge II < I < III) von den funktionellen Gruppen am Austauscher nur in sehr geringem Maße beeinflußt. (J. Amer. chem. Soc. **78.** 524—26. 5/2. 1956. New York, N. Y., Columbia Univ., Dep. of Chem.) G. WINKLER. B 227

## C. Präparative organische Chemie. Naturstoffe.

**I. W. Gosstunskaja** und **B. A. Kasanski,** *Isomerisierung ungesättigter Kohlenwasserstoffe unter der Einwirkung von Calciumamid.* Mit dem durch Zers. von $Ca(NH_3)_6$ erhaltenen $Ca(NH_2)_2$ reagieren Mono- u. Diolefin-KW-stoffe unter Verschiebung der Doppelbindung nach der Mitte des Mol.; das Ausmaß der Umwandlung hängt von der Natur des KW-stoffs ab. Diolefine mit isolierten Doppelbindungen werden durch $Ca(NH_2)_2$ zu Dienen mit konjugierten Doppelbindungen isomerisiert, die sich auf diese Weise präparativ darstellen lassen. 2-Methylbuten-(1) u. 3-Methylbuten-(1) werden fast völlig in *2-Methylbuten-(2)* übergeführt; dieses selbst bleibt unter den Reaktionsbedingungen unverändert. 2-Methylhexen-(2) isomerisiert sich teilweise zu nicht untersuchten KW-stoffen. Aus Hexadien-(1.5) (Diallyl) entsteht *Hexadien-(2.4)* (*Dipropenyl*), aus 2-Methylhexadien-(1.5) *2-Methylhexadien-(2.4)*, in beiden Fällen zu 90%. Mit der gleichen Ausbeute wird aus

2.5-Dimethylhexadien-(1.5) (Diisobutenyl) *2.5-Dimethylhexadien-(2.4)* (*Diisocrotyl*) erhalten; doch macht sich hier eine Neben-Rk. bemerkbar, die zu einem nicht untersuchten Prod. von tieferem Kp. als derjenige des Ausgangsmaterials führt. — Die KW-stoffe werden durch 1—2std. Kochen mit $Ca(NH_2)_2$, mol. Verhältnis 1:2, isomerisiert. Bei Diisobutenyl wird außerdem ein Vers. im Strömungssyst. bei 150° durchgeführt, der eine nur wenig niedrigere Ausbeute an Isomerisat liefert; hierbei kann das Verhältnis KW-stoff:$Ca(NH_2)_2$ bis auf 1:0,33 abgeändert werden. (Журнал Общей Химии [J. allg. Chem.] **25** (87). 1995—2001. Sept. 1955. Moskau, Univ.) R. K. MÜLLER. 520

**Ralph C. Huston,** *3.5-Dinitrobenzoate isomerer Heptylalkohole.* Die FF. der *3.5-Dinitrobenzoate* von *4-Methylhexanol-(2)* (F. 50—51°) u. von *4.4-Dimethylpentanol-(2)* (F. 92—93°) werden berichtigt (vgl. C. **1953**. 7060). (J. org. Chemistry **7**. 1675—76. Dez. 1952.) E. GROSS. 560

**J. D. Park, W. M. Sweeney** und **J. R. Lacher,** *Die Beständigkeit einiger Fluorchlorpropyläthyläther.* Das durch Anlagerung von $Cl_2$ an $CF_3—CCl=CCl—OC_2H_5$ (**I**) gebildete $CF_3—CCl_2—CCl_2—OC_2H_5$ (**II**) u. die auf gleiche Weise erhältlichen Methyl-, n-Propyl- u. n-Butyläther zers. sich bei der Dest. unter vermindertem Druck. Aus **II** entstehen *Äthylchlorid* u. $CF_3—CCl_2—COCl$ (**III**). Letzteres wurde in die *Säure* $CF_3—CCl_2—COOH$ u. in ihr *Amid* $CF_3—CCl_2—CONH_2$ u. *Anilid* $CF_3—CCl_2—CONHC_6H_5$ übergeführt; die *Ester* wurden durch Umsetzung von **III** mit Methyl-, Äthyl-, n-Propyl- u. n-Butylalkohol dargestellt. — Das Anlagerungsprod. von HCl an **I** zers. sich beim Erwärmen in $C_2H_5Cl$ u. $CF_3—CHCl—COCl$, identifiziert als *Amid* $CF_3—CHCl—CONH_2$ (F. 117°) u. *Anilid* $CF_3—CHCl—CO—NHC_6H_5$ (F. 125,5—126,5°). — Wesentlich beständiger als **II** ist das durch Anlagerung von $Cl_2$ an $CF_3—CCl=CF—OC_2H_5$ (**IV**) dargestellte $CF_3—CCl_2—CFCl—OC_2H_5$. Es läßt sich im Vakuum ohne Zers. dest. u. wird von sd. W. nicht zum Ester hydrolysiert; aber beim Erhitzen bei n. Druck bis zum Kp. zers. es sich hauptsächlich zu $CF_3—CCl_2—COF$ u. $C_2H_5Cl$.

Versuche: $CF_3—CCl_2—COCl$ (**III**), $C_3OCl_3F_3$, $Kp._{630}$ 80°, $D.^{20}{}_4$ 1,600, $n_D{}^{20}$ 1,3850; durch Einleiten von 22 g $Cl_2$ in 70 g **I** unterhalb 0° im Dunkeln, Abtreiben des nichtumgesetzten **I** im Vakuum, 2std. Kochen von 80 g des rohen **II** bei n. Druck am Rückflußkühler u. Fraktionierung des Rückstands; 62% (Ausbeute) neben 71% *Äthylchlorid.* — $CF_3—CCl_2—COOH$, $Kp._{625}$ 155—156°, $D.^{20}{}_4$ 1,630, $n_D{}^{20}$ 1,3855; durch abwechselnde Behandlung von **III** mit Alkali u. Säure; 23%. *Amid,* F. 80,0—81,0°. *Anilid,* $C_9H_6ONCl_2F_3$, F. 83,5—84,5°. *Methylester,* $C_4H_3O_2Cl_2F_3$, $Kp._{625}$ 116—117°, $D.^{20}{}_4$ 1,5092, $n_D{}^{20}$ 1,3806; durch Einrühren von 13,0 g Methanol in 34,5 g **III** unter Eiskühlung u. 1 std. Nachrühren; 64%. *Äthylester,* $C_5H_5O_2Cl_2F_3$, $Kp._{625}$ 128,5°, $D.^{20}{}_4$ 1,4116, $n_D{}^{20}$ 1,3822; 67,0%. *n-Propylester,* $C_6H_7O_2Cl_2F_3$, $Kp._{625}$ 144,5°, $D.^{20}{}_4$ 1,3531, $n_D{}^{20}$ 1,3888; 40,0%. *n-Butylester,* $C_7H_9O_2 \cdot Cl_2F_3$, $Kp._{625}$ 165,0°, $D.^{20}{}_4$ 1,3075, $n_D{}^{20}$ 1,3592; 58,8%. — $CF_3—CCl_2—CFCl—OC_2H_5$, $C_5H_5OCl_3F_4$, $Kp._8$ 34°, $D.^{20}{}_4$ 1,4965, $n_D{}^{20}$ 1,3907; durch Einleiten der theoret. Menge $Cl_2$ in **IV**, Ausblasen des nichtumgesetzten $Cl_2$ u. Vakuumdest.; 65%. — $CF_3—CCl_2—COF$, $Kp._{627}$ 41°, $D.^{20}{}_4$ 1,528, $n_D{}^{20}$ 1,3343; durch 3std. Kochen der vorst. Verb. bei Atmosphärendruck am Rückflußkühler; 26%. (J. org. Chemistry **21**. 220—22. Febr. 1956. Boulder, Colo., Univ. of Colorado, Dep. of Chem.) E. FORCHE. 560

**A. Stoll, A. Lindenmann** und **E. Jucker,** *Synthesen von O-Alkyläpfelsäuredialdehyden.* 3. Mitt. *über Alkaloidsynthesen.* (2. vgl. C. **1953**. 5160.) Ausgehend von Furan konnten über mehrere Zwischenstufen auf drei Wegen die bisher unbekannten *2.3.5-Trialkoxytetrahydrofurane* dargestellt werden. Die saure Hydrolyse dieser Verbb. führte zu den ebenfalls neuen *O-Alkyläpfelsäuredialdehyden,* die bei Synthesen von Verbb., die den Alkaloiden der Tropanreihe nahestehen, verwendet werden sollen.

Versuche: *2.3.5-Trimethoxytetrahydrofuran,* $C_7H_{14}O_4$, $Kp._{14}$ 77—80°, a) aus 2.5-Dimethoxy-2.5-dihydrofuran (**I**) u. HBr in $CH_3OH$ bei —5 bis +2° unter $N_2$ (3 Std.; 66% [Ausbeute]); b) aus **I** wie vorst., dann Neutralisieren mit $C_2H_5ONa$ (43,8%); c) aus 2.5-Diäthoxy-2.5-dihydrofuran (**II**) wie vorst. (4 Std.; 58,5%); d) durch Lösen von 2.5-Diacetoxy-2.5-dihydrofuran in 2%ig. absol. methanol HCl, 1std. Stehenlassen bei 20° u. 3std. Kochen (prakt. 100%); e) durch Zutropfen von $Br_2$ in absol. $CH_3OH$ zu Furan in absol. $CH_3OH$ bei —20 bis —2° unter heftigem Rühren. — *2.3.5-Triäthoxytetrahydrofuran,* $C_{10}H_{20}O_4$, $Kp._{15}$ 95°, a) aus **II** u. HBr in absol. A. (3 Std.; Kühlung; 68%); b) aus Furan u. $Br_2$ in absol. A. wie vorstehend. — *2.3.5-Triisopropoxytetrahydrofuran,* $C_{13}H_{26} \cdot O_4$, $Kp._{14}$ 104—105°, a) aus **II** u. HBr in Isopropanol (5 Std., Kühlung; 54% ; b) ebenso, dann Neutralisation mit iso-$C_3H_7ONa$ (33%). — *2.3.5-Tripropoxytetrahydrofuran,* $C_{13} \cdot H_{26}O_4$, $Kp._{12}$ 109—112°, wie vorst. a) in n-Propanol; 57,7%. — Folgende Äpfelsäuredialdehyde durch 20 Min. Erwärmen der entsprechenden Trialkoxytetrahydrofurane mit 0,1 n wss. HCl auf 70—75°, isoliert als Bis-p-nitrophenylhydrazone: *O-Methyl-,* $C_{17}H_{18}O_5N_6$, F. 161—163°, gelb (Aceton-Bzl.); 72,2%. — *O-Äthyl-,*

$C_{18}H_{20}O_5N_6$, F. 134—136°, gelb (Aceton–Bzl.); 87,7%. — *O-Isopropyl-*, $C_{19}H_{22}O_5N_6$, F. 134—135° (Bzl.); 60%. — *O-Propyl-*, $C_{19}H_{22}O_5N_6$, F. 136—138° (Aceton–Bzl.). (Helv. chim. Acta **36**. 1500—05. 15/10. 1953. Basel, Sandoz, Pharmazeut.-Chem. Labor.)

J. ROTHE. 690

**Halit Keskin,** *Synthese der Reihe der 1-Alkylcyclohexanole und der 6-Ketofettsäuren.* Vf. synthetisierte die 6-Ketofettsäuren mit 9, 10, 12, 13, 14, 15 u. 16 C-Atomen durch $CrO_3$-Oxydation der entsprechenden 1-n-Alkylcyclohexanole. Die FF. der Ketosäuren alternieren in der homologen Reihe nicht, im Gegensatz zu ihren Semicarbazonen.

Versuche (FF. korr.): *1-Alkylcyclohexanole,* aus Cyclohexanon u. AlkylMgBr in Ae. (Kühlung). — *6-Ketofettsäuren,* aus vorst. Verbb. u. $CrO_3$ in Eisessig bei $<30°$ (3 Std.). — *6-Ketooctansäure,* F. 52,5°. *Semicarbazon (SC),* F. 186—187°. — *6-Ketononansäure,* $C_9H_{16}O_3$, F. 38°, aus 1-Propylcyclohexanol; 6% (Ausbeute). *SC,* $C_{10}H_{19}O_3N_3$, F. 152° (A.). — *6-Ketodecansäure,* $C_{10}H_{18}O_3$, F. 46°, aus 1-n-Butylcyclohexanol; 4%. *SC,* $C_{11}H_{21}\cdot O_3N_3$, F. 164° (A.). — *1-n-Hexylcyclohexanol,* $C_{12}H_{24}O$, Kp.$_3$ 104°; 20%. — *6-Ketododecansäure,* $C_{12}H_{22}O_3$, F. 61,5°; 10%. *SC,* F. 132° (A.). — *1-n-Heptylcyclohexanol,* $C_{13}H_{26}O$, Kp.$_{32}$ 113°; 32%. — *6-Ketotridecansäure,* $C_{13}H_{24}O_3$, F. 66,5°; 14%. *SC,* $C_{14}H_{27}O_3N_3$, F. 120—121° (A.). — *1-n-Octylcyclohexanol,* $C_{14}H_{28}O$, Kp.$_2$ 126—127°; 36%. — *6-Ketotetradecansäure,* $C_{14}H_{26}O_3$, F. 71,5°; 17%. *SC,* $C_{15}H_{29}O_3N_3$, F. 130° (A.). — *1-n-Nonylcyclohexanol,* nicht charakterisiert. — *6-Ketopentadecansäure,* $C_{15}H_{28}O_3$, F. 75,3°. *SC,* F. 128°. — *1-n-Decylcyclohexanol,* $C_{16}H_{32}O$, Kp.$_5$ 169°; 29%. — *6-Ketohexadecansäure,* $C_{16}H_{30}O_3$, F. 79°; 15%. *SC,* $C_{17}H_{33}O_3N_3$, F. 149,5°. (Istanbul Üniv. Fen Fak. Mecmuasi [Rev. Fac. Sci. Univ. Istanbul], Ser. A **17**. 344—48. Okt. 1952. Istanbul, Univ., 2. Chem. Inst.)

J. ROTHE. 870

**Vincent T. Oliverio und Eugene Sawicki,** *Neue fluorierte Urethane.* (Vgl. C. **1956**. 7788 u. SAWICKI u. RAY, C. **1954**. 3212.) Zur Prüfung ihrer krebstherapeut. u. herbiciden Wirksamkeit wurden zahlreiche weitere fluorhaltige Abkömmlinge des Urethans dargestellt.

Versuche: *2'.3-Dimethyl-4-isocyanatoazobenzol,* $C_{15}H_{13}ON_3$, orangefarbene Nadeln, F. 59—60°; aus 4-Amino-2'.3-dimethylazobenzol u. $COCl_2$ nach dem Verf. von RAIFORD u. FREYERMUTH (J. org. Chemistry **8**. [1943.] 230); 54% (Ausbeute). — *4.4'-Ureido-bis-[2'.3-dimethylazobenzol],* $C_{29}H_{28}ON_6$, aus Nitrobenzol dunkelgelbe Täfelchen, F. 280 bis 281°; Nebenprod. bei der Umsetzung der vorst. Verb. mit Fluoräthylalkohol; 16%. — *Carbaminsäure-β.β.β-trifluoräthylester,* F. 28,5—30°; durch ½std. Rühren von 750 cm³ Xylol u. 13,2 g pulverisiertem Na-Hydrid, Zugabe von 50 g Trifluoräthylalkohol unter $N_2$, 1std. Nachrühren bei Raumtemp., ½std. Erhitzen bis kurz vor den Kp., Zugabe des beim Erkalten ausgefallenen *Na-Trifluoräthylats* (60 g, 99%) zu $COCl_2$ bei 0—5°, 1std. Rühren bei Raumtemp., Stehenlassen über Nacht, Abfiltrieren des Nd., Abdest. des nichtumgesetzten $COCl_2$, Zugabe von Ae., 1std. Einleiten von trockenem $NH_3$ in die eiskalte Ätherlsg. des *Trifluoräthylchlorcarbonats,* Abfiltrieren des $NH_4Cl$ u. Vakuumdest. bei 120°/0—10 mm; 28%. — *$^{15}$N-Urethan,* aus Pentan Nadeln; F. 47—48°; durch Schütteln einer kalten Lsg. von 1,6 g $^{15}NH_4NO_3$ (64 Atom-% $^{15}N$) in 2 cm³ W. u. 20 cm³ Ae. mit 5 cm³ 50%ig. NaOH, Zugabe von 3 cm³ Äthylchlorcarbonat, 10—15 Min. langes kräftiges Schütteln, Anwärmenlassen im Laufe 1 Std. auf Raumtemp., Sättigen mit NaCl, Ausäthern u. Abdampfen des Ae.; 93%. — *$^{15}$N-β-Fluorurethan;* analog aus β-Fluoräthylchlorcarbonat. — Die nachst. Verbb. wurden nach den l. c. beschriebenen Verff. dargestellt: *3-Chlorcarbanilsäure-β-fluoräthylester,* $C_9H_9O_2NClF$, F. 36—38°; 40%. — *4-Chlorcarbanilsäure-β-fluoräthylester,* $C_9H_9O_2NClF$, F. 69,5—71°; 60%. — *4-Methylcarbanilsäure-β-fluoräthylester,* $C_{10}H_{12}O_2NF$, F. 64—65°; 55%. — *4-Methoxycarbanilsäure-β-fluoräthylester,* $C_{10}H_{12}O_3NF$, F. 88—89°; 41%. — *4-[β-Fluorcarbäthoxyamino]-2'.3-dimethylazobenzol,* $C_{17}H_{18}O_2N_3F$, F. 115—116°; 50%. — *3-Chlorcarbanilsäure-β.β.β-trifluoräthylester,* $C_9H_7O_2NClF_3$, F. 37—38°; 53%. — *4-Chlorcarbanilsäure-β.β.β-trifluoräthylester,* $C_9H_7\cdot O_2NClF_3$, F. 72—73°; 79%. — *4-Methylcarbanilsäure-β.β.β-trifluoräthylester,* $C_{10}H_{10}O_2\cdot NF_3$, F. 90,5—91,5°; 86%. — *4-Methoxycarbanilsäure-β.β.β-trifluoräthylester,* $C_{10}H_{10}O_3\cdot NF_3$, F. 84—85°; 83%. — *N.N'-Furfuryliden-bis-[carbaminsäure-β-fluoräthylester],* $C_{11}H_{14}O_5N_2F_2$, F. 191—192°; 51%. — *N.N'-2.4-Dichlorbenzyliden-bis-[carbaminsäure-β-fluoräthylester],* $C_{13}H_{14}O_4N_2Cl_2F_2$, F. 211°; 68%. — *N.N'-3.4-Dichlorbenzyliden-bis-[carbaminsäure-β-fluoräthylester],* $C_{13}H_{14}O_4N_2Cl_2F_2$, F. 209—210°; 50%. — *N.N'-4-Chlorbenzyliden-bis-[carbaminsäure-β-fluoräthylester],* $C_{13}H_{15}O_4N_2ClF_2$, F. 214—215°; 38%. — *N.N'-4-Chlorbenzyliden-bis-[carbaminsäureäthylester],* $C_{13}H_{17}O_4N_2Cl$, F. 197—199°; 62%. — *N.N'-Piperonyliden-bis-[carbaminsäure-β-fluoräthylester],* $C_{14}H_{16}O_6N_2F_2$, F. 180 bis 181°; 38%. — *N.N'-4-Methylbenzyliden-bis-[carbaminsäure-β-fluoräthylester],* $C_{14}H_{18}O_4\cdot N_2F_2$, F. 220°; 56%. — *N.N'-4-Methoxybenzyliden-bis-[carbaminsäure-β-fluoräthylester],* $C_{14}H_{18}O_5N_2F_2$, F. 203°; 27%. — *N.N'-Phenäthyliden-bis-[carbaminsäure-β-fluoräthylester],* $C_{14}H_{18}O_4N_2F_2$, F. 177—178°; 60%. — *N.N'-4-Methylbenzyliden-bis-[carbaminsäureäthylester],* $C_{14}H_{20}O_4N_2$, F. 198—199°; 77%. — *N.N'-Hydrocinnamyliden-bis-[carbamin-*

*säure-β-fluoräthylester]*, $C_{15}H_{20}O_4N_2F_2$, F. 163—164°; 44%. — *N.N'-Hydrocinnamyliden-bis-[carbaminsäureäthylester]*, $C_{15}H_{22}O_4N_2$, F. 131—132°; 48%. — *N.N'-α-Menaphthyliden-bis-[carbaminsäure-β-fluoräthylester]*, $C_{17}H_{18}O_4N_2F_2$, F. 208—210°; 48%. — *N.N'-α-Menaphthyliden-bis-[carbaminsäureäthylester]*, $C_{17}H_{20}O_4N_2$, F. 207—208°; 73%. — *N.N'-4-Methylbenzyliden-bis-[carbaminsäure-β.β.β-trifluoräthylester]*, $C_{14}H_{14}O_4N_2F_6$, F. 223 bis 224°; 69%. — *N.N'-α-Menaphthyliden-bis-[carbaminsäure-β.β.β-trifluoräthylester]*, $C_{17}H_{14}O_4N_2F_6$, F. 218—219°; 62%. — Durch Umsetzung eines Acylhalogenids mit einem Urethan wurden die folgenden Verbb. dargestellt: *N-Fluoracetylcarbaminsäure-β-chloräthylester*, $C_5H_7O_3NClF$, F. 59—61° (Pentan–Hexan 1:1); durch 2std. Erhitzen von 3 g β-Chloräthylcarbamat u. 2,4 g Fluoracetylchlorid auf dem Dampfbad u. Auswaschen des nichtumgesetzten Acylhalogenids mit Pentan; 24%. — *N-Fluoracetylcarbaminsäureäthylester*, $C_5H_8O_3NF$, F. 72—74°; 16%. — *N-Propionylcarbaminsäureäthylester*, $C_6H_{11}O_3N$, F. 78,5—79,5°; 67%. — *N.N'-Oxalyl-bis-[carbaminsäure-β-fluoräthylester]*, $C_8H_{10}O_6N_2F_2$, F. 187—188°; 13%. — *N-Phenacetylcarbaminsäure-β-fluoräthylester*, $C_{11}H_{12}O_3NF$, F. 123,5—125,5°; 80%. (J. org. Chemistry **20**. 1733—37. Dez. 1955. Gainesville, Fla., Univ. of Florida, Cancer Res. Labor.) E. FORCHE. 880

**John G. Erickson, W. H. Montgomery** und **Ole Rorso**, *Dialkoxyalkannitrile*. 3. Mitt. *Hydrierung zu α-Aminoacetalen.* Bei der Hydrierung von 2.2-Dialkoxyalkannitrilen in Ggw. von $NH_3$ entstehen *α-Aminoacetale* in guter Ausbeute. Auf diese Weise wurden die *Acetale* von *Aminoacetaldehyd, Aminoaceton* u. *α-Aminoacetophenon* dargestellt. In Ggw. von prim. u. sek. Aminen werden *N-substituierte α-Aminoacetale* gebildet.

V e r s u c h e : Das gelöste Nitril wurde in Ggw. von RANEY-Ni u. $NH_3$ bei ~100 at hydriert; Reaktionstemp. 75—125°. *Aminoacetaldehyddimethylacetal*, $Kp._{768}$ 139,5°, E. < —78°, $D.^{25}$ 0,9676, $n_D^{25}$ 1,4144, aus Dimethoxyacetonitril; in Dioxan 38% (Ausbeute), in Methylal (I) 56%, in Cyclohexan (II) 67%. — *Aminoacetaldehyddiäthylacetal*, $Kp._{769}$ 163°, E. < —78°, $D.^{25}$ 0,9108, $n_D^{25}$ 1,4142, aus Diäthoxyacetonitril; in A. 10%, in I 85%, in II 87%; in II ohne Zusatz von $NH_3$ 67%, daneben $HN(CH_2CH[OC_2H_5]_2)_2$ ($Kp._1$ 86°, E. —30°, $D.^{25}$ 0,9419, $n_D^{25}$ 1,4250; 13%). — *Aminoacetaldehyddibutylacetal*, $Kp._{17}$ 118°, $Kp._2$ 78°, E. < —78°, $D.^{25}$ 0,8835, $n_D^{25}$ 1,4274, aus Dibutoxyacetonitril in II; 67%. — *Aminoacetondimethylacetal* (unrein), $Kp._{751}$ 146°, E. —70°, $D.^{25}$ 0,9620, $n_D^{25}$ 1,4220, aus α.α-Dimethoxypropionitril in II; 88%. — *α-Aminoacetophenondiäthylacetal*, $Kp._{0,5}$ 68°, E. —40°, $D.^{25}$ 1,0050, $n_D^{25}$ 1,4950, aus α.α-Diäthoxyphenylacetonitril in II bei 100 bis 150°; 71%. (J. Amer. chem. Soc. **77**. 6640—41. 20/12. 1955. Stamford, Conn., Amer. Cyanamid Co., Res. Labors.) U. JOHN. 930

**Klaus Hofmann, William D. Peckham** und **Alfred Rheiner**, *Untersuchungen über Polypeptide.* 7. Mitt. *Die Synthese von argininhaltigen Peptiden.* (6. vgl. C. **1956**. 3854.) *Nitro-L-arginin* (**I**) wurde nach der modifizierten Meth. von BERGMANN, ZERVAS u. RINKE (Hoppe-Seyler's Z. physiol. Chem. **224**. [1934.] 40) dargestellt u. mit methanol HCl in das *Methylesterhydrochlorid* (**II**) übergeführt, das mit Na-Methylat den freien Ester ergab. **II** lieferte mit gemischten Anhydriden aus Carbobenzoxyaminosäuren u. Chlorameisensäureäthylester (**VI**) *carbobenzoxylierte Dipeptidester*, die durch wss. NaOH in acylierte Dipeptide übergeführt wurden. Aus diesen wurden durch Hydrierung in $CH_3OH$–Eisessig in Ggw. von Pd die Acetate der argininhaltigen Dipeptide erhalten. *L-Phenylalanyl-L-arginin* lieferte nach der Behandlung mit Pikrinsäure das *Monopikrat* des entsprechenden *Diketopiperazins. Carbobenzoxynitro-L-arginin* (**III**) ergab mit **VI** in Ggw. von Tri-n-butylamin (**IV**) das gemischte *Anhydrid*, das mit Anilin unter Bldg. von **III**-*Anilid*, mit Aminosäureestern unter Bldg. von *Carbobenzoxynitro-L-arginylpeptidestern* reagiert. Ihre Verseifung ergab *Carbobenzoxynitro-L-arginylpeptide*, die durch Hydrierung in *L-Arginyldipeptide* übergeführt wurden. Alle dargestellten argininhaltigen Dipeptide zeigten eine positive SAKAGUCHI-Reaktion. Ihre Homogenität wurde papierchromatograph. im Dreilösungsmittelsyst. bestimmt. Einige der Dipeptide wurden durch HCl hydrolysiert, andere durch Carboxypeptidase gespalten. *L-Arginyl-L-tryptophan* erwies sich als ident. mit einem durch chymotrypt. Digerierung von Corticotropin-A erhaltenen Dipeptidspaltstück.

V e r s u c h e : *Nitro-L-arginin* (**I**), $C_6H_{13}O_4N_5$, F. 251—252° (W.), durch Zugabe von L-Arginin unter Eiskühlung zu rauchender $HNO_3$ u. rauchender $H_2SO_4$ (30% $SO_3$), Gießen auf Eis nach 1std. Rühren, Einstellen auf $p_H$ 8—9 mit konz. $NH_4OH$ u. auf $p_H$ 6 mit Eisessig; $[\alpha]_D^{25}$ 24,3° (c = 4,12; 2nHCl); 81,5% (Ausbeute). *Methylesterhydrochlorid* (**II**), $C_7H_{16}O_4N_5Cl$, F. 159—161° ($CH_3OH$–Ae.), durch 1std. Einleiten von HCl in die Lsg. der Säure in $CH_3OH$, 15 Min. Kochen, Eindampfen im Vakuum, Lösen in $CH_3OH$ u. Zugabe von Ae. bis zur Trübung; $[\alpha]_D^{25}$ 17,5° (c = 3,20; $CH_3OH$); 97%. — C a r b o b e n z o x y d i p e p t i d e : *-glycylnitro-L-arginin* (**V**), $C_{16}H_{22}O_7N_6$, F. 142—145° (verd. $CH_3COOH$), durch Zugabe von 0,5n Na-Methylat zu **II** in $CH_3OH$, Eindampfen im Vakuum, Lösen in Dioxan, Zugabe des Anhydrids aus Carbobenzoxyglycin in Dioxan, **IV** u. **VI** bei 11—12°, Eindampfen im Vakuum nach 45 Min.

langem Schütteln, Lösen in Essigester, Eindampfen im Vakuum u. Verseifung des Esters; $[\alpha]_D^{25}$ 3,2° (c = 1,13; Eisessig); 54%. — *-L-alanylnitro-L-arginin* (**VII**), $C_{17}H_{24}O_7N_6$, F. 171—172° (A.-W.), aus **II** u. dem Anhydrid aus Carbobenzoxy-L-alanin, **IV** u. **VI** wie vorst.; $[\alpha_D^{25}$ —9,4° (c = 1,29; $CH_3OH$); 66%. — *-L-phenylalanylnitro-L-argininmethylester*, $C_{24}H_{30}O_7N_6$, F. 160—161° ($CH_3OH$-Ae.), aus **II** u. dem Anhydrid aus Carbobenzoxy-*L*-phenylalanin; $[\alpha]_D^{28}$ —16,2° (c = 1,12; $CH_3OH$); 70%. *Freie Säure* (**VIII**), $C_{23}H_{28}O_7N_6$, F. 185—186° (50%ig. A.), durch 1std. Schütteln des Esters mit NaOH in 50%ig. $CH_3OH$; $[\alpha]_D^{27}$ 1,5° (c = 1,59; Pyridin); 87%. — *-L-prolylnitro-L-arginin* (**IX**), $C_{19}H_{26}O_7N_6$, F. 197—198° (wss. Aceton), aus dem Anhydrid aus Carbobenzoxy-*L*-prolin u. **II** u. Verseifung des Esters mit 0,5n NaOH; $[\alpha]_D^{30}$ —32,7° (c = 3,92; $CH_3OH$); 60%. — *α.ε-Dicarbobenzoxy-L-lysylnitro-L-argininmethylester*, $C_{29}$·$H_{39}O_9N_7$, F. 70—72° ($CH_3OH$-Ae.), aus dem Anhydrid aus α.ε-Dicarbobenzoxy-*L*-lysin u. **II**; $[\alpha]_D^{29}$ — 10,6° (c = 3,58; $CH_3OH$); 64%. *Freie Säure* (**X**), $C_{28}H_{37}O_9N_7$, F. 142—145° (50%ig. A.), $[\alpha]_D^{27}$ — 6,2° (c = 2,64, Pyridin); 91%. — *Glycyl-L-argininacetat*, $C_{10}H_{21}O_5N_5$, durch 12std. Hydrierung von **V** in $CH_3OH$ + 10% Eisessig in Ggw. von Pd, Eindampfen des Filtrats, Lösen in $CH_3OH$ u. Fällen mit Ae.; $[\alpha]_D^{25}$ 1,6° (c = 4,31; W.); 67%. *Dipikrat*, $C_{20}H_{23}O_{17}N_{11}$, aus verd. $CH_3COOH$. — *L-Alanyl-L-argininacetat*, $C_{11}H_{23}O_5N_5$, F. 166—168° (wss. A.), analog aus **VII**; $[\alpha]_D^{27}$ 8,7° (c = 3,32; W.); 77%. — *L-Phenylalanyl-L-argininacetat*, $C_{17}H_{27}O_5N_5$, durch 10std. Hydrierung von **VIII**; $[\alpha]_D^{23}$ 7,0° (c = 3,16; W.); 75%. *Diketopiperazinmonopikrat*, $C_{21}H_{24}O_9N_8$, F. 254—255° (wss. $CH_3COOH$), durch Behandlung des Acetats mit wss. Pikrat u. des gelben Öls mit A.; 25%. — *L-Prolyl-L-argininacetat*, $C_{13}H_{25}O_5N_5$, F. 182—183° (wss. A.), aus **IX**; $[\alpha]_D^{27}$ —28,6° (c = 2,59; W.); 76%. — *L-Lysyl-L-arginindiacetat*, $C_{16}H_{34}O_7N_6$, aus **X**; $[\alpha]_D^{25}$ 15,5° (c = 2,13; W.); 64%. — *Carbobenzoxynitro-L-arginin* (**III**), $C_{14}H_{19}O_6N_5$, F. 134—136° (verd. A.), aus **I** nach BERGMANN (l. c.); $[\alpha]_D^{27}$ —3,5° (c = 1,02; $CH_3OH$); 85—90%. *Anilid*, $C_{20}H_{24}O_5N_6$, F. 167—168° ($CH_3OH$-Ae.), $[\alpha]_D^{25}$ —3,5° (c = 1,1; $CH_3OH$); 56%. — Carbobenzoxynitro-L-arginylaminosäureester, durch Zugabe von **VI** zu der Lsg. von **III** u. **IV** in Dioxan bei 11—12°, Zugabe der Lsg. zu dem entsprechenden Aminosäureester in Dioxan, $^3/_4$std. Schütteln, Eindampfen bei 40 bis 50°, Aufnehmen in Essigester, Eindampfen im Vakuum u. Aufnehmen in wenig $CH_3OH$: *-glycinmethylester*, $C_{17}H_{24}O_7N_6$, F. 70—73° (Aceton–Ae.), $[\alpha]_D^{29}$ —13,8° (c = 3,60; $CH_3OH$); 44%. — *-L-alaninmethylester*, $C_{18}H_{26}O_7N_6$, F. 157—159° ($CH_3$·OH-Ae.), $[\alpha]_D^{25}$ —18,8° (c = 0,98; $CH_3OH$); 46%. — *-L-leucinmethylester*, $C_{21}H_{32}$·$O_7N_6$, F. 170—171° ($CH_3OH$-Ae.), $[\alpha]_D^{30}$ —23,4° (c = 0,94; $CH_3OH$); 60%. — *-L-phenylalaninmethylester*, $C_{24}H_{30}O_7N_6$, F. 132—133° ($CH_3OH$-Ae.), $[\alpha]_D^{25}$ —8,2° (c = 1,18; $CH_3OH$); 65%. — *-L-tyrosinmethylester*, $C_{24}H_{30}O_8N_6$, F. 159—160° ($CH_3OH$-Ae.), $[\alpha]_D^{28}$ —3,6° (c = 1,22; $CH_3OH$); 66%. — *-L-tryptophanmethylester*, $C_{26}H_{31}O_7N_7$, F. 83 bis 85° (Aceton–Ae.), $[\alpha]_D^{29}$ — 0,5° (c = 1,54; $CH_3OH$); 48%. — *-L-glutaminsäurediäthylester*, $C_{23}H_{34}O_9N_6$, F. 108—110° ($CH_3OH$-Ae.), $[\alpha]_D^{28}$ — 21,3° (c = 1,50; $CH_3OH$); 52%. — Carbobenzoxynitro-*L*-arginylaminosäuren: *-glycin* (**XI**), $C_{16}H_{22}$·$O_7N_6$, ($^1/_2$ $H_2O$), F. 111—113° (wss. A.), durch $^3/_4$std. Schütteln des Esters mit 0,5n NaOH, Extraktion mit Essigester u. Ansäuern der wss. Lsg. mit konz. HCl (Kongorot); $[\alpha]_D^{28}$ —16,8° (c = 1,05; $CH_3OH$); 78%. — Analog: *-L-alanin*, $C_{17}H_{24}O_7N_6$, F. 207—208° (50%ig. A.), $[\alpha]_D^{29}$ — 5,9° (c = 1,80; Pyridin); 76%. — *-L-leucin*, $C_{20}H_{30}O_7N_6$, F. 165 bis 167° (50%ig. A.), $[\alpha]_D^{27}$ — 5,0° (c = 1,73; Pyridin); 89%. — *-L-phenylalanin*, $C_{23}H_{28}O_7N_6$, F. 225—226° (50%ig. A.), $[\alpha]_D^{29}$ 13,1° (c = 0,63; Pyridin); 98%. — *-L-tyrosin*, $C_{23}H_{28}$·$O_8N_6$, F. 171—173° (wss. Aceton), $[\alpha]_D^{28}$ 17,9° (c = 3,46; Pyridin); 90%. — *-L-tryptophan*, $C_{23}H_{29}O_7N_7$, F. 202—203° (50%ig. A.), $[\alpha]_D^{30}$ 20,8° (c = 1,45; Pyridin); 88%. — *-L-glutaminsäure*, $C_{19}H_{26}O_9N_6$, F. 224—225° (50%ig. A.), $[\alpha]_D^{37}$ 0,0° (c = 0,95; Pyridin); 87%. — L-Arginylaminosäureacetate: *-glycin-*, *$CH_3COOH$-Solvat*, $C_{10}H_{21}$·$O_5N_5$ ($CH_3COOH$), F. 167—169° ($CH_3OH$—$CH_3COOH$), durch 12std. Hydrierung von **XI** in $CH_3OH$ + 10% Eisessig in Ggw. von Pd, Eindampfen im Vakuum u. Überschichten mit Aceton, $[\alpha]_D^{28}$ 38,9° (c = 5,75, W.); 88%. — Analog: *-L-alanin-*, $C_{11}H_{23}O_5N_5$, F. 173 bis 174° (wss. A.), $[\alpha]_D^{32}$ 9,7° (c = 2,38; W.); 83%. — *-L-leucin-*, $C_{14}H_{29}O_5N_5$, F. 205 bis 206° ($CH_3OH$-$CH_3COOH$), $[\alpha]_D^{28}$ 9,6° (c = 1,35; W.); 89%. — *-L-phenylalanin-*, $C_{17}H_{27}$·$O_5N_5$, F. 172—173° (wss. A.), $[\alpha]_D^{28}$ 29,5° (c = 1,81; W.); 63%. — *-L-tyrosin-*, $C_{17}H_{27}O_6N_5$, F. 157—158° (wss. A.), $[\alpha]_D^{32}$ 33,3° (c = 1,53; W.); 81%. — *-L-tryptophan-*, $C_{19}H_{28}O_5N_6$, aus $CH_3OH$ + Ae. hygroskop. Pulver; $[\alpha]_D^{28}$ 5,1° (c = 4,94; W.); 52%. — *L-Arginyl-L-glutaminsäure*, $C_{11}H_{21}O_5N_5$, F. 251—252° (Zers.; wss. A.), $[\alpha]_D^{25}$ 24,8° (c = 1,90; W.); 96%. (J. Amer. chem. Soc. **78**. 238—42. 5/1. 1956. Pittsburgh, Pa., Univ., School of Med., Biochem. Dep.) HILDEGARD BAGANZ. 950

**Erik Larsson**, *Zur Darstellung des Hexaäthyldisiloxans und des Triäthylchlorsilans.* *Hexaäthyldisiloxan* (**I**) u. *Triäthylchlorsilan* (**II**) wurden in größeren Mengen nach DI-GIORGIO u. Mitarbeitern (J. Amer. chem. Soc. **68**. [1946.] 1380) aus Tetraäthylorthosilicat dargestellt, aber mit Äthylmagnesiumchlorid statt -bromid. Die Ausbeute an **I** war bei 6fachem Überschuß an $C_2H_5MgCl$ u. 100° am günstigsten (75—80%), bei stöchiometr. Verhältnissen hinterblieb zu ~50% ein fester Rückstand der allg. Zus. $(C_2H_5)_3Si[OSi(C_2 \cdot H_5)_2]_nOSi(C_2H_5)_3$, der bei der Weiterbehandlung mit konz. $H_2SO_4$ u. NaCl den Endgruppen entsprechende Mengen an **II** ergab. Auf analogem Wege wurden ohne Isolierung des reinen Hexaalkyldisiloxans *Trimethyl-*, *-n-propyl-*, *-n-butyl-* u. *-n-amylchlorsilan* aus den entsprechenden Alkylchloriden dargestellt. (Kungl. fysiogr. Sällsk. Lund Förh. **22.** Nr. 15. 1—4. 1952. Lund, Univ., Chem. Inst., Abt. für Organ. Chem.) U. Wannagat. 980

**M. F. Schosstakowski, Ch. I. Kondratjew** und **W. I. Beljajew,** *Untersuchungen auf dem Gebiet der Synthese und der Umwandlungen von sauerstoffhaltigen Organosiliciumverbindungen. Synthese von n-Butyl-, Isobutyl-, sek.-Butyl- und tert.-Butyldimethylphenylsilylacetalen.* Bei den Rkk. von Vinyl-n-butyl-, Vinylisobutyl-, Vinyl-sek.-butyl- u. Vinyl-tert.-butyläther mit Dimethylphenylsilanol in Ggw. von wenig 30%ig. $H_2SO_4$ werden die entsprechenden asymm. Acetale erhalten: $CH_2 = CH \cdot O \cdot R + OHSi(CH_3)_2 \cdot C_6H_5 \rightarrow CH_3CH(OR)OSi(CH_3)_2C_6H_5$. Als Nebenprodd. treten Dimerisationsprodd. des Silanols $(R'_3SiOSiR'_3)$ auf. Die Neigung zur Dimerisierung nimmt bei Silanolen in folgender Reihe ab: $(CH_3)_3SiOH > C_2H_5Si(CH_3)_2OH > CH_3Si(C_2H_5)_2OH > C_6H_5Si(CH_3)_2OH > C_6H_5Si(C_2H_5)_2OH$. Die Struktur der erhaltenen Acetale wird durch Hydrolyse bewiesen, wobei Acetaldehyd, Dimethylphenylsilanol u. der entsprechende Alkohol entstehen. Im Gegensatz zu aliphat., asymm. Acetalen, die leicht symmetrisiert werden können, werden siliciumorgan. Acetale beim Erwärmen unter Rückbldg. des Vinyläthers u. des Silanols zers.: $CH_3CH(OR)OSiR'_3 \rightarrow CH_2{=}CH \cdot OR + HOSiR'_3$.

Versuche: *Dimethylphenylsilanol,* $Kp._1$ 60—62,5°; $D.^{20}_4$ 0,9968; $n_D^{20}$ 1,5120. — *Vinyl-n-butyläther,* Kp. 93—93,5°; $D.^{20}_4$ 0,7792; $n_D^{20}$ 1,4026. — *Vinylisobutyläther,* Kp. 83—83,1°; $D.^{20}_4$ 0,7682; $n_D^{20}$ 1,3990. — *Vinyl-sek.-butyläther,* Kp. 80—80,6°; $D.^{20}_4$ 0,7715; $n_D^{20}$ 1,3970. — *Vinyl-tert.-butyläther,* Kp. 75—75,8°; $D.^{20}_4$ 0,7699; $n_D^{20}$ 1,3926. — *Allg. Meth. zur Darst. der Acetale:* Zu einem Gemisch aus Dimethylphenylsilanol u. Vinyläther (geringer Überschuß) gibt man 0,01 ml 30%ig. HCl, erwärmt 2 Std. auf 50—52°, läßt über Nacht stehen u. dest.: *Acetaldehydbutyl-[phenyldimethylsilyl]-acetal,* $Kp._1$ 92,5 bis 93°; $D.^{20}_4$ 0,9380; $n_D^{20}$ 1,4748; 93,5% (Ausbeute). — *Acetaldehydisobutyl-[phenyldimethylsilyl]-acetal* (I), $Kp._{35}$ 114—115°; $D.^{20}_4$ 0,9305; $n_D^{20}$ 1,4696; 56,6%. *Acetaldehyd-sek.-butyl-[phenyldimethylsilyl]-acetal,* $Kp._{31}$ 146—148°; $D.^{20}_4$ 0,9363; $n_D^{20}$ 1,4732; 67,2%. *Acetaldehyd-tert.-butyl-[phenyldimethylsilyl]-acetal,* $Kp._2$ 86,5—87°; $D.^{20}_4$ 0,9382; $n_D^{20}$ 1,4737; 44,1%. — *Diphenyltetramethyldisiloxan,* $Kp._{17}$ 165—166°; durch Erhitzen von **I** $D.^{20}_4$ 0,9892; $n_D^{20}$ 1,5161; daneben *Vinylisobutyläther.* (Доклады Академии Наук СССР [Ber. Akad. Wiss. UdSSR] **100.** 287—90. 11/1. 1955. Zelinsky-Inst. für organ. Chem. der Akad. der Wiss. der UdSSR.) G. Froelich. 980

**M. E. Hey** und **William A. Waters,** *Einige Produkte, die bei der Autoxydation von Cumol aus phenolischen Inhibitoren gebildet werden.* 2. Mitt. (1. vgl. Moore u. Waters, C. **1954.** 8078.) Vff. untersuchten die Luftoxydation von 2.4.6-Trialkylphenolen in Cumol in Ggw. von Co-Phthalat u. isolierten die aus den Phenolen entstandenen Oxydationsprodukte. Es wurden ausschließlich *4-Oxyarylketone* u. *4.4'-Dioxydibenzylderivv.* isoliert, die sich von einem substituierten 4-Oxybenzylradikal ableiten, während Verbb. vom Typ der mesomeren chinoiden Form nicht erhalten wurden. Wegen der geringen Ausbeuten wird erörtert, daß die Prodd. nur als Folge einer Neben-Rk. neben der zu einem völligen Abbau der Phenole führenden Rk. vom zweiten Typ entstehen.

Versuche: *2.6-Di-tert.-butyl-4-äthylphenol* (I), F. 44°, aus Phenylacetat durch Friessche Umlagerung, Red. des erhaltenen *p-Ketons* nach der Meth. von Huang-Minlon u. erschöpfende Butylierung mit Isobutan nach Stevens (Ind. Eng. Chem. **35.** [1943.] 655). — *3-tert.-Butyl-4-oxy-5-methylacetophenon* (II), $C_{13}H_{18}O_2$, F. 126° (wss. A.), aus 10 g 2-tert.-Butyl-4-äthyl-6-methylphenol in Cumol in Ggw. von Co-Phthalat u. Cumolhydroperoxyd durch Belüftung bei 80—100° (100 Std.); 0,4 g (Ausbeute). — *3.5-Di-tert.-butyl-4-oxyacetophenon,* $C_{16}H_{24}O_2$, F. 148° (PAe.), aus 10 g **I** analog **II** (72 Std.); 0,21 g, daneben 0,1 g *2.6-Di-tert.-butyl-4-[2'-oxyäthyl]-phenol,* $C_{16}H_{26}O_2$, F. 103° (PAe.). — *2.6-Di-tert.-butyl-4-propylphenol,* $C_{17}H_{28}O$, $Kp._{15}$ 155°, aus Phenylpropionat analog **I.** — *3.5-Di-tert.-butyl-4-oxypropiophenon,* $C_{17}H_{26}O_2$, F. 136° (PAe.), aus 10 g vorst. Verb. analog **II**; 0,4 g. — *4-Äthyl-2.6-dimethylphenol,* F. 37°, aus 2.6-Xylenyl-(1)-acetat analog I. — *4.4'-Dioxy-α.α'.3.5.3'.5'-hexamethyldibenzyl,* $C_{20}H_{26}O_2$, F. 234°, aus 10 g vorst. Verb. analog **II** (48 Std.); orangegelbe Nadeln aus Bzl./Ae.; 0,47 g. — *4-Benzyl-2.6-dimethylphenol,* F. 67,5°, $Kp._{20}$ 195—200°, aus 2.6-Xylenyl-(1)-benzoat analog **I.** — *4-Oxy-3.5-dimethylbenzophenon,* $C_{15}H_{14}O_2$, F. 143°, aus 10 g vorst. Verb. analog **II**; 0,7 g. (J. chem. Soc. [London] **1955.** 2753—55. Aug. Oxford, Dyson Perrins Labor.) S. Preiss. 1060

**Frances Greer** und **D. E. Pearson,** *Die Beckmannsche Umlagerung.* 7. Mitt. *Die Isolierung und Umlagerung von 2.4.6-Trimethylacetophenonoxim.* (6. vgl. Pearson u.

WATTS, C. **1955**. 9523.) Nach einer Reihe von Verss. erhielten Vff. *2.4.6-Trimethylacetophenonoxim* (I), $C_{11}H_{15}ON$, F. 102,5—104°, Nadeln (wss. A.), in 40,3% ig. Ausbeute durch einmonatiges Stehen von 2.4.6-Trimethylacetophenon + $H_2NOH \cdot HCl$ in trockenem Pyridin. Die Umlagerungsgeschwindigkeit von I ist die schnellste, die je für ein Oxim beobachtet wurde; nach 75 Min. bei 0° in konz. $H_2SO_4$ waren 94% *2.4.6-Trimethylacetanilid*, F. 218—219°, Nadeln (wss. A.), entstanden. (J. Amer. chem. Soc. **77**. 6649—50. 20/12. 1955. Nashville, Tenn., Vanderbilt Univ., Dep. of Chem.) J. ROTHE. 1160

**Luigi Canonica** und **Alberto Fiecchi**, *Die Claisenumlagerung der γ-Phenoxycrotonsäureester.* Beim Erhitzen von γ-Phenoxycrotonsäuremethyl- u. -äthylester werden nur harzige Prodd. erhalten. Der aus γ-Phenoxy-β-methylcrotonsäure (I)-Äthylester (**I a**) unter CLAISEN- u. gleichzeitiger Allylumlagerung zu erwartende *α-[o-Oxyphenyl]-isopropenylessigsäureäthylester* liefert unter Abspaltung von A., Lactonisierung u. Verschiebung der Doppelbindung *3-Isopropylidencumaranon-(2)*, das bei der Hydrierung *α-[o-Oxyphenyl]-isovaleriansäure* u. bei der Methylierung *α-[o-Methoxyphenyl]-β.β-dimethylacrylsäure* liefert. Diese gibt beim oxydativen Abbau *o-Methoxyphenylglyoxylsäure* u. weiter *o-Methoxybenzoesäure*. I-Methylester (**I b**) reagiert ebenso, aber langsamer als **I a**. Danach verhindert in Übereinstimmung mit dem von HURD u. POLLACK (J. org. Chemistry **3**. [1939.] 550) vorgeschlagenen Reaktionsmechanismus eine Carbonylendgruppe in der Allylseitenkette die CLAISEN-Umlagerung, wobei die Wrkg. durch einen Alkylsubstituenten in β-Stellung zum CO (bzw. veresterten COOH) teilweise aufgehoben wird.

Versuche: *3-Isopropylidencumaranon-(2)*, $C_{11}H_{10}O_2$, F. 97°, Kp.$_{1,2}$ 95—105°, aus 6 g **I a** bzw. **I b** bei 220° unter $CO_2$ (8 bzw. 10 Std.); Bzl.-PAe. (1:3), 2,3 bzw. 1,6 g (Ausbeute), daneben *A.* (→ $CH_3J$). — *α-[o-Oxyphenyl]-isovaleriansäurehydrazid*, $C_{11}H_{16}O_2N_2$, F. 99—101°, aus vorst. Verb. durch Hydrierung über $PtO_2$ in Methanol u. Zugabe von Hydrazinhydrat; aus W. Blättchen. — *α-[o-Methoxyphenyl]-β.β-dimethylacrylsäure*, $C_{12}H_{14}O_3$, F. 145,5° (Bzl.-PAe.), aus 1,57 g vorvorst. Verb. mit Dimethylsulfat u. NaOH in 20%ig. $CH_3OH$; 1,34 g. — *o-Methoxyphenylglyoxylsäure-2.4-dinitrophenylhydrazon*, $C_{15}H_{12}O_7N_4$, F. 199°, aus vorst. Verb. mit $KMnO_4$ in wss. $NaHCO_3$, dann mit 2.4-Dinitrophenylhydrazin; hellgelbe Schuppen aus $CH_3OH$; 54%, daneben *Aceton* (→ $CH_3J$). Weitere Oxydation mit $KMnO_4$ gibt *o-Methoxybenzoesäure*. (Atti Accad. naz. Lincei, Rend., Cl. Sci. fisiche, mat. natur. [8] **17**. 385—90. Dez. 1954. Milano, Univ., Ist. di Chim. Ind.) H. NÖTH. 1250

**Ulrich Wannagat** und **Gerhard Hohlstein**, *Zur Fluorierung mit Nitrosyltetrafluoroborat.* $NOBF_4$ (dargestellt aus fl. $N_2O_4$ u. $HBF_4$ bei 0—10°) setzt sich mit aromat. Aminen in nichtwss. Lösungsmitteln, wie $CCl_4$ oder fl. $SO_2$, zu den Diazoniumtetrafluoroboraten um, deren therm. Zers. zu den entsprechenden aromat. Fluorverbb. führt. So wurden aus Anilin *Phenyldiazoniumtetrafluoroborat*, aus 1-Amino-2.4-dibromnaphthalin (I) *2.4-Dibromnaphthyl-(1)-diazoniumtetrafluoroborat* u. *1-Fluor-2.4-dibromnaphthalin*, u. aus 2.6-Dibrom-4-aminophenol (**II**) *3.5-Dibrom-4-oxyphenyldiazoniumtetrafluoroborat* (**III**) u. sehr wenig *4-Fluor-2.6-dibromphenol* gewonnen. Die Darst. von 4-Fluorphenol aus p-Aminophenol ist auf diese Weise nicht möglich. **III** geht in Berührung mit Methanol oder anderen organ. Lösungsmitteln sofort in das orangegelbe, in der Flamme verpuffende innere Diazoniumsalz *2.6-Dibrom-4-diazoniumphenolat* $^{\ominus}O—C_6H_2Br_2—N_2^{\oplus}$ über. — Aus aliphat. Aminen lassen sich mit $NOBF_4$ keine Fluoralkane gewinnen. Methylamin setzt sich mit $NOBF_4$ heftig zu $N_2$, *Methylammoniumtetrafluoroborat* u. wenig $N_2O$ u. $CH_3F$ um. In fl. $SO_2$ tritt keine, bei längerem Erhitzen auf 100° eine langsame Rk. ein; $CH_3F$ entsteht nicht. Die Umsetzung von Äthylurethan mit $NOBF_4$ in fl. $SO_2$ liefert $N_2$, *NO* u. $N_2O$. Äthylchlorid u. $CCl_4$ reagieren mit $NOBF_4$ bei 100° bzw. 150° nicht.

Versuche: *Phenyldiazoniumtetrafluoroborat*, $C_6H_5N_2F_4B$, Nadeln, F. 100—110°; durch Einrühren einer Lsg. von 2,8 g Anilin in 20 cm³ $CCl_4$ in eine Suspension von 3,5 g $NOBF_4$ in $CCl_4$ bei 0°, Abfiltrieren des Nd. u. Reinigung durch Ausfällen aus Acetonlsg. mit Ae.; 90% (Ausbeute). — *2.4-Dibromnaphthyl-(1)-diazoniumtetrafluoroborat*, $C_{10}H_5N_2Br_2F_4B$, gelbe verfilzte Nädelchen, Zers. bei 204°; aus 1,52 g **I**, $SO_2$ u. 0,594 g $NOBF_4$ im Einschlußrohr in 10 Std.; 48%. — *1-Fluor-2.4-dibromnaphthalin*, $C_{10}H_5Br_2F$, F. 72°; durch Zers. der vorst. Verb. bei 135° im Vakuum in 20 Std., Sublimation u. Wasserdampfdest.; 62%. Wird die Zers. bei 200° durchgeführt, so tritt Verharzung ein. — *3.5-Dibrom-4-oxyphenyldiazoniumtetrafluoroborat* (**III**), $C_6H_3ON_2Br_2F_4B$, Zers. bei 205°; aus 2,45 g **II**, 25 cm³ $SO_2$ u. 1,06 g $NOBF_4$ im Einschlußrohr bei 0° in 24 Std.; ca. 100%. — *4-Fluor-2.6-dibromphenol*, F. 48—52°; durch Erhitzen von 1,184 g **III** im Vakuum auf 180°; 50—70 mg neben 650 mg (ca. 60%) eines braunen, in Säuren, Alkalien u. organ. Lösungsmitteln unlösl. Pulvers der Zus. $C_{6,0}H_{2,4}O_{0,9}Br_{1,65}F_{0,1}$. — *2.6-Dibrom-4-diazoniumphenolat*, $C_6H_2ON_2Br_2$, aus der Lsg. von **III** in Methanol gelbbraune Blättchen. — Bei der Umsetzung von 8 mMol $NOBF_4$ mit einem 20—30fachen Überschuß $CH_3$–$NH_2$ im Einschlußrohr unter Kühlung mit fl. Luft bilden sich 5 mMol $N_2$, ca. 2 mMol eines ca.

äquimol. Gemisches aus $N_2O$ u. $CH_3F$ u. $[CH_3NH_3]BF_4$. (Chem. Ber. **88.** 1839—46. 1955. Aachen, TH, Inst. für anorgan. Chem. u. Elektrochem.) E. FORCHE. 1310

**C. S. Marvel,** *Cupferron.* Durch Einleiten von $NH_3$-Gas in eine Lsg. von Phenylhydroxylamin in Ae. bei 0° u. gleichzeitiges Zutropfen von n-Butylnitrit; 85—90% (Ausbeute). (Org. Syntheses **1.** 177—79. Okt. 1951.) I. AHRLÉ. 1310

**F. D. Hager,** *Triphenylamin.* Durch Erhitzen eines Gemisches aus Diphenylamin, Jodbenzol, Nitrobenzol u. $K_2CO_3$, $Kp._{10-12}$ 195—205°, F. 126°; 82—85% (Ausbeute). — Analog: *N-Phenylcarbazol,* F. 88—89°; 88%. (Org. Syntheses **1.** 544—47. Okt. 1951.) I. AHRLÉ. 1310

**G. W. H. Cheeseman,** *Chinoxalin und verwandte Verbindungen.* 2. Mitt. *Die Darstellung von N.N'-Dimethyl-o-phenylendiamin und N-Methyl-o-phenylendiamin.* (1. vgl. C. **1956.** 4149.) Bei der Hydrolyse von N.N'-Bis-[p-toluolsulfonyl]-o-phenylendiamin (**I**; vgl. STETTER, Chem. Ber. **86.** [1953.] 161) mit wss. $H_2SO_4$ erhält man *N.N'-Dimethyl-o-phenylendiamin* in 70% ig. Ausbeute statt wie bisher in 6% ig. Ausbeute bei der Hydrolyse in Eisessig-konz. $H_2SO_4$ (vgl. ELDERFIELD u. MEYER, C. **1955.** 6268). In letzterem Fall tritt Acetylierung u. Ringschluß zum entsprechenden *Benzimidazol* ein. Auf gleiche Weise wurde aus N-Methyl-N.N'.N'-tris-[p-toluolsulfonyl]-o-phenylendiamin *N-Methyl-o-phenylendiamin* erhalten.

V e r s u c h e: *N.N'-Bis-[p-toluolsulfonyl]-o-phenylendiamin* (**I**), F. 204—205°, nach STETTER (l. c.); 92% (Ausbeute). — *N.N'-Dimethyl-N.N'-bis-[p-toluolsulfonyl]-o-phenylendiamin,* F. 177—178°, aus **I** mit Dimethylsulfat in 4n NaOH; Nadeln aus 96% ig. A.; 89%. — *N.N'-Dimethyl-o-phenylendiamin,* $Kp._{1,7}$ 93°, F. 31,5°, aus vorst. Verb. in 90% ig. $H_2SO_4$ (4 Std. auf dem Dampfbad); $n_D^{17,5}$ 1,5955; Nadeln; 86%, daneben *N.N'-Dimethyl-N-[p-toluolsulfonyl]-o-phenylendiamin,* $C_{15}H_{18}O_2N_2S$, F. 134—135°, aus A. Nadeln. — *N.N.N'-Tris-[p-toluolsulfonyl]-o-phenylendiamin,* $C_{27}H_{26}O_6N_2S_3$, F. 156 bis 157°, a) aus o-Phenylendiamin u. p-Toluolsulfonylchlorid in Pyridin; Nadeln aus A.; 68%; b) analog aus **I**; 68%. — *N-Methyl-N.N'.N'-tris-[p-toluolsulfonyl]-o-phenylendiamin,* $C_{28}H_{28}O_6N_2S_3$, F. 202—203°, aus vorst. Verb. mit $CH_3J$ in absol. Methanol in Ggw. von Na-Methylat; Prismen aus Methanol; 78%. — *N-Methyl-o-phenylendiamin,* $Kp._{1,7}$ 92—93°, F. 22°, a) aus vorst. Verb. mit 90% ig. $H_2SO_4$; $n_D^{17}$ 1,615; 82%; b) analog aus N-Methyl-N.N'-bis-[p-toluolsulfonyl]-o-phenylendiamin (STETTER, l. c.); 82%. — *1.2-Dihydro-1.3-dimethyl-2-oxochinoxalin,* F. 85,5—86,5°, aus dem Dihydrochlorid vorst. Verb. nach KEHRMANN u. MESSINGER [1892]. — *1.2-Dimethylbenzimidazol,* F. 110,5 bis 111,5°, aus dem Dihydrochlorid vorvorst. Verb. nach PHILLIPS (J. chem. Soc. [London] **1929.** 2820). (J. chem. Soc. [London] **1955.** 3308—10. Sept. London, Univ., Queen Elizabeth Coll.) H. J. BESTMANN. 1310

**Charles A. Burkhard,** *Chlorphenylsilane.* Durch Hydrolyse von Methylchlorphenylchlorsilanen werden *Polysiloxane* hergestellt, die durch Umsetzung mit Hexamethyldisiloxan in Ggw. von $H_2SO_4$ Chlorphenylgruppen enthaltende *Siliconöle* ergeben, die bessere Schmiereigg. für Stahl u. Messing aufweisen als nur Methylgruppen enthaltende Siliconöle.

V e r s u c h e: *Methyl-p-chlorphenyldichlorsilan* (**I**), $C_7H_7Cl_3Si$, $Kp._{99-100}$ 161—164°, aus äther. p-Chlorphenyl-MgBr (aus p-Chlorbrombenzol u. Mg) u. Methyltrichlorsilan in Ae.; 34% (Ausbeute), daneben *Methyl-bis-[p-chlorphenyl]-chlorsilan,* $C_{13}H_{11}Cl_3Si$, $Kp._5$ 187°, dessen geringe Ausbeute erhöht werden kann, wenn man von der 3fachen Menge p-Chlorbrombenzol ausgeht. — *Methyl-m-chlorphenyldichlorsilan* (**II**), $C_7H_7Cl_3Si$, $Kp._{61}$ 150°, analog Vorst. mit m-Bromchlorbenzol; 41,6%. — Durch Hydrolyse von **I** bzw. **II** in Ae. mit W. wurden *Polymethyl-p-chlorphenyl-* bzw. *m-chlorphenylsiloxane* erhalten, die nach 24std. Schütteln mit Hexamethyldisiloxan u. wenig konz. $H_2SO_4$ *Methylchlorphenylsiliconöle* ergaben. Das so aus **I** erhaltene Öl hatte eine Viscosität von 55,0 ctks. bei 100° F u. 8,61 ctks. bei 210° F, das aus **II** erhaltene eine Viscosität von 37,1 ctks. bei 100° F u. 8,21 ctks. bei 210° F. — *1.3.5-Tris-[p-chlorphenyl]-1.3.5-trimethylcyclotrisiloxan,* $C_{21}H_{21}O_3Cl_3Si_3$, F. 125—126° (Eisessig), als krist. Nebenprod. bei der Hydrolyse von **I**. (J. Amer. chem. Soc. **74.** 6275—76. 20/12. 1952. Schenectady, N. Y., Gen. Electric Co., Res. Labor.) I. FESTL. 1380

**A. Je. Arbusow** und **F. G. Walitowa,** *Einwirkung von Triarylbrommethanen auf Alkylbrenzcatechinphosphorigsäureester.* Durch Rk. von Äthylbrenzcatechinphosphit (**I**) mit Triphenylbrommethan, Diphenyl-p-diphenylylbrommethan (**II**), Phenyl-bis-[p-diphenylyl]-brommethan (**III**), 9-Phenyl-9-bromxanthen u. Diphenyl-α-naphthylbrommethan (**IV**) werden die entsprechenden *Triarylmethylphosphonsäurebrenzcatechinester* dargestellt. Ihre Struktur wird durch Verseifung zu den entsprechenden *Triarylmethylphosphonsäuren* bewiesen.

V e r s u c h e: *Äthylbrenzcatechinphosphit* (**I**), $Kp._{17}$ 99—100°; man läßt zu 84 g Dimethylanilin u. 31,6 g absol. A. eine äther. Lsg. von 120 g Brenzcatechinphosphorigsäurechlorid zutropfen; 69,6% (Ausbeute). — *Triphenylmethylphosphonsäurebrenzcatechinester*, $C_{25}H_{19}O_3P$, F. 186° (Bzl.); aus 7 g **I** u. 12,3 g Triphenylbrommethan bei 160°; 10 g. Daraus durch 6std. Erhitzen mit verd. HCl auf 180° im Rohr *Triphenylmethylphosphonsäure*, $C_{19}H_{17}O_3P$, F. 277,5—279° (absol. A.). — *Diphenyl-p-diphenylylmethylphosphonsäurebrenzcatechinester*, $C_{31}H_{23}O_3P$, F. 167—168° (Bzl.); aus 2 g **I** u. 4,5 g **II** bei 170°; 2,5 g. Daraus mit verd. HCl bei 190—200° *Diphenyl-p-diphenylylmethylphosphonsäure*, $C_{25}H_{21}O_3P$, F. 269—270°. — *Phenyl-bis-[p-diphenylyl]-methylphosphonsäurebrenzcatechinester*, $C_{37}H_{27}O_3P$, F. 194—195° (Bzl.); aus 2,1 g **I** u. 5,1 g **III** bei 175°; 1,9 g. Daraus *Phenyl-bis-[p-diphenylyl]-methylphosphonsäure*, $C_{31}H_{25}O_3P$, F. 160—162°. — *[9-Phenylxanthyl-(9)]-phosphonsäurebrenzcatechinester*, $C_{25}H_{17}O_4P$, F. 192—193°; aus 2,9 g **I** u. 5 g 9-Phenyl-9-bromxanthen bei 45°, dann 10 Min. bei 140°; 6,2 g. — *Diphenyl-α-naphthylmethylphosphonsäurebrenzcatechinester*, $C_{29}H_{21}O_3P$, F. 235—237° (Bzl.); aus 2 g **I** u. 3,9 g **IV** bei 200°. Daraus *Diphenyl-α-naphthylmethylphosphonsäure*, F. 260—263° (absol. A.). (Журнал Общей Химии [J. allg. Chem.] **22** (**84**). 1479—83. Sept. 1952. Kasan, Chem.-technol. Inst.) O. POLLAK V. EMHOFEN. 1380

**Rudolf Grewe, Arthur Bokranz** und **Hans-Werner Herberg**, *Asymmetrische Cycloheptanderivate*. Vff. beschreiben eine verbesserte Meth. zur Darst. von *Chinasäureamid* (**I**), das acetyliert, in das *Nitril* übergeführt u. zu *Chinomethylamin* (**II**) red. wird. Da die beiden letzten Stufen schlechte Ausbeuten liefern, wird 3.4-Isopropylidenchinaalkohol über den *Tosylchinaalkohol* (**III**; an der $CH_2OH$-Gruppe tosyliert) in **II** übergeführt, für das nebenst. Struktur wahrscheinlich gemacht wird. Nitrose Desaminierung nach TCHOUBAR (C. **1950**. I. 279) führt zu *Chinaalkohol* (der durch verd. Säuren leicht in *Benzaldehyd* umgelagert wird) u. unter Ringerweiterung zu opt.-akt. *3.4.5-Trioxycycloheptanon* (**IVa** oder **IVb**). Dieses kann ein inneres *Halbacetal* bilden, wodurch Mutarotation hervorgerufen wird. Eine ähnliche oxocyclo-Desmotropie findet sich beim *Isopropyliden-3.4.5-trioxycyclohexanon* (FISCHER u. DANGSCHAT, C. **1932**. II. 865), für das eine einfachere Synth. beschrieben wird. Mit methanol. HCl entsteht aus **IV** als Endprod. vermutlich das *Methylätherhalbacetal* **V**; wahrscheinlich wird dabei **IV** als Lactol **IVc** an der Lactolgruppe zu **VIII** veräthert, dieses zu **VI** umgelagert, welches ebenfalls im Gleichgewicht mit einer Lactolform steht, wobei letztere durch erneute Verätherung zu **V** dem Gleichgewicht entzogen wird.

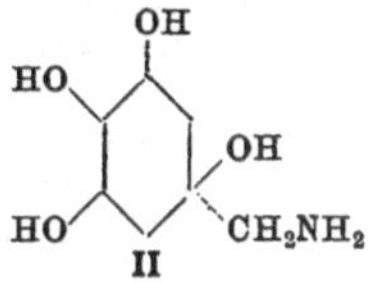

II

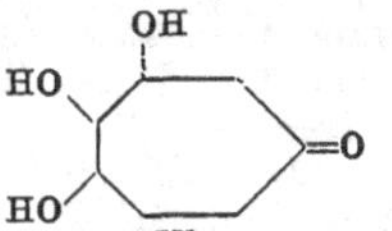

IVa

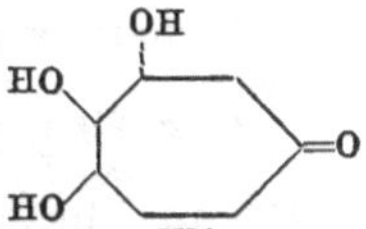

IVb

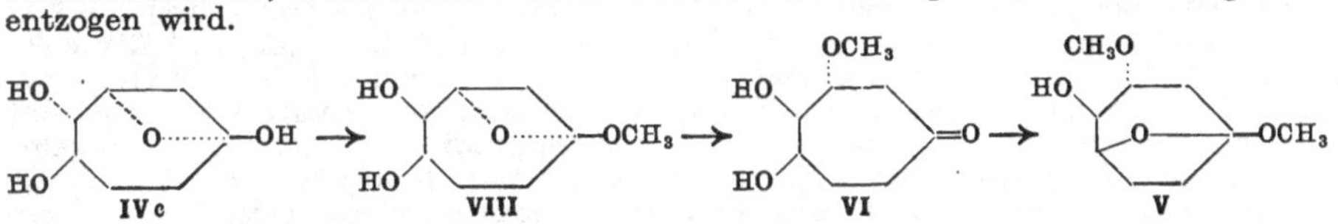

IVc VIII VI V

Versuche: *Acetonchinasäureamid*, $C_{10}H_{17}O_5N$, F. 141°, aus 7 g Acetonchinid u. fl. $NH_3$ nach 24 Std.; 7,5 g (Ausbeute). Umkristallisation aus Aceton liefert ein kristallwasserhaltiges Prod., F. 120°, das durch 24std. Erhitzen im Hochvakuum über $P_2O_5$ auf 80° entwässert werden kann; $[\alpha]_D^{22}$ —53° (A.; c = 2,1). — *Chinasäureamid* (**I**), F. 148° (A.), aus vorst. Verb. durch 2std. Kochen mit 80%ig. Essigsäure; $[\alpha]_D^{20}$ —48° (W.; c = 1,9); 78%. — *Tetraacetylchinasäurenitril* (**VII**), F. 161°, nach FISCHER u. DANGSCHAT (l. c.) aus **I** über Tetraacetylchinasäureamid; $[\alpha]_D^{20}$ —31° (A.; c = 1,9); 37%. Daneben *Pentaacetylchinasäureamid*, $C_{17}H_{23}O_{10}N$, F. 217° (Essigester); $[\alpha]_D^{21}$ —54° (Chlf.; c = 1,7); 13,6%. — *Tosylchinaalkohol* (**III**), F. 137°: Acetonchinaalkohol in Pyridin u. p-Toluolsulfonsäurechlorid in Chlf. werden bei —40° gemischt u. 3 Tage bei —20° aufbewahrt; der Pyridinüberschuß wird mit kalter HCl schnell ausgeschüttelt, dann wird 2 Std. bei Raumtemp. mit 2n HCl geschüttelt; Blättchen aus Methanol–Ae.; $[\alpha]_D^{20}$ —21° (A.; c = 2); 65%. Aus den Chloroformmutterlaugen läßt sich *Ditosylacetonchinaalkohol*, F. 137°, isolieren; $[\alpha]_D^{20}$ —85° (Chlf.; c = 2,2); 8%. — *Chinomethylamin* (**II**), $C_7H_{15}O_4N$, F. 154°: a) 1,95 g **VII** werden in der Hülse eines Heißextraktors 18 Std. mit Ae., der 2 g $LiAlH_4$ enthält, extrahiert; das aufgearbeitete Prod. (0,49 g) krist. nicht; b) eine Lsg. von **III** in gesätt. methanol. $NH_3$ wird 3 Tage stehengelassen; nach Entfernung des Lösungsm. wird in W. gelöst u. an Amberlite IR-120 fixiert, gewaschen u. mit 2n $NH_4OH$ eluiert; Nadeln aus Methanol; $[\alpha]_D^{21}$ —53° (W.; c = 2); 97%. *Pikrat*, $C_7H_{15}O_4N \cdot C_6H_3O_7N_3$, F. 174° (Zers.; A.). *Pikrolonat*, $C_7H_{15}O_4N \cdot C_{10}H_8O_5N_4 \cdot H_2O$, F. 206° (Zers.; A.). *Tetraacetat*, $C_{15}H_{23}O_8N$, $Kp._{0,003}$ 210°, aus **II** in Pyridin u. Acetanhydrid bei Raumtemp.; zähfl.; $[\alpha]_D^{22}$ —48° (A.; c = 1,7); 46%. *Triacetylbenzylidenverb.* (**IX**), $C_{20}H_{25}O_7N$,

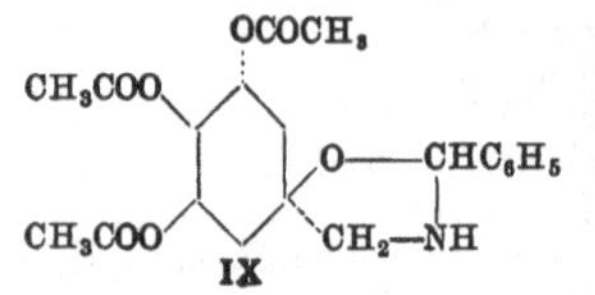

IX

F. 155°, aus **II** u. Benzaldehyd in Methanol durch kurzes Erhitzen, Eindampfen im Vakuum u. Acetylierung; Nadeln aus A.; $[\alpha]_D^{21}$ −72° (A.; c = 1,9); 62%; verbraucht nach 2std. Erhitzen mit verd. HCl 1 Mol Perjodsäure; gibt man die HCl-Lsg. durch einen bas. Ionenaustauscher oder macht kurze Zeit alkal., so entsteht nach dem Eindampfen ein Öl, das infolge Acylwanderung neutral reagiert u. keine Perjodsäure verbraucht. — *3.4.5-Trioxycycloheptanon* (**IV**), $C_7H_{12}O_4$, Kp.$_{0,003}$ 120—130°, aus **II** in 25%ig. Essigsäure mit wss. $NaNO_2$; nach 20 Std. wird im Vakuum eingeengt, Neutralsalze werden über Austauscher entfernt, u. es wird eingedampft; der schwachgelbe Sirup ist lösl. in A.; bei der Chromatographie an einer Papiersäule (Lösungsm. Essigester, A., W., 8:2:1) wird zuerst **IV** (46%) eluiert, dann *Chinaalkohol* (34%); das so gereinigte Prod. zeigt $[\alpha]_D^{19}$ +10° (A.; c = 1,6), sofort nach der Dest. (0,003 Torr) $[\alpha]_D$ 5,8° (Dest. bei höheren Tempp. führt zu Werten bis −10°), nach einigen Std. wieder +10°; UV-Spektr. in Methanol: $\lambda_{max}$ 285 m$\mu$ (log $\varepsilon$ = 1,58). Wenn zur nitrosen Desaminierung ungereinigtes **II** verwendet wird, entsteht zu 3% eine *Verb. $C_{14}H_{26}O_9N_2$*, F. 268 (Zers.), unlösl. in A.; es handelt sich um eine *Nitrosoverb.*, die aus der **II** entsprechenden sek. Base stammt. **IV**-*Semicarbazon*, $C_8H_{15}O_4N_3$, F. 178° (Zers.); 50%. *Triacetat*, $C_{13}H_{18}O_7$, Kp.$_{000,3}$ 120—130°, aus **IV** in Pyridin u. Acetanhydrid; $[\alpha]_D^{19}$ −19,5° (A.; c = 2,2); $\lambda_{max}$ 274 m$\mu$ (log $\varepsilon$ = 2,21) in Methanol; 63%; bei der Dest. sublimiert in geringer Menge *Hydrochinondiacetat*, F. 122°, in den Retortenhals, das sich auch aus **IV** u. $HNO_2$ bildet. — *Isopropyliden-3.4.5-trioxycyclohexanon*, F. 79° (Essigester + PAe.), aus 3.4-Isopropylidenchinaalkohol u. Bleitetraacetat in Eisessig; $\lambda_{max}$ 285 m$\mu$ (log $\varepsilon$ = 1,26) in Methanol; 71%. — *Methyllactolid* (**V**), $C_9H_{16}O_4$, Kp.$_{000,6}$ 90—100°, aus **IV** durch 2std. Erhitzen in 0,25%ig. methanol. HCl, Neutralisation mit $Ag_2CO_3$ u. Eindampfen; $[\alpha]_D^{19}$ +15° (A.; c = 0,86); 38%; erst nach Behandeln mit verd. HCl wird Perjodat verbraucht, u. auch der LEGAL-Test ist erst dann positiv. (Chem. Ber. **88.** 1367—74. 1/9. 1955. Kiel, Univ., Inst. für organ. Chem.) W. SCHWENKE. 1980

**Piero Pino, Raffaele Ercoli** und **Enrico Mantica,** *Untersuchungen über die Estersynthese aus Olefinen, Alkoholen und Kohlenoxyd.* (Vgl. NATTA u. Mitarbeiter, C. **1955.** 11365 u. Chim. e Ind. [Milano] **32.** [1950.] 201.) Bei 205—218° u. CO-Drucken von minimal 320—470, maximal 427—520 atü wird die Umsetzung von Alkoholen mit Cyclohexen (**I**) u. CO am Co-Katalysator untersucht. Es entstehen *Hexahydrobenzoesäure-* (**II**) u. *Hexahydrobenzylderivv.*, deren Verhältnis sowohl vom verwendeten Alkohol als auch von der Versuchsdauer abhängt. Der Umsatz des **I** wird, bes. bei höheren Alkoholen, durch Alkoholüberschuß gesteigert. Bei Methylalkohol wird der größte Teil des **I** zu **II**-*Methylester* umgesetzt, während bei höheren n. ($C_2$- bis $C_4$-) u. sek. ($C_3$-, $C_4$-) Alkoholen nur 20—40% des **I** in *Ester* umgewandelt werden. Dabei entstehen außerdem als Nebenprodd. bei Verwendung von A. *Acetaldehyd, Acetal* u. *Hexahydrobenzaldehyddiäthylacetal*, mit n-Propylalkohol *Propionaldehyd, Propionaldehyddipropylacetal* u. *Hexahydrobenzaldehyddipropylacetal*, mit Isopropylalkohol *Aceton, Hexahydrobenzaldehyd* u. *Dicyclohexylketon*, bzw. bei einem Vers. außer Aceton noch *n-Butanol, Isobutanol* u. *Cyclohexanol*, mit n-Butanol *Butyraldehyd* u. mit sek.-Butanol *Methyläthylketon.* Bei tert.-Butyl- u. tert.-Amylalkohol tritt Dehydratation zu *Isobutylen* bzw. *Pentenen* ein ohne merkliche Esterbildung. Mit zunehmender Reaktionsdauer überwiegt die Bldg. von *Hexahydrobenzylalkohol* (**III**), der dann teilweise zu **II**-*Ester* umgesetzt wird. Alkoholüberschuß fördert die Bldg. von **III**, während die Esterbldg. (sowohl aus dem verwendeten Alkohol als auch aus **III**) prakt. konstant bleibt. (Gazz. chim. ital. **81.** 635—45. Juli 1951. Milano, Politecn., Ist. di Chim. ind.) R. K. MÜLLER. 2010

**G. Debus,** *Die Synthese von Cyclohexenylcyclohexylamin. Cyclohexen-(1)-ylcyclohexylamin* (**I**), das sich beim Hydrieren von Anilin bildet (C. **1954.** 6461) u. von dem eine leichte Dismutation in Phenylcyclohexylamin u. Dicyclohexylamin erwartet wird, kann aus *Cyclohexylamin* (**II**) in einer Spezialapp. (vgl. Original) dargestellt werden: 2 $C_6H_{11}NH_2$ (**II**) → $C_6H_9\cdot NH-C_6H_{11}$ (**I**) + $NH_3$ + $H_2$. Die App. gestattet einen schnellen Umsatz von **II** mit Ni als Katalysator bei 134° in einer Reaktionskammer, die Trennung der Reaktionsmischung in einer Rektifizierkolonne u. die Rückführung von unverändertem **II** in die Reaktionskammer. Der Fortgang der Rk. ergab sich aus der gebildeten $NH_3$-Menge. Das Infrarotspektr. von **I** unterscheidet sich von dem des Dicyclohexylamins durch eine ausgeprägte Bande bei 5,9 $\mu$ u. mehrere schwächere Banden bei 10 $\mu$; aromat. Anteile, die auf eine Dismutation schließen ließen, wurden nicht gefunden. (Bull. Soc. chim. belges **63.** 457—59. 31/12. 1954. Löwen, Univ., Labor. für physikal. Chem.)
H. GOLD. 2110

**I. P. Zukerwanik** und **M. D. Ssokolnikowa,** *Nitrierung von 1.1-Diphenyläthan.* Bei der Nitrierung von 1.1-Diphenyläthan (**I**) mit $HNO_3$ (D. 1,5) bei −15° wird *1.1-Bis-*

*[4-nitrophenyl]-äthan* (II) erhalten (daneben entsteht wenig 1-[2-*Nitrophenyl*]-*1*-[*4-nitrophenyl*]-*äthan*), während bei der Nitrierung mit $HNO_3/H_2SO_4$ (4:6 Volumenteile) neben II noch *1.1-Bis-[2.4-dinitrophenyl]-äthan* (III) entsteht. Die Ausbeute an III kann erhöht werden, wenn man einen größeren Überschuß an $H_2SO_4$ verwendet. Bei der Nitrierung von I mit $HNO_3$ (D. 1,365) bei 75—80° entsteht *1.1-Diphenyl-2.2-dinitroäthylen* (IV). Wird verdünntere $HNO_3$ angewandt, so entsteht neben IV noch *1.1-Diphenyl-1-oxy-2-nitroäthan*, das als einziges Reaktionsprod. auftritt, wenn mit $HNO_3$ (D. 1,21) bei 80—90° gearbeitet wird, Temperaturerhöhung begünstigt die Bldg. von IV. *1-Phenyl-1-[p-nitrophenyl]-äthan* wird durch Nitrierung von I mit $Cu(NO_3)_2$ in Acetanhydrid gewonnen.

Versuche: *1.1-Bis-[4-nitrophenyl]-äthan* (II), $C_{14}H_{12}O_4N_2$, F. 112° (Eisessig); a) durch Eintragen von 5 g I in 20 ml $HNO_3$ (D. 1,5) bei —15°; b) aus 5 g I mit 12,6 ml $HNO_3$ (D. 1,35) + 19 ml $H_2SO_4$ (D. 1,84); 66 bzw. 53% (Ausbeute). Gibt bei der $CrO_3$-Oxydation *4.4'-Dinitrobenzophenon*, F. 188°. Bei vorst. Rk. nach a) wird ein harzartiger Rückstand erhalten, dessen Oxydation mit $CrO_3$ in Eisessig (20 Std. kochen) *2.4'-Dinitrobenzophenon*, $C_{13}H_8O_5N_2$, F. 197°, liefert. — *1.1-Bis-[2.4-dinitrophenyl]-äthan* (III), $C_{14}H_{10}O_8N_4$, F. 157° (Eisessig); durch Eintragen von 5 g I in ein Gemisch von 10 ml $HNO_3$ (D. 1,35) u. 25 ml $H_2SO_4$ (D. 184) bei 30—35°; grüngelbe Kristalle; 4,5 g. $CrO_3$-Oxydation gibt *2.4.2'.4'-Tetranitrobenzophenon*, F. 224°. — *1-Phenyl-1-[4-nitrophenyl]-äthan*, $C_{14}H_{13}O_2N$, $Kp._7$ 180—181°; aus 30 g I in 30 ml $(CH_3CO)_2O$ u. 30 g $Cu(NO_3)_2$ bei 30—35°, dann 5 Std. bei 85°; 65%. Gibt bei $CrO_3$-Oxydation in Eisessig (7 Std. kochen) *4-Nitrobenzophenon*, $C_{13}H_9O_3N$, F. 138°; *Phenylhydrazon*, F. 142°. — *1.1-Diphenyl-2.2-dinitroäthylen* (IV), $C_{14}H_{10}O_4N_2$, F. 148° (Eisessig); durch 6std. Erhitzen von 5 g I mit 15 ml $HNO_3$ (D. 1,42) auf 70—80°; leuchtendrote Nadeln; 53%. — *1.1-Diphenyl-1-oxy-2-nitroäthan*, $C_{14}H_{13}O_3N$, F. 108° (Eisessig); aus 5 g I mit 15 g $HNO_3$ (D. 1,21) 7 Std. bei 100°; 50%. Daneben *Benzophenon*. — *1.1-Diphenyl-2-nitroäthylen*. $C_{14}H_{11}O_2N$, F. 88°; aus 5 g vorst. Verb. durch 2std. Erhitzen mit Acetylchlorid; 1,3 g. (Журнал Общей Химии [J. allg. Chem.] **24** (86). 1435—38. Aug. 1954. Chem. Inst. der Akad. der Wiss. der UsbekSSR.) G. FROELICH. 2210

**F. G. Baddar, Lanson S. El-Assal** und **Victorine B. Baghos**, *1-Phenylnaphthaline*. 2. Mitt. *Die Cyclisierung von γ.γ-Di-o-methoxyphenyl- und γ.γ-Di-p-methoxyphenylitaconsäuremonoäthylester zu den entsprechenden 1-Phenylnaphthalinen*. (1. vgl. C. **1949**. I. 291.) Die Cyclisierung von *γ.γ-Di-o-* bzw. *-p-methoxyphenylitaconsäuremonoäthylester*, die aus den entsprechenden disubstituierten Benzophenonen mit Bernsteinsäurediäthylester dargestellt wurden, mittels Essigsäureanhydrid u. Na-Acetat lieferte *4-Acetoxy-8-methoxy-1-[o-methoxyphenyl]-* bzw. *4-Acetoxy-6-methoxy-1-[p-methoxyphenyl]-2-naphthoesäureäthylester*. Die entsprechenden *Oxysäuren* wurden mit Methyljodid in *4.8-Dimethoxy-1-[o-methoxyphenyl]-* bzw. *4.6-Dimethoxy-1-[p-methoxyphenyl]-2-naphthoesäuremethylester* übergeführt, diese zu den freien *Säuren* verseift u. durch deren Decarboxylierung die entsprechenden *1-Phenylnaphthalinderivv*. erhalten. Aus γ.γ-Di-p-methoxyphenylitaconsäureanhydrid entstand mit $AlCl_3$ ein Indenonderiv., das nach Cyclisierung u. Methylierung *2.2'.7-Trimethoxy-3.4-benzofluorenon* lieferte. Im Gegensatz hierzu entstand bei Einw. von $AlCl_3$ auf γ.γ-Di-o-methoxyphenylitaconsäureanhydrid *4-[o-Methoxyphenyl]-cumarinyl-(3)-essigsäure*. Verss. zur Decarboxylierung u. Lactonisierung der γ.γ-Di-o-methoxyphenylitaconsäure gelangen ebensowenig, wie Verss. zur Darst. von 4.8-Dimethoxy-1-[o-methoxyphenyl]-naphthalin durch Kondensation von 1.5-Dimethoxynaphthalin mit diazotiertem 3-Aminoanissäuremethylester. 2.2'-Dimethylbenzophenon reagierte nicht mit Bernsteinsäurediäthylester.

Versuche: *2.2'-Dioxybenzophenon*, $C_{13}H_{10}O_3$, F. 62—63°, aus Xanthon mit KOH bei 205—210° (20 Min.), aus PAe. citronengelbe Kristalle. — *2.2'- u. 4.4'-Dimethoxybenzophenon*, aus den entsprechenden Dioxyverbb. mit Dimethylsulfat + $K_2CO_3$ in Aceton (15 Std. am Rückfluß), FF. 104—105° (aus Methanol) bzw. 145—146° (aus A.). — *4-Acetoxy-6-methoxy-1-[p-methoxyphenyl]-2-naphthoesäureäthylester*, $C_{23}H_{22}O_6$, F. 198 bis 199° (Aceton), aus γ.γ-Di-p-methoxyphenylitaconsäuremonoäthylester mit Na-Acetat u. Essigsäureanhydrid am Rückfluß. — *4-Oxy-6-methoxy-1-[p-methoxyphenyl]-2-naphthoesäure*, $C_{19}H_{16}O_5$, F. 219—220°, aus vorigem Ester mit 10%ig. alkoh. KOH; Kristalle aus Eisessig. *Äthylester*, $C_{21}H_{20}O_5$, F. 199—200° (Bzl.). Die Methylierung der Säure mit $CH_3J$ (+ $K_2CO_3$ in Aceton am Rückfluß) ergab *4.6-Dimethoxy-1-[p-methoxyphenyl]-2-naphthoesäuremethylester*, $C_{21}H_{20}O_5$, F. 127—128° (Bzl.), mit 10%ig. alkoh. KOH die *freie Säure*, $C_{20}H_{18}O_5$, F. 205—206°, hellgelbe Platten aus Eisessig. — *4.6-Dimethoxy-1-[p-methoxyphenyl]-naphthalin*, $C_{19}H_{18}O_3$, aus letzterer Säure mit Cu-Bronze bei 205 bis 210°; hellbraune Aggregate aus PAe. (Kp. 80—100°), F. 117,5—118,5° (Sintern bei 116°). — *γ.γ-Di-p-methoxyphenylitaconsäure*, F. 161—162°, aus dem Halbester mit 10%ig. alkoh. KOH am Rückfluß. — *6-Methoxy-3-[p-methoxyphenyl]-1-oxoindenyl-(2)-essig-*

*säure*, $C_{19}H_{16}O_5$, F. 181,5—182,5°, aus γ.γ-Di-p-methoxyphenylitaconsäureanhydrid mit $AlCl_3$ in Nitrobenzol bei <5°, dann 2tägigem Stehen bei Raumtemp.; aus Bzl. rosa Nadeln. *Methylester*, $C_{20}H_{18}O_5$, F. 117—118°, aus Bzl. rote, glänzende Kristalle. *2.4-Dinitrophenylhydrazon des Methylesters*, $C_{26}H_{22}O_8N_4$, F. 262—263°, rote Nadeln aus Eisessig. — *2-Acetoxy-2'.7-dimethoxy-3.4-benzofluorenon*, $C_{21}H_{16}O_5$, F. 210—211°, aus voriger Ketosäure mit Na-Acetat/Essigsäureanhydrid am Rückfluß (3 Std.), rote Kristalle aus Benzol. — *2-Oxy-2'.7-dimethoxy-3.4-benzofluorenon*, F. >320°, durch Hydrolyse aus Vorigem; dunkelrote Kristalle aus Benzol. — *2.2'.7-Trimethoxy-3.4-benzofluorenon*, $C_{20}H_{16}O_4$, F. 183—184°, durch Methylierung des vorigen mit $CH_3J$ oder durch Cyclisierung von 4.6-Dimethoxy-1-[p-methoxyphenyl]-2-naphthoesäure mit $P_2O_5$ in Bzl.; rote Kristalle aus Benzol. — *γ.γ-Di-o-methoxyphenylitaconsäuremonoäthylester*, $C_{21}H_{22}O_6$, F. 153—154°, aus 2.2'-Dimethoxybenzophenon mit Bernsteinsäurediäthylester (+ K-tert.-Butylat) in tert.-Butanol am Rückfluß unter $N_2$; Kristalle aus Benzol. Die Durchführung der Kondensation mittels alkoh. K-Äthylats oder seiner Suspension in Bzl. ergab nur geringe Mengen eines unkristallisierbaren Halbesters; aus der Neutralfraktion wurde nach Hydrolyse mit 10%ig. wss. NaOH u. Extraktion mit Bzl. *Bis-[o-methoxyphenyl]-methanol*, $C_{15}H_{16}O_3$, F. 85—86° (Methanol), isoliert. —*γ.γ-Di-o-methoxyphenylitaconsäure*, $C_{19}H_{18}O_6$, F. 185—186°, aus vorigem Ester mit 10%ig. wss.-alkoh. KOH; Kristalle aus verd. Essigsäure. *Anhydrid*, $C_{19}H_{16}O_5$, F. 140—141°, aus der Säure mit Acetylchlorid am Rückfluß; aus Bzl.–PAe. Kristalle. — *4-Oxy-8-methoxy-1-[o-methoxyphenyl]-2-naphthoesäure*, $C_{19}H_{16}O_5$, F. 246—247°, aus vorvorigem Halbester mit Na-Acetat/Essigsäureanhydrid am Rückfluß u. Verseifung des erhaltenen Äthylesters (hellbraunes, viscoses Öl) mit 10%ig. alkoh. KOH; Kristalle aus Essigsäure. *Äthylester*, $C_{21}H_{20}O_5$, F. 162—163°, aus Benzol. — *4.8-Dimethoxy-1-[o-methoxyphenyl]-2-naphthoesäure*, $C_{20}H_{18}O_5$, F. 175—176° (Eisessig), aus voriger Säure mit $CH_3J$ u. Hydrolyse des gebildeten Methylesters mit 10%ig. alkoh. KOH. — *4.8-Dimethoxy-1-[o-methoxyphenyl]-naphthalin*, $C_{19}H_{18}O_3$, F. 111—112° (aus PAe., Kp. 80—100°), durch Decarboxylierung vorst. Verb. mit Cu-Bronze in Chinolin. — Der Vers. zur Darst. von *2.4'.5-Trimethoxy-3.4-benzofluorenon* aus 4.8-Dimethoxy-1-[o-methoxyphenyl]-2-naphthoesäure mittels $P_2O_5$ in Bzl. führte zu einem kirschroten Öl, von dem eine Fraktion vom $Kp._2$ 260—290° zu einer dunkelroten, unkristallisierbaren M. erstarrte. — Die Einw. von $AlCl_3$ auf γ.γ-Di-o-methoxyphenylitaconsäureanhydrid in Nitrobenzol bei 0—5°, dann 2 Tage bei 20 bis 25° ergab *4-[o-Methoxyphenyl]-cumarinyl-(3)-essigsäure*, $C_{18}H_{14}O_5$, F. 185—186° (Bzl.–PAe.); in wss. NaOH mit Dimethylsulfat am Rückfluß u. folgender Hydrolyse mit 10%ig. alkoh. KOH wurde *α.α-Di-o-methoxyphenylitaconsäure* erhalten. — *3-Jodanissäure*, durch Jodierung von Anissäure; aus A. Nadeln, F. 234—235°. *Methylester*, $C_9H_9O_3J$, F. 94—95° (aus PAe., Kp. 60—80°). (J. chem. Soc. [London] **1955**. 1714—18. Juni. Kairo, Univ.) W. SCHICKE. 2700

**Jean Jacques** und **Henri B. Kagan**, *Über die Dismutation einiger Dihydronaphthalin- und Dihydrophenanthrenderivate.* Die Dismutation von 1- u. 2-Substitutionsprodd. des 3.4-Dihydronaphthalins (I) zu *Naphthalin-* u. *Tetrahydronaphthalinderivv.* unter dem Einfl. von FRIEDEL-CRAFTS-Katalysatoren ($AlCl_3$, $SnCl_4$) u. Hydrierungskatalysatoren (Pd, Ni) wird beschrieben u. die vom 1-Alkyl-, 1-Aryl- u. 1-[β-Phenyläthyl]-deriv. (**V**) des **I**, bes. unter dem Einfl. von Dehydratisierungskatalysatoren, wie Ameisensäure u. Pyridinhydrochlorid, näher untersucht. — Die Tetralolderivv. **II** gehen ohne Dehydratisierungsmittel bei der Dest. in die entsprechenden *Dihydronaphthaline* **III** über. Bei der Behandlung des auf diesem Wege gewonnenen *6-Methoxy-1-methyl-3.4-dihydronaphthalin* (**III**; R = H, R' = $OCH_3$) mit Ameisensäure oder $KHSO_4$ entsteht ein Gemisch aus *6-Methoxy-1-methylnaphthalin* u. *6-Methoxy-1-methyl-1.2.3.4-tetrahydronaphthalin*, das auch gebildet wird, wenn das Tetralol **II** (R = H, R' = $OCH_3$) mit den genannten Mitteln dehydratisiert wird. Bei dem Vers., **III** (R = H, R' = $OCH_3$) mit Pyridinhydrochlorid zu entmethylieren, trat gleichfalls Dismutation ein. — Die Dest. des aus α-Tetralon (**IV**) u. Phenyläthyl-MgBr erhaltenen *Carbinols* führt ebenfalls unter Wasserabspaltung direkt zu *1-[β-Phenyläthyl]-3.4-dihydronaphthalin* (**V**; vgl. BERGS, Ber. dtsch. chem. Ges. **67**. [1934.] 244; vgl. auch COOK u. HEWETT, J. chem. Soc. [London] **1934**. 373), das mit Ameisensäure eine analoge Dismutation erleidet. Ebenso verhalten sich die $OCH_3$-Substitutionsprodd. von **V** u. *1-[p-Methoxyphenyl]-3.4-dihydronaphthalin*, deren Dismutation mittels Pyridinhydrochlorid mit einer Entmethylierung verbunden ist. Die 2-Aryl-3.4-dihydronaphthaline sind gegen Dismutationsreagentien beständiger. Während *2-Phenyl-3.4-dihydronaphthalin* aus 2-Phenyltetralol-(1) durch Dehydratisieren mit Ameisensäure dargestellt werden kann, ließ sich eine Dismutation mit RANEY-Ni nur vermuten; *2-Phenyl-1-äthyl-3.4-dihydronaphthalin* zeigt keine Dismutationsneigung. Die den **III** analogen *Dihydrophenanthrenderivv.* **VI** u. **VII** bilden sich leicht aus den entsprechenden Carbinolen bei der Destillation. Obwohl die Dismutationsverss. mit Ameisensäure zu Harzen führten, konnte mit Raney-Ni die gewünschte Dismutation erzielt werden. (UV-Absorptionskurven der besprochenen Verbb. vgl. Original.) Eine Aussage über den Verlauf der Dismutation auf Grund theoret. Überlegungen konnte nicht gemacht werden.

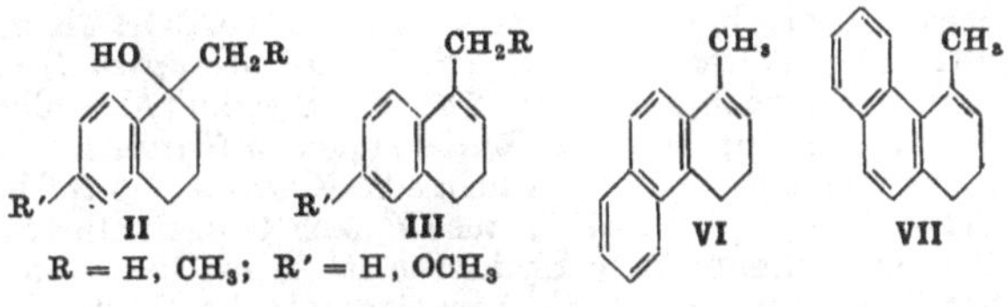


Versuche: *3.4-Dihydro-1-methylnaphthalin* (**III**, R=R' = H), Kp.$_{14}$ 105°, $n_D^{20}$ 1,5775, aus **II** (R=R' = H), durch Dest. bei 220—250°; 81%. — *3.4-Dihydro-1-methyl-6-methoxynaphthalin* (**III**, R = H, R' = $OCH_3$), Kp.$_{17}$ 159—160°, $n_D^{19}$ 1,5810, D.$^{20}_{20}$ 1,064, aus 6-Methoxytetralon-(1) (**VIII**) u. äther. Methyl-MgJ in Bzl. (2 Std.) u. Dest. des entstandenen *Carbinols*. — *3.4-Dihydro-1-äthyl-6-methoxynaphthalin* (**III**, R = $CH_3$, R' = $OCH_3$), Kp.$_{20}$ 162°, $n_D^{20}$ 1,5737, D.$^{20}_{20}$ 1,055, analog mit Äthyl-MgJ. — *1-Methylnaphthalin*, aus **III** (R = R' = H) mit Raney-Ni in A. bei Zimmertemp. unter Zutritt von Luft. *Pikrat*, F. 141—142°. — *6-Methoxy-1-methylnaphthalin* (**IX**), Kp.$_{17}$ 156 bis 157°, F. 48°, aus dem aus **VIII** u. Methyl-MgBr gewonnenen rohen Carbinol in sd. HCOOH (1 Std.), Überführen des Verdampfungsrückstandes in die Pikrate u. Spalten des in A. schwer lösl. Pikrats mit $NH_3$ in Äther. *Pikrat*, $C_{18}H_{15}O_8N_3$, F. 105°. — *6-Methoxy-1-methyl-1.2.3.4-tetrahydronaphthalin* (**X**), $C_{12}H_{16}O$, Kp.$_{11}$ 137—137,5°, $n_D^{20}$ 1,5420, D.$^{20}_{20}$ 1,024, aus der Mutterlauge des vorst. Pikrats als in Hexan leichter lösl. *Pikrat* u. dessen Spaltung mit $NH_3$. — *6-Methoxy-1-äthylnaphthalin* (**XI**), F. 57—58°, aus **III** (R = $CH_3$, R' = $OCH_3$), a) mit sd. HCOOH u. Abtrennen über das *Pikrat* (F. 90°) wie vorst. neben einem destillierbaren Öl ($n_D^{19}$ 1,544), b) mit $KHSO_4$ bei 125° (2 Std.) u. Fällen aus A. als Pikrat. — *6-Methoxy-1-äthyl-1.2.3.4-tetrahydronaphthalin*, a) durch Hydrieren von 2 g **III** (R = $CH_3$, R' = $OCH_3$) in A. in Ggw. von Raney-Ni; 1,43 g, neben 0,34 g **XI**. — *5-Methylnaphthol-(2)*, F. 105—106° (Cyclohexan), a) aus **IX** mit Pyridinhydrochlorid bei 205° (2,5 Std.); 81%, b) durch Dismutation von **III** (R = H, R' = $OCH_3$) mit Pyridinhydrochlorid; Nadeln. *Pikrat*, F. 157° (Bzl.), orangegelbe Nadeln. — *1-Methyl-1.2.3.4-tetrahydronaphthol-(6)*, $C_{11}H_{14}O$, F. 58—61° (Leichtbenzin), aus **X** mit Pyridinhydrochlorid; 58%. — *1-[β-Phenyläthyl]-3.4-dihydronaphthalin* (**V**), Kp.$_{0,5}$ 158—160°, $n_D^{20}$ 1,6030, D.$^{20}_{20}$ 1,048, aus **IV** mit äther. Phenyläthyl-MgBr in Bzl. bei Zimmertemp. u. späterem Kochen; 40%. — *1-[β-Phenyläthyl]-naphthalin*, aus **V** in sd. HCOOH, Eindampfen u. Fällen als *Dipikrat*, F. 118—119° (orangegelb). — *1-[β-Phenyläthyl]-1.2.3.4-tetrahydronaphthalin*, Kp.$_2$ 159—161°, $n_D^{21}$ 1,580, neben Vorst. aus den Mutterlaugen. — *6-Methoxy-1-[β-phenyläthyl]-naphthalin*, aus der 3.4-Dihydroverb. (**XII**; vgl. Buchta u. Kallert, Liebigs Ann. Chem. **573.** [1951.] 220) durch Dehydrieren mit S. *Pikrat*, $C_{19}H_{18}O \cdot C_6H_3O_7N_3$, F. 96° (Methanol), orangefarbene Nadeln. — *6-Oxy-1-[β-phenyläthyl]-naphthalin*, a) aus Vorst. mit Pyridinhydrochlorid bei 205° (2 Std.), b) aus **XII** analog u. Fällen als Pikrat. *Pikrat*, $C_{18}H_{16}O \cdot C_6H_3O_7N_3$, F. 126° (Bzl.), orangegelbe Nadeln. *p-Nitrobenzoylderiv.*, $C_{25}H_{19}O_4N$, F. 113° (Glykolmonomethyläther + A.), gelbe Nadeln. — *6-Oxy-1-[β-phenyläthyl]-1.2.3.4-tetrahydronaphthalin*, neben Vorst. nach b). *p-Nitrobenzoylderiv.*, $C_{25}H_{23}O_4N$, F. 130,5° (Glykolmonomethyläther), körnige Kristalle. — *6-Methoxy-1-[β-(m-methoxyphenyl)-äthyl]-3.4-dihydronaphthalin* (**XIII**), F. 52—54° (Methanol), nach Buchta u. Mitarbeitern (Chem. Ber. **82.** [1949.] 203). *Trinitrobenzolat*, $C_{20}H_{22}O_2 \cdot C_6H_3O_6N_3$, F. 78,5—79°, zinnoberrote Schuppen oder verfilzte Nadeln. — *6-Methoxy-1-[β-(m-methoxyphenyl)-äthyl]-naphthalin*, $C_{20}H_{20}O_2$, F. 60—62° (Methanol), aus **XIII**, a) durch Dehydrieren mit S, b) durch Hydrieren in A. in Ggw. von Raney-Ni u. Chromatographieren an $Al_2O_3$ (Péchiney Nr. 1). *Trinitrobenzolat*, $C_{20}H_{20}O_2 \cdot 2\,C_6H_3 \cdot O_6N_3$, F. 102—103° (Methanol), gelbe Nadeln. — *5-[β-(m-Oxyphenyl)-äthyl]-naphthol-(2)*, $C_{18}H_{16}O_2$, F. 116,5—117° (Bzl. + Cyclohexan), aus Vorst. mit Pyridinhydrochlorid bei 205° (2 Std.); fedrige Nadeln. — *5-[β-(m-Oxyphenyl)-äthyl]-5.6.7.8-tetrahydronaphthol-(2)* (?), F. 185° (wss. A.), aus **XIII** mit Pyridinhydrochlorid bei 225° (4¾ Std.). — *1-[p-Methoxyphenyl]-3.4-dihydronaphthalin* (**XIV**), Kp.$_{16}$ 210—214°, F. 73—75° (Methanol), aus **IV** u. p-Methoxyphenyl-MgBr in sd. Äther. — *1-[p-Methoxyphenyl]-naphthalin* (**XV**), F. 112—113° (Methanol), a) aus **XIV** mit S bei 225° (4½ Std.), b) aus **XIV** in sd. Ameisensäure als in Cyclohexan schwer lösl. Anteil des Dismutationsproduktes. — *1-[p-Methoxyphenyl]-1.2.3.4-tetrahydronaphthalin* (**XVI**), $C_{17}H_{18}O$, F. 66—67,5° (A.), a) durch Hydrieren von **XIV** in A. in Ggw. von Raney-Ni, b) neben **XIV** nach b) aus den Cyclohexanmutterlaugen. — *1-[p-Oxyphenyl]-3.4-dihydronaphthalin* (**XVII**), F. 140 bis 141° (Bzl.), aus **XVI** mit Pyridinhydrochlorid bei 205° (3½ Std.); gelbe Kristalle. *p-Nitrobenzoylderiv.*, $C_{23}H_{17}O_4N$, F. 163—165° (Glykolmonomethyläther), gelbe Kristalle. — *1-[p-Oxyphenyl]-1.2.3.4-tetrahydronaphthalin*, $C_{16}H_{16}O$, F. 129° (A.), a) aus **XVI** mit

Pyridinhydrochlorid; b) aus **XVII** in sd. HCOOH als in Cyclohexan schwer lösl. Anteil; perlmutterglänzende Schuppen. — *1-[p-Oxyphenyl]-naphthalin*, $C_{16}H_{12}O$, F. 91,5 bis 92° (Cyclohexan), a) aus **XV** mit Pyridinhydrochlorid bei 205° (2 Std.), b) neben Vorst. nach b) aus der Mutterlauge. *p-Nitrobenzoylderiv.*, $C_{23}H_{15}O_4N$, F. 192—194° (Glykolmonomethyläther), hellgelbe Kristalle. — *1-Phenyl-3.4-dihydronaphthalin*, $Kp._{11}$ 171—171,5°, $n_D^{18,5}$ 1,6777, aus **IV** nach Org. Syntheses **24.** [1944.] 84 u. Dest. des rohen *Carbinols*. Nimmt beim Hydrieren in A. in Ggw. von Raney-Ni nach vorheriger Behandlung mit Luft (2 Std.) weniger als die Hälfte der berechneten Menge $H_2$ auf. — *1.3-Diphenyl-1-cyanpropan* (**XVIII**), $Kp._{17}$ 212—218°, aus 60 cm³ Benzylcyanid in sd. Bzl. mit $NaNH_2$ (2 Std.) u. Zugabe von 75 cm³ β-Phenyläthylbromid (1½ Std.); 80 g (Ausbeute). — *1.3.5-Triphenyl-3-cyanpentan*, $C_{24}H_{23}N$, F. 75—76° (Methanol), als Nebenprod. von **XVIII**. — *2-Phenyltetralon-(1)* (**XIX**), $Kp._3$ 191—192°, F. 75—76° (Methanol), durch Verseifen von **XVIII** mit $H_2SO_4$ in sd. verd. Essigsäure (48 Std.), u. Cyclisieren des mit $SOCl_2$ erhaltenen Säurechlorids der gebildeten *α.γ-Diphenylbuttersäure* mit $SnCl_4$ in Bzl. bei Zimmertemp.; 92%. — *2-Phenyl-1.2.3.4-tetrahydronaphthol-(1)*, $C_{16}H_{16}O$, $Kp._{20}$ 202°, F. 71—73° (wss. A.), durch Hydrieren von **XIX** in A. in Ggw. von Raney-Ni. — *2-Phenyl-3.4-dihydronaphthalin*, $C_{16}H_{14}$, F. 62,5—64,5° (A.), aus Vorst. in sd. HCOOH; Schuppen. — *2-Phenylnaphthalin*, F. 100—101°, aus Vorst. durch Hydrieren in Ggw. von Raney-Ni. *2.4.7-Trinitrofluorenonkomplex*, F. 162—164°, orangefarbene Kristalle. — *2-Phenyl-1.2.3.4-tetrahydronaphthalin* (?), unkristallisierbares Öl, $n_D^{18,5}$ 1,5950, neben Vorst. aus der Mutterlauge nach Abtrennung des Trinitrofluorenonkomplexes. — *1-Äthyl-2-phenyl-1.2.3.4-tetrahydronaphthol-(1)*, $Kp._{16}$ 234°, F. 124° (Hexan), aus **XIX** mit Äthyl-MgBr in sd. Ae.; 63%. — *1-Äthyl-2-phenyl-3.4-dihydronaphthalin*, $C_{18}H_{18}$, F. 60—61° (Methanol), a) aus Vorst. in sd. HCOOH (2 Std.); 64%; b) in sd. konz. HCl; 31,5%. — *1-Äthyl-2-phenylnaphthalin*, $C_{18}H_{16}$, F. 53—54° (wss. Methanol), aus Vorst. mit S bei 225° (30 Min.). — *1-Methyl-9-methoxy-3.4-dihydrophenanthren* (**XX**), $C_{16}H_{16}O$, F. 52—54° (Methanol), aus 9-Methoxy-1-oxo-1.2.3.4-tetrahydrophenanthren mit Methyl-MgJ in Ae.; 74%. — *1-Methyl-9-methoxyphenanthren* (**XXI**), $C_{16}H_{14}O$, F. 119—120° (A.), aus **XX** a) durch S-Dehydrierung, b) durch Hydrieren in A. (Raney-Ni) als aus Cyclohexan leichtkristallisierbarer Anteil des Hydrierungsprod., c) in sd. HCOOH bei 70° (2 Std.); gelbe Nadeln. *Pikrat*, $C_{22}H_{17}O_8N_3$, F. 153—154° (Bzl.). — *1-Methyl-9-methoxy-1.2.3.4-tetrahydrophenanthren*, $C_{16}H_{18}O$, F. 38—39,5°, neben **XXI** nach b) u. c) aus den Mutterlaugen. *Pikrat*, $C_{22}H_{21}O_8N_3$, F. 106—107° (A.). — *1-Methylphenanthrol-(9)*, $C_{15}H_{12}O$, F. 201—202° (Bzl.), a) aus **XXI** oder **XX** mit Pyridinhydrochlorid bei 205° (2½—3 Std.). — *1-Methyl-3.4-dihydrophenanthren* (**VI**), $Kp._{3-4}$ 159—160°, F. 82—83,5° (A.), aus 1-Oxo-1.2.3.4-tetrahydrophenanthren mit Methyl-MgJ in sd. Ae. (2½ Std.). — *1-Methyl-1.2.3.4-tetrahydrophenanthren*, a) aus **VI** durch Hydrieren (Raney-Ni), b) unter vorheriger Behandlung mit Luft (2 Std.) als Nebenprod. von *1-Methylphenanthren* (F. 118 bis 120°). *Pikrat*, F. 99—99,5° (A.). — *4-Methyl-1.2.3.4-tetrahydrophenanthrol-(4)*, F. 111,5 bis 112,5°, analog **VI**. — *4-Methyl-1.2-dihydrophenanthren* (**VII**), $C_{15}H_{14}$, $Kp._{11}$ 171 bis 171,5°. $Kp._{0,6}$ 129—131°, $n_D^{20}$ 1,6585, aus Vorst. bei 200°; 72%. — *4-Methyl-1.2.3.4-tetrahydrophenanthren*, durch Hydrieren von **VII** (Raney-Ni). *Pikrat*, $C_{21}H_{19}O_7N_3$, F. 116—117°. (Bull. Soc. chim. France [5] **1956.** 128—44. Jan. Paris, Coll. de France, Labor. d'Endocrinol. et Morphol. Exépr.) H. Gold. 2700

**Bernt Carnmalm**, *2.4-Dioxyphenanthren, ein Phenanthrenanalogon von cis-Pinosylvin.* Zum Vgl. der Toxizität gegen die Holzfäulnis verursachende Fungi von cis-Pinosylvin [3.5-Dioxystilben] (**I**) mit ringgeschlossenen Phenanthrenanaloga wird *2.4-Dioxyphenanthren* (**II**) auf folgendem Wege dargestellt: Die Kondensation von 3.5-Dimethoxyphenylessigsäure (**III**) mit o-Nitrobenzaldehyd liefert *o-Nitro-α-[3.5-dimethoxyphenyl]-zimtsäure*, die nach der Red. zu *2.4-Dimethoxyphenanthren-10-carbonsäure* führt; diese ging beim Decarboxylieren u. Entmethylieren in **II** über. Der Vers., **II** nach Cook u. Hewett aus β-[3.5-Dimethoxyphenyl]-äthyl-MgBr u. Cyclohexanon, Cyclisieren des dabei entstandenen *1-[β-(3.5-Dimethoxyphenyl)-äthyl]-cyclohexanol* (**IV**) u. anschließendes Dehydrieren darzustellen, schlug fehl, da bei der Cyclisierung von **IV** offenbar statt des erwarteten 2.4-Dimethoxyoktahydrophenanthrens das Spiranderiv. **V** gebildet wird. Die Unters. des Wachstums verschied. Fungi in Agarkulturen in Ggw. von **I** u. **II** ergab, daß **II** ein wesentlich schwächeres Fungicid als **I** ist.

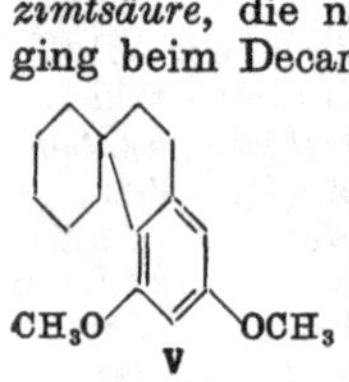

V

Versuche: *ω-Diazo-3.5-dimethoxyacetophenon* (**VI**), $C_{10}H_{10}O_3M_2$, F. 72 bis 73,5° (Bzl.-PAe.), aus 20 g 3.5-Dimethoxybenzoylchlorid mit $CH_2N_2$ in Ae. (4 Std.), gelbe Nadeln; 20,2 g (Ausbeute). — *ω-Chlor-3.5-dimethoxyacetophenon*, $C_{10}H_{11}\cdot O_3Cl$, F. 72,5—73,5° (A.), aus **VI** mit konz. HCl in A., Täfelchen. — *3.5-Dimethoxyphenylessigsäureäthylester* (**VII**), $Kp._8$ 164—166°, aus 20 g **VI** mit $Ag_2O$ in A. bei 55—60° (3 bis

4 Std.), später bei 100° (1 Std.); 17,5 g. — *3.5-Dimethoxyphenylessigsäure* (**III**), F. 102 bis 103° (W.), aus **VII** mit sd. 2n NaOH. — *o-Nitro-α-[3.5-dimethoxyphenyl]-zimtsäure*, $C_{17}H_{15}O_6N$, F. 179,5—180,5° (A.), aus 12 g **III**, 9,5 g o-Nitrobenzaldehyd u. Triäthylamin in Essigsäure auf dem Wasserbad (24 Std.), Umlösen über das Na-Salz u. Verreiben mit Bzl., gelbe Prismen; 7,1 g. — *o-Amino-α-[3.5-dimethoxyphenyl]-zimtsäure*, $C_{17}H_{17}O_4N$, F. 189—190° (A.), aus Vorst. durch Red. mit $FeSO_4$ u. $NH_3$ auf dem Wasserbad (1½ Std.), gelbe Prismen. — *2.4-Dimethoxyphenanthren-10-carbonsäure*, $C_{17}H_{14}O_4$, F. 225,5—226° (A.), durch Diazotieren von vorst. Amin in $H_2SO_4$ u. Erwärmen der gelben Diazolsg. auf dem Wasserbad, Nadeln. — *2.4-Dimethoxyphenanthren*, $C_{16}H_{14}O_2$, F. 75,5—76,5° (A.), aus Vorst. mit Cu-Chromit in Chinolin bei 210—220° (1½ Std.) u. Dest. des Rohprod. im Vakuum, Nadeln. — *2.4-Dioxyphenanthren* (**II**), $C_{14}H_{10}O_2$, F. 156,5—157° (W.), aus Vorst. mit Pyridinhydrochlorid bei 180° (2 Std.), hellgelb gefärbte Kristalle. *Diacetat*, $C_{18}H_{14}O_4$, F. 136—137° (A.), Prismen. *Dibenzoat*, $C_{28}H_{18}O_4$, F. 184—184,5° (A.), Prismen. — *β-[3.5-Dimethoxyphenyl]-äthylalkohol*, Kp.$_{1-2}$ 126—130°, aus 16 g **VII** mit $LiAlH_4$ in sd. Ae.; 12 g. *3.5-Dinitrobenzoat*, $C_{17}H_{16}O_8N_2$, F. 141,5—142° (Bzl.-Ligroin), gelbe Nadeln. — *β-[3.5-Dimethoxyphenyl]-äthylbromid* (**VIII**), $C_{10}H_{13}O_2Br$, Kp.$_{1-2}$ 125—128°, F. 20—22°, mit $PBr_3$ in $CCl_4$ bei 60° (45 Min.). — *1-[β-(3.5-Dimethoxyphenyl)-äthyl]-cyclohexanol* (**IV**), Kp.$_{1-2}$ 165—170°, aus 7,5 g **VIII** mit Mg in sd. Ae. u. Umsetzen der Grignard-Verb. mit Cyclohexanon unter Kühlen, viscoses gelbes Öl; 3,2 g. — *Spiran* **V** (?), $C_{16}H_{22}O_2$, F. 95—96° (A.), durch Cyclisieren von **IV** mit konz. $H_2SO_4$ in sd. Eisessig u. Dest. des Rohprod. bei 12 mm, Prismen. (Acta chem. scand. **9**. 246—50. 1955. Stockholm, Königl. TH, Organ.-Chem. Inst.) H. Gold. 2850

**Arthur C. Cope, Emily L. Wick** und **Frank S. Fawcett,** *Cyclische Polyolefine*. 34. Mitt. *2.4-Diphenylbicyclo-[3.3.0]-octadien-(1.4)*. (33. vgl. C. **1956**. 1869.) Alkalischmelze von *5-Amino-2.4-diphenylcycloocten-(2)-carbonsäurelactam* (**I**) bei 250° führt zu *2.4-Diphenylbicyclo-[3.3.0]-octadien-(1.4)* (**II**), dessen Konst. durch Rkk. bewiesen wird. Daß bei der Ozonisation u. nachheriger $H_2O_2$-Oxydation *Glutarsäure* erhalten wird, muß durch intermediäre Bldg. von *Cyclopentandion-(1.2)* erklärt werden. Das mit N-Bromsuccinimid aus **II** erhaltene *Monobromid* ist wahrscheinlich die *3-Bromverbindung*. **II** entsteht in geringerer Ausbeute auch durch Alkalischmelze des aus **I** u. KOH in $CH_3OH$ gebildeten **I**-Isomeren. Wird **I** mit KOH in wss. Diäthylenglykol hydrolysiert, entsteht in geringer Menge eine *ungesätt. Monocarbonsäure* $C_{20}H_{19}COOH$ (**III**), die eine Doppelbindung enthält u. bei Alkalischmelze etwas **II** bildet; vielleicht hat **III** die nebenst. Konstitution. — *2.4-Diphenylbicyclo-[3.3.1]-nonen-(2)-on-(9)* (**IV**) führt bei Alkalischmelze nicht zu **II**, wie zu erwarten war, da das **IV**-Oxim bei Beckmann-Umlagerung **I** bildet u. da bei der Alkalischmelze von **I** die Lactamgruppierung eliminiert wird, sondern gibt *1.2-Dimethyl-3.5-diphenylbenzol*, dessen Konst. durch Oxydation zu *3.5-Diphenylphthalsäure* (**V**) u. deren unabhängige Synth. bewiesen ist. Diese geht von 2.4-Diphenylbuten-(3)-ol-(2) aus, welches aus Benzalaceton u. $C_6H_5Li$ entsteht u. mit $J_2$ u. Maleinsäureanhydrid (**VI**) direkt *3.5-Diphenyl-1.2.3.6-tetrahydrophthalsäureanhydrid* bildet, ohne daß *2.4-Diphenylbutadien* isoliert werden muß (es polymerisiert leicht); das Anhydrid liegt wahrscheinlich als Stereoisomerengemisch vor u. kann mit S zu **V**-*Anhydrid* dehydriert werden.

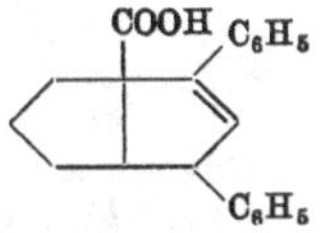


Versuche (FF. korr.): *2.4-Diphenylbicyclo-[3.3.0]-octadien-(1.4)* (**II**), $C_{20}H_{18}$, F. 132,3—133,0° (A.), durch 25 Min. währendes Erhitzen von **I** u. gleichen Teilen KOH u. NaOH bei 1 mm von 130 auf 250°, dann 1 Std. auf 250° u. Digerieren mit W.; 92% (Ausbeute) roh. Reinigung durch Lösen in heißem $CCl_4$ u. Verdünnen mit sd. A.; hellgelbe Nadeln; 72%. *Pikrat*, $C_{32}H_{24}O_{14}N_6$, F. 142,2—143°, dunkelpurpurfarbene Nadeln aus Ae.; 74%. *Trinitrobenzoladdukt*, $C_{32}H_{24}O_{12}N_6$, F. 162—162,8°, aus A. ziegelrote Nadeln; 58%. **II** entsteht ebenso auch aus dem zu **I** isomeren *Lactam* (F. 194—195,2°), 62%, u. aus **III**; 11%. — *Monocarbonsäure* $C_{21}H_{20}O_2$ (**III**), F. 208—209,5° (Methylcyclohexan), durch 1 std. Erhitzen von **I** mit Diäthylenglykol in W. u. KOH unter $N_2$, Eingießen in W., Waschen, Ansäuern, Ausziehen mit Bzl., der benzol. Lsg. mit Bicarbonatlsg., Ansäuern, Extraktion mit Bzl., Einengen, Verdünnen mit Cyclohexan, erneutes Einengen u. Verdünnen mit Pentan; 10%; nimmt bei Red. in Dioxan in Ggw. von 10%ig. Pd-Kohle 1 Mol $H_2$ auf. — Hydrierung von **II** in Cyclohexan mit 10%ig. Pd-Kohle unter Aufnahme von 2 Mol $H_2$ liefert *2.4-Diphenylbicyclo-[3.3.0]-octan*, $C_{20}H_{22}$, F. 54,3—54,7° (A.), als wachsartige M., 88%, die durch Kurzwegdest. gereinigt wird. — **II**-*Maleinsäureanhydrid* (**VI**)-*Addukt*, $C_{24}H_{20}O_3$, F. 164,5—165° (Chlf.-Cyclohexan), aus den Komponenten in Bzl.; 86%. — **II**-*Monobromderiv.*, $C_{20}H_{17}Br$, F. 126,6° unter Zers. (Chlf.-A.), durch 5½ std. Rühren von **II** mit N-Bromsuccinimid in $CCl_4$, Einengen des Filtrats, Lösen in Chlf. u. Zugabe von A.; 38%. — Nach Ozonisierung von **II** in Chlf. bei —30°, Gießen in $NaHSO_3$-Lsg., Entfernen des Chlf. u. Ausziehen der wss. Lsg. mit

Pentan wird *Dibenzoylmethan*, F. 75,8—76,4° (A.), erhalten; 32%; gibt mit $NH_2OH$ *3.5-Diphenylisoxazol*, F. 139,8—140,8°. Die verbleibende wss. Lsg. wurde 2 Std. mit $H_2O_2$ in NaOH oxydiert; nach Eindampfen, Zugabe von viel verd. $H_2SO_4$ u. 18std. Extraktion mit Ae. wurde *Glutarsäure*, F. 90,6—91,2°, erhalten; 39%; *Di-p-bromphenacylester*, F. 135,2—136,2°. — *1.2-Dimethyl-3.5-diphenylbenzol*, $C_{20}H_{18}$, F. 100,8 bis 101,8° (A.), aus **IV** wie **II** aus **I**; 91% roh, 58% rein. — *3.5-Diphenylphthalsäure* (**V**)-*Anhydrid*, $C_{20}H_{12}O_3$, F. 175,8—177,4°, durch 8std. Kochen vorst. Verb. mit $HNO_3$ (D. 1,075), Eingießen in Eiswasser, Erwärmen des Nd. mit 10%ig. NaOH, Eingießen in Eis + konz. HCl u. Sublimation bei 155—170° Blocktemp./1 mm; 32%. — **V**, $C_{20}H_{14}O_4$, F. 192,4—193° (Bzl.), aus vorst. Verb. durch 1½std. Kochen mit alkoh. NaOH, Eingießen in Eis + HCl u. Ausäthern; 40%. — *2.4-Diphenylbuten-(3)-ol-(2)*, $C_{16}H_{16}O$, F. 57,2—58° (Pentan), durch tropfenweise Zugabe von Benzalaceton in Ae. zu. Phenyl-Li in Ae. unter $N_2$, ½std. Kochen, Eingießen in Eiswasser u. Kurzwegdest. bei 80—110° Blocktemp./ 1—2 mm; 85%. — *3.5-Diphenyl-1.2.3.6-tetrahydrophthalsäureanhydrid*, $C_{20}H_{16}O_3$, F. 142,2 bis 149°, durch 6std. Kochen vorst. Verb. mit $J_2$ u. **VI** in Toluol; Reinigung durch Kristallisation aus Ae. u. Sublimation bei 160° Blocktemp./1 mm; 26%. — Vorst. Verb. gibt nach 1std. Erhitzen mit S auf 102° u. Sublimation bei 165—180° Blocktemp./1 mm **V**-*Anhydrid*; 50%. (J. Amer. chem. Soc. **76**. 6156—58. 5/12. 1954. Cambridge, Mass., Massachusetts Inst. of Technol., Dep. of Chem.) H.-J. NITZSCHKE. 2950

**Arthur C. Cope, Eric S. Graham** und **David J. Marshall,** *Cyclische Polyolefine*. 35. Mitt. *Cycloocten-(1)-dicarbonsäure-(1.5) und Cyclooctan-cis- und -trans-1.5-dicarbonsäure*. (34. vgl. vorst. Ref.) *Bicyclo-[3.3.1]-nonen-(3)-on-(9)-carbonsäure-(1)-äthylester* (**I**) geht in Ggw. von $C_2H_5ONa$ eine „umgekehrte" Acetessigesterkondensation ein unter Bldg. von *Cyclooctan-(1)-dicarbonsäure-(1.5)-diäthylester* (**II**). Die entsprechende *Säure* läßt sich zu *Cyclooctan-1.5-dicarbonsäure* (**III**) hydrieren, die als *cis–trans*-Isomeren (**IIIa** bzw. **IIIb**)-Gemisch anfällt, welches durch Kristallisation aus W. getrennt werden kann. Daß es sich nicht um Polymorphe, sondern um Stereoisomere handelt, geht aus der F.-Erniedrigung, dem DEBYE-SCHERRER-Diagramm u. den sehr verschied. FF. der *Di-p-bromphenacylester* hervor. Beide Säuren liefern dasselbe intramol. *Anhydrid*. Rk. von **II** mit N-Bromsuccinimid führt zu einem Allylbromid (oder einem Isomerengemisch), das jedoch mit verschied. tert. Aminen nicht dehydrobromiert werden konnte. — Mit $(CH_3O)_2Mg$ geht **I** keine Alkoholyse ein, sondern es tritt eine Art MEERWEIN-PONNDORF-Red. ein, wobei der entsprechende *β-Oxyester*, aber als *Methylester* entsteht; die entsprechende *Säure* konnte zu *Bicyclo-[3.3.1]-nonanol-(9)-carbonsäure-(1)* hydriert werden, die ebenso auch aus der **I** entsprechenden Säure entsteht. — $LiAlH_4$-Red. von *1-Brombicyclo-[3.3.1]-nonanon-(9)* führt zu *Bicyclo-[3.3.0]-octyl-(1)-methanol*; für die Rk. wird ein Mechanismus diskutiert, der entsprechende *Aldehyd* dürfte Zwischenprod. sein.

V e r s u c h e (FF. korr.): *Cycloocten-(1)-dicarbonsäure-(1.5)-diäthylester* (**II**), $C_{14}H_{22}O_4$, Kp.$_{0,37}$ 115—118°, durch 21std. Kochen von **I** mit $C_2H_5ONa$-Lsg., Eingießen in W., Ansäuern u. Ausäthern; $n_D^{25}$ 1,4789; D.$^{254}$ 1,061; 58% (Ausbeute). *Säure*, $C_{10}H_{14}O_4$, F. 218,8—220,0° (W.), durch 18std. Kochen von **II** mit verd. NaOH; sublimiert bei 270°/ 0,3 mm; 77%. — *Cyclooctan-1.5-dicarbonsäure* (**III**), als Isomerengemisch, F. 153—165°, durch Hydrierung vorst. Säure in Eisessig mit $PtO_2$; 98%. Trennung des Isomeren durch Kristallisation aus W.; **IIIa**, $C_{10}H_{16}O_4$, F. 169,0°—171,0° (W.), krist. zuerst; Nadeln; 1,3 g aus 2 g Gemisch. Einengen liefert **IIIb**, $C_{10}H_{16}O_4$, F. 170,8—172,1° (W.), in Platten; 0,33 g. **IIIa**-*Monobenzylaminsalz*, $C_{17}H_{25}O_4N$, F. 192,4—193,4° (unter $N_2$), mit Benzylamin in sd. Essigester; krist. aus $CH_3CN$. **IIIb**-*Monobenzylaminsalz*, $C_{17}H_{25}O_4N$, F. 192,6 bis 193,6° unter $N_2$ ($CH_3CN$). **IIIa**-*Di-p-bromphenacylester*, $C_{26}H_{26}O_6Br_2$, F. 172—174,5°, aus Essigester Nadeln. **IIIb**-*Di-p-bromphenacylester*, $C_{26}H_{26}O_6Br_2$, F. 194,0—195,5° (Essigester), Nadeln. — **III**-*Anhydrid*, $C_{10}H_{14}O_3$, F. 138,0—139,5°, aus 200 mg **IIIa** durch 4std. Kochen in Acetanhydrid, Abdestillieren u. Sublimation bei 140—170° Blocktemp./ 0,01 mm; aus Bzl.-PAe. Nadeln; 102 mg; entsteht ebenso aus **IIIb**. — *Bicyclo-[3.3.1]-nonen-(3)-ol-(9)-carbonsäure-(1)-methylester*, $C_{11}H_{16}O_3$, Kp.$_{0,61}$ 86—89°, durch 3std. Kochen von **I** in $(CH_3O)_2Mg$-Lsg., Eingießen in W., Zugabe von HCl u. Ausäthern; $n_D^{25}$ 1,5044; 77%. *Säure*, $C_{10}H_{14}O_3$, F. 119,3—121,1° (W.). — *Bicyclo-[3.3.1]-nonanol-(9)-carbonsäure-(1)*, $C_{10}H_{16}O_3$, F. 122,6—123,1° (Methylcyclohexan), durch Hydrieren vorst. Säure in A. mit 10%ig. Pd-Kohle u. Sublimation bei 0,2 mm; 88%; entsteht auch durch Hydrieren der Säure aus **I** in Eisessig mit $PtO_2$; 85%. — *Bicyclo-[3.3.0]-octyl-(1)-methanol*, $C_9H_{16}O$, F. 54—55°, durch Red. von 1-Brombicyclo-[3.3.1]-nonanon-(9) mit $LiAlH_4$ in Ae. unter $N_2$, Hydrolyse mit verd. HCl u. Sublimation bei 130°/0,3 mm; 88%; entsteht auch durch $LiAlH_4$-Red. von 1,3 g der **I** entsprechenden Säure; 0,99 g. *3.5-Dinitrobenzoat*, $C_{16}H_{16}O_6N_2$, F. 82,2—83,2° (A.). (J. Amer. chem. Soc. **76**. 6159—61. 5/12. 1954.) H.-J. NITZSCHKE. 2950

**A. S. Harris,** *Isolierung von 11.12-Benzfluoranthen aus einer Fraktion des Steinkohlenteers.* Die Isolierung von *11.12-Benzfluoranthen* (I), $C_{20}H_{12}$, F. 216—217° (aus Bzl. blaßgelbe Nadeln), aus der Fraktion vom $Kp._5$ 269—279° des Steinkohlenteerpechs wird beschrieben. *Pikrat,* F. 167—168°, rote Nadeln; *1.3.5-Trinitrobenzolat,* F. 181—182°, goldgelbe Nadeln; *2.4.7-Trinitrofluorenonderiv.,* F. 253—254°, orangerote Mikrokristalle. I u. seine Derivv. wurden durch Vgl. mit den synthet. Präpp. (vgl. ORCHIN u. REGGEL, C. **1953.** 8854) identifiziert. Die Oxydation von I mit $K_2Cr_2O_7$ in Essigsäure lieferte das *10.13-Chinon,* $C_{20}H_{10}O_2$, F. 236—237°, rote Nadeln nach Chromatographie; weitere Oxydation ergab *Naphthalsäureanhydrid.* (Nature [London] **170.** 461. 13/9. 1952. Gomersal, nr. Leeds., Coal Tar Res. Assoc.) E. GROSS. 2950

**Arthur C. Cope** und **Burton C. Anderson,** *Bicyclische Carbonsäurederivate aus cis-2.5-Bis-[oxymethyl]-tetrahydrofuran.* Bei der Rk. von cis-2.5-Bis-[oxymethyl]-tetrahydrofuranditosylat (I) mit Malonester entsteht neben *cis-2.5-Bis-[äthoxymethyl]-tetrahydrofuran 3.6-Epoxycycloheptan-1.1-dicarbonsäurediäthylester* (II), der zur freien *Dicarbonsäure* verseift u. zur entsprechenden *Monocarbonsäure* decarboxyliert wird, die in zwei stereoisomeren Formen erhalten wird. Mit Harnstoff reagiert **II** unter Bldg. von *3'.6'-Epoxyspirobarbitursäure-[5:1']-cycloheptan.* Bei der Rk. von **I** mit Cyanessigester werden die beiden stereoisomeren *1-Cyan-3.6-epoxycycloheptancarbonsäureäthylester* (**IIIa** bzw. **IIIb**) gebildet, die zu den *freien Säuren* (**IVa** bzw. **IVb**) verseift werden. Sowohl **IVa** als auch **IVb** liefern bei der Decarboxylierung unter verschied. Bedingungen stets Gemische der stereoisomeren *3.6-Epoxycycloheptancarbonsäurenitrile* (**Va** bzw. **Vb**), deren Zus. sich quantitativ aus den Infrarotspektren ermitteln läßt. Ein Mechanismus für die Rk. **IV** → **V** wird diskutiert.

V e r s u c h e (FF. korr.): *3.6-Epoxycycloheptan-1.1-dicarbonsäurediäthylester* (II), $C_{13}H_{20}O_5$, $Kp._{0,45}$ 104—104,5°, a) durch Rk. von NaH mit Malonsäurediäthylester in Tetrahydrofuran, Zugabe von **I**, 17½std. Erhitzen auf 110 ± 5° im Autoklaven, Aufnehmen in Ae., Gießen in Eis–HCl [→ Nd. von **I**; 20% (Ausbeute)] u. Ausäthern; $n_D^{25}$ 1,4679; $D._4^{25}$ 1,146; 57%; b) durch 23std. Rk. von **I** u. Malonester in sd. A. u. Behandeln der hochsd. Reaktionsprodd. mit $NH_4OH$; 29%; daneben *cis-2.5-Bis-[äthoxymethyl]-tetrahydrofuran,* $Kp._{13}$ 99°; $n_D^{25}$ 1,4308; 25%. — *3.6-Epoxycycloheptancarbonsäure* ($C_8H_{12}O_3$) *vom F. 133,5—135°* ($CCl_4$), durch 16std. Kochen von **II** in wss. NaOH, Ansäuern bei 0°, 24std. Extraktion mit $CH_2Cl_2$, Fällen mit Ligroin u. Aufnehmen des Nd. in sd. $CCl_4$ [im Rückstand *3.6-Epoxycycloheptan-1.1-dicarbonsäure,* $C_9H_{12}O_5$, F. 161,4 bis 162,6° (Zers.; Essigester)]; aus der Ligroin–$CH_2Cl_2$-Mutterlauge die *isomere Säure vom F. 102,2—103,2°* (Ligroin). — *1-Cyan-3.6-epoxycycloheptancarbonsäureäthylester* (**IIIa**; $C_{11}H_{15}O_3N$) *vom F. 63,5—65,0°* (Ligroin), analog **II** (Meth. a bei 19½std. Rk.) aus **I** u. Cyanessigsäureäthylester; daneben *isomerer Ester* (**IIIb**) *vom Kp.*$_{0,75}$ *89°* (Drehbandkolonne); $n_D^{25}$ 1,4700; roh (**IIIa** + **IIIb**); 72,5%. *Freie Säure* (**IVa**; $C_9H_{11}O_3N$) *vom F. 177,2—178,6°* (Zers.; Essigester–Cyclohexan), durch 18std. Kochen von **IIIa** in 0,25n NaOH, Ausäthern u. Ansäuern; 75%. *Hydrazid,* $C_9H_{13}O_2N_3$, F. 283—285° (Zers.; Essigester); 69%. *Isomere Säure* (**IVb**) *vom F. 214,5—216,6°* (Zers.; Essigester), analog **IVa** aus rohem **IIIb** (enthielt etwas **IIIa**) u. Trennen von mitentstandenem **IVa** durch fraktionierte Kristallisation aus Essigester–Cyclohexan; 45%. *Hydrazid,* F. 249,7 bis 251,5° (Essigester–Methanol); 50%. — *3'.6'-Epoxyspirobarbitursäure-[5:1']-cycloheptan,* $C_{10}H_{12}O_4N_2$, F. 285,7—186,8° (A.-W.), durch 16std. Kochen von **II** u. Harnstoff in Ggw. von $C_2H_5ONa$ in A., Einengen u. Zugeben zu eiskalter 20%ig. HCl; 66,5%. — Beim Erhitzen von **IVa** in Chinolin (15 Min. bei 160°, dann 10 Min. bei 200°), Gießen in eiskalte verd. $H_2SO_4$ u. Ausäthern wird ein Gemisch der stereoisomeren *3.6-Epoxycycloheptancarbonsäurenitrile* (**Va** u. **Vb**) erhalten, das nach der Infrarotanalyse (in $CCl_4$) 90% **Va** u. 10% **Vb** enthält; Trennung durch Chromatographie an $Al_2O_3$ u. Eluieren mit PAe., dann PAe.–Ae., dann Ae.; aus den PAe.-Eluaten reines **Va**, $C_8H_{11}ON$, F. 102,8—103,6° (Ligroin); 69%; aus den Ae.-Eluaten reines **Vb**, F. 87,0—88,0° (Hexan u. Sublimation); 10%. Analog aus **IVb** ein **Va/Vb**-Gemisch (86:14); daraus 53% **Va** u. 9,2% **Vb**. Bei 20 Min. langem Erhitzen von **IVa** auf 220° (dann Aufnehmen in Ae.) entsteht **Va/Vb** (30:70); daraus 8,8% **Va** u. 60% **Vb**. Analog aus **IVb** bei 240° **Va/Vb** (56:44); daraus 23% **Va** u. 31% **Vb**. **Va** oder **Vb** oder Gemisch beider werden nach ½std. Erhitzen auf 235 ± 5° oder 1std. Erhitzen auf 200° in Chinolin unverändert zurückgewonnen. (J. Amer. chem. Soc. **78.** 149—53. 5/1. 1956. Cambridge, Mass., MIT, Dep. of Chem.)
W. HOFFMANN. 3061

**Earl C. Spaeth** und **Christine B. Germain,** *Friedel-Crafts-Isopropylierung von Thienyl-(2)-methylketon.* Bei der Rk. von Thienyl-(2)-methylketon mit Isopropylchlorid in $CS_2$ in Ggw. von $AlCl_3$ entsteht hauptsächlich *4-Isopropylthienyl-(2)methylketon* (I) u. wenig (maximal 19% im Gemisch) *5-Isopropylthienyl-(2)-methylketon* (II). Das *3-Isopropylisomere* (III) konnte nicht isoliert werden. Bei Verss. mit anderen Katalysatoren

($AlBr_3$, $FeCl_3$, $ZnCl_2$, $SbCl_3$, $TiCl_4$, $SnCl_4$, $ZrCl_4$, $BF_3$-Ätherat, 75%ig. $H_2SO_4$, 85%ig. u. 92%ig. $H_3PO_4$) u. Propylen als Isopropylierungsmittel (in Ggw. von $AlCl_3$, $AlBr_3$ oder HF) entstanden ebenfalls nur **I** u. wenig **II**. Es wurde festgestellt, daß eine Isomerisierung von **I** zu **II** bzw. **II** zu **I** unter den Reaktionsbedingungen nicht stattfindet. Zur Identifizierung wurden **I**, **II** u. **III** nach unabhängigen Synthesen dargestellt: **II** durch Acetylierung von 2-Isopropylthiophen mit Acetylchlorid in Ggw. von $AlCl_3$, **I** u. **III** durch Acetylierung von 3-Isopropylthiophen. Die Struktur von **I** u. **III** wurde durch NaOCl-Oxydation zu *4-Isopropyl-* (**IV**) bzw. *3-Isopropylthiophencarbonsäure-(2)* (**V**) u. durch deren hydrierende Spaltung mittels Raney-Ni zu *γ-Isopropyl-* bzw. *β-Isopropylvaleriansäure* bewiesen.

Versuche: *3-Isopropylthienyl-(2)-methylketon* (**III**), Kp.$_{0,6}$ 58°, durch Acetylierung von 3-Isopropylthiophen mit Acetylchlorid in Ggw. von $AlCl_3$; $n_D^{20}$ 1,5422; 31% (Ausbeute); *Semicarbazon*, $C_{10}H_{15}ON_3S$, F. 183—185,5°, neben 48% *4-Isopropylthienyl-(2)-methylketon* (**I**), Kp.$_{0,5}$ 73°, $n_D^{20}$ 1,5422 (*Semicarbazon*, $C_{10}H_{15}ON_3S$, F. 210,5—211,5°). — *5-Isopropylthienyl-(2)-methylketon* (**II**), *Semicarbazon*, $C_{10}H_{15}ON_3S$, F. 208—209°. — *4-Isopropylthiophencarbonsäure-(2)* (**IV**), $C_8H_{10}O_2S$, F. 92—93° (verd. A.), aus **I** durch Oxydation mit NaOCl. *p-Bromphenacylester*, $C_{16}H_{15}O_3BrS$, F. 80,5—81,5°. — *3-Isopropylthiophencarbonsäure-(2)* (**V**), $C_8H_{10}O_2S$, F. 110—111,5°. *p-Bromphenacylester*, $C_{16}H_{15}O_3BrS$, F. 88—89. — *γ-Isopropylvaleriansäure-p-bromphenacylester*, F. 55—56°, aus **IV** durch hydrierende Spaltung mit Raney-Ni u. wss. NaOH u. Überführen des Reaktionsprod. in den Ester. — *β-Isopropylvaleriansäure-p-bromphenacylester*, $C_{16}H_{21}\cdot O_3Br$, F. 32,5—33,5°, analog vorst. Verb. aus **V**. — Die Infrarot- u. UV-Absorptionsmaxima von **I**, **II** u. **III** sind angegeben. (J. Amer. chem. Soc. **77**. 4066—69. 5/8. 1955. Storrs, Conn., Univ. of Connecticut, Dep. of Chem.) I. Festl. 3071

**Sigismondo Cusmano** und **Vincenzo Sprio**, *Untersuchungen an α-unsubstituierten Pyrrolen. Darstellung von 2-Methyl-4-phenylpyrrol.* Der durch Kondensation von ω-Aminoacetophenon mit Acetessigsäureäthylester erhaltene *2-Methyl-4-phenylpyrrolcarbonsäure-(3)-äthylester* (**I**) läßt sich nur schwierig zur freien Säure verseifen. Bei der Rk. von Acetessigsäureäthylester mit Isonitrosobenzoylessigsäureäthylester in Ggw. von Zn u. $NH_4Cl$ entsteht *2-Methyl-4-phenylpyrroldicarbonsäure-(3.5)-diäthylester*, der sich mit wss.-alkoh. KOH gut zu *2-Methyl-4-phenyl-3-carbäthoxypyrrolcarbonsäure-(5)* (**II**) verseifen läßt. **II** läßt sich zu **I** decarboxylieren u. mit wss. KOH zu *2-Methyl-4-phenylpyrroldicarbonsäure-(3.5)* verseifen, die beim Erhitzen zu *2-Methyl-4-phenylpyrrol* decarboxyliert wird.

Versuche: *2-Methyl-4-phenylpyrrolcarbonsäure-(3)-äthylester* (**I**), $C_{14}H_{15}O_2N$, F. 108°, aus ω-Aminoacetophenonhydrochlorid u. Acetessigsäureäthylester in 75%ig. Essigsäure in Ggw. von Na-Acetat (90 Min. auf dem Wasserbad); aus wss. A. Tafeln. Liefert auch nach 20std. Kochen mit wss. oder alkoh. KOH nur sehr wenig *freie Säure*. — *2-Methyl-4-phenylpyrroldicarbonsäure-(3.5)*, $C_{13}H_{11}O_4N$, F. 243°, aus dem Diäthylester mit sd. wss.-alkoh. KOH (2 Std.), Abdampfen, Aufnehmen in W. u. erneutes 4—5std. Kochen, oder aus **II** mit sd. wss. KOH (5 Std.); aus Äthylacetat Nadeln. *Diäthylester*, $C_{17}H_{19}O_4N$, F. 117—119°, a) aus Isonitrosobenzoylessigsäureäthylester u. Acetessigsäureäthylester in 80%ig. Essigsäure in Ggw. von Zn-Pulver bei Zimmertemp., dann 1 Std. bei 50° u. 2 Std. auf dem Wasserbad; 25% (Ausbeute); analog, aber in wss. A. in Ggw. von $NH_4Cl$ u. Zn-Pulver bei 30—35°, dann 1 Std. kochen; große Prismen aus A.; unlösl. in Alkalien u. Säuren, zers. sich beim Erhitzen über den F., bleibt beim Kochen mit 5—20%ig. wss. KOH unverändert. *3-Monoäthylester* (**II**), $C_{15}H_{15}O_4N$, F. 209° (Zers.), aus dem Diäthylester mit sd. wss.-alkoh. KOH (90 Min.), aus A. Prismen; gibt beim Erhitzen über den F. **I**. — *2-Methyl-4-phenylpyrrol*, $C_{11}H_{11}N$, Kp.$_2$ 153—156°, aus vorst. Disäure durch Erhitzen über 243°; gelbes Öl, wird an der Luft braun. (Gazz. chim. ital. **82**. 567—75. Juli/Aug./Sept. 1952. Palermo, Univ., Ist. di Chem. farm.)
Walter Simon. 3081

**Giuseppe Palazzo** und **Vittorio Rosnati**, *Untersuchungen in der Reihe des Oxindols. 1. Mitt. Über die Darstellung von 1-Methyloxindolen mit Aminoalkylseitenketten.* (2. vgl. C. **1955**. 92.) 15 neue *Derivv. von 1-Methyloxindol*, von denen die meisten Dialkylaminoalkylseitenketten enthalten, werden beschrieben.

Versuche: *1-Methyl-3-phenyloxindol*, $C_{15}H_{13}ON$, F. 118—119° (Ligroin), aus 18 g Methylanilin u. 30 g α-Chlorphenylessigsäurechlorid in 8%ig. NaOH in der Kälte u. Erhitzen des rohen *Methylanilids*, F. 64° (Ligroin), mit $AlCl_3$ (1 Std. bei 150—160°); 11,5 g (Ausbeute). — *1.3-Dimethyl-3-piperidinomethyloxindol*, $C_{16}H_{22}ON_2$, Kp.$_2$ 146—148°, aus 8 g 1.3-Dimethyloxindol, 6,1 g Piperidinhydrochlorid u. 4,5 g Paraformaldehyd in HCl-haltigem A. (1 Std. kochen), Zugabe weiteren Paraformaldehyds u. nochmaliges 2std. Erhitzen; 7,5 g. — *1.3-Dimethyl-3-morpholinomethyloxindol*, $C_{15}H_{20}O_2N_2$, Kp.$_4$ 169—171°, mit 4 g Morpholin analog vorst. Verb.; viscose blaßgelbe Fl.; 6,8 g. *Pikrat*,

$C_{21}H_{23}O_9N_5$, F. 179—180° (Zers.; A.). — *1-Methyl-3-äthyl-3-[β-dimethylaminoäthyl]-oxindol*, $C_{15}H_{22}ON_2$, Kp.$_{0,2}$ 107°, aus 1-Methyl-3-äthyloxindol u. β-Chloräthyldimethylamin (I) in Toluol in Ggw. von $NaNH_2$ (½ Std. erwärmen). — *1-Methyl-3-phenyl-3-[β-dimethylaminoäthyl]-oxindol*, $C_{19}H_{22}ON_2$, Kp.$_{1,5}$ 184°, Kp.$_3$ 194°, aus 7 g I u. 11,5 g 1-Methyl-3-phenyloxindol in Toluol mit $NaNH_2$ (1 Std. unter Rückfluß); 7 g. — *1-Methyl-2-[β-dimethylaminoäthoxy]-indol*, $C_{13}H_{18}ON_2$, Kp.$_3$ 152°, aus 13 g 1-Methyloxindol u. 16 g I analog vorst. Verb.; 8 g. *Perchlorat*, Zers. bei 268° (wss. A.). *Picrolonat*, Zers. bei 225° (A.). *Methojodid* hygroskopisch. — *1-Methyl-2-[β-diäthylaminoäthoxy]-indol*, $C_{15}H_{22}ON_2$, Kp.$_4$ 186—188°, mit β-Chloräthyldiäthylamin analog vorvorst. Verbindung. *Picrolonat*, $C_{25}H_{30}O_6N_6$, Zers. bei 190—195° (A.). — *1.3-Dimethyl-3-[β-carboxyäthyl]-oxindol*, $C_{13}H_{15}O_3N$, F. 130°, aus dem Äthylester mit sd. KOH (45 Min.); 100%. *Äthylester*, $C_{15}H_{19}O_3N$, Kp.$_2$ 162°, aus 1.3-Dimethyloxindol u. Acrylsäureäthylester in alkoh. $NaOC_2H_5$ (15 Min. stehen u. 30 Min. kochen). *Dimethylamid*, $C_{15}H_{20}O_2N_2$, Kp.$_3$ 200°, aus der Säure mit $SOCl_2$ u. Umsetzung des *Chlorids*, Kp.$_1$ 155°, mit Dimethylamin in Benzol. — *1.3-Dimethyl-3-[γ-dimethylaminopropyl]-indolin*, $C_{15}H_{24}N_2$, Kp.$_1$ 117°, aus vorst. Amid durch Red. mit $LiAlH_4$; fast 100%. — *1-Methyl-3.3-bis-[β-carbäthoxyäthyl]-oxindol*, $C_{19}H_{25}O_5N$, Kp.$_{0,5}$ 181—183°, aus 21 g 1-Methyloxindol u. 30 g Acrylsäureäthylester analog vorvorst. Äthylester; viscose blaßgelbe Fl.; 34,5 g. — *1-Methyl-3.3-bis-[γ-oxypropyl]-indolin*, $C_{15}H_{23}O_2N$, Kp.$_1$ 188°, aus 12 g vorst. Verb. mit $LiAlH_4$ in absol. Ae. (2 Std.); viscose Fl.; 7,2 g. — *1.3.3-Trimethylindolin*, Kp.$_{15}$ 100°, aus 8,8 g 1.3.3-Trimethyloxindol analog vorst. Verb.; 6,8 g. *Pikrat*, $C_{17}H_{18}O_7N_4$, F. 130° (A.). — *1.3-Dimethyl-3-[β-dimethylaminoäthyl]-indolin*, $C_{14}H_{22}N_2$, Kp.$_1$ 127°, aus 7 g 1.3-Dimethyl-3-[β-dimethylaminoäthyl]-oxindol u. $LiAlH_4$ in Ae.; 5 g. *Picrolonat*, F. 153—154°. *Pikrat*, F. 152°. (Gazz. chim. ital. **82.** 584—94. Juli/Aug./Sept. 1952. Roma, Ist. Superiore di Sanità, Labor. di Chim. terapèut.) WALTER SIMON. 3081

**J. Harley-Mason** und **J. D. Bu'Lock**, *Synthese von 5.6-Dioxyindolderivaten. Eine von Zinkionen katalysierte Oxydoreduktionsumlagerung.* Vorl. Mitt. zu der C. **1953.** 7801 referierten Arbeit. (Nature [London] **166.** 1036—37. 16/12. 1950.) R. LORENZ. 3081

**H. G. Lindwall** und **G. J. Mantell**, *Synthese und Reaktionen von Indolcarbonsäuren. Pyridindolone aus Indol-2-carboxyacetalylbenzylamiden.* Der Ringschluß mit $ZnCl_2$ nach FISCHER von p-substitutierten Phenylhydrazonen des Brenztraubensäureäthylesters zu *Indolderivv.* ist abhängig von der Natur des p-Substituenten. Während das Carboxyderiv. (**VII**) noch zu *Indol-2.5-dicarbonsäure* (**I**) cyclisiert werden konnte, ist der Indolringschluß beim p-Carbäthoxy- (**VI**) u. p-Cyanderiv. (**VIII**) nur noch mit sehr geringen Ausbeuten möglich. Im letzteren Falle findet hauptsächlich Hydrolyse zum *p-Cyanphenylhydrazon der Brenztraubensäure* statt. *5-Cyanindol-2-carbonsäure* (**II**) ließ sich nach REISSERT aus m-Nitrotoluol über *m-Amino-*, *m-Acetamino-*, *2-Nitro-5-acetamino-*, *2-Nitro-5-amino-*, *2-Nitro-5-cyantoluol* u. *2-Nitro-5-cyanophenylbrenztraubensäureäthylester* u. Ringschluß zu **II**-*Äthylester* (**IIa**) gewinnen. Die nach FISCHER gewonnene *2-Carbäthoxyindol-5-carbonsäure* reagiert glatt nach CURTIUS zu *2-Carbäthoxyindol-5-isocyanat*, aus dem *2-Carbäthoxy-5-carbäthoxyamino-* u. *2-Carbäthoxy-5-aminoindol*, ferner *5-Carbäthoxyaminoindol-2-carbonsäure* (**III**) u. die sehr instabile *5-Aminoindol-2-carbonsäure* hergestellt wird. Die *Säurechloride* von Indol-2-carbonsäure (**IV**), **II** u. **III** reagieren mit Benzylaminoacetaldehyddiäthylacetal (**V**) zu den entsprechenden 5-substituierten *Indolyl-(2)-carbonylacetalylbenzylamidderivv.*, die zu *2-Benzyl-*, *2-Benzyl-6-cyan-* u. *2-Benzyl-6-carbäthoxyaminopyrid-[3.4:b]-indol-(2H)-on-(1)* cyclisiert werden. Von den Pyridindolonen ist vermöge der m-dirigierenden Wrkg. der Cyangruppe nur das aus **II** erhaltene frei von dem entsprechenden *Pyrazinoindolon.* Es werden ferner durch Kondensation von **I** u. **IIa** mit $CH_2O$ u. verschied. sek. Anionen die entsprechenden MANNICH-*Basen* dargestellt.

Versuche (FF. korr.): *p-Aminobenzonitril*, aus p-Nitroanilin nach SANDMEYER u. anschließende Red. des *p-Nitrobenzonitrils*, F. 146—147°, mit $SnCl_2$ u. konz. HCl; 57% (Ausbeute). — *Brenztraubensäureäthylester, p-Carbäthoxyphenylhydrazon* (**VI**), F. 139,5—140° (Bzl./PAe.), aus α-Methylacetessigsäureäthylester u. diazotiertem p-Aminobenzoesäureäthylester nach HUGHES u. LIONS (J. Proc. Roy. Soc. New South Wales **71.** [1938.] 475]; 58%. *p-Carboxyphenylhydrazon* (**VII**), $C_{12}H_{14}O_4N_2$, F. 222° (Eisessig/W.), analog mit p-Aminobenzoesäure; 59%. *p-Cyanphenylhydrazon* (**VIII**), F. 157,5—158°, analog aus vorst. Verb.; 73% (roh). — *Indol-2.5-dicarbonsäure* (**I**), $C_{10}H_7O_4N$, F. 290—295° (Zers.), aus dem Monoäthylester beim 3std. Kochen mit 9%ig. KOH; fast 100%. *Diäthylester*, $C_{14}H_{15}O_4N$, F. 145—146° (Bzl.), a) aus dem Monoäthylester mit alkoh. HCl; lange Nadeln; 77%; gibt mit EHRLICHs Reagens keine Färbung; b) aus **VI** mit $ZnCl_2$ bei 180°, Verseifung des alkalilösl. Reaktionsprod. u. Veresterung mit $BF_3$ in A.; geringe Ausbeute; c) aus **II** durch 30std. Verseifen mit alkoh.-wss. KOH u. Veresterung. *2-Monoäthylester*,

$C_{12}H_{11}O_4N$, F. 271° (A.), aus **VII** mit $ZnCl_3$ bei 175°; 48%. — *2-Nitro-5-aminotoluol*, F. 134—135,5°, aus m-Acetotoluidin durch Nitrieren u. Hydrolyse ohne Isolierung der Zwischenprodd.; 59—62%. — *2-Nitro-5-cyantoluol*, aus dem Diazoniumsalz vorst. Verb. u. CuCN in wss. Lsg. u. Wasserdampfdest.; 50—65%. — *2-Nitro-5-cyanphenylbrenztraubensäureäthylester*, $C_{12}H_{10}O_5N_2$, F. 105—106° (Bzl. u. A.), aus 7,37 g vorst. Verb. u. 28 g Oxalsäurediäthylester in A. in Ggw. von Na-Äthylat; hellgelbe Kristalle; 6,9 g. — *5-Cyanindol-2-carbonsäure* (**II**), $C_{10}H_6O_2N_2$, F. 315—330° (Zers.; Essigsäure), a) aus **IIa** durch Hydrolyse; 87%; b) aus **VIII** mit $ZnCl_2$ bei 160—200°; geringe Ausbeute, neben *Brenztraubensäure-p-cyanphenylhydrazon*, $C_{10}H_9O_2N_3$, F. 214°. *Äthylester* (**IIa**), $C_{12}H_{10}O_2N_2$, F. 185,5—187° (A.), aus 5,18 g vorst. Verb. durch Red. mit Zn-Staub in 50%ig. Essigsäure; 2,51 g. — *5-Cyanindol*, $C_9H_6N_2$, F. 104—106° (verd. A.), aus **II** beim Erhitzen mit CaO über freier Flamme; gibt mit EHRLICHs Reagens eine rote Färbung. — *2.5-Dicarbäthoxy-3-dimethylaminomethylindol*, $C_{17}H_{22}O_4N_2$, F. 134,5—135,5° (Methanol), aus 36%ig. $CH_2O$, **I**-Diäthylester u. 33%ig. wss. Dimethylamin in Eisessig (1 Std. bei Zimmertemp. u. 1 Std. bei 70°, dann bei Zimmertemp. über Nacht); 62%. *Freie Disäure, Hydrochlorid*, $C_{13}H_{15}O_4N_2Cl \cdot 2H_2O$, F. 231° (W.). — *2.5-Dicarbäthoxy-3-diäthylaminomethylindol*, $C_{19}H_{26}O_4N_2$, F. 139—140° (Methanol), mit Diäthylamin analog vorst. Verb.; 55%. — *2.5-Dicarbäthoxy-3-[morpholinomethyl]-indol*, $C_{19}H_{24}O_5N_2$, F. 150,5—151° (Aceton), mit Morpholin analog vorvorst. Verb.; 72%. — *2-Carbäthoxy-5-cyan-3-[morpholinomethyl]-indol*, $C_{17}H_{19}O_3N_3$, F. 179,5—180° (Aceton), aus **IIa**, Morpholin u. $CH_2O$; 93%. — *2-Carbäthoxyindol-5-isocyanat*, $C_{12}H_{10}O_3N_2$, F. 172—173° (Bzl.), aus **I**-Monoäthylester mit Acetylchlorid, $PCl_5$ (2 Std. rühren, dabei gelegentlich auf 60° anwärmen) u. $NaN_3$ in Aceton (15 Min. rühren), anschließend in sd. Toluol (2 Std.); 90%. — *2-Carbäthoxy-5-carbäthoxyaminoindol*, $C_{14}H_{16}O_4N_2$, F. 173,5—174° (Bzl./PAe.), aus vorst. Verb. durch 3std. Kochen in absol. A.; orangegelbe Granula; 98%. — *5-Aminoindol-2-carbonsäure*, F. 271° (W.), aus dem Äthylester mit 20%ig. methanol. KOH in Ggw. von $Na_2S_2O_4$; flache Plättchen, die an der Luft sofort braun werden. *Äthylester*, $C_{11}H_{12}O_2N_2$, F. 127 bis 127,5° (Bzl.), aus vorvorst. Verb. mit sd. konz. HCl (2½ Std.) u. Veresterung; orangefarbene Nadeln; 25%. — *5-Carbäthoxyaminoindol-2-carbonsäure* (**III**), $C_{12}H_{12}O_4N_2$, F. 222° (Essigsäure), aus dem Äthylester mit 5% absol. alkoh. KOH bei 80—90° (5 Min.); 77%. — *Bromacetaldehyddiäthylacetat*, aus Vinylacetat, $Br_2$ u. absol. A.; 76%. — *Benzylaminoacetaldehyddiäthylacetal* (**V**), $Kp._{1-2}$ 117°, beim ½std. Eintropfen vorst. Verb. in Benzylamin bei 130—140°; 62%. — *Indol-2-carbonsäure* (**IV**), aus o-Nitrotoluol u. Oxalsäurediäthylester über *2-Nitrophenylbrenztraubensäure*, die mit alkal. $Na_2S_2O_4$ red. wird; 31%. — *Indolyl-(2)-carbonylacetalylbenzylamid* (**IX**), $C_{22}H_{26}O_3N_2$, F. 108—108,5° (A.), aus **V** u. **IV**-*Chlorid* (mit $SOCl_2$) in Ae.; 40%. — *5-Carbäthoxyaminoindolyl-(2)-carbonylacetalylbenzylamid* (**X**), $C_{25}H_{31}O_5N_3$, F. 125—126° (A.), aus **V** u. **III**-*Chlorid* (mit $SOCl_2$) in Ae.; 40%. — *5-Cyanindolyl-(2)-carbonylacetalylbenzylamid* (**XI**), $C_{23}H_{25}O_3N_3$, F. 129 bis 129,5° (A.), aus **V** u. **II**-*Chlorid* (mit $PCl_5$) in Chlf.; 60%. — *2-Benzylpyrid-[3.4:b]-indol-(2H)-on-(1)*, $C_{18}H_{14}ON_2$, F. 293—294° (Dioxan), aus **IX** beim 1-tägigem Stehen in äther. $H_2SO_4$. — *2-Benzyl-6-carbäthoxyaminopyrid-[3.4:b]-indol-(2H)-on-(1)*, $C_{21}H_{19}O_3N_3$, F. 253° (Dioxan/W.), analog vorst. Verb. aus **X**. — *2-Benzyl-6-cyanopyrid-[3.4:b]-indol-(2H)-on-(1)*, $C_{19}H_{13}ON_3$, F. 330—332° (Dioxan), analog vorvorst. Verb. aus **XI**. (J. org. Chemistry **18**. 345—57. April 1953. New York, N. Y., Univ., William H. Nichols Labor.) G. MOHR. 3081

**Carlo Runti** und **Giorgio Orlando**, *Weitere Untersuchungen über die nucleophile Reaktionsfähigkeit des β-Indolylcarbinols: Synthese der β-Indolylessigsäure.* (Vgl. C. **1954**. 1008.) Nach einer Bibliographie über die nucleophilen Rkk. in der Indolreihe u. ihre biochem. u. pharmakol. Bedeutung wird die Herst. des *3-[Morpholyl-N-methyl]-indols* (**I**) nach C. **1939**. I. 5079 nachgeprüft. Doch erwies sich die übliche Ausführung der MANNICH-Rk. als nicht geeignet, u. erst die Variante von FRY (1945) ermöglichte durch Arbeiten in Bzl. die leichte Darst. des **I**. Nach dem gleichen Verf. konnte *N.N'-Bis-skatylpiperazin* (**II**) gewonnen werden. Während im allg. nucleophile Rkk. zwischen Alkoholen u. HCN sich selten u. dann meist nur über die Dampfphase mit Dehydratisierungskatalysatoren (d. h. über den Äther oder das Olefin) verwirklichen lassen, gelingt zwischen *β-Indolylcarbinol* (**III**) u. KCN doch die Rk. zum *β-Indolylacetonitril* (**IV**), das leicht zur *β-Indolylessigsäure* (**V**) verseift wird; 75% (Ausbeute). Da **III** aus *Indol* (**VI**) mit 82% Ausbeute erhalten wird (l. c.), gewinnt man **V**, von **VI** ausgehend, mit 62%. Man kann **V** auch direkt aus **VI** unter Umgehung von **III** darstellen, aber unter Senkung der Ausbeute auf 23%.

V e r s u c h e: *3-[Morpholyl-N-methyl]-indol* (**I**), F. 122—123,5°, hellrosafarbene, zu Büscheln vereinigte Kristalle (aus A.). Aus *β-Indolylcarbinol* (**III**) in absol. A. mit Na u. *Morpholin* (**VII**) unter Rückfluß, 71%, oder aus *Indol* (**VI**), *Trioxymethylen* (**VIII**) u. **VII** in Bzl. unter Rückfluß, 39%. — *N.N'-Bis-skatylpiperazin* (**II**), F. 224—225°, gelbliches mikrokrist. Pulver (sd. Xylol), sehr wenig lösl. in den gewöhnlichen organ. Lösungsmitteln. Entweder aus **III** in absol. A. mit Na u. *Piperazinhexahydrat* (**IX**), Erwärmen unter Rückfluß u. mehrmalige Umkristallisation aus sd. Xylol, 70%, oder aus **VI, VIII** u. **IX** in Bzl. unter Rückfluß. — *β-Indolylacetonitril* (**IV**), $Kp._{0,2}$ 157° [Pikrat, F. 127 bis 128° (absol. A.)]. Aus **III** in A. mit wss. KCN-Lsg. unter Rückfluß, Extraktion mit Äther. — *β-Indolylessigsäure* (**V**), F. 164—165°, mikrokrist. Pulver (farblos oder rosa je nach Darst.). Aus **III** in A. + wss. KCN-Lsg. unter Rückfluß, Zusatz von festem KOH, Rückflußkochen, Ausäthern des **III**-Überschusses, Ansäuern der wss. Phase mit HCl, 75,3%, oder durch Zugabe von **VI** u. **VIII** zu methanol. $NaOCH_3$-Lsg., Rückflußkochen, Zusatz von $CH_3OH$ + wss. KCN-Lsg., erneutes Rückflußkochen, Ausäthern von überschüssigem **III** u. **VI**, Behandeln der wss. Phase wie zuvor; 23,3%. (Ann. Chimica **43.** 308—14. Mai/Juni 1953. Triest, Univ., Ist. Chim. organ.) W. METZENER. 3081

**Douglas A. Lyttle** und **David I. Weisblat**, *Die Chemie der Nitroessigsäure und ihrer Ester.* 3. Mitt. *Die Synthese von Tryptamin aus α-Nitro-β-indolyl-(3)-propionsäureäthylester.* (2. vgl. C. **1950.** II. 1457.) Vff. beschreiben eine Synth. von *Tryptamin* (**III**) aus α-Nitro-β-indolyl-(3)-propionsäureäthylester (**I**). Verseifung u. anschließende Säurebehandlung von **I** liefern *3-[2-Nitroäthyl]-indol* (**II**), das durch katalyt. Hydrierung über Ni **III** liefert.

Versuche: *3-[2-Nitroäthyl]-indol* (**II**), $C_{10}H_{10}O_2N_2$, FF. 55,5—56,5° u. 68,3—69,2° (nach 2 Monaten, dimorphe Form), Plättchen aus wss. A., aus **I** mit wss.-alkoh. NaOH (44 Std. bei Zimmertemp.) u. anschließende Behandlung mit HCl bei $p_H$ 4—5 (über Nacht bei 4°); 83,2% (Ausbeute). — *3-[2-Aminoäthyl]-indol* (*Tryptamin*, **III**), F. 114 bis 115°, durch katalyt. Hydrierung von **II** über RANEY-Ni unter Druck (1520 lbs./sq.in. bei 23°) bei 85—100° in A.; 81,6%. *Hydrochlorid*, $C_{10}H_{13}N_2Cl$, F. 242—248° (A.). *Acetat*, F. 134—135° (A.). (J. Amer. chem. Soc. **77.** 5747—48. 5/11. 1955. Kalamazoo, Mich., Upjohn Co., Res. Labors.) H. GNICHTEL. 3081

**D. A. Cockerill, Robert Robinson** und **J. E. Saxton**, *Weitere Versuche zur Kondensation substituierter Indole mit Hexandion-(2.5).* Vff. erhalten bei der Ozonisierung des von ROBINSON u. SAXTON (C. **1954.** 1953) durch Kondensation von 1.3-Dimethylindol (**V**) u. Hexandion-(2.5) (**VI**) u. nachfolgende Behandlung des Prod. mit konz. HCl gewonnenen u. für 1.4-Dihydro-1-methylen-4.9-dimethylcarbazol gehaltenen Prod. keinen $CH_2O$. Als neue mögliche Konst. wird die eines 1'.3.6-Trimethylindolo-[2'.3' : 1.2]-cycloheptatriens-(1.3.6) zur Diskussion gestellt. Zum Vers. einer Synth. wird α-[1-Methylindolyl-(3)]-isobuttersäureäthylester (**I**) mit $LiAlH_4$ zu *2-[1-Methylindolyl-(3)]-2-methylpropanol-(1)* red. u. nach OPPENAUER in *α-[1-Methylindolyl-(3)]-isobutyraldehyd* übergeführt. Letzterer kondensiert sich nicht unter den Bedingungen der DOEBNER-Rk., ist inakt. gegenüber Acetessigsäureäthylester in Ggw. von Piperidin, gibt aber nach REFORMATZKI mit Bromessigsäureäthylester (**VII**) u. Zn u. nachfolgender Umsetzung mit HCOOH *β-Methyl-γ-[1-methylindolyl-(3)]-γ-valerolaceton* (**II**). Die Kondensation von 1.2-Dimethylindol (**III**) mit **VI** in Ggw. von HCl führt zu *2.5-Bis-[1.2-dimethylindolyl-(3)]-hexadien-(2.4)* (**IV**), das mit HCl zu **III** gespalten wird, mit HCl + Sn *2.3-Dihydro-1.2-dimethylindol* liefert u. bei der katalyt. Hydrierung das entsprechende *Hexanderiv.* gibt. Analog kondensiert sich **III** u. 2.5-Dimethoxytetrahydrofuran (**VIII**) zu *1.4-Bis-[1.2-dimethylindolyl-(3)]-butadien*, das zum *Butanderiv.* hydriert werden kann. Die Kondensation von **V** mit Mesityloxyd (**IX**) in wss.-alkoh. HCl führt wahrscheinlich zu *1.2.3.4.10.11-Hexahydro-4.4.9.11-tetramethyl-2-oxocarbazol.*

Versuche: *α-[1-Methylindolyl-(3)]-isobuttersäure*, $C_{13}H_{15}O_2N$, F. 181° (A.), durch 4 std. Kochen von 3,8 g **I** in A. mit 40%ig. wss. NaOH; Platten; 2,5 g (Ausbeute). — *2-[1-Methylindolyl-(3)]-2-methylpropanol-(1)*, $C_{13}H_{17}ON$, F. 86—87° (PAe.), durch 30 Min. Kochen von 4,8 g **I** mit $LiAlH_4$/Ae.; lange Prismen; 3,4 g. *Pikrat*, $C_{19}H_{20}O_8N_4$, F. 106—108° (Bzl.), orangerote Nadeln. — *α-[1-Methylindolyl-(3)]-isobutyraldehyd*, $C_{13}H_{15}ON$, F. 69 bis 70° (PAe.), durch 1 std. Kochen von 2 g vorst. Alkohols mit p-Benzochinon, Al-tert.-Butylat u. absol. Bzl. u. Ausäthern; Prismen; 1,3 g. *Semicarbazon*, $C_{14}H_{18}ON_4$, F. 208—209° (A.), Rhomben. — *β-Methyl-γ-[1-methylindolyl-(3)]-γ-valerolacton* (**II**), $C_{15}H_{17}O_2N$, F. 147° (Bzl.), durch 5 std. Kochen von 3,7 g vorst. Aldehyds mit **VII**, Zn, $HgCl_2$ u. Bzl., Zugeben von wss. Essigsäure, Ausäthern, Einengen, 5 std. Erhitzen mit HCOOH auf dem Wasserbad, Einengen u. Chromatographieren; Prismen; 1,5 g. — *γ-Oxy-β-methyl-γ-[1-methylindolyl-(3)]-n-valeriansäure*, *Methylester*, $C_{16}H_{21}O_3N$, F. 73 bis 75° (PAe.), durch 3 std. Kochen von 1 g **II** in A. mit 20%ig. wss. NaOH → *Na-Salz-semihydrat* [$C_{15}H_{18}O_3NNa \cdot {}^1/_2H_2O$, F. 228—230° (Aceton–Bzl.), Prismen], das mit $CH_3J$ in Aceton 4 Std. gekocht wird, dann wird eingeengt u. in Ae. gelöst; Prismen; 0,5 g. 2 std. Kochen mit $J_2$/Xylol → **II**. *Hydrat der freien Säure*, $C_{15}H_{19}O_3N \cdot H_2O$, aus dem Na-Salz mit verd. HCl; Nadeln aus Aceton–W., die bei 59° erweichen u. zu einer

M. dehydratisieren, welche bei 140° klar wird. Langsame Kristallisation aus Aceton–Bzl. → **II**. — *2.5-Bis-[1.2-dimethylindolyl-(3)]-hexadien-(2.4)* (**IV**), F. 242° (Pyridin), hexagonale Platten u. *stereoisomere Form*, F. 270°, Prismen, durch 20 Min. langes Einleiten von HCl-Gas in eine Lsg. von **VI** u. **III** in A. bei 0°; 23%. — *1.2-Dimethylindol* (**III**), F. 55°, durch 1 std. Erhitzen von 7 g **IV** mit konz. HCl auf dem Wasserbad; 3,9 g. *Pikrat*, F. 121° (Bzl.), rote Nadeln. — *2.3-Dihydro-1.2-dimethylindol*, $C_{10}H_{13}N$, Kp.$_{18}$ 103—104°, Kp.$_{17}$ 101—102°, a) durch 7 std. Kochen von 4 g **III** mit A., konz. HCl u. Sn; 3,5 g; b) durch 3 std. Kochen von 6 g **IV** mit HCl u. Sn; $n_D^{23}$ 1,5394; 4,2 g. *Pikrat*, $C_{10}H_{13}N \cdot C_6H_3O_7N_3$, F. 131—133° (Zers.; A.), gelbe Platten. — *2.5-Bis-[1.2-dimethylindolyl-(3)]-hexan*, $C_{26}H_{32}N_2$, F. 157—160° (A.), durch 7 std. Hydrieren von 1,8 g **IV** in Dioxan in Ggw. von RANEY-Ni bei 130°/100 at; Prismen; 1,5 g. *Dipikrat*, $C_{26}H_{32}N_2 \cdot 2C_6H_3O_7N_3$, F. 191—192° (A.), braune Nadeln. — *1.4-Bis-[1.2-dimethylindolyl-(3)]-butadien*, $C_{24}H_{24}N_2$, F. 292—294° (Pyridin) mit Erweichen ab 275°, durch Einleiten von HCl-Gas in eine Lsg. von **III** u. **VIII** in wss. A. bei 0° unter Rühren; hexagonale Platten; 21%. — *1.4-Bis-[1.2-dimethylindolyl-(3)]-butan*, $C_{24}H_{28}N_2$, F. 174—176° (Bzl.), durch 8 std. Hydrieren von 1,4 g vorst. Verb. in Dioxan in Ggw. von RANEY-Ni bei 150°/100 at; Rhomben; 1 g. — *1.2.3.4.10.11-Hexahydro-4.4.9.11-tetramethyl-2-oxocarbazol*, $C_{16}H_{21}ON$, F. 96—97° (wss. A.), durch Sättigen von 2,7 g **V** in wss. A. mit HCl, 2 std. Kochen mit **IX**, Zugeben von W., Ausäthern, Einengen u. Behandeln mit Bzl.; Nadeln; 2,5 g. — *Succinoyl-bis-[1.2-dimethylindol]*, $C_{24}H_{24}O_2N_2$, F. 215—224° (Zers.; 2-Methoxyäthanol), durch 2 std. Erhitzen von 5 g **III**, Succinanhydrid u. $ZnCl_2$ auf dem Wasserbad u. 5 Min. Kochen mit W.; lange Prismen; 31%. (J. chem. Soc. [London] **1955**. 4369—73. Dez. Oxford, Univ., Dyson Perrins Labor.) R. PASEDAG. 3081

**W. W. Feofilaktow** und **T. N. Iwanowa**, *Einwirkung von aromatischen Diazoverbindungen auf Verbindungen vom Typ der Alkylacetessigester als Methode zur Darstellung von Arylhydrazonen von Ketosäuren, α-Aminosäuren und stickstoffhaltigen heterocyclischen Verbindungen.* 17. Mitt. *Reaktion von Succinylbernsteinsäureester mit aromatischen Diazoverbindungen.* (16. vgl. C. **1954**. 3472.) Bei der Rk. von Succinylbernsteinsäureäthylester [**I**; Cyclohexandion-(1.4)-dicarbonsäure-(2.5)-diäthylester] mit Phenyl-, o-, p- oder m-Tolyldiazoniumchlorid entstehen die entsprechenden *1-Aryl-4-arylazopyrazolonon-(5)-carbonsäure-(3)-äthylester* (**II**). In Analogie zu Kupplungs-Rkk. der Alkylacetessigester wird angenommen, daß als Primärprod. 2.5-Bis-[arylazo]-cyclohexandion-(1.4)-dicarbonsäure-(2.5)-diäthylester entsteht, der hydrolyt. in 2 Mol $C_2H_5OCOC \cdot$ (:NNHAr)$CH_2COOC_2H_5$ gespalten wird. Dieser wird unter den Reaktionsbedingungen dehydratisiert u. zu 1-Arylpyrazolon-(5)-carbonsäure-(3)-äthylester cyclisiert, der mit weiterem Diazoniumsalz unter Bldg. von **II** reagiert.

Versuche: *1-Phenyl-4-phenylazopyrazolon-(5)-carbonsäure-(3)-äthylester*, $C_{18}H_{16}O_3N_4$, F. 152—153° (A.); zu einer Lsg. von 0,002 Mol **I** in 30 ml Ae. + 50 ml A. gibt man tropfenweise eine aus 0,008 Mol Anilin bereitete Diazoniumsalzlsg. u. gleichzeitig 4% ig. wss.-alkoh. NaOH bis zum Auftreten einer schwach alkal. Rk. (Lackmus) u. äthert aus; 65,6% (Ausbeute). — *1-[p-Tolyl]-4-[p-tolylazo]-pyrazolon-(5)-carbonsäure-(3)-äthylester*, $C_{20}H_{20}O_3N_4$, F. 143—144° (A.); analog vorst. aus **I** u. p-Toluidin; 76,9%. — *1-[m-Tolyl]-4-[m-tolylazo]-pyrazolon-(5)-carbonsäure-(3)-äthylester*, $C_{20}H_{20}O_3N_4$, F. 146 bis 147° (A.); 85,3%. — *1-[o-Tolyl]-4-[o-tolylazo]-pyrazolon-(5)-carbonsäure-(3)-äthylester*, $C_{20}H_{20}O_3N_4$, F. 95—96° (A.); 65%. (Журнал Общей Химии [J. allg. Chem.] **25** (**87**). 125—28. Jan. 1955. Moskau, Landwirtschaftl. Timirjasew-Akad.) G. FROELICH. 3122

**Charles D. Hurd, James Moffat** und **Luigi Rosnati**, *Reaktionen von 2.3-Dihydropyran.* Die durch Hydroxylierung von 2.3-Dihydropyran (**I**) erhaltene *3.4-Didesoxypentose* (**II**) gibt bei der Spaltung mit Perjodat große Mengen *Formaldehyd*, dessen Herkunft nicht geklärt werden konnte. Gereinigtes **I** enthält weder 2-Methylentetrahydrofuran noch 2-Methyl-4.5-dihydrofuran (Infrarotspektr.); aus sorgfältig gereinigtem **II**-Diacetat hergestellte **II** gibt mit Perjodat nur eine geringe Menge Formaldehyd. Die Rk. von **I** mit wss. $NaClO_3$ u. $OsO_4$ liefert **II** nur in geringer Ausbeute. Die Umsetzung von **I** mit N-Bromsuccinimid ergab nur Teer, während N-Bromphthalimid zu *2-Brom-3-phthalmidotetrahydropyran* (?) angelagert wird. Die Darst. von **II** wird verbessert u. einige neue Hydrazone u. Osazone von **II** dargestellt.

Versuche: *2.3-Dihydropyran* (**I**), Kp.$_{740}$ 83,8—83,9°. — *3.4-Didesoxypentose* (**II**), a) aus dem Diacetat (50 g) u. katalyt. Mengen $(CH_3O)_2Ba$ in Methanol; 15 g (Ausbeute); b) durch Zugeben von $OsO_4$ u. $NaClO_3$ zu **I** in W. unter Rühren bei 50—55° (6 Std.), weiteres Zugeben von $OsO_4$, Rühren bei Zimmertemp. über Nacht u. 1 std. Erhitzen auf 80—85°. Gibt mit Perjodat *Ameisensäure* u. *Formaldehyd* (Dimedonverb. F. 173—182°). *Diacetylverb.*, Kp.$_{1-2}$ 114—115°, a) aus **I**, $H_2O_2$ u. $OsO_4$ in tert.-Butanol u. Acetylierung; 25%; b) aus 180 g **I** nach HURD u. KELSO (C. **1949**. II. 421) durch

Zugeben von $H_2O_2$ bei von 10° auf 20° gesteigerter Temp., Acetylierung, Zugeben von A. bei 30° u. 6std. Stehen; 127 g. — *Äthyl-3.4-didesoxy-2-0-acetylpentosid*, Kp.$_2$ 87—88°, aus dem Vorlauf des rohen II-Diacetats; $n_D^{25}$ 1,4360. — *2-Brom-3-phthalimidotetrahydropyron* (?), $C_{13}H_{12}O_3NBr$, F. 144° (Aceton), aus I u. N-Bromphthalimid in $CCl_4$, 1std. Stehen u. 3std. Kochen; 83,5%. Unlösl. in sd. HCl oder heißer 85%ig. $H_3PO_4$; gibt mit sd. Alkali Br-Ionen, aber kein $NH_3$, reagiert nicht mit Ag-Acetat in Eisessig. — Hydrazone u. Osazone von **II**: *p-Nitrophenylhydrazon*, $C_{11}H_{15}O_4N_3$, F. 128,5 bis 129,5°, aus 0,5 g **II**, p-Nitrophenylhydrazin (**III**) u. Essigsäure in sd. A. (10 Min.); 0,6 g. — *p-Nitrophenylosazon*, $C_{17}H_{18}O_5N_6$, F. 246—247° (Zers.), aus 0,5 g **II**, **III** u. HCl in sd. A. (15 Min.); aus Cellosolve–W. (3:1) dunkelrote Kristalle; 1,5 g. —*2.4-Dinitrophenylhydrazondiacetat*, $C_{15}H_{18}O_8N_4$, F. 97,0—97,4°, aus dem Hydrazon u. Acetanhydrid in Pyridin; aus Methanol gelbe Kristalle. — *2.4-Dinitrophenylosazonmonoacetat*, $C_{19}H_{18}$·$O_{10}N_8$, F. 210°, Darst. wie vorst. Verb. aus dem Osazon; aus Essigsäure hellrote Kristalle. (J. Amer. chem. Soc. **77**. 2793—96. 20/5. 1955. Evanston, Ill., Northwestern Univ., Chem. Labor.) E. HANSCHKE. 3211

**Giorgio Traverso** und **Manlio Sanesi**, *Chemische und physikochemische Untersuchungen an Pyronen und ihren Derivaten*. 3. Mitt. *Die Einwirkung von Kaliumsulfhydrat auf einige 4-Thio-γ-pyrone*. (2. vgl. ROLLA u. Mitarbeiter, Ann. Chimica **42**. [1952.] 673.) Durch Einw. von $P_2S_5$ auf die entsprechende Pyrone wurden *2.6-Diphenyl-4-thiopyron*, *2-Phenyl-4-thiopyron* (**I**) u. *2-Phenyl-6-methyl-4-thiopyron* (**II**) erhalten, von denen nur das erste bei der Behandlung mit KHS in *2.6-Diphenyl-1.4-dithiopyron* übergeht. **I** u. **II** dagegen reagieren mit KHS zu *3-Phenyl-4.5-dithiacycloheptadien-(2.6)-on-(1)* (**III**; *1-Phenyl-3-keto-1.2;4.5-diäthenyl-6.7-cyclodisulfid*) u. *3-Phenyl-6-methyl-4.5-dithiacycloheptadien-(2.6)-on-(1)* (**IV**; *1-Phenyl-5-methyl-3-keto-1.2;4.5-diäthenyl-6.7-cyclodisulfid*). Im Gegensatz zu den 4-Thiopyronen werden diese gelben Verbb. durch Hydroxylamin in A. nicht entschwefelt, bilden keine $HgO_2$-Verbb. u. sind in starken Säuren mit gelber Farbe unverändert löslich. Mit $P_2S_5$ in Bzl. gehen sie in die entsprechenden *1-Thioderivv.* (**V** u. **VI**) über. Mit konz. $H_2SO_4$ geben die orangeroten Verbb. **V** u. **VI** wieder **III** u. **IV**, mit $HgCl_2$ bilden sie Hg-Verbb., mit Hydroxylamin in A. können sie desulfuriert werden; in konz. $H_2SO_4$ u. $HClO_4$ sind sie schon in der Kälte mit gelber Farbe lösl., nicht aber in konz. Alkalien.

Versuche: *2-Phenyl-4-thiopyron* (**I**), $C_{11}H_8OS$, F. 83°, aus 10 g 2-Phenyl-γ-pyron u. $P_2S_5$ in Bzl. (3 Std. am Rückfluß); rotorangefarbene Nadeln aus Bzn., riecht wie 4-Thiopyron, entwickelt bei der Behandlung mit Hydroxylamin $H_2S$, lösl. in konz. HCl, aus der es mit W. ausfällt; 10—11 g (Ausbeute). — *2-Phenyl-6-methyl-4-thiopyron* (**II**), $C_{12}H_{10}OS$, F. 116—116,5° ($CH_3OH$), aus 10 g 2-Phenyl-6-methyl-γ-pyron analog **I**; Rkk. analog **I**; 9—10 g. — *2.6-Diphenyl-1.4-dithiopyron*, $C_{17}H_{12}S_2$, F. 129°, aus 1 g 2.6-Diphenyl-4-thiopyron (vgl. ARNDT, SCHOLTZ u. NACHTWEY, Ber. dtsch. chem. Ges. **57**. [1924.] 1909) in A. mit einer durch Sättigung von 50%ig. wss. KOH mit $H_2S$ hergestellten KHS-Lsg. (25 Min. kochen), nach Zugabe weiterer KHS-Lsg. u. noch 20 Min. kochen; glänzende Blättchen aus Methanol mit braun–gelbgrünem Dichroismus; 0,8 bis 0,9 g. — *3-Phenyl-4.5-dithiacycloheptadien-(2.6)-on-(1)* (**III**; *1-Phenyl-3-keto-1.2;4.5-diäthenyl-6.7-cyclodisulfid*), $C_{11}H_8OS_2$, F. 130°, aus 1,2 g **I** in A. mit KHS-Lsg. (7 Min., mit weiterem KHS nochmals 7 Min. kochen); gelbe Kristalle aus Methanol; 0,7—0,8 g. — *3-Phenyl-4.5-dithiacycloheptadien-(2.6)-thion-(1)* (**V**; *1-Phenyl-3-thioketo-1.2;4.5-diäthenyl-6.7-cyclodisulfid*), $C_{11}H_8S_3$, F. 135—136°, aus 1 g **III** analog **I** (1 Std.); rote Blättchen aus A.; 0,9 g. — *3-Phenyl-6-methyl-4.5-dithiacycloheptadien-(2.6)-on-(1)* (**IV**; *1-Phenyl-5-methyl-3-keto-1.2;4.5-diäthenyl-6.7-cyclodisulfid*), $C_{12}H_{10}OS_2$, F. 140°, aus 2 g **II** analog **IV**; gelbe Blättchen aus Methanol; 1,2 g (roh), daneben etwas *2-Phenyl-6-methyl-1.4-dithiopyron*, F. 74—75°, rotorangefarbene Kristalle aus PAe.; wird durch Hydroxylamin in A. desulfuriert, gibt mit $HgCl_2$ in Ae. braungrünlichen Nd., mit $FeCl_3$ u. $HClO_4$ dunkelblaues *Perchlorat*, in Bzl., Bzn. oder PAe. rot–blaugrüner Dichroismus. — *3-Phenyl-6-methyl-4.5-dithiacycloheptadien-(2.6)-thion-(1)* (**VI**; *1-Phenyl-5-methyl-3-thioketo-1.2;4.5-diäthenyl-6.7-cyclodisulfid*), $C_{12}H_{10}S_3$, F. 168—169°, aus 1 g **IV** analog **I** (1 Std.); rote Nadeln aus A. oder Bzn.; 1 g (roh). (Ann. Chimica **43**. 795—803. Dez. 1953. Pavia, Univ., Ist. di Chim.) WALTER SIMON. 3211

**I. N. Nasarow, I. A. Gurwitsch** und **A. I. Kusnetzowa**, *Synthese von Steroid- und verwandten Verbindungen*. 23. Mitt. *Synthese von schwefelhaltigen Analogen von Steroidverbindungen mittels der Dienkondensation cyclischer γ-Ketosulfone mit bicyclischen Dienen*. (21. bzw. 22. vgl. C. **1956**. 3311 bzw. **1955**. 9554.) Aus 2.5-Dimethylthiopyron-(4)-S-dioxyd (**I**) u. verschied. bicycl. Dienen werden Verbb. mit dem Skelett des Thiopyranophenanthrens gewonnen. Z. B. liefert **I** mit 1-Vinyl-9-methyl-$\Delta^1$-oktalon-(6) (**II**) das *tetracycl. Diketosulfon* **III**, das in 2 stereoisomeren Formen erhalten wird, die sich entweder

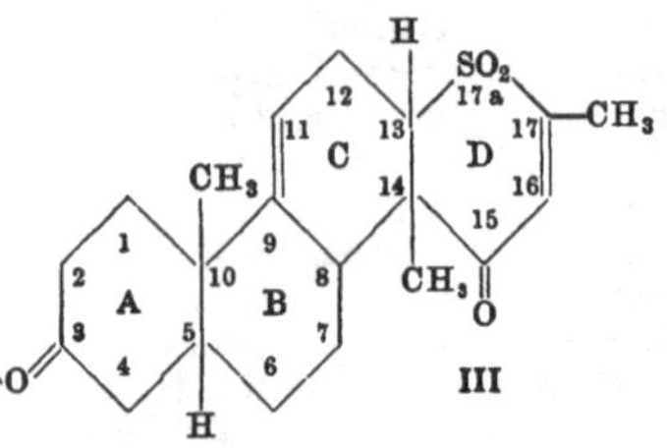

durch die verschied. Konfiguration an $C_{(13)}$–$C_{(14)}$ oder $C_{(8)}$ unterscheiden. I u. 1-Vinyl-9-methyl-$\Delta^{1.6}$-hexalin (IV) liefern 2 Stereoisomere des *tetracycl. Ketosulfons* **V**; dagegen wird aus **I** u. 1-Vinyl-6-methoxy-3.4-dihydronaphthalin (**VI**) das *Methoxyketosulfon* **VII** nur in einer Form erhalten. Aus **I** u. 5-Oxo-1-vinyl-3.8-dimethyl-$\Delta^{1}$-hexahydroinden (**VIII**) bzw. 1-Vinyl-3.8-dimethyl-$\Delta^{1.5}$-tetrahydroinden (**IX**) entstehen Verbb. mit dem Skelett des Thiochromanoindans: das *tetracycl. Diketosulfon* **X** u. das *tetracycl. Ketosulfon* **XI**,

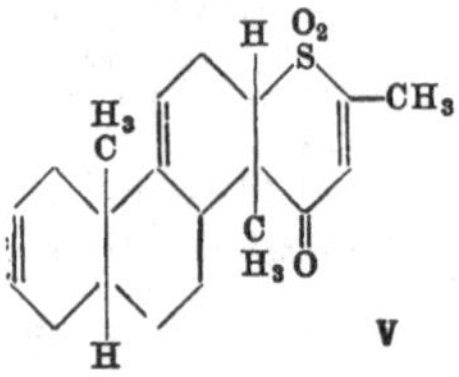

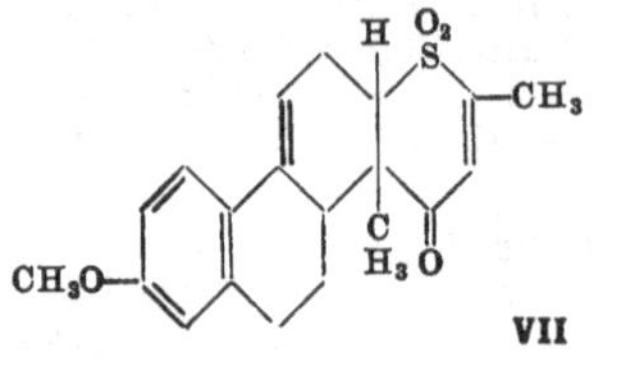

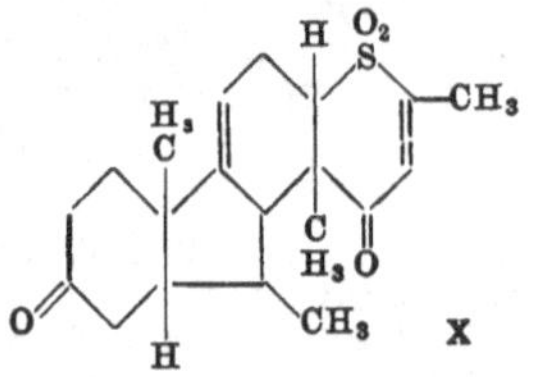

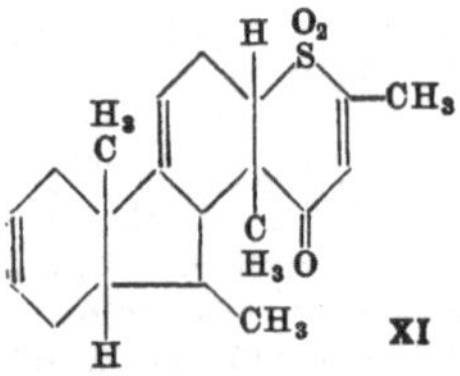

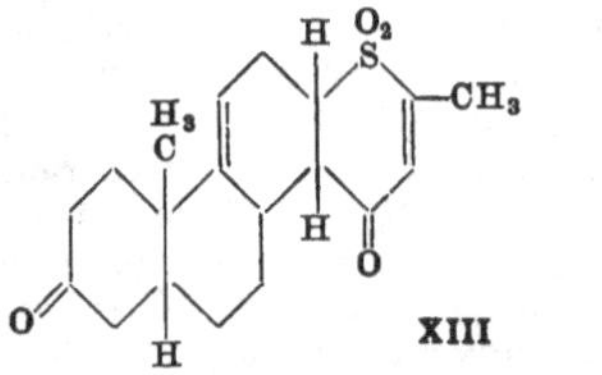

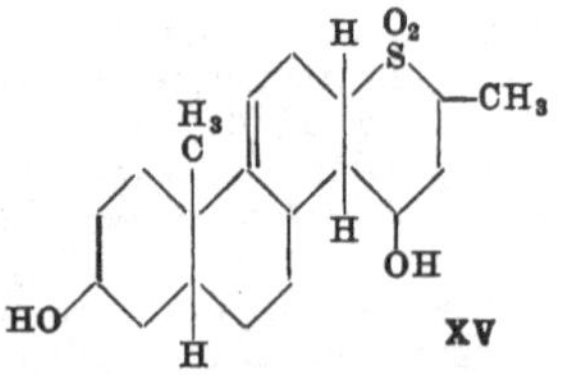

beide in 2 stereoisomeren Formen. Zu einer weiteren Diensynth. wird 2-Methylthiopyron-(4)-S-dioxyd (**XII**) benutzt; dieses liefert mit **II** das *tetracycl. Diketosulfon* **XIII**, das nur in einer Form erhalten wird. Beim Hydrieren vorst. tetracycl. Verbb. in Ggw. von Pd wird die im Ring C vorhandene Doppelbindung nicht abgesätt.; Ketogruppen u. die $SO_2$-Gruppe bleiben erhalten. Das beim Hydrieren von **XIII** gebildete tetracycl. Diketosulfon **XIV** wird in Ggw. von Pt-Oxyd + $H_2PtCl_4$ in Eisessig zu dem *ungesätt. Diol* **XV** weiterhydriert. Allg. gilt für alle erhaltenen tetracycl. Verbb., daß die Ringe A, B u. C, D in cis-Lage annelliert sind. Da die im Ring C befindliche Doppelbindung bei der Hydrierung nicht abgesätt. wird, ist es möglich, daß sie schon bei der Diensynth. von der ursprünglichen $C_{(9)}$—$C_{(11)}$- nach der $C_{(8)}$—$C_{(9)}$-Lage verschoben wird; dementsprechend wären dann sämtliche Formeln abzuändern. Daß solche Verschiebungen bei Diensynth. vorkommen, ist in früheren Unterss. festgestellt worden.

V e r s u c h e: *Tetracycl. Diketosulfon* **III**, $C_{20}H_{26}O_4S$; aus 4,8 g **II** u. 4,3 g **I** + 0,05 g Pyrogallol in 15 ml Dioxan, 13 Std. in geschlossener Glasampulle unter $N_2$ bei 170°; durch fraktionierte Kristallisation des Reaktionsprod. aus Methanol u. anschließende Chromatographie der einzelnen Fraktionen in Bzl. an $Al_2O_3$ werden 3 g des Isomeren vom F. 212—213° (im geschlossenen Röhrchen), Tafeln, u. 0,6 g des Isomeren vom F. 225 bis 226° (im geschlossenen Röhrchen), Rosetten, erhalten. — *Tetracycl. Ketosulfon* **V**, $C_{20}H_{26}O_3S$; aus **IV** u. **I**; durch Kristallisation aus A. die 2 Isomeren vom F. 208—209,5°, silbrige Kristalle, u. F. 182—183°, längliche Prismen; insgesamt 60% (Ausbeute). — *Tetracycl. Diketosulfon* **X**, $C_{20}H_{26}O_4S$; aus **VIII** u. **I**; Tafeln vom F. 235—236° (A. u. Aceton) u. Nadeln vom F. 170—172° (A.); 31,5%. — *Tetracycl. Ketosulfon* **XI**, $C_{20}H_{26}$·$O_3S$; aus **IX** u. **I**; aus A. Nadeln vom F. 158—159° (im geschlossenen Röhrchen) u. Prismen vom F. 172—173° (im geschlossenen Röhrchen); 37%. — *Tetracycl. Diketosulfon* **XIII**, $C_{19}H_{24}O_4S$, F. 215—215,5° (im geschlossenen Röhrchen); aus **XII** u. **II** bei 145°; die aus Methanol erhaltenen Kristalle werden an $Al_2O_3$ in Bzl. chromatographiert; 60%. — *Methoxyketosulfon* **VII**, $C_{20}H_{22}O_4S$, F. 221—221,5° (Bzl.); aus **VI** u. **I**; 37%. — *Tetracycl. Diketosulfon* $C_{20}H_{28}O_4S$. a) Isomeres vom F. 240—241° (im geschlossenen Röhrchen); durch Hydrieren des **III**-Isomeren vom F. 212—213° (Pd/$CaCO_3$; Dioxan; 1 Std.); aus A. Kristalle; b) Isomeres vom F. 231—232° (im geschlossenen Röhrchen); durch Hydrieren des **III**-Isomeren vom F. 225—226° (Pd/$CaCO_3$; Methanol + Bzl.; ½ Std.); aus A. Kristalle. — *Tetracycl. Diketosulfon* **XIV**; $C_{19}H_{26}O_4S$, F. 216—216,5° (im geschlossenen Röhrchen); durch Hydrieren von **XIII** (Pd/$CaCO_3$; Aceton; ½ Std.); aus Methanol Kristalle. — *Tetracycl. Ketosulfon* $C_{20}H_{30}O_3S$, F. 159—160° (im geschlossenen Röhrchen); durch Hydrieren des **XI**-Isomeren vom F. 158—159° (Pd/$CaCO_3$; Dioxan). — *Ungesätt. Diol* **XV**, $C_{19}H_{30}O_4S$; durch Hydrieren von **XIV** (Pt-Oxyd + $H_2PtCl_4$;

Eisessig); aus Bzl. Kristalle mit $^1/_2$ $C_6H_6$ vom F. 245—246° (im geschlossenen Röhrchen); 0,12 g aus 0,28 g. Nebenprod. ist das *Diacetat*, $C_{23}H_{34}O_6S$; farbloses, durchsichtiges Harz. (Известия Академии Наук СССР, Отделение Химических Наук [Nachr. Akad. Wiss. UdSSR, Abt. chem. Wiss.] **1953**. 1091—99. Nov./Dez. Inst. für organ. Chem. der Akad. der Wiss. der UdSSR.) R. Knobloch. 3221

**Arthur Roe** und **Robert B. Seligman,** *Die Darstellung von 3-Fluorisonicotinsäure und verwandten Verbindungen.* Als Ausgangsmaterial für die Darst. von *3-Fluorisonicotinsäure* (**VIII**) diente *3-Amino-4-picolin* (**VI**), welches durch Nitrierung von 2-Amino-4-picolin (**I**), Hydrolyse des Isomerengemisches aus *3-Nitro-* u. *5-Nitro-2-amino-4-picolin* zu einem Gemisch aus *3-Nitro-* (**II**) u. *5-Nitro-2-oxy-4-picolin* (**III**), Umsetzung dieses Gemisches mit $POCl_3$ zu den entsprechenden 2-Chlorverbb. **V** u. **IV** u. Red. mit $H_2$ u. Pd-Katalysator in 48,5%ig. Gesamtausbeute gewonnen wurde. **VI** wurde nach dem modifizierten Schiemann-Verf. in *3-Fluor-4-picolin* (**VII**) übergeführt u. letzteres mit $KMnO_4$ zu **VIII** oxydiert. Aus **VIII** wurde durch Kochen mit $SOCl_2$ u. anschließend mit A. der *3-Fluorisonicotinsäureäthylester* u. aus letzterem durch $5^1/_2$std. Kochen mit Hydrazinhydrat das *3-Fluorisonicotinsäurehydrazid* dargestellt. Bei 36std. Kochen des Äthylesterhydrochlorids mit Hydrazinhydrat wird das F-Atom gegen die OH-Gruppe ausgetauscht, u. es entsteht das *3-Oxyisonicotinsäurehydrazid.*

Versuche: Isomerengemisch aus *3-Nitro-* (**II**) u. *5-Nitro-2-oxy-4-picolin* (**III**), F. 159° (Bzl.); nach Hawkins u. Roe (vgl. C. **1949** E. 706) durch Überführung von **I** in das Nitramin, Umlagerung zu *3-Nitro-* u. *5-Nitro-2-amino-4-picolin* u. Hydrolyse; 80% (Ausbeute, bezogen auf **I**). — *2-Chlor-5-nitro-4-picolin* (**IV**), $C_6H_5O_2N_2Cl$, F. 38,5 bis 39,5°, $Kp._5$ 91,2°; durch $2^1/_2$std. Erwärmen von 2,5 g **III** u. 20 $cm^3$ $POCl_3$, Absaugen des überschüssigen $POCl_3$, Gießen auf Eis, Ausäthern des abgeschiedenen Öls, Abdampfen des Ae. u. Vakuumdest.; 60,7%. — *2-Chlor-3-nitro-4-picolin* (**V**), $C_6H_5O_2N_2Cl$, F. 52,0 bis 52,9°; ebenso aus **II**. — *3-Amino-4-picolin* (**VI**); durch Hydrierung von 25 g des Isomerengemisches von **IV** u. **V**, 20 $cm^3$ Eisessig, 0,5 g Na-Acetat u. einem 10%ig. Pd-Holzkohlekatalysator bei 4,6 at, zuletzt unter Ultrarotbestrahlung, Eindampfen des Filtrats zur Trockne, Zugabe von konz. NaOH, $^1/_2$std. Erhitzen u. Ausäthern; 89,5%. *Pikrat*, F. 177—178°. — *3-Fluor-4-picolin* (**VII**), $C_6H_6NF$, $Kp._{748}$ 135,6°, $n_D^{27,5}$ 1,4795; aus vorst. Verb. über das Diazoniumfluoborat u. dessen Zers. in sd. PAe. (60—90°); 68%. *Pikrat*, $C_{12}H_9O_7N_4F$, aus wss. A. gelbe Tafeln, F. 129—130°. — *3-Fluor-isonicotinsäure* (**VIII**), $C_6H_4O_2NF$, F. 256—257° (Zers.); durch Zutropfen einer gesätt. wss. Lsg. von 48 g $KMnO_4$ im Laufe von $3^1/_2$ Std. zu einer sd. Suspension von 17 g **VII** in 1000 $cm^3$ W., Entfernung des nichtumgesetzten **VII** durch Wasserdampfdest., Eindampfen u. Zugabe von HCl; 45%. — *3-Fluorisonicotinsäureäthylester*, $Kp._{752}$ 215°; durch $1^1/_2$std. Kochen von 2 g **VIII** u. 20 $cm^3$ $SOCl_2$, Entfernung des überschüssigen $SOCl_2$, Zugabe von 19 $cm^3$ absol. A., einstd. Kochen, Entfernung des überschüssigen A. u. Behandlung des vermutlichen *3-Fluorisonicotinsäureäthylesterhydrochlorids* mit $Na_2CO_3$; 83,4%. *Pikrat*, $C_{14}H_{11}O_9N_4F$, lange gelbe Nadeln; F. 109—110°. — *3-Fluorisonicotinsäurehydrazid*, $C_6H_6ON_3F$, aus Isopropylalkohol feine Nadeln, F. 146,8—147,8°; durch $5^1/_2$std. Kochen von 2 g des vorst. Äthylesters mit 1,5 $cm^3$ 85%ig. Hydrazinhydrat u. 20 $cm^3$ 95%ig. A.; 92%. (J. org. Chemistry **20**. 1729—32. Dez. 1955. Chapel Hill, N. C., Univ. of North Carolina, Venable Chem. Labor.) E. Forche. 3231

**Theodore D. Perrine** und **Nathan B. Eddy,** *Die Darstellung und analgetische Wirksamkeit des 4-Carbäthoxy-4-phenyl-1-[β-phenyläthyl]-piperidins und verwandter Verbindungen.* Die Kondensation von 4-Carbäthoxy-4-phenylpiperidin mit Phenyläthylenoxyd ergab *4-Carbäthoxy-1-[β-oxy-β-phenyläthyl]-4-phenylpiperidin* (**I**), das durch Hydrogenolyse in *4-Carbäthoxy-4-phenyl-1-[β-phenyläthyl]-piperidin* (**II**) übergeführt wurde. **I** u. **II** besitzen nach subcutaner Verabreichung an Mäuse eine stärkere analget. Wrkg. als *Meperidin* (**III**). Durch Acetylierung von **I** wurde die Wirksamkeit stark herabgesetzt. Die Wirkungsdauer der Verbb. ist etwas kürzer als die des Morphins. **II** ist etwas weniger, **I** etwas mehr tox. als **III**.

Versuche (FF. auf Kofler-Block): *4-Carbäthoxy-4-phenylpiperidin*, durch katalyt. Hydrierung von N-Benzyl-4-carbäthoxy-4-phenylpiperidin nach Eisleb (Ber. dtsch. chem. Ges. **74**. [1941.] 1447) in Ggw. von 5% Pd-Kohle u. 10% $PdCl_2$ u. Isolierung über das Carbonat. *Hydrochlorid*, F. 133—134°. *Pikrat*, F. 160—161°. — *4-Carbäthoxy-1-[β-oxy-β-phenyläthyl]-4-phenylpiperidin* (**I**), *-Hydrochloride*, durch Erwärmen von vorst. Verb. mit Phenyläthylenoxyd unter $N_2$ auf dem Dampfbad. **I**, $C_{22}H_{27}O_3N$, F. 126—127°, durch Sublimation bei 125°/$10^{-4}$ mm. *Acetylderiv.* $C_{24}H_{29}O_4N$, $Kp._{10^{-4}}$ 130°, $n_D^{20}$ 1,5453. — *4-Carbäthoxy-4-phenyl-1-[β-phenyläthyl]-piperidin* (**II**), *Hydrochlorid*, F. 186—190° (W. u. dann A.–Ae.), durch Hydrierung von I-Hydrochlorid in A. in Ggw. von 10% Pd-Kohle u. $PdCl_2$. **II**, $C_{22}H_{27}O_2N \cdot {}^1/_4 H_2O$, F. 55—56 (nach Sublimation 80°/$10^{-4}$ mm).

*Perchlorat*, $C_{22}H_{28}O_6NCl$, F. 219—221° (A.). (J. org. Chemistry **21**. 125—26. Jan. 1956. Bethesda, Md., Nat. Inst. of Arthritis and Metabolic Diseases, Nat. Inst. of Health, Public Health Serv., U. S. Dep. of Health, Education and Welfare.)

HILDEGARD BAGANZ. 3231

**Roger Adams** und **Seiji Miyano**, *2-Aminopyridin-1-oxyde.* Derivv. von 2-Acetamidopyridin (**I**) werden durch Peressigsäure (**II**) zu den entsprechenden *N-Oxyden* oxydiert, die zu Derivv. von *2-Aminopyridin-1-oxyd* (**III**) verseift werden. Die analoge Oxydation der freien Amine gelingt nicht.

Versuche (FF. korr.): Pyridin-1-oxyde: *2-Acetamido-* (**IV**), $C_7H_8O_2N_2$, F. 130—131°, aus **I** in Eisessig mit 40%ig. **II** (3 Std. bei 50—60 u. 4 Std. bei 65—70°) u. Vakuumdest.; Prismen aus Bzl.-PAe.; 85% (Ausbeute). — *2-Amino-* (**III**), $C_5H_6ON_2$, F. 164—165°, aus **IV** u. sd. 10%ig. NaOH (4 Std.); nach Sublimation bei 120°/3 mm Prismen; 76,4%. *Diacetylderiv.* (1.2-Dihydro-1-acetoxy-2-acetyliminopyridin), F. 159 bis 160°, aus **III** oder **IV**. — *2-Acetamido-6-methyl-*, $C_8H_{10}O_2N_2$, F. 123—124°, aus 2-Acetamido-6-methylpyridin analog **IV**; nach Sublimation bei 120°/3 mm oder aus Bzl.-PAe. Prismen; 75,8%. — *2-Amino-6-methyl-*, $C_6H_8ON_2$, F. 153—154°, aus vorst. Verb. analog **III**; Prismen aus Chlf.-PAe.; 85,3%; mit $FeCl_3$ blau. — *2.6-Diacetamido-*, $C_9H_{11}O_3N_3$, F. 212—213°, aus 2.6-Diacetamidopyridin analog **IV**; Nadeln aus W.; 79%. — *2.6-Diamino-*, $C_5H_7ON_3$, F. 206—207° (A.-Ae.), aus vorst. Verb. analog **III** (8 Std.); 66%; mit $FeCl_3$ blau. — *2-Amino-6-methylpyridinacetat*, $C_8H_{12}O_2N_2$, F. 82—83°, aus der freien Base analog **IV**; Platten; 33,5%. Analog liefert 2-Aminopyridin nur ein öliges *Acetat.* (J. Amer. chem. Soc. **76**. 2785—86. 20/5. 1954. Urbana, Ill., Univ., Noyes Chem. Labor.)

K. LEHMSTEDT. 3231

**Elmar Profft**, *Über Vinylpyridine.* Die vom Vf. zur Synth. von *2-Vinylpyridin* (**I**) durchgeführten Verss. ergaben bei der Umsetzung von α-Picolin (**III**) mit 27%ig. $CH_2O$ u. HCOOH als Katalysator unter 60 at $H_2$ u. Erhitzen auf 240° bei einem Mol-Verhältnis 3,15 (**III**) : 1 ($CH_2O$) 47,3% (Ausbeute), bei einem Verhältnis 4,81 : 1 53,6%, bei dem Verhältnis 1 : 1 jedoch nur 7,3% *Pyridyl-(2)-äthanol* (**IV**; Kp.$_{15}$ 115—130°, $n_D^{20}$ 1,5384 bis 1,5417). Der bei der Aufarbeitung erhaltene Vorlauf aus **III** u. W. läßt sich weiterhin mit Paraformaldehyd zu **IV** umsetzen. Die Dehydratisierung von **IV** zu **I** mit gepulvertem KOH im Verhältnis 5 (**IV**) : 1 (KOH) liefert nach 40std. Stehen unter Vakuum u. Dest. bei 12 mm 97,3% **I** (Kp.$_{12}$ 52—54°, $n_D^{20}$ 1,5382—1,5420), das bei nochmaligem Fraktionieren bei 46—48°/12 mm sd. u. $n_D^{20}$ 1,5486 zeigt. Die Darst. von **I** aus **IV** erfordert demnach keine Stabilisierungsmittel wie das verschiedentlich beschriebene Hydrochinon. **I** ist bei 4° im Dunkeln ziemlich stabil, verfärbt sich jedoch bei Zimmertemp. im Hellen während einer Woche u. wird dickflüssig. Das für die Darst. von *4-Vinylpyridin* (**II**) benötigte γ-Picolin fällt techn. nur im Gemisch mit dem β-Isomeren u. 2.6-Lutidin an u. erfordert eine Reinigung durch Dest. in Ggw. von Essig- oder Propionsäure bzw. durch fraktionierte Extraktionsverfahren. — Ähnlich wie Acrylonitril reagiert **I** mit prim. oder sek. Aminen („Pyridyläthylierung"; vgl. WINGFOOT CORP., A. P. 2 615 892; C. **1954**. 1596), die erhaltenen Prodd. sind bisher jedoch nicht näher in der Literatur beschrieben worden. Vf. führt diese Rk. in Ggw. von Essigsäure mit ~ 50%ig. Überschuß an **I** bei Siedetemp. durch. Mit alkal. Katalysatoren wie Trilon B oder Na verläuft die Addition nur unbefriedigend u. führt zu unübersichtlichen Ergebnissen. Im allg. reagieren prim. Amine mit **I** zu einem 1 : 1-Addukt, jedoch wurden auch Addukte von 1 Mol Amin : 2 Mol **I** beobachtet, so daß die Pyridyläthylierung offenbar leichter als die Cyanäthylierung abläuft (vgl. die folgenden experimentellen Angaben). Folgende *N-substituierten β-[Pyridyl-(2)]-äthylamine* wurden durch Umsetzung prim. Amine mit **I** erhalten: *n-Butyl-*, Kp.$_{12}$ 100—101°, $n_D^{20}$ 1,5018; 30,7%. — *Phenyl-*, Kp.$_{12}$ 191—194°, F. 41—42,2°, $n_D^{20}$ 1,6034; 73,5%. — *o-Tolyl-*, Kp.$_{0,15}$ 155°, $n_D^{20}$ 1,5922; 75,7%. — *m-Tolyl-*, Kp.$_{0,01}$ 144°, $n_D^{20}$ 1,5946; 77,8%. — *p-Tolyl-*, Kp.$_{1,6}$ 172—174°, F. 35—36°, $n_D^{20}$ 1,5935; 73%. — *o-Methoxyphenyl-*, Kp.$_{1,9}$ 168—172°, $n_D^{20}$ 1,5920; 89%. — *2-Propoxyphenyl-*, Kp.$_{0,6}$ 173 bis 175°, $n_D^{20}$ 1,5730; 82%. — *4-Propoxyphenyl-*, Kp.$_{0,8}$ 202—210°, $n_D^{20}$ 1,5716; 87,2%. — *α-[4-Propoxyphenyl]-äthyl-*, Kp.$_{0,3}$ 164—166°, $n_D^{20}$ 1,5457; 79%. — *2-Carbomethoxyphenyl-*, grünliche Fl. mit blauvioletter Fluorescenz, Kp.$_1$ 192—193°, $n_D^{20}$ 1,5993; 72,7%. — *α-Naphthyl-*, Kp.$_{0,2}$ 212°, F. 88—89°; 88%. — *Tetrahydronaphthyl-(1)* u. *-(2)* (Amingemisch von ~ 1 : 1), Kp.$_{0,6}$ 184—202°, $n_D^{20}$ 1,6049; 88,8%. — Ausschließlich Addukte vom 1 : 2-Typ bilden Isopropylamin u. Benzylamin: *N.N-Bis-[pyridyl-(2)-äthyl]-isopropylamin*, Kp.$_{12}$ 210—212°, $n_D^{20}$ 1,5365; 58%. — *N.N-Bis-[pyridyl-(2)-äthyl]-benzylamin*, Kp.$_{0,5}$ 201—204°, $n_D^{20}$ 1,5749; 64,4%. — Addukte von 1 : 1- neben denen des 1 : 2-Typs bilden Isohexylamin u. p-Anisidin: *N-[β-Pyridyl-(2)-äthyl]-isohexylamin*, Kp.$_{12}$ 140—142°, $n_D^{20}$ 1,4950; 54,4%, neben *N.N-Bis-[pyridyl-(2)-äthyl]-isohexylamin*, Kp.$_{0,1}$ 162°, $n_D^{20}$ 1,5290· 27,8%. — *N-[β-Pyridyl-(2)-äthyl]-p-methoxyphenylamin*, Kp.$_{0,8}$ 185—191°, $n_D^{20}$ 1,5819; 66,2%, neben *N.N-Bis-[pyridyl-(2)-äthyl]-p-methoxyphenylamin*,

$Kp._{0,5}$ 226°, $n_D^{20}$ 1,5957, orangegelbes Öl; 9,3%. — Folgende *N.N-disubstituierten β-[Pyridyl-(2)]-äthylamine* wurden durch Umsetzung sek. Amine mit **I** erhalten: *Diäthyl-*, $Kp._{12}$ 102—106°, $n_D^{20}$ 1,4963; 39%. — *Di-n-propyl-*, $Kp._{12}$ 124—126°, $n_D^{20}$ 1,4903; 86,3%. — *Di-n-butyl-*, $Kp._{12}$ 149—152°, $n_D^{20}$ 1,4888; 64%. — *Diisohexyl-*, $Kp._{12}$ 185 bis 187°, $n_D^{20}$ 1,4810; 38,8%. — *N-[β-Pyridyl-(2)-äthyl]-phthalimid*, F. 91,5°; 67%. — *N-[β-Pyridyl-(2)-äthyl]-pyrrolidin*, $Kp._{12}$ 127°, $n_D^{20}$ 1,5237; 72,7%. — *N-[β-Pyridyl-(2)-äthyl]-piperidin*, $Kp._{12}$ 131—132°, $n_D^{20}$ 1,5260, hellgelbliche, grünlich fluorescierende Fl.; 81,2%. — *N-[β-Pyridyl-(2)-äthyl]-2-methylpiperidin* (**V**), $Kp._{12}$ 142—143°, $n_D^{20}$ 1,5220; 42,5—58%. — *N-[β-Pyridyl-(2)-äthyl]-tetrahydrochinolin*, $Kp._{12}$ 212°, $n_D^{20}$ 1,6059; 82,5%. — Von den untersuchten sek. Aminen reagierte nur Diphenylamin nicht unter Bldg. des entsprechenden Addukts. Näher untersucht werden Umsetzungen mit *1-[Pyridyl-(2)]-2-[2-methylpiperidyl-(1)]-äthan* (**V**), das bei der Red. mit Na in A. das *1-[Piperidyl-(2)]-2-[2-methylpiperidyl-(1)]-äthan* (**VI**; $Kp._{10}$ 141—144°, $n_D^{20}$ 1,4919; 78%. *Dihydrochlorid*, F. 294—295°) liefert. Das H-Atom am N in **VI** geht mit 4-Propoxyacetophenon u. $CH_2O$ keine MANNICH-Rk. ein, reagiert jedoch glatt mit Acrylonitril zum *1-[1-(β-Cyanäthyl)-piperidyl-(2)]-2-[2-methylpiperidyl-(1)]-äthan* (**VII**; $Kp._{0,4}$ 154—155°, $n_D^{20}$ 1,4991; 89%. *Hydrochlorid*, hygroskop.). — Ebenso reagiert **VI** mit **I** unter Bldg. des *1-[Pyridyl-(2)]-2-[2-(β-{2-methylpiperidyl-(1)}-äthyl)-piperidyl-(1)]-äthans* ($Kp._{0,6}$ 179—182°, $n_D^{20}$ 1,5271; 32,4%). Die Hydrierung von **VII** in Essigester mit RANEY-Ni bildet *1-[1-(γ-Aminopropyl)-piperidyl-(2)]-2-[2-methylpiperidyl-(1)]-äthan* ($Kp._{0,7}$ 149—153°, $n_D^{20}$ 1,5009; 75%. Bildet kein stabiles *Hydrochlorid*), das weiter mit Acrylonitril zum *1-[1-(γ-{β'-Cyanäthylamino}-propyl)-piperidyl-(2)]-2-[2-methylpiperidyl-(1)]-äthan* ($Kp._{0,4}$ 180°, $n_D^{20}$ 1,4999; 68%. Zerfließliches *Hydrochlorid*) oder mit **I** zum *1-[1-(γ-{β'-Pyridyl-(2)-äthylamino}-propyl)-piperidyl-(2)]-2-[2-methylpiperidyl-(1)]-äthan* ($Kp._{0,7}$ 216—217°, $n_D^{20}$ 1,5244; 30%) reagiert. (Chem. Techn. **7**. 511—18. Sept. 1955. Magdeburg, VEB Fahlberg-List, Wiss. Abt.) W. RUSKE. 3231

**Ng. Ph. Buu-Hoï** und **Michel Sy**, *Die Pfitzinger Reaktion mit von o-Oxydiphenyl abgeleiteten Ketonen.* Die FRIEDEL-CRAFTS-Rk. von o-Methoxydiphenyl (**II**) mit aliphat. u. aromat. Säurechloriden führte zur Substitution in 5-Stellung. Die Behandlung dieser Methoxyketone mit sd. Pyridinhydrochlorid (**VII**) ergab die entsprechenden Oxyketone. *5-Benzoyl-2-methoxydiphenyl* (**I**) wurde auch durch FRIEDEL-CRAFTS-Rk. von 4-Methoxy-3-phenylbenzoylchlorid mit Bzl. dargestellt. Die FRIEDEL-CRAFTS-Benzylierung von **II** lieferte *5-Benzyl-2-methoxydiphenyl*, das auch durch KISHNER-WOLFF Red. von **I** dargestellt wurde. *5-Acetyl-* (**III**), *5-Propionyl-* (**IV**), *5-Butyryl-* (**V**) u. *5-Phenacetyl-2-methoxydiphenyl* (**VI**) kondensierten mit Isatin (**VIII**) unter Bldg. von 3-substituierten *2-[2-Methoxydiphenylyl-(5)]-cinchoninsäuren.* Die entsprechenden Oxyketone gingen diese PFITZINGER-Rk. nicht ein. Die substituierten *2-[2-Oxydiphenylyl-(5)]-cinchoninsäuren* wurden durch Demethylierung der Methoxysäuren durch **VII** dargestellt. Alle erhaltenen Cinchoninsäuren wurden durch Decarboxylierung in substituierte Chinoline übergeführt.

Versuche: *5-Acetyl-2-methoxydiphenyl* (**III**), F. 94° (A.), durch Zugabe von $AlCl_3$ zu der eisgekühlten Lsg. von **II** u. Acetylchlorid in $CS_2$, 2std. Stehen bei Raumtemp., Zers. mit Eis–verd. HCl u. Vakuumdest. der organ. Schicht; Nadeln; 93% (Ausbeute). *Semicarbazon*, F. 211°. — *6-Oxy-3-acetyldiphenyl*, F. 173° ($CH_3OH$), durch 1std. Kochen von **III** mit **VII** u. Behandlung mit W.; Nadeln; 90%. — *4-Methoxy-3-phenylbenzoesäure*, $C_{14}H_{12}O_3$, F. 219° (wss. A.), durch Schütteln vorst. Verb. mit NaOBr in wss. Dioxan bei 40°, Behandlung mit NaHS, Ätherextraktion u. Ansäuern der wss. Schicht; Blättchen; 82%. — *2-[2-Methoxydiphenylyl-(5)]-cinchoninsäure*, $C_{23}H_{17}O_3N$, F. 248° ($CH_3COOH$), durch 72std. Kochen von **III** u. **VIII** mit KOH in wss. A., Eindampfen, Zugabe von W., Ausäthern u. Ansäuern der wss. Lsg.; Nadeln; 82%. — *2-[2-Methoxydiphenylyl-(5)]-chinolin*, $C_{22}H_{17}ON$, F. 100° (Cyclohexan), durch Erhitzen vorst. Säure über ihren F. u. Vakuumdest.; Prismen. *Pikrat*, F. 190°, gelbe Prismen. — *2-[2-Oxydiphenylyl-(5)]-cinchoninsäure*, $C_{22}H_{15}O_3N$, F. 296—297° (A.), durch 1std. Kochen der Methoxysäure mit **VII**, Zugabe von W., Aufnehmen des Nd. in NaOH u. Ansäuern mit $CH_3COOH$; gelbliche Nadeln; 72%. — *2-[2-Oxydiphenylyl-(5)]-chinolin*, $C_{21}H_{15}ON$, F. 205° (A.), durch Erhitzen vorst. Säure auf 300° bis zur beendeten $CO_2$-Entw.; blaßgelbe Prismen. — *5-Propionyl-2-methoxydiphenyl* (**IV**), $C_{16}H_{16}O_2$, F. 92° (A.), aus **II** u. Propionylchlorid wie **III** durch 4std. Stehen bei Raumtemp.; Blättchen; 86%. *Semicarbazon*, $C_{17}H_{19}O_2N_3$, F. 191° (A.), Nadeln. — *5-Propionyl-2-oxydiphenyl*, F. 148 bis 149°. — *2-[2-Methoxydiphenylyl-(5)]-3-methylcinchoninsäure* (**IX**), $C_{24}H_{19}O_3N$, F. 292 bis 293° ($CH_3COOH$), aus **IV** u. **VIII** durch 4std. Kochen; Nadeln; 68%. — *2-[2-Methoxydiphenylyl-(5)]-3-methylchinolin*, $C_{23}H_{19}ON$, F. 100° (Cyclohexan), Nadeln. *Pikrat*, F. 179°. — *2-[2-Oxydiphenylyl-(5)]-3-methylcinchoninsäure*, $C_{23}H_{17}O_3N$, F. 312° ($CH_3COOH$), durch Demethylierung von **IX**; Nadeln. — *2-[2-Oxydiphenylyl-(5)]-3-methylchinolin*, $C_{22}H_{17}ON$,

F. 196° (wss. A.), gelbliche Nadeln. *5-Butyryl-2-methoxydiphenyl* (**V**), $C_{17}H_{18}O_2$, Kp.$_{18}$ 243—245°, F. 64° (PAe.), Blättchen; 90%. *Semicarbazon*, $C_{18}H_{21}O_2N_3$, F. 186° (A.), seidige Nadeln. — *5-Butyryl-2-oxydiphenyl*, $C_{16}H_{16}O_2$, F. 123° (wss. A.), Blättchen. — *2-[2-Methoxydiphenylyl-(5)]-3-äthylcinchoninsäure*, $C_{25}H_{21}O_3N$, F. 274—285° ($CH_3COOH$), aus **V** durch 5tägiges Erhitzen; Nadeln; 66%. — *2-[2-Oxydiphenylyl-(5)]-3-äthylcinchoninsäure*, $C_{24}H_{19}O_3N$, F. 328° (A.), Nadeln. — *2-[2-Oxydiphenylyl-(5)]-3-äthylchinolin*, $C_{23}H_{19}ON$, F. 184° (A.), gelbliche Nadeln. — *5-Valeryl-2-methoxydiphenyl*, $C_{18}H_{20}O_2$, Kp.$_{27}$ 275—280°, $n_D^{27}$ 1,5857, blaßgelbes Öl; 85%. *Semicarbazon*, $C_{19}H_{23}O_2N_3$, F. 141° (A.), Prismen. — *5-Valeryl-2-oxydiphenyl*, $C_{17}H_{18}O_2$, F. 75° ($CH_3OH$), Nadeln. — *5-Phenacetyl-2-methoxydiphenyl* (**VI**), $C_{21}H_{18}O_2$, F. 124° (Ligroin), seidige Nadeln; 90%. — *5-Phenacetyl-2-oxydiphenyl*, $C_{20}H_{16}O_2$, F. 145° ($CH_3OH$), Prismen. — *2-[2-Methoxydiphenylyl-(5)]-3-phenylcinchoninsäure*, $C_{29}H_{21}O_3N$, F. 275° ($CH_3COOH$), aus **VI** durch 5tägiges Erhitzen; gelbliche Nadeln; 60%. — *2-[2-Methoxydiphenylyl-(5)]-3-phenylchinolin*, $C_{28}H_{21}ON$, F. 118° ($CH_3OH$), Prismen. — *2-[2-Oxydiphenylyl-(5)]-3-phenylcinchoninsäure*, $C_{28}H_{19}O_3N$, F. 295° (A.), gelbliche Nadeln. — *2-[2-Oxydiphenylyl-(5)]-3-phenylchinolin*, $C_{27}H_{19}ON$, F. 204° (A.), Prismen. — *5-Benzoyl-2-methoxydiphenyl* (**I**), $C_{20}H_{16}O_2$, F. 70—71° (Ligroin), Prismen; 85%, aus 4-Methoxy-3-phenylbenzoylchlorid, Bzl. u. $AlCl_3$. — *5-Benzoyl-2-oxydiphenyl*, $C_{19}H_{14}O_2$, F. 196° ($CH_3OH$), Blättchen. — *5-Benzyl-2-methoxydiphenyl*, $C_{20}H_{18}O$, Kp.$_{28}$ 268—270°, aus **I**, Hydrazinhydrat u. KOH in Diäthylenglykol oder aus **II**, Benzylchlorid u. $ZnCl_2$; blaßgelbes Öl, $n_D^{25}$ 1,6298. — *5-Benzyl-2-oxydiphenyl*, $C_{19}H_{16}O$, F. 51° (PAe.), durch 1std. Kochen vorst. Verb. mit **VII**; Prismen. (J. org. Chemistry **21**. 136—38. Jan. 1956. Paris, France, Univ., Radium Inst., Dep. of Organ. Chem.) Horst Baganz. 3231

**J. Cymerman-Craig** und **J. W. Loder**, *Die Chemotherapie der Tuberkulose. 5. Mitt. Einige 9-Aminobenzacridine und -dibenzacridine.* (4. vgl. Baxter u. Cymerman-Craig, C. **1953**. 9481.) Die Kondensation von N-α-Naphthylbenzimidchlorid mit Na-2-Oxy-3-methylbenzoesäuremethylester ergab *N-α-Naphthylbenzimino-[2-carbomethoxy-6-methylphenyl]-äther*, der sich leicht umlagert u. zum *4-Methyl-5.6-benzacridon* (**I**) cyclisiert. **I** wurde über das *9-Chlorderiv.* (**IV**) in *9-Amino-4-methyl-5.6-benzacridin* übergeführt. Während die Red. von **I** mit Zn-Staub u. nach Albert u. Mitarbeitern, C. **1948**. E. 1073) mißlang, wurde durch Red. mit Na-Amalgam *4-Methyl-5.6-benzacridin* erhalten. Die Red. von **I** mit Na u. Pentylalkohol u. anschließende Oxydation mit $FeCl_3$ ergab *4-Methyl-3'.4'.5'.6'-tetrahydro-5.6-benzacridin*. Entsprechend wurde aus N-β-Naphthylbenzimidchlorid über den *N-β-Naphthylbenzimino-[6-carbomethoxy-2-methylphenyl]-äther 4-Methyl-7.8-benzacridon* (**VI**) erhalten, das über das *9-Chlorderiv. 9-Amino-4-methyl-7.8-benzacridin* lieferte. Während die Ullmann-Kondensation von 1-Brom-2-naphthoesäure mit α-Naphthylamin nur *β-Naphthoesäure* lieferte, wurde *3.4;5.6-Dibenzacridon* (**II**) aus N-α-Naphthylbenzimino-[2-carbomethoxynaphthyl-(1)]-äther erhalten. **II**, das mit Na-Amalgam zu *3.4;5.6-Dibenzacridin* red. wurde, konnte in *9-Chlor-* (**VII**) bzw. *9-Amino-3.4;5.6-dibenzacridin* (**III**) übergeführt werden. Entsprechend wurde *9-Amino-1.2;6.7-dibenzacridin* aus N-β-Naphthylbenzimino-[3-carbomethoxynaphthyl-(2)]-äther über das *1.2;6.7-Dibenzacridon* (**V**) erhalten. Die Darst. von 3.4;5.6;7.8-Tribenzacridon aus N-Phenanthryl-(9)-benzimidchlorid u. 1-Oxy-β-naphthoesäuremethylester schlugen fehl. Die relative Basizität der Aminoacridine wurde in 50%ig. A. potentiometr. gemessen. Ihre antituberkulöse Wrkg. wurde *in vitro* gegen *Mycobact. tuberculosis* H 37 Rv bestimmt. Es zeigte sich, daß das schwachbas. **III** eine stark red. Wirksamkeit besitzt.

Versuche: *2-Oxy-3-methylbenzoesäuremethylester*, Kp.$_{21}$ 124—126°, $n_D^{20}$ 1,5350. — *N-α-Naphthylbenzimino-[2-carbomethoxy-6-methylphenyl]-äther*, $C_{26}H_{21}O_3N$, F. 109,5° (Bzl.-PAe.), durch Zugabe von Na in A. u. dann N-α-Naphthylbenzimidchlorid in Ae. zu vorst. Verb., Eindampfen der Lösungsmittel über Nacht u. Behandlung des Nd. mit W. u. PAe.; blaßgelbe Prismen; 70% (Ausbeute). — *4-Methyl-5.6-benzacridon* (**I**), $C_{18}H_{13}ON$, F. 274°, durch $^3/_4$std. Erhitzen vorst. Verb. auf 280—300° unter Abdest. von Benzoesäuremethylester, Kochen des Rückstands mit A. u. Extraktion des Unlöslichen mit Pyridin; strohgelbe Nadeln; 72%. — *9-Chlor-4-methyl-5.6-benzacridin* (**IV**), $C_{18}H_{12}$·NCl, F. 156,5° (Bzl.), a) durch 2std. Kochen von **I** mit $POCl_3$, Entfernung des $POCl_3$ im Vakuum, Gießen auf ein Gemisch aus Eis, $NH_4OH$ u. Chlf. u. Dest. der Chloroformschicht; blaßgelbe Nadeln; 79%; b) durch Hydrolyse in Abwesenheit von Chlf. u. Eis; 100%. — *9-Amino-4-methyl-5.6-benzacridin*, $C_{18}H_{14}N_2$, F. 148° (Zers.; Toluol), durch Erhitzen von **IV** mit „Anala R“$(NH_4)_2CO_3$ in Phenol auf 70°, 1½std. Erhitzen auf 120°, Gießen in 10n NaOH, Einstellen einer Lsg. des Nd. mit $CH_3COOH$ auf $p_H$ 6 u. Zugabe von Alkali zum Filtrat; gelbe Prismen; 82%. *Hydrochlorid*, $C_{18}H_{14}N_2 \cdot HCl$, F. 378° (Zers.; $CH_3OH$), gelbe Nadeln. — *4-Methyl-9-phenoxy-5.6-benzacridin*, $C_{24}H_{17}ON$, F. 158—159° (A. oder Essigester), a) durch $^3/_4$std. Erhitzen von **IV** wie vorst. beschrieben u. Chromatographie des essigsäureunlösl. Prod. in Bzl. an $Al_2O_3$; Prismen; b) durch 3std. Erhitzen von **IV**,

NaOH u. Phenol auf 100° u. Gießen in 2,5n NaOH; 96%. — Durch kurze Behandlung einer gesätt. Lsg. von **IV** u. p-Toluolsulfohydrazid in Chlf. mit trockenem HCl u. 7tägiges Stehen wurden 37% eines gelben *Adduktes* erhalten, das nach Zers. nur ein HCl-unlösl. Harz lieferte. — *4-Methyl-3'.4'.5'.6'-tetrahydro-5.6-benzacridin*, $C_{18}H_{17}N$, F. 64°, durch Behandlung von **I** mit Na in sd. Pentylalkohol, Verdünnen mit W., Entfernung des Alkohols durch Dampf, Suspendieren in 10n HCl, 2std. Kochen mit $FeCl_3$, Neutralisation mit konz. $NH_4OH$, Extraktion mit Chlf., Aufnehmen des bas. Materials in 2n HCl u. Chromatographie an $Al_2O_3$ in PAe.; aus A. blaßgelbe Nadeln. *Pikrat*, $C_{18}H_{17}N \cdot C_6H_3O_7N_3$, F. 176—177° (A.), orangegelbe Nadeln. — *4-Methyl-5.6-benzacridin*, $C_{18}H_{13}N$, F. 114 bis 115° (A.), durch Red. von **I** mit Na-Amalgam, Oxydation des Acridans mit $FeCl_3$ u. Sublimation bei 200°/0,5 mm; gelbe Platten; 41%. *Pikrat*, F. 156—157° ($CH_3OH$), gelbe Nadeln. — *N-β-Naphthylbenzimino-[6-carbomethoxy-2-methylphenyl]-äther*, $C_{26}H_{21}O_3N$, F. 120—121° (Bzl.–PAe.), aus 2-Oxy-3-methylbenzoesäuremethylester u. N-β-Naphthylbenzimidchlorid in Ggw. von Na in A., Prismen; 63%. — *4-Methyl-7.8-benzacridon* (**VI**), $C_{18}H_{13}ON$, F. 264—265° (Nitrobenzol), aus vorst. Verb. bei 360° unter $N_2$; gelbe Nadeln; 38%. — *9-Chlor-4-methyl-7.8-benzacridin*, $C_{18}H_{12}NCl$, F. 137° (Bzl.), gelbe Nadeln; 76%. — *9-Amino-4-methyl-7.8-benzacridin*, $C_{18}H_{14}N_2$, F. 182—183° (Bzl.), durch Aminierung vorst. Verb. bei 120°; rote Nadeln; 76%. — *4-Methyl-7.8-benzacridin*, $C_{18}H_{13}N$, F. 155° (Bzl.–PAe.), durch Na-Amalgamred. von **VI**; cremefarbene Nadeln; 58%. *Pikrat*, $C_{18}H_{13}N \cdot C_6H_3O_7N_3$, F. 289° (Zers.; Aceton), gelbe Nadeln. — *1-Oxy-2-naphthoesäure*, F. 192°, durch 8std. Erhitzen von 0,2 Mol α-Naphthol, 0,4 Mol $K_2CO_3$ u. 1 Mol $CS_2$ im Autoklaven auf 130—140°, Lösen des Nd. in sd. W. u. Ansäuern des Filtrats mit 10n HCl; 80%. *Methylester*, F. 78°, durch 12std. Kochen mit $CH_3OH—H_2SO_4$. — *N-α-Naphthylbenzimino-[2-carbomethoxynaphthyl-(1)]-äther*, $C_{29}H_{21}O_3N$, F. 141—142° (Bzl.), blaßgelbe Prismen; 74%. — *3.4;5.6-Dibenzacridon* (**II**), $C_{21}H_{13}ON$, F. 331—332° (Pyridin), durch Erhitzen vorst. Verb. auf 280—300° unter Abdest. von Benzoesäuremethylester u. Extraktion des Rückstands im SOXHLET mit Pyridin; 47%. — *9-Chlor-3.4;5.6-dibenzacridin* (**VII**), $C_{21}H_{12}NCl$, F. 240—241° (Bzl.), gelbe Nadeln; 92%. — *9-Amino-3.4;5.6-dibenzacridin* (**III**), $C_{21}H_{14}N_2$, F. 238—239° (Bzl.), durch 2std. Aminierung vorst. Verb. bei 180°; blaßgelbe Nadeln; 73%. — *9-Phenoxy-3.4;5.6-dibenzacridin*, $C_{27}H_{17}ON$, F. 254—255° (Essigester), a) aus dem essigsäureunlösl. Anteil bei vorst. Vers.; b) durch 2std. Erhitzen von **VII**, Phenol u. NaOH auf 180°; 100%. — *3.4;5.6-Dibenzacridin*, F. 188° (Bzl.), durch Erwärmen von **II** mit NaOH in W. u. A., Zugabe von 2,5% Na-Amalgam bei 60° unter Einleiten von $CO_2$ (schwach alkal. Rk.), weiteres Einleiten von $CO_2$, Abtrennen von Hg, Verdünnen mit W., Oxydation des Acridans in 3n HCl mit $FeCl_3$, Behandlung mit $K_2CO_3$ u. Extraktion mit Bzl.; 71%. — *N-β-Naphthylbenzimino-[3-carbomethoxynaphthyl-(2)]-äther*, $C_{29}H_{21}O_3N$, F. 175° (Bzl.), aus N-β-Naphthylbenzimidchlorid, 3-Oxy-2-naphthoesäuremethylester u. Na in absol. A.; blaßgelbe Prismen; 51%. — *1.2;6.7-Dibenzacridon* (**V**), $C_{21}H_{13}ON$, F. 372° (Nitrobenzol), durch Cyclisierung vorst. Verb. bei 350—360°; goldenrote Platten; 54%. — *10-Äthylderiv.*, F. 204,5—205° (Aceton), gelbe Nadeln. — *9-Chlor-1.2;6.7-dibenzacridin*, $C_{21}H_{12}NCl$, F. 254—255° (Chlf.), aus **V**; orangefarbene Nadeln. — *9-Amino-1.2;6.7-dibenzacridin*, $C_{21}H_{14}N_2$, F. 226,5° (Chlorbenzol), durch 1std. Aminierung vorst. Verb. bei 120°, ½std. Erhitzen bei 180° u. Chromatographie in Chlf. an $Al_2O_3$; rote Nadeln; 89%. — *9-Phenoxy-1.2;6.7-dibenzacridin*, $C_{27}H_{17}ON$, F. 253—254° (Bzl.), durch 1½std. Behandlung des Chlorderiv. mit Phenol u. NaOH bei 100°; gelbe Prismen; 81%. — *N-Phenanthryl-(9)-benzimidchlorid*, $C_{21}H_{14}NCl$, F. 118,5°, durch 1std. Erhitzen von N-Phenanthryl-(9)-benzanilid u. $POCl_3$ auf 100—110°, Entfernung des $POCl_3$ im Vakuum u. Extraktion mit Bzl.–PAe.; gelbe Prismen. (J. chem. Soc. [London] **1955**. 4309—14. Dez. Sydney, Univ., Organ. Chem. Dep.) HILDEGARD BAGANZ. 3231

**J. Cymerman-Craig** und **D. Willis**, *Die Chemotherapie der Tuberkulose.* 6. Mitt. *Einige Derivate der Isonicotinsäure.* (5. vgl. vorst. Ref.) *N'-Methyl-N-isonicotinoylhydrazin* wurde aus Methylhydrazin (**III**) u. Isonicotinsäure (**I**)-methylester (**II**) bei 100° oder aus **III** u. Isonicotinoylchlorid (**IV**) neben *N-Methyl-N.N'-diisonicotinoylhydrazin* erhalten. Durch Kondensation von **IV** mit N.N-Dimethylhydrazin entstand ein hygroskop. Prod., das nach Behandlung mit wss. $CH_2O$, HCOOH, HCl oder wss. HCOOH nur **I** lieferte. Während unter milden Bedingungen zwischen N.N'-Dimethylhydrazin (**V**) u. **II** keine Rk. eintrat, fand unter stärkeren Bedingungen Spaltung unter Bldg. von *Methylamin*, **I** u. *N'-Methylisonicotinamid* (**XII**) statt, das auch aus **II** u. Methylamin dargestellt werden konnte. Während die Umsetzung von **IV** mit **V** in Triäthylamin nur Harz lieferte, entstand in Ggw. von Pyridin *N.N'-Dimethyl-N.N'-diisonicotinoylhydrazin* (**X**). Die Darst. von *N-Methyl-N-isonicotinoylhydrazin* (**XI**) durch Methylierung von Isonicotinoylhydrazin (**VI**) mit wasserfreier HCOOH mißlang. Die Umsetzung von **IV** mit N-Methyl-N'-[4-nitrobenzyliden]- bzw. N-Methyl-N'-veratrylidenhydrazin ergab

*N-Methyl-N-isonicotinoyl-N'-[4-nitrobenzyliden]-* bzw. *-N'-veratrylidenhydrazin* (**VII**). Die Hydrolyse von **VII** mit HCl führte zu **XI**. **VI** wurde mit 5-Acetylaminothiophen-2-aldehyd u. verschied. Diketonen zur Rk. gebracht. Im Gegensatz zu YALE u. Mitarbeitern (J. Amer. chem. Soc. **75**. [1953.] 1933) wurden bei der Kondensation von Acetylaceton (**XIII**) mit **VI** *N.N'-Diisonicotinoylhydrazin* (**XV**) u. *2.5-Dimethylpyrazol* (**XVI**), bei der Rk. von Acetonylaceton (**XVII**) mit **VI** *Acetonylaceton-bis-[isonicotinoylhydrazon]* (**VIII**) u. wenig *2.5-Dimethyl-1-isonicotinamidopyrrol* (**IX**) erhalten. Durch Kristallisation aus Nitrobenzol, Behandlung mit Pikrinsäure oder Erhitzen mit Äthylenglykol wurde **VIII** in **VI** u. **IX** gespalten. *Methyl-[pyridyl-(4)]-ketonoxim-p-toluolsulfonat* wurde nach NEBER (Liebigs Ann. Chem. **515**. [1935.] 283) in Ggw. von K-Äthylat in ein instabiles Hydrochlorid umgelagert, das nach Behandlung mit $NaHCO_3$ an Stelle des erwarteten Aminomethyl-[pyridyl-(4)]-ketons nur *2.5-Bis-[pyridyl-(4')]-pyrazin* lieferte. *p-Diäthylaminobenzoesäure* konnte nicht nach PEARLS-Meth. (C. **1948**. I. 980), dagegen nach ROUSSETS-Meth. [1894] dargestellt u. über den Ester in *N.N'-Bis-[p-diäthylaminobenzoyl]-hydrazin* übergeführt werden. Die dargestellten Verbb. wurden *in vitro* gegen *Mycobact. tuberculosis* H 37 Rv in Ggw. von 10% Serum getestet. Da **VI** u. die sich von ihm ableitenden SCHIFFschen Basen alle akt., **X**, **XI** u. ihre Benzylidenderivv. dagegen nahezu unwirksam sind, wird angenommen, daß ein Zusammenhang zwischen antituberkulöser Wirksamkeit u. Fähigkeit zur Chelatbldg. über eine Pseudosäure besteht.

V e r s u c h e: *Isonicotinoylchlorid* (**IV**), Kp.$_{15}$ 80°, durch Dest. von **IV**-Hydrochlorid mit Triäthylamin. — *N-Methyl-N'-isonicotinoylhydrazin*, F. 75—79°, a) durch 2std. Erhitzen von **III** mit **II** auf 100°, Einengen im Vakuum, Zugabe von Aceton u. Zugabe von Ae. zu dem Filtrat; 40% (Ausbeute). *Dihydrochlorid*, $C_7H_9ON_3 \cdot 2HCl$, F. 226—227° ($CH_3OH$). *Pikrat*, $C_7H_9ON_3 \cdot C_6H_3O_7N_3$, F. 173,5—174,5° (Zers.; wss. A.). *Dioxalat*, F. 196°. b) Durch Behandeln von **IV** mit **III** in Bzl. bei 20°, Eindampfen nach Aufkochen, Behandlung mit Aceton u. Überführung der aceton. Lsg. in das *Dihydrochlorid*. Daneben aus dem acetonunlösl. Rückstand *N-Methyl-N.N'-diisonicotinoylhydrazindihydrochlorid*, $C_{13}H_{12}O_2N_4 \cdot 2HCl$, F. 257—258° ($CH_3OH$); 42%. *Dipikrat*, $C_{13}H_{12} \cdot O_2N_4 \cdot 2C_6H_3O_7N_3$, F. 252°, aus W. gelbe Platten. — 3std. Erhitzen von **V** mit **II** auf 130° im Rohr, Entfernung der flüchtigen Prodd. im Vakuum u. Behandlung mit alkoh. HCl ergab 80% **I**-*Hydrochlorid*, F. 282°. Zugabe von $NH_3$–Chlf. zu der Mutterlauge, Chromatographie an $Al_2O_3$ u. Behandlung des Öls mit alkoh. HCl lieferte 8% **XII**-*Hydrochlorid*. — *N.N'-Dimethyl-N.N'-diisonicotinoylhydrazin* (**X**), $C_{14}H_{14}O_2N_4$, F. 145—147° (Bzl.), a) durch Zugabe von 1 Mol **IV**-Hydrochlorid in Pyridin zu 2 Mol **V**-Dihydrochlorid in Pyridin u. Triäthylamin bei 50°, 1std. Erhitzen auf 100°, Filtration bei 0°, Einengen u. Extraktion mit Chlf.; Nadeln; 27%. b) Durch Zugabe von **V**-Dihydrochlorid zu **IV**-Hydrochlorid in Pyridin u. Triäthylamin bei 40° u. 1std. Erhitzen auf 100°; 54%. — *N'-Methylisonicotinamid* (**XII**), F. 112—113°, durch 1std. Erhitzen von **II** u. wss. $CH_3NH_2$ auf 100°, Eindampfen u. Behandlung mit A.–Ae.; 95%. *Hydrochlorid*, $C_7H_8ON_2 \cdot HCl$, F. 205—206°, aus alkoh. HCl Platten. *Pikrat*, $C_7H_8ON_2 \cdot C_6H_3O_7N_3$, F. 165° (A.), Nadeln. — *N-Methyl-N-isonicotinoyl-N'-[4-nitrobenzyliden]-hydrazin*, $C_{14}H_{12}O_3N_4$, F. 276 bis 277° (Pyridin), durch Zugabe von **IV**-Hydrochlorid in Pyridin zu N-Methyl-N'-[4-nitrobenzyliden]-hydrazin in Triäthylamin bei 50° u. 2std. Kochen; Nadeln; 72%. — *N-Methyl-N'-veratrylidenhydrazin*, F. 95—98° (A.), durch 3std. Erhitzen von Veratrumaldehyd u. **III** in A. auf 100°; 85%. — *N-Methyl-N-isonicotinoyl-N'-veratrylidenhydrazin* (**VII**), $C_{16}H_{17}O_3N_3$, F. 163° ($CH_3OH$), durch Behandlung vorst. Verb. in Triäthylamin mit **IV**-Hydrochlorid in Pyridin bei 50°; Nadeln; 46%. — *N-Methyl-N-isonicotinoylhydrazin* (**XI**), *Dihydrochlorid*, $C_7H_9ON_3 \cdot 2HCl$, F. 224° (Zers.; $CH_3OH$–Chlf.), durch Behandlung von **VII** mit 2.4-Dinitrophenylhydrazin in alkoh. HCl bei 60°, Eindampfen des Filtrats u. Extraktion mit W.; 94%. — *N-[5-Acetylaminothenyliden-(2)]-N'-isonicotinoylhydrazin*, $C_{13}H_{12}O_2N_4S$, F. 273—275° (Nitrobenzol), aus **VI** u. 5-Acetylaminothiophen-2-aldehyd in sd. $CH_3OH$; gelbe Kristalle; 90%. — *Isonicotinsäuremethylester* (**II**), *Hydrochlorid*, F. 143—144° (A.), hygroskop. Platten. — *Isonicotinamid*, *Pikrat*, $C_6H_6ON_2 \cdot C_6H_3O_7N_3$, F. 214—215° (A.), gelbe Nadeln. — *Diacetyl-bis-[isonicotinoylhydrazon]*, $C_{16}H_{16}O_2N_6$, F. 287° (Zers.; $CH_3OH$), durch 2std. Kochen von 1 Mol Keton mit 2 Mol **VI** in A.; 95%. — *Acetylacetonmonoisonicotinoylhydrazon* (**XIV**), $C_{11}H_{13}O_2N_3$, F. 133° (Essigester), durch ½std. Kochen von 3 Mol **XIII** u. 2 Mol **VI** in $CH_3OH$ u. Eindampfen; Nadeln; 95%. — *N.N'-Diisonicotinoylhydrazin* (**XV**), $C_{12}H_{10}O_2N_4$, F. 256° (W.), durch 2std. Kochen von 2 Mol **VI** mit 1 Mol **XIII** in A. u. Aufnehmen des Gummis in Essigester; Nadeln; 86%. Aus der Essigestermutterlauge *3.5-Dimethylpyrazol* (**XVI**), $C_5H_8N_2$, F. 106°, durch Sublimation des Öls bei 100—120°/15 mm; 50%. Zugabe von **XIV** zu **VI** in sd. A. u. Eindampfen nach ½std. Stehen ergab 26% **XV** u. 5% **XVI**. — Erhitzen von **XIV** mit **VI** in W. auf 100° bis zur Lsg. lieferte nach Abkühlen 53% **XV**. — *Acetonyl-*

*aceton-bis-[isonicotinoylhydrazon]* (**VIII**), $C_{18}H_{20}O_2N_6$, F. 182° ($CH_3OH$), durch Zugabe von **XVII** zu **VI** in sd. A.; 79%. — *2.5-Dimethyl-1-isonicotinamidopyrrol* (**IX**), $C_{12}H_{13}ON_3$, F. 146° (Bzl.), aus der äthanol. Mutterlauge; Nadeln; 13%. — Lösen von **VIII** in sd. Nitrobenzol ergab 79% **VI**. *Dipikrat*, $C_6H_7ON_3 \cdot 2C_6H_3O_7N_3$, F. 185° (W.), aus **VIII** u. Pikrinsäure; gelbe Nadeln. — Kurzes Kochen von **VIII** in Äthylenglykol u. Zugabe von W. ergab 41% **IX**. — *4-Acetylpyridinoxim*, $C_7H_8ON_2$, F. 158° (wss. A.). *p-Toluolsulfonat*, $C_{14}H_{14}O_3N_2S$, F. 80° (wss. A.), durch Behandlung des Ketoxims bei 0—5° in Pyridin mit p-Toluolsulfochlorid; Prismen; 90%. — *Aminomethyl-[pyridyl-(4)]-keton, Dihydrochlorid*, F. 230—235° (Zers.; $CH_3OH$), durch Behandlung von K in A. mit vorst. Verb. in A. unter $N_2$, Zugabe von Ae. nach 1std. Stehen, Extraktion des Filtrats mit 2n HCl u. Eindampfen bei <40°. — *2.5-Bis-[pyridyl-(4')]-pyrazin*, $C_{14}H_{10}N_4$, F. 231—232° (A.), durch Lösen vorst. Verb. in $NaHCO_3$ u. Extraktion mit Bzl.; Prismen. — *p-Diäthylaminobenzoesäuremethylester*, $C_{12}H_{17}O_2N$, Kp.$_{0,001}$ 94—98°, F. 45—47°, durch Rk. der Säure mit $CH_3OH$, $H_2SO_4$ u. Benzol. — *N.N'-Bis-[p-diäthylaminobenzoyl]-hydrazin*, $C_{22}H_{30}O_2N_4$, F. 267° (Pyridin), durch 11std. Kochen von vorst. Ester mit Hydrazinhydrat u. 2-Äthoxyäthanol u. Behandlung des Öls mit Bzl.; Nadeln; 69%. (J. chem. Soc. [London] **1955**. 4315—20. Dez.) HILDEGARD BAGANZ. 3231

**J. Cymerman-Craig** und **J. W. Loder**, *Die Chemotherapie der Tuberkulose.* 7. Mitt. *Thiosemicarbazone substituierter Phenyl- und Pyridylbenzaldehyde.* (6. vgl. vorst. Ref.) *4'-Carbäthoxydiphenyl-4-aldehyd* (**I**) wurde durch Kupplung von p-Carbäthoxybenzoldiazoniumchlorid mit Benzaldehyd (**II**) in Ggw. von Na-Acetat in geringer Ausbeute erhalten u. ergab durch Hydrolyse *4'-Carboxydiphenyl-4-aldehyd.* Daneben wurde eine als *Diphenyl-4.4'-dicarbonsäure* (**VII**) angesehene Säure erhalten, die auch durch Hydrolyse von **I**-Thiosemicarbazon u. anschließende Oxydation dargestellt wurde. Während die Kondensation von 4-Methoxybenzoldiazoniumchlorid mit **II** nur in verschwindender Menge zum *4'-Methoxydiphenyl-4-aldehyd* (**III**) führte, konnte **III** aus p-Methoxy-N-nitrosoacetanilid u. **II** dargestellt werden. **III** konnte durch die $Zn(CN)_2$-Modifikation der GATTERMANNschen Aldehydsynth. aus 4-Oxydiphenyl oder durch Formylierung von 4-Methoxydiphenyl mit N-Methylformanilid u. $POCl_3$ nicht erhalten werden, ebensowenig ein Chlormethylderivat. Die Red. von 4'-Methoxydiphenyl-4-carbonylchlorid mit $LiAlH_4$ lieferte keinen Aldehyd. *4-Cyan-4'-oxydiphenyl* wurde nach MCFADYENS u. STEVENS (J. chem. Soc. [London] **1925**. 1874) aus 4'-Amino-4-cyandiphenyl dargestellt. Diazotierung von p-[Pyridyl-(2)]-anilin nach BUTTERWORTH, HEILBRON u. HEY (J. chem. Soc. [London] **1940**. 355), Behandlung mit CuCN u. Hydrolyse ergab *p-Chlor-[pyridyl-(2)]-benzol* u. *p-[Pyridyl-(2)]-benzoesäure* (**IV**). Die Rk. von p-Tolyl-Li mit Pyridin lieferte *p-[Pyridyl-(2)]-toluol* (**V**). Dieses wurde von $KMnO_4$ in HCl, jedoch nicht in Aceton unter Bldg. von **IV** oxydiert. Der **IV**-Methylester wurde über das Hydrazid in *N-Benzolsulfonyl-N'-p-[pyridyl-(2')]-benzoylhydrazin* übergeführt. Aus diesem wurde durch Rk. mit Thiosemicarbazid, Soda u. Äthylenglykol *p-[Pyridyl-(2)]-benzaldehyd* (**VI**), *Thiosemicarbazon* erhalten. **VI** konnte auch durch $CrO_3$-Oxydation von **V** in Essigsäureanhydrid dargestellt werden. Die antituberkulöse Aktivität der Thiosemicarbazone wurde *in vitro* gegen *Mycobacterium tuberculosis H 37 Rv* in YOUMANS-Medium oder in Verdünnungen von Mol/128,000 bis Mol/512,000 in Ggw. von 10% Serum bestimmt.

Versuche: *Diphenyl-4-aldehydthiosemicarbazon*, $C_{14}H_{13}N_3S$, F. 202—202,5° ($CH_3OH$), gelbliche Platten. *S-Methyljodid*, $C_{15}H_{16}N_3JS$, F. 175—176° (Isopropanol–Ae.), Nadeln; 92% (Ausbeute). — *4'-Carbäthoxydiphenyl-4-aldehyd* (**I**), durch Diazotierung von p-Aminobenzoesäureäthylester in HCl bei 0—5°, Zugabe von **II** u. Na-Acetat unter $N_2$ bei 5—10° u. Entfernung von **II** nach 3tägigem Stehen durch Wasserdampfdest.; 8%. *Thiosemicarbazon*, $C_{17}H_{17}O_2N_3S$, F. 235° (Zers.), Nadeln aus wss. Aceton; gibt nach saurer Hydrolyse, Behandlung der neutralen Lsg. mit 10%ig. $H_2O_2$ u. Ansäuern *Diphenyl-4.4'-dicarbonsäure* (**VII**; Zers. über 345°). *2.4-Dinitrophenylhydrazon*, $C_{22}H_{18}O_6N_4$, F. 263° (Essigester–Xylol), rote Nadeln. — *4'-Carboxydiphenyl-4-aldehyd*, durch Kochen der **I**-Bisulfitverb. mit 20%ig. $H_2SO_4$ in 25%ig. A. unter $N_2$, Zugabe von Soda, Extraktion mit Bzl. u. Ansäuern des alkal. Filtrats; daneben aus dem alkaliunlösl. Na-Salz **VII**. *Thiosemicarbazon*, $C_{15}H_{13}O_2N_3S$, F. 240° (Zers.), blaßbraune Mikrokristalle aus wss. Aceton. *2.4-Dinitrophenylhydrazon*, $C_{20}H_{14}O_6N_4$, F. 312° (Zers.; Bzl.–Pyridin), rote Nadeln. — *4-Cyan-4'-oxydiphenyl*, $C_{13}H_9ON$, F. 193—194°, durch Diazotierung von 4-Amino-4'-cyandiphenyl (F. 161—162° [Toluol]) bei 0°, Zugabe des Filtrats zu der sd. Lsg. von $CuSO_4$, Lösen des Nd. in KOH, Ansäuern u. Sublimation bei 205°/0,3 mm; Prismen; 60%. — *4-Acetyl-4'-methoxydiphenyl, 2.4-Dinitrophenylhydrazon*, $C_{21}H_{18}O_5N_4$, F. 217° (Toluol), rote Nadeln. *Thiosemicarbazon*, $C_{16}H_{17}ON_3S$, F. 290° (Zers.; Aceton–PAe.) [*Benzoladdukt*, $C_{16}H_{17}ON_3S \cdot \frac{1}{2}C_6H_6$, F. 210° u. dann 290° (Zers.), aus Bzl. gelbe Mikrokristalle]. — *4-Acetyl-4'-oxydiphenyl*, F. 202°, durch 6½std. Kochen vorst. Verb. mit $CH_3COOH$ u. 48%ig. HBr u. Gießen in W.; 100%. *2.4-Dinitrophenylhydrazon*

$C_{20}H_{16}O_5N_4 \cdot 1/_2 H_2O$, F. 250° (Zers.; wss. $CH_3COOH$), rote Nadeln. *Thiosemicarbazon*, $C_{15}H_{15}ON_3S$, F. 280° (Zers.; $CH_3COOH$), gelbe Mikrokristalle. — *4-Methoxydiphenyl-4'-carbonsäurechlorid*, F. 97—98°, durch Behandlung der Säure mit $SOCl_2$; aus PAe. gelbe Kristalle. *Methylester*, F. 171—172°. *Hydrazid*, $C_{14}H_{14}O_2N_2$, F. 203—204°, durch $3^1/_4$std. Kochen des Methylesters mit Hydrazinhydrat u. 2-Äthoxyäthanol; Platten; 79%. — *N-[4'-Methoxydiphenylyl-(4)-carbonyl]-N'-benzolsulfonylhydrazin*, $C_{20}H_{18}O_4N_2S$, F. 208—209° (Zers.; wss. Aceton), durch Behandlung vorst. Hydrazids mit Benzolsulfochlorid in Pyridin bei 0° u. Gießen in Eis-verd. HCl nach Stehen über Nacht bei Raumtemp.; Nadeln; 99%. — *4-Methoxydiphenyl-4'-aldehyd* (III), $C_{14}H_{12}O_2$, F. 101,5 bis 102° (PAe.), a) durch Behandlung vorst. Verb. in Äthylenglykol mit Soda bei 160° u. Gießen in heißes W.; Nadeln; 59%; b) durch 24std. Stehen von p-Methoxy-N-nitrosoacetanilid in II unter $N_2$, 1std. Erwärmen auf 50°, Wasserdampfdest. u. Isolierung über die Bisulfitverb.; 14,5%. *2.4-Dinitrophenylhydrazon*, $C_{20}H_{16}O_5N_4 \cdot 1/_2 H_2O$, F. 240—241° (wss. Aceton), rote Nadeln. *Thiosemicarbazon*, $C_{15}H_{15}ON_3S$, F. 212—213° (Zers.; wss. A.), gelbe Mikrokristalle. — *p-Chlor-[pyridyl-(2)]-benzol*, F. 52—53° (PAe.), durch Diazotierung von p-[Pyridyl-(2)]-anilin (F. 310—313°), Behandlung des Salzes mit CuCN u. Hydrolyse des Reaktionsprod. (42%); flache Nadeln. *Pikrat*, F. 169° ($CH_3OH$). Daneben durch Veresterung der sauren Anteile mit $CH_3OH$–$H_2SO_4$ **IV**-*Methylester*. — *p-[Pyridyl-(2)]-toluol* (**V**), $C_{12}H_{11}N$, Kp.$_2$ 140—142°, Kp.$_{0,001}$ 91—92°, durch Behandlung von p-Tolyl-Li aus p-Bromtoluol mit Pyridin nach EVANS u. ALLEN (Org. Syntheses, Coll. Vol. II [1944.] 517), jedoch durch 7std. Kochen; $n_D^{15}$ 1,6160, blaßgelbes Öl; 61%. *Pikrat*, $C_{12}H_{11}N \cdot C_6H_3O_7N_3$, F. 180—180,5°. — *p-[Pyridyl-(2)]-benzoesäure* (**IV**), F. 232—232,5°, durch Behandlung von **V** in wss. HCl mit $KMnO_4$ bei 100°, Extraktion des Nd. mit sd. Sodalsg., Extraktion des Auszugs mit Ae., Konz. im Vakuum u. Ansäuern; 60%. *Methylester*, F. 97° (PAe.); 61%. *Hydrazid*, $C_{12}H_{11}ON_3$, F. 161,5°, durch 6std. Kochen des Esters mit Hydrazinhydrat in A.; Platten; 59%. — *N-Benzolsulfonyl-N'-p-[pyridyl-(2')]-benzoylhydrazin*, $C_{18}H_{15}O_3N_3S$, F. 210° (Zers.; A.), durch 2tägiges Stehen vorst. Hydrazids mit Benzolsulfochlorid in Pyridin, Abdampfen des Pyridins im Vakuum u. Behandlung mit verd. $NH_4OH$; Prismen; 96%. — *p-[Pyridyl-(2)]-benzaldehyd* (**VI**), *Thiosemicarbazon*, $C_{13}H_{12}N_4S$, F. 214—215° (Zers.; A.), durch 15 Min. langes Erhitzen vorst. Verb. mit Thiosemicarbazid u. Soda in Äthylenglykol auf 160° u. Verdünnen mit W.; blaßgelbe Mikrokristalle; 25%. *Diacetat*, $C_{16}H_{15}O_4N$, F. 103—104° (wss. A.), durch Zutropfen von $H_2SO_4$ zu **V** in $CH_3COOH$ u. Essigsäureanhydrid unterhalb 10°, Zugabe von $CrO_3$ bei 5°, 1std. Rühren bei 10°, Erwärmen auf 30°, Behandlung mit Eiswasser u. Neutralisation mit $NH_4OH$; Platten; 19%. **VI**, $C_{12}H_9ON$, F. 55° (wss. A.), durch Verdünnen der Diacetatmutterlaugen u. Behandlung des Öls mit Bisulfit; Platten; 20%. *2.4-Dinitrophenylhydrazon*, $C_{18}H_{13}O_4N_5$, F. 254—255° (Zers.; Chlorbenzol), rote Nadeln. (J. chem. Soc. [London] **1956**. 100—03. Jan.) HORST BAGANZ. 3231

**J. D. Bower** und **G. R. Ramage**, *Dem Pyrrocolin verwandte heterocyclische Systeme. 1. Mitt. 2.3a-Diazainden.* *2.3a-Diazainden* (I) u. einige seiner Derivv. wurden durch Cyclisierung verschied. α-[1-Acylaminoalkyl]-pyridine mit $POCl_3$ dargestellt. Acetylierung von I mit FRIEDEL-CRAFTS-Katalysatoren führt zu *Derivv.*, die in 1-Stellung oder, wenn diese besetzt, in 3-Stellung acyliert sind. Die alkylsubstituierten Verbb. vom Typ I sind Fll. oder tiefschm. Substanzen von charakterist. Geruch, die beim Aufbewahren dunkel werden. Ihre Fluorescenz im UV-Licht wurde bei der chromatograph. Reinigung ausgenutzt. Krist. *Derivv.* werden mit Pikrinsäure, Methyljodid, $HgCl_2$ u. $AgNO_3$ erhalten.

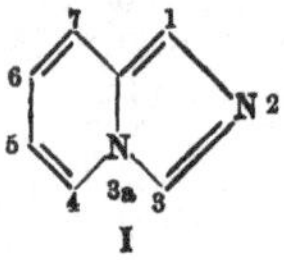

I

Versuche: *2-Aminomethylpyridin* (II), Kp.$_{20}$ 95—98°, aus Pyridin-2-aldoxim mit Zn-Pulver u. Eisessig. *Formylderiv.* (III), $C_7H_8ON_2$, Kp.$_4$ 160—161°, mit sd. 98%ig. Ameisensäure (3 Std.); schwachgelbes Öl; 77% (Ausbeute) (*Pikrat*, $C_7H_8ON_2 \cdot C_6H_3O_7N_3$, F. 158°, Prismen aus Bzl.). *Acetylderiv.* (**IV**), $C_8H_{10}ON_2$, Kp.$_5$ 160—163°, F. 59—60°, mit Essigsäureanhydrid in Eisessig (30 Min. bei 100°); Platten aus Bzl.–PAe.; 89%. — *2.3a-Diazainden* (**I**), $C_7H_6N_2$, F. 54—55°, Kp.$_3$ 120—125°, aus **III** u. $POCl_3$ in sd. Bzl.; nach Dest., Sublimation bei 80—90°/2 mm u. Chromatographie an $Al_2O_3$ Nadeln von blauer Fluorescenz im UV-Licht; 80% (roh). *Pikrat*, $C_7H_6N_2 \cdot C_6H_3O_7N_3$, F. 216° (Zers.), aus A. Nadeln. *$AgNO_3$-Verb.*, $AgNO_3 \cdot 2C_7H_6N_2$, F. 178°, aus W. Nadeln. — *1-Acetyl-2.3a-diazainden* (**XV**), $C_9H_8ON_2$, F. 129°, aus **I** mit Acetylchlorid in $CS_2$ in Ggw. von $AlCl_3$; cremefarbene Nadeln aus Cyclohexan, violette Fluorescenz im UV; 71%. — *3-Methyl-2.3a-diazainden* (**V**), $C_8H_8N_2$, Kp.$_4$ 112—117°, F. 55°, aus **IV** analog **I**; Prismen aus Cyclohexan, blaue Fluorescenz im UV; 62%. *Pikrat*, $C_8H_8N_2 \cdot C_6H_3O_7N_3$, F. 221° (Zers.), aus A. Prismen. *Methojodid*, $C_9H_{11}N_2J$, F. 184°. *$AgNO_3$-Verb.*, $AgNO_3 \cdot 2C_8H_8N_2$, F. 189—190°, aus W. Nadeln. — *1-Acetyl-3-methyl-2.3a-diazainden* (**XIII**), $C_{10}H_{10}ON_2$, F. 139°, a) aus **V** analog **XV**; aus Bzl.–PAe. braune Nadeln mit violetter UV-Fluorescenz;

75%; b) aus **II** mit sd. Essigsäureanhydrid; 36%; c) aus 0,3 g **V** mit sd. Essigsäureanhydrid; 0,14 g. — *3-Phenyl-2.3a-diazainden*, $C_{13}H_{10}N_2$, F. 109°, aus 2-Benzamidomethylpyridin analog **I**; Prismen aus Cyclohexan; 61%. *Pikrat*, $C_{13}H_{10}N_2 \cdot C_6H_3O_7N_3$, F. 185—186°, aus A. Nadeln. — *2-[1-Aminoäthyl]-pyridin* (**VI**), Kp.$_{760}$ 197—201°, aus Methyl-[pyridyl-(2)]-ketoxim (F. 120°) analog **II**; 86%. *Formylderiv.* (**VII**), $C_8H_{10}ON_2$, Kp.$_4$ 156°, schwachgelbe Fl.; 78%. *Acetylderiv.* (**VIII**), $C_9H_{12}ON_2$, F. 107°, Nadeln aus Cyclohexan. *Propionylderiv.* (**IX**), Kp.$_5$ 155° (*Pikrat*, $C_{10}H_{14}ON_2 \cdot C_6H_3O_7N_3$, F. 128°, Prismen aus Bzl.). *Benzoylderiv.* (**XI**), $C_{14}H_{14}ON_2$, F. 93°, aus PAe. Nadeln. — *1-Methyl-2.3a-diazainden*, $C_8H_8N_2$, F. 64—65°, Kp.$_{1,5}$ 100—105°, aus **VII** analog **I**; Nadeln; 70%. *Methojodid*, $C_9H_{11}N_2J$, F. 209°, Nadeln aus Aceton. *3-Acetylderiv.* (**X**), $C_{10}H_{10}ON_2$, F. 66—67°, analog **XV**; schwachgelbe Nadeln aus Bzn. mit violetter Fluorescenz im UV; 88%. — *1.3-Dimethyl-2.3a-diazainden*, Kp.$_5$ 120—125°, aus **VIII** analog **I**; gelbes Öl, wird beim Abkühlen krist.; 76%. *Pikrat*, $C_9H_{10}N_2 \cdot C_6H_3O_7N_3$, F. 254° (Zers.), aus A. Platten. — *3-Äthyl-1-methyl-2.3a-diazainden*, $C_{10}H_{12}N_2$, Kp.$_5$ 130°, Kp.$_4$ 118—124°, a) durch Cyclisierung von **IX**, gelbes Öl; 89%; b) durch Red. von **X** mit 90%ig. Hydrazin in KOH-haltigem Äthylenglykol bei 190°; 31%. *$HgCl_2$-Verb.*, $C_{10}H_{12}N_2 \cdot HgCl_2$, F. 203 bis 204° (Zers.), aus A. Nadeln. *$AgNO_3$-Verb.*, $AgNO_3 \cdot 2C_{10}H_{12}N_2$, F. 175° (Zers.), Nadeln aus wss. Methanol. — *1-Methyl-3-phenyl-2.3a-diazainden*, $C_{14}H_{12}N_2$, F. 120°, aus **XI** analog **I**; cremefarbene Nadeln aus wss. Methanol. — *2-[1-Aminopropyl]-pyridin*, $C_8H_{12}N_2$, Kp.$_{31}$ 110°, aus Äthyl-[pyridyl-(2)]-ketoxim analog **II**; 92%. *Formylderiv.* (**XII**), $C_9H_{12}ON_2$, Kp.$_2$ 146°. *Acetylderiv.* (**XIV**), $C_{10}H_{14}ON_2$, F. 83°, Prismen. — *1-Äthyl-2.3a-diazainden*, $C_9H_{10}N_2$, Kp. 116°, a) durch Cyclisierung von **XII**; 85%; b) durch modifizierte WOLFF-KISHNER-Red. von **XV**. *Pikrat*, $C_9H_{10}N_2 \cdot C_6H_3O_7N_3$, F. 203° (Zers.), aus A. Prismen. *Pikrolonat*, $C_9H_{10}N_2 \cdot C_{10}H_8O_5N_4$, F. 222°, aus A. Nadeln. *$AgNO_3$-Verb.*, $AgNO_3 \cdot 2C_9H_{10}N_2$, F. 152—155°, aus W. Nadeln. — *1-Äthyl-3-methyl-2.3a-diazainden*, $C_{10}H_{12}N_2$, Kp.$_2$ 120°, a) durch Cyclisierung von **XIV**; 80%; b) durch WOLFF-KISHNER-Red. von **XIII**; 33%. *$HgCl_2$-Verb.*, $C_{10}H_{12}N_2 \cdot HgCl_2$, F. 210—211° (Zers.), aus A. diamantförmige Platten. *Methojodid*, $C_{11}H_{15}N_2J$, F. 200°, Nadeln aus Aceton. *Pikrat*, $C_{10}H_{12}N_2 \cdot C_6H_3O_7N_3$, F. 251°, aus A. diamantförmige Platten. (J. chem. Soc. [London] **1955.** 2834—37. Aug. Huddersfield, Techn. Coll.) H.-J. BESTMANN. 3231

**K. H. Saunders,** *Synthesen in der Pyrido- und Piperido-[1'.2':1.2]-benzimidazol-Reihe.* 2-Chlor-1.3-dinitrobenzol kondensiert leicht mit 2-Aminopyridin zu *2-[2.6-Dinitroanilino]-pyridin*, das unter $HNO_2$-Abspaltung in *4-Nitropyrido-[1'.2':1.2]-benzimidazol* (**II**, $R = NO_2$) übergeht. Daraus folgt, daß das von MORGAN u. STEWART (vgl. C. **1938.** II. 4066) dargestellte Nitropyridobenzimidazol das *6-Nitroisomere* ist. 1-[o-Azidophenyl]-piperidin wird therm. (in Nitrobenzol) unter $N_2$-Abspaltung zu *2.3-Dihydropiperido-[1'.2':1.2]-benzimidazol* zers., das sich sofort zu *Piperidobenzimidazol* (**I**) aromatisiert.

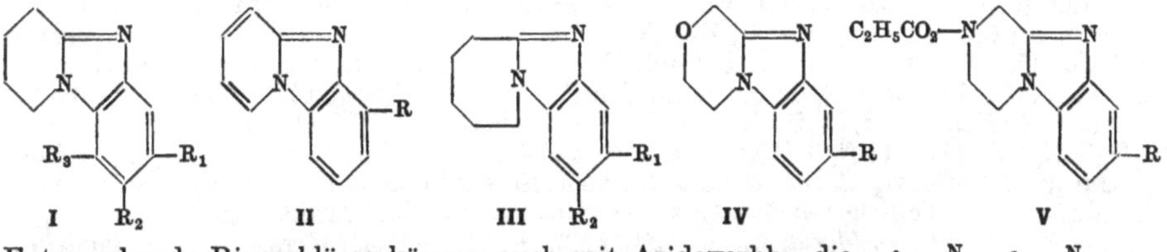


I II III IV V

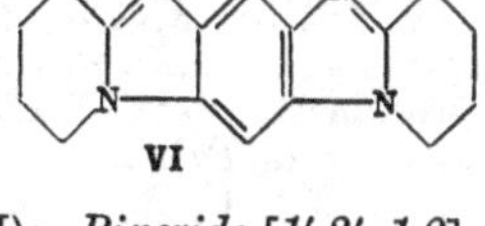


VI

Entsprechende Ringschlüsse können auch mit Azidoverbb., die Substituenten im Benzolkern tragen, bzw. die sich vom Hexamethylenimin (= Hexahydroazepin; **IX**), Morpholin u. Piperazin-1-carbonsäureäthylester ableiten, durchgeführt werden. Verbb. vorst. Typen wurden dargestellt.

V e r s u c h e (wenn nicht anders vermerkt, ist R = H): *Piperido-[1'.2':1.2]-benzimidazol* (**I**), $C_{11}H_{12}N_2$, F. 101—102° (Essigester): Darst. aus diazotiertem 1-[o-Aminophenyl]-piperidin, das zu einer Lsg. von $NaN_3$ u. Na-Acetat getropft wird. Am nächsten Tage wird das ölige *Azid* in Nitrobenzol aufgenommen u. in 165—175° heißes Nitrobenzol getropft. Nach Beendigung der $N_2$-Entw. wird im Vakuum eingeengt, die ausgefallene Base in verd. HCl gelöst, mit Kohle behandelt u. alkal. gefällt. Aus den Nitrobenzolmutterlaugen läßt sich mit verd. HCl noch etwas **I** ausschütteln; 77% (Ausbeute). Bei dieser therm. Zers. wird *Anilin* (84%) gebildet. (Die nachst. kondensierten Benzimidazole wurden auf analoge Weise dargestellt.) **I**-*Pikrat*, $C_{11}H_{12}N_2 \cdot C_6H_3O_7N_3$, F. 229 bis 230° (Glykolmonoäthyläther). *Methojodid*, $C_{12}H_{15}N_2J$, F. 220—221° (Methanol-Aceton). *Jodadditionsprod.*, $C_{11}H_{12}N_2J_2$, F. 150°, durch Kochen mit $J_2$ in $CHCl_3$. — *1-[2-Amino-4-chlorphenyl]-piperidin*, $C_{11}H_{15}N_2Cl$, F. 49,5—50° ($CH_3OH$), Kp.$_{18-20}$ 188 bis 192°, aus 24 g 1-[4-Chlor-2-nitrophenyl]-piperidin durch Red. mit HCl–Fe in wss. A.;

13,7 g. *Hydrochlorid*, $C_{11}H_{15}N_2Cl \cdot HCl$, F. 230—231°, aus W. Nadeln. *Acetylverb.*, $C_{13}H_{17} \cdot ON_2Cl$, F. 95—96° (Methanol). *Benzoylverb.*, $C_{18}H_{19}ON_2Cl$, F. 105—105,5° (Methyläthylketon). — *5-Chlorpiperido-[1'.2':1.2]-benzimidazol* (**I**, $R_1 = Cl$), $C_{11}H_{11}N_2Cl$, F. 153 bis 154° (Äthylendichlorid), aus vorst. Hydrochlorid; 82%. *Hydrochlorid*, $C_{11}H_{11}N_2Cl \cdot HCl$, F. 295—296° (W.). — *5-Nitropiperido-[1'.2':1.2]-benzimidazol* (**I**, $R_1 = NO_2$), $C_{11}H_{11}O_2N_3$, F. 218,5—219,5°, aus 1 Mol 1-[2.4-Dinitrophenyl]-piperidin in sd. A., zu dem eine Lsg. von 240 g $Na_2S$ u. 32 g S in W. getropft wird. Über Nacht gekocht, A. abdest., mit Bzl. extrahiert u. an $Al_2O_3$ chromatographiert. Aus der tiefer orangefarbenen Zone wird *1-[2-Amino-4-nitrophenyl]-piperidin* (**VII**), F. 96° (Bzl.–Bzn.), eluiert; 41%. Danach wird *1-[4-Amino-2-nitrophenyl]-piperidin*, F. 116° (Bzn.), eluiert, verunreinigt mit **VII**, das sich beim Verreiben mit n-HCl nicht löst u. so abgetrennt wird; 13%. **VII** wird in **I** ($R = NO_2$) übergeführt. Geringe Verunreinigungen an Arylamin im Rohprod. werden durch Diazotierung u. Kupplung mit $\beta$-Naphthol-3.6-disulfonat zu einem in W. lösl. Farbstoff entfernt. Blaßgelbe Blättchen aus Methyläthylketon u. Chlorbenzol; 79,8%. — *5-Aminopiperido-[1'.2':1.2]-benzimidazol* (**I**, $R_1 = NH_2$), $C_{11}H_{13}N_3$, F. 218 bis 220°, aus **I** ($R_1 = NO_2$) in Methanol durch Druckhydrierung mit RANEY-Ni bei 50—60°; Nadeln aus Methanol; 90%. — *5-Acetamidopiperido-[1'.2':1.2]-benzimidazol* (**I**, $R_1 = CH_3CONH-$), $C_{13}H_{15}ON_3$, F. 219,5—220° (Chlf., dann Essigester oder aus Chlorbenzol), a) aus vorst. Verb. durch Acetylierung; b) aus **VIII** über das *Azid*. — *1-[4-Acetamido-2-aminophenyl]-piperidin* (**VIII**), $C_{13}H_{19}ON_3$, F. 132—133°, aus 1-[4-Acetamido-2-nitrophenyl]-piperidin ($C_{13}H_{17}O_3N_3$, F. 136—137°) durch Hydrierung mit RANEY-Ni bei Raumtemp.; krist. aus Essigester. — *5-Acetamido-6-nitropiperido-[1'.2':1.2]-benzimidazol* (**I**, $R_1 = CH_3CONH-$, $R_2 = NO_2$), $C_{13}H_{14}O_3N_4$, F. 199—200° (Methyläthylketon), aus 5,75 g **I** ($R_1 = CH_3CONH-$) in $H_2SO_4$ durch Nitrierung bei —10°; 5,7 g. — *5-Amino-6-nitropiperido-[1'.2':1.2]-benzimidazol* (**I**, $R_1 = NH_2$, $R_2 = NO_2$), $C_{11}H_{12}O_2N_4$, F. 266—267°, aus vorst. Verb. durch Kochen mit 2n HCl u. Behandeln mit Sodalsg.; krist. violett aus Glykolmonoäthyläther. *Hydrochlorid*, F. 304°, aus W. orangefarbene Blättchen. — *6-Nitropiperido-[1'.2':1.2]-benzimidazol* (**I**, $R_2 = NO_2$), $C_{11}H_{11}O_2N_3$, F. 217—219° ($CH_3OH$), aus vorst. Verb. durch Diazotierung u. Eingießen in verd. $H_3PO_2$; 85%. — *6-Aminopiperido-[1'.2':1.2]-benzimidazol* (**I**, $R_2 = NH_2$), $C_{11}H_{13}N_3$, F. 198—200° (Essigester–Methanol), aus vorst. Verb. durch Hydrierung. — *1-[2-Amino-6-nitrophenyl]-piperidinhydrochlorid*, $C_{11}H_{15}O_2N_3 \cdot HCl$, F. 220—221° (Zers.), aus 1-[2.6-Dinitrophenyl]-piperidin durch partielle Red. mit $Na_2S_2$; Reinigung chromatograph., Lösen in A.–HCl u. Fällen mit Aceton; 80%. — *7-Nitropiperido-[1'.2':1.2]-benzimidazol* (**I**, $R_3 = NO_2$), $C_{11}H_{11}O_2N_3$, F. 107—108°, aus 25,7 g vorst. Verb.; blaßgelbe Nadeln aus Bzn.; 13,3 g. *Hydrochlorid*, F. 258—260° (Zers.). — *7-Aminopiperido-[1'.2':1.2]-benzimidazol* (**I**, $R_3 = NH_2$), $C_{11}H_{13}N_3$, F. 186—187° (Bzl.), aus 9 g vorst. Verb. durch 3½ std. Kochen mit verd. Essigsäure, Fe u. Na-Acetat; Reinigung über die Acetylverb.; 6,5 g. *Acetylverb.*, $C_{13}H_{15}ON_3$, F. 236—237° (A.). — *Pyrido-[1'.2':1.2]-benzimidazol* (**II**), F. 178—179°, aus **I** durch Dehydrierung an Pd-Tierkohle unter $N_2$ oder $CO_2$ bei 306°. Aus dem Sublimat wird **I** mit Bzn. extrahiert; blaßgelbe Prismen aus Chlorbenzol. *Methojodid*, $C_{12}H_{11}N_2J$, F. 246—247° (W.). — *2-[2.6-Dinitroanilino]-pyridin*, $C_{11}H_8O_4N_4$, F. 117—119° ($CH_3OH$), aus 58 g 2-Chlor-1.3-dinitrobenzol, 35 g 2-Aminopyridin u. 5 g $CaCO_3$ durch 24 std. Kochen in Glykolmonoäthyläther, Dampfdest., Extraktion des alkalisierten Rückstandes mit sd. Bzl. u. Chromatographie; orangefarben; 14,2 g. *Hydrochlorid*, $C_{11}H_8O_4N_4 \cdot HCl$, F. 220—225° (Zers.; A.). *Methojodid*, $C_{12}H_{11}O_4N_4J$, F. 207—208° (Zers.; W., dann extrahiert mit Essigester). — *4-Nitropyrido-[1'.2':1.2]-benzimidazol* (**II**, $R = NO_2$), $C_{11}H_7O_2N_3$, F. 272°, aus 3,0 g vorst. Base durch 16 std. Kochen in Glykolmonoäthyläther; 0,8 g. Fällt bei der Darst. vorst. Base als in Bzl. unlösl. Verb. an; 7,1 g. — *4-Aminopyrido-[1'.2':1.2]-benzimidazol* (**II**, $R = NH_2$), $C_{11}H_9N_3$, F. 133—134°, 7,1 g aus vorst. Verb. durch 3 std. Kochen mit Fe-Spänen in Eisessig; blaßgelbe Nadeln aus Bzl.; 5,7 g. *Acetylverb.*, F. 142—144°. *Acetat der Acetylverb.*, $C_{15}H_{15}O_3N_3$, F. 147—149°; Nadeln aus Acetanhydrid. — *4-Aminopiperido-[1'.2':1.2]-benzimidazol*, $C_{11}H_{13}N_3$, F. 177—177,5° (Essigester), a) durch Red. von **II** ($R = NO_2$) in A. mit Pt–$H_2$ als in Methanol schwerer lösl. Substanz; b) durch Hydrierung von **II** ($R = NH_2$) in Methanol mit $PtO_2$ (3 Std. bei 95°, 60 at). — *6-Nitropyrido-[1'.2':1.2]-benzimidazol*, $C_{11}H_7O_2N_3$, F. 271—272°, aus 2,3 g **II** durch Nitrierung in $HNO_3$–$H_2SO_4$ (20 Min. bei 10—15°); gelbe Nadeln aus Chlorbenzol, dann Methanol; 1,7 g. — *1-[o-Aminophenyl]-hexamethylenimin*, Kp.$_{10}$ 160°, aus o-Chlornitrobenzol (0,5 mol) in Butanol, **IX** u. Sodalsg. durch 24 std. Kochen. Das entstandene *1-[o-Nitrophenyl]-hexamethylenimin* (gelbes Öl, $n_D^{22,3}$ 1,601; 0,44 Mol) wird 1 Std. mit alkoh. HCl u. Fe gekocht; $n_D^{23,5}$ 1,564; 0,336 Mol. *Hydrochlorid*, $C_{12}H_{18}N_2 \cdot HCl$, F. 165—166°. — *Hexamethylenimino-[1'.2':1.2]-benzimidazol* (**III**), $C_{12}H_{14}N_2$, F. 125—126°, aus 47,5 g vorst. Verb.; krist. aus Methyläthylketon; 40 g. *Methojodid*, $C_{13}H_{17}N_2J$, F. 232—234°

(W.). — *1-[4-Chlor-2-nitrophenyl]-hexamethylenimin*, $C_{12}H_{15}O_2N_2Cl$, F. 56° (A.), aus 1.4-Dichlor-2-nitrobenzol u. **IX** in A. durch 12 Std. kochen. — *1-[4-Chlor-2-aminophenyl]-hexamethylenimin*, Kp.$_{20}$ 198—200°, aus vorst. Verb. durch Red. mit Fe–HCl; $n_D^{23}$ 1,5800. *Hydrochlorid*, $C_{12}H_{17}N_2Cl \cdot HCl$, F. 200—202°. — *5-Chlorhexamethylenimino-[1'.2':1.2]-benzimidazol* (**III**, $R_1 = Cl$), $C_{12}H_{13}N_2Cl$, F. 107—109° (Essigester), aus vorst. Verb.; 72%. *Hydrochlorid*, $C_{12}H_{13}N_2Cl \cdot HCl \cdot 0,5H_2O$, F. 259—261°. *Methojodid*, $C_{13}H_{16}N_2ClJ$, F. 273—264°. *Dichlorid*, $C_{12}H_{13}N_2Cl_3$, F. 314° (Zers.), aus vorst. Base in Chlf. mit $Cl_2$ bei 0°. Mit warmer Salzsäure wird $Cl_2$ abgespalten. Mit sd. W. vermutlich Selbstchlorierung zum *5.x-Dichlorbenzimidazolderiv.*, $C_{12}H_{12}N_2Cl_2$, F. 176—177° (Essigester), das in sd. wss. oder alkoh. KOH kein $Cl^-$ abgibt. — *1-[2.4-Dinitrophenyl]-hexamethylenimin*, $C_{12}H_{15}O_4N_3$, F. 108—109°, aus 1-Chlor-2.4-dinitrobenzol u. **IX** in A. durch 12std. Kochen; gelbe Blättchen aus Bzn.; 92%. — *1-[4-Amino-2-nitrophenyl]-hexamethylenimin*, $C_{12}H_{17}O_2N_3$, F. 76—77°, aus vorst. Verb. durch Red. mit $Na_2S_2$ in sd. A.; Reinigung über das *Hydrochlorid*, das mit etwas HCl gewaschen wurde. Aus dem Filtrat wird die Base mit Alkali gefällt; violette Nadeln aus Benzin. — *1-[2-Amino-4-nitrophenyl]-hexamethylenimin*, $C_{12}H_{17}O_2N_3$, F. 67—67,5°, Kp.$_{0,15}$ 172,8—173,5°, aus dem in HCl u. W. unlösl. *Hydrochlorid*, das bei der Darst. vorst. Verb. anfällt, durch Lösen in sd. Methanol, Behandeln mit methanol. KOH u. Chromatographie an $Al_2O_3$ in Bzl.; orangefarbene Prismen aus Benzol. — *5-Nitrohexamethylenimino-[1'.2':1.2]-benzimidazol* (**III**, $R_1 = NO_2$), $C_{12}H_{13}O_2N_3$, F. 174—175° (Chlorbenzol), aus vorst. Verbindung. — *5-Aminohexamethylenimino-[1'.2':1.2]-benzimidazol*, (**III** $R_1 = NH_2$), $C_{12}H_{15}N_3$, F. 180,5—181° ($CH_3OH$), aus vorst. Verb. in Methanol u. RANEY-Ni–$H_2$ bei 50—55° u. 30 at. — *Acetylverb.*, $C_{14}H_{17}ON_3$, F. 254—255° (Glykolmonoäthyläther). — *5-Äthoxycarbonylaminohexamethylenimino-[1'.2':1.2]-benzimidazol* (**III**, $R_1 = C_2H_5OCO \cdot NH-$), $C_{15}H_{19}O_2N_3$, F. 238—240° ($CH_3OH$), aus **III** ($R_1 = NH_2$) (6 g) u. Chlorameisensäureäthylester in wss. Methanol bei $p_H$ 10; 8,1 g. *Methojodid*, $C_{16}H_{22}O_2N_3J$, F. 270 bis 272° (Zers.). — *5-[2-Oxy-3-naphthamido]-hexamethylenimino-[1'.2':1.2]-benzimidazol* (**III**, $R_1 = C_{10}H_6(OH)CONH-$), $C_{23}H_{21}O_2N_3$, F. 310—311° (Glykol), aus **III** ($R = NH_2$) u. 2-Oxynaphthoesäure-(3) u. $PCl_3$ in sd. Toluol. — *2-Amino-4-[hexamethylenimino-(1'.2':1.2)-benzimidazolyl-(5)-amino]-1.6-dimethylpyrimidiniumjodid-(1)*, $C_{18}H_{23}N_6J$, F. ca. 220° ($CH_3OH$), aus **III** ($R = NH_2$) u. 2-Amino-4-chlor-6-methyl-1-methojodid in sd. W. u. Abstumpfen der frei werdenden HCl mit Na-Acetat. Nach 7 Min. filtriert u. mit NaJ behandelt. — *Trimethyldijodidverb.*, $C_{19}H_{26}N_6J_2 \cdot H_2O$, F. 335° (W.), aus vorst. Verb. mit $CH_3J$ (17 Std. bei 100°). — *N.N'-Bis-[hexamethylenimino-(1'.2':1.2)-benzimidazolyl-(5)]-adipamid*, F. 345° (Zers.), aus **III** ($R = NH_2$) in sd. Bzl. u. Adipoylchlorid; krist. aus Glykol. *Dimethojodid*, $C_{32}H_{42}O_3N_6J_2$, F. 345° (Zers.); W.). — *Di-[hexamethylenimino-(1'.2':1.2)-benzimidazolyl-(5)]-harnstoff*, F. 335°, aus **III** ($R = NH_2$) in warmen W. u. $COCl_2$; Blättchen aus Glykol. *Dimethojodid*, $C_{27}H_{34}ON_6J_2$, F. 316 bis 318° (Zers.; W.), aus vorst. Verb. durch Quaternisieren mit p-Toluolsulfonsäuremethylester (2 Std. bei 120—160°), Lösen in sd. W. u. Zugabe von NaJ. — *5-Oxyhexamethylenimino-[1'.2':1.2]-benzimidazol* (**III**, $R_1 = OH$), $C_{12}H_{14}ON_2$, F. 295—296° ($CH_3OH$), aus 8 g **III** ($R_1 = NH_2$) durch Diazotierung in verd. $H_3PO_4$ u. Zutropfen zu 130—140° warmer $H_3PO_4$; 1,6 g. — *5-Acetamido-6-nitrohexamethylenimino-[1'.2':1.2]-benzimidazol* (**III**, $R_1 = CH_3CONH-$, $R_2 = NO_2$), $C_{14}H_{16}O_3N_4$, F. 190—191°, aus **III** ($R_1 = CH_3 \cdot CONH$) durch Nitrierung bei —10 bis —5°; krist. gelb aus Äthylmethylketon, dann Chlorbenzol. — *5-Amino-6-nitrohexamethylenimino-[1'.2':1.2]-benzimidazol* (**III**, $R_1 = NH_2$, $R_2 = NO_2$), $C_{12}H_{14}O_2N_4$, F. 295—296° (Zers.): Darst. durch 5 Min. Hydrolyse der verd. vorst. Nitrierungslsg. u. Neutralisation; krist. aus Glykolmonoäthyläther u. sublimiert bei 185°/0,003 mm. — *6-Nitrohexamethylenimino-[1'.2':1.2]-benzimidazol* (**III**, $R_2 = NO_2$), $C_{12}H_{13}O_2N_3$, F. 196—197°, aus vorst. Verb. (4,9 g) durch Diazotierung u. Desaminierung mit $H_3PO_2$; Reinigung durch Sublimation (<170°/0,003 mm), Chromatographie u. Kristallisation aus Essigester; 2,1 g. — *6-Aminohexamethylenimino-[1'.2':1.2]-benzimidazol* (**III**, $R_2 = NH_2$), $C_{12}H_{15}N_3$, F. 198—199° (Bzl.), aus 1 g vorst. Verb. durch Red. mit RANEY-Ni–$H_2$ in Methanol bei 50° u. 50 at; 0,86 g. — *1-[2.6-Dinitrophenyl]-hexamethylenimin*, $C_{12}H_{15}O_4N_3$, F. 73—74°, aus 50 g 2-Chlor-1.3-dinitrobenzol u. **IX** durch 6std. Kochen in A.; krist. aus Bzn.; dann Methanol; 24 g. — *1-[2-Amino-6-nitrophenyl]-hexamethylenimin*, $C_{12}H_{17}O_2N_3$, F. 56—57° (Bzn.), 20 g aus vorst. Verb. durch 20std. Kochen mit $Na_2S_2$ u. S in A.; der in Bzl. lösl. Anteil wurde an $Al_2O_3$ chromatographiert. Aus der orangefarbenen Hauptzone wurden rote Nadeln isoliert, die bei Raumtemp. schm., nach einigem Stehen sich aber in das orangefarbene Prod. verwandeln. — *4-[2-Amino-4-chlorphenyl]-morpholin*, $C_{10}H_{13}ON_2Cl$, F. 135—137° ($CH_3OH$), aus 4-[4-Chlor-2-nitrophenyl]-morpholin durch Red. mit Fe-Spänen in A.; 81%. — *5-Chlormorpholino-[4'.3':1.2]-benzimidazol* (**IV**, $R = Cl$), $C_{10}H_9ON_2Cl$, F. 200—200,5°, aus vorst. Verb. über die *Diazoverb.* u. das *Azid* (F. 80—81°, Zers.); krist. aus Essigester; 50%. *Hydro-*

*chlorid*, $C_{10}H_9ON_2Cl \cdot HCl$, F. 228—230° (Methanol). *Methojodid*, $C_{11}H_{12}ON_2ClJ$, F. 242 bis 244° (Zers.; W.). — *x-Nitro-5-chlormorpholino-[4'.3':1.2]-benzimidazol*, $C_{10}H_8O_3N_3Cl$, F. 219—220°, aus 9 g vorst. Base durch Nitrierung bei 10—15° u. ½std. Erwärmen auf 40°; Nadeln aus Chlorbenzol; 7,2 g. Vermutlich ein Gemisch von 3 Isomeren. — *x-Amino-5-chlormorpholino-[4'.3':1.2]-benzimidazol*, $C_{10}H_{10}ON_3Cl$, F. 262—263°, aus vorst. Verb. durch Red. mit Raney-Ni–$H_2$ bei 60—65° u. 100 at in Methanol; Nadeln aus Methanol. Aus den Mutterlaugen werden 2 Isomere mit F. 218—235° (lösl. in heißem Chlorbenzol) u. F. 218—240° (unlösl. in Chlorbenzol) isoliert, die beide im Gegensatz zu vorst. Verb. mit diazotiertem p-Chloranilin *Aminoazoverbb.* geben. — *4-[2-Amino-4-nitrophenyl]-morpholin*, $C_{10}H_{13}O_3N_3$, F. 153—153,5° ($CH_3OH$), aus 4-[2.4-Dinitrophenyl]-morpholin durch Red. mit $Na_2S_2$. Chromatographie an $Al_2O_3$ in Bzl. liefert eine obere rote u. eine gelbe Fraktion. Das aus der gelben Zone gebildete *Hydrochlorid* (schwerlösl. in konz. HCl) wird in 0,5n HCl gelöst u. bei $p_H$ 2—3 die Base gefällt, die in Essigsäure gelöst u. bei $p_H$ 3—4 mit HCl gefällt wird. — *4-[4-Amino-2-nitrophenyl]-morpholin*, $C_{10}H_{13}O_3N_3$, F. 133—135° (Essigester), aus der bei der Chromatographie vorst. Verb. anfallenden roten Zone. Reinigung über das leichter lösl. Hydrochlorid. — *1-[2-Aminophenyl]-4-äthoxycarbonylpiperazin*, $C_{13}H_{19}O_2N_3$, F. 109,5—110° (Bzn.), aus 18 g 1-Äthoxycarbonylpiperazin (**X**) u. 9 g o-Chlornitrobenzol durch 48std. Kochen mit A. u. Red. mit Fe; 10,9 g. — *4'-Äthoxycarbonylpiperazino-[1'.2':1.2]-benzimidazol* (**V**), $C_{13}H_{15}O_2N_3$, F. 126—127° (Essigester): Darst. über das *Hydrochlorid* vorst. Verb. (F. 240°, Zers.). Reinigung chromatograph. u. über das *Pikrat* (F. 216—218°, Zers.). — *1-[2-Amino-4-chlorphenyl]-4-äthoxycarbonylpiperazin*, $C_{13}H_{18}O_2N_3Cl$, F. 119—120°, aus **X** u. 1.4-Dichlor-2-nitrobenzol durch 20std. Erwärmen in A. u. Red. mit Fe–Essigsäure; Kristallisation aus Bzn., dann Essigester. — *5-Chlor-4'-äthoxycarbonylpiperazino-[1'.2':1.2]-benzimidazol* (**V**, *R = Cl*), $C_{13}H_{14}O_2N_3Cl$, F. 129—131°, aus vorst. Verb.; Reinigung über das *Pikrat* u. chromatograph.; Kristallisation aus Essigester. — *1.5-Dinitro-2.4-dipiperidinobenzol*, $C_{16}H_{22}O_4N_4$, F. 117—118° (Eisessig), aus Piperidin u. 2.4-Dichlor-1.5-dinitrobenzol in sd. A.; 91%. — *1-Amino-5-nitro-2.4-dipiperidinobenzol*, $C_{16}H_{24}O_2N_4$, F. 129—130° (Essigester), aus 87 g vorst. Verb. durch Red. mit $Na_2S_2$; 37 g. — *5-Nitro-6-piperidinopiperido-[1'.2':1.2]-benzimidazol* (**I**, $R_1 = NO_2$, $R_2 = C_5 \cdot H_{10}N—$), $C_{16}H_{20}O_2N_4$, F. 155—156° (bzw. 137—140°), aus 21,2 g vorst. Verbindung. Das Rohprod. wurd mit Bzn. ausgekocht, der Rückstand chromatographiert, wobei ein orangefarbenes Prod. isoliert wird, das über das *Hydrochlorid* (F. 240°, Zers.) gereinigt wird. Beim Ausfällen mit Lauge entstehen violette Nadeln, F. 137—140° (beim Erstarren der Schmelze entsteht die orangefarbene Form) u. orangefarbene Kristalle, F. 155 bis 156°; 5,1 g. Kristallisation aus Methyläthylketon bei Raumtemp. liefert die rote Form, aus der warmen Lsg. fallen ebenfalls rote Nadeln, beim Eindampfen des Filtrats im Vakuum entstehen orangefarbene Platten. — *5-Amino-6-piperidinopiperido-[1'.2':1.2]-benzimidazol* (**I**, $R_1 = NH_2$, $R_2 = C_5H_{15}N—$), $C_{16}H_{22}N_4$, F. 189—191° aus vorst. Verb. in Methanol durch Red. mit Raney-Ni–$H_2$ bei 50—55° u. 50 at. Reinigung durch Sublimation im Vakuum Chromatographie u. Kristallisation aus Essigester. — *Di-[piperido-(1'.2':1.2)-imidazolino-(4'.5':1.2)-(5''.4'':4.5)]-benzol* (**VI**), $C_{16}H_{18}N_4$, F. 279 bis 280°, aus vorst. Verb. (1,7 g). Bei der Alkalisierung des Hydrochlorids wurde eine dunkle M. erhalten, von der abdekantiert wurde. Aus der Lsg. krist. langsam rosafarbene Nadeln (F. 284—287°, aus Methyläthylketon), nach 2 Tagen krist. aus der Mutterlauge **VI** (0,3 g), das bei 245°/0,003 mm sublimiert wurde. — *2.4-Dinitro-1.5-di-[pyridyl-(2)-amino]-benzol*, $C_{16}H_{12}O_4N_6$, F. 236—238° ($C_6H_5Cl$), aus 9,6 g 2.4-Dichlor-1.5-dinitrobenzol u. 16 g 2-Aminopyridin durch 24std. Kochen in Glykolmonoäthyläther; 10,3 g. Kondensation mit **IX** führt nicht zum erwarteten Produkt. (J. chem. Soc. [London] **1955.** 3275—87. Sept. Manchester, Imp. Chem. Ind. Ltd., Pharmaceut. Div.)

W. Schwenke. 3231

**Martino Colonna** und **Carlo Runti,** *Untersuchungen über aromatische N-Oxyde: Synthese einer cyclischen Hydroxamsäure, die sich vom 1.8-Naphthyridin ableitet.* Bei der Rk. von 2-Äthoxy-5.7-dimethylnaphthyridin-(1.8) (**I**) mit Peressigsäure entsteht das entsprechende *Di-N-Oxyd*, welches beim Kochen mit HCl in *2-Oxy-5.7-dimethylnaphthyridin-(1.8)-di-N-oxyd* übergeht.

Versuche: *2-Äthoxy-5.7-dimethylnaphthyridin-(1.8)-di-N-oxyd*, F. 105° (Bzl.), aus I u. $H_2O_2$ in Eisessig (3 Std. unter Rückfluß). — *2-Oxy-5.7-dimethylnaphthyridin-(1.8)-di-N-oxyd*, F. 250° (Bräunung bei 218°, Sintern bei 230°), aus vorst. Verb. u. sd. 10%ig. HCl (2 Std.); schwach gelbe Prismen aus 10%ig. HCl; mit $FeCl_3$ in W. rot. (Gazz. chim. ital. **82.** 513—15. Juli/Aug./Sept. 1952. Trieste, Univ., Ist. di Chim.) W. Simon. 3231

**C. M. Atkinson, J. C. E. Simpson** und **A. Taylor,** *Die Beziehung von Cinnolinen und anderen heterocyclischen Verbindungen zur Chemotherapie der Trypanosomiasis.* 8. Mitt. *Versuche zur Synthese von $N^1.N^3$-Bis-[4-aminocinnolyl-(7)]-guanidindimetho-*

*jodid.* (7. vgl. C. **1955.** 10252.) *4-Oxy-7-nitrocinnolin,* das durch Diazotierung u. Cyclisierung von 2-Amino-4-nitroacetophenon in HCOOH entsteht, ließ sich in üblicher Weise Chlorieren, Phenoxylieren u. Aminieren. Die direkte Aminierung des 4-Chlor-7-nitrocinnolins mit $NH_3$ in Phenol bei 140° gelang nur in geringer Ausbeute, die anschließende Red. des gebildeten *4-Amino-7-nitrocinnolins* (**II**) konnte weder durch $SnCl_2$ noch katalyt. erreicht werden. *4.7-Diaminocinnolin* (**I**) wurde aber schließlich durch Aminierung von *7-Amino-4-phenoxycinnolin* (**III**) erhalten, welches durch Red. der entsprechenden Nitroverb. mit $SnCl_2$ + Acetanhydrid nach ALBERT-LINNELL [1936] dargestellt wurde. Ähnlich entstanden *5-* u. *8-Amino-4-phenoxycinnolin.* **II** reagierte mit $S{=}CCl_2$ zu einer S-haltigen Verb., die bei der Behandlung mit methanol. $NH_3$ + HgO eine isomere Base der von MORLEY u. SIMPSON (C. **1953.** 2765) dargestellten Verb. ergab. Nach Quaternisierung mit $CH_3J$ entstand ein amorphes gegen *T. congolense*-Infektionen in Mäusen inakt. Salz, dessen Papierchromatographie ein Gemisch aus 4 verschied. Verbb. erkennen ließ. Dieses Ergebnis machte eine eindeutige Synth. von Verbb. des „528"-Typs (MORLEY u. SIMPSON, l. c.) erforderlich. Acetylierungen am $N_{(1)}$ u. der 4-Aminogruppe ergaben nach Behandlung mit $S{=}CCl_2$ neben 60% *4-Aminocinnolin* 2 isomere *Acetylderivv.* von **II.** Um diese Bldg. auszuschließen, wurde **III** mit $S{=}CCl_2$ behandelt, jedoch trat keine Rk. ein. Da *N-Dichlormethylenbenzamid* (**IV**) mit Anilin oder 4.6-Diaminocinnolin *$N^2$-Benzoyl-$N^1$.$N^3$-disubstituierte Guanidine* ergab, wurde eine entsprechende Rk. mit **I** durchgeführt; es entstand ein Gemisch aus 2 Verbindungen. Die Rk. von **IV** mit **III** ergab jedoch eine einheitliche Verb., *$N^1$-[4-Phenoxycinnolyl-(7)]-$N^3$-[4-benzylcinnolyl-(7)]-guanidin,* das durch Aminierung *$N^1$.[4-Aminocinnolyl-(7)]-$N^3$-[4-benzylcinnolyl-(7)]-guanidin* lieferte.

V e r s u c h e (FF. korr.; KOFLER-Block): *4-Oxy-7-nitrocinnolin,* F. 300°, durch Diazotierung von 20 g 2-Amino-4-nitroacetophenon in HCOOH unter Kühlen u. Stehen; 15 g (Ausbeute). — *2-Formamido-4-nitroacetophenon,* $C_9H_8O_4N_2$, F. 155°, wie vorst. unter Erwärmen; leicht hydrolysierbar zum *Amin* (F. 166°). — *7-Amino-4-phenoxycinnolin* (**III**), $C_{14}H_{11}ON_3$, F. 179—180°, aus vorst. Verb. in Eisessig + ALBERT-LINNELLS-$SnCl_2$ bei 20—25° u. Gießen auf Eis + 40%ig. NaOH; grünlich gelbe Platten aus Bzl.; 86%. — *4.7-Diaminocinnolin* (**I**), $C_8H_8N_4$, F. 250° (Zers.), aus **III** + $NH_4$-Acetat, 30Min. bei 137°, u. Stehen mit 10%ig. NaOH; hellgelbe Nadeln aus W.; 76%. — *$N^1$.$N^3$-Bis-[4-aminocinnolyl-(7)]-guanidin* (?), *Trihydrochlorid,* $C_{17}H_{15}N_9 \cdot 3HCl \cdot 2H_2O$, F. 330° (Zers.), durch Zugabe von $S{=}CCl_2$ zur sd. Lsg. von 0,4 g **I** in Aceton, ½std. Rühren u. Kochen, Stehen, Verdünnen mit Aceton, Behandeln der entstandenen *Verb. vom F. 256—257°* (Zers.; 0,3 g) mit gelbem HgO u. 12%ig. methanol. $NH_3$ unter 4std. Rühren bei 43—45°, Stehen, Eindampfen bei Raumtemp. u. Extrahieren mit 2nHCl. *Freie Base,* F. 238—240°; 0,15 g; liefert bei der Rk. mit $CH_3J$ in $CH_3OH$ die *Verb.* $C_{19}H_{21}N_9J_2 \cdot 2H_2O$, F. 234° (W., bei 178—210° erweichend), die laut Papierchromatographie mit tert.-Butanol + 6nHCl + W. aus 4 Komponenten besteht. — *4-Acetamido-7-nitrocinnolin,* $C_{10}H_8O_3N_4$, F. 235°, aus **II** + Acetanhydrid; aus A. gelbe Nadeln. Daneben durch fraktionierte Kristallisation ein weiteres *Isomeres vom F. 194—195°*; aus A. gelbe Nadeln. — *4-Amino-7-nitrocinnolinmethojodid,* $C_9H_9O_2N_4J$, F. 236—238° (Zers.); aus W. orangefarbene Nadeln. *Acetylderiv.,* $C_{11}H_{11}O_3N_4J$, F. 188—189°, aus A. dunkelrote Nadeln. — *4.7-Diaminocinnolinmethojodid,* $C_9H_{11}N_4J$, F. 262—263°, aus 0,2 g vorst. Verb. + $SnCl_2$ + verd. HCl bei 50°, Verdünnen mit W., Einleiten von $H_2S$, Abdampfen u. Fällen der wss. Lsg. mit gesätt. wss. KJ; aus A. gelbe Nadeln. — *N-Dichlormethylenbenzamid* (**IV**), $Kp._{0,5}$ 79°, aus KSCN in W. + Pb-Acetat, Abfiltrieren des $Pb(SCN)_2$ (54 g) u. 1std. Kochen mit $C_6H_5COCl$ in Bzl., 4std. Einleiten von $Cl_2$ in die Lsg. des *Benzoylthiocyanats* ($Kp._{0,5}$ 104°; 62%) in $CCl_4$, 66std. Stehen, Abdampfen im schwachem Vakuum u. Dest.; $n_D^{18}$ 1,5675; 61%. — *$N^1$.$N^3$-Bis-[4-aminocinnolyl-(6)]-guanidin,* aus 0,3 g **I** + **IV** in $CH_3NO_2$ bei 5°, Aufnehmen des Nd. in wss. $NH_4OH$, Kochen der gelben Base in alkoh. KOH, Vakuumeinengen, Aufnehmen des Prod. (F. 250—255°; 0,06 g) in verd. HCl, Filtrieren u. Zugabe von konz. HCl; federartige Nadeln. — *$N^2$-Benzoyl-$N^1$.$N^3$-bis-[4-phenoxycinnolyl-(7)]-guanidin, Trihydrochlorid,* $C_{36}H_{25}O_3N_7 \cdot 3HCl$, F. >350°, aus 0,1 g **III** + **IV** wie vorst.; orangefarbene M.; 0,15. *Freie Base,* F. 244 bis 245°, Nadeln aus 2-Äthoxyäthanol; 0,7 g liefern beim Erhitzen mit $NH_4$-Acetat bei 135°, dann bei 160°, Gießen in 10%ig. NaOH eine *Verb. vom F. 205—207°* (Blättchen aus A.). — *8-Amino-4-phenoxycinnolin,* $C_{14}H_{11}ON_3$, F. 130°, aus 2,8 g 8-Nitro-4-phenoxycinnolin in Eisessig durch Red. mit $SnCl_2$ wie oben bei 15°, Gießen auf Eis + NaOH u. Extraktion mit Chlf.; Rhomben aus Bzl. + PAe.; 2,1 g. — *5-Amino-4-phenoxycinnolin,* $C_{14}H_{11}ON_3$, F. 199—200° (Zers.), aus 0,5 g 4-Chlor-5-nitrocinnolin, $(NH_4)_2CO_3$ + Phenol unter Erwärmen, Behandeln mit 40%ig. NaOH, Ausäthern des *5-Nitro-4-phenoxycinnolins* ($C_{14}H_9O_3N_3$, F. 123°; Nadeln aus Bzl. + PAe.; 0,6 g) u. Red. wie vorst.; gelbe Nadeln aus Bzl.; 79%. (J. chem. Soc. [London] **1954.** 1381—84. Mai. Chelsea,

Polytechn., Dep. of Chem., u. Manchester, Univ., Med. Res. Council Group for Res. in Chemotherapy.) H. LEHWALD. 3272

**C. M. Atkinson, C. W. Brown, J. McIntyre** und **J. C. E. Simpson,** *Die Beziehung von Cinnolinen und anderen heterocyclischen Verbindungen zur Chemotherapie der Trypanosomiasis.* 9. Mitt. *Synthese von Azochinoxalinderivaten.* (8. vgl. vorst. Ref.) Durch Phthaloylierung von p-Aminoacetanilid wurden in wss. Medium *p-Acetamidophenylphthalamidsäure* u. *p-Phthalimidoacetanilid,* in Essigsäurelsg. dagegen nur letztere Verb. erhalten, aus der durch Nitrierung nach CHAZEL [1907] unter Verwendung von weniger konz. $HNO_3$ *2-Nitro-p-phthalimidoacetanilid* gebildet wurde. Die selektive Hydrolyse führte zu *4-Amino-2-nitroacetanilid* (I), dessen Oxydation mit CAROscher Säure in saurem Medium nur *4.4'-Diacetamido-3.3'-dinitroazoxybenzol,* in neutraler Lsg. dagegen daneben noch 56% *2-Nitro-4-nitrosoacetanilid* (**VII**) ergab. Die Kondensation letzterer Verb. mit **I** lieferte *4.4'-Diacetamido-3.3'-dinitroazobenzol,* dessen Hydrolyse mit alkoh. HCl nicht glatt verlief, mit HCl + Essigsäure aber teilweise *4-Amino-4'-acetamido- 3.3'-dinitroazobenzol* lieferte, wie die Red. der Mischung zu *3.3'.4.4'-Tetraaminoazobenzol* (**II**) u. einem *Acetamidodiaminonitroazobenzol* bewies. Dagegen hydrolysierte die Verb. glatt in $H_2SO$ zur *Dinitrodiaminoverb.,* die mit NaHS zu **II** red. wurde. **II** ergab durch Kondensation mit n-Butylglyoxalat (**III**) u. Oxydation mit $NaJO_4$ *Dioxy-6.6'-azochinoxalin,* das keinen definitiven F. besitzt u. bei Behandlung mit $POCl_3$ oder $PCl_5$ in ein Gemisch von α- u. *β-Dichlor-6.6-azochinoxalin* umgewandelt wurde. Die Ausbeuten hierbei waren mäßig u. ließen sich durch anschließende Phenoxylierung nicht verbessern. — Ferner wurde aus 2-Nitro-4-nitrosoacetanilid (**VII**) + Anilin bzw. aus 4-Amino-2-nitroacetanilid (**I**) + Nitrosobenzol *4-Acetamido-3-nitroazobenzol* dargestellt, aus dem durch Hydrolyse u. Red. *3.4-Diaminoazobenzol* entstand. Nach Kondensation mit **III** bildete sich *2-* u. *3-Oxy-6-phenylazochinoxalin.*

V e r s u c h e: *p-Aminoacetanilid,* F. 166—167°, durch Hydrierung von 60 g p-Nitroacetanilid in A. über 2%ig. $Pd/SrCO_3$ bei 60—70°/40 at; 49,9 g (Ausbeute). — *p-Phthalimidoacetanilid,* F. 287—288°, aus vorst. Verb. + Phthalanhydrid in sd. Essigsäure u. 5std. Kochen; Nadeln; 91%. — *Dinitrophthalimidoacetanilid,* $C_{16}H_{10}O_7N_4$, F. 251—253°, aus 60 g vorst. Verb. + $HNO_3$ (D. 1,50) bei —6°, Gießen auf Eis u. Digerieren des Nd. mit sd. A.; aus dem Rückstand gelbe Nadeln aus Essigsäure; 17,6 g; liefert durch Hydrolyse mit $NH_4OH$ *4-Aminodinitroacetanilid* ($C_8H_8O_5N_4$, F. 252—254°, goldene Nadeln). — *2-Nitro-4-phthalimidoacetanilid,* F. 249—251°, aus 120 g wie vorst. u. $HNO_3$ (D. 1,48—1,49) bei —12 bis —13°; 118 g. — *4-Amino-2-nitroacetanilid* (**I**), F. 163—166°, aus vorst. Verb. + $NH_3$ (D. 0,88) durch 2std. Kochen; gelbe oder rote Nadeln. — *2-Nitro-4-nitrosoacetanilid* (**VII**), $C_8H_7O_4N_3$, F. 102,5—105°, durch 10 Min. langes Schütteln von 6 g **I** in gesätt. Lsg. von Dioxan u. CAROscher Säure, Digerieren des Nd. mit 60%ig. wss. A. u. Kühlen der Lsg.; grüne Nadeln aus A.; 3,25 g. Daneben aus dem Ungelösten *4.4'-Diacetamido-3.3'-dinitroazoxybenzol* (**VI**), $C_{16}H_{14}O_7N_6$, F. 241 bis 242,5° (Bzl. + PAe.), gelbe federartige Nadeln; 0,69 g. — *4.4'-Diacetamido-3.3'-dinitroazobenzol,* $C_{16}H_{14}O_6N_6$, F. 284—285°, aus 3,3 g **VII** + 3,3 g **I** in Essigsäure; orangefarbene Nadeln aus Essigsäure; 4,5 g. — *4.4'-Diamino-3.3'-dinitroazobenzol,* $C_{12}H_{10}O_4N_6$, F. 340—341°, durch Erwärmen der vorst. Verb. mit konz. $H_2SO_4$ + W. u. Zers. des ausgeschiedenen blauen *Sulfats* mit $NH_3$; rote Platten oder orangefarbene Nadeln aus A. + Phenol. Durch Hydrolyse in HCl + Essigsäure entstand eine *Base* (**IV**) *vom F. 330°* (Phenol + A.). — *3.3'.4.4'-Tetraaminoazobenzol* (**II**), $C_{12}H_{14}N_6$, F. 252—256° (Zers.), durch 1std. Erhitzen der vorst. Verb. in A. mit 26%ig. NaHS; violette Nadeln aus wss. A.; 89%; ferner durch Red. von **IV** neben *4-Acetamido-3-*(oder *3'*)*-4'-diamino-3'*(oder *3*)*-nitroazobenzol* ($C_{14}H_{14}O_3N_6$, F. 245—246° (Zers.), aus A. dunkelrote seidige Nadeln]. — *Dioxy-6.6'-azochinoxalin,* durch 6std. Kochen von 1 g **II** in wss. A. mit **III**; 1,05 g; ohne bestimmten Schmelzpunkt. — *(α)-Dichlor-6.6'-azochinoxalin,* $C_{16}H_8N_6Cl_2$, F. 276—277°, durch 50 Min. langes Kochen von 1 g vorst. Verb. mit $POCl_3$ + $PCl_5$, Gießen auf Eis, Extrahieren des Nd. mit sd. Bzl. u. Chromatographie an $Al_2O_3$ in Bzl.; rote Nadeln aus Bzl.; ferner das *(β)-Deriv.,* F. 270—272°; rotorangefarbene Nadeln aus Bzl.; Misch-F. zwischen (α)- u. (β)-Form 232—245°; Gesamtausbeute 30%. — *Diphenoxy-6.6'-azochinoxalin,* aus vorst. Verb. + Phenol in KOH als orangefarbene M. vom F. 205—220°; beim Erhitzen mit Phenol in A. ferner eine unlösl. *Verb. vom F. 275—285°*; nach Verdünnen mit A. zunächst eine *Verb. vom F. 230—240°,* dann eine *Verb. vom F. 180—210°.* — *4-Acetamido-3-nitroazobenzol,* $C_{14}H_{12}O_3N_4$, F. 143—145°, a) aus 0,18 g **VII** + Anilin in Essigsäure, Stehen u. Verdünnen mit W.; goldgelbe Nadeln aus wss. $CH_3OH$; 0,23 g; b) aus 19 g **I** + Nitrosobenzol; 25 g. — *4-Amino-3-nitroazobenzol* (**V**), $C_{12}H_{10}O_2N_4$, F. 172—174°, durch Kochen von 24,9 g vorst. Verb. + A. + HCl; rotorangefarbene Nadeln aus 73%ig. Essigsäure; 19,8 g. — *3.4-Diaminoazobenzol,* $C_{12}H_{12}N_4$, F. 137,5—139,5°, durch ½std. Erhitzen von **V** mit NaHS in A. auf 50° u. Verdünnen mit W.; orangegelbe Nadeln aus Bzl.–PAe.; 3,28. — *4.4'-Diamino-3.3'-dinitroazoxybenzol*, $C_{12}H_{10}O_5N_6$, F. 328—330° (Zers.), durch 90 Min. langes Kochen von 0,3 g **VI** mit Essigsäure + konz. HCl; orangerote Nadeln aus A. + Phenol; 0,24 g. — *3.3'-4.4'-Tetraaminoazoxybenzol*, $C_{12}H_{14}ON_6$, F. 231—233° (Zers.), durch Red. von 0,16 g vorst. Verb. in Butanol u. A. mit 19% ig. NaHS in der Wärme, Ansäuern u. Zers. des Hydrochlorids; goldene Nadeln aus W.; 0,05 g. — *3-Nitroazobenzol*, F. 95—97° (wss. A.), a) aus 1 g m-Nitroanilin + Nitrosobenzol in Essigsäure; 1,37 g; b) durch Diazotierung von 0,5 g **V** in verd. $H_2SO_4$ + 20% ig. $NaNO_2$ bei 0°, Zufügen von unterphosphoriger Säure bei 0°, Stehen u. Chromatographie in Bzl. + PAe.; 0,25 g. (J. chem. Soc. [London] **1954**. 2023—27. Juni) H. LEHWALD. 3272

**C. M. Atkinson** und **A. Taylor**, *Die Beziehung von Cinnolinen und anderen heterocyclischen Verbindungen zur Chemotherapie der Trypanosomiasis.* 10. Mitt. *Die Quaternisierung von 4-Aminocinnolinen.* (9. vgl. vorst. Ref.) 4-Aminocinnoline reagieren mit $CH_3J$ in A. zu einem Gemisch aus zwei Reihen isomerer, quaternärer Salze, in denen nur die Ring-N-Atome quaternisiert sind. Und zwar treten *α-Salze* mit zwei Maxima u. *β-Salze* mit einem Maximum im UV zwischen 3000 u. 4000 mμ auf. Ersteren wird eine *1-Methyl-4-aminocinnolinium-*, letzteren eine *1.4-Dihydro-4-imino-2-methylcinnoliniumstruktur* zu geschrieben. Zum Beweis werden folgende Tatsachen u. Verss. angeführt: Die Quaternisierung der 4-Aminogruppe kann auf Grund der Unterschiede von 4-Methylaminocinnolinhydrochlorid u. der quaternären Salze der anderen 4-Aminocinnoline sowie auf Grund des hydrolyt. Abbaus, bei dem nur $NH_3$, aber kein Methylamin entsteht, ausgeschlossen werden. Beim Kochen in W. bleibt die Mehrzahl der quaternären Salze unverändert. β-Salze, bei denen in 8- oder 6-Stellung eine $NO_2$-Gruppe haftet, sind instabil u. bilden unter $NH_3$-Entw. *6-* (**I**) u. *8-Nitro-1-methylcinnolon-(4).* In n. Alkali entstehen aus den Salzen unter $H_2O$-Verlust instabile *dimere Anhydrobasen.* Die dimere Base aus dem β-Salz des 4-Amino-6-nitrocinnolins (**II**) verliert beim Kochen in W. $NH_3$ u. bildet **I**. In sd. n. Alkali zers. sich die α-Salze von **II** unter Bldg. alkalilösl. Harze, die übrigen spalten $NH_3$ ab u. bilden *1-Methylcinnolon-(4).* Das quaternäre Salz von 4-Amino-8-nitrocinnolin (**III**) verhält sich anomal: Es spaltet in sd. W. $NH_3$ ab u. bildet *4-Oxy-8-nitrocinnolin*, in kaltem Alkali entsteht eine sehr instabile dimere Anhydrobase u. in sd. Alkali nur Harze. Der Abbau der β-Salze verläuft komplizierter. — Für die Quaternisierung von $N_{(1)}$ spricht die von LONGUET-HIGGINS u. COULSON (C. **1950**. I. 685) berechnete hohe Ladungsdichte von −0,249 ($N_{(2)}$ = −0,203), ferner die gegenüber 3-Methylcinnolin größere Reaktionsfähigkeit der Methylgruppe in 4-Methylcinnolin u. die Red. von 4-Phenylcinnolinen zu 3-Phenylindolen u. $NH_3$. Das α-Salz von **II** zeigt im UV ein besonderes Spektr., wahrscheinlich liegt die Verb. als tautomere Form mit der 6-aci-Nitro-4-imino-Gruppierung vor. Nur die α-Salze sind acetylierbar, es entstehen die *4-Acetamidocinnoliniumsalze*, die auch durch Quaternisierung der 4-Acetamidocinnoline erhalten werden. Durch saure Hydrolyse werden sie ausschließlich in α-Salze des 4-Aminocinnolins verwandelt. Die α-Salze von **II** u. 7-Nitro-4-aminocinnolin lassen sich leicht zu den entsprechenden *Diaminoverbb.* red., bei den β-Salzen verläuft die Rk. unübersichtlich. — Für die Quaternisierung des $N_{(2)}$ spricht die nur langsame Zers. des Salzes von **III** in W., ferner die Bldg. nur einer Salzform, der *β-Form* ($N_{(1)}$ ist ster. behindert), u. die Tatsache, daß 4-Acetamido-8-nitrocinnolin nicht quaternisiert werden kann. UV-Spektren vgl. Original.

Versuche (FF. auf dem KOFLER-Block): *4-Acetamido-6-nitrocinnolinmethojodid*, $C_{11}H_{11}O_3N_4J$, F. 189—190° (Zers.), a) aus 2 g 4-Acetamido-6-nitrocinnolin (**V**) u. $CH_3J$ (5std. Kochen in A.); rote Nadeln aus W.; 2,3 g (Ausbeute); b) durch Erwärmen von 0,5 g **V** mit 0,5 g p-Toluolsulfonsäuremethylester (**IV**) auf 108°, Aufnehmen in W. u. Behandeln mit gesätt. KJ; 0,34 g. — *4-Amino-6-nitrocinnolin-α-metho-p-toluolsulfonat*, $C_{16}H_{16}O_5N_4S$, F. 254° (Zers.), durch kurzes Erhitzes von 2 g **II** mit 2 g **IV** auf 105°; goldgelbe Nadeln aus W.; 90 mg. *β-Salz*, F. 268° (Zers.), aus der Mutterlauge; gelbe Nadeln aus W.; 0,3 g. — *4-Amino-6-nitrocinnolin-α-methojodid*, $C_9H_9O_2N_4J$, F. 222° (Zers.), a) aus 0,75 g **V**-Methojodid durch 1std. Kochen mit n-HCl u. Behandeln mit KJ; dunkelrote Prismen aus W.; 0,6 g; b) aus vorst. α-Salz mit KJ; c) durch 3—5std. Kochen von **II** in A. u. $CH_3J$ u. fraktionierte Kristallisation aus sd. $H_2O$. *β-Methojodid*, F. 240° (Zers.). *β-Methochlorid*, F. 305° (Zers.), aus dem β-Methojodid durch mehrstd. Stehen mit frischgefälltem AgCl; aus W. gelbliche Nadeln. *α-Methochlorid*, F. 240° (Zers.). — *4-Aminocinnolin-α-methojodid*, $C_9H_{10}N_3J$, F. 258°, aus 13 g 4-Aminocinnolin wie vorst.; gelbe prismat. Nadeln aus absol. A.; 9,8 g. *α-Methochlorid*, $C_9H_{10}N_3Cl$, F. 261°, aus vorst. Methojodid wie oben; aus A. seidige Nadeln. — *β-Methochlorid*, F. 291°, aus A. prismat. Nadeln. — *4-Amino-7-chlorcinnolin-α-methojodid*, F. 274° (Zers.), aus 3 g Base wie oben; 2,3 g. *β-Methochlorid*, $C_9H_9N_3Cl_2$, F. 320° (Zers.), aus W. prismat. Nadeln. — *4-Methylamino-6-nitrocinnolinmethojodid*, $C_{10}H_{11}O_2N_4J$, F. 222° (Zers.), aus W. rote

Nadeln. — *4-Acetamidocinnolinmethochlorid*, $C_{11}H_{12}ON_3Cl \cdot H_2O$, F. 264°, durch Kochen des entsprechenden quaternären Salzes mit Acetylchlorid, Vakuumabdampfen u. Chromatographieren. Analog entsteht: *4-Acetamido-7-chlor-*, $C_{11}H_{11}ON_3Cl_2$, F. 275°, u. *4-Acetamido-7-nitrocinnolinmethochlorid*, F. 189°. — *1-Methyl-6-nitrocinnolon-(4)* (I), $C_9H_7O_3N_3$, F. 190°, durch 2½std. Kochen des β-Salzes von II in $H_2O$. — *Anhydrobase* $C_9H_8O_2N_4$, F. 230—231°, aus dem β-Salz von II durch Alkalisieren bei 5°; aus A. goldgelbe Nadeln. — *4-Acetamido-8-nitrocinnolin*, $C_{10}H_8O_3N_4$, F. 291—292°, durch ½std. Kochen von 0,4 g **III** mit Acetanhydrid; Nadeln aus Methyläthylketon; 0,4 g. — *4-Methoxy-7-nitrocinnolin*, $C_9H_7O_3N_3$, F. 200°, durch 1½std. Kochen von 1,5 g 4-Chlor-7-nitrocinnolin in Bzl. mit Na in $CH_3OH$; gelbe Blättchen aus Aceton; 1,7 g. — *4-Methylaminocinnolin*, $C_9H_9N_3 \cdot {}^1/_4H_2O$, F. 229°, durch ½std. Kochen von 3 g 4-Oxycinnolin mit $POCl_3$, Gießen auf Eis/Na-Acetat, Ausäthern der *4-Chlorverb.*, Abdampfen u. Einleiten von $CH_3NH_2$ in Phenol bei 140°; Nadeln aus W.; 2,1 g. *Hydrochlorid*, F. 282°; aus A. Nadeln. — *4-Methylamino-6-nitrocinnolin*, $C_9H_8O_2N_4$, F. 345°, aus 5 g 4-Chlor-6-nitrocinnolin + $CH_3NH_2$ wie vorst.; gelbe Nadeln aus Isopropanol; 4 g. — *1-Methylindolpikrat*, F. 150°, durch 24std. Rühren von Cinnolinmethojodid in A. über RANEY-Ni in Ggw. von Na-Acetat, Aufnehmen des Eindampfrückstandes in Bzl., Ausziehen mit Bzl., Kochen mit Na in A., Eindampfen unter $N_2$ u. Chromatographieren an $Al_2O_3$. — *4.6-Diaminocinnolinmethochlorid*, F. 306—310° (W.), durch ¼std. Erwärmen von 0,3 g α-Methojodid von **II** mit $SnCl_2$–HCl; 0,19 g. (J. chem. Soc. [London] **1955**. 4236—43. Dez.) H. LEHWALD. 3272

**C. M. Atkinson, C. W. Brown** und **J. C. E. Simpson**, *Die Beziehung von Cinnolinen und anderen heterocyclischen Verbindungen zur Chemotherapie der Trypanosomiasis.* 11. Mitt. *Einige Reaktionen einfacher Chinoxalinderivate.* (10. vgl. vorst. Ref.) *2-Aminochinoxalin* wird sowohl durch Säurehydrolyse von Alloxazin als auch aus 2-Oxychinoxalin über *2-Chlor-* u. *2-Phenoxychinoxalin* dargestellt. Seine Quaternisierung gelingt nur unvollständig. Besser läßt sich 2-Acetamidochinoxalin (I) mit p-Toluolsulfonsäuremethylester quaternisieren; das aus dem Salz gewonnene *Methojodid* wird in sd. Alkali zu $NH_3$ u. dem *Na-Salz* von *1.2-Dihydro-3-oxy-1-methyl-2-oxochinoxalin* umgewandelt, welches mit $PCl_5$ in *2.3-Dichlorchinoxalin* übergeführt wird. Demzufolge ist **I** an $N^4$ quaternisiert worden. Zur Unters. der Reaktionsfähigkeit der Substituenten am Benzolring von Chinoxalin wird nach WALDMANN [1915] N-[2.4-Dinitrophenyl]-glycin mit Sn u. HCl in *7-Amino-3.4-dihydro-2-oxychinoxalin* verwandelt u. anschließend mit $H_2O_2$ oder durch einfaches Kochen in W. zu *7-Amino-2-oxychinoxalin* oxydiert. Dieses gibt mit $POCl_3$ in geringer Ausbeute *7-Amino-2-chlorchinoxalin*, bei der anschließenden Phenoxylierung *7-Amino-2-phenoxychinoxalin* (**III**), ident. mit dem von WOLF u. Mitarbeitern (C. **1949**. II. 1409) aus 2-Chlor-„6a"-nitrochinoxalin durch Phenoxylierung u. katalyt. Hydrierung erhaltenen Verbindung.

V e r s u c h e: *Weinsäuredi-n-butylester*, Kp.$_{14}$ 178—180°, durch 24std. Kochen von Weinsäure u. Butanol in trockener p-Toluolsulfonsäure u. $H_2SO_4$ unter Abdampfen des gebildeten W.; $n_D^{15}$ 1,4474; 91% (Ausbeute). — *Glyoxylsäure-n-butylester*, Kp.$_{14}$ 55°, durch Rühren vorst. Verb. mit $NaJO_4$, Ausäthern u. Dest.; $n_D^{18}$ 1,4443; 86%. — *2-Oxychinoxalin*, F. 267—269°, durch 2std. Kochen vorst. Verb. + o-Phenylendiamin in A.; 94%. — *2-Phenoxychinoxalin*, $C_{14}H_{10}ON_2$, F. 100—101° (PAe.), aus 1,75 g 2-Chlorchinoxalin, KOH u. Phenol in 14 Std. bei 95°, Gießen auf Eis–NaOH u. Ausäthern; 2,23 g. — *2-Aminochinoxalin*, F. 151—153°, durch ½std. Erhitzen von Alloxazin mit 80%ig. $H_2SO_4$ auf 195—200°, Gießen auf Eis u. Alkalisieren des Filtrats mit $NH_3$; gelbe Nadeln; 45%. *Methojodid*, $C_9H_{10}N_3J$, F. 188°, aus 0,46 g der Base u. p-Toluolsulfonsäuremethylester bei 105°, Verdünnen, Ausäthern, Zufügen gesätt. KJ-Lsg. u. Digerieren mit sd. W.; aus W. rote Kristalle; 0,09 g. — *2-Acetamidochinoxalinmethojodid*, $C_{11}H_{12}ON_3J$, F. 343—344° (Zers.), aus 5 g der Base wie vorst.; rote Nadeln aus W.; 5,8 g. — *1.2-Dihydro-3-oxy-1-methyl-2-oxochinoxalin*, $C_9H_8O_2N_2$, F. 287,5—288°, aus 2 g vorst. Salz durch 1½std. Kochen mit 40%ig. wss. NaOH unter $N_2$, Einengen u. Ansäuern des gebildeten *Na-Salzes* (F. 360°; 0,7 g) mit HCl; Nadeln aus Nitromethan oder 2-Äthoxyäthanol; 0,154 g. — *2.3-Dichlorchinoxalin*, F. 145—148° (wss. A.), aus vorst. Verb. + $PCl_5$ bei 160° u. Zers. mit $H_2O$. — *7-Amino-3.4-dihydro-2-oxychinoxalin*, F. 288° (Zers.), aus 10 g N-[2.4-Dinitrophenyl]-glycin u. Sn + konz. HCl, Verdünnen mit W., Entfernen der Sn-Salze mit $H_2S$, Abdampfen des Filtrats u. Behandeln des *Dihydrochlorids* (Nadeln; 82%) mit Na-Acetat; als *Dihydrat* in gelben Kuben; 5,7 g. *Diacetylderiv.*, $C_{12}H_{13}O_3N_3$, F. 294—295° (Zers.); braungelbe Kristalle aus Formamid. — *7-Amino-2-oxychinoxalin* (**II**), $C_8H_7ON_3$, F. 360° (Nitrobenzol), durch ½std. Erwärmen von 10 g vorst. Dihydrat in 2n $H_2SO_4$ mit 3%ig. $H_2O_2$, Filtrieren u. Ansäuern; 7,2 g. — *7-Amino-2-chlorchinoxalin*, $C_8H_6N_3Cl$, F. 200—201°, durch ¼std. Erhitzen vorst. Verb. mit $POCl_3$, Gießen auf Eis u. Ausäthern; gelbe Nadeln aus Chlf.; 0,37 g. — *7-Amino-*

*2-phenoxychinoxalin* (**III**), $C_{14}H_{11}ON_3$, F. 126—128°, durch 16std. Erwärmen von 0,2 g vorst. Verb. mit Phenol u. KOH, Gießen in 2n NaOH u. Ausäthern; goldgelbe Nadeln aus Chlf.–PAe.; 0,11 g. — *7-Acetamido-2-oxychinoxalin*, $C_{10}H_9O_2N_3$, F. 345—350°, durch 1std. Kochen von 0,5 g **II** u. Acetanhydrid; gelbe Nadeln aus sd. Nitrobenzol; 0,565 g. — *2-Chlor-7-nitrochinoxalin* (2-Chlor-„6a„-nitrochinoxalin), F. 185—186°, durch 2std. Kochen von 9,2 g 1.2-Diamino-4-nitrobenzol + 8,7 g Glyoxylsäure-n-butylester unter Rühren, 1std. Behandeln von 4 g des Gemischs der *2-Oxyverbb.* (F. 245—255°; 10,9 g) mit $POCl_3 + PCl_5$ u. Gießen auf Eis; gelbe Nadeln aus Bzl.; 1,65 g. Daneben aus der Mutterlauge *2-Chlor-6-nitrochinoxalin* (2-Chlor-„6b“-nitrochinoxalin), F. 158—160°; aus Bzl.–PAe. Nadeln; 0,2 g. — *2-Oxy-7-nitrochinoxalin* (2-Oxy-„6a“-nitrochinoxalin), $C_8H_5O_3N_3$, F. 275—276°, durch 2½std. Kochen von 1 g vorst. Verb. mit n-HCl u. A.; aus Nitromethan orangefarbene Nadeln; 0,82 g. — 0,4 g geben in Eisessig mit $SnCl_2$–Acetanhydrid, Gießen in W. u. Aufarbeiten wie oben 0,22 g **II** („6a“-Amino-2-oxychinoxalin). — *7-Nitro-2-phenoxychinoxalin* („6a“-Nitro-2-phenoxychinoxalin), $C_{14}H_9O_3N_3$, F. 105—106°, aus 1 g der 2-Chlorverb. mit KOH u. Phenol in 2¾ Std.; aus PAe. Nadeln; 0,42 g; gibt beim Hydrieren von 0,38 g in A. über $PtO_2$ in 2½ Std. 0,315 g **III**. (J. chem. Soc. [London] **1956**. 26—29. Jan.) H. LEHWALD. 3272

**Allison Maggiolo, Arthur P. Phillips und George H. Hitchings,** *Synthese von 2-methyl-4-amino-6-substituierten Aminopyrimidinen.* Vff. verbessern die Synth. von *2-Methyl-4-amino-6-oxypyrimidin* (**I**), indem sie Acetamidinhydrochlorid mit Cyanessigester in Ggw. von 4 Mol $CH_3ONa$ in $CH_3OH$ kondensieren; dabei entsteht das nach den bisher bekannten Verff. erhaltene Nebenprod., β-Amino-α-cyancrotonsäureäthylester, nur in Spuren. Das aus **I** gewonnene *2-Methyl-4-amino-6-chlorpyrimidin* (**II**) wird mit verschied. Aminen entweder in saurer wss. Lsg. oder durch direktes Erhitzen ohne Lösungsm. zu den entsprechenden *2-methyl-4-amino-6-substituierten Aminopyrimidinen* umgesetzt. Amine, in denen die Aminogruppe Bestandteil eines Amidin- oder Guanidinsyst. ist (z. B. 2-Aminopyridin, -4-[p-bromphenyl]-thiazol u. -benzimidazol), reagieren nicht mit **II** in wss.-saurer Lösung.

V e r s u c h e : *2-Methyl-4-amino-6-oxypyrimidin* (**I**), F. 295—297°, aus 0,1 Mol Acetamidinhydrochlorid u. 0,1 Mol Cyanessigsäureäthylester in Methanol durch Zugabe zu 0,4 Mol $CH_3ONa$ in Methanol unter Kühlung, 2std. Kochen, Eindampfen, Lösen in warmem W., Filtrieren von Spuren des Nebenprod. u. Ansäuern bis $p_H$ 5 mit Eisessig; 81% (Ausbeute). — *2-Methyl-4-amino-6-[p-chloranilino]-pyrimidin*, $C_{11}H_{11}N_4Cl$, F. 190 bis 191° (50%ig. A.), aus **II** u. p-Chloranilin in verd. HCl (1std. Kochen) u. Alkalisieren des krist. *Hydrochlorids* mit 5%ig. $NH_4OH$; 90%. — In analoger Weise werden erhalten: **III**, $R = C_6H_5$, $C_{11}H_{12}N_4$, F. 192—193° (50%ig. A.); 83%. — **III**, $R = p\text{-}C_6H_4OH$, $C_{11}H_{12}ON_4$, F. 252—253° (nach Lösen in verd. HCl u. Fällen mit $NH_4OH$); 60%. — **III**, $R = p\text{-}C_6H_4OCH_3$, $C_{12}H_{14}ON_4$, F. 251—252° (A.); 88%. — **III**, *R = 2.6-Dioxyphenyl, Hydrochlorid*, $C_{11}H_{13}O_2N_4Cl$, F. 294—295° (A.); 80%. — **III**, *R = 2-Methoxy-4-chlorphenyl, Hydrochlorid*, $C_{12}H_{14}ON_4Cl_2$, F. 281—282° (A.); 90%. — **III**, *R = p-Carboxyphenyl, Hydrat*, $C_{12}H_{14}O_3N_4$, F. 314—315° (nach Lösen in KOH u. Fällen mit verd. Säure); 83%. — **III**, *R = Uracilyl-(5)*, $C_9H_{10}O_2N_6$, F. > 310° (nach Lösen in verd. HCl u. Fällen mit $NH_4OH$); 75%. — **III**, $R = p\text{-}C_6H_4\text{-}SO_2NH_2$, $C_{11}H_{13}O_2N_5S$, F. 272—273° (nach Fällen aus HCl mit $NH_4OH$); 70%. — **III**, *R = Thiazolyl-(2)-N-phenyl-p-sulfonamido, Hydrat*, $C_{14}H_{16}O_3N_6S_2$, F. 245—247° (nach Lösen in KOH u. Fällen mit verd. Säure); 65%. — **III**, *R = Pyridyl-(2)-N-phenyl-p-sulfonamido, Hydrochlorid*, $C_{16}H_{17}O_2N_6SCl$, F. 285—286° (Methanol–Essigester); 45%. — **III**, *R = Pyrimidyl-(2)-N-phenyl-p-sulfonamido*, $C_{15}H_{15}O_2N_7S$, F. 238—239° (nach Lösen in KOH u. Fällen mit verd. Säure); 50%. — *R = 4-[4-Chlorphenoxy]-phenyl*, $C_{17}H_{15}ON_4Cl$, F. 197—198° (A.); 80%. — *2-Methyl-4-amino-6-morpholinopyrimidin* (**IV**), $C_9H_{14}ON_4$, F. 209—210° (Methanol–Ae.); 50%. — *2-Methyl-4-amino-6-piperidinopyrimidin*, $C_{10}H_{16}N_4$, F. 206—207° (Bzl.–Hexan), durch 2std. Erhitzen von Piperidin u. **II**; 100%. In gleicher Weise werden erhalten: **III**, $R = CH_2CH_2OH$, $C_7H_{12}ON_4$, F. 175 bis 176° (Essigester); 70%. — **IV**; 100%. (J. Amer. chem. Soc. **73**. 106—07. Jan. 1951. Tuckahoe, N. Y., Wellcome Res. Labors.) R. LORENZ. 3272

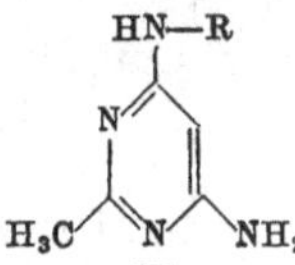

III

**H. v. Hahn, B. Prijs und H. Erlenmeyer,** *Über einige Thiazolo-[5.4:d]-pyrimidine.* (Vgl. C. **1956**. 430.) Die bei der Rk. von 4.6-Dioxy-5-amino- (**VI**), 4.6-Dioxy-2.5-diaminopyrimidin bzw. 2-Thiouramil mit $P_2S_5$ in Pyridin in guter Ausbeute entstehenden Verbb. *4.6-Dimercapto-5-amino-* (**II**), *4.6-Dimercapto-2.5-diaminopyrimidin* (**V**) sowie *2.4.6-Trithiouramil* (**IV**) werden durch Ringschluß mit Ameisensäure in *7-Mercapto-*, *5-Amino-7-mercapto-* bzw. *5.7-Dimercaptothiazolo-[5.4:d]-pyrimidin* übergeführt, die Antimetaboliten zu natürlichen Purinderivv. sind. Verss., das aus **VI** erhaltene *4.6-Dioxy-5-formamidopyrimidin* (**III**) mit $P_2S_5$ zu cyclisieren, führten nicht zum Erfolg. Bei der Durchführung der Rk. in Tetralin wurde II erhalten, in Pyridin konnte *4.6-Dimercapto-5-thioformamidopyrimidin* isoliert werden.

Versuche: *2-Thioviolursäure* (I), F. ~210° (Zers.), durch Zugeben von $NaNO_2$ zu 2-Thiobarbitursäure in 2n NaOH nach Verdünnen mit W., Abkühlen auf 5°, Ansäuern mit 2n $H_2SO_4$ unter Rühren, Lösen des fleischfarbenen Nd. in wenig NaOH, Verdünnen u. Fällen mit 2n $H_2SO_4$ bei 60—70°; intensivgelbe Kristalle; 87% (Ausbeute). — *4.6-Dioxy-5-aminopyrimidin*, $C_4H_5O_2N_3$, Zers. >208°, sublimiert bei 205° (W.), durch 1std. Erhitzen von I in sehr verd. NaOH mit RANEY-Ni, Heißfiltration, Einstellen in der Hitze auf $p_H$ 5 mit 2n $H_2SO_4$, 12std. Stehen, Abdekantieren der blaßgrünen Kristalle u. Einengen der klaren Mutterlauge; blaßgelbe Stäbchen; 50%. — *2-Thiouramil*, $C_4H_5O_2N_3S$, sublimiert bei ~265°, durch Red. von I in sehr verd. NaOH mit Na-Dithionit auf dem Wasserbad, Lösen des hellgrünen Nd. in NaOH, Heißfiltration u. Ansäuern mit $H_2SO_4$; feine orangegelbe Nadeln; positive Murexid-Rk.; 52%. — *4.6-Dimercapto-5-aminopyrimidin* (II), $C_4H_5N_3S_2$, Zers. >180° (W.), durch 6std. Erhitzen von vorvorst. Verb. mit $P_2S_5$ in Pyridin, Gießen in kaltes W., mehrstd. Stehen, Filtration, Ansäuern mit $H_2SO_4$, Eindampfen auf die Hälfte u. 24std. Stehen bei 0°; lange orangegelbe Nadeln; 75%. — *2.4.6-Trithiouramil* (IV), $C_4H_5N_3S_3$, kein F. bis 300°, aus vorvorst. Verb. analog II in 5 Std. u. 2maliges Umfällen des beim Ansäuern mit $H_2SO_4$ erhaltenen Nd. aus NaOH; intensivgelbe, feine Kristalle; 66%. Gab keine Murexid-Reaktion. — *2.5-Diamino-4.6-dimercaptopyrimidin* (V), *Sulfat*, $C_4H_6N_4S_2 \cdot \frac{1}{2}H_2SO_4 \cdot \frac{1}{2}H_2O$, Zers. >200° (2n $H_2SO_4$), aus 2.5-Diamino-4.6-dioxypyrimidin analog II; feine gelbe Nadeln; 73%. — *4.6-Dioxy-5-formamidopyrimidin* (III), $C_5H_5O_3N_3$, Zers. >240° (W.), durch 2std. Erhitzen von VI in 98%ig. HCOOH u. Einengen der klaren Lsg.; feine verfilzte Nadeln; 98%. Gab beim 6std. Erhitzen mit $P_2S_5$ in Tetralin auf 180—190° unter Rühren, Kaltfiltration, Behandeln des Nd. mit warmem n-$NH_4OH$, Umfällen aus 2n NaOH mit $H_2SO_4$ u. Einengen II. — *4.6-Dimercapto-5-thioformamidopyrimidin*, $C_5H_5N_3S_3$, Zers. >250° (W.), durch 5std. Erhitzen von III mit $P_2S_5$ in Pyridin, Eingießen in kaltes W., Filtration, Ansäuern mit $H_2SO_4$, Einengen u. mehrstd. Stehen bei 0°; feine gelbe Nadeln. — *7-Mercaptothiazolo-[5.4:d]-pyrimidin*, $C_5H_3N_3S_2$, Zers. >230°, durch 2std. Erhitzen von II in 98%ig. HCOOH, Lösen der abgeschiedenen blaßbraunen Kristalle in verd. $NH_4OH$ u. Ansäuern mit verd. $H_2SO_4$; feine blaßbeige Kristalle; 94%. — *5.7-Dimercaptothiazolo-[5.4:d]-pyrimidin*, $C_5H_3N_3S_3$, Zers. >280°, durch 4std. Kochen von in Pyridin gelöstem IV mit 98%ig. HCOOH, Verdünnen mit W., Ansäuern mit $H_2SO_4$, Abfiltrieren des Nd., Einengen der Mutterlauge, mehrstd. Stehen bei 0° u. Umfällen aus $NH_4OH$ mit $H_2SO_4$; feine hellgelbe Nadeln; 71%. — *5-Amino-7-mercaptothiazolo-[5.4:d]-pyrimidin*, $C_5H_4N_4S_2$, kein F. bis 300°, durch 4std. Erhitzen von V in 98%ig. HCOOH, Filtration bei 0°, Einengen, Abkühlen auf 0° u. Umfällen aus verd. NaOH in der Hitze; fein blaßgelbe Stäbchen; 76%. (Helv. chim. Acta **39**. 341—47. 15/3. 1956. Basel, Univ., Anst. für anorgan. Chem.) W. GEHRMANN. 3272

**Maurizio Gianturco**, *Beitrag zur Kenntnis der 3-Mercapto-5.6-diaryl-1.2.4-triazine.* 3-Mercapto-5.6-diaryl-1.2.4-triazine (vgl. C. **1953**. 2125) gehen bei der Rk. mit $J_2$ oder $KMnO_4$ in alkal. Medium in die entsprechenden *Disulfide* über; bei der Verwendung größerer Mengen $KMnO_4$ entstehen die entsprechenden *3-Sulfonsäuren.* Diese zeigen eine hohe Stabilität gegen Hydrolyse u. lassen sich mit $HNO_3$ nicht desulfurieren. Bei der Rk. von 3-Mercapto-5.6-diphenyl-1.2.4-triazin (I) mit $H_2O_2$ entsteht *5.6-Diphenyl-1.2.4-triazin*, das auch in geringer Ausbeute aus *3-Oxy-5.6-diphenyl-1.2.4-triazin* mit $P_2S_5$ erhalten wird. Das 3-Oxyderiv. entsteht aus I mit Essigsäureanhydrid. Bei der Rk. mit $(CH_3)_2SO_4$ liefern die Mercaptodiaryltriazine die entsprechenden *3-Methylmercaptoderivate.*

Versuche: *3-Methylmercapto-5.6-diphenyl-1.2.4-triazin*, $C_{16}H_{13}N_3S$, F. 119° (A.), aus I u. $(CH_3)_2SO_4$ in 3%ig. wss. NaOH. — *Bis-[5.6-diphenyl-1.2.4-triazinyl-(3)]-disulfid*, $C_{30}H_{20}N_6S_2$, F. 193—194° (Bzl.–Bzn.), aus I u. n/10 $J_2$ in 2%ig. $Na_2CO_3$. — *5.6-Diphenyl-1.2.4-triazin-3-sulfonsäure*, $C_{15}H_{11}O_3N_3S$, F. 225° (Bzl.–Bzn.), aus I u. $KMnO_4$ in 2%ig. NaOH. — *3-Methylmercapto-5.6-bis-[4-methoxyphenyl]-1.2.4-triazin*, $C_{18}H_{17}O_2N_3S$, F. 152° (Aceton–Ligroin), durch Methylierung von 3-Mercapto-5.6-bis-[4-methoxyphenyl]-1.2.4-triazin (II). — *Bis-[5.6-bis-(4-methoxyphenyl)-1.2.4-triazinyl-(3)]-disulfid*, $C_{34}H_{28}O_4N_6S_2$, F. 205° (Bzl.–Ligroin), aus II mit n/10 $J_2$. — *5.6-Bis-[4-methoxyphenyl]-1.2.4-triazin-3-sulfonsäure*, $C_{17}H_{15}O_5N_3S$, F. 259° (A.), aus II mit $KMnO_4$. — *Bis-[5.6-bis-(2-methoxyphenyl)-1.2.4-triazinyl-(3)]-disulfid*, $C_{34}H_{28}O_4N_6S_2$, F. 199° (Bzl./Ligroin), aus 3-Mercapto-5.6-bis-[2-methoxyphenyl]-1.2.4-triazin (III) mit n/10 $J_2$. — *5.6-Bis-[2-methoxyphenyl]-1.2.4-triazin-3-sulfonsäure*, $C_{17}H_{15}O_5N_3S$, F. 217° (A.), aus III mit $KMnO_4$. — *5.6-Diphenyl-1.2.4-triazin*, $C_{15}H_{11}N_3$, F. 232° (A.), a) aus I mit 3%ig. $H_2O_2$ (einige Tage auf dem Wasserbad im geschlossenen Gefäß); b) aus nachst. Verb. mit $P_2S_5$ (6 Std. bei 210 bis 215°). — *3-Oxy-5.6-diphenyl-1.2.4-triazin*, $C_{15}H_{11}ON_3$, F. 225° (Eisessig), aus I mit Essigsäureanhydrid (15 Std. unter Rückfluß). — Die UV-Absorptionsspektren von I, II u. III sind angegeben. (Gazz. chim. ital. **82.** 595—601. Juli/Aug./Sept. 1952. Roma, Univ., Ist. Chim., Labor. di Chim. organ.) WALTER SIMON. 3313

**N. Albon, D. J. Bell, P. H. Blanchard, D. Gross** und **J. T. Rundell,** *Kestose, ein durch Hefeinvertase gebildetes Trisaccharid aus Saccharose.* Bei der Unterbrechung der Einw. von Hefeinvertase auf Saccharose nach 50%ig. Umsatz werden neben *Glucose* u. *Fructose* 3 *Oligosaccharide* isoliert, von denen eines, *Kestose* (I), mit einer Cellulosesäule abgetrennt werden kann. Die vollständige Hydrolyse von I liefert Fructose u. Glucose (2:1), die Best. des Mol.-Gew. spricht für ein Trisaccharid. I-*Undekamethyläther* gibt bei der sauren Hydrolyse *1.3.4.6-Tetramethylfructose, 2.3.4.6-Tetramethylglucose* u. *1.3.4-Trimethyl-D-fructose.* Da Hefeinvertase $\beta$-spezif. ist, wird geschlossen, daß es sich bei I um *O-α-D-Glucopyranosyl-(1 → 2)-O-β-D-fructofuranosyl-(6 → 2)-β-D-fructofuranosid* handelt.

Versuche: *Kestose* (I), $C_{18}H_{32}O_{16}$, F. 145°, durch Einw. von Hefeinvertase auf 60 g Saccharose in 54 ml W. (40 Min. bei 20° u. $p_H$ 4,5) u. Trennung an einer Cellulosesäule mit Isopropanol–Butanol–W. (7:1:2); rhomb. Platten aus Methanol, $[\alpha]_D^{20}$ +27,3° (c = 2,19; W.); FEHLINGsche Lsg. u. ammoniakal. $AgNO_3$ werden nicht red., RAYBIN-Probe positiv; 1,75 g (Ausbeute). *Undekamethyläther,* $C_{29}H_{54}O_{16}$, Sirup; $[\alpha]_D^{18}$ +25 8° (c = 4,2; W.), +201° (c = 3,5; Chlf.); $n_D^{20}$ 1,4060. — *2.3.4.6-Tetramethyl-D-glucose,* F. 94—96°, aus vorst. Methyläther mit 0,04n $H_2SO_4$ bei 100°, Chromatographie an $SiO_2$ u. Elution mit 0,33%ig. A.–Toluol; daneben *1.3.4.6-Tetramethylfructose* (chromatograph. nachgewiesen) u. *1.3.4-Trimethyl-D-fructose,* F. 68—71°, $n_D^{20}$ 1,4658, $[\alpha]_D^{19}$ —55,0° (c = 2,5; W.; Endwert). (J. chem. Soc. [London] **1953.** 24—27. Jan. Ravensbourne, Keston, Kent, Tate & Lyle Res. Labor.; Cambridge, Univ., Biochem. Labor.) M. REIHER. 3400

**A. Stoll, A. Lindenmann** und **E. Jucker,** *Über zwei stereoisomere optisch-aktive 3.6-Dioxytropane und die Identifizierung des Valeroidins.* 4. Mitt. *über Alkaloidsynthesen.* (3. vgl. C. **1956.** 8316.) Vff. geben eine eindeutige Strukturaufklärung des Alkamins des natürlichen Valeroidins u. führten eine Totalsynth. eines einfachen Valeroidinderiv. aus. Synthet. rac. 3-Oxo-6-oxytropan (dl-I) wurde mit Hilfe von 3-Brom-D-camphersulfonsäure-(7) (II) in die opt. Antipoden gespalten. Katalyt. Red. von (+)-I führte zu (—)-*3.6-Dioxytropan* [(—)-III], das mit dem Alkamin des natürlichen Valeroidins ident. ist. Entsprechend wurde (—)-I zu (+)-III hydriert. (—)-III u. (+)-III wurden mittels Isovaleriansäurechlorids (IV) verestert, wobei sich das aus (—)-III entstandene (+)-*3.6-Dioxytropandiisovalerat* mit dem Isovaleriansäureester des natürlichen Valeroidins als ident. erwies.

Versuche: (—)-*3-Oxo-6-oxytropan* [(—)-I], $C_8H_{13}O_2N$, F. 129—130°, büschelige Nadeln (Bzl.–PAe.), aus dl-I u. II in wss. $CH_3OH$ (kurze Zeit bei n. Temp., dann Eindampfen bei 50°, Trocknen des Rückstandes u. Zugabe von Aceton), dann Zerlegen des *3-Brom-D-camphersulfonats-(7)* ($C_{18}H_{28}O_6NBrS$, F. 200—202°, rhomb. Platten [Aceton]) mit wss. $Ba(OH)_2$ unter Sättigung mit NaCl; $[\alpha]_D^{20}$ —22,8° (W.). — (+)-*3-Oxo-6-oxytropan* [(+)-I], $C_8H_{13}O_2N$, F. 129—130° (Bzl.–PAe.), analog über das aus den Mutterlaugen vorst. Salzes gewonnene *3-Brom-D-camphersulfonat-(7)* [$C_{18}H_{28}O_6NBrS$, F. 175—177°, büschelige Nadeln (Aceton–Ae.)]; $[\alpha]_D^{20}$ —48,6° (W.). — (+)-*3.6-Dioxytropan* [(+)-III], $C_8H_{15}O_2N$, F. 211—213°, Platten (A.–Ae, 1:5), aus (—)-I u. $H_2$/RANEY-Ni in absol. A. bei 40° u. 60 at (5 Std.); $[\alpha]_D^{21}$ +18,3° (W.). — (—)-*3.6-Dioxytropan* [(—)-III], $C_8H_{15}O_2N$, F. 212—213°, Platten (A.–Ae. 1:5), aus (+)-I analog; $[\alpha]_D^{21}$ —16,1° (W.). — (—)-*3.6-Dioxytropan-bis-[isovalerat]-hydrobromid,* $C_{18}H_{32}O_4NBr$, F. 177—178°, Nadeln (absol. A.–Ae.), aus (+)-III-Hydrobromid u. IV (3 Std. bei 130°); $[\alpha]_D^{20}$ —13,6° (W.). — (+)-*3.6-Dioxytropan-bis-[isovalerat]-hydrobromid,* $C_{18}H_{32}O_4NBr$, F. 176—178°, Nadeln, aus (—)-III-Hydrobromid analog; $[\alpha]_D^{20}$ +21,2° (W.). (Helv. chim. Acta **36.** 1506—11. 15/10. 1953. Basel, Sandoz, Pharmazeut.-Chem. Labor.) J. ROTHE. 3500

**F. E. Bader, E. Schlittler** und **H. Schwarz,** *Zur Konstitution des Alkaloids Diabolin.* Das *Diabolin* (II) wurde aus der Rinde von *Strychnos diaboli* SANDWITH extrahiert u. hat die Summenformel $C_{21}H_{26}O_3N_2$. Es enthält keine O- u. N-, dagegen eine C-Methylgruppe, ist säure- u. alkalilösl., isoelektr. Punkt bei ca. $p_H$ 8, in Ae., PAe., Bzl. u. Essigester schwer, in Chlf. u. Alkoholen leichter löslich. Die Kristallisation gelang aus Essigester mit einer Spur Methanol. II gibt mit $HNO_3$ u. $FeCl_3$ keine Farb-Rk., mit $H_2SO_4$/$K_2Cr_2O_7$ dagegen rotviolette OTTO-Reaktion. Die saure Hydrolyse von II liefert *Desacetyldiabolin* (III), das keine C-Methylgruppe enthält u. keine OTTO-Rk. gibt, es addiert sehr leicht Br u. zeigt zahlreiche Farbreaktionen. II u. III ergeben bei Acetylierung das gleiche Prod., das positive OTTO-Rk. zeigt. Rkk. u. Infrarotspektren erweisen II als *N-Acetylindolenin-Alkaloid.* Aus verschied. Ausgangsmaterial wurden 2 polymorphe Desacetyldiaboline (III) u. (IV) erhalten, die nur im F. differieren. — 3 Infrarotspektren, 1 DEBYE-SCHERRER-Aufnahme.

Versuche: *Diabolinhydrochlorid* (I), $C_{21}H_{26}O_3N_2 \cdot HCl$, F. über 360° (A./Essigester). — *Diabolin* (II), F. 187—189°, aus I durch Einw. von $NH_3$ u. Extraktion mit Chloroform. *Pikrat*, $C_{21}H_{26}O_3N_2 \cdot C_6H_3O_7N_3$, F. 235—240° (wss. A.), Darst. in Äthylalkohol. — *Desacetyldiabolin* (III), $C_{19}H_{24}O_2N_2$, F. 197—198° (Bzl.), [Misch-F. mit II (F. 187°): 175—180°], $[\alpha]_D^{23}$ $-125 \pm 3°$; $-128 \pm 3°$ (A.; c = 0,360; $l$ = 1), aus nachst. Chloroformverb. durch 4maliges Umkristallisieren aus Benzol. *Chloroformverb.*, $C_{19}H_{24}O_2N_2 \cdot CHCl_3$, F. 78—80°, durch 2std. Erhitzen von 1 g I u. 20 ml 2n $H_2SO_4$, im Wasserbad erkalten lassen, Einw. von $NH_3$ u. Extraktion mit Chlf.; 930 mg. *Pikrat*, $C_{19}H_{24}O_2N_2 \cdot C_6H_3O_7N_3$, F. 237—239° (Zers.; A./W., 8:1), Darst. in Äthylalkohol. *Jodmethylat*, $C_{19}H_{24}O_2N_2 \cdot CH_3J \cdot H_2O$, F. über 360°, aus A. gefällt. — *Acetylierung von Diabolin.* Bei 6std. Einw. von 2 ml Acetanhydrid u. 200 mg Na-Acetat auf 150 mg **II**, Zusatz von W. u. Extraktion des überschüssigen Anhydrids mit Ae., Einw. von $NH_3$ u. Ausschütteln der Base mit Chlf.: Schaum, nicht kristallisierbar. *Pikrat*, $C_{23}H_{28}O_4N_2 \cdot C_6H_3O_7N_3$, F. 225 bis 229° (A.), aus vorst. Schaum in Äthanol. — *Acetylierung von* **III**, wie bei vorst. Verb., *Pikrat*, F. 225—229° (A.), Misch-F. mit vorst. Verb. (Pikrat) ohne Depression. — *Bromdesacetyldiabolin*, $C_{19}H_{23}O_2N_2Br$, F. 244—245° (Zers., ab ca. 225° braun), hellgelb, amorph, durch Einw. von gesätt. Bromwasser auf **III** u. Zusatz von $NH_3$. Sehr schwer lösl. in den gebräuchlichen Lösungsmitteln. *Desacetyldiabolin* (IV), $C_{19}H_{24}O_2N_2$, F. 144—146° (Bzl.), $[\alpha]_D^{24}$ $-127 \pm 3°$; $-128 \pm 3°$; durch Extraktion von 6,4 kg der Rinden von *Strychnos diaboli* Sandwith erst mit 1%ig. Weinsäure unter Ausfällung der schwerlösl. Tartrate, dann mit 3n HCl unter Hydrolyse des Gesamtextraktes bei 50° im Vakuum; 7,5 g; sehr kleine Prismen. *Pikrat*, $C_{19}H_{24}O_2N_2 \cdot C_6H_3O_7N_3$, F. 228—229°, Darst. entspricht **III**, Misch-F. der **III**- u. **IV**-Pikrate ohne Depression. *Jodmethylat*, $C_{19}H_{24}O_2N_2 \cdot CH_3J \cdot H_2O$, F. über 360°, Darst. entspricht **III**. — *Acetylierung von* **IV**, $C_{23}H_{28}O_4N_2$, Infrarotbanden 5,73 u. 6,01 $\mu$, amorph. Darst. entspricht dem **III**-Derivat. *Pikrat*, $C_{23}H_{28}O_4N_2 \cdot C_6H_3O_7N_3$, F. 225—228°, Misch-F. mit dem **III**-Pikrat ohne Depression. (Helv. chim. Acta **36**. 1256—66. 15/10. 1953. Basel, Univ., Organ.-chem. Anstalt.)
G. Seeliger. 3500

**A. Stoll** und **J. Rutschmann**, *Über die vierte isomere Dihydrolysergsäure und eine neuartige Epimerisierungsreaktion.* 32. Mitt. *über Mutterkornalkaloide.* (31. vgl. Helv. chim. Acta **36**. [1953.] 1137.) Durch teilweise Epimerisierung an $C_{(8)}$ entstand bei der alkal. Verseifung des DL-Dihydronorisolysergsäure(II)-hydrazids (I) eine neue isomere Dihydronorlysergsäure, die *Dihydronorlysergsäure(II)*. Analog bildete sich aus D-Dihydroisolysergsäure(II)-hydrazid (D-V) die *D-Dihydrolysergsäure(II)*, die als *Hydrazid* charak-

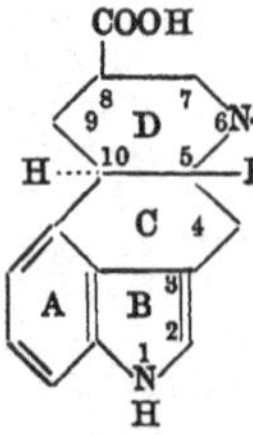
Dihydrolysergsäure(I)

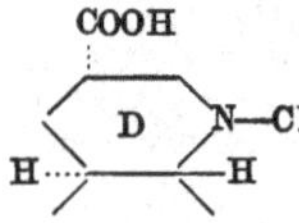
Dihydroisolysergsäure(I)

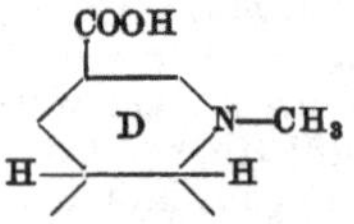
Dihydrolysergsäure(II)

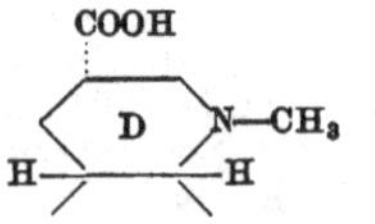
Dihydroisolysergsäure(II)

terisiert wurde. Bei der Ummethylierung (vgl. C. **1951**. I. 1737) des DL-Dihydronorisolysergsäure(II)-methylesters (**II**) entstand *rac. Dihydrolysergsäure(II)*, bei der Ummethylierung des DL-Dihydronorlysergsäure(II)-methylesters (**III**) die *DL-Dihydroisolysergsäure(II)*. Beide Ummethylierungen verlaufen also unter Epimerisierung an $C_{(8)}$, was in weiteren vergleichenden Verss. bestätigt wurde. Ein derartiger, mit der Abwanderung einer Estermethylgruppe gekoppelter Epimerisierungsvorgang ist anscheinend bisher nicht beschrieben worden. Für die 4 stereoisomeren Dihydrolysergsäuren werden nebenst. Konfigurationen vorgeschlagen.

Versuche (FF. korr., im evakuierten Röhrchen): *DL-Dihydronorlysergsäure(II)*, $C_{15}H_{16}O_2N_2 \cdot H_2O$, Zers. zwischen 320 u. 300°, rhomb. Platten u. Prismen (W.), durch 3std. Kochen von 5,50 g **I** (dargestellt aus mehrfach aus Bzl.–Chlf. [3 : 1] umkrist. **II**) mit 12%ig. isoamylalkoh. KOH, Verdünnen mit W., Entfernen des Isoamylalkohols im Vakuum, Neutralisieren Eindampfen, mehrmaliges Ausziehen mit $CH_3OH$-konz. $NH_3$ 9 : 1, Eindampfen u. Ausziehen der *DL-Dihydronorisolysergsäure(II)* mit $CH_3OH$; 770 mg (Ausbeute), daneben nach Rk. mit methanol. HCl u. mit $N_2H_4$ 3,5 g **I**. — *Methylester* (**III**), $C_{16}H_{18}O_2N_2$, F. 75—80° unter Wasserverlust, Blättchen ($CH_3OH$–W.). — *DL-6-Acetyldihydronorlysergsäure(II)-methylester*, $C_{18}H_{20}O_3N_2$, F. 167—169°, Drusen (verd. $CH_3OH$), aus **III** u. Acetanhydrid (Erwärmen). — *DL-Dihydronorlysergsäure(II)-hydrazid*, $C_{15}H_{18}ON_4 \cdot {}^1/_2\,H_2O$, F. 139—140°, Nadeln ($CH_3OH$–W.), aus **III** u. $N_2H_4$ (Erwärmen). — *DL-6-Acetyldihydronorisolysergsäure(II)-methylester*, F. 245—246°, aus 200 mg vorst. Verb. durch Verseifen mit 12%ig. isoamylalkoh. KOH, Verestern mit methanol. HCl

u. Acetylieren; 120 mg nach Chromatographie an $Al_2O_3$ (Bzl.). — Ummethylierung von 2,97 g getrocknetem **II** durch 5 Min. Erhitzen auf 210°, Verestern mit methanol. HCl, Trennung der Prodd. durch Verteilen zwischen 5%ig. Weinsäurelsg. u. Essigester, Acetylieren der bas. Bestandteile (2,35 g), u. erneute Verteilung wie vorst. gab 0,88 g *DL-6-Acetyldihydronorisolysergsäure(II)-methylester* u. 1,40 g *DL-Dihydrolysergsäure(II)-methylester*, $C_{17}H_{20}O_2N_2$, F. 168—171°, Prismen (Bzl.). — Daraus mit $N_2H_4$ *DL-Dihydrolysergsäure(II)-hydrazid* (**IV**), $C_{16}H_{20}ON_4$, F. 243—245° ($CH_3OH$). — *DL-Dihydrolysergsäure(II)*, $C_{16}H_{18}O_2N_2$, F. 274—275°, rhomb. Blättchen ($CH_3OH$), aus 270 mg **IV** über das *Azid* (Öl); 100 mg. — *DL-Dihydroisolysergsäure(II)-hydrazid* ([*DL*-]**V**), $C_{16}H_{20}ON_4$, F. 227—229°, Nadeln ($CH_3OH$), durch Ummethylierung von 550 mg **III** wie oben u. Umsetzen des rohen nichtkrist. *DL-Dihydroisolysergsäure(II)-methylesters* (330 mg) mit $N_2H_4$; 190 mg. — *DL-Dihydroisolysergsäure(II)*, $C_{16}H_{18}O_2N_2 \cdot H_2O$, Zers. bei ca. 315°, rhomb. Blättchen (W.), aus 100 mg **V** über das *Azid*; 40 mg. — Verseifen von **IV** mit isoamylalkoh. KOH, Verestern des Reaktionsprod. u. Überführung in das Hydrazid gab nicht **IV** zurück, sondern **V**. — *DL-Dihydrolysergol(II)*, $C_{16}H_{20}ON_2$, F. 226—229°, rhomb. Blättchen (A.), a) aus **III** durch 10 Min. Stehen mit HCOOH + Acetanhydrid, Eindampfen u. Red. mit $LiAlH_4$ in absol. Äthylmorpholin (30 Min. bei 60—70°); b) aus **II** durch Ummethylierung wie oben u. Red. der Esterfraktion mit $LiAlH_4$ in absol. Ae. (15 Min. bei n. Temp.), Reinigung chromatograph. an $Al_2O_3$ (Chlf.). — *DL-Dihydroisolysergol(II)*, $C_{16}H_{20}ON_2$, F. 207—209°, Polyeder (A.), a) durch Formylierung von 600 mg **II** wie vorst. u. Red. des entstandenen *6-Formylderiv.* ($C_{17}H_{18}O_3N_2$, F. 219—220°, Polyeder aus Essigester) mit $LiAlH_4$ in absol. Äthylmorpholin (30 Min. bei 60°; 370 mg); b) aus **III** durch Ummethylierung u. Red. wie vorst.; Reinigung wie vorstehend. — Verseifen von 5 g *D*-**V** (F. 260°, $[\alpha]_D^{20}$ +56°) mit sd. 12%ig. isoamylalkoh. KOH (4 Std.), Verdünnen mit W., Abdest. des Isoamylalkohols, Neutralisieren mit 2n $H_2SO_4$, Verestern des gebildeten Nd. (**A**) mit $CH_3OH$/HCl u. Chromatographie an $Al_2O_3$ (Bzl.) gab 1,36 g (roh) *D-Dihydroisolysergsäure(II)-methylester*, $C_{17}H_{20}O_2N_2$, F. 114—117°, Blätter (Ae./PAe.), $[\alpha]_D^{20}$ 0° (c = 0,2; Pyridin); gab mit $N_2H_4$ *D*-**V** zurück. — Eindampfen des Filtrats von **A**, Ausziehen mit $NH_3$-haltigem $CH_3OH$, Verestern mit $CH_3OH$/HCl, Chromatographie des rohen Esters (3,5 g) an $Al_2O_3$ (Bzl.) u. Behandeln mit $N_2H_4$ gab neben *D*-**V** 100 mg *D-Dihydrolysergsäure(II)-hydrazid* (*D*-**IV**), $C_{16}H_{20}ON_4$, F. 267—269°, Nadeln, $[\alpha]_D^{30}$ +43° (c = 0,2 in Pyridin). — Spaltung von DL-**IV** mit L-Di-[p-toluyl]-weinsäure in A. u. Zerlegen des *Salzes* (Nädelchen aus A.-W.) mit $NH_3$ gab *L-Dihydrolysergsäure(II)-hydrazid* (*L*-**IV**), F. 267—269° ($CH_3OH$), $[\alpha]_D^{20}$ —43°. Analog aus DL-**IV** u. D-Di-[p-toluyl]-weinsäure *D*-**IV**. — Verseifung von DL-Dihydronorlysergsäure(I)-hydrazid mit isoamylalkoh. KOH, Veresterung u. Chromatographie des Reaktionsprod. gab keinen Dihydronorisolysergsäure(I)-methylester. — *DL-Dihydroisolysergsäure(I)*, $C_{16}H_{18}O_2N_2 \cdot {}^1/_2\, H_2O$, F. 317° (Zers.), polygonale Blättchen (W.; 1000fache Menge), aus dem Hydrazid über das *Azid* wie oben; recht gute Ausbeute. Gab mit $CH_3OH$/HCl reinen *Methylester* (keine Epimerisierung). — In halbquantitativen Verss. (Einzelheiten vgl. Orig.) wurden bei der Ummethylierung der 4 stereoisomeren Dihydronorlysergsäuremethylester folgende Prodd. erhalten (Ausbeuten in % an sek. Säure [R=R' = H]; tert. Ester [R=R' = $CH_3$]; tert. Säure [R = H, R' = $CH_3$]; sek. Ester [= Ausgangsmaterial, R = $CH_3$, R' = H] + Zersetzungsprodd.): *-lysergsäure(I)-*: Spur; Spur; 80; 16. — *-isolysergsäure(I)-*: 34; 33; 10; 20. — **III**: 10; 6; 53; 27. — **II**: 18; 9; 40; 27.) (Helv. chim. Acta **36**. 1512—26. 15/10. 1953. Basel, Sandoz, Pharmazeut.-Chem. Labor.)

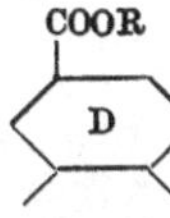


J. ROTHE. 3500

**Eugene E. Van Tamelen, Paul D. Hance, Kenneth V. Siebrasse** und **Paul E. Aldrich**, *Die D/E-cis-Ringverknüpfung von Reserpin.* Durch eine ster. eindeutige Synth. von *dl-allo-11-Methoxyyohimban* (**II**; *Reserpan*) wird die D/E-cis-Ringverknüpfung von Reserpin (**I**) bewiesen. Methoxytryptamin wird in sd. Dimethylformamid mit dl-cis-2-Brommethylcyclohexylessigsäureäthylester zu *dl-cis-N-[6-Methoxy-β-indolyl-(3')-äthyl]-2-aminomethylcyclohexylessigsäurelactam* (*Benzolsolvat*, $C_{20}H_{26}O_2N_2 \cdot C_6H_6$, F. 72,5—74,0°) alkyliert u. dieses durch Erhitzen mit $POCl_3$ in Bzl. u. Hydrierung des nichtisolierten $\Delta^3$-Ringschlußprod. in Ggw. von Pt in **II** übergeführt, das auf Grund seines Infrarotspektr. mit dem durch Red. von Reserpon erhaltenen Prod. — abgesehen von der rac.

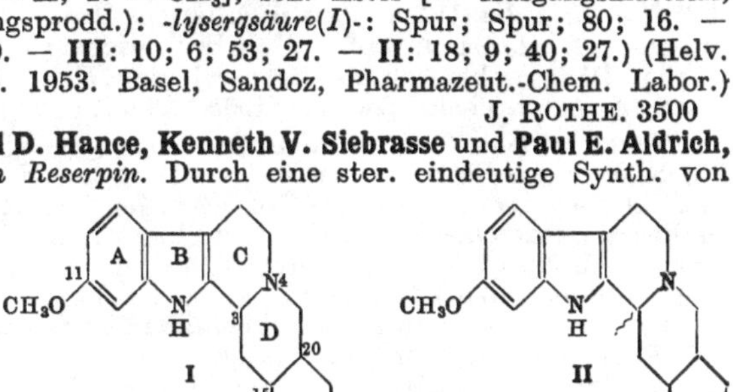

Natur des ersteren — ident. ist. (J. Amer. chem. Soc. 77. 3930. 20/7. 1955. Madison, Wis., Univ., Dep. of Chem.) R. PASEDAG. 3500

**F. A. L. Anet** und **Léo Marion,** *Die Struktur von Protopinmethojodid: Eine Korrektur.* Das von MOTTUS u. Mitarbeitern (Canad. J. Chem. 31. [1953.] 1144) als Protopinmethojodid (I) bezeichnete Prod. ist in Wirklichkeit *Protopinhydrojodid* (II). Vff. erhielten I, $C_{21}H_{22}O_5NJ$, F. 213 bis 215° (Zers.), Nadeln aus $CH_3OH$, durch Zugabe von überschüssigem $CH_3J$ zu Protopin in Chlf. u. 2tägiges Stehenlassen. I besitzt nach seinem Infrarotspektr. (s. Original) ebenso wie Cryptopinjodmethylat eine freie CO-Gruppe u. muß die nebenst. Konst. haben. UV-Absorptionskurven von *Protopin,* I u. II werden angegeben. II, $C_{20}H_{20}O_5NJ$, schm. nicht bis 300°, Nadeln aus W., die bei 270° schwarz werden, durch Zugabe von KJ zu Protopin in verd. HCl. (Canad. J. Chem. 32. 452—55. April 1954. Ottawa, Can., Nat. Res. Council, Div. of Pure Chem.) S. TODT. 3500

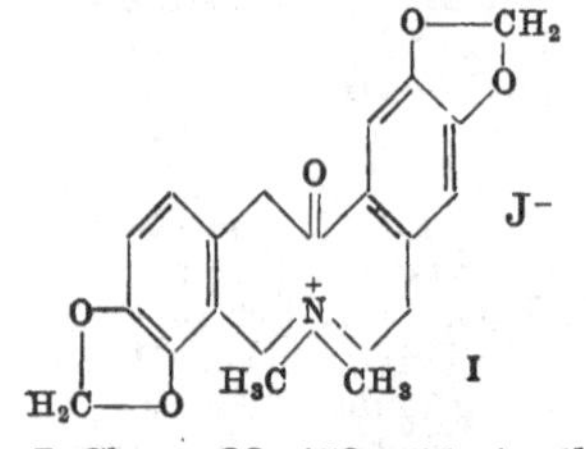

I

**W. W. Feofilaktow** und **L. D. Alexejewa,** *Zur Charakteristik des Alkaloidbestandes bei Zygadenus elegans Pursh.* In den Zwiebeln u. oberird. Teilen der Pflanze ist *Zygadenin* (I) vorhanden; seine Identität wird durch Vgl. mit den für das Alkaloid aus Zygadenus intermedius vorliegenden Literaturangaben sichergestellt. Die in dem isolierten Alkaloidgemisch hauptsächlich enthaltenen, schwach bas. Alkaloide werden noch nicht untersucht. Die Bruttoformel für I, $C_{27}H_{43}O_7N$, wird bestätigt. N-Alkyl, Methoxyl u. Estergruppen sind nicht vorhanden; die Best. nach ZEREWITINOW zeigt 6 Hydroxylgruppen an. Physiol. wirkt I ähnlich Veratrin.

V e r s u c h e: 20,93 kg der zerkleinerten Pflanzenteile (Kraut u. Zwiebel) werden mit 10%ig. $NH_3$ durchfeuchtet, erschöpfend mit $C_2H_2Cl_4$ extrahiert, die Alkaloide aus dem Extrakt in 10%ig. $H_2SO_4$ übergeführt, mit 25%ig. $NH_3$ in Freiheit gesetzt u. mit Chlf. extrahiert; durch wiederholtes Überführen in verd. $H_2SO_4$, Freimachen u. Aufnehmen in Chlf. wird eine Reinigung erreicht; hierauf wird die möglichst konz. Lsg. der Sulfate mit $NH_3$ neutralisiert, wobei ca. 115 g schwach bas. Alkaloide ausfallen, die abfiltriert werden. Nach Zusatz von $NH_3$ zur wss. Lsg. bis zur alkal. Rk. extrahiert Chlf. ca. 32 g eines Alkaloidgemischs, aus dessen Lsg. in möglichst wenig 5%ig. $H_2SO_4$ I-Sulfat nach einigen Std. auskristallisiert. — *Zygadenin* (I), $C_{27}H_{43}O_7N$, F. 198—200°; aus Chlf. längliche Prismen mit 1 $CHCl_3$; aus Bzl. Kristalle ohne Lösungsm.; $[\alpha]_D$ —37,14° (0,3153 g; 8,55 ml Chlf.). *Sulfat,* $C_{27}H_{43}O_7N_2 \cdot H_2SO_4$, F. 218—220°, Zers. >240°, durch Lösen in W. u. Fällen mit 10%ig. $H_2SO_4$ werden 3seitige, nadelförmige Prismen erhalten. *Hydrochlorid,* $C_{27}H_{43}O_7N \cdot HCl$, F. 238—241° (Zers.), Tafeln. *Goldchloriddoppelsalz,* $C_{27}H_{43}O_7N \cdot AuCl_3 \cdot HCl \cdot H_2O$, F. 175—176° (Zers.), zu Büscheln vereinigte gelbe Nadeln. (Журнал Прикладной Химии [J. angew. Chem.] 28. 989—93. Sept. 1955. Allunions Wiss.-Forschungsinst. für Heil- u. Duftpflanzen.) R. KNOBLOCH. 3500

**J. Renz, D. Stauffacher** und **E. Seebeck,** *Die Alkaloide von Buphane Fischeri Baker.* Aus den Zwiebeln der Amaryllidacee *Buphane Fischeri Baker* (Ostafrika) wurden neue 3 Alkaloide, *Buphanamin* (I), *Buphanidrin* (II) u. *Buphanisin* (III), sowie in geringer Menge *Ambellin, Crinidin* (IV) u. *Lycorin* erhalten. Herzglykoside sind in den Zwiebeln nicht enthalten. Die inneren, weißen Teile der Zwiebeln sind alkaloidreicher als die Zwiebelschalen. IV ist wahrscheinlich ident. mit dem *Crinin* von MASON, PUSCHETT u. WILDMANN (J. Amer. chem. Soc. 77. [1955.] 1253).

V e r s u c h e: *Gesamtalkaloidgemisch* (A), die frischen, weißen inneren Teile der Zwiebeln wurden ohne vorherige Trocknung in $CH_3OH$ zerkleinert u. extrahiert, der Extrakt nach dem Abdest. des $CH_3OH$ u. Zugabe von $K_2CO_3$ mit Chlf. ausgeschüttelt; die Basen wurden der benzol. Lsg. des Chloroformrückstands mit 5%ig. Weinsäure entzogen, nach Zusatz von $K_2CO_3$ in Chlf. aufgenommen u. die phenol. Basen mit n-NaOH abgetrennt; 0,4—0,5% (Ausbeute). — *Buphanamin* (I), $C_{17}H_{19}O_4N$, F. 184—186° (Aceton), aus der aceton. Lsg. von A u. anschließende Chromatographie; große, schräg abgeschnittene Prismen (mkr. Aufnahme); $[\alpha]_D^{20}$ —205 ± 3° (c = 0,69 u. 0,68; 95%ig. A.); 50% (aus A). *Perchlorat,* $C_{17}H_{19}O_4N \cdot HClO_4$, F. 232—234°, aus Ae./Aceton Prismen (mkr. Aufnahme); $[\alpha]_D^{20}$ —154° (c = 0,35; 95%ig. A.). — *Buphanidrin* (II), $C_{18}H_{21}O_4N$, Kp.$_{<0,04}$ 150—170°, aus der Mutterlauge von I durch Ausschütteln mit n-HCl; $[\alpha]_D^{20}$ +1,8 ± 1° (c = 0,54; 95%ig. A.); 38,7% (aus A). *Perchlorat,* $C_{18}H_{21}O_4 \cdot HClO_4$, F. 240—242° (Aceton-Ae., 1 : 1), $[\alpha]_D^{20}$ +5,5 ± 2° (c = 0,706; 95%ig. A.). *Hydrobromid,* $C_{18}H_{21}O_4N \cdot HBr$, F. 195 bis 197°, $[\alpha]_D^{20}$ +5,6 ± 1° (c = 1,08; 95%ig. A.). *Hydrorhodanid,* $C_{18}H_{21}O_4N \cdot HCNS$, F. 200—202° (Zers.), feine glänzende Prismen aus Aceton/Ae., $[\alpha]_D^{20}$ +8,1 ± 1° (c = 0,867; 95%ig. A.). — *Buphanisin* (III), $C_{17}H_{19}O_3N$, F. 122—124°, aus den von der

Isolierung von **II** verbleibenden lösl. Hydrochloriden nach Abtrennung eines Basengemisches (**B**) mit Phosphatpuffer vom $p_H$ 6,5 durch Ausschütteln mit Citratpuffer vom $p_H$ 5 u. Chromatographie an $Al_2O_3$; Prismen aus Ae.; $[\alpha]_D^{20}$ $-26^0$ (c = 0,76; 95% ig. A.); 4% (aus **A**). — *Ambellin*, $C_{18}H_{21}O_5N$, F. 254—256$^0$ (Zers.), aus **B** durch Chromatographie an $Al_2O_3$ u. Elution mit Chlf.; Prismen aus Aceton; $[\alpha]_D^{20}$ $+35 \pm 2^0$ (c = 0,366; 95% ig. A.); 0,033%. — *Crinidin* (**IV**), $C_{16}H_{17}O_3N$, F. 208—210$^0$, aus vorst. Chromatogramm durch Elution mit 1% ig. $CH_3OH$-Chlf.; lange Prismen aus Aceton; $[\alpha]_D^{20}$ $-21^0$, $-22 \pm 1^0$ (c = 0,50, 0,686; 95% ig. A.), $-9{,}6^0$, $-19^0$, $-23^0$ (c = 2,037, 1,016, 0,508; Chlf.); 5,6%. — *Lycorin*, $C_{16}H_{17}O_4N$, F. 250—255$^0$ (Zers.; A.), analog vorst. Verb. aber nur aus den Zwiebelhäuten in sehr geringer Ausbeute; $[\alpha]_D^{20}$ $-91^0$, $-88 \pm 2^0$ (c = 0,099, 0,111; 95% ig. A.). — Die Infrarotspektren von **I**, **II** u. **III** u. die UV-Absorptionsmaxima aller Verbb. sind angegeben. (Helv. chim. Acta **38**. 1209—22. 1/8. 1955. Basel, Pharm.-chem. Labor. „Sandoz".) S. TODT. 3500

**Carl Djerassi, N. Frick** und **L. E. Geller,** *Alkaloiduntersuchungen.* 1. Mitt. *Die Isolierung von Pilocerein aus dem Kaktus Lophocereus schottii.* Bei der Extraktion von *Lophocereus schottii* (Cactaceae, Echinocactanae) werden aus 3,7% roher Alkaloidfraktion 0,5% eines krist., opt.-inakt. Alkaloids, Pilocerein (**I**), $C_{30}H_{42}O_4N_2$, erhalten. Auf Grund der Eigg. u. Rkk. von **I** u. seinen Derivv. enthält es 2 ditert. bas., heterocycl. gebundene N, die möglicherweise in einem Chinolinkern enthalten sind, sowie 2 Methoxylgruppen, ein Äther-O u. ein phenol. OH.

Versuche (FF. korr.): Aus zerkleinertem, bei 80$^0$ getrocknetem Pflanzenmaterial werden nach 20std. Extraktion mit 95% ig. A. u. Verteilung zwischen Ae. u. 5% ig. HCl aus der grünen Epidermis 6,7%, aus dem Mark 1,1%, aus dem Herzstück 0,2% rohe Alkaloide erhalten. — *Pilocerein* (**I**), $C_{30}H_{42}O_4N_2$, F. 176,5—177$^0$, aus dem rohen Alkaloidgemisch durch Chromatographie an $Al_2O_3$ u. Elution mit Bzl.–Ae. (1 : 1); aus Äthylacetat Nadeln, wird durch Kochen mit äther. $LiAlH_4$, äther. $CH_2N_2$ oder alkoh. NaOH nicht verändert, gibt kein kristallines Pikrat. *Dihydrochlorid*, $C_{30}H_{42}O_4N_2 \cdot 2\,HCl \cdot H_2O$, F. 228—232$^0$ (Zers.; Methanol–Äthylacetat). *Diperchlorat*, $C_{30}H_{42}O_4N_2 \cdot 2\,HClO_4$, F. 214 bis 217$^0$ (Zers.; Methanol–Athylacetat). *Dioxalat*, $C_{30}H_{42}O_4N_2 \cdot 2\,C_2H_2O_4 \cdot 2\,H_2O$, Zers. bei raschem Erhitzen bei 158—163$^0$, bei langsamem Erhitzen bei 198—200$^0$ (A.). *Dimethojodid*, $C_{30}H_{42}O_4N_2 \cdot 2\,CH_3J \cdot 2\,H_2O$, Zers. bei 233—244$^0$, aus Methanol–Äthylacetat gelbliche Nadeln. *Acetat*, $C_{32}H_{44}O_5N_2$, F. 186—186,5$^0$ (Ae.–Aceton). *Methyläther*, $C_{31}H_{44}O_4N_2$, Doppel-F. 103—105$^0$ u. 153,5—154,5$^0$ (Hexan). — Die UV- u. Infrarotspektren von **I**, seinem Acetat u. Methojodid sind angegeben. (J. Amer. chem. Soc. **75**. 3632—35. 5/8. 1953. Detroit, Mich., Univ., Dep. of Chem.) ANTJE SCHMIDT. 3500

**O. Isler, H. Lindlar, M. Montavon, R. Rüegg** und **P. Zeller,** *Synthesen in der Carotinoidreihe.* 1. Mitt. *Die technische Synthese von β-Carotin.* Es wird ein Sechsstufenverf., das auf INHOFFENS β-Carotin-Synth. beruht (vgl. C. **1953**. 7096) u. nach dem Aufbauprinzip $C_{19} + C_2 + C_{19} = C_{40}$ zu *β-Carotin* (**I**) führt. Das Verf. wird in der Schweiz u. den U. S. A. im techn. Maßstab durchgeführt. Für den *β-$C_{19}$-Aldehyd* (**II**) wird eine neue vom *β*-Jonon (**III**) ausgehende, über 3 Stufen verlaufende Synth. mitgeteilt: 1. Verwandlung von **III** durch Glycidestersynth. in *β-$C_{14}$-Aldehyd* (**IV**); 2. Aufbau des *β-$C_{16}$-Aldehyds* (**V**) aus **IV**-*Diäthylacetal* durch Kondensation mit Vinyläthyläther (**VI**) u. saure Hydrolyse; 3. Herst. des *β-$C_{19}$-Aldehyds* (**II**) aus **V** analog (2.) mit Propenyläthyläther. 4. Verknüpfung von 2 **II** durch GRIGNARD-Rk. mit Acetylendi-MgBr zum *β-$C_{40}$-Diol* (**VII**). 5. Dehydratisierung von **VII** u. Umlagerung mit HCl zu *15.15'-Dehydro-β-carotin* (**VIII**); 6. Partialhydrierung von **VIII** u. Isomerisierung in PAe.-Suspension zu **I**. In der 2. Stufe wird **IV** (*4-[2'.6'.6'-Trimethylcyclohexen-(1')-yl]-2-methylbuten-(2)-al*) mit Orthoameisensäuretriäthylester in Ggw. von $H_3PO_4$ oder p-Toluolsulfonsäure acetalisiert, dann ohne Reinigung bei tiefer Temp. mit der äquimol. Menge **VI** u. einer 10% ig. $ZnCl_2$-Essigesterlsg. verrührt. Das α,β-ungesätt. **IV**-*Diäthylacetal* lagert sich schnell u. exotherm an die Doppelbindung von **VI** an, während dagegen das dabei entstehende α,β-gesätt. Ätheracetal {*6-[2'.6'.6'-Trimethylhexen-(1)-yl]-4-methyl-1.1.3-triäthoxyhexen-(4)*} bei tiefer Temp. nicht mit **VI** reagiert. Beim Erwärmen des Ätheracetals mit $H_3PO_4$ oder 95% ig. Essigsäure auf 95—100$^0$ wird die Acetalgruppe hydrolysiert u. aus der α.β-Stellung $C_2H_5OH$ abgespalten. Beim Verdünnen mit W. fällt **V** aus. In der 4. Stufe werden 2 Mol **II** im sogenannten Einstufenverf. mit Acetylendi-MgBr nach GRIGNARD verknüpft oder 1 Mol **II** wird im sogenannten Zweistufenverf. mit Li-Acetylid in fl. $NH_3$ zunächst zum *β-$C_{21}$-Acetylencarbinol* u. dann nach GRIGNARD mit einem 2. Mol **II** umgesetzt. Das Isomerengemisch von **VII** wird nicht isoliert, sondern mit HCl dehydratisiert u. unter Allylumlagerung in **VIII** verwandelt. Diese Verb. ist durch Kristallisation leicht zu reinigen. Danach wird mit LINDLAR-Kontakt (C. **1953**. 1312) in PAe.-Suspension partiell hydriert u. das *15.15'-cis-β-Carotin* schließlich in PAe.-Suspension durch 10std. Erwärmen bei

90—100° in die *all-trans-Verb.* umgelagert. Dadurch, daß die Carotinoide in der Suspension größtenteils in krist. Zustand vorliegen, werden Neben-Rkk. weitgehend vermieden u. fast quantitative Ausbeuten erzielt. Von den Kristallen von **V**, **VIII**, 15.15′-cis-β-Carotin u. **I** werden Farbphotos u. von **I**, 15.15′-cis-β-Carotin u. **VIII** die Absorptionsspektren im UV-, sichtbaren u. Infrarotbereich wiedergegeben. Chem., physikal. u. biol. Vgll. mit natürlichem β-Carotin ergaben Übereinstimmung. Die toxikolog. Prüfung mit 1 g/kg in der Nahrung (fünfmal/Woche über 4 Monate) an Ratten u. Kaninchen zeigte keine Unverträglichkeitserscheinungen oder Veränderungen im Blutbild.

Versuche: *4-[2′.6′.6′-Trimethylcyclohexen-(1′)-yl]-2-methyl-1.1-diäthoxybuten-(2)* (*β-C₁₄-Diäthylacetal*), $C_{18}H_{32}O_2$, $Kp._{0,4}$ 100°, aus 206 g β-$C_{14}$-Aldehyd (**IV**; 4-[2′.6′.6′-Trimethylcyclohexen-(1′)-yl]-2-methylbuten-(2)-al-(1); F. —0,5°; $n_D^{20}$ 1,5096) in 193 g Orthoameisensäuretriäthylester, 15 mg p-Toluolsulfonsäure u. 70 ml absol. A. durch 24std. Stehen bei 20°, Aufnehmen in Ae. u. Eindampfen; $n_D^{21}$ 1,4773; 275 g (Ausbeute). Analog mit Orthoameisensäuretrimethylester das *Dimethylacetal*, $C_{16}H_{28}O_2$, $Kp._{14}$ 157°, $n_D^{27}$ 1,4800. — *6-[2′.6′.6′-Trimethylcyclohexen-(1′)-yl]-4-methyl-1.1.3-triäthoxyhexen-(4)* (*β-C₁₆-Ätheracetal*), $C_{22}H_{40}O_3$, $Kp._{0,01}$ 127—129°, 280 g vorst. Diäthylacetals werden mit 10 ml einer 10%ig. $ZnCl_2$–Essigester-Lsg. versetzt u. unter Rühren 76 g **VI** bei 40—45° zugetropft, nach 1 Std. wird mit Ae. verd. u. mit verd. NaOH gewaschen; Öl; $n_D^{24}$ 1,4705; 320 g. — *6-[2′.6′.6′-Trimethylcyclohexen-(1′)-yl]-4-methyl-1.3-dimethoxy-1-äthoxyhexen-(4)*, $C_{20}H_{36}O_3$, $Kp._{0,03}$ 127°, $n_D^{25}$ 1,4760, analog aus vorst. Dimethylacetal. — *6-[2′.6′.6′-Trimethylcyclohexen-(1′)-yl]-4-methylhexadien-(2.4)-al-(1)* (*β-C₁₆-Aldehyd*; **V**), F. 78—79°, a) 500 g des β-$C_{16}$-Ätheracetal, 4 Liter Dioxan, 1,2 Liter W. u. 180 ml $H_3PO_4$ (887%ig.) in Ggw. einer Spur Hydrochinon werden unter $N_2$ 8 Std. bei 100° erhitzt, wobei 1,2 bis 1,5 Liter Dioxan/W. abdest.; durch Zutropfen von Dioxan/W. (4 : 1) wird das Vol. konstant gehalten, anschließend auf 6 kg Eiswasser gegossen u. mit $NaHCO_3$ schwach alkalisiert; aus $CH_3OH$ 250 g. *2.4-Dinitrophenylhydrazon*, $C_{22}H_{28}O_4N_4$, F. 199—200° ($CH_2Cl_2/CH_3OH$). *Semicarbazon*, $C_{17}H_{27}ON_3$, F. 211—212° ($CH_3OH$); b) auch in einer Stufe aus **IV**: 325 g **IV** werden mit Orthoameisensäureester acetalisiert u. nach Stehen über Nacht bei 20—30° 18 ml Pyridin zugegeben; das Reaktionsgemisch wird dann in 450 ml 2,5% $NaHCO_3$ gegeben, 20 Min. verrührt, die obere Schicht abgetrennt, der Rückstand nach Vakuumdest. mit 2 ml einer 10%ig. $ZnCl_2$–Essigester-Lsg. bei 30—35°, dann mit 160 ml **VI** u. gleichzeitig mit 28 ml $ZnCl_2$-Lsg. tropfenweise versetzt; nach Stehen über Nacht wird ein Gemisch von 1 Liter Eisessig, 77 ml W. u. 110 g Na-Acetat zugegeben, das Gemisch 3 Std. bei 95° gerührt u. auf Eis gegossen; 240 g. *Diäthylacetal*, $C_{20}H_{34}O_2$, $Kp._{0,1}$ 135°, Öl, $n_D^{25}$ 1,5082, aus 300 g **V** in 270 g Orthoameisensäuretriäthylester, Zugabe von 5 h $NH_4NO_3$ in 90 ml absol. A. u. Destillation. *Dimethylacetal*, $C_{18}H_{30}O_2$, $Kp._{0,02}$ 120—122°, $n_D^{22}$ 1,5092. — *8-[2′.6′.6′-Trimethylcyclohexen-(1)-yl]-2.6-dimethyl-1.1.3-triäthoxyoctadien-(4.6)* (*β-C₁₉-Ätheracetal*), $C_{25}H_{44}O_3$, $Kp._{0,05}$ 159°, $n_D^{24}$ 1,4932, 3,97 g vorst. rohes Diäthylacetal in Ggw. von 0,5 ml $BF_3$-Ätherat bei 40—45° mit 98 g Äthylpropenyläther langsam versetzen, nach 3 Std. bei 40° mit Ae. verd. u. mit verd. NaOH schütteln; 467 g Rohprodukt. Hieraus durch Erwärmen mit $H_3PO_4$ oder Essigsäure wie bei **V**-Acetal *8-[2′.6′.6′-Trimethylcyclohexen-(1′)-yl]-2.6-dimethyloctatrien-(2.4.6)-al-(1)* (**II**), $C_{19}H_{28}O$, F. 66—68°, ferner aus 75 g **V**, 65 g Orthoameisensäuretriäthylester u. 3 g $H_3PO_4$ in 20 ml absol. A. während 15 Std. bei 20—25° in einer Stufe; 60—65 g. — *10-[2′.6′.6′-Trimethylcyclohexen-(1′)-yl]-4.8-dimethyl-3-oxydecatrien-(4.6.8)-in-(1)*, hellgelbes Öl, $n_D^{23}$ 1,576, in die Lsg. von 1,7 g Li in 600 ml fl. $NH_3$ $C_2H_2$ bis zur Entfernung einleiten, zur Li-Acetylid-Suspension eine Lsg. von 59 g **II** in 200 ml absol. Ae. innerhalb 15 Min. geben u. 20 Std. rühren; nach portionsweiser Zugabe von 20 g $NH_4Cl$ $NH_3$ verdampfen, 200 ml W. zum Rückstand geben u. die Ae.-Schicht eindampfen; Ausbeute fast quantitativ. — *1.18-Bis-[2′.6′.6′-trimethylcyclohexen-(1′)-yl]-3.7.12.16-tetramethyl-8.11-dioxyoctadecahexa-en-(2.4.6.12.14.16)-in-(9)* (*β-C₄₀-Diol*; **VII**), zur GRIGNARD-Lsg. aus 11,5 g Mg u. 37 ml Äthylbromid in 100 ml Ae. wird bei 15—20° unter Rühren eine Lsg. von 64,2 g vorst. Verb. in 200 ml Ae. gegeben u. 1 Std. unter $N_2$ gekocht; nach Abkühlen 58,9 g **II** in 300 ml Ae. zutropfen u. das Gemisch 3 Std. kochen, dann in ein Gemisch aus 200 ml 3n $H_2SO_4$, 300 ml Eiswasser u. 3 Liter Ae. gießen u. den Ae. verdampfen; 123 g. Im Einstufenverf. wird durch eine GRIGNARD-Lsg. aus 20 g Mg, 96 g Äthylbromid u. 400 ml absol. Ae. unter Eiskühlung während 8—10 Std. gereinigtes $C_2H_2$ geleitet, unter $N_2$ **II** (125 g in 400 ml Ae.) tropfenweise eingerührt, das Gemisch 3 Std. gekocht u. mit $NH_4Cl$-Lsg. hydrolysiert. — *15.15′-Dehydro-β-carotin* (**VIII**), $C_{40}H_{54}$, F. 154°, in 26 g **VII** (in 400 ml $CH_2Cl_2$) bei —40° 15 ml Eisessig u. innerhalb 20 Sek. 16 ml HBr (60%ig.) geben, $1^1/_2$ Min. bei —30° rühren, 400 ml 10° warmes W. zufügen, 1 Std. bei 0—5° rühren, den Rückstand mit 75 ml PAe. durchschütteln u. aus $CH_2Cl_2/CH_3OH$ umkrist.; auch aus 100 g **VII** (in 700 ml Ae.) bei 20° mit 180 ml 8%ig. alkoh. HCl nach Stehen während 5 Std. bei 0°; 62 g. — *15.15′-cis-β-Carotin*, $C_{40}H_{56}$, F. 150—151°, durch Hydrieren einer Suspension von 100 g **VIII** in 1000 ml PAe. (80—100°) u. 12 g LINDLAR-Katalysator (l. c.) in Ggw. von 6 ml Chinolin unter Normalbedingungen, Lösen des Nd. in 3600 ml $CH_2Cl_2$, Einengen im Vakuum u. Schütteln des Rückstandes mit 1 Liter PAe. (30 Min. unter $CO_2$); 95 g. — *all-trans-β-Carotin* (**I**), $C_{40}H_{56}$, F. 180°, durch Erwärmen von 100 g vorst. cis-Verb. in 500 ml PAe. (80—100°) unter Rühren in $CO_2$-Atmosphäre (10 Std. bei 80°) u. 1 std. Stehen bei 0°; 95—97 g. (Helv. chim. Acta **39**. 249—59. 1/2. 1956. Basel, F. Hoffmann-La Roche & Co. AG., wissenschaftl. Labors.) K. NEZEL. 3550

**O. Isler, M. Montavon, R. Rüegg und P. Zeller,** *Synthesen in der Carotinoidreihe.* 2. Mitt. *Über den Aufbau der Ringkomponenten.* (1. vgl. vorst. Ref.) Der stufenweise Aufbau von $C_{19}$-Aldehyden (**I—IV**) mit den sich durch Doppelbindungsisomerie unterscheidenden Komponenten der Iso- (**I**), *β*- (**II**), Dehydro-retro- (**III**) u. Dehydro-*β*-Reihe (**IV**) aus $C_9$-[2.6.6-Trimethylcyclohexanon (**V**) oder 2.6.6-Trimethylcyclohexen-(2)-on-(1)] bzw. $C_{11}$-Körpern wird beschrieben. Die Synth. von **I** geht von **V** aus, das mit

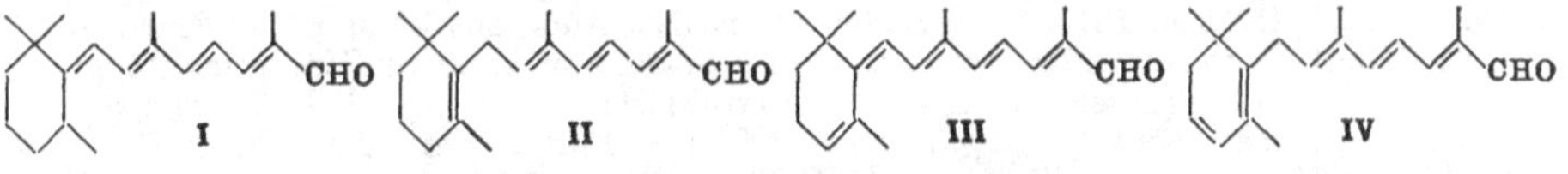


Li-Äthoxyacetylid in einer modifizierten ARENS u. VAN DORP-Synth. (Recueil Trav. chim. Pays-Bas **67**. [1948.] 973) in *2.6.6-Trimethylcyclohexylidenacetaldehyd* (**VI**) verwandelt wird. Die Verlängerung zum *Iso-$C_{14}$-Aldehyd* (**VII** geschieht mit Propenyläthyläther (**IX**) (vgl. vorst. Ref.). Von hier aus wird der *Iso-$C_{16}$-Aldehyd* (**VIII**) entweder durch Verlängerung mit Vinyläthyläther oder mit Li-Äthoxyacetylid erhalten. Erneute Umsetzung mit **IX** führt zu **I**. Die Iso- u. Dehydro-retro-Verb. mit 11 u. 14 C-Atomen lassen sich über die Enolacetate oder Enoläther in die entsprechenden *β*- oder Dehydro-*β*-Verbb. überführen. **VII** wird so mit Acetanhydrid in das Enolacetat verwandelt. Unter Wanderung der semicycl. Doppelbindung in den Ring entsteht dabei die *β*-Konfiguration. Bei der anschließenden milden alkal. Verseifung des Enolacetats entsteht der *β-$C_{14}$-Aldehyd*. Dehydro-retro-$C_{14}$-acetal liefert beim Erwärmen mit $POCl_3$ + Pyridin unter Abspaltung von 1 Mol. Alkohol den Enoläther. Durch saure Verseifung entsteht daraus der *Dehydro-β-$C_{14}$-Aldehyd*. Die Aldehyde der Dehydro-retro-Reihe werden aus der *β*-Reihe durch Bromierung mit Bromsuccinimid u. anschließende HBr-Abspaltung mit tert. Basen erhalten. Von allen Aldehyden werden die Phenylsemicarbazone dargestellt. Der Übergang von einer Reihe in die andere verläuft bei den $C_{11}$- u. $C_{14}$-Aldehyden bes. glatt. Der Aufbau der $C_{11}$-Verbb. aus den $C_9$-Ketonen ließ sich mit der modifizierten ARENS-VAN DORP-Synth., die die umständliche Herst. von Äthoxyacetylen umgeht, auch in großem Maßstab durchführen. Bei den *α,β*-ungesätt. Aldehyden verläuft die Kettenverlängerung mit Hilfe der Acetal–Enoläther-Kondensation ergiebiger. Bei den $C_9$-Ringketonen versagt sie. Die Ausbeuten sind in der *β*- u. Dehydro-*β*-Reihe besser als in der Iso- u. Dehydro-retro-Reihe. Das Verf. scheint zu den trans-Verbb. zu führen. Nur beim Dehydro-retro-$C_{16}$-aldehyd wurden 2 isomere Formen erfaßt. Die UV-Absorptionsspektren der hergestellten Verbb. wurden bestimmt.

Versuche: *2.6.6-Trimethyl-1-äthoxyäthinylcyclohexanol-(1)*, Kp.$_{0,1}$ 80—85°; zu 500 ml fl. $NH_3$, 300 mg $Fe(NO_3)_3$ werden 4,2 g Li eingetragen, unter Rühren 37,5 g *β*-Chlorvinyläthyläther u. nach 10 Min. 34 g **V** eingetropft; nach Rühren 40 std. beim Kp. des $NH_3$ Zugabe von 45 g $NH_4Cl$, Verdampfen des $NH_3$, Aufnehmen des Rückstandes in Ae. u. Vakuumdest.; 30 g (Ausbeute). — *2.6.6-Trimethylcyclohexylidenacetaldehyd* (**VI**), Kp.$_{11}$ 102°, $n_D^{24}$ 1,4968, durch Hydrieren der vorst. Verb. in 200 ml PAe. (80—100°) u. 1,5 ml Chinolin über 4 g Pd/Pb-Katalysator (nach LINDLAR) unter Normalbedingungen 2 std. Schütteln mit 250 ml Dioxan u. 100 ml 10%ig. $H_2SO_4$ unter $N_2$, Verdünnen mit W. u. Extraktion mit Petroläther. *Phenylsemicarbazon*, $C_{18}H_{25}ON_3$, F. 129—130°, Nadeln ($CH_3OH$). — *2.6.6-Trimethylcyclohexylidenacetaldehyddiäthylacetal*, Kp.$_{12}$ 126—128°, $n_D^{23}$ 1,4625, 18,7 g **VI** in 20 ml Orthoameisensäuretriäthylester mit 0,35 ml 85%ig. $H_3PO_4$ in 5 ml absol. A. 24 Std. stehenlassen, 3 ml Pyridin zugeben, auf eiskalte $NaHCO_3$-Lsg. gießen u. mit PAe. extrahieren. — *4-[2'.6'.6'-Trimethylcyclohexyliden]-2-methyl-1.1.3-triäthoxybutan*, $n_D^{23}$ 1,459, 24 g vorst. Verb. u. 0,5 ml einer 10%ig. Lsg. von $ZnCl_2$ in Essigester unter Rühren bei 30—35° im Verlauf von ca. 1 Std. mit 9,7 ml **IX** u. 8 ml der $ZnCl_2$-Lsg. versetzen u. 20 Std. bei 20° rühren. — *4-[2'.6'.6'-Trimethylcyclohexyliden]-2-methylbuten-(2)-al-(1)* (*Iso-$C_{14}$-Aldehyd*; **VII**), gelbliches Öl, Kp.$_{0,06}$ 83—85°, $n_D^{23}$ 1,5486, durch Erhitzen des rohen **VII** mit einer Lsg. von 8 g Na-Acetat in 5 ml W. u. 80 ml Eisessig während 4 Std. bei 95° unter Rühren, Verdünnen mit W. u. Extraktion mit Petroläther. *Phenylsemicarbazon*, $C_{21}H_{29}ON_3$, F. 158—159°, farblose Nadeln ($CH_2Cl_2/CH_3OH$), die beim Stehen rasch in eine gelbliche, grobkristalline Modifikation übergehen. —

*[6-[2'.6'.6'-Trimethylcyclohexyliden]-4-methylhexadien-(2.4)-al-(1)* (*Iso-$C_{16}$-Aldehyd*; **VIII**), $Kp._{0,07}$ 120—130°, F. 61—62°, gelbliche Kristalle (PAe.), aus 77 g **VII** u. Orthoameisensäuretriäthylester über *4-[2'.6'.6'-Trimethylcyclohexyliden]-2-methyl-1.1-diäthoxybuten-(2)* ($n_D^{23}$ 1,4885; 102 g) u. Umsetzung mit Vinyäthyläther wie vorst. (aus der Mutterlauge nach Chromatographie an $Al_2O_3$ eine kleine Menge *β-$C_{16}$-Aldehyd*, F. 78—79°). *Phenylsemicarbazon*, $C_{23}H_{31}ON_3$, F. 191—193°, fast farblose Kristalle, die rasch orangerot u. grobkristallin werden. **VIII** auch aus **VII** u. Li-Äthoxyacetylid in fl. $NH_3$ wie oben. — *8-[2'.6'.6'-Trimethylcyclohexyliden]-2.6-dimethyloctatrien-(2.4.6)-al-(1)* (*Iso-$C_{19}$-Aldehyd*; **I**), gelbes, dickfl. Öl, $Kp._{0,05}$ 140—150°, aus 26,5 g **VIII** analog **VII** über *6-[2'.6'.6'-Trimethylcyclohexyliden]-4-methyl-1.1-diäthoxyhexadien-(2.4)* (32,7 g) u. Verlängerung mit **IX**. *Phenylsemicarbazon*, $C_{26}H_{35}ON_3$, F. 210—211°, gelbe Prismen ($CH_2Cl_2/CH_3OH$). — *2.6.6-Trimethylcyclohexen-(1)-ylacetaldehyd* (*β-$C_{11}$-Aldehyd*), $Kp._{11}$ 101°, $n_D^{23}$ 1,4815, aus **V** analog **VI**, wobei die nach der Partialhydrierung anfallende PAe.-Lsg. mit dem gleichen Vol. 0,3n $H_2SO_4$ durch Schütteln über Nacht bei 20° hydrolysiert wird. *Phenylsemicarbazon*, $C_{18}H_{25}ON_3$, F. 157—159°, Nadeln ($CH_3OH$). Auch aus **VI** über das Enolacetat: 10 g **VI**, 30 ml Acetanhydrid u. 4 g wasserfreies Na-Acetat werden 2 Std. unter Rückfluß erhitzt, auf Eis/W. gegossen u. mit PAe. extrahiert; 10,6 g *2-[2'.6'.6'-Trimethylcyclohexen-(1')-yl]-1-acetoxyäthylen*, $Kp._{12}$ 116—120°, $n_D^{27}$ 1,4862. Verseifung durch Erhitzen mit 100 ml $CH_3OH$, 10 ml W. u. 4 g $NaHCO_3$ während 5 Std. unter Rückflußkochen, Verdünnen mit W. u. Extraktion mit PAe. geben 8 g *β-$C_{11}$-Aldehyd*, $Kp._{11}$ 98°, $n_D^{23}$ 1,481 (*Phenylsemicarbazon*, F. 157—159°); oder aus **VI** über den Enoläther: 23 g 2.6.6-Trimethylcyclohexylidenacetaldehyddiäthylacetal in 60 ml Toluol zu 9,5 ml $POCl_3$, 33 ml Pyridin in 50 ml Toluol geben u. unter Rühren 90 Min. bei 95° erhitzen, auf eiskalte $NaHCO_3$-Lsg. gießen u. die Toluollsg. im Vakuum dest.: 16 g *2-[2'.6'.6'-Trimethylcyclohexen-(1)-yl]-1-äthoxyäthylen*, gelbliche Fl., $Kp._{12}$ 104—106°, $n_D^{25}$ 1,482; 15 g hiervon werden mit 40 ml $CH_3OH$, 4 ml W. u. 0,4 g p-Toluolsulfonsäure 1 Std. unter Rückfluß gekocht u. mit 100 ml W. verd.; nach Dest. 13 g *β-$C_{11}$-Aldehyd*, $Kp._{13}$ 103—105°, $n_D^{23}$ 1,480 (Phenylsemicarbazon, F. 157—159°). — *4-[2'.6'.6'-Trimethylcyclohexen-(1)-yl]-2-methyl-1-acetoxybutadien-(1.3)*, $Kp._{0,05}$ 110°, $n_D^{24}$ 1,522, 9 g **VII**, 6,5 ml Isopropenylacetat u. 45 mg p-Toluolsulfonsäure 3 Std. unter $N_2$ bei 110—130° erhitzen, wobei das entstehende Aceton abdest. kann, die erkaltete Reaktionslsg. auf Eis/W. gießen u. mit PAe. (30—60°) extrahieren; 10,5g. Hieraus durch Verseifung mit $NaHCO_3$ in verd. $CH_3OH$ *4-[2'.6'.6'-Trimethylcyclohexen-(1')-yl]-2-methylbuten-(2)-al-(1)* [*β-$C_{14}$-Aldehyd*; gelbliches Öl, $Kp._{0,5}$ 100—102°, $n_D^{20}$ 1,5096. *Phenylsemicarbazon*, $C_{21}H_{29}ON_3$, F. 178—179°, Nadeln ($CH_2Cl_2/CH_3OH$). Auch aus **VII** über den Enoläther *4-[2'.6'.6'-Trimethylcyclohexen-(1')-yl]-2-methyl-1-äthoxybutadien-(1.3)*, Öl, $Kp._{0,02}$ 76°, $n_D^{19}$ 1,518]. — *6-[2'.6'.6'-Trimethylcyclohexen-(1')-yl]-4-methylhexadien-(2.4)-al-(1)* (*β-$C_{16}$-Aldehyd*), F. 78—79°, aus 51 g β-$C_{14}$-Aldehyd u. Li-Äthoxyacetylid in fl. $NH_3$. *Phenylsemicarbazon*, $C_{23}H_{31}ON_3$, F. 188 bis 189°, gelbliche Nadeln ($CH_2Cl_2/CH_3OH$). — *8-[2'.6'.6'-Trimethylcyclohexen-(1')-yl]-2.6-dimethyloctatrien-(2.4.6)-al-(1)* (*β-$C_{19}$-Aldehyd*; **II**), *Phenylsemicarbazon*, $C_{26}H_{35}ON_3$, F. 204—206°, gelbe Nadeln ($CH_2Cl_2/CH_3OH$). — *2.6.6-Trimethylcyclohexen-(2)-ylidenacetaldehyd* (*Dehydro-retro-$C_{11}$-Aldehyd*), gelbliches Öl, $Kp._{13}$ 120°, $n_D^{25}$ 1,538, aus 2.6.6-Trimethylcyclohexen-(2)-on-(1), wie beim β-$C_{11}$-Aldehyd angegeben, über *2.6.6-Trimethyl-1-äthoxyäthinylcyclohexen-(2)-ol-(1)* (Öl, $Kp._{0,1}$ 79—81°, $n_D^{25}$ 1,489). *Phenylsemicarbazon*, $C_{18}H_{23}ON_3$, F. 188—189°, Nadeln ($CH_3OH$). — *4-[2'.6'.6'-Trimethylcyclohexen-(2')-yliden]-2-methylbuten-(2)-al-(1)* (*Dehydro-retro-$C_{14}$-aldehyd*), gelbes Öl, $Kp._{0,05}$ 94°, $n_D^{24}$ 1,615 [*Phenylsemicarbazon*, $C_{21}H_{27}ON_3$, F. 153—155°, gelbe Nadeln ($CH_2Cl_2/CH_3OH$)], über *2.6.6-Trimethylcyclohexen-(2)-ylidenacetaldehyddiäthylacetal* (Öl, $Kp._{13}$ 130 bis 132°, $n_D^{23}$ 1,4805) u. *4-[2'.6'.6'-Trimethylcyclohexen-(2')-yliden]-2-methyl-1.1.3-triäthoxybutan* (Öl, $Kp._{0,3}$ 120—125°, $n_D^{22}$ 1,4715). Auch aus 30 g β-$C_{14}$-Aldehyd in 210 g $CH_2Cl_2$, 13,5 g $NaHCO_3$ u. 9 g CaO durch Bromierung mit 28 g N-Bromsuccinimid bei 5—10° während 3 Std.; das Filtrat mit 30 g Chinolin versetzen u. $CH_2Cl_2$ im Vakuum abtreiben; nach Zugabe von weiteren 30 g Chinolin 2 Std. unter $N_2$ auf dem Wasserbad erwärmen, 350 g PAe. zugeben, auf 250 g 3n $H_2SO_4$ u. Eis gießen, den PAe.-Rückstand (29,4 g) im HICKMAN-Kolben dest. ($Kp._{0,03}$ 90°) u. über VIGREUX-Kolonne fraktionieren (Dehydro-β-$C_{14}$-aldehyd u. Ausgangsmaterial als Vorlauf abziehen). — *6-[2'.6'.6'-Trimethylcyclohexen-(2')-yliden]-4-methylhexadien-(2.4)-al-(1)* (*Dehydro-retro-$C_{16}$-aldehyd*), $Kp._{0,02}$ 125° (Isomerengemisch), analog **VIII** über *4-[2'.6'.6'-Trimethylcyclohexen-(2')-yliden]-2-methyl-1.1-diäthoxybuten-(2)* ($n_D^{22}$ 1,5155) u. *6-[2'.6'.6'-Trimethylcyclohexen-(2')-yliden]-4-methyl-1.1.3-triäthoxyhexen-(4)*; aus dem Isomerengemisch durch Kristallisation aus PAe. bei —70° kann eine krist. Form des *Dehydro-retro-$C_{16}$-aldehyds*, F. 73—74°, in gelben Prismen erhalten werden [*Phenylsemicarbazon*, $C_{23}H_{29}ON_3$, F. 190—191°, gelbe Nadeln ($CH_2Cl_2/CH_3OH$), die rasch in eine orangerote, grobkristalline Modifikation übergehen]. Die in den Mutterlaugen zurückbleibende *ölige isomere Form* [*Phenylsemicarbazon*,

$C_{23}H_{29}ON_3$, F. 168—170°, gelbe Blättchen ($CH_2Cl_2/CH_3OH$)] kann durch 5std. Erwärmen auf 95° mit Essigsäure/Na-Acetat z. T. in die krist. Form übergeführt werden. Auch aus $\beta$-$C_{16}$-Aldehyd durch Behandlung mit N-Bromsuccinimid bei 20—25°. — *8-[2'.6'.6'-Trimethylcyclohexen-(2')-yliden]-2.6-dimethyloctatrien-(2.4.6)-al-(1)* (**III**; *Dehydro-retro-$C_{19}$-aldehyd*), aus **II** u. N-Bromsuccinimid in geringer Ausbeute). — *2-[2'.6'.6'-Trimethylcyclohexadien-(1'.3')-yl]-1-acetoxyäthylen*, Kp.$_{12}$ 115°, $n_D^{24}$ 1,505, aus 10 g 2.6.6-Trimethylcyclohexen-(2)-ylidenacetaldehyd mit Acetanhydrid/p-Toluolsulfonsäure während 90 Min. bei 95°; 10 g. — *2.6.6-Trimethylcyclohexadien-(1.3)-ylacetaldehyd*, Öl, Kp.$_{12}$ 105—110°, $n_D^{24}$ 1,499, durch Verseifung vorst. Verb. mit $NaHCO_3$ in verd. $CH_3OH$. *Phenylsemicarbazon*, $C_{18}H_{23}ON_3$, F. 158—160°, Nadeln ($CH_3OH$). Auch über den Enoläther *2-[2'.6'.6'-Trimethylcyclohexadien-(1'.3')- yl]-äthoxyäthylen* (Öl, Kp.$_{13}$ 107—109°, $n_D^{25}$ 1,502). — *4-[2'.6'.6'-Trimethylcyclohexadien-(1'.3')-yl]-2-methyl-1-acetoxybutadien-(1.3)*, gelbliches Öl, Kp.$_{0,05}$ 92—95°, $n_D^{24}$ 1,5535, aus 136 g Dehydro-retro-$C_{14}$-aldehyd u. Isopropenylacetat. Hieraus durch Verseifung mit $NaHCO_3$/verd. $CH_3OH$ 100 g *4-[2'.6'.6'-Trimethylcyclohexadien-(1'.3')-yl]-2-methylbuten-(2)-al-(1)* [*Dehydro-$\beta$-$C_{14}$-aldehyd*, Kp.$_{0,05}$ 80°, $n_D^{22}$ 1,530. *Phenylsemicarbazon*, $C_{21}H_{27}ON_3$, F. 184—185°, Nadeln ($CH_2Cl_2/CH_3OH$)]. Auch über den Enoläther *4-[2'.6'.6'-Trimethylcyclohexadien-(1'.3')-yl]-2-methyl-1-äthoxybutadien-(1.3)* (gelbliches Öl, Kp.$_{0,06}$ 92—94°, $n_D^{27}$ 1,555). — *6-[2'.6'.6'-Trimethylcyclohexadien-(1'.3')-yl]-4-methylhexadien-(2.4)-al-(1)* (*Dehydro-$\beta$-$C_{16}$-aldehyd*), Kp.$_{0,05}$ ca. 105°, F. ca. 20°, gelbliche Kristalle (PAe.), aus Dehydro-$\beta$-$C_{14}$-aldehyd analog **VIII** über *4-[2'.6'.6'-Trimethylcyclohexadien-(1'.3')-yl]-2-methyl-1.1-diäthoxybuten-(2)* ($n_D^{25}$ 1,487) mit Vinyläthyläther. *Phenylsemicarbazon*, $C_{23}H_{29}ON_3$, F. 183—185°, gelbliche Nadeln ($CH_2Cl_2/CH_3OH$). Auch aus Dehydro-$\beta$-$C_{14}$-aldehyd mit Li-Äthoxyacetylid. — *8-[2'.6'.6'-Trimethylcyclohexadien-(1'.3')-yl]-2.6-dimethyloctatrien-(2.4.6)-al-(1)* (**IV**; *Dehydro-$\beta$-$C_{19}$-aldehyd*), F. 64 bis 66°, gelbe Prismen (PAe.). *Phenylsemicarbazon*, $C_{26}H_{33}ON_3$, F. 208—209°, gelbe Nadeln ($CH_2Cl_2/CH_3OH$), über *6-[2'.6'.6'-Trimethylcyclohexadien-(1'.3')-yl]-4-methyl-1.1-diäthoxyhexadien-(2.4)* ($n_D^{26}$ 1,510) u. *8-[2'.6'.6'-Trimethylcyclohexadien-(1'.3')-yl]-2.6-dimethyl-1.1.3-triäthoxyoctadien-(4.6)* ($n_D^{22}$ 1,501) analog **I**. (Helv. chim. Acta **39**. 259—73. 1/2. 1956.) K. NEZEL. 3550

**O. Isler, H. Lindlar, M. Montavon, R. Rüegg und P. Zeller**, *Synthesen in der Carotinoidreihe.* 3. Mitt. *Die Synthese von 3.4;3'.4'-Bis-dehydro-$\beta$-carotin und 3.4-Monodehydro-$\beta$-carotin.* (2. vgl. vorst. Ref.) Nach dem in der 1. Mitt. (vgl. vorvorst. Ref.) beschriebenen Aufbauprinzip $C_{19} + C_2 + C_{19} = C_{40}$ des $\beta$-Carotinverf. wird die Synth. von *3.4;3'.4'-Bis-dehydro-$\beta$-carotin* (**I**), dem Provitamin $A_2$ u. *3.4-Monodehydro-$\beta$-carotin* (**II**), das gleichzeitig Provitamin A u. $A_2$ ist, beschrieben. Als $C_{19}$-Bausteine dienten die in vorst. Mitt. beschriebenen Aldehyde. Dehydro-$\beta$-$C_{19}$-aldehyd (**VI**) wird mit Acetylendi-MgBr zum *Bis-dehydro-$\beta$-$C_{40}$-diol* (**III**) kondensiert. Mit $POCl_3$ + Pyridin in Toluol werden unter Allylumlagerung 2 Mol W. abgespalten. *3.4;3'.4';15.15'-Tris-dehydro-$\beta$-carotin* (**IV**) wird partiell zu *3.4;3'.4'-Bis-dehydro-15.15'-cis-$\beta$-carotin* (**V**) hydriert u. durch Kochen in PAe. in **I** umgelagert. Durch Kondensation von **VI** mit Li-Acetylid in fl. $NH_3$ entsteht *Dehydro-$\beta$-$C_{21}$-acetylencarbinol* (**VII**), das bei neuerlicher Umsetzung mit **VI** schließlich zu **I** führt oder bei der Umsetzung mit $\beta$-$C_{19}$-Aldehyd über das *Monodehydro-$\beta$-$C_{40}$-diol* (**VIII**) nach Behandlung mit HBr in $CH_2Cl_2$ *3.4;15.15'-Bis-dehydro-$\beta$-carotin*(**IX**) u. nach partieller Hydrierung *3.4-Monodehydro-15.15'-cis-$\beta$-carotin* (**X**) ergibt, das zu **II** umgelagert wird. Die UV-Absorptionsspektren der einzelnen Verbb. u. die Infrarotabsorptionsspektren von **I** u. **II** werden wiedergegeben. Während $\beta$-Carotin in PAe. bei 452 u. 480 m$\mu$ Absorptionsmaxima besitzt, haben **I** u. **II** nur ein breites Maximum bei 471 bzw. 461 m$\mu$. **I** u. **II** lösen sich in Öl mit rötlicher Farbe, wobei **I** leuchtender rot erscheint. **I** besitzt 38% u. **II** 75% der Wachstumswrkg. von $\beta$-Carotin.

V e r s u c h e: *10-[2'.6'.6'-Trimethylcyclohexadien-(1'.3')-yl]-4.8-dimethyl-3-oxydecarien-(4.6.8)-in-(1)* (**VII**), zähes gelbes Harz, aus 55 g 8-[2',6'.6'-Trimethylcyclohexadien-(1'.3')-yl]-2.6-dimethyloctatrien-(2.4.6)-al-(1) (**VI**) in absol. Ae. (150 ml), das zur Lsg. von Li-Acetylid (aus 1,6 g Li) in 500 ml fl. $NH_3$ eingetropft wird; nach 20std. Rühren beim Kp. des $NH_3$ wird nach Abdampfen des $NH_3$ verd. $H_2SO_4$/Eis zugesetzt u. mit Ae. extrahiert; 51 g (Ausbeute). — *1.18-Bis-[2'.6'.6'-trimethylcyclohexadien-(1'.3')-yl]-3.7.12.16-tetramethyl-8.11-dioxyoctadecahexaen-(2.4.6.12.14.16)-in-(9)* (**III**), gelblich, harzig (wird nach mehrstd. Schütteln mit PAe. z. T. feinkristallin), zur GRIGNARD-Lsg. von 9,35 g Mg, 51 g Äthylbromid in 120 ml Ae. bei 0° 51 g **VII** eintropfen, 1 Std. am Rückfluß kochen u. dann 47 g **VI** in 250 ml Ae. bei 20° zugeben; nach 3std. Kochen auf Eis gießen u. mit HCl ansäuern; oder mit Acetylendi-MgBr (aus 4 g Mg, 20 g Äthylbromid u. $C_2H_2$ in 200 ml) u. 20 g **VI** in Ae., 2 Std. kochen u. hydrolysieren wie oben. — *3.4;3'.4';15.15'-Tris-dehydro-$\beta$-carotin* (**IV**), F. 165—167°, violette Kristalle ($CH_2Cl_2$/$CH_3OH$), 5,6 g **III** in 20 ml Toluol u. 10 ml Pyridin mit 3,2 g $POCl_3$ 50 Min. auf dem

Wasserbad unter $N_2$ erwärmen, auf Eis gießen u. mit Ae. extrahieren u. den Rückstand mit 50 ml PAe. (80—100°) über Nacht schütteln. — *3.4;3'.4'-Bis-dehydro-15.15'-cis-β-carotin* (**V**), Doppel-F. 130 u. 186°, rotviolette Kristalle ($CH_2Cl_2/CH_3OH$), durch partielle Hydrierung von **IV** mit Pd/Pb-Kontakt nach LINDLAR in Toluol in Ggw. von Chinolin bei Normalbedingungen. — *3.4;3'.4'-Bis-dehydro-β-carotin* (**I**), $C_{40}H_{52}$, F. 190 bis 191°, 2 g **V** mit 10 ml PAe. (80—100°) 20 Std. unter $CO_2$ am Rückfluß kochen; dunkelviolette Blättchen ($CH_2Cl_2/CH_3OH$). — *1-[2'.6'.6'-Trimethylcyclohexen-(1')-yl]-18-[2''.6''.6''-trimethylcyclohexadien-(1''.3'')-yl]-3.7.12.16-tetramethyl-8.11-dioxyoctadecahexaen (2.4.6.12.14.16)-in-(9)* (**VIII**), gelbes, zähes Harz, 14,35 g 10-[2'.6'.6'-Trimethylcyclohexen-(1')-yl]-4.8-dimethyl-3-oxydecatrien-(4.6.8)-in-(1) (β-$C_{21}$-Acetylencarbinol) in $C_2H_5$·MgBr (aus 2,5 g Mg, 12,8 g Äthylbromid u. 50 ml Ae.) 30 Min. unter Rückfluß kochen, nach dem Erkalten 13 g **VII** (in 50 ml Ae.) eintropfen, 3 Std. kochen, auf Eis gießen u. mit HCl ansäuern; oder aus **VII** u. β-$C_{19}$-Aldehyd. — *3.4;15.15'-Bis-dehydro-β-carotin* (**IX**), $C_{40}H_{52}$, F. 158—160°, violette Kristalle ($CH_2Cl_2/CH_3OH$), 27 g **VIII** in 500 ml $CH_2Cl_2$ bei —40° mit 16 ml Eisessig versetzen u. innerhalb 30 Sek. unter Rühren 17,5 ml konz. HBr zutropfen; nach $1^1/_2$ Min. bei —30° mit 500 ml W. versetzen, 3 Std. bei 0—3° rühren u. den Rückstand 1 Std. mit 100 ml PAe. (80—100°) schütteln. — *3.4-Monodehydro-15.15'-cis-β-carotin* (**X**), F. 137°, dunkelviolette Kristalle ($CH_2Cl_2/CH_3OH$), aus 2 g **IX** mit 2 g LINDLAR-Kontakt u. 0,2 g Chinolin in 60 ml Toluol mit $H_2$ bei 20° u. den Rückstand 1 Std. mit 40 ml PAe. (80—100°) schütteln. — *3.4-Monodehydro-β-carotin* (**II**), $C_{40}H_{54}$, F. 186°, dunkelblauviolette Kristalle ($CH_2Cl_2/CH_3OH$), 700 mg **X** in 4 ml PAe. (80—100°) unter $CO_2$ über Nacht unter Rückfluß kochen. (Helv. chim. Acta **39**. 274—82. 1/2. 1956.) K. NEZEL. 3550

**M. Viscontini, E. Loeser, P. Karrer** und **E. Hadorn**, *Fluorescierende Stoffe aus Drosophila melanogaster*. 3. Mitt. (1. vgl. C. **1956**. 6163; 2. vgl. Helv. chim. Acta **38**. [1955.] 1222.) Die Annahme, daß es sich bei dem aus *Drosophila melanogaster* isolierten *Pterin $HB_2$* (**I**) um 2-Amino-6-oxypteridin-8-oxyessigsäure handelt (vgl. l. c.), hat sich nicht bestätigt. **I** liefert nämlich beim Abbau mit $HJO_4$ *Acetaldehyd* (*p-Nitrophenylhydrazon*, F. 116°) u. beim Abbau mit $CrO_3$ nach KUHN-ROTH *Essigsäure*. Aus der Analyse errechnet sich eine Bruttoformel $C_{10}H_{12}O_4N_6$. **I** ist sauer u. löst sich in $NaHCO_3$. Eine Strukturformel kann nach den bisherigen Ergebnissen nur diskutiert werden. (Helv. chim. Acta **38**. 2034—35. 1/12. 1955. Zürich, Univ., Chem. Inst.) U. BAUMANN. 3550

**A. N. Nessmejanow, W. A. Ssasonowa** und **R. B. Materikowa**, *Über einige Reaktionen von Fenchon mit Organomagnesium- und Organolithiumverbindungen*. Von LEROIDE (C. R. hebd. Séances Acad. Sci. **148**. [1909.] 1611) wurde bei der GRIGNARD-Rk. von Fenchon (**I**) mit $C_6H_5MgBr$ ein aus der äther. Lsg. ausfallender Nd. erhalten, der als Anlagerungsverb. $C_{10}H_{16}O \cdot C_6H_5MgBr$ aufgefaßt wurde; doch wurden weder die genauen Versuchsbedingungen noch Analysen mitgeteilt. In vorliegender Unters. wird gezeigt, daß der Nd. eine Komplexverb. (**II**) ist, in deren Zus. **I**, bas. Magnesiumbromid u. Ae., aber kein $C_6H_5MgBr$ eingehen. Von **II** entsteht sehr viel mehr, wenn Luft-$O_2$ zugegen ist; in der äther. Lsg. befindet sich Diphenyl. Bei der Zerlegung von **II** mit W. werden **I** u. Ae. identifiziert. Durch Benzophenon kann **I** aus dem Komplex verdrängt werden, ebenso durch Benzil, wobei das entstehende bas. Magnesiumbromid $MgBr_2 \cdot MgBr(OH) \cdot 2(C_2H_5)_2 \cdot O$ (**III**) die Benzilsäureumlagerung bewirkt. Weiter wird festgestellt, daß sich **II** aus **I** u. **III** direkt bildet. Für **II** wird die Formel $2C_{10}H_{16}O \cdot MgBr_2 \cdot MgBr(OH) \cdot (C_2H_5)_2O$ angegeben. (Die Elementaranalyse liefert schlecht stimmende Werte für Mg u. bes. Br, für das um ca. 6% zu hohe Werte gefunden werden; recht gut würde dagegen dieFormel $C_{10}H_{16}O \cdot MgBr_2 \cdot MgBr(OH) \cdot 2(C_2H_5)_2O$ den Analysenresultaten entsprechen; vielleicht liegt im Origina ein Fehler vor; der Referent.) LEROIDE erhielt aus **I** u. $C_6H_5MgBr$ den entsprechenden tert. Alkohol, *Phenylfenchylalkohol* (**IV**) nur mit 7%ig. Ausbeute; von NAMETKIN u. OBTEMPERANSKAJA (Вестник Московского Государственного Университета [Nachr. Moskauer Staatl. Univ.] **1946**. 137) wurde sie durch Abänderung der Versuchsbedingungen ($C_6H_5MgBr$ das Doppelte der Theorie; Dibutyläther als Lösungsm.; 110°) auf 36% erhöht. Am besten wird **IV** aus **I** u. $C_6H_5Li$, analog *tert.-p-Tolylfenchylalkohol* aus **I** u. p-$CH_3C_5H_4Li$, hergestellt; Ausbeuten hierbei 70%. Analog **II** sind offenbar die bei der Rk. von **I** mit o- u. p-$CH_3C_6H_4MgBr$ entstehenden Ndd. zu formulieren.

V e r s u c h e: *Komplexverb.* **II**; a) zu 53,3 ml einer Lsg. von $C_6H_5MgBr$ in Ae. (0,3395 g/ml Lsg.) werden 15,2 g **I** hinzugesetzt; **II** fällt als Nd. aus; 1,2 g (Ausbeute); b) aus 8,55 g **III** u. 11,4 g **I** in 100 ml Ae. bei 30std. Schütteln. Mikroskop. Tafeln; an der Luft zerfließlich. — *Verb. $MgBr_2 \cdot MgBr(OH) \cdot 2(C_2H_5)O$* (**III**); über die Oberfläche einer $C_6H_5MgBr$-Lsg. (6 g Mg; 39 g $C_6H_5Br$; 120 ml Ae.) wird langsam $CO_2$-freie Luft geleitet; Reaktionsdauer 2 Tage; Kristalle, die sich an der Luft erhitzen; 8,4 g. — *tert.-Phenylfenchylalkohol* (**IV**), $Kp._{14}$ 167—168°; aus einer Lsg. von 6,87 g $C_6H_5Li$ in Ae. u.

10 g **I**, die tropfenweise unter Rühren zugesetzt werden; die Rk. wird unter $N_2$ durchgeführt; 10,6 g. — *tert.-p-Tolylfenchylalkohol*, $C_{17}H_{24}O$, F. 47—52°; Kp.$_{15}$ 177°; aus p-$CH_3C_6H_4Li$ (5,91 g) u. **I** in Ae; 8,17 g (Известия Академии Наук СССР, Отделение Химических Наук [Nachr. Akad. Wiss. UdSSR, Abt. chem. Wiss.] **1955.** 988—92. Nov./Dez. Moskau, Lomonossow-Univ.) R. KNOBLOCH. 3600

**H. M. E. Cardwell** und **F. J. McQuillin**, *Die Struktur von Cyperon.* 2. Mitt. *Autoxydation und alkalikatalysierte Isomerierung von α-Cyperon.* (1. vgl. MCQUILLIN, C. **1952.** 2846.) Um festzustellen, ob die alkalikatalysierte Isomerisierung von *α-Cyperon* (**I**) zur *β-Cyperon* (**II**) auf einen geringen Geh. von **I** an dem *Isopropylidenisomeren* (**III**) zurückzuführen sei, wurden Absorptionsmessungen bei ca. 890 $cm^{-1}$ durchgeführt. Sie ergaben für natürliches **I** $\varepsilon = 121$, für synthet. **I** ($[\alpha]_{5461}$ + 210°) $\varepsilon = 170$, für natürliches **I**-*Oxim* $\varepsilon = 207$, für synthet. **I**-*Oxim* $\varepsilon = 171$, für natürliches **II**-*Oxim* $\varepsilon = 100$, für synthet. **II**-*Oxim* $\varepsilon = 0$ u. für (—)-*Dihydrocarwoxim* $\varepsilon = 176$. Der niedrige ε-Wert des natürlichen **I** spricht für das Vorhandensein von **III** in diesem, während der hohe Wert des entsprechenden Oxims dies unwahrscheinlich macht. Die Behandlung von natürlichem **I** mit heißem alkoh. KOH führt zu einer erhöhten Absorption bei 300 mμ, die der Ggw. von 3—4% **II** entspricht, während die Hauptabsorption bei 250 mμ unverändert bleibt. Bei der Behandlung von natürlichem oder synthet. **I** bei Zimmertemp. mit alkoh. Alkali steigt die Absorption bei 300 mμ bis zu einem Endwert, der einer ca. 20%ig. Isomerisierung zu **II** entspricht; die Umwandlung verläuft nach einer Induktionsperiode als pseudomonomol. Reaktion. Dies spricht nicht für eine Isomerisierung, sondern vielmehr für eine Oxydation. Tatsächlich geht synthet. **I** nach mehrtägigem Stehen mit alkoh. KOH in *1.2.3.5.6.7.8.9-Oktahydro-6-oxy-4.9-dimethyl-3-oxo-6-isopropenylnaphthalin* über. Die Einw. von Alkali auf **I** dürfte also vor allem in der Einleitung der Autoxydation bestehen.

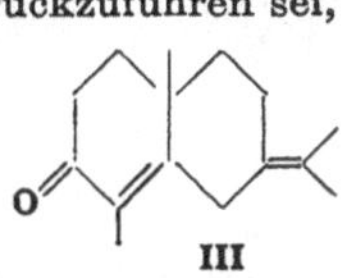

III

Versuche (opt. Drehungen in $CHCl_3$): Natürliches *β-Cyperon* (**II**), $C_{15}H_{22}O$, Kp.$_{0,05}$ 85°, nach Chromatographie; $n_D^{17}$ 1,5292; $[\alpha]_{5461}$ + 119,2° (c = 1,03). — Die Isomerisierung von natürlichem **I** durch 4std. Erhitzen mit 10%ig. alkoh. KOH gibt ein *Öl*, Kp.$_{0,1}$ 95°, $n_D^{20}$ 1,5313, $[\alpha]_{5461}$ + 129,5°. — *1.2.3.5.6.7.8.9-Oktahydro-6-oxy-4.9-dimethyl-3-oxo-6-isopropenylnaphthalin*, $C_{15}H_{22}O_2$, F. 61°, Kp.$_{0,1}$ 115—121°, durch 9tägige Behandlung von synthet. **I** mit alkoh. KOH bei Zimmertemp.; Prismen aus P.Ae., $n_D^{18}$ 1,5418; $[\alpha]_{5461}$ + 100° (c = 1,0); *Acetat*, $C_{17}H_{24}O_3$, Kp.$_{0,05}$ 100—105°, $n_D^{17}$ 1,5210. *2.4-Dinitrophenylhydrazon der Anhydroverb.*, $C_{21}H_{24}O_4N_4$, F. 228°, dunkelrote Prismen. Wird durch 2½std. Kochen mit wss.-alkoh. KOH unter $N_2$ oder durch 5std. Kochen mit $MnO_2$ in Bzl. nicht verändert. — Die UV- u. Infrarotabsorptionsmaxima der Verbb. sind angegeben. (J. chem. Soc. [London] **1955.** 525—28. Febr. Oxford, Univ., Dyson Perrins Labor.; Newcastle-on-Tyne, King's Coll.) WALTER SIMON. 3600

**D. Arigoni, J. Kalvoda, H. Heusser, O. Jeger** und **L. Ruzicka**, *Zur Kenntnis der Triterpene.* 189. Mitt. *Über die experimentelle Verknüpfung der Steroide mit Di- und Triterpenen.* 2. Mitt. (188. vgl. Helv. chim. Acta **38.** [1955.] 1517; 1. vgl. HEUSSER u. BERIGER, C. **1955.** 5322.) Das nach BROSSI, GUTMANN u. JEGER (C. **1952.** 3167) durch den Abbau von Abietinsäure zugängliche *tricycl. Keton* $C_{18}H_{24}O$ konnte in 2 *Stereoisomere* **Ia** u. **Ib** zerlegt werden. Bei der Red. nach HUANG-MINLON oder CLEMMENSEN entsteht ein Gemisch von *KW-stoffen* $C_{18}H_{26}$ (**II**), das mit $CrO_3$ in das *Ketongemisch* **III** übergeführt wurde. Aus **III** werden mit Benzopersäure über die *Lactone* **IV** durch Verseifung die *phenolischen Säuren* **Va** u. **Vb** erhalten. Ozonisierung, Nachoxydation der Abbauprodd. mit wss. Perameisensäure, Veresterung, Dest., Verseifung u. Chromatographie an Cellulosepulver führt zu (—)-*cis*- u. (+)-*trans* [*2-Methyl-2-carboxycyclohexyl-(1)*]*essigsäure*, das ident. ist mit dem Abbauprod. von Ergosterin D. Damit ist die stereochem. Identität des $C_{(10)}$, in Steroiden u. Di- bzw. Triterpenen gesichert.

Versuche (FF. korr., $\alpha = [\alpha]_D$ in Chlf.): *trans-(?)-Keton* $C_{18}H_{24}O$ (**Ia**), Kp.$_{0,1}$ 140° (Badtemp.), durch 20 Min. Kochen von 310 mg des Semicarbazons (F. 232—233°; α + 300° [c = 1,25]) mit wss.-methanol. HCl; α + 138° (c = 1,16); 246 mg (Ausbeute). *cis-Verb.* (**Ib**), durch 2std. Kochen von 3,243 g **Ia** mit 2,1%ig. methanol. KOH; α + 116° (c = 1,10); 3,111 g. — *Gemisch der Kohlenwasserstoffe* $C_{18}H_{26}$ (**II**), Kp.$_{0,1}$ 125° a) durch 2std. Kochen von 1,247 g **Ib** mit Diäthylenglykol u. $N_2H_4 \cdot H_2O$ in A. u. 4std. Erhitzen mit KOH auf 200°; α + 38 bis 59°; 822 mg; b) durch 20std. Kochen von 212 mg von **Ib** in Eisessig/Toluol mit Zn/konz. HCl; α + 52° (c = 0,98); 182 mg. — *Gemisch der Ketone* $C_{18}H_{24}O$ (**III**), Kp.$_{0,1}$ 144°, aus 298 mg **II** mit $CrO_3$/Essigsäure; α + 33° (c = 0,92), UV-Absorptionsspektr.; 172 mg. *Dinitrophenylhydrazon* $C_{24}H_{28}O_4N_4$, F. 144—145° (Ae.-$CH_3OH$), Nadeln. (+)-*trans-[2-Methyl-2-carboxycyclohexyl-(1)]-essigsäure*, $C_{10}H_{16}O_4$,

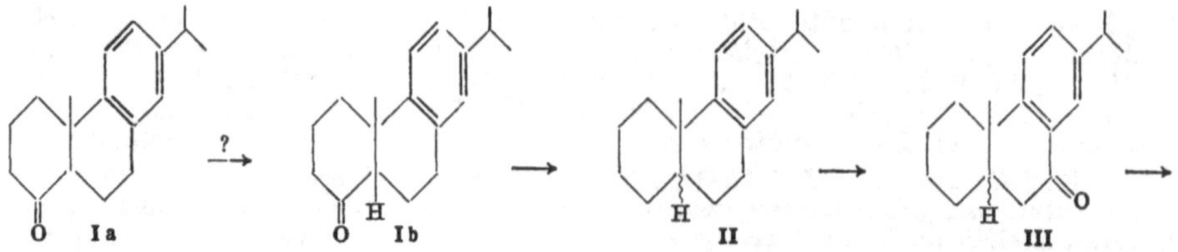

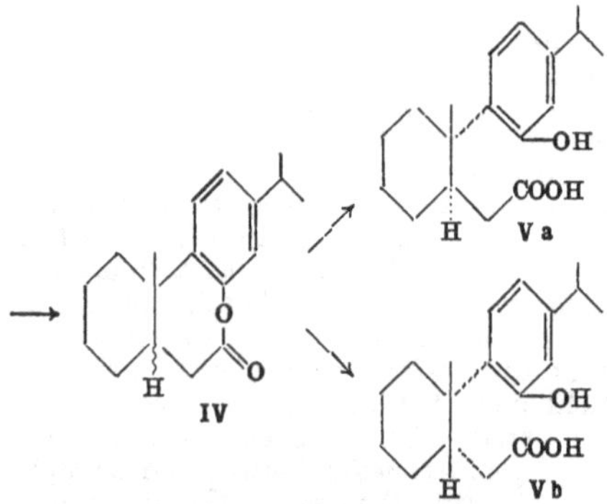

F. 140—142° (Aceton–Hexan), durch 8tägiges Stehen von 956 mg **III** mit Benzopersäure in Chlf. bei 20°, Ausäthern, 2std. Kochen der **IV** mit 10%ig. alkoh. KOH, 4std. Ozonisieren des Säuregemisches **Va** u. **Vb** in Chlf. u. $CH_3OH$ bei 20°, 2std. Kochen mit HCOOH u. 30%ig. $H_2O_2$, Einengen, Verestern der Säuren, Chromatographieren an $Al_2O_3$ aus Bzl., fraktionierte Dest. bei 72—79°/0,15 mm ($n_D$ 1,4630), Kochen mit wss.-methanol. KOH über Nacht u. Chromatographieren an Cellulosepulver aus Aceton; $\alpha$ + 11,4° (c = 1,40 in Aceton); 39 mg. (—)-*cis-Verb.*, F. 160 bis 162° (Aceton–Hexan), $\alpha$-5° (c = 0,75 in Aceton); 15 mg. (Helv. chim. Acta **38.** 1857 bis 1862. 1/12. 1955. Zürich, ETH., Organ.-chem. Labor.) R. PASEDAG. 3600

**J. M. Beaton, J. D. Easton, M. M. Macarthur, F. S. Spring** und **Robert Stevenson,** *Triterpenoide.* 45. Mitt. *Die Umwandlung von α-Amyrin in Phyllanthol. Die Konstitution von „Iso-α-amyradienonyl-II-acetat“.* (44. vgl. J. chem. Soc. [London] **1955.** 3378.) Für das nach RUZICKA u. Mitarbeitern (C. **1948.** II. 73) aus α-Amyrinacetat über 12-Oxoiso-$\Delta^{9,11,14}$-ursadien-3β-ylacetat (**I**) durch Behandlung mit HCl gewonnene sog. „Iso-α-amyradienonyl-II-acetat“ (**II**) wird durch nachst. Rkk. u. Identifizierung der Prodd. durch UV-Absorptionsspektren u. Tetranitromethanteste die Konst. eines *12-Oxo-13,27-cyclo-$\Delta^{9,11}$-ursen-3β-ylacetats* bewiesen. Die Red. von **I** mit Li fl. $NH_3$ führt zu *12-Oxoiso-$\Delta^{14}$-ursen-3β-ol,* dessen *Acetat* mit Mineralsäuren zu *12-Oxo-13,27-cycloursan-3β-ylacetat* (**III**) isomerisiert wird. **III** entsteht auch aus **II** mit Li fl. $NH_3$. Durch modifizierte WOLFF-KISHNER-Red. von **III** u. Acetylierung wird in geringer Ausbeute ein durch eine Äthylenverb. verunreinigtes *Phyllanthylacetat* (**IV**) erhalten. **IV** entsteht rein durch $LiAlH_4$-Red. von **III** zu *13,27-Cyclo-$\Delta^{11}$-ursen-3β-ylacetat* u. dessen katalyt. Hydrierung. Vff. weisen auf die leicht erfolgende Wanderung der $CH_3$-Gruppe von $C_{(14)} \rightarrow C_{(13)}$ u. umgekehrt hin. Das von JOHNSTON u. SPRING (C. **1955.** 4115) aus 12-Oxo-$\Delta^{9,11,14}$-taraxeradien-3β-ylacetat („Iso-β-amyradienonylacetat“) über das Oxyd $C_{32}H_{48}O_4$ u. Chloracetat $C_{32}H_{47}O_3Cl$ erhaltene Acetat $C_{32}H_{48}O_3$ wird als 12-Oxo-18,27-cyclo-$\Delta^{9,11}$-oleanen-3β-ylacetat erkannt.

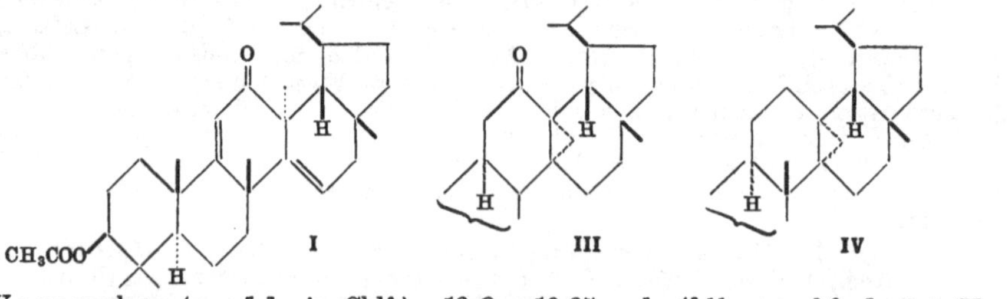

Versuche: ($\alpha$ = $[\alpha]_D$ in Chlf.): *12-Oxo-13,27-cyclo-$\Delta^{9,11}$-ursen-3β-ylacetat* (**II**; *„Iso-α-amyradienonyl-II-acetat“*), $C_{32}H_{48}O_3$, F. 269—270° (n-Hexan–Bzl.), durch 40 Min. Einleiten eines schnellen HCl-Stromes in eine Lsg. von 3 g **I** (F. 221—222°, $\alpha$ + 8°) in Eisessig, 4tägiges Stehen u. Einengen; Nadeln, $\alpha$ + 160° (c = 0,8), + 157° (c = 1,3); 1,2 g (Ausbeute). *Freier Alkohol,* $C_{30}H_{46}O_2$, F. 215—216° (n-Hexan-Aceton), Nadeln, $\alpha$ + 154° (c = 0,6), + 157° (c = 1,0). — *12-Oxoiso-$\Delta^{14}$-ursen-3β-ol,* $C_{30}H_{48}O_2$, F. 233 bis 234°, durch Zugeben von 8 g **I** in Ae. zu Li fl. $NH_3$, 10 Min. Rühren, Zugeben von $NH_4Cl$ u. 2std. Kochen des isolierten Prod. mit 3%ig. äthanol KOH; Nadeln, $\alpha$ —39° (c = 0,8), —40° (c = 0,9); 1,1 g. *Acetat,* $C_{32}H_{50}O_3$, F. 227—228° (Chlf.-$CH_3OH$), Nadeln, α $-27^0$ (c = 1,3), $-28^0$ (c = 1,1). — *12-Oxo-13,27-cycloursan-3β-ylacetat* (III), $C_{32}H_{50}O_3$, F. 259—261° (Chlf.-$CH_3OH$), a) analog II aus 220 mg vorst. Acetats mit HCl; Nadeln α $+60^0$ (c = 1,6); 150 mg; b) durch Zugeben von 1 g II in Ae. zu Li/fl. $NH_3$ in 2 Min., 3 Min. Weiterrühren, Zers. mit Aceton, Acetylieren, Chromatographieren an $Al_2O_3$, Eluieren eines *Acetats* (F. 259—261° [Chlf.-$CH_3OH$], Nadeln, α $+47^0$ [c = 1,8], starke F.-Depression; 190 mg) u. Eluieren mit PAe.-Bzl. (9:1); α $+59^0$ (c = 1,6); 155 mg. Weiteres Eluieren mit PAe.-Bzl. (1:1) → *Acetat* $C_{32}H_{50}O_3$ (F. 318—320° [Chlf.-$CH_3OH$], Nadeln, α $-15^0$ [c = 1,6], $-15,5^0$ [c = 1,7]; 80 mg); c) ebenso, aber Erwärmen des rohen Alkoholgemisches mit Ae., Umkristallisieren des unlösl. Teils u. Acetylieren; 43%. *Freier Alkohol*, $C_{30}H_{48}O_2$, F. 319—321° (Chlf.-$CH_3OH$), Nadeln, α $+51^0$ (c = 0,22). — 24std. Erhitzen von 200 mg III mit Na, Diäthylenglykol u. $N_2H_4$ auf 170—180°, 18std. Erhitzen auf 216°, Acetylieren u. Chromatographieren → mit einer Äthylenverb. verunreinigtes *Phyllanthylacetat* (?) (IV), F. 264—266° (Chlf.-$CH_3OH$), Blättchen, α $+36,5^0$ (c = 1,2); 39 mg. — *13,27-Cyclo-$\Delta^{11}$-ursen-3β-ylacetat*, $C_{32}H_{50}O_2$, F. 224—226° (Chlf.-$CH_3OH$), aus 200 mg III mit $LiAlH_4$ u. Acetylieren; Platten α $+25^0$ (c = 0,8); 44 mg. 2std. Hydrieren von 100 mg in Eisessig in Ggw. von Pt → IV, F. 268—272° (Chlf.-$CH_3OH$), Blättchen, α $+50^0$ (c = 0,8), $+49^0$ (c = 1,4); 67 mg. — Die UV-Absorptionsspektren der meisten Verbb. sind angegeben. (J. chem. Soc. [London] **1955**. 3992—97. Nov. Glasgow, Roy. Techn. Coll.) R. PASEDAG. 3600

**Carl Djerassi, L. H. Liu, E. Farkas, A. E. Lippman, A. J. Lemin, L. E. Geller, R. N. McDonald** und **B. J. Taylor**, *Terpenoide.* 11. Mitt. *Untersuchung von neun Kaktus-Arten. Isolierung zweier neuer Triterpene, Stellatogenin und Machaerinsäure.* (10. vgl. C. **1956**. 4160.) Vff. untersuchen 9, von Nordmexiko bis Peru vorkommende Kaktus-Arten auf ihren Geh. an Triterpenglykosiden. — Aus dem in Mittel- u. Südmexiko vorkommenden u. als „Pitayo" bezeichneten *Lemaireocereus pruinosus* konnte durch Hydrolyse des glykosid. Materials nur *Oleanolsäure* (I) isoliert werden. — Aus *L. stellatus*, in Südmexiko vorkommend u. als „Xoconochtle" oder „Pitayo" bekannt, wurden nach Hydrolyse ca. 3,5% Triterpengemisch erhalten. Die saure Fraktion lieferte nach Chromatographie der Methylester I u. *Betulinsäure* (IV). Aus der neutralen Fraktion konnte durch Chromatographie der Acetate zunächst das Triterpenlacton *Thurberogenin* (II) als *Acetat* (Anteil ca. 15%) erhalten werden, bei weiterer Eluierung ein homogenes *Monoacetat* $C_{32}H_{50}O_5$ (Anteil 80%), das durch Verseifung ein als *Stellatogenin* (III) bezeichnetes Triterpen $C_{30}H_{48}O_4$ liefert. Wie die Infrarotabsorptionsbande bei 5,66 μ ergibt, die auch II zeigt, ist III ein 5gliedriges Lacton; das vierte O-Atom liegt als tert. OH-Gruppe vor, denn das III-Acetat hat nach dem Infrarotspektr. noch eine freie OH-Gruppe, die jedoch weder acetyliert noch oxydiert werden kann, auch läßt sich das Acetat mit $POCl_3$ in Pyridin leicht zum II-*Acetat* dehydratisieren. Daß dabei keine Änderung des C-Skeletts eintritt, geht daraus hervor, daß II nach Oxydation mit Perbenzoesäure zum *Oxyd* u. LiAlH -Red. das gleiche *Tetrol* liefert, wie es bei der $LiAlH_4$-Red. von III entsteht. II liegt wahrscheinlich nicht ursprünglich in L. stellatus vor, sondern entsteht durch Dehydratation von III während des Isolierungsprozesses. Zwar konnte nach Acetylierung von reinem III u. sorgfältiger Chromatographie kein II nachgewiesen werden, aber Kochen von III mit methanol. HCl unter den Bedingungen der Hydrolyse der in L. stellatus vorliegenden Glykoside lieferte ein II-III-Gemisch. Wohl aber wird II als Bestandteil in L. thurberi vorliegen (vgl. 1. Mitt., C. **1954**. 2831), denn aus diesem konnte kein III isoliert werden. — *L. aragonii*, in Costa Rica vorkommend u. nach Ansicht mancher Autoren eine Cereus-Art, unterscheidet sich von den anderen untersuchten Lemaireocereus-Arten dadurch, daß nur Spuren an Triterpenen (wahrscheinlich eine Mischung von *Amyrinen*) enthalten sind. — Aus *L. laetus* (Süd-Ecuador u. Mittel-Peru) konnten gar keine Triterpene u. Alkaloide isoliert werden; vielleicht ist auch dieser Vertreter eine Cereus-Art. — Aus *Machaerocereus gummosus* (in dem mexikan. Staat Baja California), mit der Gattung Lemaireocereus verwandt, wurde früher (vgl. 4. u. 8. Mitt., C. **1956**. 3874 u. 4160) *Gummosogenin* = *$\Delta^{12}$-18β-Oleanen-3β.16β-diol-28-al* aus der neutralen Triterpenfraktion isoliert; aus den in sehr geringen Anteilen erhaltenen sauren Fraktionen wurde nun nach Chromatographie der Methylester ein *Ester* $C_{31}H_{48}O_4$ gewonnen, der als *Monoacetat* u. freie *Säure* charakterisiert wurde, die als *Machaerinsäure* (V) bezeichnet wird u. *21-Ketooleanolsäure* ist. — *M. eruca*, mit M. gummosus zusammen vorkommend u. auch als „Chirinol" bekannt, enthält ebenso wie L. stellatus III u. IV als Glykoside. — Aus diesen Unterss. geht die Verwandtschaft zwischen den beiden wichtigsten Machaereocereus- u. den Lemaireocereus-Arten hervor. — Auch die in Peru vorkommenden Kakteen *Neoraimondia macrostibas, Espostoa lanata* u. *Trichocereus peruvianus* wurden untersucht.

V e r s u c h e (FF. auf dem KOFLER-Block; $[\alpha]_D$ in Chlf.): Nach Extraktion von 375 g Trockenmaterial aus L. pruinosus mit A., Waschen des alkoh. Rückstandes (74 g

[Ausbeute]) mit Ae. u. Hydrolyse mit 20%ig. methanol. HCl wurde *Oleanolsäure* (I) erhalten; F. 297—302° ($CH_3OH$); 7 g. *Methylester*, F. 196—197°. — *3-Acetoxy-18-iso-oleanolsäurelacton*, F. 350—355°, aus 1,5 g I durch Kochen mit HCl-$CH_3COOH$; 1,25 g. — 532 g Trockensubstanz von L. stellatus gaben 119 g äthanol. Extrakt. Saure Hydrolyse Waschen mit 10%ig. KOH, Ausäthern u. Einengen gab 11,8 g Neutralsubstanz, F. ca. 300°. 40std. Acetylierung mit Acetanhydrid–Pyridin bei n. Temp., Chromatographie an $Al_2O_3$ u. Eluierung mit Bzl.–Ae. (1:1) führte zu *Thurberogenin* (II)-*Acetat*, $C_{32}H_{48}O_4$, F. 249—251° ($CH_3OH$–Chlf.); $[\alpha]_D$ + 22° (der in der 1. Mitt., 1. c., angegebene Wert beruht auf einem Irrtum); 14%. Weitere Eluierung mit Ae.–Chlf. (3:2) lieferte *Stellatogenin* (III)-*Monoacetat*, $C_{32}H_{50}O_5$, F. 327—330° (Chlf.–$CH_3OH$); $[\alpha]_D$ +53°; 80%. Daraus III, $C_{30}H_{48}O_4$, F. 317—319°, mit 3%ig. methanol. KOH (1½ Std., Dampfbad) bei nachherigem Ansäuern; $[\alpha]_D$ +36°; fast 100%. — Nach 2std. Kochen von 95 mg III-Acetat in Pyridin mit $POCl_3$, Verdünnen mit W., Ausziehen mit Bzl. u. Chromatographie entsteht II-*Acetat*; 85 mg. — Eine Verbesserung der Isolierung von II gegenüber der früheren Vorschrift (vgl. 1. Mitt., l. c.) ist dadurch gegeben, daß L. stellatus reicher an Triterpenen ist als L. thurberi: 35 g rohes III (aus 2,1 kg trockenem L. stellatus) werden bei 25° mit Acetanhydrid u. Pyridin mehrere Std. acetyliert; Gießen in W., Trocknen des abfiltrierten Rohprod. u. Kochen in Pyridin mit $POCl_3$ gibt 25 g II-*Acetat* nach chromatograph. Reinigung; Ausbeute 1,2%, bezogen auf getrocknetes Pflanzenmaterial. — Nach 2std. Kochen von 140 mg III mit 30 ccm $CH_3OH$ u. 7,5 ccm konz. HCl u. Chromatographie werden 94 mg III neben 40 mg II erhalten. — *Thurberogeninoxyd* (II-*Oxyd*), $C_{30}H_{46}O_4$, F. 299—302°, $[\alpha]_D$ +35°, aus 291 mg II, das in 18 Std. bei n. Temp. 1 Mol. Perbenzoesäure in Chlf. verbraucht; aus $CH_3OH$–Chlf. Nadeln; 203 mg. — „*Stellatogenin-Tetrol*", $C_{30}H_{52}O_4$, F. 274—276° ($CH_3OH$), a) aus 180 mg III-Acetat in Tetrahydrofuran durch 4std. Kochen mit $LiAlH_4$ in Ae., Zers. mit Essigester u. Behandeln mit $Na_2SO_4$-Lsg.; $[\alpha]_D$ +22° (Pyridin); 120 mg; b) aus 200 mg II-Oxyd wie vorst.; 141 mg. — Nach Ansäuern der bei der Aufarbeitung von L. stellatus erhaltenen alkal. Lsg. u. Umfällen des Nd. wurden 7 g roher Säuren erhalten; Methylierung mit $CH_2N_2$, Chromatographie u. Eluieren mit Bzl.–Ae. (4:1) lieferte aus den ersten 3 krist. Eluaten (von 20 Fraktionen) *Betulinsäure* (IV)-*Methylester*, $C_{31}H_{50}O_3$, F. 221—223° ($CH_3OH$); $[\alpha]_D$ +5°; 2 g. Verseifung mit KOH in Diäthylenglykol zu IV, $C_{30}H_{48}O_3$, F. 299—303°. IV-*Methylesteracetat*, $C_{33}H_{52}O_4$, F. 201—204°; $[\alpha]_D$ +19°. — Red. von 100 mg IV-Methylester mit $LiAlH_4$ führte zu *Betulin*, F. 251—253°; $[\alpha]_D$ +13°; 80 mg. — Die weiteren nach der Isolierung von IV-Methylester erhaltenen Eluate gaben I-*Methylester*, 50 mg, u. nach *Acetylierung* des verbleibenden I-*Methylesteracetat*, F. 215—217°; 1,4 g. — *Machaerinsäure* (V)-*Methylester*, $C_{31}H_{48}O_4$, F. 191—194° ($CH_3OH$), durch Methylierung der bei der Hydrolyse der Glykoside aus 984 g trockenem M. gummosus erhaltenen sauren Fraktion, Chromatographie der Methylester (2,8 g) u. Eluierung mit Bzl.–Ae. (2:1); $[\alpha]_D$ +23°; 1,23 g. V-*Methylesteracetat*, $C_{33}H_{50}O_5$, F. 256—260° ($CH_3OH$–Chlf.); $[\alpha]_D$ +17°. V, $C_{30}H_{46}O_4$, F. 309—312° (Ae. u. Aceton–Hexan); $[\alpha]_D$ +20°. — 69 g äthanol. Extrakt aus 4,5 kg M. eruca gaben nach Hydrolyse 3,8 g neutrales u. 2,1 g saures Material; aus den neutralen Anteilen wurde III erhalten; 3,1 g; die sauren Fraktionen lieferten bei Methylierung u. Chormatographie IV-*Methylester*. — Nach A.-Extraktion von 471 g Trockenmaterial von L. arigonii, Eindampfen, Extraktion mit Ae. u. Chromatographie der neutralen Anteile wurden 37 mg einer festen M. erhalten, deren Infrarotspektr. für das Vorliegen von α- u. *β-Amyrin* spricht. Die wahrscheinlich völlige Abwesenheit von Glykosiden ist dadurch gezeigt, daß nur 13,6 g in A. lösl. u. in Ae. unlösl. Material erhalten wurden. Das bei der sauren Hydrolyse in geringen Mengen erhaltene Öl gab nach Filtration durch $Al_2O_3$ ein *Pikrat* $C_{19}H_{19}O_9N_5$, F. 212—216° ($CH_3OH$), 21 mg, das nicht näher charakterisiert werden konnte. — Aus 580 g Trockenmaterial von L. laetus wurden 36 g nichtglykosid. Material (in A. u. Ae. lösl.) u. 31 g glykosid. Material (in A. lösl., in Ae. unlösl.) erhalten. Ersteres gab nach Chromatographie keine krist. Substanzen, letzteres nach saurer Hydrolyse 2,8 g eines neutralen Öls, aus dem keine krist. Prodd. erhalten werden konnten. — Espostoa lanata lieferte aus 254 g Trockensubstanz nur 21 g mit A. extrahierbares Material. — 700 g Trockenmaterial aus Neoraimondia macrostibas gaben aus dem alkoh. Extrakt 232 g; Extraktion mit Ae. lieferte 119 g neutrales öliges Material, das nicht getrennt werden konnte. Die verbleibenden, in A. lösl. u. in Ae. unlösl. 106 g gaben nach Hydrolyse 0,8 g bas. Prod., das nicht charakterisiert werden konnte, da es bei der Chromatographie mindestens 6 verschied. Fraktionen lieferte, u. 73,5 g gummiartiges Neutralprodukt. — Trichocereus peruvianus (269 g Trockensubstanz; 52 g Substanz aus dem äthanol. Extrakt) lieferte 1,8 g in Ae. lösl. Neutralfraktion, aus der 0,6 g einer wachsartigen M. bei Chromatographie erhalten werden konnte, die nicht näher untersucht wurde. Aus dem nach saurer Hydrolyse der glykosid. Fraktion erhaltenen Material konnten keine Alkaloide oder quartären Basen isoliert werden; Chro-

matographie des neutralen Anteils führte zu Spuren eines *Triterpenlactons* $C_{30}H_{46}O_4$ F. 320° (Zers.) nach Kristallisation u. Hochvakuumsublimation. (J. Amer. chem. Soc. 77. 1200—03. 5/3. 1955. Detroit, Mich., Wayne Univ., Dep. of Chem.)
H.-J. NITZSCHKE. 3600

**Silvio Pietra** und **Giorgio Traverso**, *Die partielle Oxydation von Oxyketocholansäuren.* Bei der Oxydation von 3α-Oxycholansäuren, die in 7- u. 12-Stellung Hydroxyl- u. Ketogruppen enthalten, mit Cyclohexanon in Ggw. von RANEY-Ni entstehen die entsprechenden *3-Ketocholansäuren*, wobei die Rk. selektiv auf das 3α-OH wirkt.

Versuche: *3α-Oxycholansäure* (*Lithocholsäure*), $C_{24}H_{40}O_3$, F. 187—188° (verd. Essigsäure oder $CH_3OH$-W.), aus 3α-Succinoxy-7.12-diketocholansäuremethylester, Hydrazinhydrat u. KOH in 1.2-Propylenglykol (30 Min. bei 130—135°). Dest. bei 180° u. 6 Std. Kochen. — *3-Ketocholansäuremethylester* (I), $C_{25}H_{40}O_3$, F. 115—116°, ($CH_3OH$) aus dem Methylester vorst. Säure mit Cyclohexanon u. RANEY-Ni in sd. Toluol (8 Std.); 85% (Ausbeute). — *3-Keto-12α-oxycholansäuremethylester*, $C_{25}H_{40}O_4$, F. 144° (A.–W.) aus 3α.12α-Dioxycholansäuremethylester (Desoxycholsäuremethylester) analog I; 80%. — *3α.7α-Dioxy-12-ketocholansäure*, $C_{24}H_{38}O_5$, F. 221—222° (Ae.) aus 10 g 3α.7α-Diacetoxy-12-ketocholansäuremethylester durch 1 std. Kochen mit wss.-methanol. KOH; 7,1 g. *Methylester*, $C_{25}H_{40}O_5$, F. 157—159° (Bzl.). — *3.12-Diketo-7α-oxycholansäuremethylester*, $C_{25}H_{38}O_5$, F. 155—156° (Äthylacetat), aus vorst. Methylester analog I; 55%. — *3α.7α-Dioxycholansäure* (*Chenodesoxycholsäure*), F. 140—142°, aus 6 g vorvorst. Säure mit Hydrazinhydrat in Propylenglykol in Ggw. von KOH; 5,4 g (roh). — *3α-Oxy-7-ketocholansäure*, $C_{24}H_{38}O_4$, F. 201—203°, aus 2,3 g vorst. Verb. u. $CrO_3$ in Eisessig bei —3° (2 Std.; 1,5 (roh). — *3.7-Diketocholansäuremethylester*, $C_{25}H_{38}O_4$, F. 161° ($CH_3OH$), aus dem rohen *Methylester* vorst. Verb. analog I; 80%. — *3α-Succinoxy-12-ketocholansäuremethylester*, $C_{29}H_{44}O_7$, F. 181—182° (verd. A.), aus 4 g Desoxycholsäuremethylester u. Bernsteinsäureanhydrid in Ggw.von Pyridin (10 Std. bei 100°) u. Oxydation mit $CrO_3$ in Eisessig (12 Std. bei 20°) 4,7 g. — *3α-Oxy-12-ketocholansäure* F. 159 bis 160°, aus vorst. Verb. u. 50%ig. KOH in Methanol (2 Std. unter Rückfluß). *Methylester*, $C_{25}H_{40}O_4$. — *3.12-Diketocholansäuremethylester*, $C_{25}H_{38}O_4$, F. 129—130° (Aceton–W.), aus vorst. Methylester analog I; 70%. — *3.7-Diketo-12α-oxycholansäureäthylester*, $C_{26}H_{40}O_5$, F. 168° (verd. A.), aus 3α.12α-Dioxy-7-ketocholansäureäthylester analog I; 75%. — *3α-Oxy-7.12-diketocholansäure*, $C_{24}H_{36}O_5$, F. 191—192° (Bzl.), aus 3α-Succinoxy-7.12-diketocholansäuremethylester mit sd. 15%ig. KOH (4 Std.) — *3.7.12-Triketocholansäuremethylester*, $C_{25}H_{36}O_5$, F. 243—244° ($CH_3OH$), aus vorst. Verb. durch Veresterung u. Oxydation; 70%. (Gazz. chim. ital. **82.** 540—47. Juli/Aug./Sept. 1952. Pavia, Univ., Ist. di Chim.)
W. SIMON. 3700

**Salvatore Carboni**, *Untersuchungen an Östrogenen.* 1. Mitt. Strukturverwandte Verbb. des Östrons, in denen dessen Ringe B u. C durch C-Ketten oder weitere Ringe ersetzt sind, werden beschrieben. Bei der Kondensation von Zimtaldehyd mit Cyclopentanon in NaOH entsteht *2-Cinnanylidencyclopentanon-(1)*, das sich zu *2-[3-Phenylpropyl]-cyclopentanon-(1)* hydrieren läßt. In analoger Weise erhält man aus p-Methoxyzimtaldehyd *2-[p-Methoxycinnamyliden]-cyclopentanon-(1)* u. *2-[3-p-Methoxyphenylpropyl]-cyclopentanon-(1)* das zu *2-[3-p-Oxyphenylpropyl]-cyclopentanon-(1)* entmethyliert wird.

Versuche: *2-Cinnamylidencyclopentanon-(1)*, $C_{14}H_{14}O$, F. 104°, aus Zimtaldehyd u. Cyclopentanon in wss. NaOH (24 Std. rühren); daneben etwas *2.5-Dicinnamylidencyclopentanon-(1)*, F. 222°, gelb. *Semicarbazon*, $C_{15}H_{17}ON_3$, F. 220° (Zers.), aus Dioxan u. A. gelbe Kristalle. — *2-[3-Phenylpropyl]-cyclopentanon-(1)*, $C_{14}H_{18}O$, aus vorst. Verb. durch Hydrierung über Pd/$CaCO_3$ in A., hellgelbes Öl mit angenehmem Geruch; Reinigung über das *Semicarbazon*, $C_{15}H_{21}ON_3$, F. 185—186° (A.). *Oxim*, $C_{14}H_{19}ON$, F. 67—68° (wss. A.). — *3-Phenylpropylalkohol*, $C_9H_{12}O$, als Nebenprod. bei der Darst. vorst. Verbindung. — *2-[p-Methoxycinnamyliden]-cyclopentanon-(1)*, $C_{15}H_{16}O_2$, F. 151 bis 157°, analog dem 2-Cinnamylidenderivat. *Semicarbazon*, $C_{16}H_{19}O_2N_3$, F. 227—229°, aus Dioxan gelbe Kristalle. — *2-[3-p-Methoxyphenylpropyl]-cyclopentanon-(1)*, aus vorst. Verb. durch katalyt. Hydrierung; Öl; Reinigung über das *Semicarbazon*, $C_{16}H_{23}O_2N_3$, F. 180—181° (A.). — *3-[p-Methoxyphenyl]-propylalkohol*, $C_{10}H_{14}O_2$, als Nebenprod. bei der Darst. vorst. Verbindung. — *2-[3-p-Oxyphenylpropyl]-cyclopentanon-(1)*, $C_{14}H_{18}O_2$, F. 81—83°, aus vorvorst. Verb. mit konz. HJ in Eisessig durch langsame Dest.; aus Ae.-PAe.-Nadeln. (Gazz. chim. ital. **82.** 533—39. Juli/Aug./Sept. 1952. Pisa, Univ., Ist. di Chim.)
W. SIMON. 3750

**Charles G. Salem** und **W. Werner Zorbach**, *11-Desoxycorticosteron. Die Hydrolyse von 21-Diazoprogesteron in wäßriger Schwefelsäure.* Bei der Hydrolyse von 21-Diazoprogesteron mit 2n $H_2SO_4$ in Dioxan (4 Std. bei 75°; vgl. REICHSTEIN u. v. EUW, Helv.

chim. Acta **23.** [1940.] 137), Chromatographie des erhaltenen Öls in Bzl. an $SiO_2$ u. Elution mit Bzl. u. Bzl.–Ae. wird in 62%ig. Ausbeute *11-Desoxycorticosteron,* F. 141,5 bis 142,5° (korr.; Ae.) $[\alpha]_D^{25}$ +184 ± 6° (c = 0,20 in Chlf.), erhalten (J. Amer. chem.Soc. **77.** 1055–56. 20/2. 1955. Washington, D. C., Georgetown Univ., Dep. of Chem.)
L. LEICHTER. 3750

**Gunther L. Eichhorn** und **James W. Dawes,** *Metallkomplexe aus Vitamin $B_6$ und Derivaten Schiffscher Basen.* Die Bldg. von farbigen Komplexen aus 0,015 mol. Vitamin $B_6$-Lsg., Alanin u. Cu- bzw. Ni-Ionen wird spektrophotometr. im BECKMAN-DU-Instrument verfolgt. Von den Systemen *Ni-* bzw. *Cu-Pyridoxal–Alanin* u. *Ni-* bzw. *Cu-Pyridoxamin-Brenztraubensäure,* werden die Spektren von 500–1000 mμ wiedergegeben u. diskutiert. Vf. schließt aus den opt. Daten das Vorliegen eines 1:2:2 Metall–Pyridoxal–Alanin-Komplexes, der aus den Komponenten sofort entsteht, während sich der Metall–Pyridoxamin–Brenztraubensäure-Komplex durch langsame Umwandlung bildet. (J. Amer. chem. Soc. **76.** 5663–67. 20/11. 1954. Baton Rouge, La., Lousiana State Univ., Chem. Labor.)
CH. GENEST. 3800

**F. Hunziker, F. X. Müllner** und **H. Schaltegger,** *Versuche zur Synthese von Modellsubstanzen der Dihydro-D-Vitamine.* Es werden Verss. zur Synth. substituierter, 2fach ungesätt. symm. *Bis-cyclohexyläthane* als Modellsubstanzen der *Dihydro-D-vitamine* beschrieben. — *1-Cyclohexyliden-2-[2'-oxycyclohexyliden]-äthan* wurde aus der 2'-Ketoverb. durch Red. mit $LiAlH_4$ dargestellt. Die Umsetzung von 2-Methylcyclohexanon mit der Mg-Verb. aus Cyclohexylidenäthylbromid gab ein teilweise dehydratisiertes *Carbinol* **I**, das durch Dest. über $P_2O_5$ weiter, mit $KHSO_4$ bei 180° vollständig, wahrscheinlich zu **II**, dehydratisiert wurde. — Kondensation von *Cyclohexylidenacetaldehyd* mit der Mg-Verb. aus Cyclohexylbromid lieferte teilweise dehydratisiertes *Carbinol* **III**, dessen Bromierung mit $PBr_3$-Dimethylanilin u. direkte Dehydrobromierung bei 140° ein konjugiertes *Dien* (wahrscheinlich (**IV**), dessen UV-Spektr. gegen homoanellare u. bisemicycl. Konjugation spricht. Letztere war außerdem nicht mit der Bldg eines *Maleinsäureanhydridadduktes* vereinbar. Analog wurde aus *2'-Methylcyclohexylidenacetaldehyd* über das *Carbinol* **V** u. das *Bromid* ein homologer KW-stoff, der ebenfalls ein *Maleinanhydridaddukt* gab, erhalten. — *4-Methoxycyclohexanon-2-carbonsäureäthylester* wurde nach Alkylierung mit Cyclohexylidenäthylbromid zu **VI** zur Verb. **VII** verseift. Beim Kochen

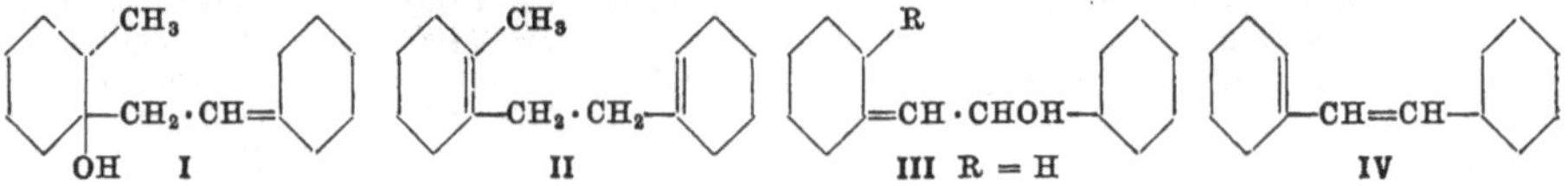

I II III R = H V R = $CH_3$ IV

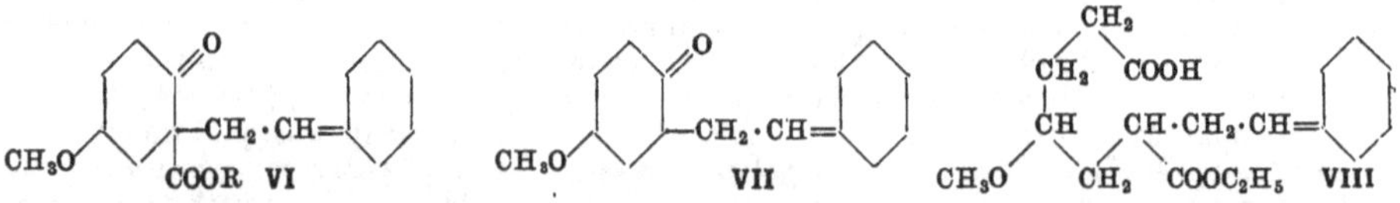

VI VII VIII

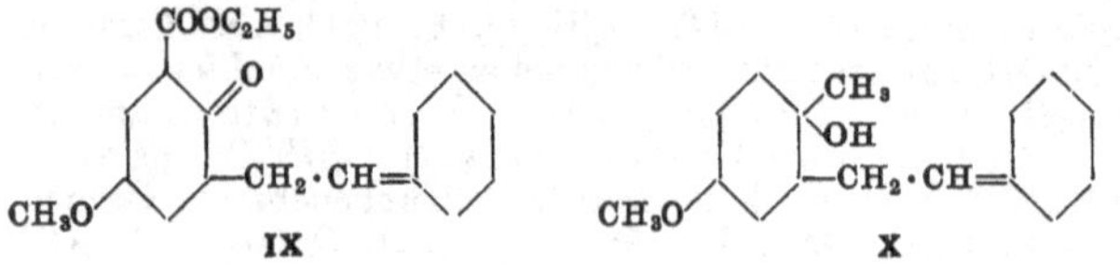

IX X

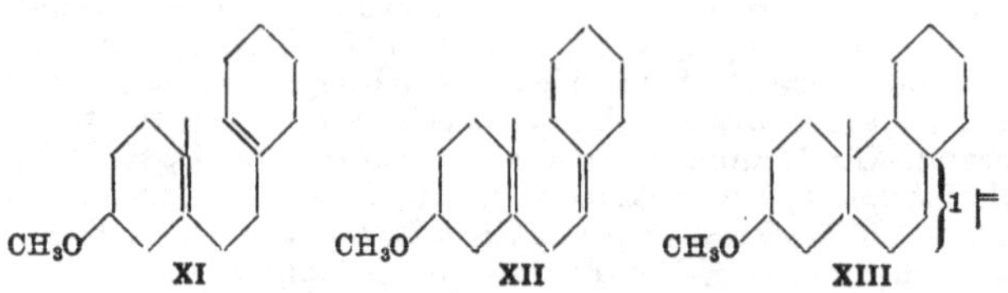

XI XII XIII

mit HCl erfolgte gleichzeitig Abspaltung der Methoxygruppe, bei alkal. Verseifung entstand nebenbei eine saure, vorwiegend den *Dicarbonsäurehalbester* **VIII** enthaltende Fraktion. Der hieraus hergestellte neutrale *Diester* (**VIII a**) gab mit Na-Bzl. hauptsächlich ein neutrales Öl, d. h. bei der Cyclisierung wurde anscheinend wieder **VI**, als Nebenprod. vielleicht auch noch der isomere *Ester* **IX**, gebildet. Der aus **VII** mit $CH_3MgJ$ erhältliche tert. Alkohol **X** lieferte mit $KHSO_4$ ein nicht konjugiertes Dien (**XI** u./oder **XII**?). Da $CrO_3$-Oxydation höchstens Spuren *Cyclohexanon* gab, dürfte das Dien überwiegend aus **XI** bestehen. Bei Behandlung mit konz. $H_3PO_4$ entstand ein Prod. gleicher Zus. mit verminderter Doppelbindungszahl (1,96 → 1,55), möglicherweise infolge teilweiser Bldg. eines Prod. **XIII**.

Versuche: (FF. auf dem KOFLER-Block; Fehler ± 2°): *1-Äthoxyäthinyl-2-methylcyclohexanol*, $C_{11}H_{18}O_2$, Kp.$_{1,5}$ 81—83°: 22,4 g, 2-Methylcyclohexanon u. Äthoxyacetylenmagnesiumbromid in absol. Ae. 30 Min. kochen, mit Eis- 20%ig. $NH_4Cl$-Lsg. zerlegen; $n_D^{20}$ 1,4792; 32,33 g (Ausbeute). — *2'-Methylcyclohexylidenacetaldehyd*, $C_9H_{14}O$, Kp.$_{12}$ 99—101°: 32,2 g vorst. Carbinol mit 1,5%ig. Pd–$CaCO_3$ in Essigester hydrieren, eingedampftes Filtrat kurz mit 5%ig. HCl im Vakuum schütteln; 18,36 g *Semicarbazon*, $C_{10}H_{17}ON_3$, F. 191—193° ($CH_3OH$–W.). — Analog *Cyclohexylidenacetaldehyd*, Kp.$_{12}$ 88—91°; 75%. *Semicarbazon*, $C_9H_{15}ON_3$, Zers. bei 205° ($CH_3OH$–W.). — *1-Cyclohexyliden-2-[2'-oxycyclohexyliden]-äthan*, F. 123°: 1,57 g Keton in absol. Ae. mit $LiAlH_4$ hydrieren (30 Min. kochen); Nadeln aus $CH_3OH$–W.; 1,04 g. — *Cyclohexylidenmethylcyclohexylcarbinol* (**III**), $C_{14}H_{24}O$, Kp.$_{12}$ 150—152°, aus 16,3 g Cyclohexyl–MgBr u. 12,4 g Cyclohexylidenacetaldehyd in absol. Ae. durch Kochen; 9,04 g. — *1-Cyclohexyl-2-[cyclohexen-(1')-yl]-äthylen* (**IV**), $C_{14}H_{22}$, Kp.$_{12}$ 142—144°: 9 g **III** (anscheinend partiell dehydratisiert) in N.N-Dimethylanilin mit 13 g $PBr_3$ nach Stehen über Nacht 3 Std. im Vakuum auf 140° erhitzen, nach Zerlegen mit Eis zwischen Ae. u. verd. HCl verteilen, gewaschene Ä.-Lsg. dest.; Öl; 3,37 g. *Maleinsäureanhydridaddukt*, $C_{18}H_{24}O_3$, F. 112—114° (Aceton–PAe.): 1 g **IV** mit Maleinsäureanhydrid 8 Std. in Bzl. kochen. — *2'-Methylcyclohexylidenmethylcyclohexylcarbinol* (**V**), $C_{15}H_{26}O$, Kp.$_{0,01}$ 112—114°, aus 20,77 g 2'-Methylcyclohexylidenacetaldehyd u. Cyclohexyl–MgBr analog **III**; Öl; 17,16 g. — *1-[2'-Methylcyclohexen-(1')-yl]-2-cyclohexyläthylen*, $C_{15}H_{24}$, Kp.$_{12}$ 148—150°, aus 17,16 g **V**, 36,5 g $PBr_3$ u. Dimethylanilin; Öl;. — *Maleinsäureanhydridaddukt*, $C_{19}H_{26}O_3$, Zers. bei 150° (Aceton–PAe.). — *cis-trans-Chinitmonomethyläther*, Kp.$_{12}$ 93—98°: Hydrochinonmonomethyläther bei 120° u. 85 at $H_2$ in Ggw. von RANEY-Ni hydrieren; 75%. — *p-Methoxycyclohexanon*, Kp.$_{12}$ 76,5—77,5°; Vorst. Verb. mit 1,5 Oxydationsäquiv. BECKMANNscher $CrO_3$-Lsg. oxydieren, nach 1—2tägigem Stehen mit NaCl sättigen u. ausäthern, höhersd. Anteile nochmals oxydieren; 62%. — *4-Methoxycyclohexanon-2-glyoxylsäureäthylester*, Öl aus vorst. Verb. u. Oxalester; 80%. *4-Methoxycyclohexanon-2-carbonsäureäthylester*, $C_{10}H_{16}O_4$, Kp.$_{11}$ 127—128°: Vorst. Verb. mit B-haltigem Glaspulver auf 195—200° bis zur Beendigung der Gasentw. erhitzen, über Na-Salz reinigen; $n_D^{20}$ 1,4797, purpurrote $FeCl_3$-Rk.; 47%. — *4-Methoxy-2-carbäthoxy-2-cyclohexylidenäthylcyclohexanon* (**VI**), $C_{18}H_{28}O_4$, Kp.$_{0,01}$ 162—164°: Vorst. Verb. in absol. Dioxan mit $NaNH_2$ unter Kochen in *Na-Verb.* überführen, dann mit Cyclohexylidenäthylbromid umsetzen, Eindampfrückstand zwischen Ae. u. eiskalter NaOH verteilen; viscoses Öl; 75%. — *2-Cyclohexylidenäthyl-4-methoxycyclohexanon* (**VII**), $C_{15}H_{24}O_2$, Kp.$_{0,01}$ 125—127°: 20,15 g **VI** mit Dioxan, W. u. 2n NaOH, 2,5 Std. kochen, in saure u. neutrale Anteile zerlegen; Öl, $n_D^{20}$ 1,5001; 12,59 g. *2.4-Dinitrophenylhydrazon*, $C_{21}H_{28}O_5N_4$, F. 138—145° (A.–W.). — *2-Cyclohexylidenäthyl-4-methoxypimelinsäure-1-äthylester* (Rohprod., **VIII**), $C_{18}H_{30}O_5$, Kp.$_{0,01}$ ca. 230°, vereinigte saure Anteile der **VI**-Verseifung destillieren. — *2-Cyclohexylidenäthyl-4-methoxypimelinsäurediäthylester* (Rohprod.) (**VIIIa**), Kp.$_{0,01}$ 165—170°: 13 g rohen Halbester **VIII** 2 Std. in abs. A. + 1,5 cm³ konz. $H_2SO_4$ kochen; 13,62 g Cyclisierung: 13,62 g mit 1,1 g Na-Pulver in absol. Bzl. 2 Std. kochen; 9,41 g neutrales Öl, 0,96 g laugelösliches. — **VII** Kp.$_{0,01}$ 125—130°, über **VIII** u. **VIIIa**: Vorst. gesamtes Cyclisierungsrohprod. (10,37 g) 105 Min. mit 0,5n NaOH kochen: neutrales Öl, $n_D^{20}$ 1,4980; 7,74 g. — *1-Methyl-2-cyclohexylidenäthyl-4-methoxycyclohexanol* (**X**), $C_{16}H_{28}O_2$, Kp.$_{0,01}$ 130°: **VII** in absol. Ae. zu überschüssiges $CH_3MgJ$ in Ae. geben, nach 2std. Stehen 20 Min. kochen, nach $CH_3OH$-Zusatz mit Eiswasser–$NH_4Cl$ zerlegen; Öl; $n_D^{20}$ 1,5036. — *1-[2'-Methyl-5'-methoxycyclohexen-(1')-yl]-2-[cyclohexen-(1'')-yl]-äthan* (**XI**) u./oder *1-Methyl-2-cyclohexylidenäthyl-4-methoxycyclohexen-(1)* (**XII**), $C_{16}H_{26}O$, Kp.$_{12}$ 163—165°: 7,25 g **X** u. 7,5 g geschmolzenes , gepulvertes $KHSO_4$, 105° Min. auf 170—180° erwärmen (Aufschäumen), Ae.-Extrakt dest.; bewegliches, leicht grünliches Öl; $n_D^{20}$ 1,5037; 6,38 g. Cyclisierung: 9,07 g Dien < 10° zu 32 g 85%ig. $H_3PO_4$ tropfen, dann je 15 Min. bei —15 bis —10°, Raumtemp. u. 50—60° rühren, Eiswasser zusetzen, ausäthern; Öl, Kp.$_{12}$ 163—165°, $n_D^{20}$ 1,5062; 7,29 g. (Helv. chim. Acta **38.** 1943—53. 1/12. 1955. Bern, Dr. A. Wander AG., Forschungsinst.) K. MAIER. 3800

**Lester J. Reed, Betty G. DeBusk, I. C. Gunsalus und George H. F. Schnakenberg,** *Die chemische Natur der α-Liposäure.* (Vgl. C. **1953.** 4705.) *α-Liposäure* (**I**), $C_8H_{14}O_2S_2$, F. 47,5—48,5° ist eine *Monocarbonsäure*, pKa 4,7—4,8, die nach dem UV-Spektr. keine konjugierte Doppelbindung enthält; die Prüfung auf SH-Gruppen ist negativ, nach Behandlung mit NaCN jedoch positiv, was für das Vorhandensein einer Disulfid-Bindung spricht; polarograph. läßt sich eine leicht reduzierbare Gruppe nachweisen. Das Halbwellenpotential beträgt gegen die gesätt. Kalomelelektrode —0,59 V bei $p_H$ 6,7 u. —0,31 V bei $p_H$ 1,3. Saure Hydrolysate von natürlichem Material enthalten außer **I** noch ein Oxydationsprod. von **I**, das sowohl im Papierchromatogramm als auch bei der Gegenstromverteilung langsamer wandert als **I**. (J. Amer. chem. Soc. **73.** 5920. Dez. 1951.

Austin, Tex., Univ., Biochem. Inst. u. Dep. of Chem., u. Clayton Foundat. for Res.; Urbana, Ill., Univ., Dep. of Bacteriol.; Indianapolis, Ind., Eli Lilly & Co., Lilly Res. Labors.) E. Schildknecht. 3950

**F. Shigeo Okumura, R. R. Smeby** und **F. M. Strong,** *Piscidsäure aus Narcissus poeticus.* Die aus den Zwiebeln von *Narcissus poeticus* (NP) isolierte *Säure* $C_{11}H_{12}O_7$ vom F. 184—184,5° (Zers.), $[\alpha]_D^{28}$ + 48,88° (c = 2,6 in W.), die neben einer phenol. zwei alkohol. Hydroxylgruppen u. zwei Carboxylgruppen enthält (vgl. Smeby u. Mitarbeiter J. Amer. chem. Soc. **76.** [1954.] 6127) gab bei der Alkalischmelze mit KOH–NaOH bei 255—265° *p-Oxybenzoesäure* (F. 201—203°) u. *p-Oxyphenylessigsäure* (F. 147—148°), die Spaltung mit Perjodat *Ameisensäure* u. *Oxalsäure.* Danach ist diese Säure wahrscheinlich mit der aus *Piscidia erythrina* (PE) isolierten *Piscidsäure* (*p-Oxybenzylweinsäure,* F. 183—184° [Zers.], $[\alpha]_D^{20}$ + 41,02° [c = 2,6 in W.]) identisch. Geringe Abweichungen im Drehwert u. im Infrarotspektr. der freien Säuren lassen sich auf unterschiedliche, schwer abtrennbare Begleitstoffe zurückführen. Eine starke Differenz bei den FF. der *Dimethylester* dürfte dagegen auf der Bldg. von polymorphen Formen beruhen.

V e r s u c h e: *Piscidsäuredimethylester,* aus PE F. 127°, aus NP FF. 115 u. 127°, (polymorphe Formen, Umwandlung zur höherschm. durch Animpfen). *Triacetat,* aus PE F. 81—82°, aus NP F. 82—83°. (J. Amer. chem. Soc. **77.** 5750—51. 5/11. 1955. Madison, Wis., Univ. of Wisconsin, Dep. of Biochem.) K. Zopff. 3950

# D. Makromolekulare Chemie.

**V. N. Cvetkov,** *Einige optische Methoden für die Strukturuntersuchung makromolekularer Stoffe.* Theoret. u. method. Überblick über einige Methoden, die für das Studium der Struktur von makromol. Stoffen benutzt werden. Eingehend wird die Meth. der Strömungsdoppelbrechung diskutiert, mit besonderer Berücksichtigung der Best. der Größenparameter der verzweigten Makromoleküle. Die nach diesen Methoden erhaltenen Ergebnisse wurden mit anderen Methoden verglichen. (Chem. Listy **49.** 1419 bis 1432. Okt. 1955. Leningrad, Akad. nauk SSSR, Inst. vysokomol. vešč.) L. Matoušek/Prag. 4000

**I. M. Rosman** und **K. G. Zimmer,** *Eine einfache Methode zur Messung der Leitfähigkeit von isolierenden Kunststoffen während der Einwirkung ionisierender Strahlung.* Beschreibung einer modifizierten Sievert-Kondensatorkammer (Acta radiol. [Stockholm] Suppl. [1952]), die gestattet, die durch Bestrahlung ($^{144}$Ce–$^{144}$Pr als Strahlenquelle) hervorgerufene Volumenleitfähigkeit von z. B. Kunststoffen zu messen. (Z. Naturforsch. **11b** 55—56. Jan. 1956.) R. Schäff. 4000

**Zdeněk Zlámal, Jaroslav Ambrož** und **Ludvík Ambrož,** *Die durch $AlCl_3$ katalysierte Polymerisation des Isobutylens im System Alkylhalogenid–Äthan.* Vff. untersuchten die durch $AlCl_3$ katalysierte Polymerisation des *Isobutylens* in einem Gemisch von Äthan–Alkylhalogenid bei —88°. Sie stellten fest, daß das Mol.-Gew. des Prod. (bzw. die Polymerisationsgeschwindigkeit) von der Konz. des Katalysators u. des Alkylhalogenids abhängt. Die Abhängigkeit des Mol.-Gew. von der Konz. des Katalysators durchläuft ein scharfes Maximum u. geht bei der Konz. > 1% in eine beinahe konstante Größe über. Bei konstanter Katalysatorkonz. hängt das Mol.-Gew. von der Konz. des Alkylhalogenids ab. Die katalyt. Aktivität wird einem bei der angewandten Temp. existierenden Komplex des $AlCl_3$ mit dem Alkylhalogenid zugeschrieben. (Chem. Listy **49.** 1606—11. Nov. 1955. Brno, Výzk. ústav pro využ. plast. hmot.) V. Kačena/Prag. 4010

**G. Natta,** *Isotaktische Polymere.* Vf. berichtet über die Synthese linearer kristallisierbarer Polymeren der α-*Olefine* — *Polypropylen, Polybuten-(1), Polypenten-(1)* — u. des *Styrols.* Diese Polymeren besitzen Kopf–Schwanz-Verkettungen u. eine sehr reguläre Struktur infolge der Tatsache, daß alle tert. C-Atome in langer Kette dieselbe ster. Konfiguration besitzen. In krist. Zustand nehmen die Ketten dieser sogenannten isotakt. Polymeren eine Spiralstruktur an; die Elementarzelle hat, unabhängig von der Symmetrie der Kristalle eine Identitätsperiode längs der Kettenachse von 6,4—6,6Å, entsprechend 3 Monomereinheiten. Eine isotakt. Struktur wurde auch für den *Polyvinylisobutyläther* gefunden. Vf. entwickelt hierauf Hypothesen über den ion. Mechanismus der Bldg. isotakt. Polymeren durch heterogene Katalyse. Dieser heterogenen Katalyse wird die hohe Regelmäßigkeit der Struktur sowohl der mit Hilfe von Ziegler-Katalysatoren (vgl. C. **1953.** 1745) als auch mit anderen Initiatorsystemen hergestellten Polymeren zugeschrieben. Mit hochgradig selektiven Katalysatoren gelang es Vf., sehr hohe Ausbeuten an isotakt. Polymeren zu erhalten u. dabei die Bldg. amorpher, nichtkristallisierbarer Polymeren fast vollständig auszuschließen. Die physikal. Eigg. isotakt. Polymeren sind von denen nichtisotakt. Prodd. sehr verschieden. Charakterist. Unterschiede sind besonders beim Vgl. der Infrarotspektren zu beobachten; diese Unterschiede verschwinden, wenn man die Polymeren bei ihren FF. untersucht. Die amorphen Polymeren weisen sehr niedrige Übergangstempp. auf, u. nach Sulfochlorierung oder Vulkanisation mit Metalloxyden haben sie die Eigg. von Elastomeren. Die kristallinen Polymeren können Fasern sowie orientierte u. durchsichtige Folien mit sehr guten mechan. Eigg. liefern. Endlich haben die isotakt. Polymeren trotz ihrer geringen Löslichkeit im Zustand verd. Lsg. ein viscosimetr. Verh., das sich nicht merklich von dem nichtisotakt. Polymeren unterscheidet. Es wird zum Schluß die Struktur isotakt. Polymeren mit der anderer kristalliner Polymeren verglichen, für die die Bezeichnung „*syndiotaktisch*" vorgeschlagen wird. Diese Polymeren — *Polybutadien-(1.3)* mit 1.2-Verknüpfung u. ***Movil*** (*Polyvinylchlorid*) — die von Vf. hergestellt worden sind, enthalten ebenfalls tert. C-Atome u. besitzen eine sehr hohe, wenn auch anders geartete Regelmäßigkeit in der Struktur, u. zwar infolge Vorliegens langer Folgen von C-Atomen mit abwechselnd Rechts- u. Linkskonfiguration. Das Polybutadien hat eine fast vollständig planare Kette mit einer Identitätsperiode längs der Kettenachse von 5,14 Å; die entsprechende Periode bei Movil beträgt etwa 5,1 Å. (Makromolekulare Chem. **16.** 213—37. Okt. 1955. Milano, Politecnico, Ist. di Chim. Industriale.) C. Gottfried. 4010

**Zdeněk Menčík,** *Viscosimetrische Konstanten für Polyvinylchlorid in Cyclohexanon.* Aus den osmometr. u. viscosimetr. Messungen der Lsgg. von *Polyvinylchloridfraktionen* wurde die Beziehung $[\eta] = 2{,}04 \cdot 10^{-3} \cdot M^{0{,}56}$ (für Lsgg. in Cyclohexanon) u. für die Hugginssche Konstante $\mu$ ein Wert von 0,23—0,27 (für Tetrahydrofuran, 25°) bestimmt. Die erhöhten Exponentenwerte in Arbeiten anderer Vff. erklärt Vf. dadurch, daß in den erwähnten Arbeiten nicht vollkommen semipermeable Membranen angewendet wurden. (Chem. Listy **49.** 1598—605. Nov. 1955. Brno, Výzk. ústav pro využ. plast. hmot.) V. Kačena/Prag. 4010

**Zdeněk Macháček,** *Blockpolymerisation von Vinylidenchlorid.* Es wurde die Kinetik der Blockpolymerisation des *Vinylidenchlorids* (**I**) bei den Tempp. 40, 50 u. 60° u. bei einer Konz. des Initiators (Benzoylperoxyd; **II**) von 0,04—0,78 Mol.-% untersucht. Die Polymerisation von **I** wurde durch die dilatometr. Meth. kontrolliert, zur Berechnung der prozentualen Umsetzung wurde ein aus der Abhängigkeit der Volumenkontraktion von der Umsetzung graph. bestimmter Umrechnungsfaktor benutzt. Es wurde direkte Proportionalität zwischen der Gesamtreaktionsgeschwindigkeit u. der Wurzel aus der Konz. von **II** gefunden. Die Abhängigkeit des Logarithmus der Gesamtreaktionsgeschwindigkeit vom Kehrwert der absol. Temp. ist linear. Aus der graph. Lösung dieser Abhängigkeit wurde die Gesamtaktivierungsenergie (E = 14,5 kcal/Mol) berechnet. Der Verlauf der Polymerisation von **I** wurde sowohl in homogenem Medium (beim Modellvers. mit dem Copolymerisationsgemisch Vinylidenchlorid–Butylacrylat im Gewichtsverhältnis 80:20) als auch in heterogenem Medium unter gleichen Reaktionsbedingungen beobachtet, wobei festgestellt wurde, daß die anomale Erhöhung der Gesamtreaktionsgeschwindigkeit im Anfangsstadium der initiierten Blockpolymerisation von **I** eine Funktion der Konz. des anwesenden Polymeren ist; der Einfl. der Konz. des anwesenden polymeren **I** ist jedoch nicht abhängig von der Polymerisationstemp. u. von der Konz. von **II**. (Chem. Listy **49.** 1448—53. Okt. 1955. Gottwaldov, Výzk. ústav pro využ. plast. hmot, pracoviště Brno.) M. Kolínský/Prag. 4010

**Koshiro Yoshioka,** *Viscositäten der Lösungen von Polyvinylacetat in Gemischen von Aceton und Wasser.* Mit einem Ostwaldschen Capillarviscosimeter wurden bei 20° ± 0,02° die Viscositäten von *Polyvinylacetat* (osmot. Mol.-Gew. 155000) in Lsgg. von Aceton + Wasser u. zwar bis zu Wasserkonzz. von 25% gemessen. Die relativen Viscositäten $\eta_r$ wurden nach der Formel von Wagner (vgl. C. **1949.** II. 111) berechnet. Trägt man das Verhältnis spez. Viscosität ($\eta_{sp} = \eta_{r-1}$)/Konz. gegen die Konz. c graph. auf, dann läßt sich die Konz.-Abhängigkeit von $\eta_{sp}$ durch die Gleichung $\eta_{sp}/c = [\eta] + Kc$ veranschaulichen, wobei $[\eta]$ den Grenzwert von $\eta_{sp}/c$ bei unendlicher Verdünnung darstellt. Die obige Gleichung läßt sich auch wie folgt schreiben: $\eta_{sp}/c = [\eta] + k[\eta]^2 c$, wo $k = K/[\eta^2]$ ist. Tabellar. sind die Werte von $[\eta]$, K u. k angegeben. $[\eta]$ zeigt ein kleines Maximum bei etwa 5% W. u. nimmt dann mit zunehmendem Wassergeh. allmählich ab. Der Wert von k liegt bei etwa 0,4 u. ändert sich in dem gesamten Konzentrationsbereich nicht merklich. (Bull. chem. Soc. Japan. **23.** 60—61. Juli 1950. Tokyo, Univ., Faculty of Science, Chem. Inst.) C. Gottfried. 4010

**František Rybnikář,** *Über Viscosimetrie der Polyamide.* Eine Meth. der Fraktionierung der *Polyamide* wurde beschrieben. An einigen Polyamidproben u. Polyamidfraktionen wurde die Anwendbarkeit der Hugginsschen Gleichung bestätigt (Huggins, Ind Engng. Chem., ind. Edit. **35.** [1943.] 980). Für die Charakterisierung von Polyamidproben wurde anstatt des bisher benutzten Polymerisationsgrades P die Grundviscosität vorgeschlagen. Der Polymerisationsgrad, der nach verschied. Gleichungen berechnet wird, kann wesentlich differieren. Der nach derselben Gleichung berechnete P stellt nur ein bestimmtes Vielfaches der Viscosität dar. Deshalb ist die Grundviscosität für die Charakterisierung zufriedenstellend u. vorteilhaft. Es wurde die Konstante K der HUGGINSschen Gleichung bestimmt. Die Grundviscosität von Polyamiden in Trikresol bei 30° kann dann aus einer Viscositätsmessung mit Hilfe der Gleichung $[\eta] = (\sqrt{1 + 1,34\,\eta_{sp}} - 1)/0,67\,c$ bestimmt werden. (Chem. Listy **49**. 1442—47. Okt. 1955. Gottwaldov, Výzk. Ústav pro využ. plast. hmot.) L. MATOUŠEK/Prag. 4010

**F. H. C. Crick** und **Alexander Rich,** *Struktur von Polyglycin II.* Vff. untersuchten das von BAMFORD u. Mitarbeitern (vgl. C. **1956**. 7254) erstmals dargestellte *Polyglycin II.* Gegenüber Polyglycin I, welches 2 starke Interferenzen bei 4,4 u. 3,45 Å besitzt, hat Polyglycin II eine starke Reflexion bei 4,15 Å u. eine etwas schwächere Interferenz bei 3,1 Å. Vff. schlagen eine Struktur für diese neue Form vor. Danach laufen alle Polypeptidketten zueinander parallel u. besitzen jede eine dreizählige Schraubenachse. Die Ketten sind in hexagonaler Anordnung gepackt, wobei jede Kette zu ihren 6 benachbarten Ketten H-Bindungen besitzt, welche annähernd senkrecht zu der Schraubenachse liegen. Aus einer Projektion entlang der x-Achse u. senkrecht zu der Schraubenachse (z-Achse) ist zu ersehen, daß die planare Peptidgruppe zu der Faserachse um ca. 35° geneigt ist u. ihre Ebene senkrecht zu der Projektionsebene hat. Aufeinanderfolgende H-Bindungen verlaufen senkrecht zu der Projektionsebene u. verbinden die Reste benachbarter Ketten. Die Zelle hat die Dimensionen a = 4,8 Å; c = 9,3 Å; Raumgruppe $P3_1$ mit 1 Rest pro asymm. Einheit. Die Koordinaten einer solchen asymm. Einheit in einem hexagonalen Gitter sind in Å: $C_\alpha$ (x =) —0,05; (y =) —1,3; (z =) 0,0; O —1,25; —0,15; 1,3; C —0,1; —0,3; 1,15; N 1,1; 0,3; 1,95. — Die sehr starke Reflexion bei 4,15 Å entspricht der Ebene $1\,0\,\bar{1}\,0$, die Interferenz bei 3,1 Å hauptäsächlich der Reflexion von $1\,0\,\bar{1}\,2$, mit einem geringen Beitrag von 0003. Die berechneten Intensitäten stimmen qualitativ mit den beobachteten Intensitäten überein. (Nature [London] **176**. 780—81. 22/10. 1955. Cambridge, Cavendish Labor., Med. Res. Council Unit for Study of Molecular Structure of Biol. Syst.) C. GOTTFRIED. 4010

**Arieh Berger** und **Ephraim Katchalski,** *Poly-L-asparaginsäure.* In Anlehnung an die Verss. von FRANKEL u. BERGER (Nature [London] **163**. [1949.] 213) werden Verss. zur Herst. opt. reiner *Poly-L-asparaginsäure* (**I**) durchgeführt. N-Carbobenzoxy-L-asparaginsäure (**II**) wird mit Benzylalkohol in Toluol in Ggw. von p-Toluolsulfonsäure in *N-Carbobenzoxy-L-asparaginsäuredibenzylester* übergeführt, u. zwar in höheren Ausbeuten als den bei Veresterung des Di-Ag-Salzes von **II** mit $C_6H_5CH_2J$ erhaltenen. Die Entfernung des Katalysators mit MgO ermöglicht die Isolierung des opt. reinen Diesters, während die Anwendung wss. $K_2CO_3$-Lsg. partielle Racemisierung verursacht. Der Dibenzylester liefert durch Behandlung mit äquimol. Menge NaOH in wss. Dioxan *N-Carbobenzoxy-L-asparaginsäure-β-monobenzylester* (**III**), dessen Konst. durch Umwandlung in *N-Carbobenzoxy-L-asparagin* mittels fl. $NH_3$ bewiesen wird. **III** wird mit $PCl_5$ in das *Anhydrid* des *N-Carboxy-L-asparaginsäure-β-monobenzylesters* übergeführt (ohne daß eine Änderung der ster. Konfiguration verursacht wird), das zu *Poly-[L-asparaginsäure-β-monobenzylester]* (**IV**) polymerisiert wird. **IV** ergibt durch Red. mit $NH_4J$ **I**, aus der durch Säurehydrolyse in quantitativer Ausbeute *L-Asparaginsäure* erhalten wird. **I** mit dem Mol.-Gew. ~7000 verhält sich wie ein Polyelektrolyt, wie potentiometr. Titrationen in wss. Lsg. u. das viscosimetr. Verh. bei verschied. Ionisationsgrad zeigten. Das Infrarotspektr. ähnelt dem der Polyglutaminsäure, wie auch der spektrale Bereich zwischen 1000 u. 1500 $cm^{-1}$ für Polypeptidseitenketten typ. ist. Innerhalb dieses Bereichs erscheinen eine starke Bande bei 1380 u. 2 schwächere Banden bei 1220 u. 1160 $cm^{-1}$ (hierin unterscheidet sich **I** von der Polyglutaminsäure); im Bereich von 1500—1800 $cm^{-1}$ treten bei beiden Polysäuren drei deutliche Banden bei 1645, 1535 u. 1715 $cm^{-1}$ auf.

V e r s u c h e: *N-Carbobenzoxy-L-asparaginsäuredibenzylester,* $C_{26}H_{25}O_6N$, F. 66,5° (PAe. u. Dibutyläther), durch Zugabe von 9 g **II** u. Benzylalkohol zur kochenden Lsg. von p-Toluolsulfonsäure in Toluol, 2½ std. Rückflußkochen unter azeotropem Abdampfen des W., 10 Min. langes Schütteln der kalten Lsg. mit MgO, Entfernen des Toluols im Vakuum u. des Benzylalkohols im Hochvakuum u. Verreiben des viscosen Öls mit PAe.; $[\alpha]_D^{25}$ —2,5° (c = 10; Eisessig), $[\alpha]_D^{25}$ +3,5° (c = 10; Bzl.); 11 g (Ausbeute). Nachw. der opt. Reinheit durch Red. des Dibenzylesters in Eisessig mit $PH_4J$, 5 std. Durchleiten von trockenem $H_2$ bei 55°, Einengen im Vakuum u. Eindampfen zur Trockne zur *L-Asparaginsäure* ($[\alpha]_D^{25}$ +23,2° bei c = 2,975 in 6n HCl); bei Entfernung der p-Toluolsulfonsäure aus dem Reaktionsgemisch mit $K_2CO_3$ bildet sich ein Dibenzylester mit $[\alpha]_D^{25}$ —1,25° (c = 10; Eisessig) u. aus diesem durch Red. eine L-Asparaginsäure mit $[\alpha]_D^{25}$ 12,3° (c = 10; 6n HCl). — *N-Carbobenzoxy-L-asparaginsäure-β-monobenzylester* (III), $C_{19}H_{19}O_6N$, F. 108° (Bzl.), durch Zugabe von 5 (ml) 2n NaOH, 24 W. u. 60 Dioxan zu 4,56 g Dibenzylester in 50 Dioxan u. 20 W., 24std. Stehen, Einstellen auf $p_H$ 5,5 mit HCl, Eindampfen im Vakuum, Behandeln des Rückstandes mit n-$KHCO_3$-Lsg., Extraktion mit Ae. u. Ansäuern der wss. Phase mit 6n HCl; $[\alpha]_D^{25}$ 12,1° (c = 10; Eisessig); pK 6,05; 2,2 g. — *N-Carbobenzoxy-L-asparagin*, F. 163° (W.), durch 24std. Stehen von III in fl. $NH_3$ im geschlossenen Rohr bei Raumtemp., Aufnehmen des Rückstandes in W., Extraktion mit Ae. u. Ansäuern der wss. Phase mit konz. HCl. — *N-Carboxy-L-asparaginsäure-β-benzylesteranhydrid*, $C_{12}H_{11}O_5N$, F. 121° (Zers. unter $CO_2$-Entw.; aus Aceton/PAe.), durch 10 Min. langes Schütteln eines Gemisches aus 11,5 (g) $PCl_5$ u. 17,0 III in wasserfreiem Bzl. bei 0° u. 4std. Stehen bei Raumtemp.; 8 g. — *Poly-[L-asparaginsäure-β-benzylester]* (IV), $NH_2CH(CH_2COOCH_2C_6H_5)CO-[NHCH\cdot(CH_2COOCH_2C_6H_5)CO]_{n-1}-OH$ (n = 80), durch Polymerisation des Anhydrids im Hochvakuum ($10^{-3}$ mm) bei 120° nach Frankel u. Berger (l. c.), Lösen des Polymerisats in wenig heißem $HCON(CH_3)_2$ u. Gießen in kaltes W. mit wenig HCl; ~100%; lösl. außerdem in Aceton u. heißem Eisessig; über dem Erweichungspunkt (160°) zu Fäden ziehbar. — *Poly-L-asparaginsäure* (I), $NH_2CH(CH_2COOH)CO-[NHCH(CH_2COOH)\cdot CO]_{n-1}-OH$ (n = 80), durch Zugabe von 16 g $PH_4J$ in 4 Portionen zu 4,0 g IV in 30 ml Eisessig bei 55°, Durchleiten von trockenem $H_2$ (5 Std.), Fällen mit Ae. u. Reinigung durch 10 Min. langes Kochen der polymeren Säure mit 0,1n HCl; $[\alpha]_D^{25}$ −11,2° (c = 5; W. + 1 Mol NaOH), −10,8° (c = 5; W. + 0,67 Mol NaOH), −10,4° (c = 5; W. + 0,33 Mol NaOH). — *L-Asparaginsäure*, durch Hydrolyse von I mit 6n HCl (24 Std.). — I-*$NH_4$-Salz*, $(C_4H_8O_3N_2)_{80}$, aus I u. überschüssigem 3n $NH_4OH$. *Na-Salz*, $(C_4H_4O_3NNa)_{80}$. *Cu-Salz*, $(C_4H_4O_3N\ ½Cu)_{80}$. *Ag-Salz*, $(C_4H_4O_3NAg)_{80}$. (J. Amer. chem. Soc. **73.** 4084—88. Sept. 1951. Rehovoth, Israel, Weizmann Inst. of Sci.) H. P. Fiedler. 4010

**A. S. Kuzminskii** und **L. G. Angert**, *Wirkungsmechanismus von Inhibitoren der Kautschukoxydation.* Inhaltlich ident. mit der C. **1953.** 2615 referierten Arbeit. (Rubber Chem. Technol. **26.** 589—92. Juli/Sept. 1953. Moskau, Rubber Ind. Res. Inst.)
R. Schäff. 4030

**A. Tkáč, V. Kellö** und **J. Hrivíková**, *Studium der Alterung von Naturkautschuk unter Anwendung der Infrarotspektroskopie. 4. Mitt. Einfluß der Wellenlänge der Strahlung und der Temperatur auf die Lichtalterung.* (3. vgl. Kellö u. Tkáč, Chem. Zvesti **7.** [1953.] 385.) Durch Infrarotanalyse untersuchten Vff. den Einfl. der Wellenlänge des Lichtes, der Strahlungsintensität u. der Temp. auf die photokatalyt. Alterung von Naturkautschuk. Die obere Grenze des Lichteffekts liegt bei 4360 Å. Temperaturerhöhung beschleunigt, Intensitätserhöhung hemmt die Oxydation. Zwischen der Länge der Induktionsperiode u. der Intensität bei konstanter Temp. besteht ein exponentieller Zusammenhang, während zwischen der Höhe der Reaktionskurven u. der Temp. bei konstanter Bestrahlung eine lineare Beziehung gefunden wurde. Bei der Naturkautschukalterung findet gleichzeitig oxydativer Abbau u. Vulkanisation statt. Das Verhältnis dieser beiden Rkk. hängt von den Reaktionsbedingungen ab. Höhere Temp. beschleunigt die Oxydation; die Intensität der Strahlung begünstigt die Vulkanisation. (Chem. Zvesti **8.** 13. Jan. 1954. Bratislava, Slovenská vysoká škola techn., Katedra fyzik. chém.)
R. Schäff. 4030

**Vojtěch Kellö, Alexander Tkáč** und **Jolana Hrivíková**, *Studium der Alterung von Naturkautschuk unter Anwendung der Infrarotspektroskopie. 5. Mitt. Durch Wärme beschleunigte Alterung.* (4. vgl. vorst. Ref.) Es wurden die Strukturveränderungen von *Naturkautschuk* im Temperaturbereich 60—160° mittels der Infrarotspektroskopie in Hinsicht auf die Veränderung der Anzahl der C=O-, OH- u. C=C-Gruppen verfolgt. Im Gegensatz zur Lichtalterung steigt die Extinktion in dem Absorptionsstreifen, der der Ester- u. Carboxyl-CO-Gruppe entspricht. Von einer wesentlichen Änderung der Kautschukstruktur zeugt auch die breite Absorption zwischen 7,5 u. 11 μ. Der Absorptionsstreifen um 6 μ, der den Doppelbindungen entspricht, bleibt auch nach einem radikalen Abbau gut sichtbar. Bei Tempp. über 90° verläuft die Alterung gleichmäßig durch die ganze Probe, unter dieser Temp. zeigt sich eine kleine Oberflächenabhängigkeit. Die Abhängigkeit des Oxydationsverlaufes von der Dicke wird aus dem Verhältnis der Anzahl der C=O- u. OH-Gruppen nach Erreichen des stationären Teils der kinet. Kurven zur Dicke der Folie bestimmt. Der Zeitverlauf der Oxydation ist für die C=O- u. OH-Gruppe analog. Die die Zunahme der C=O-Gruppen angebenden Kurven zeigen nach Erreichen des Extinktionshöchstwertes einen stationären Verlauf, während die analogen Kurven für die OH-Gruppen nach Erreichen des Höchstwertes stufenweise sinken. Die Höhen der stationären Teile der kinet. Kurven von charakterist. S-Form sind Funktionen der Temp. u. zeigen im Bereich von 75—90° ihren Mindestwert, erfahren aber keine Veränderung über einem Grenzwert (C=O 120°, OH 100°). Das Verhältnis der Anzahl der C=O- u. OH-Gruppen im stationären Gebiet sinkt mit steigender Temperatur. Bei Tempp. unter 80° wurde eine mäßige Zunahme der Doppelbindungen beobachtet. Oberhalb dieser Temp. wird der entsprechende Absorptionsstreifen durch einen schnell wachsenden Streifen der C=O-Gruppe überdeckt. Die effektive Aktivierungsenergie der Bldg. von C=O- u. OH-Gruppen wurde aus der Temperaturabhängigkeit der Längen der Induktionsperioden berechnet u. ist prakt. ident. (21200 bzw. 21300 cal/Mol). Die Werte wurden durch die Berechnung der Aktivierungsenergie der Bldg. von C=O- u. OH-Gruppen aus der Abhängigkeit der maximalen Oxydationsgeschwindigkeit von der Temp. kontrolliert u. stimmen ebenfalls gut überein (21000 cal/Mol). (Chem. Listy **49.** 1433—41. Okt. 1955. [Orig.: slow.]. Collect. czechoslov. chem. Commun. **21.** 281—90. 1956. [Orig.: deutsch].) M. Kolínský/Prag. 4030

**Alexander Tkáč** und **Vojtěch Kellö,** *Studium der Alterung von Naturkautschuk unter Anwendung der Infrarotspektroskopie.* 6. Mitt. *Wärme- und Lichtalterung. Diskussion.* (5. vgl. vorst. Ref.) Nach dem Vgl. der Ergebnisse der bisherigen Unterss. wird eine allg. Erläuterung des Mechanismus der Wärme- u. Lichtalterung von *Naturkautschuk* u. eine Anschauung über die Beziehungen zwischen der Oxydation, den Strukturveränderungen u. mechan. Eigg. gegeben. Bei der Wärmealterung von Naturkautschuk wurden keine Veränderungen im Bereich von 2,7—11,5 $\mu$ im Verlauf der Induktionsperiode der kinet. Kurven für die Zunahme von C=O-Gruppen beobachtet, während die Veränderung der physikal. Eigg. noch vor der Beendigung der Induktionsperiode bemerkbar ist. Die Höhe der stationären Teile der kinet. Kurven hängt von den Reaktionsbedingungen ab, was darauf hinweist, daß sich die Gesamtzahl bildender akt. Zentren mit der Temp. u. den Katalysatoren ändert. Die Anzahl der Doppelbindungen ändert sich im Verlauf der Oxydation nicht merklich. Die große Änderung in den Höhen des stationären Teiles der Reaktionskurven wird durch Ozonwrkg. verursacht. Die Wärmeabhängigkeit der Alterung erklären Vff. durch die Wärmeabhängigkeit der Desaggregation, mit der viele akt. Zentren zusammenhängen. In Ggw. von Stoffen (Antioxydantien, Vulkanisierungsmittel), die die Oxydation der gebildeten freien Radikale verlangsamen u. damit die für die Rückaggregation günstigen Bedingungen bilden, stehen die Höhen der stationären Teile der kinet. Kurven in umgekehrtem Verhältnis zu der Stufe der Rückaggregation (Vulkanisation). Die Veränderung der physikal. Eigg., die im Gebiet der Inhibitionsperiode der Oxydation auftritt, wird dadurch erklärt, daß der Sauerstoff an die akt. Zentren addiert wird u. daß er auf diese Weise eine Rückaggregation verhindert, indem ein Teil davon aktiviert u. nach einer bestimmten Zeit oxydiert wird. Für die Oxydation in der ersten Phase gilt die Beziehung für verzweigte Kettenreaktionen. Mit den experimentellen Ergebnissen stimmt die Gleichung für den Kettenmechanismus der verzweigten Rkk. mit negativer wechselseitiger Kettenwrkg. gut überein. Die Licht- u. Wärmealterung entspricht den mathemat. Beziehungen, wobei die Differenz zwischen der Licht- u. Wärmewrkg. durch verschied. Werte der Konstanten gekennzeichnet ist. Die Abweichungen der experimentellen Werte von dem durch die angewandte Beziehung gegebenen Verlauf werden durch einen Nebenprozeß, der beim Erreichen der stationären Teile der Kurven in Abhängigkeit der Extinktion von der Zeit verläuft, hervorgerufen. Die sek. Oxydations-Rkk., die durch Infrarotspektroskopie indiziert sind, sind ein guter Maßstab für die Beurteilung des gegenseitigen Verhältnisses zwischen dem Oxydationsabbau u. der Raumbindung (Vulkanisation), als zweier verschied. Möglichkeiten der parallel verlaufenden Prozesse. Die Meth. ist verwendbar für die Bewertung der Wrkg. von verschied. Beimischungen (z. B. Initiatoren, Katalysatoren usw.), nicht nur beim Natur-, sondern auch beim synthet. Kautschuk. (Chem. Listy **49.** 1587—97. Nov. 1955. Collect. czechoslov. chem. Commun. **21.** 291—303. April 1956. [Orig.: slow.]) M. Kolínský/Prag. 4030

**Paulette Antzenberger, Gérard Fournet** und **Jean Rogué,** *Beitrag zur Untersuchung von trockener und feuchter Cellulose mittels Röntgenstrahlenbeugung durch Ramie.* (Vgl. C. **1955.** 10046.) Bestimmt wurden die absol. Intensitäten der Äquatorialstreuung von gedehnter trockener u. feuchter *Cellulose.* Hierbei ergab sich zunächst, daß sich die Lage der Interferenzen nicht ändert, daß also die Dimensionen der trockenen u. feuchten Zelle dieselben sind. Die (Intensität/sin $\vartheta$)-Kurven unterscheiden sich jedoch hauptsächlich in den Intensitätswerten in dem Gebiet der zentralen Streuung u. der Interferenz (0 0 2). Ganz allg. ist die Intensität der gestreuten Strahlung durch die feuchte Ramie in diesen Gebieten stärker. Nach 2 Methoden wurden die Verteilungsfunktionen der Elektronendichten berechnet u. mit den experimentell erhaltenen Kurven verglichen. Hierbei wurde festgestellt, daß die Übereinstimmung der Kurven im Falle der feuchten Ramie besser ist. Vff. nehmen auf Grund der Ergebnisse an, daß die trockene Cellulose in der Ebene senkrecht zur Faser in bezug auf die Elektronendichte ziemlich homogen ist, bei kleinem Abstand jedoch stark gestört ist u. lokale Verzerrungen der Masche aufweist.

Die feuchte Ramie dagegen ist infolge gequollener Zonen homogen u. besitzt vollkommen kristalline Zonen von einer Größenordnung von 100 Å. (J. Polymer Sci. **18.** 47—54. Sept. 1955. Châtillon-sous-Bagneux, Office Nat. d'Études et de Rech. Aeronautiques.)
C. GOTTFRIED. 4050

**Dorothy Wrinch,** *Vektorverteilungen und kristalline Proteine.* Vf. gibt einen kurzen Überblick über die Deutung von Vektordiagrammen, entsprechend Elektronendichteverteilungen, welche ganz oder nur teilweise in Atome aufgelöst sind. (J. chem. Physics **23.** 1361. Juli 1955. Northampton, Mass., Smith Coll., Dep. of Phys.)
C. GOTTFRIED. 4070

**Dorothy Wrinch,** *Skeletteinheiten in Proteinkristallen.* Kurze zusammenfassende Übersicht. (Science [Washington] **115.** 356—57. 28/3. 1952. Northampton, Mass., Smith College, Dep. of Phys.) C. GOTTFRIED. 4070

**I. Gordon Fels** und **Arne Tiselius,** *Die Homogenität einer in der Literatur beschriebenen Peptidfraktion.* Eine von BORSOOK u. Mitarbeitern (C. **1949.** II. 893; J. biol. Chemistry **179.** [1949.] 705) aus verschied. Geweben u. aus WITTE-Pepton isolierte Peptidfraktion („Peptid A") wurde von Vff. aus WITTE-Pepton dargestellt u. durch Chromatographie an Stärke isoliert. Unter Verwendung von n-Propylalkohol-n-Butylalkohol-0,1n HCl (2:1:1) erwies sich die Peptidfraktion bei der Stärkechromatographie als einheitlich u. ließ sich von zugemischtem Leucin trennen, wobei letzteres langsamer wanderte. Bei der absteigenden Papierchromatographie auf Munktell OB-Papier erwies sich unter Verwendung des gleichen Lösungsmittelsyst. das „Peptid A" als nicht einheitlich; zugesetztes Leucin wanderte auf dem Papier schneller als die (4) Peptidkomponenten. Auch an einer Säule aus Papierpulver wanderte das „Peptid A" langsamer als Leucin. Unter Verwendung des genannten Lösungsmittelsyst. ist Stärke kein geeignetes Adsorbens zur Fraktionierung höherer Peptide. (Ark. Kemi **3.** 369—71. 1951. Uppsala, Univ., Inst. of Biochem.) K. F. MÜLLER. 4070

**Ss. R. Mardaschew** und **M. I. Plechan,** *Die Reaktion von Glyoxal mit Proteinen.* Bei der Behandlung des *Eiweißstoffes* der Kaninchenmuskeln mit 5%ig. *Glyoxal* (I)-Lsgg. werden Prodd. erhalten, die eine verminderte Quellfähigkeit aufweisen, deren Farbe mit zunehmender Behandlungszeit (3, 24, 48 Std.) zunimmt. Nach 3std. Behandlung enthält das Prod. 2,37% freie Aldehydgruppen, nach 24 Std. 2,08%, nach 48 Std. 1,09%. Das Verschwinden der freien Aldehydgruppen ist von einer Intensivierung der Färbung begleitet. Die Menge des angelagerten **I** nimmt mit zunehmender Behandlungsdauer zu. Das Abnehmen der Quellfähigkeit spricht für eine Bldg. von Äthylenbrücken. Die Behandlung des Muskeleiweißstoffes mit **I** erhöht die Beständigkeit gegenüber der Spaltung durch Pepsin. Bei 48std. Behandlung wird im Vgl. zum unbehandelten Eiweiß die Spaltung auf $^1/_4$ gesenkt. Bei gleicher Behandlungsdauer bewirkt **I** eine größere Beständigkeit gegenüber Pepsin als Formalin. Verss., die Rk. zwischen Eiweiß u. **I** im Stadium der Bldg. der farblosen Verb. völlig zu unterdrücken, waren ohne Erfolg. Die Behandlung des glyoxalierten Proteins mit Hydroxylamin führt zu einem völligen Verschwinden der freien Aldehydgruppen. (Биохимия [Biochemie] **19.** 574—77. Sept./Okt. 1954. Moskau, 1. Med. Inst., Lehrstuhl für biol. u. organ. Chem.) O. LEBTAG. 4070

**O. Kratky,** *Röntgenkleinwinkeluntersuchung des nativen Seidengels.* 4. Mitt. (3 vgl. C. **1956.** 6699.) Die l. c. durchgeführten Berechnungen auf Grund der Messung der Absolutintensität der Röntgenkleinwinkelstreuung von *nativem Seidengel* wurde verfeinert. Innerhalb der Fehlergrenzen wurde Übereinstimmung mit den früheren Berechnungen gefunden, doch konnte zwischen der α-Helix u. einer noch etwas flacheren Schraube nicht entschieden werden. Aus Diagrammen an nativem Seidengel aus einer anderen Zone der Spinndüse war auf die Ggw. von korpuskularen Teilchen geschlossen worden. Die Messung wurde nochmals im Hinblick auf mögliche Interferenzeffekte diskutiert. Da es eine zuverlässige allg. quantitative Theorie für die Erfassung u. Eliminierung des Interferenzeffektes nicht gibt u. andererseits die wünschenswerte Verdünnung des Gels ohne wesentliche Veränderung wahrscheinlich nicht möglich ist, muß das berechnete Teilchengewicht von 278000 als untere Grenze des wahren Wertes angesehen werden. (Z. Naturforsch. **11b.** 10—12. Jan. 1956. Graz, Univ., Inst. f. theoret. u. physikal. Chem.)
C. GOTTFRIED. 4070

**Dorothy Wrinch,** *Vorgeschlagene Polypeptidkettenkonfigurationen und die Struktur von Pferdehämoglobin.* Vf. nimmt Bezug auf Unterss. von PERUTZ (vgl. Proc. Roy. Soc. [London], Ser. A **195.** [1949.] 474), der in dem monoklinen Kristall von *Pferdehämoglobin* parallele Lagen von stäbchenähnlichen Polypeptidketten mit einer Translation von 5 Å angenommen hat u. untersucht, ob das $2_{14}$.2-Modell von BRAGG, KENDREW u. PERUTZ (vgl. Proc. Roy. Soc. [London], Ser. A **203.** [1950.] 321) oder die von PAULING u. COREY (vgl. Proc. nat. Acad. Sci. USA **37.** [1951.] 235) vorgeschlagene α-Schraube für die obige Hämoglobinstruktur mit dem bei 5 Å auftretenden Maximum in Einklang zu bringen ist. Vf. glaubt, daß beide Vorschläge dem experimentellen Befund nicht gerecht werden. (Acta crystallogr. [Copenhagen] **6.** 562—64. 10/6. 1953. Northampton, Mass., Smith College, Dep. of Phys.) C. Gottfried. 4070

**W. S. Peart,** *Zusammensetzung eines Hypertensinpeptids.* Nach Einw. von Kaninchen-Renin auf Rinderserum isolierte Vf. ein blutdruckakt. *Peptid* (*Hypertensin* oder *Angiotonin*), das sich aus je 1 Rest *Leucin, Phenylalanin, Tyrosin, Prolin, Asparaginsäure* (I) u. *Arginin* u. je 2 Resten *Valin* u. *Histidin* zusammensetzt, wobei zwischen I u. Asparagin nicht unterschieden wurde. Hieraus läßt sich als Minimal-Mol.-Gew. 1445 errechnen. Als N-endständige Aminosäure konnte nur I gefunden werden. Die Zus. stimmt mit einer Ausnahme (1 Isoleucinrest an Stelle eines der 2 Valinreste) mit der von Skeggs u. Mitarbeitern (C. **1956.** 6170) angegebenen überein. (Nature [London] **177.** 132. 21/1. 1956. London, Mill Hill, Nat. Inst. for med. Res.) E. Schwerdtfeger. 4070

**Liebe F. Cavalieri** und **A. L. Stone,** *Untersuchungen über die Struktur der Nucleinsäuren.* 8. Mitt. *Scheinbare Dissoziationskonstanten von Desoxyribonucleinsäure.* (7. vgl. C. **1954.** 5540.) Es wird eine spektrophotometr. Titrationsmeth. zur Best. der scheinbaren Dissoziationskonstanten der OH- u. $NH_3^+$-Gruppen beschrieben, die im *Desoxycytidylsäure-* (**I**) bzw. im *Desoxyadenylsäureteil* (**II**) der *Desoxyribonucleinsäure* vorliegen. Es wurden folgende $pK'_a$-Werte bestimmt (Reihenfolge der Werte: W., 0,01 mol. NaCl, 0,1 mol. NaCl): **I** ($NH_3^+$) 6,0—6,3; 5,1—5,2; 3,8—4,0; **II** ($NH_3^+$) 4,0; 3,6—3,7; 2,7; **I** (OH) 11,6; **II** (OH) 11,6. Die Werte liegen ca. 2 $pK'_a$-Einheiten über den für die entsprechenden Mononucleotide gefundenen. Die Abhängigkeit der $pK'_a$-Werte der $NH_3^+$-Gruppen vom Salzgeh. der Lsg. wird auf Grund der Vorstellung von der Doppelschraubenstruktur der Nucleinsäuren diskutiert. (J. Amer. chem. Soc. **77.** 6499—6501. 20/12. 1955. New York, N. Y., Sloan Kettering Inst. for Cancer Res.) W. Walter. 4090

# E. Biologische Chemie. Physiologie. Medizin.

## $E_1$. Allgemeine Biologie und Biochemie.

**A. O. Woinar,** *Spurenelemente und Organismus.* Allg. über die Rolle der Spurenelemente im tier. u. pflanzlichen Organismus unter besonderer Berücksichtigung der bei Mensch u. Tier durch Mangel an Spurenelementen hervorgerufenen Erkrankungen u. ihrer Bekämpfung. (Наука и Жизнь [Wiss. u. Leben] **22.** Nr. 2. 7—9. Febr. 1955.) O. Lebtag. 4100

**Vincent Paschetta, Chastanet** und **Charles Giraud,** *Untersuchung über das Jod-Ion bei der Dielektrolyse mittels radioaktivem Jod 131.* Durch Verss. an Kartoffeln, Meerschweinchen u. Kaninchen mit gewöhnlicher KJ-Lsg. u. $K^{131}J$-Lsg. kann gezeigt werden, daß eine transcutane Einwanderung von J-Ionen bei Dielektrolyse nicht stattfindet. Auch die Speicherung von injiziertem $^{131}J$ im Gewebe von Tieren wird durch ein angelegtes elektr. Gleichfeld (positive Elektrode auf einem Auge, negative auf der rasierten Rückenhaut im Lumbalgebiet) nicht beeinflußt. (J. Radiol. Électrol. Arch. Électr. méd. **34.** 269—70. 1953. Nizza.) W. Reusse. 4100

**Ernst Hadorn** und **Albrecht Egelhaaf,** *Biochemische Polyphänie und Stoffverteilung im Körper verschiedener Augenfarb-Genotypen von Ephestia kühniella.* Papierchromatograph. u. fluorometr. Unterss. an E. kühniella zeigten, daß das Abdomen der „biochemica"-Mutante im Inventar der fluorescierenden Stoffe dem n. Wildtyp gleicht, dagegen weist das Abdomen der a-Mutante nur ein stark verarmtes Stoffmuster auf, bes. in der Bldg. des Meconiums der Metamorphose. Am Augenmaterial dagegen unterscheidet sich die „biochemica„-Mutante stärker vom Wildtyp als die a-Mutante. Die biochem. Polyphänie einer Gen-Wrkg. wird somit von einer organ.-spezif. Rk. bestimmt. (Z. Naturforsch. **11b.** 21—25. Jan. 1956. Tübingen, Max-Plank-Inst. für Biol.; Zürich, Univ., Zool.-Vgl. Anatom. Inst.) G. Weltzien. 4130

**G. F. Bahr,** *Der Osmiumgehalt fixierter Speicheldrüsenzellen.* Zur Durchführung der Os-Best. im Mikromaßstab wird eine „Ente" aus Pyrexglas beschrieben, in die der Ag-Schmelztiegel von 5·10 mm eingebracht werden kann. Das Prinzip des Verf. ist beibehalten. Fixierte Chironomusspeicheldrüsen enthalten 0,098 $\gamma$ Os/Drüsenzelle. Bei 0,12 $\gamma$ N/Drüsenzelle erhält man eine Os:N-Quote von 1:1 oder 0,05 $\gamma$ Os/$\gamma$ Protein. (Z. Naturforsch. **11b.** 59—60. Jan. 1956. Stockholm, Schweden, Karolinska Inst., Inst. für Zellforsch. u. Genetik.) Ph. Fresenius. 4150

**J. Brachet,** *Eine zellchemische Untersuchung an zellkernhaltigen und zellkernfreien Bruchstücken von Amöben.* (Vgl. C. **1954.** 2640.) Durch Schnitteilung einer Anzahl von Einzelwesen der Amoeba proteus (Chaos diffluglens) werden kernfreie u. kernhaltige Fragmente dargestellt, mkr. untersucht u. ihr Verh. bei Weiterzüchtung hinsichtlich der einzelnen Zellbestandteile analyt. verfolgt. Die Ergebnisse zeigen, daß die kernfreien Teile eine beständige Abnahme des Geh. an *Ribonucleinsäure* (**I**) erleiden, wie durch die FEULGEN-Rk. nachgewiesen wurde. Normale Amöben oder kernhaltige Teile, die länger unter Nährstoffmangel gehalten wurden, zeigen dagegen nur eine schwache u. langsame Verringerung von **I** des Cytoplasmas. Der Proteingeh. beider Fragmente blieb unverändert. Die Verdauung von Fetten, Glykogen u. **I** verläuft bei beiden Teilen normal. Es wird gefolgert, daß die Synth. der Cytoplasmateilchen, soweit sie **I**-haltig, vom Zellkern gesteuert wird. (Experientia [Basel] **6.** 294—95. 15/8. 1950. Bruxelles, Univ. libre, Fac. des sci., labor. de morphol. animale.) H. ENDRASS. 4150

**Pauline Heizer,** *Desoxyribonucleinsäuregehalt und Größe von Zellkernen der Rattenleber bei und nach Verfütterung von Thioacetamid.* Fütterungsverss. mit *Thioacetamid* (**I**), $CH_3CSNH_2$, bei Albinoratten. Histopatholog., karyometr. [Kerngröße u. -vol. (**II**)] sowie mikrospektrophotometr. [Desoxyribonucleinsäure (**III**), modifiziert nach FEULGEN] Befunde an Leberkernen. **II** u. **III** nehmen, abhängig von **I**-Menge (30 u. 40 mg in 100 g Futter) u. von Versuchsdauer (3—7½ Monate), korrelativ zu. Dabei treten hohe u. heteroploide n-Werte u. Mitoseindices bis 2,1 auf. Wird nach 7½ Monaten **I**-Futter 2½ Monate lang Diätfutter gegeben, dann gehen **II** u. **III** korrelativ auf Normalwerte zurück. (Chromosoma [Wien] **7.** 281—327. 1955. Cleveland, O., West. Res. Univ., Inst. of Pathol.) H. WALTER. 4150

**William H. R. Shaw,** *Toxizität von Kationen gegenüber lebenden Systemen.* Vf. untersucht die physikal.-chem. Grundlagen der Giftwrkg. von Schwermetallionen auf lebende Zellen. Unter der Voraussetzung, daß diese Wrkg. auf der Blockierung der SH-Gruppen der Fermente durch die Schwermetalle beruht, stellt Vf. auf Grund seiner Überlegungen die Theorie auf, daß die Toxizität der Metallionen mit der Unlöslichkeit ihrer Sulfide geradlinig ansteigt. Diese Theorie wurde durch einige prakt. Verss. an Diastase, Schimmelpilzen u. Fischen annähernd bestätigt. (Science [Washington] **120.** 361—63. 3/9. 1954. Austin, Tex., Univ. of Texas, Dep. of Chem.) F. KRUSEN. 4150

**Maurice Copisarow,** *Freie Chromosomen als normale und cancerogene Milchfaktoren.* Vf. diskutiert auf Grund der vorliegenden Literatur das Auftreten von freien Chromosomen beim Übergang des n. in den cancerogenen Milchfaktor. Beim bösartigen Wachstum tritt teilweise Auflösung der Zellwand u. Teilung des Nucleus in einzelnen Chromosomen ein, die über den Lymphweg oder durch die Brustdrüse verschied. Organe erreichen können. (Naturwissenschaften **41.** 433—34. 2. Sept.-H. 1954. Manchester, England.) H. SCHEURLEN. 4160

**Libor Šlechta, Alexander Jakubovič** und **František Šorm,** *Über den Stoffwechsel neoplastischer Gewebe. 2. Mitt. Glykolyse des zellfreien Extraktes aus dem Ehrlich-Ascitestumor.* (1. vgl. C. **1955.** 11011.) Es wurde untersucht, ob in den Zellen des EHRLICH-Ascitestumors (EAT) Enzyme enthalten sind, welche den Ab- u. Aufbau des Glykogens (**I**) katalysieren. Aus den Zellen des EAT wurde ein zellfreier Extrakt hergestellt, in welchem Glucose mit der gleichen Geschwindigkeit wie in den unbeschädigten Zellen glykolysiert wird. **I** wird jedoch durch dieses enzymat. Syst. nicht glykolysiert. Im Extrakt konnte die Ggw. von Glykogenphosphorylase nicht nachgewiesen werden, denn bei der Incubation des Extraktes mit Glykogen u. Glucose-1-phosphat kommt es prakt. zu keiner Abspaltung von anorgan. Phosphat. Diese Ergebnisse bestätigen den Befund (vgl. 1. Mitt.), daß in den Zellen des EAT kein Glykogen enthalten ist. (Chem. Listy **49.** 1706—09. Nov. 1955. [Orig.: tschech.]; Collect. czechoslov. chem. Commun. **21.** 24—28. 1956 [Orig.: dtsch.]. Praha, Českoslov. akad. věd, Chem. ústav, Biochem.) B. MELOUN/Prag. 4160

**D. Gigante, M. Capone, G. F. Marinoni** und **A. Rossi-Espagnet,** *Elektrophoretische Untersuchungen an eiweißhaltigen Organextrakten bei malignen Blutkrankheiten.* Gegenüber den Befunden an Serum wurden elektrophoret. in wss. Organextrakten von Milz, Lymphknoten u. Leber bei Erkrankungen des lymphat. Syst. mehr Proteine mit Wanderungsgeschwindigkeit der Globuline festgestellt. (Tumori **41.** 381—90. Juli/Aug. 1955. Roma, Univ., Ist. Clin. Med.) P. G. SCHEURLEN. 4160

**V. Castro** und **P. Monaco,** *Freie Aminosäuren in Walkertumoren und in den Organen der Trägerratten.* (Vgl. C. **1955.** 9351.) Vff. bestimmten chromatograph. den Geh. an Aminosäuren in WALKER-Tumoren u. in Leber, Muskulatur u. Lungen der diese Tumoren tragenden Ratten. Im einzelnen wurde festgestellt, daß in der Leber 8 Tage nach Implantation der Geh. an *Asparaginsäure* (**I**), *Glutaminsäure* (**II**), *Glycin* (**III**), *Threonin* (**IV**) u. *Alanin* (**V**) vermindert ist, um nach 12 Tagen mit Ausnahme von **III** stark vermehrt zu sein. In den folgenden 10 Tagen nehmen **I, II, IV** u. **V** wieder ab. Auch in den Tumoren findet man nach 12 Tagen eine deutliche Zunahme der 5 Aminosäuren, die danach kurz zurückgeht, um nach 20 Tagen wieder stark hervorzutreten. Während **III** in den Lungen

u. der Muskulatur stetig zunimmt, ist hier das Verh. von I u. II nicht einheitlich. (Tumori **41.** 355—66. Mai/Juni 1955. Palermo, Univ., Ist. Fisiol. Umana.)
P. G. SCHEURLEN. 4160

**L. Ferri, E. Mussini** und **D. Palazzi,** *Die Sulfhydrilgruppen im Sarkom 180 der Maus und im Walker-Adenocarcinom der Ratte nach Bestrahlung in vitro.* 1 Std. nach Bestrahlung des Mäusesarkoms 180 in vitro wurde eine Abnahme der SH-Gruppen festgestellt. Das WALKER-Adenocarcinom der Ratte zeigte unter den gleichen Bedingungen keine Änderung des Geh. an SH-Gruppen. Die SH-Best. wurde am enteiweißten Gewebe vorgenommen. (Tumori **41.** 424—29. Juli/Aug. 1955. Pavia, Univ., Ist. di Radiol.)
P. G. SCHEURLEN. 4160

**Ryuzo Iwatsuru, Isao Kato** und **Haruhiko Tamaki,** *Einfluß des KIK.-Faktors auf verschiedene Leberenzyme von Tieren.* 1. Mitt. *Über Katalase.* 2. Mitt. *Über Phosphatase.* Mittels Methanol aus Magensaft von Krebskranken erhaltene Ndd. vermindern die Wrkg. der *Katalase* (I) von Rattenlebern. Dies beruht entweder auf Wrkg. des *KIK-Faktors* (II) von IWATSURU [1937] oder von *Toxohormon* (III). Wird III mittels Trichloressigsäure ausgefällt, so hat nur diese Fällung, nicht aber die überstehende (II enthaltende) Fl. eine Wrkg. auf I. Hieraus wird geschlossen, daß II u. III trotz ihrer sonstigen Ähnlichkeit zwei verschied. Substanzen sind. — Der mit Methanol aus Magensaft von Krebskranken erhaltene Nd. vermindert auch die Wrkg. der *alkal. Phosphatase* der Rattenleber. Diese Wrkg. beruht nicht auf Ggw. von II. (Gann, Japan., J. Cancer Res. **45.** 643—48. Dez. 1954. Wakayama Med. Coll. [Orig.: engl.; Auszug: japan.])
A. HESSE. 4160

**W. A. Kirssanowa** und **A. A. Tusstanowski,** *Einfluß von 4-Aminopteroylaminoadipinsäure auf den Einbau von $^{14}C$-Formiat in die Nucleoproteide der Organe von Mäusen mit überimpfter Leukose.* In Verss. an 340 Mäusen mit subcutan überimpfter Leukose, die am Ort der Injektion zu einem nichtmetastasierenden Lymphom führte, übte die täglich in therapeut. Dosen (20 mg/kg) zugeführte *4-Aminopteroylaminoadipinsäure* (I) in gleicher Weise wie *Aminopterin* einen stark hemmenden Einfl. auf den Einbau von *$^{14}C$-Formiat* (II; 10000 Impulse pro 1 kg Körpergewicht) in die *Nucleoproteide* (III), speziell in die Ribo- u. Desoxyribonucleinsäure, der Milz u. des Dünndarms u. einen geringen hemmenden oder gar keinen Einfl. auf den II-Einbau in die III der Leber, der Nieren u. des Tumorgewebes aus. Eine Wrkg. von I auf den Einbau von II in die Proteinfraktion von III war (mit Ausnahme der Leber-III) nicht festzustellen. (Вопросы Медицинской Химии [Fragen med. Chem.] **1.** 370—74. Sept./Okt. 1955. Moskau, Inst. für exp. Pathol. u. Ther. des Krebses der Akad. der Med. Wiss. der UdSSR, Biochem. Labor.)
E. RENTZ. 4160

**Erzsébet Tóth, K. Lapis** und **J. Sós,** *Förderung der tumorerzeugenden Wirkung von Azofarbstoffen durch periodischen qualitativen Eiweißmangel.* An Hand histolog. Befunde, Best. des Lebergewichtes u. statist. Auswertung der Tumorhäufigkeit u. der Überlebenszeiten wird nachgewiesen, daß Methioninmangeldiät die Tumorgenese nach *Buttergelb* (*p-Dimethylaminoazobenzol*; I) erheblich steigert. Sämtliche 168 weiße Ratten erhielten I der Diät beigemischt (6,4—7,2 mg I/Tier/Tag je nach Futterausnutzung). Die Diät war halbsynthet.; Methioninmangeldiät (II) enthielt 1,5 g Leim, Normaldiät (III) statt dessen die gleiche Menge Casein. — Ratten der Gruppe A erhielten I + III, es traten kaum Tumoren auf. Gruppe B erhielt I + 14 Tage II, sonst I + III, fast alle Tiere bekamen Tumoren, die Überlebenszeit war signifikant geringer als bei Gruppe A. Gruppe C erhielt I + 3mal 14 Tage II, sonst I + III, sämtliche Tiere bekamen maligne Tumoren, die Überlebenszeit war statist. signifikant kürzer als bei B. Das durchschnittliche Lebergewicht betrug 6,3 g bei Gruppe A, 22,7 g bei B u. 26.9 g bei C. Die histolog. nachweisbaren Leberveränderungen sind deutlich u. werden ausführlich diskutiert. (Acta morphol. Acad. Sci. hung. **4.** 493—505. 1954. Budapest, Med. Univ.; Debrecen, Med. Univ.)
H. BOSER. 4160

**G. Ruhland** und **I. Weiss,** *Nachweis der fehlenden Zellkernschädigung des cancerogenen Benzpyrens im Froschsamenversuch.* Vff. untersuchten nach der Froschsamenmeth. die cancerogene Wrkg. des *Benzpyrens* (I) auf Spermien von Rana fusca. Als Lösungsm. für I diente hierbei ein *Polyäthylenglykol* (*Cre*, SCOTT u. BOWNE, Frankfurt/M.) u. Wasser. Unter der Wrkg. von I wird die Beweglichkeit der Spermien vermindert, jedoch trat noch nach $^{3}/_{4}$std. Behandlung Befruchtung der Eier ein, aus denen sich n. Larven ohne Kernschädigung entwickelten. (Naturwissenschaften **41.** 433. 2. Sept.-H. 1954. Halle/Saale, Martin-Luther-Univ., Anatom. Inst.)
H. SCHEURLEN. 4160

**John R. Sampey,** *Die krebshemmende Wirkung von Kohlenwasserstoffen.* Kurzes Übersichtsref. über die krebshemmende Wrkg. von verschied. KW-stoffen bei transplantablen wie auch bei durch chem. Vorbehandlung ausgelösten Haut- u. Lebertumoren. (Ind. Med. Surgery **24.** 412. Sept. 1955. Greenville, S. C., Furman Univ.) H. ZELLER. 4160

**Austin S. Weisberger, Bennett Levine** und **John P. Storaasli,** *Stickstofflost zur Behandlung von serösen Ergüssen bei Neoplasmen.* Vff. berichten, daß die direkte Einbringung von *Stickstofflost* (I) in Ergüsse malignen Ursprungs in 65% der behandelten Fälle eine Abnahme oder Verhinderung der Neubildung des Ergusses bewirkte. Diese Ergebnisse sind mit denen mit *radioakt. Gold* (II) vergleichbar. Kombinierte Therapie mit I u. II vermag noch bessere Ergebnisse zu erbringen als jedes Mittel für sich allein. (J. Amer. med. Assoc. **159.** 1704—07. 31/12. 1955. Cleveland, Univ. Hosp., Dep. of Med. and Radiology.) K. BÖHM. 4160

**F. Fleck,** *Behandlung der Röntgencarcinome durch Hypervitaminisierung mit Axerophtholen.* An Hand einer ausführlichen Übersicht über die Ansichten u. Befunde der Literatur diskutiert Vf. die mögliche Bedeutung von *Vitamin A* (I) für die Stoffwechselvorgänge der Krebszelle. Es wird herausgestellt, daß Krebszellen im Gegensatz zu n. Zellen kein I enthalten, das experimenteller Krebs durch I verzögert wird, daß es in der präcancerösen Phase zu ähnlichen Symptomen kommt wie bei I-Avitaminosen und daß I in der Haut durch Röntgenbestrahlung zerstört wird. 5 Patienten mit Röntgenkrebs wurden einer stationären monatelangen Behandlung mit I unter Zusatz von *Schilddrüsenwirkstoff* unterzogen. In 4 Fällen trat Überhäutung ein, über deren Dauerhaftigkeit sich keine Angaben machen lassen. Tox. Carotinosen wurden nicht beobachtet. (Dermatol. Wschr. **130.** 1244—54. 1954. Berlin, Charité, Hautklinik.) E. BOSER. 4160

## E₂. Enzymologie. Gärung.

**Geronimo Raineri,** *Schwermetalle und Enzyme.* Überblick über die pharmakodynam., hauptsächlich hämopoet. Wrkg. von Co- u. anderen Schwermetallsalzen mit den Ordnungszahlen 23—32. Diese Wrkg. fällt zusammen mit der katalyt. Wrkg. auf anorgan. Gebiet u. ähnelt der der Enzyme, deren Funktionsmechanismus mit der Anwesenheit von Schwermetallen erklärt werden kann. — 18 Literaturangaben. (Boll. chim. farmac. **94.** 403—05. Okt. 1955. Cuneo, Labor. S. J. C. F.) B. STIEB. 4200

**B. L. Horecker,** *Mechanismus der Enzymwirkung.* Übersicht der am 16.—19. 6. 1953 in Baltimore auf einem Symposium über den „Mechanismus der Enzymwrkg." gehaltenen Reff.: J. G. KIRRWOOD, Kräfte zwischen Eiweißmoll., R. HERRIOTT, essentielle Gruppen von Enzymkatalysatoren (Beteiligung spezif. funktioneller Gruppen bei Enzym-Rkk, Auftreten solcher Gruppen bei der Umwandlung Enzymvorstufe → akt. Form, z. B. Chymotrypsinogen), W. KAUZMANN, reversible u. irreversible Veränderungen bei der Denaturierung von Proteinen u. Enzymen, H. EYRING, Beziehungen zwischen Reaktionsgeschwindigkeiten u. Aktivierungsenergie sowie Einfll. der Umgebung bei der Eiweißsynth., H. BULL, Rolle des Enzym–Substrat-Komplexes als Zwischenstufe enzymkatalysierter Rkk., M. CALVIN, Theorie der Chelatbldg. u. die Beziehung zwischen Konst. u. Bindungsaffinität, J. KLOTZ, Eigg. von Metallproteinkomplexen; Art der für die Bindung von Metallionen verantwortlichen Gruppen von Eiweißmoll., E. L. SMITH, Unterss. über 2 hochgereinigte *Metallpeptidasen, Prolidase* u. *Leucinaminopeptidase,* F. H. WESTHEIMER, 1-Elektron- u. 2-Elektronentransportmechanismen bei Redox-Rkk. u. das Problem der Bldg. freier Radikale, B. CHANCE, Bldg. von Enzym–Substrat-Komplexen in lebenden Zellen (direkte Beobachtung solcher Rkk. in intakten Zellen, die unter Beteiligung von Peroxydasen, Cytochromen u. Pyridinnucleotidenzymen erfolgen), B. VEUNESLAND, direkte Übertragung von H bei durch Pyridinnucleotiddehydrogenasen katalysierten Rkk. u. deren ster. Spezifität, J. G. GUNSALUS, Funktion der Liposäure bei der Pyruvatoxydation u. ihre Rolle als Vermittlerin von Redox-Rkk., E. RACKER, Rolle der SH-Gruppe bei der Acylübertragung u. von Thiaminpyrophosphat bei der CO-Übertragung, D. KOSSLAND, bei der Deutung von Enzymmechanismen in Betracht kommende Typen von Substitutionsmechanismen, H. KALCKAR, Mechanismen der Transglycosidierung bei Polysaccharid- u. Nucleotidbldg., Rolle Uridin-enthaltender Coenzyme hierbei. (Science [Washington] **118.** 152—53. 7/8. 1953. Bethesda, Md., Nat. Inst. of Health, Nat. Inst. of Arthritis and Metabolic Diseases.) K. MAIER. 4200

**J. Lee Kavanau,** *Enzymkinetik und die Geschwindigkeit biologischer Prozesse.* Für biochem. Prozesse besteht im niedrigen Temperaturbereich ein thermodynam. Gleichgewicht zwischen den katalyt. akt. u. inakt. Enzymformen. Es wird angenommen, daß reakt. Enzymteilchen bei niedrigen Tempp. entweder durch Verlust ihrer spezif. Konfiguration oder durch Fortfall der Wrkg. auf das Substrat infolge Bldg. von Wasserstoffbrücken inakt. werden. Auf dieser Grundlage theoret. berechnete Entropiewerte stimmen mit den aus experimentellen Daten ermittelten Werten überein. Die Kinetik biol. Prozesse scheint sich nur quantitativ von der Kinetik in vitro durch Enzyme katalysierter Prozesse zu unterscheiden. Die ARRHENIUS-Gleichung $k_r = Ae^{-E/RT}$ soll durch die Gleichung $k_r = de^{-E_0/(T-T_0)}$ für biol. Prozesse ersetzt werden. (J. gen. Physiol. **34**. 193—209. 20/11. 1950. Berkeley, Calif., Univ., Dep. of Zool.) H. CARLS. 4200

**Samuel R. Tipton,** *Das Verhalten der Bernsteinsäureoxydase und der Cytochromoxydase der Rattenleber bei Vitamin-B-Mangel und nach Schilddrüsengaben.* Ratten, die mit einer an *Riboflavin* (I) armen Diät ernährt werden, zeigen einen starken Gewichtsverlust, der bei zusätzlichen Gaben von Schilddrüsen -(II)pulver noch bis zum raschen Tode verstärkt werden kann. Gleichzeitig läßt sich in den homogenisierten Lebern dieser Tiere eine Abnahme der Aktivität der *Bernsteinsäureoxydase* (**III**) u. *Cytochromoxydase* (**IV**) feststellen. Das Verh. der **IV** ist dabei sehr wechselnd. Mangel aller B-Vitamine ruft ebenfalls eine Senkung der **III** hervor, während bei *Thiamin*-Mangel die **III** u. **IV** nicht beeinflußt werden. Gaben von **II** in getrockneter Pulverform oder als Thyroxin bewirken eine Zunahme der **III** u. **IV**, wobei hier **IV** auch bei Mangel der B-Vitamine vermehrt auftritt. Bei hyperthyreot. Tieren scheint die Leberzelle zu erhöhter Aktivität der beiden Enzyme stimuliert zu sein. (Amer. J. Physiol. **161**. 29—34. April 1950. Tennessee, Univ., Dep. of Zoology and Entomology.) P. G. SCHEURLEN. 4210

**Rudolf Lemberg, David B. Morell, William H. Lockwood, Maureen Stewart** und **Barry Bloomfield,** *Spektrophotometrische Bestimmung der Hämin-a-Derivate (Cytochromoxydase und Cytochrom a) in tierischen Geweben.* (Vgl. C. **1956**. 5861.) Vff. geben eine Bestimmungsmeth. für *Hämin a* (I)-Derivv. durch verlustlose Überführung in *Porphyrin a* (II) an. Verss. zur Trennung von Protohämin u. Hämin a durch Chromatographie nach der Meth. von MORRISON u. STOTZ (J. biol. Chemistry **213**. [1955.] 373) waren vergeblich. Vor der Häminextraktion mit Aceton/HCl wird der Gewebebrei zur Entfernung von Fettsubstanzen u. gelben Farbstoffen mit Aceton/$H_2O$ u. Ae. abwechselnd extrahiert. Die Enteisenung wird mit $FeSO_4$/HCl in Eisessig ausgeführt. **II** kann quantitativ ausgeäthert, *Proto-* u. *Kryptoporphyrin* mit 5 bzw. 8%ig. HCl extrahiert werden. Die Extinktion (Ex) der äther. Lsg. bei 558 m$\mu$ u. das Ex-Verhältnis 558/517 m$\mu$ geben Konz. u. Reinheitsgrad von **II** (spezif. Ex [0,1%, 1 cm]: 20, Mol.-Gew. 780). Mit größeren Mengen von Herzmuskelgewebe erreicht das Ex-Verhältnis den Wert für reines **II** (2,1—2,3). Bei Rattengewebe sind **I**-Geh., respirator. Quotient u. *Cytochrom-c*-Geh. annähernd proportional. Die Meth. eröffnet einen Weg, die enzymat. Aktivität der Oxydasen mit dem Geh. an **I** zu vergleichen. (Chem. Ber. **89**. 309—14. 1956. Sydney, Australien, Inst. für med. Forsch., Royal North Shore Hosp.) W. HABERDITZL. 4210

**Jack Peter Green, Ebbe Søndergaard** und **Henrik Dam,** *Leberatmung, Succinoxydase und Diphosphopyridinnucleotid–Cytochrom c-Reduktaseaktivität bei Vitamin-K-Mangel und nach Behandlung mit langwirkenden Antikoagulantien.* Unterss. mit dem Ziel, festzustellen, ob *Vitamin K* (I) möglicherweise in die Elektronentransportkette zwischen Cytochrom b u. c eingeschaltet sei, ergaben, daß dies nicht der Fall sein kann, weil weder Leberatmung noch Succinoxydase u. Diphosphopyridinnucleotid–Cytochrom c-Reduktase bei **I** Mangelküken u. bei mit langwirkenden Antikoagulantien behandelten Küken u. Ratten beeinflußt wurden. *Coumachlor* zeigte auch keinerlei Einw. auf die „Diaphorase"-Aktivität der Rattenleber. (Acta pharmacol. toxicol. [Köbenhavn] **11**. 79—89. 1955. Copenhagen, Polytechn. Inst.) G. RENTSCH. 4210

**Shigeru Miwa,** *Experimentelle Untersuchung über die Einflüsse der Hautfunktion auf die Oxydase–Reduktase in der Haut und ihr Manifestationsmechanismus.* Die Haut als unabhängiges Organ zeigt bisweilen erhöhte, bisweilen verminderte Funktion. Die Unterss. werden zur Klärung der Fragen, welche Enzyme für diese Änderungen verantwortlich sind, durchgeführt. Dabei wird das Vorhandensein von *Katalase, Indophenoloxydase* u. *Phosphatase* in der Haut bestätigt. Bei Steigerung der Hautfunktion erhöhen sich die Wirkungen dieser 3 Enzyme. Die Erhöhung der Wirkungen der Enzyme bei gesteigerter Hautfunktion geht auf die Umwandlung einer durch einen mäßigen Reiz in der Haut vermehrten Substanz auf dem Wege über die Schilddrüse zurück. Die Verminderung der Wirkungen beruht auf der direkten Wrkg. einer neuen tox. Substanz, die in der Haut durch eine excessive Reizung gebildet wird. — 151 Literaturangaben. (J. Kyoto prefect. med. Univ. **55**. 683—726. Mai 1954. Kyoto, Pref. Med. Univ., Dep. of Dermatol. and Urology. [Orig.: japan., Auszug: engl. LX.]) E. ROTTER. 4210

**Roland F. Beers jr.,** *Enzymatische Synthese und Eigenschaften eines Polynucleotides aus Adenosindiphosphat.* Aus der Lysis anheimgefallenen Zellen von Micrococcus lysodeikticus wurde durch fraktionierte Fällung mit $(NH_4)_2SO_4$ ein *Nucleotid–Polymerase* (I)-Präp. gewonnen. Die Hauptaktivität war an die Fraktion mit 30—40% ig. $(NH_4)_2SO_4$-

Sättigung gebunden. I bildet z. B. mit *Adenosindiphosphat* (II) viscose Lsgg., deren Viscositätsinkrement 500% überschreitet. Die Polymerisation steigt proportional mit der I- u. II-Konz. an, die Rk. ist von nullter Ordnung. Zu ihrem Ablauf ist Ggw. von $Mg^{2+}$ notwendig, von dessen Konz. das $p_H$-Optimum abhängt (bei geringer $Mg^{2+}$-Konz. $> 10$). Das Gleichgewicht liegt bei 70% des Polymeren. Anorgan. Phosphat hemmt die enzymat. Reaktion. Außer I werden auch Cytosin- u. Uridindiphosphat als Substrate verwertet, während mit Guanosindiphosphat bei $10^{-3}$ mol. keine Rk. beobachtet wurde. — Das Polymerisationsprod. von I hat ein ähnliches Absorptionsspektr. wie Adenosinmonophosphat, mit Spitzenverschiebung nach 257 m$\mu$ u. einem auf 50% red. Extinktionskoeffizienten. NaOH verursacht Hydrolyse, wobei die UV-Absorption ansteigt. Trocken läßt sich das Polymere gut dehnen, wobei Doppelbrechung auftritt. Die Sedimentationskonstante einer Probe in 0,007%ig. Lsg. betrug $16 \cdot 10^{-13}$ (20°). Elektronenmkr. wurden unverzweigte Ketten erkannt. Das Mol.-Gew. wurde zu $1{,}86 \cdot 10^6 \pm 20\%$ (Lichtbeugung) u. die Länge zu 2400 Å bestimmt. (Nature [London] **177**. 790—91. 28/4. 1956. Cambridge, Mass., Massachusetts Inst. of Technol., Dep. of Biol., Div. of Biochem.) P. LOCH. 4210

**Laura Gorini**, *Adenosintriphosphorsäure, Adenosintriphosphatase und Tetanusintoxikation.* Nach lokaler Injektion von Tetanustoxin beobachtete Vf. im betreffenden Muskel eine Zunahme der *Adenosintriphosphatase* um 10%. *Adenosintriphosphorsäure* oder *Myosin*, bzw. beide zusammen können bei intraperitonealer Injektion den Ablauf, die Schwere u. die Überlebenszeit nach Tetanusintoxikation nicht beeinflussen. (Boll. Ist. sieroterap. milanese **33**. 488—94. Sept./Okt. 1954. Milano, Univ., Ist. Microbiol.) P. G. SCHEURLEN. 4210

**Amiya B. Kar, S. K. Roy** und **J. N. Karkun**, *Der Einfluß von adrenocorticotropem Hormon (ACTH) auf die alkalische Phosphatase in Niere und Darm von Ratten.* Bei längerer Behandlung mit ACTH nimmt die Aktivität der *Phosphatase* in Niere u. Eingeweide der Ratten ab. Vermutlich beruht der Enzymverlust auf Verminderung der corticoiden Ausscheidung aus der erschöpften Nebennierenrinde. (Acta histochem. [Jena] **11**. 175—79 u. 1 Tafel. 14/2. 1955. Lucknow, Indien, Zentral Drug Res. Inst.) A. HESSE. 4210

**Tadao Takeuchi** und **Hideo Kuriaki**, *Histochemischer Nachweis von Phosphorylase in tierischen Geweben. Phosphorylase* (I), welche die reversible Rk. der Bldg. von Glucose-1-phosphat aus Stärke oder Glykogen in Ggw. von anorgan. Phosphat katalysiert, kann nach YIN u. SUN (C. **1948**. II. 218) histochem. bei Einlegen von Schnitten in eine Lsg. von Glucose-1-phosphat bei pH 6 nachgewiesen werden. Diese Arbeitsweise wird durch Aktivieren mit Adenylsäure + Insulin sowie Zusatz von Glykogen als „Starter" verbessert. Das gebildete Glykogen wird an der Blaufärbung mit Jod erkannt; bereits im Gewebe vorhandenes Glykogen färbt sich dagegen braun oder rotbraun. Mit dieser Meth. konnte I in den Fasern von Skelettmuskel u. Herzmuskel, im Knorpel der Luftröhre, im Epistel des Oesophagus und im Muskel von Arterien nachgewiesen. Die Rkk. erfolgen im Cytoplasma, die Kerne werden nicht gefärbt. (J. Histochem. Cytochem. **3**. 153—60. Mai 1955. Kumamoto, Japan, Univ. School of Med.) A. HESSE. 4210

**K. I. Gawrilowa**, *Die Aktivität der Phosphatase im Blute und im Geschwulstgewebe der Brustdrüse.* Die alkal. *Phosphatase* (I) wurde bei 53 Patienten mit verschied. Erkrankungen bestimmt. Ein Unterschied der Werte bei Kranken mit gutartigen u. mit malignen Tumoren u. Gesunden konnte nicht festgestellt werden. Die saure Phosphatase im Blut von Schwerkranken mit verminderten Hämoglobinwerten war etwas herabgesetzt. Bei einem ikter. Krebskranken lag I an der oberen Grenze der Norm. Dasselbe wurde bei Magen- u. Speiseröhrencarcinom mit Lebermetastasen beobachtet. Bei malignen Neubildungen der Brustdrüse war der Geh. an beiden Phosphatasen in deren Gewebe im Vgl. zu gutartigen Tumoren erheblich vermehrt. Das zeugt wahrscheinlich von erhöhtem Stoffwechsel im Tumorgewebe. (Бюллетень Экспериментальной Биологии и Медицины [Bull. exp. Biol. Med.] **38**. Nr. 12. 42—44. Dez. 1954. Moskau, Inst. für Chirurgie der Akad. der med. Wiss. der UdSSR.) F. DU MANS. 4210

**Walter B. Dandliker** und **Jay B. Fox jr.**, *Lichtzerstreuung durch D-Glyceraldehyd-3-phosphatdehydrogenase.* Mit der Meth. der Lichtzerstreuungsmessung wurde für *D-Glyceraldehyd-3-phosphatdehydrogenase* ein nicht unter 140000 liegendes Mol.-Gew. ermittelt, was von dem Wert 118000 von TAYLOR u. Mitarbeitern (J. biol. Chemistry **173**. [1948.] 619) abweicht. (J. biol. Chemistry **214**. 275—83. Mai 1955. Seattle, Wash., Univ. of Washington, Dep. of Biochem.) A. HESSE. 4210

**M. P. Melnikowa** und **Ss. A. Neifach**, *Über Natur und Eigenschaften der 6-Phosphofructokinase der Muskeln.* Vff. untersuchten die physikal. Eigg. von *6-Phosphofructokinase* (I), die aus der Skelettmuskulatur des Kaninchens als nahezu homogenes Protein erhalten wurde. Auf Grund von Sedimentations- u. Diffusionsanalysen wurde das

Mol.-Gew. von I zu 120000 ± 10% ermittelt. Der Geh. des Muskels an I betrug 0,3 bis 0,5% (bezogen auf feuchte Substanz). Weiter wird gezeigt, daß die enzymat. Aktivität von I an die Ggw. freier Thiogruppen im Eiweiß u. $Mg^{2+}$-Ionen in der Lsg. gebunden ist. — Citrat, Adenylsäure, p-Chlormercuribenzoat, Jodacetat, Jodacetamid u. 2.6-Dichlorphenolindophenol hemmen die I-Wrkg. sehr stark; diese Inhibitorwrkg. wird durch Ggw. von Cystein teilweise aufgehoben. Bei der Unters. der Kinetik der I-Wrkg. ergaben sich folgende katalyt. Konstanten für das Enzym: MICHAELIS-Konstante $K_M = 1 \cdot 10^{-3}$ Mol (bezogen auf Fructose-6-phosphat); Zahl der durch 1 g Mol I umgewandelten gMol des Substrates 350; $Q_p = 3900$; $Q_I = 35-38$ (bezogen auf 1 mg Trockengewebe). Die Aktivierungsenergie der I-Rk. betrug 5200 cal/Mol. — Weiter wurde festgestellt, daß die enzymat. Aktivität von I (bezogen auf 1 g Gewebe) im Rhabdomyoblastom der Ratte 1,6 mal höher ist als in der n. Skelettmuskulator. — Abschließend wird hypothet. dargelegt, daß I als relativ „langsames" glykolyt. Enzym die Aufgabe eines die Geschwindigkeit der Glykolyse in den Muskeln begrenzenden Faktors erfüllt. (Биохимия [Biochemie] **19.** 425—36. Juli/Aug. 1954. Leningrad, Inst. für exp. Med. der Akad. der Med. Wiss. der UdSSR, Abt. für Biochem.) H. v. PEZOLD. 4210

**N. Bargoni**, *Über die anaerobe Glykolyse in der glatten Muskulatur.* Die glatte Muskulatur des Magens 1—2 Monate alter Tauben bildet als wss. Extrakt Milchsäure aus Glykogen, Glucose-1-phosphat, Glucose-6-phosphat, Fructose-6-phosphat, Fructose-1.6-diphosphat u. 3-Phosphoglycerin, sofern Adenosintriphosphat, Cozymase, Glutathion u. Mg anwesend sind. Glucose, Fructose, Mannose u. Galaktose werden nicht gebildet. (Arch. Scienze med. **100 (80).** 200—15. Sept. 1955. Sassari, Univ., Ist. Chim. Biol.) P. G. SCHEURLEN. 4210

**G. A. Kotschetow**, *Der Kohlenhydratstoffwechsel im Muskelgewebe des Taubenherzens.* Vf. untersucht die Umwandlung von *Glucose* (I) in den Geweben des Herzmuskels von Tauben unter aeroben Bedingungen u. findet, das diese Umwandlung auf glykolyt. Wege erfolgt. Die im Muskelhomogenat erkennbare Zunahme des $O_2$-Verbrauchs bei Zusatz nicht nur von I u. in stärkerem Maße von *Hexosemonophosphat* (II), sondern auch von *Fructosediphosphat* (III) ist nicht durch direkte Oxydation von II, sondern durch Oxydation der im Prozeß der glykolyt. Umwandlung sich bildenden Stoffe (Phosphoglycerinaldehyd, Brenztraubensäure u. Milchsäure) zu erklären. Eine oxydative Umwandlung von I in II ließ sich weder im Homogenat noch im Muskelbrei nachweisen. Die Tatsache, daß in Verss. mit Muskelbrei II, in Verss. mit Homogenaten III am wirksamsten ist, erklärt sich dadurch, daß im Homogenat die Zerstörung der Zellelemente stärker ist u. die Oxydationsfermente derselben z. T. inaktiviert sind. Für den glykolyt. Weg der Kohlenhydratumwandlung spricht auch die Beobachtung, daß die Phosphogluconsäure die Atmung nicht nur nicht stimuliert, sondern sie sowohl im Homogenat als auch im Muskelbrei sogar um 25—40% herabsetzt. Mit Homogenat nimmt die Intensität der Atmung in der Reihe III—II—I zu, mit Muskelbrei in der Reihe II—III—I. (Биохимия [Biochemie] **19.** 189—96. März/April 1954. Moskau, Univ., Biol.-Bodenforsch.-Inst., Labor. für Biochemie der Tiere.) E. RENTZ. 4210

**Joseph L. Rabinowitz**, *Untersuchungen über die Decarboxylierung von radioaktivem Glucuronsäurelacton durch in vitro-Systeme.* Aus verschied. Geweben von Ratten konnte ein lösl. Enzymsyst. erhalten werden, welches $^{14}C$-Glucuronsäure bzw. deren Lacton decarboyliert. $^{14}C_{(6)}$-Glucuronsäurelacton ergibt $CO_2$, welches eine 6 mal so große Radioaktivität besitzt wie das aus gleichmäßig markiertem Lacton gewonnene. Daraus wird geschlossen, daß nur $C_{(6)}$ an der Decarboxylierung beteiligt ist. Die zurückbleibenden Bruchstücke wurden noch nicht näher charakterisiert. (J. Amer. chem. Soc. **77.** 5180—82. 5/10. 1955. Philadelphia, Veterans Administration Hospital.) G. REMBARZ. 4210

**Enrico Urbani** und **Giuseppe Scollo Lavizzari**, *Untersuchungen über die Amylase in der Embryonal- und Larvenentwicklung von „Bufo vulgaris".* Colorimetr. u. papierchromatograph. wurde festgestellt, daß die *Amylase*-Aktivität bei Bufo vulgaris (Substrat Glykogen u. Stärke) während der Embryonalentw. abnimmt, etwa nach 240 Std. ihren Tiefpunkt erreicht u. anschließend während des Larvenstadiums wieder zunimmt. Während des Schwanzknospenstadiums ist die Aktivität am höchsten im mittleren Teil in der Gegend der Dotterzellen. (Ricerca sci. **25.** 1151—60. Mai 1955. Roma, Univ., Ist. di Anatomia Compar.) P. G. SCHEURLEN. 4210

**D. Cavallini**, *Die gekoppelte Oxydation von Pyruvat mit Glutathion und Cystein.* Werden Glutathion (I) oder Cystein entweder mit Cu-Ionen oder mit dem Cytochrom c-Cytochromoxydase-Syst. oxydiert, so tritt in Ggw. von Brenztraubensäure (II) eine sek. Oxydation ein. Das Verhältnis dieser zusätzlichen $CO_2$-Produktion zu der zusätzlichen $O_2$-Aufnahme beträgt ca. 2, was auf eine oxydative Decarboxylierung zu Essigsäure u. $CO_2$ schließen läßt. Vf. nimmt an, daß die gekoppelte Oxydation von II mit I die biol. Oxydation von I erklären könnte. (Biochem. J. **49.** 1—5. Juni 1951. Rom, C. N. R. Centro di Fisiopatol., Ist. di Patol. Gen.) K. NEHRING. 4210

**N. N. Lesstrowaja,** *Über die Synthese von Glutamin und Asparagin in den Geweben des tierischen Organismus.* Es wurde festgestellt, daß in den Geweben verschied. Tiere (Ratte, Maus, Kaninchen, Taube) eine enzymat. Synth. von *Glutamin* (I) u. *Asparagin* (II) durch Übertragung der Amidgruppe vom Amid zur entsprechenden Aminodicarbonsäure stattfindet; dies spricht für die weite Verbreitung des schon früher in der Rattenleber beobachteten Prozesses. — Literaturangaben über die Möglichkeit einer direkten Synth. von I aus Glutaminsäure (III) u. $NH_4$-Salzen konnten für einige Gewebe des tier. Organismus bestätigt werden, doch ist die direkte Amidierung von III recht begrenzt. Eine Bldg. von II durch unmittelbare Amidierung der Asparaginsäure (IV) konnte indes in keinem der untersuchten Gewebe beobachtet werden. — In einigen Geweben konnte eine zwar unbedeutende, jedoch anhaltende Synth. von I aus IV u. III festgestellt werden. In diesem Falle fungiert IV als Donator der $NH_2$-Gruppe. (Биохимия [Biochemie] **19.** 478—84. Juli/Aug. 1954. Moskau, 1. Med. Inst., Lehrstuhl für Biochemie.) H. v. PEZOLD. 4210

**A. Ferstl,** *Die pathogenetische und klinische Bedeutung der Serumhistidindecarboxylase.* Die *Serumhistidindecarboxylase* erreicht, wie an Verss. belegt wird, nur dort eine patholog. Aktivität, wo, auf Grund einer gedrosselten $O_2$-Assimilation, anaerobe Verhältnisse, Decarboxylierung gegenüber der aeroben Umwandlung in Glutaminsäure durch Histidase u. gegenüber der oxydativen Aufspaltung des Imidazolringes vorherrschen oder der Histaminabbau verhindert ist. Prädisponierend hierfür sind alle kollagenen Bindegewebebestandteile, die die bevorzugten Angriffspunkte der rheumat. Erkrankungen sind. — Diskussion. 24 Literaturangaben. (Wiener Z. inn. Med. Grenzgebiete **36.** 518—25. Dez. 1955. Wien, Univ., II. Med. Klinik.) H. PATZSCH. 4210

**Clarence M. Agress, Howard I. Jacobs, Harvey F. Glassner, Marianne A. Lederer, Wm. G. Clark, Felix Wroblewski, Arthur Karmen** und **John S. LaDue,** *Der Serum-Transaminase-Spiegel bei experimentellem Myocardinfarkt.* Unterss. an Hunden mit experimentell erzeugtem Coronarinfarkt zeigen, daß der Anstieg der *Serum-Transaminase* in einem linearen Verhältnis zum Ausmaß des Infarktes steht. (Circulation [New York] **11.** 711—13. Mai 1955. Los Angeles, Calif., Cardiovasc. and Pharmacol. Labor., Vet. Admin. Cent., and Univ. of California, Dep. of Med. and Physiol. Chem.; New York, N. Y., Dep. of Med. Mem. Cent., Sloan-Kettering Inst.) V. SACHS. 4210

**Günter Stüttgen,** *Der fermentative Abbau von Tyramin, Histamin und Acetylcholin in den Schichten der menschlichen Haut.* Vf. untersuchte den fermentativen Abbau „biogener Amine“ (*Tyramin, Histamin* u. *Acetylcholin*) in den verschied. Schichten menschlicher Haut mittels WARBURG-Apparatur. In der Epidermis wurde im wesentlichen die *unspezif. Cholinesterase* nachgewiesen, in den Coriumschichten die *spezif. Cholinesterase, Monoaminoxydase* u. *Diaminoxydase.* Carcinome u. Epitheliome entsprechen in ihrer Fermentaktivität der n. Epidermis; Unterss. eines SPIEGLER-Tumors erwiesen eine auffallend hohe *Monoaminoxydaseaktivität.* Vergleichende Ratten- u. Meerschweinchenversuche ergaben eine Aminoxydaseaktivität der Haut, die nahe der der Leber liegt u. die der Niere übersteigt. (Arch. klin. exp. Dermatol. **201.** 564—73. 1955. Düsseldorf, Med. Akademie, Hautklinik.) D. BACHMANN. 4210

**J.-M. Paschoud, B. Schmidli** und **W. Keller,** *Über proteolytische Fermente der normalen menschlichen Haut.* Vff. fanden bei der Unters. proteolyt. Fermente n. menschlicher Haut unter den Exopeptidasen (I) eine *Leucylglycindipeptidase,* eine *Alanylglycindipeptidase,* eine *Glycylglycindipeptidase* u. eine nicht sicher einheitliche *Tripeptidase* sowie eine wenig akt. *Endopeptidase.* Die optimale Fermentaktivität liegt bei $p_H$ 7,4—9,5. Durch Erhitzen auf 100°, $Hg^{2+}$ u. teilweise durch $Cu^{2+}$-Zusatz erfolgt eine Fermenthemmung. Durch Co-Ionen lassen sich nur die Glycylglycin- u. Diglycylglycin-I aktivieren, die übrigen untersuchten Fermente sind durch verschiedenste Metallionen nicht anzuregen. (Arch. klin. exp. Dermatol. **201.** 484—94. 1955. Bern, Univ., Dermatolog. Klinik.) D. BACHMANN. 4210

**Claudi Gerbi,** *Die proteolytische Aktivität normaler und ischaemischer Kaninchennieren.* An 7 n. Kaninchen u. 5 Kaninchen, deren Nieren 4 Wochen zuvor durch Umwickeln mit Seide ischaem. gemacht worden waren, wurde die kathept. Aktivität der Nieren bestimmt. Die wss. Extrakte der ischaem. Nieren enthielten mehr *Kathepsin* als die der n. (nachgewiesen durch die Freisetzung von Tyrosin-Tryptophan nach der Meth. von ANSON, J. gen. Physiol. **20.** [1937.] 565.). (Arch. Biochemistry **26. 343**—50. Mai 1950. New York City, N. Y., Joseph and Helen Yeamans Levy Foundat. u. Labor. of Beth Israel Hosp.) I. NECKEL. 4210

**Pavel Bartl** und **Blahoslav Sedláček,** *Über Interaktionen der Eiweißstoffe.* 4. Mitt. *Inhibition von α-Chymotrypsin durch Diisopropylfluorphosphat und durch Chloramphenicol.*

(3. vgl. KAČENA, Chem. Listy **48.** [1954.] 7.) Mit Hilfe osmot. Meth. u. der Meth. der Lichtstreuung wurde gezeigt, daß infolge der irreversiblen Rk. von α-Chymotrypsin (I) mit Diisopropylfluorphosphat die Fähigkeit von I zu assoziieren vollkommen unterdrückt wird. Die Störung der Assoziation von I durch Chloramphenicol entspricht der Gleichgewichtskonstante der Rk. von I mit dem Inhibitor. (Chem. Listy **49.** 1617—20. Nov. 1955. Praha, Českoslov. akad. věd, Chem. ústav.) L. MATOUŠEK/Prag. 4210

**Eugenia T. Friess, Manuel F. Morales** und **William J. Bowen,** *Einige weitere Beobachtungen über die Wechselwirkung zwischen EDTA und dem Myosin–ATP-System.* (Vgl. C. **1955.** 843.) Eine Reihe von Verss. deutet darauf hin, daß die l. c. beschriebene starke Aktivierung des *Myosin* (I)–*Adenosintriphosphat*-Syst. (Beschleunigung der I-ATP-ase-Wrkg.) in 0,6 mol. KCl bei $p_H$ 7,0 durch *Äthylendiamintetraessigsäure* über ein Metall verläuft, das sehr fest, wahrscheinlich chem., an das Eiweiß gebunden u. möglicherweise mit *Mg* ident. ist. Mg könnte Bestandteil einer prosthet. Gruppe sein. (Arch. Biochem. Biophysics **53.** 311—13. Nov. 1954. Bethesda, Md., Nat. Inst. of Health, Nat. Inst. of Metabolic and Arthritic Dis., Labor. of Physical Biol., and Naval Med. Res. Inst., Div. of Physical Biochem.) K. MAIER. 4210

**Feodor Lynen,** *Der Fettsäurecyclus.* Übersichtsreferat: „Aktivierte Essigsäure“, Fettsäurecyclus (I), I-Enzyme, Fettsäureaktivierung, Synth. der Fette, Rkk. des *Acetyl-Coenzym A*, Adenosintriphosphatbilanz der Fettoxydation. Die Zelle kann in einem 4stufigen Kreisprozeß (I) durch *Coenzym A* (II) aktivierte Fettsäuren auf- u. abbauen, wozu 4 Enzyme, *Acyldehydrogenase, Enoylhydratase, β-Oxyacyldehydrogenase* u. *β-Ketoacylthiolase,* erforderlich sind, deren 3 in Verss. auch mit Derivv. des *N-Acetylcysteamins* reagieren können. — 69 Literaturangaben. (Angew. Chem. **67.** 463—70. 7/9. 1955. München, Inst. für Zellchem. an der Deutschen Forschungsanst. für Psychiatrie (Max-Planck-Inst.), u. Univ., Chem. Labor., Inst. für Biochem.) K. MAIER. 4210

**E. R. Brygoo** und **J. Courdurier,** *Verhalten von Candidahefen in Gegenwart verschiedener Farbstoffe.* Von den auf ihre Hemmwrkg. gegenüber 15 aus 69 *Candida*-Stämmen untersuchten 33 Farbstoffen (*Pikrinsäure,* 8 *Azofarbstoffen, Alizarinrot,* 9 *Chinonimiden,* 12 *Phenylmethanen, Gonacridin*-I, *Orcein*) zeigten I u. *Methylgrün* an 4 bzw. 8 Stämmen bei einer Konz. von $10^{-3}$ fungicide Wrkg., *Pyronin* an 15 bei $10^{-4}$ fungistat., an 5 bei gleicher Konz. fungicide Wirkung. — *Methylviolett* (II), *Brillantgelb* (III) u. *Malachitgrün* (IV) erwiesen sich am stärksten wirksam. II, III u. IV waren bei Konz. $10^{-4}$ an allen 15 untersuchten Stämmen fungistat. wirksam, während II u. III an 13 sowie IV an 10 Stämmen bei gleicher Konz. fungicide Wrkg. zeigten. (Ann. Inst. Pasteur **89.** 692—96. Dez. 1955. Madagaskar, Inst. Pasteur.) H. BASFELD. 4270

## E₃. Mikrobiologie. Bakteriologie. Immunologie.

**Ss. M. Shdan-Puschkina,** *Die Dynamik der Vermehrung von Acetobacter suboxydans und die Sorbitoxydation in Medien mit dem Vitamin-B-Komplex.* In Verss. über die Vermehrung von Acet. suboxydans (Ac.s.) u. die Oxydation von Sorbit (I) in Ggw. des Vitamin-B-Komplexes (0,05; 0,5; 5,0 Vol.-%) war die Vermehrung am stärksten in Ggw. von 5,0% Vitamin-B-Komplex, wenn die entstandenen Säuren neutralisiert wurden. Die Mikrobenzahl war hierbei ca. 2,5mal höher als auf Nährboden mit 0,5% B-Komplex. In Ggw. von 5,0% B-Komplex war die Vermehrung von Ac.s. annähernd die gleiche wie in Ggw. von 0,95% Trockensubstanz des Hefewassers, bei 0,5% B-Komplex sehr ähnlich der Vermehrung auf Nährböden mit 0,5% Trockensubstanz des Hefewassers. In Ggw. von 0,05% B-Komplex wurde I zu ca. 41,5% oxydiert, in Ggw. von 0,5% B-Komplex zu 96,1%, in Ggw. von 5,0% B-Komplex zu 91,0%. Der B-Komplex ist demnach ein für die Lebenstätigkeit der Sorbosebakterien brauchbarer Nährboden. (Микробиология [Mikrobiologie] **24.** 545—49. Sept./Okt. 1955. Leningrad, Shdanow-Univ.) O. LEBTAG. 4310

**A. G. Lochhead** und **R. H. Thexton,** *Qualitative Untersuchungen an Bodenmikroorganismen.* 10. Mitt. *Vitamin $B_{12}$ als Wuchsstoff benötigende Bakterien.* (8. vgl. WALLACE u. LOCHHEAD, Soil Sci. **67.** [1949.] 63.) Bei einem großen Teil von Bodenbakterien, die zur Entw. in Bodenextrakt (Be.) enthaltende Wuchsfaktoren benötigen, konnte die Be.-Wrkg. durch Vitamin $B_{12}$ (II), jedoch nicht durch $Co^{2+}$ ersetzt werden. Verschied. andere Bodenbakterien, deren Nährstoffbedürfnisse einfacher waren, synthetisierten einen Wuchsfaktor, dessen Wrkg. zur Menge von gebildetem II in Beziehung stand. Ein großer Teil der Bodenbakterien, für die Be. oder II essentiell ist, besteht aus pleomorphen Organismen. (J. Bacteriol. **63.** 219—26. Febr. 1952. Ottawa, Dep. of Agriculture.) K. MAIER. 4310

**A. A. Imschenetzki, Je. L. Ruban** und **O. D. Busina,** *Zellenlose Nitrifizierung.* 3. Mitt. *Über die Dynamik der Ansammlung von Nitriten.* (2. vgl. C. **1956.** 1053.) Die

Analyse der Dynamik der $NH_3$-Oxydation u. Nitritbldg. durch die in zellenlosen Autolysatfiltraten von Nitrosomonas enthaltenen Fermente bestätigt die früher festgestellte intensive $NH_3$-Oxydation. Das Maximum der Nitritbldg. beobachtet man am 1. u. 2. Tag. Auch bei sich vermehrenden Nitrosomonaskulturen ist ein Maximum nach 18—26 Tagen festzustellen. Die gebildete Nitritmenge ist immer geringer als die Differenz zwischen Ausgangs- u. Endkonz. von $NH_3$ unter der Voraussetzung, daß $NH_3$ restlos zu Nitrit oxydiert wird. Dies ist bes. stark bei den Verss. mit zellenlosen Autolysaten der Fall. Der Geh. an Gesamt-N ist in den Kulturen u. in den zellenlosen Autolysaten zu Beginn u. Ende des Vers. der gleiche. (Микробиология [Mikrobiologie] **24.** 539—44. Sept./Okt. 1955. Moskau, Inst. für Mikrobiol. der Akad. der Wiss. der UdSSR.) O. LEBTAG. 4320

**June Lascelles, M. J. Cross** und **D. D. Woods,** *Leuconostoc citrovorum Faktor und die Synthese von Serin durch Mikroorganismen.* Vff. besprechen die Rolle, die *Leucovorin,* ein synthet. Tetrahydroderiv. des Formylpteroylglutamates (vgl. BROCKMAN u. Mitarbeiter, C. **1954.** 2185), bei der Synth. von *Serin* aus *Glykokoll* u. *Formiat* durch gewaschene Zellen von *Streptococcus faecalis* spielt. Ferner wird sein Einfl. auf das Wachstum von *Leuconostoc mesenteroides* u. seine Beziehungen zum *L. citrovorum-Faktor* behandelt. (Biochem. J. **49.** LXVI. Okt. 1951. Oxford, Univ., Dep. of Biochem.) R. RUTKOWSKI. 4320

**G. Appleyard,** *Der Stoffwechsel von Kreatin durch Pseudomonas.* Zellsuspensionen von *Pseudomonas eisenbergii* bauen unter aeroben Bedingungen *Kreatin* unter Bldg. von *Harnstoff* (I) ab. Unter anaeroben Bedingungen entstehen **I** u. *Sarkosin.* Durch Extraktion mit Aceton läßt sich aus den Bakterienzellen ein Enzym gewinnen, das bei Ggw. von SH-Gruppen Kreatin zu 1 Mol **I** u. 1 Mol Sarkosin hydrolysiert. (Biochem. J. **49.** LXX. Okt. 1951. Oxford, Univ., Dep. of Biochem.) R. RUTKOWSKI. 4320

**H. Laser,** *Gewöhnung von Bacillus subtilis an Fettsäuren.* Fettsäuren (I) hemmen zunächst (*Stearinsäure* $<$ *Ölsäure* $<$ *Vaccensäure* $<$ *Linolensäure*) Wachstum u. Atmung von *Bacillus subtilis,* bis nach einiger Zeit eine Resistenz des Bacillus selbst gegen höhere Dosen der **I** auftritt. Die Resistenz wird zurückgeführt auf die Bldg. eines Enzyms, das die Anpassung des Bacillus an die **I** ermöglicht. (Biochem. J. **49.** LXVI—LXVII. Okt. 1951. Cambridge, Univ., Molteno Inst.) R. RUTKOWSKI. 4320

**S. R. Elsden, F. M. C. Gilchrist, D. Lewis** und **B. E. Volcani,** *Bildung von Fettsäuren durch einen gramnegativen Coccus. Milchsäure, Glucose, Fructose, Sorbit* u. *Mannit* werden durch einen gramnegativen Coccus unter Bldg. von $H_2$, $CO_2$, *Essigsäure, Propionsäure, n-Buttersäure, n-Valeriansäure* sowie *n-Capronsäure* vergoren. Suspensionen dieser Bakterien in Phosphatpuffer ($p_H$ 6,5) bilden beim Vergären der oben genannten Zucker sowie von *Brenztraubensäure* (I) *DL-Alanin, DL-Serin* u. *Formiat* in einer $N_2$-Atmosphäre nur $H_2$, aber kein $CO_2$. Bei Vergärung von **I** wird gegen Ende der Rk. eine Gasaufnahme beobachtet, die in einer $H_2$-Atmosphäre verstärkt auftritt. Ebenso steigert Zugabe von Acetat, Propionat oder n-Butyrat einerseits den $H_2$-Verbrauch u. verändert andererseits die Ausbeuten der Endprodukte. Die zugesetzten Fettsäuren bilden vermutlich mit den Spaltstücken der **I** Verbb., die dann red. werden. (Biochem. J. **49.** LXIX—LXX. Okt. 1951. Sheffield, Univ., Dep. of Bacteriol., u. Berkeley, Univ. of California, Div. of Plant Nutr.) R. RUTKOWSKI. 4320

**V. Bolcato** und **M. E. Scevola,** *Acetophenonbiosynthese aus Phenylhydrazin während der Acetatatmung lebender Zellen von E. coli.* Stämme von E. coli, die auf Acetatnährböden wachsen, bilden bei Ggw. von Phenylhydrazinoxalat im Substrat während der Acetatoxydation neben Acetaldehyd auch Acetophenon, das aus dem filtrierten Medium nach Zufügen von konz. $H_2SO_4$, Dest. u. Ausfällung mit 2.4-Dinitrophenylhydrazin, Waschen mit kochendem 95% A., mehrfachem Lösen in Bzl. u. Fällen durch PAe. isoliert werden konnte. Bildungsmechanismus noch unbekannt. Vermutlich wird Phenylhydrazin unter Bldg. instabiler Zwischenglieder dehydriert, u. diese werden nach Abspaltung von $N_2$ durch den Coenzym A (CoA)-Komplex ($CH_3 \cdot CO \cdot S \cdot CoA$) zu Acetophenon acetyliert. Naturwissenschaften **40.** 275. Mai 1953. Pavia, Univ., Ist. di Chim. Farmaceutica e Tossicologica.) G. SCHULZE. 4320

**V. Bolcato** und **M. E. Scevola,** *Formylierung des Benzolringes von Phenylhydrazin durch lebende Zellen von E. coli.* (Vgl. vorst. Ref.) Aus dem Destillat der nach l. c. hergestellten Kulturfl. werden *Acetophenon* (I) u. *Benzaldehyd* (II) mit Dinitrophenylhydrazin gefällt, **II** aus der Suspension in 20%ig. NaOH abdestilliert u. als **II**-*2.4-Dinitrophenylhydrazon* (F. 237°) isoliert. Als möglicher Reaktionsmechanismus für die Bldg. von **I** u. **II** beim Abbau von Acetat durch *E. coli* in Ggw. von Phenylhydrazin (**III**) wird angenommen, daß **III** in Analogie zu Rkk. von Diazoverbb. über eine instabile Zwischenverb. [$C_6H_5-N{\equiv}N$] unter N-Abspaltung bzw. durch Verbrauch von N durch die Zellen in eine akt. Phenylgruppe übergeführt u. durch einen Acetyl- bzw. Formyl-Coenzym A-Komplex acyliert wird. Das Auftreten von **II** wird als weiterer Beweis für die Auffassung von KREBS u. Mitarbeitern (Biochem. J. **51.** [1952.] 614) diskutiert, nach der Acetat durch einige Mikroben nicht über den Tricarbonsäurecyclus sondern über Acetyl–, Glykolyl–, Gyoxalyl–, Oxalyl– u. Formyl–Coenzym A abgebaut wird. (Naturwissenschaften **40.** 363. 1. Juli-H. 1953. Pavia, Univ., Ist. di Chim. Farmaceut. e Tossicol.) H.-J. KOCH/Berlin. 4320

**V. Bolcato** und **M. E. Scevola,** *Neue Beobachtungen über die Synthese von Acetophenon und Benzaldehyd aus Phenylhydrazin während des Acetatstoffwechsels von E. coli-Zellen.* (Vgl. die beiden vorst. Reff.) Vff. stellten fest, daß die Bldg. von *Acetophenon* (**I**) u. *Benzaldehyd* (**II**) aus Phenylhydrazin (**III**) während des Acetatstoffwechsels lebender Zellen von *E. coli* auf nichtenzymat. Wege verläuft, da **I** u. **II** auch in Abwesenheit von Mikroben in wss. Lsgg. von **III** u. Acetaldehyd bzw. Formaldehyd gebildet werden. Dadurch werden die diskutierten Reaktionsmechanismen hinfällig. Interessant bleibt jedoch die Tatsache des Auftretens eines $C_1$-Zwischenprod. beim Acetatstoffwechsel. (Naturwissenschaften **40.** 461. Sept. 1953.) H.-J. KOCH/Berlin. 4320

**Adolf Wacker, Achim Trebst** und **Friedrich Weygand,** *5-Bromuracildesoxyribosid, ein Wuchsstoff für Lb. leichmannii und Lb. acidophilus R 26.* (Vgl. C. **1956.** 3607.) Bei Unterss. über den Wuchsstoffcharakter von *5-Bromuracildesoxyribosid* (**I**) für Desoxyriboside benötigende Bakterien ergab sich für *Lactobacillus leichmannii* u. *Lactobacillus acidophilus*, daß nach 22 Std. Bebrütung **I** als Wuchsstoff unwirksam war u. bei Ggw. von Vitamin $B_{12}$ u. Adenindesoxyribosid eine Wachstumshemmung eintrat. Nach einer Bebrütungsdauer von 38 Std. hatte **I** Wuchsstoffunktionen angenommen, wobei jedoch das optimale Wachstum wie mit Vitamin $B_{12}$ bzw. Thymindesoxyribosid auch bei höheren Konzz. nicht erreicht wurde. Voraussetzung für die Wuchsstoffaktivität ist die Anwesenheit einer genügenden Menge Folsäure. (Z. Naturforsch. **11b.** 7—9. Jan. 1956. Berlin-Charlottenburg, TU, Organ.-chem. Inst.) W. BEINERT. 4325

**Constantin Toumanoff** und **Constantin Vago,** *Die Wirkung der alkalischen Reaktion des Nährbodens auf die Virulenz des Bacillus cereus var. alesti Toum. und Vago für die Seidenraupe.* B. cereus ist für die Seidenraupe hochpathogen, der Tod tritt unter stürm. tox. Symptomen oder infolge einer Septicämie ein. Nach 10 Kulturpassagen auf alkal. Nährböden ($p_H$ 9 statt 7) schwächt sich die Pathogenität allmählich ab u. hört nach 22 Passagen auf. (C. R. hebd. Séances Acad. Sci. **235.** 1715—17. 22/12. 1952.) E. FISCHOEDER. 4325

**Harold M. Kaplan** und **Llewellyn Light,** *Bewertung von Chemikalien, die zur Verhinderung und Bekämpfung von durch Pseudomonas hydrophila hervorgerufenen Krankheiten bei Fischen und Fröschen verwendet werden.* Die niedrigsten Konzz. zur Hemmung des Wachstums von Ps. hydrophila waren in %: *Novosan* (**I**; *Alkyltolylmethyltrimethylammoniumchlorid*) 0,5, *$KMnO_4$* 0,001, *$CaCl_2$* 2,0, *$CuSO_4$* 0,1, *$HgCl_2$* 0,002, *Formalin* 0,01, *Phenol* (**II**) 0,5 u. *Trikresol* 0,01. Dabei können **I**, **II** u. *$CaCl_2$* nur zur Desinfektion von leeren Gefäßen verwendet werden, da sie von Fröschen in den genannten Konzz. nicht vertragen werden. (Amer. J. veterin. Res. **16.** 342—44. April 1955. Carbondale, Ill., Southern Illinois Univ., Dep. of Physiol.) F. KRUSEN. 4330

**W. F. Milowskaja, G. D. Dombrowski** und **L. G. Atanass,** *Der Einfluß einiger organischer Farbstoffe auf die Mikroflora von Getreide und dessen Lebenstätigkeit.* Untersucht wurden Weizensorten, Hirse u. Mais. *Brillantgrün* (**I**), *Methylenblau* u. *Auramin* zeigten gegenüber der epiphyten Mikroflora der Körner eine verschied. Baktericidität. In bestimmten Konzz. werden die Lebensfunktionen des Kornes nicht gestört. **I** hatte die größte baktericide Wirkung. Die minimale baktericide Konz. beträgt 0,25%. Vf. untersuchte eingehend den Einfl. der Farbstoffe auf die Keimfähigkeit u. die Atmungsenergie der verschied. Samen. So betrug die Atmungsintensität von Weizen in mg $CO_2$/100 g Trockensubstanz in 24 Std.: 23,8 (Kontrolle); 14,8—0,25%ig. **I**; 19,0—0,25%ig. Methylenblau, 22,2—0,10%ig. Auramin; 19,0—0,25%ig. Auramin. (Микробиология [Mikrobiologie] **24.** 718—22. Nov./Dez. 1955. Odessa, Technol. Stalin-Inst.) OTTO MAIER. 4330

**S. G. Bhat, J. G. Kane** und **A. Sreenivasan,** *Die in vitro-Testung der antibakteriellen Wirksamkeit des Undi oil (Calophyllum inophyllum Linn.).* Das aus den Samen von *Calophyllum inophyllum Linn.* gewonnene, dunkelgrün gefärbte, unangenehm riechende u. schmeckende, für Genußzwecke nicht geeignete *Undi oil* (**I**; $n_D^{32}$ 1,4730; SZ. 27,6; VZ. 197,1; JZ. 92,3; Unverseifbares 1,25%) wurde auf seine antibakterielle Wirksamkeit geprüft (Agarplatten- u. Agarstreifentest; Verdünnungsreihe). Es wirkt bactericid auf grampositive (M. aureus, B. subtilis, M. albus, Str. pyogenes, Str. viridans, D. pneumoniae u. C. diphtheriae), nicht auf gramnegative Organismen. Wird **I** emulgiert (10 g/ml W. in Ggw. von 0,05% Tween 80 u. 0,5% $Na_2CO_3$), behält es seine baktericiden Eigg. (Test nach 1 Monat). Das akt. Prinzip von **I** ist gegenüber Autoklavenerhitzung beständig, mit 90%ig. A. ist es extrahierbar (Extrakt ist 14mal wirksamer als **I**), während der Mol.-Dest. wird es in den mittleren Fraktionen etwas angereichert, bei der Chromatographie von $Al_2O_3$ adsorbiert u. durch Chlf. eluiert. Das Eluat ließ sich nicht krist.; es zeigte bei der UV-Absorption ein Maximum bei 312 u. ein Minimum bei 272 m$\mu$; es könnte mit Tetrahydrocalophyllinsäure ident. sein. (J. Amer. pharmac. Assoc. **43.** 543—46. Sept. 1954. Bombay, India, Univ. of Bombay.) H. P. FIEDLER. 4330

**Pierre Fredericq,** *Colicine und Bakteriophagen in bakteriologischer Genetik.* Umfassende Erörterung genet. Zusammenhänge von colicin- u. phagenbildenden Bakterienstämmen. — 42 Literaturangaben. (Ann. Soc. roy. Sci. méd. natur. Bruxelles **8.** 15—27. 1955. Liège, Univ.) H. WALTER. 4331

**Alfred A. Tytell, Frank J. McCarthy, W. P. Fisher, William A. Bolhofer** und **Jesse Charney,** *Fungichromin und Fungichromatin: Neue Polyenantifunguswirkstoffe.* Bericht über chem., physikal. u. antimikrobielle Eigg. zweier neuer Antifungusstoffe. *Streptomyces cellulosae* bildet neben *Actinomycin* (**III**) auch noch *Fungichromin* (**I**) u. *Fungichromatin* (**II**). **I** wurde isoliert durch Extraktion der Gesamtkultur mit Essigester oder Amylacetat oder durch Extraktion der Kultur-Fl. mit Essigester u. des Mycels mit $CH_3OH$, Ä. oder Aceton. Nach Einengen des Extraktes bildete sich nach 24std. Stehen bei —20° ein **III**-haltiges Präcipitat, das nach mehrmaligem Umlösen aus $CH_3OH$ reines **I** lieferte. — *Fungichromin* (**I**), $C_{35}H_{60}O_{13}$ (empir.), F. 205—210°; hellgelbes krist. Pulver, unlösl. in W. u. aliphat. KW.; lösl. in $CH_3OH$, A., Butanol, Aceton, Pyridin, Dimethylformamid; UV-Absorption: $\lambda_{max}$ 322,5; 338,5 u. 356,5 m$\mu$; $\lambda_{min}$ 330 u. 348 m$\mu$; Schulter bei 310 m$\mu$ (Abb.). Es gibt mit konz. $H_2SO_4$ typ. Polyen-Rk. (violett → blau), red. TOLLENS-Reagens langsam, entfärbt $KMnO_4$ u. addiert $Br_2$. Katalyt. Hydrierung (Pd) liefert ein wachsartiges Prod., das inakt. ist. Vorsichtige Acetylierung verändert das UV-Spektr. nicht, bewirkt jedoch Aktivitätsverlust. **I** hemmt im Agarplattentest Candida albicans (Konz. $\mu$g/cm³) 12,50; Aspergillus niger 25,00; Blastomyces dermatitidis 0,78; Trichophyton mentagrophytes 50,00; Microsporum audouini 12,50; Ascochyta linicola, Botyrosphaeria ribis, Fusarium oxysporum, Alternaria solanium je 10,00. Bei der Maus wirken intraperitoneal 16,4 mg/kg tox.; oral trat bei 1000 mg/kg keine tox. Wrkg. auf. *Fungichromatin* (**II**) wurde ebenso aus einem anderen Stamm isoliert; es hat ähnliche chem., physikal. u. antimikrobielle Eigg. wie **I**. (Antibiotics Annu. **1954/55.** 716—18. West Point, Pa., Sharp & Dohme Res. Labors., Div. of Merck & Co., Inc.) H. GOEBEL. 4340

**Frank J. McCarthy, W. P. Fisher, Jesse Charney** und **Alfred A. Tytell,** *Wirkung von Ölen und Fettsäuren auf die Bildung von Fungichromin. Lipide,* synthet. Ester (*Span 85, 80* u. *Tween 85*) u. *Oleinsäure* steigern die Bldg. von *Fungichromin* durch einen Stamm von Streptomyces cellulosae in Ggw. von Glucose in Peptonbasalmedium beträchtlich. (Antibiotics Annu. **1954/55.** 719—23. West Point, Pa., Sharp & Dohme Res. Labors., Div. of Merck & Co., Inc.) H. GOEBEL. 4340

**S. Pinnert-Sindico, L. Ninet, J. Preud'Homme** und **C. Cosar,** *Ein neues Antibioticum: Spiramycin.* Aus dem Kulturfiltrat einer bisher nicht beschriebenen Streptomycesart (isoliert aus Boden in Nordfrankreich), die *Streptomyces ambofaciens* benannt wurde, isolierten Vff. ein neues Antibioticum, *Spiramycin* (**I**). Extraktion bei $p_H$ 9 mit Isobutylketon oder Amylacetat liefert **I**, während *Congocidin* in der wss. Phase zurückbleibt. **I** ist eine amorphe Base, lösl. in W. u. den meisten organ. Lösungsmitteln. Papierchromatograph. wurde die Substanz in 3 verschied. Komponenten zerlegt, ebenso durch Gegenstromverteilung (Abb. der Verteilungskurve). 2 dieser 3 Komponenten sind in ihren physikal., chem. u. bakteriolog. Eigg. sehr ähnlich; Äquivalentgewicht 450; $[\alpha]_D^{20}$ —80° (c = 1%; $CH_3OH$), $\lambda_{max}$ 231 m$\mu$ (A.; Abb.). **I** ist bes. akt. gegen grampositive u. etwas weniger akt. gegen Myco- u. gramnegative Bakterien; gegen Rickettsien besteht begrenzte Wirksamkeit. Zwischen **I** u. Erythromycin (**II**) u. Carbomycin (**III**) besteht Kreuzresistenz, was zusammen mit den übrigen Eigg. dafür spricht, daß **I** zur Erythromycin–Carbomycin-Gruppe gehört. **I**-*Sulfat* $DL_{50}$ subcutan 1,5—2,0 g/kg; intravenös 0,15—0,25 g/kg (Maus). Oral werden 5 g/kg gut vertragen. Die Aktivität von **I** in vivo ist gleich oder besser als die von **II** u. besser als die von **III**. Klin. wurden mit Erfolg Staphylokokkeninfektionen, auch solche mit gegen andere Antibiotica resistenten Staphylokokken, behandelt; gute Wrkg. gegen Gonokokken; Dosierung 2 g täglich. (Antibiotics Annu. **1954/55.** 724—27. Paris, Rhone Poulenc Res. Labors.) H. GOEBEL. 4340

**B. Heinemann, A. Gourevitch, J. Lein, D. L. Johnson, M. A. Kaplan, D. Vanas** und **I. R. Hooper,** *Etamycin, ein neues Antibioticum.* Aus einem nicht identifizierten Bacterium, das wahrscheinlich zur Streptomyces lavendulae-Gruppe gehört, wurde als neues Antibioticum *Etamycin* isoliert. *Etamycin* (**I**) enthält weder S nach Halogen; Mol.-Gew. ca. 550; $[\alpha]_D^{25}$ +7,7 (c = 2; $CH_3OH$). *Hydrochlorid,* F. 163—170°; $\lambda_{max}$

304 mμ ($E^{1\%}_{1\,cm}$ 86). Die Verb. erwies sich bei Gegenstromverteilung ($CCl_4$/2n HCl) als einheitlich; sie ist ein schwach bas. *Polypeptid*, das 6—7 ninhydrinpositive Aminosäuren enthält; nachgewiesen wurden durch Papierchromatographie Threonin, Oxyprolin, Alanin u. Leucin. **I** ist akt. gegen grampositive Bakterien u. Mycobacterium tuberculosis. $DL_{50}$ (Maus) oral <3000 mg/kg; subcutan <2000 mg/kg; intraperitoneal 273,5 mg/kg. (Antibiotics Annu. **1954/55.** 728—32. Syracuse, N. Y., Bristol Labors., Inc., Res. Div.) H. GOEBEL. 4340

**Quentin R. Bartz, Jean Standiford, James D. Mold, Doris W. Johannessen, Albert Ryder, Andrew Maretzki** und **Theodore H. Haskell,** *Griseoviridin und Viridogrisein: Isolierung und Charakterisierung.* Aus den Kulturfiltraten eines nichtidentifizierten Streptomycesstammes u. von Streptomyces griseus wurden 2 neue Breitspektrum-antibiotica, *Griseoviridin* (ident. mit *Etamycin*, vgl. vorst. Ref.) u. *Viridogrisein* isoliert. *Griseoviridin*, F. (korr.) je nach Kristallmodifikation ca. 158—166°, 200 bzw. 230 bis 240°; $[\alpha]_D^{27}$ —237° (0,5% in $CH_3OH$); $\lambda_{max}$ 221 mμ ($E^{1\%}_{1\,cm}$ 870; $CH_3OH$) Abb.; *Viridogrisein* (verwandt, aber nicht ident. mit *Pyridomycin*, MAEDA, J. Antibiotics [Tokyo], Ser. A **6.** [1953.] 140); $[\alpha]_D^{25}$ +59° (0,5% in Chlf.); +28° (absol. A.); —10° (50 % ig. A.); $\lambda_{max}$ 304 mμ ($E^{1\%}_{1\,cm}$ 92; absol. A.); 305 mμ ($E^{1\%}_{1\,cm}$ 95; Chlf.); 350 mμ ($E^{1\%}_{1\,cm}$ 71; W.); 339 mμ ($E^{1\%}_{1\,cm}$ 76; Phosphatpuffer $p_H$ 7,0); 303 u. 350 mμ ($E^{1\%}_{1\,cm}$ 92 bzw. 21; 0,1n HCl); 333 mμ ($E^{1\%}_{1\,cm}$ 96; 01,n NaOH). Die Verb. enthält einen substituierten Pyridinring. Beschreibung der Isolierung durch Extraktion, Chromatographie an $Al_2O_3$ u. Gegenstromverteilung (Kurve); Abb. der UV- u. Infrarotabsorptionsspektren. (Antibiotics Annu. **1954/55.** 777—83. Detroit, Mich., Parke, Davis & Co., Res. Labors.) H. GOEBEL. 4340

**Theodore H. Haskell, Andrew Maretzki** und **Quentin R. Bartz,** *Viridogrisein: Chemische Untersuchungen.* (Vgl. vorst. Ref.) *Viridogrisein* (**I**, ident. mit *Etamycin*) hat die Zus. $C_{42-43}H_{62-64}O_{11}N_8$; es ist amphoter, besitzt eine ionisierbare Gruppe (pK'ₐ 7,4 in 10% ig. wss. A.; 8,1 in 60 % ig. A.; die besondere Gruppe ist nicht nachweisbar bei der angewandten Meth.); Mol.-Gew. 816—865; N nach VAN SLYKE ist negativ; die Verb. ist nicht hydrierbar mit Pd-Kohle in $CH_3OH$ bei 20°. Nachgewiesen wurden: eine akt. Methylgruppe, eine Peptidbindung u. Ester- u. Amidgruppen. **I** ist sehr stabil in saurer u. neutraler Lsg. bei 20°; mit 0,1n NaOH tritt 94 % ig. Inaktivierung in 1 Std. ein. Mit $CH_2N_2$ bildet sich ein nichtkrist. *Monomethylester* mit $\lambda_{max}$ 263,5 u. 373,5 mμ [($E^{1\%}_{1\,cm}$ 80 bzw. 86; Chlf.)(I $\lambda_{max}$ 305 mμ; $E^{1\%}_{1\,cm}$ 95)] u. pK'ₐ 4,2, der mikrobiol. inakt. ist. Kalte Verseifung von **I** ergab eine nichtkrist. zweibas. Säure (pK'ₐ 4,95 u. 8,7) mit einem Äquivalentgewicht von 447; $\lambda_{max}$ 305 mμ ($E^{1\%}_{1\,cm}$ 93; Chlf.). Heftige saure Hydrolyse lieferte 1,2 Mol $CO_2$/Mol **I**, einen teerartigen, in Bzl. lösl. Rückstand, (wasserlösl.) 4 ninhydrinpositive Verbb., von denen 3 identifiziert werden konnten, u. eine saure Komponente, die als *3-Oxypicolinsäure* (**II**), $C_6H_5O_3N$, F. 220° (Zers.), identifiziert wurde. **II** liefert bei der Decarboxylierung (225°) *3-Oxypyridin*, F. 122—123°. Die Aminosäuren werden chromatograph. (Dowex 50, X 8) getrennt u. als *D-Leucin*, *L-Alanin* u. *D-Oxyprolin* identifiziert. *Viridogrisein* (**I**) ist also ein amphoteres, lipophiles Peptid, das 1 COOH u. 1 tert. Amin als ionisierbare Gruppen enthält; für die bas. Eigg. ist der Pyridin-N verantwortlich, außerdem liegt 1 freie —OH vor. (Antibiotics Annu. **1954/55.** 784—89. Detroit, Mich., Parke, Davis & Co., Res. Labors.) H. GOEBEL. 4340

**John Ehrlich, George L. Coffey, Myron W. Fisher, Margaret M. Galbraith, Mildred Penner Knudsen, Raymond W. Sarber, A. S. Schlingman, Robert M. Smith** und **Jean K. Weston,** *Griseoviridin und Viridogrisein: Biologische Untersuchungen.* (Vgl. vorst. Ref.). *Griseoviridin* (**I**) u. *Viridogrisein* (**II**, ident. mit *Etamycin*) zeigen in vitro Hemmungsaktivität gegen verschied. pathogene Bakterien u. Pilze. Zur turbidimetr. Aktivitätsbest. wurden für **I** Escherichia coli u. für **II** Streptococcus infrequens als Testorganismus benutzt. In vitro ist **I** teilweise wirksam gegen Actinomyces (**A**), Clostridium (**C**), Corynebacterium (**B**), Diplococcus (**D**), Escherichia, Haemophilus, Moraxella (**M**), Neisseria (**N**), Shigella u. Streptococcus (**S**); intraperitoneal zeigte es bei der Maus Wirksamkeit gegen Pertussisinfektion u. lokal gegen Rinder-Coli-Mastitis. **II** ist in vitro bemerkenswert akt. gegen **A, C, B, D, M, N, S,** Bacillus anthracis, Erysipelothrix, Micrococcus u. Mycobacterium; bei Rinderstaphylo- u. -streptokokkenmastitis wurden mit **II** bei lokaler Anwendung gute Erfolge erzielt, oral gegen experimentelle Pneumokokken-, Streptokokken- u. Staphylokokkeninfektionen der Maus u. Intestinalamöbiasis bei Ratten u. Hunden. **I** u. **II** sind für Tiere nur wenig toxisch. (Antibiotics Annu. **1954/55.** 790—805. Detroit, Mich., Parke, Davis & Co., Res. Labors.) H. GOEBEL. 4340

**Sidney Raffel,** *Die bei der Bildung einer Infektionsallergie beteiligten chemischen Faktoren.* Ein Organismus reagiert auf die Infektion mit Tuberkelbakterien mit der Bldg.

von Tuberkeln, einer verzögerten Allergie u. einer spezif. Immunität. An der Entstehung von Tuberkeln sind bes. die in den Bakterien enthaltenen Phosphatide beteiligt, deren aktivster Bestandteil die *Phthionsäure* ($C_{26}H_{52}O_2$) ist. Für die verzögerte Allergie, die auch bei anderen Infektionen beobachtet wird, ist das Tuberkuloprotein maßgebend. Als isolierte Fraktion allergesiert es jedoch nur in Ggw. des aus den Bakterien extrahierten gereinigten Wachses, dessen in diesem Sinne akt. Bestandteil ein Lipopolysaccharid ist. Dieses Wachs verändert auch den Reaktionstyp auf andere, nichtbacilläre Antigene, z. B. Eieralbumin, so daß an Stelle der anaphylakt. die verzögerte oder Infektionsallergie zustandekommt. Die erworbene Immunität kann noch nicht auf die Wrkg. einer bestimmten Fraktion des Tuberkelbacillus zurückgeführt werden. Der Zustand der verzögerten Allergie ist jedenfalls nicht gleichbedeutend mit dem der Immunität. (Experientia [Basel] **6.** 410—19. 15/11. 1950. Stanford, Calif., Stanford Univ., School of Med., Dep. of Bacteriol.) E. FISCHOEDER. 4370

**Philip F. Wagley, Irwin W. Sizer, Louis K. Diamond** und **Fred H. Allen,** *Die Inaktivierung von Rh-Antikörpern durch Peroxydase. Peroxydase* inaktiviert in Ggw. von $H_2O_2$ *Rh-Agglutinine* durch Oxydierung, unabhängig vom Vorhandensein dialysabler niedermol. Faktoren. Uronsäure ist an der Inaktivierung nicht unmittelbar beteiligt. Das oxydierte u. inaktivierte Serum zeigt UV-spektroskop. sowie manometr. Veränderungen u. eine Abnahme der Tyrosingruppen in den Serumproteinen, von deren Intaktheit die Aktivität der Rh-Antikörper vermutlich abhängt. (J. Immunology **64.** 85—93. Febr. 1950. Boston, Mass., Inst. of Technol., Dep. of Biol., Childrens Med. Center; Harvard Med. School, Dep. of Pediatr.) E. FISCHOEDER. 4370

**R. Savini,** *Über die „Opsonin" Wirkung des Lysozyms.* Staphylococcus albus citreus u. aureus wurden mit *Lysozym* vorbehandelt u. danach die phagocytären Fähigkeiten menschlicher Leukocyten an ihnen untersucht. Lysozym begünstigt die Aufnahme der Bakterien u. hat damit ähnliche Eigg. wie die sogenannten Opsonine. (Boll. Ist. sieroterap. milanese **29.** 358—63. Sept./Okt. 1950. Perugia, Ist. di Patol. Generale.) G. GERBER. 4370

**Alexander Jakubovič, Libor Šlechta, Bořivoj Keil** und **František Šorm,** *Über Viren.* 7. Mitt. *Vergleichsstudie von zwei Tabakmosaikvirusstämmen.* (6. vgl. C. **1955.** 11021.) Zu Vergleichsverss. wurden der gewöhnliche Stamm des Tabakmosaikvirus VTM-1 (**I**) u. ein neuentdeckter Alke-Stamm VTM-A (**II**) herangezogen. Die Adsorptionsspektren der Lsg. der kristallinen Viren, welche nach BAWDEN u. PIRIE (C. **1944.** II. 118) isoliert wurden, zeigen denselben Verlauf, unterscheiden sich aber im Absorptionsmaximum bei 260 m$\mu$, was einen verschied. Geh. an Nucleinsäuren anzeigt. **I** u. **II** haben in einem TISELIUS-App. fast gleiche Mobilitäten bei $p_H$ 7; $\mu$ = 0,1 Phosphatpuffer; für **I** $7{,}8 \cdot 10^{-5}$ $cm^2 \cdot V^{-1} \cdot s^{-1}$ u. für **II** $7{,}5 \cdot 10^{-5}$ $cm^2 \cdot V^{-1} \cdot s^{-1}$. Elektronenmkr. erkennt man, daß beide Stämme die Form von Stäbchen besitzen. Der quantitativen Analyse nach befinden sich im Hydrolysat von 100 g Nucleoprotein aus **I** (**II**) folgende Mengen Aminosäuren (in g): $CySO_3H$ 1,25 (1,14); Lys 2,34 (3,36); His 0,0 (1,04); Arg 12,20 (16,50); Asp 13,50 (10,10); Ser 10,80 (11,20); Gly 3,06 (3,00); Glu 12,80 (11,60); Thr 15,90 (19,10); Ala 7,30 (9,30); Pro 6,75 (9,70); Val 9,9 (12,50); Phe 18,10 (19,10); Leu (Ileu) 16,00 (22,40). Der markanteste Unterschied liegt im Histidingehalt. Der Alkestamm **II** besitzt andere biol. Eigg. als **I**. (Chem. Listy **49.** 1561—64. Okt. 1955. [Orig.: tschech.]; Collect. czechoslov. chem. Commun. **21.** 29—33. 1956 [Orig.: deutsch]. Praha, Českoslov. akad. věd, Chem. ústav, Biochem. odd.) B. MELOUN/Prag. 4374

**Josef Dyr** und **Roman Praus,** *Die Biosynthese der Carotinoide im Hefepilz Rhodotorula gracilis.* 3. Mitt. *Der Einfluß verschiedener Stickstoffquellen, des $p_H$ und des Stickstoff–Kohlenstoff-Verhältnisses im Nährboden auf die Bildung der Carotinoide.* (2. vgl. PRAUS, Chem. Listy **46.** [1952.] 643.) Die Bldg. von Carotinoiden (**I**) wurde auf Nährböden, welche als Stickstoffquelle Ammoniumnitrat (**II**), Glycin, Asparagin, Valin u. Leucin enthielten, untersucht. Die Kultur der Hefepilze wurde nach 48 Std. unterbrochen, wobei die Abnahme der Aminosäuren chromatograph. untersucht wurde. Schon nach 24 Std. waren nur Spuren von Aminosäuren vorhanden. Die größte Ausbeute an **I** gibt ein Nährboden mit **II**. Die Aminosäuren hatten keinen Einfl. auf die Bldg. der **I**. Das optimale Verhältnis von C/N für die Biosynth. von **I** ist 1/40, das optimale $p_H$ des Nährbodens 6,8—6,9 (dieses $p_H$ ist auch für die Fettbldg. optimal). Unter optimalen Bedingungen enthält der Nährboden nach 62 Std. 1% Trockensubstanz mit einem Geh. von 52% Fett u. 4,18 mg% **I**. (Chem. Listy **49.** 1699—1702. Nov. 1955. Praha, Vysoká škola chem.-technol., Katedra kvasné chem. a technol.) B. MELOUN/Prag. 4380

**Roman Praus** und **Josef Dyr,** *Die Biosynthese der Carotinoide im Hefepilz Rhodoorula gracilis.* 4. Mitt. *Die Bildung der Carotinoide aus verschiedenen Kohlenstoffquellen.*

(3. vgl. vorst. Ref.) Es wurde die Ausnutzung von Glucose (**I**), Fructose (**II**), Galaktose (**III**), Xylose, Saccharose (**IV**), Lactose u. Maltose zur Bldg. von Carotinoiden (**V**) durch Rhodotorula gracilis bei einer Anfangskonz. der Saccharide von 3,85% im Medium untersucht. Der Fettgeh. in der Trockensubstanz der Hefepilze war am größten bei **I**, **II** u. **IV**, bei denen der Geh. an **V** im Mittel 9,6 mg/l g Trockensubstanz betrug. **III** wird weder zur Fettbldg. noch zur **V**-Bldg. ausgenutzt, wird aber assimiliert. Verss. mit Nichtzuckern: Aceton, Milchsäure, Bernsteinsäure, Isopropanol tragen zur **V**-Bldg. nicht bei. Eine kleinere Ausbeute an **V** als mit **I** geben A. u. Essigsäure (**VI**). Eine bedeutende Erhöhung des **V**-Geh. bewirken Glycerin, Äpfelsäure u. Citronensäure. Zur Bldg. der Zellsubstanz wurden **I** u. A. ausgenutzt, **VI** nur schwach. Es wird angenommen, daß die freien Vorstufen der **V** aus einfachen Metaboliten der Kohlenhydrate synthetisiert werden. Weiter wird der Zusammenhang des Citronensäurecyclus mit der Biosynth. der **V** diskutiert. (Chem. Listy **49.** 1703—05. Nov. 1955. Praha, Vysoká škola chem.-technol., Katedra kvasné chem. a technol.) B. MELOUN/Prag. 4380

## $E_4$. Pflanzenchemie. Pflanzenphysiologie. Pflanzenpathologie.

**Ursula Brodführer,** *Der Einfluß einer abgestuften Dosierung von ultravioletter Sonnenstrahlung auf das Wachstum der Pflanzen.* Im Freiland (1600 m ü. M.) wurden Unterss. über den Einfl. verschieden hoher Dosen des Sonnen-UV im Spektralbereich 290 bis 320 mμ auf das Wachstum von *Epilobium parviflorum, Camelina sativa, Arabidopsis thaliana, Linum usitalissimum, Leontodon autumnalis* durchgeführt. Es zeigte sich, daß die UV-Strahlung je nach der gebotenen Dosis eine Förderung oder eine Hemmung des Pflanzenwachstums bewirkte, wobei Pflanzen, die durch das Fehlen von UV relativ stark gehemmt wurden, durch ein Überangebot von UV relativ wenig gehemmt wurden. Die Reaktionsweise der Pflanzen erwies sich als nicht arteigentümlich, ließ jedoch jahreszeitliche Unterschiede erkennen. Ein möglicher Zusammenhang zwischen der Wrkg. der UV-Strahlen u. dem Wuchsstoffgeh. der Pflanzen wird diskutiert. (Planta **45.** 1—56. 1955. München, Univ., Botan. Inst.; Davos, Physik. Meterolog. Observ.) R. STAAB. 4404

**Robert Jensen,** *Die Aminosäurezusammensetzung in bei Extraktion aus Gerste (Hordeum vulgare) isoliertem β-Globulin.* (Brygmesteren **10.** 37—50. Febr. 1953. — C. **1953.** 3262.) R. K. MÜLLER. 4420

**F. S. Shenstone** und **J. R. Vickery,** *Eine biologisch aktive Fettsäure in Malvaceen.* Die bei Verfütterung von Malvaceen an Hühner beobachteten physikal. u. chem. Veränderungen der Eier werden nach Unterss. der Vff. durch eine *ungesätt. Fettsäure* (**I**) aus dem Fett der Pflanzen hervorgerufen. **I** liegt in einer Konz. von 3% der Fettsäuren vor u. zeigt eine positive HALPHEN-Reaktion. Weitere Daten: F. 10,3—10,5°; JZ. 110,3, Mol.-Gew. 283, Zus.: 77,44% C, 11,9% H u. 11,0% O; das Infrarotabsorptionsspektr. zeigt eine typ. Bande bei 1,008 $cm^{-1}$, die für den Cyclopropanring charakterist. ist. **I** läßt sich durch Säulenchromatographie anreichern u. durch häufige Umkristallisation reinigen, jedoch nicht durch Dest. des Methylesters isolieren. Verfütterung von täglich 0,2 ml der 20% **I** enthaltenden Fettsäurefraktion ruft an den Eiern die gleichen Veränderungen wie Malvaceenfütterung hervor, nämlich rosafarbene Veränderung des Eiklars, Erhöhung von dessen Konzz. an Fe u. Nichtprotein-N, Erhöhung des Wassergeh. im Dotter sowie Senkung des $p_H$-Wertes von Eiklar u. Steigerung desjenigen von Eidotter um je eine ganze Einheit. (Nature [London] **177.** 94. 14/1. 1956. Homebush, N. S. W., Australia, Commonwealth Sci. and Ind. Res. Org., Div. of Food Preserv.) F. KRUSEN. 4420

**Eva Petrů** und **Josef Chrastil,** *Exosmose von Flavanon aus Wurzelexplantaten der Erdnuß (Arachis hypogaea L.).* Durch Wurzelexosmose wird aus der Erdnuß ein gelbes Pigment vom Flavonontyp, wahrscheinlich *3'.4'-Dioxyflavanon,* gewonnen. Es gibt mit alkoh. $FeCl_3$-Lsg. braunrote Färbung, ist in Alkalicarbonatlsg. unlösl., in W. wenig lösl., leicht lösl. in 96%ig. A., Ae. u. 1%ig. HCl. (Českoslov. Biol. **4.** 162—64. März 1955. Praha, Biol. úst. ČSAV, fysiol. rostlin.) R. K. MÜLLER. 4420

**T. K. Fedotowa** und **W. Te,** *Unabi (chinesische Dattel), eine reiche Quelle für Vitamin C.* Die eingehende chem. Analyse der grünen u. reifen Frucht ergab, daß nach dem Geh. an *Vitamin C* die chines. Dattel der Heckenrose u. der grünen Walnuß nahesteht. Während die Walnuß mit fortschreitender Reife Vitamin C verliert, wird dessen Geh. bei der chines. Dattel von 1431,25 auf 1725,0 mg% erhöht. Die chines. Dattel kann ohne Verarbeitung als Arzneimittel angewandt werden. (Вопросы Питания [Fragen d. Ernähr.] **14.** Nr. 6. 43. Nov./Dez. 1955.) O. LEBTAG. 4425

**F. Šorm** und **M. Zelinková,** *Über den Mechanismus der Wirkung der Antibiotica auf die Entwicklung der Pflanzenkeimlinge. D-Chloramphenicol* (**I**) fördert die Anhäufung von freiem *Alanin* (**II**) in den Keimlingen verschied. Pflanzen. Dieser Vorgang wurde an den Keimlingen des Weizens näher untersucht. Die Photosynth. erwies sich ohne Wrkg.

auf die **II**-Speicherung in den Keimlingen. Sie erreichte ihr Maximum am 4. Tage, die Speicherung von Serin, Glycin u. Glutaminsäure erst am 6. Tage. **I** ruft einen starken Anstieg der *Brenztraubensäure* (**III**), der Glutaminsäure, des Serins u. des Glycins hervor. Auch Terramycin, Aureomycin u. Streptomycin fördern die Speicherung des **I**. Am wirksamsten war Terramycin, am wenigsten wirksam Penicillin, das prakt. ohne Wrkg. blieb. Von den Metallionen war nur $Ni^{2+}$ wirksam. Daraus folgt, daß die Wirksamkeit der Antibiotica auf die Speicherung des **I** in den Pflanzenkeimlingen unspezif. ist. Eine starke antagonist. Wrkg. zeigte Mg. Die prim. Wrkg. der Antibiotica zeigt sich am **III**-Stoffwechsel. (Доклады Академии Наук СССР [Ber. Akad. Wiss. UdSSR] **100.** 525—28. 21/1. 1955. Prag, Inst. für organ. Chem. der Tschechoslowak. Akad. der Wiss., Biochem. Abt.) F. DU MANS. 4455

**Erich Kessler,** *Über die Wirkung von 2.4-Dinitrophenol auf Nitratreduktion und Atmung von Grünalgen.* Bei der Grünalge *Ankistrodesmus braunii* kann durch Anwendung von *2.4-Dinitrophenol* (I) die Nitratred. im Dunkeln auf der Nitritstufe blockiert werden, wobei die Wrk. des **I** vom $p_H$-Wert abhängig ist. Die weitere Red. des Nitrits wird bei $p_H$ 4 durch $2 \cdot 10^{-5}$mol. **I**, bei $p_H$ 6,5 durch $2 \cdot 10^{-3}$mol. **I** vollständig gehemmt. Die Atmung wird durch sehr geringe Konz. **I** beträchtlich gesteigert, während höhere **I**-Gaben zu einer Hemmung führen. Auch bei der Alge *Chlorella cf. ellipsoidea* wurde eine ähnliche **I**-Wrkg. festgestellt; eine vollständige Hemmung der Nitritred. wird bei $p_H$ 4 durch $2 \cdot 10^{-4}$mol. **I** erreicht. Die in Anaerobiose stattfindende Red. von Nitrat bis zur Nitritstufe wird durch **I** nicht gehemmt. Diese Befunde stützen die Auffassung, daß innerhalb der Nitratred. die Red. des Nitrits im Dunkeln an die Energielieferung der aeroben Atmung gebunden ist. (Planta **45.** 94—105. 1955. Marburg, Univ., Botan. Inst.)
R. STAAB. 4460

**G. Vitte** und **G. Guichard,** *Umwandlung der organischen Säuren bei der Weinrebe. Papierchromatographische Untersuchung.* Im Laub u. in den Beeren verschied. französ. Rebensorten wurden die im Verlauf der Reifung auftretenden Änderungen der Gesamtacidität u. die Verschiebungen im Verhältnis *Äpfelsäure* (**I**)/*Weinsäure* (**II**) auf papierchromatograph. Wege näher untersucht. Die über die Bleisalze isolierten Säuren kamen dabei mit Hilfe des von GUICHARD entwickelten Verf. zur Bestimmung. Das junge Blatt zeigt einen erhöhten Wert an Gesamtsäure (15—20 Milliäquivalent/100 g), die zu Beginn der Reifung eine starke Minderung erfährt, dann wieder ansteigt u. bei Vollreife erneut abfällt (7—12 Milliäquivalent/100 g). Das Verhältnis **I**/**II** ist dabei von der Rebensorte abhängig. In den grünen Beeren findet man die hohe Säurekonz. von 25—30 Milliäquivalent/100 g, die sich zu gleichen Teilen aus **I** u. **II** zusammensetzt. Bei Beginn der Reifung tritt weiterer Anstieg unter Vermehrung von **I** ein, der Zustand der Vollreife endlich ist bei mäßigem Weinsäureabbau durch nahezu vollständiges Verschwinden von **I** gekennzeichnet. Bei der durch *Botrytis cinerea* verursachten *Edelfäule* erfolgt starker nachträglicher Abbau von **II**, der indessen durch den gleichzeitigen Wasserverlust bei Anwachsen des Zuckergeh. nur sehr abgeschwächt zum Ausdruck kommt. Die gewöhnliche, durch *Penicillium* hervorgerufene Fäule führt bei gleichbleibendem Wassergeh. nur zu einem sehr geringen Säureabbau. (Rev. gén. Bot. **62.** 622—28. Okt. 1955. Bordeaux, Fac. de Méd. et Pharm., Labor. der Pharmac.) K. ZOPFF. 4460

**C. G. Seegmiller, Bernard Axelrod** und **R. M. McCready,** *Umwandlung von $^{14}C_{(1)}$-Glucose in Pektin in der Ebereschenbeere.* Vff. incubieren belaubte (a) u. nichtbelaubte (b) Zweige der Eberesche mit *$^{14}C_{(1)}$-D-Glucose* (**I**; 13 bzw. 25 mg = 15 u. 30 $\mu$C, Versuchszeit 48 bzw. 72 Std.) u. isolieren aus den Beeren nach Zerstörung der pektolyt. wirkenden Enzyme (sd. 95%ig. A., 5 Min. Einw.) durch Extraktion mit 70%ig. A. *Pektin* (**II**), bei dessen Hydrolyse (Pilzpektinase, 48 Std.) *Galakturonsäure* (**III**) u. *Arabinose* (**IV**) gebildet werden. Während die Radioaktivität von **III** aus a die von **III** aus b um das 2fache übertrifft, ist die von **IV** aus b 4mal stärker als aus a, beträgt aber nur $^1/_{10}$ der Aktivität von **III**. Durch Abbau von **III** [Red. zu *L-Galaktonsäure* ($NaBH_4$), deren Oxydation zu H·CHO, H·COOH u. $CO_2$ (= $C_{(1)}$)] bzw. Decarboxylierung (= $C_{(6)}$) oder Überführung in *Galakturonsäure-2.5-dichlorphenylhydrazon,* Oxydation zu *Glyoxal-2.5-dichlorphenylhydrazon* [$HJO_4$, 0° (= $C_{(1,2)}$, H·COOH (= $C_{(3,4)}$] u. *Glyoxylsäure* (= $C_{(5,6)}$) oder Umwandlung von **IV** in *K-Arabonat* (KOH in $CH_3OH$, 40°), dessen Decarboxylierung [$NaJO_4$, Zimmertemp.; $p_H$ 5,8, $CO_2$ als $BaCO_3$ (= $C_{(1)}$), H·COOH (= $C_{(2,3)}$), H·CHO (= $C_{(5)}$)] bzw. Überführung in $CO_2$ (= $C_{(1-5)}$) wird festgestellt, daß die Hauptmenge $^{14}C$ an den Aldehyd-C von **III** (40—60%) u. **IV** (90—95%) gebunden ist. Daraus geht hervor, daß in den Beeren ohne Spaltung der C-Ketten eine Umwandlung von **I** in **III**- u. **IV**-Moll., aus denen sich **II** aufbaut, stattfindet. (J. biol. Chemistry **217.** 765—75. Dez. 1955. Albany, Calif., U. S. Dep. of Agric., Agric. Res. Serv., West. Utilisat. Res. Branch.) P. FAHRNLAENDER. 4460

**J. M. Bailey** und **A. C. Neish**, *Stärkesynthese bei Chlorella vulgaris.* Zellen von Chlorella vulgaris, die in EMERSONs Nährboden mit 1% *Glucose* (I) wachsen, können nach 3 Tagen 20% ihres Trockensubstanzgeh. als *Stärke* (II) enthalten. Bei weiterem Wachstum nimmt mit Abnahme des **I**-Geh. im Nährmedium auch der **II**-Geh. der Zellen ab. Unterss. mit I zusammen mit $^{14}C_{(1)}$-Glucose ergaben, daß 85% der zugesetzten **I** in **II** übergehen. Unters. der aus den Zellen mit 26% ig. $CaCl_2$-Lsgg. isolierten **II** ergab, daß sie durch $\alpha$-Amylase in Maltose (**III**) u. Maltotriose u. durch $\beta$-Amylase in **III** u. Dextrine gespalten wird. Der Amylosegeh. wurde, je nach Verf., zu 30—40% ermittelt. In ihren Eigg. ähnelt die C. vulgaris-**II** weitgehend den **II** von höheren Pflanzen, wie Weizen u. Kartoffeln. In zellfreien Extrakten von C. vulgaris wurden als **II**-synthetisierende Fermente *Phosphorylase* u. das auch in Kartoffeln vorhandene sogenannte *Q-Enzym* nachgewiesen, die in vitro aus **I**-1-Phosphat ein Polysaccharid mit Amylopektin–Glykogen-Ähnlichkeit bilden. Aus den Zellwänden wurde eine sogenannte „Holocellulose" isoliert, ein alkalilösl., opt.-akt. Polysaccharid von sehr geringem Geh. an Glucosamin u. Pentosen. Außerdem wurde eine Hemicellulose nachgewiesen, die überwiegend aus **I** u. wenig Rhamnose u. Xylose bestand. Cellulose u. Chitin waren nicht nachweisbar. — 33 Literaturangaben. (Canad. J. Biochem. Physiol. **32.** 452—64. Juli 1954. Saskatoon, Saskatchewan, Nat. Res. Council of Canada, Prairie Reg. Labor.) F. KRUSEN. 4460

**Otto Warburg,** *Photodissoziation und induzierte Atmung, die Fundamentalreaktion der Photosynthese.* Vf. faßt die Ergebnisse seiner Unterss. zusammen u. betont, daß die Energiebilanz der Photosynth. von dem Bruchteil des während der Photodissoziation gebildeten $O_2$ abhängt, der unter Rück-Rk. (induzierte Atmung) wieder $CO_2$ bildet. Die dabei frei werdende Energie wird zur Regenerierung der photodissoziierbaren Ausgangssubstanz (Chlorophyllverb.) verbraucht. — Vf. unterzieht ferner die verschied. experimentellen Methoden zur Unters. der Photosynth. einer krit. Betrachtung. (Naturwissenschaften **42.** 449—50. 2. Aug.-H. 1955. Berlin-Dahlem, Max-Planck-Inst. für Zellphysiol.) P. LOCH. 4460

**Miroslav Dvořák,** *Der Einfluß von Quecksilbersalzen auf die Wurzelatmung der Rübenkeime.* Hg-Salze in KNOPscher Lsg. wirken auf die Wurzelatmung der Rübenkeime ein, bewirken aber wahrscheinlich auch eine Denaturierung der Proteine u. Zerstörung der Zellstruktur, dies in der Reihenfolge $CNS^- > NO_3^- > Cl^- > CN^-$; ferner treten in einigen Fällen irreversible Verluste an Wurzelturgor ein. (Českoslov. Biol. **4.** 492—95. Aug. 1955. Praha, Karl. univ., biol. fak., úst. pro fysiol. rostlin.) R. K. MÜLLER. 4462

**J. E. Dale** und **J. F. Sutcliffe,** *Hemmung der Salzaufnahme bei Wurzelgewebe von roten Rüben.* Diese von anderen Autoren beobachtete Hemmung durch Extrakte aus dem gleichen Gewebe wurde durch Verss. mit K-Salzen bestätigt. Daneben wurde eine stark anregende Wrkg. dieser Extrakte auf die Atmung des Gewebes beobachtet. Durch Fraktionierungsverss. mit Ae. wurden Hinweise erhalten, daß die anregende Wrkg. der Extrakte auf Zucker u. vielleicht andere Stoffe zurückzuführen ist, die die Salzaufnahme nicht hemmen. Jedoch wirken auch Fraktionen anregend auf die Atmung, die die Salzaufnahme hemmen. Diese Fraktionen enthalten große Mengen organ. Säuren, bes. Äpfel- u. Citronensäure, denen die hemmende (Salzaufnahme) u. anregende (Atmung) Wrkg. zugeschrieben wird. Ein Zusammenhang dieser hemmenden Wrkg. mit dem Lebenscyclus der Rübe (wachsende u. ruhende Wurzeln) war nicht nachweisbar. (Nature [London] **177.** 192—93. 28/1. 1956. London, King's Coll., Dep. of Bot.) J. SCHWAIBOLD. 4470

**William M. Carlton,** *Einige Auswirkungen des Zinkmangels auf die Anatomie der Tomate.* Wie vorliegende Verss. zeigen, hat ein *Zn*-Mangel sehr deutliche Auswirkungen auf den Bau der Tomatenpflanze. Dabei wird allerdings weniger die prim. als die sek. Entw. betroffen. Extremer Zn-Mangel führt zur Red. oder sogar Einstellung der meristemat. Tätigkeit in den Wurzelspitzen u. im Cambium, zu Tumoren an den Wurzeln u. Nekrosen im Blattgewebe. Das Größenwachstum verläuft parallel zum Zn-Gehalt. (Bot. Gaz. **116.** 52—64. Sept. 1954. Athens, Ga., Univ. of Georgia, Dep. of Botany.) M. EBERT. 4470

**P. G. Ozanne,** *Die Wirkung des Stickstoffs auf den Zinkmangel beim unterirdischen Klee.* In einer Wasser- u. 4 Sandkulturen nahmen die Symptome des Zn-Mangels zu, wenn die N-Zufuhr über $NaNO_3$, *l*-Asparaginsäure, $NH_4NO_3$ oder $(NH_4)_2SO_4$ größer wurde. Der Zn-Geh. der Wurzeln nahm dabei infolge Zn-Protein–Komplex-Bldg. zu. Die $p_H$-Änderung des Bodens war daran unbeteiligt. (Austral. J. biol. Sci. **8.** 47—55. Febr. 1955.) H. GUDE. 4470

**V. Gorlitzer von Mundy,** *Der Einfluß von Fluor und Jod auf den Stoffwechsel.* Das Längenwachstum der Wurzeln von Weizenkeimlingen wird durch J beschleunigt u. durch F gehemmt. Diese Wrkg. des F beruht wahrscheinlich darauf, daß F in Thyroxin eingebaut u. dieses zu einer den Stoffwechsel hemmenden Di-Jodverb. abgebaut wird. (Schweiz. Mschr. Zahnheilkunde **65.** 761—70. Aug. 1955. Knittelfeld, Landeskrankenhaus.) P. G. SCHEURLEN. 4485

## $E_5$. Tierchemie. Tierphysiologie. Tierpathologie.

**M. Frimmer,** *Technik des pharmakologischen Tierexperimentes bei Verwendung radioaktiver Isotope.* Zusammenfassende Übersicht über Möglichkeiten u. Methoden pharmakol. Tierexperimente mit Isotopen. (Angew. Chem. **65.** 126—31. 7/3. 1953. Mainz, Max-Planck-Inst. für Chemie.) P. LOCH. 4500

**D. F. G. Poole,** *Kristallorientierung im Dentin von Macropus.* Hauptbestandteile des *Dentins* von Säugetieren sind *Hydroxylapatit* (I) u. *Kollagenfasern* (II). Die I-Kristalle liegen für gewöhnlich parallel zur Richtung der II. Bei Unterss. an Längsschnitten des Dentins vom Känguruh aus dem Bereich nahe der Pulpahöhle in einem Polarisationsmikroskop (nach Entfernung der II u. Einbettung in ein Medium mit bestimmtem Refraktionsindex) werden außer den in der II-Richtung liegenden I-Kristallen noch schwarze Linien quer zur Richtung der Dentinkanälchen beobachtet, die bei Drehung der Schnitte um 90° jedoch verschwinden. Diese Erscheinung wird damit erklärt, daß hier die I-Kristalle in zwei Richtungen orientiert sind, die, je nach ihrer Lage, zwischen den gekreuzten Nicols sichtbar werden oder nicht. (Nature [London] **177.** 485—86. 10/3. 1956. Kampala, Uganda, Univ. Coll. of East Africa, Makerere Coll., Zool. Dep.) G. KLESSE. 4510

**Edith R. Peterson** und **Margaret R. Murray,** *Bildung von Myelinscheiden in Kulturen von Spinalganglien von Vögeln.* An Neuriten von Hühnerembryos (5—15 Tage alt vor der Transplantation) wird *Myelin* nach ausreichender Bldg. von *Protein* u. *Nucleoproteiden* in den Ganglienzellen von den Schwannschen Zellen produziert oder seine Formierung induziert. (Amer. J. Anatomy **96.** 319—56. Mai 1955. New York, N. Y., Columbia Univ., Coll. of Physic. and Surgeons, Dep. of Surg. and Anat.) D. ZEMKE. 4520

**Pierre Grabar** (unter Mitarbeit von **J. Cognet**), *Reaktionen verschiedener Normalseren mit hochmolekularen natürlichen und synthetischen Substanzen.* Serumproteine verschied. Tierarten, Gelatine, Agar, Dextran, Glykogen sowie Polyvinylpyrrolidon reagieren mit Normalseren (Mensch, Pferd, Rind, Hund, Kaninchen u. a.) bei Anwendung der Hämagglutinationsmeth., z. T. auch bei der Präcipitation. Die Spezifität der Rkk. konnte durch den Hämagglutinationshemmungsvers. festgestellt werden. Die Bedeutung dieser Befunde für die Theorie der Antikörper- u. Globulinsynth. wird erörtert. (Ann. Inst. Pasteur **88.** 11—23. Jan. 1955. Paris, Inst. Pasteur, Serv. de Chimie Microbienne.) E. FISCHOEDER. 4551

**Horace W. Davenport** und **Virginia J. Chavré,** *Nachweis, daß Glykolyse zur Magensäuresekretion beiträgt.* In vitro-Unterss. mit Froschmagenschleimhäuten ergaben, daß die *Milchsäure*-Produktion in Ggw. von *Glucose* (I) durch Verminderung des $O_2$-Druckes ($p_{O_2}$) u. durch *Histamin* gesteigert wird. Bei niedrigem $p_{O_2}$ (60 mm Hg) wird in Ggw. von I die Säuresekretion gesteigert u. der $O_2$-Verbrauch vermindert, während bei Abwesenheit von I der $O_2$-Verbrauch gesteigert u. Magensäuresekretion verringert wird. Vff. schließen aus ihren Verss., daß die Glykolyse bei niedrigem $p_{O_2}$ als Energielieferant für die Säuresekretion dienen kann. (Amer. J. Physiol. **171.** 1—6. Okt. 1952. Salt Lake City, Ut., Univ. of Utah, Coll. of Med., Dep. of Physiol.) F. KRUSEN. 4555

**Amiya B. Kar** und **S. N. Roy,** *Die Wirkung von Testosteronpropionat auf den Gesamtcholesteringehalt der Hoden in jungen Ratten.* Die Behandlung junger Albinoratten mit niederen Dosen *Testosteronpropionat* (0,16 mg alle 2 Tage für die Dauer von 16 Tagen) führt zu einem Anstieg des Gesamtcholesteringeh. der Hoden, wobei histolog. Hemmung der Spermatozoenbldg. sowie Atrophie der LEYDIG-Zellen festgestellt werden. Bei Verabreichung hoher Dosen Testosteronpropionat (6 mg) resultiert ein Abfall der totalen Cholesterinkonz. der Hoden mit den histolog. Merkmalen einer Beschleunigung der Spermatogenese. Die Befunde werden diskutiert. (Acta endocrinol. [Copenhagen] **18.** 267—72. März 1955. Lucknow, Central Drug Research Inst.) ANTJE SCHMIDT. 4559

**Wilhelm Dirscherl, Heinz Breuer** und **Siegfried Scheller,** *Über die Wirkung von Steroidhormonen auf den Gewebestoffwechsel der Vesiculardrüsen von Maus und Ratte.* 44. Mitt. *über Sexualhormone, Steroide und Sterine.* (43. vgl. C. **1955.** 10303.) Es wurde in vitro die Wrkg. von *Androgenen* (I) auf die aerobe u. anaerobe Glykolyse der Vesiculardrüse der Maus geprüft u. die Ergebnisse mit früheren Verss. verglichen. Die Wrkg. von I, *Nebennierenrindenhormonen* u. *Östron* auf Atmung u. Glykolyse der Rattenvesiculardrüse wurde untersucht. Die Hemmwrkg. von *Testosteron* auf die *anaerobe Glykolyse* der Vesiculardrüse war bei der Maus wesentlich größer als bei der Ratte. — Tabellen. (Biochem. Z. **326.** 204—08. 1955. Bonn/Rhein, Univ., Physiol.-chem.-Inst.) H. GOEBEL. 4559

**Heinz Breuer,** *Vorkommen und Charakterisierung von Steroiden in Nebenhodengewebe, Vesiculardrüsensekret und Nebenhodenspermatozoen.* Mit Hilfe chem. Verteilungsverff., chromatograph. u. papierchromatograph. Methoden sowie verschied. Farb-Rkk. wurde der *Steroid* (I)-Geh. von Nebenhodengewebe (N), Vesiculardrüsensekret (V) u. Nebenhodenspermatozoen von Bullen untersucht. In 500 g N ließen sich ca. 5 $\gamma$ *Östron* (II) in eiweißgebundener Form nachweisen. In V wurden keine I gefunden. In der neutralen Ketonfraktion von Bullenspermatozoen, die aus 500 g N gewonnen worden waren, wurden mehrere *Keto*-I, darunter *100 $\gamma$ Epiandrosteron,* in freier bzw. gebundener Form nachgewiesen. In den phenol. Fraktionen wurden 80 $\gamma$ freies, 25 $\gamma$ konjugiertes u. 50 $\gamma$ an Eiweiß gebundenes II, sowie 20 $\gamma$ freies *Östriol* identifiziert. (Biochem. Z. **327.** 6—19. 1955. Bonn/Rhein, Univ., Physiol.-Chem. Inst.) H. GOEBEL. 4559

**Léon Velluz** und **Robert Jéquier,** *Die Schutzwirkung von $\Delta^{1.4}$-Androstadien-17 β-ol-3-on bei der experimentellen Arthritis.* Bei nebennierenlosen Ratten, die mit *$\Delta^{1.4}$-Androstadien-17 β-ol-3-on* in Dosen von täglich 25 mg/kg behandelt wurden, gelingt es nicht, durch *Formol* oder Senf experimentelle Arthritis zu erzeugen. (C. R. hebd. Séances Acad. Sci. **231.** 1266—68. 27/11. 1950.) H. SCHEURLEN. 4559

**Amiya B. Kar** und **Asok Ghosh,** *Das Verhalten des Genitalsystems und der Urogenitalpapille beim weiblichen „Cat-fish" (Heteropneustes fossilis Bloch) auf Sexualhormongaben.* Injiziert man den Weibchen des genannten Fisches Sexualhormone (jeweils 10 mg *Testosteronpropionat* bzw. *Diäthylstilböstrol,* in 4 Injektionen während 16 Tage, intraperitoneal in öliger Lsg.), so beobachtet man eine ausgeprägte Hemmung in der Entw. der Keimdrüsen, des Eileiters und der Urogenitalpapille. Wahrscheinlich tritt diese Wrkg. über eine hormonale Hemmung der Hypophyse ein, sie ist hinsichtlich der Papille beweisend für den Charakter dieses Organes als eines sekundären Geschlechtsmerkmales. (Roux' Arch. Entwicklungsmechan. Organismen **144.** 257—64. 1950. Calcutta, Univ., Dep. of Zoology.) H. DANNENBAUM. 4559

**Choh Hao Li, Irving I. Geschwind, R. David Cole, Ilse Dorothea Raacke, J. Ieuan Harris** und **Jonathan S. Dixon,** *Die Aminosäuresequenz von α-Corticotropin.* Die Aminosäuresequenz des *α-Corticotropins* (I), eines Polypeptids aus Schafhypophysen mit adrenocorticotroper Aktivität, konnte auf Grund der Konst. der bei der enzymat. u. partiellen, sauren Hydrolyse erhaltenen Peptide (II) vollständig aufgeklärt werden. Im pept. Hydrolysat von I-Trichloracetat wurden papierchromatograph. folgende II identifiziert: Asp. Glu.; Asp. (Glu., Ala.); Asp. (Glu., Ala.) Ser.; Glu. (Ala., Ser.); Ser. Glu.; Ser. (Glu., Ala.), Ser. (Glu., Ala., Phe.); Glu. Ala. Phe.; Phe. (Pro., Leu., Glu.); Pro. (Leu., Glu., Phe.); im trypt. Hydrolysat: Ser. Tyr. Ser. (Met., Glu., His., Phe.) Arg.; Try. Gly. Lys. Pro. Val. Gly. Lys.; Lys. Arg.; Lys. Arg. Arg.; Arg. Pro. Val. Lys.; Val. Tyr. Pro. Ala. Gly. Glu. (Asp.$_2$, Glu.$_3$, Ala.$_2$, Ser., Phe.$_2$, Pro., Leu.); im chymotrypt. Hydrolysat: Arg. Try.; im partiellen sauren Hydrolysat von Dinitrophenylderiv. von I: Pro. (Val.$_2$, Lys., Tyr.), Ala. (Gly., Glu., Asp.). Nach diesen u. früheren Befunden ergibt sich für I die Anordnung: Ser. Tyr. Ser. Met. Glu. His. Phe. Arg. Try. Gly. Lys. Pro. Val. Gly. Lys. Lys. Arg. Arg. Pro. Val. Lys. Val. Tyr. Pro. Ala. Gly. Glu. Asp. Asp. Glu. Ala. Ser. Glu. Ala. Phe. Pro. Leu. Glu. Phe. Die Lokalisierung der früher nachgewiesenen beiden Amidreste war noch nicht möglich. (Nature [London] **176.** 687—89. 8/10. 1955. Berkeley, Calif., Univ. of California, Hormone Res. Labor. and Dep. of Biochem.) K. MAIER. 4560

**Galen P. Robbins, John A. D. Cooper** und **Howard L. Alt,** *Die Wirkung von Corticotropin auf Zellbildung und Mitose in Knochenmark, Milz und Thymus der Ratte.* Der Einfl. von *Corticotropin* (I) auf die Zellbldg. wurde an Hand des Desoxyribonucleinsäuregeh. in Knochenmark, Milz u. Thymus u. die Wrkg. auf die Mitosetätigkeit durch die Aufnahme von $^{32}$P festgestellt. Nach 20tägiger Einwrkg. von I waren die Zellbldg. im Knochenmark auf 65%, in der Milz auf 33% u. im Thymus auf 10% der Kontrollwerte u. die Mitoseaktivität auf 75% bzw. 15% u. 7% abgesunken. (Endocrinology **56.** 161—66. Febr. 1955. Chicago, Ill., Northwestern Univ. Dep. of Medicine.) LOTHAR BARTH. 4560

**Augusto A. Cámara** und **Ferdinand R. Schemm,** *Die paradoxe Corticotropinwirkung auf die Natriumausscheidung bei therapieresistenten cardialen Ödemen.* Therapieresistente Ödeme Herzkranker können durch *Corticotropin* (ACTH) insofern günstig beeinflußt werden, als sie während oder nach der Behandlung (10—25 mg ACTH; 6stündlich, 10—12 Tage lang intramuskulär bzw. 5—15 mg täglich über 9 Tage intravenös) durch paradoxe Wrkg. auf den Wasserhaushalt ausgeschwemmt werden oder wieder auf Hg-haltige Diuretica ansprechen. (Circulation [New York] **11.** 702—10. Mai 1955. Montana, Metabolic Unit, Deacon. Hosp., Great Falls Clin., Dep. of Med.) V. SACHS. 4560

**J. Crabbé,** *Die Wirkungen von ACTH auf die phagocytische Tätigkeit von Kaninchenmakrophagen gegenüber Staphylokokken. ACTH*-Verabreichung von täglich 2 I. E./kg

Körpergewicht an Kaninchen bewirkt eine Verminderung der Phagocytose der Makrophagen gegenüber Staphylokokken, die bereits bei beginnender ACTH-Injektion auftritt, von der Dauer der Hormonbehandlung unabhängig ist u. im Anschluß an diese stärker wird. Dieser Einfl. von ACTH erstreckt sich auf die Makrophagenzellen selbst u. nicht auf die vorhandenen, Phagocytose fördernden Faktoren des Serums. (Acta endocrinol. [Copenhagen] **18.** 256—60. März 1955. Brüssel, Veterinary State Laboratory for Diagnostic and Res.) ANTJE SCHMIDT. 4560

**Joan A. de Vries,** *Die Wirkung des adrenocorticotropen Hormons auf Antikörpertiter im kreisenden Blut.* Kaninchen, die 5 Wochen zuvor mit Eieralbumin immunisiert wurden, erhielten 50 mg *ACTH* intramuskulär. Die Lymphocyten nahmen in 4—9 Std. erheblich ab. Trotzdem stieg der Titer der Antieieralbuminpräcipitine nicht an, er fiel sogar infolge einer Vergrößerung des Plasmavol. etwas ab. Das Versuchsergebnis spricht entweder gegen die Annahme, daß Lymphocyten Antikörper bilden bzw. speichern, oder gegen die Hypothese, daß Lymphocyten durch ACTH-Wrkg. aufgelöst werden. (J. Immunology **65.** 1—4. Juli 1950. Montreal, Can., McGill Univ., Dep. of Bacteriol. and Immun.) E. FISCHOEDER. 4560

**Paul Chauchard, Henriette Mazoué** und **Raoul Lecoq,** *Neue chronaximetrische Untersuchungen über die Wirkungsweise einiger Nebennierenrindenhormone.* Durch chronaximetr. Unterss. wird gezeigt, daß sich die Nebennierenrindenhormone in 2 Klassen entgegengesetzter Wrkg. in bezug auf ihre Wrkg. auf das Nervensyst., auf das Säure-Basen-Gleichgewicht der Gewebe, auf ihre hormonalen Antagonisten u. ihre Wrkg. auf den nichtgraviden Uterus einteilen lassen. (C. R. hebd. Séances Acad. Sci. **232.** 2146—48. 4/6. 1951.) K. F. MÜLLER. 4561

**F. Eichholtz,** *Zur Frage der antiphlogistischen Wirkung von Desoxycorticosteronacetat.* Es wird an einem Patienten der eindeutige Einfl. von *DOCA*-Injektionen (wss.) auf die Capillarbrüchigkeit der Haut (Vakuumtest) nachgewiesen. Die Wrkg. hält 3—4 Tage an. Vf. erörtert die Frage, ob diese nachweisliche Fähigkeit des Wirkstoffes, abdichtend auf Capillar- u. Zellwände zu wirken, mit dem günstigen Einfl. auf Ulcus u. mit der allg. entgiftenden Wrkg., vielleicht auch mit antiphlogist. Eigg. zusammenhängt. (Klin. Wschr. **28.** 423. 15/6. 1950.) H. DANNENBAUM. 4561

**G. Saitta,** *Biochemie des Herzmuskels und Cortison.* Kaninchen erhielten 3 Tage lang je 40 mg/kg *Cortison* intramuskulär. Histolog. wurden danach am Herzmuskel Ödembldg., Verfettung u. a. degenerative Veränderungen angetroffen, der Geh. an NaCl nahm zu, K u. Ca nahmen ab, P blieb unverändert. (Gazz. int. Med. Chirurg. **60** (**59**). 38—49. 15/1. 1955. Messina, Univ., Ist. di Patol. Med.) P. G. SCHEURLEN. 4561

**Norman G. Hepper, Raymond D. Pruitt, David E. Donald** und **Jesse E. Edwards,** *Die Wirkung des Cortisons auf den experimentell erzeugten Myocardinfarkt.* Cortisongaben (2,5 u. 10 mg/kg Körpergewicht täglich) haben bei Hunden mit experimentellem Coronarinfarkt keinen nennenswerten Einfl. auf den Heilungsprozeß; nur nach 4 u. 6 Tagen ist bei 2,5 mg *Cortison* die Organisation der nekrot. Muskelfasern gegenüber unbehandelten Tieren fortgeschritten. (Circulation [New York] **11.** 742—48. Mai 1955. Rochester, Minn., Univ., part of Graduate School, Mayo Clin. and Mayo Found.) V. SACHS. 4561

**Henry I. Russek, Allen S. Russek** und **Burton L. Zohman,** *Cortisontherapie des Schlaganfalles.* Behandlung von 35 Fällen hirnthrombot. u. embol. Apoplexie mit *Cortison* ist bei 27 Fällen erfolgreich; keine Nebenwirkungen. (J. Amer. med. Assoc. **159.** 102—05. 10/9. 1955. Staten Island, N. Y.) H. WALTER. 4561

**David Adlersberg, Jenny Stricker** und **Hillard Himes,** *Gefahr der Corticotropin- und Cortisontherapie bei Patienten mit Hypercholesterinämie.* Vff. weisen darauf hin, daß Vorsicht bei der Anwendung der Steroidtherapie bei Patienten mit Hypercholesterinämie geboten ist, da sie bei 4 Patienten, die erhöhte Cholesterinwerte hatten, Thrombembolien unter der Behandlung mit Corticotropin bzw. Cortison auftreten sahen. (J. Amer. med. Assoc. **159.** 1731—34. 31/12. 1955. New York, N. Y., Mount Sinai Hosp., Dep. of Med.) K. BÖHM. 4561

**W. F. Perry** und **H. Chochinov,** *Steroidausscheidung bei Kindern.* Die Ausscheidung von *Corticosteroid* im Urin nimmt mit dem Alter zu, während die *Ketosteroide* (I) von der Geburt an abnehmen. Die Ausscheidung androgener Substanzen geht nicht parallel mit der von **I.** Es wird vermutet, daß die Rückbldg. der fötalen Nebennierenrinde mit der Abnahme der Bldg. nichtandrogener **I** zusammenhängt. (Canad. J. Res., Sect. E **28.** 47—50. April 1950. Winnipeg, Can., General Hosp. and Univ. of Manitoba, Dep. of Physiol. and Med. Res.) H. AMAN. 4561

**Louis W. Holm** und **Gladys Firch,** *Durch β-Glucuronidase und milde Säurehydrolyse bestimmte 17-Ketosteroide und 17-Oxycorticosteroide in Rinderharn.* Milde Hydrolyse von

Rinderharn durch β-Glucuronidase u. Säure bei Raumtemp. u. anschließende chromatograph. Trennung erwies sich zur Best. der Ketosteroide (I) u. 17-Oxycorticosteroide (II) als geeignete Methode. Die auf diese Weise bestimmten I-Konzz. schwankten stark bei verschied. n. Tieren der gleichen Rasse; bes. auffällig war dies bei der Glucuronidfraktion. Abgesehen von einer Gruppe n. Tiere u. einer kleinen Gruppe kranker Tiere war die II-Konz. im Harn im wesentlichen gleich Null. Eine Gruppe von Tieren mit geringer Konzeptionsrate hatte geringere mittlere I-Konzz. u. eine größere Zahl circulierender Eosinophilen als n. Tiere. (Amer. J. veterin. Res. **16.** 332—36. April 1955. Davis, Calif., Univ., School of Vet. Med.) K. F. MÜLLER. 4561

**Jack L. Kostyo** und **Samuel L. Leonard**, *Glykogenolytische Effekte von Adrenalin und Hypophysenvorderlappenextrakten am Uterus und an der Skelettmuskulatur.* Vff. untersuchen erneut, ob *Adrenalin* (I) den Glykogen (II)-Geh. der Uterusmuskulatur beeinflußt. Sie verwenden für ihre Experimente kastrierte Ratten, die sie mit *Östradiolbenzoat* behandeln. Nach subcutaner Injektion von 250 γ I finden sie keine Abnahme (eher eine Zunahme) des II-Geh. der Uterusmuskulatur. In der Skelettmuskulatur (rectus femoris) ist der II-Geh. vermindert. Dagegen tritt nach intraperitonealer Injektion von 200 γ I auch eine II-Abnahme in der Uterusmuskulatur auf. *Hypophysenvorderlappen*-Extrakte u. *Oxytocin* bewirken (intraperitoneal injiziert) eine Verminderung des Uterus-II. Die Skelettmuskulatur wird dabei nicht betroffen. (Endocrinology **56.** 616—18. Mai 1955. Ithaca, N. Y., Cornell Univ., Dep. of Zool.) H. SCHIMASSEK. 4561

**J. D. Acland**, *Wahrscheinliche Natur eines bei der Papierchromatographie von Thyroxin durch Trichloressigsäure hervorgerufenen Artefakts.* Ggw. von Trichloressigsäure (I) (von der Eiweißfällung herrührend) verursachte bei der Papierchromatographie von Plasmaextrakten (Lösungsm. n-Butanol–Dioxan–$NH_3$) eine Verzerrung u. Verdopplung des Thyroxinfleckens, die bei Verwendung ohne I (mit 2n HCl) hergestellter Extrakte nicht auftraten. Durch elektrolyt. Entsalzung in einem Handelsgerät wurde I so weit entfernt, daß keine Störung mehr erfolgte. Die Störung durch I beruht entweder auf einer lockeren chem. Bindung zwischen I u. den zu chromatographierenden Substanzen oder auf einer Störung des Lösungsmittelsyst. durch I. (Nature [London] **176.** 694—95. 8/10. 1955. Sheffield, Univ., Dep. of Pharmacol. and Therapeutics, and Royal Infirmary.) K. MAIER. 4562

**N. S. Halmi** und **B. N. Spirtos**, *Analyse des Einflusses der diätetischen Jodmenge auf die Schilddrüsenreaktion hypophysektomierter Ratten nach Thyrotropin.* Das Jodspeicherungsvermögen der Schilddrüsen hypophysektomierter Ratten, welche mit einer Standarddosis von *Thyrotropin* (I) behandelt worden waren, verhielt sich umgekehrt proportional zum Jodangebot in der Nahrung. Dagegen hatten Unterschiede in der Jodaufnahme keinen Einfl. auf das Jodspeicherungsvermögen der Schilddrüse, wenn gleichzeitig auch Propylthiouracil gegeben worden war. Es wird angenommen, daß eine organ. Jodverb. in der Schilddrüse, möglicherweise das Schilddrüsenhormon selbst, die stimulierende Wrkg. von I antagonist. beeinflußt. (Endocrinology **56.** 157—60. Febr. 1955. Iowa City, Io., Univ., Dep. of Anatomy.) LOTHAR BARTH. 4562

**W. Minder** und **T. Gordonoff**, *Jod–Fluor-Antagonismus.* $^{131}$*J-Dijodthyrosin* (I) wird in der Wärme gering hydrolysiert. Durch Zusatz von $F^-$ wird aus I J entzogen u. wahrscheinlich gleichzeitig auch die Hydrolyse verstärkt. $F^-$ wirkt hierin stärker als $Cl^-$ u. $Br^-$. Bei erhöhter $F^-$-Zufuhr wird der Ca-Stoffwechsel, bes. bei Kindern, reduziert. Entsprechend ist auch die Verkalkung von Dentin verlangsamt. (Schweiz. Mschr. Zahnheilkunde **65.** 759—61. Aug. 1955.) P. G. SCHEURLEN. 4562

**Robert Courrier**, *Radioaktives Jod und Schilddrüsenfunktion.* Die Speicherung von radioakt. J in der Schilddrüse hängt von der Funktion des thyreotropen Hormons ab u. kann durch Gaben von *Thyroxin* (I) gehemmt werden. Bei der n. Ratte wird die Synth. des I in der Schilddrüse durch Aminothiazol vermindert, wobei die Speicherung von J gleich bleibt. Da nach Injektion von radioaktivem J neben der Speicherung in der Schilddrüse auch eine Aufnahme von J im Plasma u. in den Erythrocyten auftritt u. die Freigabe des J aus diesen verschieden lange dauert, kann neben der Größe der J-Speicherung in der Schilddrüse auch das Verhältnis zwischen in Plasma- u. Blutkörperchen gebundenem J als Maß für die Speicherungs- u. Aufnahmefähigkeit der Schilddrüse angenommen werden. (Arch. ital. Sci. med. trop. Parassitol. **36.** 357—65. Juli 1955. Paris, Collège de France.) P. G. SCHEURLEN. 4562

**Harold Kalant, Richard Lee** und **E. A. Sellers**, *Das Stoffwechselschicksal radioaktiver Schilddrüsenhormone bei normalen und bei mit Propylthiouracil behandelten Ratten.* $^{131}$*J-Thyroxin* (I) u. $^{131}$*J-Trijodthyronin* (II) wurden n. u. mit Propylthiouracil u. Schilddrüsentrockensubstanz vorbehandelten Ratten injiziert. Bei beiden Gruppen hatten sich die Hormone nach 24 Std. in beträchtlicher Menge in der Skelettmuskulatur u.

Leber angesammelt. Nach I-Gabe wurde in diesen Geweben hauptsächlich II wiedergefunden. Ähnliche Befunde wurden in den Schilddrüsen der vorbehandelten Tiere erhoben, während in den Schilddrüsen der Kontrollgruppe die Radioaktivität meist ausschließlich in der anorgan. Jodfraktion vorlag. In der Hypophyse konnte keine Radioaktivität nachgewiesen werden. (Endocrinology **56.** 127—34. Febr. 1955. Toronto, Can., Univ., Dep. of Pathol. Chem. and Dep. of Physiol.) LOTHAR BARTH. 4562

**William C. Ullrick** und **William V. Whitehorn,** *Einfluß des Thyroidhormons auf die Atmung von Herzgeweben.* Die Atmung von Herz- u. Muskelhomogenat von Ratten wurde im WARBURG-Gerät gemessen, wobei mit Schilddrüsenpulver gefütterte Tiere Erhöhung zeigten, u. zwar um 77% im Aurikel, um 22% im Ventrikel u. um 33% im Diaphragma. Dagegen wird bei Skelettmuskeln u. inneren Teilen keine verstärkte Atmung festgestellt. Die Empfindlichkeit von I wird im Zusammenhang mit den Herzwirkungen bei Hyperthyroidismus diskutiert. (Amer. J. Physiol. **171.** 407—11. Nov. 1952. Chicago, Ill., Coll. of Med., Dep. of Physiol.) H. FINDEISEN. 4562

**Bengt Skanse,** *Bestimmung des proteingebundenen Jods im Serum zur Beurteilung der Schilddrüsenfunktion.* Die Best. des im Serum gebundenen *J* (I) erfolgt teils durch Oxydation mit $KMnO_4$ in saurem Medium, teils (einfacher) nach folgender modifizierter BARKER-HUMPHREY-Methode. Nach Fällung der Serumproteine mit SOMOGYI-Reagens, Trocknen mit $Na_2CO_3$, Verbrennung im elektr. Ofen bei 600—625° wird I, in HCl u. $H_2SO_4$ gelöst, spektrophotometr. auf Grund der katalyt. Wrkg. von $J^-$ bei der Red. von $Ce(SO_4)_2$ mit $As_2O_3$ nach $Ce^{4+}$ (gelb) → $Ce^{3+}$ (farblos) bestimmt. Normalwerte für prakt. klin. Gebrauch 4—8 $\mu$g%. In 94% der Fälle zeigen die I-Werte die funktionelle Aktivität der Schilddrüse richtig an; sie können bei Best. vor u. nach Verabreichung von Schilddrüsenhormonen zur Unterscheidung von prim. u. sek. Hypothyreoidie u. allg. zur Prüfung zweifelhafter Fälle der Schilddrüsenfunktion als Hilfsmittel benutzt werden, wobei allerdings nach Zufuhr von J (auch in Röntgenkontrastmitteln) 4—6 Wochen mit erhöhten Werten gerechnet werden muß. (Nordisk Med. **54.** 1419—23. 15/9. 1955. Malmö, Allm. sjukhuset, Med. klin.) R. K. MÜLLER. 4562

**F. Gerritzen,** *Neue Zinkinsulinpräparate.* Es werden die blutzuckersenkenden Wirkungen von gewöhnlichem *Insulin,* Protaminzinkinsulin, Semi-Lente, Lente u. Ultra-Lente untereinander verglichen. (Nederl. Tijdschr. Geneeskunde **97.** 2843—47. 31/10. 1953. Leiden, Afd. voor Stofwisselingziekten en clin. Endocrinol.) P. LOCH. 4564

**W. Lammers, P. Siderius** und **J. H. Gaarenstroom,** *Die Wirkung von Nicotinsäure auf den Blutzuckerspiegel.* Vff. geben ♂ u. ♀ Albinoratten 2 ml einer 20% ig. *Glucose* (I)-Lsg. zusammen mit 0,4 ml 2,5% ig. *Nicotinsäure* (II)-Lsg. pro 100 g Körpergewicht intraperitoneal u. beobachten im Vgl. mit Tieren, die nur I appliziert erhalten haben, einen größeren Anstieg des Blut-I-Gehaltes. Diese Wrkg. von II tritt bei eviscerierten oder mit *Insulin* (III) (3 E.) behandelten Tieren, denen 1 ml 50% ig. I- + 0,4 ml 2,5% ig. II-Lsg. intravenös injiziert worden ist, nicht ein. Die Ergebnisse dieser Unterss. stützen die Auffassung, daß die n. III-Sekretion durch *Alloxan,* dessen Wrkg. durch II aufgehoben wird, stimuliert wird. (Acta physiol. pharmacol. neerl. **1.** 193—97. Aug. 1950. Groningen, Univ., Dep. of Pharmacol.) P. FAHRNLAENDER. 4564

**Martin G. Goldner** und **Harold Zarowitz,** *Die Wirkung von Priscolin auf normale und diabetische Blutzuckerverhältnisse. Priscolin* beeinflußt den Nüchternblutzucker n. oder diabet. Kaninchen, Nichtdiabetiker oder solche mit unkompliziertem Diabetes nicht. Es beschleunigt den Abbau intravenöser Glucosezufuhr, erzeugt aber keine Hypoglykämie. Die Besserung des Diabetes während einer Therapie mit vasodilatierenden Substanzen ist als indirekte unspezif. Rk. zu werten. (Amer. J. med. Sci. **226.** 546—51. Nov. 1953. Brooklyn, N. Y., Jewish Sanit. and Hosp. for Chronic Dis., Dep. of Med.) H. JORDAN. 4564

**Yoshito Kobayashi, Shigeru Ohashi** und **Setsuya Takeuchi,** *Zur antidiabetischen Wirksamkeit von Calciummesoxalat. Calciummesoxalat* (I) red. Blut- u. Urinzucker alloxandiabet. Kaninchen bei peroraler u. intravenöser Kohlenhydratbelastung sowie nach intravenösen Gaben von Adrenalin oder Alloxan. Die Wrkg. von I wird vermutlich durch Anregen der β-Zellen des Pankreas u. vermehrten Kohlenhydratabbau bedingt. (Vgl. KOBAYASHI, OHASHI u. TAKEUCHI, C. **1954.** 4191; Jap. J. Pharmacol. **4.** 103 bis 10. März 1955. Tokio, Univ., Dep. of Pharmacol. [Orig.: engl.]) H. WALTER. 4564

**Yoshito Kobayashi, Shigeru Ohashi, Setsuya Takeuchi** und **Yoshio Ikeda,** *Toxizität und histologische Veränderungen nach längeren Mesoxalatgaben.* (Vgl. vorst. Ref.) Verss. zur Ermittlung chron. u. akuter Toxizität u. der Organveränderungen bei Verabreichung von Ca- u. Na-Mesoxalat (I) an Kaninchen u. Ratten. Einmalige Tagesgaben von 10 g I (oral) oder 3 g I (intravenös) bzw. 30 g I (oral) oder 1 g I (intravenös) rufen bei Kaninchen bzw.

Ratten keine Vergiftungssymptome hervor. Dagegen sind nach 14—15 Monaten täglicher Gaben von 50—200 mg I/kg Kaninchen bzw. 50—500 mg I/kg Ratte die $\beta$-Zellen des Pankreas vergrößert. Die Befunde der antidiabet. Wrkg. von I deuten auf vermehrte Insulinsekretion hin. (Jap. J. Pharmacol. **4.** 111—17. März 1955. Tokio, Univ., Dep. of Pharmacol. [Orig.: engl.]) H. WALTER. 4564

**M. R. Rajarama Rao** ud **N. N. De,** *Der Einfluß des hyperglykämischen, glykogenolytischen Faktors auf den Glykogenabbau in der Haut.* Bei Bebrütung von je 50 mg Hautproben u. Leberteilen junger Ratten mit Lsgg. von 30 E. Insulin, als Quelle des *hyperglykäm., glykogenolyt. Faktors* (HGF), pro $cm^3$ Incubationsmedium in 2 $cm^3$ Phosphat-Chloridpuffer, $p_H$ 7,5, bei 37°, steigt im ersten Fall die Glucoseausbeute im Incubationsmedium um 500% gegenüber dem Kontrollwert innerhalb 15—20 Min. an, wobei der Glykogengeh. der Haut von anfänglich 5—8 mg/g Haut auf 1—3 mg/g red. wird. Für die Leberteile beträgt der Anstieg 50—60%. Bei Einw. verschied. Einheiten Insulin auf gleiche Mengen Ausgangsmaterial sind zur Erzielung maximaler Glucoseausbeuten für die Haut höhere Insulinkonzz. erforderlich. Zusatz von anorgan. Phosphat erhöht den Glucosebetrag aus der Haut u. die glykogenolyt. Wrkg. von HGF in Haut u. Leberteilen. Aus diesen beiden wird die Glucoseausbeute im Incubationsmedium durch Zugabe von Glucose-1-phosphat gesteigert, das von der Haut dephosphoryliert wird, was durch Insulin wenig beeinflußt wird. Die Verss. sprechen für die Haut als Ursprung u. Wirkungsfeld des HGF. Auf Grund eines für den Einfl. des HGF weiten Reaktionsbereiches ist die Haut als Testgewebe für in vitro Verss. des HGF geeigneter als die Leber. (Acta endocrinol. [Copenhagen] **18.** 299—304. März 1955. Lucknow, Central Drug Res. Inst.) ANTJE SCHMIDT. 4569

**G. Kuschinsky, Ursula Hille** und **H. Schimassek,** *Über Histamin als Mittlersubstanz bei der Wirkung von Adrenochrom als Aktivator von Reticuloendothelzellen.* (Vgl. nachst. Ref.) Vff. untersuchen mit der Meth. von JANSCO die Wrkg. von *Adrenochrom* (I) auf das reticulo-endotheliale System. Bei Ratten wird intravenös injizierte Tusche nach intracutaner Injektion von I (50 $\gamma$) in der Umgebung der Injektionsstelle von den Gefäßendothelien gespeichert. Die Tuschespeicherung nach I entspricht der Wrkg. von ca. 25 $\gamma$ *Histamin* u. läßt sich durch ein Antihistaminicum (*Luvistin*) verhindern. (Naunyn-Schmiedebergs Arch. exp. Pathol. Pharmakol. **226.** 1—4. 1955. Mainz, Univ., Pharmakol. Inst.) H. SCHIMASSEK. 4569

**G. Kuschinsky** und **H. Schimassek,** *Über die Rolle des Histamins bei der Verkürzung der Blutungszeit nach Adrenalin.* (Vgl. vorst. Ref.) An Kaninchen bewirkt *Adrenalin* (10 $\gamma$ intravenös) eine Verkürzung der Blutungszeit bis zu 50% (Testung der Blutungszeit am Kaninchenohr). Antihistaminica (*Luvistin* bzw. *Casantin,* 15 mg intravenös) können den Einfl. des Adrenalins auf die Blutungszeit aufheben oder bei Vorbehandlung verhindern. (Naunyn-Schmiedebergs Arch. exp. Pathol. Pharmakol. **226.** 5—8. 1955. Mainz, Univ., Pharmakol. Inst.) H. SCHIMASSEK. 4569

**G. Smith** und **A. N. Smith,** *Die Rolle des Serotonins bei experimentell erzeugter Pulmonalembolie.* Vff. fanden an Katzen, daß *Serotonin* (I) u. *Blutgerinnsel* (II) Blutdruckabfall bewirken, der nicht durch Vagotomie oder Antihistaminica aufgehoben werden kann. Durch Cocain wird er gesteigert, durch Dibenamin, Yohimbin u. 2-Äthyl-3-methyl-5-nitroindol verringert. I wird in das Serum von koagulierendem Blut freigesetzt u. ist in II selbst enthalten. In hoher Konz. ist I in der gelben Schicht von zentrifugiertem, heparinisiertem Blut enthalten. I u. II bewirken bei system. Injektion einen Anstieg des Pulmonalarteriendruckes; wenn die Lunge umgangen wird, ist der Gefäßeffekt geringer. Zwischen Heparin u. I wurde sowohl in vivo als auch in vitro ein Antagonismus beobachtet. (Surgery, Gynecol. Obstetr. **101.** 691—700. Dez. 1955. Glasgow, Univ., Dep. of Surgery.) K. BÖHM. 4569

**Georges Schapira** und **Jean-Claude Dreyfus,** *Endständige N-Gruppen des Hämoglobins der Cooley-Krankheit.* Es wurden mit *Fluordinitrobenzol* die endständigen Valinreste des Globinanteiles von Erwachsenen-, Foetal- u. Cooleyanämie-*Hämoglobin* (I) bestimmt. Das Globin von Erwachsenen-I besitzt 4,9—5,0, das Foetal-I 2,8—3,2 u. Cooley-I 2,9—3,0 Gruppen. Die beiden letzten Blutfarbstoffe werden als ident. angesehen. (C. R. Séances Soc. Biol. Filiales **148.** 895—96. Mai 1954. Paris, Hôp. des Enfants Mal., Lab. de Recherches de Biochim. médic.) W. SCHELER. 4572

**Yutaka Hamasato,** *Die Blutgruppensubstanz in Erythrocyten.* 1. Mitt. *Untersuchungen auf gruppenspezifische Substanz (ABO) in der Lipoidfraktion.* Aus einem alkoh. Rohextrakt aus Erythrocyten wurden Lipoidfraktionen gewonnen, die gruppenspezif. Eigg. besaßen. Sie enthielten *Galaktose, Sphingosin, N* u. *P* im Verhältnis 1 : 1 : 3 : 2 mit einem Kohlenhydratgeh. von 16%. Vf. fand ferner eine als *o-Adsorbent* bezeichnete Substanz, die selbst Isoagglutinine nicht neutralisierte, das Neutralisationsvermögen der Lipoide jedoch verstärkte. (Tohoku J. exp. Med. **52.** 17—27. 31/5. 1950. Sendai, Tohoku Univ., Med.-Chem. Inst. [Orig.: engl.]) E. FISCHOEDER. 4572

**Peter Gaberman, Donald H. Atlas, Julien Isaacs, Erwin M. Kammerling** und **Lee Ehrlich,** *Die Verwandtschaft der Xanthoprotein-Indices mit den erhöhten Blutphenolspiegeln bei verschiedenen azotämischen Zuständen.* Vff. bestimmen bei 37 Patienten, die unter einer durch verschied. Nierenkrankheiten (Uropathie, Nierenanoxie) verursachten Azotämie leiden, den *Phenol* (**I**)-Geh. des Blutes u. die *Xanthoprotein* (**II**)-Indices. Es wird festgestellt, daß alle Patienten mit uräm. Krankheitserscheinungen unabhängig von der Art der Nierenerkrankung einen erhöhten **I**-Geh. (oberhalb 2,0 mg%) aufweisen. Zwischen den **II**-Indices u. dem **I**-Blutspiegel wird eine statist. Beziehung gefunden, trotzdem ist die **I**-Best. eine für klin. Zwecke genaue Probe auf **I**-Körper. Dagegen wird keine Beziehung zwischen der Stärke uräm. Symptome u. den **I**-Blutspiegeln beobachtet. (J. Lab. clin. Med. **37.** 544—49. April 1951. Chicago, Ill., Med. School, Dep. of Med., Cook County Hosp., Hektoen Inst., Mount Sinai Hosp.) P. FAHRNLAENDER. 4572

**G. A. Gsirischwili,** *Quantitative Veränderungen der Chloride des Blutes nach Durchtrennung der Vagusnerven.* In Verss. an 9 Hunden wird festgestellt, daß sich nach transthoracaler Durchtrennung beider Nervi Vagi eine geringe Hyperchlorämie entwickelt (n. 350—450, nach der Vagotomie bis zu 744 mg%), die sich in 20—30 Tagen wieder normalisiert. Ursache der Hyperchlorämie ist, wie Verss. mit NaCl-Belastung ergaben, nicht eine Herabsetzung der Chloridresorption im Magen–Darm-Trakt, sondern die verringerte Synth. von HCl im Magensaft u. die Abnahme der Chloridausscheidung durch die Nieren. (Сообщения Академии Наук Грузинской ССР [Mitt. Akad. Wiss. GrusinSSR] **16.** 483—87. 1955. Tbilissi, Akad. der Wiss. der GrusinSSR, Inst. für exp. u. klin. Chir. u. Hämatol.) E. RENTZ. 4572

**P. Bonet-Maury, A. Deysine** und **F. Patti,** *Kontinuierliche Registrierung der $^{14}C$-Blutkonzentration an der lebenden Maus.* Beschreibung einer Vorr., mit der die $^{14}C$-Konz. im Blut lebender Mäuse durch Aktivitätsmessung des ein Ohr durchströmenden Blutes kontinuierlich verfolgt werden kann. (C. R. Séances Soc. Biol. Filiales **148.** 798—800. Mai 1954.) F. KRUSEN. 4572

**Rosalie Green** und **Samuel P. Martin,** *Der lösliche Nichtprotein-Sulfhydrylgehalt menschlicher Leukocyten und Erythrocyten bei Leukämie und Infektionen.* Durch Titration mit $AgNO_3$ wurde der Geh. an lösl. *Nichtprotein-SH-Gruppen* (**I**) der n. Erythrocyten zu 0,52 mg/$10^{10}$ Zellen u. der n. Leukocyten zu 1,63 mg/$10^{10}$ Zellen bestimmt. Bei akuten Infektionen, chron. myeloischer Leukämie u. myeloischer Metaplasie war der Geh. an **I** in Leukocyten erhöht, nicht aber in Erythrocyten. (J. Lab. clin. Med. **45.** 119—22. Jan. 1955. Durham, N. C., Duke Univ., Dep. of Med. and Bacteriol., School of Med.) R. LAFFERENZ. 4573

**C. H. W. Leeksma** und **J. A. Cohen,** *Bestimmung der Lebensdauer menschlicher Blutplättchen unter Verwendung von markiertem Diisopropylfluorphosphonat.* Die Meth. zur Best. der Lebensdauer der Erythrocyten unter Verwendung von mit $^{32}P$ markiertem Diisopropylfluorphosphonat (**I**), die auf der Bldg. einer irreversiblen Verb. aus **I** u. den Esterasen, die in der Zellmembran der Erythrocyten vorhanden sind, beruht, wurde zur Best. der Lebensdauer der Thrombocyten, die ebenfalls Esterasen enthalten, angewandt. Es ergab sich, daß die Thrombocyten eine Lebensdauer von 8—9 Tagen besitzen. (Nature [London] **175.** 552—53. 26/3. 1955. Leyden, Univ., Dep. of Metabolic Diseases, u. Rijswijk, Nat. Defense Res. Council T. N. O., Med. Biol. Labor.) K. F. MÜLLER. 4573

**Hans Ott,** *Die Bindung von kolloidalen Partikeln an Plasmaproteine.* Die elektrophoret. Wanderungsgeschwindigkeiten von Gasruß (Tusche), Goldsol u. Berliner Blau mit Teilchengrößen von 10—50 m$\mu$ wurden in Normal-, Patienten- u. Tierseren sowie in Traubenzucker/NaCl, Dextran/NaCl, Veronalpuffer (**I**), Dextran/**I**, Gelatine/**I**, Gummi arabicum/**I**, Humanalbumin/**I**, $\gamma$-Globulin/**I** (von Polycythämie u. Aktinomykose) u. von $\alpha_2$-, $\beta_2$- u. $\gamma_2$-Globulin/**I** gemessen. Dabei ergab sich, daß die Bindungsstärke vom Albumin über das $\gamma$-Globulin zum $\beta$-Globulin u. $\alpha_2$-Globulin ansteigt. In gealterten u. patholog. Seren kann neben der Bindung an $\alpha_2$-Globulin auch $\beta$-Globulinbindung vorkommen. Demnach scheint die Bindung von Partikeln an Serumeiweißkörper einem anderen Prinzip zu unterliegen als die von Ionen. Aus dem Gefäßsyst. verschwindendes $\alpha_2$-Globulin nimmt anscheinend daran gebundene Partikel mit. (Z. ges. exp. Med. **122.** 346—55. 1953. Tübingen, Univ., Med. Klin.) W. WILLENBERG. 4574

**Henri Chalopin,** *Elektrophorese von Serum skorbutischer Meerschweinchen.* Skorbut verändert die *Serumproteine* beim Meerschweinchen. Das Verhältnis *Albumin/Globulin* sinkt um 20%. Außerdem zeigen die Fraktionen einen Abfall der Beweglichkeiten im elektr. Feld, verglichen mit den entsprechenden Serumfraktionen gesunder Meerschweinchen. (C. R. Séances Soc. Biol. Filiales **149.** 265—67. Febr. 1955.) K. HEYNS. 4574

**P. Böhm** und **L. Baumeister,** *Über die Isolierung der Methoxyneuraminsäure als Spaltprodukt des Serumeiweißes.* (Vgl. C. **1955.** 6062.) 500 ml Serum werden zu 1000 ml Methanol gegeben, über Nacht stehengelassen u. abgenutscht. Nach mehrfachem Suspendieren in Methanol wird der Protein-Nd. mit absol. Methanol gewaschen u. am Rückfluß mit 1250 ml 2%ig. wasserfreier methanol. HCl gespalten. Nach Abtrennung vom ungespaltenen Eiweiß wird im Vakuum auf 50 ml eingeengt u. mit absol. Methanol soweit verd., daß die HCl-Konz. 5% beträgt. Diese Lsg. wird im Bombenrohr bei 105° 3 Std. erneut gespalten. Die weitere Aufarbeitung erfolgt durch Reinigung über die Ba-Verb. in Anlehnung an KLENK u. LAUENSTEIN (Hoppe-Seyler's Z. physiol. Chem. **291.** [1952.] 147). Die Reinheit der *Methoxyneuraminsäure* (I) wird papierchromatograph. geprüft. Zur Sichtbarmachung wird das Chromatogramm mit 1 : 1 mit W. verd. BIALschem Reagens besprüht, in einen geschlossenen Glaszylinder gehängt, dessen Boden mit 18% ig. HCl bedeckt ist u. 2 Std. auf 60° erwärmt. Das Chromatogramm wird zweckmäßig auf einen Glasrahmen gespannt, da es bei der HCl-Behandlung brüchig wird. Außer **I** reagieren DL-Tryptophan, Indol, Ascorbinsäure, Lävulose u. Saccharose, jedoch ist die **I**-Rk. mehr als 100fach empfindlicher. $R_F$-Wert von **I** (SCHLEICHER & SCHÜLL-Papier 2043b Mgl) in Butanol–Essigsäure–W. (4/1/5) 0,08 u. in mit W. gesätt. Phenol 0,33. (Hoppe-Seyler's Z. physiol. Chem. **300.** 153—56. 16/5. 1955. Bonn, Med. Univ.-Klinik.) E. SCHWERDTFEGER. 4574

**Hans Kaller,** *Eine einfache Methode zur quantitativen Heparinbestimmung durch Titration mit Protamin.* Durch Zugabe bestimmter Mengen *Protamin* zu einem bekannten u. einem unbekannten Heparinpräp. gerinnt das Plasma. Der Protaminverbrauch ist dem Heparingeh. direkt proportional. Meth. ist allg. anwendbar, auch bei Ba-Heparinpräpp., Präpp. mit konservierenden Zusätzen u. wenig gereinigten Präparaten. Durch Einhaltung eines bestimmten Titrationsmodus wird die Protaminspaltung im Plasma als Fehlerquelle ausgeschaltet. (Arch. int. Pharmacodynam. Thérap. **99.** 163—74. 15/9. 1954. Göttingen, MPI, Standard-Abt. Med., Forsch.-Anstalt.) J. MILLER. 4574

**Kenneth W. Walton,** *Beobachtungen über die Wirkungen einer Reihe von Dextransulfaten verschiedenen Molekulargewichtes auf die strukturierten Elemente des Blutes in vitro. Dextransulfat* (I) mit einem Mol.-Gew. über 40000 ruft in vitro Agglutination von Plättchen u. Leukocyten u. Aggregation von Erythrocyten hervor u. bildet lose unlösl. Komplexe mit Plasmaeiweißen, bes. mit Fibrinogen. Ggw. von Plasmaeiweiß ist die Voraussetzung der Agglutination von Plättchen durch höhermol. **I.** Die Blutsenkungsgeschwindigkeit wird durch mäßige Konzz. höhermol. **I** erniedrigt, durch mehr **I** erhöht. Niedermol. **I** (Mol.-Gew. 7500) beeinflußt die Senkungsgeschwindigkeit nicht, bewirkt keine Agglutination von Leukocyten u. Plättchen u. bildet unter physiol. Bedingungen lösl. Komplexe mit einer Plasmaproteinfraktion, vermutlich mit $\alpha$-Globulin, verhält sich also ähnlich wie reines Heparin. (Brit. J. Pharmacol. Chemotherapy **8.** 340—47. Sept. 1953. Birmingham, Univ., Dep. of Exp. Pathol.) W. WILLENBERG. 4576

**Roger Terry, Charles L. Yuile, Arnold Golodetz, Clay E. Phillips** und **Robert R. White,** *Stoffwechsel von Dextran, einem Plasmavolumenvermehrer. Untersuchungen mit radioaktivem Kohlenstoff markiertem Dextran an Hunden.* Die Ausscheidung von mit $^{14}C$ markiertem *Dextran* (I) wurde an Hunden untersucht. Die radiometr. u. chem. Bestimmungen der Abnahme von **I** im Plasma u. der Ausscheidung im Urin deckten sich, wenn das radioakt. **I** die gleiche mol. Verteilung wie das nichtakt. hatte. Nach 3 Tagen war das **I** aus dem Plasma prakt. verschwunden. Ca. 60% des **I** wurden mit dem Urin ausgeschieden. Ein erheblicher Teil der mit dem **I** zugeführten Radioaktivität wurde im Laufe von 13 Tagen in der Ausatemluft festgestellt u. damit bewiesen, daß das nicht über die Nieren entfernte höhermol. **I** einer langsamen Verbrennung im Körper unterliegt. Weiter wurde durch radioakt. Messungen **I** vor allem in der Leber u. den Lymphknoten festgestellt. In den anderen Organen war **I** gleichmäßiger verteilt. Da **I** schneller aus der Leber als aus den anderen Organen verschwindet, ist anzunehmen, daß die enzymat. Spaltung des **I** vor allem in der Leber stattfindet. (J. Lab. clin. Med. **42.** 6—15. Juli 1953. Rochester, N. Y., Univ., School of Med., Dep. of Pathol.) W. WILLENBERG. 4576

**Arthur B. Tarrow** und **Edwin J. Pulaski,** *Reaktionen auf Dextraninfusion beim Menschen.* Bericht über bei Infusion von *Dextran*-Lsg. an Freiwilligen beobachtete allerg. Reaktionen. Ein U. S.-Prod. gab seltener Rkk. als schwed. oder englische. Ferner war das Vork. von Rkk. bei über das Rückenmark anästhesierten Patienten niedriger als bei nicht anästhesierten. Antihistaminica milderten schwere Rkk., änderten aber nicht ihren Verlauf. Vorherige Behandlung mit Antihistaminicis schien nicht das Vork. oder die Stärke der Rkk. zu begrenzen. (Anesthesiology **14.** 359—66. Juli 1953. San Antonio, Tex.) W. WILLENBERG. 4576

**Oskar Eichler** und **Ilse Appel,** *Über die Ausscheidung von Jodid und Chlorid bei Hunden nach Infusion von Dextran, 0,9% igen Natriumchlorid- und anderen Lösungen gleichen osmotischen Druckes.* Hunden wurde zur Messung der Clearance Kreatinin (I) u. p-Aminohippursäure in physiol. NaCl-Lsg., zur Blockierung der Schilddrüse KJ-Lsg. u. sodann nach Blasenspülung $Na^{131}J$ (20—50 μC/kg) intravenös verabfolgt. Nach 2 Std. wurden isoton. Lsgg. (2,5% des Körpergewichts) von NaCl, NaBr, $NaHCO_3$, $Na_2SO_4$, $NaNO_3$ bzw. *Dextran* (**II**) in 15 Min. infundiert u. während des Vers. der %-Satz des im Urin erscheinenden W., $Cl^-$ u. $^{131}J$ vom durch die I-Clearance bestimmten Filtrat festgestellt. Es zeigte sich eine enge Beziehung zwischen dem im Harn erscheinenden %-Satz des Filtrats von $^{131}J^-$ u. $Cl^-$ u. eine etwas schwächere gegenüber Urinflüssigkeit. Dabei führt nicht das W., sondern das $Cl^-$ das Jod. Die Jodausscheidung nach **II**-Gabe ist geringer als die nach 0,9% ig. NaCl-Lsg., die Rückresorption wird also durch **II** verstärkt, bes. die von $Cl^-$. Nach $Na_2SO_4$ u. $NaHCO_3$ erscheint wenig $^{131}J$, nach Nitrat sehr viel. Der Beitrag der extracellulären Räume u. die Änderung der Durchblutung der Niere durch die Infusion werden behandelt. (Hoppe Seyler's Z. physiol. Chem. **295**. 415—24. 26/11. 1953. Heidelberg, Univ., Chirurg. Klinik.) W. WILLENBERG. 4576

**René Schubert, Hermann Werner** und **Klaus Genters,** *Peritonealspülung mit hydrophilen Kolloiden (Dextran) als osmotherapeutisches Prinzip bei der Urämie. Versuche an Kaninchen mit Urämie nach Salyrganintoxikation.* Mit Salyrgan vergiftete Kaninchen wurden einer intraperitonealen Durchspülung mit einer Lsg. mit 32% Kollidon u. 16% Glucose unterworfen. Dies erwies sich als wirksamer als die intraperitoneale Infusion, doch trat eine unerwünschte Blutzuckersteigerung auf. — Bei Spülungen mit *Dextran* (**I**)/ Tyrodelsgg. wurden die besten Ergebnisse mit 10% klin. **I** (*Macrodex*) enthaltenden Lsgg. erhalten, doch gelang keine erhebliche Senkung des Bluthamstoffspiegels. Auch **I** vom Mol.-Gew. 15000 führte zu keinen befriedigenden Ergebnissen, wurde aber in stärkerem Maße resorbiert als solches vom Mol.-Gew. 62000. Konzentrationsunterschiede der **I**-Lsgg. hatten keinen deutlichen Einfl. auf die Rückresorption. (Z. ges. exp. Med. **122**. 308—34. 1953. Tübingen, Univ., Med. Klinik u. Polyklinik.) W. WILLENBERG. 4576

**Donald G. McKay, Charles C. Roby, Arthur T. Hertig** und **Margaret V. Richardson,** *Untersuchungen über die Funktion des jungen menschlichen Trophoblasten.* 1. Mitt. *Untersuchungen der chemischen Zusammensetzung der Blasenflüssigkeit von Mola hydatiformis.* In der Blasen-Fl. der Mola hydatiformis wurden die in den Körperhöhlen-Fll. üblichen organ. u. anorgan. Bestandteile quantitativ nachgewiesen u. die Werte mit den Konstanten von Blut, Nabelschnurblut, Ascites, Ödem u. Gelenk-Fl. verglichen. Dabei ergab sich, daß die Fl. der Blasenmole eine ähnliche Zus. hat wie Ascites, Ödem- u. Gelenkflüssigkeit. Die weitere Unters. führte zu folgender Feststellung. Der osmot. Druck im fötalen Bereich ist geringer als der Druck im umgebenden mütterlichen Serum. Durch die unterschiedliche Eiweißkonz. zu beiden Seiten des Trophoblasten ist der Übergang von kleinen Albuminmengen aus dem mütterlichen Serum in das fötale Gewebe möglich. Die Schranke der jungen Trophoblasten ist für Glucose, eiweißgebundenes Jod (wahrscheinlich Thyroxin), aber nicht für Cholesterin durchlässig. (Amer. J. Obstetr. Gynecol. **69**. 722—34. April 1955. Boston, Mass., Harvard Med. School, Deps. of Obst. and Pathol.; Brookline, Lying-in Hosp.; Free Hosp. for Women.) H. GOHR. 4578

**Donald G. McKay, Charles C. Roby, Arthur T. Hertig** und **Margaret V. Richardson,** *Untersuchungen über die Funktion des jungen menschlichen Trophoblasten.* 2. Mitt. *Vorläufige Mitteilung über die chemische Beschaffenheit der Flüssigkeit des Chorions und des jungen Amnions.* (1. vgl. vorst. Ref.) In der Fl. des Chorions u. Amnions von Eiblasen der ersten Schwangerschaftsmonate wurden verschied. organ. u. anorgan. Bestandteile quantitativ mit folgendem Ergebnis untersucht. Die Chorion-Fl. gleicht in ihrer Zus. der Molaflüssigkeit. Ihre Konz. an Na, Cl, Gesamteiweiß ist niedriger u. die Konz. von K, anorgan. P, alkal. u. saurer Phosphatase ist höher als im mütterlichen Serum. Keine der beiden Fll. enthält meßbares Cholesterin. Die osmot. Verhältnisse lassen eine gewisse Differenzierung der Fll. zu. Der osmot. Druck des mütterlichen Serums ist größer als der entsprechende Druck von Chorion u. Amnion. Der osmot. Druck der Chorion-Fl. ist mitunter größer als der der Amnionflüssigkeit. Die Glucosekonz. der drei Fll. ist abhängig von ihrem Wassergehalt. (Amer. J. Obstetr. Gynecol. **69**. 735—41. April 1955.) H. GOHR. 4578

**C. A. Mawson** und **M. Isabel Fischer,** *Zink in aspermischem menschlichem Samen.* (Vgl. C. **1956**. 751.) Die vorliegende Probe enthielt 7,6% Trockenmasse u. 234 γ Zn/ml. Bei 4n. Proben wurden im Plasma 134 ± 59 γ Zn/ml gefunden. Die asperm. Probe stammte von einer klin. n. Person ohne Zeichen von androgen. Insuffizienz. Diese Störung war demnach nicht durch Zn-Mangel verursacht. (Nature [London] **177**. 190. 28/1. 1956. Chalk River, Ontario, Atom. Energy of Canada Ltd., Biol. Branch.) J. SCHWAIBOLD. 4582

**Kenneth N. F. Shaw** und **Marvin D. Armstrong,** *Versuche über die Beeinflussung des Wachstums von Ratten durch β-Phenylserindiastereoisomere.* Es wird gezeigt, daß

*DL-Allophenylserin* (**I**)-Zusatz zu einer Diätnahrung, in der einmal *L-Phenylalanin* (**II**) u. ein anderes Mal *L-Tyrosin* (**III**) fehlt, keine Gewichtsänderung bei weißen Ratten bewirkt. — Vff. schließen daraus, daß **I** weder in **II** noch in **III** umgewandelt wird. — Bei Zugabe von *DL-Phenylserin* statt **I** wird eine Gewichtsabnahme festgestellt, also nicht nur nicht gar keine, sondern sogar eine tox. Wirkung. (Proc. Soc. exp. Biol. Med. **88.** 673 bis 675. April 1955. Salt Lake City, Ut., Univ. of Utah, Coll. of Med.) K. HEYNS. 4584

**Joseph T. King, Y. Chiung Puh Lee** und **M. B. Visscher,** *Versagen des Herzens bei Mäusen in Beziehung zu den Mineralstoffen im Futter.* Bei älteren Mäusen versagte regelmäßig das Herz, wenn das Grundfutter mit einem modifizierten Salzgemisch nach JONES u. FOSTER hergestellt wurde. Die Störung trat nicht auf, wenn dem Futter ein modifiziertes Gemisch nach HUBBEL, MENDEL u. WAKEMAN zugesetzt wurde oder wenn die Mäuse mit handelsüblichem Fox Chow-Gemisch gefüttert wurden. (J. of Nutrit. **57.** 111—20. 10/9. 1955. Minneapolis, Minn., Univ. of Minnesota, Dep. of Physiol.) H. PATZSCH. 4585

**Betty G. DeBusk** und **Roger J. Williams,** *Wirkung der Lipoesäure auf das Wachstum junger Hähne und Ratten.* Fütterungsverss. ergaben, daß *Lipoesäure* (**I**) das Wachstum junger Hähne steigert. Nach Zusatz von 1 mg **I** pro kg Grundnahrung stieg die mittlere Gewichtszunahme innerhalb von 12 Tagen von 72,4 auf 105,3 g. Der Wachstumseffekt tritt nur bis zu einem Alter von höchstens 4 Wochen auf. Bei Tieren, die frei von **I** ernährt wurden, traten jedoch keine Mangelerscheinungen auf. Ein gleicher Wachstumseffekt im Vgl. zu **I**-frei ernährten Tieren konnte an jungen Ratten nachgewiesen werden. (Arch. Biochem. Biophysics **55.** 587—88. April 1955. Texas, Univ., Biochem. Inst. and Dep. of Chem.) R. LAFFERENZ. 4585

**Roy Laver Swank,** *Multiple Sklerose: Der Zusammenhang ihres Auftretens mit dem Fettkonsum in der Nahrung.* Epidemiolog. Unters. über das Auftreten der multiplen Sklerose in Europa in Abhängigkeit vom Fettkonsum. Ein kausaler Zusammenhang besteht offenbar nicht, jedoch scheint fettreiche Nahrung bei disponierten Personen die Erkrankung zu begünstigen. (Amer. J. med. Sci. **220, 4.** 421—30. Okt. 1950. Montreal, Can., McGill Univ., Dep. of Neurol. and Neurosurg. and the Montreal Neurol. Inst.) U. BALZER. 4585

**Leo Loewe, Martin G. Goldner, Stanley M. Rapoport** und **Illa Stern,** *Die Unfähigkeit von Protein, unterernährte Kaninchen gegen Cholesterinatherogenese zu schützen.* Die bei unterernährten Kaninchen unter Zufuhr von 2 g *Cholesterin* täglich auftretenden atherosklerot. Erscheinungen u. Gewichtsabnahmen waren in gleichem Ausmaß zu beobachten, wenn die begrenzt zugeführte Nahrung 35% Protein enthielt. (Proc. Soc. exp. Biol. Med. **87.** 360—62. Nov. 1954. Brooklyn, N. Y., Jewish Hosp. of Brooklyn, J. Loewe Res. Found. Labor.; Jewish Chronic Dis. Hosp.) F. KRUSEN. 4585

**H. L. Dickison** und **D. E. Tisch,** *Wirkung von Procainpenicillin in einer Aminosäurediät für Ratten.* In Abwesenheit von B-Vitaminen, Vitamin E u. K wirkte *Procainpenicillin* (**I**) in einer Aminosäurediät auf entwöhnte Ratten lebensverlängernd. In Ggw. vorst. Vitamine, aber mit Aminosäuremangeldiät, wirkte **I** ebenfalls lebensverlängernd u. erlaubte bei fast allen Ratten annähernd n. Wachstum. **I** scheint die Nährstoffauswertung zu steigern. (Antibiotics Annu. **1954/55.** 516—24. Syracuse, N. Y., Bristol Labors., Inc., Res. Div.) H. GOEBEL. 4585

**L. L. Rusoff, H. H. Hester jr.** und **F. T. Landagora,** *Konzentration von Chlortetracyclin im Körper nach Verfütterung an Kälber.* Verabreichung von *Chlortetracyclin* (**I**) an junge Kälber (oral 50—90 mg täglich oder intramuskulär 400 mg wöchentlich) steigerte das Wachstum um 18,5% (Beobachtung über 16 Wochen); der Blutspiegel betrug unter 0,1 $\mu g/cm^3$, Leber u. Niere der injizierten Tiere enthielten meßbare **I**-Mengen, während diese Organe bei **I**-gefütterten Tieren **I**-frei waren; Muskeln, Milz, Schilddrüse, Thymus, Nebenniere u. Hirnanhang waren bei injizierten u. gefütterten Tieren **I**-frei. Bei Verfütterung von **I** stieg die **I**-Konz. vom Anfang des Dünndarms zu seinem Ende u. fiel dann im Dickdarm bis zum Anus ab. Bei Injektion erfolgte die **I**-Ausscheidung durch Urin u. Galle, bei Verfütterung im Kot. Vff. glauben, daß durch **I** eine Änderung der Intestinalmikroflora eintritt u. dabei ein wachstumsfördernder Stoff produziert wird. (Antibiotics Annu. **1954/55.** 348—52. Baton Rouge, La., Louisiana Agric., Exp. Stat.) H. GOEBEL. 4585

**W. M. Reynolds, W. K. Warden, G. P. Pendergrass** und **H. G. Luther,** *Carbomycin als tierisches Wachstumsstimulans. Carbomycin* kann in der Menge von 2 g/Tonne als Futterzusatz bei der Hühner- u. Schweinemast angewandt werden. Die Wrkg. ist der von Penicillin oder Oxytetracyclin vergleichbar. (Antibiotics Annu. **1954/55.** 510—15. Terre Haute, Ind., Chas. Pfizer & Co. Inc., Agric. Res. and Developm. Dep.) H. GOEBEL. 4585

**J. D. Jones** und **C. A. Baumann,** *Relative Wirksamkeit von Antibioticis bei Ratten, denen begrenzte Mengen Vitamine B peroral oder durch Injektion gegeben wurden.* Begrenzte

Mengen an *Thiamin, Riboflavin* u. *Pantothensäure* wurden Ratten mit dem Futter oder durch subcutane Injektionen zugeführt u. die Wirksamkeit von mit dem Futter gegebenen Antibioticis auf das Wachstum bestimmt. *Penicillin* u. *Aureomycin* erhöhten übereinstimmend das Wachstum, aber die Höhe des Zuwachses war gewöhnlich größer, wenn die begrenzte Vitamin-B-Menge mit dem Futter als wenn sie durch Injektion zugeführt wurde. Die Antibiotica scheinen die intestinale Synth. dieser Vitamine zu stimulieren. *Streptomycin* war relativ unwirksam, wenn das Futter begrenzte Vitaminmengen enthielt. Injizierte Vitamine schienen aber seine Wirksamkeit zu verbessern. (J. of Nutrit. **57.** 61—71. 10/9. 1955. Madison, Univ. of Wisconsin, Coll. of Agric., Dep. of Biochem.) H. PATZSCH. 4585

**T. K. Murray** und **J. A. Campbell,** *Die Wirkung von Aureomycin auf die scheinbare Ausnutzung von Vitamin A durch die ovariektomierte Ratte. Aureomycin* (I) wurde zu 60 mg/kg dem Futter zugesetzt. Es wurde die Rk. des *Vitamin-A-Acetats* (II) verglichen mit der Rk. bei I-Abwesenheit (durch biol. Verss.). I erhöht signifikant die Rk. auf II. Die Wrkg. war aber relativ flüchtig. Zugabe von *Vitamin* $B_{12}$ verdeckte nicht die I-Wrkg. beim II-Versuch. Zugabe von *Tocopherol* zu II-Dosen wirkte nicht auf den II-Vers. weder in An- noch in Abwesenheit von I. I erhöht die durchschnittliche Rk. auf II um 25%. (J. of Nutrit. **57.** 89—99. 10/9. 1955. Ottawa, Can., Dep. of Nat. Health and Welfare, Food and Drug Labor.) H. PATZSCH. 4587

**Howard A. Bern, Joel J. Elias, Patricia B. Pickett, Thomas R. Powers** und **Mary Nishi Harkness,** *Der Einfluß von Vitamin A auf die Epidermis.* Die Epidermis von männlichen Ratten, örtlich u. subcutan mit *Vitamin A* (I) in Sesamöl 10, 20, 30 u. 60 Tage lang behandelt, wurde mit der von unbehandelten u. nur mit Sesamöl behandelten Kontrollen verglichen. Acanthosis trat auf nach örtlicher Behandlung mit I ohne Rücksicht auf die Länge derselben, es konnte keine „Adaptation" an die Wrkg. von I gesehen werden. Gelegentlich bestanden parakeratot. Bezirke, bes. in der 60-Tage-Gruppe. Subcutane Anwendung von I war ohne Wrkg. auf die obere Epidermis. Cytolog. Prüfung u. Unters. unter dem Elektronenmikroskop zeigten keine Veränderungen im tonofibrillen System. Cytochem. Unterschiede zwischen den Gruppen waren geringer. Es wurde keine Red. an proteingebundenen SH-Gruppen nach I-Behandlung gesehen u. keine Störung des Keratinisierungsvorgangs. I führt bei männlichen Meerschweinchen zu Acanthosis der Epidermis in der Brustwarzengegend, stört aber nicht ihre Rk. auf Östrogen. Die keratohyalinen Granula wurden cytochem. untersucht. Es ist eine Ribonucleinsäurekomponente vorhanden, wahrscheinlich mit Phosphatid–Eiweiß-Bindungen. Die Granula enthalten keine SH- oder S—S-Gruppen. (Amer. J. Anatomy **96.** 419—41. Mai 1955. Berkeley, Calif., Univ., Dep. of Zool.) H. AMAN. 4587

**Christopher J. Hamre,** *Erweiterung der Gallengänge und intrahepatische Läsionen mit obstruktiver Gelbsucht in Ratten, die mit Vitamin-A-Mangelnahrung gefüttert wurden.* Ratten wurde Vitamin-A-freie Diät so lange verabreicht, bis neben den typ. Vitamin-A-Mangelerscheinungen auch Gelbsucht auftrat, die zu einer Erweiterung der Gallengänge u. zu Schädigungen der Leber führten. Durch starke Metaplasie des Epithels entstanden Epithelballungen in den dadurch verstopften Gallengängen, die steinähnlich waren. Daneben wurden auch wirkliche, teils harte weiße, teils matte zerbrechliche Konkremente gefunden, die nach mkr. Prüfung aus Epithelzellen u. anorgan. Salzen, Cholesterol, Gallensalzen, nicht näher identifizierten Kristallen u. wenig Bilirubin bestanden. (Amer. J. med. Sci. **220.** 183—93. Aug. 1950. Mayo Found., Inst. Exp. Med.) R. GRAU. 4587

**Juan Carlos Radice** und **Elena Musmanno,** *Veränderungen bei Vitamin-E-Mangel und ihre Beziehungen zu starken Dosen Vitamin A, C und E.* Bei Ratten wird im Verlauf einer *Vitamin-E*-Avitaminose eine Uterusatrophie u. -pigmentation beobachtet. Diese Veränderungen können durch Gaben von *Vitamin A* (I) weitgehend behoben werden, während *Vitamin C* ohne Einfl. bleibt. Vff. nehmen an, daß bei Vitamin-E-Mangel auch die Vorräte an I erschöpft sind u. sich entsprechende Mangelerscheinungen bemerkbar machen, zu welchen die Veränderungen am Uterus der Ratte gezählt werden. (Semana méd. **107** (**62**). 75—78. 14/7. 1955.) P. G. SCHEURLEN. 4587

**A. Lichtwitz, S. de Sèze, D. Hioco** und **Ph. Bordier,** *Die Veränderungen der Calciurie unter Vitamin D bei Osteomalacie und Osteoporose.* Nach der Verabreichung von 2mal 15 mg *Vitamin D* (I) erhöht sich die Calciurie in 4—5 Tagen von 43 auf 140% bei n. Versuchspersonen u. bei Osteoporose. Bei Osteomalacie dagegen nimmt die Calciurie in allen Fällen ab. Diese Hypocalciurie tritt aber nicht immer unmittelbar ein; außerdem ist es manchmal notwendig, massivere Dosen von I zu geben, um sie auszulösen. Nach einem anfänglichen Stadium der Herabsetzung der Calciurie von verschied. Dauer bleibt der Ca-Spiegel im Urin mehrere Wochen oder Monate niedrig. Die Rückkehr der Calciurie auf n. Werte zeigt an, daß das osteoide Gewebe remineralisiert ist. Die Mischformen der

Osteoporose mit Osteomalacie verhalten sich wie Osteoporose auf Verabreichung von I. Hypercalciurie jedoch tritt nicht unmittelbar ein u. erfordert häufig die Anwendung viel höherer Dosen von Calciferol. (Semaine Hôpitaux Paris **31.** 3793—97. 2/12. 1955. Centre de Rhumatol. Viggo-Petersen de l'Hôp. Lariboisiere.) H. AMAN. 4587

**D. K. Myers, H. E. W. Mulder** und **Erica G. L. Simons,** *Tocopherolmangel durch o-Trikresylphosphat.* Die intraperitoneale Zufuhr von 1 ml/kg *o-Trikresylphosphat* (I) an Ratten führt zur Verminderung des Serum-*Tocopherol* (II)-Gehaltes. Wird I gleichzeitig mit II-haltigem Weizenkeimöl den Tieren zugeführt, so bleibt der n. zu beobachtende II-Anstieg im Serum aus. I vermindert offenbar die intestinale II-Resorption. Bei Küken verhindert die tägliche Zufuhr von 50 mg/kg/Tag II zwar die durch I hervorgerufene Abnahme des Serum-I, hat jedoch keinen Einfl. auf die durch I induzierte Paralyse. (Biochem. J. **55.** I. Aug. 1953. Amsterdam, Holland, Univ., Pharmaco-Therapeut. Labor.) F. KRUSEN. 4587

**Johs. Høie** und **Øystein Sandvik,** *Versuche mit Trockenvitaminpräparaten an Küken.* Bei Küken, denen Futter mit Mangel an *Vitamin A* (I) oder *Vitamin D* (II) oder I + II verabreicht wurde, bewirkt die Zufuhr von I-II-Präpp. (Stjernepulver, VITOLPULVER M. A., Medizintran) Behebung der Mangelerscheinung. Ein Unterschied in der Wrkg. der 3 Präpp. ist schwer festzustellen. (Tidsskr. norske Landbruk **62.** 47—58. März 1955.) R. K. MÜLLER. 4587

**Raffaele De Luca** und **Antonio Brancaccio,** *Verabreichungsform und Resorption von Calcium.* An verschied. Patienten stellten Vff. fest, daß der Blut-Ca-Spiegel nach oraler Verabreichung einer Kombination von 0,5 g Ca, 0,36 g P, 34 mg *Vitamin C* u. 600 E. *Vitamin* $D_2$ höher ist u. länger hoch bleibt, als nach rectaler oder intravenöser Anwendung anderer Ca-Präparate. (Clinica terap. **9.** 169—74. Aug. 1955. Napoli, Univ., Ist. di Semeiotica Med.) P. G. SCHEURLEN. 4587

**K. K. Reddi** und **Aina Nörstrom,** *Der Einfluß von Vitamin C auf die Verwertung von* $^{35}$*S-Sulfat bei der Synthese von Chondroitinschwefelsäure in den Rippenknorpeln.* Vff. fütterten an Meerschweinchen skorbuterzeugende Diät u. verabreichten $Na_2{}^{35}SO_4$ (I). Die Unters. der Rippenknorpel der getöteten Tiere ergab, daß I in das Chondroitinschwefelsäuremol. eingebaut wird, u. zwar bei den skorbutkranken Tieren nur ca. $^1/_3$ derjenigen I-Menge, die von den gesunden Kontrolltieren verwertet wurde. (Nature [London] **173.** 1232—33. 26/6. 1954. Stockholm, Caroline Inst., Chem. Dep. II.) R. WOLLER. 4587

**Geiza Czina, Ladislaus Középesy** und **Ladislaus Biró,** *Der Vitamin-C-Haushalt bei der Lungentuberkulose.* Der *Vitamin-C* (I)-Mangel war bei akt. Lungentuberkulose erheblich höher als bei inakt. Prozessen, wobei das Defizit ausschließlich von der Entwicklungsphase des patholog. Zustandes u. nicht von der Krankheitsform abhängt. Allg. wurde eine jahreszeitliche Schwankung mit einem Maximum von Dezember—Mai registriert, welches durch die häufig um diese Zeit reaktivierenden Prozesse deutlich erhöht wird. Die Reaktivierung führen Vff. auf die I-Hypovitaminose zurück. Tuberkulostatica normalisieren die Verhältnisse in dem Maße, in dem sie den Heilungsverlauf beeinflussen. — Das Gleichgewicht des I-Haushaltes wird bei den fibrocavernösen Formen schwerer eingestellt als bei den anderen Erscheinungsbildern der Lungentuberkulose. Operationen bedingen unmittelbar nach dem Eingriff ein höheres Defizit. Ein Pneumothorax ordnet die I-Bilanzen schnell u. dauernd. (Int. Z. Vitaminforsch. **26.** 262—71. 1955. Czyula, Ungarn, Komitätsspital, Lungenkrankenabt.) G. RENTSCH. 4587

**Ernest Knobil** und **Melvin J. Fregly,** *Wirkung der Ascorbinsäure auf die Nebenniere nach Hypophysenentfernung und nach Kältereiz.* Bei hypophysektomierten Ratten konnte unter *Ascorbinsäure* (I)-Gaben nach 7 Tagen weder eine Verminderung des Gewichtes der Nebennieren noch eine Erhöhung des Cholesteringeh. dieser Drüsen festgestellt werden. Desgleichen ergab ein 24std. Kältereiz keine erheblichen Abweichungen der mit I behandelten Tiere gegenüber den Kontrollen. (Endocrinology **56.** 614—16. Mai 1955. Boston, Mass., Harvard Med. School, Dep. of Physiol.) G. RENTSCH. 4587

**Luigi L. Barbieri,** *Untersuchungen über die Störungen der Phosphorylierung von Vitaminen bei Leberkrankheiten.* Vf. bestimmte die *Ascorbinsäure* (I)-Ausscheidung im Urin bei verschied. Leberkrankheiten u. fand, daß I gegenüber n. Personen bei Leberaffektionen u. nach Belastung mit *Vitamin* $B_1$, $B_2$ u. $B_6$ zunimmt. Werden *Cocarboxylase* oder *Alloxazinmononucleotide* verabreicht, so verhält sich I wie beim Gesunden. Es wird daraus auf eine Störung der Phosphorylierung bei Leberkrankheiten geschlossen. (Arch. Patol. Clin. med. **32.** 40—59. 1955. Bologna, Univ., Ist. Clin. Med.) P. G. SCHEURLEN. 4587

**L. K. Bauman,** *Die Verteilung von radioaktivem Thiamin in den Organen und Geweben von Tieren in Abhängigkeit von hypnotischen Medinaldosen.* Im Kaninchenvers.

wird *radioakt. Thiamin* (I; 1000 Impulse/g) zu 30% in 7—8 Tagen mit dem Urin ausgeschieden (20% bereits nach 24 Std.). Im Rattenvers. nimmt die Aktivität der Gewebe 24 Std. nach I-Zufuhr in folgender Reihenfolge ab: Leber, Nieren, Herzmuskel, Samenblasen, Großhirnhemisphären, Kleinhirn, Zwerchfell, Milz, Lungen, Rückenmark, Magen-Darmtrakt, Skelettmuskulatur, Blut. Nach einmaliger intramuskulärer Zufuhr von I nimmt die Radioaktivität im Laufe von 7 Tagen in allen Organen, mit Ausnahme der Samenblasen, ab, ist aber noch am 7. Tage (außer im Blut) deutlich nachweisbar. Durch *Medinal* (60—70 mg/kg) wird im Rattenvers. die I-Ausscheidung mit dem Urin herabgesetzt u. I in den Geweben zurückgehalten. Die I-Ausscheidung mit dem Kot ist gegenüber der Kontrolle erhöht. (Вопросы Медицинской Химии [Fragen med. Chem.] **1.** 323—26. Sept./Okt. 1955. Moskau, Neurol. Inst. der Akad. der Med. Wiss. der UdSSR, Biochem. Labor.) E. RENTZ. 4587

**J. Lefebvres-Boisselot,** *Beitrag zum Studium der Bedürfnisse des Embryos und Fetus an Pantothensäure. Experimentelle Ergebnisse an der Ratte.* Die tägliche Aufnahme von 50 μg *Calciumpantothenat* ist nach den angewandten Versuchsbedingungen die unterste Grenze, bei der sich ein n. Embryo entwickeln kann. (Arch. Sci. physiol. **9.** 145—55. 1955. Paris, Lab. de Physiol. de la Nutr. de l'École des Hautes-Études, Lab. d'Embriol. de la Fac. de Méd.) H. AMAN. 4587

**Leon Swell, T. A. Boiter, Henry Field jr.** und **C. R. Treadwell,** *Pantothenat und Futtercholesterin bei der Erhaltung der Blut- und Gewebecholesterinester.* Nach Verfütterung eines fettfreien Futters mit *Cholesterin* (I) u. Gallensalzen an n. Tiere (Ratten) nahm Blut-I zu, während bei Tieren mit *Pantothenat* (II)-Defizit dieses Futter keine merkbare Wrkg. auf Blut-I hatte. Zugabe von Fett verstärkt die Hypercholesterinämie bei n. Tieren u. führt zu einer Hypercholesterinämie bei Mangelratten. Keine Veränderungen beim Blut-I wurden beobachtet, wenn I-freies Futter ohne Fett an n. u. Tiere mit II-Defizit verfüttert wird. Leber-I nimmt bei n. u. II-Mangeltieren mit Hypercholesterinämie zu. Die Zunahme ist jedoch bei Ratten, die II erhielten, größer. Das Nebennieren-I nahm bei II-Mangeltieren ab, ausgenommen Tiere mit Hypercholesterinämie, die ein Futter mit I, Fett u. Gallensalze erhielten. Die Abnahme der Leber- u. Serum-I-Ester wurde teilweise durch einen relativen Fettsäuredefizit hervorgerufen. (J. of Nutrit. **57.** 121—32. 10/9. 1955. Martinsburg, Veterans Admin. Center, Gen. Med. Res.; Washington, Univ., School of Med., Dep. of Biochem.) H. PATZSCH. 4587

**Aly Gheita,** *Pantothensäure zur Behandlung von Wunden.* Vf. erzielte schnelle komplikationslose Heilung bes. operativer Wunden durch Behandeln mit *Pantothensäure*-haltiger Salbe. (J. Roy. Egypt. med. Assoc. **36.** 239—43. 1953. Ägypten, Kaso-el-Aini Hosp.) P. LOCH. 4587

**Charles A. Nichol, Aaron H. Anton** und **Sigmund F. Zakrzewski,** *Eine labile Vorstufe des Citrovorumfaktors.* Bei Incubation von Taubenleberpräpp. oder Suspensionen eines *A-methopterin*-resistenten *S. faecalis*-Stammes *A* mit *Pteroylglutaminsäure* (I) entstand der *Citrovorumfaktor*, *$N^5$-Formyl-5.6.7.8-tetrahydropteroylglutaminsäure* (II), durch nichtenzymat. Abbau einer *labilen Verb.* (*CFX*). Die Hemmung der II-Bldg. durch *Aminopterin* (III) erfolgt nur indirekt. Die durch anaerobe Incubation von I mit Zellen gebildete Verb. *CFX* wurde der Einw. einer $N_2$- bzw. $O_2$-Atmosphäre unterworfen. Der

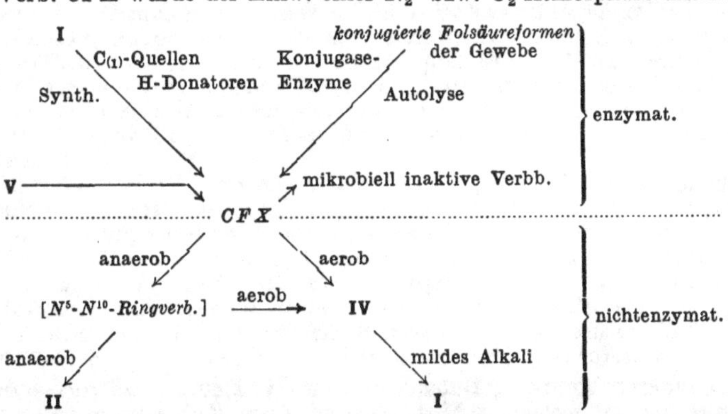


Überstand veränderte zugesetzte I nicht. Ein Vgl. erhitzter u. nichterhitzter Proben der Überstandsfraktion aus der Incubation von Zellen mit I zeigte außer der Ggw. von II auch die eines I-Deriv., das beim Erhitzen in II überging. Bei aerober Incubation verschwand die hitzelabile II-Vorstufe. Die nichtenzymat. II-Bldg. eröffnet die Möglichkeit, daß II keine direkte Zwischenstufe bei der Biosynth. der funktionellen Form des Vitamins aus I darstellt. Die Hemmung der II-Bldg. durch III beruht auf einer Blockierung der Synth. der Vorstufe ohne Wrkg. auf deren anschließende Überführung in II selbst. Isolierung des durch Erhitzen der Filtrate von *S. faecalis/A* nach Incubation mit I gebildeten II ergab ein Prod., das hinsichtlich Absorptionsspektr., $R_F$-Wert u. Stabilität gegenüber Säure u. Alkali mit synthet. II ident. war, jedoch wie II aus Leber im Wachstumstest bei *S. faecalis* die doppelte Wirksamkeit von synthet. II besaß. Bioautogramme ergaben im erhitzten Überstand neben I u. II 2 folsäureähnliche Verbindungen. Mit Hilfe von Dowex-1-Säulen erhaltene Überstandsfraktionen enthielten *$N^{10}$-Formylpteroylglutaminsäure* (**IV**) u. eine Verb., die in neutraler Lsg. zu **IV** abgebaut wurde. Aus Analogiegründen erscheint *CFX* als ein I-Deriv. der Tetrahydroreduktionsstufe, da es beim Erhitzen II gibt u. $O_2$-empfindlich ist. Die Zusammenhänge zwischen den natürlich in Geweben vorkommenden oder im Stoffwechsel aus *p-Aminobenzoesäure* (**V**) oder I synthetisierten folsäureähnlichen Verbb. lassen sich durch das vorläufige Schema wiedergeben. (Science [Washington] **121.** 275—79. 25/2. 1955. New Haven, Conn., Yale Univ., School of Med., Dep. of Pharmacol.) K. MAIER. 4587

**Sheila T. Callender** und **J. R. Evans,** *Die Harnausscheidung radioaktiv markierten Vitamins $B_{12}$.* Vff. verabfolgten 0,5 $\mu$g *$^{60}$Co-Vitamin $B_{12}$* (I) per os u. bestimmten die mit Faeces u. Urin ausgeschiedene I-Menge. Im Zusammenhang mit dieser Medikation injizierten sie zusätzlich 1000 $\mu$g nichtradioakt. Vitamin $B_{12}$ parenteral u. fanden, daß Kontrollpersonen einen größeren %-Satz des Vitamins ungenutzt ausscheiden als Perniciosakranke, bei denen die resorbierte Menge erheblich vom vorhandenen „intrinsic factor" abhängt. Die parenterale Injektion setzte die I-Resorption im Darm herab u. bewirkte, daß ein Drittel im Urin ausgeschieden wurde. Die Best. des Vitamins $B_{12}$ im Urin wird als einfache Meth. zur Erkennung der Aktivität von „intrinsic faktor" empfohlen. (Clin. Sci. **14.** 295—302. Mai 1955. Oxford, Radcliffe Infirmary.) G. RENTSCH. 4587

**Ann B. McNaught,** *Fettresorption aus dem Verdauungstrakt des Frettchens.* 4 Monate alte Frettchen wurden mit „Schöpfrahm" gefüttert, getötet u. Gefrierschnitte der Intestina mit Sudan IV u. Sudanschwarz gefärbt. Es zeigte sich das typ. Bild der Fettresorption in dem Zotten tragenden Teil des Verdauungstraktes. Sudanophile Inclusionen waren kugelförmig ausgebildet (leuchtend orangefarbig mit Sudan IV). Die Lymphgefäße in der Darmwand u. im Mesenterium hatten reichliche sudanophile Stellen. Fettsäuren waren weniger vorhanden als Tröpfchen aus emulgiertem Neutralfett. Der geronnene Rahm blieb lange Zeit im Magen des Frettchens. Das Fett wandert leicht zum Darmende u. steht hier zur Resorption zur Verfügung. (J. Physiology **130.** 6 P—7 P. 28/11. 1955. Glasgow, Univ., Inst. of Physiol.) H. PATZSCH. 4594

**C. Furmanek,** *Die Verwendung und die Aufnahme der Fette.* Überblick über neuere Arbeiten über die Verdauung u. Aufnahme der Fette durch den tier. Organismus. — 22 Literaturangaben. (Postepy Nauk Rolniczych **2.** 121—29. 1955. PAN, Inst. Fizj. i Żyw. Zwierz.) F. URBAN. 4594

**P. Raynaud,** *Verschiedene Formen von Stickstoff im Darmtraktus der Boviden.* Der Protein- wie der Polypeptidstickstoff steigt an vom Rumen zum Duodenum. Der Geh. an Ammoniakstickstoff ist am geringsten in Höhe des Labmagens, am größten in Höhe des Rumens u. Duodenums. Er rührt hauptsächlich von der Tätigkeit von Mikroorganismen her. Reststickstoff war im Rumen prakt. nicht vorhanden u. im Labmagen unbedeutend; im Duodenum erreicht er ca. 17% des Gesamtstickstoffes. (Arch. Sci. physiol. **9.** 83—96. 1955. Toulouse, Labors. de Physiol. de la Fac. des Sci. et de l'École nat. vét.) H. AMAN. 4594

**M. Rohrlich** und **R. Rasmus,** *Untersuchungen über die Verdaulichkeit des Eiweißes der Aleuronzellen.* Für die Ausnutzbarkeit des *Aleuronproteins* ist der Zerkleinerungsgrad der Weizen- u. Roggenschalen von Bedeutung. Das Eiweiß der geschlossenen Aleuronzellen wird nicht oder nur zu einem geringen Teil verdaut. Innerhalb von 24 Std. findet eine gewisse Diffusion der sauren Pepsinlsg. wie der alkal. Trypsinlsg. ($p_H$ 9,0) statt, jedoch vermag diese Alkalität die starken Zellwandungen nicht zum Aufquellen zu bringen. — 20 Literaturangaben. (Müllerei **8.** Nr. 22, wiss. Müllerei **1955.** 33—39. 28/5. Berlin, Versuchsanst. für Getreideverwertung.) H. PATZSCH. 4594

**Ruth Steinkamp, Reubenia Dubach** und **Carl V. Moore,** *Untersuchungen über den Eisentransport und -stoffwechsel.* 8. Mitt. *Resorption von Radioeisen aus eisenangereichertem Brot.* (5. vgl. J. Lab. clin. Med. **31.** [1946.] 1201.) Bei 28 von 32 Versuchspersonen, die Brot mit Zusätzen von mit $^{59}$Fe markiertem $FePO_4$, red. Fe-Pulver, $FeSO_4$ oder Na-Ferripyrophosphat erhielten, wurden 1—12% des so zugeführten Fe ohne Zusammenhang mit der Bindungsform des Fe resorbiert. Bei den anderen 4 Personen, bei denen wahrscheinlich eine Verminderung der Fe-Vorräte vorlag, wurden 26—28% des Fe resorbiert. Bei Zufuhr von $FeSO_4$ allein wurde das Fe besser resorbiert als in Form von Zusatz im Brot, jedoch nicht besser, wenn das $FeSO_4$ zusammen mit Brot zugeführt wurde. Ähnlich war die Resorption auch bei den anderen Fe-Verbindungen. Bei gleichzeitiger Zufuhr von mit den 4 Fe-Verbb. angereichertem Brot u. Ascorbinsäure war die Fe-Resorption 2—3mal so hoch. Bei 3 Fe-Mangelpatienten wurden aus solchem Brot 45—60% des Fe resorbiert. Solche Fe-Anreicherung im Brot ist demnach eine bedeutsame Fe-Quelle für die menschliche Ernährung. (A. M. A. Arch. intern. Med. **95.** 181—93. Febr. 1955. St. Louis, Washington Univ., School of Med., Dep. of Intern. Med.) J. Schwaibold. 4594

**R. F. Tagnon** und **S. Devreux,** *Die Wirkung einer intravenösen Injektion von Fructose, mit und ohne ACTH-Zufuhr, auf den Blutglucosespiegel.* Vff. geben 10 n. (a) u. 3 diabet. (b) Versuchspersonen eine intravenöse Injektion von *Fructose* (**I**) (0,9—1,2 g/kg) u. bestimmen die Konzz. von **I** u. *Glucose* (**II**) in Blut u. Urin 30—180 Min. nach der Applikation. Es wird festgestellt, daß **I** im Laufe von 3 Std. bei a) u. b) aus dem Blut verschwindet, während der **II**-Geh. bei a) sich kaum verändert, jedoch bei b) ansteigt. Gleichzeitige Zufuhr von *ACTH* (*Cortrophin;* **III**) (50 E. intramuskulär) verursacht bei a) u. b) Hyperglykämie, während die **I**-Gehh. sich nicht wesentlich verändern. Die **I**-Ausscheidung mit dem Urin ist gering (unterhalb 5%) u. wird durch **III**-Gaben nicht beeinflußt. Auch der **II**-Spiegel bleibt nach alleiniger **III**-Applikation unverändert. Aus den Ergebnissen wird geschlossen, daß die nach **III**-Zufuhr eintretende Hyperglykämie bei a), die **I** erhalten haben, eine Umwandlung von **I** in **II** im Körper anzeigt. (J. clin. Endocrinol. Metabolism **15.** 1475—81. Dez. 1955. Brussels, Belg., Univ., Dep. of Int. Med., Labor. of Exp. Med.) P. Fahrnlaender. 4596

**June W. Halliday** und **Laurens Anderson,** *Die Synthese von Myoinosit durch die Ratte.* Vff. geben männlichen Albinoratten in stündlichen Abständen 10 Injektionen von $^{14}C_{(1)}$-*Glucose* (**I**) (9,8 mg, $6{,}7 \cdot 10^{-6}$—$1{,}10 \cdot 10^{-7}$ c.p.m.) u. isolieren aus den Homogenaten des Gesamtorganismus durch Hydrolyse (6n $H_2SO_4$), Behandlung mit Ionenaustauschharzen (Dowex-50 u. Amberlit IRA-400, $p_H$ 5,0) u. Fällung mit absol. A. radioakt. *Mesoinosit* (**II**, F. 222—223° [*Hexaacetat*, F. 216—217°, aus **II** durch Einw. von Essigsäureanhydrid u. Pyridin]) in einer Ausbeute von 85 mg. Höhere **II**-Mengen (101 bis 110 mg) lassen sich nach vorheriger Fütterung der Tiere mit Antibioticis (*Terramycin* [600 mg/kg], *Penicillin* [400], *Bacitracin* [400], *Sulfasuccidin* [10000] bzw. *3-Nitro-4-oxyphenylarsinsäure* [50]) gewinnen. Aus den Ergebnissen geht hervor, daß die Biosynth. von **II** durch die Körpergewebe selbst u. nicht von den im Darm lebenden Bakterien durchgeführt wird. (J. biol. Chemistry **217.** 797—802. Dez. 1955. Madison, Wis., Univ., Coll. of Agric., Dep. of Biochem.) P. Fahrnlaender. 4596

**Paul Fournier,** *Beziehungen zwischen Nutzbarmachung von Strukturglucosiden und Knochenbildung.* Vf. gibt Ratten ein Futter, bestehend aus 81,5% *Amidon* (**I**), 4% *Casein*, 8% Erdnußöl, 3% Trockenhefe, 3% Mineralsalzgemisch u. 0,5% $TiO_2$. In den verschied. Versuchsserien wird **I** teilweise ersetzt durch 3,5% *Lyxose* (**II**) bzw. 10% *Mannose* (**III**), 4% *Galaktose* (**IV**), 7,6% *Lactose* (**V**) oder *Melibiose* (**VI**), 11,2% *Raffinose* (**VII**) u. der *Ca*-Geh. des Urins u. der Faeces bestimmt. Es wird gefunden, daß **II, III, VI** u. **VII** die Ca-Nutzbarmachung erhöhen, während **IV** den Ca-Stoffwechsel kaum beeinflußt. Aus den Ergebnissen geht hervor, daß **II, III, VI** u. **VII** als Strukturglucoside in ihrer Eig. als Vorläufer des Glykokolls vermittelnd in die Knochenbldg. eingreifen. (C. R. hebd. Séances Acad. Sci. **240.** 1364—66. 21/3. 1955.) P. Fahrnlaender. 4596

**Marjorie R. Stetten** und **DeWitt Stetten jr.,** *Glykogenneubildung in vivo.* $^{14}C_{(1-6)}$-*Glucose* wird Kaninchen u. Ratten intraperitoneal injiziert. In verschied. Zeitabständen (6—48 Std.) isolieren u. untersuchen Vff. das *Glykogen* aus Kaninchenmuskulatur, aus Rattenmuskulatur u. Rattenleber. Jede Glykogenfraktion wird mit *Phosphorylase* u. *Amylo-1.6-glucosidase* mehrmals alternierend behandelt. Die Radioaktivität der hierbei erhaltenen Grenzdextrine (3 Fraktionen) wird im Vgl. zu der des Glykogen gemessen. — Im Muskelglykogen ist die höchste Radioaktivität jeweils in der 1. Grenzdextrinfraktion enthalten. Im Leberglykogen (Ratten) ist nach 6 Std. die höchste Aktivität in der Fraktion 1, nach 48 Std. dagegen in der Fraktion 3 zu finden. Auf Grund dieser Verss. schließen Vff., daß mit Hilfe der Phosphorylase Glykogen zunächst nur in 1.4-Bindung aufgebaut wird u. daß in einem zweiten, langsamer verlaufenden Schritt durch das „branching enzyme" die Glucosereste aus der Peripherie mehr ins Innere umgelagert werden. Dieser zweite Prozeß verläuft in der Leber schneller als im Muskel. (J. biol. Chemistry **213** 723—32. April 1955. New York, N. Y., Public Health Res. Inst. of the City, Div. of Nutr. and Physiol; Bethesda, Md., Nat. Inst. of Arthritis and Metabolic Diseases, Nat. Inst. of Health.) H. Schimassek. 4596

**B. N. Stepanenko, G. W. Subrilina** und **L. P. Chajurowa**, *Untersuchung des Glykogenstoffwechsels unter normalen Verhältnissen und bei Alloxandiabetes mit Hilfe von radioaktivem Kohlenstoff.* Ratten erhielten nach 3—24std. Fasten $NaH^{14}CO_3$ subcutan verabreicht, ein Teil der Tiere außerdem 1 : 5000-Lsg. von Adrenalin (**I**; 0,1 $cm^3$/100 g Körpergewicht). 3 Std. danach wurden die Tiere getötet. Die Leber wurde auf den Glykogen (**II**)-Geh. untersucht. **I** förderte erheblich die Synth. der C-Kette der Glucose in **II**. Ohne **I** fehlte **II** in der Leber nach 12—24 Std. Fasten. Mit **I** konnte **II** bei einer Reihe von Versuchstieren auch nach so langem Fasten isoliert werden. Dieses **II** war stets mehr oder weniger radioaktiv. Nach kürzerem Fasten konnte **II** sowohl bei Versuchs- als auch bei Kontrolltieren isoliert werden, doch war es in der Regel nicht radioaktiv. Je länger die Fastenperiode, um so radioaktiver war das Leber-**II**. Dies erklärt sich dadurch, daß bei solchen Tieren das **II** unter dem Einfl. von **I** in einer Leber gebildet wird, die prakt. frei von **II** ist. Die Aktivität der äußeren Teile des **II**-Mol. ist ca. 2mal so stark wie die der inneren Kerne. Die Schnelligkeit der Biosynth. in den ersteren ist ca. 2mal so hoch wie in den letzteren. Die stark verzweigten Kerne der **II**-Moll. erhalten sich länger als ihre äußeren Teile. Der biol. Sinn dieses Verh. besteht in der Erhaltung der bei der Synth. des **II** katalyt. hochakt. Polysaccharide mit einer relativ hohen Anzahl von Glucoseresten, bei denen das Wachstum der Glucoseketten mit Hilfe der Phosphorylase vor sich geht. Bei Alloxandiabetes gelang es nicht, nach 24std. Fasten radioakt. **II** zu isolieren. **I** hat hier keine stimulierende Wrkg. auf die Synth. der C-Kette. Diabetes ist also auch durch die Störung dieser Synth. charakterisiert. (Доклады Академии Наук СССР [Ber. Akad. Wiss. UdSSR] **100**. 521—24. 21/1. 1955. Labor. für physiol. Chem. der Akad. der Wiss. der UdSSR.) F. DU MANS. 4596

**Sailen Miikerjea** und **D. P. Sadhu**, *Stoffwechsel der Essigsäure in Nieren- und Leberschnitten von Ratten mit Schilddrüsenunterfunktion.* Vff. bestimmen an n. Ratten u. Tieren mit Schilddrüsenunterfunktion (S.u.): 1. $Q_{O_2}$ an Nieren- u. Leberschnitten mit u. ohne Acetatzusatz (0,08 m); 2. $Q_{Acac}$, definiert in $\mu$l $CO_2$ der gebildeten *Acetessigsäure* pro mg Trockengewicht; 3. freies u. verestertes *Cholesterin*; 4. Acetessigsäure (Meth. von EDSON). Die S.u. wird durch Verfütterung von 0,16%ig. *Methylthiouracil* in einer Standardkost erreicht. Die Tiere werden zur Unters. nach 7wöchiger Fütterung getötet. — Gegenüber n. Tieren sind die Cholesterinwerte bei S.u. erhöht. Der $Q_{O^2}$ sinkt bei S.u. ab, während der $Q_{Acac}$ im Vgl. zur Norm ansteigt. Da Essigsäure eine Vorstufe bei der Cholesterinsynth. ist, diskutieren Vff., ob der kontinuierliche Anfall nichtoxydierter Essigsäure die erhöhte Bldg. des Cholesterins erklären kann. Die erhöhte Bldg. u. Anreicherung der Acetessigsäure zeige, daß beide Substanzen Vorstufen bei der Cholesterinsynthese sind. (Endocrinology **56**. 507—10. Mai 1955. Calcutta, India, Bengal Veterin. Coll., Dep. of Physiol. and Nutrit.) H. SCHIMASSEK. 4596

**A. Ss. Konikowa, M. G. Kritzman** und **O. P. Ssamarina**, *Untersuchungen der Bedingungen des Einbaus von Aminosäuren in „individuelle" Proteine und Proteinkomplexe.* (Vgl. KOITZMAN u. KONIKOWA, C. **1953**. 2619.) Nach 2std. Incubation bei 37° erfolgte ein merklicher Einbau von mit $^{14}$*C-Glykokoll* (**I**) in verschied. isolierte Proteine, u. zwar in die aus Rattenleber isolierten wesentlich intensiver als in die aus Kaninchenleber isolierten. Bei 100° ist der Einbau von **I** recht intensiv, bes. in „individuelle" Proteine, weniger hingegen in die untersuchten Proteinkomplexe. — Der Einbau (100°) von **I** in *Desoxypentosonucleohiston* (**II**) erfolgt erheblich intensiver bei **II** aus Rattenleber als bei **II** aus Kaninchenleber. — Setzt man in Pufferlsgg. suspendierte Proteine 2 Std. einer Temp. von 100° aus, so nimmt bei nachfolgender Incubation (100°) mit **I** die Radioaktivität langsamer zu als bei analogen, nicht vorbehandelten Proben. — Der Einbau von Aminosäuren in isolierte Proteine wird sowohl bei 100° als auch bei 37° durch Enzymgifte gehemmt, wobei die Stärke der Hemmwrkg. von Protein zu Protein verschieden ist. (Биохимия [Biochemie] **19**. 440—48. Juli/Aug. 1954. Moskau, Wischnewski-Inst. für Chirurgie der Akad. der Med. Wiss. der UdSSR.) H. v. PEZOLD. 4596

**H. G. B. Slack**, *Elastinstoffwechsel bei der ausgewachsenen Ratte.* Der *Elastin*(**I**)-Stoffwechsel wurde an ausgewachsenen ♂ Ratten durch intraperitoneale Injektion von $^{14}C_{(4)}$-Glycin (10 $\mu$C/100 g Körpergewicht) untersucht. Von den Versuchstieren waren 12 n. Ratten, während 12 andere eine Atrophie der rechten Hintergliedmaßen infolge einer Operation aufwiesen, die 6 Wochen vor der Injektion erfolgte. 1 u. 9 Tage nach der Injektion wurde je eine Gruppe der Tiere getötet, die Aorta entnommen u. **I** nach TUNBRIDGE u. Mitarbeitern isoliert u. gereinigt. Aus den **I**-Hydrolysaten wurden krist. Glycinproben durch Säulenchromatographie der Dinitrophenylderivv. erhalten u. die Aktivitäten gemessen. Die Werte lagen für alle untersuchten Proben in der gleichen Größenordnung, so daß Vf. auf eine geringe Stoffwechselaktivität von **I** bei ausgewachsenen Ratten schließt. (Nature [London] **174**. 512—13. 11/9. 1954. Manchester, Univ., Rheumatism Res. Center.) K. NEHRING. 4596

**Howard A. Bern,** *Histologie und Chemie der Keratinbildung.* Nach allg. Überblick über die heutigen Anschauungen von den histolog. u. chem. Vorgängen bei der Keratinbldg. berichtet Vf. über eigene Unterss. mit *$^{35}$S-Cystin* (I). Radioautographie u. Tracerunters. an Mäusevaginalepithel ergeben nach I-Zuführung bei der Östrogen-induzierten Keratinisierung keinen wesentlichen Unterschied von Androgen-induzierter Mucifikation. In der akt. Wachstumsphase des Mäusehaars konnte jedoch 8 Std. nach I-Zufuhr eine hohe Aktivität der keratogenen Zone des Haarfollikels nachgewiesen werden. Die kon. Papillen der Mäusezunge bestehen aus einem Kern von „*Hartkeratin*", der teilweise mit „*Weichkeratin*" bedeckt ist. Dieses Hartkeratin entstammt einem Keratohyalin-freien Bezirk am Gipfel der kleinen Dermalpapillen. 8 Std. nach I-Zufuhr weist diese Region eine starke Aktivität im Gegensatz zu dem angrenzenden Weichkeratin-bildenden Epithel auf. (Nature [London] **174.** 509—11. 11/9. 1954. Berkeley, Calif., Univ., Dep. of Zool. and Cancer Res. Genetics Labor.) K. NEHRING. 4596

**Howard A. Bern, Donald R. Harkness und Sidney M. Blair,** *Radioautographische Untersuchungen der Keratinbildung.* (Vgl. vorst. Ref.) Vff. führen die Verss. an jungen Mäusen durch, die *$^{35}$S-L-Cystin* (I) erhielten. 1—8 Std. nach I-Gabe zeigen die Radioautographien der Gewebe, daß bereits nach 1 Std. eine erhebliche $^{35}$S-Aufnahme in die keratogenen Zonen erfolgt u. daß zwischen der 1. u. 8. Std. keine qualitative Veränderung der $^{35}$S-Aufnahme erfolgt. Extraktionsverss. mit Thioglykolat bei $p_H$ 10 u. 11 oder Mercaptoäthanol bei $p_H$ 4 u. 7 ergeben, daß I nicht an Seitengruppen, sondern durch Peptidbindung in der Hauptkette des *Keratin*-Mol. fixiert wird. Nach Injektion eines Hydrolysates mit $^{14}$C-markierten Aminosäuren ergab sich keine spezif. $^{14}$C-Anreicherung in der keratogenen Zone. Nach massiven Dosen $^{32}$P ist die Verteilung der Radioaktivität entgegengesetzt der Lokalisierung von I im Haarfollikel. I-Injektion führt bei kastrierten ♀ Mäusen, die Östradiol erhielten, zu einem signifikant höheren I-Geh. des Vaginalstratum spinosum gegenüber anderen Zonen. Die Ergebnisse der Verss. werden im Hinblick auf die Bldg. von „*Hart-*" u. „*Weichkeratinen*" diskutiert. (Proc. nat. Acad. Sci. USA **41.** 55—60. Jan. 1955. Berkeley, Calif., Univ., Dep. of Zool. and Cancer Res. Genetics Labor.) E. SCHWERDTFEGER. 4596

**M. Ss. Resnitschenko, Ss. Je. Tukatschinski** und **W. N. Tugolukow,** *Über Methoden zur Untersuchung der Dynamik der Ausscheidung pflanzlicher Proteine aus der Blutbahn.* Kaninchen erhielten intravenös ein aus der Erbse durch Extraktion mit 1/10 n NaOH erhaltenes, mit $^{131}$J markiertes Eiweißpräparat (I). Vorverss. zeigten, daß freies, an Protein nichtgebundenes $J_2$ innerhalb weniger Min. nach der Injektion aus der Blutbahn ausgeschieden wird. 1%ig. I, in Mengen von 15 cm$^3$/kg/Körpergewicht eingeführt, wurde zu 45% innerhalb der ersten Std. nach der Injektion ausgeschieden. 24 Std. danach blieben nur 3—4% des I im Blut. Die Tiere wurden durch diese Injektionen nicht geschädigt. Es konnte auch keine anaphylakt. Rk. festgestellt werden. Die elektrophoret. Nachprüfung (I bestand hauptsächlich aus $\gamma$-Globulinen) bestätigte die mit Isotopen erhaltenen Resultate. (Доклады Академии Наук СССР [Ber. Akad. Wiss. UdSSR] [N. S.] **99.** 873—75. 11/12. 1954. Leningrad, Forsch.-Inst. für Bluttransfus.) F. DU MANS. 4596

**Hans Baruch** und **I. L. Chaikoff,** *Fettbildung und $CO_2$-Bildung aus Acetat in der Leber hypophysektomierter Ratten.* BRADY u. Mitarbeiter waren auf Grund eigener Experimente zu dem Schluß gekommen, daß die Hypophyse einen wirksamen Stoff ausscheidet, der direkt oder indirekt die Fettbldg. in der Leber hemmt. In dieser Arbeit kommen Vff. zum gegenteiligen Ergebnis. Hypophysektomierten Ratten wird *$^{14}C_{(1)}$-Acetat* verabfolgt. Die Tiere werden im Zeitraum von 14 Std. bis zu 175 Tagen nach der Operation getötet. An incubierten Leberschnitten werden dann *$^{14}$C-Fettsäuren* u. *$^{14}CO_2$* bestimmt. Bei den hypophysektomierten Tieren finden sie die geringsten Werte an $^{14}$C-Fettsäuren, aber keine Differenzen des $^{14}CO_2$ u. Leberglykogen im Vgl. zu den Kontrollreihen. Sie schließen, daß die Leber hypophysektomierter Tiere nicht im gleichen Maße wie die Leber n. Tiere das Acetat zu Fettsäure umwandeln kann. (Endocrinology **56.** 609—11. Mai 1955. Berkeley, Calif., Univ. of California, School of Med., Dep. of Physiol.)
H. SCHIMASSEK. 4596

**I. Lyon** und **R. P. Geyer,** *Fettsäurestoffwechsel und Leberlipogenese.* Schnitte frisch entnommener Rattenlebern wurden in KREBS-Phosphatpuffer mit *$^{14}C_{(1)}$-Octansäure* (I), wobei jeweils Brenztraubensäure (II), Bernsteinsäure (III), Fumarsäure (IV) oder Malonsäure (V) allein oder jeweils mit IV kombiniert zugesetzt wurden, bebrütet. Es wurden die Radioaktivitäten von respirator. $CO_2$, Acetessigsäure (VI), langkettigen (VII*l*), kurzkettigen Fettsäuren (VIIk) u. Cholesterin (VIII) bestimmt. Der Zusatz von II bzw. III oder IV führte zu verminderter VI-Bldg., wodurch eine Zunahme von VII*l* hervorgerufen wurde, die ihrerseits Abnahme von VIIk verursachte. Bei V-Zusatz erniedrigte sich die respirator. $CO_2$-Bldg., während die VI- u. VIIk-Bldg. anstieg (bei VIIk wohl nur infolge miterfaßter andersartiger Prodd.). Die gleichzeitig auftretende Erniedrigung der VIII-

Aktivität deutet einen Zusammenhang mit der respirator. Aktivität an. Der Einbau von I in langkettige Fettsäuren nimmt mit steigendem $K^+$-Geh. im Phosphatpuffergemisch zu. (J. biol. Chemistry **208.** 529—36. Juni 1954. Boston, Mass., Harvard School of Public Health, Dep. of Nutrit.) H. BENISCHKE. 4596

**I. Lyon, R. P. Geyer** und **Linda D. Marshall,** *Weitere Untersuchungen zum Fettsäurestoffwechsel und zur Leberlipogenese.* (Vgl. vorst. Ref.) Die Umwandlung von $^{14}C_{(1)}$ *Octanoat* in Atmungs-$^{14}CO_2$, $^{14}C_{(1)}$*-Acetoacetat*, $^{14}C$*-Glykogen* u. kurzkettige $^{14}C$*-Fettsäuren* (I) u. $^{14}C$*-Cholesterin* (II) wurde mit Leberschnitten n. u. hungernder Ratten bei Incubation in Phosphat (III)-, Bicarbonat (IV)- oder pufferfreiem Medium verschied. Ionengeh., mit u. ohne in vitro-Zusatz von Glucose, Pyruvat (V) oder Succinat, untersucht. Die Ergebnisse wurden mit den in supplementfreier III-Lsg. erzielten verglichen. Unabhängig vom verwendeten Medium oder der Ggw. von Zusätzen war die I-Synth. u. II-Bldg. durch Leberschnitte hungernder Tiere beträchtlich verringert. In Leberschnitten gefütterter Tiere war die Synth. langkettiger I in IV-Medium 7—8fach größer als in der III-Kontrolllösung. Ggw. von III in einer Lsg. hohen $K^+$-Geh. begünstigte die II-Bildung. Für die I- u. II-Synth. sind exogene 2wertige Ionen, bes. $Ca^{2+}$, wichtig. In einem durch V ergänzten Medium hohen III-Geh. nahmen die Ausbeuten an langkettigen $^{14}C$-I zu, während die II-Bldg. durch keinen der Zusätze beeinflußt wurde. (J. biol. Chemistry **217.** 757—64. Dez. 1955. Boston, Mass., Harvard School of Publ. Health, Dep. of Nutrit.)
K. MAIER. 4596

**E. Klenk,** *Über die Biogenese der $C_{20}$- und $C_{22}$-Polyenfettsäuren in der Säugetierleber.* Unter Hinweis auf die Hypothese nach SMEDLEY-MACLEAN, wonach die Eicosatetraensäure (Arachidonsäure) unter schrittweisem Einbau eines Zweikohlensyst. (Acetat) von der Seite des Carboxylendes her im Organismus gebildet wird, u. unter Auswertung eigener Verss., wonach die die Arachidonsäure stets begleitenden anderen $C_{20}$- u. $C_{22}$-Polyensäuren hinsichtlich der Verteilung der Lückenbindungen dem Linol- bzw. Linolensäuretyp angehören, werden systemat. Verss. mit $CH_3{}^{14}COONa$ an Ratten sowie mit incubierten Rattenleberschnitten ausgeführt. Die Tiere erhalten neben dem n. Futter mit der Magensonde dosierte Mengen des isotopen Acetates (3 Versuchsreihen); bei einer 4. Reihe werden die Leberschnitte in RINGER-Lsg. 6 Std. bei 37° geschüttelt. Aus den Lebern der getöteten Ratten bzw. den Leberschnitten werden nach Entwässerung in bekannter Weise mit Aceton, dann mit $CHCl_3$–Methanol (1 : 3) die Lipoidextrakte hergestellt u. daraus die Extrakte mit Ae. gewonnen; der Abdunstungsrückstand wird mit 5%ig. methanol. HCl unter Rückfluß heiß umgeestert; aus den abgetrennten Methylestern werden die Gesamtfettsäuren dargestellt u. aus Aceton bei —70° in eine Fraktion der gesätt. u. wenig ungesätt. sowie in eine solche der hochungesätt. Vertreter zerlegt; diese werden nach Alkaliisomerisierung durch die UV-Spektren charakterisiert. Ermittelt werden ferner die Aktivitäten der Fettsäuren (GEIGER-Zählrohr) sowie die Chromatogramme der durch Ozonidspaltung der hochungesätt. Fettsäuren nach KLENK u. BONGARD (C. **1954.** 4682) gebildeten niederen Dicarbonsäuren (Malon-, Bernstein-, Glutarsäure); bei diesen wird ferner die Radioaktivität bestimmt. Es zeigt sich, daß sich bei den Abbaudicarbonsäuren der geprüften Polyensäuregemische das $^{14}C$-Acetat vorwiegend in der Bernstein- u. Glutarsäure, z. T. in höheren Dicarbonsäuren vorfindet. Malonsäure enthält nur wenig $^{14}C$. Unter krit. Auswertung wird festgestellt, daß die Ergebnisse mit der Annahme im Einklang stehen, wonach in der Rattenleber die $C_{20}$- u. $C_{22}$-Polyenfettsäuren im wesentlichen aus Linol- u. Linolensäure durch Einbau von Acetat (1 bzw. 2 Mol) an der carboxyl. Seite zustande kommen; es entstehen neue Lückenbindungen unter Wahrung des Divinylmethantypus. (Hoppe-Seylers Z. physiol. Chem. **302.** 268—77. 1955. Köln, Univ., Physiol.-Chem. Inst.) K. TÄUFEL. 4596

**O. Bassir,** *Ein Bezugswert für den Nucleinsäureumsatz bei Isotopenuntersuchungen.* Es wurde die Umwandlungsgeschwindigkeit von radioakt. *Phosphat* in der Leber von Ratten nach 2 Std. bis zu 10 Tagen nach Injektion von 10 $\mu$C $^{32}P$ in *Adenylsäure* (I), *Ribonucleinsäure* u. *Desoxyribonucleinsäure* bestimmt. Vf. kommt zu dem Schluß, daß die spezif. Aktivität des anorgan. Phosphates nicht als Bezugswert der Umwandlungsgeschwindigkeit der Nucleinsäuren genommen werden kann u. schlägt hierfür I, ein Zwischenprod. beim Einbau von Phosphat in die Nucleinsäure, vor. (Recueil Trav. chim. Pays-Bas **74.** 398—401. Mai 1955. Beverley, Yorks., England, Westwood Hosp., Area Pathol. Labor.) A. TREBST. 4596

**Bengt Anderssons,** *Beobachtungen über den Wasser- und Elektrolytstoffwechsel der Ziege.* Wassergaben von maximal 20% des Körpergewichts in das Magen–Darm-Syst. von Ziegen führten zu keinerlei Intoxikationserscheinungen. Während Applikation eines Hypophysenhinterlappenhormons weder die Ausscheidung von $Na^+$ noch von $Cl^-$ wesentlich steigerte, führte intravenöse Gabe von Arterenol oder Adrenalin zu vermehrter $Na^+$- u. $Cl^-$-Exkretion. Tiere, denen kein zusätzliches NaCl verabreicht wurde, zeigten für das Verhältnis der Harnausscheidung von $K^+$ zu $Na^+$ Werte bis zu 300. (Acta physiol. scand. **33.** 50—65. 16/2. 1955. Stockholm, Kungl. Veterinärhögskolan, Dep. Physiol.) H.-G. SCHWEIGER. 4596

**J. Shaw,** *Ionenregulation und Wassergehalt bei der aquatischen Larve von Sialis lutaria.* Die Unters. der Elektrolytzus. des Blutes, der Gewebe u. der Ausscheidungs-Fl. sowie der Regulation der Konzz. von Na, K u. Cl im Blut ergaben, daß bei der n. Larve diese Ionen nicht in der Ausscheidungs-Fl. anwesend sind. K u. vielleicht auch Na werden im Rectum rückresorbiert, jedoch ist Chlorid dort nicht anwesend. Bei Ggw. dieser Ionen im Medium werden sie durch die Haut aufgenommen. Die Blutkonz. wird durch die Ausscheidung dieser Ionen über die Rectal-Fl. reguliert. K wird rasch ausgeschieden, Na langsamer, während Cl-Ion im Blut zurückgehalten zu werden scheint. W. gelangt durch Osmose durch die Haut in das Tier, aber auch durch den Darm, osmot. oder mit Na-Ionen. Die Wasseraufnahme wird durch die rectale Ausscheidungs-Fl. ausgeglichen. Die Faktoren, die diese Ausscheidung beeinflussen, wurden untersucht. In hyperton. Salzlsgg. kann die Larve nicht leben (Angabe der vermutlichen Stunde). (J. exp. Biology **32.** 353—82. Juni 1955. Newcastle-upon-Tyne, Univ., King's Coll., Dep. of Zool.) J. SCHWAIBOLD. 4596

**Seymour L. Romney, John P. Merrill** und **Duncan E. Reid,** *Veränderungen des Kaliumstoffwechsels in der Schwangerschaft.* Bei 3 Fällen mit verschied. Schwangerschaftsstörungen u. akutem Versagen der Niere wurde Hyperglykämie festgestllt, wobei in allen Fällen ein Auftreten von Blutdruckabfall als Ausgangspunkt für die Nierenveränderungen angesehen wird. In solchen Fällen ist rechtzeitige Durchführung einer Dialyse mit der künstlichen Niere erforderlich. Hypokalisäure wurde bei *Hyperemesis gravidarum* nachgewiesen ($<$ 2 Milliäquivalente K/Liter Serum u. entsprechende Veränderungen des Elektrocardiogramms). Durch Ersatz des fehlenden K wurde eine rasche Heilwrkg. erzielt. Bei Auftreten solcher Störungen bei Schwangerschaft ist demnach die Kontrolle des K-Spiegels von großer Bedeutung. (Amer. J. Obstetr. Gynecol. **68.** 119—30. Juli 1954. Boston, Mass., Harvard Med. School, Dep. of Obstetr. and Med.; Laying-in and Peter Bent Brigham Hosp.) J. SCHWAIBOLD. 4596

**D. Hofmann-Credner, W. Rupp** und **W. Swoboda,** *Untersuchungen der Phosphorsäureester mit Radiophosphor und Papierionophorese.* In Verss. mit 2 ml frischem heparinisiertem Blut mit Zusatz von 40 $\mu$C $^{32}$P wurde nach Schütteln bei Zimmertemp. während 120 Min. die Aktivitätsverteilung von ATP, Kreatin–$PO_4$ u. anorgan. $PO_4$ nach Papierionophorese bestimmt, u. zwar im Plasma u. Erythrocytenhämolysat. Die Ergebnisse dieser Verss. u. solcher bei einem Patienten mit resistenter Rachitis ergaben, daß mit diesem Verf. ein besserer Einblick in die Rolle dieser Verbb. beim Mineral-, Muskel- u. Kohlenhydratstoffwechsel erzielt werden kann. (Arch. Kinderheilkunde **150.** 221—26. 1955. Wien, Univ., I. Med. Klin. u. Kinderklin.) J. SCHWAIBOLD. 4596

**A. A. Smirnow,** *Phosphorumsatz in der Rinde der großen Halbkugeln beim Hund während des Schlafes und im Wachzustand.* 18 Hunden wurden mit $^{32}$P markierte Phosphate subcutan injiziert. Dabei bestätigte sich die Annahme, daß im Wachzustand der Umsatz in der Rinde der großen Halbkugeln nicht gleichmäßig vor sich geht u. im Hörzentrum am langsamsten ist. Im Zwischenhirn geht die Erneuerung des P der Ribonucleinsäure (I)-Fraktion schneller vor sich als in der Rinde der großen Halbkugeln. Bei natürlichem Schlaf ist der P-Umsatz im Vgl. zum Umsatz im wachen Zustand um 25% verlangsamt. Dasselbe gilt für den Umsatz der Phospholipide im Bewegungs- u. Sehzentrum, wohingegen er in der Rinde des Hörzentrums gar nicht verlangsamt ist. Dagegen ist der P-Umsatz von I im Bewegungszentrum bedeutend, im Seh- u. Hörzentrum aber nur um 10% verlangsamt. Hieraus folgt, daß während des Schlafes das Hörzentrum der Rinde weniger gehemmt ist als das Bewegungs- u. Sehzentrum. Auch im Zwischenhirn ist der Umsatz beim natürlichen Schlaf verlangsamt. In Verss. mit A.- bzw. Na-Amitalinjektionen zur Erzeugung eines narkot. Schlafes mit u. ohne Rk. auf äußere Reize war die Schnelligkeit des Umsatzes die gleiche wie beim natürlichen Schlaf, nur waren die Hemmungen im pharmakol. Schlaf tiefer als im natürlichen physiol. Schlaf. (Доклады Академии Наук СССР [Ber. Akad. Wiss. UdSSR] **101.** 913—16. 11/4. 1955.) E. WRUSS. 4596

**G. Leonhardi, I. v. Glasenapp** und **P. Krause,** *Über den Phosphatidstoffwechsel der Haut.* Überblick an Hand des Schrifttums über Bldg. u. Wanderung der *Phospholipoide* (I) in tier. Organen; Hinweis auf die Ggw. von I in der Haut; Zielsetzung der vorliegenden Arbeit, ob I der Haut der eignen Synth. oder dem Plasma bzw. der Leber als wichtigem Bildungsorgan entstammen. $H_3{}^{32}PO_4$ wird mit dest. W. soweit verd., daß den Tieren (Ratten) per os jeweils 240 $\mu$C verabfolgt werden. Messung der Aktivität mit GEIGER-MÜLLER-Zählrohr FH 41. Berechnung der gefundenen Aktivität bei den

Tierverss. in % der verabfolgten Aktivität; spezif. Aktivität wird errechnet aus: gP/1 g Gewebe: % $^{32}$P/1 g Gewebe = 100/x; relative spezif. Aktivität wird gefunden als: spezif. Aktivität des Gesamt-P:spezif. Aktivität des Monoaminophosphatids = 100/x. Best. des Gesamt-$^{32}$P u. des Gesamt-P, des gesamten u. des isotopen *Monoaminophosphatides* (II) erfolgt in üblicher analyt. Art. Akt. II wird aus Tieren gewonnen, denen $H_3{}^{32}PO_4$ verabfolgt worden ist. Die tabellar. u. graph. mitgeteilten Befunde werden in krit. Diskussion dahingehend ausgewertet, daß nach oraler Darreichung von $H_3{}^{32}PO_4$ an Ratten in Leber wie Haut isotope I auftreten. Die I nehmen in der Haut in etwa gleichem Maße zu, wie sie aus der Leber verschwinden. Nach partieller Hepatektomie sind in der Haut weniger markierte II nachweisbar als beim Normaltier. Sowohl in Leber als auch in Haut werden die oral zugeführten isotopen I wiedergefunden, während mit $H_3{}^{32}PO_4$ bebrütete Hautschnitte keine markierten I erkennen lassen. Es wird gefolgert, daß die Haut die I nicht synthetisiert, sondern wohl aus Plasma u. damit aus der Leber bzw. unmittelbar aus der Nahrung bezieht. (Hoppe-Seyler's Z. physiol. Chem. **295.** 310—17. 26/11. 1953. Frankfurt/M., Univ., Hautklin.) K. TÄUFEL. 4596

**W. K. Berry,** *Phospholipidstoffwechsel der Haut.* Aus der Bauchgegend von Ratten wurden Hautproben entnommen u. in KREBS-HENSELEIT-Lsg. bei 34$^0$ unter Zusatz von $H_3{}^{32}PO_4$ einige Std. bebrütet. Die Incubation wurde durch Zugeben von Trichloressigsäure unterbrochen. Aus den gewaschenen Hautproben wurde am Rückfluß mit A.–Ae. (3:1) bzw. Chlf.–Methanol (1:1) der Lipidanteil extrahiert u. deren Radioaktivität gemessen. Entgegen den Unterss. von LEONHARDI u. Mitarbeitern (vgl. vorst. Ref.), der die Möglichkeit einer Synth. von *Phospholipiden* in der Haut verneinte u. den Ort ihrer Bldg. in die Leber verlegte (Transport via Blut), konnte in diesen Verss. ihre direkte Bldg. in der Haut nachgewiesen werden. (Nature [London] **177.** 789—90. 28/4. 1956. Porton, Wilts., Chem. Defense Exper. Establ.) P. LOCH. 4596

**K. G. Gromowa,** *Über den Einfluß des funktionellen Zustandes des Zentralnervensystems auf den Umsatz von Phosphorverbindungen im Gehirn.* (Vgl. C. **1951. II.** 3617; **1952.** 5925.) Der funktionelle Zustand des tier. Zentralnervensyst. beeinflußt die Geschwindigkeit der Entw. u. die Schwere von Störungen des Umsatzes der energiereichen P-Verbb. im Gehirn. — Verss. zur Beeinflussung bereits eingetretener anäm. Rkk. durch Einw. auf den funktionellen Zustand des Zentralnervensyst. zeigten, daß sowohl die Verschiebung des Umsatzes als auch die Dauer des patholog. Prozesses bei zu Krämpfen neigenden Ratten durch Verabfolgung von leichten Schlaf- u. Beruhigungsmitteln (Urethan) nach dem ersten Krampfanfall erheblich gemildert werden. Andererseits lassen sich bei nicht zu Krämpfen neigenden Ratten die obengenannten Faktoren durch zusätzliche Reizung mittels elektr. Stromstöße wesentlich verschärfen. (Биохимия [Biochemie] **19.** 469—77. Juli/Aug. 1954. Leningrad, Inst. für exp. Med. der Akad. der Med. Wiss. der UdSSR.) H. v. PEZOLD. 4597

**Mariusz Żydowo,** *Die Biochemie des Nervengewebes.* Übersicht über den gegenwärtigen Stand der Forschung über den chem. Aufbau des Nervengewebes, die metabol. Vorgänge, die chem. Umwandlungen u. die Gehirnfunktionen sowie über die Durchlässigkeit der Zellwände u. den Ionentransport im Nervengewebe. — 43 Literaturangaben. (Wiadomości chem. **9.** 220—39. April 1955.) F. URBAN. 4598

**P. E. Verkade, C. J. van Hulssen** und **B. M. Wepster,** *Untersuchungen über die Geschmacks-„Blindheit" mit Thiocarbamiden.* Diskussion über die beste Meth. der Unters. der Geschmacks-„Blindheit" mit Phenylthiocarbamid u. Äthoxyphenylthiocarbamid. (Proc., Kon. nederl. Akad. Wetensch., Ser. C **56.** 560—71. Nov./Dez. 1953. Delft.) E. FRÜHWALD. 4598

## E$_6$. Pharmakologie. Therapie. Toxikologie. Hygiene.

**Kazue Ogawa** und **Katsuichi Matsuda,** *Eine Studie über die Beziehung zwischen Konzentration und Wirkung von Arzneimitteln.* In verschied. Tierverss. wird die Zeit bis zum Auftreten einer deutlichen Wrkg. durch verschied. Arzneimittelkonzz. gemessen. Durchströmen die Arzneimittel Blutgefäße, gilt für die Beziehung zwischen Konz. u. Dauer des Wirkungseintritts alg. $C^m \cdot t = const.$, wobei m eine Konstante ist. Bei Oberflächendurchdringungsverss. mit kleineren Tieren zeigte sich, daß in den meisten Fällen m = 1 gesetzt werden kann. Höhere Konzz. sowie Protoplasmagifte ergaben m $\approx$ 0,7, k-Strophanthin m $\approx$ 0,26. Arzneimittel erreichen den Ort der Wrkg. im Organismus langsamer durch Adsorption als durch Aufnahme von außen in das Blut durch Absorption. (Acta med. biol. [Japan] **1.** 259—73. Dez. 1953. Niigata, Univ., School of Med.) H. W. GRAMM. 4600

**G. M. Badger,** *Chemische Konstitution und biologische Wirkung.* Übersicht über Beziehungen zwischen chem. Konst. u. biol. Wrkg., den Antagonismus zwischen Sulfonamiden u. p-Aminobenzoesäure. Vf. bespricht neuere Beiträge zur Receptortheorie, den Zusammenhang zwischen physikal. Eigg. u. Wrkg. der Narkotica, den Einfl. der chem. Natur der Arzneimittel, die Curarewrkg. der quartären Salze, bes. die Bedeutung des Oniumions, opt. Antipoden u. ihre Bindung mit opt.-akt. Gewebeteilen. (Austral. J. Sci. **12.** 198—204. Juni 1950. Adelaide, Univ., Chem. Inst.) M. E. FERNHOLZ. 4600

**René Huguenin, René Truhaut, René Saracino** und **Rémi Gérard-Marchant,** *Untersuchungen über die Wirksamkeitssteigerung der Einflüsse der Röntgenstrahlen und einer Verbindung aus der Reihe der Stickstoffloste: Tris-[β-chloräthyl]-amin.* Vff. berichten über die therapeut. Behandlung eines sehr voluminösen cervicalen Adenoms. Bestrahlung mit mehr als je 3000 r Röntgenstrahlen auf 2 Bestrahlungsfelder ergab keinen durchgreifenden Erfolg. Der Patient erhielt daraufhin zusätzlich wachsende Gaben von Tris-[β-chloräthyl]-amin, ansteigend von 0,25—0,75 mg täglich, später 1,5 mg zweiwöchentlich, woraufhin nach 10 Tagen die Rückbldg. des Adenoms begann. Auch bei einem strahlenresistenten Lymphosarkom an der linken Halsseite wurden gleiche Erfolge erzielt. Vff. diskutieren die synergist. Wrkg. der beiden therapeut. Maßnahmen, bes. unter dem Gesichtspunkt, auf diese Weise etwaige tox. Wirkungen eines Heilverf. durch Kombination mit einem zweiten zu kompensieren, ihre Heilwrkg. hingegen zu summieren. (Thérapie **8.** 1—9. 1953.) W. REUSSE. 4601

**Vera Fretter,** *Versuche mit radioaktivem Strontium ($^{90}Sr$) bei gewissen Mollusken und Polychäten.* Bei Zufuhr von $^{90}$Sr mit der Nahrung wird es bei Arion hortensis durch die Verdauungs- u. Kalkzellen aufgenommen u. in den Ca-Speichern um die Blutgefäße u. in den Ca-Zellen im Mantel konzentriert. Bei Aplysia punctata erfolgt ein Übergang von $^{90}$Sr aus dem W. durch die Körperoberfläche. Bei Acanthodoris pilosa wird $^{90}$Sr aus dem W. u. der Nahrung aufgenommen u. um die Ca-Konkretionen im Mantel angereichert. Bei Mytilus edulis erfolgt die Sr-Aufnahme hauptsächlich im Darm. Es geht rasch in die Zellen der Verdauungsdrüse über, ein Teil wird durch die Wand des Darmkanals resorbiert, ebenso bei Patella vulgata u. Lepidochitona cinereus. (J. Marine biol. Assoc. United Kingdom **32.** 367—84. 1953. London, Univ., Birkbeck Coll., Dep. of Zool.) J. SCHWAIBOLD. 4601

**Ralph K. Barclay, Wendell C. Peacock** und **David A. Karnofsky,** *Verteilung und Abscheidung von radioaktivem Thallium beim Hühnerembryo, der Ratte und dem Menschen.* Ratten erhielten intravenöse Injektionen von $^{204}TlNO_3$-Lsg. mit einer Aktivität von 5—25 μC. Nach 48 Std. wurde der Tl-Geh. von 30 Gewebe-, Organ- sowie Blutproben bestimmt. Entsprechende Unterss. wurden an befruchteten Leghornhühnereiern durchgeführt. Außerdem wurde eine orale Gabe von 500 μC bei einer Frau mit osteogenem Sarkom appliziert, der Geh. der Exkremente an $^{204}$Tl bestimmt, ferner die Verteilung in den verschied. Organen durch Autopsie des 24 Tage später ad exitum gekommenen Patienten. Bei den Ratten werden ca. 6% der Gesamtdosis während der ersten 24 Std. durch den Urin abgegeben, ca. 9% durch die Faeces. Beim Menschen werden in 5,5 Tagen 15,4% durch den Urin ausgeschieden. Die Ausscheidung beträgt dann abnehmend je Tag ca. 3,2% der noch im Körper befindlichen Menge. Die Ablagerung des Tl ist über alle Organe verteilt, bei der Ratte vorwiegend in den Nieren, dem Darm, den Gonaden u. dem Pankreas. Fettgewebe u. Nerven zeigen geringen $^{204}$Tl-Gehalt. Im Hühnerembryo verteilt er sich vorwiegend auf Dotter, Albumine, Blut u. Schale. Der Sarkompatient zeigte die höchste Konz. in Kopfhaar, den Nieren, der Herzmuskulatur, dem Tumor u. der Milz. (J. Pharmacol. exp. Therapeut. **107.** 178—87. Febr. 1953. New York, N. Y., Sloan-Kettering Inst. for Cancer Res., Div. of exp. Chemotherapy and Phys.) W. REUSSE. 4601

**László Vekerdi, Antal Haraszti, Gabriella Gerecze** und **Agnes Simonyi,** *Die Speicherung von Polonium in verschiedenen Organen und dem Tumorgewebe bei der Ratte.* Koll. Poloniumchlorid in Gelatine wurde intravenös oder intraperitoneal (0,02—0,03 mC) bei Ratten injiziert. Es wurden Mikroschnitte verschied. Organe radioautograph. untersucht. 15 Min. bis 6 Wochen nach der Injektion wurden bes. hohe Beträge an koll. Po in der Leber gefunden, von der aus die Abscheidung über die renalen Organe erfolgt. Tumoren speichern mehr als die gesunde Umgebung, jedoch weniger als die Leber. Innerhalb des Tumors wird vorwiegend in hämorrhag.-nekrot. Gewebeteilen gespeichert, ferner in frischen u. heilenden Wunden. (Acta morphol. Acad. Sci. hung. **3.** 297—304. 1953. Debrecen, Med. Univ., Dep. of Pathol. Anatomy and Histology.) W. REUSSE. 4601

**Evan W. McChesney** und **James O. Hoppe,** *Beobachtungen am Stoffwechsel der Jodpanoesäure.* Der Stoffwechsel der *Jodpanoesäure* (*„iodopanoic acid"; Telepaque; 3-[3-Amino-2.4.6-trijodphenyl]-2-äthylpropionsäure;* **I**) wurde durch orale u. intravenöse Gaben beim Menschen, Hund u. Katze studiert. Der Ausscheidungsweg geht über Leber, Galle

u. 85% über Dickdarm. In der Galle liegt keine I mehr vor. I wird als *Glucuronid* ausgeschieden. Abtrennung durch Gegenstromverteilung u. Identifikation mittels elektrometr. Titration u. Papierchromatographie als *3-[3-Amino-2.4.6-trijodphenyl]-2-äthylpropionsäure-6-glucuronsäureester*. (Arch. int. Pharmacodynam. Thérap. **99.** 127—40. 15/9. 1954. Rensselar, N. Y., Sterling Winthrop Res. Inst.) J. MILLER. 4601

**J. Schmid, E. Pätzold** und **R. Fink,** *Die Protein-, Lipoid- und Kohlenhydratelektrophorese bei der primär chronischen Polyarthritis.* Mit Hilfe der *Protein-, Lipoid-* u. *Kohlenhydratelektrophorese* (10 n. Fälle, 23 mit prim. chron. Polyarthritis u. 30 derartige Fälle im Verlauf von Badekuren) konnten patholog. Verschiebungen aller 3 Serumbestandteile festgestellt werden. Beim Polyarthritiker besteht vor allem eine Reduzierung des α-Globulin–α-Lipoid-Quotienten (Vermehrung der α-Globuline). Es besteht ein Anstieg des α-Globulin–α-Kohlenhydrat-Quotienten u. ein Abfall des Albumin–Kohlenhydrat-Quotienten. Für das rheumat. Krankheitsgeschehen hat die Hyaluronsäure Bedeutung. Ein kontinuierlicher Anstieg des α-Globulin–α-Lipoid-Quotienten (Vermehrung der α-Globuline) tritt im Verlauf von Schwefelbadekuren auf. — 120 Literaturangaben. (Wiener Z. inn. Med. Grenzgebiete **36.** **501**—14. Dez. 1955. Wien, Univ., II. Med. Klinik; Baden b. Wien, Rheumaforschungsinst.) H. PATZSCH. 4603

**G. W. H. Schepers** und **A. B. Delahant,** *Die antagonistische biologische Wirkung von Quarz und Kaliumcarbonat.* Bei intratrachealer u. intraperitonealer Injektion eines Quarz (I)–$K_2CO_3$ (**II**)-Gemisches (Mischungsverhältnis 3 : 2) bei Meerschweinchen konnte gezeigt werden, daß **II** die nekrotisierenden u. Fibrose auslösenden Wirkungen von **I** hemmt. (A.M.A. Arch. ind. Health **12.** 109—15. Aug. 1955. Saranac Lake, N. Y., Saranac Labor.) H. ZELLER. 4606

**Georg Kaufmann,** *Tetrachlorkohlenstoffcirrhose und Restauration der Leber.* Die experimentelle *Tetrachlorkohlenstoff*-Cirrhose bei Ratten nach subcutaner oder inhalator. Verabreichung ist durch nichtportale Anordnung der Fibrose gekennzeichnet. Es entwickeln sich nekrotisierende Entzündungen im Bereich der Venen, die zum Entstehen des cirrhot. Narbengewebes führen. (Beitr. pathol. Anatom. allg. Pathol. **113.** 253—70. 1953. Zürich, Univ., Pathol. Inst.) F. KRUSEN. 4607

**Linde Grosskinsky** und **Egon Stürmer,** *Studien zur Wirkung mehrwertiger Alkohole auf embryonales Gewebe.* Kaulquappen wurden in 500 u. 1000 mg-%ig. *Glykol*–W.-Gemischen u. zur Kontrolle in dest. W. aufgezogen. *1.3-Butandiol* u. *Glycerin* führten zu starker Gewichtszunahme u. Beschleunigung der Metamorphose; *1.4-Butandiol* hemmte die Gewichtszunahme u. verzögerte in der höheren Konz. die Entwicklung. *Diäthylenglykol, Polyglykol 200, Hexaglykol, Heptaglykol* u. *Polyglykol 600* hatten keinen Einfl. auf Gew. u. Metamorphose der Tiere. (Z. ges. exp. Med. **120.** 134—38. 1953. Münster i. Westf., Univ., Pharmakol. Inst.) E. FRÜHWALD. 4607

**Alberto Andreini,** *Wirkung des Mesoinosits auf die Blutungs- und Gerinnungszeit.* Vf. verabreichte gesunden u. kranken Personen 3 Tage lang je 2 g *Mesoinosit* u. beobachtete danach eine Verlängerung der Blutungs- u. Gerinnungszeit, außerdem das vermehrte Auftreten von Petechien. (Gazz. med. ital. **114.** 199—200. Sept. 1955. Sarteano, Ospedale Civile.) P. G. SCHEURLEN. 4607

**H. Bénard, A. Gajdos** und **M. Gajdos-Török,** *Gewisse Eigenarten der Porphyrinstoffwechselstörungen, die beim Kaninchen nach Allylisopropylacetamid auftreten.* Nach oraler Gabe von 2 g *Allylisopropylacetamid* an Kaninchen wird der Verlauf des *Uroporphyrin* (**I**)-, *Koproporphyrin* (**II**)-, *Porphobilinogen* (**III**)- u. *Protoporphyrin* (**IV**)-Geh. in der Blasengalle u. im Urin verfolgt. **I** u. **III** wurden in der Galle nicht beobachtet, dagegen stiegen **II** u. **IV** bis zu 18 Std. laufend an. Im Urin war eine Vermehrung von **II** nachzuweisen, **I** u. **III** traten erst gegen Versuchsende (18 Std.) in geringen Mengen im Urin auf. In Leber, Niere, Muskulatur, Darmwand u. Faeces waren **I** u. **III** nicht nachweisbar, **II** u. **IV** fanden sich in der Leber vermehrt. (C. R. Séances Soc. Biol. Filiales **148.** 838—40. Mai 1954.) W. SCHELER. 4607

**Iwao Yamamoto, Heitaroh Iwata** und **Masayuki Yamaoka,** *Pharmakologische Untersuchungen über Stickstofflost-N-oxyd.* $DL_{50}$ an der Maus nach dem Verf. von VAN DER WAERDEN von *Methyl-bis-β-chloräthylamin* (**I**) = 1,7 ± 0,2 mg/kg, von **I**-*N-Oxyd* (**II**) = 101,0 ± 9,3 mg/kg, von 2 mg *Tris-β-chloräthylamin* (**III**) bzw. **I** u. 20 mg **II** intravenös (Kaninchen) verändert den Blutdruck nicht. **I** u. **III** bei $1 \cdot 10^5$ u. **II** bei $1 \cdot 10^4$ facher Verdünnung zeigen gleiche zusammenziehende Wrkg. auf den Darm (Kaninchen, Meerschweinchen). Dieser Effekt wird durch Vorbehandlung mit Atropin in $1 \cdot 10^7$ facher Verdünnung antagonist. gehemmt. Durch 2 Std. Bebrütung von *L-Cystein, L-Histidin* u. *DL-Methionin* mit einer wirksamen Verdünnung von $2 \cdot 10^4$ an **I** bei $p_H$ 7 u. 37,5° wird die darmkontrahierende Wrkg. von **I** aufgehoben. In ähnlicher Weise ändert eine wss. Lsg.

von II (500fache Verdünnung) ihre Wrkg. auf den Ochsenfrosch. (Folia pharmacol. japon. **49.** 81§—83§. 20/7. 1953. Nara Med. School. [Orig.: japan.]) L. SCHULER. 4607

**E. Gisinger** und **H. Puxkandl,** *Die Beeinflussung der renalen Eisen- und Kupferausscheidung.* Vff. geben eine Modifikation der Fe- u. Cu-Best. mit feuchter Veraschung an. Bei einer n. Frau wurde eine Fe- u. Cu-Ausscheidung im Harn von 36 bzw. 10 $\gamma$ täglich festgestellt, bei einer Patientin mit Hämochromatose 119 bzw. 19 $\gamma$. Durch Eingabe von *Ca-Äthylendiamintetraacetat* (I) wurde bei der Gesunden, bes. aber bei der Patientin die Fe-Ausscheidung gesteigert. Die Höhe der Ausscheidung war der Menge des intravenös zugeführten I etwa proportional. Der Einfl. von I auf die Cu-Ausscheidung war gering. Durch *2.3-Dimercaptopropanol* wurde die Fe-Ausscheidung bei der Patientin nur mäßig, die Cu-Ausscheidung nicht erhöht. Die therapeut. Anwendbarkeit von I wird erörtert u. als Unterstützung der Aderlaßbehandlung empfohlen. (Wiener Z. inn. Med. Grenzgebiete **36.** 491—97. Okt./Nov. 1955. Wien, Univ., II. Med. Klinik.)
J. SCHWAIBOLD. 4607

**Ed. Keeser** und **U. Augustiny,** *Beeinflussung der reversiblen Dehnbarkeit von Arterien.* 2. Mitt. (1. vgl. C. **1955.** 2243.) Nachdem früher eine Steigerung der reversiblen Dehnbarkeit von Gefäßen durch Sulfhydrylkörper, die gleichzeitig einen biol. Schutzstoff gegen energiereiche Bestrahlung darstellen (*Cystein, Glutathion*), gefunden worden war, wird nunmehr ein gleicher Effekt von *β-Mercaptoäthylamin* (*Cysteamin*) u. seiner unreduzierten Vorstufe *Cystamin* beschrieben. Dabei ist nicht die Aminogruppe wirkungsentscheidend, wie aus Gegenverss. mit *dl-Homocystein, Methionin* (negativ bzw. unwirksam) u. mit *N-Dimethylcysteamin* (wirksam trotz blockierter $NH_2$-Gruppe) hervorgeht. Der Effekt kommt offenbar über eine Verhütung oder Rückbldg. von Strukturveränderungen der Eiweißmoll. zustande. (Arzneimittel-Forsch. **4.** 423—24. Juli 1954. Hamburg, Univ., Pharmakolog. Inst.) H. JORDAN. 4607

**Thea Lüers** und **Hildegard Köpf,** *Histologische Untersuchungen am Zentralnervensystem von Drosophila und Musca nach Hexachlorcyclohexan-Vergiftung.* Nach Kontaktintoxikation mit *Hexachlorcyclohexan* bei Drosophila melanogaster u. Musca domestica wurden in den großen Nervenzellen der Zentralnervensysteme der Tiere zwei Formen von Veränderungen beobachtet, wie sie in ähnlicher Weise auch bei Säugetieren festgestellt wurden, nämlich Zellschwellung mit Chromatolyse u. Zellschrumpfung. (Z. Naturforsch. **10b.** 588—91. Okt. 1955. Berlin-Dahlem, Max-Planck-Inst. für vergleichende Erbbiol. u. -pathol.; Berlin-Buch, Dtsch. Akad. der Wiss., Inst. für Med. u. Biol.)
F. KRUSEN. 4607

**M. Neeman, G. G. Mer, A. Modiano** und **R. Cwilich,** *Substituierte Benzolsulfonanilide als DDT-Synergisten.* An mäßig DDT-resistenten Fliegen wurde nach der „Kurzzeitkontakt"-Meth. die synergist. Wrkg. von *p-Brombenzolsulfon-p'-chloranilid* (I) u. dessen N-Alkyl-Verbb. auf anschließende Kontakteinw. mit DDT beobachtet. Während mit DDT allein ca. 30% der Fliegen Wrkg. zeigten, betrug der Prozentsatz bei vorangegangenem Kontakt mit I (65), *N-Methyl-* (60), *N-Äthyl-* (50), *N-n-Propyl-* (30), *N-n-Butyl-* (55), *N-n-Amyl-* (53), *N-Isoamyl-* (inakt.), *N-n-Hexyl-* (77), *N-n-Heptyl-* (58), *N-n-Octyl-* (50), *N-n-Nonyl-* (30), *N-n-Decyl-* (25), *N-n-Dodecyl-p-brombenzolsulfon-p'-chloranilid* (15). (Nature [London] **177.** 800—01. 28/4. 1956. Jerusalem, Res. Council of Israel, Labor. of Appl. Organ. Chem.; Rosh-Pina, Hebrew-Univ., Malaria Res. Stat.) P. LOCH. 4607

**L. Szekeres, J. Faller** und **T. Török,** *Die energiereichen Phosphorverbindungen des Herzmuskels während der Hypothermie.* Vff. geben n. Ratten eine intraperitoneale Dosis von 0,10 g/100 g *Urethan* (I) u. stellen im Herz der behandelten Tiere 17,5 ± 1,02 mg% *Kreatinphosphat* (II), 28,1 ± 1,9 mg% *Adenylpolyphosphat* (III) u. 429 ± 8,3 mg% *Glykogen* (IV) fest. Diese I-Menge verhindert das Frösteln der in Eiswasser gekühlten Tiere nicht. Der Phosphatgeh. des Herzens wird durch die Abkühlung unter I-Narkose nicht wesentlich beeinflußt. *Relaxil* (V) (0,01 g/100 g), zusammen mit 0,10 g I verabreicht, vermindert dagegen ein Frösteln nach Abkühlung, wobei jedoch die Toxizität von V erheblich ansteigt u. der II-Geh. auf 1,7 mg% absinkt. Auch *Evipan* (0,005 g/100 g), kombiniert mit I, besitzt die gleiche Wrkg. wie V. Gleichzeitig läßt sich (auch bei ungekühlten Tieren) eine Verminderung des II- u. III-Geh. im Herzen feststellen. Bei $O_2$-Mangel (10,5 Vol.-% $O_2$; $^1/_2$ Std.) tritt bei mit I behandelten Ratten eine wesentliche Senkung der energiereichen P-Verbb. (II u. III) u. des IV-Geh. im Herzen auf. Werden bereits abgekühlte Tiere einer Hypoxie unterworfen, so ist die Verminderung von II, III u. IV weniger ausgeprägt als bei den ebenso behandelten ungekühlten Tieren. Die Ergebnisse zeigen, daß Hypothermie die durch Hypoxie bedingte Abnahme von energiereichen P-Verbb. u. IV zu vermindern vermag. (Acta physiol. Acad. Sci. hung. **6.** Suppl. 20. Kongr. ung. physiol. Ges. Budapest, 99—100. 1954. Pécs, Med. Univ., Pharmakol. Inst.) P. FAHRNLAENDER. 4607

**V. Ferrari** und **G. Ferrari,** *Chemische und pharmakologische Forschungen über β-Aminoäthylphosphat. Neue Darstellungsmethode der Substanz.* Aus Monoäthanolamin u. Phosphorsäure wurde durch Wasserentzug bei 185° u. vermindertem Druck (8 mm Hg) *β-Aminoäthylphosphat* (I; F. 235°) synthetisiert. Es war auch bei Menschen intravenös oder oral appliziert kaum giftig, fand sich vor allem in Leber u. Niere wieder u. wurde dort in Colamin u. Phosphorsäure gespalten u. durch die Niere ausgeschieden. Der Kreislauf wurde durch I nicht wesentlich beeinflußt. (Arch. Science biol. **37.** 1—18. Jan./Febr. 1953. Pavia, Univ., Ist. di Patologia.) E. LUDOLPHY. 4607

**Takehiko Suzuki** und **Kengo Nakai,** *Über Einflüsse von Chinin auf den Kongorotschock.* Injektion von 5 $cm^3$ 2%ig. *Kongorot* (I)-Lsg./kg bei der Katze (Urethan behandelt) in die Vena femoralis bringt in 75% der Fälle nach vorübergehendem Blutdruckanstieg (BA) (9,8%) eine Blutdrucksenkung von 50%, aber nach vorheriger oraler Gabe von 120—160 mg *Chinin-HCl* (II) nach $4^1/_2$—$5^1/_2$ Std. einen BA von 21,4—122%. 20 mg Peritol/kg beeinflussen die Erscheinung kaum. Auf Injektion von koll. 5%ig. Mastixlsg. zeigt II nicht die Erscheinung wie bei I. Anscheinend bewirkt II die Rk. durch zentral angreifende biol. Veränderung, da sich kein direkter u. indirekter Zusammenhang mit kolloidchem. u. blutkoagulierenden Erscheinungen nachweisen läßt. (Folia pharmacol. japon. **49.** 97§—98§. 20/7. 1953. Fukushima, Med. Univ. [Orig.: japan.]) L. SCHULER. 4607

**Denyse Kohler** und **Monique Barbe,** *Über das toxische Zusammenwirken von Strychnin und Barbiturat.* Während bei Kaninchen *Somnifen* (I; Barbiturat) in Dosen von 0,3—0,7 ml/kg nur geringfügige pulmonäre Vasodilatation verursacht, treten bei gleichzeitiger Zufuhr von 200 γ/kg *Strychninsulfat* (II) ausgedehnte Lungenödeme auf. II allein hat keine ödembildende Wirkung. Diese synergist. Wrkg. von I u. II steht im Gegensatz zur antagonist. beider Stoffe auf das Nervensystem. Auf die narkot. Wrkg. von I hat II keinen Einfluß. (C. R. Séances Soc. Biol. Filiales **148.** 1945—47. Dez. 1954. Paris, Fac. de Méd., Labor. de Pathol. méd.; Centre Nat. de la Rech. Scient.) F. KRUSEN. 4607

**R. Fischer,** *Die Möglichkeit einer Biosynthese* D*-Lysergsäurediäthylamid-ähnlicher Verbindungen aus Mezcalin.* 500 mg *Mezcalin* (I), 1 mg D*-Lysergsäure* bzw. 100 γ D*-Lysergsäurediäthylamid* (II) rufen bei n. Versuchspersonen eine experimentelle Psychose gleicher Intensität u. Dauer hervor. Dieser Abnahme der Dosis steht eine Zunahme der Affinität für Wolleiweiß gegenüber (0, 1,1, 2,6·$10^{-2}$ mMol/g Wolle), d. h., hohe Wirksamkeit u. hohe Affinität bestehen jeweils gemeinsam. Auf Grund der fehlenden Affinität von I u. anderer Befunde diskutiert Vf. die Möglichkeit, daß I nicht als solches, sondern erst nach (teilweiser) Umwandlung in eine andere, akt. Verb. wirkt. 2.3.4-Trimethoxyphenyläthylamin (Isomezcalin) u. die N-substituierten I-Derivv. rufen keine Modellpsychose hervor u. haben auch keine Affinität zur Wolle. Die durch II hervorrufbare Psychose kann durch vorherige Verabreichung einiger Verbb. der *Phenothiazin*-Reihe, z. B. *Methylenblau, N-[β-Diäthylaminoäthyl]-phenothiazin,* die gewisse gemeinsame Züge mit dem II-Mol. aufweisen, verhindert werden. II besitzt uteroton. Eigg.; I entfaltet eine solche am isolierten Organ nicht, sondern nur bei Zuführung in situ, so daß auch hier, wie in Leber u. Gehirn, anscheinend erst eine Umwandlung, möglicherweise in eine II-ähnliche Verb., stattfinden muß. (Experientia [Basel] **11.** 162—63. 15/4. 1955. Regina, Saskatchewan, Can., Gen. Hosp., Munroe Wing.) K. MAIER. 4607

**A. I. Karajew, R. K. Alijew, M. A. Kassumow** und **P. A. Jusbaschinskaja,** *Die chemische Zusammensetzung von Erysimum aureum in Aserbaidshan und der Einfluß daraus gewonnener galenischer Präparate auf das Herzgefäßsystem.* Erysimum aureum (Er.a.) wird seit altersher in der Volksmedizin als Herz- u. harntreibendes Mittel benutzt. Vff. untersuchten verschied. Erysimum-Arten, darunter auch Er.a.; Er.a. enthält Alkaloide, Glukoside, Bitterstoffe, Gerbstoffe, Farbstoffe, Zuckerarten, Fett- u. Harzstoffe sowie organ. Säuren u. Vitamin C. Die wss. u. alkoh. Extrakte von Er.a. sind ca. 10—15mal weniger tox. als Strophanthin. Zwischen Toxizität u. den wirksamen Dosen liegt ein großer Spielraum. 0,5 ml eines wss. 10%ig. Auszuges legen die Herztätigkeit still. 0,5 ml eines 1%ig. wss. Auszuges erhöhen die Herzamplitude des Frosches u. verlangsamen den Herzrhythmus. 0,5 ml eines 0,5%ig. wss. Auszuges wirken nicht oder sehr wenig auf den Blutdruck. 1—2 ml eines 1%ig. Auszuges senken ihn. 0,5%ig. wss. Auszüge verengen die Blutgefäße wenig, hohe Konzz. (1—2%) dagegen erweitern sie. Da die Präpp. von Er.a. eine dem Strophanthin ähnliche Wrkg. haben, können sie dieses ersetzen. (Известия Академии Наук Азербайджанской ССР [Nachr. Akad. Wiss. AserbaidshanSSR] **1955.** Nr. 3. 65—76. März.) E. STEINBERG. 4608

**Sch. R. Ssafarli,** *Erfahrungen mit einer Phytoncid—Naphthalan-Emulsion bei Verbrennungen der Hornhaut des Auges.* Zur Behandlung von Verbrennungen der Hornhaut des Auges (42 Patienten) wird eine *Phytoncid* (I; Ae.-Extrakt aus gleichen Teilen Zwiebel u. Knoblauch)-*Naphthalan* (II)-*Emulsion* (1 : 10) empfohlen, die man 4mal täglich in den

Conjunctivalsack instilliert. Die Emulsion ist reizloser als I für sich allein, außerdem verhindert II die Verdunstung von I. Die Epithelisierung erfolgt wesentlich rascher als bei andersartiger Behandlung. (Вестник Офтальмологии [Nachr. Ophthalmol.] **34.** Nr. 6. 17—19. Nov./Dez. 1955. Wiss. Ophthalmol. Forschungsinst. der AserbaidshanSSR.) E. RENTZ. 4608

**G. Kroneberg** und **J. D. Achelis,** *Adrenolytische und sympathicolytische Wirkungen von zwei neuen Rauwolfia-Alkaloiden, „Raupin" und „Raubasin", am Blutdruck und an der Nickhaut der Katze.* Die aus *Rauwolfia serpentina B.* neu isolierten Alkaloide *Raupin* (I) u. *Raubasin* (II) besitzen adreno- u. sympathicolyt. Eigg., wobei I die Wrkg. des Arterenols an der Katzennickhaut sowie die Blutdrucksteigerung nach Carotissinusentlastung prakt. nicht beeinflußt (überwiegende Adrenolyse), II hierin aber effektvoll ist u. ebenso wie I auch die Adrenalinwrkg. abschwächt. II hat eine längere Wirkungsdauer u. ist in Dosen von 10 mg/kg über mehrere Std. wirksam; es erwies sich in der durchgeführten Prüfung I überlegen. (Arzneimittel-Forsch. **4.** 270—73. April 1954. Mannheim-Waldhof, C. F. Boehringer & Soehne G.m.b.H., Pharmakol. Labor.) H. JORDAN. 4608

**M. Bouchardy,** *Pharmakologische Untersuchungen über die Wirkung des Lupulins und der Flores aurantii auf Goldfische. Lupulin* enthält neben einer auf Goldfische sedativ wirkenden Substanz stark tox. Stoffe, die Krämpfe, Gleichgewichtsstörungen u. Tod verursachen. Diese Stoffe, zu denen *Humulon* u. *Lupulon* gehören, sind thermostabil u. in organ. Lösungsmitteln löslich. Die sedative Wrkg. scheint nur das äther. Öl zu haben; dessen quantitative Messung bestimmt den Wert der Droge. — Die sedative Wrkg. der Flores aurantii beruht ebenfalls auf dem äther. Öl. Der sehr empfindliche Goldfischtest gestattet jedoch keine quantitative Bestimmung. — Es wird ferner festgestellt, daß äther. Öldrogen häufig sedativ auf den Goldfisch wirken, z. B. das Stimulans Rosmarin u. das Balsamicum u. Antisepticum Eucalyptus. Der Goldfischtest, der sich beim Baldrian bewährt hat, ist für Lupulin u. Flores aurantii als nicht brauchbar anzusehen, da auch andere äther. Öldrogen, die nicht als sedativ gelten, gleiche Ergebnisse zeigten. (Pharmac. Acta Helvetiae **28.** 183—206. 31/8. 1953.) G. KERSTEIN. 4608

**Laurence E. Gale, Melvin R. Gibson** und **Paul M. Scott,** *Untersuchung der behaupteten Giftigkeit von Gliricidia sepium Jacq. für Ratten.* Weder Blätter noch Samen, noch Früchte noch Wurzeln von *Gliricidia sepium Jacq.* zeigten irgendwelche Giftwrkg. gegenüber Ratten. (Science [Washington] **120.** 500—01. 24/9. 1954. Pullman, Wash., State Coll. of Washington, School of Pharmacy.) TH. MARSSON. 4608

**Hans Heinrich Meyer-Döring,** *Über chemotherapeutische Versuche mit einer Verbindung aus körpereigenen Stoffen. Cysteinylchlorid + Na-Ascorbinat* (I) wurde Mäusen, die intraperitoneal mit virulenten Pneumo-, Strepto- oder Staphylokokken infiziert worden waren, ebenfalls intraperitoneal gegeben. Alle 46 mit I behandelten Tiere überstanden die Infektion, alle 127 unbehandelten Kontrolltiere starben rasch. Die Dosen betrugen 0,1—0,25 mg I/Tier. In weiteren Verss. erwies sich I auch gegen Escherichia coli als wirksam. (Naturwissenschaften **41.** 238. Mai 1954. Hamburg, Lohmühlenkrankenhaus.) L. BERGER. 4610

**J. E. Wilson,** *Die Anwendung von Furazolidon in der Behandlung von Infektionen mit S. pullorum, S. gallinarum, S. typhi-murium und S. thompson bei Eintagsküken.* (Veterin. Rec. **67.** 849—53. 12/11. 1955. Lasswade, England.) F. KRUSEN. 4610

**Ruth Steinkamp, Carl V. Moore** und **William G. Doubek,** *Thrombocytopenische Purpura durch Chininüberempfindlichkeit.* Es wird ein Fall von schwerer thrombocytopen. Purpura (Thrombocyten: 17600/mm³) mit Blutungszeiten von 12 Min. infolge Überempfindlichkeit gegen *Chinin* (I) beschrieben. Wurde das gegen I sensibilisierte Serum gleichzeitig mit I einem Gesunden infundiert, so traten hierbei dieselben heftigen patholog. Erscheinungen auf, während Serum u. I allein vertragen wurden. Thrombocytenagglutination erfolgte in vitro durch das Serum nur bei Ggw. von I. Das Stereoisomere von I, Chinidin, ergab keine Agglutination. (J. Lab. clin. Med. **45.** 18—29. Jan. 1955. St. Louis, Mo., Washington Univ., Dep. of Med.) R. LAFFERENZ. 4610

**Jay P. Sanford, Cutting B. Favour, J. Hartwell Harrison** und **Frances H. Mao,** *Klinische und Laborerfahrungen mit Win 5094-2 bei Urogenitalinfektionen. Win 5094-2* {I; *Threo-2-dichloracetamido-1-[4'-methylmercaptophenyl]-propandiol-(1.3)*} ist eine synthet. mit *Chloramphenicol* (II) verwandte Verb., die im Gegensatz zu anderen Substitutionsprodd. oder Stereoisomeren von II in vitro u. in vivo ein breites Wirkungsspektr. besitzt. I ist in seiner Wrkg. mit II vergleichbar; es ist gegen Aerobacter aerogenes-Stämme u. Proteus sp. wirksamer als Tetracyclinanaloge u. gegen andere Coliforme gleich wirksam; gegen Pseudomonas ist es unwirksam. Bei Urogenitalinfektionen wurde es mit gutem Erfolg u. ohne stärkere Nebenwirkungen eingesetzt. (Antibiotics Annu. **1954/55.** **397**—405. Boston, Mass., Harward Med. School, Depp. of Med. and Surg. u. Med. and Surgic. Clin. of Peter Bent Brigham Hosp.) H. GOEBEL. 4610

**S. Garattini** und **R. Paoletti,** *Nochmals über die Beziehungen zwischen Isonicotinoylhydrazin–Ammoniumchlorid und Acetylierungsvorgängen.* Vff. haben Ratten u. Kaninchen *Sulfanilamid* allein oder zusammen mit *Isonicotinoylhydrazin* (I), $NH_4Cl$ (II), *HCl* oder *Hydrazinsulfat* (III) verabreicht u. nach 3 Std. im Harn die acetylierte Sulfanilamidmenge bestimmt. I, II, III hemmen die Acetylierung. (Boll. Soc. ital. Biol. sperim. **30.** 1112–14. Aug./Nov. 1954. Mailand, Univ., Inst. für Pharmakol.) E. DEHN. 4610

**S. Garattini** und **E. Mussini,** *Über die Beziehungen zwischen ATP und Sulfhydrylgruppen.* Vff. haben einer Gruppe von weißen Ratten 20 Tage lang je 2 mg/kg *ATP* u. einer anderen Gruppe je 20 mg peritoneal injiziert u. in der Leber eine Zunahme freier SH-Gruppen festgestellt, ebenso 3 Std. nach einer einzigen Injektion von 2, 20 u. 100 mg ATP. In Ratten, die 10 u. 20 Tage lang einer cirrhogenen Diät unterworfen waren, war der freie SH-Geh. der Leber gefallen, bei gleichzeitiger Behandlung mit 20 mg ATP jedoch wieder gestiegen. Das gleiche Ergebnis erhielt man nach 10tägiger Behandlung mit 200 mg/kg *Isonicotinsäureamid* ohne u. mit 50 mg ATP. Ratten, denen die Hypophyse entfernt war, zeigten nach 20 Tagen einen starken Abfall u. nach Behandlung mit 2 mg ATP eine schwache Zunahme, mit 20 mg etwa den ursprünglichen Wert der freien SH-Gruppen in der Leber. (Boll. Soc. ital. Biol. sperim. **30.** 1114–17. Aug./Nov. 1954. Mailand, Univ., Inst. für Pharmakol.) E. DEHN. 4610

**S. Garattini** und **E. Mussini,** *Zunahme der Sulfhydrylgruppen in der Hypophyse während der Schwangerschaft.* (Vgl. vorst. Ref.) Vff. haben an 24 Tage schwangeren Kaninchen festgestellt, daß die Hypophysen schwerer waren u. die freien SH-Gruppen in ihnen eine Zunahme von ca. 2,1 mg/100 g Gesamtgewicht zeigten, in der Leber u. anderen SH-reichen Organen jedoch keine Änderung der SH-Werte gefunden. Die Placenta besaß sogar einen auffallend tiefen Wert (1,78 mg/100 g). (Boll. Soc. ital. Biol. sperim. **30.** 1119–20. Aug./Nov. 1954. Mailand, Univ., Inst. für Pharmakol.)
E. DEHN. 4610

**Hiroshige Mukaiyama, Kikuo Ogata, Junkichiro Hirade** und **Syungyo Go,** *Über den Anti-Nicotinamid-Effekt des Isonicotinsäurehydrazids.* Die wachstumshindernde Wrkg. des *Isonicotinsäurehydrazids* (I) auf Bact. tuberculosis wird nicht durch Nicotinsäure, aber durch *Nicotinamid* (II) gehemmt. Vff. nehmen an, daß die beiden Stoffen eigene Aminogruppe diese Wrkg. induziert. Da Diphosphopyridinnucleotid (DPN) teilweise aus II besteht, wird die Hemmwrkg. von I auf Fermentsysteme geprüft, in welchen DPN wesentlicher Bestandteil ist. I hemmt die $O_2$-Aufnahme von Dehydrogenasen, die DPN enthalten. Für die Hemmwrkg. werden hohe Konzz. von I benötigt. Deshalb wird angenommen, daß die Affinität zwischen Ferment u. DPN stärker ist als zwischen Ferment u. I. (Acta med. biol. [Japan] **1.** 253–58. Dez. 1953. Niigata, Univ., School of Med.; Tokyo, Inst. Publ. Health.) H. W. GRAMM. 4610

**G. Veltman** und **G. Bahrs,** *Experimentelle Belege für eine unspezifische Wirkung der Chemotherapie mit INH.* (Vgl. C. **1955.** 10559.) Verss. zur Klärung des Einfl. von *Isonicotinsäurehydrazid (INH)* auf das hypophysär-adrenale Syst. tuberkulöser Meerschweinchen. Ein derartiger Effekt ist neben der bekannten Tuberkulostase deutlich; relative Gewichte der Nebennieren u. Veränderung ihrer Zellkerndiameter zeigen sich INH-abhängig. (Aerztl. Wschr. **10.** 751–56. 19/8. 1955. Bonn, Univ., Hautklinik.)
H. WALTER. 4610

**G. Brouet, B.-N. Halpern, J. Marche** und **J. Mallet,** *Experimentelle und klinische Untersuchung eines neuen chemotherapeutischen Tuberkulosemittels: Glucuronolactonisonicotinoylhydrazon.* Die akute Toxizität des *Glucuronolactonisonicotinoylhydrazons* (I) war bei der Maus 5–6mal schwächer als die von *Isoniazid* (II). Nach 6wöchiger Fütterung mit I wurde an jungen Ratten keine Veränderung der Wachstumskurve beobachtet. Nach intravenöser Injektion von 40 mg I/kg betrug die Plasmakonz. beim Hund nach 8 Min. 12,85 mg%, nach 15 Min. 6,4 mg% u. nach 45 Min. 1,28 mg%. Bei Dosierung von 80 mg/kg per os betrug der I-Blutspiegel nach 30 Min. 63 mg/Liter, nach $2^1/_2$ Std. 800 mg/Liter u. nach 15 Std. 40 mg/Liter. Die bakteriostat. Wrkg. von I in vitro gegenüber 28 Stämmen von Mycobacterium tuberculosis u. in vivo bei der experimentellen Meerschweinchen- u. Kaninchentuberkulose war ebenso groß wie die von II. Klin. Verss. an 36 Patienten mit Lungentuberkulose bestätigten bei Dosierung bis zu 20–25 mg/kg die geringe Toxizität von I. (Presse méd. **61.** 863–65. 17/6. 1953. Paris, Hôpital Lariboisière, Serv. de Pneumo-Phthisiologie, u. Hôpital Broussais, Clinique méd. propédeutique.) R. RUTKOWSKI. 4610

**I. N. Agapkin** und **I. I. Jukeliss,** *Behandlung von Hauttuberkulose mit Phthivazid.* Inhaltlich ident. mit der C. **1955.** 5837 referierten Arbeit. (Проблемы Туберкулеза [Probleme Tuberkulose] **1954.** Nr. 4. 20–24. Juli/Aug.) E. WRUSS. 4610

**Tsukumo Sato,** *Einflüsse der antituberkulösen Substanzen auf den Respirationsgasstoffwechsel der Ratten.* Es werden das Dihydrat von *Na-p-Aminosalicylsäure* (I), *p-Acetylaminobenzaldehydthiosemicarbazon* (II), *Isonicotinsäurehydrazid* (III), *Streptomycinsulfat* (IV) u. *Dihydrostreptomycinsulfat* (V) hinsichtlich ihrer Wrkg. auf den Gasstoffwechsel von Ratten untersucht. Die Wrkg. konnte ca. 1 Std. nach Verabreichung beobachtet werden. **I, IV** u. **V** schränken den Respirations-Gasstoffwechsel bei Ratten ein, **II** u. **III** fördern ihn. (Acta med. biol. [Japan] **2.** 539—48. Juli 1954. Niigata, Univ., School of Med.) H. W. GRAMM. 4610

**Knud Secher,** *Dosierung von Sanocrysin bei Arthritis und Tuberkulose.* Bei Behandlung von Tuberkulose oder Arthritis mit *Sanocrysin* liegen die Anfangsdosen zwischen 0,25 u. 0,65 g. Die einzelnen Dosen sollen so hoch wie möglich sein u. in möglichst kurzen Abständen injiziert werden, um einen hohen Blutspiegel zu gewährleisten. Zusätzlich werden die *Vitamine A, B, C* u. *D* verabreicht. (Acta med. scand. **146.** 350—61. 1953. Copenhagen, Bispebjerg Hospital, Med. Dep.) R. RUTKOWSKI. 4610

**H. Corwin Hinshaw,** *Aktuelle Richtungen der antibakteriellen Pharmakotherapie der Tuberkulose.* Überblick über die therapeut. Möglichkeiten von *Streptomycin, PAS, Isoniazid, Viomycin, Pyrazinamid,* den *Sulfonen* u. *Thiosemicarbazonen* allein oder in Kombination miteinander bei der Behandlung der Tuberkulose. (Ann. Soc. roy. Sci. méd. natur. Bruxelles **6.** 124—32. 1953. San Francisco, Calif., Stanford Univ., School of Med.) R. RUTKOWSKI. 4611

**John K. Lattimer, Fred Lerman, Philip Lerman** und **Louis L. Spivack,** *Streptomycin, PAS und Isoniazid bei der Nierentuberkulose.* Der Ablauf der Nierentuberkulose kann durch kombinierte Behandlung mit *PAS* (12 g täglich) u. *Streptomycin* (1 1g jeden 3. Tag) verlangsamt werden. Negativer Urinbefund ist nur bei kleinen Nierenschäden zu erwarten. *Isoniazid* (3 mg/kg Tag) bewirkt eine sichtbare Besserung der tuberkulösen Cystitis u. führt in einigen Fällen zu negativem Urinbefund. Seine Anwendungsbreite wird durch die nach einigen Wochen auftretenden Resistenzerscheinungen, der Akkumulation im Blut uräm. Patienten u. der dadurch auftretenden Convulsionen beeinträchtigt. (J. Urology **69.** 745—52. Juni 1953. New York, N. Y., Columbia Univ., Coll. of Physic. and Surg., Squier Urologic. Clinic, u. Bronx, Kingsbridge Veterans Hosp., Res. Unit for Genito-Urinary Tuberculosis.) R. RUTKOWSKI. 4611

**Carl W. Tempel, Forrest W. Pitts** und **William E. Dye,** *Antimikrobielle Therapie der Lungentuberkulose. Übersicht über sechsjährige Erfahrung in Fitzsimon's Armeekrankenhaus.* (Vgl. auch C. **1953.** 4728.) 875 Patienten mit Lungentuberkulose wurden mit *Streptomycin* (I), *PAS* (II), *Amithiozone, Viomycin, Terramycin* u. *Isoniazid* (III) allein oder mit Kombinationen aus 2 der Chemotherapeutica behandelt. Dabei wurden mit **I** in Dosen von 1—2 g jeden 3. Tag die besten Einzelresultate erzielt. **II** (12 g täglich) allein ist weniger wirksam. Kombination von **I** u. **II** ergab additive Wirkung. **III** in Dosen von 150—300 mg täglich gab ähnlich gute Resultate wie **I** allein. Kombination mit 2 g **I** jeden 3. Tag steigerte die Wirkung. Prolongierte Behandlung bis zu 12 Monaten wird empfohlen. Die prakt. Bedeutung der anderen Substanzen ist wegen ihrer geringen Wrkg. u. ihrer tox. Nebenwirkungen begrenzt. (Ann. intern. Med. **39.** 61—73. Juli 1953. Denver, Colo., Fitzsimon's Army Hospital.) R. RUTKOWSKI. 4611

**Harry Shubin, Charles A. Heiken, Allen Glaskin, Edward Pennes, Franklin Rutberg, Sushil Chakravarty** und **Sailen Sinha,** *Reduzierung der Neurotoxizität mit Streptoduocin bei Tuberkulose. Untersuchung über zwölf Monate.* Mit einem Gemisch von je 0,5 g *Streptomycin* u. *Dihydrostreptomycin* (I; „*Streptoduocin*"; E. R. SQUIBB & SONS) wurden bei der Tuberkulosebehandlung gute Erfolge erzielt. **I** ist bei gleicher Wrkg. weniger tox. als Streptomycin + PAS oder Isonicotinsäurehydrazid (Toxizität bei 12monatiger Behandlung mit **I**, 2mal wöchentlich, nur $^1/_4$ von Streptomycin allein u. $^1/_8$ von Dihydrostreptomycin allein). (Antibiotics Annu. **1954/55.** **437**—41. Philadelphia, Pa., Philadelphia General Hosp., Northern Div. u. Rush Hosp.) H. GOEBEL. 4611

**J. C. Trace, G. T. Edds** und **G. Kellermann,** *Erhöhung der Penicillin–Streptomycin-Aktivität gegen Mikroorganismen bei der Maus durch Kobalt.* Bei mit *Escherichia coli* infizierten Mäusen wurde derselbe therapeut. Effekt erzielt durch Injektion von 100 E. *Penicillin* (I) + 0,1 mg *Streptomycin* (II) + 0,3 mg *$CoCl_2$* wie mit 200 E. **I** + 0,2 mg **II** (25% Überlebende); mit 200 E. **I** + 0,2 mg **II** + 0,3 mg $CoCl_2$ überlebten 65%. Mit *Pasteurella multocida* infizierte Mäuse hatten eine Lebensdauer von $2^1/_2$ Tagen; Verabreichung von 200 E. **I** + 0,2 mg **II** erhöhte die Lebensdauer auf 2,9 Tage, während sie bei $CoCl_2$-Zusatz auf 4,3 Tage erhöht wurde. Vergleichbare Werte wurden bei *Salmonella sp.* erhalten. Mit *Streptococcus pyogenes* infizierte Tiere hatten bei Behandlung mit 400—1600 E. **I** + 0,5—2,0 mg **II** eine Überlebensrate von 40,5—66,7%, die durch $CoCl_2$-Zusatz auf 90,1—100% erhöht wurde. (Antibiotics Annu. **1954/55.** **341**—47. Fort Dodge, Io., Fort Dodge Labors., Inc.) H. GOEBEL. 4611

**J. Verge** und **L. Placidi**, *Besondere Empfindlichkeit des Meerschweinchens gegenüber der intracerebralen Inoculation von Penicillin und Streptomycin.* Vff. beobachteten beim Meerschweinchen u. in abgeschwächter Form auch bei der grauen Ratte (Mus decumanus) u. beim Kaninchen nach intracerebraler Injektion einer Lsg., die 4000 E. *Penicillin* (**I**) u. 0,02 g *Streptomycin* (**II**) enthielt, stärkste Erregungszustände, Kontrakturen der Wirbelsäule, schnelle Bewegungen u. in vielen Fällen Todesfolge. Wurden **I** u. **II** getrennt injiziert, zeigten sich nach **I** heftigere Symptome als nach **II**. Intraperitoneal u. intrapleural blieben die gleichen Injektionen ohne Wrkg., ebenso wie auch die intracerebrale Injektion von physiol. Lsgg. u. Pferdeserum ohne Folgen blieb. Autopt. fanden Vff. schwere Organveränderungen. Vff. erklären die Erscheinungen mit einer bes. Sensibilität vor allem des Meerschweinchens gegen die intracerebrale Injektion von **II** u. bes. von **I**. (C. R. Séances Soc. Biol. Filiales **148**. 809—11. Mai 1954. Alfort, École vétérin.) F. KRUSEN. 4611

**Thomas G. Skillman, Philip C. Young** und **Morton Hamburger**, *Behandlung der akuten Pneumonie durch Benzathin + Procain- oder Kaliumpenicillin mit einer einzigen Injektion.* Auf die kombinierte Behandlung akuter Pneumonie (28 Fälle, keine krit. Fälle) mit *Benzathin* (**I**; WYETH LABORS., INC.) + *Procain* (**II**)- oder *Kaliumpenicillin* (**III**) durch eine einzige Injektion trat in 24 Fällen Heilung ohne Komplikationen ein, 1 Fall wurde gebessert, 3 wurden nicht beeinflußt (darunter 1 Todesfall). In 11 bakteräm. Fällen waren Blutkulturen nach der Behandlung negativ. Während der ersten 3 Std. nach der Injektion war der Blutspiegel bei **I** + **III** höher als bei **I** + **II**. Tox. Wrkg. trat nicht auf. (Antibiotics Annu. **1954/55**. 76—82. Cincinnati, O., Univ. of Cincinnati, Coll. of Med. and General Hosp.) H. GOEBEL. 4611

**Milton Markowitz** und **Woodrow Hemphill**, *Ein Vergleich von oralem N.N'-Dibenzyläthylendiamindipenicillin G und Sulfonamiden bei der Verhütung von Streptokokkeninfektionen und von Rückfällen bei rheumatischem Fieber.* 82 Rheumatiker (Gruppe I) wurden mit 200000 E. *N.N'-Dibenzyläthylendiamindipenicillin G* (*Bicillin*; WYETH-LABORS., INC.) behandelt u. mit 64 Patienten verglichen, die mit einer Standarddosis *Sulfonamid* behandelt worden waren (Gruppe II). Bei Gruppe I traten innerhalb von 13 Monaten 4 Rückfälle, in Gruppe II 5 Rückfälle mit rheumat. Fieber auf. Das Vork. von Streptokokkeninfektionen war bei beiden Gruppen gleich. Bei Gruppe I wurden 2, bei Gruppe II 7 Fälle von tox. Rkk. auf die Arzneimittel beobachtet. Eine Einzeldosis von 200000 E. *Bicillin* ist ein wirksamer Schutz gegen rheumat. Fieber. (Antibiotics Annu. **1954/55**. 83—89. Baltimore, Md., Johns Hopkins Hosp., Harriet Lane Home, Cardiac Clin.) H. GOEBEL. 4611

**B. B. Breese**, *Behandlung von 1175 Fällen von β-Streptokokkeninfektion bei Kindern mit Benzathin-Penicillin G (Bicillin).* Sämtliche Infektionsfälle wurden mit einer einzigen intramuskulären Dosis von 600000 E. *Benzathin-Penicillin G* (*Bicillin*; WYETH LABORS., INC.) behandelt; 94% der Fälle zeigten innerhalb von 2 Monaten keinen Rückfall. Rheumat. Fieber wurde nicht beobachtet; in 1 Fall trat vorübergehende akute Glomerulonephritis auf. (Antibiotics Annu. **1954/55**. 90—91. Rochester, N. Y., Univ. of Rochester, School of Med. and Dent., Dep. of Pediatrics.) H. GOEBEL. 4611

**G. A. Cronk** und **D. E. Naumann**, *Orales Penicillin. — Dosierung, Toxizität und klinische Anwendung.* Nach oraler Gabe von 200000 E. (120 mg) *Penicillin* (**I**) in Abständen von 6 Std. wurde bei gesunden Personen nach 2 Std. ein Blut-**I**-Spiegel von 0,03 E./cm$^3$, nach 6 Std. von 0,06 E./cm$^3$ festgestellt. Bei Gaben von 400000 E. **I** (240 mg) betrug der **I**-Spiegel nach 3 Std. 0,22, nach 4 Std. 0,11 u. nach 6 Std. 0,06 E./cm$^3$. Unter 1788 parenteral behandelten Fällen traten bei 1,6% Unverträglichkeitssymptome auf, u. zwar bei wiederholt behandelten Personen in höherem Maße als bei noch nie behandelten. 109 spezif. bakterielle Infektionen konnten geheilt werden; 9 von 40 Fällen mit VINCET-Infektion erlitten Rückfälle. (Antibiotics Annu. **1954/55**. 111—17. Syracuse, N. Y., Syracuse Univ., Dep. of Health and Prevent. Med.) H. GOEBEL. 4611

**William P. Boger, Clyde S. Strickland** und **Julina M. Gylfe**, *Benethamin, ein neues unlösliches Penicillin: Untersuchung seiner oralen Anwendung. Benethamin* (*n-Benzyl-β-phenyläthylaminsalz von Penicillin*, GLAXO LABORS. LTD.) ist unlösl. u. wirkt bei intramuskulärer Injektion der wss. Suspension als Depotpenicillin. Die Injektion ist etwas schmerzhafter als bei Procainpenicillin; oral wird es etwa gleich absorbiert wie Penicillin G u. bedeutend besser als *Benzathin*. (Antibiotics Annu. **1954/55**. 123—32. Norristown, Pa., Norristown State Hosp.) H. GOEBEL. 4611

**D. W. MacCorquodale, A. F. DeRose, R. J. Michaels, A. W. Weston** und **R. K. Richards**, *Hydrabaminpenicillin G, ein neues Penicillin mit geringer Löslichkeit. Hydrabaminpenicillin G* (**I**, *Compocillin*, ABBOTT LABORS.) ist *N.N'-Bis-*[*dehydroabietyl*]*-äthylendiamindibenzylpenicillin*, $C_{74}H_{100}O_8N_6S_2$, F. 163—168°. *Hydrabamin* (**II**)-

Base wird hergestellt aus Dehydroabietylamin u. Äthylenbromid u. fällt als *Dihydrochlorid* an, $C_{42}H_{64}N_2 \cdot 2HCl \cdot H_2O$, F. 295—297° (Zers.; Methanol); durch Umsetzung mit geringem Überschuß K-Penicillin G in 90% ig. $CH_3OH$ entsteht I, prakt. unlösl. in W., geschmacklos u. in wss. Suspension stabil. Orale, intramuskuläre u. intraperitoneale Applikation hatte keine tox. Wrkg., Sensibilisierung wurde nicht beobachtet. II wird zu 71—91% im Kot, zu ca. 1% im Urin ausgeschieden; es wird durch die n. Intestinalflora nicht verändert, $DL_{50}$ 450 mg/kg (intraperitoneal, Maus); orale Dosen von 1254 mg/kg (Hund), 1 g/kg (Katze) u. intramuskuläre Injektion von 1 g/kg (Kaninchen) wurden ohne Symptome toleriert. Chron. Toxizitätsprüfungen zeigten keinerlei Veränderungen an Organen u. Geweben. (Antibiotics Annu. **1954/55.** 133—36. North Chicago, Ill., Abbott Labors.) H. GOEBEL. 4611

**Mark H. Lepper** und **Harold W. Spies**, *Hydrabaminpenicillin G, das Penicillinsalz eines Harzamins, bei der oralen Behandlung von Infektionen.* Von 90 Fällen mit Infektionen (Streptokokken, Pneumonie) sprechen alle bis auf 2 auf eine Behandlung mit *Hydrabaminpenicillin G* (I) an. Nach einmaliger I-Gabe wurden nach 6 Std. Serumspiegel von 0,02—2,5 E./cm³ gefunden. Die Toxizität war gering; in wenigen Fällen trat Erbrechen ein, in 1 Fall Staphylokokkenenteritis u. in 1 Fall Noticaria. (Antibiotics Annu. **1954/55.** 137—43. Chicago, Ill., Univ. of Illinois, Dep. of Med. u. Municipal Contagious Disease Hosp.) H. GOEBEL. 4611

**K. Trump**, *Die Behandlung bakterieller Infektionen mit Dibenzyläthylendiamindipenicillin G, „Tardocillin“.* Bei 50 Patienten mit verschied. Infektionen wurde durch tägliche perorale Zufuhr von 900000 E. *Tardocillin* (*Dibenzyläthylendiamindipenicillin G*; BAYER, Leverkusen) in 6—10 Tagen Heilung ohne Komplikationen u. Nebenerscheinungen erzielt. (Die Medizinische **1955.** 256. 12/2. Hannover, Städt. Krankenhaus Nordstadt.) F. KRUSEN. 4611

**R. S. Griffith**, *Blutspiegel und klinische Ergebnisse mit Erythromycin.* Steigerung der oral verabreichten *Erythromycin* (I)-Dosis bewirkt proportionalen Anstieg der Serumkonzentration. I mit einen Celluloseacetatphthalatüberzug liefern rascher höhere Blutwerte u. schützen das Antibioticum vor Zerstörung im Magen; die Serumwerte liegen um 20% höher als bei Carbowax-ähnlichen Tablettenüberzügen. Intravenöse Gaben von I-Glucoheptonat u. I für intramuskuläre Applikation ergeben hohe Anfangsgewebekonzz. u. sind ideal bei Patienten mit sehr heftigen Infektionen. Bei Verabreichung über längere Zeit wurden keine tox. Wirkungen beobachtet, wenn der Serumspiegel 10—20 $\mu$g/cm³ nicht überstieg. (Antibiotics Annu. **1954/55.** 269—78. Indianapolis, Ind., Indianapolis General Hosp., Lilly Labor. for Clin. Res.) H. GOEBEL. 4611

**David S. Davis** und **Monroe J. Romansky**, *Erythromycin: Serumspiegel nach intramuskulärer Anwendung.* Es wurden 3 verschied. *Erythromycin* (I)-Präpp. [I-*Diäthylcarbonat* („*Ilotycin*“, ELI LILLY & COMP.), I-*Glutarat* (UPJOHN COMP.) u. I-*Lactobionat* (*Erythrocin*, ABBOTT LABORS.)] an 80 Patienten in Einzeldosen von 50—200 mg intramuskulär verabreicht. Innerhalb von 30 Min. wurden je nach Dosis gleiche, für 8—13 Std. anhaltende Serumkonzz. erhalten. An der Injektionsstelle wurde von der Hälfte der Patienten über leichte bis mittelmäßige Schmerzen berichtet; Neben-Rkk. traten nicht auf. (Antibiotics Annu. **1954/55.** 286—90. Washington, D. C., George Washington Univ., School of Med., Dep. of Med. u. Med. Div., Columbia General Hosp.) H. GOEBEL. 4611

**John S. Welles, Robert C. Anderson** und **K. K. Chen**, *Ein Abbauprodukt von Erythromycin.* Aus der Galle von Hunden, die mit *Erythromycinglucoheptonat* intravenös behandelt waren, wurde als Abbauprod. *Des-N-methylerythromycin* isoliert (PAe.- u. Chloroformextraktion, Papierchromatographie u. Gegenstromverteilung, Abb. des Röntgendiagramms u. der Infrarotspektren). (Antibiotics Annu. **1954./55.** 291—94. Indianapolis, Ind., Eli Lilly & Co.) H. GOEBEL. 4611

**Herbert H. Krantz**, *Untersuchung über die Wirkung von intravenös verabreichtem Tetracyclin auf das Wärmeregulationszentrum des menschlichen Gehirns.* 25 Fälle von nichtinfektiöser Hyperpyrexie wurden intravenös mit *Tetracyclin* (I) mit oder ohne Zusatz anderer Antibiotica behandelt; Temperaturerniedrigung trat in keinem Fall ein, I hat also keine Wrkg. auf das Wärmeregulationszentrum des Gehirns. (Antibiotics Annu. **1954/55.** 608—10. Chicago, Ill., Martha Washington Hosp.; Columbus, Chicago Med. School, Dep. of Med.) H. GOEBEL. 4611

**Bartis Kent, Emitt H. Shoemaker, Edna S. Townsend, Barbara Bennett** und **Ellard M. Yow**, *Vorläufige Untersuchungen über die Tetracyclinkonzentration im Serum nach intramuskulärer und intravenöser Injektion.* Bei Applikation gleicher Mengen *Tetracyclin* wurden bei parenteraler Gabe bis zu doppelt so hohe Serumwerte erzielt wie bei oraler Gabe; nach intramuskulärer Injektion wurden 8 Std. anhaltende Serumspiegel beobachtet, während nach intravenöser Gabe schnell ansteigende u. dann rasch abfallende

Serumkonzz. auftraten. (Antibiotics Annu. **1954/55.** 632—33. Houston, Tex., Baylor Univ., Coll. of Med., Ben Taub Infect. Disease Labor., Jefferson Davis Hosp., Dep. of Intern. Med. u. Veterans Admin. Hosp.) H. GOEBEL. 4611

**Charles H. Mann, Paul A. Bunn, Charles R. Rein, Frank H. Buckwalter, Simeon E. Landy, Shirley Flax und Suzanne Johnston,** *Eine Untersuchung über die Tetracyclinserumkonzentration. Laboratoriums- und klinische Beobachtungen.* Formulierungen von *Tetracyclinhydrochlorid* in Kapseln (I) oder in Cocosnußölsuspension (**II**) zeigten nach 6monatiger Lagerung bei 52—56° einen Aktivitätsverlust von 0—10,9% bzw. 0—14,3%; **I** u. **II** erlitten bei 10 Monate Lagerung bei 22—28° keinen Wirkungsverlust. Bei Einzeldosen von 250 mg wurde nach 1 Std. maximale Serumkonz. u. für 24 Std. therapeut. ausreichende Serumkonzz. erreicht. Um bei Erwachsenen anhaltende maximale Serumkonzz. zu erreichen, sind 5—6 Gaben von je 250 mg (alle 6 Std.) notwendig. Tox. Wirkungen traten nicht auf. (Antibiotics Annu. **1954/55.** 637—54. Syracuse, Bristol Labors., Inc. u. State Univ. of New York, Upstate Med. Center, Dep. of Med.; New York, N. Y., Univ., Postgraduate Med. School, Dep. of Dermatol. and Syphilol.) H. GOEBEL. 4611

**H. L. Dickison, G. A. Cronk und C. H. Mann,** *Tetracyclin: Untersuchung über die Aufrechterhaltung des Blutspiegels.* Mit einer oralen Anfangsdosis von 1 g *Tetracyclinhydrochlorid* u. nachfolgenden Gaben von 125 mg alle 6 Std. konnten Serumkonzz. von $>1$ $\mu g/cm^3$ über 70 Std. gehalten werden. Vergleiche von Serum- u. Urinkonzz. ergaben, daß sich der Serumspiegel durch Messung der Urinkonz. kontrollieren läßt. (Antibiotics Annu. **1954/55.** 659—62. Syracuse, N. Y., Bristol Labors, Inc., Res. Div. u. Syracuse Univ., Dep. of Health and Prevent. Med.) H. GOEBEL. 4611

**Jerry Zaslow, Edwin M. Cohn und William Ball,** *Exkretion und Konzentration von Tetracyclin bei anomalem Gallengang beim Menschen.* (Vgl. C. **1955.** 151.) *Tetracyclin* (**I**) tritt nach oraler Gabe in der Gallenblase nur auf, wenn die Leber intakt u. der Ductus hepaticus frei ist. (Antibiotics Annu. **1954/55.** 663—67. Philadelphia, Pa., Albert Einstein Med. Center, Northern Div.) H. GOEBEL. 4611

**D. E. Tisch, K. M. Cull und H. L. Dickison,** *Pharmakologische Untersuchungen mit Tetracyclinhydrochlorid. Tetracyclinhydrochlorid* (**I**, *Polycycline*, BRISTOL LABORS., INC.) wirkt intraperitoneal bei Ratten weniger reizend als *Chlortetracyclin*; es ist oral in täglichen Dosen von 400 mg/kg (Ratte) nichttox. u. wirkt wachstumssteigernd. Bei Hunden mit durch $CCl_4$ gesetzten Leberschäden wurden mit Dosen von 250 u. 1000 mg **I**/Tag keine Beeinflussung einer Erholung der Leberfunktion beobachtet. (Antibiotics Annu. **1954/55.** 668—73. Syracuse, N. Y., Bristol Labors., Inc., Res. Div.) H. GOEBEL. 4611

**Victor D. Newcomer, Edwin T. Wright und Thomas H. Sternberg,** *Die Wirkung von Nystatin bei gleichzeitiger Anwendung von Tetracyclin auf die Hefeflora des menschlichen Magen-Darm-Traktes.* Die Hefeflora im Gastrointestinaltrakt wurde beim Menschen durch 4malige Gabe von 250 mg *Tetracyclin* (**I**) täglich über 1 Woche sehr erheblich erhöht; bei gleichartiger Verabreichung von 250 mg **I** + 250000 E. *Nystatin* (**II**) wurde die Hefeflora sehr stark vermindert. Die Nebenerscheinungen waren bei Behandlung mit **I** + **II** gleich wie mit **I** allein. **II** eignet sich hervorragend zur Prophylaxe gegen Komplikationen, die durch Überhandnehmen der Pilzflora des Magen-Darm-Kanals bei oraler Anwendung von Antibioticis auftreten. (Antibiotics Annu. **1954/55.** 686—90. Los Angeles, Calif., Univ. of California, Med. Center u. V. A. Center GM & S Hosp., Div. of Dermatol., Dep. of Med.) H. GOEBEL. 4611

**H. L. Dickison, K. M. Cull und D. E. Tisch,** *Pharmakologische Untersuchungen mit Etamycin.* (Vgl. HEINEMANN u. Mitarbeiter, C. **1956.** 8391.) *Etamycin* (**I**, ident. mit *Viridogrisein*) wird bei oraler Verabreichung gut resorbiert u. erzeugt gute Blutspiegel. $DL_{50}$ (Maus) intraperitoneal 273 mg/kg; oral $>1000$ mg/kg. $DL_{50}$ (Kaninchen) $>4000$ mg/kg. Tägliche Dosen von $>250$ mg/kg oder Einzeldosen von 1000 mg/kg riefen bei Hunden schwere Leukopenie hervor, die aber reversibel war. **I** wird im Urin ausgeschieden. (Antibiotics Annu. **1954/55.** 733—44. Syracuse, N. Y., Bristol Labors., Inc., Res. Div.) H. GOEBEL. 4611

**Laurance W. Kinsell,** *Verwendung von Corticoiden in Verbindung mit Antibioticis bei akuten Infektionen.* Die Addition von Corticoiden zu Antibiotics vermag bei Patienten mit sehr schweren Infektionen die Krankheitsdauer zu verkürzen u. die Sterblichkeit herabzusetzen; unvorsichtige Anwendung ist jedoch gefährlich. — Behandlungsprogramm. (Antibiotics Annu. **1954/55.** 51—55. Oakland, Calif., Highland Alameda County Hosp.) H. GOEBEL. 4611

**E. L. Quinn, D. C. Bunch und Muriel Carson,** *Kombinierte Antibiotica- und Cortisontherapie von schweren klinischen Mononucleosisinfektionen.* Bericht über die erfolgreiche Behandlung von 5 schweren Mononucleosis infectiosa-Fällen durch gleichzeitige Gabe von Cortison (oral, täglich anfangs 200 mg) u. Procainpenicillin–Streptomycin (intramuskulär) oder Tetracyclin (oral) in n. Dosierung über 1—2 Wochen. (Antibiotics Annu. **1954/55.** 56—61. Detroit, Mich., Henry Ford Hosp.) H. GOEBEL. 4611

**Harry M. Robinson jr., Raymond C. V. Robinson** und **John F. Strahan,** *Örtliche Steroid–Antibiotica-Therapie bei Dermatosen.* Vff. berichten über die Behandlung von 159 Fällen verschied. unkomplizierter Dermatosen u. Eruptionen mit nachfolgender pyogener Sekundärinfektion mit *Hydrocortison* (**I**, freier Alkohol oder Acetat) in Verbindung mit *Oxytetracyclin, Tetracyclin, Erythromycin, Neomycin* (**II**), **II** + *Bacitracin* (**III**) oder **II** + **III** + *Polymyxin.* Die Wrkg. von **I** wurde durch den Antibioticazusatz nicht verändert, ebenso die Antibiotica nicht durch **I**. In manchen Fällen trat bei Breitspektrumantibioticis durch **I** eine synergist. Wrkg. ein. Sensibilisierungs-Rkk. wurden nicht beobachtet. (Antibiotics Annu. **1954/55.** 62—67. Baltimore, Md., Univ., Maryland School of Med., Dep. of Dermatol.) H. GOEBEL. 4611

**Robert W. Neidlinger** und **Kenneth E. Hudson,** *Vorläufiger Bericht über die kombinierte Tetracyclin–Hydrocortison-Behandlung externer Augenentzündungen.* Akute Conjunctivitis konnte durch kombinierte Behandlung mit *Tetracyclin–Hydrocortison* in fast allen Fällen geheilt werden; chron. Conjunctivitis konnte teilweise gebessert werden, sprach z. T. aber auch überhaupt nicht an. (Antibiotics Annu. **1954/55.** 73—75. Houston, Tex., Fort Sam Houston, Brooke Army Hosp.) H. GOEBEL. 4611

**Walter E. LaGrange,** *Klinische Verwendung von Antibioticis, Hormonen und Enzymen.* Es wird über eine vorteilhafte lokale Anwendung von *Cortison* in Verbindung mit *Antibioticis* bei Otitis u. Conjunctivitis in der Veterinärmedizin berichtet. Enzyme mit proteolyt. u. fibrinolyt. Wrkg. bewirken bei Sinusitis u. Pericarditis rascheren Rückgang von Eiterungen, machen die lokale Anwendung von Antibioticis wirksamer. (Antibiotics Annu. **1954/55.** 318—22. Philadelphia, Pa., Univ. of Pennsylvania.) H. GOEBEL. 4611

**W. F. von Oettingen,** *Durch allgemeine Anwendung von Antibioticis hervorgerufene ungünstige Wirkungen. Literaturübersicht.* Literaturübersicht über Nebenwirkungen der gebräuchlichen Antibiotica. — 210 Literaturangaben. (Antibiotics Annu. **1954/55.** 361—78. Bethesda, Md., Nat. Inst. of Arthritis and Metabol. Diseases, Labor. of Pharmacol. and Toxicol., Nat. Inst. of Health.) H. GOEBEL. 4611

**S. A. Ertuganowa,** *Der Einfluß von Antihistaminicis auf die Entwicklung des Entzündungsprozesses.* In Verss. an Kaninchen mit experimentellen, durch intracutane Injektion von Pneumokokken hervorgerufenen entzündlichen Prozessen hatte *Dimedrol* (**I**; 10 mg/kg intramuskulär) die Eig., die Entw. des lokalen entzündlichen Prozesses einzuschränken, was jedoch nicht mit einem Einfl. auf das Wachstum u. die Vermehrung des Erregers zusammenhängt. **I** scheint vielmehr die Entstehung u. Wrkg. phlogogener, im Gewebe unter der Einw. der bakteriellen Toxine sich bildenden Stoffe zu hemmen. Sind diese jedoch bereits vorhanden u. haben sie das Gewebe schon beeinflußt, so ist **I** nicht mehr in der Lage, die Veränderungen rückgängig zu machen. (Журнал Микробиологии, Эпидемиологии и Иммунобиологии [J. Mikrobiol., Épidémiol., Immunobiol.] **1955.** Nr. 5. 90—95. Mai. Gamalaja-Inst. für Epidemiol. u. Mikrobiol., Abt. für Infektions-Pathol. u. exp. Therapie.) E. RENTZ. 4625

**Hiroshi Takagi, Motohatsu Matsumura, Akira Yanai** und **Kikuo Ogiu,** *Der Einfluß von Analgeticis auf den Spinalreflex der Katze.* Unter elektr. Reizung des Nerv. ischiadicus bzw. Nerv. splanchnicus bei Rückenmarks- u. Thalamuskatzen wird die Reflexbeeinflussung ermittelt für *Morphin, Dolantin, Morphin–Adrenalin*-Gemisch, *Morphin–Ephedrin*-Gemisch, *Ohton, Evipan-Na, Salicylamid, Myanesin, Atropin* u. *Methanthelin.* (Jap. J. Pharmacol. **4.** 176—87. März 1955. Kyoto, Univ., Dep. of Pharmacol. [Orig.: engl.]) H. WALTER. 4627

**Max S. Sadove, Gordon M. Wyant** und **John M. Spence,** *Trichloräthylen in der Zahnheilkunde. Allgemeinanästhesie.* An Hand von 250 Fällen wird die Bedeutung von *Trichloräthylen* als Anästheticum in der kleinen Zahnchirurgie dargestellt. (J. Amer. Dental Assoc. **47.** 661—70. Dez. 1953. Chicago, Ill., Univ. of Illinois, Coll. of Med.u. Coll. of Dent.) W. REUSSE. 4627

**M. Althaus,** *Cito-Eunarcon, das neue intravenöse Ultrakurznarkoticum.* In 126 Fällen verschied. kurzer Eingriffe zeigte sich *Cito-Eunarcon* (*Na-Salz* der *5-[β-Bromallyl]-5-isopropyl-N-methylbarbitursäure* in 5%ig. Lsg. mit einem Zusatz von Ae.; RIEDEL-DE-HAËN AKT.-GES.) als wirksames Kurznarkoticum mit in 20 Sek. eintretender u. ca. 15 Min. anhaltender Wirkung. (Die Medizinische **1955.** 255—56. 12/2. Berlin, Städt. Krankenhaus Am Urban.) F. KRUSEN. 4627

**O. Colombo** und **V. Rovati,** *Von einigen den Barbitursäureschlaf begünstigenden und einigen ihm entgegenwirkenden Substanzen.* Vff. untersuchten an Ratten die Wirkungen von *Nevanide* (*Diäthylamid der p-Aminobenzoesäure*), *Bernsteinsäuredinitril,*

*Aneurin, Adenosintriphosphat* u. *Prostigmin* bei Ggw. von *Pentothal* u. stellten fest, daß nur Nevanide dessen Wrkg. begünstigt. (Boll. Soc. ital. Biol. sperim. **29.** 314—18. März 1953. Bologna, Univ., Chem.-biol. Inst.) E. DEHN. 4627

**J. R. Anstee,** *Chemische Struktur und analgetische Wirkung.* Übersicht über die bisher erzielten Ergebnisse, Verbb. darzustellen, die ähnliche analget. Wirksamkeit besitzen wie das *Morphium* (I). Die beschriebenen Verbb. wurden erhalten: a) durch Variierung der I-Substituenten (*Codein, Metopon [7-Methyldihydromorphinon]*); b) durch Synth. (Verbb., die den Morphinankern enthalten: *3-Oxy-N-methylmorphinan, Tetrahydrodesoxycodein*); c) durch Umsetzung der I-Spaltprodd. Phenanthren, Dibenzofuran, Diphenyläthan, Dekahydroisochinolin u. 4-Phenylpiperidin mit Aminoalkoholen usw. Weiterhin wird berichtet über die Wrkg. von *Pethidin* (*1-Methyl-4-phenylpiperidin-4-carbonsäureäthylester*) u. *Amidon* [*6-Dimethylamino-4.4-diphenylheptanon-(3)*] u. die Änderung der analget. Wrkg. durch Variierung der Substituenten. Alle beschriebenen Verbb. sind in ihrer Gesamtwrkg. I nicht gleichzusetzen. Obwohl einige bedeutend stärkere analget. Wirksamkeit besitzen, treten bei ihnen auch verstärkt Nebenerscheinungen auf. (Australas. J. Pharmacy [N. S.] **32.** 820—26. 15/8. 1951.)
HILDEGARD BAGANZ. 4627

**W. A. Nowi,** *Der Einfluß von Adenosintriphosphorsäure auf die minimale Grenzkontraktion der Skelettmuskulatur beim Frosch. Adenosintriphosphorsäure* (I) beeinflußt sowohl die Muskelerregbarkeit als auch Amplitude u. Form der einzelnen wie der tetan. Kontraktion. In kleinen Konzz. ruft I leichte Vermehrung der Grenzkontraktion hervor, ohne ihre Form zu ändern. Diese Wrkg. konnte noch bei der Verdünnung $1 \cdot 10^{-10}$ beobachtet werden. Höhere Konzz. ($1 \cdot 10^{-3}$ bis $1 \cdot 10^{-4}$) rufen starke Verminderung der Kontrakturhöhe u. eine erhebliche Änderung der Kurve des Tetanus hervor. Die Intensität der Muskelerschlaffung steigt dabei erheblich. Die Konzz., bei denen I diese Wrkg. ausübt, entsprechen denen, die den Muskel gegenüber Acetylcholin sensibilisieren. Es ist jedoch möglich, daß I in stärkeren Konzz. auch eine unmittelbare hemmende Wrkg. auf das Muskelgewebe ausübt. (Бюллетень Экспериментальной Биологии и Медицины [Bull. exp. Biol. Med.] **38.** Nr. 12. 9—12. Dez. 1954. Kiew, Bogomoletz-Inst. für klin. Physiol. der Akad. der Wiss. der UkrSSR, Abt. allg. Physiol.) F. DU MANS. 4628

**H. Mislin** und **L. Riesterer,** *L-Arginin als kreislaufaktive Substanz. L-Arginin* wurde von Vff. schon früher als myotroper Faktor des Venenherzens angesprochen (MISLIN, Experientia [Basel] **9.** [1953.] 425). Inzwischen hat sich die myotrope Wrkg. auch am Wirbeltierherzen u. an der glatten Muskulatur bestätigen lassen. In Konzz. von 0,025—0,1‰ steigert es die Arbeitsleistung isolierter Froschherzen (STRAUBsche Kanüle). Gleiche wirksame Konzz. finden sich auch im physiol. Milieu, z. B. von Säugerseren u. Herzmuskelextrakten. *Arginin* spielt (vielleicht in Form des Argininphosphats?) offenbar eine Rolle bei der Herzmuskelkontraktion. Möglicherweise besitzt sein Abbauprod. *Ornithin* eine antagonist. Wirkung. Im Wirbeltierherzen wurde Arginase nachgewiesen. (Helv. physiol. pharmacol. Acta **11.** C67—C70. 1953. Basel, Univ., Zoolog. Anstalt.) H. JORDAN. 4630

**Franco Navazio** und **Giovanni Boggio Gilot,** *Die Wirkung von Adenosintriphosphorsäure, Cytochrom c, Diphosphorpyridinnucleotid, α-Tocopherolphosphat und Cocarboxylase auf die mit Ephedrinhydrochlorid erzeugte Herzerkrankung der Ratte.* Nach 25tägiger Vorbehandlung mit je 15 mg *Ephedrin* erhielten weiße Ratten *Adenosintriphosphorsäure* (I), *Cytochrom c* (II), *Diphosphorpyridinnucleotid* (III), *α-Tocopherolphosphat* (IV) u. *Cocarboxylase* (V). I in einer täglichen Dosis von 100γ besserte die nach der Vorbehandlung entstandenen Elektrocardiogrammveränderungen u. die Toleranz gegenüber Äthernarkose. Nach Behandlung mit II (100γ täglich) traten die Zeichen der Besserung ebenfalls, jedoch später als nach I auf. III beeinflußte die Toleranz gegenüber Ae. kaum, IV hatte nahezu keine Wrkg., V steigerte die Toleranz gegenüber Ae. erheblich. (Ricerca sci. **25.** 1139—44. Mai 1955. Roma, Univ., Ist. Chim. Biol.) P. G. SCHEURLEN. 4630

**Lewis C. Mills** und **John H. Moyer,** *Der akute Effekt von Hexamethonium auf die renale Hämodynamik bei normo- und hypertonen Menschen.* Untersucht wurden 12 Normotoniker u. 19 Hypertoniker. Es ergab sich eine Blutdrucksenkung um durchschnittlich 80—85% vom Ausgangswert nach 5—75 mg intravenös gegebenem *Hexamethonium* (I). Der Niereneffekt unterschied sich nach 2 Gruppen, die etwa gleichgroß waren u. gleichviel Normotoniker u. Hypertoniker enthielten. Die eine Gruppe zeigte keine Änderung des renalen Gefäßwiderstandes (Senkung des Glomerulusfiltrats u. des Blutdurchflusses, die eher nachließen als die Druckwrkg.); die andere Gruppe reagierte mit einem Anstieg (Glomerulusfiltrat u. Blutdurchfluß etwa n.). Gleichzeitige Nierenvenenkatheterisierung erwies einen initial niedrigen $O_2$-Verbrauch, der sich mit der Steigerung des Blutdurchflusses wieder normalisierte. Die p-Aminohippursäure-Clearance blieb unverändert. Danach ist die Nierenwrkg. von **I** abhängig vom Grad der Nierengefäßerkrankung u. der initialen sympath. Vasoconstriction, vom Erfolg der ganglionären Blockade u. der Größe der erzeugten Blutdrucksenkung. (Amer. J. med. Sci. **226.** 1—15. Juli 1953. Houston, Tex., Cardiac Clin. of the Jefferson Davis Hosp., Baylor Univ., Coll. of Med., Dep. of Med. and Pharmacol.) H. JORDAN. 4630

**Milton L. McCall** und **H. Winfield Taylor** (unter Mitarbeit von **Alice Wood Read**), *Die Wirkung von Hydergin auf den Kreislauf und Stoffwechsel des Gehirns bei Schwangerschaftstoxikose.* Vergleichende Studien an n. Frauen u. Patienten mit Schwangerschaftstoxikose mit *Hydergin* (**I**) ergaben, daß **I** weder den Blutdurchfluß im Gehirn noch dessen $O_2$-Umsatz, seinen respirator. Quotienten u. den $O_2$ u. $CO_2$-Geh. des Femoralarterien-u. Jugularvenenblutes verändert. Dagegen wird durch **I** der cerebrale Gefäßwiderstand u. der Gesamtblutdruck signifikant gesenkt. (Amer. J. med. Sci. **226.** 537—40. Nov. 1953. Philadelphia, Pa., Gen. Hosp., Dep. of Obstetr. and Gynecol. of the Jefferson Med. Coll.) H. JORDAN. 4630

**Josephus C. Luke** und **Breen N. Marien,** *Hydrierte Mutterkornalkaloide bei der Behandlung von Claudicatio intermittens.* Vf. gibt einen kurzen Überblick über die Symptomatologie des *Claudicatio intermittens* bei Fällen von Atheriosklerose obliterans. Es wird dann an 10 Patienten der Erfolg einer Behandlung mit hydrierten Mutterkornalkaloiden (*Hydergin*) geprüft. Es konnte in 8 Fällen eine leichte bis deutlich erkennbare Besserung erzielt werden. (Canad. med. Assoc. J. **68.** 221—24. März 1953. Royal Victoria Hosp., Surg. Serv.) L. WALLIS. 4630

**Motoo Iida,** *Die Wirkung von Rhodexin auf das isolierte Froschherz.* (Vgl. C. **1956.** 7304.) Vergleichende Unterss. mit *Rhodexin A* (**I**), *Rhodexin B* (**II**) u. *Digitoxin* (**III**) am isolierten Herz von Rana nigromaculata (Wintertiere). Die qualitative Wrkg. von **I** u. **II** (Glykoside aus *Rhodea japonica, Liliaceae*) gleicht der von **III**, setzt jedoch rascher ein. Wirksame Konzz. von **I**: $1/5 \cdot 10^6$; **II**: $1/10^6$; $1/10^5$ **I** wirkt toxisch. (Jap. J. Pharmacol. **4.** 136—44. März 1955. Sendai, Univ., Dep. of Pharmacol. [Orig.: engl.]) H. WALTER. 4630

**Motoo Iida,** *Die Wirkung von Rhodexin auf das isolierte Herz des Meerschweinchens.* (Vgl. vorst. Ref.) Die Wrkg. von *Rhodexin A* (**I**) u. *Rhodexin B* (**II**) am isolierten Meerschweinchenherz ist der von *Digitoxin* ähnlich. Untere Wirkkonz. von **I** ist 0,00001%ig, von **II** 0,00002%ig. Der **I**-Effekt wird durch zunehmenden Ca-Geh. bzw. abnehmenden K-Geh. der isoton. LOCKE-Lsg. verstärkt u. nimmt bei fallendem Ca-Geh. bzw. steigendem K-Geh. ab. (Jap. J. Pharmacol. **4.** 145—54. März 1954. Sendai, Univ., Dep. of Pharmacol. [Orig.: engl.]) H. WALTER. 4630

**D. Jane Taylor, Howard W. Bond** und **John F. Sherman,** *Puromycin.* 1. Mitt. *Aktivität gegen experimentelle Amoebiasis.* (Vgl. C. **1955.** 2021.) Vff. berichten über die Wirksamkeit von *Puromycin* (**I**) gegen Endamoeba histolytica-Infektionen bei Ratte (R) u. Meerschweinchen (M). *Puromycinhydrochlorid* wirkt in oralen Dosen von 6,25 bis 50 mg/kg (2mal täglich über 5 Tage) ausgezeichnet gegen Intestinalamoebiasis bei M; tox. Wrkg. trat nicht auf, $DL_{50}$ 100 mg/kg. Bei R wurden gute Erfolge mit 6,25 bis 25 mg/kg (2mal täglich 4 Tage lang) erzielt. Bei M. war *Glaucarubin* („*Simarubidin*", MERCK & CO., INC.) wirksamer als **I**, während bei R **I** wirksamer war. *Carbomycin* („*Magnamycin*", CHAS. PFIZER & CO., INC.) u. *Erythromycin* („*Erythrocyn*", ABBOTT LABORS.) waren bei Dosierung bis zu 100 mg/kg unwirksam. *Tetracyclin* war bei 100 mg pro kg wirksam, in dieser Dosierung aber bei 60% der M letal. (Antibiotics Annu. **1954/55.** 745—50. Bethesda, Md., Nat. Microbiol. Inst., Labor. of Trop. Diseases, U. S. Dep. of Health, Education and Welfare u. Nat. Inst. of Health, Publ. Health Serv.) H. GOEBEL. 4649

**H. Plisnier,** *Vergleichende Untersuchung der hustenstillenden Wirkung verschiedener Opiumderivate und synthetischer Verbindungen im Vergleich mit der des Codeinphosphates.* Vf. untersuchte *Dihydrocodeinon* (**I**), *Acetyldimethyldihydrothebain* (**II**), *Bis-[β-diäthylaminoäthoxycarboxy-1-phenyl-1-cyclopentan]-äthandisulfonat* (*SKF Nr. 769 $J_2$*; **III**), *1-Phenylcyclopentanessigsäure-β-[β-diäthylaminoäthoxy]-äthylesterhydrochlorid* (*UCB 543,* **IV**) u. *Diterbutylnaphthalennatrium* (*L 1633,* **V**) auf ihre hustenstillenden Wirkungen an Katzen u. Meerschweinchen. **I**—**V** besitzen echte hustenstillende Wrkg. in Dosen von 0,15 mg bis 1,5 mg/kg bei intravenöser Verabreichung. **I** u. **II** wirken in schwachen Dosen, besitzen große Toleranz u. beruhigende Wrkg. u. sind dem Heroin vorzuziehen. **III**—**V** unterscheiden sich untereinander stärker u. können vorteilhaft Codeinphosphat ersetzen, zumal sie keine depressive Wrkg. auf das Atemzentrum haben. **V** kann in größeren Dosen gegeben werden, hat keinen beruhigenden Effekt u. bewirkt keine Schläfrigkeit. Es kann sein, daß **III**—**V** bei buccaler Verabreichung mehr oder weniger wirksam sind. Sie wurden in diesen Verss. intravenös gegeben. (Thérapie **9.** 737—51. 1954. Bruxelles, Labor. de Pharmacodynamie et de Thérapeutique.) K. BÖHM. 4650

**S. Palazzi,** *Cariesprophylaxe mit Fluor.* (Vgl. C. **1952.** 6403.) Allg. Ausführungen. (Athena [Rass. mens. Biol., Clin. Terap.] **19.** 165–67. April 1953. Pavia, Univ., Clin. odontoiatrica u. Ist. stomatol.) P. Loch. 4655

**B. W. Protopopow** und **Ss. A. Galtschin,** *Die Verwendung von Äthylcellosolve bei der Trachombehandlung. Äthylcellosolve* (**I**; *Äthylenglykolmonoäthyläther*, eine oberflächenakt. Substanz), fördert die Resorption darin gelöster Medikamente. Nach Feststellung der Reizlosigkeit 25–50%ig. **I**-Konzz. am Kaninchenauge wurde **I** in gleichen Konzz. an Trachompatienten im Gemisch mit *Synthomycin*, *Norsulfazol* oder *Cu-Citrat* mit Erfolg angewendet. **I** wirkt nicht baktericid, wohl aber antiphlogist. u. zeigt keine lokalen oder allg. Nebenwirkungen. Der Wirkungsmechanismus von **I** ist noch nicht geklärt. (Вестник Офтальмологии [Nachr. Ophthalmol.] **69.** Nr. 1. 34–36. Jan./Febr. 1956. Gorki, Gebiets-Trachom-Dispensair.) E. Rentz. 4670

**G. Ottaviano** und **S. L'Abbate,** *Erste Untersuchungen über die Wirkung des 4-Mercaptobenzolsulfonamids bei der akuten und chronischen Vergiftung durch Blei. 4-Mercaptobenzolsulfonamid* (**I**) bildet mit Pb-Acetat einen wasserunlösl., orangeroten kristallinen Nd. (**II**), lösl. in Säuren, starken Alkalien u. organ. Lösungsmitteln. Um festzustellen, ob auch im lebenden Körper dieselbe Rk. erfolgt u. dadurch die tox. Wrkg. der Pb-Ionen aufgehoben wird, haben Vff. Mäusen **I** u. Pb-Acetat per os u. subcutan verabreicht. Wenn die Tiere auch nicht so schnell starben wie ohne Anwendung von **I**, so zeigten sie doch Gewichtsabnahmen bis zu 30%, sowie krankhafte Veränderungen der inneren Organe, an denen sie starben. Der Harn enthielt Blut, Eiweiß, erhöhte Carbonat- u. Phosphatmengen. Verabreichten sie **II** per os oder subcutan, so stellten sie keine Giftwrkg. fest. Es scheinen also im lebenden Körper besondere Rkk. vor sich zu gehen. (Boll. Soc. ital. Biol. sperim. **29.** 1219–22. Juni 1953. Catania, Univ., Ist. di Pharmacol. e Terap. sperim.) E. Dehn. 4675

**G. Ottaviano** und **S. L'Abbate,** *Vorläufige Versuche über die Gegengiftwirkung in vivo und in vitro des 4-Mercaptobenzolsulfonamids bei der Vergiftung durch Arsenigsäureanhydrid.* Eine Lsg. von 0,5 g $As_2O_3$ in 5 $cm^3$ n-NaOH gibt mit *4-Mercaptobenzolsulfonamid* (**I**) nach Neutralisieren mit HCl einen gelben kristallinen Nd., unlösl. in W., A., Ae., Aceton, Chlf., Äthylenglykol, Glycerin, Bzl., Xylol, Säuren, lösl. in Essigsäure mit teilweiser Zers. u. in Pyridin, F. 216°. Wurde diese Verb. in physiol. Salzlsg. suspendiert u. bis zu 0,2 g/kg Mäusen oder Ratten subcutan injiziert, so blieben die Tiere am Leben, ebenso bei Verabreichung per os bis 0,3 g/kg. Wurde den Tieren $As_2O_3$ u. gleichzeitig oder 30–60 Min. später **I** verabreicht, so traten stets akute As-Vergiftung u. Tod ein. (Boll. Soc. ital. Biol. sperim. **29.** 1222–23. Juni 1953. Catania, Univ., Ist. di Pharmacol. e Terap. sperim.) E. Dehn. 4675

---

**L. H. Gray, M. Lefort** et **Walter M. Dale,** Aspects physiques de la radiobiologie. **M. Lefort,** Chimie des radiations des solutions aqueuses, aspects actuels des résultats expérimentaux. **W. M. Dale,** Modern trends in radiation-biochemistry. Paris: Masson. 1955. (VIII + 254 S. m. Abb.) 8°. fr. 2800,—.

**Giovanni Pelagalli,** Di un composto organo-metallico di arsenico largamente adoperato in terapia. Roma: Tip. N. Volpes. 1955. (8 S.) 8°.

## F. Pharmazie. Desinfektion.

**T. D. Whittet,** *Nachtrag 1955 zur B. P.* In dem am 1/3. 1956 in Kraft getretenen Nachtrag zur Brit. Pharmakopöe wurden neben zahlreichen neuen Arzneimitteln (Chemotherapeutica, Antibiotica, Hormonpräpp., muskelerschlaffende Mittel, Anästhetica u. andere) einige Änderungen von Herstellungsvorschriften u. Untersuchungsverff. aufgenommen. (Chemist and Druggist **164.** 413. 8/10. 1955. Univ. Coll. Hosp.) W. Spitaler. 4750

**Axel Jermstad,** *Pharmacopoea norvegica. Regia auctoritate edita. Ein hundertjähriges Jubiläum.* Das norweg. Arzneibuch ist am 1/1. 1856 in Kraft getreten. Vf. berichtet über seine Entstehung u. die Diskussionen im Zusammenhang mit seiner Einführung. (Norges Apotekerforen. Tidsskr. **63.** 537–48. Nov. 1955.) R. K. Müller. 4750

**S. Kjellmark,** *Siebe und Pulver in der Pharmacopoea internationalis Ed. I.* Die in der Pharmacopoea internationalis gestellten Anforderungen an die Homogenität von Pulvern erscheinen Vf. zu streng; bes. bei pflanzlichen Arzneimitteln ist die Einhaltung der Bedingungen für „sehr feines Pulver" u. „feines Pulver" schwierig. Außer den vorgesehenen Sieben sollten auch gröbere aufgenommen werden. (Svensk farmac. Tidskr. **59.** 829–37. 10/12. 1955. Solna, Apoteket Kvarnen [Orig.: engl.]) R. K. Müller. 4750

**T. C. Denston,** *Internationales Arzneibuch, Band II.* Dem 1951 veröffentlichten 1. Band des Internationalen Arzneibuches folgte 1955 Band II, über dessen Inhalt ein (teilweise mit der Brit. Pharmakopöe vergleichender) Überblick gegeben wird. (Pharmac. J. **175** ([4] **121**). 425–26. 29/10. 1955.) W. Spitaler. 4750

**Hans Lundh,** *Haltbarkeit und Qualität von Arzneimitteln.* Im Hinblick auf die Möglichkeiten des Unwirksamwerdens von Arzneimitteln wird die Bedeutung von Haltbarkeitsunterss. u. Nachkontrollen erörtert. Als Beispiel für solche Unterss. bespricht Vf. die Ergebnisse von Unterss. an verschied. Vitaminpräpp., durch die es ermöglicht wird, die zweckmäßigste Anwendungsform zu ermitteln. (Svensk farmac. Tidskr. **59.** 749—54. 10/11. 1955.) R. K. MÜLLER. 4750

**O. Motl, I. Janků** und **H. Rašková,** *Die physiologisch wirksame Kohlenwasserstofffraktion des ätherischen Öles vom Wacholder.* Vff. stellen das Vork. von (+)-*Sabinen* (**I**) im äther. Öl des Wacholders durch Ozonolyse fest u. trennen die einzelnen Komponenten durch Papierchromatographie. **I** gibt mit *β-Pinen* (**II**) eine untrennbare Mischung. Ferner ist *Myrcen* (**IV**) vorhanden, *Junen* (**III**) wurde nicht gefunden. Als **III** wurde das Gemisch von **I, II** u. **IV** angesehen. Die **II**-Fraktion ist wahrscheinlich diuret. wirksam, hat hypotensive Wrkg., die durch Gaben von Atropin nicht beeinflußt wird. Die tödliche Dosis beträgt 430 mg/kg intravenös. (Českoslov. Farmac. **4.** 240—43. Juni 1955. Praha, CSAV, Chem. úst., Farmakol. úst. KU.) E. VEVERA. 4782

**Heinrich Froböse,** *Aethoxose, ein brauchbarer Emulgator für die Apothekenpraxis.* Kurze Zusammenfassung der Eigg. des aus einer Äthylcellulose bestehenden Emulgators *Aethoxose* (**I**). **I** kann als Ersatz für Tylose verwendet werden. Jedoch muß ca. die 4fache Menge **I** verwendet werden, um einen gleichen Effekt zu erzielen. Zur Herst. von Lebertranemulsionen ist **I** allerdings nicht geeignet. (Pharmaz. Praxis **1955.** Nr. 8. 73—74. Beilage zu: Pharmazie **1955.** Nr. 8. Potsdam.) M. NEGWER. 4786

**A. Mirimanoff,** *Zur Theorie und Praxis der Bereitung der Collyria.* Krit. Betrachtungen zur Anwendung u. Bereitung der Collyria (Augenwässern), einer umstrittenen u. vernachlässigten Arzneiform. (Schweiz. Apotheker-Ztg. **93.** 507—10. 25/6. 1955. Genf, Univ., Pharmazeut.-Galen. Labor.) H. WALTER. 4790

**H. Janecke,** *Über Wollfett.* 3. Mitt. *Einfluß verschiedener Inhaltsbestandteile auf das Emulsionsvermögen.* (2. vgl. C. **1956.** 596.) Vf. berichtet weiter über im Schrifttum veröffentlichte Verss., welche darüber Auskunft geben sollen, welche Bestandteile des *Wollfettes* (**I**) das Emulsionsvermögen dieser vielverwendeten Salbengrundlage bedingen. Neben dem Cholesterin sind es vor allem die Diole, vielleicht aber noch andere, z. Zt. noch nicht näher bekannte Bestandteile des **I**, die bes. als Emulgatoren geeignet sind. (Dtsch. Apotheker-Ztg. **95.** 508—11. 2/6. 1955. Frankfurt/M., Univ., Inst. für Lebensmittelchem. u. Pharmaz. Inst.) H. P. FIEDLER. 4792

**S. Volo,** *Silicone als Salbengrundlage.* Für chirurg. u. dermatolog. Anwendung eignen sich als Salbengrundlagen Silicone ganz bes. nach Ansicht des Vf. aus folgenden Gründen: 1. Sie sind wasserabstoßend u. verhindern eine Maceration der Haut, 2. chem. Indifferenz, 3. sie sind nicht tox., 4. gute Adhäsivität, 5. sie sind prakt. neutral, 6. Viscositätskonstanz, 7. sie sind oxydationsbeständig u. farb- u. geruchlos. Vf. gibt eine große Reihe von Rezepten an, wobei Silicone als Grundlage mit Zusätzen von Gummi, Methylcellulose usw. für Salben dienen. Die Bereitung u. Eigg. der verschied. Salben werden beschrieben. (Boll. chim. farmac. **94.** 27—32. Jan. 1955.) A. MERKA. 4792

**S. J. Hopkins,** *Schmerz und Analgetica.* Überblick über die mit der Behandlung des Schmerzes durch *Analgetica* (**I**) zusammenhängenden Probleme u. Besprechung einzelner **I**, wie *Salicylsäure* u. Derivv., *Na-Gentisat, Phenacetin* u. dgl., *Pyrazolonderivv., Chinolinderivv., Morphin* u. Analoga, *Methadone* u. dgl., *Methorphinan, Diphenyläthylamine* u. *Chlorpromazin.* — 6 Literaturangaben. (Chemist and Druggist **165.** 94—98. 28/1. 1956.) M. NEGWER. 4806

**G. Raine** uhd **R. G. Cooper,** *Wässerige Propylenglykollösungen von Phenobarbiton-Natrium.* Die Versuchslsg. (**I**) enthielt: Phenobarbiton (Luminal)-Na 19,5 g, Propylenglykol 60 ml, Benzylalkohol 2 ml, W. zur Injektion, frisch abgekocht u. erkaltet, ad 100 ml. Verss. ergaben, daß sich **I** ohne bedeutenden Verlust durch 30 Min. langes Behandeln im Wasserdampf sterilisieren u. 6 Monate lang aufbewahren läßt. Bei Lagerung über 12 Monate ergaben sich beträchtliche Verluste. (Pharmac. J. **175** ([4] **121**). 427—28. 29/10. 1955. Manchester, Withington Hosp., Pharmac. Dep.) SPITALER. 4806

**Max Wichtl,** *Sulfonamide.* Tabellar. Übersicht über die *Sulfonamide* (**I**) u. die Spezialitäten, in denen die verschied. **I** enthalten sind. Allg. Ausführungen über Wirkungsweise u. Anwendungsbereich, Verabreichung u. Dosierung, Resorption, Exkretion u. Toxizität u. Analytik der **I**. Abschließend Angaben über die FF. u. die Löslichkeit einzelner **I** u. ihre Anwendung. — 9 Literaturangaben. (Österr. Apotheker-Ztg. **10.** 157—58. 160—62. 10/3. 1956.) M. NEGWER. 4806

**F. Lembeck,** *Oxytryptamin* (*Serotonin, Enteramin*). Überblick über Entdeckung, Vork. u. Chemismus von *Oxytryptamin* sowie dessen pharmakol. Wirkungen u. medizin.

Bedeutung. — 21 Literaturhinweise. (Subsidia med. [Wien] **7.** 85—90. Juni 1955. Graz, Univ., Pharmakol. Inst.) R. REISS. 4806

**O. Markovič, F. v. Selecký** und **J. Šimaljaková**, *Die Verwendung von Mucin aus Leinsamen zur Bereitung von östrogenen Kristallsuspensionen.* Vff. stellen fest, daß *Hydrogel Mucin* (I), aus Leinsamen gewonnen, sich zur Bereitung östrogener Kristallsuspensionen eignet, u. untersuchen die Kristallgröße u. Löslichkeit der östrogenen Stoffe in verschied. Zubereitungsformen. Alle gewonnenen Zubereitungsformen werden am Tier bzgl. Wrkg. u. Verträglichkeit untersucht. Die mit I bereiteten Präpp. stehen in keiner Weise den öligen Präpp. nach. — 19 Literaturangaben. (Českoslov. Farmac. **4.** 243—46. Juni 1955. Bratislava, Slov. akad. vied., Chem. úst., Odd. exp. farmakol., farmaz. Fak. UK.) E. VEVERA. 4808

**Marco Giovannini**, *Die Beeinflussung der modernen Naturwissenschaften durch die Antibiotica.* Vortrag. — Allg. Ausführungen mit Zahlenangaben über die Abnahme der Letalität bei verschied. Erkrankungen durch die Verwendung der Antibiotica (I), den steigenden Verbrauch u. die steigende Produktion verschied. I. (Österr. Apotheker-Ztg. **10.** 99—103. 18/2. 1956.) M. NEGWER. 4810

**H. Vogel**, *Bemerkungen zum Artikel „Das Penicillin im Lichte der Galenischen Pharmazie".* (Vgl. MIDDENDORF, C. **1956.** 6754.) Hinweis auf die Entdeckung des magensäurebeständigen *Penicillin V* (*Ospen, Oratren, Meropenin, Fenospen, Oracilline, Distaquaine, Pen-Vee Oral*) u. seine Bedeutung als vollwertiges Oralpenicillin. (Österr. Apotheker-Ztg. **10.** 120—21. 25/2. 1956. Kundl, Biochemie G. m. b. H.) M. NEGWER. 4810

**F. Škvařil, M. Rybák** und **T. Bednařík**, *Methoden der Fraktionierung und Isolierung des Blutplasmaproteins.* Übersicht mit 37 Literaturangaben. (Českoslov. Farmac. **4.** 250—55. Juni 1955. Praha, Úst. hematol. a krevn. transfus.) E. VEVERA. 4812

**Zdeněk Opletal**, *Befall von Blutprodukten mit Bakterien.* Wird Blutkonserven Rivanol u. Na-Alesten zugesetzt, so wirken diese Stoffe bakteriostat., obwohl sie nicht bakterientötend sind. Der beste Schutz gegen eine Impfung mit Bakterien ist absol. Sauberkeit beim Arbeiten. (Českoslov. Farmac. **4.** 248—50. Juni 1955. Brno [Brünn], Krajsk. transfus. stan., bakteriol. labor.) E. VEVERA. 4812

**H. Berry**, *Herstellung und Konservierung von sterilen Lösungen für parenterale Injektion.* Inhaltlich ident. mit der C. **1953.** 3281 referierten Arbeit. (Bull. Fédérat int. pharmac. **24.** 287—93. 1950/1951.) PH. FRESENIUS. 4832

**Kurt Starke**, *Störung geringer Mengen Eisen bei der Herstellung steriler Magnesiumsulfatlösungen.* Bei der Herst. steriler $MgSO_4$ (I)-Lsgg. treten nach kürzerem oder längerem Stehen, bes. bei hochprozentigen Lsgg., Abscheidungen von gelblichen bis bräunlichen Flocken auf, die sich meist als voluminöser Bodensatz ablagern. Zur quantitativen Erfassung dieses aus Eisenoxydhydraten bestehenden Nd. wurden 400 g I zu 1 Liter gelöst, sterilisiert, nach Auftreten des Nd. durch eine 50 $cm^3$ fassende G 3-Glasfilternutsche filtriert, der auf den Filter liegengebliebene Nd. kurz ausgewaschen, mit 3mal 10 $cm^3$ heißer 10%ig. HCl u. 3mal 20 $cm^3$ W. heruntergelöst u. colorimetr. bestimmt. Vf. fand bei 6 Proben, daß I nie über 0,5 mg% Fe enthielt. Diese Mengen Fe sind völlig belanglos u. können durch Zugabe von 1% n/10 HCl zu den sterilen I-Lsgg. in Lsg. gehalten werden. Das $p_H$ steigt dabei von ca. 5,8 auf ca. 4,6, wogegen keine physiol. Bedenken bestehen. (Dtsch. Apotheker-Ztg. **96.** Nr. 9. Beibl. Krankenhaus-Apotheke **1956.** 4. Würzburg, Staatl. Luitpoldkrankenhaus, Centralapotheke.) M. NEGWER. 4832

**Aleš Sekera** und **Josef Kráčmar**, *Die Verwendung der Koflermikromethoden in der Arzneimittelkontrolle.* 2. Mitt. *Bestimmung von chemischen offizinellen Heilmitteln des Tschechoslowakischen Arzneibuches. 1. Ausg., 1. Ergänzungsband.* (1. vgl. C. **1956.** 6754.) Von 19 chem. Heilmitteln des genannten Arzneibuches wurden F. u. Misch-FF. auf der KOFLER-Bank gemessen u. die Refraktion bestimmt. Das Ergebnis ist in 3 Tabellen zusammengefaßt. (Českoslov. Farmac. **4.** 232—33. Juni 1955. Brno (Brünn), Masaryk. univ., Úst. pro farm. chem.) E. VEVERA. 4880

**Z. I. Schach**, *Die Bestimmung von Beimengungen von Eisensalzen in Präparaten von Zink und Kupfer.* Zur Fe-Best. in Zn-haltigen Arzneimitteln löst man die Einwaage (0,1—0,3 g) im 50 ml-Kolben in 5—10 ml W. oder in 3—4 ml verd. HCl, versetzt mit 5 ml Sulfosalicylsäure (I) u. 25 ml Pufferlsg., mischt durch, füllt zur Marke auf u. colorimetriert nach 1 Stunde. Die Fe-Menge ergibt sich aus der Extinktion der Eichkurve, Genauigkeit 10%. Zur Fe-Best. in Cu-Präpp. löst man die Einwaage (0,1—0,2 g) in 10—15 ml W., versetzt mit 1 g Zn u. erhitzt bis zur Entfärbung. Die erkaltete Lsg. filtriert man in einen 50 ml-Kolben, versetzt die Lsg. mit 5 ml I, füllt mit Pufferlsg. zur Marke auf u. colorimetriert. Genauigkeit $\pm 10\%$. (Аптечное Дело [Apothekenwesen] **4.** Nr. 5. 13—17. Sept./Okt. 1955. Kiew, Inst. für Ärztefortbldg. des Gesundh.-Minister. der UkrSSR.) REINHARD HÜTTENRAUCH. 4880

**Lawrence S. Malowan,** *Bestimmung des Goldes in einigen medizinischen Substanzen.* Während *Morpholin* (I) metall. Au, Ag als Komplex u. Cu als Hydroxyd ausfällt, fällt überschüssiges I-Oxalat nur Au, aber weder Ag, Cu noch Pt. So wird zur Au-Best. ein Reagens vorgeschlagen, das aus 9 g Oxalsäure, 17,5 g I u. 50 ml dest. W. besteht; es ist schwachgelb u. hat $p_H$ 8,7. Die zu untersuchenden Lsgg. müssen frei von $HNO_3$ u. nur schwach sauer sein. — Beispiele: *Auronal*, $Na_3Au(S_2O_3)_2 \cdot 2\,H_2O$. 50 g Probe werden in 50 ml W. gelöst, einige Tropfen Königswasser zugefügt u. auf dem Wasserbad zur Trockne eingedampft; dann wird nach Zusatz einiger Tropfen HCl wieder zur Trockne verdampft u. dies Verf. bis zur Entfernung der $HNO_3$ wiederholt. Der Rückstand wird in 25 ml W. gelöst, langsam zum Sieden erhitzt, Reagenslsg. in geringem Überschuß zugefügt: über kleiner Flamme läßt man bis zur Klärung der Lsg. u. Zusammenballung des schwarzen Nd. stehen. Dieser wird mit W., dem eine kleine Menge Reagenslsg. zugesetzt ist, gewaschen u. im Porzellantiegel geglüht. — *Na-Au-Chlorid* mit ca. 30% Au. Die Probe wird in W. gelöst u. mit der Reagenslsg. gefällt; der Nd. wird wie zuvor behandelt. (Rev. Soc. venezolana Quím. **5.** Nr. 23. 23—25. Aug. 1951. Panamá, Univ., Labor. quím.) W. METZENER. 4880

**L. Kaplan, C. D. Heaton** und **C. R. Noller,** *Die Prüfung von rotem Meerzwiebelpulver; eine Erprobung der möglichen chemischen Verfahren.* Bei der roten Varietät der Meerzwiebel (Urginea maritima) wird zum Unterschied von der weißen Varietät das tox. Prinzip *Scillirosid* bei der Herst. von Trockenpräpp. durch die Ggw. des roten Pigmentes vor der Zerstörung geschützt. Die Toxizität verschied. Präpp. schwankt jedoch in weiten Grenzen. Um die biol. Wirksamkeitsprüfung an Ratten durch eine chem. Prüfung zu ersetzen, werden UV-Absorption, Acetylgeh., Bleitetraacetatoxydation u. LIEBERMANN-Rk. der Präpp. mit der Toxizität verglichen. Die LIEBERMANN-Rk. erfüllt den gewünschten Zweck. (J. Amer. pharmac. Assoc., sci. Edit. **39.** 101—06. Febr. 1950. Stanford, Calif., Stanford Univ., Dep. of Chem.) O. REITZ. 4880

**Antonín Berka** und **Jaroslav Zýka,** *Neue maßanalytische Methoden organischer Stoffe.* 1. Mitt. *Bestimmung von Allylisothiocyanat.* Es wird potentiometr. titriert. Indicatorelektroden sind: Platindraht. Als Vergleichselektrode eine $Hg_2Cl_2$-Elektrode. *Allylisothiocyanat* (I) wird mit $NH_3$ in Thiosinamin (II) übergeführt u. in Ggw. von n-HCl mit 0,01 mol. $KJO_3$-Lsg. (III) potentiometr. titriert. Das Umschlagpotential liegt bei 270 mV. 1 ml **III** = 6,971 mg **II** u. 5,949 mg **I**. So bestimmt wurden *Oleum Sinapis, Semen Sinapis nigrum* u. *Spiritus Sinapis*. Diese Titration kann auch mit 0,01 mol. $KJO_4$ durchgeführt werden. **II** kann bei 7n HCl u. Zugabe von 1 g KBr bei 10 ml Vol. u. 90° potentiometr. bestimmt werden. Umschlagpotential bei 90 mV. 1 ml 0,01 mol. $KBrO_3$ = 2,324 mg **II**. Diese Best. hat keinen Vorteil der 1. gegenüber. (Českoslov. Farmac. **4.** 222—25. Juni 1955. Praha, Karl. univ., Úst. kat. analyt. chem.) E. VEVERA. 4880

**W. M. Glesin,** *Zur Frage der quantitativen Bestimmung von Gerbstoffen in Heilmittelrohstoffen.* Zur Analyse können beliebige Gerbstoffdrogen verwendet werden. Die Rohstoffe muß man in Stücke von 2—3 mm zerkleinern. Eine genaue Menge des daraus hergestellten wss. Auszuges (3 Verff. der Extraktherst. aus Pflanzenmaterial werden beschrieben) wird mit 0,1n $KMnO_4$ (I) gegen Indigokarmin titriert. Die Lsg. gibt man langsam zu, um eine gleichmäßige u. vollständige Oxydation zu sichern. Die Berechnung erfolgt nach der Formel: $[(a - b) \cdot F \cdot 0{,}004157 \cdot 100 \cdot V]/(E \cdot M)$ (a = ml I-Verbrauch, b = ml I-Verbrauch im Blindvers., F = Faktor der I-Lsg., 0,004157 ist der für Tannin ermittelte Faktor, V = Vol. des Extraktes, E = Einwaage, M = ml des zur Titration verwendeten Extraktes). (Аптечное Дело [Apothekenwesen] **4.** Nr. 5. 43—49. Sept./Okt. 1955. Irkutsk, Med. Inst., Pharm. Fak.) REINHARD HÜTTENRAUCH. 4880

**S. Vach** und **F. Horák,** *Die quantitative Bestimmung des Chlorbutanols.* Vff. empfehlen im Hinblick auf das DAB 7 folgende Meth. zur quantitativen Best. von *Trichlorbutanol* (I). **I** wird mit einem Gemisch von 5 ml 20%ig. NaOH, 10 ml W. u. 5 ml A. 15 Min. unter Rückfluß gekocht. Nach Zugabe von 4,5 ml $HNO_3$ (1 : 1) u. 1 ml 10%ig. Nitroprussidnatriumlsg. wird mit 0,1n $Hg(NO_3)_2$-Lsg. bis zum Auftreten einer Trübung titriert. Liegt **I** im Gemisch mit anderen Substanzen vor, so wird ein aliquoter Teil nach Zugabe von 20 ml W. u. 5 ml A. in 5 ml 20%ig. NaOH destilliert. Nach 15 Min. langem Kochen wird, wie beschrieben, weiter verfahren. Die Meth. ist u. a. zur Best. von **I** in Adrenalinlsgg. gut geeignet. (Pharmazie **10.** 596—97. Okt. 1955. Pilsen, Medika, Kreiskontroll-Labor.) R. REISS. 4880

**Antonín Berka** und **Jaroslav Zýka,** *Kupplungsreaktion mit p-Diazobenzolsulfonsäure.* 1. Mitt. *Photometrische Bestimmungen einiger Arzneimittel.* Vff. benutzen *p-Diazobenzolsulfonsäure* (I) zur photometr. Best. einiger aromat. Amine u. Phenole, die pharmazeut. verwendet werden. Gearbeitet wird mit FISHER-Spektrometer (Mod. 1946; Filter 425 B). Lsg. von **I** (0,01 u. 0,1 mol.) stets frisch bereiten, kühl aufbewahren. Als Puffer benutzt man 0,05mol. Boraxlsg. $p_H$ 9,2. Untersucht wurden: *Phenol, β-Naphthol,*

*Resorcin, Sympatol (Analeptin), Arbutin* u. *Sulfathiazol.* (Českoslov. Farmac. **4.** 225—27. Juni 1955. Praha, Karl. univ., Úst. pro chem. analyt.) E. VEVERA. 4880

**M. Ss. Baron,** *Quantitative Bestimmung des Natriumsalzes der p-Aminosalicylsäure.* Zur quantitativen Best. des *Na-Salzes von PAS* (I) löst man die Einwaage (0,4—0,5 g) in 10—20 ml W., versetzt mit 5 ml 10% ig. $CuSO_4$, füllt auf 50 ml auf, filtriert nach 10 bis 15 Min., versetzt 25 ml Filtrat mit 10 ml verd. $H_2SO_4$ u. 2,0 g KJ u. titriert nach 10 Min. Stehenlassen im Dunkeln mit 0,1 n $Na_2S_2O_3$. Argentometr. bestimmt man I dadurch, daß man 10—20 ml von ca. 0,1 n I mit überschüssiger 0,1 n $AgNO_3$-Lsg. versetzt, auf 50 ml auffüllt, nach 10 Min. filtriert u. in 25 ml Filtrat den $AgNO_3$-Überschuß nach VOLHARD bestimmt. (Аптечное Дело [Apothekenwesen] **4.** Nr. 5. 17—19. Sept./Okt. 1955. Kiew, Inst. für Ärztefortbldg. des Gesundh.-Ministeriums der UkrSSR, Pharm. Inst.) REINHARD HÜTTENRAUCH. 4880

**B. Buděšínský,** *Indirekte komplexometrische Bestimmung von Amidopyrin und Isonicotinsäurehydrazid.* 50—400 mg *Amidopyrin* (I) bzw. 40—300 mg *Isonicotinsäurehydrazid* (II) werden in einem 50 ml-Meßkolben in redest. W. gelöst. Nach Zugabe von 10 ml 0,25 mol. $Cd(SCN)_2$-Lsg. [66,62 g krist. $Cd(CH_3COO)_2$ u. 100 g $NH_4SCN$ werden zu 1000 ml gelöst] wird mit redest. W. aufgefüllt. Nach dem Filtrieren werden 25 ml Filtrat mit Pufferlsg. von $p_H$ 10 versetzt u. das überschüssige $Cd(SCN)_2$ mit 0,05 mol. Komplexon III-Lsg. gegen Eriochromschwarz T titriert. Ein Blindwert wird in gleicher Weise angesetzt. 1 ml 0,05 mol. Komplexon III-Lsg. entspricht 11,57 mg **I** bzw. 6,857 mg **II**. Aus Tabletten wird **I** am besten mit A. extrahiert. Die Best. kann direkt in der alkoh. Lsg. erfolgen, jedoch soll der A.-Geh. nach dem Auffüllen 25% nicht übersteigen. An Stelle der $Cd(SCN)_2$-Lsg. kann auch eine 0,25 mol. $CdJ_2$-Lsg. verwendet werden, jedoch ist hier der Farbumschlag bei der Titration nicht so scharf. Die Best. wird durch Purin-Alkaloide, Barbiturate, Salicylate, Phenacetin, Aneurin, Butazolidin u. p-Sulfaminobenzoesäure sowie durch Isonicotinsäure, Oxalsäurehydrazid u. das Hydrazoniumsalz der Isonicotinsäure nicht gestört. (Pharmazie **10.** 597—99. Okt. 1955. Prag, Forschungsinst. für Pharmazie u. Biochem.) R. REISS. 4880

**Milena Součková** und **Jaroslav Zýka,** *Polarometrische Titration organischer Basen.* 2. Mitt. *Titration mit Phosphorwolframsäure und Phosphormolybdänsäure.* (1. vgl. C. **1956.** 6755.) Vff. bestimmen *Procainhydrochlorid, Antipyrin, Amidopyrin, Kodeinphosphat, Cocainhydrochlorid, Atropinsulfat, Strychninnitrat, Chininhydrochlorid, Papaverinhydrochlorid* u. *Narcotinhydrochlorid.* Dabei ist nur die Phosphorwolframsäure (I) in 0,01 mol. Lsg. brauchbar. Bei der polarometr. Titration dient als Kathode eine Hg-Tropfelektrode, als Anode ein Hg-Boden. Spannung 2 V, App. HEYROVSKÝ-Polarograph, Typ V 301, 1949. Analysenvorgang: 50 mg der Substanz genau wägen, in W. lösen u. HCl zusetzen, bis 0,25 n Lsg. entsteht. Man titriert mit **I** unter gutem Rühren bei einer Spannung von 0,4 V gegen Hg. (Českoslov. Farmac. **4.** 227—30. Juni 1955. Praha, Karl. univ., Kat. analyt. chem.) E. VEVERA. 4880

**B. Stempel,** *Nachweis von Insulin durch Ninhydrin.* Insulin gibt mit Ninhydrin bei kurzem Erhitzen im sd. Wasserbad in einem Phosphatpuffer $p_H$ 7 eine kirschrote Färbung, die bei längerem Erhitzen in Blau übergeht. 0,5 I.E. geben eine deutliche Reaktion. (Pharmaz. Zentralhalle Deutschland **94.** 263. Juli 1955. Recklinghausen.) PH. FRESENIUS. 4880

---

**Pharmazeutische Fabrik Evers & Co.** (Erfinder: **Eberhard Potratz**), Hamburg, *Arzneimittel aus trioxyflavonglucosidhaltigen Pflanzenteilen,* wie Flores Chamomillae, durch Extrahieren der Droge mit Chlf., Trocknen des Extraktes, Aufnehmen des Rückstandes mit A., Trocknen der Lsg., Umkristallisieren des Trioxyflavons mit Ae. u. Rk. des Flavons nach FRIEDEL-CRAFTS mit Salzen dreiwertiger Seltener Erden, wie Ce oder Pr in Ggw. von $AlCl_3$. — *Blut-* u. *harnzuckersenkende Wirkung.* (**D. B. P. 936 592** Kl. 30h vom 28/10. 1954, ausg. 12/1. 1956. Anmeldung bekanntgemacht 23/6. 1955.) K. HEINZE. 4791

**Vlassios Vlassopoulos** und **Minas Logothetis,** Athen, Griechenland, *Extrakte aus Isopoden,* z. B. Oniscus murarius, Porcellio scaber oder Armadillidium officinarum. Die Tiere werden zerkleinert u. zunächst mit Chlf. u. dann mit W. oder nur mit W. extrahiert. Die Wirkstoffe werden aus den Wasserextrakten durch Fällung mit A. oder Aceton gewonnen. Die Chloroformextrakte werden nur eingedampft. *Antibiot.* Wirksamkeit u. Geh. an *Vitamin-B-Komplex.* — Zur Herst. von *Wundsalben.* (**E. P. 730 980** vom 24/10. 1951, ausg. 1/6. 1955.) K. HEINZE. 4791

**Aktiebolaget Pharmacia,** Stockholm, Schweden (Erfinder: **E. Askelöf, N. Svartz** und **H. Willstaedt**), *Herstellung von bakericid wirksamen Azoverbindungen.* Nach Schwed. P. 130 425 gewinnt man baktericide Azoverbb. durch Einw. von aromat. oder heterocycl. Oxycarbonsäuren auf Azoverbb., die Sulfamidgruppen enthalten. Das Verf.

wird dahin entwickelt, daß man folgende Verbb. mit aromat. oder heterocycl. Aminooxycarbonsäuren zu Azoverbb. kondensiert: 1. aromat. p-Nitrososulfonamidoverbb., deren Sulfonamidgruppe durch 1 oder 2 aliphat., aromat. oder heterocycl. Reste substituiert ist; 2. heterocycl. oder aromat.-heterocycl. p-Nitrososulfamidverbb., deren Sulfamidgruppen wie oben substituiert sein können; 3. eine aromat., heterocycl. oder aromat.-heterocycl. Nitrosodisulfonamidoverb., deren Sulfonamidgruppe wie oben substituiert sein kann. — Z. B. kondensiert man Aminosalicylsäure in Essigsäure mit α-(p-Nitrosobenzolsulfonamido)-pyridin in A. oder p-Amino-m-oxybenzoesäure in Eisessig mit 2-(p-Nitrosobenzolsulfonamido)-triazol in A., beide in der Wärme. (**Schwed. P. 134 110** vom 21/2. 1941, ausg. 8/1. 1952. **Zusatz zu Schwed. P. 130 524; C. 1952. 1211.**)

K. H. KÄHLER. 4807

**Aktiebolaget Astra, Apotekarnes Kemiska Fabriker,** Stockholm, Schweden (Erfinder: **N. M. Löfgren** und **B. J. Lundqvist**), *Herstellung von Stoffen mit analgetischer und antipyretischer Wirkung.* Anilide der allg. Formel I (2 Substituenten X bedeuten $CH_3$, die übrigen H oder $CH_3$, Y H oder Alkyl oder Acyl, $R_1$ H oder KW-stoffrest, $R_2$ KW-stoffrest u. Am eine Aminogruppe) besitzen analget. u. antipyret. Wirkung. Zu ihrer Herst. behandelt man Verbb. der allg. Formel **II** mit einem Halogenacylhalogenid, setzt dann mit $NH_3$ oder einem prim. oder sek. Amin um. — Z. B. löst man 1-Oxy-3.5-dimethyl-4-aminobenzol in wss. HCl u. behandelt mit Chloracetylchlorid. Man erhält *N-Chloracetyl-1-oxy-3.5-dimethyl-4-aminobenzol,* das mit Diäthylamin in *N-[Diäthylaminoacetyl]-1-oxy-3.5-dimethyl-4-aminobenzol* umgesetzt wird. Weiter wird die analoge Herst. beschrieben von *N-[Diäthylaminoacetyl]-1-acetoxy-3.5-dimethyl-4-aminobenzol, N-[β-Diäthylaminopropionyl]-1-oxy-3.5-dimethyl-4-aminobenzol, N-[Diäthylaminoacetyl]-1-oxy-2.3.5.6-tetramethyl-4-aminobenzol, N-[n-Butylaminoacetyl]-N-äthyl-1-oxy-3.5-dimethyl-4-aminobenzol* u. *N-[Diäthylaminoacetyl]-1-methoxy-3.5-dimethyl-4-aminobenzol.* (**Schwed. P. 133 478** vom 13/11. 1948, ausg. 6/11. 1951.)

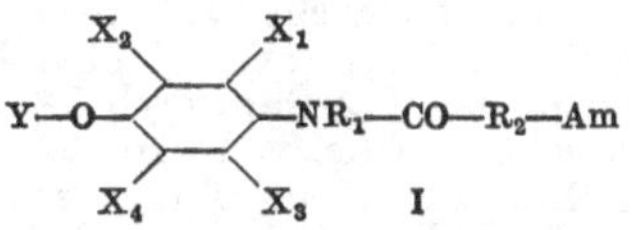
I

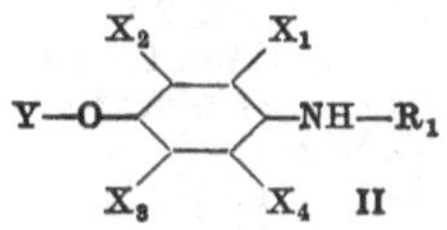
II

K. H. KÄHLER. 4807

**Smith, Kline & French Laboratories,** übert. von: **James F. Kerwin** und **Glenn E. Ullyot,** Philadelphia, Pa., V. St. A., *Herstellung von N.N-Bis-(phenoxyalkyl)-β-halogenalkylaminen* der allg. Formel **I,** in der Y u. Y' H, Alkyl mit nicht > 4 C-Atomen, OH, $OCH_3$ oder Cl, R u. R' H oder $CH_3$ u. X Cl oder Br bedeuten, u. ihren Salzen. A. Propylenhalogenhydrin oder Propylenoxyd wird mit dem Na-Salz eines Phenols zum entsprechenden 1-Phenoxy-2-propanol (**II**) umgesetzt, oder **II** wird durch Red. des entsprechenden Ketons erhalten. Mit Thionylhalogenid wird aus **II** das entsprechende Halogenid hergestellt, das mit Äthanolamin (**III**) oder Isopropylamin zum entsprechenden N-Phenoxyalkyl-N-β-oxyalkylamin (**IV**) umgesetzt wird. **IV** u. Phenoxyalkylhalogenid ergeben das entsprechende tert. Amin, das mit Thionylhalogenid zu **I** umgesetzt wird. — B. Man geht vom entsprechenden Phenoxyaceton (**V**) aus u. setzt dieses mit β-Oxyalkylamin in Ggw. von $H_2$ u. einem Katalysator zu **IV** um. Dann verfährt man wie unter A angegeben. — C. Man setzt **V** u. ein β-Phenoxyalkylamin unter reduzierenden Bedingungen, wie unter B angegeben zum entsprechenden N.N-Bis-(phenoxyalkyl)-amin (**VI**) um u. erhält daraus mit Äthylen- oder Propylenhalogenhydrin das entsprechende tert. Amin, das nach A weiter verarbeitet wird. — D. **VI** kann auch aus einem 1-Phenoxy-2-aminopropan u. einem Phenoxyalkylaldehyd oder -keton unter reduzierenden Bedingungen hergestellt werden. — Aus **II** u. $SOCl_2$ wird *1-Phenoxy-2-chlorpropan* (**VII**), $Kp._5$ 93—94°, erhalten. Aus **VII** u. **III** entsteht *N-(Phenoxyisopropyl)-äthanolamin* (**VIII**), F. 70,5—72°. **VIII** u. Phenoxyäthylbromid geben *N-(Phenoxyisopropyl)-N-(phenoxyäthyl)-äthanolamin* (**IX**), $Kp._{0,2}$ 160 bis 167°. **IX,** HCl u. $SOCl_2$ ergeben *N-(Phenoxyisopropyl)-N-(phenoxyäthyl)-β-chloräthylaminhydrochlorid,* F. 99,5—100,5°. Aus **V** u. β-Phenoxyisopropylamin erhält man nach Meth. C *Bis-(β-phenoxyisopropyl)-amin,* $Kp._{0,2-0,3}$ 160—162°, welches mit Äthylenoxyd u. dann mit $SOCl_2$ behandelt wird u. *N.N-Bis-(β-phenoxyisopropyl)-β-chloräthylamin* ergibt, *Sulfat,* F. 165—168,5°. — Aus 1-(o-Methylphenoxy)-2-propanol, $Kp._2$ 86—88°, nach Meth. A *1-(o-Methylphenoxy)-2-chlorpropan,* $Kp._3$ 94—95°, *N-(o-Methylphenoxyisopropyl)-äthanolamin,* F. 57,5—59°, u. *N-(o-Methylphenoxyisopropyl)-N-(phenoxyäthyl)-β-chloräthylaminhydrochlorid.* Analog werden hergestellt die *Hydrochloride* von: *N-(p-Isopropylphenoxyisopropyl)-N-(o-methylphenoxyäthyl)-β-chloräthylamin; N-(Phenoxyisopropyl)-N-(m-oxyphenoxyäthyl)-β-chloräthylamin; N-(Phenoxyisopropyl)-N-(o-methoxyphenoxyäthyl)-β-chloräthylamin; N-(Phenoxyisopropyl)-N-(p-chlorphenoxyäthyl)-β-chloräthyl-*

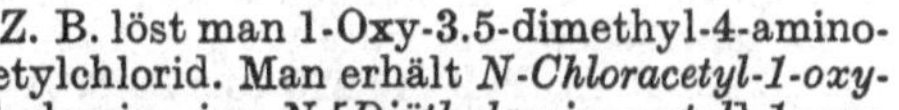
I

*amin; N-(o-sek.-Butylphenoxyisopropyl)-N-(phenoxyäthyl)-β-chloräthylamin* über *1-(o-sek.-Butylphenoxy)-2-chlorpropan*, $Kp._4$ 118—124°, u. *1-(o-sek.-Butylphenoxy)-2-propyläthanolamin*, F. 69,5—71,5°; *N-(Phenoxyisopropyl)-N-(phenoxyäthyl)-1-amino-2-chlorpropan; N-(Phenoxyisopropyl)-N-(m-methoxyphenoxyisopropyl)-β-chloräthylamin; N-(Phenoxyisopropyl)-N-(o-methylphenoxyisopropyl)-β-chloräthylamin*; u. die *Hydrobromide* von: *N-(Phenoxyisopropyl)-N-(phenoxyäthyl)-β-bromäthylamin* u. *N.N-Bis-(phenoxyisopropyl)-β-bromäthylamin*. — *Adrenolyt.* oder *sympathicolyt.* wirksame Substanzen. (**A. P. 2 599 001** vom 2/9. 1950, ausg. 3/6. 1952.) E. Carl. 4807

**Deutsche Gold- und Silberscheideanstalt vormals Roessler**, Frankfurt/M. (Erfinder: **Werner Schwarze**), *Isocinchomeronsäure* (I) erhält man, wenn man 2.5-Dialkylpyridine, bes. 2-Methyl-5-äthylpyridin, mit 5—63%ig., bes. 20—50%ig., $HNO_3$ unter Druck bei 160—250°, vorzugsweise 200—225°, in Ggw. einer solchen Menge eines Cu-Salzes oxydiert, die mindestens zur Neutralisation einer Carboxylgruppe der entstehenden **I** ausreicht, u. das erhaltene Cu-Salz der **I** z. B. mit NaOH hydrolysiert. — **I**, F. 254°. — *Zwischenprod.* zur Herst. von *Vitaminen.* (**D. B. P. 936 447** Kl. 12p vom 8/2. 1952, ausg. 15/12. 1955. Anmeldung bekanntgemacht 23/6. 1955.) R. Lenk. 4809

**Marinus Cornelis de Witte**, Zwyndrecht, Holland, *Gewinnung von Carotinkonzentraten* aus pflanzlichen Ölen, bes. Palmöl, durch Lösen des Öles bei ca. 35° in einem niedrigsd. KW-stoffgemisch, z. B. PAe. vom Kp. 40—60°. Das Gemisch wird mit einer Geschwindigkeit von 5°/Min. bis 10° gekühlt, alsdann um 0,5—1,5°/Min. bis —25° weitergekühlt. Die entstandenen Kristalle werden bei —25° abgetrennt u. mit PAe. von —25° gewaschen. Ausbeute 9,2 g Konzentrat mit einem Geh. von 3,9 mg Carotin aus 100 g Palmöl. (**A. P. 2 717 210** vom 30/8. 1952, ausg. 6/9. 1955.) K. Heinze. 4809

**Maksymilian K. Koffler**, Tel-Aviv, Israel, *Vitamin-A-Präparate* durch Emulgieren von Vitamin-A-Konzentraten, z. B. aus Fischleber, mit einem konz. wss. Brei von Citrusschalen. Zusatz von NaCl als Konservierungsmittel. Viscoses, haltbares Prod. mit $p_H$ 3—4. (**A. P. 2 716 064** vom 10/3. 1953, ausg. 23/8. 1955. Israel. Prior. 24/12. 1952.) K. Heinze. 4809

**Commercial Solvents Corp.**, übert. von: **Philip E. Brumfield**, Terre Haute, Ind., V. St. A., *Riboflavinlösungen.* Man löst Riboflavin (I) bei < 35° in einer wss. Lsg. einer Base (Alkalihydroxyd, $NH_4OH$, aliphat. Amin), wobei deren Konz. nicht hinreicht, um **I** anzugreifen, u. die Menge des gelösten **I** ein Vielfaches der Menge beträgt, die in einer bei 25° gesätt. wss. Lsg. von **I** enthalten ist. Mittels einer Säure wird dann der $p_H$-Wert der Lsgg. auf ca. 3—6,5 eingestellt u. die Temp. der übersätt. Lsgg. auf 20—35° gehalten. Die Lsgg. sind *stabil*, d. h. es krist. kein **I** aus. (**A. P. 2 726 239** vom 9/4. 1954, ausg. 6/12. 1955.) A. Brösamle. 4809

**Upjohn Co.**, übert. von: **Peter D. Meister** und **Robert H. Levin**, Kalamazoo, Mich., V. St. A., *3.11-Diketo-4-bisnorcholensäure*, F. 244—246°; $[\alpha]_D^{23}$ +137°; $k_{239}$ 36,99, *Methylester*, F. 176—178°; $[\alpha]_D^{23}$ +170°, erhält man durch Oxydation von 4-Bisnorcholen-11α.22-diol-3-on mit $CrO_3$ in Ggw. von Essigsäure bei n. Temperatur. Durch Chromatographie des durch Veresterung mit $CH_3OH$ daraus gewonnenen Methylesters erhält man die Nebenprodd. *3.11-Diketobisnorcholansäuremethylester*, F. 200—203°, u. *3.11-Diketobisnorallocholansäuremethylester*, F. 202—203,5°; daraus die entsprechenden freien Säuren vom F. 195—200° bzw. 256—258°. — *Zwischenprodd.* für die Herst. von *Steroidhormonen.* (**A. P. 2 720 534** vom 11/8. 1952, ausg. 11/10. 1955.) U. Sievers. 4809

**Monsanto Chemical Co.**, übert. von: **Quentin E. Thompson**, St. Louis, Mo., V. St. A., *Optisch aktive Alkyl-1-piperidylsulfonylbenzoesäure-4.4a.5.8-tetrahydro-2-alkoxy-4a-methyl-4-keto-1-naphthylester* der allg. Formel **I** ($R_1$ u. $R_2$ = Alkylreste mit 1—5 C-Atomen) erhält man durch Rk. eines opt. akt. Alkyl-1-piperidylsulfonylbenzoylhalogenids, in dem die Alkylgruppe 1—5 C-Atome enthält, mit dem Alkali- oder Erdalkalisalz eines 1.5.8.8a-Tetrahydro-4-oxy-3-alkoxy-8a-methyl-1-naphthalinons der allg. Formel **II** ($R_2$ = Alkylrest mit 1—5 C-Atomen), vorzugsweise bei 15 bis 110° u. in Ggw. eines organ. Lösungsm. (Dioxan).

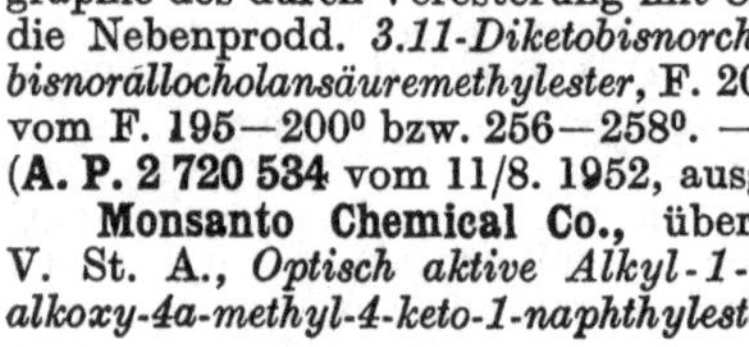
I

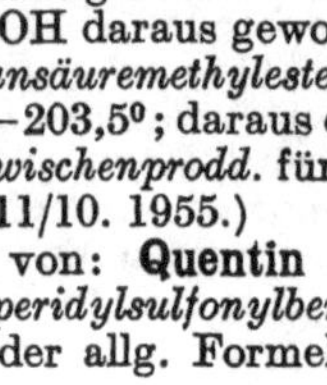
II

— Es wird die Herst. folgender Verbb. beschrieben: *p-(2-Methyl-1-piperidylsulfonyl)-benzoesäure-4.4a.5.8-tetrahydro-2-methoxy-4a-methyl-4-keto-1-naphthylester*, diastereomeres Gemisch, F. (aus Aceton u. Diisopropyläther) 175—181°; $[\alpha]_D^{25}$ = +19° ± 1° (c = 2; Chlf.). — *o-(3-Äthyl-1-piperidylsulfonyl)-benzoesäure-4.4a.5.8-tetrahydro-2-äthoxy-4a-methyl-4-keto-1-naphthylester.* — *m-(4-Propyl-1-piperidylsulfonyl)-benzoesäure-4.4a.5.8-tetrahydro-2-pentoxy-4a-methyl-4-keto-1-naphthylester.* — *p-(2-Methyl-1-piperidylsulfonyl)-benzoesäure-4.4a.5.8-tetra-*

*hydro-2-äthoxy-4a-methyl-4-keto-1-naphthylester.* — *p-(2-Methyl-1-piperidylsulfonyl)-benzoesäure-4.4a.5.8-tetrahydro-2-propoxy-4a-methyl-4-keto-1-naphthylester.* — *p-(2-Methyl-1-piperidylsulfonyl)-benzoesäure-4.4a.5.8-tetrahydro-2-butoxy-4a-methyl-4-keto-1-naphthylester.* — *p-(2-Methyl-1-piperidylsulfonyl)-benzoesäure-4.4a.5.8-tetrahydro-2-pentoxy-4a-methyl-4-keto-1-naphthylester.* — *Zwischenprodd.* zur Herst. von *Pharmazeutica*, bes. *Steroiden.* — (**A. P. 2 669 566** vom 7/12. 1951, ausg. 16/2. 1954.) R. LINK. 4809

**Upjohn Co.,** übert. von: **John A. Hogg, Alan H. Nathan, Douglas A. Lyttle** und **Arthur R. Hanze,** Kalamazoo, Mich., V. St. A., *Pregnan-3α-ol-11.20-dion* erhält man durch katalyt. Hydrierung von 11α-Oxyprogesteron, Oxydation des erhaltenen Pregnan-11α-ol-3.20-dions zu Pregnan-3.11.20-trion u. Red. der 3-ständigen Ketogruppe. — Man hydriert z. B. 11α-Oxyprogesteron mit $H_2$/Pd-Kohle in Ggw. von Triäthylamin → *Pregnan-11α-ol-3.20-dion* (I; 32%), F. 85—90°, u. *Allopregnan-11α-ol-3.20-dion* (34%), F. 198,5—199,5°; durch chromatograph. Aufarbeitung lassen sich sogar 64% der „normalen" neben 24% der Alloverb. gewinnen. Ähnliche Ergebnisse werden bei Verwendung von z. B. Pd, Polyvinylalkohol, Pd/$BaSO_4$, Pd/MgO, Pd/$MgCO_3$ oder Pd/$CuCO_3$ sowie z. B. in Ae., Äthylenglykol, Aceton, Glycerin oder $CH_3OH$; ferner bei $H_2$-Drucken zwischen z. B. 1 u. 56 at erhalten. — I in Chlorbenzol + $Na_2Cr_2O_7 \cdot 2H_2O$ in verd. $H_2SO_4$ bei 0° unter Rühren → *Pregnan-3.11.20-trion* (II), F. 150—153°. — II + $NaBH_4$ in Dioxan → *Pregnan-3α-ol-11.20-dion,* F. 173,5—174,5°. — *Zwischenprodd.* für die *Herst. von Steroidhormonen.* (**A. P. 2 701 808** vom 28/8. 1952, ausg. 8/2. 1955.) U. SIEVERS. 4809

**Soc. de l'Institut de Sérothérapie Hémopolietique,** Paris, Frankreich, *Corticotroper Wirkstoff* aus Serum trächtiger Stuten durch Vermischen mit etwa der gleichen Menge A. zwecks Fällung der Albumine u. Globuline bei $p_H$ 4,8—5 u. anschließender Fällung des Wirkstoffgemisches aus dem Filtrat durch Zusatz von so viel A., daß die A.-Konz. ca. 80% beträgt. Der abgetrennte Nd. wird in einer wss. Puffer-Lsg. vom $p_H$ ca. 10 gelöst u. mit A. gefällt. — *Gegen Polyarthritis, Spondylarthrose u. Asthma.* (**E. P. 733 205** vom 4/12. 1952, ausg. 6/7. 1955. A. Prior. 22/12. 1951.) K. HEINZE. 4809

**Ciba (Soc. An.),** Schweiz, *Ungesättigte Verbindungen der Androstanreihe,* bei denen der Kern in 7.8 eine Doppelbindung enthält u. die zur *Darst. von Cortison* dienen, werden hergestellt, indem man Ester von aliphat. Sulfonsäuren (Methan-, Äthan-, Propansulfonsäure) mit 7-Oxyandrostankörpern, die im Kern in 3-, 5-, 12-, 14-, 16-, 17-Stellung substituiert sind (hauptsächlich 17-Oxy- oder Methoxy-Verbb.), umsetzt u. aus dem entstehenden Ester mit organ. Basen (Pyridin) die veresterte 7-Oxygruppe unter Bldg. einer Doppelbindung abspaltet. — Z. B. löst man 8,57 Gewichtsteile 3β.17β-Diacetoxy-7α-mesyloxyandrostan (hergestellt aus $\Delta^5$-3β.17β-Diacetoxyandrosten, Einführung der OH-Gruppe in 7 mit tert. Butylchromat in $CCl_4$, Eisessig u. Essigsäureanhydrid, Hydrierung der Doppelbindung, Veresterung der 7-Oxygruppe mit Methansulfonsäurechlorid) in 29 (Volumenteile) Pyridin u. 29 Toluol u. erhitzt 16 Std. zum Sieden. Nach dem Ausäthern erhält man 80% *$\Delta^7$-3β.17β-Diacetoxyandrosten,* F. 127—128°. Ebenso kann man darstellen *$\Delta^7$-3.17-Dioxyandrosten* u. *$\Delta^7$-3β-Acetoxyallocholensäuremethylester.* — Vgl. auch Schwz. P. 295 994; C. **1955.** 1567. (**F. P. 1 070 449** vom 19/6. 1952, ausg. 26/7. 1954. Schwz. Prior. 6/7. 1951.) S. MEIER. 4809

**American Products Corp.,** New York, N. Y. (Erfinder: **Harvey Eugene Alburn** und **Robert Ward Whitley,** Paoli, Pa., V. St. A.), *Stabilisieren von wäßrigen Hyaluronidaselösungen* durch Zusatz von NaCl oder $CaCl_2$ u. Alkalisalzen der Äthylendiamintetraessigsäure. Die Lsgg. können mit Phosphatpuffer auf $p_{H6-8}$ eingestellt werden. Es können Konservierungsmittel, wie Na-Äthylmercurithiosalicylat, zugesetzt werden. Sterilfiltration. (**E. P. 730 929** vom 9/6. 1953, ausg. 1/6. 1955. A. Prior. 20/12. 1952.) K. HEINZE. 4809

**Chemie Grünenthal G. m. b. H.** (Erfinder: **Heinrich Mückter** und **Erich Jansen**), Stolberg/Rhld., *Ester der Penicillinreihe* der allg. Formel **I** bzw. deren Metallkomplexverbb. der wahrscheinlichen allg. Formel **II** ($R_1$ = esterartig gebundener Rest der Penicillinreihe; $R_2$ = beliebiger Säurerest) erhält man durch Veresterung eines Penicillins in Form der freien Säure mit einem Cholinderiv. oder durch Umsetzung einer Verb. der allg. Formel Pc—COO—$CH_2$—$CH_2$—Halogen (Pc = Penicillinrest ohne Carboxylgruppe) mit Trimethylamin oder indem man eine Verb. der allg. Formel Pc—COO—$CH_2$—$CH_2$—$N(CH_3)_2$ mit einer Verb. der allg. Formel $CH_3 \cdot R_2$ quaternär macht u. gegebenenfalls die so erhaltenen quaternären Verbb. mit Salzen von Schwermetallen, wie Mn, Zn, Co u. Fe, in die Komplexverbb. der allg. Formel **II** überführt. — Penicillin-G-β-dimethylaminoäthylesterjodmethylat (Cholin-

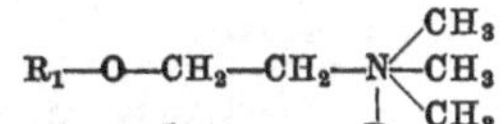

I

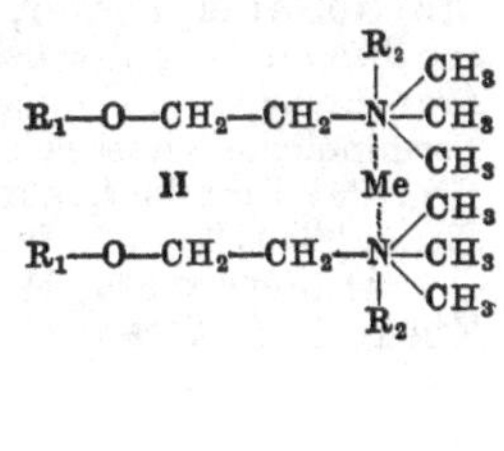

jodidpenicillinester), kanariengelbe, wasserlösl. u. hygroskop. Kristalle. — Cholincarbonatpenicillinester, hygroskop. Salz. — Cholinbromidpenicillinester, hellgelbe wasserlösl. Kristallmasse, F. 173—175° (Zers.). — Mangan-Komplexverb. des Cholinjodidpenicillinesters, weißes wasserlösl. Salz; Kobalt-Komplexverb. des Cholinjodidpenicillinesters, hellblaues wasserlösl. Pulver; Zink-Komplexverb. des Cholinjodidpenicillinesters, weißes wasserlösl. Produkt. (**D. B. P. 935 128** Kl. 12p vom 9/8. 1952, ausg. 10/11. 1955, Anmeldung bekanntgemacht 12/5. 1955.) H. Bräucker. 4811

**Farbenfabriken Bayer Akt.-Ges.**, Leverkusen (Erfinder: **Fritz Ziegler**, Wuppertal-Elberfeld), *Stabilisieren von Lösungen der Dihydrostreptomycinsalze in Wasser* durch Zusatz von phosphoriger Säure oder deren Salzen, wodurch der $p_H$-Wert auf 5—8 eingestellt wird. Die Ausgangslösungen können z. B. mit Citrat gepuffert sein. Lsgg. sind bei 120° sterilisierbar u. tropenfest. (**D. B. P. 936 110** Kl. 30h vom 19/2. 1954, ausg. 7/12. 1955. Anmeldung bekanntgemacht 8/6. 1955.) K. Heinze. 4811

**Chas. Pfizer & Co., Inc.**, Brooklyn, N. Y., V. St. A., *Antibiotisches Präparat.* Amphoteres *Oxytetracyclindihydrat* wird gemeinsam mit $MgCl_2$ in W. gelöst, oder eine feingemahlene Mischung von Oxytetracyclinhydrochlorid mit $MgCl_2$ wird in Propylenglykol oder Sesam- bzw. Erdnußöl oder Äthyloleat suspendiert. Es kann Procainhydrochlorid zugesetzt werden. — Zur intramuskulären Injektion. (**E. P. 739 736** vom 4/9. 1953, ausg. 2/11. 1955. A. Prior. 24./9. 1952.) K. Heinze. 4811

**Franz Itting K.G., Abteilung Pharmazie** (Erfinder: **Karl Erler**), Ludwigsstadt, *Stabile Lösungen von Eiweiß* u. dgl. u. von Aminosäuren durch Verwendung von Cholinsalzen, wie Cholinphosphat, als Lösungsvermittler bei $p_H$ 4,5—9. Statt der Phosphate können Citrate, Tartrate oder Acetate verwendet werden. — *Therapeut. Wirkung.* (**D. B.P. 936 288** Kl. 30h vom 28/12. 1952, ausg. 7/12. 1955. Anmeldung bekanntgemacht 16/6. 1955.) K. Heinze. 4815

**UPHA Chem. Pharm. Präparate G. m. b. H.** (Erfinder: **Kurt Uhlenbroock** und **Gerhard Källner**), Hamburg, *Stabilisieren wäßriger Lösungen von Furanochromonen,* wie z. B. von 2-Methyl-5.8-dimethoxy-6.7-furanochromon, durch Zusatz geringer Mengen der wasserlösl. Salze von Yohimbe-Alkaloiden, wie Yohimbinhydrochlorid. Es können Lösungsvermittler, wie Benzoate, Salicylate, Propylenglykol, Urethan, Gallensäuren u. dgl., mitverwendet werden. (**D. B. P. 937 726** Kl. 30h vom 1/9. 1954, ausg. 12/1. 1956. Anmeldung bekanntgemacht 21/7. 1955.) K. Heinze. 4815

**Dow Chemical Co.**, Midland, Mich., V. St. A., *Röntgenkontrastmittel* für Körperhöhlen, bestehend aus nichtionisierbaren Pb- oder Pb–Na–Ca-Chelaten von synthet., nicht dem Stoffwechsel zugänglichen Polyaminopolycarbonsäuren, wie Äthylendiamin-, Propylendiamin-, Trimethylendiamin-, 1.2-Diaminocyclohexan-tetraessigsäure oder Mono-(oxyäthyl)-äthylendiamin- bzw. Monobenzyläthylendiamin-triessigsäure. Die Lsgg. werden bei $p_H$ 7,3—7,5 angewendet. (**E. P. 736 432** vom 13/1. 1953, ausg. 7/9. 1955. A. Prior. 16/1. 1952.) K. Heinze. 4825

**Chilean Nitrate Sales Corp.**, New York, N. Y., übert. von: **Leo W. Ziemlak**, Pittsburgh, Pa., V. St. A., *Äthylendiamintetraessigsäureperjodide* dienen als *Baktericide.* — *Äthylendiamintetraessigsäurekaliumtrijodid.* Aus Äthylendiamintetraessigsäure, $K_2CO_3$, KJ u. J in Wasser. — Analog: das entsprechende Na-, Na–Ca-, Na–Mg-, $NH_4$-Salz. — *Äthylendiamintetraessigsäurehydroperjodid,* aus Äthylendiamintetraessigsäure, HJ u. J in Wasser. (**A. P. 2 698 819** vom 26/6. 1951, ausg. 4/1. 1955.) G. Langer. 4833

**Theodora Wilhelmina Winkels** geb. **van Dyck, Anna Winkels, Herbert Winkels** und **Helga Winkels** (Erfinder: **Theodor Winkels†**), Kleve, *Raumdesinfektion* durch nacheinander erfolgende Verdampfung von $CH_2O$- u. $NH_3$-Lsg., wobei Erwärmung der Verdampfungsgefäße elektr. u. vollautomat. erfolgt. — Zeichnung. (**D. B. P. 937 912** Kl. 30i vom 19/2. 1954, ausg. 19/1. 1956. Anmeldung bekanntgemacht 21/4. 1955.) K. Heinze. 4833

---

**J. Cellier**, Cahier de stage en pharmacie. Paris: Vigot. (262 S.) fr. 1500,—.

## G. Analyse. Laboratorium.

**L. B. Macurdy, H. K. Alber, A. A. Benedetti-Pichler, Hugh Carmichael, A. H. Corwin, Robert M. Fowler, E. W. D. Huffman, P. L. Kirk** und **T. W. Lashof**, *Terminologie zur Beschreibung der Leistungsfähigkeit von analytischen und andern Präzisions-Waagen. 1954 Bericht und Empfehlungen des Komitees für Waagen und Gewichte.* Bericht über eine Terminologie zur Beschreibung der Leistungsfähigkeit von Waagen. Es werden bes. die Begriffe: Empfindlichkeit, Ablesbarkeit, Präzision u. Genauigkeit definiert. (Analytic. Chem. **26**. 1190—92. Juli 1954.) A.-M. Fretzdorff. 5022

**Al Steyermark, H. K. Alber, V. A. Aluise, E. W. D. Huffman, E. L. Jolley, J. A. Kuck, J. J. Moran, C. L. Ogg** und **C. O. Willits.** *1953 Bericht über empfehlenswerte*

*Einzelheiten für mikrochemische Apparaturen. Wägen und Trocknen.* Es wird kurz über spezifizierte kleine App. berichtet, die sich in der Praxis des Mikroanalytikers bes. bewährt haben. U. a. werden Skizzen für Schiffchen, Wäge- u. Tarafläschchen, Spatel, Pinzetten u. eine modifizierte Trockenapp. nach ABDERHALDEN gegeben. (Analytic. Chem. **26.** 1186—90. Juli 1954. American Chem. Soc., Committee on Microchem. App., Div. of Analytic. Chem.) A.-M. FRETZDORFF. 5022

**Emil Slavíček,** *Thermische Berechnung von Spaltstromwärmeaustauschern.* Es werden Gleichungen abgeleitet zur Berechnung des Temperaturverlaufs in Spaltstromwärmeaustauschern, in denen eine der Fll. in zwei Ströme geteilt wird. Es wird vorausgesetzt: 1. die Temp. der Fl. außerhalb der Rohre ist in einem gegebenen Querschnitt konstant, 2. es findet keine Änderung des Aggregatzustandes statt, 3. die spezif. Wärmen der Fll. sind konstant, 4. es wird keine Wärme an die Umgebung abgegeben. Für den besonderen Fall, daß die Austauschflächen, die Wärmedurchgangszahlen u. die Wasserwerte in beiden Teilen des Wärmeaustauschers gleich sind, wurde ein Nomogramm entwickelt, das die Berechnung des Temperaturverlaufs oder der nötigen Austauschfläche ermöglicht. (Chem. Listy **49.** 949—56. Juli 1955 [Orig.: tschech.]; Collect. czechoslov. chem. Commun. **21.** 1/9. 1956. Praha, Katedra procesů a aparatů, Vys. škola chem. t echn.) M. RYBA/Prag. 5046

**P. H. Brace, A. W. Cochardt** und **G. Comenetz,** *Käfigzonenreinigung.* Die von den Vff. beschriebene Reinigungsmethode fußt auf dem von BRACE (vgl. U. S. A. P. 2 664 496, vom 29/12. 1953) entwickelten „Zonenschmelzprinzip". Die Methode wurde zur Reinigung eines Ti-Stabes angewandt. Der Versuchsstab mit quadrat. Querschnitt enthielt nach der Analyse an der Spitze des Stabes weniger Fe als an dem Ende. (Rev. sci. Instruments **26.** 303. März 1955. East Pittsburgh, Penn., Westinghouse Res. Labor.) C. GOTTFRIED. 5048

**Je. P. Smolitschew,** *Arbeitserfahrungen am elektrophoretischen Apparat mit dem optischen Schema nach G. W. Troitzki.* Beschreibung der Konstruktion u. Arbeitsweise der ersten sowjet. App. nach TROITZKI (vgl. C. **1954.** 5581) für die elektrophoret. Unters. von Eiweißstoffen. (Биохимия [Biochemie] **19.** 58—63. Jan./Febr. 1954. Stalinabad, Med. Avicenna-Inst., Lehrstuhl für pathol. Physiol.) O. LEBTAG. 5054

**Kaj Tikkanen,** *Ein Apparat für das mechanische Polieren von Mikroproben unter kontinuierlicher Zufuhr von Poliermitteln.* In Verbesserung des App. von EKBOM (C. **1955.** 7042) wird die Probe durch eine langsam rotierende Scheibe über das Zentrum der Polierscheibe geführt (lose belastet mit zylindr. Gewicht), das Poliermittel in wss. Suspension aus einem im unteren Tubus einer Flasche angebrachten Capillarrohr in geregelter Menge zugeblasen. (Jernkontorets Ann. **139.** 265—68. 1955.) R. K. MÜLLER. 5056

**H. C. G. Vincent,** *Projektionsapparat für Interferenzfiguren und zur direkten Messung von 2 V.* Beschreibung des Apparates. (Mineralog. Mag. J. mineralog. Soc. **30.** 666—71. Juni 1955. Cape Town, Univ., Dept. of Geology.) C. GOTTFRIED. 5060

**Masatake Honda, Yukichi Yoshino** und **Tatsuki Wabiko,** *Auf die analytische Chemie angewandte Ionenaustauschharze.* 12. Mitt. *Bestimmung der Adsorptionsbande mit dem Hochfrequenzoscillator.* 13. Mitt. *Auflösung von Bariumsulfat durch Ionenaustauschharze.* Ausführlichere Wiedergabe der C. **1953.** 7242 u. C. **1956.** 806 referierten Arbeiten. (J. chem. Soc. Japan, pure Chem. Sect. [Nippon Kagaku Zassi] **74.** 371—78. Mai 1953. Tokyo, Rikkyo Univ. [Orig.: japan.] L. SCHULER. 5062

**Julius W. Dieckert** und **Raymond Reiser,** *Mit Kieselsäure imprägniertes Glasfaserpapier, ein neues chromatographisches Hilfsmittel.* Vff. konnten Mono-, Di- u. Tripalmitin, Cholesterin u. Cholesterinester durch Entw. mit 2%ig. Ae. in Isooctan auf mit Kieselsäure imprägniertem Glasfaserpapier trennen; es wurden folgende $R_F$-Werte erhalten: 1-Monopalmitin 0,05, Dipalmitin 0,27, Cholesterin 0,41, Tripalmitin 0,79, Cholesterinester 1,0. Der Nachweis von Cholesterin gelingt durch einseitiges Besprühen mit dem LIEBERMANN-BURCHARD-Reagens u. nachfolgendes Erhitzen: Rosarote Flecken auf weißem Grund. Alle Flecken, die Kohlenstoffverbb. enthalten, wurden durch Besprühen der Rückseite mit Chromschwefelsäure/W. u. folgendes Erhitzen sichtbar gemacht: Grauschwarze Flecken auf orangegelbem Grund. (Science [Washington] **120.** 678. 22/10. 1954. Texas Agricult. and Mechan. Coll., Dep. of Biochem. and Nutrition.) H. ENDRASS. 5062

**Harry Svensson, Carl-Emil Agrell, Sven-Olov Dehlén** und **Lennart Hagdahl,** *Ein Apparat für kontinuierliche chromatographische Trennung.* Kontinuierliche chromatograph. Trennung kann nach folgendem Prinzip arbeiten: Eine Sorptionsschicht zwischen 2 koaxialen Zylindern mit ebenem Boden rotiert unter den feststehenden Vorrichtungen für die Zufuhr des Trenngutes u. des Trennlösungsm. u. über einer stationären Fraktionensammelanlage. Jede gelöste Komponente erhält eine der Winkelgeschwindigkeit der rotierenden Schicht entsprechende Tangentialgeschwindigkeit, unterliegt außerdem der senkrechten Wanderung durch das Sorbens, deren Geschwindigkeit von der Sorbierbarkeit abhängt. Die aus beiden Bewegungen resultierende Spirale wird bei schwacher Sorption steil, bei starker flach verlaufen. Der wirksamste Erfolg wird erzielt, wenn die Differenz zwischen stark u. schwach sorbierbarer Komponente des Trennungsgutes 1 Umdrehung beträgt, unter Berücksichtigung einer gewissen Streuung prakt. 0,8 Umdrehungen. Dabei erhält man die Beziehung $u/v = 0{,}8\ R_{F'} \cdot R_{F''}/V(R_{F''} - R_{F'})$, in der u die Umdrehungsgeschwindigkeit, v die Strömungsgeschwindigkeit des Eluens u. V das Vol. der frei beweglichen Flüssigkeitsmenge in der Säule ist. Verss. der Vff. mit einer App. dieser Doppelzylindersäule entsprachen nicht ganz den Erwartungen, da es unmöglich war, einheitliche Ausfließgeschwindigkeiten an den Ausflußöffnungen am Boden der Säule zu erhalten. Sie konstruierten deshalb eine zusammengesetzte Säule, in der der Mantel der Sorptionsschicht in 36 einzelne Adsorptionsröhren von 10 mm Durchmesser aufgeteilt war. Eine Vorr., bestehend aus einem Block nichtkorrodierenden Materials mit einem Kreis dicht nebeneinanderliegender Löcher kon. Art u. anschließenden Rohrstutzen, sorgt für eine gleichmäßige Verteilung der Flüssigkeiten u. verhindert ein Abtropfen zwischen die einzelnen Säulen. Die ganze App. besteht aus 3 Hauptteilen: der Flüssigkeitszufuhr, dem Säulensyst. u. dem Fraktionensammler. (Sci. Tools [Stockholm] **2.** 17—21. Juni 1955. Stockholm, LKB-Produkter, Fabriksaktiebolag.) H. ENDRASS. 5062

**Rudolf R. Domanowski**, *Die Spektralanalyse.* Kurze Beschreibung der grundsätzlichen Vorgänge bei der Emissionsspektralanalyse, ihrer Vorteile für die Stahlwerkspraxis u. der mit ihr möglichen Bestimmungen. Hinweis auf das „Quantometer", mit dem in 4 Min. 15 Elemente quantitativ bestimmt werden können. (Giessereipraxis **72.** 2—4. 10/1. 1954.) H. ECKHARD. 5063

**Per Ohlin**, *Ein Spektrometer für eine Untersuchung der Winkelabhängigkeit der Struktur im kontinuierlichen Röntgenspektrum.* Es wird eine App. beschrieben, die es erlaubt, die Struktur im kontinuierlichen Röntgenspektr. in Abhängigkeit vom Winkel zwischen dem Kathodenstrahl u. den Röntgenstrahlen zu untersuchen. Die aufgenommenen Isochromaten lassen erkennen, daß der Abstand des 1. Maximums vom Schwellenwert der Spannung abnimmt, wenn der genannte Winkel zunimmt. (Ark. Fysik **4.** Nr. 5. 387—90. 1952. Uppsala, Univ., Phys. Labor.) A. FAESSLER. 5063

**James N. Pitts jr., J. David Margerum, R. Perry Taylor** und **Warren Brim**, *Bestimmung von Lichtintensitäten mit einem hochempfindlichen Uranyloxalataktinometer.* Der Ersatz der titrimetr. Best. des nichtumgesetzten Oxalates in der bestrahlten Probe u. der Blindprobe durch eine spektralphotometr. Best. des in kleinem Überschuß u. konstanter Menge zugegebenen Ce(IV)-Sulfates, dessen Restkonz., in der bestrahlten Probe gegen die Blindprobe gemessen, dem photochem. umgesetzten Uranyloxalat proportional ist, ergibt eine Erhöhung der aktinometr. Empfindlichkeit um den Faktor 100. Nach der beschriebenen Arbeitsmeth. (spektralphotometr. Messung bei 3200 Å) lassen sich bei 1std. Exposition Lichtintensitäten der Größenordnung $1 \cdot 10^{13}$ Quanten/Sek. mit einer Genauigkeit von $\pm$ 5% messen. Diskussion weiterer Empfindlichkeitssteigerung durch Anwendung anderer stark gefärbter Redox-Indicatoren. (J. Amer. chem. Soc. **77.** 5499—5501. 5/11. 1955. Riverside, Calif., Univ. of California, Div. of Phys. Sci., Evanston, Ill., Northwestern Univ., Chem. Labors.) H.-J. EICHHOFF. 5063

**Charles N. Reilley** und **Crayton M. Crawford**, *Grundlagen der Präzisionscolorimetrie. Eine allgemeine Grundlage für die lichtelektrische Spektrophotometrie.* Bei lichtelektr. Spektralphotometern wird gewöhnlich die Anzeige zunächst auf 0, dann auf 100 eingestellt, wobei jeweils bestimmte Vorbedingungen gegeben sind. Normalerweise wird für die 0-Einstellung die unbeleuchtete, für die 100-Einstellung die dem Licht ausgesetzte Photozelle angenommen, das reines Lösungsm. passiert hat. Vff. zeigen, daß außer dieser Meth. noch drei weitere Vorbedingungen möglich sind, von denen zwei neu sind. Eine dieser Methoden, die zwei Vergleichslsgg. für die Einstellungen 0 u. 100 verwendet, gibt die höchste erreichbare Genauigkeit. Die andere ist vorzugsweise für Spurenanalysen geeignet, wenn keine genügend konz. Lsgg. für die Einstellung optimaler Bedingungen verfügbar sind. An Hand theoret. Überlegungen wird der Einfl. der Spaltbreite-, Empfindlichkeits- u. Dunkelstromeinstellung auf die Genauigkeit untersucht. Es wird eine Beziehung für die Abhängigkeit des relativen Fehlers der Konz. von den Versuchsbedingungen mitgeteilt. (Analytic. Chem. **27.** 716—25. Mai 1955. Chapel Hill, N. C., Univ. of North Carolina.) H. SCHÖTTLER. 5063

**Otto Richard Gottlieb**, *Einfaches Gerät zur Titrimetrie ohne Indicatoren mit Gasdruck-Endpunktsanzeige.* 8. Mitt. *Säure–Basen-Reaktionen.* (7. vgl. Anais da Associação Brasileira de Química, Juli 1954.) Acidimetr. oder alkalimetr. Titrationen mit 0,05—0,5 n

Lsgg. erfolgen ohne Farbindicator durch Beobachtung der Druckänderung durch Freisetzen u. Absorption von $CO_2$ im geschlossenen Syst. Bürette–Titrierkolben. Dieser ist mit einem Schliffstopfen versehen, in den der Bürettenhahn u. ein Capillarrohr eingelassen sind, das die Verb. zum oberen Teil der Bürette herstellt. Diese ist oben mit einem Schliffstopfen mit Druckausgleichsöffnung verschlossen. Am Capillarrohr ist seitlich ein U-Manometerrohr angebracht, das zur Beobachtung der Schwankung der darin befindlichen Flüssigkeitssäule dient. Für Titrationen in der angegebenen Konz. ist die Bohrung der Capillare 1 mm weit. Man benötigt zu dem Verf. in jedem Fall einen Magnetrührer. Das Verf. erfordert gleichmäßige Temperatur. (Analytica chim. Acta [Amsterdam] **13.** 101—07. Aug. 1955. Rio de Janeiro, Ornstein e Cia.) PH. FRESENIUS. 5066

**O. N. Hinsvark** und **K. G. Stone,** *Oxydation von Oxalsäure in Eisessig mit Cer(IV).* Die Möglichkeit, Lsgg. von $(NH_4)_2Ce(NO_3)_6$ in Eisessig in der Maßanalyse zu verwenden, wird untersucht. Es zeigt sich, daß die Oxydation von Oxalsäure mit Ce(IV) mit genügend großer Geschwindigkeit verläuft, wenn die Lsg. 1n an $HClO_4$ ist. Die Rk. verläuft stöchiometr.; zwei Val. Ce(IV) oxydieren ein Oxalatmol. zu zwei Moll. $CO_2$. Traceruntersss. mit $^{14}C$ zeigen das völlig unerwartete Ergebnis, daß beide $CO_2$-Moll. aus dem Eisessig stammen. In welcher Weise sich das Lösungsm. an der Oxydation beteiligt, ist noch unklar. Die Ggw. einer Anzahl von oxydierbaren organ. Substanzen stört bei der Titration nicht, da sie nur sehr langsam oxydiert werden. Der Endpunkt der Rk. kann potentiometr. gegen eine Ag/AgCl-Elektrode oder amperometr. mit zwei akt. Pt-Elektroden bestimmt werden. Die Lsgg. von $(NH_4)_2Ce(NO_3)_6$ sind lichtempfindlich u. müssen in braunen Flaschen aufbewahrt werden (Analytic. Chem. **28.** 334—37. März 1956. East Lansing, Mich., Michigan State Univ., Kedzie Chem. Labor.) W. KRÖNERT. 5066

**Ali Riza Berkem,** *Über den McIlvaine-Puffer.* Es wurde die Beziehung zwischen Temp., Konz. u. Zeit im Puffersyst. nach MCILVAINE untersucht. Zwischen 20° u. 45° erhöht sich der $p_H$-Wert des Syst. mit der Temp., der Fehler je °C beträgt $< 0{,}01$ je Einheit $p_H$, er darf nicht vernachlässigt werden. Um den Salzfehler zu verkleinern, bestimmt man die $p_H$-Werte in Lsgg. mit 0,05 mol. Citronensäure u. 0,1 mol. $NaH_2PO_4$-Lsg.; mit 0,025 mol. Citronensäure u. 0,05 mol. Phosphatlsg. u. mit 0,05 mol. Citronensäure u. 0,05 mol. Phosphatlösung. Als Eich-Lsg. wird eine Mischung von 0,025 mol. Citronensäure u. 0,05 mol. $NaH_2$-$PO_4$-Lsg. empfohlen; das Intervall für den gebräuchlichsten $p_H$-Wert beträgt 2,52—8,25. Ferner wurde untersucht, wie sich $p_H$-Wert u. Leitfähigkeit bei Lsgg. von 0,1 mol. Citronensäure u. 0,2 mol. Phosphatlsg. mit der Zeit verändern: Nach 19 Monaten erhöht sich das $p_H$ der Säure um 0,26 Einheiten, u. die Leitfähigkeit verringert sich um $1{,}09 \cdot 10^{-4}$ mho, während in dem gleichen Zeitraum der $p_H$-Wert u. die Leitfähigkeit der Phosphatlsg. sich um 0,56 Einheiten u. $1{,}8 \cdot 10^{-4}$ mho verringern. (Istanbul Üniv. Fen Fak. Mecmuasi [Rev. Fac. Sci. Univ. Istanbul], Ser. A 17. 153—58. April 1952. Istanbul, Univ. Inst. de Chim. Phys.) H. ELCHLEPP. 5066

**J. Doležal,** *Anwendung der Aminoverbindungen in der Polarographie anorganischer Verbindungen.* 2. Mitt. *Polarographisches Verhalten einiger Ionen in Äthylendiaminlösung.* (1. vgl. C. **1956.** 5475.) Es wurde das Verh. von *Hg, Ag, Cu, Pb, Cd, Tl, In, Ga, Fe, Al, Mn, Cr, Co, Ni, Zn, Ce, Mo, W, V, Pt, Rh, Ir, Pd* u. *Au* in Äthylendiaminlsg. beschrieben mit Angabe der Halbstufenpotentiale. Äthylendiamin eignet sich als Grundlsg. für die Best. von Co neben Ni u. Zn, von In in Zn oder Ga, von Te in Se usw. (Chem. Listy **49.** 1237—1240. August 1955. Praha, Karlova univ., Ústav pro chemii analytickou.) P. ZUMAN/Prag. 5066

**E. Dannenberg,** *Trockenreagentien für analytische Zwecke. Mischungen.* Besprechung von Wirkungsweise u. Anwendungsmöglichkeiten bes. solcher *Trockenreagentien,* die im Augenblick der Auflsg. keine Sekundär-Rkk. hervorrufen u. sich für quantitative Analysen eignen: BENEDICT-*Reagens* ($CuSO_4$, $Na_2CO_3$, Na-Citrat); *Folin-Wu-Cu-Reagens* ($CuSO_4$, Weinsäure, $Na_2CO_3$); ROTHERAs *Reagens* (Nitroprussiat, $Na_2CO_3$, $(NH_4)_2SO_4$); *o-Toluidinreagens* nach Vf. (o-Toluidin, Weinsäure, $BaO_2$, Ca-Acetat); *Reagens zum Nitritnachw.* (α-Naphthylamin, Sulfanilsäure, Weinsäure); *Folin-Wu-Phosphormolybdowolframat-Reagens* ($MoO_3$, $Na_2WO_4$, NaOH); ferner Besprechung des Densitests nach Vf. mit NaCl u. Zusatz von Farbstoffen, wie Erioglaucin, Erioviridin oder Fuchsin S, der es gestattet, Transsudate von Exsudaten durch ihr unterschiedliches spezif. Gew. zu unterscheiden. (Analytica chim. Acta [Amsterdam] **10.** 101—07. Febr. 1954. Santiago del Estero, Argentinien, Hosp. Mixio.) H. DOSSMANN. 5072

**Jack K. Carlton, Walter C. Bradbury** und **R. Kruh,** *Reaktionen von Metallionen mit Dithizon in geschmolzenem Naphthalin.* Vff. beschreiben vergleichende Unterss. über das Verh. von $Hg^{2+}$-, $Cd^{2+}$-, $Bi^{3+}$-, $Sb^{3+}$- u. $Sn^{2+}$-Ionen gegenüber *Dithizon* (**I**) in *Chlf.* u. in geschmolzenem *Naphthalin* (**II**). Die Absorptionsspektren der Metalldithizonate in **II** stimmen mit denen überein, die durch Extraktion der Metallionen durch die Chlf.-

Lsg. u. Rk. mit I erhalten werden. (Analytica chim. Acta [Amsterdam] **12.** 101—106. Febr. 1955. Fayetteville, Univ. of Arkansas.) R. KIESSIG. 5072

**H. Spencer Gregory** und **E. Rourke,** *Neuzeitliche Hygrometrie.* Vff. vergleichen neuzeitliche Hygrometerbauarten, besprechen ein Hygrometer-Prüfgerät u. erörtern Taupunktverfahren, ein Eisbeschlag-Hygrometer (mit festem $CO_2$-gekühltes Benzin wird auf einer Oberfläche zerstäubt u. deren Beschlagen photoelektrisch beobachtet), das GREINACHER-Diffusionshygrometer, die Feuchtigkeitsmessung in komprimierten Gasen, verschied. Psychrometer, die Theorie eines Hygrometers mit beheizter feuchter Kugel u. ein elektrolyt. Hygrometer (Wasserdampf wird von Glasfasern festgehalten, welche mit hygroskop. Salzen imprägniert sind). — 14 Zitate. (Trans. Soc. Instrument Technol. **4.** 125—38. Sept. 1952. London, Imperial Coll. bzw. Negretti & Zambra, Ltd.) H. PAULI. 5074

**A. F. Tschudnowski,** *Thermische Methode zur Feuchtigkeitsbestimmung von capillarporigem Material.* Es wird gezeigt, daß für die Best. des Wassergeh. von Mehl, verschied. Pulvern u. Böden die spezif. Wärme c, der Koeff. der Wärmeleitfähigkeit $\lambda$ u. der Koeff. der Temperaturleitfähigkeit k wenig brauchbar sind. Als brauchbar hierfür erweist sich die von einem Körper abgegebene Wärme $j = \sqrt{\lambda c \varrho}$ ($\varrho$ = Dichte des Materials), wenn derselbe in ein unendliches Medium getaucht wird. Als beste Meth. ist die Best. der Abkühlungszeit zu betrachten. Die Abkühlungszeit eines Körpers von der Anfangstemp. bis zu einer bestimmten Temp. ist nämlich annähernd umgekehrt proportional dem Ausdruck $j^2 = \lambda c \varrho$. Die notwendigen App. u. Arbeitsweisen mit den beiden letztgenannten Verff. werden ausführlich beschrieben. (Журнал Технической Физики [J. techn. Physik] **24.** 2190—2201. Dez. 1954.) O. LEBTAG. 5074

**N. Je. Podkletnow,** *Ein neues Verfahren zum schnellen Nachweis von Acetaldehyd und Aceton in der Luft.* 2 Liter Luft werden im Lauf von 2 Min. durch ein mit einer Lsg. von 2% Benzidin (Kp. 127,5—128,5) in Pyridin (Kp. 114—116) getränktes Silicagel enthaltendes U-Rohr geleitet u. 10 Sek. über freier Flamme erhitzt. Ein sich bildender orangefarbener Ring zeigt die Ggw. von *Acetaldehyd* oder *Aceton* an. 0,008 mg/Liter können noch nachgewiesen werden. Das Verf. eignet sich sowohl für die Kontrolle des technol. Prozesses wie für Zwecke des Arbeitsschutzes, da es in 3 Min. direkt am Arbeitsplatz ausgeführt werden kann. (Химическая Промышленность [Chem. Ind.] **1954.** Nr. 6. 51—52. Sept.) J. v. SCHROEDER. 5088

## a) Elemente und anorganische Verbindungen.

**Robert B. Jacobs, Lloyd G. Lewis** und **Frank J. Piehl,** *Bestimmung von Wasserstoff durch β-Strahlenabsorption.* Unter Berücksichtigung des großen Absorptionsvermögens von H für β-Strahlen arbeiten Vff. eine Meth. zur schnellen u. genauen Best. des H-Geh. bes. von fl. Brennstoffen aus. Das verwendete Instrument besteht aus einer $^{90}$Sr-Strahlenquelle, die zwei gleiche Strahlen in entgegengesetzte Richtungen aussendet, u. zwei Ionisationskammern. Ein Strahl tritt durch eine Blende mit konstanter Absorption direkt in die eine Kammer, während der andere Strahl vor Einfall in die Kammer durch eine Zelle mit der zu untersuchenden Fl. u. anschließend durch eine verstellbare, keilförmige Blende geht. Die beiden Ionisationskammern sind gegeneinandergeschaltet u. mit einem Galvanometer verbunden. Die Stellung der variablen Blende bei Stromlosigkeit dient als Maß für das Absorptionsvermögen der zu untersuchenden Probe. Einzelheiten zum Aufbau des Instruments werden beschrieben. Eine Auswechslung der Strahlenquelle ist erst nach ca. 25 Jahren (Halbwertszeit) erforderlich. Eichmessungen werden mit sechs KW-stoffen durchgeführt u. eine Standardabweichung von nur 0,03% H festgestellt. Eine Prüfung der Meth. an 13 bekannten bin. Mischungen von KW-stoffen, 17 fl. Brennstoffen sowie drei entsprechenden synthet. Gemischen zeigt die Überlegenheit gegenüber den Mikroverbrennungsmethoden. Die Genauigkeit des Verf. wird lediglich durch die zufolge der Ggw. anderer Elemente als C u. H einzuführenden Korrekturen beschränkt. Entsprechende Korrekturfaktoren für N, O, S, Cl, Br u. Pb werden angegeben. (Analytic. Chem. **28.** 324—27. März 1956. Whiting, Ind., Standard Oil Co.) W. KRÖNERT. 6238

**S. W. Mayer, F. H. Kelly** und **M. E. Morton,** *Ammoniakbestimmung und Probenherstellung für das Massenspektrometer mit Hilfe einer Mikrodiffusionsmethode.* Zur schnellen, routinemäßigen Analyse großer Probemengen, z. B. bei Stoffwechseluntterss. mit $^{15}N$, haben Vff. eine Mikrodiffusionsmeth. entwickelt, die bei N-Gehh. zwischen 0,5 $\gamma$ u. 10 mg brauchbar ist u. die zur Herst. von $NH_3$-Proben vor der Isotopenanalyse im Massenspektrometer dient. Die mit konz. $K_2CO_3$-Lsg. u. einigen Glaskugeln versetzte Probe rotiert zur Beschleunigung der Diffusion 30 Min. bei 65°. Das entwickelte $NH_3$ wird an einem mit $H_2SO_4$ benetzten Glasstab aufgefangen, dieser in NESSLER-Reagens (in der BOCK-BENEDICTschen Modifikation) gespült u. die Lsg.

colorimetriert. Die Genauigkeit der $NH_3$-Best. beträgt bei $> 10\,\gamma$ ca. 2%, bei kleineren Mengen 0,2 $\gamma$. Die $NH_3$-Probe ist direkt für die übliche Hypobromitbehandlung zur $N_2$-Erzeugung geeignet. (Analytic. Chem. **27.** 837—38. Mai 1955. Long Beach, Veterans Administration Hospital, Radioisotope Unit. u. Los Angeles, Calif., Univ. of Calif., School of Medicine.) R. CONRAD. G 243

**Józef Kępiński,** *Distickstoffoxyd in den an Kontakten erhaltenen Oxydationsprodukten des Ammoniaks.* Es wurde eine Meth. zur Best. von $N_2O$ (I) in den $NH_3$-Verbrennungsgasen ausgearbeitet. Die höheren Stickstoffoxyde werden mit konz. $H_2SO_4$ ausgewaschen u. I mit fl. Luft ausgefroren. Dann analysiert man mittels therm. Dissoziation über Pt-schwarz-Asbest bei einer Temp. unterhalb 900° u. ermittelt die nach $N_2O = N_2 + {}^1/_2O_2$ stattfindende Vol.-Zunahme. Hierfür wurde eine bes. App. konstruiert (Beschreibung), die fast gänzlich die störende Dissoziation von I in $N_2$ u. NO unterdrückt. Die Verbrennung von 10% $NH_3$ in $O_2$ wurde an reinem $Bi_2O_3$ oder an einem Gemisch von $MnO_2$ u. *CuO* mit $CaCO_3$ ausgeführt. Im Gegensatz zu anderen Autoren fand Vf., daß mit $Bi_2O_3$-Kontakten I in kleinen Mengen in den Verbrennungsprodd. nachweisbar ist. (Roczniki Chem. [Ann. Soc. chim. Polonorum] **26.** 471—82 1952. Warszawa, TH, Inst. f. ind. anorgan. Chem.) H. FREYTAG. G 243

**St. Škramovský** und **L. Velíková,** *Quantitative Bestimmung geringer Mengen löslicher Fluoride und gasförmigen Fluorwasserstoffs.* Zur Best. der Fluoride wurde die Einw. von durch Zers. von Fluoriden mit $H_2SO_4$ entstandenem HF auf Si-Verbb. unter Bldg. einer gelbgefärbten Komplexverb. mit Mo-Reagens benützt. Der Farbton wurde photometr. gemessen. Lösl. Fluoride reagieren mit $H_2SO_4$ schon bei Normaltemp.; der entstehende HF reagiert mit $SiO_2$ unter Bldg. von $SiF_4$, das sich mit W. unter Bldg. von $Si(OH)_4$ umsetzt. Dieses reagiert mit Molybdat unter Bldg. des gelben $H_8[Si(Mo_2O_7)_6]$. Es lassen sich $F^-$-Mengen von $10\gamma$ aufwärts mit genügender Genauigkeit bestimmen. Die Meth. läßt sich auch zur Best. geringer Mengen HF in der Luft verwenden.

V e r s u c h e: In ein mit Paraffinüberzug versehenes Reagensglas wird 0,2 g Kieselgur eingewogen, die 10—100 $\gamma$ $F^-$ in 5 cm³ W. enthaltende Lsg. u. 0,3 cm³ 5n $H_2SO_4$ hinzugefügt u. zweimal mit 1 Std. Abstand durchgeschüttelt. Zu 3 cm³ der filtrierten Lsg. wird dann 1 cm³ Molybdatreagens (100 cm³ 5%ig. $NH_4$-Molydatlsg. + 1 cm³ 5n $H_2SO_4$) zugesetzt u. die Gelbfärbung unter Vgl. mit einer HF-Eichkurve nach 10 Min. Stehen gemessen. In der Luft vorhandener HF wird in Methylalkohol absorbiert. (Časopis českého Lékárnictva, vědecká Příloha. **63.** 299—306. 1950. Praha, Úst. pracovn. lék.) K. STEINER. G 246

**Jiří Koryta** und **Jiří Tenygl,** *Katalysierte Elektrodenreaktionen in der Polarographie.* 2. Mitt. *Polarographische Bestimmung von Chloraten.* (1. vgl. Chem. Listy **47.** [1953.] 26; Collect. czechoslov. chem. Commun. **18.** [1953.] 326; 3. vgl. C. **1956.** 8266). In Lsgg. des Ti(IV)-Oxalat-Komplexes in Ggw. von *Chlorat* (I)-Ionen wird der Grenzstrom des Ti(IV)-Ions infolge der katalysierten Red. des I erhöht. In 0,1 mol. Oxalsäure u. 0,4 mol. $H_2SO_4$ entfallen auf die Red. eines I 5,5 Moll. des Titan(III)-Komplexes. Die Geschwindigkeit der bimol. Rk. zwischen dem an der Elektrode entstandenen Ti(III)-Komplex und I ist so groß, daß es möglich war, durch Erhöhung der $Ti^{4+}$-Konz. die Rk. derart zu beschleunigen, daß die Stufenhöhe nur durch Diffusion des I bestimmt u. der Konz. proportional wurde. In einer Lsg. von 0,01 mol. $Ti^{4+}$, 0,2 mol. Oxalsäure, 0,4 mol. $H_2SO_4$, 0,01% Gelatine u. 0,25 mol. $Na_2SO_4$ können $10^{-3}$ bis $10^{-2}$ mol. Chloratlsgg. bestimmt werden. (Chem. Listy **48.** 467—469. März 1954. [Orig.: tschech.] Collect. czechoslov. chem. Commun. **19.** 839—41. Aug. 1954 [Orig.: deutsch]. Praha, Českoslov. akad. věd. Polarografický ústav.) P. ZUMAN/Prag. G 247

**Nathaniel L. Crump** und **Nathaniel C. Johnson,** *Schnellbestimmung von Perchloraten.* Die vorgeschlagene Meth. besteht im Schmelzen des Perchlorats mit $Na_2O_2$ in einer PARR-Bombe u. Best. des dabei gebildeten Chlorids. 0,1—0,2 g Analysensubstanz u. ca. 5 g $Na_2O_2$ werden in die PARR-Bombe gebracht u. durch anhaltendes Schütteln sorgfältig gemischt. Die Bombe wird dann in eine Asbestscheibe eingesetzt u. 4—5 Min. erhitzt. Die Schmelze wird herausgelöst, die Lsg. mit $HNO_3$ angesäuert u. nach VOLHARD titriert. Der Fehler ist geringer als 1%, u. der Zeitbedarf für eine Doppelbest. liegt unter 1 Stunde. Verss., Perchlorate in der PARR-Bombe quantitativ zu zers. durch alleiniges Erhitzen oder zusammen mit $Na_2CO_3$, $K_2CO_3$ u. $MnO_2$ waren nicht befriedigend. (Analytic. Chem. **27.** 1007—08. Juni 1955. Ferguson, Mo., Universal Match Corp., Armament Div., Res. and Developm. Labor.) A. SHMIDPETER. G 247

**Lawrence W. Scott** und **Guy William Leonard jr.,** *Spektrophotometrische Bestimmung von Tellursäure.* 65—210 mg Tellursäure werden mit 10 ml 6,6 mol. $NH_3$–W. zu 100 ml gelöst, u. nach Temperierung im Thermostaten auf eine Temp. nahe Zimmertemp. wird die Absorption bei 260 m$\mu$ bestimmt. Bis zu 156 mg/100 ml wird das BEERsche Gesetz befolgt. Bei $<65$ mg soll mit einer kürzeren, bei $>210$ mg mit einer größeren Wellenlänge als 260 m$\mu$ gearbeitet werden. Durch gleichzeitige Messung bei 300 m$\mu$ kann vorhandenes Nitrat erfaßt werden. Das Verf. ist anwendbar bei Ggw. von anderen Säuren, $TeO_2$, $SeO_2$, $AsO_3^{3-}$, $AsO_4^{3-}$ u. von Basen. (Analytic. Chem. **26.** 445—47. März 1954. Manhattan, Kans., Kansas State Coll., Dep. of Chem.) PH. FRESENIUS. G 255

**Heinz-Jürgen Schaack** und **Walter Wagner,** *Die quantitative Bestimmung von Borfluorwasserstoffsäure neben freier Borsäure mit Hilfe von Cetyltrimethylammoniumchlorid. Cetyltrimethylammoniumchlorid* (I) bildet mit $HBF_4$ einen weißen Nd. der Zus. $C_{16}H_{33}(CH_3)_3NBF_4$, der eine quantitative Best. von $BF_4^-$ neben $H_3BO_3$ u. HF gestattet; Löslichkeit in W. bei 20°: 0,0025 g/100 ml Lsg., 10mal geringer als Nitronborfluorid, Umrechunungfaktor 0,2364. Nach Umkristallisieren des Nd. aus neutraler Lsg. ($p_H$ 7, Erhitzen auf 60°, abkühlen) wird filtriert. Da der Nd. beim Trocknen bei 105° zusammensintert, ist er für eine gravimetr. Best. nicht geeignet. Deshalb bestimmten Vff. das überschüssige I durch Fällung mit $K_4[Fe(CN)_6]$-Lsg. in stark schwefelsaurer Lösung. Dabei wurde I in einen Überschuß des Fällungsmittels gegossen u. der Nd. $(C_{19}H_{42}N)_2H_2 \cdot [Fe(CN)_6]$ abfiltriert. In neutraler Lsg. bildet sich $(C_{19}H_{42}N)_4[Fe(CN)_6]$. Das überschüssige $K_4[Fe(CN)_6]$ wurde mit $KMnO_4$-Lsg. zurücktitriert. $Hg^{2+}$, $Ce^{4+}$, $Sn^{2+}$, $[Fe(CN)_6]^{4-}$, $SCN^-$, Wasserglas, $PO_3^-$, $S_2O_8^{2-}$, $ClO_3^-$, $ClO_4^-$, $J^-$, $JO_4^-$, $Cr_2O_7^{2-}$, $MnO_4^-$ stören, weil sie Ndd. bilden, ebenfalls $VO_3^-$, $MoO_4^{2-}$, $WO_4^{2-}$ in saurer Lösung. Bei einem Überschuß an $H_3BO_3$ wurde nicht die der anwesenden HF-Menge entsprechende Menge $HBF_4$ gefunden. Vff. nehmen die Bldg. von Zwischenprodd., wie $HBF_3(OH)$, $HBF_2(OH)_2$ oder $HBF(OH)_3$, an. (Z. analyt. Chem. **146.** 326—38. 1955. Frankfurt/M., Battelle Inst.) H. PLUSKAL. G 258

**K. Doerffel,** *Zur Bestimmung von $CO_2$ in Gesteinen.* Zur Best. von $CO_2$ in Gesteinen geht Vf. von einer Meth. von BRUCHHAUSEN (MÜLLER, Praktikum der quantitativen Analyse) aus. Carbonat wird in einem Destillationskölbchen durch langsame Zugabe von $HClO_4$ u. schwaches Erwärmen zers., darauf das entweichende $CO_2$ in magnet. gerührte 0,1 n $Ba(OH)_2$-Lsg. geleitet, die sich bei 100—200 Torr in einem Dreihalskolben befindet. Nach beendeter Zers. u. Absorption (gleichbleibender Manometerstand nach ca. $^3/_4$ Std.) kann mit 0,1 n HCl gegen Phenolphthalein zurücktitriert werden. Bei Ggw. von Sulfiden ist ein Zusatz von 1 g Pb-Acetat/100 mg $S^{2-}$ erforderlich. (Chem. Techn. **6.** 391—92. Juli 1954. Freiberg/Sa., Bergakad., Mineralog. Inst.) H. PLUSKAL. G 260

**W. A. Bankowski,** *Über die Bestimmung von freiem Siliciumdioxyd in den Gesteinen (Erzen) des Donezbeckens.* Die Best. der freien $SiO_2$ (I) in Tongesteinen stößt auf erhebliche Schwierigkeiten; ein Standardverf. ist dafür noch nicht ausgearbeitet worden; mit den üblichen petrograph. Verff. ist diese Best. kaum durchführbar. An 10 Analysenbeispielen zeigt Vf., wie er diese Schwierigkeiten zu überwinden gesucht hat. Die freie I ist darin nur aus der Differenz (nach Abzug der an die Mineralien gebundenen I) annähernd ermittelt worden. Das in den Tongesteinen des Donbaß am meisten verbreitete Mineral (Illit) enthält 46—50% an gebundenem I. (Уголь [Kohle] **29.** Nr. 3. 39—41. März 1954. Rostow/Don, Kohlegeolog. Trust.) A. v. WILPERT. G 261

**G. A. Monnot,** *Spektralanalyse nichtleitender Pulver, besonders von Quarz und Silicaten, in Ultraviolettemission und Infrarotabsorption.* Im Verlauf von Unterss. über Silicose mußten spektrograph. Verff. zur Best. der Zus. von Stäuben, Aschen usw., bes. für eine genaue Kontrolle von Tierverss., ausgearbeitet werden. Es sollten direkt die Pulver untersucht werden. Die Eichproben bis zu 0,01% Geh. an Fremdstoffen wurden durch Verreiben der entsprechenden Metalloxyde mit spektralreinem $SiO_2$ oder Flußspat bei einer Teilchengröße von rd. 100 $\mu$ hergestellt. Das Verreiben verbessert die statist. Genauigkeit der Analysen von 20 auf 3%. Die Flüchtigkeit von Stoffen, bes. Ge, muß berücksichtigt werden. Allerdings ergaben sich dabei Unterschiede zwischen natürlichen u. synthet. hergestellten Eichproben. Untersuchungs- u. Eichproben wurden mit dem doppelten Gewicht an Graphit vermischt u. unter Zusatz von einer $^1/_{100}$ n Ni-Salzlsg. (als Vergleichssubstanz) brikettiert, was das Springen der Proben verhindert; statt Ni kann auch Co, Be, Ag angewandt werden. Sie wurden mit 940 V u. 3,0 A verfunkt. Fehler 5—10%. Die Alkalianalysen von Mineralstäuben, Kohleaschen usw. wurden flammenphotometr. aus einer HF–$HClO_4$-Lsg. mit Propan–Luft mit 1—2% Genauigkeit gemacht. Die Infrarotabsorption der festen Stoffe wurde mit der Technik der KBr-Pastillen im Doppelstrahlspektrometer HILGER D 209 untersucht. Der Einfl. der Korngröße u. der Brikettierung wird diskutiert. Die UV-Absorption wurde für die Feststellung der Natur, bes. des Kondensationsgrades u. der Entstehung des $SiO_2$, eingesetzt (Technik: Lsg. in Quarzküvetten, $H_2$-Lampe, Quarzspektrograph). Der TYNDALL-Effekt wurde ebenfalls geprüft der mit der UV-Absorption u. dem Kondensationsgrad parallel läuft. (Mikrochim. Acta [Wien] **1955.** **446**—66. Verneuil, Centres d'études et des recherches des charbonnages de France.) R. VOIGT. G 261

**Uno Fernlund** und **Sepp Zechner,** *Bestimmung von Phosphor als Chinolinphosphormolybdat. Vereinfachte Fällung von Chinolinphosphormolybdat mit einem einzigen Fällungsreagens.* Zur Fällung von P als Chinolinphosphormolybdat (vgl. C. **1955.** 4895) wurde eine besondere Reagenslsg. verwendet, die Vff. *Chimolsg.* nennen [1. 250 g $Na_2MoO_4 \cdot 2H_2O$ + 500 ml W. + 460 ml konz. HCl + 1 Tropfen 30% ig. $H_2O_2$. 2. 28 ml Chinolin + 600 ml HCl (1:1). Die vereinigten Lsgg. werden kurz aufgekocht u. nach mindestens 24 Std. in eine Plast- oder Resistentglasflasche filtriert]. P muß in 5wertiger Form (Zugabe von einigen Tropfen Chloratlsg.) in 0,9—1,6mol. Lsg. vorliegen. Die Fällung wird aus heißer Lsg. vorgenommen, der Nd. mit 1mol. HCl u. dest. W. gewaschen, mit dest. W. geschüttelt u. in Lauge gelöst u. der Überschuß mit HCl zurücktitriert. Verwendet man zum Lösen einen Überschuß von mindestens 7 ml 0,05n NaOH, so stört $V^V$ die Analyse nicht. Der Fehler entspricht dem Ablesefehler der Bürette. Zur qualitativen P-Best. wurde Chimolsg. auf das Erz gespritzt ($>20^0$), das sich bei Ggw. von P gelb färbt. Bei $<20^0$ legt man kleine Erzstückchen in Chimolsg. u. erwärmt mit der Hand auf $>20^0$. (Z. analyt. Chem. **146.** 111—14. 1955. Kiruna C, Schweden, Luossavara-Kiirunavaara Aktiebolag, Labor.) H. PLUSKAL. G 264

**Walter Nielsch** und **Lieselotte Giefer,** *Komplexometrische Bestimmung von Pyrophosphorsäure.* Zur Best. von $P_2O_7^{4-}$ (ca. 0,1 g/Analyse) wurde nach Zugabe von 2 g $NH_2OH \cdot HCl$ (um Oxydation von $Mn^{2+}$ zu vermeiden) zunächst $Mn_2P_2O_7$ bei $p_H$ 4,1 nach der Vorschrift von JONES (Ind. Engng. Chem., analyt. Edit. **14.** [1942.] 536) gefällt, nach 1Std. abfiltriert u. mit 0,1% ig. $MnCl_2$-Lsg. u. W. gewaschen. Dann wurde in 50 ml 0,05 mol. Idranal III-Lsg. (Dinatriumäthylendiamintetraacetat) gelöst, etwas $NH_2OH \cdot HCl$ zugegeben u. $p_H$ 10 durch Pufferlsg. eingestellt [54 g $NH_4Cl$ + 350 ml $NH_3$(0,91), mit W. auf 1 Liter aufgefüllt]. Der Überschuß an Idranallsg. konnte nun bei 80—90° mit 0,05mol. $ZnSO_4$-Lsg. u. Eriochromschwarz T als Indicator bis zum Farbumschlag von Blau nach Rotviolett zurücktitriert werden. Die Mindestkonz., bei der noch quantitativ gefällt werden kann, beträgt 0,2 mg $P_2O_7^{4-}$/ml. Der Mn-Überschuß muß mindestens 5fach sein. (Z. analyt. Chem. **146.** 323—26. 1955. Seelze/Hannover, Riedel de Haën Akt.-Ges., Kontrollabor.) H. PLUSKAL. G 264

**G. Gopala Rao** und **H. Sanke Gowda,** *Vanadimetrische Bestimmung von Hypophosphit und Phosphit. Silbersalzkatalyse.* Hypophosphit u. Phosphit werden nur sehr langsam durch Oxydationsmittel zu Phosphat oxydiert. Bei Anwendung von 2—3 ml 5% ig. $Ag_2SO_4$-Lsg. in $H_2SO_4$ als Katalysator gelingt eine Oxydation von ca. 0,1 mMol Hypophosphit bzw. Phosphit in schwefelsaurer Lsg. durch 20 Min. langes Erhitzen mit einem Überschuß an Vanadat auf dem Wasserbad. Nach dem Abkühlen kann der Vanadatüberschuß mit MOHRschem Salz zurücktitriert werden. Für Hypophosphit wird ein 20facher Überschuß u. mindestens 8,5n $H_2SO_4$, für Phosphit ein 10facher Überschuß u. mindestens 1,25n $H_2SO_4$ vorgeschlagen. Vff. nehmen an, daß $Ag^+$ zuerst zu Metall red. u. durch Vanadat wieder oxydiert wird. (Z. analyt. Chem. **146.** 167—73. 1955. Waltair, Südindien, Andhra Univ., Dep. of Chem.) H. PLUSKAL. G 264

**R. F. Makens, H. H. Vaughan** und **R. R. Chelberg,** *Polarographische Bestimmung von Dialkyldithiophosphaten.* Es wurde das polarograph. Verh. der Na-Salze folgender O.O-veresterter Dithiophosphorsäuren in 0,1n $HClO_4$ untersucht: *Diäthyl-, Di-n-propyl-, Diisopropyl-, Di-n-butyl-, Diisobutyl-* u. *Di-sek.-butyldithiophosphorsäure.* Die Halbstufenpotentiale der anod. Stufen werden mit steigender Konz. u. mit Zunahme der Größe der Alkylgruppen negativer. Die Diffusionsströme sind bis zur Konz. von $10^{-3}$mol. konzentrationsproportional. Für die Vorgänge an der Tropfelektrode werden folgende Rkk. angenommen: 1. $2 Hg \rightarrow Hg_2^{2+} + 2e^-$; 2. $Hg_2^{2+} + 2 (RO)_2PS_2^- \rightarrow Hg + Hg[(RO)_2PS_2]_2$. Bei Verwendung einer Mikroplatinanode ist die prim. Rk. 1 nicht möglich; folglich tritt eine Verschiebung der Halbstufenpotentiale von schwach negativen Werten bis ca. +0,7 V ein. Die Rk. verläuft hierbei nach $2 (RO)_2PS_2^- \rightarrow (RO)_2 \cdot PS_2—S_2P(RO)_2 + 2 e^-$. Die angenommenen Elektrodenvorgänge konnten durch Elektrolyse bei Verwendung von Makroquecksilber- u. -platinelektroden bei konstanten Anodenpotentialen u. Isolierung der hierbei entstandenen Reaktionsprodd. bestätigt werden. (Analytic. Chem. **27.** 1062—64. Juli 1955. Houghton, Mich., Coll. of Mining and Technol., Dep. of Chem. and Chem. Engng.) E. MOISAR. G 264

**M. Posgay,** *Über die Schnellbestimmung des Natriumgehaltes in Kryolith und in der Kryolithschmelze.* 0,1 g Substanz wird in einer Platinschale 2mal mit je 15 ml halbkonz. $H_2SO_4$ zur Trockne verdampft, der Rückstand bei 700° kurz geglüht u. in 20—25 ml W. gelöst. Die Suspension wird in den Anodenraum des Elektrodialysators gefüllt u. mit 110 V Gleichstrom dialysiert. Der Katholyt wird zeitweise abgelassen u. nach Beendigung der Dialyse mit HCl gegen Methylrot titriert. (Kohászati Lapok **10** (**88**). 231 bis 232. Mai 1955.) J. PLANK. G 274

**H. J. G. Challis** und **D. F. Wood**, *Absorptiometrische Bestimmung von Magnesium in Titan und dessen Legierungen.* Es werden zwei absorptiometr. Methoden empfohlen, nach denen Mg in Ti u. dessen Legierungen in Mengen zwischen 0,02 u. 1,0% bestimmt werden kann. Nach vorangehender Ti-Extraktion mit Cupferron–Chlf. wird das Mg entweder in Ti-Metall u. -Schwamm mit Titangelb oder in Ti-Legierungen mit *Solochrome Cyanine R 200* (I) colorimetriert. Beide Methoden eignen sich zur schnelleren u. genaueren Mg-Best. in Konzz. unterhalb 0,1% besser als das gravimetr. Phosphatverfahren. Unter der Voraussetzung, daß nur geringe Verunreinigungen an Cr, Cu, Fe, Mn, Ni, V u. Ti-Resten vorhanden sind, ist die Titangelbmeth. befriedigend; Al stört u. wird als Sulfat oder Hydroxyd entfernt. Eine Abtrennung von Ca ist im Gegensatz zur Phosphatmeth. nicht nötig, es wird vielmehr zur Erhöhung der Farbintensität zugefügt. Die I-Rk. ist in weiten Grenzen anwendbar; Al-, Cr-, Fe- u. Mn-Gehh. stören nicht. Es werden zahlreiche Werte von Vergleichsanalysen mit synthet. Proben u. Legierungen angeführt. (Analyst **79.** 762—70. Dez. 1954. Witton, Birmingham, Imperial Chem. Ind. Ltd., Metals Div.) S. Hüttig. G 282

**Donald C. Boardman**, *Die Bestimmung des Verhältnisses Calcium: Magnesium in Sedimentgesteinen.* Vff. schlägt eine Einteilung Ca–Mg-haltiger Gesteine nach dem Verhältnis Ca:Mg vor im Hinblick auf die Verarbeitung zu: Kalksteinzement (95% Ca:5% Mg), Magnesiakalksteinzement (90—95% Ca:5—10% Mg), Dolomitkalksteinzement (50—90% Ca:50—10% Mg), Calcitdolomitzement (50—10% Ca:50—90% Mg) u. Dolomitzement (10% Ca:90% Mg). Zur schnellen Analyse werden die in HCl gelösten Anteile auf 300 ml verd., mit $NH_4Cl$ versetzt u. Fe durch $NH_3$ gefällt u. abfiltriert. Dann wird auf 1 Liter verd. u. in Anteilen von 25 ml einmal die Summe Ca + Mg nach Schwarzenbach unter Verwendung der Indicatoren *Uni Ver* u. *Titra Ver* u. Ca allein unter Verwendung des *Cal Ver*-Indicators bestimmt. Mg wird als Differenz berechnet. (Proc. Iowa Acad. Sci. **60.** 330—32. 1953. Wheaton, Ill., Wheaton Coll., Dep. of Geol.) H. Pluskal. G 283

**Louis Gordon, Carl C. Reimer** und **Benjamin P. Burtt**, *Verteilung von Strontium in Bariumsulfat, welches aus homogener Lösung gefällt wurde.* Vff. beschreiben Unterss. über die Verteilung von $SrSO_4$ zwischen einem Lösungsm. aus 20% Methanol u. 80% $H_2O$ u. gefälltem $BaSO_4$. Ba wurde komplexometr. u. Sr radiochem. durch Messung des verwendeten $^{90}Sr$ (im Gleichgewicht mit $^{90}Y$) bestimmt. Bei Fällung von $BaSO_4$ aus homogener Lsg. durch Hydrolyse von Methylsulfat in wss. Methanol setzt die Fällung erst dann ein, wenn das Löslichkeitsprod. des $BaSO_4$ um den ca. 20fachen Betrag überschritten ist. Längeres Stehen der gefällten Lsg. führt zu einem Anwachsen der mitgefällten Sr-Menge mit der Zeit. Ein Vgl. der üblichen Ba-Fällungsmeth. durch $SO_4^{2-}$-Zusatz mit der Fällung aus homogener Lsg. zeigte, daß die letzte Meth. zu einer weitaus besseren Gleichgewichtseinstellung für $BaSO_4$ führt. Bei Variation des Verhältnisses Ba:Sr von 1,3—2700 ergab sich, daß Sr in der festen Phase heterogen verteilt ist. Der logarithm. Verteilungskoeff. $\lambda$ der Doerner-Hoskins-Gleichung wurde bei 83° zu 0,030 ± 0,004 bestimmt. (Analyt. Chem. **26.** 842—46. 19/5. 1954. Syracuse, N. Y., Univ., Dep. of Phys.) J. Roesmer. G 285

**T. S. West**, *Die Bestimmung von Bariumsulfatniederschlägen mit einer titrimetrischen Methode.* Stellungnahme zur Kritik von Gwilt (C. **1955.** 4419). (Chem. and Ind. **1954.** 608. 22/5. Edgbaston, Birmingham, Univ., Chem. Dep.) H.-G. Moslé. G 285

**Mahadeo M. Tillu**, *Alkalimetrische Methode zur Bestimmung von Cadmium und Zink in Cadmium–Kupfer- und Zink–Kupfer-Legierungen.* (Vgl. C. **1953.** 4916.) Cd u. Zn wurden aus den Cu enthaltenden Mischungen ihrer Chloride mit $NaHCO_3$ als Fällungsreagens abgeschieden. Cd u. Zn werden als bas. Carbonate ausgefällt, während das zweiwertige Cu in der Lsg. zurückbleibt. Zu den bas. Carbonaten wird KJ oder $Na_2S_2O_3$ als Reagens hinzugefügt u. die Cd- u. Zn-Menge alkalimetr. bestimmt. (Analytica chim. Acta [Amsterdam] **8.** 337—38. April 1953. Bombay, Ramnarain Ruia Coll.) H. Elchlepp. G 289

**Armin Petzold** und **Ingeborg Lange**, *Die Bestimmung von Cadmium mit Dithizon in Gegenwart geringer Mengen von Nickel und Kobalt.* Die quantitative Best. von Cd neben Ni u. Co durch Extraktion mit Dithizon u. $CCl_4$ wird beschrieben. Ni u. Co werden in natronalkal. Lsg. durch Dimethylglyoxim komplex gebunden. Ca. 40 $\mu$g Cd neben einem ca. 10fachen Überschuß an Ni u. einem ca. 100fachen Überschuß an Co sind auf diese Weise noch bequem bestimmbar. — Bei Ggw. störender Metalle, wie Zn, Cu, Hg, Pb, Sn, Bi, Ag, vgl. Fischer u. Leopoldi (Mikrochim. Acta [Wien] **1.** [1937.] 30 u. Z. analyt. Chem. **118.** [1939/40.] 432). (Z. analyt. Chem. **146.** 1—4. 1955. Freiberg/Sa., Bergakad., Inst. für Silicathüttenkunde.) R. Borchardt. G 289

**Ignacy Reifer**, *Neue Methode zur Mikrobestimmung von Quecksilber.* Die neue Meth. beruht auf der Umsetzung von stark dissoziierendem $K_2HgJ_4$, das aus lösl. Hg-Salzen

bei KJ-Überschuß entsteht, mit *Ce(IV)-Sulfat* nach 2 $Ce_4^+$ + $HgJ_4^{2-}$ → $HgJ_2$ + $J_2$ + 2 $Ce^{3+}$ statt. Da auch $J^-$ gemäß 2 $Ce^{4+}$ + 2 $J^-$ → $J_2$ + 2 $Ce^{3+}$ oxydiert wird, folgt nachst. Arbeitsweise: 2 ml 0,18%ig. KJ-Lsg. verd. man im Schliffkolben mit ca. 8 ml dest. W., fügt ca. 1 ml $H_2SO_4$, 5 ml $CCl_4$ oder Chlf. sowie 0,2 ml *Diphenylbenzidin*-Lsg. (100 mg in 10 ml konz. $H_2SO_4$ u. 90 ml Eisessig) hinzu u. titriert aus einer Mikrobürette mit 0,002 mol. $Ce(SO_4)_2$-Lsg. unter starkem Schütteln nach jedem Tropfen Meß-Fl., von der ein Überschuß von 1 Tropfen Violettfärbung der wss. Lsg. hervorruft. Die 0,100—2,000 mg Hg enthaltende Lsg. wird genauso wie im Blindvers. behandelt. Es sind dann Hg mg = (A—B) 0,2006, worin A Verbrauch der Meß-Fl. durch die Blind-, B durch die Probelsg. bedeuten. Liegen Mengen von 0,025—0,200 mg Hg vor, verwendet man 0,0005 mol. $Ce(SO_4)_2$- u. auf das 4fache verd. KJ-Lösung. Noch vor Zugabe der letzten 2—3 Tropfen Meß-Fl. tritt an der Grenzfläche von Chlf. u. wss. Phase eine in diese übergehende Violettfärbung auf. Man muß daher erneut schütteln, das Chlf. ablassen u. $Ce(SO_4)_2$-Lsg. bis zur dauernden Violettfärbung zufügen. Hg mg = (A—B) 0,05015. Die Genauigkeit beider Titrationsausführungen entspricht ±0,5%. In Ggw. von $Cl^-$ verfährt man so, daß man 5 ml Probelsg. im Scheidetrichter mit 5 ml 30%ig. $H_2SO_4$, 2 ml KJ-Lsg. u. 5 ml Chlf. versetzt. Man schüttelt kräftig 30 Sek. aus, läßt das Chlf. ab u. wiederholt das Ausschütteln des $HgJ_2$ aus der wss. Lsg. mit neuem Chloroform. Nach Abziehen dieses Chlf. fügt man 0,2 ml Diphenylbenzidin, 5 ml Chlf. u. ca. 10 ml dest. W. zu u. titriert wie beschrieben. Die Blindprobe behandelt man in gleicher Weise, aber ohne mit Chlf. auszuschütteln. $SO_4^{2-}$, $NO_3^-$, $CH_3COO^-$ sowie Ca, Mg, Ba, Cu, Ag, Cd, Pb, Mn, Fe, Bi, Zn, Al, Co u. Ni stören nicht. (Roczniki Chem. [Ann. Soc. chim. Polonorum] **26.** 340—49. 1952. Warszawa, Szkola gzówna, Gospad. Wiejskiego.)
H. FREYTAG. G 290

**F. Burriel-Martí** und **S. Bolle-Taccheo,** *Der Einfluß komplexbildender Ionen auf das analytische Verhalten des Quecksilbers.* Aus den Gleichgewichten zwischen Hg, $Hg_2^{2+}$, $Hg^{2+}$ u. den sich in Ggw. von $Cl^-$, $Br^-$, $J^-$, $CNS^-$ u. $CN^-$ bildenden Salzen $Hg_2X_2$, $HgX_2$ (X = Halogen bzw. Pseudohalogen) u. Komplexionen $[HgX_3]^-$ u. $[HgX_4]^{2-}$ werden die für die Koexistenz von je 2 derselben geltenden Potentiale in V in Abhängigkeit von der Konz. an $X^-$, ausgedrückt als $p_{x^-}$, in Gleichungen angegeben u. für den Fall, daß Salze u. Ionen in $10^{-2}$ mol. Konz. vorliegen, die Diagramme ihrer Beständigkeitsgebiete in Abhängigkeit vom Potential u. $p_{x^-}$ gezeichnet. Aus ihnen entnimmt man, daß die Beständigkeit der $Hg_2X_2$-Verbb. in der Reihenfolge X = Cl, Br, CNS, J, CN abnimmt; die entsprechenden Gleichgewichtskonstanten für die Dismutation $Hg_2X_2$ → Hg + $HgCl_3^-$ bzw. $HgX_4^{2-}$ werden angegeben. Eine weitere Tabelle zeigt die Änderung des Reduktionsvermögens des Hg für $p_{x^-}$ = 0 u. 2 mit der Art des (Pseudo-) Halogens; im Falle des $CN^-$ auch in Abhängigkeit vom $p_H$, während im Falle der übrigen $X^-$, als Anionen starker Säuren, der Einfl. des $p_H$ fast verschwindet. Das von der Theorie vorausgesagte Reduktionsvermögen des Hg gegenüber schwachen Oxydationsmitteln wird an einer größeren Zahl von Beispielen geprüft, welche die Grundlagen von analyt. Verff. sind. (Inform. Quím. analít. **8.** 77—85. Mai/Juni 1954. Madrid, Fac. de Cie., Labor. de Quím. analít., u. CSIC.)
W. METZENER. G 290

**H. Flaschka** und **A. M. Amin,** *Mikrotitrationen mit Äthylendiamintetraessigsäure.* 9. Mitt. *Die Bestimmung des Indiums.* (8. vgl. C. **1956.** 8172.) Die neutrale In-Salzlsg. wird in einem 15 ml-Zentrifugenglas mit 2 ml 5%ig. K–Na-Tartratlsg. u. 2 ml $NH_4OH$/$NH_4Cl$-Puffer versetzt, durch Eintauchen in sd. W. nahe zum Sieden erhitzt, mit Indicatorpulver (Eriochromschwarz T + NaCl 1:400) versetzt u. mit 0,001 mol. Komplexonlsg. bis zum bleibenden Umschlag rot → blau titriert. 1 ml 0,001 mol. Komplexonlsg. entspricht 114,76 mg In. Diese Titration ist auch in Ggw. von Schwermetallen gut durchführbar, wenn diese mit KCN maskiert werden. (Mikrochim. Acta [Wien] **1953.** 410—13. Graz, Med.-chem. Inst. u. Pregl-Labor., Univ.) A.-M. FRETZDORFF. G 296

**G. S. Deshmukh** und **B. R. Sant,** *Eine neue volumetrische Methode zur Cerbestimmung mit Thiocyanat.* Ce wird bestimmt durch Red. von $Ce(SO_4)_2$ (**I**), indem überschüssig zugegebenes KCNS oder $NH_4CNS$ nach VOLHARD rücktitriert wird. Ein Mol KCNS reagiert mit sechs Mol **I.** Es ergibt sich weiter die Möglichkeit, **I** zur Best. von Thiocyanat u. von Ag zu verwenden. (Proc. Indian Acad. Sci., Sect. A **37.** 504—07. April 1953.)
K. L. WOLF. G 304

**Richard B. Hahn** und **Leon Weber,** *Ultraviolettspektrophotometrische Bestimmung von Zirkonium.* Das Zr(IV)-Salz der Mandelsäure verhält sich beim Lösen in wss. $NH_3$ wie eine salzähnliche Verb., die ein Absorptionsmaximum bei 258 mμ besitzt. Vff. verwenden diese Eig. als Grundlage für eine spektrophotometr. Schnellmeth. zur Best. von mg-Beträgen Zr in Ggw. von Al, Fe u. Ti. Die einige mg $ZrO^{2+}$-Ionen enthaltende Lsg. wird mit 1 mol. Mandelsäure versetzt, der Nd. in ca. 20 $cm^3$ 6 mol. $NH_4OH$ gelöst u. mit dest. W. auf 50 $cm^3$ aufgefüllt. Die Lsgg. sind ca. 2 Tage haltbar, dann tritt Hydrolyse ein. Die Absorptionsmessungen wurden mit dem BECKMAN-Spektrophotometer DU (1 cm-Quarzküvette) bei 258 mμ durchgeführt. Bei Ggw. von $NO_3^-$ ist die Fällung des Zirkontetramandelats unvollständig. Bis zu 100 mg $Al^{3+}$, 10 mg $Fe^{3+}$ u. 20 mg $Ti^{4+}$ stören die Zr-Bestimmungen nicht. Die Genauigkeit der Meth. ist befriedigend, sie wird ungenügend, wenn die Proben weniger als 1 mg Zr enthalten. (Analytic. Chem. **28.** 414—15. März 1956. Durham, N. H., Univ. of New Hampshire, Dep. of Chem.) D. ERTEL. G 322

**Edward C. Olson** und **Philip J. Elving,** *Amperometrische Titration von Zirkonium. Anwendung auf eine Fluoridlösung.* Zr läßt sich mit *Cupferron* (I) in 2 mol. $H_2SO_4$-Lsg. mit amperometr. Anzeige des Äquivalenzpunktes auch in Ggw. eines 30—35fachen Überschusses von $F^-$ titrieren. Bei einem größeren F-Geh. treten Störungen auf, die durch Zusatz von Al beseitigt werden können. Die Genauigkeit des Verf. beträgt 0,4%. $Fe^{3+}$, Ti, $V^{5+}$ u. große Mengen $Sn^{4+}$ stören, $HPO_4^{2-}$ stört nicht. Eine gravimetr. Best. des Zr mit **I** wird angegeben, die durch einen 1000fachen Überschuß an $F^-$ nicht beeinträchtigt wird. (Analytic. Chem. **26.** 1747—50. Nov. 1954. Ann Arbor, Mich., Univ. of Michigan.) PH. FRESENIUS. G 322

**P. Bévillard,** *Reagentien für Germanium.* Für den Ge-Nachw. durch Farb-Rkk. sind 1-Oxyanthrachinonderivv. (*Alizarin, Purpurin, Chinizarin* u. *Chinizarinsulfonsäure* in $H_2SO_4$-Lsg.) nur von mittelmäßigem analyt. Wert. Ausgezeichnet eignen sich dagegen o-Dioxybenzole, die in stark saurer Lsg. prakt. spezif. auf Ge wirken. Folgende Verbb. geben mit Ge farbige Ndd. oder eine Färbung: *Purpurogallin* (**I**; rosa Nd.), *3.5-Dinitrobrenzcatechin* (Gelbfärbung), *3.4-Dioxyazobenzol* (**II**; roter Nd.), *Methyldioxyazobenzol* (roter Nd.), *2.4-Dioxyazobenzol-4'-natriumsulfonat* (**III**; Rotfärbung), *3.4-Dioxytriphenylcarbinol* (violetter Nd.), *2.3.4-Trioxytriphenylcarbinol* (brauner Nd.), *2.3.4-Trioxyazobenzol* (brauner Nd.), *Brenzcatechinaurin* (violetter Nd.), *Pyrogallaurin* (rosa Nd.), *Pyrogallolsuccinein* (**IV**; rosa Nd.), *Gallein* (**V**; rosa Nd.), *3.4-Dioxybenzalanilin* (**VI**; gelber Nd. mit grüner Fluorescenz), *2.3.4-Trioxybenzalanilin* (**VII**; brauner Nd. mit grüner Fluorescenz), *Tetraoxydibenzaldiazin* (orange Nd.), *Gallocyanin* (Violettfärbung), *Brasilein* (roter Nd.), *Hämatein* (**VIII**; violetter Nd., $p_D$ 5,8). Die genaue Zus. der Reagenslsgg. wird angegeben. Die Lsgg. von **I, V, VIII** u. den Azofarbstoffen sind haltbar, die anderen müssen vor Gebrauch neu bereitet werden. — Eine Reihe weitere Verbb. wurde lediglich in ihren Rkk. auf Ge (nicht auf ihre Spezifität hin) geprüft: *3.4-Dioxy-4'-nitroazobenzol* (roter Nd.). *1.2-Dioxynaphthylazobenzol* (roter Nd.), *2.3-Dioxynaphthylazobenzol* (lebhaft rotvioletter Nd.), *2.3-Dioxy-6-sulfonaphthyldiazobenzol* (Violettfärbung), *o-Nitrobrenzcatechin* (Orangefärbung), *Brenzcatechinphthalein* (Umschlag von Blau nach Farblos in alkal. Mittel), *Saccharein des Oxyhydrochinons* (brauner Nd.), Coerulein (grüner Nd.), *3.4-Dioxy-4'.4''-tetramethyldiaminotriphenylcarbinol* (veilchenblauer Nd.), *Modernviolett* (rosa bis veilchenfarbiger Nd.), *Phenylhydrazon* von *3.4-Dioxybenzaldehyd* (**XII**; hellgelber Nd.), *Oxim* von **XII** (weißlicher Nd.), *3.4-Dioxyphenylacrylsäure* (weißgelblicher Nd.), *Alizaringelb A* (brauner Nd.), *Alizarinnatriumsulfonat* (gelber Nd.), *Chlorgallacetophenon* (kastanienbrauner Nd.), *Dioxycumaranon* (kastanienbrauner Nd.), *Gallorubin* (graubrauner Nd.), *4-Dimethylaminobenzaldioxycumaranon* (orangeroter Nd.). — Störungen können hervorgerufen werden: a) durch oxydierende u. reduzierende Ionen, wie $Au^{3+}$ u. $Ag^+$ (werden elementar gefällt, Umgehung der Störung durch konz. $HNO_3$), $MnO_4^-$ (bildet $MnO_2$, vorher mit $SO_3^{2-}$ red.!) u. $Sn^{2+}$ (unübersichtliche Rkk., bisweilen Entfärbung der Reagentien, gibt mit den SCHIFFschen Basen **VI** u. **VII** Ndd.); b) durch einige Metalle, wie Ba, Tl, W u. Sb, die in alkoh. Lsg. (mit W. verd.!), oder durch $Hg^+$, $Sn^{2+}$, $Bi^{3+}$, $Pb^{2+}$, die in neutraler Lsg. (ansäuern!) ausfallen; c) durch Farb-Rkk. von einigen Metallen, die anion. Sauerstoffkomplexe zu bilden vermögen: V, Ti, W, Mo, U fallen nur in konz. Lsgg. aus u. können durch $H_2O_2$ maskiert werden; Sb sowie Zr u. $Sn^{4+}$ geben nur Färbungen, keine Fällungen; d) durch die hemmende Wrkg. von organ. Säuren, wie $H_2C_2O_4$ oder α-Oxysäuren, sowie von $F^-$ infolge Komplexbldg. mit Ge, die aber selbst bei hohen Konzz. nur gering bleibt. Die spezif. Wrkg. der Reagentien nimmt ab in der Reihenfolge **I** > **V, IV** > **VIII** > Azofarbstoffe. Eine positive Rk. in verd. Lsg. läßt immer auf Ge schließen. Reagentien mit niedrigem Mol.-Gew. u. mit sauren Gruppen, wie $-NO_2$, $-SO_3H$ u. $-COOH$, rufen nur Färbungen hervor, die Spezifität wird dann geringer. — Die Empfindlichkeit des Ge-Nachw. liegt bei den angegebenen Reagentien in der Regel bei 0,005 γ Ge/$cm^3$; sie wird erhöht durch die Wahl von Reagentien mit größerem Mol.-Gew., doch müssen ihnen dann acide Gruppen angeheftet werden, da sie sonst in den gebräuchlichen Lösungsmitteln unlösl. bleiben u. Ge erst bei $p_H$-Werten gefällt wird, bei denen die Reagentien selbst auszufallen pflegen. Als Reagentien sind nur o-Dioxybenzole wirksam, dagegen sprechen nicht auf Ge an: *Phenole* oder *m-* u. *p-Dioxybenzole* (wie 4-Oxyazobenzol, Orange I, Chrysoin u. Chromotrop 2B), *Amine, Chinone* u. *Methoxyverbb.* (wie 2.2'-Dimethyl-5.5'-diamino-4-oxyazobenzol, Dioxybenzolazoxindol u. 3-Methoxy-4-oxyazobenzol). Die Ndd. aus

$GeO_2$ u. den Reagentien gehören offensichtlich dem Typ der komplexen Phenolgermaniumsäuren an (photometr. Messungen zeigten ein Maximum bei der Mischung von 1 Mol $GeO_2$ mit 3 Mol **III**) u. sind in Lsg. weitgehend in ihre Komponenten zerlegt. — Zur colorimetr. Best. des Ge schlägt Vff. **III**, zur gravimetr. **II** vor. Ge-Salze sind wichtig zur Erkennung einer o-Dioxygruppierung. So läßt sich voraussagen, daß die nicht näher untersuchten Extrakte des roten Pfirsichs (ebenso wie die des Rotkohls) Cyanidin- bzw. Delphinidinfarbstoffe enthalten müssen. **VIII** u. Brasilein sind Ge-Reagentien, werden also o-Dioxygruppen besitzen. Die Kondensation von 1.2.4-Trioxybenzol mit Ketonen oder Aldehyden erfolgt in 5-Stellung unter Erhaltung der 1.2-Dioxygruppe u. nicht in 6-Stellung zu Xanthenderivv., da die Reaktionsprodd. mit Ge einen braunen Nd. ergeben. — Einige bisher unbekannte höhermol. organ. Verbb. mit o-Dioxygruppen wurden zur Prüfung als bes. geeignete Ge-Reagentien hinsichtlich Empfindlichkeit u. Spezifität dargestellt.

Versuche: *3.4-Dioxynaphthyldiphenylcarbinol*, $C_{23}H_{18}O_3$ aus $(C_6H_5)_2CCl_2$ (**IX**), 3.4-Dioxynaphthalin u. $H_2SO_4$ bei 0° u. Eingießen in sd. W. brauner Nd., aus A. orangefarbiges, kristallines Pulver. Die wss. Lsg. gibt mit $Ge^{4+}$ einen lebhaft rotvioletten Nd. von wesentlich höherer Empfindlichkeit als 3.4-Dioxytriphenylcarbinol. — *2.3.4-Trioxytriphenylcarbinol*, $C_{19}H_{16}O_4$, aus **IX** u. Pyrogallol, braunes Pulver, das bei 100° W. abspaltet. Die wss., gelbe Lsg. gibt braunen Nd. mit $Ge^{4+}$. — *3.4-Dioxy-4'-phenylazobenzol*, $C_{18}H_{14}O_2N_2$, aus dem Tetrazoniumchlorid des Benzidins u. Brenzcatechin (**X**), rosenrote, kupferfarbig schimmernde Blättchen, unlösl. in W., violettblauer Nd. mit Ge. — *3.4-Dioxy-4'-oxyphenylazobenzol*, $C_{18}H_{14}O_3N_2$, aus 4-Amino-4'-oxydiphenyl (**XI**) durch Diazotieren u. Kuppeln mit **X**, dunkelrote Kristalle oder braune Blättchen aus W.–A.; die alkoh. Lsg. wird durch Ge-Spuren dunkelrot, beim Verdünnen mit W. tiefviolett gefärbt. — *3.4.3'.4'-Tetraoxydibenzalbenzidin*, $C_{26}H_{20}O_4N_2$, aus Benzidin u. **XII**, rote Kristalle aus Eisessig, gelber bis orangegelber Nd. mit Ge. — *4-Oxy-4'-[3.4-dioxybenzalamino]-diphenyl*, $C_{19}H_{15}O_3N$, aus **XI** u. **XII**, orange Kristalle aus Eisessig, lösl. in A., unlösl. in W., mit $Ge^{4+}$ gelber Niederschlag. — *Ge-II-Komplex*, $Ge\left[{O \atop O}\!\!>C_6H_3\cdot N_2\cdot C_6H_5\right]_3\cdot H_2\cdot 1\tfrac{1}{2}\,H_2O$, aus **II** u. $GeO_2$ in A., granatroter Nd., nach Trocknen bei 100° grüne, fuchsinähnliche Kristalle, die bei 130° schnell des Kristallwasser verlieren. (Bull. Soc. chim. France, Mém. [5] **1954**. 307—14. März. Paris, Fac. des Sci., Labor. de Chim. C.)
U. WANNAGAT. G 326

**Věnceslav Patrovský**, *Gleichzeitige photometrische Bestimmung von Vanadium und Molybdän mit Brenzcatechin.* Die Bldg. der farbigen Komplexe von V(IV) u. Mo mit *Brenzcatechin* (I) in schwach alkal. bzw. neutralen Lsgg., welche zu ihrer colorimetr. Best. bereits Verwendung fand (SEIFTER u. NOVIC, C. **1952**. 3059), wurde in schwach essigsaurem Medium beim $p_H$ ca. 5 unter Zusatz von $Na_2SO_3$ u. $NH_4$-Acetat untersucht. **I** wurde in Form einer 20%ig. wss. Lsg. verwendet. Der blaue V(IV)-Komplex mit **I** ist unter diesen Bedingungen mehr als 15 Min. beständig, wodurch eine gleichzeitige photometr. Best. von V u. Mo möglich wird. Mit zunehmendem $p_H$-Wert nimmt die Beständigkeit des V-Komplexes ab. Das Absorptionsmaximum für V liegt bei 600 m$\mu$, für Mo, dessen Komplex mit **I** orangegelb ist, bei ca. 430 m$\mu$. Die Extinktion des V-Komplexes ($E_{600}$) bleibt bei Ggw. von Mo prakt. unberührt, die Extinktion für Mo ($E_{430}$) wird aber durch Ggw. von V bedeutend erhöht; zur Berechnung des Mo-Geh. ist daher der korr. Wert von $E = E_{430} - E_{600}/1{,}64$ zu benutzen. Zur Messung eignen sich Lsgg. mit 0,02—0,4 mg V u. 0,05—1,2 mg Mo in 50 ml. Die Best. wird bes. durch Fe, Ti u. Mn gestört, von denen jedoch V durch alkal. Aufschluß leicht abgetrennt wird. As, Sb u. Sn sind ebenfalls zu entfernen. U u. W in kleineren Konzz. stören nur die Best. von Mo. $P_2O_5$, Cr u. Al stören erst in größeren Mengen; hierbei kann Al durch Zusatz von $NH_4F$ maskiert werden. Auch Weinsäure u. Äthylendiamintetraessigsäure im Überschuß u. bes. Oxalate wirken störend. Die Meth. bewährt sich bei Analysen von Eisenerzen, armen Mo- u. V-Erzen, sowie bei Best. von Spuren V u. Mo in Mineralien u. Stahl. (Chem. Listy **49**. 854—57. Juni 1955; Collect. czechoslov. chem. Commun. **20**. 1328—31. Dez. 1955. Praha, Ústřed. ústav geol.)
K. KÁMEN/Prag. G 336

**K. Suchý**, *Beitrag zur Trennung von Thorium und Uran durch Papierchromatographie.* Mittels der absteigenden Chromatographie auf Papier WHATMAN Nr. 1 können Nitrate von Thorium u. Uranyl in folgenden Lösungsmitteln getrennt werden: Methanol (**I**)–Pyridin (**II**)–Toluol (**III**), **I**-**II**-Dioxan (**IV**; beste Trennung), n-Butanol-**II**-**IV**, **I**-Chlf.-**III**, **II**-Chlf.-**III** (alle 7:2:1). Sichtbarmachen durch Farb-Rk. mit: 1. wss. Lsg. von Alizarinrot S, 2. methanol. Lsg. von Chinalizarin (**V**), 3. einem Gemisch von **V** u. $K_4Fe(CN)_6$. (Chem. Listy **48**. 1084—85. Juli 1954. Praha, Balneolog. ústav Karlovy univ.)
J. VANĚČEK/Prag. G 339

**Clement J. Rodden,** *Analytische Chemie des Urans.* Vf. gibt an Hand von 79 Literaturzitaten einen Überblick über die gravimetr., volumetr., colorimetr., coulometr., polarograph., Röntgenabsorptionsspektrograph., radiochem. u. fluorimetr. Methoden zur U-Best., die in den Jahren 1949—1953 veröffentlicht worden sind. (Analytic. Chem. **25.** 1598—1601. Nov. 1953. New Brunswick, N. J., U. S. Atom. Energy Comiss.) H.-G. MOSLÉ. G 339

**Alfons Krause,** *Über die katalytische Bestimmung von $10^{-10}$ g Eisen.* Spuren von *Fe* lassen sich als $Fe_2O_3$ gemeinsam mit *CuO* u. *CoO* durch katalyt. Zers. von verd. $H_2O_2$-Lsg. bestimmen. Der Träger allein ist sehr viel schwächer wirksam. 0,7 mg Gemisch von $Fe_2O_3$:CuO:CoO (1:100000:100000), $2.4 \cdot 10^{-9}$ g Fe enthaltend, zers. bei 37° entsprechend $k \cdot 10^3 = 2{,}72$ (Mittelwert) bei einem Ansatz von 200 cm³ 0,2n $H_2O_2$; das Gemisch von 0,1:100000:1000000 verhält sich wie der Träger 0:100000:100000 ($k \cdot 10^3 = 1{,}5$ bzw. 1,58). Zur Ausführung vermischt man die zu prüfende Lsg. von $FeCl_3$ oder $Fe(NO_3)_3$ mit einer Lsg. von $CuSO_4$ u. $Co(NO_3)_2$ entsprechend gleichen Anteilen CuO u. CoO u. insgesamt 0,7 mg. Das Gesamtvol. der Mischung, ca. 30 cm³, versetzt man bei 20° mit einem kleinen Überschuß an 1n NaOH. Das Gel spült man nach gründlichem Waschen mit 100 cm³ dest. W. von 37° in einen Kolben mit 100 cm³ 0,4n $H_2O_2$-Lsg. von gleicher Temp., vermischt rasch u. stellt in den Thermostaten (37°). Die Prüflsg. verd. man in geometr. Progression, bis die katalyt. Aktivität des Gemisches der von CuO + CoO allein entspricht. Die $H_2O_2$-Zers. ist in allen Fällen eine Rk. 1. Ordnung. (Roczniki Chem. [Ann. Soc. chim. Polonorum] **26.** 3—7. 1952. Poznań, Univ., Zakł. Chem. Nieorgan.) H. FREYTAG. G 354

**G. Gopala Rao, G. Aravamudan** und **N. C. Venkatamma,** *Bestimmung von Eisensalzen durch photochemische Reduktion mit Oxalsäure und Milchsäure.* Im UV- bzw. Sonnenlicht kann die Red. von $Fe^{3+}$ zu $Fe^{2+}$ durch Oxalsäure oder Milchsäure quantitativ durchgeführt werden. Die erforderliche Belichtungszeit steigt mit der vorhandenen Fe-Menge. Bei Verwendung von Oxalsäure soll die Lsg. 0,4—1,6n an $H_2SO_4$ sein u. einen ca. 4fachen Überschuß an Oxalsäure enthalten. Bei Verwendung einer Hg-Dampflampe von HERAEUS für 220 V u. 4 A betrug die für ca. 1 ml 0,3n $Fe^{3+}$-Lsg. mindestens erforderliche Belichtungszeit 35 Minuten. Bei Verwendung von Milchsäure soll die $H_2SO_4$-Konz. 0,25n nicht übersteigen u. die Konz. an Milchsäure nicht unter 0,4 mol. (bei 0,01 mol. $Fe^{3+}$) betragen. 30 Min. Belichtung in hellem Sonnenlicht genügt. Belichtung mit einer 100 W W-Drahtlampe ist unwirksam. Das gebildete $Fe^{2+}$ wurde in beiden Fällen durch Titration mit $NaVO_3$-Lsg. bestimmt. Die photochem. Rk. wird auf Bldg. von $Fe^{III}$-Komplexen mit den organ. Säuren zurückgeführt. (Z. analyt. Chem. **146.** 161—66. 1955. Waltair, Südindien, Andhra Univ., Dep. of Chem.) H. PLUSKAL. G 354

**Jan F. Grębski,** *Methode zur Bestimmung von Verbindungen mit zwei- und dreiwertigem Eisen in Gips-Zement.* Die neue Meth. erlaubt die Best. von Fe(II)- u. Fe(III)-Verbb. in Gips-Zement in Ggw. von *CaS*. — Ca. 1 g Probe löst man in 1:2 verd. HCl. Nach ½ Std. oxydiert man mit 10 cm³ gesätt. $Br_2$-W. u. erwärmt. Das $Br_2$ ist binnen 5 Std. verjagt. Das Gesamt-Fe bestimmt man mit $TiCl_3$, indem man davon bis zur schwach gelben Färbung der Lsg. zusetzt u. nach Zugabe von 1 cm³ 10%ig. KCNS-Lsg. bis zum Auftreten von $Fe(CNS)_3$-Färbung titriert, was 2—4 Min. dauert. Man berechnet als $Fe_2O_3$. Den Gesamt-*CaS*-Geh. ermittelt man in einer App. (Abb.), indem man in den Reaktionskolben 1 g Substanz einwägt, die Luft durch $H_2$ verdrängt u. nach Zugabe von 25%ig. $SnCl_2$-Lsg. durch HCl zersetzt. Den entwickelten $H_2S$ leitet man mit dem $H_2$-Strom in $J_2$–KJ-Lsg. u. titriert den $J_2$-Überschuß mit 0,1n $Na_2S_2O_3$-Lsg. zurück. — Die gleichzeitige Best. des CaS- u. $Fe_2O_3$-Geh. erfolgt, indem man 1 g Probe in die vorerwähnte App. einwägt, die Luft mit gereinigtem $H_2$ verdrängt, 2n HCl bis zur völligen Zers. der Substanz in der Kälte zutropfen läßt, dann 5—6 Min. kocht u. im $H_2$-Strom abkühlt. Nach Beendigung der CaS-Best. ermittelt man im Reaktionskolben, durch den inzwischen weiter $H_2$ eingeleitet wurde, mit $TiCl_3$, wie beschrieben, das nach der Red. durch den freiwerdenden $H_2S$ übrigbleibende $FeCl_3$. Den *FeO*-Geh. in % berechnet man aus : K [Gesamt-$Fe_2O_3$–($Fe_2O_3$, mit $H_2S$ red. + $Fe_2O_3$ nach Red. verbleibend)], worin $K = 2\,FeO/Fe_2O_3$. Die Meth. wurde an Klinkern erprobt u. eine Genauigkeit von ±0,1% gefunden. (Roczniki Chem. [Ann. Soc. chim. Polonorum] **26.** 328—39. 1952. Warszawa, TH, Inst. für anorgan. chem. Technol. u. Keram. Inst.) H. FREYTAG. G 354

**W. Oelschläger,** *Bestimmung kleinster Nickelgehalte.* 1. Mitt. Zur Best. geringer Mengen Ni gibt man zu einer einige μg Ni enthaltenden Lsg. im Reagensscheidetrichter 10 ml 20%ig. Na-Citratlsg. (falls Trübung etwas mehr), 2 ml 10%ig. $NH_2OH \cdot HCl$-Lsg. (um Oxydation von $Ni^{2+}$ zu vermeiden, bes. bei Ggw. von Mn), 2 ml 1%ig. alkoh. Dimethylglyoximlsg. u. 1—2 Tropfen 0,1%ig. Phenophthaleinlsg. zu, neutralisiert mit konz. $NH_3$ u. versetzt mit 3 Tropfen im Überschuß. Nach Auffüllen mit W. auf ca. 60 ml extrahiert man durch 2 Min. langes Schütteln mit 20 ml Chlf. u. wäscht 2mal durch $^3/_4$ Min. langes Schütteln mit 10 ml $NH_3$ (1:50). Durch Schütteln (1½ Min.) mit 15 ml 0,5n HCl u. 2maliges Auswaschen mit 1 ml W. wird Ni(II)-Dimethylglyoxim aus dem Chloroformextrakt wieder in die wss. Phase übergeführt. Nach Zugabe von 2 ml 2,5%ig. Dimethylglyoximlsg. in 1n NaOH, 1 ml 10n NaOH u. 0,3 ml 10%ig. $(NH_4)_2 \cdot S_2O_8$-Lsg. (umschütteln) wird nach 10 Min. auf 25 ml mit W. aufgefüllt u. die Färbung des $Ni^{IV}$-Dimethylglyoxims in 5 cm-Küvetten bei 460 m$\mu$ gemessen u. mit Eichkurven ausgewertet. Die Färbung bleibt mehrere Tage konstant. Eine Blindprobe wird empfohlen. (Z. analyt. Chem. **146**. 339—45. 1955. Stuttgart-Hohenheim, Landw. Hochschule, Inst. für Tierernährungslehre.) H. PLUSKAL. G 356

**W. Oelschläger,** *Bestimmung kleinster Nickelgehalte in mangan- und eisenreichen Substanzen.* 2. Mitt. (1. vgl. vorst. Ref.) Mn u. $NH_3$ fördern die Oxydation von Ni(II)-Dimethylglyoxim (**I**) zu Ni(IV)-Dimethylglyoxim u. stören dadurch die Extraktion von **I** durch Chloroform. Bei genauer Einhaltung der l. c. angegebenen Vorschrift, Verwendung von 5 ml 10%ig. $NH_2OH \cdot HCl$-Lsg. statt 2 ml u. 5 mal 10 ml $NH_3$-Lsg. (1:200) statt 2mal 10 ml $NH_3$-Lsg. (1:50) beim Auswaschen des Chloroform-Extraktes kann eine Störung auch bei Ggw. von 200 mg Mn/einige $\mu$g Ni vermieden werden. Bis 400 mg Fe/10 $\mu$g Ni stören nicht. Man neutralisiert nur besser mit Indicatorpapier. Cu bildet mit Dimethylglyoxim einen Komplex, wodurch höhere Ni-Werte vorgetäuscht werden können. Bei Verwendung von 10 ml 10%ig. $NH_2OH \cdot HCl$-Lsg. stören bis zu 5 mg Cu nicht. (Z. analyt. Chem. **146**. 346—50. 1955.) H. PLUSKAL. G 356

## b) Organische Verbindungen.

**A. J. Blair** und **D. A. Pantony,** *Vanadium-8-Oxychinolinat als Reagens zum Nachweis von Alkoholen, Thiolen und Aminen.* Der 8-Oxychinolinester der V-Säure $(C_9H_6ON)_2 \cdot VOOH$ löst sich in einer Anzahl von Chlor–KW-stoffen, bes. geeignet ist Tetrachloräthan, unter Bldg. einer blauschwarzen Lösung. Diese Lsgg. ändern ihre Farbe durch Zugabe von Säure (blau), Alkoholen (purpur → rot), Thiolen (grün → gelb) u. Aminen (grün → gelb), wenn diese Verbb. in dem betreffenden Chlor-KW-stoff lösl. sind. Diese qualitativen Rkk. sind empfindlich u. spezif.; sie lassen sich zur halbquantitativen colorimetr. Best. von Alkoholen verwenden. Die Reaktionsgeschwindigkeit wird durch die Art der Substituenten beeinflußt. Für analoge Verbb. nimmt die Reaktionsgeschwindigkeit in folgender Reihenfolge zu: $-NH_2$, $=NH$, $\equiv N > -CH_2OH$, $-CH_2SH > =CHOH$, $=CHSH > \equiv COH$, $\equiv CSH$. A u s f ü h r u n g : 1—2 ml Reagens (18—19 mg Vanadin(V)-8-oxychinolinat werden in 250 ml trockenem Tetrachloräthan bei 70—80° gelöst) werden mit 2—3 Tropfen oder ca. 0,1 g Probe versetzt. Wenn innerhalb 10—15 Min. keine Farbänderung eintritt, erwärmt man u. beobachtet die Lsg. nach dem Abkühlen. (Analytica chim. Acta [Amsterdam] **13**. 1—7. Juli 1955. London, Royal School of Mines, Dep. of Metallurgy.) K. F. MÜLLER. G 550

**Gerhard Pfleiderer, Lilli Grein** und **Theodor Wieland,** *Spezifische Bestimmung von* L*-Alanin und* L*-Glutaminsäure mit Hilfe der Glutamat–Pyruvat-Transaminase.* Die Transaminierungs-Rk. zwischen L-Alanin (**I**) u. *α-Ketoglutarsäure* (**II**) zur Brenztraubensäure (**III**) u. L-Glutaminsäure (**IV**) läßt sich mit einem Enzympräp. aus Schweineherz *in vitro* durchführen. In Ggw. von Milchsäuredehydrogenase (MDH) wird **III** vom Diphosphopyridinnucleotid (DPNH) mit höherer Geschwindigkeit zu Milchsäure hydriert u. damit aus dem Reaktionsgleichgewicht eliminiert. Die hiermit verbundene Abnahme der DPNH-Konz. wurde spektrophotometr. (bei 340 m$\mu$) gemessen u. gefunden, daß bei einer optimalen **II**-Menge **III** in den ersten 5 Min. mit konstanter Geschwindigkeit gebildet wird. Diese Transaminierungsgeschwindigkeit ist in Ggw. einer genügend großen Transaminase (TA)-menge innerhalb bestimmter Grenzen direkt von der **I**-Konz. abhängig. Dadurch läßt sich durch Messung der Abnahmegeschwindigkeit des DPNH eine Best. von kleinen **I**-Mengen (20—250 $\gamma$/ml) durchführen. — Die reversible Rk. $\mathbf{I} + \mathbf{II} \overset{TA}{\rightleftharpoons} \mathbf{III} + \mathbf{IV}$ läßt sich auch zu einer quantitativen u. spezif. Best. von **IV** verwenden. Um sie mit einer DPN-abhängigen Rk. zu verbinden, wurde von der reduktiven Aminierung der **II** mit Glutaminsäuredehydrase Gebrauch gemacht. Hierbei wirkt die **IV**, deren Konz. sich wegen der laufenden Neubldg. aus **II** u. $NH_3$ nicht ändert, katalyt. beim Prozeß einer reduktiven Aminierung von **III** zu **I**, die nahezu vollständig abläuft. Die opt. meßbare Geschwindigkeit dieser Rk. ist von der **IV**-Konz. abhängig, wobei die je Min. verschwundene DPNH-Menge bzw. gebildete DPN-Menge ein direktes Maß für die **IV**-Konz. darstellt. 20—150 $\gamma$ **IV**/ml lassen sich so bestimmen. (Suomalaisen Tiedeakatemian Toimituksia [Ann. Acad. Sci. fennicae], Sarja A II. **60**. 381—88. 1955. Frankfurt/Main, Inst. für organ. Chemie, Biochem.Abt.) K. F. MÜLLER. G 950

**J. K. N. Jones** und **J. B. Pridham,** *Colorimetrische Zuckerbestimmung mit Benzidin.* (Vgl. C. **1954**. 3766.) Vff. beschreiben eine neue colorimetr. Meth. zur Best. von *Aldopen-*

*tosen* (**I**) (*Arabinose, Ribose, Lyxose* u. *Xylose*), *Aldohexosen* (**II**) (*Glucose, Galaktose, Mannose, Rhamnose* u. *Fucose*), *Hexuronsäuren* (**III**) (*Glucuron-* u. *Galakturonsäure*), *Methylzuckern* (**IV**) (*2.3.4-Trimethylxylose, 2.4.6-Trimethyl-, 2.3.6-Trimethyl-* u. *2.3.4.6-Tetramethylglucose*) u. *Disacchariden* (**V**) (*Maltose, Sucrose*). Das Reagens besteht aus einer 0,2%ig. Lsg. von *Benzidin* in *Eisessig* mit einem Zusatz von 0,1% $SnCl_2$. Zur Best. werden 20—600 $\mu$g **I** bzw. **II**/ml oder 50—600 $\mu$g **III**/ml, für **IV** u. **V** nicht unter 100 $\mu$g/ml, mit dem Reagens erhitzt (Zeitdauer: **I**: 15 Min., **II** u. **III**: 30 Min.; **IV** u. **V**: 60 Min.) u. nach Abkühlung (mindestens 3 Min. unter fließendem W.) colorimetriert. Fehlergrenze: unterhalb $\pm 3$%. *Ketosen* u. *Aminozucker* sind nach dieser Meth. nicht bestimmbar. Eine Analyse von Polysacchariden (*Galaktomannan* aus Luzernensamen u. *Glucomannan* aus Lilium umbellatum) wird beschrieben. (Biochem. J. **58**. 288—90. Okt. 1954. Bristol, Univ., Dep. of Chem.) P. FAHRNLAENDER. G 3400

**Lewis C. Mokrasch,** *Analyse von Hexosephosphaten und Zuckergemischen mit dem Anthronreagens.* Die Tatsache, daß *Zucker* mit dem Anthronreagens nach ganz bestimmten Zeiten ein Maximum der Farbbldg. erreichen, wird dazu benutzt, um die Anteile der einzelnen Zucker in einem Zuckergemisch zu bestimmen. Um die Genauigkeit der Meth. zu vergrößern, wird bei 80° erhitzt. Aus den Farbentwicklungskurven von *Glucose* (**I**) u. *Fructose* (**II**) sowie ihren Phosphaten folgt, daß die Farbkurve für **I** ein Maximum nach 30—40 Min., die für **II** ein Maximum innerhalb 5 Min. erreicht. Andere *Aldohexosen* verhalten sich wie **I**, geben aber schwächere Färbungen. *Sorbose* verhält sich wie **II**, gibt aber nur 83% der **II**-Färbung. Die Farbkurven der *Di-* u. *Trisaccharide* sind analog den Kurven der äquivalenten Gemische der Hexosebestandteile. Die Meth. erscheint bes. geeignet, die Reinheit von Hexosephosphaten u. Nucleotiden festzustellen. (J. biol. Chemistry **208**. 55—59. Mai 1954. Madison, Wis., Univ., Wisconsin, Dep. Physiol. Chem., Med. School.) H.-G. SCHWEIGER. G 3450

## c) Bestandteile von Pflanzen und Tieren.

**June Olley,** *Wirkung der Konzentration der Lösung auf die Gegenstromverteilung von Phospholipoiden.* Hinweis auf das bisherige Schrifttum über die Gegenstromverteilung in Anwendung auf die Trennung pflanzlicher u. tier. Phospholipoide u. die dabei angewandte Konz. der Untersuchungssubstanz. Eingehende Verss. mit den aus Schellfischmuskel gewonnenen, durch Aceton gefällten u. gereinigten Phospholipoiden unter Anwendung der App. nach CRAIG (J. biol. Chemistry **155**. [1944.] 519) u. der Benutzung von PAe. sowie Aceton-A. als zweiphasigem Lösungsmittel. Bestimmt werden der Geh. jeder Fraktion an Gelöstem in % (durch Wägung), derjenige an P, N in üblicher Weise; entfärbt werden die Proben mit $H_2O_2$. Ermittlung der Plasmale mit fuchsinschwefliger Säure nach FEULGEN u. GRÜNEBERG (Hoppe-Seyler's Z. physiol. Chem. **257**. [1938.] 161) in essigsaurer Lsg. in Ggw. von $HgCl_2$. Aus den graph. u. tabellar. zusammengestellten Resultaten geht hervor, daß die Ergebnisse der Gegenstromverteilung sehr stark von der Konz. der eingesetzten Lsgg. abhängen. Ansteigende Konz. an Phospholipoid begünstigt den Übergang in die PAe.-Phase. Der gleiche Effekt tritt in Erscheinung, wenn man die Phospholipoide von Erdnuß u. Soja zwischen PAe. u. 85%ig. wss. A. verteilt. Es wird vermutet, daß die beobachtete Tatsache, für die es schwer fällt, eine theoret. Erklärung abzuleiten, allg. Bedeutung besitzt. Es hat sich gezeigt, daß bei der Gegenstromverteilung der Schellfischmuskelphospholipoide in höherer Konz. vor allem die plasmal- u. cholinhaltigen Anteile gut aus dem Stoffkomplex abtrennbar sind. (Biochim. biophysica Acta [Amsterdam] **10**. 493—98. April 1953. Aberdeen, Torry Res. Stat., Dep. of Scient. and Ind. Res.) K. TÄUFEL. 5666

**Arda Alden Green** und **Walter L. Hughes,** *Eiweißfraktionierung auf Grund der Löslichkeit in wässerigen Salzlösungen und in organischen Lösungsmitteln.* Übersicht. Behandelt wurden: Der Einfl. von Elektrolyten bei geringer Ionenstärke (DEBYE-Gleichung), Löslichkeit in konz. Salzlsgg., Einfl. des $p_H$ auf die Löslichkeit, Präcipitation mit Schwermetallionen (Zn, Hg), Löslichkeit in organ. Lösungsmitteln. — 38 Literaturangaben. (Methods Enzymol. **1**. 67—90. 1955. Baltimore, Md., Johns Hopkins Univ.) K. MAIER. 5666

**Sidney P. Colowick,** *Die Trennung von Proteinen unter Verwendung von Adsorbentien.* Übersicht. — 39 Literaturangaben. (Methods Enzymol. **1**. 90—98. 1955. Baltimore, Md., Johns Hopkins Univ.) K. MAIER. 5666

## d) Medizinische und toxikologische Analyse.

**R. Coutelle** und **S. Rapoport,** *Über eine colorimetrisch-quantitative Bestimmungsmethode der Substantia reticulofilamentosa bei experimentell erzeugten Anämien.* Best. der absol. Menge der Substantia reticulofilamentosa der roten Blutzellen durch Anfärbung mit einer definierten Menge *NaCl-Brillantkresylblau*, deren Farbstoffschwund gegen die gleiche Farblsg. colorimetr. gemessen wird. (Folia haematol. [Leipzig] **73.** 326—34. 1955. Berlin, Humboldt-Univ., Physiol.-chem. Inst.) V. SACHS. 5727

**Walter F. Lever, Frank R. N. Gurd, Eero Uroma, Ray K. Brown, Benjamin A. Barnes, Karl Schmid** und **Ethel L. Schultz,** *Chemische, klinische und immunologische Studien über die Produkte der Fraktionierung von menschlichem Plasma.* 40. Mitt. *Quantitative Trennung und Bestimmung der Proteinkomponenten in kleinen Mengen normalen menschlichen Plasmas.* (39. vgl. CARTWRIGHT u. WINTROBE, J. clin. Invest. **28.** [1949.] 86.) Nach einer von COHN u. Mitarbeitern entwickelten Plasmafraktioniermeth. wurden gewisse Proteine u. Lipoproteine des n. menschlichen Plasmas bestimmt u. zwar Albumin, $\gamma$-Globulin, $\alpha$-Lipoprotein u. $\beta$-Lipoprotein. Die in den einzelnen Fraktionen erhaltenen Proteinkomponenten sind chem. u. biol. unverändert. Die Lipoproteine des Plasmas zerfallen in 2 Gruppen, wobei sich die $\alpha$-Lipoproteine durch ein höheres Verhältnis der Phosphorlipoide zum Cholesterin als die $\beta$-Lipoproteine auszeichnen. (J. clin. Invest. **30.** 99—111. Jan. 1951. Boston, Mass., Harvard Univ., Labor. of Phys.Chem. Related to Med. and Public Health, and the Harvard Medical School, Dep. of Dermatol.) G. SCHULZE. 5728

**Herman Nielsen,** *Proteinbestimmung im Liquor cerebrospinalis.* Aus 1 $cm^3$ Liquor wird das *Protein* (I) mit 10% ig. Trichloressigsäure gefällt, der Nd. in 5% ig. $Na_3PO_4$-Lsg. gelöst, 1 Tropfen 4% ig. $CuSO_4$-Lsg. zugegeben, zentrifugiert, durch Glasfilter filtriert u. das mit festem Na-Diäthyldithiocarbamat versetzte Filtrat spektrophotometriert. Die gefundene Menge des an **I** gebundenen $Cu^{2+}$ ergibt, mit 9,40 multipliziert, die **I**-Menge in mg%. (Nord. Med. **54.** 1667—68. 3/11. 1955. Åbohøj.) R. K. MÜLLER. 5730

**Yngve Ericsson,** *Vereinfachte Methoden zur Bestimmung von Calcium und Magnesium im Speichel.* Vff. beschreiben zur Best. von $Ca^{2+}$ u. $Mg^{2+}$ im Speichel zwei Verff., die Titration beider Ionen mit *Dinatriumäthylendiamintetraacetat* unter Verwendung von *Eriochrome Black T* als Indicator u. die colorimetr. Best. von $Mg^{2+}$ mittels Titangelbs im Spektrophotometer bei 520 m$\mu$. Es wurde gefunden, daß beide Verff. bessere Werte liefern als andere, obwohl alle Verff., die die unvollständig verlaufende Fällung von Ca-Oxalat benutzen, zu niedere Werte liefern. Die Genauigkeit reicht jedoch für die klin. Best. von Speichel aus, um bei lösl. Caries u. Speichelsteinbldg. Aussagen machen zu können. (J. Dental Res. **34.** 104—12. Febr. 1955. Bethesda, Md., u. Minneapolis, Minn., Nat. Inst. of Dental Res. u. Univ., Dep. of Physiol. Chem.) J. MILLER. 5731

---

**S. J. Clark,** Quantitative methods of organic microanalysis. London: Butterworths Scientific Publns 1956. (263 S. m. Abb.) 8°. 30 s.

**G. B. Cook,** Analytical methods for fission product: tin and antimony. London: H. M. S. O. 1956. 1 s. 6 d.

**N. Strafford, C. R. N. Strouts** and **W. V. Stubbings,** The determination of toxic substances in air: manual of I. C. I. practice. London: Heffer. 1956. (XXVII + 226 S.) 35 s.

# H. Angewandte Chemie.

## I. Allgemeine chemische Technologie.

**E. R. G. Eckert, J. P. Hartnett** und **H. S. Ibsin,** *Wärmeübertragung.* Die Arbeit enthält eine Zusammenstellung der in den Jahren 1953—1954 erschienenen, vorwiegend amerikan., aber auch engl. u. deutschen Arbeiten über Wärmeübergang u. damit im Zusammenhang stehende Gebiete wie Strömung in Kanälen, Strömung an Grenzschichten, Konvektion, Wärmeleitung, Strahlung usw. Es werden 223 Veröffentlichungen zitiert. (Ind. Engng. Chem. **47.** 647—58. März 1955. (Part II.) Minneapolis, Minn., Univ.) H. MIETHING. 5814

**J. Böhm,** *Wärmeübergang an Plattenwärmeaustauschern.* Unterss. des Wärmeüberganges mit Plattenaustauschern verschied. Konstruktion werden durchgeführt, um daraus allg. gültige Gleichungen abzuleiten u. diese in Beziehung zu denen für die wesentlich bekannteren Wärmeaustauscher mit Rohrbündeln zu setzen. (Kältetechnik **7.** 358—62. Dez. 1955. Alexandria, Ägypten.) H. MIETHING. 5814

**Pekka Heinänen,** *Über Ionenaustauscher.* Übersicht mit 16 Literaturhinweisen. (Farmaseuttinen Aikakauslehti **64.** 137—51. Juni 1955.) S. BECKMANN. 5826

**Robert Kunin** und **Frank McGarvey,** *Ionenaustausch.* Zusammenstellung der neuesten Forschungsergebnisse über Ionenaustauscher auf folgenden Gebieten: Theorie des Ionenaustausches, Austauschermembranen, Wasseraufbereitung, Entionisierung, biochem. Trennungen, Rückgewinnungs-, Reinigungs- u. Darstellungsmethoden, Aufarbeitung industrieller Rückstände, Katalyse u. Verfahrenstechnik. — 475 Literaturzitate. (Ind. Engng. Chem. **47.** 565—575. März 1955. (Part II.) Philadelphia, Pa., USA, Rohm & Haas Co.) G. NAUMANN. 5826

**Dexter F. Baker,** *Tieftemperaturverfahren.* Vf. bespricht Trennverff. für Gase in einzelne chem. Komponenten durch Verdampfungen u. Kondensationen bei tiefen Temperaturen. An Hand von Fließschemata wird die Reinigung von *$NH_3$-Synthesegas, Methan, Äthylen* u. *Kohlenmonoxyd* besprochen. (Chem. Engng. Progr. **51.** 399—402. Sept. 1955.) GERHARD GÜNTHER. 5828

**Werner Jeßnitz,** *Elektrische Feinfilter in Zellenform.* Bebilderter Bericht mit Versuchsergebnissen über die Reinigung von verunreinigter Luft nach dem Trion-Prinzip. (Erdöl u. Kohle **8.** 493—96. Juli 1955. Dortmund, C. H. Jucho.) K. O. MÜLLER. 5830

**Thomas E. Corrigan** und **A. F. Johnson,** *Grundlagen der chemischen Ingenieurtechnik.* 1. Mitt. *Kompression und Expansion.* Die bekannten Vorgänge des CARNOTschen Kreisprozesses bei Kompression u. Expansion mit u. ohne Strömung (z. B. mit Kolben) werden noch einmal mit den thermodynam. Grundformeln für ideale u. reale Gase zusammengestellt u. an einem Zahlenbeispiel erläutert. (Chem. Engng. **60.** Nr. 12. 211—16. Dez. 1953. Niagara Falls, N. Y., Mattieson Chem. Corp. u. Cleveland Ohio, Carrier Corp.) H. MIETHING. 5856

**Robert E. Treybal,** *Flüssigkeitsextraktion.* Literaturübersicht 1953 im Anschluß an die C. **1954.** 2684 referierte Arbeit über „Lösungsmittelextraktion". Grundlagenforschung, Apparatives u. Verfahrensanwendungen. Bes. großen Umfang nehmen die Arbeiten über neue Gleichgewichtsdaten u. experimentelle Ermittlung von Massenübergängen ein, wobei sowohl mit Gegenstromsäulen als auch mit Extraktion aus einzelnen Tropfen gearbeitet wurde. — 229 Zitate. (Ind. Engng. Chem. **46.** 91—99. Jan. 1954. New York, N. Y., Univ.) GERHARD GÜNTHER. 5862

**Werner Kroll,** *Fließerscheinungen an Haufwerken in schwingenden Gefäßen.* Vf. untersucht experimentell den Einfl. der durch mechan. Schwingungen hervorgerufenen Wurfbewegungen von Haufwerken auf Verdichten u. Auflockern der Packungsdichte, auf die Gasdurchlässigkeit des Haufwerks, auf das Ausfließen von Schüttgütern aus Behältern, auf die Umlaufbewegungen der Haufwerke u. auf die Änderung der Wärmeübergangszahlen der Haufwerke. (Chemie-Ing.-Techn. **27.** 33—38. Jan. 1955. Köln-Deutz.) MAX SCHMIDT. 5878

**K. Sauerwein,** *Die Anwendung von Isotopen in der Technik.* Übersicht. — 18 Schrifttumshinweise. (VDI-Z. **98.** 153—55. 1/2. 1956. Düsseldorf.) W. WESLY. 5878

---

**Research Corp.,** New York, N. Y., übert. von: **George T. Reynolds, Giorgio Salvini** und **Francis B. Harrison,** Princeton, N. J., V. St. A., *Scintillationszähler.* Als fluorescierendes Medium dient ein in einem fl. KW-stoff, z. B. Xylol, gelöster höherer aromat. KW-stoff, z. B. Terphenyl (1.4-Diphenylbenzol). (**A. P. 2 698 906** vom 7/12. 1950, ausg. 4/1. 1955.) H. KESSEL. 5887

**Texaco Development Corp.,** New York, übert. von: **Fontaine C. Armistead,** Marblehead, Mass., V. St. A., *Scintillationszähler,* bes. für *Bohrlochuntersuchungen* bei höheren Temperaturen. Die fluorescierende Substanz ist eine Fl., z. B. eine Lsg. von Terphenyl (1.4-Diphenylbenzol) in Bzl., Phenylcyclohexan, Toluol oder m-Xylol, die gekühlt wird u. ihrerseits zur Kühlung der Elektronenvervielfacherröhre dient. (**A. P. 2 714 169** vom 22/12. 1951, ausg. 26/7. 1955.) H. KESSEL. 5887

## III. Elektrotechnik.

**Johnson, Matthey & Co. Ltd.,** London, und **Painton & Co. Ltd.,** Kingsthorpe, Northampton (Erfinder: **Frank Enoch Kerridge, Michael Belham,** London, und **Graham Pearce,** Kingsthorpe, Northampton), England, *Elektrisches Widerstandselement* besteht aus einem Faden, Draht, Strang oder einer Faser aus einem nichtleitenden, hitzebeständigen anorgan. Werkstoff, z. B. Glas, auf dessen Außenfläche ein festhaftender, verhältnismäßig dicker Überzug eingebrannt ist, der ganz oder prakt. ganz aus Au, Pt oder einer Au–Pt-Legierung besteht. (**D. B. P. 937 900** Kl. 21c vom 9/6. 1951, ausg. 19/1. 1956. Anmeldung bekanntgemacht 14/7. 1955.) H. KESSEL. 5955

**C. H. O. Lübeck,** Stockholm, Schweden, *Elektroden für alkalische Akkumulatoren,* deren akt. M. in einem perforierten Metallbehälter eingeschlossen ist, wobei das leitende Material aus feinverteiltem Ni oder Co besteht, dad. gek., daß fast völlig oxydfreies Ni oder Co in Pulverform mit Teilchengrößen von $<0{,}10$ mm zur Anwendung gelangt. (**Schwed. P. 142 460** vom 21/10. 1949, ausg. 13/10. 1953.) K. H. KÄHLER. 5971

**General Electric Co.,** New York, übert. von: **Dominic A. Cusano** und **Frank J. Studer,** Schenectady, N. Y., V. St. A., *Leuchtschirm für Kathodenstrahlröhren.* Eine durchsichtige Trägerfläche (bes. aus Glas) wird auf 400—600° erhitzt u. in einer Atmosphäre, die $H_2S$, $H_2Se$ oder ein Gemisch beider enthält, mit Zn, Cd, Zn-Salzen, Cd-Salzen oder Gemischen hiervon u. einer Aktivatorsubstanz bedampft, oder mit einer Lsg.

besprüht, die Zn- u. Cd-Salze u. einen geeigneten Aktivator enthält. (**A. P. 2 685 530** vom 1/8. 1952, ausg. 3/8. 1954.) H. KESSEL. 5975

**General Electric Co. Ltd.**, London (Erfinder: **Brian Everard Hunt** und **Alfred Hamilton McKeag**, Wembley, Middlesex), England, *Elektroluminescierendes Material* besteht aus ZnS, aktiviert mit 0,05—5 (%) Cu u. 0,1—10 Mn. (**E. P. 733 352** vom 26/3. 1952, ausg. 13/7. 1955.) H. KESSEL. 5975

**General Electric Co. Ltd.**, London, **Brian Everard Hunt** und **Alfred Hamilton McKeag**, Wembley, Middlesex, England, *Leuchtschicht für Quecksilberdampf-Niederdruckentladungsröhren* besteht aus einem Ba–Sr–Pb-Disilicat, in dem das mol. Verhältnis von $SiO_2$ zu (BaO + SrO + PbO) zwischen 2:1 u. 3:1 liegt u. das von SrO zu BaO nicht größer als 20:80 ist. Der Geh. an Pb, das zugleich als Aktivator dient, beträgt 0,1—10% des Gesamtgewichts von BaO, SrO u. $SiO_2$. (**E. P. 734 426** vom 31/10. 1952, ausg. 3/8. 1955.) H. KESSEL. 5975

**Radio Corp. of America**, New York, N. Y., übert. von: **Charles W. Thierfelder**, Muskogee, Okla., V. St. A., *Leuchtschirm für Kathodenstrahlröhren* enthält ca. 18,7—28,7 (Gew.-%) ZnS mit ca. 0,01 Ag aktiviert, ca. 51,3—61,3 mit Mn aktiviertes (Zn, Be)-Orthosilicat (I) von der Zus. 7,86 (ZnO, BeO)·5,28 $SiO_2$·0,44 Mn, u. ca. 15—25 mit 1—10 Mol.-% $TiO_2$ aktiviertes (Ca, Mg)-Silicat von der Zus. CaO·MgO·2$SiO_2$. (**A. P. 2 676 154** vom 29/12. 1949, ausg. 20/4. 1954.) H. KESSEL. 5975

**Radio Corp. of America**, übert. von: **Gilmore Erwin Crosby** und **John Adam Markoski**, Lancaster, Pa., V. St. A., *Leuchtschirm für Kathodenstrahlröhren.* Einer wss. Suspension des Leuchtstoffmaterials [z. B. ZnS u. (Zn, Cd)S] wird ein lösl. Phosphat (z. B. $Na_3PO_4$) sowie ein lösl. Salz (z. B. ein Zn-, Cd-, Al-, Ce- oder Pb-Salz) zugesetzt, dessen Kationen mit den Phosphationen ein unlösl. Phosphat bilden, das sich mit dem Leuchtstoffmaterial innig mischt. Nach dem Sedimentieren u. Trocknen (prakt. bei 175°) bis zur Entfernung des Hydrat-W.) läßt man das Gemisch aus einer Suspension in einer wss. Lsg. von $K_2SiO_3$ u. $Na_2SO_4$, $K_2SO_4$ oder Ba-Acetat auf eine Trägerfläche sedimentieren, wo es nach dem Abziehen der Sedimentations-Fl. getrocknet wird. (**A. P. 2 697 668** vom 23/6. 1950, ausg. 21/12. 1954.) H. KESSEL. 5975

**Radio Corp. of America**, übert. von: **John A. Markoski**, Lancaster, Pa., V. St. A., *Leuchtschirm für Kathodenstrahlröhren.* Bei der Herst. werden die in einem wss. Medium suspendierten, aus ZnS u. (Zn, Cd)S bestehenden Leuchtstoffteilchen mit einem sehr dünnen Überzug von Zn-Metasilicat bekleidet, das mit einem Geh. von ca. 0,04—0,13% des Leuchtstoffanteils in der Suspension enthalten ist. Darauf folgt ein dünner Überzug aus Zn-Phosphat, der durch Zugabe von Na-Phosphat gewonnen wird. (**A. P. 2 704 726** vom 30/3. 1951, ausg. 22/3. 1955.) H. KESSEL. 5975

## IV. Wasser. Abwasser.

**G. A. Truesdale, A. I. Downing** und **G. F. Lowden**, *Die Löslichkeit des Sauerstoffs in reinem Wasser und in Meerwasser.* Unter Verwendung einer modifizierten WINKLER-Meth. bestimmen Vff. die Löslichkeit des $O_2$ in reinem W. u. in Meerwasser zwischen 2 u. 40° neu u. zeigen, daß die von ihnen ermittelten Sättigungswerte teilweise bis zu 4% niedriger liegen, als allg. angenommen wird. Vff. sehen eine Bestätigung ihrer Werte darin, daß die damit ermittelten Werte für die Geschwindigkeit der $O_2$-Lsg. in gut durchmischtem W. zufriedenstellend mit dem Belüftungsgesetz von ADENEY u. BECKER (Philos. Mag. **38.** [1919.] 317) übereinstimmen. (Vgl. C. **1955.** 4767.) (J. appl. Chem. **5.** 53—62. Febr. 1955. Stevenage, Herts., Water Poll. Res. Labor.) W. NIEMITZ. 6026

**H. Schulz-Falkenhain**, *Beiträge zum Abwasserproblem in der Milchwirtschaft.* 5. Mitt. *Auswirkungen des Abwassers von Betrieben der Milchwirtschaft auf den Boden.* (4. vgl. C. **1956.** 6490.) Neben der Wrkg. als Feuchtigkeitsspender, die auch eine Bodenvernässung verursachen kann, bewirkten die Stoffe im Betriebswasser auf Grünland eine Anreicherung der Bodenflora u. eine Verbesserung der Bodengare, während bei Ackerböden eine Verkrustung beobachtet wurde. (Molkerei- u. Käserei-Ztg. **6.** 1610. 10/11. 1955.) H. MÜHLMEISTER. 6036

**H. Schulz-Falkenhain**, *Beiträge zum Abwasserproblem in der Milchwirtschaft.* 6. Mitt. *Auswirkungen des Abwassers von Betrieben der Milchwirtschaft auf die Pflanzen.* (5. vgl. vorst. Ref.) Grünland kann während des ganzen Jahres, auch bei Frost, mit Abwasser der Milchwirtschaft beschickt werden, es erzeugt höheren Rohproteingeh. der Pflanzen. Auf leichten Ackerböden war die Wrkg. des Abwassers günstiger als auf schweren; Körner- u. Futterleguminosen erbrachten bessere Mehrerträge als Getreide u. Hackfrüchte. (Molkerei- u. Käserei-Ztg. **6.** 1610—11. 10/11. 1955.) H. MÜHLMEISTER. 6036

**H. Schulz-Falkenhain,** *Beiträge zum Abwasserproblem in der Milchwirtschaft.* 7. Mitt. *Allgemeines zur Lösung der Abwasserfrage von Betrieben der Milchwirtschaft.* (6. vgl. vorst. Ref.) Hinweise auf die allg. Verff. der Abwasserbehandlung in ihrer Anwendung auf Molkereiabwässer u. Anforderungen hierfür. (Molkerei- u. Käserei-Ztg. **6.** 1671—72. 24/11. 1955.) H. MÜHLMEISTER. 6036

**D. J. Bell,** *Abwasserbeseitigung in Blackpool.* Das Entwässerungssyst. von Blackpool, das im wesentlichen häusliches Abwasser nur mechan. durch Rechen reinigt u. bei Ebbe völlig zur See entleert, wird mit Skizzen beschrieben. (J. Proc. Inst. Sewage Purificat. **1954.** 275—82.) H. MÜHLMEISTER. 6040

**C. B. Townend,** *Die Anwendung des Verfahrens mit feinzerteilter Luft im großen Maßstabe in den Werken von Mogden.* Die Abwasserwerke Mogden wurden 1931—35 an Stelle 28 kleinerer Werke für eine Bevölkerung von 2 Millionen in Middlesex errichtet u. verwendeten von Anfang an die Belüftung mit Preßluft, die erstmalig mit eigenem $CH_4$ (aus der Schlammfaulung) erzeugt wurde. Die für die Planung maßgebenden Gesichtspunkte u. ihre Erfüllung in 18jährigem Betriebe werden eingehend erörtert. Die für die optimale Mischung nötige Luftzufuhr entsprach genau mit 2% Verlust dem $O_2$-Bedarf. (J. Proc. Inst. Sewage Purificat. **1954.** 241—47. Middlesex County Main Drain. Dep.) H. MÜHLMEISTER. 6040

**J. Bochem,** *Einsatzfähigkeit analytischer Methoden zur Bestimmung der Phosphorsäure in Wasser.* Unter Einsatzfähigkeit analyt. Methoden versteht Vf. ihre Anwendbarkeit in den verschied. Konzentrationsbereichen, ferner in bezug auf Genauigkeit, Zeitaufwand u. Ausschaltung störender Bestandteile. Zur Charakterisierung u. vergleichenden Bewertung der analyt. Verff. zur gravimetr., alkalimetr. u. colorimetr. $PO_4^{3-}$-Best. in Dampfkraftbetrieben werden die von SCHLEICHER (Z. anal. Chem. **125.** [1944.] 335 u. **133.** [1951.] 135) eingeführten Begriffe ausführlich erläutert u. den vorliegenden Verff. zugrunde gelegt. — 1 Abb., 16 Tab. (Mitt. Vereinig. Großkesselbesitzer **1952.** 140—52. Lübeck.) H. ECKSTEIN. 6060

**Rudolf Köppen,** *Verzögerung des katalytischen Wasserstoffperoxydzerfalls durch Gifte als Untersuchungsmethodik an Abwässern.* Die Verfolgung des $H_2O_2$-Zerfalls bietet eine einfache Meth., Abwässer auf Gifte hin zu untersuchen. Es wird das Verhältnis der Reaktionsgeschwindigkeiten (als $O_2$-Volumina) in reinem $H_2O$ u. der zu untersuchenden Lsg. ermittelt. 1 Mol KCN in 200000 Liter $H_2O$ setzt die Zerfallsgeschwindigkeit auf die Hälfte herab. Zu beachten sind dabei jedoch auch die möglichen Einfll. gelöster anorgan. Salze auf die Reaktionsgeschwindigkeit sowie eine eventuelle Überlagerung der katalyt. Wirkungen durch chem. Reaktionen. Die n. Härte des Leitungswassers vermag ebenfalls eine Verminderung der Reaktionsgeschwindigkeit um die Hälfte zu bewirken. (Kolloid-Z. **139.** 172. Dez. 1954. Bad Salzuflen, Dr. R. Köppen, Privatlabor.) H. U. WOELK. 6068

**—,** *Empfohlene Methoden für die Analyse von Industrieabwässern. — Methoden zur Bestimmung von Eisen, Quecksilber und Nickel.* Es wird je eine Meth. zur Best. von *Fe*, *Hg* u. *Ni* ausführlich beschrieben. 1. Fe wird nach Zerstörung organ. Verbb. als *Fe-Thioglykolatkomplex* bei Mengen bis zu 1000 $\gamma$ instrumentell, bis zu 100 $\gamma$ durch visuellen Farbvgl. mit Eichlsgg. colorimetriert. Die Meth. ist allg. anwendbar. Co stört, desgleichen Ni, wenn es in etwa gleichen Mengen wie Fe zugegen ist. Bei Ggw. von Cu u. Zn, die die Farbintensität des Fe-Komplexes schwächen, muß eine größere Menge Thioglykolsäure zugegeben werden. — 2. Hg (bis zu 100 $\gamma$) wird nach Zerstörung organ. Verbb. durch $HNO_3$–$KMnO_4$ unter geringem Überdruck, Maskierung von Fe durch $NH_2 \cdot OH$ u. Ansäuern zur Entfernung anderer Schwermetalle als *Hg-Diphenylthiocarbazonkomplex* mit Toluol extrahiert u. colorimetriert. Die Meth. ist allg. anwendbar. — 3. Ni (bis zu 100 $\gamma$) wird nach Zerstörung organ. Verbb. aus $NH_4OH$-Lsg. mit Chlf. als Ni-Dimethylglyoximkomplex extrahiert, mit $Br_2$-W. zu Ni(III) oxydiert u. als *Ni(III)-Dimethylglyoximkomplex* colorimetriert. Die Meth. ist allg. anwendbar. — Einzelheiten vgl. Original. (Analyst **81.** 176—80. März 1956.) H. HOFMANN. 6068

## V. Anorganische Industrie.

**Gohei Monna,** *Anlage zur Erzeugung von Sauerstoff.* Die von der Nippon Oxygen Co., Ltd. hergestellte Anlage zur Erzeugung von Sauerstoff sowie Steuergeräte in kanad. u. amerikan. Anlagen werden beschrieben. (J. Fuel Soc. Japan **34.** 552. Sept. 1955. [Orig.: japan., Auszug: engl.]) H. SYDOW. H 239

**R. Westrik** und **P. Zwietering,** *Pseudomorphismus des Eisenkatalysators für synthetisches Ammoniak.* Zur Darst. des verwendeten *Fe-Katalysators* (**I**) wurden *Magnetit* (**II**) u. *$Al_2O_3$* zusammen geschmolzen; nach dem Erstarren der Schmelze bilden beide Komponenten eine feste Lsg. miteinander. Anschließend wurde das zerkleinerte Gemisch 2000 Std.

bei 225° u. sodann noch t Std. bei 300° mit $H_2$ reduziert. Die Oberfläche von **I** (bestimmt durch Adsorption von $N_2$ bei 77,3° K) beträgt für die in ( ) genannten t-Werte 2,96 $m^2/g$ (40), 2,66 (88) bzw. 2,48 (128). Die bei 90,4° K chem. adsorbierte CO-Menge beträgt bei den gleichen t-Werten 0,80, 0,73 bzw. 0,67 $cm^3/g$. Die Zahl der pro $cm^2$ adsorbierten CO-Moll. ist unabhängig von t. Wird die Reduktionstemp. auf 350 bzw. 400° erhöht, so fallen alle vorgenannten Daten stark ab. Aus den Verss. folgt, daß **I** in der Hauptsache 1 1 1-Flächen enthält u. daß dort jedes Fe-Atom ein CO-Mol. adsorbiert. Röntgenunterss. an **I** stehen hiermit im Einklang. Ferner wird an Hand der Röntgenunterss. gezeigt, daß bei der Red. eines Einkristalles von **II** die Dimension u. die äußere Form erhalten bleiben (Pseudomorphie). (Proc., Kon. nederl. Akad. Wetensch., Ser. B **56.** 492—97. Nov./Dez. 1953. Geleen, Netherlands State Mines, Central Labor.)
O. FUCHS. H 243

**Norbert Platzer,** *Europäische Formen von Elektrolysezellen für Chlor und Ätzalkali.* Zusammenstellung sämtlicher europäischer Zellenkonstruktionen, mit Skizzen zu den grundsätzlichen Besonderheiten jeden Typs, nebst Angaben über Platzbedarf, Stromstärken, Spannungen, Ausbeuten, Energie- u. Rohstoffverbrauch je t $Cl_2$. Z. T. Sonderskizzen über wichtige Konstruktionseinzelheiten. — 43 Literaturstellen. (Chem. Engng. Progr. **51.** 305—12. Juli 1951. Springfield, Mass., Monsanto Chem. Co.) H. ECKHARD. H 274

**C. R. Graham,** *Kaliumhydroxyd.* Im Anschluß an neue Aufschlußarbeiten in Saskatchevan — KCl in ca. 3500 ft Tiefe — gibt Vf. eine zusammenfassende Übersicht über K-Vork. u. KOH-Erzeugung. (Canad. chem. Processing **39.** Nr. 3. 34 u. 36. März 1955. Montreal, J.T. Donald & Co.) H. ECKHARD. H 275

**R. W. Toll,** *Schieferpulver aus Cornwall.* Kurze Beschreibung des einfachen Abbaues eines unter nur ca. 2 m Deckgebirge anstehenden devon. Schiefers, der auf ca. $^1/_{10}$ mm vermahlen wird u. als Zusatzmittel in der Anstrichtechnik, Gummi- u. Papierfabrikation, in der Glasindustrie u. als Bitumen- u. Asphaltfüllmittel usw. Verwendung findet. — 2 Abb. u. Lageskizze. (Mining Mag. **93.** 76—78. Aug. 1955.)
H. ECKHARD. 6148

---

**Eleonore Bock** geb. **Stöckmann** (Erfinder: **Rudolf Bock** und **Eleonore Bock** geb. **Stöckmann**), Hannover, *Gewinnung von reinem Selentetrabromid bzw. von reinem Selen,* dad. gek., daß eine angesäuerte Lsg. von Verbb. des Se(IV), die mindestens 3n an Gesamtsäure ist u. die ausreichende Mengen von HBr enthält, mit einem nicht wss. Lösungsm., welches mit der Ausgangslsg. nicht mischbar ist, extrahiert wird u. daß das vom Lösungsm. aufgenommene $SeBr_4$ von diesem abgetrennt oder aus der Lsg. des $SeBr_4$ Se, z. B. mit Hilfe einer wss. Lsg. von $SO_2$ oder von $Na_2SO_3$, ausgefällt wird. Die Extraktion wird durch in der Lsg. gelöste Fremdsalze, z. B. $Na_2SO_4$, begünstigt. Das HBr kann in der Ausgangslsg. aus einem lösl. Bromid u. einer anderen Säure erzeugt werden. Als Extraktionsmittel sind z. B. Äther, Ester, KW-stoffe, $CCl_4$ geeignet. (**D. B. P. 937 644** Kl. 12i vom 24/8. 1952, ausg. 12/1. 1956. Anmeldung bekanntgemacht 24/2. 1955.) A. ZÜRN. H 254

**Borax Consolidated Ltd.,** London, England (Erfinder: **Geoffrey Robert Ball** und **Peter Hayden Kemp**), *Herstellung von Natriumdiboratmonohydrat* — $Na_2B_4O_7 \cdot H_2O$. Ein Boratgemisch, das $Na_2O$ u. $B_2O_3$ in einem von der Arbeitstemp. abhängigen, Diagrammen zu entnehmenden Verhältnis u. W. in solcher Menge enthält, daß das W. das Ausgangsgemisch bei der Arbeitstemp. zu einer klaren Lsg. lösen kann, wird in einem geschlossenen Gefäß über 115° erhitzt, bis sich Kristalle von $Na_2B_4O_7 \cdot H_2O$ ausgeschieden haben. Man arbeitet z. B. mit einem Molverhältnis 0,52, einem Gesamtwassergeh. von 35 Gew.-% u. erhitzt auf 170°. — Diagramme. (**E. P. 737 925** vom 27/8. 1952, ausg. 5/10. 1955.)
A. ZÜRN. H 258

**Borax Consolidated Ltd.,** London, England (Erfinder: **Geoffrey Robert Ball, Peter Hayden Kemp** und **Nelson Perry Nies**), *Herstellung von Natriumdiboratmonohydrat* — $Na_2B_4O_7 \cdot H_2O$. Die Lsg. eines Boratgemischs, die $Na_2O$ u. $B_2O_3$ im Molverhältnis 1 : 2 enthält, wird unter Druck bei Tempp. über 177°, aber unter der Temp., bei der sich $Na_2B_4O_7 \cdot H_2O$ zers., eingedampft. Da sich beim Anheizen AUGERs-Borat ($2Na_2O \cdot 5B_2O_3 \cdot 5H_2O$) ausscheiden kann, hält man die Lsg. vor dem Eindampfen längere Zeit über 177°, so daß sich das AUGER-Borat wieder auflöst. (**E. P. 737 967** vom 9/9. 1953, ausg. 5/10. 1955. **Zusatz zu E. P. 737 925**; vgl. vorst. Referat.) A. ZÜRN. H 258

**Magyar Allam** (Erfinder: **László Gyökhegyi** und **Zoltán Szabo**), Budapest, Ungarn, *Wasserfreies Ätznatron und wasserfreie Salze* erhält man durch Dest. einer aus konz. wss. Lsgg. von NaOH oder der Salze u. Petroleum bestehenden Mischung bis maximal 300°. Die anfallenden feinen Kristalle trennt man vom Petroleum durch Filtrieren u./oder Zentrifugieren, wäscht die Kristalle mit PAe. u. trennt von der Wasch-Fl. durch erneutes Filtrieren u./oder Zentrifugieren. Anschließend trocknet man die Masse. (**Ung. P. 142 571** vom 24/3. 1952, ausg. 15/3. 1955.) G. KÖNIG. H 274

## VI. Silicatchemie. Baustoffe.

**Ss. K. Dubrowo, Ss. Ss. Kajalowa** und **Ju. A. Schmidt,** *Physikalisch-chemische Eigenschaften von Gläsern für Laboratoriumsgeräte und Apparaturen.* Unters. der physikal.-chem. Eigg. von Glassorten der sowjet. Industrie: Ausdehnungskoeff., Viscosität, Erweichungstemp., Gewichtsverlust beim Kochen in dest. $H_2O$, n-$H_2SO_4$, 2n NaOH, 2n$Na_2 \cdot CO_3$. (Стекло и Керамика [Glas u. Keram.] **12.** Nr. 10. 9—11. Okt. 1955. Inst. für Silikatchem. der Akad. der Wiss. der UdSSR.) A. v. Kotzebue. 6200

**Werner Vogel,** *Kristallisationserscheinungen in Phosphatgläsern, ein Beitrag zur Kenntnis der Struktur von Phosphatgläsern.* Ein Phosphatglas der Zus. $P_2O_5$, BaO, $Al_2O_3$, $B_2O_3$ u. $As_2O_3$ zeigte sternförmige Kristallite, die als Al-Metaphosphat, $Al(PO_3)_3$, identifiziert werden konnten. Genauere Unters. zeigt, daß die Kristalltracht des kub. $Al(PO_3)_3$ abhängig ist von der Zus. der Phosphatschmelze. Würfel, Tetraeder, Oktaeder sowie die Kombinationen hieraus waren die üblichen Erscheinungsformen, aus denen sich umgekehrt Rückschlüsse auf die Glaszus. ziehen ließen. Weiter besprochen wird die Struktur der Phosphatgläser. Die Abbesche Zahl wird herangezogen, da sie strukturabhängig ist. Die Konst. von $P_2O_5$, $HPO_3$ wird diskutiert, sowie verschied. Phosphatgläser beschrieben. (Silikattechnik **6.** 510—17. Dez. 1955. VEB Jenaer Glaswerk Schott u. Genossen, Jena.) H. Saalfeld. 6200

**A.-A. Baudran,** *Versuche zum Plastischmachen von Kaolinen.* Nach der von Zwetsch angewendeten Meth. (Unterss. über die Kaoline in Westeuropa) wurden mehrere französ. Kaoline auf Verbesserung der Plastizität unter Vgl. mit Zettlitzer Kaolin durch Zusatz von Na-Pyrophosphat, Na-Acetat, Ameisen-, Citronensäure, Bakelit u. Glycerin untersucht; es wurden Messungen der Viscosität, des $p_H$, der Biegefestigkeit, der Schwindung u. Abbindezeit in Gipsformen gemacht u. erwiesen, daß Na-Pyrophosphat die besten Ergebnisse liefert. Durch Verbindung der physikal. Eigg. des Bakelits u. des Tons entstehen vielversprechendere Ergebnisse. Die Best. der meisten ihrer physikal. Eigg. bestätigte, daß die Plastizität der Kaoline vom Feinheitsgrad abhängig ist. Apparatebilder, Mikrophotographien, Kurven. (Bull. Soc. franç. Céram. **1955.** Nr. 26. 22—35. Jan./März.) W. Freyer. 6216

**V. Bodin,** *Plastische Masse und angefeuchtetes gepreßtes Pulver.* Keram. Erzeugnisse stellt man durch Verformen der plast. M. — mit W. angemachtem Ton — her; ebenso kann man auch mit wenig W. angefeuchtetes Pulver verpressen. Bigot zeigt, daß dieses W. auf die koll. Elemente des Tones einen Einfl. ausübt u. ein in der M. verbleibender Wasserrest bei nicht bis zur vollständigen Entwässerung gehendem Brand zu besonderer Härtung führt. Das Verh. verschied. Töpferwaren u. in der Ziegelindustrie von weichen, halbweichen u. steifen Massen wird darauf zurückgeführt. (Bull. Soc. franç. Céram. **1955.** Nr. 26. 15—21. Jan./März. Soc. Française de Céram.) W. Freyer. 6216

**R. K. Kordonskaja,** *Wege zur Qualitätsverbesserung der Kapseln zum Brennen von Sanitäts- und Baufayence.* Die Verss. wurden mit Kaolinschamotte u. verschied. Lehmschamotten durchgeführt. Es zeigte sich, daß eine Zugabe von 15% Tonerde zur M. die Umlauffähigkeit der Kapseln erhöht u. eine solche von 15% Tonerde mit Talk die Hitzebeständigkeit der Ziegel verbessert. Wichtig ist die Verwendung von hochgebrannter Schamotte. Bei Schamotte aus 2 Fraktionen führt die Erhöhung der Staubfraktion von 30 auf 70% zu einer starken Erhöhung der mechan. Festigkeit des Scherbens. (Стекло и Керамика [Glas u. Keram.] **12.** Nr. 10. 21—27. Okt. 1955.) A. v. Kotzebue. 6218

**W. O. Turjan** und **D. A. Isbalykow,** *Abhängigkeit der Klinkergüte von der Brenndauer.* Eine unfreiwillig, durch Ofenumbau entstandene Verkürzung der Brenndauer (Aufenthalt des Brenngutes in der exothermen Zone) hatte eine Gütesenkung zur Folge. Sie wurde dadurch behoben, daß die Rotation des Ofens (1 Umdrehung in 60 statt in 83 Sek.) herabgesetzt wurde. (Цемент [Zement] **21.** Nr. 2. 24—25. März/April 1955. Ssucholoshje, Zementfabrik.) A. v. Wilpert. 6222

**W. Ss. Artamonow,** *Schutzeigenschaften der Zemente.* Es wird über Verss. berichtet, bei denen Zementklötze (40×40×160 mm) mit eingelagerten Elektroden sowie Elektroden mit Zementbreibedeckung auf ihre elektr. Eigg. untersucht wurden (Strom- u. Potentialmessungen von Metallpaaren bei offener u. geschlossener Stromkette). — Es zeigte sich, daß Portlandzement- u. Puzzolan-Portlandzementdecken eine deutliche Schutzwrkg. aufweisen, während Gips–Tonerde- u. die sich ausdehnenden Zemente nur mangelhaften Schutz bieten. Stahlzylinder verloren bei diesen schlecht schützenden Decken in 3%ig. NaCl-Lsg. 0,023 g/m² je Std., bei wiederholtem Benetzen mit 3%ig. NaCl an feuchter Luft sogar 0,053 g/m² je Std. Daher sind Zementmörtel mit Sulfatanregung nicht zu empfehlen. Bei Wasserbauten sind zusätzliche Schutzdecken (Perchlorvinyl, Bitumenmastixkitte), Zusatz von Korrosionsverzögerern (Na-Silicat, $NaNO_2$) u. Latex, Abietin-

harz, Na-Aluminat zur Hebung der Wasserundurchlässigkeit u. besseren Bindung zwischen Metall u. Zement nicht zu umgehen. Portlandzement- u. Puzzolan-Portlandzement schützen vor sichtbarer Korrosion. (Цемент [Zement] **21.** Nr. 2. 9—13. März/April 1955.)
A. v. WILPERT. 6222

**B. G. Skramtajew, O. M. Asstrejewa** und **L. Ja. Lopatnikowa,** *Struktur von Zementstein und Festigkeit von Beton bei langwährender Härtung.* Die Verss. wurden an Zementproben vorgenommen, die bis zu 17 Jahre lang in n. Härtungskammern bei einer relativen Luftfeuchtigkeit von 90—95% gehalten wurden. Die mit verschied. Portlandzementen hergestellten Betonsorten zeigten nach 16—17 Jahren etwa die gleiche Festigkeit (600—778 kg/cm$^2$). Die Festigkeit von Rüttelbeton lag etwas höher als die aus plast. Betongemischen hergestellten Sorten. In der Struktur des Zementsteins erhielt sich während dieser langen Periode eine gelartige Masse. Die nach der genannten Zeit aufgetretenen kristallin. Neubildungen waren von derart geringer Größe, daß es nicht möglich war, ihre opt. Konstanten oder die Kristallform zu bestimmen. Außerdem ließen sich einige nicht hydratisierte Bruchstücke von Zementklinker in einer Menge von 30—40% feststellen, die aus Alit- u. Belitkristallen bestanden. Eine selektive Hydratation von Klinkermineralien fand nicht statt. (Цемент [Zement] **21.** Nr. 5. 9—12. Sept./Okt. 1955.)
A. v. KOTZEBUE. 6222

**M. P. Ssytin,** *Abhängigkeit der Bindeeigenschaften der Materialien vom Glaszustand.* Die Bindeeigg. der Erdalkalimetallionen u. ihre glasbildenden Eigg., aus denen hervorgeht, daß der Glaszustand an erster Stelle die Bindeeig. bewirkt, wurde an einer Reihe von Zementen untersucht, die zunächst bis 1130—1800° bis zum Sintern oder Schmelzen erhitzt wurden, sodann noch einmal bis zum Sintern geglüht u. auf mechan. Festigkeit nach 3, 7, 28 Tagen u. 6 Monaten geprüft wurden. Es zeigte sich, daß ein Zement der Zus. 11,4% $Na_2O$, 51% CaO, 37,6% $SiO_2$ die besten mechan. Eigg. aufwies. Die 4 untersuchten Zemente waren gegen Alkali beständig, entmischten sich jedoch nach 3 monatigem Lagern in 10%ig. HCl, ein Hinweis, daß Al im Zement unentbehrlich ist. Die petrograph. Unters. der Schliffe ergab als wahrscheinliche Bestandteile: $Na_2O \cdot 2\,CaO \cdot 3\,SiO_2$ ($n \sim 1{,}600$), Belit ($2\,CaO \cdot SiO_2$, $n > 1{,}712$), Ca-Metasilicat ($n \sim 1{,}656$) sowie braune Glasgebiete ($n \sim 1{,}505$). Es wurden auch leichtschmelzbare Pb-Silicate (aus Bleiglätte u. reinem Sand dargestellt) auf ihre Bindefähigkeit untersucht. (Журнал Прикладной Химии [J. angew. Chem.] **26.** 124—28. Febr. 1953.) A. v. WILPERT. 6222

**G. I. Gortschakow** (unter Mitarbeit von **A. M. Tarassenko** und **A. I. Jemeljanowa**), *Steigerung der Widerstandsfähigkeit und Frostfestigkeit von Beton.* Verss., die mit plast. u. steifen Portlandzementgemischen B-1, B-2, P-0 u. P-5 durchgeführt wurden, wobei die Frostfestigkeit durch Gefrierverss. unter natürlichen Bedingungen (am Meeresstrand mit Ebbe u. Flut, 1—2 Jahre, 100—300 Gefriercyclen) geprüft wurden, ergaben, daß steife Betongemische bei weitem widerstandsfähiger sind als plast. Betone, deren Frostfestigkeit nach Durchdämpfen noch wesentlich absinkt, während die steifen Gemische keinen wesentlich schädigenden Einfl. des Durchdämpfens aufweisen. Die Zerstörung der Betonstruktur wird durch die Menge des freien W. wesentlich mitbestimmt. Bei Zusatz von 1,5—2% $CaCl_2$ oder 5std. Durchdämpfen konnten nach 24 Std. Festigkeitswerte von 70—78% jenes Wertes gemessen werden, den ein 28tägiger Beton aufweist. Es sind daher für frostfeste Konstruktionen unbedingt steife Gemische unter Anwendung der verschied. Formen der Vibrationstechnik anzuwenden; hierbei wird der Verbrauch an Zement um 20—25% gekürzt; Wärmebehandlung u. Vakuumieren fallen fort. (Бетон и Железобетон [Beton u. Eisenbeton] **1955.** 274—79. Nov.)
A. v. WILPERT. 6224

**N. A. Popow** und **A. W. Tschuiko,** *Einfluß des Dämpfens auf die Grundeigenschaften von Beton für Verkleidungsplatten.* Eine Prüfung verschied. Muster aus 36 Serien ergab, daß das Dämpfen die Festigkeit der Betontafeln erheblich beeinträchtigt u. die Wasserdurchlässigkeit um das 3—4fache erhöht. Einzig die Betonmarke 250, mit Zement „KS" unter Zusatz von oberflächenakt. Stoffen hergestellt, überdauerte die 360—370 Prüfcyclen (Benetzen, Einfrieren, Austrocknen). Zusatz von oberflächenakt. Stoffen (bes. Sulfitspritschlempe) steigert die mechan. Festigkeit (bis um 40%) u. die Frostfestigkeit. Es ist angezeigt, das Dämpfen unter weniger harten Bedingungen durchzuführen (namentlich während des Abkühlens durch Feuchtigkeitszufuhr das allzu intensive Austrocknen der äußeren Schichten zu verhindern) oder gar die Durchdämpfung ganz zu unterlassen, indem man unter Vibration bei geringem Oberdruck die M. stärker dichtet oder feuchten Zement unter Vibration länger zermahlt. (Гидротехническое Строительство [Hydrotechn. Bau] **24.** Nr. 7. 16—19. 1955. Allunions Wiss. Hydrotechn. Forschungsinst.)
A. v. WILPERT. 6224

**W. A. Michaltschenko,** *Einfluß der Säure- und Alkalibehandlung auf die Aufnahme des Kalks durch Quarzsand.* Je 2 g feinstes Quarzpulver (50—10 $\mu$, sedimentiert) wurden mit 0,1—2n Lsgg. von HCl, $H_2SO_4$ u. $H_3PO_4$ sowie dest. W. 1—10 Tage lang bei Zimmertemp. vorbehandelt, andere Proben mit W., n. u. konz. HCl 30 Min. gekocht. Dann wurde der Quarzsand gewaschen, mit 50 ml Kalkmilch 10 Tage behandelt u. die Menge des aufgenommenen CaO bestimmt. Auf gleiche Art wurden die Quarzsandproben vor der Kalkmilchzugabe mit 0,0001—2n NaOH u. Wasserglaslsgg. derselben Konzz. vorbehandelt. — Es ergab sich, daß eine kalte Vorbehandlung mit Säure keine größere Kalkaufnahme bewirkte als die kalte Behandlung mit W.; Sieden mit Säuren verstärkte die Aufnahme. Weit größer war die Wrkg. der alkal. Vorbehandlung: während die Wasserbehandlung nach 10 Tagen nur eine Aufnahme von 0,42 mg CaO/2 g Sand bewirkte, lagen die Werte nach Vorbehandlung mit 0,0001- u. 2n NaOH bei 0,852 u. 3,124 mg, bei denselben Konzz. (auf $Na_2O$ berechnet) von Wasserglaslsgg. bei 0,70 u. 3,78 mg CaO. Die Wrkg. der Vorbehandlung ist in den ersten Tagen stärker. (Журнал Прикладной Химии [J. angew. Chem.] **26.** 129—35. Febr. 1953.) A. v. WILPERT. 6226

**Marcel Lépingle,** *Klassifizierung und Eigenschaften der gewöhnlichen Ziegelsteine.* Klassifizierung u. vorgesehene Normalisierung der Vollziegel aus gebranntem Ton in Belgien wird vorgenommen; diese, als halbnatürliche Materialien bezeichneten Erzeugnisse hängen in ihren spezif. Eigg. von den Charakteristiken des verwendeten Tones ab. Trotz bis zu einem gewissen Grad bestehender Beziehungen zwischen den Charakteristiken der Fertigerzeugnisse, wird von einer zu strengen Klassifizierung abgeraten, da sonst in der Praxis bewährte Erzeugnisse der Gefahr des Ausschlusses unterliegen würden. (Bull. Soc. franç. Céram. **1955.** Nr. 26. 2—8. Jan./März.) W. FREYER. 6228

**W. Kotow** und **G. Alexejew,** *Alterung und Frostfestigkeit des Ziegels.* Untersucht wurden Ziegel aus Lehm der Zus. (in %): 50,8 $SiO_2$, 11,7 $Al_2O_3$, 15,4 CaO, 4,8 $Fe_2O_3$, 1,0 MgO, 16,2 weitere Beimengungen. Bei der Best. der Ausdehnung von verschied. gebrannten Ziegeln mit einem gewöhnlichen Dilatometer fand sowohl ein Anstieg mit nachfolgendem Gleichbleiben des Vol. bei Behandlung mit W. (Hydratation der $SiO_2$ u. des CaO) als auch eine Volumverminderung nach diesem Anstieg (Bldg. von Ca-Hydrosilicat) statt, jedoch spielten auch andere chem. Vorgänge mit [$Ca(OH)_2 \rightarrow CaCO_3$), die zu Volumänderungen führten. Bei Wiederholungen der Best. des Frostfestigkeitskoeff. u. der Wasseraufnahme wurden niedrigere Werte als anfangs gefunden (Einfl. der künstlichen Alterung). Vff. berichten über Frostfestigkeitsbestimmungen, bei denen infolge ungleicher Verdichtung der Ziegelmasse beim Einfrieren Längs- u. Querrisse auftraten. Nach Zusatz von 8% Schlacke (bis 5 mm Korngröße) oder von 6% Schlacke u. 4% Sägespänen zeigten die Ziegel nach 25 maligem Einfrieren keine sichtbaren Zerstörungen des Gefüges. (Строительные Материалы Изделия и Конструкции [Baumater., Fertigteile Konstruktionen] **1.** Nr. 6. 17—20. Juni 1955. Leningrad, Gebietslabor. für Baumaterialien.) A. v. WILPERT. 6228

**A. Nowopaschin,** *Über die Haltbarkeit von Ziegeln.* Die Hauptursache für die geringe Haltbarkeit von Ziegeln ist ungenügender Brand. Ungenügend gebranntes Material (1 g) adsorbiert Methylenblau aus 10 $cm^3$ Lsg. (0,3 g/Liter), während gut gebranntes Material die Fähigkeit zur Adsorption von Methylenblau verloren hat. Risse im Ziegel verringern die Haltbarkeit, wenn sie, mit W. gefüllt, dem Frost ausgesetzt werden. Salzgeh. (Ca-, Ma-, Na-Sulfat) spielt beim Brüchigwerden der Ziegel keine Rolle. (Строительные Материалы Изделия и Конструкции [Baumater., Fertigteile, Konstruktionen] **1.** Nr. 2. 20—23. Febr. 1955. Kuibyschew, Hydrotechn. Mikojan-Inst.) J. v. SCHROEDER. 6228

**Eva Schramke,** *Neue Methoden der Silicatanalyse.* Durch den Fortschritt der Silicatforschung u. die techn. Auswertungsmöglichkeiten ist eine Anpassung der langbewährten „klass." Methoden an den heutigen Stand der Technik erforderlich geworden. Durch Anwendung organ. Reagentien u. Ersatz gravimetr. Methoden wurde dieser Weg beschritten. Andererseits brachte die Anwendung physikal. Schnellmethoden einen weiteren Fortschritt. Es werden ausführlich beschrieben: Opt., elektr., adsorptiometr. u. bes. Spezialmethoden unter Anlehnung u. in Kombination an u. mit chem. Methoden. — Schrifttumsnachweis. (Keram. Z. **8.** 8—11. Nr. 1; 54—57. Nr. 2. 1956. Kapfenberg.) W. FREYER. 6240

**J. J. Diamond,** *Flammenphotometrische Bestimmung von Strontium in Portlandzement.* Vf. beschreibt eine schnelle u. genaue photometr. Best. von *Sr* in Portlandzement, welche den Vorteil hat, daß eine chem. Trennung des Sr von dem Ca oder den Alkalien nicht notwendig ist. Ein Maß für die Ggw. von Sr lieferte die Emission bei 461 m$\mu$ minus der Emission bei 466 m$\mu$. Aus 128 Zementen verschied. Herkunft ergaben sich SrO-Geh. zwischen 0,02 u. 0,39%. (Analytic. Chem. **27.** 913—15. Juni 1955. Washington, D. C., Nat. Bur. of Standards.) C. GOTTFRIED. 6252

**W. I. Tschunossow,** *Die Bestimmung von Eisen und Aluminium in Zementen nach der Methode der amperometrischen Titration.* 1 g Zement wird durch 1—2 Min. langes

Kochen in 5 ml HCl (1 : 1) u. 0,5 ml $HNO_3$ (1 : 1) gelöst u. auf 100 ml aufgefüllt. 10 bis 15 ml werden mit Urotropin amperometr. titriert. Die Durchführung der Meth. beansprucht nur 30—35 Minuten. Die Fehlergrenze beträgt 0,01—0,18 mg für Fe, 0,01—0,13m für Al. (Цемент [Zement] **21.** Nr. 5. 22—24. Sept./Okt. 1955. Saratow, Univ.)
A. v. KOTZEBUE. 6252

**A. Ja. Zeitlin** und **K. G. Kondratowa,** *Schnellverfahren zur Bestimmung der Aktivität des Schlacken-Portlandzements.* Die Beschleunigung im vorgeschlagenen Verf. besteht darin, daß an Stelle einer Aufbewahrung des Schlackenzementgutes 7 u. 28 Tage unter W. ein Durchdämpfen des Zements vorgenommen wird (6—8 Std., anschließend 4 Std. im geschlossenen Behälter, endlich 2 Std. Abkühlen auf Zimmertemp.). Die ganze Operation dauert keine 38—40 Stunden, sodann wird die Druckfestigkeit geprüft. Die parallel durchgeführten Vergleichsprüfungen nach „GOST 310-41" ergaben, daß das Endergebnis für *R* nach dem Durchdämpfen (2 Tage) mit jenem der Prüfung nach 28 Tagen nach GOST ident. ist. Die Schwankungen für $R_{28}/R_7$ waren etwas größer als jene für $R_{Dampf}/R_{28}$. (Цемент [Zement] **21.** Nr. 2. 23—24. März/April 1955. Kosogory, Zementfabrik.)
A. v. WILPERT. 6252

**Morand** und **Kiehl,** *Spektrographische Analyse der feuerfesten Materialien auf der Basis von Kieselsäure, Alumosilicaten und Tonerde.* Das zu analysierende feuerfeste Material, das mit 50% Graphitpulver (Stabilisierungsmittel für den Lichtbogen) u. 50%Ni-Pulver (als innerer Vergleichskörper) verd. ist, wird durch einen Lichtbogen erregt. Die UV-Bänder dieses Lichtbogens werden auf photograph. Platten aufgenommen. Man mißt die Farbtiefe einer der Linien der zu bestimmenden Elemente in bezug auf die Linien des inneren Vergleichskörpers. Die Intensität der Linien jedes Elementes hängt von seiner Konz. ab. Mit Hilfe von für jedes Element im voraus ermittelten Vergleichskurven, die die Intensität I x/I Ni in Abhängigkeit von der Konz. des zu bestimmenden Elementes darstellen, kann dann die Zus. der zu prüfenden Materialien ermittelt werden. Die Anwendung des inneren Vergleichskörpers schaltet den Einfl. kleiner unvermeidlicher Änderungen der Arbeitsbedingungen während der Unters. aus. — Nach Ansicht der Vff. ermöglicht die Verbindung der chem. u. spektrograph. Analyse eine Meßgenauigkeit, die keiner der beiden Methoden für sich allein innewohnt. (Bull. Soc. franç. Céram. **1955.** 3—11. April/Juni. Soc. des Électrodes et Réfractaires „SAVOIE".) K. O. MÜLLER. 6256

---

**Bausch & Lomb Optical Co.,** Rochester, übert. von: **Lewis P. Ohliger,** Sweden, N. Y., V. St. A., *Zusammengesetzte Glaskörper.* Ein Oberflächenteil eines der Glaskörper wird mit einer wasserlösl., sauerstoffhaltigen, anorgan. Mo-Verb. überzogen. Nach $^1/_2$—2 Std. werden die zu verschmelzenden Oberflächen der Glaskörper miteinander in Berührung gebracht u. erhitzt, bis wenigstens eine der Oberflächen soweit schm., daß sie die anliegende benetzt u. sich mit ihr verbindet. Das Verf. eignet sich bes. zur Herst. multifocaler Linsen. (**A. P. 2 704 420** vom 4/11. 1949, ausg. 22/3. 1955.)
F. REINHART. 6201

**Ernst Leitz G. m. b. H.,** Wetzlar (Erfinder: **Gustav Weissenberg,** Marburg/Lahn), *Herstellung von reflexionsmindernden Schichten auf Glas* oder dergleichen. Die zu beschichtenden Oberflächen werden mit einer Substanz überzogen, aus der sich in W. unlösl. Verbb. der allg. Formel $MeO_2 \cdot H_2O$ ausfällen lassen, worauf alle dieser Formel nicht entsprechenden Verbb. aus der Überzugsschicht entfernt werden. — Z. B. wird die Glasoberfläche mit einer wss. Alkalisilicatlsg. benetzt, worauf die Schicht durch Behandeln mit Säuren, sauren Salzen oder Alkoholen in Kieselsäure u. Alkalisalze umgewandelt wird; letztere werden dann ausgewaschen. (**D. B. P. 937 913** Kl. 32b vom 18/11. 1939, ausg. 19/1. 1956. Anmeldung bekanntgemacht 2/8. 1951.) HANS HOFFMANN. 6201

**Mo och Domsjö Aktiebolag,** Örnsköldsvik, Schweden (Erfinder: **R. E. Morén**), *Dekorieren von keramischen Gegenständen* mittels einer Suspension eines Pigmentes in einer Plastemulsion, die 5—50 Gew.-% Plaste enthält (z. B. Polyvinylacetat). Hieran anschließend erfolgt das *Glasieren* im Glasurbad. (**Schwed. P. 142 528** vom 18/3. 1950, ausg. 13/10. 1953.)
K. H. KÄHLER. 6213

**Morgan Crucible Co. Ltd.,** London (Erfinder: **Francis Henry Aldred**), England, *Keramisches Material.* Eine Mischung von feinen Kristallen einer Grundsubstanz kleiner als 0,053 mm, z. B. $Al_2O_3$, Bauxit oder Cyanit, u. von gröberen Kristallen, ca. 0,15 bis 0,075 mm, eines Zusatzstoffes, wie geschmolzenes $SiO_2$, $ZrO_2$, Mullit oder Gemische derselben gegebenenfalls mit Cyanit, in Mengen von 10—40 Vol.-% der Gesamtmasse wird geformt u. bei Tempp. gebrannt, bei denen die Körper sintern, aber keine wesentliche Glasbldg. auftritt. Die Körper sind temperaturwechselbeständig u. widerstehen Dauerbelastung bei hoher Temperatur. (**E. P. 736 148** vom 1/2. 1952, ausg. 7/9. 1955.)
F. REINHART. 6219

**International Standard Electric Corp.,** New York, N. Y., V. St. A., übert. von: **Roy Mayne Barnard** und **Sidney Ernest Buckley,** London, England, *Metallisieren von keramischen Oberflächen.* Gepulvertes keram. Material, z. B. aus Kaolin, Talk u. $TiO_2$, wird wenigstens teilweise mit einem gepulverten Oxyd des Ag, Cu, Fe oder Ni überschichtet; darauf werden die Schichten z. B. durch Pressen vereinigt, u. die entstandenen Körper werden bei Tempp. oberhalb des F. des Metalloxyds gesintert. Anschließend wird das Oxyd zu Metall red., so daß ein festhaftender Metallüberzug auf dem keram. Körper entsteht. (**A. P. 2 706 682** vom 8/2. 1952, ausg. 19/4. 1955. E. Prior. 9/2. 1951.) F. REINHART. 6221

**Heinrich Koppers G. m. b. H.,** Essen (Erfinder: **Gerhard Trömel** und **Karl-Heinz Obst,** Düsseldorf), *Herstellung von Silikaerzeugnissen.* Der Rohmasse, z. B. aus Quarziten, wird vor dem Brande Phosphorsäure oder phosphorsaure Salze u. zugleich $Al_2O_3$ in solchen Mengen zueinander zugesetzt, daß sie im gebrannten Erzeugnis in dem für Orthophosphat kennzeichnenden Verhältnis enthalten sind. Der Rohmasse kann auch direkt $AlPO_4$ oder diese Verb. enthaltende Rückstände, z. B. aus der Aufbereitung des Amblygonits stammend, zugesetzt werden. Da $AlPO_4$ mit den $SiO_2$-Modifikationen isomorph krist., wird beim Brand Tonerde in das Kristallgitter der $SiO_2$ aufgenommen u. schädigt den Kristallverband nicht. (**D. B. P. 936 620** Kl. 80b vom 14/2. 1952, ausg. 15/12. 1955. Anmeldung bekanntgemacht 1/10. 1953.) F. REINHART. 6221

**Farbwerke Hoechst Akt.-Ges., vormals Meister Lucius & Brüning** (Erfinder: **Otto Peter**), Frankfurt/M., *Herstellung von Kohleformkörpern.* Vorgebrannte Kohlekörper werden z. B. im Vakuum mit fl. Pech imprägniert u. während der Verkokung des Imprägnierungsmittels von fl. Pech umhüllt gehalten. Die Körper können auch in einem Arbeitsgang imprägniert u. gebrannt werden. Vor dem Imprägnieren wird zweckmäßig die erste Brennhaut entfernt. Es werden sehr dichte Körper erhalten. (**D. B. P. 934 520** Kl. 80b vom 31/12. 1953, ausg. 27/10. 1955. Anmeldung bekanntgemacht 5/5. 1955.) F. REINHART. 6221

**Hermann Kretzschmar** (Erfinder: **Hermann Kretzschmar,** Berlin, und **Friedrich Lipinski,** Plettenberg-Holthausen), *Herstellung von Leichtbaukörpern.* In Abänderung des Verf. nach D. B. P. 931 276 wird eine aus schwach geröstetem Si-Stoff, Kalk, kalkhaltigen Stoffen u./oder Zement mit gegebenenfalls Faserstoffen u. körnigen Magerungsmitteln bestehende Mischung unter Zusatz von W. zu einer weich-plast. M. angemacht, von der ein abgeteiltes Quantum in eine Form gebracht u. darin durch Rüttel- oder Schüttelbewegung verteilt u. geglättet wird. Der Rohmasse können die gebräuchlichen Gastreibmittel, wie Metallpulver oder $O_2$-abgebende Stoffe, zugesetzt werden. (**D. B. P. 935 713** Kl. 80b vom 10/1. 1945, ausg. 24/11. 1955. Anmeldung bekanntgemacht 21/4. 1955. **Zusatz zu D. B. P. 931 276; C. 1956. 544.**) HANS HOFFMANN. 6229

**Soc. An. des Forges et Aciéries de Dilling,** Dillingen/Saar, *Herstellung von Formlingen aus Hochofenschlacke.* Zur Herst. der Formlinge wird eine Mischung aus Hochofenschlackensand mit $FeSO_4$, bes. in Form von Beizabfällen, u. CaO oder $Ca(OH)_2$ verwendet. (**D. B. P. 937 759** Kl. 80b vom 18/11. 1952, ausg. 12/1. 1956. Anmeldung bekanntgemacht 31/12. 1953. F. Prior. 30/11. 1951.) HANS HOFFMANN. 6229

**Franz Skaupy,** Berlin, *Hartkörper.* $Al_2O_3$, $Cr_2O_3$, BeO oder harte nichtmetall. Carbide, wie Borcarbid, oder SiC werden mit einem Bindemetall, das bei der Sintertemp. mit der Oberfläche der harten Stoffe reagiert, wie Alkali-, Erdalkali- oder Erdmetall, soweit sie luftbeständig sind, oder deren luftbeständige Legierungen oder mit Ti, Zr oder Nb oder deren Legierungen bei $>1000^0$, zweckmäßig unter Druck, gesintert. Als Bindemetall kann auch eine Legierung aus 10% Ti u./oder Zr mit Fe, Ni, Co verwendet werden. Die Hartkörper eignen sich für Schneidzwecke. (**D. P. B. 935 178** Kl. 80b vom 30/6. 1940, ausg. 10/11. 1955. Anmeldung bekanntgemacht 14/8. 1952.) F. REINHART. 6239

## VII. Agrikulturchemie. Schädlingsbekämpfung.

**Jenö Mattyasovszky** und **Tivadar Duck,** *Die Wirkung der Erosion auf die Nährstoffverhältnisse des Bodens.* Vff. untersuchen an Böden mit 7—12% Gefälle die Erosionswrkg. starker Niederschläge. Es wird festgestellt, daß der Verlust an Humus sowie Gesamt-N bei Wiesenböden stark, bei braunen Waldböden nur geringfügig in Erscheinung trat. Der Verlust an K u. P war bedeutungslos. (Agrokémia és Talajtan [Agrochem. u. Bodenkunde] **3.** 163—72. Sept. 1954. Budapest, Agrokém. Kutató Int., Talajtani Oszt.) G. v. PILINSZKY. 6304

**Luciano Tombesi,** *Bildung organischer Substanz und Wasserversorgung des Bodens.* 1. Mitt. Bericht über Kulturverss. mit Tomaten, Erdnüssen, Wein, Bohnen u. Raps auf einem Boden mit $p_H$ 7,8, CaO 5%, Humus 3% u. ausreichendem Geh. an $P_2O_5$ u. $K_2O$.

Es wurde festgestellt, daß die Bldg. von organ. Substanz in Abhängigkeit von der Wasserversorgung nicht mit Hilfe des physiol.-mathemat. Gesetzes von MITSCHERLICH errechnet werden kann. (Ann. Staz. chim.-agrar. sperim. Roma [3] **1950.** Pubbl. Nr. 29. 1—17. Rom, Staz. Chim.-agrar. sperim.) C. GRIMME. 6304

**Ulrich Springer,** *Zur Charakteristik der Dauerhumuskomponente in Bodentypen.* Der durch die Methoden der Bromacetolyse (Br.) u. der Sulfacetolyse (Su.) erfaßte Anteil des *Dauerhumus* (I) am Gesamt-I (der Zersetzungsgrad) liegt am höchsten in den besten schwarzerdeartigen Bodentypen u. in den eigentlichen Braunerden (a), sinkt dagegen in den degradierten a u. vor allem in den Podsolböden (b) stark ab. Die in den B-Horizonten der b gefundenen, bes. niedrigen Werte sind bedingt durch einen hohen Geh. an I-Vorstufen (Fulvosäuren), durch die hohe Dispersität dieser I-Stoffe u. vielleicht z. T. auch durch deren besondere Struktur (Furantyp). Der Anteil der Su.-Huminstoffe an den Br.-Huminstoffen (Stabilitätsindex) beträgt bei guten, stabilen I-Formen 80—100%, bei weniger stabilen ca. 70% u. fällt in Podsolprofilen auf einen geringen Bruchteil ab. (Z. Pflanzenernähr., Düng., Bodenkunde **60** (**105**). 285—95. 1953. München, Bayer. Landesanst. für Pflanzenbau u. Pflanzenschutz.) F. RANG. 6304

**F. J. Stevenson,** *Ionenaustauschchromatographie von Aminosäuren in Bodenhydrolysaten.* Bodenproben (Treibhaus) aus dunklem Oberflächenhorizont von Schlufflehm, die 2 Jahre lang verschied. gedüngt worden waren, wurden mittels 6n HCl während 24Std. hydrolysiert u. die Hydrolysate chromatographiert (Dowex-50-Säule, vorher Entsalzen mittels Amberlite IR 120-Säule). Folgende, mit Ninhydrin reagierende Verbb. konnten nachgewiesen u. mengenmäßig bestimmt werden: Alanin, $\beta$-Alanin, $\gamma$-Aminobuttersäure, Arginin, Asparaginsäure, Chondrosamin, Glucosamin, Glutaminsäure, Glykokoll, Histidin, Leucin, Isoleucin, Lysin, Prolin, Oxyprolin, Phenylalanin, Serin, Threonin, Tyrosin u. Valin. 12 weitere Verbb., die ebenfalls mit Ninhydrin reagierten, konnten nicht mit Sicherheit identifiziert werden. 1—2% des Gesamt-N der untersuchten Böden lagen als Aminozucker vor. — 31 Literaturhinweise. (Proc. Soil. Sci. Soc. America **18.** 373—77. Okt. 1954. Urbana, Ill., Illinois Agricult. Exp. Stat.) A. JACOB. 6304

**Ju. A. Poljakow,** *Die Anwendung der radioisotopen Methode bei der Untersuchung der Austauschadsorption der Ionen $Ca^{2+}$ und $NH_4^+$ an Böden.* Unter Benutzung einer mit $^{45}Ca$ markierten Lsg. von $CaCl_2$ wurden die Gleichgewichtskonstanten der Austauschadsorption der Ionen $Ca^{2+}$ u. $NH_4^+$ an Schwarzerde untersucht u. die hauptsächlichen energet. Charakteristiken dieses Gleichgewichts berechnet. Es ergab sich, daß die Adsorptionsverb. von Boden u. $Ca^{2+}$ thermodynam. beständiger ist, als die mit $NH_4^+$. (Почвоведение [Bodenkunde] **1955.** Nr. 7. 59—66. Juli.) A. JACOB. 6304

**Je. N. Schusstowa** und **Ju. I. Ussenko,** *Der Einfluß einer schichtweisen Bearbeitung des Bodens auf einige physikalische und biochemische Eigenschaften.* Mehrjährige Verss. ergaben, daß die schichtweise Bearbeitung des Bodens eine bedeutende Erhöhung seiner Porosität, Luftkapazität u. Wasserdurchlässigkeit bewirkt; dabei erhöht sich auch der Wassergeh. im Boden u. die Menge der wasserresistenten Aggregate in seiner oberen (0—20 cm) Schicht, während die Verdunstung des W. aus dem Boden u. der Wasserverbrauch der Pflanzen (berechnet auf je eine Gewichtseinheit der organ. M.) steigen. Der Geh. an Nitraten stellte sich im 1. Jahr nach gewöhnlichem Pflügen höher als nach der schichtweisen Bearbeitung des Bodens. Eine beträchtliche Erhöhung des Geh. an Nitrat-N trat aber bei der schichtweisen Bearbeitung des Bodens im 3. oder 4. Jahr ein, nachdem die 30—40 cm tiefe Schicht an die Bodenoberfläche gelangte. Kulturpflanzen mit tief in den Boden gehenden Wurzeln (wie Luzerne, Mais) lieferten schon in den ersten Jahren nach der schichtweisen Bearbeitung höhere Erträge als nach gewöhnlichem Pflügen; Getreidearten ergaben jedoch keine nennenswerte Ertragssteigerung, während Futterkürbis bei der schichtweisen Bearbeitung des Bodens den Ertrag stark herabsetzte. (Почвоведение [Bodenkunde] **1955.** Nr. 12. 43—51. Dez. Erastowka, Ukr. Wiss. Forschungsinst. für Getreidewirtschaft, Versuchsfeld.) M. GORDIENKO. 6304

**N. I. Bogdanow,** *Anorganische Phosphate in sibirischen Schwarzerden.* Die Intensität der Akkumulation von P in einzelnen Phasen der Tschernosembldg. (in einzelnen Untertypen der Tschernosemböden) zeigt sich hauptsächlich im Geh. an organ. Phosphaten, während der Geh. an mineral. P keine großen Schwankungen aufweist. Den höchsten Geh. an mineral. Phosphaten zeigt der südliche, den geringsten der ausgelaugte Tschernosem. Zwischen dem Geh. an Humus u. den mineral. Phosphaten bestehen keine Zusammenhänge, dagegen werden sie zwischen dem Geh. an Humus u. dem organ. sowie dem gesamten P in Tschernosemböden klar erkannt. Im Vgl. zu den Tschernosemböden der europäischen Sowjetunion sind die Tschernoseme Sibiriens reicher an Ca-Phosphaten u. ärmer an Al- u. Fe-Phosphaten. In den auf Löß bzw. carbonathaltigen lößartigen Lehmen lagernden Tschernosemböden Sibiriens stellt sich der Geh. an Ca-Phosphaten auf 36 bis

44% vom Gesamtgeh. an Phosphaten, in den Tschernosemböden auf anderen Muttergesteinsarten beträgt er nur 11—12, höchstens 20%. (Почвоведение [Bodenkunde] **1955.** Nr. 12. 18—34. Dez. Omsk, Landw. Kirow-Inst., Lehrstuhl für Bodenkunde.)
M. GORDIENKO. 6304

**P. K. R. Menon** und **T. Rajagopala Iyengar,** *Mangangehalt von Böden der Provinz Madras.* Verschied. typ. Böden von Madras wurden auf ihren Mangangeh. untersucht. Es war nicht möglich, die Befunde zu deuten bzw. Gesetzmäßigkeiten abzuleiten. — 12 Literaturhinweise. (Madras agric. J. **42.** 144—47. April 1955. Coimbatore, Agric. Res. Inst., Chem. Sect.) A. SCHLÄGER. 6304

**L. Depardon** und **P. Buron,** *Beitrag zur landwirtschaftlichen Untersuchung der Beauce (Loiret).* Die Beauce ist eine ausgedehnte Ebene im Nordosten der Landschaft Loiret. Vff. beschreiben die klimatolog., geolog. u. petrolog. Eigg. der verschied. Bodenarten u. die Resultate der chem. u. physikal. Untersuchung. Angabe von erprobten Düngungsmaßnahmen bei Hackfrüchten, Winterweizen u. Sommerhafer u. -gerste. — 5 Literaturhinweise. (Ann. Inst. nat. Rech. agronom., Sér. A. **5.** 361—69. Mai/Juni 1954. Bevis, Stat. agronom.) C. GRIMME. 6304

**Roy Overstreet, J. C. Martin, R. K. Schulz** und **O. D. McCutcheon,** *Melioration eines Alkalibodens der Hacienda-Serie.* Starke Bewässerung unter Anbau von Gras hat sich bei der Melioration von Böden der Hacienda-Serie bewährt. Günstig ist ferner die Anwendung von Gips oder Schwefelsäure bis zu Mengen von 4 t Gips u. 3,5 t Schwefelsäure/acre. Guten Erfolg hat dann die Aussaat von Luzerne im Herbst, so daß Keimung u. Jugendstadium der Luzerne in einem kühlen u. feuchten Klima erfolgen. (Hilgardia **24.** 53—68. Sept. 1955. Berkeley, Calif., Univ. of California.) A. JACOB. 6304

**Imre Prettenhoffer,** *Rasenmeliorationsversuche auf Alkaliböden im Gebiete jenseits der Theiß.* 1. Mitt. *Melioration von kalkfreiem Alkaligrasland durch Kalken des ungepflügten Bodens.* Einmaliges Kalken ist imstande, kalkfreie Alkaligraslandböden befriedigend zu verbessern. Es ist ungünstig, solches Grasland ohne gleichzeitiges Kalken u. Düngen umzubrechen. Durch Anwendung von Stallmist, mineral. Düngemitteln u. Kalk wurde der Ertrag an Kleearten erhöht. (Agrokémia és Talajtan [Agrochem. u. Bodenkunde] **3.** 343—60. Dez. 1954. Szeged, Önt. Talajjav. Kut. Int., Talajjav. Oszt.)
A. JACOB. 6304

**Imre Prettenhoffer,** *Rasenmeliorationsversuche auf Alkaliböden im Gebiete jenseits der Theiß.* 2. Mitt. *Rasenmelioration auf Übergangsalkaliböden, ohne Umbruch, mit Lignitmehl und kombinierten Meliorationsverfahren.* (1. vgl. vorst. Ref.) Auf Übergangsalkaliböden mit $p_H$ 7,5—8,0 der Oberkrume u. starkem Salzgeh. im Unterboden ergab eine Melioration mit Kalk u. Lignitmehl pro Kat. Joch 6,1 dz Mehrertrag an Heu, während Kalk allein nur 3,4 dz Mehrertrag gab. Auch Lignitmehl allein oder Kalk u. Gips lieferten höhere Erträge als Kalk allein. Das kombinierte Meliorationsverf. ergab eine Verbesserung des Pflanzenbestandes. (Agrokémia és Talajtan [Agrochem. u. Bodenkunde] **4.** 165—72. Juni 1955.) A. JACOB. 6304

**Masao Deguchi,** *Untersuchungen über die mineralische Verunreinigung des Flusses Watarase.* 1. Mitt. *Über die Eigenschaften des Irrigationswassers und Schädigungen der Paddy-Reispflanze.* Bei Unterss. der mineral. Verunreinigungen des Flusses Watarase u. der schädlichen Wrkg. des Irrigationswassers auf Paddyreis ergab sich, daß das W. an der Oberfläche des Flusses bei gutem Wetter klar, von neutraler Rk. u. frei von Cu war. Es war dann geeignet für die Bewässerung. Bei regner. Wetter war das W. schlammreich u. führte eine beträchtliche Menge von Cu mit sich. Dieser Cu-Geh. schädigte die Pflanzen. Wurden die Schwebstoffe entfernt, so konnte die ungünstige Wrkg. vermieden werden. Das W. vom Boden des Flusses war hinsichtlich seiner chem. Zus. gut, es war aber sogar im Hochsommer zu kalt u. mußte daher für Irrigationszwecke vorgewärmt werden. (J. Sci. Soil Manure, Japan [Nippon Dozyô-Hiryô-Gaku Zasshi] **26.** 81—87. Aug. 1955. Tokio, Educat. Univ., Fac. of Agric. [Orig.: japan., Auszug: engl.]) A. JACOB. 6304

**J. T. Murdock** und **W. A. Seay,** *Die Aufnehmbarkeit von Rohphosphatphosphor und Calcium in Mischungen von Superphosphat mit Rohphosphat durch Gewächshauspflanzen.* Klee nutzt den P von *Rohphosphat* (I) besser aus als Weizen. Verstärkung der Gabe von I erhöht die Menge des aufgenommenen P. Etwa die 3½—4fache Menge von $P_2O_5$ in Form von I ist erforderlich, um den gleichen Ertrag zu geben wie $P_2O_5$ in Form von *Superphosphat* (II). Eine kleine Menge von II zusammen mit großen Mengen von I erhöht die Aufnahme von P aus I. Wenn aber II u. I in gleichen Mengen gegeben werden, wird die Aufnahme von P aus I vermindert. I ist wertvoll als Zusatz zu Düngemitteln, da es den P-Geh. der Ernte erhöht u. die Streubarkeit des Düngers verbessert. (Proc. Soil Sci. Soc. America **19.** 199—203. April 1955. Lexington, Ky., Univ. of Kentucky, Agronomy Dep.)
A. JACOB. 6304

**H. F. Allos** und **W. V. Bartholomew,** *Wirkung von aufnehmbarem Stickstoff auf die symbiotische Festlegung.* Die N-Adsorption aus der Atmosphäre u. anorgan. Quellen durch eine Anzahl von Leguminosenpflanzen wurde bei verschied. Versorgung mit anorgan. N gemessen unter Benutzung von markierten Düngemitteln. Die Größe der N-Festlegung war der gesamten Entw. u. N-Aufnahme proportional. Die N-Bindung nahm ab u. die Aufnahme aus Dünger nahm zu mit zunehmender Menge des aufnehmbaren N. In keinem Falle aber wurde die Bindung vollkommen verhindert. Die geringeren Gaben von anorgan. N erhöhten Wachstum u. N-Aufnahme stärker, als sie die Bindung verminderten. Höherer Zusatz von N-Dünger hatte einen geringeren Einfl. auf die Steigerung des Pflanzenwachstums, aber eine größere Tendenz, den Bindungsprozeß zu ersetzen. (Proc. Soil Sci. Soc. America **19.** 182—84. April 1955. Amers, Io., Iowa Agric. Exp. Stat.) A. JACOB. 6304

**Albert S. Hunter** und **John A. Yungen,** *Der Einfluß von Schwankungen des Fruchtbarkeitsniveaus auf Ertrag und Proteingehalt von Mais im östlichen Oregon.* In 10 von 13 Verss. wurde eine deutliche N-Wrkg. beobachtet, Wirkungen von P oder K wurden nicht festgestellt. (Proc. Soil Sci. Soc. America **19.** 214—18. April 1955. Ontario, Ore., Oregon Agric. Exp. Stat.) A. JACOB. 6304

**G. K. Grigorjan,** *Erhöhung der Wirksamkeit stickstoffhaltiger Düngemittel im Zusammenhang mit der Zeit und Menge ihrer Anwendung.* Auf bewässertem braunen Alluvialboden erhielt man bei Baumwolle durch Düngung mit *Ammonnitrat* den besten Erfolg, wenn die Zufuhr als Kopfdüngung mit 30 kg N/ha während der Knospenbldg., mit 30 kg zu Beginn der Blüte u. mit 60 kg während der Vollblüte erfolgte. Die Anwendung zu früheren Terminen war weniger wirksam. (Известия Академии Наук Армянской ССР, Биологические и Сельскохозяйственные Науки [Nachr. Akad. Wiss. Armen SSR, biol. landwirtsch. Wiss.] **8.** Nr. 8. 29—34. Aug. 1955. Armen. wiss. Forschungsinst. für techn. Kulturen.) E. LINTER. 6304

**M. Depardon, Mauvisseau** und **M. Buron,** *Wirkungen der Zerstäubung von Harnstofflösungen auf Rebenblätter.* Durch Blattdüngung mit Harnstofflsgg. (0,2%ig) wurden die Traubenerträge beinahe verdoppelt. (C. R. hebd. Séances Acad. Agric. France **39.** 193—95. 1953. Bois, Stat. Agronom. et Oenolog.) C. GRIMME. 6304

**F. E. Allison,** *Erzeugt der Zusatz von Stickstoff zu Ernterückständen mehr Humus?* Obgleich der Zusatz von N die schädliche Wrkg. von Ernterückständen auf das Wachstum verhütet u. oft die Zers. beschleunigt, vermehrt er nicht wesentlich die Menge an C der Ernterückstände, die als Humus im Boden verbleibt. (Proc. Soil Sci. Soc. America **19.** 210—11. April 1955. Beltsville, Md., A. R. S., U. S. D. A., Soil and Water Conserv. Res. Branch.) A. JACOB. 6304

**R. Themlitz,** *Beitrag zur Wirkung von Hüttenkalken auf die Rohhumusumwandlung und das Wachstum von Kiefernsämlingen.* Der *Stürzelberger Hüttenkalk* (**I**; 55,9% CaO + MgO erwies sich hinsichtlich der Reaktionsverbesserung u. Bereitstellung austauschbaren Kalkes im *Rohhumus* (a) dem *Mischkalk* (**II**; 58,9% bas. wirksame Bestandteile bezogen auf CaO) gleichwertig. Der *Hüttenkalk Meiderich* (**III**; 45,2% CaO + MgO) war dem **II** etwas unterlegen, aber wirksamer als *Carbonatkalk* (**IV**; 44,2% bas. wirksame Bestandteile). — Die Kalkdünger beeinflußten die Menge an austauschbarem K nicht. **II, IV** u. **I** mobilisierten jedoch die *Phosphorsäure* (**V**) im a in fast gleichem Ausmaß. Durch den **V**-reichen **III** wurde die Menge an citronensäurelösl. **V** erheblich gesteigert. — Infolge der kurzen Versuchsdauer machte sich die a-Umformung im N-Geh. der organ. Substanz nur wenig geltend. Die Sorptionskapazität stieg jedoch deutlich an, wobei **I** dem **II** vergleichbar u. dem **III** etwas überlegen war. **IV** stand an letzter Stelle. — In einem Vegetationsvers. wurde das Wachstum von Kiefernsämlingen am meisten durch **III** gefördert. Es handelt sich eindeutig um die Wrkg. der im **III** vorhandenen überraschend hohen Menge citronenlösl. **V** (9,3%). Der **V**-arme **I** (0,5% $P_2O_5$) erwies sich auf *Kulmgrauwackenboden* (b) als dem **II** mindestens ebenbürtig u. dem **IV** überlegen. Auf *Heidesand* (c) bestanden zwischen den 3 Düngern hinsichtlich des Kiefernwachstums keine nennenswerten Unterschiede. — Die Kalkaufnahme erhöhte sich durch alle Kalkdünger in prakt. dem gleichen Maße. Die Aufnahme von Mg wurde durch **I** u. **III** stärker gefördert als durch **II** u. **IV**. Bzgl. der von den Kiefern aufgenommenen Menge an CaO + MgO waren **I** u. **III** dem **II** zumindest gleichwertig u. **IV** deutlich überlegen. — Der Mangel an **V** wurde durch den $P_2O_5$-reichen **III** ausgeglichen. Der $P_2O_5$-arme **I** begünstigte die **V**-Aufnahme aus dem gut mit **V** versorgten b etwas mehr als **II** u. wesentlich stärker als **IV**. Auf dem **V**-armen c ergab sich zwischen den 3 Düngern kein nennenswerter Unterschied. — Durch **I** u. **III** wurde die Mn-Versorgung der Kiefern vor allem auf dem Mn-armen c ganz erheblich gesteigert, durch **II** u. **IV** etwas gesenkt. — 11 Literaturangaben. (S.-B. dtsch. Akad. Landwirtschaftswiss. Berlin **4.** Nr. 3. 1—14. 1955. Hann.-Münden, Inst. für Forstl. Bodenkunde.) F. RANG. 6304

**Luigi Marimpietri,** *Reaktion, Kalk und Entwicklung der Olive.* Für den Olivenanbau ist vor allem der Geh. des Bodens an austauschbarem Ca von Bedeutung. Weniger wichtig ist das Boden-$p_H$. (Ann. Staz. chim.-agrar. sperim. Roma [3] **1950.** Pubbl. Nr. 23. 1—3. Rom, Staz. Chim.-agrar. sperim.) C. GRIMME. 6304

**Luigi Marimpietri,** *Rebendüngung in den Albanerbergen.* Angaben über prakt. Düngungsmaßnahmen. (Ann. Staz. chim.-agrar. sperim. Roma [3] **1950.** Pubbl. Nr. 22. 1—7. Rom, Staz. Chim.-agrar. sperim.) C. GRIMME. 6304

**György Mándy,** *Die Wirkung der Untergrunddüngung auf die äußere und innere Gestaltung des Weizens „Bankuti 1201".* Vgl. der Ergebnisse bei Anwendung von Oberflächendüngung gegenüber verschied. Methoden der Tiefdüngung mit Stallmist an einer Weizensorte, bes. Berücksichtigung der morpholog. Veränderungen. (Agrokémia és Talajtan **3.** 181—88. Sept. 1954. Vácrátót, Ungarn, Magy, Tudom. Akad., Bot. Kutató Int.) G. v. PILINSZKY. 6304

**D. P. Selman,** *Organo-mineralische Düngemittelgemische zum Flachs.* Gaben von organ.-mineral. Düngern förderten das Längenwachstum u. die Dichte des Flachsbestandes, wobei keine Lagerung der Pflanzen beobachtet wurde. Gute Ergebnisse erzielte man auch mit Torf–Stallmist-Komposten, denen Phosphoritmehl, dann Kalk, kleine Mengen von Superphosphat u. KCl zugegeben wurden. Beim Roggen bewirkte die organ.-mineral. Düngung eine Ertragssteigerung um 1,7 dz/ha Korn bei starker Förderung der Entw. des untergesäten Klees. (Доклады Всесоюзной ордена Ленина Академии Сельскохозяйственных Наук имени В. И. Ленина [Ber. Allunions landwirtsch. (Lenin-Orden) Lenin-Akad.] **20.** Nr. 6. 24—25. 1955. Allunions Landw. Lenin-Akad.) M. GORDIENKO. 6304

**U. Sahm,** *Modellversuche zu Bor- und Sulfidschäden als Beitrag zur Müllverwertungsfrage.* Bei 3jährigen Verss. mit *Borsäure* (**I**) u. *Sulfiden,* die $H_2S$ entwickelten, zu Weizen, Hafer, Roggen u. Buschbohnen hatten steigende Gaben von B (3,5—32,5 kg/ha) einen gesteigerten Blüten- u. Pollenansatz zur Folge. Die Körner blieben jedoch klein u. geschrumpft. Eine Beigabe von *Mineraldünger* (**II**) brachte eine Erntesteigerung gegenüber B-Verss. ohne Düngung. — Bei Verss., die vorhandene **I** durch äquivalente *Kalk* (**III**)-Gaben zu neutralisieren, trat ein größerer Ertragsausfall sowohl bei Weizen als auch bei Hafer gegenüber ohne **III** ein. Ähnliche Ergebnisse stellten sich auch bei Sulfiden mit **III**-Zugabe ein. — Am eindrucksvollsten ist die Schädigung durch B auf reinem Sand ohne Torfzugabe. — Bei allen Versuchsreihen, wo **II** zugesetzt wurde, war allg. ein besserer vegetativer Verlauf zu beobachten, obgleich auch hier nach höheren B-Gaben Schäden festgestellt wurden. — 7 Literaturangaben. (Z. Pflanzenernähr., Düng., Bodenkunde **60** (**105**). 244—49. 1953. Berlin-Dahlem, Biol. Zentralanst. für Land- u. Forstwirtschaft, Abt. für landw. Chem.) F. RANG. 6304

**M. D. Azariah** und **K. Saptharishi,** *Einfluß von Bor auf Kartoffelerträge.* In mehrjährigen Düngungsverss. mit Bor zu Kartoffeln (Boraxgaben von 5—30 lbs./acre) konnten keine signifikanten Ertragssteigerungen erzielt werden. — 5 Literaturhinweise. (Madras agric. J. **42.** 141—42. April 1955. Nanjanad, Agric. Res. Stat.) A. SCHLÄGER. 6304

**W. B. Healy,** *Mitteilung über Zinkmangel bei Citrus in Aitutaki, Cook Islands.* Chlorose bei Orangenbäumen in Aitutaki wurde durch Spritzen mit $ZnSO_4$-Lsg. beseitigt. Der Zn-Geh. in Blättern nicht gespritzter Bäume betrug nur 7,1 p.p.m., der Gesamt-Zn-Geh. im 0—5 in. (a) bzw. 9—15 in. (b) Bodenhorizont 38,5 bzw. 101 p.p.m. In 30 g lufttrocknetem Boden war nach Auslaugen mit 200 ml n. Ammoniumacetat ($p_H$ 7,0) 47,6 $\mu$g austauschbares Zn enthalten, in den Auszügen der a bzw. b jedoch nur 9,0 bzw. 6,9 $\mu$g Zn. Der Boden besitzt demnach ein starkes Zn-Bindungsvermögen. (New Zealand J. Sci. Technol., Sect. A **34.** 228—29. Aug. 1952. Wellington, Dep. of Scient. and Ind. Res., Soil Bur.) F. RANG. 6304

**Wm. S. Stewart, Cyril Gammon** und **H. Z. Hield,** *Anwendung von 2.4-D und Abtötung von Wildreben vom Hubschrauber aus.* Bericht über Verss. zur Vernichtung von Vitis girdiana Munson vom Hubschrauber aus mittels *2.4-D*-Mitteln. Der *Isopropylester* der 2.4-D (in Petroleum gelöst) war offensichtlich wirksamer als das *Triäthanolaminsalz* (in W. gelöst). (Amer. J. Bot. **39.** 1—5. Jan. 1952. Riverside, Calif., Citrus Exp. Stat. Univ.) C. GRIMME. 6312

**F. T. Bowman,** *Auslichten von Äpfeln mit Chemikalien.* Als Mittel zum Auslichten von Apfelbäumen werden neben 2.4-D bes. Naphthylessigsäure, ferner Methoxone u. Naphthylacetamid empfohlen. (Agric. Gaz. New South Wales **66.** 365. Juli 1955.) F. RANG. 6312

**A. C. Orman,** *Gurkenanbau unter besonderer Berücksichtigung der Früherente.* Mehltau kann durch Spritzen der Pflanzen mit *Bordeauxbrühe,* Gurkenwelke durch Stäuben mit

*Cu*- oder organ. *Hg*-Präpp., Blattläuse können durch Spritzen mit *HETP* u. Kürbiskäfer durch Stäuben mit *BHC* bekämpft werden. (Agric. Gaz. New South Wales **65**. 498—500. Sept. 1954. New South Wales Dep. of Agric., Vegetable Sect.) F. RANG. 6312

**E. H. Zeck,** *Saissetia oleae*. Der Schädling kann durch Spritzen mit White oil-Emulsion (Verdünnung 1 : 40) oder durch Begasen mit HCN bekämpft werden. (Agric. Gaz. New South Wales **66**. 374—75. Juli 1955.) F. RANG. 6312

**D. L. Lindgren, L. D. Anderson** und **M. H. Frost jr.,** *Wirkungen von Pesticiden in Böden*. In Freiland- u. Gefäßverss. wurden die tox. Wirkungen folgender in südkaliforn. Böden untergebrachter Insekticide auf das Pflanzenwachstum untersucht: *DDT* (**I**), *Lindan* (**II**), *Aldrin* (**III**), *Dieldrin* (**IV**), *Heptachlor* (**V**), *Chlordan* (**VI**) u. *Toxaphen* (**VII**). — Parzellen von 2 typ. südkaliforn. Böden erhielten Gaben von 20 lbs. **I** bzw. **VII**; 1 lb. **II**; 5 lbs. **III, IV, V** bzw. *Endrin*; 10 lbs. **VI** u. 72 lbs. *Äthylendibromid*. Nach Unterbringung derselben in 6—8 Zoll Bodentiefe erfolgte Bestellung mit Wicken u. Gerste. Die Abweichungen der Keimzahlen u. Erträge der mit **I—VII** behandelten Parzellen von den Ergebnissen unbehandelter Parzellen waren statist. nicht gesichert. — Nach Unterpflügen der genannten Pflanzen wurden auf den gleichen Parzellen Karotten u. Limabohnen angebaut. Auch ihre Erträge zeigten keine deutlichen Unterschiede. Anorgan. Cl wurde in den geernteten Feldfrüchten nicht nachgewiesen; sie hatten auch keinen deutlich feststellbaren Beigeschmack. — Sandiger Lehm wurde mit 16—1024 lbs./acre **I—VII** (jeweils Verdoppelung der vorhergehenden Konz.) behandelt u. im Gewächshaus mit Kanota-Hafer (H.) bzw. faserfreien Black Valentine-Buschbohnen (Bu.) 4 bzw. 3 Jahre nacheinander in der Weise kultiviert, daß im 2.—4. Jahr der jeweils geerntete H.- bzw. Bu.-Samen ausgesät wurde. Im 1. Jahr wurden die H.-Erträge durch 1024 lbs. **I**, 16 lbs. **II**, 512 lbs. **IV**; im 4. Jahr durch 32 lbs. **II**, 256 lbs. **III**, 512 lbs. **IV**, 128 lbs. **V** u. 256 lbs. **VI** um statist. gesicherte Mengen vermindert. **I** beeinträchtigte im 4., **VII** im 1. u. 4. Jahr die Erträge nicht. Im 4. Jahr waren demnach für H. schon geringere **III**-, **V**- u. **VI**-Konzz. toxischer als im ersten. — Die Bu.-Erträge wurden im 1. Jahr durch 128 lbs. **I** u. **VI**; 32 lbs. **II, III** u. **IV**; 256 lbs. **V** u. **VII**, im dritten durch 256 lbs. **I, III** u. **VI**; 64 lbs. **II** u. **IV** u. 512 lbs. **V** u. **VII** deutlich vermindert. Im 3. Jahr waren demnach **I—VII** für Bu. weniger tox. als im ersten. — Kartoffelknollen von mit 0,25—1 lbs./acre **II** behandelten Boden hatten einen merklichen Beigeschmack. — Erbsen-, Spinat-, Baumwoll- u. Kürbissamen konnten gegen Madenbefall durch Beizung mit **II** bzw. **IV** + 75%ig. *Thiram* erfolgreich geschützt werden. (Calif. Agric. **8**. Nr. 3. 9—10. März. Nr. 4. 13—14. April 1954. Riverside, Calif. Univ. of California.) F. RANG. 6312

**H. G. H. Kearns, R. W. Marsh** und **N. G. Morgan,** *Problem bei der Anwendung von Sprays*. 4. Mitt. *Vorläufige Feldversuche zur Bekämpfung des Apfelschorfes durch Kleinvolumensprays*. (3. vgl. THOMAS u. SIMS, C. **1956**. 7920.) Bericht über vergleichende Spritzverss. mit Kalkschwefelbrühe u. γ-HCH-Emulsionen mit Handdruck- u. hydraul. Spritzen. Hierbei zeigte sich, daß bei Verwendung der letzteren erheblich mit den Spritzkonzz. zurückgegangen werden kann. — 4 Literaturhinweise. (Annu. Rep. agric. horticult. Res. Stat., Long Ashton, Bristol **1952**. 90—95.) C. GRIMME. 6312

**H. G. H. Kearns** und **N. G. Morgan,** *Problem bei der Anwendung von Sprays*. 5. Mitt. *Die automatische Schwachdruckspritzung kleiner Buschfrüchte*. (4. vgl. vorst. Ref.) Besprechung prakt. Vorrichtungen zur automat. Schwachdruckspritzung. (Annu. Rep. agric. horticult. Res. Stat., Long Ashton, Bristol **1952**. 95—98.) C. GRIMME. 6312

**S. H. Bennett,** *Problem bei der Anwendung von Sprays*. 8. Mitt. *Bekämpfung von Apfel- und Pflaumenaphiden durch Anwendungen von DDT und BHC im Frühjahr*. (7. vgl. MARTIN u. BATT, C. **1956**. 8469.) Bei der Bekämpfung der Apfel- u. Pflaumenschädlinge Aphis pomi Deg. bzw. Brachycandus helichrysi (Kltb.) wurden mit *γ-BHC*, *DDT*, sowie mit einem Gemisch aus beiden Erfolge erzielt. (Annu. Rep. agric. horticult. Res. Stat., Long Ashton, Bristol **1953**. 129—34.) W. JANICKE. 6312

**S. H. Bennett,** *Problem bei der Anwendung von Spays*. 9. Mitt. *Beobachtungen über den Einfluß der Anwendungszeit und der besprühten Pflanzenteile auf die Bekämpfung der Apfel-Sägefliege (Hoplocampa testudinea Klug.)*. (8. vgl. vorst. Ref.) Bei rechtzeitiger Anwendung unmittelbar nach dem Schlüpfen der Larven erlaubt eine nur teilweise Benetzung der Fruchtstände mit *γ-BHC* erfolgreiche Bekämpfung. Auch die Vernichtung der ausgebildeten Insekten mit BHC ist möglich. (Annu. Rep. agric. horticult. Res. Stat., Long Ashton, Bristol **1953**. 135—38.) W. JANICKE. 6312

**H. G. H. Kearns** und **N. G. Morgan,** *Problem bei der Anwendung von Sprays*. 10. Mitt. *Die Wirksamkeiten von Zerstäubungsmethoden für die Bekämpfung einiger Fruchtinsekten*. (9. vgl. vorst. Ref.) Die Vorteile im Hinblick auf Wrkg. u. Wirtschaftlichkeit der maschinellen Nebelzerstäubung von *DDT*- u./oder *γ-BHC*-Emulsionen von geringem Emulsionsvol. u. kleiner Insekticidkonz. zur Bekämpfung von Apfel- u. Pflaumenschädlingen werden im Vgl. zu „von-Hand-Methoden“ aufgezeigt. (Annu. Rep. agric. horticult. Res. Stat., Long Ashton, Bristol **1953**. 139—45.) W. JANICKE. 6312

**H. G. H. Kearns** und **N. G. Morgan**, *Problem bei der Anwendung von Sprays*. 11. Mitt. *Bemerkung zur Herstellung einer kombinierten DDT-γ-BHC-Emulsion hoher Benetzungseigenschaften als Ersatz für Winterbekämpfungen*. (10. vgl. vorst. Ref.) Herst. u. Anwendung einer kombinierten *DDT-Gammexan-Emulsion* (unter Zusatz von Emulgator u. Netzmittel) zur Bekämpfung von Fruchtschädlingen werden beschrieben. (Annu. Rep. agric. horticult. Res. Stat., Long Ashton, Bristol **1953**. 146—48.) W. JANICKE. 6312

**H. G. H. Kearns, R. W. Marsh** und **N. G. Morgan**, *Problem bei der Anwendung von Sprays*. 12. Mitt. *Weitere Feldversuche zur Bekämpfung des Apfelschorfs durch geringvolumiges Spritzen*. (11. vgl. vorst. Ref.) Im Gegensatz zur Benebelung mit geringem Sprayvol. bewirkte Spritzen unter Anwendung großer Flüssigkeitsvoll. (> 500 gal/acre) eine erfolgreiche Bekämpfung des Apfelschorfs mit nicht mehr als 1% ig. Kalkschwefel + Netzmittel. (Annu. Rep. agric. horticult. Res. Stat., Long Ashton, Bristol **1953**. 149—53.) W. JANICKE. 6312

**T. Palmer-Jones, F. A. Bartrum, I. W. Forster** und **D. L. Harrison**, *Wirkung von DDT und Superphosphat, die (zusammen) auf Weißkleeweiden verstäubt wurden, auf Honigbienen*. Blühende Weißkleefelder wurden mit einem Gemisch von DDT u. Superphosphat (2 lbs. DDT/acre) behandelt. Es zeigte sich, daß Honigbienen die behandelten Stücke bevorzugt anflogen, nachdem in den ersten Tagen eine gewisse Abneigung beobachtet worden war. Kein erhöhtes Bienensterben. — 16 Literaturzitate. (New Zealand J. Sci. Technol., Sect. A **36**. 177—92. Aug. 1954. Wallaceville, Dep. of Agric., Animal Res. Stat., u. Wellington, Dep. of Agric., Horticult. Div.) C. GRIMME. 6312

**E. H. Zeck**, *Drosophila spp*. Zur Bekämpfung von Drosophila spp. wird Spritzen der Brutstätten mit *DDT*-Mitteln empfohlen. (Agric. Gaz. New South Wales **65**. 482—83. Sept. 1954.) F. RANG. 6312

**E. H. Zeck**, *Noctuidaelarven*. Durch Auslegen von Ködern mit Geh. an Pariser Grün, 20%ig. BHC oder 5% ig. DDT-Pulver oder aber Spritzen bzw. Stäuben der befallenen Pflanzen mit DDT-Präpp. können Noctuidae-Larven wirksam bekämpft werden. (Agric. Gaz. New South Wales **66**. 209—10. April 1955.) F. RANG. 6312

**E. H. Zeck**, *Asseln*. Die Bekämpfung von Asseln (Klasse Crustaceae) kann durch Auslegen von Ködern mit Geh. an Pariser Grün bzw. Ca-Arsenat bzw. Metaldehyd + 10% ig. BHC erfolgen. (Agric. Gaz. New South Wales **66**. 210—11. April 1955.) F. RANG. 6312

**E. H. Zeck**, *Heliothis spp*. Die Tomatenschädlinge Heliothis armigera u. H. punctigera können durch mehrmaliges Spritzen der Pflanzen in wöchentlichen Abständen während der Dauer des Fruchtansatzes mit 0,01% ig. *DDT*-Lsg. bzw. Bestäuben mit 2% ig. *DDT*-Pulver wirksam bekämpft werden. (Agric. Gaz. New South Wales **65**. 480—81. Sept. 1954. New South Wales Dep. of Agric.) F. RANG. 6312

**E. H. Zeck**, *Heliothrips haemorrhoidalis*. Der Schädling kann durch Spritzen mit 0,1% ig. DDT-Emulsion oder mit Nicotin-Seifenlsg. bekämpft werden. (Agric. Gaz. New South Wales **66**. 375. 381. Juli 1955.) F. RANG. 6312

**P. C. Hely**, *Aonidiella aurantii und A. citrina*. Die Bekämpfung beider Citrusschädlinge erfolgt entweder durch Begasen mit HCN oder durch Spritzen mit White oil-Emulsion (Verdünnung 1 : 40). Bei Bekämpfungsverss. haben sich auch Sprays mit 0,075—0,1% ig. Parathion bzw. 0,15—0,2%ig. Malathion bewährt. (Agric. Gaz. New South Wales **66**. 376—79. Juli 1955.) F. RANG. 6312

**A. J. Feuell** und **M. W. Jarvis**, *Pyrethrumblüten aus Aden*. Pyrethrumblüten aus Aden hatten einen etwas geringeren Geh. (1,25%) an Pyrethrinen als Pyrethrumblüten aus Kenya (Mindestgeh. 1,3%), wiesen jedoch einen relativ hohen Geh. (0,83%) an Pyrethrin I u. ein hohes Pyrethrin I : Pyrethrin II-Verhältnis (1,98) auf. Die Pyrethrumblüten aus Aden sind also als Insekticidrohstoff geeignet, was auch in Bekämpfungsverss. (Adulte von Tenchio molitor L.) ermittelt wurde. (Colonial Plant Animal Products **4**. 260—62. 1954.) C. GRIMME. 6312

**Laurence C. Walker**, *Die Blattanalyse als Methode, um Kaliummangelböden für die Aufforstung anzuzeigen*. Die Blattanalyse ist nützlich, um K-Mangel auf aufgegebenen Ländereien zu erkennen, so daß man von der Anpflanzung von Bäumen absehen kann, die Ansprüche an die K-Versorgung stellen. (Proc. Soil Sci. Soc. America **19**. 233—36. April 1955. Athens, Univ. of Georgia, School of Forestry.) A. JACOB. 6322

**Luigi Marimpietri**, *Methoden der Düngemitteluntersuchung*. Vortrag, in dem die an die Methoden zur Düngemittelunters. zu stellenden Anforderungen (im Hinblick auf eine internationale Standardisierung) behandelt werden. — 9 Literaturhinweise. (Ann. Staz. chim.-agrar. sperim. Roma [3] **1950.** Pubbl. Nr. 21. 1—5. Rom, Staz. chim.-agrar. sperim.) C. GRIMME. 6322

**J. Hubert Hamence,** *Bestimmung der Stickstoffausnutzung in Stickstoffdüngern.* 2. Mitt. (1. vgl. C. **1955.** 11454.) Im Verfolg früherer Arbeiten über die Best. der Ausnutzung des N in Stickstoffdüngern entwickelte Vf. folgende Schnellmeth.: Man löst 1 g Pepsin in 480 g W. u. 10 cm³ 12,5%ig. HCl. Nach Zugabe von 1,6 g des N-Düngers u. Durchmischen wird 24 Std. bei Bluttemp. inkubiert. Nach weiterem Zusatz von 10 cm³ 12,5%ig. HCl läßt man abermals 24 Std. stehen. Abfiltrieren der ungelösten Substanz u. Best. des N in derselben. Die Meth. ist nicht geeignet für Düngemittel auf Basis Harnstoff-Formaldehyd-Verbindungen. (Analyst **76.** 563—72. Okt. 1951.) C. GRIMME. 6322

**A. M. Smith, A. Comrie** und **K. Simpson,** *Die Bewertung von Kalkmaterialien für landwirtschaftliche Zwecke.* Bericht über Unterss., aus deren Ergebnissen hervorgeht, daß die offizielle krit. Meth. zur Bewertung von Branntkalk als Düngemittel, die darauf beruht, daß eine Zuckerlsg. nur CaO löst, ungeeignet ist, da Reste an $CaCO_3$ sowie die Ggw. von MgO, das eine stärkere neutralisierende Wrkg. aufweist als CaO, keine Berücksichtigung finden. Durch Best. des „Gesamtneutralisationswertes" (0,5 g Branntkalk wird 3 Min. mit 0,5n HCl gekocht u. abgekühlt, sodann wird der Säureüberschuß mit 0,5n NaOH gegen Phenolphthalein titriert) hingegen konnten Werte erzielt werden, die der Düngewrkg. in der Praxis entsprachen. (Analyst **76.** 58—64. Febr. 1951. Edinburgh and East of Scotland, Coll. of Agric.) C. GRIMME. 6322

**M. E. Jolivet** und **A. Jolais,** *Bestimmung der Phosphorsäure in Citronensäureauszügen.* Zur Best. der assimilierbaren Phosphorsäure in Böden entwickelten Vff. eine Meth., bei der zunächst wie bei der Meth. von DYER $P_2O_5$ mittels 2%ig. Citronensäure extrahiert, die eigentliche $P_2O_5$-Best. dann aber ohne vorheriges Eindampfen in einem aliquoten Teil des Citronensäureextrakts nach der Meth. von THIVOLLE (Fällung mit Ammoniumsulfomolybdat; Umsetzung dieses Nd. mit NaOH zu Na-Molybdat, das mit Zn red. wird u. anschließend molybdomanganometr. Best. des $Mo^{3+}$) durchgeführt wird. Wenn die Meth. auch keine absol. exakten Werte gibt, so genügt sie doch zur Einteilung der Böden in arme, mittlere u. reiche $P_2O_5$-Böden. (Ann. Inst. nat. Rech. agronom., Sér. A **5.** 371—76. Mai/Juni 1954.) C. GRIMME. 6324

**Silvia Campanile,** *Sedimetrische Bestimmung des austauschbaren Bodenkalis* Vf. empfiehlt zur schnellen Best. des austauschbaren Boden-$K_2O$ die sedimetr. Meth. von RIEHM (Z. Pflanzenkunde **1935.** 39). — 12 Literaturhinweise. (Ann. Staz. chim.-agrar. sperim. Roma [3] **1950.** Pubbl. Nr. 37. 1—11. Rom. Staz. Chim.-agrar. sperim.) C. GRIMME. 6324

**Enrico Romano,** *Über die Bestimmung von Oktachlor.* Vf. empfiehlt zur Best. von *Oktachlor* (**I**) folgende Meth.: Eine Substanzmenge, mit einem Geh. an **I** von ca. 0,5 $\gamma$ wird in 20 cm³ PAe. gelöst, die Lsg. durch ½std. Erhitzen mit 20 cm³ alkoh. n. KOH auf dem Wasserbade bei 80° dehalogeniert u. das freie Cl nach VOLHARD titriert. 1 cm³ n/10 $AgNO_3$ = 0,0476 g Chlordan. (Ann. Staz. chim.-agrar. sperim. Roma [3] **1950.** Pubbl. Nr. 26. 1—12. Rom, Staz. Chim.-agrar. sperim.) C. GRIMME. 6328

**Enrico Romano,** *Dehalogenierung organischer chlorierter Insekticide in saurem Medium.* Die Dehalogenierung von DDT, Marlat, HCH u. Chlordan kann statt durch Verseifung mit alkoh. KOH auch durch Red. in schwach saurem Medium erfolgen. 0,5 g der Probe, gelöst in 20 cm³ PAe., werden nach Zusatz von 10 cm³ A. (95°) 3 cm³ Eisessig u. 1 g Zn 1 Std. lang unter Rückfluß bei ca. 85° erhitzt. Statt A. kann man auch bei der Red. 7,5 cm³ Glycerin (30° Bé) zusetzen. Erhitzungsdauer 1 Std. bei ca. 130°. (Ann. Staz. chim.-agrar. sperim. Roma [3] **1950.** Pubbl. Nr. 38. 1—12.) C. GRIMME. 6328

**N. G. Morgan,** *Problem bei der Anwendung von Sprays.* 6. Mitt. *Eine die Einwirkung von Botrytis fabae auf große Bohnen benutzende Laboratoriumsmethode zur biologischen Bestimmung von Fungicidsprayrückständen.* (5. vgl. KEARNS u. MORGAN, C. **1956.** 8767.) Mit Fungiciden behandelte Bohnenblätter läßt man trocknen, bringt dann eine Botrytis-Sporensuspension auf u. läßt bei 21° 16 Std. lang inkubieren. Die durch Botrytis bedingten Blattschäden geben einen Hinweis auf die Größe des Rückstands an wirksamem Fungicid. (Annu. Rep. agric. horticult. Res. Stat., Long Ashton, Bristol **1952.** 99—102.) C. GRIMME.6328

**J. T. Martin** und **R. F. Batt,** *Problem bei der Anwendung von Sprays.* 7. Mitt. *Die Bestimmung von DDT in pflanzlichem Material.* (6. vgl. vorst. Ref.) Vff. beschreiben eine Schnellmeth. zur colorimetr. Reihenbest. von *DDT* in Pflanzenmaterial. Dieselbe stellt eine Modifikation der Meth. von SCHECHTER, SOLOWAY, HAYES u. HALLER (Blaufärbung von nitriertem *p.p'-DDT* mit Na-Methylat) dar. Unter Benutzung dieser Meth.

untersuchten Vff. quantitativ die Eindringungsfähigkeit von DDT in Blätter u. Früchte. (Annu. Rep. agric. horticult. Res. Stat., Long Ashton, Bristol **1953.** 121—28.)
W. JANICKE. 6328

**R. B. March, R. L. Metcalf** und **T. R. Fukuto,** *Analyse von Insekticiden. Papierchromatographie der Systeminsekticide Demeton und Schradan.* Zur Trennung u. Identifizierung der Komponenten von techn. *Schradan* (**I**) u. techn. *Demeton* (**II**) bzw. zu ihrem Nachw. in pflanzlichem u. tier. Material wurden folgende papierchromatograph. Verff. entwickelt: a) für **I**: mit Äthylenglykol imprägniertes WHATMAN Nr. 1-Papier; Lösungsm.: Mischung von α.α.α-Trichlortoluol, $CCl_4$ u. mit Äthylenglykol gesätt. Toluol (1 : 1 : 1); Nachw. mit einem Reagens, bestehend aus 5 ml 72% ig. $HClO_4$, 25 ml 4% ig. (Gewicht pro Vol.) Ammoniummolybdat-Lsg., 10 ml n-HCl u. 60 ml Wasser. b) für **II**: mit Silicone 550 imprägniertes WHATMAN Nr. 1-Papier; Lösungsm.: obere Phase einer Chlf.-A.-W.-Mischung (10 : 10 : 6) oder Mischung aus PAe. u. mit Propylenglykol gesätt. Toluol (4 : 1); Nachw. wie bei **I**, jedoch befriedigt dieses Verf. nicht völlig. — In beiden Fällen wird nach der aufsteigenden Meth. gearbeitet. — Anwendungsbeispiele. (J. agric. Food Chem. **2.** 732—35. 7/7. 1954. Riverside, Calif., Citrus exp. Stat., Univ. of California, Dep. of Entomol.) F. RANG. 6328

---

**Süddeutsche Kalkstickstoff-Werke Akt.-Ges.** (Erfinder: **Richard Bauer, Franz Kaess** und **Erwin Vogel**), Trostberg, Obb., *Herstellung eines streufähigen, stabilen und lagerbeständigen Mischdüngers* durch Umsetzung einer beim Aufschluß von Rohphosphat mit $HNO_3$ anfallenden, von $Ca(NO_3)_2$ befreiten Phosphatlsg. mit nichthydratisiertem oder hydratisiertem Kalkstickstoff, dad. gek., daß man die Phosphatlsg. (**I**) mit solchen Mengen Kalkstickstoff (**II**) umsetzt, daß mindestens 95% des Phosphatgeh. des Düngemittels in citronensäurelösl. Form vorhanden sind. Unter kräftigem Durchmischen des **II** wird **I** auf diesen aufgesprüht oder aufgedüst. **I** kann auch vorgelegt u. **II** unter kräftiger Bewegung der Reaktionsmischung eingebracht werden. In ein Umsetzgefäß, in welchem eine kräftige Durchmischung stattfindet, können **I** u. **II** gleichzeitig oder abwechselnd eingetragen werden. **I** soll ca. 250—500 g $P_2O_5$/Liter u. ca. 30—200 g Nitrat-N/Liter enthalten. Ohne Eindampfen oder Fällen werden Düngemittel gewonnen, die kein Zurückgehen des citronensäurelösl. Phosphatanteils zeigen. Das Prod. fällt in granulierter, nur sehr schwach feuchter Form an u. wird bei ca. 110° in kurzer Zeit völlig getrocknet. (**D. B. P. 937 167** Kl. 1b vom 9/1. 1954, ausg. 29/12. 1955. Anmeldung bekanntgemacht 7/7. 1955.) H. KARST. 6283

**Siemens-Schuckertwerke Akt.-Ges.** (Erfinder: **Ludwig Schirmer,** Arzberg), Berlin und Erlangen, *Vertilgung von Ungeziefer in Bekleidungsstücken und Einrichtungsgegenständen.* Das zu behandelnde Gut wird in Ggw. von für die zu vertilgenden Lebewesen schädlichen Stoffen, z. B. p-Dichlorbenzol, Trichloräthylen u. a., der Einw. eines elektr. Hochfrequenzfeldes, bes. eines Ultrakurzwellenfeldes mit Wellenlängen unter ca. 100 m, ausgesetzt. (**D. B. P. 876 931** Kl. 45 l vom 22/5. 1942, ausg. 18/5. 1953.)
H. NEBELSIEK. 6313

**E. I. du Pont de Nemours & Co.,** übert. von: **Norman E. Searle,** Wilmington, Del., V. St. A., *Substituierte Methylharnstoffe.* Durch Rk. von $(CH_3)_2NH$ mit n-$C_4H_9N{=}C{=}O$ in Toluol erhält man *3-n-Butyl-1.1-dimethylharnstoff,* $Kp._{0,7}$ 106—108°; analog: *3-n-Propyl-, 3-(2-Äthoxyäthyl)-, 3-(3-Chlor-n-propyl)-, 3-Hexyl-, 3-Allyl-1,1-dimethylharnstoff; 3-n-Butyl-1-allyl-1-methylharnstoff; 3-n-Butyl-1-methyl-1-propylharnstoff.* — *Herbicide.* Verwendung zusammen mit oberflächenakt. Dispergiermitteln, wie Na-Oleat, Na-Laurylsulfat, Polyäthylenoxyden. (**A. P. 2 733 988** vom 19/11. 1954, ausg. 7/2. 1956.)
A. BRÖSAMLE. 6313

**American Cyanamid Co.,** New York, N. Y., übert. von: **Donald W. Kaiser,** Old Greenwich, und **Grace A. Peters,** Stamford, Conn., V. St. A., *Ureidotriazole. 3-Amino-5-ureido-1.2.4-triazol.* Man setzt Guanazol (I) mit ClCN im wss.-alkal. Medium eines Erdalkalihydroxyds, z. B. $Ca(OH)_2$, bei 0—50° um, F. 210° (Zers.). *3.5-Diureido-1.2.4-triazol.* Man setzt **I** mit einem Alkalicyanat (KOCN) in wss., mineralsaurem Medium bei 10—60°, bes. 20—40°, um. Man verwendet z. B. HCl, $H_2SO_4$, $HNO_3$ u. $H_3PO_4$ als Mineralsäuren, F. 240° (Zers.). — *Herbicide.* (**A. PP. 2 723 274** u. **2 723 275** vom 8/3. 1954, ausg. 8/11. 1955.) A. BRÖSAMLE. 6313

## VIII. Metallurgie. Metallographie. Metallverarbeitung.

**H. G. Jones,** *Räumliche Verteilung der Flugstaubablagerung aus einem Hüttenwerk.* Vgl. von 3 Verff. zur Best. der Staubmengen. Die aufgenommenen Linien gleichen Staubfalls verlaufen für ca. 200 u. 100 $g/m^2$·Monat noch innerhalb des Hochofen- u. Koksofenwerkes. (Iron Coal Trades Rev. **170.** 839—45. 15/4. 1955. Steel Co. of Wales Ltd., Res Dep.) G. LOCHMANN. 6350

**G. M. Michie** und **G. H. Jowett,** *Untersuchungen über atmosphärischen Staub in Stahlgießereien mit besonderer Berücksichtigung des Gebrauchs von statistischen Überwachungsmethoden.* Es werden die Methoden zur automat. Sammlung u. Unters. von Staubproben aus der Luft von Gießereien besprochen. Der besondere Einfl. der ortsüblichen Verarbeitungsweise, des Wochentages, der Tageszeit u. ähnliches wird diskutiert. (Foundry Trade J. **93.** 527—35. 6/11. 1952. Inst. of British Foundryman.) G. WELTZIEN. 6350

**C. S. Chang, Strathmore R. B. Cooke** und **Iwao Iwasaki,** *Die Flotationscharakteristik von Pyrrhotin mit Xanthaten.* Pyrrhotin (I), ein S- u. Fe-haltiges Mineral, bleibt bei der Aufarbeitung verschied. Sulfiderze als Gangart übrig. Die Wrkg. der Belüftung auf eine wss. Suspension von I wurde untersucht u. in den Ergebnissen verglichen mit Flotationsunterss. unter Verwendung von Xanthaten als Sammlern. Ferner wurde der Einfl. einer Aktivierung durch Cu-Zusatz sowie der Variation des $p_H$-Wertes untersucht u. die Wahrscheinlichkeit gewisser Mechanismen diskutiert. (Mining Engng. **6.** 209—17. Febr. 1954. Minnesota, Minn., School of Mines and Metallurgy.) GERHARD GÜNTHER. 6362

**M. H. Caron,** *Auslaugen von Nickelsulfiderzen: Halbjahrhundertrückblick.* Kurze Beschreibung der techn. Entw. sowie der Vor- u. Nachteile der Auslaugeverff. mit $NH_3$ unter Druck u. mit $(NH_4)_2CO_3$-Lsg. ohne Druck sowie der Verff. zur Aufarbeitung der erzielten Lsgg. auf reine Metalle. — 21 Literaturstellen. (Bull. Instn. Mining Metallurgy Nr. **585.** Trans. **64.** 611—16. Aug. 1955. Delft, Univ.) H. ECKHARD. 6362

**Rudolf Stohn,** *Anwendungsmöglichkeiten für den Drehflammofen in der Metallhüttenindustrie mit kritischer Stellungnahme zu den einzelnen zur Ausführung gelangten Verfahren.* Übersicht u. prakt. Erfahrungen. — 10 Literaturstellen. Diskussion. (Freiberger Forschungsh., Reihe B **1954.** Nr. 6. 27—45. Juli. Freiberg.) K. H. ANDERS. 6370

**H. Höltje,** *Elektrische Öfen und Wärmebehandlungsmaschinen in den stahlverarbeitenden Fertigungsbetrieben.* Überblick. (Werkstattstechn. u. Maschinenbau **40.** 341—46. Okt. 391—95. Nov. 1950. Berlin.) H. HOCHSTEIN. 6370

**E. S. Harman,** *Moderne amerikanische Bauart des Martinofens.* Beschreibung der Werkstoffe, Bauart u. Betriebsführung moderner amerikan. MARTIN-Öfen sowie der Bedingungen zum Erzielen höchster Stahlausbeuten. (Metallurgia ital. **47.** 168—76. April 1955.) A. SANDER. 6370

**James K. Preston,** *Vergleich der Schmelzleistungen eines elliptischen 6-Elektrodenofens und eines runden 3-Elektrodenofens.* Der ellipt. Ofen hat bei größeren Wärmeverlusten im stationären Zustand einen besseren Wärmeübergang von den Lichtbögen auf den Schrott u. mithin im Betrieb eine höhere Schmelzleistung. (Electr. Furnace Steel Conf., Proc., Iron Steel Divis., Amer. Inst. Mining metallurg. Engr. **11.** 194—98. 1953.) K. STEIN. 6372

**Holger Pettersson,** *Sandfehler beim Stahlguß. Widerstandsfähigkeit der Gießformen gegen Wärmebeanspruchungen.* In einem Vortrag (mit Diskussion) wird der Widerstand von grünen u. trockenen Sandformen gegen plötzliche Wärmewirkungen seitens des geschmolzenen Metalls behandelt. Er wird durch Verwendung von grobkörnigem Sand mit breiter Korngrößenverteilung, hohen Geh. an Ton (bes. Na-Bentonit) u. Zusatz von Kohlestaub, Mehl, Dextrin, Zucker usw. erhöht. Trocknen ist nur von Einfl., wenn der Wassergeh. der gefährdeten Stellen 0,4% unterschreitet. Der Mechanismus der Entstehung von Sandfehlern wird erörtert. (Jernkontorets Ann. **139.** 709—62. 1955.) R. K. MÜLLER. 6382

**Édouard Gabel,** *Beitrag zur Untersuchung des Kupolofens. Die Anwendung einer Rechenregel zur Erleichterung der Regulierung.* In Fortsetzung der C. **1956.** 553 referierten Arbeit wird eine Anweisung zur Windmessung mit PITOT-Rohr oder Venturimesser u. zur Aufstellung eines Nomogramms zur Messung der Windmenge, der Stundenerzeugung u. des Koksverbrauches gegeben. Aus dem Nomogramm lassen sich die optimalen Betriebsbedingungen ablesen, der Betrieb des Kupolofens kann sofort diesen entsprechend umgestellt werden. (Fonderie belge **1954.** 163—73. Nov.) K. STEIN. 6372

**E. C. Mantle** und **D. H. Potts,** *Die Herstellung von Modellplatten aus Aluminium durch Gießen in Gipsformen.* Beschreibung der amerikan. Arbeitsweise bei der Massenherst. von hochwertigen Modellplatten aus Al nach dem Gußverf. in Gipsformen unter Druck, wobei sich eine Nachbearbeitung prakt. erübrigt. Beschreibung eines in England entwickelten Verf. zur Herst. von Einzelmodellen, doppelseitigen Modellplatten u. Kernhüllen aus Al mit Hilfe von halbierten Gipsmodellen, in welche nach deren Zusammenbau das geschmolzene Leichtmetall mittels Druckluft eingespritzt wird. (Fonderie belge **1954.** 9—11. Jan. 28—31. Febr.) A. SANDER. 6382

**D. E. Hope,** *Beständige keramische Gießformen für den Guß von Nichteisenmetallen.* Beschreibung der Herst. von Gießformen aus feuerfesten Stoffen (Zirconil, Molochit oder Sillimanit) unter Verwendung einer hydrolysierten Äthylsilicatlsg. als Bindemittel, die wiederholt zum Guß von NE-Metallen verwendet werden. (Foundry Trade J. **93.** 503—04. 30/10. 1952. Monsanto Chemicals Ltd.) W. WESLY. 6382

**E. F. Kurzinski,** *Das Entgasen von geschmolzenen Metallen mit inertem Gas.* Beschreibung der Einrichtung zum Einleiten von $N_2$ durch ein Graphitrohr in den Tiegel oder die Pfanne, wobei die schädlichen Gase ($H_2$, $SO_2$, CO, $CO_2$ u. $O_2$) herausgespült werden. Die Eigg. des auf diese Weise vergossenen Metalls sind ähnlich denen eines im Vakuumofen erschmolzenen. Angaben über die Anwendung des Verf. bei *Stahl, Zn, Pb.* (Amer. Foundryman **19.** Nr. 4. 78—81. April 1951. New York, N. Y., Linde Air Products Co.) K. STEIN. 6382

**F. G. Woollard,** *Produktionsförderung und Spritzguß.* Betrachtung über die techn.-wirtschaftliche Bedeutung des Spritzgußverf. für die Umsatzvergrößerung u. Verbilligung gießtechn. Erzeugnisse. (Fonderia [Milano] **4.** 453—64. Okt. 1955.) A. SANDER. 6382

**Kurt Bayer,** *Zink- und Aluminiumdruckguß in den USA.* Überblick über die in den V. St. A. üblichen Verff. u. Vorrichtungen zu Schmelzen, Warmhalten, Formen, Entgraten u. Oberflächenbehandlung bei der Herst. von Zn–Al-Druckguß. (Z. Metallkunde **46.** 147—51. Febr. 1955. Düsseldorf.) H. HOCHSTEIN. 6382

**Kurt Ruttewit,** *Herstellungspraxis und Auswahl von Druckgußlegierungen in den USA.* (Vgl. vorst. Ref.) Im wesentlichen werden nur *Al*-Legierungen aus Schrott (für leichte u. feste Teile) u. *Zn*-Legierungen zum Galvanisieren aus Feinzink erschmolzen. Überblick über Verarbeitung, Anforderungen u. mechan. Eigenschaften. (Z. Metallkunde **46.** 152—56. Febr. 1955. Oker/Harz.) H. HOCHSTEIN. 6382

**Giuseppe Pani,** *Die Reinheit der Metalle.* Nach einem Überblick über die Entw. der Metallurgie reiner u. Reinstmetalle beschreibt Vf. die Herst. von Reinstmetallen nach der Hochvakuum- u. der Zonenschmelzmeth. sowie ihre Eigg. u. Verwendung, bes. als Werkstoffe in Atomenergieanlagen, für Überschallflugzeuge u. elektron. Geräte. (Fonderia [Milano] **4.** 465—67. Okt. 1955.) A. SANDER. 6388

**T. E. Ban** und **L. J. Erck,** *Laboratoriumsverfahen zur Bestimmung der Granulierungseigenschaften von Eisenerzkonzentraten.* Ein Laboratoriumsgerät, das dazu dient, unter Nachahmung der Feuerungsbedingungen eines Schachtofens Eisenerz zu granulieren, wird beschrieben. Die Beziehungen zwischen Festigkeit u. Temp. der aus mehreren Erzen gewonnenen granulierten Prodd. u. die Einfll. von chem. Zusätzen u. von verschied. Verff. der Konzentratbehandlung werden in Zahlentafeln u. Diagrammen wiedergegeben u. mit bezug auf Brech-, Abrieb- u. Stoßfestigkeit der granulierten Prodd. erörtert. (Mining Engng. **5.** 803—11. Aug. 1953. Ishpeming, Mich., Cleveland-Cliffs Iron Co., Res. Labor.) W. WESLY. 6390

**E. T. Turkdogan,** *Die Schwefelverteilung zwischen Gas, Schlacke und den Metallphasen unter Eisen- und Stahlherstellungsbedingungen.* Die S-Rk. in Eisen- u. Stahlherstellungsprozessen wird auf Grund von zur Verfügung stehenden Gas–Schlacke–Metall-Gleichgewichtswerten untersucht. Die S-Kapazität der Schlacke, d. h. $K_S = (N_S) \cdot [a_O/a_S]$, wird für eine gegebene Temp. auf $\lambda = 1/(N_{SiO_2} + 1{,}5 N_{P_2O_5} + 1{,}5 N_{Al_2O_3})$ bezogen. Ebenso wird die Sulfidkapazität $C_S$ auf $\lambda$ bezogen. Sowohl log $K_S$ als auch log $C_S$ sind lineare Funktionen von 1/T für einen bestimmten Wert von $\lambda$. Unter reduzierenden Bedingungen, z. B. im Hochofenbetrieb, wird das (S %)/[S %]-Verhältnis auf das [Mn %]/(Mn %)-Verhältnis bezogen. Es wird nachgewiesen, daß in den Eisen- u. Stahlherstellungsprozessen die S-Übertragung zu u. von der Schlacke u. den Metallphasen ein Gleichgewicht erreicht. Die Trägheit der C–O-Rk. wird im Vgl. mit den anderen an der Schlacke/Metall-Übergangsschicht stattfindenden Rkk. besprochen. — 31 Schrifttumsangaben. (J. Iron Steel Inst. **179.** 147—54. Febr. 1955.) H. HOCHSTEIN. 6390

**D. J. Girardi,** *Herstellung von Eisenschwamm in Schweden und seine Verwendung für Stahl.* Beschreibung des Hoganas-Verf. u. des WIBERG-SÖDERFORS-Prozesses. Zus. des Schwammes, Vor- u. Nachteile. Arbeitsweise beim Einschmelzen im Elektroofen. — Diskussion. (Electr. Furnace Steel Conf., Proc., Iron Steel Divis., Amer. Inst. Mining metallurg. Engr. **9.** 25—38. 1951.) K. STEIN. 6394

**J. G. Platon,** *Die Wirkung von Wasserstoff im Hochofen und ihre Folgen.* (Vgl. C. **1953.** 8970.) Erfahrungen über das Einspritzen von Heizöl durch die Rastformen in den Hochofen ergaben, daß hierdurch die Oxydationszone weiter ausgedehnt wird. Der Einfl. dieses Einspritzens auf die Rückoxydation u. die direkte Red. wird festgestellt. Eine weitere Entw. dieses Verf. durch eine gleichzeitige Einspritzung von Heizöl u. pulverisierter Kohle zwecks Bldg. einer Kohlenstaubflamme wird besprochen. (Iron Coal Trades Rev. **165.** 371—74. 15/8. 1952.) H. HOCHSTEIN. 6400

**J. G. Platon,** *Neue Gesichtspunkte im Hochofenbetrieb.* (Vgl. vorst. Ref.) Festgestellt wird die Unveränderlichkeit des $CO_2$/CO-Verhältnisses im Hochofen trotz unterschiedlicher Betriebsbedingungen beim Blasen mit einer zweiten Formenreihe in der Rast u. beim Einspritzen von Heizöl in die Rast. Es findet im Hochofen eine selbsttätige Temperatureinstellung statt. Eine Temperatursenkung im Hochofengestell wird durch Einblasen von an $O_2$ angereichertem Wind in die Rast erzielt. Die Ofenleistung wird bei günstiger Anwendung des $O_2$-Einblasens bei der Verhüttung Fe-armer Erze mit niedriger Windtemp. gesteigert. Vorteilhaft kann oberhalb der Formenebene Feinkohle in den Hochofen eingeblasen u. verbrannt werden. (Iron Coal Trades Rev. **165.** 430—32. 22/8. 1952.) H. HOCHSTEIN. 6400

**Rudolf Radtke,** *Betriebsmethode zur Herstellung von Kugelgraphiteisen.* Das Verf. beruht darauf, daß Mg (Kp. 1102°) in Dampfform mit der Gußeisenschmelze in innige Berührung gebracht wird. Zu diesem Zweck führt man einen Mg-Stab ohne vorherige Erwärmung seitlich von außen der Pfanne kontinuierlich zu, so daß die Geschwindigkeit der Rk. nach Belieben eingestellt werden kann. Das verdampfende Mg steigt nach oben u. reagiert unter MgS-Bldg. mit der Schmelze; der Rest verbrennt über der Badoberfläche, wobei das Fe gründlich gemischt wird. Betriebseinrichtung, Rohstoffbedarf u. Verfahrensablauf werden im einzelnen beschrieben. (Metallurgie u. Giessereitechn. **4.** 231—34. Mai 1954. Leipzig, Zentralinst. für Gießereitechnik.) W. WESLY. 6404

**R. F. Kuhnlein,** *Vorbereitung des Schrotts und seine Verunreinigungen.* Behandelt werden die mechan. Zerkleinerung, Pressen u. Bündeln von Schrott, der schädliche Einfl. von Schmutz, Gummi, Öl, Fetten, Pb, Al auf die Stahlherstellung. Bes. eingehend wird die Verunreinigung durch *Cu* behandelt. Maßnahmen zur Herabsetzung u. zur Erkennung der Verunreinigungen. (Iron Steel Engr. **32.** Nr. 12. 120—23. Dez. 1955. Kansas City, Mo., Sheffield Steel Corp.) W. HAUG. 6408

**A. Carli,** *Über die Reaktion der Entkohlung mit gasförmigem Sauerstoff.* Nach Verss. des Vf. scheint die Entkohlung des Gußeisens zu den techn. bes. wichtigen schwach gekohlten Stählen ohne Schlackenbldg. durch Blasen mit Sauerstoffgas direkt, ohne Zwischenbldg. des im Fe lösl. FeO, vor sich zu gehen. (Metallurgia ital. **47.** 161—67. April 1955. Genua, Soc. Finsider.) A. SANDER. 6408

**B. R. Queneau** und **C. V. Klimas,** *Entschwefelung beim Schmelzen im Elektroofen.* Einfl. der Schlackenführung u. der Feinungszeiten auf die S-Verteilung zwischen Schlacke u. Bad. S-Bilanzen u. Errechnung der benötigten Schlackenmengen. — Diskussion. (Electr. Furnace Steel Conf., Proc., Iron Steel Divis., Amer. Inst. Mining metallurg. Engr. **11.** 281—89. 1953.) K. STEIN. 6408

**John Chipman,** *Wasserstoff in der Stahlerzeugung.* Der Wasserdampf in der Atmosphäre u. in den Verbrennungsgasen des SIEMENS-MARTIN-Ofens sowie Feuchtigkeit in Schlackenzusätzen u. in feuerfestem Material sind die Hauptquellen des H-Geh. im Stahl. Die $H_2$-Aufnahme nimmt mit abnehmendem O-Geh. im Metall zu. Vf. gibt eine Übersicht über die zur Verminderung des H-Geh. im Stahl geeigneten Maßnahmen. (Jernkontorets Ann. **139.** 561—82. 1955.) R. K. MÜLLER. 6408

**Heinz Kornfeld,** *Zusammenhang zwischen Bruchaussehen und Steilabfall der Kerbschlagzähigkeits-Temperatur-Kurve bei weichen Stählen.* Das Bruchaussehen u. die Kerbschlagzähigkeit an *DVM*- u. CHARPY-Spitzkerbproben aus unberuhigten oder mit Si sowie mit Si u. Al beruhigten Stählen mit 0,02—0,07% C wurden bei Tempp. von —40 bis +60° festgestellt. Es wurde nachgewiesen, daß die Häufigkeit des Auftretens von Trennbruch, Mischbruch u. Verformungsbruch bei verschied. Prüftempp. im Zusammenhang mit den Kerbschlagzähigkeitswerten standen. Über die Aussagesicherheit von Kerbschlagzähigkeitsprüfungen im Bereich des Steilabfalls werden Wahrscheinlichkeitsbetrachtungen angestellt u. Angaben über die zur Ermittlung der Kerbschlagzähigkeit notwendige Probenzahl gemacht. (Stahl u. Eisen **74.** 1526—36. 4/11. 1954. Dortmund, Dortmund-Hörder Hüttenunion Akt.-Ges.) H. HOCHSTEIN. 6408

**Joseph F. Nachman** und **William J. Buehler,** *Im Temperaturgebiet der Umwandlung Ordnung–Unordnung kaltgewalzte 16%ige Aluminium-Eisen-Legierung.* Fe–Al-Legierungen im Bereich von 16% Al besitzen wertvolle Eigg., wie Beständigkeit gegen Oxydation bei erhöhten Tempp., Korrosionsbeständigkeit gegen Lsgg., nennenswerte Festigkeit, hoher elektr. Widerstand u. geringes Wärmeleitvermögen. Hervorzuheben ist das günstige magnet. Verhalten. Trotz dieser Vorteile wurden diese Legierungen wegen ihrer Sprödigkeit bisher wenig beachtet. Vff. haben nun ein Verf. entwickelt, das es gestattet, Legierungen mit 16% Al zu Blechen bis auf 0,012 mm Dicke zu walzen. Nach Erschmelzen der Legierung, das unter besonderen Bedingungen (Entkohlung, Desoxydation, Entgasung) erfolgt, wird das Material bei 1000° bis 3 mm vorgewalzt. Sodann können die Bleche bei 570° bis auf 0,17 mm Dicke abgewalzt werden. Diese Temp. hat sich als die günstigste erwiesen, u. es scheint ein Zusammenhang mit dem Ordnungs-Unordnungs-Vorgang der $Fe_3Al$-Phase zu bestehen, der in diesem Temperaturbereich auftritt. Das so behandelte Material läßt sich bei Zimmertemp. zu sehr dünnen Blechen (0,012 mm dick) auswalzen. Die oben angegebenen Eigg. wurden untersucht. (J. appl. Physics **25.** 307—13. März 1954. White Oak, Silver Spring, Md., U. S. Naval Ordnance Labor.) TH. HEUMANN. 6410

**W. D. Ponomarew** und **D. Je. Tschassow,** *Filtration des Schlammes einer Zinkhütte.* Die granulometr. Zus. des Konzentrates u. des Zn-Kuchens unterscheiden sich nach der Auslaugung prakt. nicht voneinander; beide Stoffe sind nach einer Glühung bei 750° bidispers. Zähflüssigkeit u. D. der sauren u. neutralen Lsgg. unterscheiden sich jedoch scharf voneinander, obschon der Geh. an freier $H_2SO_4$ in den sauren Lsgg. nur 6 g/Liter beträgt. Offenbar wird während der Neutralisation eine Reihe von Kolloidsystemen zerstört, die in der sauren Lsg. vorhanden sind, was auch zu einer Verminderung der Zähflüssigkeit in den neutralen Lsgg. führt. Die Ausfällung von $SiO_2$ in sauren Lsgg. bestätigen diese Vermutung. Der Schlamm (Zn-Kuchen) ist ein kompressionsfähiger ungleichförmiger Rückstand, dessen Filtration durch die Gleichung ausgedrückt wird: $(V/F)^m = KP^n \cdot t$; für die untersuchten Filtrationsfälle ist n gleich 0,9; m schwankt von 1,37—3 u. wird im Mittel gleich 2 angenommen; K ändert sich stark mit der Kuchendicke u. hängt auch von der Filterart ab. Die Filtrationsgeschwindigkeit nimmt im Bereich von 25—60° zu. Eine weitere Temperaturerhöhung beschleunigt nicht mehr die Filtrationsgeschwindigkeit. Die Filtration von saurem Schlamm verläuft langsamer als die von neutralem, obschon bei den Unterss. die Kuchendicke im ersten Falle 2mal kleiner war als im zweiten Falle. (Известия Академии Наук Казахской ССР, Серия Химическая [Nachr. Akad. Wiss. KasachSSR, Ser. Chem.] **1953.** Nr. 7. 86—95.) H. HOCHSTEIN. 6426

**Enrico Musio,** *Metallurgische Anlagen für Blei und Zink in den Vereinigten Staaten.* (Ind. mineraria **6.** 173—83. April 1955.) R. K. MÜLLER. 6430

**P. D. Liddiard** und **P. G. Forrester.** *Einige Gußprobleme für Kupferbleilegierungen* (Foundry Trade J. **92.** 509—15. 15/5. 541—45. 22/5. 1952. — C. **1955.** 11458.) H. HOCHSTEIN. 6432

**A. J. Bell,** *Magnesium bei Konstruktion und Bau ferngelenkter Geschosse.* (Vgl. C. **1956.** 1151.) Überblick über die Beanspruchungsbedingungen, denen ferngelenkte Geschosse während der Lagerung u. im Einsatz ausgesetzt sind, sowie über die mögliche Verwendung von Mg-Legierungen für die Geschosse. (Mod. Metals **11.** Nr. 1. 60—62. 64. 66. 67. Febr. 1955. SilverSpring, Md., Johns Hopkins Univ., Appl. Phys. Labor.) H. SPINDLER. 6444

**Antônio Ermirio de Moraes,** *Die Metallurgie des Aluminiums.* Bericht über das in der Nähe von São Paulo neu errichtete Werk der COMPANHIA BRASILEIRA DE ALUMINIO. Das verarbeitete $Al_2O_3$ wird dort aus brasilian. Bauxit nach dem BAYER-Verf. gewonnen. (Engenharia, Mineração Metalurg. **22.** 15—21. Juli 1955.) A. SANDER. 6446

**Hans Achim Schell,** *Zonenschmelzen von Aluminiumantimonid.* Mit dem Zonenschmelzverf. nach PFANN wurden an Aluminiumantimonid Reinigungsverss. durchgeführt. Hierbei bewährte sich das Verf. zur weitgehenden Beseitigung folgender Verunreinigungen: Cu, Fe, Mg, Si, Ca u. Pb. Durch Anwendung des Verf. konnten die elektr. Eigg. von AlSb verbessert werden. — 10 Schrifttumsangaben. (Z. Metallkunde **46.** 58—61. Jan. 1955. Erlangen, Siemens-Schuckertwerke Akt.-Ges.) H. HOCHSTEIN. 6446

**W. v. Berlepsch-Valendas,** *Die Rolle des Aluminiums bei der Infrarotstrahlung.* Wegen seiner hohen Infrarotreflexion ist Al als Werkstoff zum Wärmeschutz gegen Infrarotstrahlen u. in der Infrarottechnik für den Reflektorenbau geeignet. (Aluminium Suisse **5.** 64—69. März 1955. Basel.) F. VIER. 6446

**Dietrich Woessner,** *Einige Anwendungen des Aluminiums im Gartenbau.* (Aluminium Suisse **3.** 93—99. Mai 1953. Neuhausen/Rh., Landwirtschaftl. Schule Charlottenfels.) F. VIER. 6446

**Emil Schacher,** *Aluminium beim Bau von Motorschiffen.* Verwendung von Al für Aufbauten. (Aluminium Suisse **3.** 111—18. Juli 1953. Luzern, Dampfschiffgesellschaft des Vierwaldstättersees.) F. VIER. 6448

**E. Morlet,** *Die grundlegenden Begriffe, Experimentalangaben und neue Arbeiten über das Fließen.* Überblick. (Rev. gén. Mécan. **34.** 251—58. Juli 1950. **35.** 9—16. Jan. 86—93. März 1951.) H. HOCHSTEIN. 6480

**J. G. Kura,** *Was versteht man unter Schmelzflußqualität?* Die Qualität des fl. Metalls wird von den Gehh. an Legierungselementen u. gelösten Gasen bestimmt. Zur Best. dieser Gase in Cu-haltigen Legierungen können nur indirekte Verff. (Best. der mechan.

Eigg.; Unters. der Bruchmerkmale eines Probegußstückes, röntgenograph. Unters., Best. der D.) angewandt werden. Das Ziel dieser Unters. besteht in der Feststellung von Mikroporosität, die Aufschluß über den Gasgeh. gibt. Dichtediagramme bei verschied. Tempp. u. Mikrophotographien geben darüber Aufschluß. (Amer. Foundryman **24.** Nr. 2. 56—63. Aug. 1953. Columbus, O., Battelle Mem. Inst.) W. WESLY. 6480

**F. C. Langenberg** und **R. D. Stout,** *Die Messung der Fließbarkeit von Eisenmetall unter Verwendung einer Dauerstahlgußform.* Die auf Grund des Aussehens von geschmolzenem Metall schwierig feststellbare Fließbarkeit läßt sich unter Verwendung einer Dauergußform aus C-Stahl, deren Aufbau u. Anwendung im einzelnen beschrieben wird, messen. Der die Fließbarkeit von Stahl bestimmende Faktor ist der Überhitzungsgrad. Temp. u. Zus. des Stahles sind bedeutungsvoll wegen ihres Einfl. auf die Überhitzung. Die Temp. der Fließbarkeit Null liegt zwischen der des fl. u. der des festen Aggregatzustandes. (Amer. Foundryman **23.** Nr. 1. 44—47. Jan. 1953. Pittsburg, United States Steel Co.; Bethlehem, Pa., Lehigh Univ.) W. WESLY. 6480

**M. Signora** und **F. Cappelli,** *Internationale Normung der Probestücke für Kerbschlagproben. Vergleichende Untersuchungen über die mit den Proben nach Mesnager, Charpy und Charpy-Izod erhaltenen Werte.* Vff. stellten auf Grund vergleichender Verss. nach MESNAGER, CHARPY u. CHARPY-IZOD den Einfl. der verschied. physikal. Zustände der Probestücke auf den jeweiligen Kerbzähigkeitswert fest. Bei halbharten u. harten, bes. bei vergüteten Stählen ergab die genormte CHARPY-Probe gut mit den Proben nach MESNAGER übereinstimmende Werte, erwies sich aber bei zähen u. hochzähen schwach gekohlten Stählen als weniger zuverlässig. Bessere Übereinstimmung ergab die CHARPY-IZOD-Probe, die Vff. für eine Normung geeigneter halten. (Metallurgia ital. **47.** 145—60. April 1955. Mailand, Forschungs- u. Unters.-Zentrale der Acciaierie & Ferriere Lombarde Falck, Centr. Ric. & Contr.) A. SANDER. 6480

**Marcell Chaussain,** *Platin—Platin/Rhodium-Thermoelemente und deren industrielle Verwendung.* (C. **1956.** 4267). (Foundry Trade J. **91.** 147—56. 9/8. 189—95. 16/8. 487—88. 25/10. 1951.) F. VIER. 6480

**K. Meyer,** *Die Notwendigkeit und die Voraussetzungen für das Erzielen international vergleichbarer Härtemeßwerte nach Rockwell-C.* (Vgl. C. **1953.** 6965.) Übersicht über die beherrschbaren u. nichtbeherrschbaren Fehlermöglichkeiten bei der Ausführung der Härtemessung nach ROCKWELL-C, die Ausführung der Messung u. die dazu verwendeten Geräte. (Instruments and Measurements Conf. Stockholm, Trans. **1952.** 256—66. Bremen, Inst. für Härtereitechnik.) W. WESLY. 6480

**G. W. Geil** und **N. L. Carwile,** *Verformungszwillingsbildung in Charpy-V-Kerbproben von Flußeisen.* Eine metallograph. Unters. wird über die Verformungszwillingsbldg. in warmgewalztem Flußeisen, das durch Schlag im Temperaturbereich von —196 bis +100° schnell verformt wurde, durchgeführt. Da die Zwillingsbldg. in allen diesen geprüften Proben beobachtet wurde, kann sie nicht die Veranlassung für die Niedertemperaturversprödung des Flußeisens sein. Die Zwillinge werden im Anfangsstadium der plast. Verformung entwickelt u. wachsen offensichtlich mit der Zunahme der Spannung in den Proben in die Breite. Das Auftreten vieler stark verzerrter Zwillinge zeigt an, daß das betreffende Korngebiet offensichtlich nicht spröde ist. (Welding J. **32.** 273s—82s. Juni 1953. Washington, Wash., D. C., Nat. Bureau of Standards.) H. HOCHSTEIN. 6482

**E. C. Williams,** *Prüfung von Metalloberflächen durch Elektronenbeugungsverfahren.* Nach kurzer Besprechung der theoret. Grundlagen wird ein Überblick über die Anwendbarkeit des Elektronenbeugungsverf. zur Prüfung von Metalloberflächen gegeben u. die Anwendung des Verf. bei der Prüfung einer polierten *Ag*-Oberfläche erörtert. (J. Inst. Metals **83.** Bull. **2.** Nr. 16. 183—85. Dez. 1954. Birmingham, Imperial Chemical Industries, Ltd.) H. HOCHSTEIN. 6484

**Francis H. Hohn,** *Die Verbesserung der Gußbeschaffenheit durch zerstörungsfreie Prüfung.* Beschreibung je eines Gerätes zur Röntgenunters. u. zur magnet. Teilchenunters. von Gußstücken. (Amer. Foundryman **27.** Nr. 5. 96—100. Mai 1955. St. Louis, Miss., Scullin Steel Co.) W. WESLY. 6484

**H. Wiegand,** *Das Werkstoffverhalten als Problem zwischen Konstruktion und Fertigung.* Übersicht über das Verh. von unlegierten Stählen bei der Verarbeitung u. im Betrieb von Werkstückoberflächen u. deren Schutz, von metall. Werkstoffen bei höheren Tempp. u. nach verschiedenartiger Oberflächenbehandlung bei Wechselbeanspruchung u. den Einfl. des Verh. eines Werkstoffes während der Bearbeitung auf die wirtschaftliche Fertigung von Werkstücken. (Z. Ver. dtsch. Ing. **96.** 927—32. 21/9. 1954.) W. WESLY. 6490

**Zygmunt Steininger,** *Der Einfluß von Legierungszusätzen auf die Eigenschaften patentierter Stahldrähte.* Der Einfl. verschied. Faktoren sowie der Legierungszusätze *C, Mn, Si, S, P, Cr, Ni, Cu, Al,* $O_2$, $N_2$ auf das Gefüge des patentierten Drahtes wird auf Grund der Diagramme der isothermen Zers. von Austenit (A) bei der Abkühlung im Pb-Bad bei 500° untersucht. Es zeigt sich, daß Cr am ungünstigsten auf die Umwandlung von A einwirkt, während die anderen Elemente, falls sie nicht in höheren Konzz. auftreten, als den üblichen, keinen negativen Einfl. haben. (Hutnik **22.** 306—13. Sept. 1955.) F. URBAN. 6490

**Leszek Kuś,** *Die Phosphatierung von Drähten und Stäben vor dem Kaltziehen und ihre Bedeutung für die Drahtziehfabrikation.* Die theoret. u. prakt. Seite der Phosphatierung wird behandelt. Vf. gibt eigene Versuchsergebnisse mit einheim. Phosphatpräpp. an. (Hutnik **22.** 318—24. Sept. 1955.) F. URBAN. 6490

**Thomas C. Miller,** *Die Bedeutung des Kalks beim Drahtziehen.* Auf Drähten haltbar angetrocknete Kalkmilch (I) wirkt beim Ziehen als Schmiermittel u. als Haftgrund für zusätzlich schmierende Stearate. Die Eignung von I-Präpp. für diese Anwendung geht meist parallel mit bes. großer spezif. Oberfläche (II) des aufgeschlämmten $Ca(OH)_2$ (III). Zur Messung der II saugt man 100 ml I auf einem BÜCHNER-Trichter ab, trocknet die Festsubstanz mit A. u. Ae. u. ermittelt manometr. die Luftdurchlässigkeit. Meßergebnisse von II in $m^2/g$ Festsubstanz: I aus Schachtofenkalk mit W. von 25° ca. 2, mit sd. W. gelöscht ca. 3. Bestgeeigneter Drehofenkalk, kurzzeitig u. bei der Mindesttemp. gebrannt, kiesig, 3—10 mm, gibt beim Löschen, bes. mit sd. W. 4—5, nach 2tägigem Umpumpen der I im Betrieb ohne Lufteinmischung 6,9. Hohe Werte von II erzielt man allg., wenn akt. Branntkalk unter Entw. hoher Reaktionstemp. zu I mit mindestens 60—100 g III/Liter oder zu I von Kittkonsistenz gelöscht wird. — Die Teilchen von gepulvertem CaO unterliegen beim Löschen zu sehr der Kühlung u. sind zudem durch Windsichten beim Mahlvorgang mit einer inakt. Oberflächenschicht überzogen. Käufliches trockenes Kalkhydrat hat zu geringe Werte von II. — Hohe II-Werte bei dennoch schlechter Eignung der I beobachtet man nach $CO_2$-Aufnahme u. bei I-Präpp., die durch Ausscheidung von krist. III-Hydraten oder durch Bldg. von Kolloiden anomal langsam filtrieren oder absetzen; Beispiel: Nach 2 Std. 83 oder 91 ml von 100 ml Anfangsvol. getrübt, normal z. B. 52 ml. (Wire and Wire Products **29.** 843—50. 919. Aug. 1954. Nat. Gypsum Co., Buffalo, N. Y.) G. LOCHMANN. 6490

**Maurice Duruy,** *Extreme Betriebsbedingungen für Förderseile aus Stahl.* Die mecha n Eigg., Herst., Anwendungsbedingungen u. Korrosion in Frankreich u. in anderen Ländern werden diskutiert. (Annales Mines **144.** Nr. 9. 3—42. 15/9. 1955.) H.-G. MOSLÉ. 6490

**George Sachs,** *Das Tiefziehen von Aluminium und Aluminiumlegierungen.* (Aluminium Suisse **3.** 38—48. März 1953. Syracuse, N. Y., USA, Syracuse Univ.) F. VIER. 6490

**R. L. Deily,** *Benutzung von Sauerstoff-Acetylen-Brennern in Walzwerken nimmt ständig zu.* Einrichtungen zum Putzen u. Schneiden von Blöcken u. Stäben wurden beschrieben. (Iron Steel Engr. **31.** Nr. 3. 83—90. März 1954.) W. HAUG. 6490

**S. Ryhagen,** *Warmwalzen von Stahlband.* Zusammenfassender Vortrag. 31 Literaturangaben. Diskussion. (Jernkontorets Ann. **139.** 617—708. 1955.) R. K. MÜLLER. 6490

**Vincenz Seul** und **Joseph Billigmann,** *Erfahrungen beim Walzen und Nachwalzen von Breitband auf mehrgerüstigen Kaltwalzanlagen.* Überblick. — 105 Schrifttumsangaben. (Stahl u. Eisen **75.** 144—62. 10/2. 1955. Neuwied bzw. Andernach.) H. HOCHSTEIN. 6490

**Erich Schauff,** *Kritik und Vergleich von Anlagen für die Wärmebehandlung in Kaltwalzwerken.* Besprochen werden Topfglühöfen mit Schutzgas, Rollenherdöfen, Haubenglühöfen u. Banddurchlauföfen. — Abb. u. Glühergebnisse. Gegenüberstellung der Vor- u. Nachteile der einzelnen Glüharten. — 15 Literaturangaben. (Iron Coal Trades Rev. **169.** 1385—93. 10/12. 1954. Wissen/Sieg, Hüttenwerke Siegerland.) K. STEIN. 6490

**Heinrich Bischoff,** *Anlagen zum Kaltwalzen und Dressieren von Bändern.* (Demag-Nachr. **1953.** Nr. 133. 1—5. Duisburg.) H. HOCHSTEIN. 6490

**R. B. Sims,** *Berechung der Walzenkraft und des Drehmomentes beim Kaltwalzen durch graphische und experimentelle Verfahren.* 19 Schrifttumsangaben. (J. Iron Steel Inst. **178.** 19—34. Sept. 1954. Sheffield, United Engineering Co., Ltd.) H. HOCHSTEIN. 6490

**F. J. Somers,** *Geschichte der Herstellung und Verwendung von Preßgesenkblöcken.* Übersicht. (Metal Treatment Drop Forging **20.** 369—75. Aug. 1953. Hales Owen, Walter Somers Ltd.) W. WESLY. 6490

**H. W. Perry,** *Strangpressen mit Glas als Schmiermittel.* (Vgl. C. **1955.** 2526.) Die Verwendung von Glas als Schmiermittel für Matrizen von Strangpressen wird beschrieben u. der Vorteil gegenüber n. Schmiermitteln gezeigt. (Metal Ind. [London] **82.** 87—88. 30/1. 1953.) G. APEL. 6490

**R. S. M. Jeffrey,** *Leichte Eisengußstücke und das neue Gesenkpreßverfahren.* Beschreibung des Gesenkpreßverf. zur Herst. von leichten Eisengußstücken (Dachrinnen), seiner Überwachung u. Vorzüge. (Amer Foundryman **27.** Nr. 5. 88—95. Mai 1955. Federated Foundries Ltd.) W. WESLY. 6490

**M. Kondo,** *Einige Beispiele der Tieftemperaturbehandlung.* Grundzüge des Verf., Ausführungsgeräte für fl. Luft u. fl. $H_2$. Einfl. auf das Tempern u. auf die Eigg. von Lagern u. Werkzeugen. — 4 Tabellen. (Kinzoku [Metals] **23.** 847—50. Nov. 1953. [Orig.: japan.]) L. SCHULER. 6492

**Caroll B. Mershow,** *Wärmebehandlung von Metallen.* 2. Mitt. (1. vgl. C. **1953.** 123.) Überblick über Ausscheidungs- u. Stufenhärtung, Einsatz- u. Nitrierhärtung, Flammen- u. Induktionshärtung u. die entsprechenden Einrichtungen. (Ind. Heating **18.** 2002. 2004. 2006. Nov. 1951. Coraopolis, Pa., Continental Equipment Co.) J. PAHL. 6492

**Vincent de Pierre und Harold Bernstein,** *Praktische Wärmebehandlung zur Spannungsentfernung aus Preßteilen.* Die zur Entfernung von Spannungen aus Preßteilen aus niedriggekohltem *Eisen* mit 0,06—0,07% C erforderlichen Glühtempp. werden kurvenmäßig dargestellt. Die Kurven lassen auch den Abfall der VICKERS-Härte in Abhängigkeit von der Temperaturhöhe erkennen. (Steel **129.** Nr. 17. 88. 90. 93 u. 96. 22/10. 1951. Washington, Naval Gun Faktory.) H. HOCHSTEIN. 6492

**Masuo Kawakami und Noboru Komuro,** *Grundlegende Untersuchungen für die Anwendung von Schutzatmosphären beim Glühen von Stahl.* 1. Mitt. *Über die Entfernung von $H_2O$-Dampf mit Calciumcarbid.* Die Geschwindigkeiten der Rk. $CaC_2 + 2H_2O_{(Gas)} \rightarrow Ca(OH)_2 + C_2H_2$ unter verschied. Bedingungen wurden mit Hilfe einer dynam. Meth. gemessen, indem feuchte Luft in eine Schicht aus Carbidteilchen in einem Reaktionsrohr eingeleitet wurde. Dabei ergab sich eine lineare Abhängigkeit zwischen der reziproken Strömungsgeschwindigkeit der feuchten Luft u. dem Logarithmus des Partialdrucks des Wasserdampfes. Die bei Zimmertemp. sehr großen Reaktionsgeschwindigkeiten, die proportional der Menge und umgekehrt proportional der Teilchengröße des Carbids waren, nahmen exponentiell mit steigender Temp. ab. (Nippon Kinzoku Gakkai-Si [J. Japan Inst. Metals] B **14.** 28—31. Aug. 1950. [Orig.: japan., Auszug: engl.]) D. BREDTSCHNEIDER. 6492

**Hans Bühler,** *Der Einfluß der Abmessung auf die Eigenspannungen von Werkstücken nach einer Oberflächenhärtung.* Verss. über die in zylindr. Werkstücken aus unlegiertem Stahl (0,67% C) nach Oberflächenhärtung mit Leuchtgas-$O_2$-Flammen auftretenden Eigenspannungen (Längs- u. Tangentialspannungen in Kern- u. Randzone) zeigen, daß diese mit wachsendem Durchmesser fallen. Man kann also unerwünscht hohe Zugspannungen im Kern durch zweckmäßige Wahl der Verhältnisse verhindern. (VDI-Z. **98.** 220—22. 21/2. 1956. Saarbrücken, Inst. für Metallforschung.) W. WESLY. 6492

**Adalbert Rühenbeck,** *Der Warmbadprüfer.* Entwickelt wurde ein Prüfgerät zur Best. der Änderung des Abschreckvermögens von Salzwarmbädern bei zunehmender Verschlammung u. bestimmtem Wassergehalt. (Industrie-Anz. **75.** 1117—19. 30/10. 1953. Hannover.) H. HOCHSTEIN. 6492

**J. A. Cooper,** *Punktschweißverfahren.* Beschreibung einer Schweißmaschine, der Arbeitsweise u. der Anwendung sowie der metallurg. Grundlagen. (Welding Metal Fabricat. **20.** 218—19. Juni 1952. Leeds, John Fowler & Co., Ltd.) W. HAUG. 6506

**J. ter Berg und A. Larigaldie,** *Die Abschmelzgeschwindigkeit von ummantelten Elektroden.* Die Abschmelzgeschwindigkeit ummantelter Elektroden hängt von der Lichtbogenlänge u. -stärke, dem Drahtdurchmesser, dem F. des Kernmaterials, der Drahttemp., der Dicke der Ummantelung, der chem. Zus. der Umhüllung sowie der Polarität des Stromes ab. Die einzelnen Einflüsse werden kurz besprochen. (Welding J. **31.** 268s—71s. Mai 1952. Paris, Soc. An. Philips Eclairage & Radio.) H. HOCHSTEIN. 6506

**Rudolf Kottisch,** *Über den derzeitigen Stand der Aufschweißtechnik legierter Werkstoffe.* Überblick. (Industrie-Anz. **72.** 212—15. 10/3. 1950.) H. HOCHSTEIN. 6506

**Edward E. Hucke und Harry Udin,** *Schweißmetallurgie von Gußeisen mit kugelförmiger Graphitausbildung.* Gußeisen mit kugelförmiger Graphitausbldg. ist schwieriger zu schweißen als die üblichen Gußeisensorten. Selbst beim Fehlen von Füllwerkstoff enthält die durch die Schweißung beeinflußte Zone drei Gebiete, u. zwar das äußerste, bei dem oberhalb der eutektoiden, jedoch unterhalb der eutekt. Temp. erhitzt wird. Im nächsten Gebiet ist bis zur eutekt. Temp. erhitzt worden, während in der Schmelzzone selbst bis oberhalb der eutekt. Temp. erhitzt war. Es werden die Gefügeausbildungen der drei verschied. Gebiete mit u. ohne Vorwärmung des Werkstoffes besprochen u. empfohlen, Gußeisen mit kugelförmiger Graphitausbldg. durch Hartlöten unterhalb der eutekt. Temp. miteinander zu vereinen. (Welding J. **32.** 378s—85s. Aug. 1953. Cambridge, Mass., Massachusetts Inst. of Technol.) H. HOCHSTEIN. 6506

**J. E. Hughes,** *Kaltpreßschweißen von Titan.* Es werden über Versuchsergebnisse über die Möglichkeit des Schweißens von Ti ohne äußere Wärmezuführung berichtet. Einzelheiten über die angewendeten Drücke werden mitgeteilt u. Abb. typ. Anwendungsbeispiele gezeigt. — Schrifttumsangaben. (Sheet Metal Ind. **31.** 52—54. 60. Jan. 1954. Assoc. Electr. Ind. Ltd.) G. APEL. 6506

**E. F. Holt, F. H. Vandenburgh** und **N. L. McClymonds,** *Punktschweißen von Titan-Kohlenstoff-Legierungen.* Das Punktschweißen von ca. 1 mm dicken Blechen aus Ti–C-Legierungen mit 0,1, 0,4 u. 0,6% C wird hinsichtlich der Oberflächenbehandlung, der physikal. Eigg. u. der Schweißbedingungen untersucht. Der Übergangswiderstand der Ti-Bleche ohne Vorbehandlung ist ausreichend niedrig u. gleichmäßig für ein einwandfreies Schweißen. Er wird niedriger u. gleichmäßiger durch chem. oder mechan. Reinigung. „Hydrid"-Reinigung erfordert Sorgfalt, um hohen Übergangswiderstand u. geringe Dehnbarkeit der Schweiße zu vermeiden. Eine Wechselwrkg. zwischen Reinigungsverf. u. C-Geh. besteht nicht. Die Festigkeit der Schweiße wird nicht durch die Walzrichtung beeinflußt, ebensowenig die Scherfestigkeit durch den C-Geh.; die Dehnbarkeit sinkt mit steigendem C-Gehalt. Der Durchmesser der Elektrode beeinflußt weder Festigkeit noch andere Eigenschaften. Zwischen Walzdruck u. Elektrodendurchmesser besteht keine Wechselwirkung. (Welding J. **32.** 1057—66. Nov. 1953.) F. VIER. 6506

**W. H. Kearns, H. B. Goodwin, E. Eichen** und **D. C. Martin,** *Neue Erkenntnisse beim Schweißen von Molybdän.* Handelsübliches Mo läßt sich leicht durch Widerstandserhitzung in Schutzgasatmosphäre u. im Lichtbogen unter Verwendung von W-Elektroden schweißen. Die Schweißstellen sind jedoch bei Raumtemp. brüchig. Bei Verwendung von hochreinem Mo wurden bei Widerstandsschweißung duktile Schweißnähte erhalten. Dabei ist es nötig, die zu schweißenden Stellen sorgfältig zu reinigen u. die Schweißung zur Vermeidung von Verunreinigungen im Hochvakuum vorzunehmen. Elektropolieren erwies sich als das beste Reinigungsverfahren. Für die Herst. von Mo genügender Reinheit werden 2 Verff. beschrieben. Das eine beruht auf mehrfachem Lichtbogenschmelzen im Vakuum, das andere auf Erhitzen auf 1920° für lange Zeit im Hochvakuum. — Schrifttumsangaben. (Welding J. **32.** 1082—88. Nov. 1953. Columbus, O., Battelle Memorial Inst.) F. VIER. 6506

**Karl Krekeler,** *Widerstandsstumpfschweißen von Rohren.* Überblick über die gebräuchlichsten Widerstandsstumpfschweißverff. zur kontinuierlichen Rohrherstellung. Die Anwendung der Verff. auf das Schweißen legierter Stähle, bes. auf niedriglegierten Vergütungsstahl mit 0,28 (%) C, 0,4 Si, 0,54 Mn, 0,58 Cr u. 0,05 Mo, auf Mo-haltigen austenit. Cr–Ni-Stahl sowie auf Cr-Stahl mit 0,07 C, 0,4 Si, 0,6 Mn u. 14,2 Cr wird untersucht, wobei festgestellt wird, daß sich der letztgenannte ferrit. Cr-Stahl nur ungenügend verarbeiten läßt. Es wird die neueste Entw. in der Herst. aus Bandstahl geschweißter Rohre aufgezeigt. (Industrie-Anz. **73.** 475—76. 5/6. 485—87. 8/6. 1951. Aachen.) H. HOCHSTEIN. 6506

**K. Krekeler** und **W. Denker,** *Die Beurteilung des Schweißens mit Kontaktelektroden an verschiedenen Rohrwerkstoffen.* Die Kontaktelektrode bringt eine Verbesserung der Schweißeigg. u. der Schweißleistungen. Die Abschmelzleistung u. die Arbeitsgeschwindigkeit sind durch die höhere Strombelastbarkeit u. den größeren Eisenanteil der Längeneinheit der Elektrode gegenüber anderen Elektroden gleichen Durchmessers gesteigert. Die mechan. Eigg. des Schweißgutes u. seine Verformungsfähigkeit im kalten u. im warmen Zustand sind sehr gut. Jedoch gibt die teilweise organ. Umhüllung, die an sich zur Erreichung der hohen Abschmelzleistung notwendig ist, durch die $H_2$-Abgabe an das Schweißgut zur Bldg. von Fischaugen Veranlassung, die wegen der Verringerung der Dauerfestigkeit unerwünscht sind. (Industrie-Anz. **72.** 496—98. 9/6. 1950. Aachen bzw. Düsseldorf.) H. HOCHSTEIN. 6506

**K. Krekeler,** *Neue Wege zur Verschleißminderung an Straßenbahnschienen durch elektrische Auftragsschweißung.* Auf Grund von Vorverss. sind Schweißdrähte für die Auftragsschweißung an Straßenbahnschienen ermittelt worden, mit denen prakt. Erprobungen im Fahrbetrieb durchgeführt wurden. Bei Verbundschienen lassen sich die schweißtechn. Schwierigkeiten bei sorgfältigem Aufschweißen mit austenit. Elektroden beheben. Die SM-Schiene läßt sich ferner auch noch mit austenit. Elektroden gut behandeln, da sie leichter schweißbar ist als die Verbundschiene. (Industrie-Anz. **72.** 284—87. 31/3. 1950. Aachen.) H. HOCHSTEIN. 6506

**D. R. Hendry,** *Die Oberflächenbehandlung von Magnesium.* Es wird ein Überblick gegeben über verschied. Bäder zur Erzeugung von Schutzschichten auf Mg, z. B. aus MgCr-Hydroxyd, MgO, Fluoriden, Seleniden u. organ. Filmen u. deren Eigg. Porosität, Selbstausheilung, Farbaufnahme besprochen. Elektroplattierung hat bisher nur geringe Erfolge gezeigt. Ein Überzug aus Ni-Cd-Ni widersteht nur 20 Std. Salzwasser, bis Korrosion einsetzt. Über die Anstreichtechnik u. die Oberflächenvorbehandlung wird berichtet. (Australas. Engr. **45.** 72—75. 7/3. 1952.) P. WOLF. 6508

**Charles Lipson,** *Eine besser zutreffende Messung der Kugelstrahlwirksamkeit.* Es wird gezeigt, daß die Ermüdungsfestigkeit einen sinnvolleren Maßstab zur Best. der Verbesserung der Beschaffenheit von schwankender Last unterworfenen, mit Kugelstrahlen oberflächenbehandelten Teilen darstellt, als die Ermüdungszeit (Diagramme). — 17 Schrifttumshinweise. (Steel **129.** Nr. 6. 72—75. 6/8. 1951. Detroit.) W. WESLY. 6510

**Leo P. Tarasov,** *Schleifen von Titan.* Übersicht über Verff. u. Hilfsmittel zum Schleifen von Ti. (Machinist **98.** 335—46. 28/2. 1953. Worcester, Mass., Norton Co., Res. and Dev. Dep.) W. WESLY. 6510

**T. F. Barnhart,** *Würdigung eines Verfahrens zur Behandlung von Abfallbeizen.* Beschreibung des Verf. von RUTHNER. Die $FeSO_4$-enthaltende Abfallbeize wird konz. u. mit HCl-Gas behandelt. Es bildet sich $H_2SO_4$, die wieder zum Beizen verwendet wird u. $FeCl_2$, das durch Rösten in FeO u. HCl zersetzt wird. HCl wird wieder in dem Verf. zur Zers. von $FeSO_4$ benutzt, während das reine FeO nach Sinterung dem Hochofen zugesetzt oder als Anstrichfarbstoff oder als Ausgangsstoff für Pulvereisen verwendet wird. (Iron Steel Engr. **32.** Nr. 12. 62—65. Dez. 1955. Pittsburgh, Pa., Blaw-Knox Co., Chem. Plant. Div.) W. HAUG. 6512

**C. Fred Gurnham,** *Gewollt poröse elektrolytische Niederschläge.* Poröse Ndd. in galvan. Bädern werden vor allem durch Zusatz von kolloidem Graphit erhalten. Auch durch Veränderung der Stromdichte u. Badtemp. läßt sich die Porosität beeinflussen. (Products Finishing **19.** Nr. 9. 158. 160. 162. 164. Juni 1955. Michigan State Coll.) F. MARKHOFF. 6514

**D. R. Curry,** *Logarithmisches Dreiecknetz zur Bestimmung von Schichtdicken.* Mit Hilfe einer logarithm. Einteilung der Schenkel eines Dreieckes kann in kürzester Zeit die Dicke einer Elektroplattierung bestimmt werden, wenn das Gewicht des Nd. u. die Oberfläche des Gegenstandes bekannt sind. (Metal Finishing **51.** Nr. 4. 79—81. April 1953. Sheffield, Bragg Labor.) J. FISCHER. 6514

**P. Morisset,** *Die industrielle Anwendung dicker galvanisch aufgebrachter Hartchrom- und Nickelüberzüge.* (Rev. gén. Mécan. **34.** 326—29. Aug. 1950.) F. VIER. 6516

**A. W. Wallbank,** *Die Plattierung von Aluminiumgegenständen als Fabrikationsverfahren.* — C. **1956.** 2590. (J. Electrodepositors' techn. Soc. **28.** 209—17. 1951/52.) P. WOLF. 6516

**J. Salauze,** *Die Spezialchrombäder.* Überblick über die Badtypen, die von dem üblichen $H_2SO_4$ enthaltendem Bad abweichen. Beschrieben werden die HF- u. $H_2SiF_6$-Bäder, die in bezug auf Abscheidungsform u. Ausbeute Vorteile bieten. Bes. behandelt werden das amerikan. S.R.H.S.-Bad (Self Regulating High Speed) der UNITED CHROMIUM, das $SrSO_4$ u. ein Fluorsilicat enthält. Ein anderes Bad, das an Bedeutung gewinnt, ist das *Tetrachromatbad* von BORNHAUSER. Die Arbeitsdaten sind 16—22°, 20—90 A/dm² mit einer Stromausbeute von 30—33%. Die Abscheidungen lassen sich leicht polieren. Sie sind gelblich gefärbt u. nicht so glänzend wie aus den üblichen Bädern. (Galvano [Paris] **22.** Nr. 194. 13—18. März 1953.) J. FISCHER. 6518

**W. I. Archarow** und **W. N. Konew,** *Erhöhung der Widerstandsfähigkeit von Chromüberzügen durch Karbidbildung.* Zylindr. Proben aus *Armco-Eisen, 18 ChNMA* u. aus *Stahl ClG* wurden einer elektrolyt. Chromierung in einem Bad unterworfen, das 150 g $CrO_3$ u. 1,5 g $H_2SO_4$ auf 1 Liter W. enthält. Die Stromdichte betrug 35 A/dm², die Elektrolyttemp. 50° u. die Dauer der Elektrolyse 3 Stunden. Nach der Chromierung wurden die Proben bei 950 u. 1050° bei 3 u. 8std. Dauer einer Gasaufkohlungsbehandlung in einem aus Bzn. u. $H_2$ bestehendem Gemisch unterworfen. Die aufgekohlte Oberfläche bestand aus drei Schichten u. zwar aus 1. einer dünnen Außenschicht mit einem rhomb. Carbid ($Cr_3C_2$), 2. einer dicken Zwischenschicht mit einem hexagonalen Carbid ($Cr_7C_3$) u. 3. einer dünnen Innenschicht mit kub. Cr-Carbid ($Cr_{23}C_6$). Die Carbidbldg. der elektrolyt. verchromten Oberflächen bedingt eine starke Verbesserung der physikal.-mechan. Eigg. der Oberflächenschichten. Die hohe Verschleißfestigkeit der an Carbid angereicherten Schichten bleibt bis zu 950—1050° beibehalten. Der Oberflächenschutz besitzt außerdem eine hohe Oxydations- u. Säurebeständigkeit. (Вестник Машиностроения [Nachr. Maschinenbau] **35.** Nr. 11. 55—57. Nov. 1955.) H. HOCHSTEIN. 6518

**E. S. Hedges,** *Gleichzeitige Herstellung galvanischer Überzüge aus zwei Metallen unter besonderer Berücksichtigung der Zinnlegierungen.* Übersicht über Theorie u. Praxis der einstufig auf galvan. Wege hergestellten bimetall. Überzüge, bes. in Form von Sn-Legierungen, sowie über die Forschungsarbeiten im T. R. I. Der Einfl. der verschied. Faktoren auf Haftung, Deckkraft u. Glanz der Überzüge, Oxydationsbeständigkeit der galvan. Bäder sowie die schädliche Wrkg. organ. Verunreinigungen auf die Haftfestigkeit ist bei der Wahl der metall. Überzüge zu berücksichtigen. Bes. günstig verhielten sich Bäder aus einem alkal. Stannat u. einer komplexen CN-Verb., wie z. B. CuCN·3NaCN. — Techn. wichtig wurden bes. 2 intermetall. Überzüge: eine Rotbronzelegierung mit (%) 10—15 Sn u. die Ag-haltige Legierung „Speculum" mit 42 Sn, Rest Cu. — Für den Flugzeugbau, Automobil- u. Kältemaschinenteile dient bes. ein Überzug aus 75 Sn u. 25 Zn auf Stahl als Korrosionsschutz. — Mit $SnF_4^{2-}$-Anionenkomplexen lassen sich korrosionsfeste bimetall. Überzüge von der Zus. NiSn erhalten. Gute Gleitfähigkeit als Lagermetall zeigte eine SnSb-Legierung. Fluoborate u. Fluosilicate erwiesen sich als gut geeignet für SnZn-, CdSn- u. PbSn-Überzüge, ferner Sulfatlsgg. für SnCd-Ndd. in Ggw. größerer Mengen organ. Zusätze. Über letztere Kombination sind z. Z. Unterss. im Gange. Organ. Zusätze bewirken im allg. eine Erhöhung des Sn-Geh. der galvan. Niederschläge. Das weniger edle Metall in der Legierung nimmt meist mit der Erhöhung der Stromdichte u. der Temp. zu. (Metallurgia ital. **47.** 197—99. Mai 1955. London, Tin Res. Inst.) A. SANDER. 6524

**Marcel Pourbaix,** *Übersicht über das elektrochemische Verhalten der Metalle.* Übersicht über die für Metallkorrosionen gültigen Gesetze des chem. u. elektrochem. Gleichgewichtes u. die diese Gleichgewichte beeinflussenden Faktoren. (Ossature métallique **18.** 47—56. Jan. 98—113. Febr. 1953. Brüssel, Univ. libre, Centre Belge de l'Étude de la Corrosion, Cebelcor.) W. WESLY. 6538

**E. C. Reichard,** *Galvanische Korrosion.* Überblick über die Möglichkeiten einer beabsichtigten u. unbeabsichtigten galvan. Korrosion: Vergrößerung der anod. Flächen, z. B. Cu-Nieten an Fe-Blechen, die Bldg. von Elementen an zu schützenden Werkstoffen, z. B. das Niederschlagen von spezif. anod. Überzügen, Anwendung von Inhibitoren, kathod. Schutz durch Al, Zn oder Mg an Rohrleitungen oder Kesseln. (Chem. Engng. Progr. **48.** 269—71. Juni 1952. Perth Amboy, New Jersey, Am. Smelting and Refining Comp.) J. FISCHER. 6538

**Robert H. Pope,** *Korrosion durch vagabundierende Ströme.* Kurzer geschichtlicher Rückblick auf die Anfänge der Korrosionsforschung in Amerika über vagabundierende Ströme. (Corrosion [Houston] **10.** Nr. 10. Topic of the Month 324. Okt. 1954.) H. SPINDLER. 6538

**E. Pirligras,** *Anwendung organischer Inhibitoren für die Bekämpfung der Korrosion von Bohr- und Betriebswerkzeugen.* In Verss. mit 1—10%ig. HCl, 5 u. 25%ig. NaCl-Lsg. u. $H_2S$-haltigem W. bei 50° wird die Korrosionshemmung durch *Knochenleim, hydrolysierte Maisschlempe* (**I**) u. *Dextrin* untersucht. Die besten Ergebnisse werden im allg. mit **I** (0,5%) erzielt. (Petrol şi Gaze **5.** 335—40. 1954.) R. K. MÜLLER. 6538

**L. G. Pfeiffer, M. A. Scheil** und **E. H. Schmidt,** *Umstände, die die Kocherkorrosion beeinflussen.* Im Kocher muß für eine gute Zirkulation gesorgt werden, was durch gleichmäßige Hackschnitzelgröße u. Füllung, durch die Anordnung der Dampfeinlaßrohre u. Kocherhilfen erreicht wird. Unbenutzte Anschlüsse sollen nicht nur durch Blindflansche, sondern auch im Kocher mit der Wand glatt verschlossen werden. Carbonathaltiger Kesselstein als geschlossener Film verhindert Korrosion, haftet aber nur auf rauher Oberfläche, so daß die Kocherinnenwand durch Sandstrahlen aufgerauht werden muß. $CaSO_4$-Nd. gibt Korrosionsnarben mit Spannungsrissen. Wichtig ist die Beseitigung von Spannungen in den Schweißnähten, vor allem bei plattierten Kochern, was durch Induktionsheizung erreicht werden kann. (Tappi **38.** 652—59. Nov. 1955. Milwaukee, Wis., Vessel & Brewery Equipment Prod. u. A. O. Smith Corp.) H. BECKER. 6538

---

**Ilva Alti Forni e Accialerie d'Italia,** Genua, Italien, *Elektrode zum Schweißen von Gußeisen.* Zum Schweißen von Gußeisen mit u. ohne Kugelgraphitausbldg. wird beim elektr. Lichtbogenschweißen eine Elektrode bzw. beim Flammenschweißen ein Stab aus Gußeisen mit Kugelgraphitausbldg. verwendet. Zweckmäßig besteht der Schweißzusatzwerkstoff aus einem *Gußeisen* mit 3—4(%) *C*, 0—0,02 *S*, 0,03—0,25, vorzugsweise 0,15 *Mg* u./oder *Ce*, 2,3—4 *Si*, Rest Eisen. — Abbildungen. (**E. P. 730 229** vom 4/12. 1952, ausg. 18/5. 1955. It. Prior. 30/8. 1952.) H. HOCHSTEIN. 6405

**Electric Furnace Products Co. Ltd.**, Canada (Erfinder: **Michael C. Carosella**), *Anoden für die elektrolytische Gewinnung von Mangan aus wässerigen Lösungen* bestehen aus einer Legierung aus 99(%) *Pb* u. 1 *Ag* u. sind zylindr. geformt. Mehrere solcher Anoden sind parallel zueinander angeordnet. — Abbildung. (**F. P. 1 092 803** vom 5/2. 1954, ausg. 27/4. 1955. A. Prior. 5/3. 1953.) F. MARKHOFF. 6437

**British Aluminium Co. Ltd.**, England, *Aluminiumlegierungen* bestehen aus 0,2–2,15(%) reinem *Mn*, Rest superreines *Al*. An Verunreinigungen dürfen weniger als je 0,01 *Si* u. *Fe* u. weniger als 0,005 *Cu* zugegen sein. Die Legierungen sind äußerst korrosionsfest, besitzen gute physikal. Eigg. u. eignen sich bes. für Gegenstände in der chem. Industrie. (**F. P. 1076818** vom 11/5. 1953, ausg. 29/10. 1954. E. Prior. 12/5. 1952.) C. GÖTZE. 6447

**American Smelting and Refining Co.**, New York, N. Y., übert. von: **Yurii E. Lebedeff**, Metuchen, N. J., V. St. A., *Trennen des Indiums* von Verunreinigungen wie Ag, Bi, Pb u. Sn, die sich auf trockenem Wege nur schwer entfernen lassen, dad. gek., daß eine mineralsaure Lsg. des verunreinigten In hergestellt, mit einer lösl. *Ba-* oder *Sr-Verb.* versetzt, verrührt u. erwärmt wird, wobei sich $BaSO_4$ bzw. $SrSO_4$ bildet u. die Begleitmetalle mit ausscheidet, während reines In in der Lsg. verbleibt, aus der es z. B. durch Elektrolyse gewonnen werden kann. Aus einer Lsg., die z. B. weniger als 0,5 g Sn pro Liter enthält, wird durch Ausfällen von 30 g $BaSO_4$ oder $SrSO_4$ pro Liter, umrühren, erwärmen auf 40—80° u. abfiltrieren des Nd. mehr als 90% des Sn entfernt. (**A. P. 2 695 226** vom 31/1. 1952, ausg. 23/11. 1954.) G. APEL. 6449

**American Smelting and Refining Co.**, New York, N. Y., übert. von: **Yurii E. Lebedeff**, Metuchen, N. J., V. St. A., *Reinigen des Indium mittels proteinhaltiger Stoffe* von Verunreinigungen durch Metalle, die sich auf trockenem Wege nur schwer entfernen lassen, dad. gek., daß aus dem unreinen In eine mineralsaure Lsg. mit ca. 10—100 g In u. weniger als 0,5 g Verunreinigungen pro Liter hergestellt, der Lsg. proteinhaltige Stoffe in Mengen von 1—15 g pro Liter zugesetzt u. die dabei ausfallenden unlösl. Verbb. der Proteine mit den Verunreinigungen abfiltriert werden. Aus der verbleibenden Lsg. wird reines In mittels Elektrolyse gewonnen. (**A. P. 2 695 227** vom 31/1. 1952, ausg. 23/11. 1954.) G. APEL. 6449

**American Electro Metal Corp.**, Yonkers, N. Y., V. St. A., *Herstellung von Formkörpern aus Titanlegierungen*, dad. gek., daß Ti-Pulver mit 6—50% eines nicht über 1600° schmelzenden Hilfsmetalls, wie *Fe*, *Ni* u./oder *Co* oder einer Legierung aus *Cr* mit einem oder mehreren dieser Metalle, in Pulverform gemischt, gepreßt u. gesintert wird. Das Hilfsmetall kann außerdem 1—10(%) eines oder mehrerer der Metalle *Zr*, *Ta*, *Nb*, *W* u. *Mo* sowie bis zu 35 *Ti* enthalten. Die Sintertemp. beträgt 700—1100°, gegebenenfalls kann eine Nachsinterung bei 1050—1450° in neutraler Atmosphäre angeschlossen werden. Es kann auch so verfahren werden, daß zunächst aus Ti-Pulver ein poröser Körper gebildet, in dem dann das Hilfsmetall eingesaigert wird. (**E. P. 723 306** vom 17/3. 1950, ausg. 9/2. 1955. A. Prior. 17/3. 1949.) G. APEL. 6449

**Bleiwarenfabrik Gumpoldskirchen Alfred Herz K. G.**, Wien, *Mit Flußmittel gefüllter Lötdraht.* Als Flußmittel wird *Stearin* verwendet. Der aus dem Lötmetall gebildete Mantel des Lötdrahtes ist stellenweise verengt, so daß beim Erhitzen diese Stellen zuerst aufschmelzen u. das Flußmittel austreten lassen, wodurch das Stearin rechtzeitig der Lötstelle zufließen kann. (**Oe. P. 177 987** vom 31/7. 1952, ausg. 25/3. 1954.) F. VIER. 6505

**Allegheny Ludlum Steel Corp.**, Brackenridge, übert. von: **Pun Kien Koh**, Tarentum, Pa., V. St. A., *Silberlöten von rostfreiem Chromstahl.* Die Lötstelle wird in oxydierender Atmosphäre auf Tempp. zwischen 1700° F (927° C) u. dem F. des Stahls erhitzt, bis die interkristalline Oxydbldg. bis zu einer Tiefe von wenigstens 0,00025 in. (0,0062 mm) gedrungen ist. Dann werden die interkristallinen Oxyde durch Behandeln mit Fluoriden, z. B. durch Beizen mit einer wss. Lsg., die 2(%) *HF*, 10 $HNO_3$ oder 2 *HF* u. 10 *HCl* enthält, entfernt. Darauf wird bei einer Temp. zwischen dem F. des Silberlotes u. 1600° F (871° C) gelötet. Es wird eine bes. hohe Haftfestigkeit des Lotes auf dem Stahl erzielt. (**A. P. 2 698 813** vom 26/7. 1952, ausg. 4/1. 1955.) F. VIER. 6505

**Dewey & Almy Chemical Co.**, Cambridge, übert. von: **William C. Shilling**, Arlington, und **George W. Wright**, Wellesley, Mass., V. St. A., *Lötzinnpaste* zur Herst. von *sanitären Geräten* mittels Sn–Pb-Lot in einem Walzenlötbad, bestehend aus einem Schmelzmittel, z. B. $ZnCl_2$ u./oder $NH_4Cl$, ferner *ZnO* u. 1,5—12% eines in der Hitze sich ausdehnenden $SiO_2$-Materials, wie *Vermiculit* (Glimmer), *Perlit* oder *Tonerde.* Außerdem können geringe Mengen *Resol* oder PAe.-Extrakt von *Kolophonium* zugesetzt werden, die über der Schmelze einen $O_2$ abhaltenden Schaum bilden. (**A. P. 2 662 840** vom 19/2. 1953, ausg. 15/12. 1953.) G. SALZMANN. 6505

**Foster D. Snell, Inc.**, übert. von: **Foster D. Snell**, New York, N. Y., und **William H. Stahl**, Philadelphia, Pa., V. St. A., *Reinigungsmittel für Metalloberflächen in Form* *eines thixotropen Gels* besteht aus 2,5—8,0 (Gew.-%, bezogen auf die Gesamtmischung) Bentonit, 21—92,5 W., 5—70 einer Säure mit der Ionisationskonstanten $1 \cdot 10^{-5}$ bis $1 \cdot 10^{-2}$ (bezogen auf das Anhydrid der Säure) u. 2,5—8 (bezogen auf den Bentonitgeh.) eines wasserlösl. oberflächenakt. Mittels, wie Triton NE, welches seine Wrkg. auch in Ggw. der verwendeten Säure beibehält u. die scheinbare Viscosität eines Bentonit-W.-Gemisches steigert. Beispiel: 6,9 lbs. *Bentonit*, 19,3 $H_3PO_4$ (75%ig.), 4,5 *Triton* (30%ig.) u. 69 *Wasser*. Das Mittel eignet sich bes. zum Reinigen von senkrechten Metalloberflächen. (**A. P. 2 672 449** vom 15/9. 1949, ausg. 16/3. 1954.) F. MARKHOFF. 6513

**Metallgesellschaft Akt.-Ges.**, Deutschland, *Entfernen von Tropfen nach dem Phosphatieren, Beizen, Reinigen oder anderen Flüssigkeitsbehandlungen von Metalloberflächen.* Die Gegenstände werden in ein elektrostat. Feld gebracht, wobei sich die Entladungselektrode bildet, während die andere Elektrode in Form eines Gitters unterhalb der Gegenstände angeordnet ist. (**F. P. 1 083 864** vom 21/9. 1953, ausg. 13/1. 1955. D. Prior. 22/9. 1952.) F. MARKHOFF. 6513

**Comp. Française Thomson-Houston**, Frankreich, *Chemisches Polieren von Aluminium.* Die Gegenstände werden in der lauwarmen Lsg. eines Alkalihydroxydes u. eines Alkalinitrates oder -nitrites behandelt, z. B. in einer Lsg. von je 14,7 g/Liter *NaOH* u. $NaNO_3$, die 65—74° warm ist. Nach 3 Min. werden die Gegenstände, die einen dunklen Überzug aufweisen, in einer $H_2SO_4$-Lsg. anod. oxydiert. Das Reflexionsvermögen beträgt danach 72—78%. (**F. P. 1 089 921** vom 28/8. 1951, ausg. 24/3. 1955. A. Prior. 29/8. 1950.) F. MARKHOFF. 6513

**Armco Steel Corp.**, O., und **Sylvania Electric Products, Inc.**, New York, übert. von: **Walter E. Kingston**, Port Washington, **Igor N. Zavarine**, Great Neck, N. Y., und **Charles E. Bussert**, Middletown, O., *Herstellung von Aluminiumüberzügen auf Blechen aus Eisen oder Stahl.* Die Bleche werden bis zu einer Dicke von 0,180—0,080 in. (0,45 bis 0,2 cm) warm gewalzt u. bis auf 0,1—0,04 in. (0,25—0,1 cm) kalt gewalzt u. dann durch Tauchen in ein schmelzfl. Al-Bad mit einer 0,002—0,0005 in. (0,005—0,00125 cm) dicken Schicht von Al überzogen. Durch Kaltwalzen wird die Dicke des Bimetallbleches weiter auf 0,06—0,005 in. (0,115—0,0125 cm) reduziert, dabei erhält der Al-Überzug eine Dicke von 0,0003—0,0001 in. (0,00075—0,00025 cm). Dann wird das Blech an Luft bei 1450—1750° F (788—954° C) wärmebehandelt. Die Dauer dieser Behandlung liegt zwischen 7 Min. u. 17 Sekunden. Sie richtet sich nach der Dicke der Bleche. Die Wärmebehandlung kann auch in reduzierender Atmosphäre vorgenommen werden. — Schliffbilder. (**A. P. 2 697 869** vom 23/4. 1948, ausg. 28/12. 1954.) F. VIER. 6517

**National Research Corp.**, Cambridge, übert. von: **Philip J. Clough**, Reading, und **Earl E. Chadsey jr.**, Newton, Mass., V. St. A., *Herstellung von Aluminiumüberzügen durch Aufdampfen.* Der Verdampfungstiegel besteht aus Kohle, die zum Schutz gegen den Angriff des schmelzfl. Al mit einem Carbid von Ti, Zr, Hf, V, Nb oder Ta überzogen ist. Der Überzug wird in der Weise hergestellt, daß zunächst auf die Kohle ein Metall aufgebracht wird, das sich mit dem C des Tiegels unter Bldg. des betreffenden Carbides umsetzt. Das Metall kann auch dem fl. Al zugegeben werden, es setzt sich mit dem gegebenenfalls schon gebildeten Al-Carbid unter Bldg. von Al-Metall um u. schützt den Kohletiegel durch Bldg. eines Carbidüberzuges gegen weitere Angriffe. (**A. P. 2 665 223** vom 31/12. 1949, ausg. 5/1. 1954.) F. VIER. 6517

**General American Transportation Corp.**, Chicago, Ill., übert. von: **Raymond R. Reschan**, East Chicago, und **Abraham Krieg**, Gary, Ind., *Herstellung von Nickelüberzügen auf Aluminium und seinen Legierungen* durch Tauchen der Gegenstände in ein Bad, das aus einer wss. Lsg. eines Ni-Salzes, eines Nitrates u. eines Hypophosphits besteht, in der die Konz. der Nitrat-Ionen 0,15—0,50 (Mol/Liter) ist. Der $p_H$-Wert des Bades soll zwischen 4,0 u. 5,5 liegen. Das Bad kann außerdem auch Fluorid-Ionen in einer Konz. von 0,01—0,04 enthalten. Während des Tauchens wird das Bad auf einer Temp. von 98° gehalten. Als Beispiel wird ein Bad angegeben, das 0,09 *Ni*-Kationen, 0,225 *Hypophosphit*-Anionen, 0,06 *Succinat*-Anionen, 0,18—0,35 *Nitrat*-Anionen 0,01—0,04 *Fluorid*-Anionen enthält. Zur Herst. des Bades werden $NiCl_2$ u. die entsprechenden Na-Salze verwendet. (**A. P. 2 694 017** vom 16/9. 1952, ausg. 9/11. 1954.) F. VIER. 6521

**Sperry Corp.**, übert. von: **Vincent J. Marchese**, Valley Stream, N. Y., V. St. A., *Galvanische Erzeugung von spannungsfreien Nickelgegenständen.* Das Ni wird aus Ni-Bädern nach WATTS mit einem $p_H$-Wert von 4,5 abgeschieden unter Verwendung von Gleichstrom mit einer Stromdichte von 10—50 A/sq.ft (1,07—5,35 A/dm²), der von Wechselstrom überlagert ist, dessen Spannungsspitze dreimal so groß ist, wie die Gleichstromspannung. — Abbildung. Diagramme. (**A. P. 2 706 170** vom 15/11. 1951, ausg. 12/4. 1955.) F. MARKHOFF. 6521

**Dr. W. Kampschulte & Cie.**, Solingen (Erfinder: **Adolf Schwedhelm**, Düsseldorf, und **Ernst Würthner**, Lüdenscheid), *Elektrolytische Herstellung hochglänzener Nickel-*

*überzüge.* Dem Ni-Bad wird außer *dreifach ungesätt. Alkoholen* noch *m-benzoldisulfosaures Alkali* zugesetzt, wodurch die Kondensation des ungesätt. Alkohols herabgesetzt u. die Tiefenstreuung verbessert wird. (**D. B. P. 931 623** Kl. 48a vom 6/3. 1952, ausg. 22/9. 1955. Anmeldung bekanntgemacht 17/2. 1955. **Zusatz zu D. B. P. 848 890; C. 1953. 1878.**)
F. MARKHOFF. 6521

**Dr. W. Kampschulte & Cie.** (Erfinder: **Karl Küll**, Solingen, und **Adolf Schwedhelm**, Düsseldorf), *Herstellung hochglänzender Nickelüberzüge.* Dem Ni-Bad wird außer *dreifach ungesätt. Alkoholen* noch *Benzaldehyd-2.4-disulfosaures Na* zugesetzt. Die Kondensation der ungesätt. Alkohole wird hierdurch verzögert. (**D. B. P. 934 320** Kl. 48a vom 29/3. 1953, ausg. 20/10. 1955. Anmeldung bekanntgemacht 3/12. 1953. **Zusatz zu D. B. P. 848 890; C. 1953. 1878.**) F. MARKHOFF. 6521

**National Cash Register Co.**, Dayton, Ohio, V. St. A. (Erfinder: **Walter E. Moline** und **Richard M. Clinehens**), *Elektrolytische Abscheidung von Nickel–Kobalt-Überzügen mit guten magnetischen Eigenschaften.* Die Überzüge werden aus $NiCl_2$ u. $CoCl_2$ enthaltenden Elektrolyten abgeschieden, die 1—3 (g/Liter) *Toluolsulfonamid* u. 5—45 $B(OH)_3$ enthalten. (**E. P. 733 252** vom 18/3. 1953, ausg. 6/7. 1955. **F. P. 1 076 019** vom 21/4. 1953, ausg. 21/10. 1954. Beide A. Prior. 22/4. 1952.) F. MARKHOFF. 6521

**Maurice Gouthiere** und **Joseph Bengué**, Frankreich, *Färben von Gegenständen aus Eisen im Bronzeton* durch Tauchen in ein Bad folgender Zus.: 55 (g) W., 45 $NaOH$, 5 $NaNO_3$, 4,5 $NaNO_2$, 0,040 $Cr_2O_3$. Das Bad soll eine Temp. von 138—145° haben. Die Dauer der Behandlung beträgt 5—20 Minuten. Nach der Behandlung wird in ein Mineralölbad von 90° 1 Min. lang getaucht (**F. P. 60 224** vom 20/4. 1950, ausg. 12/10. 1954. **Zusatz zu F. P. 1 012 538; C. 1954. 4255.**) F. VIER. 6535

## IX. Organische Industrie.

**A. M. Municio**, *Ionenaustauschreaktionen in der organischen Chemie.* Überblick über Entw., Herst. u. Anwendung der organ. Ionenaustauscher mit bes. Berücksichtigung der Verwendung zur Trennung organ. Prodd. (Aminosäuren, Proteinhydrolysate, Alkaloide, Proteine, Enzyme, Purin- u. Pyrimidinbasen, Nucleoside u. Nucleotide, Zucker, Säuren, Aldehyde, Ketone, Vitamine, Antibiotica), zur Konstitutionsbest. u. als Katalysatoren. — 294 Literaturhinweise. (Rev. Ci. apl. **7.** 108—26. März/April 1953.)
R. K. MÜLLER. 6556

**Z. K. Jelínek** und **K. Cyprián**, *Die Ermittlung der Polymerisationsaktivität mit einem registrierenden Dilatometer.* Beschreibung des Verf. u. der App. von SCHULZ u. HARBORTH (C. **1947.** 1076.) (Chem. Průmysl **4** (**29**). 420—23. Nov. 1954. Výzk. úst. organ. synth.) K. STEINER. H 400

**M. Wiekiera** und **W. Majewska**, *Elektrochemisches Verfahren zur Herstellung von Jodoform nach dem II. Polnischen Arzneibuch.* Eine wss. Lsg. von KJ, $Na_2CO_3$ u. A. wird bei 60° elektrolysiert; anod. Stromstärke 3 A/dm², Anode–Kathode-Verhältnis 1:1, Anode: Graphit, Kathode: Sn. Ausbeute an $CHJ_3$ (auf KJ ber.) 79%, Stromausbeute 82%. Durch Kombination mit rein. chem. Verff. kann die Ausbeute auf 98% gesteigert werden. Die Elektrolyse wird im $CO_2$-Strom durchgeführt; die Spannung variiert von 2 bis 3,5 V, Tempp. 45—75°. Es empfiehlt sich, die Sn-Kathode mit Pergamentpapier zu umwickeln. Mit einer Pt-Anode wurde 82% $CHJ_3$-Ausbeute bzw. 92% Stromausbeute erreicht. (Przemysł chem. (**31.**) **8.** 305—08. Juni 1952.) A. v. WILPERT. H 510

**Herbert Koch**, *Carbonsäuresynthese aus Olefinen, Kohlenoxyd und Wasser.* Bei der neuen Synth. wird bei Tempp. zwischen 0 u. 30° u. Drucken von 20 u. 100 at in Ggw. von Katalysatoren, wie konz. $H_2SO_4$ oder Säuregemischen, die Borfluorid in komplexer Bindung enthalten, zunächst der Einbau des CO in Abwesenheit von W. vorgenommen u. erst anschließend das erforderliche W. zugeführt. Die nach dieser Synth. in guter Ausbeute erhaltenen Carbonsäuren besitzen alle eine verzweigte C-Kette mit einfacher oder doppelter Verzweigung an dem der Carboxylgruppe benachbarten C-Atom. Das neue Verf. ist anwendbar auf olefine Ausgangsmaterialien, z. B. Propen u. Buten, wie sie in den Spaltgasen bei Spaltprozessen anfallen, aber auch langkettige Olefine hochsd. Spaltdestillate u. cycl. Olefine können umgesetzt werden. Als Beispiele werden die Umsetzung von Propan zu Isobuttersäure; von Buten-(1) u. Buten-(2) zu α-Methylbuttersäure; von 2-Methylpenten-(1) zu α.α-Dimethylvaleriansäure; von 2-Äthylbuten-(1) sowie von 3-Methylpenten-(2) zu α-Methyl-α-äthylbuttersäure; von 2.3-Dimethylbuten-(2) sowie von 2.3-Dimethylbuten-(1) zu α.α.β-Trimethylbuttersäure genannt. Auf den Einfl. des CO-Druckes auf die Gesamtausbeute, die Methylgruppenwanderung u. Polymerisation bei den Umsetzungen wird besonders eingegangen. Zu einem interessanten Ausgangsstoff für das neue Verf. gehört auch Ölsäure, aus der in guter Ausbeute eine $C_{19}$-Dicarbonsäure er-

halten wurde. Umsetzungsgleichungen u. Verss. im Original. (Brennstoff-Chem. **36.** 321—28. 9/11. 1955. Mühlheim/Ruhr, Max-Planck-Inst. für Kohlenforschung.)
K. O. Müller. H 800

**P. K. Ssawinych,** *Verbesserung der Qualität von Holzessigpulver.* Das bei der Holzverkohlung u. -vergasung gewonnene rohe *Ca-Acetatpulver* soll nach den seit 1941 gültigen GOST- (Allunionsstandard-) Vorschriften 70,2—80% (grau) bzw. 53,3—60,3% (schwarz) Ca-Acetat enthalten. An Beispielen aus der sowjet. Produktion werden die Qualität u. die Möglichkeit von Verbesserungen untersucht. (Гидролизная и Лесохимическая Промышленность [Hydrolysen- u. holzchem. Ind.] **8.** Nr. 4. 26—27. 1955. Dmitriewsk, Holzchem. Fabrik.) R. K. Müller. H 810

**Phillips Petroleum Co.,** übert. von: **Martin R. Cines,** Knoxville, Tenn., V. St. A., *Trennen von Gemischen,* die hauptsächlich nichtsaure organ. Perfluorverbb. (I) neben KW-stoffen (II) enthalten, erfolgt durch Behandlung mit einem porösen Absorptionsmittel, bes. $SiO_2$- bzw. $Al_2O_3$-Gel, Bauxit u. natürlichen akt. Tonen, in fl. Phase, wobei die I im Gegensatz zu den II nicht absorbiert werden. Als I kommen *Perfluorparaffine, -cycloparaffine, -aminoverbb.* u. *-äther* in Frage. — Vorrichtung. (**A. P. 2 695 321** vom 26/10. 1951, ausg. 23/11. 1954.) J. Mühleisen. H 510

**M. W. Kellogg Co.,** Jersey City, übert. von: **Russell M. Mantell,** Orange, **Herbert I. Passino,** Englewood, und **Wilber O. Teeters,** River Edge, N. J., V. St. A., *Halogenkohlenstoffe* erhält man durch Rk. von $F_2$ mit einer fluidisierten M. aus feinen C-Teilchen in der Größenordnung von 5—250, zweckmäßig von 10—100 $\mu$, in Ggw. eines Halogens (mit Ausnahme von $F_2$). Die Fluidisierung erfolgt gewöhnlich durch Durchleiten der Reaktionsgase oder anderer inerter Gase durch die C-Masse. Die Reaktionstemp. liegt bei 300—1100° F; der Druck kann 0—100, zweckmäßig 5—25 lbs./sq.in. betragen. Das Verf. dient bes. zur Gewinnung von Chlor- bzw. Bromfluorkohlenstoffen. — Vorrichtung. (**A. P. 2 684 987** vom 19/11. 1951, ausg. 27/7. 1954.) J. Mühleisen. H 510

**National Research Development Corp.** (Erfinder: **Edward Sydney Lane**), London, England, *Salpetersäureester höhermolekularer Alkohole und der Glykole* werden mit Methanol gewaschen, um Nebenprodd. u./oder nichtumgesetzte Ausgangsstoffe zu entfernen. — 0,5 (Mol) rauchende $HNO_3$ fügt man tropfenweise zu Essigsäureanhydrid, setzt bei 5—10° Laurylalkohol (I) allmählich zu u. läßt die Temp. nach Zugabe des Alkohols auf 20° steigen, verd. mit W., trennt die wss. Schicht ab u. entfernt mit Methanol die organ. Nitrite, nichtumgesetzten I u. KW-stoffe; als Rückstand verbleibt *Laurylnitrat.* — Cetylalkohol → *Cetylnitrat;* Dekamethylenglykol → *Dekamethylendinitrat.* Die Nitrate ergeben mit in Aceton gelöstem Pyridin → Alkylpyridiniumnitrate oder Alkylenbispyridiniumnitrate. (**E. P. 713 329** vom 8/1. 1951, ausg. 11/8. 1954.) G. König. H 550

**Heyden Chemical Corp.,** New York, N. Y., übert. von: **Robert H. Barth,** Ridgewood, N. J., V. St. A., *Äther mehrwertiger Alkohole* erhält man aus Hemiformalen (erhalten aus Alkoholen u. $CH_2O$ in alkal. Medium) u. Carbonylverbb., wie Acet-, Propion- u. Isobutyraldehyd oder Aceton. — Aus 1 (Mol) einer 25,7%ig. Lsg. von $CH_2O$ in Methanol (I), 2 I u. 3,5 NaOH als 30%ig. Lsg. erhält man $CH_3OCH_2OH$. Zu der Reaktionslsg. mischt man eine Lsg. von 2 Acetaldehyd, 9 $CH_2O$ in I u. rührt unter Erwärmen auf 50—55° unter Rückfluß, bis die $CH_2O$-Konz. auf 0,95% gefallen ist. Man neutralisiert mit 80%ig. HCOOH, filtriert nach längerem Stehen, konz. im Vakuum auf $D.^{50}$ 1,250, kühlt mehrere Tage u. filtriert. Das Filtrat wird abermals im Vakuum konz., bei 60° zentrifugiert u. das Filtrat zur Trockne eingedampft. Man löst in I, säuert mit 80%ig. HCOOH aus u. dest. Methylformiat u. Methylal ab, setzt weiteres I zu, neutralisiert mit $Na_2CO_3$ u. filtriert. Man dampft das Filtrat zu einer sirupösen Fl. ein, extrahiert mit $CHCl_3$ u. erhält bei 125—147° unter 3 mmHg eine Fraktion, enthaltend den *Monomethyläther des Pentaerythrits* (II). Wird die Rk. in Abwesenheit von W. ausgeführt, so erhält man den *Mono-* (F. 60—67°) u. *Dimethyläther* (F. 40—47°) des II. Es werden ferner die Mono- u. Diäthyläther; Di-n-propyl- ($Kp._{0,7}$ 122—127°); Di-isopropyl-, Mono- u. Dibutyl-; Glycerinäther des II hergestellt. Werden die Äther mit Essigsäureanhydrid unter Rückfluß erhitzt, so erhält man z. B. *Pentaerythrit-tert.-butylätheracetat* oder *Pentaerythritmono-n-amyläthertriacetat.* — Aus Methanolhemiformal u. Propionaldehyd erhält man *Trimethyloläthanmonomethyläther.* Mit Isobutyraldehyd erhält man *Pentaglykolmonomethyläther* u. *Pentaylykol.* Allylalkohol ergibt Mischungen von Pentaerythritallyläther ($Kp._3$ 131—140°). — Neutralisiert man das Reaktionsprod. aus Triäthanolaminhemiformal u. $CH_2O$ mit HCl, so erhält man das Hydrochlorid des Triäthanolaminmonoäthers von II, F. 142—144°. — Eine Lsg. des Paraformaldehyds in I mit Aceton in methylalkoh. Lsg. des NaOH umgesetzt, ergibt Mischungen von Oxymethyl- u. Methoxymethylderivv. des Acetons. (**A. P. 2 644 013** vom 8/12. 1948, ausg. 30/6. 1953.)
G. König. H 580

**National Petro-Chemicals Corp.**, Del., übert. von: **John S. Atwood**, Port Washington, N. Y., V. St. A., *Monoäthyl- und Diäthylsulfat* erhält man durch Absorption eines inerte Gase enthaltenden $C_2H_4$-Stromes in $H_2SO_4$, die 0,8—1,2 (Mol) $C_2H_4$ auf 1 $H_2SO_4$ enthält. Man leitet die Säure mit 120—200° (F) dem $C_2H_4$-Strom entgegen u. hält die Temp. im Absorptionsturm auf 160—200°. Die Säure verläßt den Turm mit einem $C_2H_4$-Geh. von 1,3—1—5 auf 1 $H_2SO_4$. Nicht absorbiertes $C_2H_4$ leitet man in einen 2. Absorptionsturm, wo es von durch konz. $H_2SO_4$ verstärkte Absorptionssäure, die 0,4—1 $C_2H_4$ enthält, bis auf Restmengen von 2—5% aufgenommen wird. Die Absorptionssäure enthält 0,8 bis 1,2 $C_2H_4$ u. gelangt auf den 1. Turm. Die Temp. im 2. Turm wird auf 160—200° gehalten. Die Absorption wird vorteilhaft unter Druck (200—300 lbs·sq.in.) ausgeführt. — Zeichnung (**A. P. 2 683 731** vom 5/3. 1952, ausg. 13/7. 1954.) G. KÖNIG. H 600

**Minnesota Mining & Mfg. Co.**, übert. von: **Donald R. Husted**, St. Paul, und **Arthur H. Ahlbrecht**, White Bear Township, Minn., V. St. A., *Perfluoralkylaldehydalkylhemiacetale* (I) der allg. Formel $C_nF_{2n+1}CH(OH)$ $(OC_mH_{2m+1})$ erhält man aus den Perfluoraldehyden u. den entsprechenden wasserfreien Alkoholen unter Kühlen u. anschließendem schwachen Erwärmen auf n. Temp., oder aus der Fluorkohlenstoffaldehyd-HCl-Ätherkomplexverb. nach ROSENMUND u. dem Alkohol. In I bedeutet n eine ganze Zahl von 1—9 u. m eine ganze Zahl von 1—5. — $CF_3CHO$ + $CH_3OH$ → *$CF_3CH(OH)$·$(OCH_3)$*, farblose Fl., $Kp._{729}$ 96—96,5, $n_D^{25}$ 1,3259. — $CF_3CHO$ + A. → *$CF_3CH(OH)$·$(OC_2H_5)$*, farblose Fl., unlösl. in W., $Kp._{746}$ 104—105°, $D.^{20}$ 1,241, $n_D^{25}$ 1,3408. — $C_2F_5CHO$ + A. → *$C_2F_5CH(OH)$ $(OC_2H_5)$*, farblose Fl., Kp. 103°, $n_D^{20}$ 1,3302. — $C_3F_7CHO$ + A. → *$C_3F_7CH(OH)$ $(OC_2H_5)$*, farblose Fl., $Kp._{747}$ 106—106,5°, $D.^{20}$ 1,411, $n_D^{20}$ 1,3245. Mit konz. $H_2SO_4$ erhält man daraus den *Heptafluorbutyraldehyd*, Kp. 29°. — 0,1 (Mol) Heptafluorbutyrylchlorid ($C_3F_7COCl$), in Ae. gelöst, wird in Ggw. von Chinolin-S (als Regulator für den Katalysator) u. Pd auf Kohle unter Rückflußtemp. des Ae. mit $H_2$ behandelt u. ergibt nach Abtrennen des Katalysators bei 52—53° bei 740 mm den Komplex *$C_3F_7$·$CHO$·$HCl$·$C_2H_5OC_2H_5$* mit 5% Verunreinigungen. Dieser wird mit A. unter Kühlen umgesetzt, das Reaktionsprodd. fraktioniert dest. u. ergibt *Heptafluorbutyraldehydäthylhemiacetal*, $Kp._{742}$ 104—106°. — $C_3F_7COCl$ + wasserfreies $CH_3OH$ → *$C_3F_7CH(OH)$·$(OCH)_3)$*, farblose Fl., $Kp_{755}$ 97—100°, $n_D^{25}$ 1,3140. I mit 2 oder mehr C-Atomen in der Perfluoralkylgruppe sind Plastifikatoren für fluorhaltige Harze u. Polymere, Verwendung als Zwischenprodukte. (**A. P. 2 681 370** vom 17/3. 1952, ausg. 15/6. 1954.)

G. KÖNIG. H 670

**Distillers Co. Ltd.**, Edinburgh, England (Erfinder: **Mervin Francis Vaughan** und **Frederick James Bellringer**), *Reinigung von monomeren Acrylsäuremethyl- oder -äthylestern oder von deren α-Alkylderivaten* erfolgt durch Dest. bei n. oder red. Druck in Ggw. einer Mischung aus Stickoxyden u./oder einer wss. Lsg. eines Alkali- oder Erdalkalimetallnitrits u. anschließende Entfernung des freien $NO_2$. — Eine Mischung aus Methanol, Methoxypropionsäuremethylester u. 50%ig. Acrylsäuremethylester wird in Ggw. einer wss. $NaNO_2$-Lsg. (3 g/Liter, mit $H_2SO_4$ auf $p_H$ 6,0 eingestellt) destilliert. Das Destillat wird im Gegenstrom mit $Na_2SO_3$ (10 g/Liter u. 200 g/Liter NaCl), verd. Alkalien gewaschen oder mit inerten Gasen geblasen oder mit Hydrochinon oder Pyrogallol versetzt, um das freie $NO_2$ zu beseitigen. (**E. P. 732 800** vom 20/11. 1952, ausg. 29/6. 1955.) G. KRAUSS. H 810

**Purdue Research Foundation**, Lafayette, übert. von: **Earl T. McBee**, West Lafayette, und **Park A. Wiseman**, Muncie, Ind., V. St. A., *Perfluorierte Verbindungen* der folgenden Formeln: $H_2N-CO-(CF_2)x-CO-NH_2$; $N{\equiv}C-(CF_2)x-C{\equiv}N$; $H_2N-CH_2-(CF_2)x-CH_2-NH_2$; $CH_3-CO-NH-CH_2-(CF_2)_x-CH_2-NH-CO-CH_3$ u. $NH_2-NH-CO(CF_2)x-CO-NH-NH_2$, die aus den entsprechenden Perfluordicarbonsäuren hergestellt werden (X = 2—4). — Z. B. wird der Diäthylester der Perfluoradipinsäure (I), gelöst in Ae., mit $NH_3$ zum *Diamid* (II) der **I**, F. 237°, umgesetzt. **II** + $P_2O_5$ in der Hitze → *$N{\equiv}C-(CF_2)_4-C{\equiv}N$* (III), Kp. 63°. **III** + Essigsäureanhydrid, in Ae, wird mit $H_2$ in Ggw. von $PtO_2$ unter Druck zu *$CH_3-CO-NH-CH_2-(CF_2)_4-CH_2-NH-CO-CH_3$* (IV), F. 180—181°, umgesetzt. **IV** + $H_2SO_4$→$H_2SO_4$·*$NH_2-CH_2-(CF_2)_4-CH_2-NH_2$·$H_2SO_4$* (schm. unter Zers.) + NaOH—*$NH_2-CH_2-(CF_2)_4-CH_2-NH_2$*, F. 44 bis 45°. **I** + absol. A. + Hydrazinhydrat → *$NH_2-NH-CO-(CF_2)_4-CO-NH-NH_2$*, F. 186—187°. Entsprechend werden folgende Verbb. hergestellt: *$NH_2-CO-(CF_2)_3-CO-NH_2$*; *$N{\equiv}C-(CF_2)_3-C{\equiv}N$*, $Kp._{745}$ 38° (daneben entsteht *Perfluorglutarimid*, Kp. 155—159°; *$NH_2-(CF_2)_3-NH_2$*. (**A. P. 2 554 786** vom 30/6. 1946, ausg. 29/5. 1951.)

A. MOHR. H 820

**Marks & Clerk**, London, England, *Herstellung von Milchsäureestern aus Melasse* u. dgl. erfolgt durch Erhitzen mit CaO auf 190—300°, Ansäuern des Reaktionsgemisches, Filtrieren u. Entfärben des Filtrats, das dann mit einem mit W. möglichst wenig mischbaren Alkohol extrahiert wird. Beispiele zur Herst. von *n-Butyllactat*, Kp. 184—185°, *n-Amyllactat*, Kp.$_{3-4}$ 65—70, *Isobutyllactat*. (**E. P. 726 659** vom 16/7. 1951, ausg. 23/3. 1955.) O. MÜLLER/Meiningen. H 850

**Howards of Ilford Ltd.,** Ilford, Essex, England (Erfinder: **Ritchie Hart Lock** und **Kenneth Reynolds),** *Lävulinsäureester* erhält man durch Rk. von Furfuralkohol mit anderen prim. oder sek. Alkoholen (I) unter Wasserausschluß in Ggw. von HCl oder HBr bei mindetsens 90°, wobei im Reaktionsgemisch nie mehr als 2 Vol.-% nicht umgesetzter **I** vorhanden sind. Beschrieben wird u. a. die Herst. folgender Lävulinsäureester: *Methyl-*; *Äthyl-*, *n-Butyl-*; (Kp. 110—112°); *Isobutyl-* (Kp. 230°) *n-Decyl-*; *Cyclohexyl-*; *β-Methoxyäthyl-* u. *β-Äthoxyäthylester*. Zwischenprodd., u. a. zur *Herst. von Therapeutica*. Verwendung als *Weichmacher* oder *Lösungsmittel*. (**E. P. 735 693** vom 31/7. 1951, ausg. 24/8. 1955.) O. MÜLLER/Meiningen. H 870

**American Cyanamid Co.,** New York, N. Y., übert. von: **Jerry Peter Milionis,** Stamford, und **Pierrepont Adams,** Darien, Conn., V. St. A., *N.N-Diallylharnstoff*. Man unterwirft Diallylcyanamid bei 50—100° der hydrolyt. Einw. einer Mineralsäure ($H_2SO_4$), höchstens jedoch für die Dauer einer Stunde. F. 67,5—68°. — Zwischenprodukt. (**A. P. 2734 083** vom 17/2. 1955, ausg. 7/2. 1956.) A. BRÖSAMLE. H 880

**Dow Chemical Co.,** Midland, Mich., V. St. A. (Erfinder: **Frederick Charles Bersworth),** *Disulfhydrylalkylendiaminpolycarbonsäuren* der Formel HS·$CH_2$·CH(COOM)·N(A)·Alkylen·N(A)·CH(COOM)·$CH_2$·SH, worin Alkylen eine Propylen- oder 2-Methylbutylengruppe, A = H oder —$CH_2$·COOM u. M = H, $NH_4$, K, Na oder ein Amin bedeuten, wirken *chelatbildend*. — Man setzt Cysteinhydrochlorid mit NaOH u. Alkylendichlorid um u. behandelt anschließend mit Alkalicyanid, $CH_2O$ u. NaOH (keine Ausführungsbeispiele). (**E. P. 742 996** vom 19/1. 1953, ausg. 4/1. 1956.) G. LANGER. H 950

**General Electric Co.,** übert. von: **Simon W. Kantor,** Schenectady, N. Y., V. St. A., *Dimethylsilandiol* (I) erhält man durch Hydrolyse von Dimethyldialkoxysilanen mit W., das frei von Spuren von Säure oder Alkali ist, bei Tempp. zwischen ca. 25 u. 100°. Das Reaktionsprod. wird bei Raumtemp. eingedampft, wobei man eine halbfeste M. erhält, die nach Waschen mit einem organ. Lösungsm., welches das Silandiol nicht löst, z. B. n-Hexan, Kristalle von reinem **I** mit F. 100—101° ergibt. (**A. P. 2 717 258** vom 25/2. 1953, ausg. 6/9. 1955.) J. MÜHLEISEN. H 980

**Monsanto Chemical Co.,** übert. von: **Harry R. Gamrath** und **Roger E. Hatton,** St. Louis, Mo., V. St. A., *Herstellung von Alkandiolphosphorylchloriden* der Formel **I**. Man erhält die **I** aus 1 (Mol) $POCl_3$ u. 1 eines Alkandiols (**II**) der Formel (OH)·$H_2C$—A—C—H(OH)($R_1$), das eine prim. u. eine sek. OH-Gruppe enthält, bei Tempp. bis 50°, vorzugsweise 0—25°. Entstehendes HCl wird mittels strömender Luft oder durch Vakuum entfernt. In **I** u. **II** bedeuten A eine 2wertige aliphat. Gruppe $C_nH_{2n}$, wobei n = 1—7, $R_1$ Alkylgruppe mit 1—6 C-Atomen. — $POCl_3$, im Eisbad, wird mit 2-Äthyl-1.3-hexandiol tropfenweise versetzt; man hält die Reaktionsmischung auf 10—15°. Nach Zugabe des Diols läßt man unter Rühren die Temp. auf 25° steigen. Während der Rk. hält man ein Vakuum von 10—15 mm Hg aufrecht. Das Reaktionsprod. ist *2-Äthyl-1.3-hexandiolphosphorylmonochlorid*, $C_8H_{16}O_3ClP$, D.$^{25}_{25}$ 1,1941. Es werden ferner hergestellt: *2-Methyl-1.3-hexandiolphosphorylmonochlorid*; *1.3-Hexandiolphosphorylmonochlorid*; *1.3-Butandiolphosphorylmonochlorid*, $C_4H_8O_3PCl$, D.$^{25}_{25}$ 1,3675; *2-Methyl-1.3-butandiolphosphorylmonochlorid*. Nach dem gleichen Verf. können folgende *Phosphorylmonochloride* erhalten werden: *2-Isopropyl-1.3-butandiol-*; *2-Butyl-1.3-butandiol-*; *2-Pentyl-1.3-butandiol-*; *2-n-Hexyl-1.3-butandiol-*, *2-(2-Methylpentyl)-1.3-butandiol-*; *1.3-Pentandiol-*; *2-Äthyl-1.3-pentandiol-*; *2-Propyl-1.3-pentandiol-*; *2-Butyl-1.3-pentandiol-*; *2-Isobutyl-1.3-pentandiol-*; *2-Pentyl-1.3-pentandiol-*; *2-Butyl-1.3-hexandiol-*; *2-Isoamyl-1.3-hexandiol-*; *2-n-Hexyl-1.3-hexandiol-*; *1.3-Heptandiol-*; *2-Äthyl-1.3-heptandiol-*; *2-Isopropyl-1.3-heptandiol-*; *2-Propyl-1.3-heptandiol-*; *2-Butyl-1.3-heptandiol-*, *2-Pentyl-1.3-heptandiol-*; *1.3-Octandiol-*; *2-Methyl-1.3-octandiol-*; *2-Äthyl-1.3-octandiol-*; *2-Isopropyl-1.3-octandiol-*; *2-Isobutyl-1.3-octandiol-*; *2-Pentyl-1.3-octandiol-*; *1.3-Nonandiol-*; *2-Methyl-1.3-nonandiol-*; *2-Äthyl-1.3-nonandiol-*; *2-Propyl-1.3-nonandiol-*; *2-Butyl-1.3-nonandiol-*; *2-Pentyl-1.3-nonandiol-*; *2-Hexyl-1.3-nonandiol-*; *4-Methyl-1.3-pentandiol-*; *2.4-Dimethyl-1.3-pentandiol-*; *2-Butyl-4-methyl-1.3-pentandiol-*; *4-Methyl-1.3-hexandiol-*; *2-Methyl-4-äthyl-1.3-hexandiol-*; *2-Propyl-4.5-dimethyl-1.3-hexandiol-*; *2-Pentyl-4-äthyl-5-methyl-1.3-hexandiol-*; *5-Äthyl-1.3-heptandiol-*; *2-Äthyl-4.5-dimethyl-1.3-heptandiol-*; *2-Butyl-4-äthyl-1.3-heptandiol-*; *2.4.5-Trimethyl-1.3-heptandiol-*; *6-Methyl-1.3-heptandiol-*; *6-Methyl-1.3-octandiol-*; *2-Propyl-4-methyl-1.3-octandiol-*; *1.4-Pentandiol-*; *3-Methyl-1.4-hexandiol-*; *2-Äthyl-5-methyl-1.4-heptandiol-*; *1.5-Heptandiol-*; *2-Methyl-1.5-heptandiol-*; *3-Isopropyl-1.5-heptandiol-*; *3-Butyl-6-methyl-1.5-heptandiol-*. **I** sind Zwischenprodd., z. B. zur Herst. von Insekticiden, synthet. Schmiermitteln u. Plastifikatoren. — Werden die Verbb. **I** mit 1 Mol eines Alkaliphenoates zur Rk. gebracht, so erhält

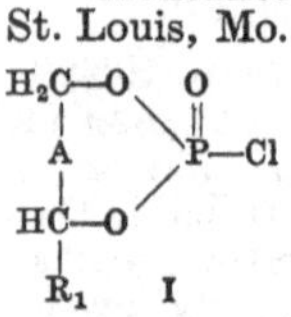

I

man die Alkandiolmonoarylorthophosphate, wobei das Arylradikal, z. B. Phenyl oder Naphthyl, sein kann u. ein oder mehrere Substituenten, wie Methyl-, Propyl-, Isobutyl-, Methoxy-, Isopropoxyreste, ferner Halogene (Cl, Br, J, F) oder Nitrogruppen enthalten kann. — *2-Äthyl-1.3-hexandiolphosphorylchlorid* wird bei 20—25° mit *Na-Phenolat* umgesetzt. Die ölige Schicht wird mit verd. wss. NaOH u. anschließend mit W. gewaschen. Man leitet Wasserdampf durch das Öl u. trocknet es bei 100° unter Vakuum. Man erhält *2-Äthyl-1.3-hexandiolphenylphosphat*, $C_{14}H_{21}O_4P$, F. —10° F, $n_D^{25}$ 1,5017, $D.^{25}_{25}$ 1,1539. Es werden ferner hergestellt: *2-Äthyl-1.3-hexandiolkresylphosphat*, $C_{15}H_{23}O_4P$, $D.^{25}_{25}$ 1,1298, $n_D^{25}$ 1,5019, F. +5° F; *2-Äthyl-1.3-hexandiol-β-naphthylphosphat*, $D.^{25}_{25}$ 1,1814, $n_D^{25}$ 1,5543; *1.3-Hexandiolphenylphosphat*; *1.3-Butandiolphenylphosphat*; $D.^{25}_{25}$ 1,2507, $n_D^{25}$ 1,5163, F. —10° F; *1.3-Butandiolkresylphosphat*; *1.3-Butandiol-p-chlorphenylphosphat*, $D.^{25}_{25}$ 1,3495, $n_D^{25}$ 1,5228. Auf gleiche Weise kann man folgende neue *Phosphate* herstellen: *1.3-Butandiol-o-chlorophenyl-*; *2-Methyl-1.3-butandiolpentachlorphenyl-*; *2-Isopropyl-1.3-butandiol-2.4-dichlorophenyl-*; *2-Pentyl-1.3-butandiol-2.4.5-tribromphenyl-*; *2-n-Hexyl-1.3-butandiol-o-brom-p-kresyl-*; *2-(2'-Methylpentyl)-1.3-butandiol-o-methoxyphenyl-*; *1.3-Pentandiolkresyl-*; *2-Äthyl-1.3-pentandiol-o-äthylphenyl-*; *2-Propyl-1.3-pentandiol-p-jodophenyl-*; *2-Butyl-1.3-pentandiol-p-nitrophenyl-*; *2-Isobutyl-1.3-pentandiol-β-naphthyl-*; *2-Pentyl-1.3-pentandiol-2.4-diäthoxyphenyl-*; *1.3-Hexandiol-o-kresyl-*; *2-Methyl-1.3-hexandiol-p-bromphenyl-*; *2-Äthyl-1.3-hexandiol-p-chlor-o-kresyl-*; *2-Butyl-1.3-hexandiol-o-brom-p-methoxyphenyl-*; *2-Isoamyl-1.3-hexandiol-2.4-dimethylphenyl-*; *2-n-Hexyl-1.3-hexandiol-p-propylphenyl-*; *1.3-Heptandiolkresyl-*; *2-Äthyl-1.3-heptandiol-2.3.-4.5-tetrabromphenyl-*; *2-Isopropyl-1.3-heptandiol-o-fluorphenyl-*; *2-Propyl-1.3-heptandiol-p-chlorphenyl-*; *2-Butyl-1.3-heptandiol-m-kresyl-*; *2-Pentyl-1.3-heptandiol-2.4-dichlorphenyl-*; *1.3-Octandiolphenyl-*; *2-Methyl-1.3-octandiol-2.4.5-trichlorphenyl-*; *2-Äthyl-1.3-octandiol-o-jodphenyl-*; *2-Isopropyl-1.3-octandiolkresyl-*; *2-Isobutyl-1.3-octandiol-p-methoxyphenyl-*; *2-Pentyl-1.3-octandiol-p-äthoxyphenyl-*; *1.3-Nonandiolphenyl-*; *2-Methyl-1.3-nonandiolphenyl-*; *2-Äthyl-1.3-nonandiol-o-chlorphenyl-*; *2-Propyl-1.3-nonandiol-2.4-dichlorphenyl-*; *2-Butyl-1.3-nonandiol-p-nitrophenyl-*; *2-Pentyl-1.3-nonandiol-p-äthylphenyl-*; *2-Hexyl-1.3-nonandiol-p-methoxyphenyl-*; *4-Methyl-1.3-pentandiolkresyl-*; *2.4-Dimethyl-1.3-pentandiol-o-chlorphenyl-*; *2-Butyl-4-methyl-1.3-pentandiol-α-naphthyl-*; *4-Methyl-1.3-hexandiolphenyl-*; *2-Methyl-4-äthyl-1.3-hexandiol-p-nitrophenyl-*; *2-Propyl-4.5-dimethyl-1.3-hexandiolkresyl-*; *2-Pentyl-4-äthyl-5-methyl-1.3-hexandiol-o-bromphenyl-*; *5-Äthyl-1.3-heptandiolphenyl-*; *2-Äthyl-4.5-dimethyl-1.3-heptandiolkresyl-*; *2-Butyl-4-äthyl-1.3-heptandiolphenyl-*; *2.4.5-Trimethyl-1.3-heptandiol-p-chlorphenyl-*; *6-Methyl-1.3-heptandiol-2.4-dichlorphenyl-*; *6-Methyl-1.3-octandiolphenyl-*; *2-Propyl-4-methyl-1.3-octandiolkresyl-*; *1.4-Pentandiolphenyl-*; *3-Methyl-1.4-hexandiolkresyl-*; *2-Äthyl-5-methyl-1.4-heptandiol-p-äthylphenyl-*; *1.5-Heptandiolphenyl-*; *2-Methyl-1.5-heptandiol-2.4-dichlor-α-naphthyl-*; *3-Isopropyl-1.5-heptandiol-o-chlorphenyl-*; *3-Butyl-6-methyl-1.5-heptandiolpentachlorphenylphosphat*. — Plastifizierungsmittel für synthet. Harze (Polyvinylchlorid, Mischpolymere des Vinylchlorids), Kraftübertragungsmittel, synthet. Schmiermittel, Insekticide. (**A. PP. 2 661 365** u. **2 661 366** vom 11/3. 1950, ausg. 1/12. 1953.)

G. KÖNIG. H 980

**Hooker Electrochemical Co.**, übert. von: **Anthony Loverde**, Niagara Falls, N. Y., V. St. A., *Chlorierung von $CH_3$-Gruppen in aromatischen Verbindungen*. Man gibt mindestens 0,05 Gew.-% eines Säureamids (**I**) zu dem Material, belichtet mit aktin. Licht u. leitet bei erhöhter Temp. in das fl. Gemisch gasförmiges $Cl_2$ ein. Als **I** dienen Benzamid (**II**), Harnstoff, Acetamid u. deren Cl-Derivate. — Mesitylen wird in Ggw. von **II** bei 150° unter Belichten mit Weißlicht chloriert. Man erhält *1.3.5-Tri-(trichlormethyl)-benzol*, F. 75°. (**A. P. 2 695 873** vom 4/4. 1952, ausg. 30/11. 1954.)

J. MÜHLEISEN. H 1010

**Distillers Co. Ltd.**, Edinburgh, Schottland, übert. von: **Donald Peter Young**, *Herstellung von Resorcin* (**I**) durch Zers. von m-Diisopropylbenzoldihydroperoxyd (**II**) mit $H_2SO_4$. Als Lösungsm. bei der Rk. dient eine Mischung aus Aceton (**III**) mit Bzl., Toluol, Diisopropyläther oder einem in W. unlösl. Keton, z. B. Methylisobutylketon, Cyclohexanon oder Hexanon-(2), die **III** bes. in einer Menge von 50—60 Vol.-% enthält. Der Geh. an **II** in der Mischung soll 20—30, bes. 25 Gew.-% betragen. Temp. 20—130°. Die Mischung kann schon vor Beginn der Zers. etwas **I** enthalten. (**E. P. 743 736** vom 13/6. 1953, ausg. 25/1. 1956. **Zusatz zu E. P. 684 039; C. 1955. 4934.**)

K. FABEL. H 1060

**Pennsylvania Salt Co.**, übert. von: **George McCoy**, Philadelphia, **Charles E. Inman**, Roslyn, und **Paul G. Haines**, Lafayette Hill, Pa., V. St. A., *Aromatische Sulfonylfluoride* (**I**). Aromat. Verbb. oder deren Sulfonsäuren werden bes. mit 3—5 Mol $FSO_3H$ bei —5 bis +160° behandelt. Aus dem Gemisch werden dann die **I** mit 2—20 Teilen eines Lösungsm., bestehend aus aliphat. oder Halogen-KW-stoffen oder deren Mischungen mit Kp. 30—200°, bes. 40—150°, u. das mit $FSO_3H$ nicht mischbar ist ($CCl_4$, PAe., Äthylenchlorid, Methylenchlorid, Tetrachloräthan, Pentachloräthan, Cyclohexan, Methylcyclohexan, Chlf., Heptan, n-Amylfluorid, Äthylenbromid, symm. Tetrabromäthan), extrahiert. — 4 Mol $FSO_3H$ u. 1 Mol Benzolsulfonsäure werden über Nacht stehengelassen. Die Mischung wird dann mit 3 Teilen $CCl_4$ extrahiert, wodurch man in 87,7%ig. Ausbeute *Benzolsulfonylfluorid* erhält. — Chlorbenzol → *Chlorbenzolsulfonylfluorid.* — Naphthalin → *Naphthalinsulfonylfluorid.* — o-Chlorphenol → *o-Chlorphenolsulfonylfluorid.* — Dodecyltoluol → *Dodecyltoluolsulfonylfluorid.* — 1.3-Benzoldisulfonylchlorid → *1.3-Benzoldisulfonylfluorid.* — 4-Chlorbenzol-1.3-disulfonylchlorid → *4-Chlorbenzol-1.3-disulfonylfluorid.* — 4-Methylbenzol-1.3-disulfonylchlorid → *4-Methylbenzol-1.3-disulfonylfluorid.* — 4.6-Dimethylbenzol-1.3-disulfonylchlorid → *4.6-Dimethylbenzol-1.3-disulfonylfluorid.* — 1.5-Naphthalindisulfonylchlorid → *1.5-Naphthalindisulfonylfluorid.* — 1.3.5-Benzoltrisulfonylchlorid → *1.3.5-Benzoltrisulfonylfluorid.* Ferner werden hergestellt die *Sulfonylfluoride* von: *p-Chlorphenol*; *Toluol*; *Diphenyl*; *p-Cymol*; *Anisol*; *Laurylbenzol*; *2.4-Dichlorphenol*; *p-tert.-Amylphenol*; *1.2.4-Trichlorbenzol*; *Diäthylbenzol*; *p-Chloranisol*; *o-Chlorphenetol*; *m-Chlorphenol*; *o-Dichlorbenzol*; *p-Dichlorbenzol*; *Äthylbenzol*; *Tetralin*; *tert.-Butylbenzol*; *o-, m-, p-Xylol* u. *Diphenyläther.* — Zwischenprodukte. (**A. P. 2 686 202** vom 19/3. 1951, ausg. 10/8. 1954.) G. KRAUSS. H 1090

**Monsanto Chemicals Ltd.**, London (Erfinder: **Richard Allen Baxter** und **Joseph Patrick Brown**), England, *Herstellung von Monoestern aus Oxyarylcarbonsäuren und Äthylenglykol* (**I**) durch Erhitzen niederer Alkylester von Oxyarylcarbonsäuren mit I in Ggw. von Na- oder K-Hydroxyd, -Carbonat, -Bicarbonat, -Alkoholat, -Acetat oder -Salicylat. — Beispiele für die Herst. von I-*Monosalicylsäureester* u. I-*Mono-m-kresotinsäureester*, F. 63—64°, im Gemisch mit den Diestern (I-*Di-m-kresotinsäureester*, F. 81 bis 82°). (**E. P. 738 178** vom 16/12. 1952, ausg. 12/10. 1955.) K. FABEL. H 1250

**Monsanto Chemical Co.**, St. Louis, Mo., übert. von: **James H. Saunders** und **William B. Bennet**, Anniston, Ala., V. St. A., *Carbamylchloride.* *α-Naphthylcarbamylchlorid*(**I**). Man läßt in der Dampfphase bei 300—500° HNCO (**II**), α-Naphthylamin u. HCl reagieren; das sich bildende α-Naphthylisocyanat reagiert bei der Kondensierung des gasförmigen Reaktionsprod. mit nichtumgesetztem HCl, wobei I entsteht. Statt **II** wird prakt. Harnstoff, Cyanursäure oder sonst eine Verb. verwendet, die unter den Reaktionsbedingungen II bildet. — Ähnlich werden dargestellt: *Phenyl-*, *Cyclohexyl-*, *Äthylcarbamylchlorid.* Die entsprechenden *Isocyanate* erhält man, wenn HCl nur in äquimol. Menge zu **II** u. dem Amin angewandt wird. (**A. P. 2 732 392** vom 8/1. 1953, ausg. 24/1. 1956.) A. BRÖSAMLE. H 2700

**Parke, Davis & Co.**, übert. von: **Lee C. Cheney** und **John R. Piening**, Detroit, Mich., V. St. A., *Herstellung eines 2'-keto-3.4-imidazolido-2-ω-R-substituierten Alkylthiophens* der Formel I, worin n = 1—8 u. R = —COOH, —COOM, eine Alkoxy-, Aralkoxy- oder Aryloxygruppe ist. M bedeutet eine salzbildende bas. Gruppe. Man geht aus von einem 3-Amino-4-carboalkoxy-2-(ω-R-substituierten Alkyl)-thiophen u. acyliert dieses, z. B. mit Benzoesäure. Es entsteht die 3-Acylaminoverb., welche mit Hydrazin das entsprechende 4-Thiophencarbonsäurehydrazid liefert. Mit $HNO_2$ entsteht das Azid, welches sich mit einem Alkohol umsetzt u. das 3-Acylamino-4-carbalkoxyamino-2-(ω-substituierte Alkyl)-thiophen bildet. Durch alkal. Verseifung bildet sich 3.4-Diamino-2-(ω-substituiertes Alkyl)-thiophen, welches mit $COCl_2$ das entsprechende 2'-Keto-3.4-imidazolido-2-(ω-R-substituierte Alkyl)-thiophen liefert. Genannt ist *2'-Keto-3.4-imidazolido-2-thiophenvaleriansäure.* (**Can. P. 476 104** vom 12/4. 1946, ausg. 14/9. 1951.) M. F. MÜLLER. H 3122

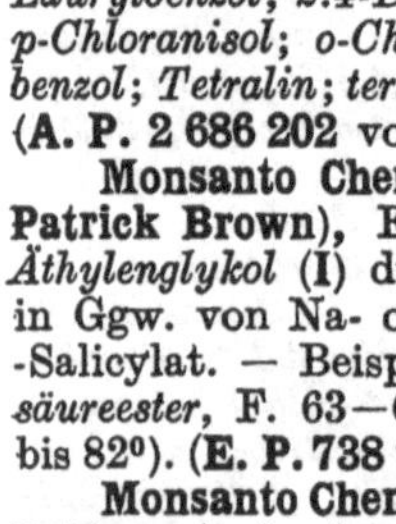

I

**Roche Products Ltd.**, Welwyn Garden City, Herts, England (Erfinder: **Aaron Cohen** und **Basil Heath-Brown**), *Herstellung von 1-Acetyl-3'-carboxy-1'-methyl-4.5-(1'-azatetramethylen)-benz-[c.d]-indolin* (**I**), dad. gek., daß man 4-Methylaminonaphthostyril, F. aus Methanol 215—217°, mit Benzylchlorid oder -bromid, gegebenenfalls in Ggw. von KJ, u. in Ggw. von wasserfreiem $K_2CO_3$ u. einem wasserfreien organ. Lösungsm. (Dioxan, Methyläthylketon) benzyliert, das in ca. 95%ig. Ausbeute erhaltene *4-(N-Benzyl-N-methylamino)-naphthostyril*, F. 150 bis 155°, mit $LiAlH_4$ in einem wasserfreien organ. Lösungsm. (Dioxan, Dioxan–Ae.) red., das aus dem Reaktionsgemisch nicht abgetrennte *4-(N-Benzyl-N-methylamino)-benz-[c.d]-indolin* mit $(CH_3CO)_2O$ acetyliert, das in 72%ig. Ausbeute erhaltene *1-Acetyl-4-(N-benzyl-N-methylamino)-benz-[c.d]-indolin*, F. 182—183°, zur Entfernung der Benzylgruppe katalyt. mit Pd/Tierkohle in

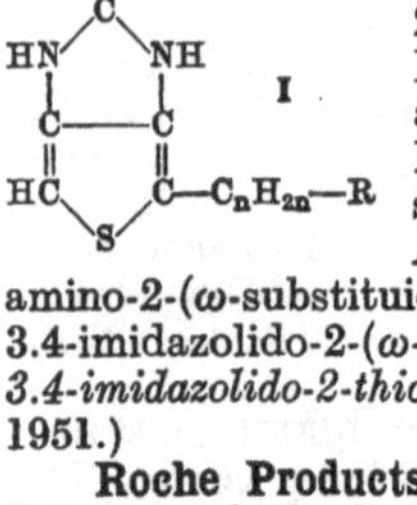

I

Eisessig hydriert, das erhaltene *1-Acetyl-4-methylaminobenz-(c.d)-indolin*, F. aus A. 160 bis 161°, in trocknem Butanol in Ggw. von wasserfreiem $K_2CO_3$ mit Bis-halogen-(chlor)-methylmalonsäurediestern (z. B. dem Diäthylester) kondensiert, das erhaltene Reaktionsprod. erst mit NaOH hydrolysiert u. dann beispielsweise in Dekahydronaphthalin auf 220° erhitzt. — I ist lösl. in Mineralsäuren u. in $NaHCO_3$-Lsgg. u. zers. sich bei ca. 220°. — Das als Ausgangsmaterial verwendete 4-Methylaminonaphthostyril kann durch Erhitzen von 4-Oxynaphthostyryl mit überschüssigem $CH_3NH_2$ in einem inerten organ. Lösungsm. ($CH_3OH$, Butanol, Pyridin) unter Druck hergestellt werden. — (**E. P. 716 451** vom 6/5. 1952, ausg. 6/10. 1954.) R. LINK. H 3231

**Chemische Werke Hüls Akt.-Ges.**, Marl, *Herstellung hochchlorierter 1,4-Dioxane* durch Einw. von $Cl_2$ in der fl. Phase bei 10—80°, bes. bei steigender Temp. u. unter Bestrahlung. Hergestellt werden, bes. als Gemische von Isomeren, *Trichlordioxan-1.4*, $Kp._{12}$ 80°; *Tetrachlordioxan-1.4*, F. 101°; *Hexachlordioxan-1.4*, F. 92—94°; *Heptachlordioxan-1.4*, F. 56 u. 123°; *Oktachlordioxan-1.4*, F. 108°. — Zwischenprodukte. (**E. P. 737 529** vom 7/8. 1953, ausg. 28/9. 1955. D. Prior. 11/8. 1952.) K. FABEL. H 3252

**American Cyanamid Co.**, New York, N. Y., übert. von: **Thomas Rees**, Plainfield, N. J., V. St. A., *Herstellung von Pyrazincarbonsäure-(2.3)* (I) aus Chinoxalin. Durch Oxydation mit wss. $KMnO_4$-Lsg., Abtrennen der Lsg. von $MnO_2$, Fällen von I aus der Lsg. als Salz eines Metalles der 2. Gruppe des Period. Syst., Lösen des Salzes in einer anorgan. Säure, die mit dem Metall ein wasserlösl. Salz bildet, u. Auskristallisation von I durch Kühlen. Die Mutterlauge wird wieder zur Ausfällung des Metallsalzes von I verwendet. (**A. P. 2 710 865** vom 10/6. 1953, ausg. 14/6. 1955.) E. CARL. H 3273

**American Cyanamid Co.**, New York, N. Y., übert. von: **Richard W. Hamilton**, Darien, und **William C. Mallison**, Noroton, Conn., V. St. A., *Reinigung von Melamin* (I). Rohmelamin fällt meist in 2 verschied. Kristallgrößen an, einer kleineren, aus bes. reinem I bestehenden Form u. einer größeren, Verunreinigungen (Ammelin, Melam, Melon usw.) enthaltenden Form. Diese beiden Formen lassen sich trennen, indem man das Rohmelamin in einer gesätt. wss. Lsg. von I aufschlämmt u. die 7—10% Feststoffe enthaltende Aufschlämmung der Einw. eines *Zyklons* unterwirft. Anschließend werden die abgetrennten kleinen Kristalle mit einer wss.-alkal. Lsg. gewaschen u. getrocknet. (**A. P. 2 734 059** vom 26/11. 1954, ausg. 7/2. 1956.) A. BRÖSAMLE. H 3313

## X. Färberei. Organische Farbstoffe.

**P. P. Wiktorow**, *Über die Rationalisierung des Kaltfärbens.* Unters. des Einfl. einiger Faktoren auf die Reibechtheit der Färbungen mit unlösl. Oxyazofarbstoffen. Die Ersetzung der alkal. Vorbehandlung durch Abkochen in $H_2SO_4$ verbesserte die Reibechtheit nicht. Gewisse Erfolge wurden durch Zusatz von Formalin erreicht, das in einer Menge von 3 ml (40% ig) auf 300 ml Lsg. das Aufziehen des Azotols verbessert. Wesentliche Erhöhung der Reibechtheit ergab die Einführung von Alkylpolyäthylenoxyd, das im weiteren durch das noch besser wirkende Waschmittel OP-10 (Prod. des Oxyäthylierens von Alkylphenol) ersetzt wurde. OP-10 wurde in einer Menge von 1 Mol auf 5 Mol des Azoamins verwendet. Nach dem Färben Auswaschen, Kochen in Seifenlsg. u. Auswaschen. (Текстильная Промышленность [Textil-Ind.] **15.** Nr. 12. 39—41. Dez. 1955.) N. STSCHERBINA. 7020

**Karl Wojatschek**, *Über die Anwendung der Isolanfarbstoffe, sulfogruppenfreie Metallkomplexfarbstoffe in der Wollfärberei.* Auswertung der durch Vf. in der Praxis mit den Isolanfarbstoffen gemachten Erfahrungen über die Anwendung dieser sulfogruppenfreien Metallkomplexfarbstoffe in der Wollfärberei. (Melliand Textilber. **37.** 81—83. Jan. 1956.) P. ECKERT. 7020

**N. G. Danilow**, *Färben von Acetattrikotagen.* Es wird vor dem Färben 10 Min. in W. von 40° geweicht, auf 75° erwärmt, mit 2 g/Liter OP-10 versetzt, 50 Min. bei 75° entfettet, gewaschen u. 15 Min. mit W. von 40° gekühlt. Danach wird 60 Min. in der von 75° sich abkühlenden Flotte gefärbt, 10 Min. mit W. von 40° gewaschen und 30 Min. bei 40° mit Glycerin behandelt. (Легкая Промышленность [Leicht-Ind.] **15.** Nr. 5. 32—34. Mai 1955.) O. POLLAK. v. EMHOFEN. 7020

**J. Nunnikhoven**, *Lichtechtheit von Farben.* Übersicht über den Begriff der Lichtechtheit, ihre Mängel (Verschießen), Ursachen des Verschießens ($O_2$, Wasserdampf, $SO_2$, $NH_3$, $O_3$, CO, $H_2S$ u. andere, in der Stadt- oder Fabrikluft anwesende Gase; Abbauprodd. der Faservorbehandlung; Färbverf.) u. Verff. zur Prüfung der Lichtechtheit (Einw. der Sonnenbestrahlung). (De Tex **14.** 1379—82. 15/10. 1955.) W. WESLY. 7028

**F. Weber**, *Weitere chromatographische Hinweise bei der Prüfung neuer 1:2-Komplexe.* (Vgl. C. **1955.** 7088.) Chromatograph. Analysen einiger Ortolanfarbstoffe. (Prakt. Chem. [Wien] **6.** 69—70. März 1955.) I. SCHOENMANN. 7086

**Imperial Chemical Industries Ltd.**, London, England (Erfinder: **Donald Graham Wilkinson**), *Farbstoffpräparate.* Sie enthalten unsubstituiertes Cobaltphthalocyanin (I) u. ein oder mehrere substituierte I, welche mindestens eine Isothiouroniumsalzgruppe, die mit einer Methylenbindung an einen aromat. Kern von I gebunden ist, besitzen. Die Präpp. können auch andere Farbstoffe, die die gleichen Gruppen besitzen, enthalten u. außerdem eine oder mehrere aliphat. Dicarbonsäuren, Alkalibisulfate u. Ortho-, Meta- oder Pyroborsäure. — Es werden z. B. 33 (Teile) des Farbstoffs, der durch Rk. von Kupfer-tri-(chlormethyl)-phthalocyanin mit Tetramethylthioharnstoff gebildet wurde, mit 18 $HBO_3$ u. 49 $Na_2SO_4$ gemischt. Das Pulver wird 48 Std. bei 80° gelagert, wobei keine Zers. eintritt, u. 0,5 davon mit 5 Eisessig u. 17 W. gemischt. Eine mit dieser Lsg. hergestellte Druckpaste ergibt auf Baumwolle blaue Drucke von guter Reibechtheit. (**E. PP. 681 929** vom 24/5. 1950, ausg. 29/10. 1952 u. **707 557** vom 28/5. 1951, ausg. 21/4. 1954.)
H. v. SCHILLER. 7007

**Heinz Pierer**, Culmitz, Kr. Naila/Ofr., *Gleichzeitiges Färben und Appretieren von Textilien* gemäß D. B. P. 922 162, dad. gek., daß auf das zu färbende u. zu veredelnde Textilgut zunächst eine Kupplungskomponente, bes. ein Naphthol, u. eine Diazoverb. in beständiger indifferenter Form, vorzugsweise durch gemeinsames Klotzen, aufgebracht u. durch ein saures Veredlungsbad der Farbstoff gebildet u. die Veredlungsstoffe aufgebracht werden. Das Veredlungsbad kann bes. Hydrophobierungsstoffe enthalten. (**D. B. P. 923 544** Kl. 8m vom 16/12. 1942, ausg. 17/2. 1955. Anmeldung bekanntgemacht 3/6. 1954. **Zusatz zu D. B. P. 922162; C. 1956. 4854.**)
H. v. SCHILLER. 7021

**Badische Anilin- & Soda-Fabrik Akt.-Ges.**, Ludwigshafen/Rh. (Erfinder: **Karl Craemer**, Heidelberg, und **Friedrich Hölscher**, Otterstadt), *Herstellung von Pigmentdrucken und Überzügen auf Fasermaterial* nach D. B. P. 908 009, dad. gek., daß man die im Hauptpatent angeführten Bindemittel, bestehend aus wss. Lsgg. oder Dispersionen von Mischungen aus Polymerisaten mit reaktionsfähigen H-Atomen u. aus nicht vollständig auskondensierten Kondensationsprodd., hier mit polyfunktionellen Verbb. (**I**), die auf das Polymerisat vernetzend u. außerdem auf das Vorkondensat härtend wirken, in der Wärme umsetzt. Man kann gleichzeitig auch noch potentiell saure Härtungsmittel zugeben. I sind z. B. Bis-chlorkohlensäureester von Diolen, wie Butandiol-(1.4)-bis-chlorkohlensäureester, Disulfohalogenide von KW-stoffen u. Dihalogenide von Dicarbonsäuren, wie das Dichlorid der Phthal- oder Terephthalsäure. (**D. B. P. 937 343** Kl. 8n vom 25/11. 1951, ausg. 5/1. 1956. Anmeldung bekanntgemacht 21/5. 1953. **Zusatz zu D. B. P. 908 009; C. 1955. 1611.**)
H. v. SCHILLER. 7023

**Bela Gaspar**, übert. von: **Bela Gaspar**, Beverly Hills, und **Paul Daniel Dreyfuss**, Van Nuys, Calif., V. St. A., *Herstellung von N-Acylderivaten von aromatischen Aminosulfonsäuren, vorzugsweise von Aminonaphthalinsulfonsäuren* (I) aus einem Salz von I mit einer starken tert. oder quartären Ammoniumbase, die mindestens einen KW-stoffrest mit mehr als 5 C-Atomen enthält u. selbst nicht durch das Acylierungsmittel angegriffen wird, u. einem funktionellen Deriv. einer mehrbas. Carbonsäure unter wasserfreien Bedingungen in einem nichtpolaren organ. Lösungsmittel. — Zu 1 (Mol) trockener 1-Amino-8-oxynaphthalin-3.6-disulfonsäure, 1,5 Liter wasserfreiem Pyridin u. 2 Dodecyldimethylamin werden bei 30° langsam unter Rühren ½ Adipinsäurechlorid hinzugetropft, gekocht u. bei 60° eine gesätt. alkoh. Lsg. von 2 wasserfreiem Na-Acetat hinzugefügt. Man erhält das *Na-Salz* der *N.N'-Adipyl-bis-(1-amino-8-oxynaphthalin-3.6-disulfonsäure)*. *Zwischenprodd.* zur Herst. von *Farbstoffen* u. in der *Photographie* verwendbaren Verbindungen. (**A. P. 2 698 342** vom 5/11. 1948, ausg. 28/12. 1954.)
E. CARL. 7049

**Ciba Akt.-Ges.**, Basel (Erfinder: **Arthur Bühler**, Rheinfelden, und **Christian Zickendraht**, Binningen), Schweiz, *Herstellung kobalthaltiger Monoazofarbstoffe*, dad. gek., daß man auf Monoazofarbstoffe, die frei von Sulfon- u. Carbonsäuregruppen sind u. der allg. Formel $HO-R_1-N=N-R_2$ entsprechen ($R_1$ = in o-Stellung zur OH-Gruppe an die Azogruppe gebundener Benzolrest; $R_2$ = Rest einer in o-Stellung zu einer OH-Gruppe kuppelnden Azokomponente, die einen Arylrest enthält; einer der Reste $R_1$ u. $R_2$ soll dabei eine Methylsulfongruppe enthalten), oder auf Gemische derartiger Azofarbstoffe kobaltabgebende Mittel so einwirken läßt, daß der entstehende Farbstoff weniger als 1 Atom Kobalt pro Mol Monoazofarbstoff in komplexer Bindung enthält. — 2-Amino-1-oxybenzol-4-methylsulfon (I) → 1-Phenyl-3-methyl-5-pyrazolon. Der Farbstoff wird mit Kobaltsulfatlsg. metallisiert; Wolle (**B**) gelbbraun. — Die Farbstoffe I → 1-Acetylamino-7-oxynaphthalin u. I → 1-(4'-Chlorphenyl)-3-methyl-5-pyrazolon werden zusammen mit Kobaltsulfatlsg. metallisiert; **B** braun. (**D. B. P. 917 989** Kl. 22a vom 27/7. 1952, ausg. 16/9. 1954. Anmeldung bekanntgemacht 18/2. 1954. Schwz. Priorr. 7/8., 30/10., 13/12. 1951 u. 10/7. 1952.)
U. SIEVERS. 7053

**Ciba Akt.-Ges.**, Basel (Erfinder: **Alfred Fasciati**, Bottmingen), Schweiz, *Herstellung von metallhaltigen Azofarbstoffen*, dad. gek., daß man auf Monoazofarbstoffe, die keine Sulfonsäure- u. nur eine nicht in Nachbarstellung zu einer OH- oder $H_2N$-Gruppe gebundene Carboxylgruppe enthalten u. der allg. Formel **Ia** entsprechen (Y = $NH_2$- oder OH-Gruppe; $R_1$ = in o-Stellung zur OH-Gruppe an die Azogruppe gebundener Benzolrest; Y—$R_2$ = Rest einer in Nachbarstellung zu Y gebundenen Azokomponente; n = eine ganze Zahl bis n = 7; m = 1 oder 2; X = Arylrest der Benzolreihe, der eine Carboxylgruppe enthält) oder auf Gemische verschied. Monoazofarbstoffe, von denen einer die oben angegebene Zus. aufweist, während der andere ein sulfonsäuregruppenfreier, metallisierbarer Monoazofarbstoff ist, metallabgebende, bes. chrom- oder kobaltabgebende, Mittel einwirken läßt. — 1-Oxy-2-aminobenzol-4-sulfonsäure-N-phenylamid-2′-carbonsäure (**I**) → 1-(4′-Chlorphenyl)-3-methyl-5-pyrazolon (**V**); anschließend wird der Farbstoff chromiert; Wolle (**B**) orange. — **I** → **II**; der Farbstoff wird mit Kobaltsulfatlsg. behandelt. **B** gelborange. — [6-Acetylamino-4-nitro-2-amino-1-oxybenzol → 1-Acetylamino-7-oxynaphthalin (**III**)] u. [2-Amino-1-oxybenzol-4-sulfonsäurephenylamid-2′-carbonsäure (**IV**) → **III**] werden zusammen in W. aufgeschlämmt u. chromiert. **B** grüngrau. — [5-Nitro-2-amino-1-oxybenzol → **III**] u. [**IV** → **V**] werden zusammen in W. aufgeschlämmt u. mit Kobaltsulfatlsg. metallisiert; **B** khakifarben. (**D. B. P. 934 905** Kl. 22a vom 17/12. 1952, ausg. 10/11. 1955. Anmeldung bekanntgemacht 18/5. 1955. Schwz. Priorr. 21/12. 1951 u. 6/12. 1952.)

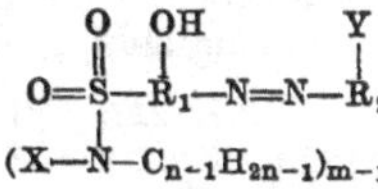

Ia

U. Sievers. 7053

**Farbwerke Hoechst Akt.-Ges., vormals Meister Lucius & Brüning** (Erfinder: **Johannes Heyna** und **Otto Hensel**, Frankfurt/M., und **Werner Schnorrenberg**, Hofheim), *Herstellung von Azofarbstoffen der Pyrazolon- und Pyrazolreihe*, dad. gek., daß man 1-Arylpyrazolone oder -pyrazole, die im Arylrest die Gruppe $-SO_2-CH{=}CH_2$ oder $-SO_2-CH_2-CH_2-X$ (X = Chlor oder $-OSO_3H$) enthalten, mit beliebigen Diazoverbb. kuppelt. — 1-Aminobenzol-2-carbonsäure → 1-(4′-β-Oxyäthylsulfonylphenyl)-3-methyl-5-pyrazolon (**II**). Der entstandene Farbstoff wird mit konz. $H_2SO_4$ behandelt; Wolle (**B**) u. Polyamidfasern grünstichiggelb, chromiert gelb. — 1-Amino-2-chlorbenzol → 1-(2′-Methoxy-5′-β-oxyäthylsulfonylphenyl)-3-methyl-5-pyrazolon. Der Farbstoff wird mit $H_2SO_4$ verestert; **B** gelb. — Anilin (**I**) → 1-(2′-Chlor-5′-β-oxyäthylsulfonylphenyl)-3-methyl-5-pyrazolon; wird mit $H_2SO_4$ verestert; **B** grünstichiggelb. — **I** → 1-(4′-β-Oxyäthylsulfophenyl)-3-carbäthoxy-5-pyrazolon; man verestert wie in den obengenannten Beispielen; **B** gelb. — 1-Amino-2-oxy-3.5-dinitrobenzol → **II**; man verestert wie oben; **B** chromiert orangerot. (**D. B. P. 925 121** Kl. 22a vom 20/2. 1952, ausg. 14/3. 1955. Anmeldung bekanntgemacht 19/8. 1954.) U. Sievers. 7053

**Farbwerke Hoechst Akt.-Ges., vormals Meister Lucius & Brüning**, Frankfurt/M. (Erfinder: **Ernst Fischer** und **Franz Muris**, Offenbach/M.), *Herstellung von wasserunlöslichen Monoazofarbstoffen*, dad. gek., daß man die Diazoverbb. aus Aminen der allg. Formel **Ia** ($R_1$ = Methyl- oder Äthylrest) mit Phenylamiden der 2.3-Oxynaphthoesäure der allg. Formel **Ib** (X = H-Atom oder Methylgruppe; $R_2$ = Methyl- oder Äthylrest; Y = H-Atom, Alkoxygruppe oder Halogenatom) für sich oder auf einer Grundlage kuppelt. —

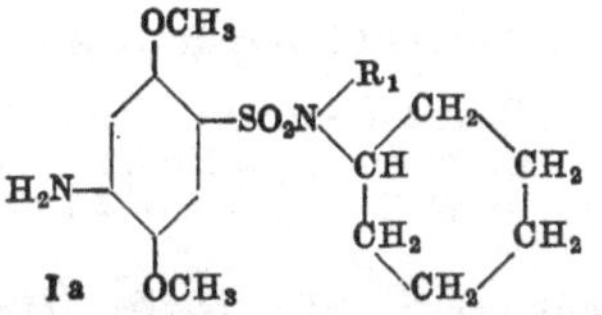

Ia

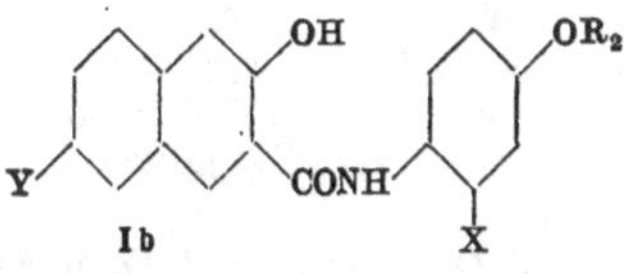

Ib

Baumwollgarn (**A**) wird in ein Grundierungsbad mit 1-(2′.3′-Oxynaphthoylamino)-2-methyl-4-methoxybenzol (**I**) gebracht, abgeschleudert u. in einem Entwicklungsbad mit diazotiertem 1-Amino-2.5-dimethoxybenzol-4-sulfonsäure-N-äthyl-N-cyclohexylamid weiterbehandelt. Rotviolette Färbung. — 1-Amino-2.5-dimethoxybenzol-4-sulfonsäure-N-methyl-N-cyclohexylamid (**II**) → **I**. Der Farbstoff wird mit Tragant–Stärke-Mischung verrührt u. als Druckfarbstoff für **A** u. Kunstseide (**G**) verwendet. Gibt einen rotvioletten Druck. — **II** → 1-(2′.3′-Oxynaphthoylamino)-4-methoxybenzol. Farbstoff für Pigmentdruck; rotviolett. — **II** → **I**. Herst. von rotvioletten Lacken. — **II** → 1-(6′-Methoxy-2′.3′-oxynaphthoylamino)-2-methyl-4-methoxybenzol. Violetter Farbstoff für Kunststoff. (**D. B. P. 928 242** Kl. 22a vom 10/4. 1953, ausg. 26/5. 1955. Anmeldung bekanntgemacht 11/11. 1954.) U. Sievers. 7053

**American Cyanamid Co.**, New York (Erfinder: **Mario Scalera**, Somerville, N. J., **Frederick Brody**, Plainfield, N. J., und **Frank Fazio**, Bound Brook, N. J.), V. St. A., *Stabilisierung eines kupferhaltigen Disazofarbstoffes*. Der gekupferte Farbstoff aus tetrazotiertem Dianisidin (**I**) u. 2 Mol 1-Amino-8-oxynaphthalin-2.4-disulfonsäure (**II**) oder sein Ammonium-

bzw. Alkalisalz wird vor oder nach seiner Isolierung mit einer zur Schwermetallkomplexbldg. befähigten wasserlösl. Oxy- oder Aminocarbonsäure oder deren Salzen behandelt. — II ← I → II. Anschließend wird gekupfert u. mit dem Na-Salz der N.N.N'.N'-Äthylendiamintetraessigsäure behandelt. (**D. B. P. 934 906** Kl. 22a vom 24/4. 1953, ausg. 10/11. 1955. Anmeldung bekanntgemacht 12/5. 1955. A. Prior. 23/9. 1952.) U. Sievers. 7055

**American Cyanamid Co.**, übert. von: **Robert S. Long**, Bound Brook, N. J., und **Frederick Brody**, New York, N. Y., V. St. A., *Azofarbstoffe der Triazinreihe* (2.4.6-substituierte 1.3.5-Triazine), in denen wenigstens 1 C-Atom des Triazinrestes an die Azogruppe eines Arylazorestes gebunden ist, erhält man z. B. durch Rk. von 8-Hydrazino-1-naphthol-3.6-disulfonsäure (**I**) bei $p_H$ 7 u. 0° mit Cyanurchlorid (**Ia**), Kochen mit Anilin, Ansäuern u. Rk. mit $NaNO_2$; Wolle (**B**) orangebraun. — p-Nitranilin → Farbstoff des vorst. Beispiels; Baumwolle (**A**) blaurot. — Durch Red. der $NO_2$-Gruppe dieses Farbstoffes erhält man einen neuen Farbstoff der Formel **II**, der **A** bläulichgrau u. **B** bläulich färbt; daraus durch Diazotieren u. Kuppeln mit z. B. R-Salz ein Farbstoff, der **A** grau färbt. — **I** + **Ia**, oxydiert zur Azoverb. mit $HNO_2$; **B** braun. — **I** + **Ia**, mit Anilin gekocht u. mit $FeCl_3 \cdot 6\,H_2O$ behandelt; **B** oliv; daraus durch Diazotieren u. Kuppeln mit z. B. p-Chloranilin roter Farbstoff. (**A. P. 2 679 499** vom 25/3. 1952, ausg. 25/5. 1954.)

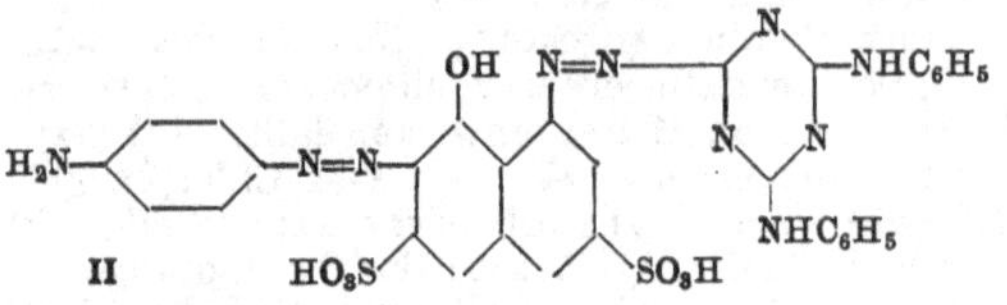


II

U. Sievers. 7055

**General Aniline & Film Corp.**, New York, übert. von: **William H. Armento**, Albany, N. Y., V. St. A., *Von primären Aminogruppen freie Trisazofarbstoffe* erhält man durch Kuppeln einer tetrazotierten aromat. Verb., die 2 Phenylenreste enthält, einerseits mit einer Komponente, die eine auxochrome Gruppe von Nichtamincharakter trägt, u. andererseits mit einer Komponente, die eine diazotierbare prim. $NH_2$-Gruppe erhält u. nur einmal kuppeln kann; darauf wird weiterdiazotiert u. mit einer 3. Komponente, die außer diazotierbaren prim. $NH_2$-Gruppen keine kupplungsfähigen Gruppen enthält, gekuppelt; abschließend wird, z. B. durch Diazotieren u. Rk. mit Alkaliformiat oder -acetat, entaminiert. — [Salicylsäure (**I**) → Benzidin (**II**) → 1-Aminonaphthalin-6-sulfonsäure (**III**)] → **III**; nach Entaminieren durch Diazotieren u. Rk. mit Na-Formiat erhält man einen Farbstoff, der Baumwolle (**A**), Wolle (**B**) u. Leder (**L**) braun färbt. — [**I** ← **II** → 1-Aminonaphthalin-7-sulfonsäure (**IV**)] → **IV**; nach Entaminierung **A**, **B** u. **L** gelbbraun. — [**I** ← **II** → 5-Methyl-o-anisidin] → **III**; nach Entaminierung **A** u. **B** kräftig hellbraun **L** braun. — (**I** ← **II** → 2-Amino-1.4-dimethoxybenzol) → **III**; nach Entaminierung **A** kräftig rotbraun, **B** hellrotbraun, **L** rotbraun. — (**I** ← **II** → **III**) → 2-Amino-1.4-dimethoxybenzol; nach Entaminierung **A** dunkelbraun, **B** rotbraun, **L** dunkelbraun. (**A. P. 2 676 957** vom 22/12. 1951, ausg. 27/4. 1954.) U. Sievers. 7055

## XIa. Farben. Anstriche. Lacke. Naturharze.

**John Snelling**, *Tatsachen und Theorie des Anstreichens*. 3. Mitt. (2. vgl. C. **1951.** II. 3236; 4. vgl. C. **1952.** 2430.) Gemeinverständliche Beschreibung von Außen- u. Innenanstrichen von Gebäuden. (Decorator **50.** Nr. 590. 46—49. Juni 1951.) H.-G. Moslé. 7090

**C. G. Youngs** und **H. R. Sallans**, *Aceton als selektives Lösungsmittel für pflanzliche Öle.* Unter Hinweis auf das einschlägige Schrifttum hinsichtlich der Verbesserung trocknender u. halbtrocknender Öle durch Behandlung mit Furfuralkohol (auch im feuchten Zustand) bzw. fl. Propan als selektiv wirkenden Lösungsmitteln werden analoge Verss. an Lein- u. Sojaöl mit Aceton ausgeführt, das in 100 Teilen 3—7 Teile W. enthält. Es werden die Löslichkeitskurven bei 25° in Abhängigkeit vom Wassergeh. des Acetons ermittelt, zum andern die Differenzen in den JZZ. zwischen dem extrahierten u. dem verbleibenden Öl; die Ergebnisse sind graph. in Kurven sowie in Gleichgewichtsdiagrammen dargestellt. Ferner wird das hypothet. Schema einer auf dem entwickelten Verf. beruhenden fabrikmäßigen Fraktionieranlage mitgeteilt. Die Ergebnisse der Unterss. lassen sich dahingehend zusammenfassen, daß bei Anwendung des oben erwähnten Aceton-W.-Gemisches die nichtglycerid. Begleitstoffe des Öles die Löslichkeit u. die Selektivität merklich beeinflussen; solche Bestandteile müssen daher vor der Fraktionierung entfernt werden. Es ist eine wertvolle Trennung der beiden Öle in einen für Trocknungszwecke besser geeigneten (stärker ungesätt.) u. einen weniger ungesätt. Anteil zu erzielen. (J. Amer. Oil Chemists' Soc. **32.** 397—400. Juli 1955. Saskatoon, Saskatchewan, Nat. Res. Council, Prairie Reg. Labor.) K. Täufel. 7096

**A. Kraus,** *Beiträge zur Kenntnis der Lösungsmittel für Kollodiumwolle.* 17. Mitt. *Studien über die Flüchtigkeit von Lösungsmitteln und Lösungsmittelgemischen.* (16. vgl. C. **1956.** 1166.) 52 Lösungsmittel für Kollodiumwolle wurden auf ihre Verdunstung hin untersucht (Filtrierpapiermeth.; eine Versuchsreihe auf Volumbasis u. eine Versuchsreihe auf Gewichtsbasis). Die hierbei ermittelten, auf Diäthyläther = 1 bezogenen Flüchtigkeitswerte werden mitgeteilt u. mit Angaben aus der Literatur verglichen. Weiter wurde die Verdunstung von Lösungsmittelgemischen untersucht. In einigen Fällen wurde eine erheblich größere Flüchtigkeit festgestellt, als sich aus der Flüchtigkeit der Komponenten errechnen ließ, woraus auf das Vorliegen azeotrop. verdunstender Gemische zu schließen ist. (Farbe u. Lack **61.** 417—19. Sept. 1955.) M. WINIKER. 7100

**A. Spencer,** *Spritzanstrich.* 2. Mitt. (1. vgl. C. **1951.** II. 2529; 3. vgl. C. **1952.** 2758.) Technik des Arbeitens mit Farbspritzpistolen. (Decorator **50.** Nr. 590. 69—71. Juni 1951.) H.-G. MOSLÉ. 7106

**J. S. Heckles,** *Die Erzeugung ablösbarer Anstrichfilme auf druckpoliertem Polyäthylen.* Leicht ablösbare Filme von Alkydharz-, Leinöl- u. Styrol–Leinöl-Farben lassen sich auf druckpoliertem Polyäthylen erzeugen, das vorher zwischen Cr-Platten einem Druck von ca. 150 Pfund/Zoll² bei 250° ausgesetzt wurde. Nach Reinigung mit Lösungsmitteln oder Alkalien können die Polyäthylenfolien wieder benutzt werden. (Off. Digest Federat. Paint Varnish Product. **27.** 519. Aug. 1955.) B. SCHEIFELE. 7106

**G. M. Powell** und **J. F. Suter,** *Überzüge aus Vinylharzlösungen und -dispersionen.* (Vgl. C. **1952.** 3410. 3574.) Vinylharzlsgg. enthalten gewöhnlich Polyvinylchloridacetate, die besser lösl. sind als Polyvinylchloride; der optimale Geh. an Vinylacetat beträgt ca. 12—15%. Beschreibung u. Anwendung der Harztypen VYCC, VYLF, VYHH, VYNS, VYDR, VMCH, VAGH. Hohen Festkörpergeh. haben Vinylharzdispersionen, die Suspensionen von relativ hochviscosen Vinylpolymerisaten in W. (Hydrosole, Latices) oder in organ. Fll. (Organosole, Plastisole) darstellen; Teilchengröße vielfach 0,03—0,10 $\mu$, Oberfläche 50—100 $m^2$/g. Die aufgetragene Dispersionsschicht wird erhitzt, um flüchtige Anteile zu entfernen u. die Harzpartikel zu verschmelzen; günstig ist kurze Erhitzung auf 160—180°. Bei Plastisolen beträgt das Volumenverhältnis Harz/Weichmacher vielfach über 10 : 8, bei Anwendung grobdisperser Dispersionen (Teilchengröße 0,5—1,0 $\mu$) sogar über 10 : 6. (Paint Varnish Product. **42.** 14—20. 47—48. Juli 1952. South Charleston, W. Va., Carbide & Carbon Chemicals Co., Res. & Developm. Dep.) B. SCHEIFELE. 7106

**Ss. Ss. Malewskaja, W. D. Karnauchowa** und **Ss. D. Charad,** *Über den Einfluß des Ablagerns des Tannenholzes auf die Eigenschaften der Harze.* Ablagern von Tannenholz von April bis September führt dazu, daß die durch organ. Lösungsmittel extrahierbaren Harzmengen abnehmen: bei PAe. um 52,4%, bei Ae. um 21,5%, bei Dichloräthan um 23,9% u. bei Aceton um 4,3%. Tabellar. bringen Vff. eine detaillierte Zusammenstellung der jeweils extrahierbaren Säuren, getrennt nach Harz- u. Fettsäuren, u. der neutralen Stoffe, getrennt nach verseifbaren u. unverseifbaren. Durch Ablagern des Holzes werden sämtliche Harzkomponenten in organ. Lösungsmitteln schwerer lösl., nur Aceton löst weiterhin gut. Modellverss. mit künstlich mit Harz behandelter Cellulose weisen darauf hin, daß der Petrolätherextrakt am meisten koagulierbare Harze abgibt; es folgt der Ae.-Extrakt u. schließlich der Acetonextrakt. (Бумажная Промышленность [Papier-Ind.] **30.** Nr. 9. 14—15. Juli 1955. Forsttechn. Kirow-Akad.) M. ULMANN. 7140

**Ira T. Clark** und **Elwin E. Harris,** *Katalytische Zersetzung von Kolophonium.* Vff. überführen Kolophonium durch katalyt. Zers. in Verbb. mit niederen Mol.-Geww., hauptsächlich aromat. KW-stoffe. Der Einfl. der Temp. u. der Kontaktzeiten auf die Zus. des erhaltenen Prod. wird untersucht.

V e r s u c h e: Der verwendete Katalysator hat die Zus. $SiO_2$ 86,2%, $ZrO_2$ 9,4%, $Al_2O_3$ 4,3%. Die Temp. wird variiert von 350—500 $\pm$ 2°, wobei einer Temperatursteigerung eine Abnahme der Ausbeute an Gesamtölprod. von 70% (350°) auf 50% (500°) u. eine Zunahme des Geh. an aromat. Verbb. von 50% (350°) auf 100% (500°) entspricht. Eine Variation der Volumengeschwindigkeit des geschmolzenen Harzes von 0,4—1,2 $cm^3$/Std., je $cm^3$ Katalysator hat nur geringen Einfluß. Bei kleiner Geschwindigkeit wird höherer Geh. an Aromaten u. Bldg. substituierter Benzole begünstigt, bei höherer Geschwindigkeit erfolgt leichte Zunahme von Naphthalin, sauren Prodd. u. der Gesamtölausbeute. Das Ölprod. hat $D.^{25}$ 0,90—0,91 u. $Kp._{760}$ 40° bis $Kp._{1,8}$ über 180°. Die Zus. bei 500° Reaktionstemp.: Säuren u. Phenole 7,3%; Kp. bis 188°, hauptsächlich Alkylbenzole 31,9%; Kp. 188 bis $Kp._{10}$ 130°, hauptsächlich Naphthaline 21,2%; $Kp._{10}$ über 130° 39,6%. Die prozentuale Verteilung der einzelnen KW-stoffe wird angegeben. Der Gesamtgeh. an Aromaten wird durch Unters. der Löslichkeit in einem Triäthylenglykol–Furfurol-Gemisch (40 : 60) bestimmt, die Identifizierung der einzelnen KW-stoffe erfolgt durch die üblichen Methoden. (J. Amer. chem. Soc. **74.** 1030—32. 20/2. 1952. Madison, Wis., U. S. Dep. of Agric., Forest Prod. Labor.) G. WINKLER. 7140

**G. Luft** und **T. Federighi,** *Kontrolle der Porosität von Lackfilmen auf Konservendosen aus Aluminium.* (Alluminio **23.** 391—98. Juli 1954. Novara, Ist. Sperim. dei Metalli leggeri. — C. **1955.** 10633.) B. SCHEIFELE. 7158

## XIb. Plaste (Kunstharze. Plastische Massen).

**Heinz Haase,** *Statische Elektrizität und ihre Auswirkungen.* Behandelt werden der Einfl. stat. Aufladungen bei der Herst., Verarbeitung u. Verwendung von Kunststoffen u. -fasern u. die z. Z. bestehenden Verff. zur Bekämpfung unerwünschter Wirkungen derselben. Abschließend werden einige Hinweise auf Möglichkeiten zur Nutzbarmachung derselben gegeben. — 12 Literaturhinweise. (Kunststoffe **45.** 417—20. Okt. 1955. Hamburg.) M. WINIKER. 7170

**George H. Howell,** *Wann und warum das positive Vakuumformverfahren angewendet wird.* Der Unterschied zwischen dem positiven u. negativen Vakuumformverf. für Kunststoffolien wird erörtert u. der Vorteil des neueren positiven Verf. herausgestellt. (Mod. Plastics **32.** Nr. 2. 138—39. 233—34. Okt. 1954. Formvac Corp., Sales Engng.) R. SCHÄFF. 7170

**S. Matthews,** *Einige praktische Gesichtspunkte bei der Herstellung von Formen aus Kunststoffen.* Die Probleme bei der Anwendung von Kunststoffen (*Epoxydharze, Polyesterharz-Glasfaser-Verbunde*) im Formenbau werden erörtert. Hinweise für geeignete Rezepturen u. Verff. werden gegeben. (Plastics **19.** 368—70. Nov. 1954. Briggs Motor Bodies Ltd.) R. SCHÄFF. 7170

**Edward Ferrari,** *Anweisung zur Herstellung von flexiblen Modellformen.* Die Herst. von flexiblen Formen aus Phenol- oder Epoxydharzen für Gießharze wird beschrieben. (Mod. Plastics **31.** Nr. 11. 93—98. 103. Juli 1954. Bridgeport, Conn., Gen. Electric Co., Small Appliance Div., Appearance Design Sect.) R. SCHÄFF. 7170

**Raymond B. Seymour,** *Grundlegende Kriterien zur Bewertung einiger Kunststoffe als Konstruktionsmaterialien.* Unter prakt. Gesichtspunkten werden 30 Kunststofftypen als Konstruktionsmaterialien bewertet. Korrosionsfestigkeit u. Anwendungen werden erörtert. (Corrosion [Houston] **10.** 37—47. Jan. 1954. Mertztown, Pa., Atlas Mineral Prod. Co.) R. SCHÄFF. 7170

**W. Spoon** und **L. G. E. Kalshoven,** *Kunststoffe in den Tropen.* In Indonesien werden vielfach aus Polyäthylen bestehende Isolierungen von elektr. Kabeln durch Ameisen (Monomorium destructor Jerd) u. Termiten (Coptores curvignatius Holmgr.) zerstört. Als Gegenmittel hat sich das Umwickeln der Kabel mit Bändern bewährt, die mit Cl-haltigen Kunstwachsen (chloriertes Naphthalin) getränkt sind. Polyvinylchlorid weist die Insekten ebenfalls ab. Anscheinend ist die Ggw. von Cl-Atomen in den Kunststoffen maßgebend für deren Insektenfestigkeit. (Plastica [Delft] **8.** 532—33. Okt. 1955. Amsterdam, Kon. Inst. voor de Tropen, Afd. Trop. Producten.) W. WESLY. 7170

**S. E. Yustein, R. R. Winans** und **H. J. Stark,** *Dreijährige Bewitterung von Kunststoffen bei verschiedenen klimatischen Bedingungen.* Verschied. Kunststofftypen in Form von Folien, Schichtstoffen u. Preßkörpern wurden 3 Jahre im Freien bei verschied. klimat. (trop. bis arkt.) Bedingungen gealtert u. anschließend auf ihre mechan., elektr. u. opt. Eigg. untersucht. Aus den Befunden wurden wertvolle Folgerungen für die Praxis gezogen. (ASTM Bull. **1954.** Nr. 196. 29—38. Febr. New York, N. Y., Naval Shipyard, Material Labor., Sect. Electr. Insulat. Materials.) R. SCHÄFF. 7170

**A. D. McLaren,** *Adhäsion von Polymeren an Cellulose.* Eine allg. Theorie der Adhäsion von Polymerisaten an Cellulose (I) wird entwickelt. Diese Theorie berücksichtigt den Einfl. der Schmelzviscosität, Klebetemp. der Polymerisate, Art u. Zahl der polaren Gruppen in den Polymerisaten, Weichmachung, Temp. u. Art der Oberfläche. Bei *Cellophan*-Polymerisat-Systemen spielen Polarität u. Wasserstoffbrücken die Hauptrolle bei der Adhäsion, während die mechan. Bindung von sehr untergeordneter Bedeutung ist. Wenn die I-Oberfläche durch Behandlung mit Chromkomplexen organ. Säuren mit polaren Gruppen als Substituenten modifiziert wird, ändert sich die Adhäsion. Mit dem Stearinsäurekomplex behandelte I wird z. B. polymerisatabstoßend, während bei Säurekomplexen mit polaren Gruppen, wie CN, die Adhäsion auf das 4—6fache gegenüber unbehandelter I gesteigert werden kann. (Mod. Plastics **31.** Nr. 11. 114—16. 181. Juli 1954. Berkeley, Calif., Univ., Coll. of Agric.) R. SCHÄFF. 7170

**J. M. McKelvey** und **E. C. Bernhardt,** *Adiabatisches Strangpressen von Polyäthylen.* Eine adiabat. Theorie für die Vorgänge beim Strangpressen wird rechner. vorgelegt u. durch Verss. mit mehreren Schnecken belegt. (SPE Journal **10.** 22—30. 42. 43. März 1954. E. I. du Pont de Nemours & Co., Inc.) H.-J. HEINRICHS. 7172

**W. D. Todd,** *Harze für Vinylpasten — heute und morgen.* (Vgl. C. **1956.** 1459.) Übersicht über die Harze u. die aus ihnen herstellbaren Pasten aus PVC u. seinen Copolymeren sowie deren Anwendungsmöglichkeiten. (SPE Journal **10.** 13—15. 39—40. März 1954. B. F. Goodrich Chemical Co.) H.-J. HEINRICHS. 7172

**Lawrence Lynn,** *Die Allylharze und ihre industriellen Anwendungsmöglichkeiten.* Allylharze sind Polymere u. Copolymere des Allylalkohols (**I**) u. seiner Derivate. **I** polymerisiert sehr langsam zu viscosen fl. Prodd., die bisher wenig Anwendung gefunden haben. Bei der gegebenenfalls 2stufig durchzuführenden Polymerisation der **I**-Ester werden unschmelzbare, unlösl., wärmehärtende Harze gebildet. Eigg., Verarbeitung, Anwendung sowie die Vor- u. Nachteile der Polymerisate werden diskutiert. (Riechstoffe u. Aromen **5.** 124—25. April 1955. Amerika-Dienst.) H. KORBANKE. 7172

**Merle Cowee** und **E. W. Moffett,** *Farben für Polyester.* Methoden der Einfärbung von Polyesterharzen mit Farbstoffen u. Pigmenten, die geeigneten Pigmente u. die von ihnen geforderten Eigg. (gutes Bewitterungsverh. u. chem. Resistenz bei der Aushärtung) werden erörtert. (Mod. Plastics **32.** Nr. 2. 113—15. Okt. 1954. Pittsburgh Plate Glass Co., Res. & Developm. for Selectron Polyester Resins.) R. SCHÄFF. 7176

**A. Gordijenko,** *Löslichkeit und Erkennung makromolekularer Stoffe.* 1. Mitt. Beschreibung einer Meth. zur Identifizierung von Kunststoffen auf Grund ihrer Löslichkeit. Löslichkeitszahlen u. verschied. andere physikal.-chem. Daten der 46 Gruppen von makromol. Stoffen wurden tabellar. zusammengestellt. (Chem. Techn. **4.** 34—38. Jan. 1952. Teltow.) R. SCHÄFF. 7210

**Willi Becker,** *Gleichspannungsporositätsprüfer für Kunststoffe.* Beschreibung des Geräts u. seiner Arbeitsweise. — 1 Schaltskizze u. 2 Abbildungen. (Kunststoffe **45.** 461—62. Okt. 1955. Wetzlar/L., Fa. Arthur Pfeiffer, Entw.-Labor.) M. WINIKER. 7210

**Wolfram Ruff,** *Quantitative Bestimmung der inneren Spannungen in Polystyrol durch photoelastimetrische Prüfung.* Bei der mechan. Bearbeitung von *Polystyrol* können Oberflächenrisse vermieden werden, wenn der letzte Gang 0,1 mm nicht überschreitet. Der Wert der Bande 1 (Einheit der maximalen Schnittspannungen) kann photoelastimetr. bestimmt werden. Die nach dieser Meth. gefundenen Spannungen entsprechen völlig den bekannten „eingefrorenen Spannungen“, die von einer Schicht deutlicher Anisotropie der mechan. Festigkeit begleitet werden, jedoch ist noch eine nähere Unters. dieser Beziehungen erforderlich. Zwischen den Spannungen im Kern u. an der Oberfläche besteht keine Verschiedenheit des Vorzeichens, es liegt also auch kein Härtungsspannung vor. Vf. gibt Aufnahmen der Verteilung der maximalen Schnittspannungen, die in isokliner u. isostat. Darst. ausgewertet werden. (Materie plast. **19.** 369—77. Sept./Okt. 1953.) R. K. MÜLLER. 7210

---

**Standard Oil Co.** übert. von: **Morris Feller** und **Edmund Field,** Chicago, Ill., V. St. A., *Polymerisation von Äthylen* unter Verwendung einer Kombination von NiO auf A-Kohle u. Alkalimetallhydriden oder Metallborhydriden, z. B. des Na, Li, K, Mg, Be, Al, Zr, U, bei 100—150° u. ca. 70 atü. Als Lösungsmittel dienen aliphat. oder aromat. KW-stoffe, die jedoch frei von W., $O_2$, S u. ähnlichen Verunreinigungen sein sollen. Nähere Angaben über die Herst. der Katalysatoren. Feste bis fl. Polyäthylene, deren physikal. Eigg. beschrieben sind. — Mengenbeispiele. (**A. PP. 2 717 888** vom 8/7. 1954, u. **2 717 889** vom 22/7. 1954, beide ausg. 13/9. 1955.) H. SCHINDLER. 7173

**Max Gisiger & Co. Akt.-Ges.,** Zürich, Schweiz, *Verfahren und Vorrichtung zum Querschweißen von Polyäthylenbändern,* die zwischen den beiden zum Schweißen dienenden Stempeln mit einer Zwischenlage (**I**) versehen sind. Mindestens eine der **I** wird nach dem Schweißen in der Richtung des Vorschubes des Werkstückes mit gleicher Geschwindigkeit wie dieses bewegt, wodurch das Zwischenstück in einem spitzen Winkel von der Bahn des Werkstücks abweicht. In dem zwischen dem Werkstück u. der **I** sich bildenden Spalt wird die Trennung der am Band angeklebten **I** mittels eines Keils beeinflußt. — Weitere 7 Vorrichtungsansprüche. (**Schwz. P. 308 621** vom 21/2. 1953, ausg. 1/10. 1955.) G. SALZMANN. 7173

**United States Gasket Co.,** Camden, N. J., V. St. A., *Modifizieren und Verbinden von Polyfluoräthylenharz mit Metall, Glas oder Keramik.* In verlaufender Schichtung wird bei der Verformung in den Harzkörper pulverförmiges Metall, Glas oder Keramik eingesintert, wodurch einerseits ein Bindungsvermögen zu Metall, Glas oder Keramikteilen u. andererseits eine Härteveränderung des Harzes bewirkt wird. Das Verf. ist zur Befestigung von aus Polytetrafluoräthylen bzw. Teflon oder Polymonochlortrifluoräthylen erhaltenen Formkörpern geeignet. — 14 Abbildungen. (**E. P. 723 915** vom 15/4. 1952, ausg. 16/2. 1955. A. Priorr. 16/4. 1951 u. 26/2. 1952.) H. MÖLLERING. 7173

**Rohm & Haas Co.,** Philadelphia, Pa., V. St. A., *Mischpolymerisate auf Dichloräthylenbasis* (60%), erhalten in Ggw. von Benzoylperoxyd mit 40% folgender Monomeren für sich oder in Mischungen miteinander: tert.-Butylacrylat, tert.-Butylmethacrylat, tert.-Amylacrylat, Methylmethacrylat, Äthylacrylat, n-Butylacrylat. — Nach einem Beispiel wurden 5—15 (Mol-%) tert. Butylacrylat, 5—15 Glycidylacrylat oder -methacrylat u. 70—90 Ester der allg. Formel $CH_2$=CRCOOR', worin R = H oder $CH_3$ u. R' = nicht-tert. Alkylgruppe mit bis zu 18 C-Atomen, z. B. Laurylmethacrylat, bei 135° mischpolymerisiert. — Filme, Folien. (**Belg. P. 519 693** vom 5/5. 1953, ausg. 29/4. 1955. A. Prior. 6/5. 1952.) H. SCHINDLER. 7173

**Kodak Soc. An.,** Brüssel, Belgien, *Hochmolekulare Polymerisate auf Acrylnitrilbasis.* Man polymerisiert Acrylnitril in Ggw. eines zuvor erhaltenen, aber noch nicht isolierten Polymerisates von Verbb. der allg. Formeln **I**—**V**, worin R u. $R_1$ = H oder Alkylgruppe $C_{1-4}$, $R_2$ = H oder Methylgruppe, $R_3$ = Alkylgruppe $C_{1-4}$, $R_4$ = H, Methylgruppe, Acylaminogruppe, deren Acylrest einer gesätt. aliphat. Carbonsäure mit 2—4 C-Atomen entstammt, oder eine Carbalkoxylaminogruppe, deren Alkoxygruppe 1—4 C-Atome enthält. $R_5$, $R_6$, R u. $R_8$ = H oder Methyl- oder Äthylrest, $R_9$ = H oder Alkylgruppe mit $C_{1-3}$. Weitere Verbb. zum Einpolymerisieren können noch Polymere von Monomeren der allg. Formeln **VI**—**IX** sein, worin R, $R_1$, $R_2$ u. $R_3$ eine Alkylgruppe mit $C_{1-4}$ bedeuten. In den Mengenbeispielen sind die Amide der N-Methacryl-, N-Isopropylmethacryl-, N.N-Dimethacryl-, N-Methylmethacryl-, N.N-Dimethylitacon- u. N.N-Dimethylmethacrylsäure genannt. Als Katalysatoren sind $(NH_4)_2S_2O_8$ u. $NaHSO_3$, als Reaktionstempp. 20—50° u. außerdem zahlreiche Lösungsmittel aufgezählt. — Fasern, Filme, Folien. (**Belg. PP. 515 793, 515 794** u. **515 795** vom 26/11. 1952, ausg. 3/9. 1954.) H. SCHINDLER. 7173

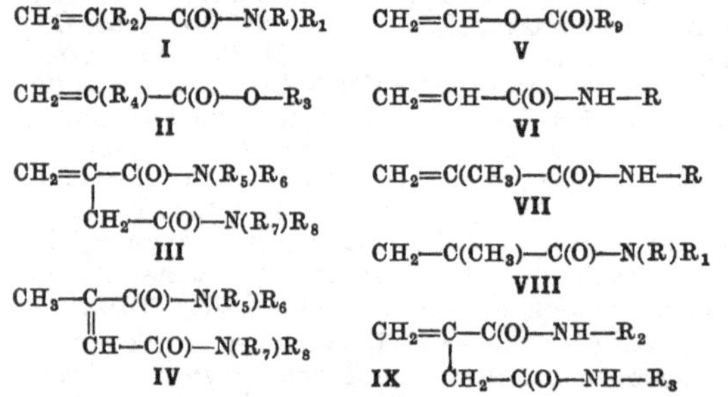

**General Aniline & Film Corp.,** New York, N. Y., übert. von: **Harry D. Anspon,** Easton, Pa., V. St. A., *Polymerisation von 2.3-Dichlorpropen* bei 60° mit 0,5—5 Mol-% Benzoylperoxyd oder anderen Peroxyden während 20—40 Stunden. Glasartige oder viscose Prodd., in Aceton oder Bzl. lösl., als *Weichmacher* für *Polyvinylchlorid.* (**A. P. 2 719 836** vom 17/11. 1950, ausg. 4/10. 1955.) H. SCHINDLER. 7173

**Monsanto Chemical Co.,** St. Louis, übert. von: **Rolf Buchdahl,** Longmeadow, und **Massimo Baer,** Springfield, Mass., V. St. A., *Polystyrol von verminderter elektrischer Aufladung* erhält man durch Zugabe von bis zu 30% eines Alkylaminsalzes (Triäthyl-, Tripropyl-, Tributyl-, Dicyclohexyl-, Diphenylamin, 2.5-Dichloranilin, Octyl-, Dodecyl- oder Tetradecylamin) von sulfoniertem Polystyrol. (**A. P. 2 707 709** vom 12/9. 1952, ausg. 3/5. 1955.) G. SALZMANN. 7173

**Dynamit Akt.-Ges. vormals Alfred Nobel & Co.,** Troisdorf (Erfinder: **Eugen Kuhr,** Oberlar), *Herstellung von Kunststoffen,* dad. gek., daß man höhermol. Verbb. (**I**) mit reaktionsfähigen H-Atomen mit bei erhöhter Temp. wieder aufspaltenden Reaktionsprodd. aus mehrwertigen Isocyanaten u. solchen Verbb. zur Rk. bringt, die als Weichmacher für das Endprod. geeignet sind. Als letztere Verbb. werden bes. Phenole u. ihre Derivv., Enole oder Amidverbb., die am N-Atom wenigstens ein freies H-Atom besitzen, verwendet. Als **I** dienen: Polyester, Polyamide, Polyurethane, Polyester–Polyamid-Mischkondensate, Cellulose u. deren Derivate. — 100 g dickfl. Polyester (aus Adipinsäure u. Trimethylolpropan; SZ. 1,2) werden mit 65 g Reaktionsprod. aus 1 (Mol) p-Oxybenzoesäureester eines techn. Gemisches von Alkoholen mit 2—10 C-Atomen u. 1 2.4-Toluylendiisocyanat verrührt. Die M. bildet bei 120° nach 2 Std. ein klares, elast. Harz. (**D. B. P. 935 026** Kl. 39c vom 24/5. 1944, ausg. 10/11. 1955. Anmeldung bekanntgemacht 3/3. 1955.) J. MÜHLEISEN. 7177

**Goodyear Tire & Rubber Co.,** übert. von: **Jack R. Durst,** Columbus, und **Henry A. Pace,** Akron, O., V. St. A., *Schaumkörper.* Eine Mischung aus einem Polyester (SZ. 15—65, OHZ. 465) u. m-Toluylendiisocyanat wird in Tablettenform 6 Std. eingefroren (lagerbeständig!) u. zwischen Platten in die Flügel von Lenkgeschossen oder Luftschrauben gefüllt. Durch Erwärmen schäumt die M. auf. (**A. P. 2 706 311** vom 4/5. 1951, ausg. 19/4. 1955.) G. SALZMANN. 7177

**Röhm & Haas G. m. b. H.,** Darmstadt (Erfinder: **Franz Köhler,** Alsbach/Bergstraße), *Herstellung von Kondensationsprodukten,* dad. gek., daß die nach D. B. P. 930 779; C. **1956.** 1748 aus funktionellen Derivv. des Triazins (**I**), bes. Aminotriazin oder seinen mindestens eine freie $NH_2$-Gruppe aufweisenden Alkyl-, Aralkyl-, Aryl- oder Alkenylsubstitutionsprodd. u. α.β-ungesätt. Monocarbonsäuren (II) erhältlichen Reaktionsprodd. in Ggw. von sauer oder alkal. wirkenden Katalysatoren mit Aldehyden (III) oder Aldehydgemischen kondensiert wurden. Bei alkal. Rk. kann mit **III**, außer $CH_2O$, vorbehandelt u. bei saurem $p_H$-Wert mit den gleichen **III** oder $CH_2O$ weiterkondensiert werden. Die Reaktionsprodd. aus Mischungen von funktionellen **I**-Derivv. können mit den nach D. B. P. 929 278; C. **1956.** 2040 zu verwendenden $NH_2$-Verbb. der Formel $NH_2-C(NR_1R_2)=X$ in der dort angegebenen Bedeutung u. **II** mit **III** kondensiert werden. Nach einem Beispiel wird ein Kondensationsprod. aus Melamin u. Acrylsäure mit $CH_2O$ u. $CH_3COOH$ bei 70—80° am Rückfluß erhitzt. Nach Neutralisation mit NaOH wird eine klare Lsg. erhalten. — *Überzüge, Imprägnier- u. Klebemittel für Textil-, Papier- u. Lederindustrie.* (**D. B. P. 933 229** Kl. 39c vom 9/4. 1944, ausg. 22/9. 1955. Anmeldung bekanntgemacht 25/11. 1954.) H. SCHINDLER. 7181

**Phillips Petroleum Co.**, Del., übert. von: **Asa C. Dees**, Cushing, Okla., V. St. A., *Schwefelhaltige Harze aus 4-Vinyl-1-cyclohexen* erhält man durch Mischen mit $H_2S$ in Ggw. eines sauren Katalysators, z. B. $H_2F_2$, $BF_3$, $AlCl_3$, $ZnCl_2$, $FeCl_3$. Die exotherme Rk. wird 10—30 Min. auf —18 bis +57° gehalten, dann wird 1—2 Std. auf 120—150° erwärmt. Das Prod. wird in Ae. gelöst, mit W. vom Katalysator befreit u. destilliert. Hellgelbes, viscoses bis glasartiges Prod. mit 3—20% S-Geh. für Überzüge oder Preßstoffe. — Mengenbeispiele. (**A. P. 2 720 509** vom 8/9. 1952, ausg. 11/10. 1955.) H. SCHINDLER. 7185

**General Electric Co.**, New York, N. Y., übert. von: **Robert W. Martin**, Lafayette, Calif., und **Kurt C. Frisch**, Pittsfield, Mass., V. St. A., *Modifizierte siliciumorganische Harze.* Man setzt ein Methylolbenzol der Formel I, in der R Alkyl, Oxyalkyl, Alkenyl bzw. Aralkyl, R′ H, Halogen, Alkyl oder Aryl bedeuten u. n 2 oder 3 ist, mit einem hydrolysierbaren Silan der Formel $Z_{(4-m)}SiX_m$ um (Z = einwertiger KW-stoffrest, X = Halogen, ein Alkoxy- bzw. Acyloxyrest, m = 2 oder 3). Die Rk. erfolgt bei ca. 100—250°. Zweckmäßig werden die Komponenten in genügender Menge verwendet, so daß für jede $CH_2OH$-Gruppe ein hydrolysierbarer Silanrest vorhanden ist. — 50 (g) 2.6-Dimethylol-4-methylanisol werden mit 0,005 Sulfaminsäure auf 190° erhitzt. Das erhaltene Polymer wird in 100 Butylacetat gelöst u. mit 10 Methyltriacetoxysilan versetzt. Die Mischung gibt beim Erhitzen auf 150° einen wasserklaren, glänzenden u. biegsamen Film. (**A. P. 2 707 191** vom 9/8. 1952, ausg. 26/4. 1955.) J. MÜHLEISEN. 7189

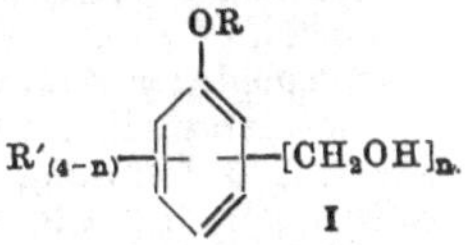

I

**Monsanto Chemical Co.**, St. Louis, Mo., V. St. A., übert. von: **George Albert Richardson**, *Aminocarbonsäureanhydride* von Aminocarbonsäuren der allg. Formeln $H_2N-R-COOH$, $R_1-CH(NH_2)-COOH$, $H_2N-C_nH_{2n}-CH(NH_2)-COOH$ u. $(HO)_m-R_2-C_nH_{2n}-CH(NH_2)-COOH$, in denen R eine Alkylengruppe, $R_1$ einen S-haltigen Alkylrest oder eine Benzylgruppe, $R_2$ einen aromat. Ring, der noch zusätzliche Substituenten enthalten kann, n = 1—10 u. m = 1—3 bedeuten, werden erhalten, wenn man die entsprechenden α-Aminosäuren oder deren Derivv., in denen Oxy- u. nicht in α-Stellung befindliche Aminogruppen geschützt wurden, zunächst in einem wasserfreien organ. Lösungsm. löst oder suspendiert u. dann bei 10—25°, vorzugsweise 15—20°, mit $SO_2$ behandelt, die erhaltene Reaktionsmischung dann anschließend bei 15—60°, vorzugsweise 25—45°, mit $COCl_2$ umsetzt u. das erhaltene Reaktionsprod. gewünschtenfalls ins freie Anhydrid überführt. — *N-Carboxyglykokollanhydrid.* — *N-Carboxyvalinanhydrid.* — *N-Carboxyleucinanhydrid.* — *N-Carboxyalaninanhydrid.* — *O-Carbobenzoxy-N-carboxytyrosinanhydrid.* — *N-Carboxymethioninanhydrid.* — *ε-N-Carbobenzoxy-α-N-carboxy-l-lysinanhydrid*, F. (aus Bzl.) 98,5—99,5°. — Die N-Carboxyaminocarbonsäureanhydride dienen zur Herst. von *Proteinharzen* u. künstlichen Proteinen u. können in Lebensmitteln u. für medizin. Zwecke verwendet werden. (**E. P. 717 045** vom 10/9. 1951, ausg. 20/10. 1954. A. Priorr. 21/10. 1950 u. 26/4. 1951.) R. LINK. 7199

## XII. Kautschuk. Guttapercha. Balata.

**P. Rościszewski**, *Cyclokautschuk.* (Vgl. C. **1953.** 7191.) Es wurden bereits veröffentlichte Verss. zur Darst. von *Cyclokautschuk* (**I**, auch *Thermopren, Pliolite* u. anders genannt) nachgeprüft. Die Darst. von **I** in Lsg. sowie nach BRUSON empfiehlt sich nicht besonders, hingegen ist die „trockene" Darst. empfehlenswert: Man verwendet zu den **I**-Gemischen direkt Phenol oder Toluol u. $H_2SO_4$, mischt durch kaltes Walzen u. trocknet 6—8 Std. bei 140°. Gewaschen wird (sorgfältig, sonst Korrosion durch $H_2SO_4$) mit heißem W.; mastifiziert wird auf heißen Walzen wenigstens 20 Minuten. Die **I** gehen sehr gute Klebeverbindung mit Metallen ein, u. zwar mit Al u. Fe: Festigkeit 20—70 $kg/cm^2$ u.

mehr. Man verwendet am besten frische 10% ig. I-Lsgg. (ältere Lsgg. neigen zum Altern), reinigt die Metallflächen gut, vulkanisiert unter genügend starkem Druck u. nimmt die Verbb. nach Abkühlen auf 60—80° aus der Presse. Ein Überziehen der Mischung mit Gummilsg. vor dem Vulkanisieren ist überflüssig, jedoch zu empfehlen, wenn ohne Vulkanisieren kalt geklebt wird: diese Verbb. sind allerdings 3—5mal weniger widerstandsfähig, da sie altern, während die vulkanisierten nach 5 Wochen ihre Festigkeit nicht einbüßten, die durch Eintauchen der I-Metallverb. in $H_2SO_4$ auch nicht gesteigert wurde. (Prace Głównego Inst. Chem. przemysłowej **1951.** Nr. 3. 37—48, ausg. 1952.)
A. v. WILPERT. 7224

**G. Lamm,** *Neue französische helle Füllstoffe.* Bericht über gute Erfahrungen mit neuen französ. hellen Füllstoffen (verschied. Sorten von Ca-Carbonat, Kieselsäure, Ton u. Kaolin) in Mischungen auf Basis Naturkautschuk bzw. Butylkautschuk. (Rev. gén. Caoutchouc **32.** 784—92. Sept. 1955.) M. WINIKER. 7226

**Robert D. Stiehler** und **Frank L. Roth,** *Vulkanisationsmerkmale von Naturkautschuk.* Inhaltlich ident. mit der C. **1954.** 4505 referierten Arbeit. (Rubber Chem. Technol. **26.** 593—623. Juli/Sept. 1953.) R. SCHÄFF. 7228

**B. B. S. T. Boonstra** und **Eli M. Dannenberg,** *Elektrische Leitfähigkeit von Kautschuk–Ruß-Vulkanisaten.* Außer dem Rußgeh. einer Kautschukvulkanisationsmischung sind eine Reihe anderer Faktoren, wie Rußverteilung, Vulkanisationsgrad, Teilchengröße, Oberfläche, Struktur u. Leitfähigkeit des Rußes, von Einfl. auf die elektr. Leitfähigkeit der Vulkanisate. Verschied. Rußtypen werden vergleichend gegenübergestellt. (Ind. Engng. Chem. **46.** 218—27. Jan. 1954. Cambridge, Mass., Godfrey L. Cavot, Inc., Res. and Developm. Labor.) R. SCHÄFF. 7230

**D. G. Marshall, D. L. Walker** und **J. G. Smith,** *Erweichung des vulkanisierten, mit Ruß gefüllten Kautschuks beim Dehnen.* An Kautschuk–Ruß-Vulkanisaten (I) wurden der Unterschied der Zugfestigkeit–Dehnungs-Eigg. zwischen dem 1. u. den folgenden Dehnungscyclen u. die Änderung der Temp., des elektr. Widerstands u. des Moduls zwischen dem 1. u. 2. Dehnungscyclus untersucht. Auf Grund der Befunde erörtern Vff., ob diese Änderungen für alle viscoelast. Materialien charakterist. sind. Bei jedem viscoelast. Material muß man einen Unterschied zwischen der 1. u. 2. Dehnungskurve erwarten; jedoch unterscheidet sich das Verh. von I in mancher Hinsicht grundlegend von einem einfachen viscoelast. Material. Die gesamte Energie, die zum Erweichen des I aufgewendet wird, erscheint als Wärme (experimentelle Fehlergrenze $\pm 10\%$). Das Verhältnis der Flächen der Hystereseschleife von I beim 1. u. 2. Dehnungscyclus ändert sich bei verschied I-Mischungen im untersuchten Bereich der Dehnungen nur wenig. Obwohl der Modul von I bei steigender Temp. abnimmt, bleibt das Verhältnis der Fläche der Hystereseschleife beim 1. u. 2. Dehnungscyclus im untersuchten Temperaturbereich prakt. konstant. Elektr. Widerstandsänderungen treten auf, die den Effekten des mechan. Erweichens von I entsprechen. Da sich also beim Erweichungsvorgang die Anordnung der Rußteilchen ändert, wird gefolgert, daß die Erweichung in Beziehung zu inneren Spannungen im Kautschuk steht. (Trans. Proc. Instn. Rubber Ind., Trans. **31.** T 115 — T 25. Aug. 1955. Fort Dunlop, Dunlop Rubber Co. Ltd., Physic. Res. Div.) R. SCHÄFF. 7230

**R. Houwink,** *Verstärkung von Kautschuken.* Vf. erörtert den Begriff der Kautschukverstärkung (der sich nur in bezug auf eine bestimmte mechan. Eig. anwenden läßt), die thermodynam. Grundlage (Unterschied zwischen Lösungsm. u. Verstärkerfüllstoff), die Wechselwrkg. zwischen Polymerisat u. Füllstoffen, die Beschaffenheit der Füllstoffoberfläche, den Einfl. wiederholter Deformation, den Mechanismus der Füllstoffverstärkung u. das erreichbare Maximum der verstärkenden Wirkung. Die „Theorie der teilweise überbeanspruchten Moll.", die die Diskrepanz zwischen theoret. u. experimentell ermittelter Zugfestigkeit u. Bruchenergie verstärkter Polymerisate erklären soll, wird entwickelt. (Kautschuk u. Gummi **5.** Nr. 5. Wiss. u. Techn. WT 65—72. Mai 1952. Delft, Rubber-Stichting.) R. SCHÄFF. 7230

**Y. T. Zuev,** *Der Schutz von Gummi gegen Rißbildung unter dem Einfluß von Ozon.* Zur Verminderung der Rißbldg. bei Gummiwaren unter dem Einfl. von Ozon wird empfohlen, auf die Oberflächenschicht einen Druck auszuüben (durch geeignete Blähmittel, z. B. Triäthanolamin) oder eine nicht ozonempfindliche Schutzschicht, z. B. aus Neopren, aufzutragen. — Die Analogien zwischen der Rißbldg. bei deformierten Festkörpern u. der Ozonrißbldg. bei Gummi werden eingehend besprochen. — 14 Literaturhinweise. (Rev. gén. Caoutchouc **31.** 898—900. Nov. 1954.) M. WINIKER. 7230

**W. S. Ericksen,** *Analyse von Spannungen, die durch ein Prüfgerät für Verbunde (Sandwich Proof Tester) hervorgerufen werden.* Vf. erörtert die Spannungen, die theoret. in einer flachen Verbundplatte (sandwich panel) mittels einer Vakuumapp., die eine konz. Belastung hervorruft, entstehen u. gibt Gleichungen zur Ermittlung von Spannungen im

Kern u. in der Außenhaut an. Dieses Prüfgerät ist z. B. für Verbunde aus Glasgewebe-Wabenstruktur geeignet. (ASTM Bull. **1954.** Nr. 199. 80—83. Juli. Madison, Wis., Forest Products Labor.) R. SCHÄFF. 7248

**B. G. Labbe,** *Untersuchung der Härteprüfung von Elastomeren bei tiefen Temperaturen.* Die Eignung u. Reproduzierbarkeit der verschied. Apparaturen zur Ermittlung der Härte (Maß für den Widerstand eines Materials gegen Eindruck) von kautschukelast. Prodd. bei tiefen Tempp. werden bewertet. Die Änderung des Eigenschaftswertes „Härte" verschied. Prodd. im Temperaturbereich von ca. 20 bis —62° wurde untersucht. Die Befunde lassen die Folgerung zu, daß das *Indentometer* des Materiallabor. des BUREAU OF SHIPS am geeignetsten bei Tieftemperaturtesten ist. (ASTM Bull. **1954.** Nr. 199. 73—79. Juli. Akron, O., Firestone Tire & Rubber Co., Phys. Testing u. Univ., Governm. Labor.) R. SCHÄFF. 7248

## XIII. Ätherische Öle. Parfümerie. Kosmetik.

**M. F. Carroll,** *Das Commonwealth als Rohstoffquelle für ätherische Öle.* Vf. berichtet über die Produktion äther. Öle im brit. Königreich, die Herst. von für die Synth. wichtigen Ausgangsprodd., wie *Menthol, Citral* u. *Vanillin*, u. die Beeinflussung der Ausbeuten durch Klima, Bodenbeschaffenheit usw. (J. Roy. Soc. Arts **103.** 689—703. 19/8. 1955.) H. P. FIEDLER. 7262

**K. K. Baslas,** *Ätherisches Blütenöl der Lawsonia inermis Linn.* (*Syn. L. alba, Lam.*). Die *Lythracea Lawsonia inermis Linn.* (*Mehndi*), in Indien einheim., gibt ein als *Henna* bekanntes äther. Öl, das bei Wasserdampfdest. u. Extraktion des Destillates mit Chlf. in 0,01% Ausbeute erhalten wurde. Eigg.: $Kp._{12}$ 125—128°, $D.^{15}$ 0,9423, $n_D^{20}$ 1,520. In einer bei $Kp._{18}$ 137—140° sd., 90% des Öls betragenden Fraktion wurden 80% β- u. 20% α-Jonon nachgewiesen. (J. Indian chem. Soc. **31.** 705—08. Sept. 1954. Agra, Coll., Chem. Labors.) H. MÜHLMEISTER. 7262

**T. J. Coomes, H. T. Islip** und **W. S. A. Matthews,** *Ätherisches Öl von Pentzia schistostephioides aus Südrhodesien.* Die Blätter der in 2000 m Höhe im östlichen Grenzland von Südrhodesien in großen Mengen wachsenden perennierenden, bis zu 1,20 m hoch werdenden *Pentzia schistostephioides* gaben nach der Blüte im November 0,3% bräunliches, nach Cineol riechendes äther. Öl von $D._{15,5}^{15,5}$ 0,9126, $[\alpha]_D^{23}$ —11,6°, $n_D^{20}$ 1,4760, SZ. 0,6, EZ. 5,0, EZ. nach Acetylierung 66,9, bei 15,5° unlösl. in 80% ig., lösl. in 0,25 bis 10 Vol. 90% ig. Alkohol. Nachgewiesen werden konnten 29,2(%) 1.8-Cineol, 17,9 freie Alkohole, hauptsächlich —α-Terpineol, 15,6 Terpene, vornehmlich —· u. +-α-Pinen; nicht indentifiziert wurden 19,1 Sesquiterpene u. höhersd. Körper, darunter wahrscheinlich Azulen, u. in geringen Mengen Säuren, Ester, Aldehyde u./oder Ketone u. Phenole. Eine wirtschaftliche Verwertung wird nicht empfohlen. (Colonial Plant Animal Products **4.** 145—50. 1954. Colonial Prod. Labor.) H. MÜHLMEISTER. 7262

**T. J. Coomes, H. T. Islip** und **W. S. A. Matthews,** *Muhuhuöl und Muhugweholz (Brachylaena hutchinsii) aus Tanganyika. Muhuhuöl* aus *Muhugweholz* (*Brachylaena hutchinsii*) muß, wie bei Dest. nach 12 + 12 + 24 Std. erhaltene Muster zeigten, erschöpfend mit Wasserdampf dest. werden, um die in den letzten Fraktionen enthaltenen wertvollen Sesquiterpenalkohole ohne Verlust zu gewinnen; auch die erhebliche Menge Destillationswasser muß deshalb redest. oder besser kohobiert werden. Vff. brauchten 2,6 kg Niederdruckdampf je kg Holz, das auf 1,6 mm zerkleinert u. in einer außenbeheizten Blase mit W. eingeteigt war, um 1,42% Öl einschließlich 0,23% Wasseröl zu gewinnen. Das ziemlich viscose, grüngelbe Öl von Ceder–Vetiver-Geruch hatte $D._{15,5}^{15,5}$ 0,9884, $[\alpha]_D^{22}$ +3,26°, $n_D^{20}$ 1,5131, SZ. 2,6, EZ. 9,4, EZ. nach Acetylierung 128,5, entsprechend 55,9% Gesamtalkoholen als $C_{15}H_{24}O$, lösl. in 1,8 Vol. 80% ig. Alkohol. Der Geh. an Alkoholen ist wesentlich höher als in zum Vgl. angeführten Mustern, die auch nur in 90% ig. A. lösl. sind. (Colonial Plant Animal Products **4.** 137—44. 1954. Colonial Prod. Labor.) H. MÜHLMEISTER. 7262

**K. K. Chakravarti** und **S. C. Bhattacharyya,** *Chemische Untersuchung des Malabar-Lemongrasöls (Cymbopogon nardus Rendle).* 2. Mitt. (1. vgl. C. **1955.** 5198.) In den von $Kp._9$ 108—109° bis $Kp._{0,2}$ 180° sd. Fraktionen des Malabar-Lemongrasöls wurden gefunden: Borneol, 3 KW-stoffe $C_{15}H_{24}$, von denen einer mit 1 (Doppelbindung) wahrscheinlich ein tricycl. Sesquiterpen, einer mit 2 ein cadinenähnlicher Körper u. ein weiterer mit 2 noch unbekannt ist, ebenso wie 2 Alkohole $C_{10}H_{14}O_2$ u. $C_{13}H_{18}O_2$. Die bei $Kp._{0,2}$ 130—132, 150—155 u. 180—184° sd. Anteile sind wahrscheinlich ein Sesquiterpenalkohol u. zwei Diterpenderivate. (Perfum. essent. Oil Rec. **46.** 365—68. Nov. 1955. Poona, Nat. Chem. Labor. of India.) H. MÜHLMEISTER. 7262

**C. Doubleday,** *Untersuchung der Anwendung verschiedener kosmetischer Stoffe.* Vf. regt die Nachprüfung persönlicher Beobachtungen an über schädliche Einfll. von Cholesterin in kosmet. Prodd. auf die Galle, günstige von Vitamin A in genügender Konz. u. von Decyldimethylammoniumbromid (*Deciquam*) auf die Haut u. gegen Ekzeme. (Soap, Perfum. Cosmet. **26.** 263—65. März 1953. Kapstadt.) H. MÜHLMEISTER. 7284

**Hans Schwarz,** *Ei und Eiweiß in der Kosmetik.* Zus. u. Eigg. des Eies werden beschrieben, seine direkte Verwendung ist unzweckmäßig. Daher werden seine industriell hergestellten Spaltprodd. mit der Wrkg. von Fett u. Eiweiß (*Oleyllysalbinsaures K*) mit höheren Fettsäuren kondensiert, diese *Lamepon*-Erzeugnisse lassen sich in Seifen einpilieren u. geben ihnen eine Schutzwrkg. gegen etwaige alkal. Angriffe, hemmen die entfettende Wrkg. der Alkyl- u. Alkylarylsulfonate u. wirken als Schutzkolloid. Da sie $p_H$ 6 haben, sind sie geeignet zum Unterbringen von Vitaminen, die im sauren Medium lebensfähig sind, u. so zur Herst. von Haarnährmitteln. Auch für hautschützende Gesichtswasser können sie wegen ihrer Löslichkeit in 50%ig. A. verwendet werden, ebenso für Frisierlacke. Mit Triäthanolamin wirken sie als Emulgator für Vaselin u. äther. Öle. (Parfümerie u. Kosmet. **36.** 386. Aug. 1955.) H. MÜHLMEISTER. 7284

**W. Schneider,** *Eine neue Erkenntnis in der Hautbehandlung. Vorschriften für neuartige Emulsionen und Salben unter Beachtung des Verhaltens der Haut und der Fettzusammensetzung der Hautoberfläche.* Das Hautfett erfüllt entsprechend seiner gleichzeitig hydro- u. lipophilen Natur sehr unterschiedliche Aufgaben im Bindegewebe. Es enthält a) Neutralfette (in der Epidermis in sehr geringen Mengen), b) Cholesterin u. seine Ester, c) wenig Fettsäuren, d) Phosphatide (I; Lecithin, Cephalin). Diese Lipoide wandern durch eine akt. Zone, um schließlich als eine inakt. Schutzschicht, z. B. an den Haaren, abgeschieden zu werden. Enzymspaltung des Syst. $H_3PO_4$–Glycerin–Fett reguliert das $p_H$ des Säuremantels der Haut. Die Phospholipoide spielen in chem., physikal. u. biol. Vorgängen eine sehr wichtige Rolle, da sie es sind, die nach Arbeiten von KOPPENHÖFER, NÜSSLEIN u. des Vf. als gleichzeitig hydro- u. lipophile Körper emulgierend auf die hydrophoben Bestandteile (Fette, Fettsäuren, Wachse) wirken u. ein hydrophil-hydrophobes Gleichgewicht herstellen, das unerwünschte Trocken- u. Quellprozesse verhindert. Diese Eigg. der I finden vorteilhafte Anwendung durch ihren Zusatz zu Emulsionen u. Salben. Wegen der leichten Zersetzlichkeit der natürlichen I werden hierfür besser synthet., prim., sek. u. tert. $H_3PO_4$-Ester mit Fettalkoholen, Phenolen, Glykolen u. a. verwendet, die in ihrer Mannigfaltigkeit die Möglichkeit zur gewünschten Einstellung der $p_H$ geben u. sowohl fett- wie wasserlösl. Medikamente aufnehmen wie ihr Eindringen in die Haut begünstigen können. Vielleicht ist die O=P-Gruppe wichtig für die Verträglichkeit der $H_3PO_4$-Derivv. mit dem Albumin der Haut. (Soap, Perfum. Cosmet. **27.** 151—57. Febr. 255—59. März 1954. Augsburg, Städt. Krankenhaus, Hautklinik.) H. MÜHLMEISTER. 7284

**Ss. A. Moldawskaja** und **Je. Ss. Dmitrijewa,** *Über das Ranzigwerden von kosmetischen Cremes.* 6 Monate lange Beobachtungen über das Ranzigwerden bei einer 35% Aprikosenkernöl enthaltenden Creme u. an natürlichem Kernöl ergaben, daß für das Ranzigwerden das Zusammenwirken von Luft u. Licht bestimmend sind. Das geringste Ansteigen der Peroxydzahl zeigten Cremes, die in Al-Tuben verpackt, die in völliger Dunkelheit aufbewahrt, u. solche, die mit Parfüm + 0,3% Zimtalkohol u. mit 0,15% Na-Benzoat versetzt wurden. Die höchste Peroxydzahl zeigten Cremes ohne Parfüm, solche, die Licht u. Luft ausgesetzt waren, ferner solche mit Zusätzen von Citronensäure u. Ascorbinsäure. Blaues Glas bot keinen Vorteil gegenüber weißem. Als beste Antioxydantien erwiesen sich Zimtalkohol u. Na-Benzoat. (Маслобойно-Жировая Промышленность [Öl- u. Fett-Ind.] **20.** Nr. 5. 18—20. 1955.) J. BÖSS. 7284

---

**Anna L. Miller** und **Dorothy M. Keast,** Philadelphia, Pa., V. St. A., *Mittel zur Verhinderung der Transpiration an Fingerspitzen,* bestehend aus einem beliebig geformten Preßkörper, der aus 1—10% eines Adstringens, wie $Al_2(SO_4)_3$, 20—30% Trägerstoff, wie Talkum, u. 60—80% eines Neutralisierungsmittels, wie $MgCO_3$, besteht. — *Zur Verwendung in feinmechan. Fabriken.* (**A. P. 2 664 581** vom 1/12. 1950, ausg. 5/1. 1954.) K. HEINZE. 7285

**Procter & Gamble Co.,** Cincinnati, übert. von: **John W. Haefele,** Mount Healthy, O., V. St. A., *Kaltwellmittel,* bestehend aus einem nichttert. Mercaptan (I) u. einem organ. Disulfid (II), die beide durch Oxy- oder Alkoxygruppen substituiert sein können; der Geh. an I beträgt 1—15%; das Mol-Verhältnis II:I beträgt von 0,1:1,0—1,5:1,0; $p_H$ 8,5—9,5. — Beispiele für I: Mercaptoäthanol, 3-Mercaptopropanol, Thioglycerin, 1.2-Dithioglycerin, Thiohydracrylsäure, Thiomilchsäure, Thioäpfelsäure, Dithioweinsäure, β-Mercaptobuttersäure. (**A. PP. 2 719 813** u. **2 719 814** vom 10/9. 1953, ausg. 4/10. 1955.) E. PETERSEN. 7285

## XIV. Zucker. Kohlenhydrate. Stärke.

**L. F. Gates** und **R. Hull**, *Untersuchungen über die Schwarzbeinigkeit in Zuckerrübenanzuchten.* Die Schwarzbeinigkeit der Rüben wird meist durch Phoma betae, in selteneren Fällen durch Pythium spec. hervorgerufen. Bekämpfungserfolge konnten durch Beizung mit organ. Quecksilberverbb. u. *Thiram* erzielt werden. (Ann. appl. Biol. **41.** 541—61. Dez. 1954. Dunholme Field Stat., Lincoln, Rothamsted Exp. Stat.) W. KNÖPKE. 7406

**György Oplatka** und **Konstantin Vukov**, *Theoretische und praktische Untersuchungen über geschlossene Diffusionssysteme.* Unter Zugrundelegung eines geschlossenen Syst., in dem in einem Gemenge von Zuckerrübenschnitzeln u. W. die Zuckermenge während des Diffusionsprozesses konstant bleibt u. der Zuckeraustausch bis zu einem Gleichgewichtszustand erfolgt, werden mit Anwendung des II. FICKschen Gesetzes mit einer Reihe von Formeln die Ergebnisse theoret. berechnet. Die gleichen Verss. wurden prakt. ausgeführt, wobei gute Übereinstimmung der polarimetr. mit den theoret. errechneten Werten erzielt wurde. Ferner wurde die Theorie auf Verss. von STANEK u. PAVLAS übertragen. Auch hier wurde befriedigende Übereinstimmung der theoret. mit den (refraktometr.) Versuchswerten gefunden. (Acta chim. Acad. Sci. hung. **1.** 215—29. 1951. Budapest, Ungar. Zuckerforschungsinst.) B. KRAFT. 7412

**U. P. Girko** und **P. W. Golowin**, *Bildung von Invertzucker im Saft der 2. Saturation bei Behandlung derselben mit Kationiten.* Bei der Behandlung des Saftes der 2. Saturation vom Reinheitsgrad 92—93 mit Kationiten bildet sich kein Invertzucker, wenn das $p_H$ 4 u. mehr beträgt, u. beim Reinheitsgrad 96, wenn das $p_H$ 3,5 u. weniger beträgt. (Украинский Химический Журнал [Ukrain. chem. J.] **21.** 530—32. 1955. Inst. für organ. Chem. der Akad. der Wiss. der UkrSSR, Labor. für Kohlehydrate.) J. v. SCHROEDER. 7412

**Jerzy Zaleski**, *Die Qualität des in den polnischen Zuckerfabriken angewandten Kalksteins.* Die Zus. von verschied., in poln. Zuckerfabriken verwendeten Kalksteinsorten (Geh. an CaO, MgO, $CO_2$, $SiO_2$, $Al_2O_3$, $Fe_2O_3$) wird tabellar. mitgeteilt. (Gaz. Cukrownicza **55.** 32—36. Febr. 1953.) R. K. MÜLLER. 7412

**G. S. Siddappa**, *Standards für Cholammalzextrakt.* Für aus Cholam (Andropogon sorghum) hergestellten Malzextrakt werden folgende Normwerte vorgeschlagen: D. 1,40 bis 1,45, $n_D$ 1,4950—1,5000, Trockensubstanz 80—82%, Gesamtzucker als Maltose 65—75%, Acidität als Essigsäure 0,6—0,8, Albuminide 2,8—3,2%, Vitamin A 175 bis 225 I. E/g, Vitamin $B_1$ 100—125 I. E/100 g. (J. sci. ind. Res. [New Delhi] **13 A.** 33—34. Jan. 1954. Madras, Agric. Dep.) F. KRUSEN. 7444

**T. R. Gillett** und **W. D. Heath**, *Neue Entwicklung in der Weißzuckercolorimetrie.* Es wird ein vorläufig als Einheitsmeth. geltendes Verf. zur Colorimetrie von Zuckerlsgg. entwickelt. Die 50%ig. Lsgg. werden bei 90—100° durch Rühren in Gefäßen aus rostfreiem Stahl oder Glas u. nicht aus Al nach Zugabe des dest. W. zum Zucker hergestellt. Filtration oder Einstellung des $p_H$ erfolgt nicht. Die %-Lichtdurchlässigkeit werden nach Abkühlen in der 10 cm-Küvette bei 420 u. 720 m$\mu$ gegen eine gleichkonz. farblose Standardzuckerlsg. als Trübungskompensation abgelesen. Ein Spezial-BECKMAN-Zuckercolorimeter wurde konstruiert. (Analytic. Chem. **26.** 1780—84. Nov. 1954. Crockett, Calif., California and Hawaiian Sugar Refining Corp. Ltd.) PH. FRESENIUS. 7488

## XV. Gärungsindustrie.

**N. M. Werbina**, *Gewöhnung von Hefen an eine erhöhte Alkalität des Mediums.* Durch Adaptation wurde eine besondere Rasse Saccharomyces cerevisiae erhalten, die sich bei alkal. Rk. des Mediums ($p_H$ 8,2) gut entwickelte. Das Durchlaufverf. hat gegenüber stationären Bedingungen keine Vorzüge. Es gibt nur die Möglichkeit, in kürzerer Zeit adaptatierte Hefe zu erhalten. Die Anpassung an Alkali hat die Tätigkeit zur Glycerinbldg. im sauren oder alkal. Medium nicht erhöht. Verändert hat sich nur die Alkalifestigkeit der Zellen, nicht jedoch ihre biochem. Aktivität. (Микробиология [Mikrobiologie] **24.** 681—84. Nov./Dez. 1955. Moskau, Akad. der Wiss. der UdSSR, Mikrobiol. Inst.) OTTO MAIER. 7506

**A. P. Smirnowa**, *Die Gewinnung von Autolysaten aus Weinhefen.* Bei verschied. Tempp. vorbehandelte sowie mit HCl 36 Std. hydrolysierte Hefe wurde auf ihren Einfl. auf die Sektqualität untersucht. Es zeigte sich, daß Hefe bei 2maliger je 3std. Behandlung bei —10° die besten Autolysate liefert. Eine kombinierte Behandlung der Hefe bei 70 u. —10° hat ebenfalls einen positiven Einfl. auf die Qualität des Sektes.

(Виноделие и Виноградарство СССР [Weinbereit. Weinbau UdSSR] **15.** Nr. 7. 41—44. 1955. Moskau, Technol. Inst. der Nahrungsmittelind.) OTTO MAIER. 7506

**G. P. Tolstoi,** *Anwendung von gärender Maische statt Hefe.* Vf. beschreibt den Einsatz von gärenden Maischen statt Frischhefezusatz. Der Abzug der Maischen erfolgt im oberen Drittel des Behälters. Man spart dadurch an Behälterraum für die Hefevorbereitung. Die Anwendungsschemen werden beschrieben. Die Ansäuerung der gärenden Maischen erfolgt mit $H_2SO_4$, um eine Infektion zu vermeiden. Die Hefen gewöhnen sich nach 6—7 Tagen an die höhere Acidität der Maischen. Bei Produktionspausen entnimmt man die gärende Maische dem letzten Behälter, säuert um 0,1° höher als üblich an u. kühlt dann auf 15—16° ab. Haltbarkeit der Würze ca. 5 Tage. In den Zusatzbehältern müssen unbedingt Kühlschlangen eingebaut werden. Die Meth. hat Produktionserhöhung u. Einsparungen an Malz gebracht. (Спиртовая Промышленность [Spirituosen-Ind.] **21.** Nr. 2. 31—33. 1955. Tambow, Spiritustrust.) A. ECKE. 7536

**D. A. Korshujew,** *Verluste im Kartoffelgewicht bei der Lagerung.* Vf. bespricht die Verluste bei der Lagerung von Kartoffeln in Mieten auf Grund von Großverss. in 38 bis 46 Spiritusfabriken. Die Temp. beeinflußt weitgehend die Qualität bei der Lagerung. Anfangs (2—3 Wochen) müssen die Kartoffeln bei 10—12° u. 80—85% relativer Luftfeuchtigkeit gelagert werden. (Спиртовая Промышленность [Spirituosen-Ind.] **21.** Nr. 2. 12—15. 1955. Allunions Wiss. Forschungsinst. der Spiritusind.) A. ECKE. 7540

**K. Kärnbach,** *Luftentkeimung durch Ultraviolettstrahler.* Es werden die physikal. Grundlagen u. die chem. Wrkg. der UV-Strahlen sowie einige Strahlertypen besprochen, bes. im Hinblick auf die Luftentkeimung in Brauereien. (Brauerei **9.** 667—69. 24/11. 1955. Berlin, Versuchs- u. Lehranst. für Brauerei.) E. BOYE. 7544

**E. C. Barton-Wright,** *Ein historischer Überblick über den Nährwert gegorener Getränke unter besonderer Berücksichtigung des Bieres.* Histor. Überblick über die Herst. gegorener Getränke u. Angaben über deren Nährwert, bes. des Bieres. (Wallerstein Lab. Commun. **18.** 95—105. Juni 1955.) G. WOLF. 7550

**Baltzar Jacobsson** und **Folke Liljegren,** *Hygienischer Flaschenverschluß.* Eine Vergleichsunters. an Gummischeiben von Patentflaschenverschlüssen ergibt einen wesentlich höheren Geh. an Mikroorganismen als bei Einlagen u. Korkscheiben von Alkaverschlüssen. (Svensk Bryggeritidskr. **68.** 152—57. April 1953.) R. K. MÜLLER. 7550

**B. Auclair,** *Der Himbeergeschmack der Apfelweine.* Dieser Geschmacksfehler der Apfelweine wird der Tätigkeit von Bakterien zugeschrieben u. ist mit einem hohen Geh. an Acetaldehyd (100—600 mg/Liter) verbunden. Apfelmoste u. auch trockene Apfelweine werden nicht von dieser Krankheit befallen. Auf Grund eigener Beobachtungen stellt Vf. die Hypothese auf, daß Glycerin der Ausgangspunkt dieser Krankheit ist u. durch Bakterientätigkeit daraus Essigsäure u. $CO_2$, sowie auch Acrolein entsteht. (Ind. agric. aliment. **72.** 185—86. März 1955. Anneville-sur-Scie, Cidrerie-Distillerie.) E. KIELHÖFER. 7556

**Stanislaw Zagrodzki** und **Witold Krysztofik,** *Laboratoriumsmäßige Versuche zur kontinuierlichen Citronensäuregärung der Melasse unter Anwendung von Anionenaustauschern.* Aus den Verss. (6 Diagramme u. Abb., 2 Tabellen) geht hervor: Eine mit Kationenaustauscher entsalzte Melasse gibt wegen der starken Kationenverminderung u. der $p_H$-Senkung keine *Citronensäure* (I)-Gärung mehr. Auf einer mit Kationen- u. Anionenaustauschern entmineralisierten Melasse entwickeln sich selbst bei $p_H$ 6 keine I-Bakterien mehr. Bei wenig entsalzter Melasse erhöht sich in der Nähe des Sättigungszustandes die Gärfähigkeit. Die obere Schicht der Gär-Fl. (unter der Hefe selbst) zeigt die höchste I-Konz.; in den unteren Schichten ist sie immer niedrig. Infolge der Verschiedenheit der D. der Schichten tritt Austausch der Konzz. der entstandenen I ein, der bei der diskontinuierlichen Oberflächengärung ca. 24 Std. dauert. Bei der kontinuierlichen Meth. wird die bei der diskontinuierlichen erreichte höchste I-Konz. gleichfalls erzielt. Die Anwendung von Ionenaustauschern zur Bindung der I während der Gärung beschleunigt diese u. vermindert die Menge sich bildender Oxalsäure. Beim kontinuierlichen Gärungsverf. ist die Einleitung der Gärung in der Melasselsg. überflüssig. Die Hefen behalten bei diesem Verf. ihre Gärfähigkeit über 2 Monate; sie läßt jedoch beim Altern etwas nach. (Gaz. Cukrownicza **55.** 118—21. 1953.) E. ROTTER. 7578

**V. Salač** und **Ivo Hlaváček,** *Beitrag zur analytischen Bestimmung der Malzauflösung.* Bei verschieden gelösten Malzen wurden Fein–Grobschrot-Ausbeutedifferenz, KOLBACH-Zahl, Viscosität der Würze u. HARTONG-Zahl bestimmt. Extraktausbeutedifferenz u. Eiweißlösungsgrad nach KOLBACH sind zur Beurteilung der Lsg. nur begrenzt anwendbar. die LUNDIN-Fraktionierung ist ohne Bedeutung. Die Viscosität nimmt während des

Keimens ab u. ist abhängig von Gerstensorte u. -jahrgang. Zur genaueren Beurteilung wird sie mit Hilfe eines nach Kurvendiagrammen aufgestellten Nomogramms auf 10 Gew.-% umgerechnet. Der Einfl. der Tourenzahl bei Best. der Verarbeitungszahl nach HARTONG ist abhängig von der Auflsg. des Malzes. Bei böhm. Malzen genügen 100 U/Minute. Die verkürzte HARTONG-Analyse (40 u. 85°) genügt zur gewöhnlichen Beurteilung. Die Best. der Viscosität bei 85° ermöglicht Beurteilung von Auflsg. u. Verflüssigungsvermögen. Die untersuchten Methoden sind zur Best. des Auflösungsgrades nicht immer zuverlässig. Relativ befriedigend ist die vereinfachte HARTONG-Zahl, schneller die Best. der Würzeviscosität. (Brauwelt, Ausg. B **95.** 1069—75. 19/8. 1098 bis 1100. 23/8. 1955. Prag, Forschungsanst. für Brauerei u. Mälzerei.)
H. G. SCHULTZE-BERNDT. 7598

**Ss. F. Skorbilin,** *Radioaktive Stoffe für die Kontrolle der Weinbereitung.* Vf. stellt fest, daß die Weinbereitung durch Bestrahlung mit $\gamma$-Strahlen kontrolliert u. reguliert werden kann, u. a. mit $^{60}Co$. Die schädliche Wrkg. der Bestrahlung kann durch Auswahl entsprechender radioakt. Stoffe verhindert werden. (Виноделие и Виноградарство СССР [Weinbereit. Weinbau UdSSR] **15.** Nr. 7. 57. 1955. Moskau, Zweigstelle des Inst. „Magaratsch".) OTTO MAIER. 7606

**K. Hennig,** *Bestimmung des Alters eines Weines mit Hilfe von Tritium.* Hinweis auf die diesbzgl. Unterss. von LIBBY (Univ. Chicago, Inst. for Nuclear-Studies). Vorerst ist eine einwandfreie Best. des Jahrgangs eines Weines damit nicht möglich. (Dtsch. Weinbau **9.** 678. 20/11. 1954. Geisenheim.) E. KIELHÖFER. 7606

**Wilhelm Gärtel,** *Colorimetrische Borbestimmung in Rebteilen, Most und Wein mit 1.1'-Anthrimid.* Die Borbest. beruht auf dem von OTTING verbesserten Verf. von ELLIS, ZOOCK u. BAUDISCH. Das Untersuchungsmaterial wird mit konz. $H_2SO_4$ u. Ammoniumpersulfat bei 120° im Trockenschrank verascht. Bei Zusatz einer Lsg. von 1.1'-Anthrimid (1.1'-Dianthrachinonylamin) in konz. $H_2SO_4$ u. Erwärmen auf 90° im Paraffinbad entwickelt sich über Gelbgrün der tiefblaugefärbte Bor–Anthrimid-Komplex, dessen Absorptionsmaximum um 630 m$\mu$ liegt. Das BEERsche Gesetz ist im Meßbereich 0,5 bis 50 $\gamma$ B gültig. Angaben über den B-Geh. verschied. Rebblätter des gleichen Rieslingtriebes aus einem n. Weinberg (1,90—7,00 mg%), von Blättern aus B-Mangelparzellen (0,62—1,53 mg%), von Most (4,29—7,98 mg/Liter), dem daraus gewonnenen Wein (4,09—6,52 mg/Liter) u. der dabei anfallenden Hefe (2,51—6,68 mg% in der Trockensubstanz). (Weinberg u. Keller **1.** 437—45. Dez. 1954. Bernkastel-Kues/Mosel, Biol. Bundesanst. für Land- u. Forstwirtsch., Inst. für Weinbau.) E. KIELHÖFER. 7606

## XVI. Nahrungs-, Genuß- und Futtermittel.

**A. W. Halverson, J. E. Grafius** und **A. L. Moxon,** *Die Proteinzusammensetzung von in Süddakota angebauter Feebar-, Odessa- und Plains-Gerste.* Die Zus. des Proteinanteils von Gersten mit 1,8—3,1% Gesamt-N wird durch Best. der $K_2SO_4$-lösl., A.-lösl. u. unlösl. Anteile ermittelt. Während eine Änderung im Gesamt-N-Geh. von 1,8—2,4% auf den prozentualen Anteil an unlösl. N ohne Einfl. ist, zeigen die salzlösl. u. A.-lösl. Fraktion starke Änderungen. Zwischen 2,4 u. 3,1% Gesamt-N bleibt die Zus. der Proteinfraktionen annähernd konstant. Die für die untersuchten 3 Sorten erhaltenen Werte zeigen keine grundsätzliche Abweichung. Der Einfl. des Mahlsyst. (WILEY-, Hammer-, Kugelmühle) auf den Geh. an den einzelnen Fraktionen wurde untersucht. (Cereal Chem. **29.** 18—29. Jan. 1952. South-Dakota Agric. Exp. Stat.)
M. W. ROTHE. 7664

**Kenneth J. Frey,** *Veränderungen im Protein- und Aminosäuregehalt verschiedener Hafersorten.* Der mittlere Proteingeh. 14 verschied. Hafersorten lag 1949 um ca. 25% höher als 1947. Von den einzelnen Aminosäuren waren im Mittel erhöht: Lysin (**I**) um 47%, Leucin (**II**) um 47%, Methionin (**III**) um 43%, Tryptophan (**IV**) um 12%. Der mittlere Geh. des Proteins an **I** lag bei 3,4%, an **II** bei 7,0% an **III** u. **IV** bei je 1,2%. (Cereal Chem. **29.** 77—81. Jan. 1952. East Lansing, Mich., Michigan Agric. Exp. Stat.)
M. W. ROTHE. 7664

**P. Maltha,** *Weitere Untersuchungen über die Backverbesserung durch l-Ascorbinsäure.* Nähere Unterss. der bekannten Tatsache, daß die backverbessernden Eigg. der *l-Ascorbinsäure* (**I**) auf ihrer Überführung in *Dehydro-l-ascorbinsäure* (**II**) beruhen, die dann selbst erst die erwünschten Wirkungen erzielt, ergaben, daß eine verstärkte Oxydation von **I** zu **II** stattfindet, wenn dem Teig *Glucoseoxydase* (**III**) zugesetzt wird. Die Wrkg. der **III** beruht auf der Freisetzung von $H_2O_2$ bei der Oxydation der Glucose, die hier im Gegensatz zur $H_2O_2$-Zugabe zum Teig so erfolgt, daß eine weitergehende Oxydation der **II** nicht eintreten kann. (Brot u. Gebäck **9.** 101—03. Juni 1955. Deventer, Niederlande.) F. KRUSEN. 7674

**M. Patricia Kearns, Irving S. Fagerson** und **Carl R. Fellers,** *MSG hat bleibende Wirkung.* Zur Prüfung, ob Zugabe von *MSG* (Na-Monoglutamat) zu verschied. Gefrierprodd. auch während einer Lagerung bis zu einem Jahr eine Verbesserung des Geschmacks bewirkt, wurden z. B. Schellfisch, Schmorfleisch u. Kabeljau mit Zusätzen von 0,125—0,25 MSG versehen, verpackt u. bei —10° F gelagert. Laufende organolept. Prüfungen ergaben stets eine bessere Beurteilung der mit MSG behandelten Prodd. als der unbehandelten Kontrollen. (Food Engng. **27.** Nr. 4. 76—77. April 1955. Amherst, Mass., Univ. of Massachusetts, Dep. of Food Technol.) H. GERTH. 7752

**S. K. Kon** und **K. M. Henry,** *Übersichten über den Fortschritt der Milchwissenschaft. Abt. D. Nährwert von Milch und Milchprodukten.* Übersicht mit 930 Literaturangaben. (J. Dairy Res. **21.** 245—98. Juni 1954. Shinfield, near Reading, Nat. Inst. for Res. in Dairying.) F. KRUSEN. 7756

**James H. Cholson,** *Oxydgeschmack bei Milch und Milchprodukten.* Zusammenfassender Überblick der möglichen Ursachen dieses Geschmacksfehlers nebst Hinweisen zu seiner Ausschaltung. (Dairy Wld. **31.** Nr. 5. 14—15. 22—23. Mai 1952. Univ. of Missouri, Fairy Husbandry Dep.) M. RÖSELER. 7756

**A. Giovanardi, L. Checcacci** und **V. Monaci,** *Hygienische Überwachung der Herstellung und des Handels mit Speiseeis.* Eingehender Bericht über die Herst. von Speiseeis, seine hygien. Überwachung u. Maßnahmen bei der Lagerung. — 34 Literaturhinweise. (Boll. Ist. sieroterap. milanese **29.** 385—409. Nov. /Dez. 1950. Mailand, Univ., Ist. d'Igiene.) C. GRIMME. 7756

**Arthur V. Gemmill,** *Verfahrensverbesserung schafft bessere Käse.* Die Qualität von Mozzarellakäse konnte wie folgt verbessert werden: Es wurde eine neue Süßstarterkultur mit einer mit 2½% Milchfett homogenisierten Milch eingeführt, die zwar langsamer anläuft, jedoch Quark erzeugt, der nicht mehr gemahlen zu werden braucht. Der entstandene gute Geschmack bleibt auch mit zunehmendem Alter erhalten. Nach Formung zu 2½ lb. Ballen wird der Käse einer „Schnellbehandlung" durch Aufbringen einer gekühlten Salzlsg. unterworfen. Der Käse wird unter Vakuum verpackt, wodurch er für längere Zeit seine weiße Farbe behält. (Food Engng. **27.** Nr. 4. 82—83. April 1955.) H. GERTH. 7760

**R. Clark,** *Verwendung von Harnstoff und Melasse bei der Winterfütterung.* Als Ergänzung des närhstoffarmen Winterfutters für Rinder u. Schafe in Südafrika bewährten sich Gaben von *Harnstoff* (**I**) u. *Melasse* (**II**), wobei auf 1 (Teil) **I** jeweils 10 **II** gegeben werden müssen. Rindern dürfen pro Tag nicht $>$3—4 oz., Schafen nicht $>$0,2 oz. **I** verabfolgt werden. (Farming South Africa **27.** 453—54. Okt. 1952. Onderstepoort, Div. of Veterin. Services.) F. RANG. 7786

**W. W. Pinewitsch,** *Die Bestimmung von Stickstoff und Phosphor in pflanzlichem Material in einer Einwaage.* Inhaltlich ident. mit der C. **1955.** 9692 referierten Arbeit. (Вестник Ленинградского Университета, Серия Биологии. Географии и Геологии [Nachr. Leningrader Univ.] **10.** Nr. 1. [Ser. Biol., Geogr. Geol.] Nr. **1.** 157—58. Jan. 1955.) M. GORDIENKO. 7796

**H. Fincke,** *Fettbestimmung bei Lebensmitteln.* Die Empfehlungen von STOLDT, (vgl. C. **1952.** 7431.) zum Salzsäureaufschluß von Lebensmitteln mit Einschlußfetten gleichen prinzipiell den Bestimmungen des 1938 bekanntgegebenen „Internationalen Einheitsverf. für die Fettbest. in Rohstoffen u. Erzeugnissen der Kakao- u. Schokoladenindustrie", das mitgeteilt u. in einzelnen Teilen verbessert wird. (Dtsch. Lebensmittel-Rdsch. **47.** 220—21. Okt. 1951. Köln.) M.-D. LAUBSCHAT. 7832

**Luis de Alcuaz,** *Einfacher Salztester vereinfacht die Qualitätskontrolle.* Beschreibung eines Salztesters, mit welchem Salzkonzz., z. B. in Suppen u. Mayonnaisen, bis zu 0,05% mit einer Genauigkeit von 0,05% bestimmt werden können. Die zu untersuchende Probe wirkt als Elektrolyt in einer Leitfähigkeitszelle. Die Messung beruht darauf, daß die elektr. Leitfähigkeit einer Salzlsg. prakt. proportional der Ionenkonz. u. umgekehrt proportional dem Widerstand ist, so daß ein fließender Strom zur angewandten Spannung nach dem OHMschen Gesetzen in Beziehung gebracht werden kann. Das Gerät ist auf verschied. Konzentrationsbereiche einstellbar. (Food Engng. **27.** Nr. 4. 86. April 1955. Oakland, Calif., Gerber Products Co.) H. GERTH. 7838

**Ernest F. Budde,** *Die Bestimmung des Fettes in gebackenem Biskuit vom Typ des Hundefutters.* Zur Best. von Fett in Hundekuchen wurden 3 Methoden verwandt: a) direkte Extraktion mittels Ae., b) Ae.-Extraktion nach Säurehydrolyse u. c) Ae.-Extraktion nach Säurehydrolyse, Eindampfen des so gewonnenen Extraktes u. erneute Ae.-Extraktion. Die nach c) erhaltenen Werte waren die besten, während die nach a) erhaltenen bei weitem zu niedrig u. die nach b) erhaltenen zu hoch ausfielen. (J. Assoc. off. agric. Chemists **35.** 799—805. 15/8. 1952. Chicago, Ill., Quaker Oats Co.) H. GUDE. 7868

**National Research Development Corp.**, London, England (Erfinder: **Alexander Toravill Robert Mattick** und **Andrei Hirsch**), *Konservieren von Lebens- und Futtermitteln.* Man fügt diesen Stoffen *Nisin* zu, wodurch man mit niederen Pasteurisiertempp. auskommt. — Vgl. auch F. P. 1 058 885; C. **1955.** 8761. (**E. P. 734 520** vom 23/7. 1952, ausg. 3/8. 1955.) H. MAASS. 7635

**Joh. A. Benckiser G. m. b. H., Chemische Fabrik** (Erfinder: **Paul Michels**), Ludwigshafen/Rh., *Verhinderung von Verfärbungen von Käse während der Reifung*, dad. gek., daß das zum Waschen des Käses während seines Reifungsprozesses verwandte Waschwasser starke Reduktionsmittel (Ascorbinsäure) u. zur Komplexbldg. fähige Stoffe (Pyrophosphate, Citrate) enthält. (**D. B. P. 938 581** Kl. 53e vom 24/2. 1954, ausg. 2/2. 1956. Anmeldung bekanntgemacht 11/11. 1954.) H. MAASS. 7761

**Trojan Powder Co.**, New York, N. Y., übert. von: **Edward I. Russel**, Allentown, Pa., V. St. A., *Silierungsmittel* für Grünfutter, bestehend aus einer wasserfreien Mischung von Na-Formiat (I) u. $CaCl_2$ (II), der noch $NaNO_2$ (III) beigegeben werden kann. — Beispiel: 51 (lbs.) I, 42 II u. 7 III. (**A. P. 2 714 067** vom 24/3. 1954, ausg. 26/7. 1955.) W. KRANZ. 7783

**United States of America**, übert. von: **Emanuel M. Bickoff**, Berkeley, Calif., V. St. A., *Stabilisieren von getrockneten Futtermitteln* zur Erhaltung des Carotingehaltes durch Zugabe eines *halogenierten 2.2.4-Trialkyl-1.2-dihydrochinolins* — z. B. werden 200 g Alfalfamehl mit 4 $cm^3$ einer Äthylglykolmonoäthylätherlsg., enthaltend 0,25 g *7-Chlor-2.2.4-trimethyl-1.2-dihydrochinolin*, unter Mischen besprüht. (**A. P. 2 711 962** vom 11/8. 1954, ausg. 28/6. 1955.) W. KRANZ. 7787

**Paul B. Shearer**, Drexel Hill, Pa., V. St. A., *Futtermittel*, bes. für Schweine. Frischer Molke wird eine Ca-Verb., z. B. $CaCO_3$ oder Ca-Gluconat, bis zur Neutralisation der Milchsäure, ferner ½—5% Brauhefe in Trockenform zugesetzt. (**A. P. 2 716 063** vom 11/6. 1952, ausg. 23/8. 1955.) W. KRANZ. 7787

## XVII. Fette. Seifen. Wasch- u. Reinigungsmittel. Wachse. Bohnermassen usw.

**K. L. Weber**, *Erzeugung einer einwandfreien Toiletteseife.* Die Rohstoffe für weiße Seifen werden anteilmäßig mit ihrer besonderen Wrkg. aufgezählt. Ricinusöl in Verb. mit Salz bewirkt die Härte. Oxyfettsäuren, Unverseifbares u. Neutralfett stören. Der Anteil des letzteren ist wegen Ranziditätsgefahr unter 0,02% zu senken. Dafür beschreibt Vf. sein Absolut-Vollverseifungsverf. im homogenen „Globularleim". Im Herstellungsgang wird bei 80—90° zentrifugiert u. dann mit $H_2O_2$ oder besser mit NaClO (80%ig) gebleicht u. desodoriert. (Parfümerie u. Kosmet. **36.** 202—03. Mai 1955.) H. GUDE. 7910

**A. A. Lessjuiss**, *Die Gewinnung von Waschpulver durch Zerstäubung aus Autoklaven mit Hilfe von Düsen.* Durch Autoklavenzerstäubung (innerer Durchmesser 960 mm) wurde mit einer kon. Düse im Winter bei 200° u. 16 at, im Sommer bei 240° u. 22—24 at aus 40%ig. Haushaltseife unter Zusatz von $Na_2CO_3$ oder Na-Silicat ein krist. u. gut lösl. Waschpulver erhalten. Erwärmen u. Mischen mit überhitztem Dampf dauerte im Sommer 5—10, im Winter 15—20 Minuten. Tagesausbeute bei 2 Autoklaven 27—28 Tonnen. (Маслобойно-Жировая Промышленность [Öl- u. Fett-Ind.] **21.** Nr. 6. 19—20. 1955. Ukrain. Hauptverwaltung für pflanzliche Fette u. Öle.) J. BÖSS. 7912

**János Holló, Ferenc Jólesz** und **József Tapodó**, *Wachs aus Sonnenblumenschalen.* Aus Sonnenblumenschalen gewinnt man mit 0,6—0,8%ig. Ausbeute ein Wachs. Seine chem. u. physikal. Eigg. ähneln denen der importierten Edelwachse, so daß dies Sonnenblumenwachs in manchen Industriezweigen das Importwachs ersetzen kann. 6000 Waggons Sonnenblumenschalen ergeben 40—45 Waggons Wachs. (Elemezési Ipar [Verpflegungs-Ind.] **6.** 142—45. Mai 1952. Mitt. aus der landwirtschaftlichen u. landwirtschaftlich-techn. Akademie, Lehrstuhl für Nahrungsmittelindustrie.) H. LANGENBECK. 7924

**Ss. A. Moldawskaja** und **Je. Ss. Dmitrijewa**, *Eine Schnellmethode zur Bestimmung des Fettsäuregehaltes in Toilettenseife.* Beschreibung einer schnellen, leichten u. genügend genauen Betriebsmeth. zur Best. von W.- u. Fettgeh. von Toiletteseifen u. Angaben über eine App., die aus 2 aufklappbaren, heizbaren, horizontalen Al-Tafeln besteht, zwischen die mit 2 g Seifenschnitzeln gefüllte Papierumschläge gelegt werden. Dauer: 5 Min. Temp.: 160—170°. % Fettsäure = [100 — (Wassergeh. + 0,6 + 0,5 + 1,5)]/1,08. 0,6 = mittlerer Geh. an Elektrolyten in der fertigen Seife, 0,5 = Geh. an ZnO, 1,5 = mittlerer Glyceringeh., 1,08 = Koeff. der in die Seife übergegangenen Fettsäuren, festgestellt auf Grund der Neutralisationszahl. (Маслобойно-Жировая Промышленность [Öl- u. Fett-Ind.] **21.** Nr. 6. 21—22. 1955.) J. BÖSS. 7938

**Universal Oil Products Co.**, übert. von: **Herman S. Bloch**, Chicago, und **George L. Hervert**, Downers Grove, Ill., V. St. A., *Pulverförmige Wasch- und Reinigungsmittel.* Man erhält freifließende, nicht zusammenbackende Prodd. aus Alkylarylsulfonaten durch Beimischen von Mg-, Ca-, Sr-, Ba-, Al- oder Zn-Salzen der Alkylarylsulfonsäuren u. von einer entsprechenden Menge einer das Lösen dieser bewirkenden Salzes, z. B. von Na-Tripolyphosphat, -Hexametaphosphat u. $Na_4P_2O_7$. (**A. P. 2 717 243** vom 19/6. 1951, ausg. 6/9. 1955.) C. LÜTTGEN. 7913

**E. Apotheloz & Cie.**, Colombier, Schweiz, *Waschhilfsmittel*, bestehend aus krist. Perborat ($NaBO_2 \cdot H_2O_2 \cdot 3H_2O$) u. kleinen Mengen Kristallsoda, das vor Gebrauch mit krist. $Na_3PO_4$ gemischt, gelöst u. der Waschlauge zugesetzt wird. (**Belg. P. 516 990** vom 17/1. 1953, ausg. 26/11. 1954. It. Prior. 22/9. 1951. D. Prior. 8/11. 1951. A. Prior. 24/10. 1951.) C. LÜTTGEN. 7913

**Jean Gaston Boissonnat** und **Jean André Jules Garçon**, Seine, Frankreich, *Nichtagressive Waschmittel für Gegenstände aller Art.* Sie bestehen aus einem Arylalkylsulfonat, einer neutralen Seife, einem alkal. Elektrolyten, einem Alkalipersalz einer Mineralsäure u. einem Aminoalkohol, z. B. von der Zus.: 28 (g) Na-Arylalkylsulfonat, 3 K-Palmitat, 28 $Na_2SO_4$, 40 Na-Perborat u. 3 Dimethylaminopropandiol. (**F. P. 1 027 153** vom 3/11. 1950, ausg. 8/5. 1953.) T. OPPERMANN. 7913

**American Cyanamid Co.**, New York, N. Y., übert. von: **Joseph Emmet Carpenter**, Greenwich, Conn., V. St. A., *Quaternäre Ammoniumverbindungen* der Formel $[R_1-CO-NH-C_nH_{2n}-N(R_3)(R_4)-CH_2-CH(OH)-CH_2-O-CO-R_2]^+X^-$, worin $R_1$ den KW-stoffrest einer Fettsäure mit wenigstens 8 C-Atomen, $R_2$ den KW-stoffrest einer „Rosinsäure" (das sind Abietinsäuren u. deren Isomere, ihre Hydrierungs- u. Umlagerungsprodd.), $R_3$ u. $R_4$ Methyl- u. Äthylgruppen, n 2—10 u. X Cl, Br oderJ bedeuten, sind *oberflächenaktiv.* — Prodd. aus *Tallöl, Cocosnußöl, 3-Dimethylaminopropylamin, 2-Diäthylaminoäthylamin, Epichlorhydrin, Epibromhydrin* u. *Abietinsäure.* (**A. P. 2 703 795** vom 28/8. 1953, ausg. 8/3. 1955.) G. LANGER. 7913

**Monsanto Chemicals Ltd.**, England (Erfinder: **Gordon Telford Kennedy**), *Herstellung organischer Sulfonsäuren*, bes. von höherem Mol.-Gew., die *oberflächenakt.* sind, gelingt aus KW-stoffen durch photochem. Rk. in fl. Phase mit $SO_2$ u. $O_2$ in Ggw. von $Cl_2$ unter UV-Bestrahlung. Man sulfoniert aliphat. KW-stoffe mit 5—20 C-Atomen (n-Heptan, n-Dodecan, n-Tetradecan), auch Cyclohexan oder Gemische aus der FISCHER-TROPSCH-Synth. oder Benzin. — Beispiel: In einen Ballon aus Pyrexglas gibt man 200 (g) n-Heptan u. leitet bei 30° 0,3 $SO_2$, 0,15 $Cl_2$ u. 0,008 $O_2$ pro Min. ein. Von außen bestrahlt man mit einer Hg-Dampflampe. Nach 3 Std. bilden sich 2 Schichten, deren untere 57 g eines hellgelben viscosen Öles, D. 1,2, darstellt, das zu 90% aus der *n-Heptanmonosulfonsäure* besteht. (**F. P. 1 034 659** vom 30/11. 1950, ausg. 29/7. 1953. E. Priorr. 6/12. 1949 u. 23/10. 1950.) S. MEIER. 7913

## XVIIIa. Holz. Cellulose. Zellstoff. Papier. Papierdruck. Celluloid. Linoleum.

**Günther Becker**, *Über die Giftwirkung von anorganischen Salzen, α-Chlornaphthalin und Kontaktinsekticiden auf die Holzbohrassel Limnoria.* Zur Unters. der Giftwrkg. von Holzschutzmitteln auf die Holzbohrassel Limnoria wurden voll getränkte Kiefernsplinthölzer nach gewisser Lagerbeanspruchung im Labor. dem Schädling ausgesetzt. Die schwer auswaschbaren Salzgemische aus Chromat u. Arsenat, aus Chromat, Arsenat u. Alkalifluoriden u. aus Chromat u. Zinkchlorid lieferten ungünstige Ergebnisse. Dagegen sind Cu-Cr-Salzgemische aussichtsreich. Techn. Chlornaphthalin zeigte bedeutend schlechtere Schutzwrkg. als Teeröl u. kann ohne besondere Zusätze nicht verwendet werden. Von den Kontaktinsekticiden DDT, γ- u. δ-Hexachlorcyclohexan, Chlordan, Aldrin, Dieldrin u. Toxaphen ist am weitaus wirksamsten γ-Hexachlorcyclohexan, während die α- u. β-Isomeren desselben unwirksam sind. Auf Teredo lassen sich die Ergebnisse nicht übertragen. — 28 Literaturzitate. (Holz Roh- u. Werkstoff **13.** 457—61. Dez. 1955. Berlin-Dahlem, Bundesanst. für mechan. u. chem. Materialprüfung, Fachabt. Holzschutz u. Holztechnologie.) S. HÜTTIG. 7952

**Günther Becker** und **Käthe Starfinger**, *Studien über die Flüssigkeitsaufnahme beim Tauchen von Holz.* 1. Mitt. *Der Einfluß der Tauchdauer und einer Wiederholung der Tauchbehandlung auf die Flüssigkeitsaufnahme von Kiefern- und Fichtenholz.* Die Flüssigkeitsaufnahme von kleinen Kiefernsplint- u. Fichtenholzproben beim Kurztauchen u. Tauchen in wss. u. öligen Holzschutzmitteln wurde in Abhängigkeit von der Zeit untersucht. Eine Verdoppelung der von gehobeltem Holz aufgenommenen Schutzmittelmenge gegenüber einer Tauchzeit von 5 Sek. wird bei Kiefernsplint u. wss. Lösungsmitteln durch ca. 10 Min., bei Kiefernsplint u. öligen Mitteln sowie Fichte u. wss. Lsgg. durch 15—20 Min., bei Fichte u. öligen Mitteln durch 1—2 Std. Tauchzeit erreicht. Bei einer zweiten Tauchbehandlung, nach vorangegangener Verdunstung des im ersten Arbeitsgang aufgenommenen Wassers, wird bei wss. Lsgg. dieselbe Flüssigkeitsmenge wie beim ersten Kurztauchen aufgenommen, während bei Ölen im Mittel nur 60% zusätzlich aufgenommen werden. (Holz Roh- u. Werkstoff **13.** 462—67. Dez. 1955. Berlin-Dahlem, Bundesanst. für mechan. u. chem. Materialprüfung, Fachabt. Holzschutz u. Holztechnologie.) S. HÜTTIG. 7952

**Günther Becker** und **Käthe Starfinger,** *Studien über die Flüssigkeitsaufnahme beim Tauchen von Holz.* 2. Mitt. *Der Einfluß von Holzeigenschaften und Holzart auf die Flüssigkeitsaufnahme beim Kurztauchen von Kiefern- und Fichtenholz.* (1. vgl. vorst. Ref.) Vff. untersuchen die Flüssigkeitsaufnahme beim Kurztauchen von Kiefern- u. Fichtenholz in wss. u. öligen Holzschutzmittellösungen. Bei 5 Sek. Tauchzeit betrug die mittlere Streuung der Flüssigkeitsaufnahme bei möglichst gleichen Proben ca. 15%, wobei weder zwischen Kiefern- u. Fichtenholz noch zwischen wss. u. öligen Schutzmitteln wesentliche Unterschiede auftreten. Bei verschied. Holzbeschaffenheit betrug die mittlere Streuung von Mittelwerten der Flüssigkeitsaufnahme bei Kiefernsplint bzw. Fichte u. wss. Lsgg. 14 bzw. 16% u. Ölen 21 bzw. 28%. In Markstrahl- u. Jahrringrichtung treten bei 5 Sek. Tauchzeit keine Unterschiede in der Flüssigkeitsaufnahme auf. Mit zunehmender D. nimmt die Flüssigkeitsaufnahme im allgemeinen ab. Bei sägerauhem Holz ist die Flüssigkeitsaufnahme etwa doppelt so groß wie bei gehobeltem. Bei gleicher Aufnahmemenge ist die Eindringtiefe bei Fichte geringer als bei Kiefernsplint. (Holz Roh- u. Werkstoff **14.** 1—8. Jan. 1956. Berlin-Dahlem, Bundesanst. für mechan. u. chem. Materialprüfung.) S. HÜTTIG. 7952

**Franz Dürr** und **Karl Egner,** *Verbesserung der Prüfung von Feuerschutzmitteln für Holz nach DIN 4102* (*„Lattenschlotverfahren“*). Vff. beschreiben eine Versuchsanordnung, mit der bei Anwendung des Lattenschlotverf. (DIN 4102) bei der Prüfung von Feuerschutzmitteln für Holz reproduzierbare Versuchsergebnisse erzielt werden können. Dazu wurde ein Brandschacht mit hoher Wärmedämmung u. darüberliegendem Kamin entwickelt. Die Brandschachtwände müssen bei Versuchsbeginn stets die gleiche Temp. haben. Die Größe des Zuluftquerschnittes am Brandschacht u. die Temp. der Zuluft sind von untergeordnetem Einfluß. Bei gleichem Gasdurchgang werden mit Normbrennern u. Risterbrennern nur geringe Unterschiede erzielt. (Holz Roh- u. Werkstoff **13.** 468—74. Dez. 1955. Stuttgart, T. H., Otto-Graf-Inst., Amtl. Forschungs- u. Materialprüfungsanst. für das Bauwesen.) S. HÜTTIG. 7952

**Olli Ant-Wuorinen,** *Bestimmung der Kristallinität der Cellulose aus Röntgenstrahlendiagrammen.* Ausgehend von dem von HERMANS eingeführten Begriff des Kristallinitätsgrades von Cellulose (**I**) (*DC*), ermittelt aus Röntgendiagrammen, hat Vf. von zahlreichen cellulosehaltigen Stoffen, wie Flachs, Baumwolle, Zellstoff, Verbandwatte, Viscosereyon, die DEBYE-SCHERRER-Diagramme bestimmt. Er folgert daraus, daß diese Diagramme zur Ermittlung des *DC*-Wertes von **I** nicht so gut geeignet sind wie die von HERMANS bestimmten Densitometerkurven. — 26 Tabellen. (Paperi ja Puu **37.** 335—68. Aug. 1955; Valtion tekn. Tutkismuslaitos, Tiedoitus [Statens tekn. Forskningsanst., Medd.] **1955.** Nr. 146. 1—81. Helsinki, State Inst. for Techn. Res.) E. BORCHERS. 7954

**G. H. Tomlinson II** und **N. G. M. Tuck,** *Das Reinigen von Zellstoffasern.* Es werden die Erfahrungen mit dem BAUER-Sortierer, einem Zentrifugalsortierer, der in verschied. Ausführungen für verschied. Zellstoffsorten gebaut wird, beschrieben. (Paper Mill News **78.** Nr. 38. 10—16. 17/9. 1955. Howard Smith Paper Mills Ltd.) H. BECKER. 7956

**Nils Mannbro,** *Sulfitablauge als Kochflüssigkeit bei der Sulfatzellstoffkochung.* 3. Mitt. (2. vgl. C. **1951.** II. 2127.) Vf. hat vorgeschlagen, Ca-Bisulfitablauge (**I**) zum Lösen der aus $Na_2CO_3 + Na_2S$ bestehenden Sulfatschmelze (**II**) der Schwarzlaugenregenerierung zu verwenden, um Wärme- u. Chemikalienrückgewinnung zu steigern. Diese Mischung läßt sich kaustizieren, wenn man die vorher mit $Na_2CO_3$-Lsg. ausgefällten Ca-Salze von **I** entfernt. Vf. erörtert die techn. Durchführung der Kaustizierung nach seinem Verf. u. die möglichen Mischungsverhältnisse von **I** u. **II** für die Kochlauge auch im Hinblick auf den Zellstoffaufschluß mit $Na_2SO_3$ einschließlich der Regenerierung. Die Verss. mit der vom Vf. als „Silfat“-Verf. bezeichneten Meth. erfolgten bei der HELLEFORS BRUKS AB. Ein großer Teil der auf dieses Verf. erteilten Patente wurde nicht aufrechterhalten. —28 Abb. u. 51 Schrifttumshinweise. (Svensk Papperstidn. **58.** 525—41. 15/8. 571—77. 31/8. 1955. Marmaverken.) E. BORCHERS. 7960

**Germano Centola, Francesco Pancirolli** und **Giorgio Ceragiolo,** *Sulfatkochung von vorhydrolysierten Gemischen verschiedener Holzarten.* Sulfatkochungen autohydrolysierter Gemische aus Nadel- u. Laubhölzern lieferten gut lösl. Zellstoffe von guten allg. Eigg., so daß sich nach Vf. diese Meth. zur Herst. von Cellulosen für chem. Zwecke aus trop. Holzarten eignet. Tabellen u. Kurventafeln der erhaltenen Werte erläutern die Beschreibung der Versuche. — 5 Literaturhinweise. (Chim. e Ind. [Milano] **37.** 345—47. Mai 1955. Milano, Staz. sperim. per la cellulosa, carta e fibre tessili vegetali ed artificiali.)
A. SANDER. 7962

**Ragnar Söderquist,** *Kiefernsulfitzellstoff.* Nach Schilderung der durch Pinosylvin im Kernholz der Kiefer (**I**) bedingten Schwierigkeit des Aufschlusses mit Ca-Bisulfit sowie Erwähnung des Koch- u. Regenerierverf. von HAGLURD beschreibt Vf. das von ihm bei der STORA KOPPARBERGS BERGSLAGS AB entwickelte Aufschlußverfahren. Hierbei werden die Hackschnitzel zuerst mit einer basenreichen Na-Bisulfit-Lsg. getränkt, die nach der Imprägnierung weitgehend abgezogen u. durch $SO_2$-W. ersetzt wird. Nach 10 Std. Kochzeit wird der Zellstoff in Diffuseuren entlaugt. Die mit 20% Trockengeh. gewonnene Ablauge wird auf Sprit vergoren, eingedampft, verbrannt u. nach dem $CO_2$-Verf. wieder zu Na-Bisulfitsäure regeneriert. Der hiernach in Skutskär erzeugte Sulfitzellstoff wird mit NaOH-Lsg. entharzt u. läßt sich leicht bleichen. Sulfitzellstoff aus **I** ist leichter mahlbar als solcher aus Fichte, pergamentiert bei der Mahlung schneller u. läßt sich harzärmer herstellen. — 2 Schemata, 4 Abbildungen. (Paperi ja Puu **37.** 301—10. Aug. 1955. Svensk Papperstidn. **1955.** Nr. 19. 301—10. Skutskär, Schweden, Stora Kopparbergs Bergslags AB.)
E. BORCHERS. 7962

**R. H. Roschier** und **Kai Eskola,** *Über den chemischen Aufbau der alkalilöslichen Fraktionen von Cellulosematerial.* Alkal. Lsgg. amphoterer Metallhydroxyde des Cu, Pb u. Sb fällen Polysaccharide als Komplexverbb. aus, bes. als Cuprit u. Plumbit, u. zwar sowohl aus dem Filtrat der Alphacellulosebest. wie aus Sulfat- u. Sulfitzellstoffablaugen. Monosaccharide bilden aber nicht solche unlösl. Verbindungen. Aus dem Filtrat von Alphacellulose konnten Vff. damit die genuinen Kohlenhydrate von den monomeren Zuckern jedoch nicht trennen. Dies gelang aber in Sulfitzellstoffablauge, woraus bes. in Ablaugen wenig aufgeschlossener Zellstoffe Tetra-, Tri- u. Di-Saccharide gefällt wurden, gegen Ende der Kochung auch wenig Hexosane. Aus Sulfitablauge von Fichte wurden keine Uronsäuren gefällt. Aus basenreichen Ablaugen von Birke wurden zu Beginn der Kochung Verbb. gefällt, die nach der Hydrolyse Xylose, Galaktose, Mannose u. Galakturonsäure gaben. Ähnliche Ergebnisse wurden mit Sulfatablaugen von Kiefer erhalten. — 9 Tabellen. (Paperi ja Puu **37.** 399—404. Aug. 1955. Helsinki, Inst. für Technol.)
E. BORCHERS. 7962

**E. K. Thommen,** *Übersicht der letzten Veröffentlichungen über Harzpech.* (Paper Trade J. **139.** Nr. 48. 18. 28/11. 1955.)
H. BECKER. 7966

**E. K. Thommen,** *Härten von Harzen bei der Lagerung des Faserholzes.* Bei der Lagerung von extrahiertem Harz steigt seine SZ. u. VZ., aber nicht der Geh. an Sauerstoff. Vf. schließt aus seinen Verss., daß das Harz durch einen Reifungsprozeß härtet, der nicht von der Anwesenheit von $O_2$ abhängt. (Paper Trade J. **139.** Nr. 48. 17—18. 28/11. 1955. Univ. of Maine.)
H. BECKER. 7966

**Nils J. Lindberg** und **D. J. MacLaurin,** *Orientierende Untersuchungen über die Festigkeitseigenschaften von Kiefernholzschliff der Südstaaten.* Um Festigkeit u. Steifheit von Schliff aus Südstaatenkiefer zu erhöhen, führten Vff. Verss. durch Erhitzen mit W. auf 96°, mit 2%ig. $(NH_4)_2SO_3$- sowie mit verd. $NH_4OH$-Lsg. in 2%ig. Stoffdichte durch. Die Festigkeitsdaten nahmen um 20 bis 25% hierbei zu. Zugabe von Johannisbrotgummi bewirkte etwas höhere Zunahmen. Weiter wurden die Festigkeitsdaten der Faserlängenfraktionen von Südstaatenkiefernschliff bestimmt. — 15 Tabellen. (Paperi ja Puu **37.** 409—16. Aug. 1955. Appleton, Wis., V. St. A., Inst. of Paper Chem.)
E. BORCHERS. 7974

**—,** *Die Technologie der Papierüberzüge.* Übersicht über die verschied. organ. u. anorgan. Rohstoffe zur Herst. von Papierstrichen u. -überzügen, die Meth. zum Aufbringen u. die Eigg. der verschied. gestrichenen Papiere u. Pappen. (Paint, Oil chem. Rev. **118.** Nr. 7. 12—16. 52—54. 7/4. Nr. 8. 16—21. 38—39. 21/4. Nr. 9. 22—26. 34—38. 5/5. Nr. 10. 16—22. 40—42. 19/5. 1955.)
H. BECKER. 7982

**Geoffrey Broughton** und **James P. Wang,** *Die mechanischen Eigenschaften von Papier.* 3. Mitt. (2. vgl. C. **1956.** 4018.) Aus gebleichtem Nadelholzsulfatzellstoff wurden nach einem sorgfältig standardisierten Verf. Blätter gebildet; sie wurden nach verschied. Methoden getrocknet: n. bei 65% relativer Luftfeuchtigkeit u. 20°, durch Sublimationstrocknung bei —10° u. nach Verdrängung des $H_2O$ durch organ. Lösungsm. oder die wss. Lsg. eines oberflächenakt. Mittels. Von den Blättern wurden Spannungs–Dehnungs-

Kurven mit Hilfe des INSTRON-TENSILE Testers aufgenommen. Die Verringerung der Oberflächenspannung während des Trockenvorganges entweder durch Zusatz eines oberflächenakt. Mittels, durch Sublimationstrocknung oder durch Anwendung organ. Lösungsm. führte zur Erniedrigung der Bruchlasten um 30 bzw. 50—80%. Diese Ergebnisse werden vom Standpunkt der Wasserstoffbrückenbindungen zwischen den Faserfibrillen gedeutet. Die Festigkeit von Blättern, die aus einer nichtpolaren Fl. gebildet waren, nahm nach einer Klimatisierung in relativen Luftfeuchtigkeiten über 65% beträchtlich zu u. erreichte die Werte von Blättern, die aus $H_2O$ gebildet waren. Offenbar sind die OH-Gruppen, wenn das Blatt aus einem nichtpolaren Lösungsm. gebildet wurde, so gelagert, daß sie sich neu orientieren u. Bindungen miteinander eingehen können. (Tappi **38.** 412—15. Juli 1955. Rochester, N. Y., Univ.)
L. G. SCHEURING. 7984

**Oscar Diehl,** *$p_H$-Kontrolle.* Kurze Ausführung über die $p_H$-Kontrolle in der Offsetdruckerei u. ihre Bedeutung. (Nat. Lithographer **63.** Nr. 2. 44—45. Febr. 1956.)
H. PATZSCH. 7988

## XVIIIb. Textilfasern.

**G. King,** *Der Einfluß von Flüssigkeitsfilmen auf die Reibung von Fasern.* Steht ein Zylinder in Berührung mit einer glatten Oberfläche, die mit einem Flüssigkeitsfilm überzogen ist, so ist die Adhäsionskraft pro Einheitslänge des Zylinders gegeben durch den Ausdruck: $A = 4\,\nu\,\sqrt{R/r}$. R = Radius des Zylinders, r = Radius der Krümmung des Flüssigkeitsmeniskus, $\nu$ = Oberflächenspannung. Bei Verkleinerung von r nimmt A zu, was durch Verminderung der vorhandenen Flüssigkeitsmenge erreicht wird. So kann die Adhäsion eines relativ dicken Glasfadens an einer Glasplatte bestimmt werden, indem diese durch die Verdampfung des zugegebenen W. sich ändert. Die Adhäsion von dünnen Textilfasern hingegen kann nicht direkt in der gleichen Weise gemessen werden. Jedoch erlauben Messungen der Reibungskoeffizienten von Fasern eine indirekte Best. von A. Nach diesem Verf. erhaltene Ergebnisse mit einem Nylonfaden u. einem polierten Glaszylinder, der mit unterschiedlich dicken Ölfilmen überzogen war, sind tabelliert. Im Falle des dünnsten Ölfilms wurden die Verss. mit einem Wollfaden wiederholt. Die Rauheit der Wolle schaltet die Adhäsionseffekte weitgehend aus. (Nature [London] **175.** 383. 29/2. 1955. Torridon, Wool Ind. Res. Assoc.) H. PITTACK. 8040

**Antonio Saletti,** *Die Untersuchung antistatischer Produkte im Werkslaboratorium.* Nach einer Übersicht über die dielektr. Eigg. verschied. Webstoffe, von denen bes. die neuen synthet. Fasern beim Reiben stark elektr. aufgeladen werden, sowie über die Entw. u. Wrkg. antistat. Hilfsprodd. beschreibt Vf. die Methoden zur Best. der Ladungsintensität u. Polarität. Hierbei wird zunächst auf 1—1,5 g schweren Garnsträngen verschied. Textilien durch Reibung an rotierenden Walzen eine elektrostat. Aufladung erzeugt, deren Feldstärke u. Polarität sich mit Hilfe des „Statometers" nach HAASE messen läßt. Die gleiche App. dient auch zur Prüfung der Wrkg. antistat. Handelsprodukte. (Tinctoria [Milano] **52.** 498—99. Dez. 1955.) A. SANDER. 8040

**W. P. Mischin** und **A. I. Garbusow,** *Differentialkurven der Erhitzung von Seidenfibroin.* Auf den Erhitzungskurven von Fibroin u. Naturseide verschied. Herkunft beobachtet man 2 endotherme Spitzen: eine reversible, mit dem Verlust von Sorptionswasser verbundene meist bei 115—125°, u. eine irreversible bei 280—310°, bei der die krist. Struktur zerstört wird. Die Wasserbest. des Fibroins muß bei 125° u. höher erfolgen, da erst bei dieser Temp. das gesamte W. entfernt wird, u. nicht bei 105—110°, wie bisher üblich. (Биохимия [Biochemie] **19.** 565—69. Sept./Okt. 1954. I. Moskauer med. Inst., Lehrstuhl für allg. Chemie.) J. v. SCHROEDER. 8068

**H. Brian Dunford** und **John L. Morrison,** *Die Befeuchtungswärme von Seidenfibroin.* Degenerierte japan. Seide wurde bei 105° getrocknet, dann über verd. $H_2SO_4$ verschied. Konz. zwecks Erzielung bestimmter Feuchtigkeitsgrade gebracht. Vff. untersuchten auch Proben mit teilweise desorbiertem Wasser. Die Adsorptionswärme wurde in einem adiabatischen Colorimeter bestimmt. Eine etwa vorkommende Quellungswärme muß sehr gering sein, da die Befeuchtungswärme bei Desorption unter der bei Adsorption liegt. Seidenfibroin u. Cellulose geben den gleichen Typ der Adsorptionshysterese. Die freie Energie u. die Entropie der Adsorption wurden unter Heranziehung der Wasserdampfadsorptionsisotherme von HUTTON u. GARTSIDE berechnet. (Canad. J. Chem. **33.** 904—12. Mai 1955. Hamilton, Ontario, McMaster Univ., Dep. of Chem. u. Edmonton, Alberta, Can., Univ. of Alberta, Dep. of Chem.) S. NEUE. 8068

**E. Marianne Kärrholm,** *Die Reaktion zwischen Cellulose und Formaldehyd. Der Einfluß auf die mechanischen Eigenschaften der Reyonfaser.* Wie die ausgeführten Unterss.

gezeigt haben, steigen Biegungs- u. Dehnungselastizitätsmodul sowie der Torsionsmodul mit steigender $CH_2O$-Einlagerung in der Viscosereyonfaser zunächst an. So verlaufen die Kurvenzüge des Biegeelastizitäts- u. Torsionsmoduls sowohl bei Anwesenheit von fixiertem als auch lösl. $CH_2O$ parallel. Werden jedoch mehr als 5% $CH_2O$ in die Faser eingelagert (z. B. 7%), so fallen die Werte für die einzelnen Modulis wieder ab. Diese Erscheinung wird auf eine Lockerung der H-Brücken zwischen den Celluloseketten zurückgeführt. Die Ergebnisse werden ausführlich diskutiert u. beschrieben. — 5 Tabellen, 6 Figuren. (Textile Res. J. **25.** 756—62. Sept. 1955. Swedish Inst. für Text. Res.)
H. G. FRÖHLICH. 8074

**Edward S. Gilfillan** und **Leo Linden,** *Einfluß atomarer Strahlung auf die Garnfestigkeit.* Unterss. über den Einfl. von $\gamma$-Strahlen (ca. 10000000 r) u. Neutronen (14 Std.) auf die Festigkeit von mercerisierter Baumwolle, Viscosezellwolle, Nylon u. Orlon Typ 81 haben ergeben, daß bei Orlon durch $\gamma$-Strahlen kein nachweisbarer Effekt aufgefunden werden konnte, während Nylon u. die Cellulosefasern geschwächt werden. Bei der Einw. von Neutronen sinkt bei Orlon die Festigkeit um 25—30%, bei Nylon um 50—55% während die Cellulosefasern hierbei prakt. völlig zerstört werden, d. h. ihre ganze Festigkeit einbüßen. (Textile Res. J. **25.** 773—77. Sept. 1955. Techn. Div. of Warwick Mills.) H. G. FRÖHLICH. 8074

**Walter K. Stone, Herbert F. Schiefer** und **George Fox,** *Zug–Spannungs-Verhältnisse in Garnen, die einer raschen Stoßbelastung ausgesetzt sind.* 1. Mitt. *Ausrüstung, Testmethoden und typische Ergebnisse.* An Hand von 6 Abb. wird ein Stoßdehnungs- u. Stoßbelastungsprüfer sowie seine Arbeitsweise beschrieben, der es ermöglicht, bei sehr hohen Stoßbelastungen (Längsstöße von 10—100 m/sec) Kraft–Dehnungs-Diagramme an Garnen aufzunehmen. Auf diese Weise lassen sich grundsätzliche Aussagen über die Stoßbelastungseigg. von Garnen, Fäden u. dgl. Gebilden machen. Die im einzelnen erhaltenen Ergebnisse sind in 5 Fig. zusammengestellt u. werden diskutiert. — 33 Literaturzitate. (Textile Res. **25.** 520—28. Juni 1955. National Bureau of Standards, Text. Sect.)
H. G. FRÖHLICH. 8096

**Frank L. McCrackin, Herbert F. Schiefer, Jack C. Smith** und **Walter K. Stone,** *Zug–Spannungs-Verhältnisse in Garnen, die einer raschen Stoßbelastung ausgesetzt sind.* 2. Mitt. *Bruchgeschwindigkeiten, Spannungsenergien sowie eine Theorie über die Vernachlässigung der Fortpflanzung der Stoßwellen.* Wie die Vff. zeigen konnten, führt die mathemat. u. theoret. Behandlung über die Aussetzung von Garnen u. Fäden einer raschen Folge von Längsstößen zu einer Formel $v' = 29{,}7 \cdot$ Bruchfestigkeit (g/den)$\cdot$Bruchdehnungs-%, wobei $v'$ = Stoßgeschwindigkeit m/sec ist. Diese Formel gibt die Grenzbruchgeschwindigkeit, eine von der Größe des Prüflings unabhängige Materialkonstante, an. Wird das zu prüfende Material einer höheren Stoßbelastung (Stoßgeschwindigkeit), als aus dieser Formel errechenbar, ausgesetzt, so bricht es unverzüglich. Als Grenzbruchgeschwindigkeiten werden für Baumwolle 130 m/sec, für Nylon verstreckt 228 m/sec u. für unverstrecktes Nylon 550 m/sec angegeben. (Textile Res. **25.** 529—34. Juni 1955. National Bureau of Standards, Text. Sect.) H. G. FRÖHLICH. 8096

**J. E. Ford** und **W. J. Roff,** *Identifizierung von Textil- und verwandten Fasern.* 2. Mitt. (1. vgl. C. **1956.** **6551.**) Behandelt wird der Analysengang zur Best. nichtnatürlicher Fasern. Die Gruppeneinteilung (Polyvinyl-, Polyvinyliden-, Polyacryl- u. Polyamidderivv., Alginate, regenerierte Proteine usw.) erfolgt im 4. Abschnitt auf Grund des thermoplast. Verh. u. der An- oder Abwesenheit von Cl u./oder N. Für jede einzelne Fasergruppe werden physikal. u. chem. Verh. sowie ihr Verh. gegen spezif. Gruppenragentien ausführlich beschrieben. Auf die durch die Größe der Moll. bedingten Unterschiede bei der Chromatographie wird hingewiesen. Abschnitt 5 bezieht sich auf die Best. der in Textilgemischen enthaltenen Fasern u. auf die, eine rasche u. für die weitere Behandlung richtungweisende Identifizierung vieler Fasertypen ermöglichende Farb-Rk. mit „*Shirlastain A*". Der Schlußabschnitt bringt erweiterte Rückzitate der früher beschriebenen Gruppen-Rkk. aus 22 Literaturstellen. (Tinctoria [Milano] **52.** 387—97. Okt. 1955. Manchester, British Cotton Ind. Res. Assoc. Shirley Inst.) A. SANDER. 8100

**Edward Druce,** *Chemische Methode zur Bestimmung von Proteinflocke in Mischungen mit Wolle.* Das Verh. von Ardil, Fibrolan BX u. Vicara gegen organ. Lösungsm. u. schwach alkal. Lösungen. Best. des Löslichkeitsfaktors bei Behandlung mit 3%ig. Peressigsäure u. nachfolgender heißer 0,1 n NaOH-Lösung. Nach dieser Meth. wird die Wolle aus dem Mischgewebe herausgelöst u. der gravimetr. bestimmte Rückstand der Proteinflocke mit dem entsprechend ermitteltem Faktor korrigiert. (J. Textile Inst., Trans. **46.** T 512—20. Juli 1955.) ——————— I. SCHOENMANN. 8114

**Sandoz Akt.-Ges.,** Basel, Schweiz, *In Wasser leicht lösliches Aufhellungsmittel,* dad. gek., daß es eine in W. lösl., oberflächenakt. Substanz, z. B. Marseiller Seife, Oleylalkoholsulfat, Na-Salz des Naphthalinsulfonsäure-HCHO-Kondensationsprod., Polyäthylenglykol, Dodecylheptaglykoläther oder Oleyldekaglykoloxyessigsäure u. darin gelöst mindestens 5% 4-Methyl-7-diäthylaminocumarin oder sein Salz, enthält. (**Schwz. P. 307 298** vom 11/7. 1952, ausg. 1/8. 1955.) G. SALZMANN. 8033

**American Cyanamid Co.**, New York, N. Y., übert. von: **James K. Dixon**, Riverside, Conn., V. St. A., *Erhöhung der Zerreißfestigkeit nichtgewebter Textilflächen.* Vliese aus Baumwolle u./oder Regeneratcellulose werden mit der wss. Dispersion eines kation. polymerisierten Aldehydkondensationsprod. eines Aminotriazins mit einem Geh. von 0,5—7 (Mol) einer gesätt. aliphat. Carbonsäure (Dissoziazionskonstante: $1{,}4\cdot10^{-6}$ bis $2{,}5\cdot10^{-4}$) je 1 monomeres Aldehydkondensat so imprägniert, daß das trockene Prod. 0,5—25% Kondensat enthält. Durch Erwärmen wird das aufgebrachte Harz in in W. unlösl. Form gebracht. — Bes. geeignet ist eine in Ggw. von Milchsäure gealterte Kolloidlsg. des Polymerisates eines methylierten Trimethylolmelamins. (**A. P. 2 708 644** vom 10/4. 1952, ausg. 17/5. 1955.) H. MÖLLERING. 8037

**Socony Mobil Oil Co.**, New York, übert. von: **Rudolph J. Holzinger**, North Merrick, N. Y., V. St. A., *Emulsion für wasserabweisende Textilausrüstung*, bestehend aus 12—45 (%) Mineralwachs, bes. Paraffinwachs, 0,2—5 nichtion. Emulgiermittel, z. B. in der OH-Gruppe mit Essigsäure veresterte Ricinolsäure, 0,5—8 Protein, bes. Gelatine, u. als Ergänzung zu 100 Wasser. (**A. P. 2 711 378** vom 24/7. 1952, ausg. 21/6. 1955.) H. MÖLLERING. 8037

**Distillers Co. Ltd.**, Edinburgh, Schottland (Erfinder: **Richard Gilbert Palmer**), *Lösungsmittelwäsche für Rohwolle*, gek. durch die Verwendung von Poly- oder Ketoalkoholen, z. B. Hexylenglykol, 2-Methylpentan-2.4-diol oder Diacetonalkohol (I). — Z. B. wird austral. Merinowolle bei 90° getrocknet u. zweimal 1 Std. mit I bei 50—60° u. Flottenlänge 20:1 gewaschen, ausgedrückt u. bei 90° getrocknet. Man erhält eine nur gering gefilzte Wolle bei guter Erhaltung der Kräuselung. (**E. P. 738 014** vom 15/11. 1952, ausg. 5/10. 1955.) H. MÖLLERING. 8061

**Albany Felt Co.**, Albany, N. Y., übert. von: **Charles R. Barnes**, Pittsburgh, Pa., V. St. A., *Nichtschrumpfende Wolle.* Man behandelt das Gut mit einer wss. Lsg. einer Säure, eines Metallbromats u. -bromids, wobei in der Flotte 1—5% (bezogen auf die Wollmenge) $Br_2$ entwickelt werden soll. Zweckmäßig ist $p_H$ 1—6 u. Tempp. von 0—66°. — Geeignet ist z. B. eine Lsg., die in 20 (Teilen) W. 0,37 $NaBrO_3$, 1,3 NaBr u. 4,5 HCl (30%ig) enthält u. 30 Min. bei 29° auf Wolle einwirkt. Anschließend wird gespült u. mit einer wss. $NaHSO_3$-Lsg. nachbehandelt. (**A. P. 2 714 051** vom 15/4. 1949, ausg. 26/7. 1955.) H. MÖLLERING. 8061

**Courtaulds Ltd.**, London, übert. von: **William Reginald Weigham**, England, *Herstellung von Alkalicellulose* (I). Man rührt Cellulose mit NaOH-Lsg. (II) zu einem Brei an u. führt diesen kontinuierlich durch einen Tauchbehälter zu einem weiteren Behälter, in dem 1 Paar perforierte, rotierende Preßwalzen, die teilweise in die Fl. eintauchen, die I von dem Brei abtrennen. II läuft zum Rührbehälter zurück, wobei jedoch ein Teil zur Entfernung der Hemicellulosen laufend abgezogen u. durch frische II ersetzt wird. (**E. P. 743 657** vom 19/11. 1952, ausg. 18/1. 1956.) K. FABEL. 8075

**Celanese Corp. of America**, New York, N. Y., V. St. A., *Verbesserung der Klarheit von Viscose* durch Zusatz einer Aldohexonsäure, z. B. *Gluconsäure* oder ihres Na-Salzes, in Mengen von 0,0025—0,02%, evtl. in Verb. mit einem sulfonierten Fett oder einer sulfonierten Fettsäure, z. B. hochsulfonierter Ölsäure. (**E. P. 743 046** vom 9/11. 1953, ausg. 4/1. 1956. A. Prior. 8/11. 1952.) K. FABEL. 8075

**Monsanto Chemical Co.**, St. Louis, Mo., V. St. A., *Unbrennbare bzw. nicht nachglühende Gebilde aus regenerierter Cellulose oder Celluloseäthern.* Wss. Lsgg. dieser Stoffe (Viscose) werden mit 5% eines neutralen bis alkal. Umsetzungsprod. von $POCl_3$ u. $NH_4OH$ (Phosphorylamid) versetzt u. in üblicher Weise zu *Fäden*, Filmen, Röhren u. dgl. verarbeitet. (**E. P. 714 214** vom 27/6. 1952, ausg. 25/8. 1954. A. Prior. 30/6. 1951.) G. SALZMANN. 8075

**Manufactures de Produits Chimiques du Nord, Établissements Kuhlmann**, übert. von: **Marie Henri Agulhon**, Paris, Frankreich, *Mit Pigmenten versetzte Viscose.* 12,5 kg $TiO_2$ (bzw. synthet. Indigopigmente, Ruß u. dgl.) werden in 100 Liter einer wss. Lsg. einer niedrigen Oxyalkylcellulose (3—6%) aus Cellulose u. Epichlorhydrin, Äthylen- oder Propylenoxyd u. NaOH (5—10) angerührt; die Suspension läßt sich leicht entlüften, filtrieren oder dekantieren u. wird beim Lösen des Cellulosexanthates zugegeben. — Vgl. auch **D. B. P. 916 459**; C. **1955**. 6655. (**A. P. 2 706 689** vom 2/11. 1951, ausg. 19/4. 1955.) G. SALZMANN. 8075

**Courtaulds Ltd.**, London, England, *Künstliche Gespinste aus Viscose* in ein $H_2SO_4$, $Na_2SO_4$ u. $ZnSO_4$ enthaltendes Fällbad. Zwecks Verhinderung von harten Ablagerungen auf Führungen, Walzen u. dgl. wird der Faden nach Verlassen des Fällbades mit der Lsg. eines durch Rk. von 2—10 (Mol) Äthylenoxyd mit 1 eines langkettigen Fettalkohols mit nicht < 10 C-Atomen in der Kette gebildeten Polyglykoläthers in Mineralöl, das gegebenenfalls noch eine öllösl., kationakt. Verb. (I) enthält, in Berührung gebracht; als I kommen Kondensationsprodd. der Formeln $R-CO-(NHC_2H_4)_n-NH_2$, $R-CO-(NHC_2H_4)_n-NH(R')(R'')-X$ oder $(R)(R')-NX(R'')-C_2H_4-(C_2H_4O)_n-OH$ in Betracht, in denen R eine langkettige, hydrophobe Gruppe mit nicht < 10 C-Atomen, R' u. R'' Alkylgruppen u. X ein Anion (Cl, Br oder $HSO_4$) bedeuten, ferner Kondensationsprodd. aus z. B. Stearinsäure u. Alkanolamin oder Octadecylamin u. Alkylenoxyd. (**Schwz. P. 303 509** vom 10/8. 1951, ausg. 1/2. 1955. E. Prior. 11/8. 1950. **Zusatz zu Schwz. P. 271 617; C. 1952. 314.**) G. SALZMANN. 8075

**I. P. Bemberg Akt.-Ges.**, Deutschland, *Herstellung von Kupferseide* nach dem Trichterspinnverfahren. An der Stelle der maximalen Beschleunigung des Fadens soll die Geschwindigkeitsdifferenz zwischen Spinnbad u. Faden 30 m/Min. nicht übersteigen. Der Abstand in cm des Punktes der maximalen Beschleunigung von der Spinndüse ist $l = c \cdot t \cdot V_e$ (t = Titer des Monofils in denier; $V_e$ = Spinngeschwindigkeit in m/Min.; c = Funktion der Temp. T des Spinnbades, die nach einer angegebenen Tabelle bestimmt werden kann). Die Beschleunigung des Fadens ist $A = 0{,}048\ (Ve/2 - Ve'x) \cdot [(0{,}24/t + 0{,}12)(T + 12{,}5) - 7]$ in m/Min/cm (Ve'x ist die Wassergeschwindigkeit in der krit. Zone in m/Min.). Die Geschwindigkeit des Fadens in der krit. Zone ist $V_x = Ve/2$. (**F. P. 1 070 392** vom 6/2. 1953, ausg. 23/7. 1954. D. Prior. 9/2. 1952.) M. PANKOW. 8075

**British Celanese Ltd.** (Erfinder: **Donald Finlayson** und **Stanley Bird**), London, England, *Herstellung von Fäden, Borsten und Bändern aus Celluloseestern nach dem Schmelzspinnverfahren.* Man verwendet z. B. ein Celluloseacetat, das 2 Std. in 0,2%ig. $CH_3COOH$ bei 150° stabilisiert u. gewaschen worden ist, dann wird es in Pulverform 2. Std. mit enthärtetem W. behandelt u. 15 Min. auf 200° erhitzt, wobei die Dauer sich umgekehrt zur Temp. verhält. Nach erneutem Waschen mit 1%ig. $CH_3COOH$ u. Trocknen wird die Spinnschmelze hergestellt. (**E. P. 726 900** vom 29/8. 1951, ausg. 23/3. 1955.) G. SALZMANN. 8077

**Perforgit Soc. per Azioni**, Italien, *Undurchsichtige lineare synthetische Polymere* wie Polyamide. Das Ausgangsmaterial (Caprolactam) wird mit $Ti(OH)_4 \cdot nH_2O$ (aus Ti-Sulfat durch Hydrolyse) vermischt u. polymerisiert, wobei sich $TiO_2$ bildet. Die Prodd. dienen in erster Linie zur Herst. von Fäden. (**F. P. 1 078 490** vom 10/3. 1953, ausg. 18/11. 1954. It. Prior. 27/3. 1952.) M. PANKOW. 8081

**Cotonificio di Lombardia S. A. Industriale,** Mailand, Italien, *Krumpfen von Superpolyamidfäden.* Nachdem den Fäden auf 1 m Länge ein Drall von mindestens 3000 gegeben worden ist, behandelt man 3—3,5 Std. bei 110—115° mit gesätt. Wasserdampf, zweckmäßig unter einem Druck von 74 mm Hg. (**E. P. 742 352** vom 18/12. 1953, ausg. 21/12. 1955. It. Priorr. 20/12. 1952, 22/6. u. 12/11. 1953.) H. MÖLLERING. 8081

**Farbenfabriken Bayer Akt.-Ges.**, Leverkusen (Erfinder: **Wilhelm Ehm** und **Robert Schnegg,** Dormagen), *Erhöhung der Saugfähigkeit von Textilien aus Polyamiden.* Man behandelt das Gut mit einer wss.-alkoh. Emulsion eines Mischpolyamids in Ggw. eines mindestens in heißem W. lösl. Polyesters. Zweckmäßig behandelt man in schwach saurem Medium; anschließend wird getrocknet. — Z. B. werden 4 (Teile) eines zu 50% aus Caprolactam u. 50% adipinsaurem Hexamethylendiamin hergestellten Mischpolyamids mit 10 Glykol, 180 $CH_3OH$, 25 W. u. 10 Polybernsteinsäureglykolester bis zur klaren Lsg. erwärmt u. dann in 1500—4500 (kalkfreies) W. gegossen. Die z. B. mit 3—4 Essigsäure angesäuerte Lsg. dient zur Behandlung von 750 gewirkter Polyamidware, die nach dem Trocknen — bes. nach Seifenwäsche — große Saugfähigkeit zeigt. (**D. B. P. 938 724** Kl. 8k vom 30/8. 1953, ausg. 9/2. 1956. Anmeldung bekanntgemacht 4/8. 1955.) H. MÖLLERING. 8081

**Koppers Co., Inc.,** Delaware, übert. von: **Gaetano F. D'Alelio,** Pittsburgh, Pa., V. St. A., *Mischpolymerisate aus Acrylnitril und α.β-Äthylendicarbonsäuremonocyanalkylestern* erhält man durch Mischpolymerisation von wenigstens 50 (%) Acrylnitril u. 0,5—30 eines Monoesters der Itacon-, Malein-, Fumar-, Citracon- oder Aconitsäure mit einem Cyanalkohol der allg. Formel HO—Z—CN (Z = zweiwertiger Alkylenrest mit < 5 C-Atomen). Weitere Vinylderivv. können mischpolymerisiert werden. Die Verf.-Prodd. können zu *Fasern* u. sonstigen geformten Gebilden, die mit bas. u. Acetatfarbstoffen anfärbbar sind, verarbeitet werden. (**A. P. 2 583 327** vom 25/2. 1949, ausg. 22/1. 1952.) O. SCHÖN. 8081

**Courtaulds Ltd.,** London (Erfinder: **Leslie Arthur Bashford** und **George Doubleday**), England, *Herstellung von Filmen, Fäden und Fasern.* Ein in *Dimethylnitrosamin* gelöstes Mischpolymerisat aus 50—98 (%) Acrylnitril u. 50—2 einer anderen polymerisierbaren Verb. wird in eine wss. Lsg. mit ≧ 10% K-, Na-Acetat, $CaCl_2$ oder $ZnCl_2$ als Koagulationsbad gesponnen. Geeignet sind z. B. wss. Lsgg. mit einem Geh. von 20—25 (%) K-Acetat, 18 $CaCl_2$, 15 Na-Acetat oder 40 $ZnCl_2$. Die erhaltenen Fäden können in Luft vor u. in heißem W. oder Dampf nachgestreckt werden. (**E. P. 738 304** vom 27/11. 1952, ausg. 12/10. 1955.) H. MÖLLERING. 8081

**Phrix-Werke Akt.-Ges.**, Hamburg, *Gefärbte Erzeugnisse aus Polyacrylnitril* u. seinen Mischpolymerisaten. Das Polymerisat wird in einem ganz oder zum überwiegenden Teil aus formyliertem Amin bestehenden Lösungsm. in Ggw. eines in letzterem lösl. sauren Farbstoffes bei 100° gelöst u. die Lsg. trocken versponnen. (**Schwz. P. 307 932** vom 13/8. 1952, ausg. 1/9. 1955. D. Prior. 27/9. 1951.) G. SALZMANN. 8081

**Vereinigte Glanzstoff-Fabriken Akt.-Ges.**, Deutschland, *Vorbereiten von Polyestern für das Verspinnen.* Man stellt aus Lösungsm. enthaltenden Polyestern aus aromat. Dicarbonsäuren u. Glykolen Folien her, kühlt die Bänder, zerschneidet sie in kleine Stücke, erhitzt diese unterhalb ihres F. oder Frittpunktes, bes. 180—240°, im Vakuum in Ggw. eines indifferenten Gases, wobei die zerkleinerten Teilchen zuvor auch mit Lösungsmitteln mit niedrigem Kp. extrahiert werden können. — Man verspinnt Polyäthylenterephthalat mit 25 Gew.-% α-Methylnaphthalin (I) in Abwesenheit von $O_2$ bei 230°, kühlt in kaltem W., zerschneidet in 4—5 mm lange Teilchen, hält im Trockenraum bei 180° unter $N_2$ u. 10 mm Hg, wobei I entweicht, u. steigert die Temp. bis 220°. Man erhält ein *Polyäthylenterephthalat* vom F. 247,5—249°, das nach dem Schmelzspinnverf. versponnen werden kann. (**F. P. 1 078 845** vom 16/6. 1953, ausg. 23/11. 1954. D. Prior. 28/8. 1952.) M. PANKOW. 8081

**American Cyanamid Co.**, New York, N. Y., V. St. A., *Bindegarne und Kordeln aus Glasfäden*, auch zum Weben von Matten, erhält man durch Einbetten von Glasfäden zwischen 2 Papierstreifen mittels eines thermoplast. Kunstharzes, bes. aus mit $CH_2O$ umgesetzten Harnstoff, Melamin oder Guanidinen. Neben den Glasfäden können auch Fäden aus (Baum-) Wolle, Leinen, Nylon oder dgl., eingebettet werden. Zweckmäßig geht man von herstellungsfeuchten Papierstreifen aus, die gleichzeitig mit der Vergütung des Kunstharzes getrocknet werden. — 14 Abbildungen. (**E. P. 718 627** vom 20/2. 1952, ausg. 17/11. 1954. A. Priorr. 21/2., 23/5., 18/8. 1951 u. 16/1. 1952.) H. MÖLLERING. 8083

## XIX. Brennstoffe. Erdöl. Mineralöle.

**H. Guénoche, E. Fréling** und **P. Dugleux**, *Über die künstliche Entflammung bei niederen Drucken.* Die von Vff. bei Drucken unterhalb des Atmosphärendruck aufgestellten Druck-Konz.-Diagramme von verbrennbaren Gemischen liegen im gleichen Bereich wie die künstl. Entflammung u. Selbstentzündung. Bebilderter Versuchsbericht. (Rev. Inst. franç. Pétrole Ann. Combustibles liquides **10.** 1209—23. Okt. 1955. Inst. Français du Pétrole.) K. O. MÜLLER. 8128

**E. Fréling**, *Untersuchungen über die Oxydation und Selbstentzündung paraffinischer Kohlenwasserstoffe in der Gasphase. Spezialuntersuchung über Gemische Hexan–Luft.* Nach einem allg. Überblick beschreibt Vf. an Hand von Abb. die für die Unterss. verwandten Apparate. Sodann wird die Herst. von n-Hexan geschildert. Es werden Diagramme über die Entflammung von n-Hexan-Gemischen mit wechselnden Gehalten an n-Hexan gebracht u. der Einfl. von Ausdehnung, Wandungen, Temp.-Koeff. u. Alterung der Ausgangsstoffe auf die Temp. der Entzündung der Gemische angegeben. An Diagrammen wird die Sekundär-Rk., die auf dem Vorhandensein von CO beruht, erläutert. Das Entzündbarkeits-Vol., das abhängig ist von Druck, Temp. u. Konz., u. die Zündverzögerung werden experimentell gemessen. (Rev. Inst. franç. Pétrole Ann. Combustibles liquides **10.** 1224—79. Okt. 1955. Centre National de la Recherche scientifique.) K. O. MÜLLER. 8128

**L. v. Erichsen** und **E. Dobbert**, *Das gegenseitige Löslichkeitsverhalten von Alkylphenolen und Wasser.* Vff. beschreiben App. u. Meth. zur Ermittlung der Löslichkeitsgleichgewichte zwischen W. u. 17 verschied. reinen einwertigen Phenolen, wie Phenol; p-, m- u. o-Kresol; 3.4-, 3.5-, 2.3-, 2.4-, 2.5 u. 2.6-Dimethylphenol; 1.3.4- u. 1.2.4-Trimethyl-6-oxybenzol; 1-Methyl-3-äthyl-5-oxybenzol; 1.3-Diäthyl-5-oxybenzol; p-Äthylphenol; p-n-Propylphenol u. p-n-Butylphenol. Tabellar. Wiedergabe der Versuchsergebnisse. Aus den Löslichkeitskurven u. den krit. Lösungstempp. geht der Einfl. von Alkylierungsgrad u. -ort auf das Löslichkeitsverh. hervor. Aus dem Verlauf der Kurven im Bereich niederer Tempp. ist zu ersehen, daß das Phenol, wie bekannt ist, eine geringe Wasserlöslichkeit besitzt, diejenige der Alkylphenole dagegen ist bereits so gering, daß bei der Scheidung eines Heißwasserextraktes ihre Abtrennung fast quantitativ erfolgt. (Brennstoff-Chem. **36.** 338—45. 9/11. 1955. Bonn, Univ., Inst. für Anatomie u. Physiologie der Haustiere.) K. O. MÜLLER. 8174

**O. Kruber, A. Raeithel** und **G. Grigoleit,** *Die im Steinkohlenteer mit Sicherheit nachgewiesenen Verbindungen.* Tabellar. Zusammenstellung der etwa 300 bisher im Steinkohlenteer mit Sicherheit nachgewiesenen Einzelstoffe nach Kp., Konst., F., Entdecker u. Literaturhinweis. (Erdöl u. Kohle **8.** 637—43. Sept. 1955. Duisburg-Meiderich, Wissenschaftl. Labor. der Ges. f. Teerverwertung.) K. O. MÜLLER. 8176

**Gg. R. Schultze** und **J. Moos,** *Erdöltechnik.* Übersicht über Erdölsuche, Bohrtechnik, Ölgewinnung, Förderung, Aufbereitung, Dest., Raffination u. Verwendung der Endprodukte. — 146 Schrifttumshinweise. (VDI-Z. **98.** 27—38. 1/1. 1956. Hannover.) W. WESLY. 8186

**Lewis F. Hatch,** *Reaktionen der Petrochemie.* 2. Mitt. *Nichtkohlenwasserstoffbestandteile des Erdöls. Schwefel- und Stickstoffverbindungen.* (1. vgl. Petroleum Refiner **32.** Nr. 5. [1953.] 143.) Kurzer Überblick über die im Erdöl vorkommenden S-Verbb. (Mercaptane, Sulfide, Disulfide, Thiophene) u. N-Verbb. (Pyridine, Chinoline, Isochinoline). (Petroleum Refiner **32.** Nr. 6. 105—07. Juni 1953. Austin, Univ. von Texas.) F. ROSENDAHL. 8192

**Lewis F. Hatch,** *Petrochemische Reaktionen.* 3. Mitt. *Über die Nichtkohlenwasserstoffbestandteile des Petroleums. Sauerstoffverbindungen.* (2. vgl. vorst. Ref.) Kurze Angaben über aliphat. Carbonsäuren, Naphthensäuren u. Phenole. Phenolsynthesen. (Petroleum Refiner **32.** Nr. 7. 110—11. Juli 1953. Austin, Tex.) F. ROSENDAHL. 8192

**Lewis F. Hatch,** *Petrochemische Reaktionen.* 4. Mitt. *Oxydation von Kohlenwasserstoffen.* (3. vgl. vorst. Ref.) Vf. gibt einen kurzen Überblick über die verschied. Möglichkeiten, um durch die Oxydation von Aliphaten und Aromaten zu Verbb. zu kommen, die für die Industrie von Interesse sind. (Petroleum Refiner **32.** Nr. 8. 123—25. Aug. 1953.) F. ROSENDAHL. 8192

**R. Szczepanik,** *Isomere Monomethylnaphthaline.* 3. Mitt. *Erdöl als azeotroper Faktor für Naphthalin und β-Methylnaphthalin.* (2. vgl. C. **1954.** 8261; 4. vgl. C. **1955.** 6430.) Wenn eine Erdölfraktion von weiterem Siedebereich (z. B. 120—222,5°) zusammen mit *Naphthalin* (**I**) dest. wird, ist in der Siedekurve deutlich ein mehr oder weniger ausgedehnter Haltepunkt beim **I**-Kp. zu beobachten. Durch mehrere Destillationsstufen läßt sich eine Anreicherung des **I** erzielen. In analoger Weise wird zur azeotropen Dest. von *β-Methylnaphthalin* eine Erdölfraktion vom Kp. 200—244,5° verwendet. Bei beiden Fällen zeigen sich Abweichungen in der Best. der wirklichen u. der angenäherten unteren Grenze der azeotropen Bereiche, deren Ursachen erörtert werden. (Przemysł chem. **9 (32).** 315—21. Juni 1953.) R. K. MÜLLER. 8194

**J. Evans,** *Rexforming, ein neues Raffinationsverfahren.* Beschreibung an Hand eines Fließdiagrammes, Verss. u. Ergebnisse des von der Universal Oil Prod. Co. entwickelten abgeänderten Platforming-Verf. zur Gewinnung von Kraftstoffen mit hoher Octanzahl. (Petroleum [London] **18.** 419—21. u. 424. Nov. 1955.) K. O. MÜLLER. 8200

**M. G. Hugel,** *Schmierversuche mit in Öl löslichen Molybdänkomplexen.* Vf. untersucht Hochdruckschmiermittel, die in Lsg. metall-organ. Komplexverbb. enthalten. Diese Verbb. zersetzen sich in der Nähe des Verschweißpunktes von aufeinanderlaufenden Flächen infolge der auftretenden Temp. u. bilden einen Überzug, der einen Schutz gegen eintretendes Fressen darstellt. Die Verss. wurden mit einem Zusatz von 2% eines Decylxanthogenats des Mo zu einem *Öl SAE 30* durchgeführt. Die Äthyl-, Isobutyl- oder Isoamyl-Xanthogenate des Mo sollen gleich wirksam sein. (Rev. Inst. franç. Pétrole Ann. Combustibles liquides **10.** 1280—83. Okt. 1955.) K. O. MÜLLER. 8220

**Hans Umstätter,** *Zur Frage des Viscosität–Temperatur (V. T.)-Verhaltens von Schmierölen* Um dem Maschinenbauer ein Hilfsmittel in die Hand zu geben, das ihm eine schnelle Übersicht über die relative Temperaturempfindlichkeit gibt, hat Vf. 4 Zahlentafeln ausgearbeitet, auf denen die relative Viscositätsänderung in % pro °C als Funktion bei verschiedenen Steilheiten für 0, 20, 50 u. 100° angegeben ist. Um sich dieser Tabelle zu bedienen, muß man die Steilheit der Viscosität–Temperatur-Kurve kennen. Vf. bringt ein Berechnungsbeispiel. (Erdöl u. Kohle **8.** 791—93. Nov. 1955. Berlin-Dahlem, Bundesanstalt f. mechan. u. chem. Materialprüfung.) K. O. MÜLLER. 8220

**Ernst Koch,** *Verwendung von Viscositätsindex- und Stockpunktverbesserern.* Vf. bespricht an Hand von Verss. den Zusatz von Polymethacrylaten (**I**) zu Schmierölen, um deren Viscosität–Temperatur-Verhalten zu beeinflussen. Dieser als Viscositätsindex (V. I.)-Verbesserer bezeichnete Stoff wirkt bei bestimmten Ölen verdickend bei tiefen Tempp., was für den Kaltstart unerwünscht ist. Die Wrkg. von strukturveränderten (**I**) wird durch Verss. beschrieben. Eine Abstufung der Löslichkeit läßt sich durch Wahl des Substituenten ermöglichen. Die Wrkg. der (**I**) auf die Scherempfindlichkeit wird nach der Meth. von WOOD gemessen. Zum Schluß bespricht Vf. die Wrkg. von in den

Substituenten variierten Acrylaten auf die Erniedrigung des E. von bestimmten Ölen u. gibt Erklärungen für diese Wrkg. — Tabellen und Diagramme im Original. (Erdöl u. Kohle. **8.** 793—96. Nov. 1955. Darmstadt, Röhm u. Haas GmbH.)
K. O. MÜLLER. 8220

**André Roos,** *Die Arten der geschmierten Reibung und die Verbesserungen der Schmierung durch chemische Produkte.* Nach einer Übersicht über die Arten der Reibung wird der Friktiograph von MARCELIN beschrieben und der Begriff der Schmierigkeit (Onctuosité) erörtert. Die Rolle von Suspensionen von Molybdänsulfid u. die Bedeutung der Lithiumseifen, bes. für die Schmierung bei tiefen Tempp., wird besprochen. (Chim. et Ind. **74.** 441—47. Sept. 1955.) K. L. WOLF. 8222

**Janusz Warmuziński,** *Fehler bei der Bestimmung der Koksfestigkeit nach der Micum-Methode.* Nichtgenormte Vorrichtungen u. falsche Meßmethodik sind die wichtigsten Ursachen von fehlerhafter Best. der Koksfestigkeit nach der Trommel-Meth. (Micum). (Przegląd Górniczy **11.** 188—92. Mai 1955.) F. URBAN. 8246

**C. Zerbe,** *Mineralöl- und Brennstoffnormung.* Tabellar. Aufzählung von 45 Normblättern des Fachausschusses Mineralöl- u. Brennstoffnormung (FAM). (Erdöl u. Kohle **8.** 655—57. Sept. 1955. Hamburg 1, Fachausschuß Mineralöl- u. Brennstoffnormung (FAM), Glockengießerwall 2.) K. O. MÜLLER. 8252

**Alfred Jäger** und **Günter Kattwinkel,** *Identifizierung einiger Kohlenwasserstoffe im Steinkohlenschwelteer.* 1. Mitt. *Problemstellung — Untersuchung der Neutralölfraktionen.* In Fortsetzung ihrer Arbeiten berichten Vff. über Verss., aus den neutralen Schwelteerfraktionen der Siedebereiche 20 bis 136° u. 200 bis 240° die darin enthaltenen KW-stoffe zu isolieren. Die Neutralölfraktion im Kp.-Bereich von 20 bis 56° wurde in 7 Teilfraktionen von insges. 2,5 Litern zerlegt, wobei nach Ausschütteln mit Eiswasser aus den Fraktionen 1 bis 6 inges. 100 ml Aceton u. aus der Fraktion 7 80 ml Butanon-2 gewonnen wurden. Die 7 Teilfraktionen werden nach RAMAN spektroskop. analysiert. Die Ergebnisse sind tabellar. gebracht. Daraus geht hervor, daß in der Fraktion 4 u. 5 das 2-Methylbuten-2 der Hauptbegleiter des Penten-1 ist. Auf Grund der RAMAN-Analyse vermuten Vff. in der 2. u. 3. Fraktion das Methylbuten-1, doch gelang die genaue Identifizierung nicht. Die Neutralölfraktion im Kp.-Bereich 56—100° wurde in 15 Teilfraktionen zerlegt. In der 1. Fraktion ist Cyclopentan Begleiter des 2-Methylpentans, in der 2. Fraktion ist Hexen von 2-Methylpenten-2 begleitet. Die 5.—8. Fraktionen bestehen aus Hexan, Methylcyclopentan azeotrop gemischt mit Methylcyclopentadien/Benzol u. sind begleitet vom Methylcyclopenten. In der 9. bis 12. Fraktion werden Cyclohexan, Benzol u. 2 Methylhexan identifiziert. Die 13. Fraktion enthält hauptsächlich Hepten-1, das von 2-Methylhexen-2 begleitet ist. Die 15. Fraktion besteht aus Heptan u. Methylcyclohexan. In der Neutralölfraktion 100 bis 136° sind als Aromaten u. Olefine als Hauptmengen Toluol, Octen-1, sowie m-p-Xylol als Begleiter des 2-Methylhepten-2 beobachtet worden, während von den gesätt. KW-stoffen die Hauptmenge Methylcyclohexan, 2-Methylheptan, 3-Methylheptan u. n-Octan vorliegen, die von n-Heptan begleitet sind. In der Neutralölfraktion im Kp.-Bereich 200—230° wurden isoliert bzw. identifiziert: Naphthalin, n-Dodecan, n-Tridecan, α- u. β-Methylnaphthalin, Dodecen-1, Tridecen-1 u. Methylhomologe des Benzols. (Erdöl u. Kohle **8.** 629—36. Sept. 1955. Geislautern, Saar; Chem. Forschungslabor „Velsen" der Saarbergwerke.) K. O. MÜLLER. 8262

**Alfred Jäger** und **Günter Kattwinkel,** *Identifizierung einiger Kohlenwasserstoffe im Steinkohlenschwelteer.* 2. Mitt. *Mengenmäßiger Überblick. — Diskussion der Ergebnisse.* (1. vgl. vorst. Ref.) Vff. bringen eine Zusammenstellung aller aromat. Oxyverbb., Basen, Paraffine, Olefine, Naphthene u. Aromaten, sowie Ketone u. S-Verbb. nach Kp,. F. u. Menge, die bisher im Schwelteer „Velsen" nachgewiesen wurden. Tabellen im Original. Aus der Zus. der Schwelteerneutralfraktionen im Kp.-Bereich 20 bis 240° schließen Vff., daß es nicht zweckmäßig ist, mit Hilfe von Katalysatoren oder durch Hydrierung die Zus. des noch nicht abgekühlten Schwelteers während des Schwelvorganges zu beeinflussen, weil sich schon chem. Gleichgewichte eingestellt haben. Die Inhaltsstoffe der Schwelteere können nach Ansicht der Vff. aber beeinflußt werden, wenn die Kohlen durch Voroxydation oder Zusatz entsprechender Stoffe, wie z. B. durch Tränken mit Salzlösungen oder Erdöldestillat vorbehandelt werden. Vff. geben einen Ausblick auf die noch durchzuführenden Untersuchungen (Erdöl u. Kohle. **8.** 706—11. Okt. 1955. Geislautern/Saar, Chem. Forschungslabor „Velsen" der Saarbergwerke.)
K. O. MÜLLER. 8262

---

**Metallgesellschaft Akt.-Ges.** (Erfinder: **Friedrich Danulat,** Frankfurt/M.), *Verfahren zur Erzeugung von kohlenoxydreichen und methanarmen Gasen durch Vergasen von Brennstoffen,* bes. bituminösen oder Entgasungsrückständen, mittels $O_2$ oder $O_2$-angereicherter Luft u. Wasserdampf, der auch ganz oder teilweise durch $CO_2$ ersetzt werden kann, un-

ter einem Druck von mehreren Atmosphären. Bei der Vergasung verwendet man nur so viel Wasserdampf u./oder $CO_2$, daß die Brennstoffasche schmilzt. Man läßt die fl. Schlacke in einer im unteren Teil des Gaserzeugerschachtes angeordneten Kühlzone erstarren. Diese Zone wird unter dem gleichen Druck wie die Vergasungszone gehalten. In den Gaserzeuger werden brennbare Gase, z. B. Restgase von der katalyt. CO-Hydrierung, eingeführt. Zur Herst. eines $H_2$-reichen Gases wird das erzeugte Gas konvertiert, wobei vorteilhaft der Wasserdampfgeh. des zu konvertierenden Gases durch Sättigung mit dem bei der Gasreinigung entstehenden Gaswassers gewonnen wird. (**D. B. P. 936 766** Kl. 24e vom 6/12. 1940, ausg. 22/12. 1955. Anmeldung bekanntgemacht 6/3. 1952.)
W. HAUSWALD. 8149

**M. W. Kellogg Co.,** Jersey City, übert. von: **Everett W. Howard,** Glen Rock, N. J., V. St. A., *Hydroformieren einer Naphthafraktion.* Diese wird mit $H_2$ in Ggw. eines Mo-Oxyd-Katalysators (I) umgesetzt, wobei I durch Ablagerungen von C verunreinigt wird. Ein Teil des verunreinigten I wird aus der dichten I-Phase abgezogen u. durch eine tiefer als die Reaktionszone gelegene Verbrennungszone (II) als dichte fluidisierte M. geführt. Das $O_2$-haltige Regenerationsgas wird möglichst weit unten in II mit solcher Geschwindigkeit in das dichte I-Bett eingeblasen, daß mindestens ein Teil des entaktivierten I durch Verbrennung der C-haltigen Verunreinigungen wieder regeneriert u. gleichzeitig aller I durch die Verbrennungsgase mit nach oben durch eine Kühlzone geführt wird. Die Geschwindigkeit des Gases ist relativ höher als in der II. Die Suspension aus Gas u. I wird nun in eine Trennzone mit einer höheren Geschwindigkeit als in der Kühlzone geführt, um ein Zurückfallen des I in die Kühlzone zu vermeiden. In der Trennzone kann durch Verringerung der Geschwindigkeit der regenerierte gekühlte I von dem Gas getrennt werden. Ein Teil desselben wird in die II, ein anderer Teil in die Reaktionszone weitergeleitet. — Zeichnungen. (**A. P. 2 696 461** vom 30/11. 1950, ausg. 7/12. 1954.)
E. KAHLES. 8197b

**Universal Oil Products Co.,** Chicago, übert. von: **Joseph A. Chenicek,** Bensenville, Ill., V. St. A., *Alterungsschutzmittel für organische Stoffe, wie Kautschuk, Öle* und *insbesondere Motortreibstoffe,* bestehend aus dem *N.N'-Di-sek.-butyl-p-phenylendiaminsalz* der *Äthylendiamintetraessigsäure* oder der *α-Picolinsäure.* (**A. P. 2 700 612** vom 31/1. 1951, ausg. 25/1. 1955.)
W. OVERBECK. 8201

**Socony-Vacuum Oil Co., Inc.,** übert. von: **John W. Brooks,** Wenonah, N. J., V. St. A., *Herstellung von Thiophenderivaten* durch Rk. von Thiophenthiolen mit chlorierten Äthern nach folgendem Schema. Außer dem *α.β-Di-[thienyl-(3)-thio]-diäthyläther* (I) werden hergestellt: *γ.γ'-Di-[thienyl-(3)-thio]-diphenyläther; β.β'-Di-[thienyl-(3)-thio]-diisopropyläther; β-Thienyl-(3)-thio-äthylphenyläther,* F. 47—48°; *α.α'-Di-[thienyl-(3)-thio]-dimethyläther,* F. 40—41°; *β.β'-Di-[thienyl-(3)-thio]-diäthylsulfid,* F. 53—55°; *β.β'-Di-[thienyl-(3)-thio]-diäthyläther,* F. 33°; u. die Verb. II. — *Oxydations- u. Korrosions-*

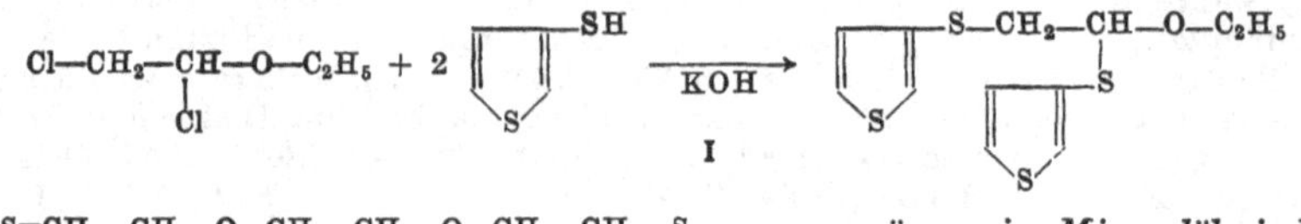

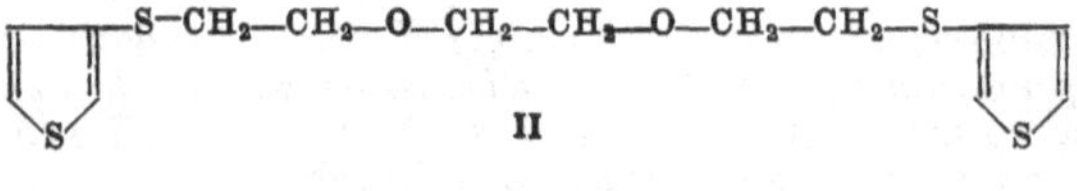

*verzögerer in Mineralölmischungen.* (**A. P. 2 704 275** vom 31/8. 1950, ausg. 15/3. 1955.)
K. FABEL. 8221

## XXI. Leder. Gerbstoffe.

**Wilfred G. Shaw** und **Robert M. Lollar,** *Die Rolle des Lanthionins beim Phänomen der Enthaarungsimmunisierung.* Bekanntlich beschleunigt ein Sulfidzusatz zum Äscher den Enthaarungsvorgang wesentlich. Dieser Effekt bleibt dagegen aus, wenn man das Sulfid erst nachträglich, nachdem die Häute bereits längere Zeit in dem Äscher gelegen haben, zugibt. Diese Tatsache nennt man „Immunisierung" (HIRSCH) u. soll auf einer Umwandlung von Cystin in Lanthionin beruhen. Wie nun die Vff. zeigen konnten, enthalten einfache Kalk- oder Kalk/Sulfid-Äscher *Lanthionin,* so daß die sogenannte „Immunisierungs-Rk." nichts mit der Umwandlung von Cystin in Lanthionin zu tun hat. In der ausführlichen Diskussion wird eine neue Theorie des Äschervorganges gegeben, die von einer Spaltung von Cystin unabhängig ist. Die Meth. zur Best. u. Isolierung von Lanthionin sind angegeben. (J. Amer. Leather Chemists Assoc. **49.** 291—99. April 1954. Cincinnati, Ohio, Univ. of Cincinnati, Tanners Council Res. Labor.)
H. G. FRÖHLICH. 8334

**H. Batzer** und **H. J. Grunewald,** *Über Gerbung mit polymerisationsfähigen Substanzen.* 7. Mitt. *Über Leder und Gerbstoffe.* 372. Mitt. *Über makromolekulare Verbindungen.* (6. vgl. C. **1955.** 9710; 371. vgl. STAUDINGER u. HÄBERLE, C. **1954.** 5538.) Zur weiteren Klärung des Gerbvorgangs wurden an Stelle von pflanzlichen Gerbstoffen in die Haut definierte Mischpolymerisate eingelagert, die in der Haut aus Monomeren erzeugt waren. Nur solche Polymere geben lederartige Prodd., die innere Weichmacher enthalten. Die Polymeren wurden aus verschied. Vinyläthern (Äthyl-, Isobutyl-, Lauryl-, Dekalylvinyläther) u. Styrol bzw. Vinylacetat u. Methacrylsäure erzeugt. Als Beschleuniger erwies sich das Redox-Syst. aus Fe (II)-Salzen u. $H_2O_2$ geeignet. Durch Vgl. der aus Leder extrahierten Polymerisate aus Styrol, Dekalol u. Maleinsäureanhydrid mit Emulsionspolymeren, die aus den gleichen Stoffen außerhalb der Haut erhalten waren, konnte gezeigt werden, daß sich in der Haut tatsächlich Mischpolymerisate von einem mittleren Mol.-Gew. von 125000 gebildet hatten. Die Polymerisatleder hatten die charakterist. Merkmale üblicher Leder: lederartiges Auftrocknen, verminderte Wasseraufnahmefähigkeit gegenüber unbehandelter Haut u. erhöhte Widerstandsfähigkeit gegen Fäulnis u. hydrolyt. Abbau. Kaum erhöht jedoch war die Schrumpfungstemperatur. Das Polymerisatleder hatte eine gute Reißfestigkeit u. eine n. Dehnbarkeit. Einer hohen Wasserdichtigkeit steht eine geringe Luftdurchlässigkeit gegenüber. Im Höchstfall konnte ca. 2,8% Polymerisat in die Haut eingelagert werden. Wie aus einer vergleichenden physikal. Unters. von Ledern, in die Mischpolymerisate aus verschied. Komponenten eingelagert waren, hervorgeht, wird der Ledercharakter durch die Zus. des Polymerisats nicht grundsätzlich geändert. (Makromolekulare Chem. **9.** 116—47. Febr. 1953. Freiburg/Br., Staatl. Forschungsinst. makromol. Chemie.) O. ENGEL. 8336

**George M. Sleichter** und **Robert M. Lollar,** *Untersuchungen über die Reaktion zwischen Glyoxal und Kollagen im Hinblick auf das Problem der Querbindung.* Aus Känguruhschwanzsehnen hergestellte Kollagenfasern wurden während 24 Std. bei Zimmertemp. mit 0, 0,5, 0,75 u. 1%ig. u. mit einem 0,1 mol. $Na_2HPO_4$ Puffer auf $p_H = 7,5$ eingestellten Glyoxallsgg. gegerbt (Flotte 1:4). Danach wurden die Kollagenfasern gewaschen, getrocknet u. auf Reißlänge, Bruchdehnung u. Schrumpfungstemp. untersucht. Hierbei wurde gefunden, daß mit zunehmender Konz. an Glyoxal die Reißlänge, die Bruchdehnung u. die Schrumpfungstemp. zunehmen. Weiterhin wurden in kochendem W. geschrumpfte Kollagenfasern auf ihr elast. Verh. geprüft. Die ermittelten Kraftdehnungskurven verlaufen mit zunehmender Glyoxalkonz. in der Gerbflotte steiler, wobei sie gleichzeitig eine geringere Hysterese beim Entspannen zeigen. Aus dem gummielast. Verh. der geschrumpften Fasern ließ sich mittels einer hierfür gültigen mathemat. Beziehung das Durchschnitts-Mol.-Gew. berechnen, das stark abfallende Werte mit steigendem Glyoxalgeh. ergab. (J. Amer. Leather Chemists Assoc. **49.** 414—422. Juni 1954. Cincinnati, Ohio, Univ., Tanners Council Res. Labor., Dep. of Basic Science in Tanning Res.) H. G. FRÖHLICH. 8336

**K. G. Golbraich,** *Ersatz des Pickelns von Schweinechromleder durch Salzen.* Durch Salzen mit NaCl oder $(NH_4)_2SO_4$ an Stelle des Pickels werden die Seiten der Chromschweineleder, die sonst zu lose werden, fester. Außerdem wird die Geschwindigkeit der Gerbung erhöht. (Легкая Промышленность [Leicht-Ind.] **15.** Nr. 11. 23—24. Nov. 1955.) J. v. SCHROEDER. 8338

**M. A. Karpman** und **Ss. Ja. Fedotow,** *Die Verringerung der Wasserdurchlässigkeit und die Erhöhung der hydrothermischen Widerstandsfähigkeit von Juchtenleder.* Der Ersatz des Pickelns durch einfaches Salzen mit 10%ig. Lsgg. von NaCl oder $(NH_4)_2SO_4$ oder Gemischen derselben verringert die Wasserdurchlässigkeit von Juchtenleder infolge Aussalzens von Eiweißsubstanzen; die Gerbung mit Chromsalzen u. vegetabil. Gerbstoffen erfolgt gleichmäßiger u. schneller; die Hitzebeständigkeit des Leders wird etwas erhöht. (Легкая Промышленность [Leicht-Ind.] **15.** Nr. 11. 21—23. Nov. 1955.) J. v. SCHROEDER. 8338

**Mieth Maeser** und **O. J. Dion,** *Der Einfluß des Spaltens auf die Dehnungseigenschaften des Leders.* Es werden die Ergebnisse einer großen Anzahl von Messungen der Biegefestigkeit, Bruch- u. Zugfestigkeit an chromgegerbten Narben- u. Coriumspalten besprochen. In der statist. Auswertung dieser Messungen zeigte sich der Begriff der sogenannten Haupttendenz (central tendency) als bes. nützlich. Je dünner die beiden Spalten werden, desto weiter entfernen sich eine gewisse Anzahl der Einzelwerte von der Haupttendenz. Die Kenntnis dieser möglichen Abweichungen, bes. nach der Seite der leichteren Zerreißbarkeit, ist für die Verwendbarkeit der Spalte ausschlaggebend. (J. Amer. Leather Chemists Assoc. **49.** 262—281. April 1954.) H. G. FRÖHLICH. 8340

**W. K. Schweitzer jr.** und **R. M. Lollar,** *Untersuchungen über den Mechanismus der Lederfärbung.* Nach einem histor. Überblick über die Theorie der Lederfärbung werden eigene Verss. unter Verwendung von Orange I u. II, Echtrot A u. einem selbst synthetisierten Farbstoff mitgeteilt. Im einzelnen wurden Chromleder, die mit unmaskierten sowie mit formiat- u. tartratmaskierten Chrombrühen gegerbt u. teilweise nach der Gerbung noch mit $CH_2O$ nachbehandelt wurden, mit obigen Farbstoffen gefärbt. Hierbei wurde gefunden, daß die Baderschöpfung um so geringer ist, je mehr wasserlösl. Gruppen der Farbstoff aufweist, also je hydrophiler der Farbstoff ist. Während die Geschwindigkeit der Farbstoffaufnahme bei unmaskiertem u. formiatmaskiertem Leder prakt. gleich ist, ist dieselbe beim tartratmaskierten u. mit $CH_2O$ nachbehandeltem Leder herabgesetzt. Die theoret. Deutungen im einzelnen werden ausführlich diskutiert. — 11 Tabellen u. 53 Literaturhinweise. (J. Amer. Leather Chemists Assoc. **49.** 390—404. Mai 1954.) H. G. FRÖHLICH. 8340

**John Starr,** *Leder enthaltende Zurichtprodukte.* Es wird die Anwendung von Lederstaub enthaltenden Prodd. zur Herst. von lederartigen Überzügen, z. B. auf Metallplatten, beschrieben. Danach läßt sich Lederstaub unter Verwendung von elastomeren Bindemitteln, Weichmachern u. entsprechenden Lösungsmitteln zu Dispersionen verarbeiten, die entweder aufgestrichen, gespritzt oder durch Tauchen auf die gewünschten Oberflächen aufgebracht werden können. Die auf diese Weise erhaltenen Oberflächen fühlen sich lederartig an, nehmen nur wenig Feuchtigkeit auf, schrumpfen nicht u. springen weder ab, noch reißen nach längerer Zeit auf. Diese Überzüge lassen sich mit Wachsen, wie sie vom Schuhmacher zum Färben von Naturleder verwendet werden, ebenfalls färben u. pflegen. (Org. Finishing 15. Nr. 6. 12—13. Juni 1954.) H. G. FRÖHLICH. 8352

---

**Magyar Állam** (Erfinder: **Pál Diósady** und **Béla Tóth**), Budapest, Ungarn, *Künstliche Gerbstoffe* erhält man nach folgenden Arbeitsgängen: Man stellt ein Vorkondensat aus Naphthalinsulfonsäure u. $CH_2O$ her, läßt darauf bei 100° übersteigenden Tempp. rohe oder gereinigte Mono- oder Diphenole, einzeln oder gemischt, einwirken. Das erhaltene Kondensationsprod. wird, vorteilhaft bei ca. 100°, mit Aldehyden nachbehandelt. Man neutralisiert mit $NH_3$, NaOH oder $Al(OH)_3$ u. kondensiert bei ca. 100° mit Sulfitablauge. Anschließend wird mittels $NH_3$ u. einer schwachen organ. Carbonsäure (Essig-, Propion- oder Ameisensäure) auf ein gewünschtes $p_H$ (3—3,5) eingestellt. An Stelle von $CH_2O$ können $CH_2$-abgebende Stoffe, wie Hexamethylentetramin, Paraformaldehyd, ferner verschied. Aldehyde (z. B. Acet-, Benzaldehyd, Furfurol), Carbamide oder Thiocarbamide, auch deren Mischungen oder deren Vorkondensate, z. B. ein $CH_2O$-Carbamidharz, Anwendung finden. (**Ung. P. 142 509** vom 15/12. 1952, ausg. 1/12. 1954.) G. KÖNIG. 8337

**Forestal Land, Timber & Railways Co. Ltd.,** England (Erfinder: **Theodore White** und **Jeremy Ralph Barnes Hastings**), *Herstellung von Kondensationsprodukten,* bes. zum *Gerben* von Häuten. Zu D. B. P. 870 031; C. **1955.** 266, ist nachzutragen, daß man bei der Herst. obiger Kondensationsprodd. aus Aldehyden, Ketonen u. Bisulfitverbb. anstatt letzterer Sulfonate von Oxyalkanen verwenden kann. (**F. P. 1 042 633** vom 13/10. 1950, ausg. 3/11. 1953. E. Priorr. 14/10. 1949 u. 27/9. 1950.) T. OPPERMANN. 8337

**Farbenfabriken Bayer Akt.-Ges.,** Leverkusen, *Herstellung von imprägniertem Leder.* Das ungegerbte, in der Gerbung befindliche oder fertiggegerbte Leder wird mit Polymerisatemulsionen oder Mischpolymerisatemulsionen, die bes. aus Vinylverbb. bestehen u. mindestens 2% anion., sulfogruppentragende Emulgatoren enthalten, zusammen mit pflanzlichen u. bzw. oder synthet. Gerbstoffen, bei saurer bis neutraler Rk. behandelt. — Beispiel: 65 kg einer Mischung von 52,5 Teilen einer 40%ig. Mischpolymerisatemulsion u. 12,6 Teile eines 56%ig. Gerbstoffes werden in 300 kg ausgegerbten, genügend feuchten Vacheleder-Croupons unter Zuführung von Warmluft von ca. 70° während 2 Std. eingewalkt. (**Oe. P. 183 862** vom 17/11. 1953, ausg. 25/11. 1955. D. Prior. 29/11. 1952.) H. HEYER. 8341

**Dobeckmun Co.,** Cleveland, übert. von: **Clarence E. Irion,** North Pownal, und **Karl E. Prindle,** Shaker Heights, O., V. St. A., *Kaschieren von Geweben, Filzen oder Papier mit Polyäthylenfilmen.* Das Gewebe läuft S-förmig um zwei sich entgegengesetzt drehende Walzen, an deren Berührungspunkt ein Polyäthylenfilm (Gießtemp. 315°) so zugeführt wird, daß er zwischen der 2. Walze u. dem Gewebe liegt u. kräftig gegen letzteres gedrückt wird. In einer nachfolgenden Kammer (177°) wird der Film während 15 Sek. leicht angeschmolzen. — *Kunstleder.* — Zeichnung. (**A. P. 2 714 571** vom 8/4. 1952, ausg. 2/8. 1955.) G. SALZMANN. 8353

## XXIV. Photographie.

**Agfa Akt.-Ges. für Photofabrikation** (Erfinder: **Oskar Riester**), Leverkusen, *Empfindlichkeitssteigerung von Halogensilberemulsionen.* Sowohl die Allgemeinempfindlichkeit als auch die durch opt. Sensibilisatoren erzeugte Spektralempfindlichkeit werden durch Zugabe von solchen organ. B-Verbb. gesteigert, die Boratanionen bilden. Die Zugabe kann zu einem beliebigen Zeitpunkt bei der Herst. erfolgen. — Beispiel: 10 mg Na-Tetraphenylborat auf 1 kg AgCl-Emulsion. Weiterhin sind folgende Tetraphenylborate geeignet: $NH_4$-, Triäthylammonium-, 1-Methylpyridinium-, 1-Methylpyrrolidinium-, 1-Methylchinolinium-, 3-Methylbenzthiazolium- u. N-Dimethyltetrahydroisochinoliniumborat. (**D. B. P. 932 533** Kl. 57b vom 31/5. 1953, ausg. 1/9. 1955. Anmeldung bekanntgemacht 10/3. 1955.) A. KALIX. 8605

**Agfa Akt.-Ges. für Photofabrikation** (Erfinder: **Oskar Riester** und **Fritz Bauer**), Leverkusen, *Sensibilisatoren.* Merocyanine, die in 4-Stellung einen Pyridinring enthalten u. die allg. Formel I besitzen, eignen sich bes. gut zur Sensibilisierung von Emulsionen auf Papier, da sie eine lückenlos an die Eigenempfindlichkeit des Halogensilbers anschließende Sensibilisierung ergeben u. weder den Papierfilz noch die gegebenenfalls vorhandenen Mattierungsmittel anfärben. Hierbei ist X ein O-, S- oder Se-Atom u. R eine Alkyl-, Aralkyl-, Phenyl- oder Carbalkoxyalkylgruppe. — Beispiele: Alkyl = $C_2H_5$, X = S, R = $C_2H_5$, Sensibilisierungsmaximum (SM) 485 mμ; Alkyl = $C_2H_5$, X = S, R = $C_6H_5$, SM 485 mμ; Alkyl = $CH_3$, X = S, R = $CH_2 \cdot COOC_2H_5$, SM 485 mμ; Alkyl = $C_2H_5$, X = S, R = $C_6H_4N(C_2H_5)_2$, SM 500 mμ; Alkyl = $CH_3$, X = Se, R = $C_2H_5$, SM 495 mμ; Alkyl = $CH_3$, X = O, R = $C_2H_5$, SM 460 mμ; Alkyl = R = $C_2H_5$, X = O, SM 460 mμ. (**D. B. P. 936 071** Kl. 57b vom 28/12. 1944, ausg. 1/12. 1955. Anmeldung bekanntgemacht 2/4. 1953.) A. KALIX. 8605

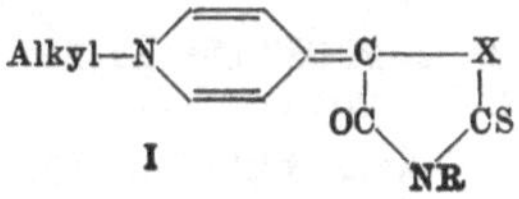

I

**Agfa Akt.-Ges. für Photofabrikation** (Erfinder: **Oskar Riester**), Leverkusen, *Herstellung von Methinfarbstoffen,* die 6-phenylsubstituierte Benzoxazolringe enthalten, erfolgt durch Kondensation von quaternären Salzen von 5-Phenyl-2-alkylbenzoxazol u. Carbocyanin-, Pseudocyanin- oder Styrylfarbstoffen (nach an sich bekannten Verff.). — Beispiele: 1. R = H: Sensibilisierungsmaximum (SM) 525 mμ; 2. R = $C_6H_5$, SM 540 mμ; 3. R = $CH_3$, SM 540 mμ; enthält 3. $CH_3$- (statt $C_2H_5$-) Gruppen an den N-Atomen, dann SM 545 mμ. 8 weitere Formelbilder. (**D. B. P. 936 644** Kl. 22e vom 14/3. 1937, ausg. 15/12. 1955. Anmeldung bekanntgemacht 26/11. 1953.) A. KALIX. 8605

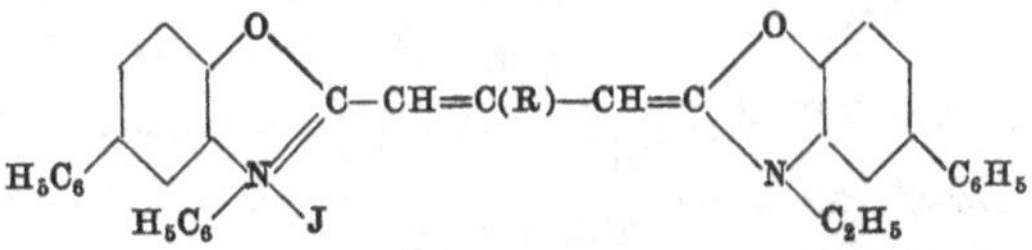


**Agfa Akt.-Ges. für Photofabrikation** (Erfinder: **Oskar Riester** und **Harald von Rintelen**), Leverkusen, *Herstellung von Trimethincyaninen.* Trimethincyanine mit einer N-haltigen Gruppe an der Methinkette erhält man durch Kondensation von Cyaninen der allg. Formel I mit aliphat. oder cycl. Aminen, die mindestens ein mit H verbundenes N-Atom enthalten. Hierin bedeuten $R_1$ u. $R_2$ Alkyl-, Aryl- oder Aralkylgruppen, die gegebenenfalls noch Heteroatome enthalten, $R_3$ ist ein H-Atom, eine Alkyl-, Aryl- oder Aralkylgruppe, A ein O-, S- oder Se-Atom, Y u. Z sind Glieder eines heterocycl. Fünf- oder Sechsrings, dem Bzl. oder höhere aromat. Ringsysteme mit Substituenten ankondensiert sein können, X ist ein Halogenatom oder ein Säurerest. Beispiele:

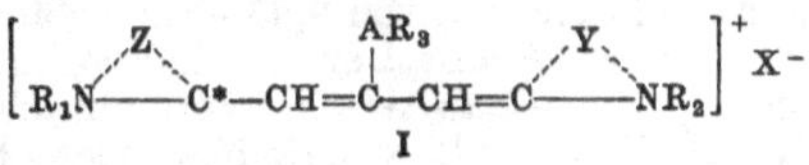

I

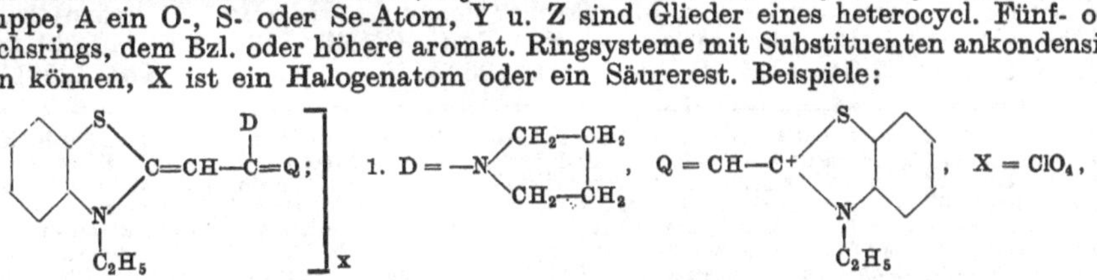


grüne Kristalle, F. 166—167°;

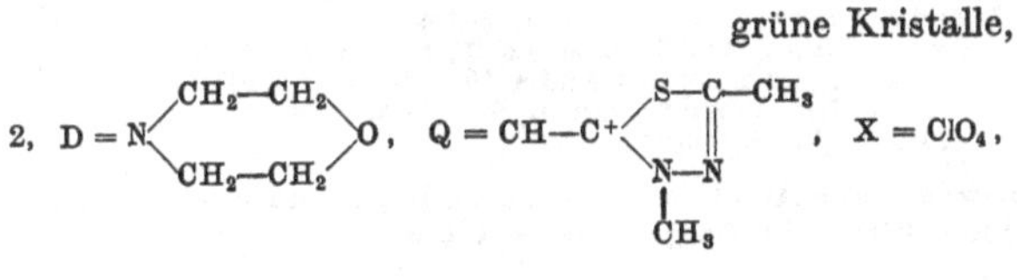


grüne Kristalle, F. 181—183;

3, D = NH—$CH_2$—$C_6H_5$, Q = 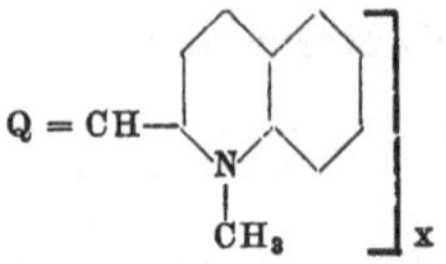 , X = J, grüne Kristalle, F. 195°;

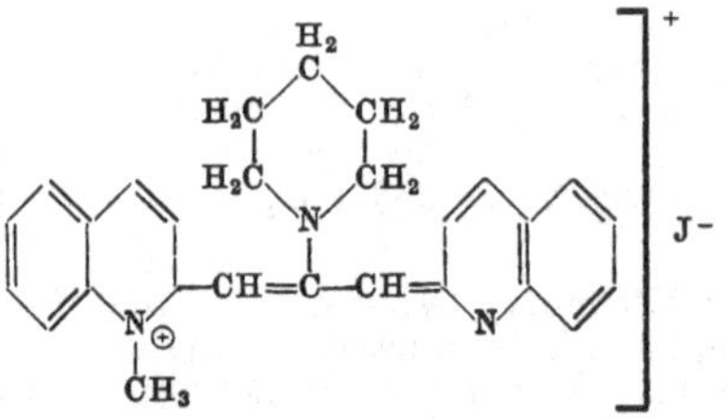

braune Kristalle, F. 268°.

(**D. B. P. 937 606** Kl. 22e vom 7/10. 1952, ausg. 12/1. 1956. Anmeldung bekanntgemacht 21/7. 1955.) A. KALIX. 8605

**Agfa Akt.-Ges. für Photofabrikation** (Erfinder: **Oskar Riester** und **Harald von Rintelen**), Leverkusen, *Neutrocyanine*, die mit N-haltigen Resten substituiert sind, erhält man durch Kondensation von Merocyaninen der allg. Formel I mit $NH_3$ oder mit aliphat. oder cycl. Aminen, die mindestens 1 H-Atom am N tragen. Hierbei ist $R_1$ eine Alkyl-, Aryl- oder Aralkylgruppe, $R_2 = R_1$ oder H, A sind die Glieder eines heterocycl. 5- oder 6-Rings, dem Benzol- oder höhere aromat. Ringsysteme mit Substituenten ankondensiert sein können, B Glieder eines heterocycl. 5- oder 6-Rings oder 2 nicht ringgeschlossene Gruppen, Y = O, S oder Se. — Beispiele: Farbstoffe der allg. nebenst. Formel: 1. R = N<($CH_2$—$CH_2$)($CH_2$—$CH_2$)>$CH_2$, grüne Kristalle, F. 216°;

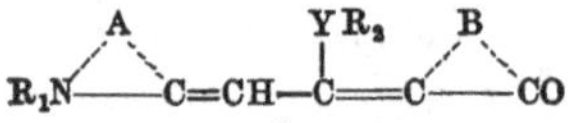

I

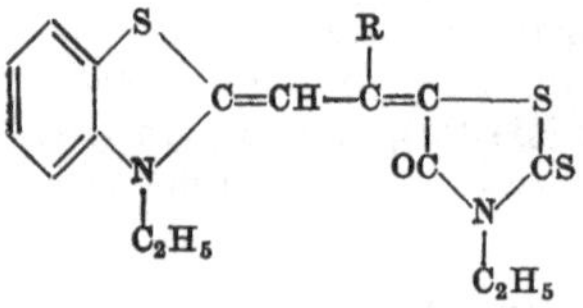

2. R = NH—$C_2H_4OH$, orangegelbe Kristalle, F. 171°; 3. R = NH—$C_3H_7$, Thiazolring ersetzt durch =C<(CN)(CO—$OCH_3$), rosarote Kristalle, F. 185°. (**D. B. P. 937 607** Kl. 22e vom 7/10. 1952, ausg. 12/1. 1956. Anmeldung bekanntgemacht 21/7. 1955.) A. KALIX. 8605

**Kodak Ltd.**, London, übert. von: **Edward Bowes Knott, John Morgan, Charles Francis Hitchcock Allen, John Raoul Byers jr.** und **Thomas Francis Murray**, *Stabilisatoren für Halogensilberemulsionen.* Der Emulsion wird während ihrer Herst. eine mol. Verb. eines Mercurisalzes mit einer organ. Verb. zugesetzt, die ein bas. N-Atom enthält, u. zwar in Mengen von 0,05—5,0 mg auf 1 Mol Ag-Halogenid. Bes. geeignet sind Verbb. mit Aminen, Aminsalzen u. N-haltigen Heterocyclen u. deren $NH_2$-Derivv., z. B. Cystein·HCl·$HgCl_2$, Hexamethylentetraminjodallylat·$HgCl_2$, Melamin·$HgCl_2$, α.α'-Dipyridyl·HJ·$HgJ_2$, (2-Jodpyridinjodmethylat)·$HgJ_2$, Pyridin·HJ·$HgJ_2$, (Chinolinhydrojodid)·$HgJ_2$, 2-Aminobenzthiazol·$HgJ_2$, Bis-(2-aminopyridin)-mercuriacetat, 2-Aminobenzthiazol·HBr·$HgBr_2$. — Die gleiche Wrkg. besitzen mol. Verbb. von Mercurisalzen mit Amidinen oder Amidinsalzen, z. B.: (Triphenylguanidin·HJ)·$HgJ_2$, (Diphenylformamidin·HJ)·$HgJ_2$, (Diphenylacetamidin)·HJ)·$HgJ_2$. (**E. PP. 742 219** u. **742 220** vom 9/11. 1953, ausg. 21/12. 1955. A. Prior. 8/11. 1952.) A. KALIX. 8611

Herausgeber u. verantwortlich für den Inhalt: Prof. Dr. Maximilian Pflücke, Berlin N 4, Schiffbauerdamm 19, Fernsprecher: 425571. Redaktion: Chefredakteure Dr. Eugen Klever und Prof. Dr. Maximilian Pflücke. Verlag: Akademie-Verlag GmbH, Berlin W 8, Mohrenstraße 39 (Fernsprecher 200386, Postscheckkonto Berlin 35021), u. Verlag Chemie, GmbH, Weinheim/Bergstraße (Fernsprecher 2017 u. 2965, Postscheckkonto Frankfurt/M. 145314 u. Berlin-West 7430). Bestell- u. Verlags-Nr.: 1007/127. Das Chemische Zentralblatt erscheint wöchentlich. Preis des Jahrganges einschl. Autoren-, Patent-, Sach- und Formelregister: DM 680,—; einseitig bedruckte Ausgabe: DM 750,—
Abgabe der Zeitschrift nur mit sämtlichen Registern.
Satz u. Druck: VEB Leipziger Druckhaus, Leipzig, III/18/203. VII. 56.
Veröffentlicht unter der Lizenznummer 1212 des Amtes für Literatur und Verlagswesen der Deutschen Demokratischen Republik.
Printed in Germany.

FSC
www.fsc.org
MIX
Papier | Fördert
gute Waldnutzung
FSC® C083411

Kolibri 360 GmbH
Ferdinand-Jühlke-Straße 7
99095 Erfurt, Deutschland
produktsicherheit@kolibri360.de